中國水利史典

綜合卷 二

中國水利史典編委會 編

图书在版编目（CIP）数据

中国水利史典. 综合卷. 2 / 《中国水利史典》编委会编. -- 北京 : 中国水利水电出版社, 2013.8(2021.1重印)
ISBN 978-7-5170-1224-5

Ⅰ. ①中… Ⅱ. ①中… Ⅲ. ①水利史－中国 Ⅳ. ①TV-092

中国版本图书馆CIP数据核字(2013)第203450号

中國水利史典　綜合卷二

作者：中國水利史典編委會　編
出版：中國水利水電出版社
（北京市海淀區玉淵潭南路1號D座　100038）
經售：北京科水圖書銷售中心（零售）
全國各地新華書店和相關出版物銷售網點
排版：中國水利水電出版社微機排版中心
印刷：北京印匠彩色印刷有限公司
規格：184mm×260mm　16开本　53.75印張　949千字
版次：2013年8月第1版　2021年1月第2次印刷
定價：880.00圓

『十一五』國家重大工程出版規劃圖書

『十二五』國家重點圖書出版規劃項目

首批國家出版基金資助項目

中國水利史典

主　　編　陳　雷

常務副主編　周和平　李國英　周學文

副 主 編（按姓氏筆畫排序）

匡尚富　任憲韶　岳中明　党連文　陳小江

陳東明　葉建春　湯鑫華　蔡　蕃　鄭連第

劉雅鳴　錢　敏

中國水利史典

編委會

主　　任　陳　雷

副 主 任　周和平　李國英　周學文

委　　員（按姓氏筆畫排序）

王愛國　田中興　匡尚富　曲吉山　任憲韶　李　鷹

汪　洪　汪安南　武國堂　岳中明　周魁一　党連文

高　波　陳小江　陳東明　陳明忠　孫繼昌　張志彤

張志清　張紅兵　葉建春　湯鑫華　鄭連第　鄧　堅

劉　震　劉建明　劉雅鳴　劉學釗　錢　敏

編委會辦公室

主　　任　陳東明

常務副主任　穆勵生

副 主 任　馬愛梅

主任助理　宋建娜

成　　員　王　藝　楊春霞　張小思　朱　莉

中國水利史典

專家委員會

主　　任　鄭連第

副 主 任　蔡　蕃　張志清　譚徐明　蔣　超

委　　員（按姓氏筆畫排序）

王利華　王紹良　毛振培　尹鈞科　吕　娟　李孝聰

吴宗越　周魁一　查一民　段天順　徐海亮　郭　濤

高　紅　陳茂山　陳紅彦　馮立昇　馮明祥　張汝翼

張廷皓　張孝南　張衛東　鄒寶山　鄭小惠　黎沛虹

謝永剛　竇鴻身

序一

讀史明今　鑒往知來

經過四年的緊張籌備和編纂，《中國水利史典》開始正式出版。這是貫徹落實黨的十八大精神、加快推動水文化建設的重要舉措，也是功在當代、澤被後人的重大工程。

我國是一個治水歷史悠久的文明古國和水利大國，興修水利、治理水害、消除水患歷來是治國安邦的頭等大事。在長期的治水實踐中，中華民族不僅修建了都江堰、鄭國渠、靈渠、京杭運河、黄河堤防、江浙海塘等衆多舉世聞名的水利工程，而且非常注重對治水歷史的記録整理。早在公元前一百年前後，歷史學家司馬遷就在《史記》中安排專章，記述了從公元前二十一世紀的大禹治水到西漢時期的重大水利事件，第一次提出了以防洪、灌溉、排水、航運、供水爲主要内容的『水利』概念，開了史書專門記録水利史的先河。繼司馬遷之後，我國編纂水利歷史、總結治水經驗、探索水利規律、提供後世借鑒的優良傳統薪火相傳，綿延至今，留下了《河渠書》《水經注》《水部式》《河防通議》《行水金鑑》等諸多彌足珍貴的水利文獻，形成了獨特而豐富的水文化。

盛世修典是中華民族的優秀傳統。我國水利典籍卷帙浩繁、博大精深。但是，經過千百年間朝代更替、戰火兵燹、天灾人禍，許多珍貴歷史文獻遺失或毁損。能够保存至今的古代文獻藏本分散，複本稀少，孤本難求，極爲珍貴。爲了保護好、傳承好、利用好這些古代文化遺産，全面揭示歷代水利事業的輝煌成就，系統總結我國水利發展的歷史規律，傾力打造文化出版精品工程，爲水利改革發展提供可資借鑒的歷史經驗和現實指導，在國家圖書館和國家出版基金管理委員會的精心指導和大力支持下，水利部决定組織編纂《中國水利史典》。

作爲國家出版基金管理委員會批准并首批支持的重大出版項目，《中國水利史典》具有以下五個鮮明特點：一是歷史的厚重性。《中國水利史典》編纂内容上起大禹治水，下迄一九四九年，涉及我國五千年治水歷史，不僅是新中國成立以來實施的最大單項水利出版項目，也是我國乃至世界歷史上文獻最豐富、結構最完整、時間跨度最長、篇幅規模最大的水利典籍集成。其中收録的歷史文獻，記述了江河湖泊的自然狀况及其演變，記述了治水思想和治水方略的歷史變遷，記述了興修水利的艱辛實踐，記述了水利科技的進步歷程，記述了水利規約制度和管理經驗，凸顯了中國治水實踐的歷史縱深感。二是文化的傳承性。中華民族數千年的治水實踐，不僅創造了豐富的物質文明，而且積澱了深厚的文化財富。《中國水利史典》既是對水利歷史文獻的系統整編，也是對中國治水文化的全面梳理，凝聚了中華民族在治水興水漫長歷史進程中積累的科學認識、思想理念。這是祖先留下的寶貴遺産，是中華民族歷史經驗和智慧的結晶，也是中國傳統文化的絢麗瑰寶。三是内容的豐富性。我國現存的水利典籍，僅專著就有上千種，輿圖、碑刻、拓片、劄子更是不勝枚舉，水利古籍數量之多、領域之廣、内容之豐，居於世界前列。按照編纂方案，《中國水利史典》全書總計十卷，約五十個分册，近五千萬字，可謂鴻篇巨制。在編纂過程中，相關人員充分依托國家圖書館和其他機構的古籍文獻資源，深入查找，廣泛搜集，全面摸清了水利典籍的内容、種類和分布情況，科學厘清了部分文獻記述的來龍去脉和具體特徵，基本做到了應收盡收、精華不漏、系統完整。四是體例的科學性。《中國水利史典》嚴格遵循統一的編纂體例格式，對水利歷史典籍進行甄别、校勘、標點和評注。屬於專門水利著作而内容系統完整的，收録全書；内容涉及門類衆多而水利單獨成篇的，摘録相關篇章；内容豐富而龐雜的，節録水利相關文字和插圖。全書主體部分是經過校點的典籍本身或摘編，全部用繁體字出版，保留了原汁原味。作爲輔助部分的評注，文字簡潔，表述客觀，説理有據，爲讀者閲讀和理解主體部分内容提供了便捷通道。五是編纂的嚴謹性。水利部專門成立編委會，要求各有關單位全力配合、大力支持。爲選准配强編纂隊伍，編委會特别從高校、科研機構選聘了一批綜合素質高、工作責任心强、古文功底深厚、文史水平較高的專家學者參與相關分卷的編纂工作；堅持馬克思主義的立場觀點，堅持科學正確的學術方向，既兼收并蓄、博采衆長，古爲今用，又科學鑒别、去僞存真、去粗取精；建立嚴格規範的工作制度，明確每個環節、每位人員的責任，嚴把選題、大綱、點校、評注以及編輯、出版、印刷等關鍵環節關口，確保了編纂質量的高標準。

『以古爲鑒，可知興替』。當前和今後一個時期，是全面建成小康社會的關鍵時期，是加快轉變經濟發展方式的攻堅時期，也是大力發展民生水利、推進傳統水利向現代水利、可持續發展水利轉變的重要時期。二〇一一年中央一號文件、中央水利工作會議對水利改革發展作出全面部署，黨的十八大把水利放在生態文明建設的突出位置，提出了新的更高要求。《中國水利史典》的出版，爲當前水利工作提供了寶貴的歷史借鑒，爲開展現代水利科學研究提供了深厚的文獻基礎，對於豐富和完善可持續發展治水思路，推進民生水利新發展，加快水生態文明建設，具有重要的現實意義和深遠的歷史影響。我們要充分吸收借鑒歷史實踐的經驗智慧，緊緊抓住用好治水興水的戰略機遇，在新的歷史起點上加快推進水利改革發展新跨越，讓江河更加安瀾，山川更加秀美，人民更加安康，讓水利更好地造福中華民族。

是爲序。

中華人民共和國水利部部長

二〇一三年七月

序二

汲古潤今 嘉惠萬代

盛世修史治典是中華民族的優秀傳統。水利部組織相關領域專家，系統整理我國水利典籍，編纂《中國水利史典》，全面揭示我國歷代水利事業的輝煌成就，系統總結我國水利發展規律，爲當今水利建設提供借鑒，是一項功在當代、嘉惠子孫的重要文化建設項目。

中國幅員遼闊，從世界屋脊的青藏高原到東海之濱，黄河、長江蜿蜒流轉，奔流不息，經歷高山峽谷、草地平原，造就了獨具特色的景觀。巨大的落差和磅礴的水系，也使生活在這片土地上的人們很早就懂得涵養水源、興修水利，疏通河渠，造福生靈，中國的江河水利哺育滋養了璀璨的中華文明。

中國作爲一個歷史悠久的農業大國，歷來重視水利建設，它不僅是農業的命脉，也是治國安邦的要務。從大禹治水至今，涌現出許多可歌可泣的治水英傑，留下了許多造福萬代的水利工程。《元史·河渠志》中曾説：『水爲中國患，尚矣。知其所以爲患，則知其所以爲利。』歷代王朝都十分關注水利建設，康熙皇帝親政之初即把河務、漕運和三藩等三件大事寫成條幅懸挂堂中，作爲立國根本。一部中華民族繁衍發展史，在很大程度上也是中華兒女興水利、除水害的歷史。中華先賢不斷總結治水經驗和規律，留下了卷帙浩繁的水利典籍，數量和内容之豐富，都居於世界前列。這些典籍至今仍閃耀着光芒，是我們治水興國的重要鏡鑒。

早在先秦時期，《禹貢》《管子》《周禮》《考工記》等典籍中，就記有全國水土資源、水流理論、渠系設計、測量方法、施工組織及管理維修等知識。吕不韋等編修《吕氏春秋》，最早提出水文循環原理。西漢時期，著名史學家司馬遷在《史記》中就有記載水利的篇章——《河渠書》，該書記載了從大禹治水到漢武帝黄河瓠子堵口這一歷史時期内一系列治河防洪、開渠通航和引水灌溉的史實。後世的《水經注》、正史中的《河渠志》，以及《農政全書·水利》等，均是水利文獻中的代表作。隨着水利事業的發展，唐代中央政府頒行了我國第一部水利管理法規——《水部式》。這部珍貴法規二十世紀初在敦煌出土後被伯希和劫走，現藏法國國家圖書館。一九三五年，國立北平圖書館（國家圖書館前身）派員把這部珍貴文獻拍照帶回。《水部式》有二千六百多字，内容包括農田水利管理、航運船閘和橋梁渡口管理、漁業和城市水道管理等内容。《水部式》還規定，水利管理的好壞將作爲有關官吏考核晋升的重要依據。中華民族善於學習，兼收并蓄，明末徐光啓與傳教士熊三拔合譯的《泰西水法》，結合中國水利具體情况，經過實驗後，編譯成書，圖文并茂地記述了往復抽水機、螺旋提水車、雙筒往復抽水機等水利機械的結構和製造方法，以及修建蓄水池和鑿井的基本方法，爲近代西方水利技術的引進開了先河。

在衆多存世的河渠水利文獻中，各種類型的河工輿圖最能直觀描繪水利狀况，尤以明清時代河防工程體系形態最爲重要，如黄河河工輿圖上的提示，明確了各種堤防適合在哪一段工程中使用，如果配合文字史料，就可以細化黄河水利史的研究。又如在運河輿圖上有大量詳盡的文字注記，對沿途各程站的名稱與間距、運河水閘間里程、運河沿綫湖泊大小和儲水量多少、運河與其他水道通塞情况、各運河廳管段交界等狀况均有詳細的文字記述，可以通過地圖上的景物、地名與注記逐一對應，至今仍有重要的參考價值。

這些古代水利典籍，是中華民族的寶貴經驗和智慧結晶，源遠流長，博大精深，有待進一步整理、揭示、傳承、利用，這正是編纂出版《中國水利史典》的重要意義所在。

國家圖書館是全國最大的古籍收藏機構，也是古今水利典籍收藏數量最多的單位之一。在這些古籍和民國文獻中，有大量具有重要價值的水利史典籍。特别是有關河渠水利的地方文獻、金石拓片、輿圖資料和老照片檔案等，内容豐富，頗具特色。這些典籍，有的記録江河湖海的自然狀况，有的反映河渠水利的修造過程，有的闡述治水防灾的方略，有的彰顯造福百姓的德政，不乏精品，有重要借鑒意義。新中國成立後，水利部門爲了治河防洪，曾充分利用國家圖書館收藏的古舊河道圖。如一九六四年，水電部水利史研究室、水電部北京勘測設計院根據毛主席『一定要根治海河』的指示進行重大水利工程建設，制定漳、衛、滏陽、滹沱等河流域的治水方案，爲此查閲了當時國家圖書館收藏的各地清代河道圖一百餘種，爲工作的順利開展提供了文獻保障。

二〇〇七年，國務院下發《關於進一步加强全國古籍保護工作的意見》後，古籍整理及利用受到更多關注。《中國水利史典》作爲古籍整理的重要工程，一定會成爲名山之作，傳之後人。

國家圖書館館長
國家古籍保護中心主任
周和平

二〇一三年七月

編纂説明

《中國水利史典》是中華人民共和國成立以來首次全面系統整編水利歷史文獻的大型工具書。它全面記録了我國歷代水利事業的輝煌成就，系統呈現我國水利發展規律，爲現代水利建設提供借鑒。它既是梳理治水脉絡、服務現代水利的大型出版工程，也是傳承治水文明、弘揚中華水文化的重要文化工程。

二〇〇七年，中華人民共和國國務院批准設立了『國家出版基金』，這是繼『國家自然科學基金』、『國家社會科學基金』之後國家設立的第三大文化類基金。經過申請，二〇〇九年《中國水利史典》被國家出版基金管理委員會批准爲首批支持的項目，并被列爲『十二五』國家重點圖書出版規劃項目。二〇一〇年，水利部決定成立《中國水利史典》編委會，負責領導全書編纂工作，并成立了編委會辦公室和專家委員會。編委會辦公室設在中國水利水電出版社。

中華文明有三千多年連續的文字記録，其中關於防洪、灌溉、水運等治水的文獻記載，爲人們提供了寶貴的歷史借鑒。紀傳體史書《二十五史》中的水利專篇《河渠志》，是中國水利史的縮編；以《資治通鑑》爲代表的編年體史書記載了歷代有重大影響的水利項目；歷代紀事本末體史書把散見在不同年代的同一水利項目編輯在一起；歷朝的會要、實録是歷史事實的原始記録，水利内容數量不少。在古代行政管理及法制文獻中，也有如唐《水部式》、宋《農田水利條約》等十分珍貴的資料。現存大量的關於流域綜合治理的水利專志，是研究江河湖泊及其治理的重要依據，如明代《問水集》《河防一覽》《漕河圖志》《漕運通志》《浙西水利書》等；此外，清代編寫的《行水金鑑》《續行水金鑑》等水利史料匯編性圖書，分别摘録了從遠古傳説到清朝的黄河、長江、淮河、濟水和運河的水利史實。在古代科技著作中不乏水利記載，如宋代著名科學家沈括的《夢溪筆談》、元代王禎的《王禎農書》和明代徐光啓的《農政全書》等著作中都有關於河湖和水利的内容，有的還比較詳細。

爲把這些浩如烟海的水利文獻有序整理出版，《中國水利史典》分爲十卷，分别是綜合卷、長江卷、黄河卷、淮河卷、海河卷、珠江卷、松遼卷、太湖及東南卷、運河卷、西部卷。其中，綜合卷收録的主要是全國性和跨流域水利史文獻，長江卷、黄河卷、淮河卷、海河卷、珠江卷、松遼卷六卷以該流域範圍内水利歷史文獻爲主，太湖及東南卷收録的主要是太湖流域、浙、閩、臺地區流域、獨流入海河流及海塘的文獻，運河卷收録的主要是京杭運河及全國性運河的歷史文獻，西部卷包括西北和西南地區流域的水利歷史文獻。

《中國水利史典》取材時間範圍確定爲：從有文字記載開始至一九四九年止。每卷分爲若干册，每册一百萬字左右，收録一篇（稱爲編纂單元）或多篇文獻，主要采用點校、重排方式付梓。

本次水利古籍整理工作的原則是句讀合理、標點正確，校讎細緻、校勘有據。我們所做的主要工作如下：

一、對原文獻逐句加標點，分段。標點遵循GB/T 15834—2011《標點符號用法》，同時結合古籍整理特點，使用竪排古籍的專用標點符號。

二、對原文獻進行校勘。『校』指校對該書與他書的差異，『勘』指改正訛誤。凡有可能影響理解的文字差異和訛誤（脱、衍、倒、誤）都應該標出和改正。正文改字在正文中標注增删符號，擬删文字用圓括號標記，正確文字用六角括號標記，如把擬删的（下）改成〔卜〕，并以校勘記作必要説明。校勘記以頁末注的方式呈現於原文附近。文中標注符號爲：㈠、㈡、㈢……

三、對於史實記載過於簡略、明顯謬誤之處，以及古代水利技術專有術語，專業管理機構，工程專有名稱、名詞等，根據需要進行簡單注釋。

四、對原文獻用字進行整理。整理後的文獻采用新字形繁體字。原文獻的古今字、通假字，有特殊用意的字、專名用字、作爲討論對象的字一律不改。不影響理解的異體字（包括寫法不同和結構不同），如『群』、『羣』等同一個字偏旁出現上下左右變動的情况和『褲』、『袴』等同一個字有多種偏旁的情况，一律改爲通行繁体字。原文本有的避諱字不改，但後世版本篡改的避諱字改回原字。文字整理類的改動不出校。

五、每個編纂單元文獻前，有文獻整理人撰寫的『整理説明』。其主要内容包括：文獻産生的時代背景；作者簡介及主要學術成就；文獻的基本内容、特點和價值；文獻的寫作、成書情况和社會影響；本次整理所依據的版本及其他需要説明的问題。

六、每册前，有卷編委會或卷主編撰寫的『卷前言』。其主要内容包括：本分卷涵蓋的水域範圍及其地理、水文、水資源基本特點；水域範圍内主要的古代水利事件、水利工程、水利典籍及其在現代水利中發揮的借鑒作用和參考實例；本水域範圍内水利典籍存留概况以及本分卷典籍入選原則；與本分卷編纂有關的、需要特别説明的問題；本分卷編纂組織工作簡介。

七、每册後，有根據文獻收録情况撰寫的『後記』。其主要内容包括：本册選取編纂單元的原則，以及需要重點提示的問題；本册不同編纂單元中有關職官、異體字等内容在點校工作中不同於其他分册的問題；本分册成稿過程中需要特别向讀者交代的補充説明。

八、爲便于檢索，書籍出版時在雙頁面加『中國水利史典　分册名』書眉，單頁面加『編纂單元名　篇章名』書眉。

九、爲保持文獻歷史原貌，本次整理不對插圖進行技術處理。

《中國水利史典》的編纂出版得到了水利行業及社會各界的廣泛關注和大力支持。水利部長江水利委員會、黄河水利委員會、淮河水利委員會、海河水利委員會、珠江水利委員會、松遼水利委員會、太湖流域管理局、中國水利水電科學研究院等單位承擔了相關分卷的編纂工作。國家圖書館、國家古籍保護中心、中國科學院、清華大學圖書館、北京師範大學、南開大學、中華書局、上海古籍出版社等單位爲本書的編纂出版提供了積極的幫助。本書的點校專家、審稿專家、組織工作者、編輯出版人員亦爲編纂出版工作付出了巨大努力，在此誠表謝意。

《中國水利史典》是連接歷史水利與現代水利的橋梁，搭建這座橋梁工程浩大，編校繁瑣，在編纂出版過程中難免存在疏漏與錯誤，歡迎讀者、專家批評指正。

《中國水利史典》編委會辦公室

中國水利史典　綜合卷

主　編　鄭連第

副主編　蔡　蕃　蔣　超

參編人員（按姓氏筆畫排序）

王利華　尹鈞科　吕　娟　徐海亮　陳茂山

張衛東　鄒寶山　蔣　超　蔡　蕃　鄭連第

前言

《中國水利史典·綜合卷》涵蓋的主要内容包括：綜述全國水利發展歷史的文獻；反映水利發展進程中與水利有關的基礎科學、勘測、設計、工程技術、運行管理、法律法規等方面的文獻；涉及綜合全國範圍或跨流域的工程建設和管理的文獻；記録具有全國影響力的、有貢獻的水利人物的相關事迹的文獻。根據《中國水利史典》編纂方案規定，文獻收録的範圍爲『有文字記載開始至一九四九年止』。綜合卷文獻主要來源於以下幾個方面：

一、歷代正史（一般總稱二十五史）。以《史記》爲首篇的紀傳體史書，其中的《河渠志》是中國水利史的斷代史；還有《食貨志》《五行志》《地理志》等專志中有關於農田水利、漕運、江河治理、水灾賑濟的記載；『紀』『傳』中也有水利史實的記述。

二、紀事本末體史書。紀事本末體史書打破了編年的限制，如取材於編年體史書《資治通鑑》的《通鑑紀事本末》，按朝代以歷史事件爲記述單元，較爲系統而完整，便於瞭解事件的來龍去脉。因而紀事本末體史書對歷史上水利事件有獨到的記載，把散見在不同時代的同一水利史實自始至終連續編輯在一起，便於後人閱讀和研究。

三、古代行政管理法規檔案。中國古代有許多水利行業管理記載，也有一些法規文件，這些文獻有的按朝代匯集成專書，有的散見在不同的古籍中。例如，唐《水部式》殘卷，以《通典》爲首篇的所謂《十通》，各朝的會典、則例等。

四、歷朝的會要。會要是歷朝文獻的原始記録匯編，記載了各朝典章制度的原文，内含的原始歷史資料較爲豐富，可以彌補二十五史志、表的不足。其中，水利内容雖所占比例不大，但絶對數量不少，如《宋會要輯稿》等。

五、古代水利文獻集成。清代匯編的《行水金鑑》，將遠古傳説到清康熙末年文獻中的黄河、長江、淮河、濟水和運河等分門别類編輯成册。此後又有《續行水金鑑》《再續行水金鑑》問世，這一系列篇幅巨大。特别是其中收集了歷朝實録的一些水利内容，尤爲珍貴。還有故宫歷史檔案中關於洪澇灾害的記載，内容詳細、準確，可靠性强，且便於閲讀，對瞭解和研究古代河湖及其治理都是難得的史料。

六、歷代地理著作中有關河湖水利的記載。以酈道元的《水經注》及後人的注釋著作影響最大，楊守敬《水經注圖》是其注釋著作的代表。另外，齊召南的《水道提綱》等也叙述了不同歷史時期全國或不同地域的河湖情况。

七、各類科技著作中的水利記載。例如，宋應星的《天工開物》、沈括的《夢溪筆談》及明代徐光啓的《農政全書》等著作，都有關於河湖水利技术的内容。

八、清末民國時期水利方面的著作。由於一八四〇年至一九四九年間正是西方水利科學技術傳入中國初期，文獻工作基礎較薄弱。本卷通過多方收集和研究，對此做了一定的彌補。这一时期文献記載了中國水利科學技術從傳統到近代的轉變過程，有助於全面瞭解中國水利發展的特點，從而爲治理中國的江河提供借鑒。

水利古籍的整理和出版，在一九三六年至一九三七年間，中國水利工程學會的汪胡楨、吴慰祖曾經排印過《中國水利珍本叢書》，共計二輯十一種，印數不多，流傳不廣。中華人民共和國成立後，一九八六年水利電力出版社曾組織出版《中國水利古籍叢刊》，可惜只出版了兩種，大約四十萬字。《中國水利史典》全面、系統地整理出版水利古籍，是中華人民共和國成立以來的首次。

參加水利古籍整理工作的人員從專業説，應該兼備古文和水利兩方面的專業知識。對此，我們工作中采用了點校專業人才與水利專業人才相結合的辦法，即先由文字專家進行點校，再由水利專家進行復核，取得了很好的效果。

作爲《中國水利史典》中最早出版的分卷，綜合卷從組織專家點校、審稿，到出版社三審、制定版式方案，遇到的問題與困難遠比想象的多，經參編人員共同努力終能與讀者見面，殊爲不易。不足之處，請不吝指正。

《中國水利史典·綜合卷》主編

二〇一三年七月

目録

唐會要水利史料匯編

蔡蕃　整理

整理説明

《會要》是以收輯某朝國家制度、歷史地理、風俗民情等爲主要内容的一種史書。其内容涉及典章制度等，保存的原始歷史資料較爲豐富，可以彌補二十五史的不足。

會要體史書最早出現於唐中葉。唐德宗時，蘇冕纂集高祖至德宗九朝沿革制度，成《會要》四十卷。宣宗大中七年（八五三年）詔崔鉉等撰德宗以來至大中六年事，成《續會要》四十卷。王溥（九二二——九八二年）又采集宣宗以後事，共成書百卷，這就是《唐會要》，是最早編成的會要體史書。

宋代專門設立『會要所』編纂當代會要，册秩達二千多卷，即《宋會要》。可惜原書已經亡佚。今只存從《永樂大典》輯出的宋會要殘本——《宋會要輯稿》。元、明没有修會要，當政者主要編修『會典』。直到清初乾隆時期會要類著作增加，并形成系列。如姚彦渠《春秋會要》、孫楷《秦會要》、徐天麟《西漢會要》和《東漢會要》、楊晨《三國會要》、王溥《五代會要》和《唐會要》等。這些資料中包涵了豐富的水利史内容，有利於瞭解歷史事件的過程。在此只對水利内容比較集中的《唐會要》、《宋會要輯稿》、《明會要》進行匯編。其中以《宋會要輯稿》内容保存最多，整理工作難度最大，在文前做了專門的説明。

《唐會要》一百卷，它取材於唐代的實録文案，分門别類地具體記載了唐朝各種典制及其沿革，爲研究唐代政治、經濟、軍事、文化等各方面的情况提供了第一手資料，向來爲唐代文學、歷史的研究者所重視。本書雖與《通典》有許多相似之處，而於唐代制度記載更爲詳備，并保存了《新唐書》、《舊唐書》未載的史實，《大唐起居註》、《大唐實録》均已亡佚，部分内容也靠此書保存。

作者王溥，字齊物，并州祁縣人（今山西省祁縣）。五代後漢乾祐年間進士，歷任後漢、後周，官中書舍人、翰林學士、右僕射。入宋後，進司空、同平章事，監修國史。《宋史》卷二四九有傳。一九三六年商務印書館以聚珍本爲底本，出版了《國學基本叢書》本。一九五五年，中華書局又用商務印書館紙型重印出版。一九九一年，上海古籍出版社以江蘇書局本爲底本，參以聚珍本和上海圖書館藏的四個抄本，校點出版。

本次整理選録了《唐會要》中水災、水官、漕運、水利的内容。

本書匯編點校工作由蔡蕃完成，蔣超審稿。錯誤和不當之處，希望批評指正。

整理者

目録

卷四三　水災上

貞觀十一年七月一日，黃氣竟天，大雨。穀水溢，入洛陽宮，深四尺，壞左掖門，毀宮寺一十九所，漂六百餘家。中書舍人岑文本上疏曰：『伏惟陛下覽古今之事，察安危之機。上以社稷爲重，下以億兆爲念。明選舉，慎刑罰，進賢才，退不肖，聞過即改，從諫如流。爲善在于不疑，出令期于必信。頤神養性，省畋遊之娛；去奢從儉，減工役之費。務靜方內而不求闢土，載櫜弓矢而無忘武備。凡此數者，惟願陛下行之不怠，則至道之美，與三五比隆。雖桑穀龍蛇，猶當轉禍爲福，變咎爲祥。況水雨之患，陰陽常理，豈可謂之天譴而繫聖心哉！』

特進魏徵諫曰：『昔貞觀之始，聞善若驚。暨五六年間，猶悦以從諫。自時厥後，漸惡直言，雖或勉強，時有所容，非復曩時之豁如也。謇諤之士，稍避龍鱗；便佞之徒，肆其巧辨。謂同心者爲朋黨，謂告奸者爲至公，謂強直者爲擅權，謂忠讜者爲誹謗。謂之朋黨，雖忠信而可疑；謂之至忠，雖矯僞而無咎。強直者畏擅權之議，忠讜者慮誹謗之尤。至于竊發生疑，投杼致惑，正人不得盡其言，大臣莫能與之爭。熒惑視聽，鬱于大道，妨治損德，其在茲乎？而欲無水之災，不可得也。』

十三日，詔曰：『暴雨爲災，大水泛濫，靜思厥咎，朕甚懼焉。文武百寮，各上封事，極言朕過，無有所諱。諸司供進，悉令減省。凡所作役，量事停廢，遭水之處，賜帛有差。』二十日，廢明德宮及飛山宮之玄圃院，分給河南、洛陽遭水户。九月，黃河泛濫，溢壞陝州河北縣及太原倉，毀河陽中潬，幸白司馬坂以觀之。

永徽五年六月七日，滹沱河水泛溢，損五千三百家。

總章二年七月，冀州(一)大雨，壞居人屋宇，凡一萬四千二百九十家，害田四千四百九十六頃。九月十八日，括州海水翻上，壞永嘉、安固二縣百姓廬舍六千八百四十三家，溺死人九千七十、牛五百頭，田四千一百五十頃。

咸亨四年七月二十七日，婺州暴雨，山川泛溢，溺死者五千人。

永淳九年五月十四日，連日澍雨。二十三日，洛水溢，壞天津橋，損居人千餘家。

文明元年七月，温州大水，損四千餘家。

如意元年七月一日，洛水溢，損居人五千餘家。

神龍元年七月二十七日，洛水暴漲，壞百姓廬舍二千餘家，溺死者數百人。八月一日，以水災令文武九品以上直言極諫。右衛騎參軍宋務光上疏曰：『伏見明制，令文武九品以上直言極諫，大哉德音，真堯舜之用心，禹湯

(一) 冀州　原作『益州』，據《舊唐書》卷五《高宗紀》、卷四一《五行》改。

之罪己也！臣嘗謂天人相與之際，休咎冥符之兆，有感必通，其間甚密。是以政失于此，變生于彼，亦猶影之象形，響之赴聲，動而輒隨，各以類應。故曰：「天垂象，見吉凶，聖人象之。」竊見，自夏已來，水氣悖戾，郡國多罹其災。去月二十七日，洛水暴漲，漂損百姓。臣謹按《五行傳》曰：「簡宗廟，廢祭祀，則水不潤下。」夫王者即位，必郊祀天地，嚴配祖宗，是故鬼神歆饗，多獲福助。自陛下光臨寶極，綿歷炎涼，郊廟遲留，不時殷薦，山川寂寞，未議懷柔。水之貽災，殆因此發。臣又按，水者陰類，臣妾之道。陰氣盛滿，則水泉迸溢。加以虹蜺紛雜，澍雨滯霪，雖丁厥時，而汩常度，亦陰勝陽之沴也。臣恐後庭近習，或有離中饋之職，干外朝之政。伏願陛下深思天變，杜絕其萌。以萬方爲念，不以聲色爲娱；以百姓爲憂，不以犬馬爲樂。暫勞宵旰，用緝明良，豈不休哉！夫災變應天，實繫人事，故日蝕修德，月蝕修刑。若乃雨暘或愆，則貌言爲咎。雩禜之法，存乎禮典。今暫降霖雨，即閉坊門，棄先聖之明訓，遵後來之淺術，時偶中之，安足神耶？蓋當屏翳收津，豐隆戢響之日也。豈有一坊一市，遂能感召皇靈；暫開暫閉，便欲發揮神道。必不然矣，何其謬哉！至今巷議街談，共呼坊門爲宰相，謂能節宣風雨，燮理陰陽。天工人代，乃爲虚設；悠悠蒼生，復何望哉？』尚書右僕射唐休璟以水雨爲害，咎在主司，上表曰：『臣聞天運其工，以人代之而理；神行其化，爲政資之以和。得其理則陰陽以調，失其和則災沴斯作。故舉才而授，帝惟其難；論道于邦，官不必備。頃自中夏，及乎首秋，郡國水災，屢爲人害。夫水，陰氛也，臣實主之。臣忝職右樞，致此陰沴，是不能調理其氣，而曠居其官。雖運屬堯年，則無治水之用；位侔殷相，且闕濟川之功。猶負明刑，坐逃皇譴。皇恩不棄，其若天何？昔漢家故事，丞相以天災免職。臣竊遇聖朝，豈敢靦顔居位。乞解所任，待罪私門。冀移陰咎之徵，復免夜行之責。』

二年四月，洛水漲，壞天津橋，損居人廬舍，死者數千人。

卷四四　水災下

開元八年六月二十一日，東都穀、洛、瀍三水溢，損居人九百六十一家，溺死八百一十五人。許、衛等州田廬蕩盡。掌關兵士溺死者一千一百四十八人。

十四年七月十四日，瀍水暴漲入洛，損諸州租船數百艘，損租米十七萬二千八百石；十八日，懷、衛、鄭、汴、滑、濮大雨，人皆巢居，死者千計。

大曆四年，京師大雨水，斗米直八百，佗物稱是。命閉市北門，置一土臺，臺高五尺，上置五方壇，壇上立一黄旛以祈晴。

貞元三年閏五月，東都、河南、江陵大水，壞人廬舍，汴州尤甚，揚州江水泛漲。

四年八月連雨，灞水暴溢，溺殺渡者百餘人。

八年八月，河北、山南、江淮凡四十餘州大水，漂溺死者二萬餘人。又幽州奏，七月大雨，水深一丈已上。鄚、涿、薊、檀、平等五州並平地水深一丈五尺。十月，徐州奏，從五月二十五日雨，至七月八日方止，平地水深一丈二尺，苗田屋宇漂蕩倒塌，村閭向盡，百姓多就高處及移居鄰郡。

十一年，復州竟陵等三縣遭朗、蜀二水泛漲，没溺損户一千六百六十五，田四百一十頃。

十二年，福、建等州大水。六月，嵐州暴雨，水深二丈餘，損屋宇田苗。

十五年，鄭、滑大水。

十八年，蔡、申、光等州水，賜物五萬段，米十萬石，鹽三千石，以賑貧民。

永貞元年九月，朗州武陵、龍陽二縣江水暴漲，漂萬餘家。十一月，京兆府長安等九縣山水泛漲，害田苗。

元和元年十二月，幽州、徐州水損田苗。

二年，蔡州上言，大水，平地水深八尺。

三年，京師大雨水。

四年七月，渭南縣暴水泛溢，漂損廬舍二百一十三户，秋田十有六頃，溺死者千人，命京兆府發義倉救之。

七年正月，振武界黄河溢，毁東受降城。五月，饒、撫、虔、吉、信五州山水暴漲，没毁廬舍，虔州尤甚，深處四丈餘。

八年，許州大水，摧大隗山。其年六月庚寅，京師大水，風雨毁屋揚瓦，人多厭死者。水積於城南，深數丈餘，入明德門，猶漸車輻。辛卯，渭水暴漲，絶濟者一月。時所在霖雨，百源皆發，川澮多不由故道。

九年十二月，淮南、宣州大水。

十一年五月，昭應雨水，漂溺居人。是月，衢州山水湧出三丈餘，壞州城，百姓溺死，損田千餘頃。是月，浮梁、樂平二縣暴雨，百姓溺死者一百七十人，其爲漂泛不知所在者四千七百户，闕兩税錢三萬五千貫。十一月，潤、常、陳、許等州以水害聞，田不發者萬餘頃。十二月，京兆府水害田苗，潤、常、湖、衢、陳、許六州大水。

十二年六月，京師大雨，含元殿一柱傾，市中水深三尺，壞坊民二千家；河北水災，邢、洺尤甚，平地或深二丈。

十三年六月，淮水溢，壞人廬舍；十二月，奉先等十一縣水害麥田。

十五年九月，滄、景大雨，敗田三百頃，壞屋舍二百九十間。又江西奏，吉州大水。

長慶二年七月，好時山水泛漲，漂損居人三百餘家。

其月詔：『陳、許兩州災頗甚，百姓廬舍漂溺復多，言念疲氓，豈忘救恤？宜賜米粟共五萬石充賑給，以度支先於管内見收貯米粟充。本道觀察使審勘責所漂溺貧破人户，量家口多少，作等第分給聞奏。』

寶曆元年七月乙酉，鄜、坊大水；九月，華州暴水傷稼。

大和二年六月，陳州水害秋稼；八月，京畿奉先等十七縣水。

三年七月，宋、亳水害秋稼。

四年九月，舒州太湖、宿松、望江大水災，溺民户六百八十，詔本道以義倉斛斗賑貸。

其年十一月，京畿、河南、江南、湖南等道大水害稼，詔本道節度、觀察使出官米賑給。

五年六月，蘇、杭、湖三州雨水害稼。東川奏，玄武江水漲二丈，壞梓州羅城人廬舍。

六年二月，以去歲蘇、湖大水，宜賑貸二十二萬石，以本州常平義倉斛斗充給。

八年十一月，滁州奏，清流等三縣，四月雨至六月，諸山發洪水，漂溺户一萬三千八百。

開成二年八月，山南東道諸州大水，田稼漂盡。丁酉，詔：『大河西南，幅員千里，楚澤之北，連亘數州，以水潦暴至，堤防潰溢，既壞廬舍，復損田苗。言念黎元，罹此災沴，宜令給事中盧宣、刑部郎中崔瑨宣慰。』

卷五九　水部郎中　水部員外郎

水部郎中

隋爲水部郎。武德三年，加『中』字。龍朔二年，改司川大夫。咸亨元年，復爲水部郎中。

水部員外郎 改復與郎中同

開元十一年正月二十一日，改丹水爲懷水。

天寶五載正月七日詔：『天下山水，名稱或同。義且不經，多因於里諺；事若仍舊，何成于禹别？宜所司各據圖籍改定訖聞奏。』

十一載五月，潼關口河灘上有樹五株，雖水暴長，亦不漂没，時人謂之女媧墓。是月，因大風，遂失所在。至乾元二年六月十八日，虢州刺史王奇光奏：『所部閺鄉縣界女媧墓，天寶十一載，失所在。今月一日夜，河上側近忽聞雷聲，曉見其墓湧出，上有雙柳樹，下有巨石，其柳各高丈餘。』

貞元元年十二月九日勑：『立春日，前内外兩井納冰，總二千五百段，每段長一尺，厚一尺五寸，宜令府縣句當，澄濾浄潔供進。』

開成五年七月，河南尹奏皇城内伊、洛等四水：

『伏以伊、洛四水，載在典墳，今人所呼，其名甚著。其第三水字，御名同，東周之人所以請更其名者。臣遂勒所府官司録以下參議其事。今得司録參軍韋瓊等狀，謹按《尚書》，周公將營洛邑，卜澗水東，瀍水西，惟洛食。孔安國《傳》云，初卜黎水上，不吉，迨卜此二水之間，吉。伏請改第三水字爲吉水者。臣竊以周居洛宅，卜年惟永，今改此水，雅協祥符。謹具如前。』勅旨：『宜依。』

卷六六 都水監

武德八年，置都水署，隸將作監。貞觀六年八月六日，置監，罷將作監。龍朔二年，改爲司津監。咸亨元年，復爲都水監。光宅元年二月，改爲水衡監。神龍元年，復爲都水監。

使者 武德初，爲都水令。貞觀六年，改爲使者。龍朔二年，改爲監。咸亨元年，改爲使者。光宅元年，改爲都水府。神龍元年，改爲使者。

諸津 在京兆、河南府界者，隸都水監；外州者，隸當界州縣。

大曆六年十一月三日勅：『應祠祭乾魚鮍，宜令都水監依樣每年起十月造掌，隨祭供用。其醢魚肉，據用數依限送光禄寺，令供造。』

卷八六 橋梁

顯慶五年五月一日，修洛水月堰。舊都城洛水天津之東，有中橋及利涉橋，以通行李。

上元二年，司農卿韋機始移中橋，自立德坊西南，置于安衆坊之左，南當長夏門街，都人甚以爲便，因廢利涉橋，所省萬計。然每年洛水泛溢，必漂損橋梁，倦于繕葺。內使李昭德始創意，令所司改用石脚，鋭其前以分水勢，自是無漂損之患。初，韋機橋畢，上大悦，令于中橋南刻一方石，刻其年辰簡速之跡。紀一十六字，蓋黄絹之辭也。

先天二年八月勅：『天津橋除命婦以外，餘車不得令過。』

開元九年十二月九日，增修蒲津橋，絙以竹葦，引以鐵牛，命兵部尚書張説刻石爲頌。

十九年六月勅：『兩京城內諸橋及當城門街者，並將作修營，餘州縣料理。』

二十年四月二十一日，改造天津橋，毀皇津橋，合爲一橋。

天寶元年二月，廣東都天津橋、中橋石脚兩眼，以便水勢，移斗門自承福東南，抵毓財坊南百步。

八載二月，先是，東京商人李秀昇於南市北架洛水造石橋，南北二百步，募人施財鉅萬計，自五年創其始，至是而畢。

十載十一月，河南尹裴迴請税本府户錢，自龍門東山抵天津橋東，造石堰以禦水勢。從之。

大曆五年五月敕：『承前府縣並差百姓修理橋梁，不逾旬月，即被毀拆，又更差勒修造，百姓勞煩，常以爲弊，宜委左右街使勾當捉搦，勿令違犯。如歲月深久，橋木爛壞，要修理者，左右街使與京兆府計會其事，申報中書門下計料處置。其坊市橋令當界修理，諸橋街京兆府以當府利錢充修造。』

其年八月敕：『其坊市内有橋，不問大小，各仰本街曲當界共修，仍令京兆府各差本界官及當坊市所由勾當，每年限正月十五日内令畢。如違，百姓決二十，仍勒依前令修，文武官一切具名聞奏，節級科貶。如後續有破壞，仍令所由時看功用多少，計定數修理，不得輒賸料率，及有隱欺。』

貞元元年正月敕：『宜令京兆府與金吾計會，取城内諸街枯死槐樹，充修灞、滻等橋板木等用，仍栽新樹充替。』

卷八七　轉運鹽鐵總敘　漕運　轉運使

轉運鹽鐵總敘

皇朝自武德、永徽以後，姜行本、薛大鼎、褚朗皆以漕運上言，然未能通濟。其後，監察御史王師順運晋、絳之粟，於河、渭之間增置渭橋倉，自師順始也。

開元二年，河南尹李傑爲水運使，大興漕事。

十八年，宣州刺史裴耀卿上言，請依舊法，敖倉於河口立輪場以受米，置河陰縣，及河陰、栢崖、集津、三門倉，鑿崖開山，以車運數十里，積於太原倉，以利漕運。上從之，拜耀卿江淮轉運使，仍以鄭州刺史崔希逸、河南少尹蕭炅爲之副。轉運鹽鐵之有副使，自此始也。耀卿主之三年，凡運六七百萬石[一]，省陸運之傭三千萬[二]。舊制，東都含嘉倉積江淮之米，載以大輿，運而西至於陝三百里，率兩斛計傭錢千，此耀卿所省之數也。明年，耀卿拜侍中，而蕭炅代焉。二十五年，運米一百萬石。

二十九年，陝郡太守李齊物鑿三門山以通運，闢三門巔，踰巖險之地，俾負索引艦，昇於安流，自齊物始也。

天寶二載，韋堅代蕭炅，以滻水作廣運潭於望春之東，而藏舟焉。是年，楊釗以殿中侍御史爲水陸運使，以代韋堅。先是，米至京師，或砂礫糠粃雜乎其間。開元初，詔使揚擲而較其虚實，揚擲之名，自此始也。

十四載八月詔：『水陸運宜停一年。』天寶以來，楊

[一] 六七百萬石　原脱『萬』，據《舊唐書》卷四九《食貨志》下，並參考《新唐書》卷五三志補。

[二] 三千萬　《舊唐書》卷五三《食貨志》下作『四十萬貫』。

國忠、王鉷皆兼重使以權天下，故轉運之事，自耀卿以降，罕有聞者。

肅宗初，第五琦始以錢穀得見，請於江淮分置租庸使，市輕貨以濟軍食，遂拜監察御史，爲之使。乾元元年，加度支郎中，尋兼中丞，爲鹽鐵使。於是始立鹽鐵法，就山海井竈，收榷其鹽，立監院官吏。其舊業户洎浮人欲以鹽爲業者，免其雜傜，隸鹽鐵使。盜煮私鹽，罪有差。亭户自租庸以外，無得橫賦。人不益税，而國用以饒。明年，琦以户部侍郎同平章事，詔兵部侍郎吕諲代之。

寶應元年五月，元載以中書侍郎代吕諲。是時，淮、河阻兵，飛輓路絶，鹽鐵租賦，皆泝漢而上。以侍御史穆寧爲河南道轉運、租庸、鹽鐵使，尋加户部員外，遷鄂州刺史[一]，以總東南貢賦。是時，朝議以寇盜未戢，關東漕運，宜有倚辦，遂以通州刺史劉晏爲户部侍郎、京兆尹、度支鹽鐵轉運使。鹽鐵兼漕運，自晏始也。

二年，拜吏部尚書、同平章事，依前充使。晏始以鹽利爲漕傭，自江淮至渭橋，率十萬斛傭七千緡，補綱吏督之。不發丁男，不勞郡縣，蓋自古未之有也，至今爲法。晏既至江淮，以書遺元載曰：『浮於淮、泗，達於汴，入於河。西經底柱、硤石、少華，楚帆越客，直抵建章、長樂，此安社稷之奇業也。晏賓於東朝，猶有官謗。公終始故舊，不信流言，則賈誼復召宣室，弘羊重興功利，敢不悉力以答所知。驅馬陝郊，見三門渠津遺跡。到河陰、鞏、洛，見宇文愷立梁公堰，分河入渠； 及李傑新堤故事，飾像河廟，凛然如生。步步探討，知昔人用心，則潭、衡、桂陽，必多積穀，可以淪波挂席，西指長安。三秦之人，待此而飽； 六軍之衆，待此而強。天子無憂，都人胥悦。四方旅拒者可以破膽，三河流離者於茲請命。公輔明主，爲富民侯，此今之切務，不可失也。僕願湔洗瑕穢，一罄愚誠，以副公之心。

且晏勤于官，不辭水火。然運之利與運之病，各有四五焉。晏自尹京，入爲計相，共五年矣。京師三輔百姓，唯苦税畝傷多。若使每年得江湖二三十萬石，即傜賦頓減，歌舞皇澤，其利一也。東都殘毁，百無一存。若米運流通，則饑民皆附，村落邑廛，從此滋多。受命之日，引海陵之倉，衣食鞏、洛，是計之得者，其利二也。諸侯有在邊者，諸戎有侵敗王略者，或聞三江五湖，陳陳紅粒，雲帆桂檝，輸納帝鄉，可以震耀夷夏，其利三也。自古帝王之盛，皆云書同文，車同軌，日月所照，莫不率俾。今舟車既通，商賈來往，百貨雜集，航海梯山，聖神光耀，漸及貞觀、永徽之盛，其利四也。

所可疑者，函陝凋殘，東周尤甚。過宜陽、熊耳，至武

[一] 鄂州刺史 『史』原作『榷』，據《舊唐書》卷四九《食貨志》及卷一六三《穆寧傳》改。

牢、成皋，五百里中，編户千餘而已。人烟蕭條，獸游鬼哭，輿必脱輻，牛必羸角，棧車輓輅，亦不易求。今於無人之境，興勞人之運，故難就矣，其病一也。汴流渾渾，不修則澱，頃因寇難，曾未疏決，澤滅水，岸石隳，役夫需於沙，津吏旋於淤濘，千里洄上，罔水行舟，其病二也。東垣、底柱，澠池二陵，北河運處五六百里，戍卒久絶，奪攘奸宄，窟穴囊槖，夾河爲藪，豺狼狺狺，舟行所經，寇亦能往，其病三也。東自淮陰，西臨蒲坂，亘三千里，屯戍相望。中軍皆鼎司元侯，賤卒亦儀同青紫。每云食半菽，又云無挾纊； 輓漕所至，船到便留，即非單車使折簡書所能制矣，其病四也。是顧畢其思慮奔走之，惟中書詳其利病裁成之。晏見一水不通，願荷鍤先往； 見一粒不運，願負米先趨。焦心苦形，期報明主，丹誠未克，漕引多虞，屏營中流，掩泣獻狀。』自此每歲運米數十萬石，自江淮北，列置巡院，搜擇能吏以主之，廣牢盆以來商賈。凡所制置，皆自晏始。

廣德二年正月，復以第五琦專判度支、鑄錢、鹽鐵事，而晏以檢校户部尚書爲河南及江淮以來轉運使，及與河南副元帥計會開決汴河水。永泰二年，晏爲東道轉運、常平、鑄錢、鹽鐵使，琦爲關内、河東、劍南三川轉運、常平、鑄錢、鹽鐵使。大曆五年，詔停關内、河東、三川轉運、常平、鹽鐵使。自此，晏與户部侍郎韓滉分領關内、河東、山南、劍南租庸、青苗使。至十四年，天下財賦皆以晏掌之。建中元年，詔曰：『朕以征税多門，郡邑凋耗，聽於群議，思有變更，將致時雍，宜遵古訓。其江淮米准旨轉運入京者，及諸軍糧儲，宜令庫部郎中崔河圖權領之。今年夏税以前，諸道財賦多輸京師者，及鹽鐵財貨，委江州刺史包佶權領之。天下錢穀，皆歸金部、倉部，委中書門下簡兩司郎官，準格式條理。』尋貶晏爲忠州刺史。晏既罷黜，天下錢穀歸尚書省。既而出納無所統，乃復置使領之。

是年三月，以韓洄爲户部侍郎，判度支，金部郎中杜佑權勾當江淮水陸運使，行劉晏、韓滉舊制。先是，晏爲宰臣楊炎所惡，貶忠州刺史，尋殺於忠州。兵興以來，凶荒相屬，京師斗斛萬錢，官廚無兼時之食，百姓在畿甸者，拔穀挼穗，以供禁軍。洎晏既遣元載書，陳轉税米利病，歲入米數十萬斛，以濟關中。代第五琦鹽務，法益精密。初年入錢六十萬，季年則十倍其初。大曆末，通天下之財而計其所入，總一千二百萬貫，而鹽利過半。李靈耀之亂，河南節度使據土不奉法，賦税不上供，州縣益減。晏以羡餘相補，人不加賦，所入仍舊，議者稱之。其相與商權〔一〕財用之術者，必一時之選。故晏没後二十餘年，韓洄、元琇、裴腆、包佶、盧貞、李衡相繼分掌財賦，皆晏門下。晏部吏在千里外，奉教如目前。四方水旱及軍府纖

〔一〕相與商權　『相與』二字原作『商確』，據《舊唐書》卷四九《食貨志》改。

芥，莫不先知焉。其年，詔曰：『天下山澤之利，當歸王者，宜總隸鹽鐵使。』三年，以包佶爲左庶子，汴東水陸運、鹽鐵、租庸使；崔縱爲右庶子，汴西水陸運、鹽鐵、租庸使。四年，度支侍郎趙贊議常平事，竹、木、茶、漆盡稅。茶之有稅，肇于此矣。

貞元元年，元琇以御史大夫爲鹽鐵、水陸運使。其年七月，以尚書右僕射韓滉統之。滉没，宰相竇參代之。

五年十二月，度支、轉運、鹽鐵奏：『比年自揚子運米，皆分配緣路觀察使差長綱發遣，運路既遠，實爲勞民。今請當使諸院自差綱節級搬運，以救邊食。』從之。

八年詔：『東南兩稅財賦，自河南、江淮、嶺南、山南東道至渭橋，以户部侍郎張滂主之；河東、劍南、山南西道，以户部尚書、度支使班宏主之。』今户部所領三川鹽鐵、轉運，自此始也。其後宏、滂互有短長，宰相趙憬、陸贄以其事上聞，由是遵大曆故事，如劉晏、韓滉所分焉。

九年，張滂奏立稅茶法。郡國有茶山，及商賈以茶爲利者，委院司分置諸場，立三等時估爲價，爲什一之稅。是歲，得緡四十一萬。茶之有稅，自滂始也。自後裴延齡專判度支，與鹽鐵益殊塗而理矣。十年，潤州刺史王緯代之，理于朱方。數年而李錡代之，鹽院津堰，供張侵剥，不知紀極，私路小堰，厚斂行人，多是錡始。時鹽鐵、轉運有上都留後，以副使潘孟陽主之。王叔文權傾朝野，亦以鹽鐵副使兼學士爲留後，故鹽鐵副使之俸，至今獨優。順宗即位，有司重奏鹽法，以杜佑判度支、鹽鐵、轉運使，治於揚州。

元和二年三月，以李巽代之。先是，李錡判使，天下榷酤漕運，由其操割，專事貢獻，牢其寵渥。中朝秉事者悉以利交，鹽鐵之利，積於私室，而國用日耗。巽既爲鹽鐵使，大正其事。其堰埭先隸浙西觀察使者悉歸之，因循權置者盡罷之。增置河陰、敖倉，置桂陽監，鑄平陽銅山爲錢。又奏：『江淮、河南、峽内、兖鄆、嶺南鹽法監院，去年收鹽價緡錢七百二十七萬，比舊法張其估二千七百八十餘萬，非實數也。今請以其數除爲煮鹽之外，付度支收其數。』鹽鐵使煮鹽利繫度支，自此始也。又以程异爲揚子留後。

四年四月五日，巽卒。自榷筦之興，唯劉晏得其術，而巽次之。然初年之利，類晏之季年，季年之利，則三倍於晏矣。舊制，每歲運江淮米五十萬斛，至河陰留十萬，四十萬送渭倉。晏殁，久不登其數，惟巽掌使三載，無升斗之缺焉。六月，以河東節度使李鄘代之。五年，鄘爲淮南節度使，以宣州觀察使盧坦代之。

六年，坦奏：『每年江淮運糙米四十萬石到渭橋，近日欠闕大半，請旋收糴[一]，遞年貯備。』從之。坦改户部侍郎，以京兆尹王播代之，播遂奏：『元和五年，江淮、河

[一] 請旋收糴　『請』原作『詳』，據《舊唐書》卷四九《食貨志》改。

南、嶺南、峽中、兖鄆等鹽利錢六百九十八萬貫。比量改法已前舊鹽利，時價四倍虚估，即此錢當爲千七百四十餘萬貫矣，請付度支收管。』從之。其年，詔曰：『兩税法悉委郡國，初極便人，但緣約法之時，不定物估。今度支鹽鐵，泉貨是司，各有分巡，置於都會。爰命帖職，周視四方，簡而易從，庶叶權便。政有所弊，事有所宜，皆得舉聞，副我憂寄。以揚子鹽鐵留後爲江淮已南兩税使，江陵留後爲荆衡漢沔東界、彭蠡南及日南兩税使，度支山南西道分巡院官充三川兩税使。峽内煎鹽五監先屬鹽鐵使，今宜割屬度支，便委山南西道兩税使兼知糶賣。』峽内鹽屬度支，自此始也。

七年，王播奏：『去年鹽利，除割峽内井鹽，收錢六百八十五萬。』從實估也。又奏商人於户部、度支、鹽鐵三司飛錢，謂之『便换』。

八年，以崔倰爲揚子留後，淮、嶺已來兩税使；崔梲爲江陵留後，荆南已來兩税使[一]。

十三年，播又奏以『軍興之時，財用是切。頃者，劉晏領使，皆自案租庸，至於州縣否臧，錢穀利病之物，虚實皆得而知。今臣守務在城，不得自往，請令臣副使程异出巡江淮，具州府上供錢穀，一切勘問。』從之。閏五月，异至江淮，得錢一百八十五萬貫以進。其年，以播守禮部尚書，以衛尉卿程异代之。明年，异以本官兼御史大夫、平章事。

十四年，异卒，以刑部侍郎柳公綽代之。長慶初，王播復代公綽。四年，王涯以户部侍郎代；播復以鹽鐵使爲揚州節度使。文宗即位，入覲，以宰相判使。其後王涯復判二使，表請使茶山之人，移樹官場，舊有貯積，皆使焚棄，天下怨之。九年，以事誅。而令狐楚以户部尚書、右僕射主之，以是年茶法大壞，奏請付州縣，而入其租於户部，人人悦焉。

開成元年，李石以中書侍郎判收茶法，復貞元之制也。

三年，以户部尚書、同平章事楊嗣復主之，多革錢穀監院之陳事。至大中壬申，凡十五年，多任元臣，以集其務。崔珙自刑部尚書拜，杜悰以淮南節度使領之，既而皆踐公台。薛元賞、李執方、盧弘正、馬植、敬晦五人[二]，於九年之中，相踵理之，植亦自是居相位。

大中五年二月，以户部侍郎裴休爲鹽鐵轉運使。明年八月，以本官平章事，依前判使。始者漕米歲四十萬斛，其能至渭倉者，十不三四。漕吏狡蠹，敗溺百端，官舟之沈，多者歲至七十餘隻。緣河奸犯，大紊晏法。休使寮屬按之，委河次縣令董之。自江津達渭，以四十萬斛之

[一] 淮、嶺已來……荆南已來　『來』原作『東』，據甲乙丙三鈔本改；『荆南已東』字下原衍『南』字，據《舊唐書》卷四九《食貨志》删。
[二] 敬晦　原作『敬暉』，據《舊唐書》卷四九《食貨志》改。

傭，計緡二十八萬，悉使歸諸漕吏，巡院胥吏，無得侵牟。與之爲法，凡十事，奏之。六年五月，又立税茶之法，凡十二條，陳奏。上大悦，詔曰：『裴休興利除害，深見奉公。』盡可其奏。由是三歲漕米至渭濱，積一百二十萬斛，無升合沈棄焉。

十年，裴休出鎮澤潞，尋以柳仲郢、夏侯孜、杜悰迭判之。至咸通五年，南蠻攻安南府，連歲用兵，饋輓不集，詔江淮鹽鐵巡院和僱舟船，運淮南、浙西道米至安南。乾符中，又以崔彦昭、王凝判之。二年，凝以所補吏生賦改官，復命裴坦判之。高駢爲潤州節度，移鎮淮南，亦就判使務。

中和元年，黄巢犯闕，車駕出狩興元府，又以蕭遘、韋昭度判之。及命侍中王鐸爲行營都統，率諸道之兵，收復京城，慮調發不時，乃以昭度兼供運使。至光啓中，所在征鎮，自擅兵賦，皆不上供，歲時但貢奉而已。由是江淮轉運路絶，國命所能制者，唯河西、山南、劍南、嶺南西道。洎宦官田令孜自蜀中扈從，召募新軍，號左右神策，共四十四部，並南衙官屬，僅萬餘，三司轉無調發之所。舊日兩池榷鹽税課鹽鐵使，特置鹽官，以總其事。自亂離之後，河東節度使王重榮兼領榷務，歲出課鹽三千車以進。至是，令孜以軍食闕供，乃舉廣明故事，請以兩池榷務歸之鹽鐵。詔下，重榮上章論訴，竟不能奪。天復中，朱全忠兼鎮河中，兩池鹽課，始加至五千車㈠。自大順年後，又以孔緯、杜讓能、崔昭緯、嗣薛王知柔、徐彦若、韓建、崔胤、裴樞、柳璨相次判之。

漕運

舊制，凡陸行之馬程日七十里，步及驢五十里，車三十里。水行之程，舟之重者，泝河日三十里，江四十里，餘水四十五里；空舟泝河四十里，江五十里，餘水六十里。沿流之舟，即輕重同制，河日一百五十里，江一百里，餘水七十里。其如底柱之類，不拘此限。若遇風、水淺不得行者，即於隨近官司申牒檢印記，聽折半。

武德八年十二月十八日，水部郎中姜行本請於隴州開五節堰，引水通運，許之。

永徽元年，薛大鼎爲滄州刺史，界内有無棣河，隋末填廢，大鼎奏開之，引魚鹽於海。百姓歌之曰：『新河得通舟楫利，直達滄海魚鹽至。昔日徒行今騁駟，美哉薛公德滂被。』

顯慶元年十月，苑面西監褚朗請開底柱三門，鑿山架險，擬通陸運。於是發卒六千人鑿之，一月而功畢。後水漲引舟，竟不能進。

咸亨三年，關中饑，監察御史王師順奏請運晉、絳州

㈠加至五千車　『千』原作『十』，據《册府》卷四九四改。

倉粟以贍之，上委以漕運。河、渭之閒，舟檝相繼，置倉於渭南東，師順始之也。

大足元年六月九日，於東都立德坊南穿新潭，安置諸州租船。

神龍三年，滄州刺史姜師度於薊州之北漲水爲溝，以備契丹、奚之入寇。又約舊渠，傍海穿漕，號爲平虜渠，以避海難〔一〕，運糧者至今賴焉。

開元二年，河南尹李傑奏：『汴州東有梁公堰，年久堰破，江淮漕運不通。』傑奏發〔二〕汴、鄭丁夫以濬之，省功速就，公私深以爲利。刻石水濱，以紀其績。

九年五月二十五日勅：『水運米揚擲，四、五、六、七月，米一㪷欠五合；　三、八月，米一㪷欠四合；　二、九月，米一㪷欠三合；　正、十、十一月、十二月，米一㪷欠二合，並與納。』

十五年正月十二日，令將作大匠范安及檢校鄭州河口斗門。先是，洛陽人劉宗器上言，請塞汜水舊汴河口，于下流滎澤界開梁公堰，置斗門，以通淮、汴，擢拜宗器左衛率府胄曹。至是，新渠填塞，行舟不通，貶宗器爲循州安懷戍主。安及遂發河南府、懷、鄭、汴、滑、衛三萬人疏決，開舊河口，旬日而畢。

二十年，京師穀價踴起，上召京兆尹裴耀卿，問以救人之術，耀卿奏曰：『昔貞觀、永徽之際，禄廪未廣，每歲轉運不過一二十萬石便足〔三〕。今國用漸廣，漕運數倍，猶不能支。從東都至陜，河路艱險，既用陸運，無由廣致。若能開漕運，變陸爲水，則有所盈餘，動逾萬計。且江南租船，候水始進，吴人不便漕輓，由是所在停留，日月既淹，遂生竊盜。臣望於河口置一倉，納江東租米〔四〕，便放船歸。從河口即分入河、洛，官自雇船載運。至三門之東，置一倉。三門既屬水險，即於河岸開山，車運十數里。至三門之西，又置一倉，每運至倉〔五〕，即搬下貯納。水通即運，水細便止。自太原倉泝河入渭，更無停留，所省鉅萬。前漢都關中，年月稍久，及隋亦在京師，緣河皆有舊倉，所以國用常贍。』上深然其言。至二十二年八月十四日，置河陰縣及河陰倉，河清縣置柏崖倉，三門東置集津倉，三門西置三門倉。開三門北山十八里，以避湍險。自江、淮而泝鴻溝，悉納河陰倉。自河陰送納含嘉倉，又遞納太原倉。所謂北運。自太原倉浮渭，以實關中。其有侍中裴耀卿充江淮轉運使，以鄭州刺史崔希逸、河南少尹蕭炅爲副。三年，凡運七百萬石，省脚三十萬貫。或説耀卿

〔一〕以避海難　『難』原作『南』，據《舊唐書》卷四九《食貨志》及卷一八五《良吏傳》，並參考《新唐書》卷三九《地理志》改。
〔二〕奏發　『奏』原作『奉』，據《舊唐書》卷一〇〇《李傑傳》改。
〔三〕一二十萬石　原作『二萬石』，據《舊唐書》卷九八《裴耀卿傳》補。
〔四〕納江東租米　『江』原作『河』，據《舊唐書》卷四九《食貨志》改。
〔五〕每運至倉　『至』原作『置』，據《舊唐書》卷四九《食貨志》改。

進所省脚錢，以表其功，答曰：『此並公事，豈宜以小道邀名求寵也。』河陰上倉，天寶後廢。至大曆四年，户部尚書劉晏奏置汴口倉。

二十六年十一月五日，潤州刺史齊澣奏：『常州北界隔吴江，至瓜步江爲限，每船渡，繞瓜步江沙尾，紆迴六十里，多爲風濤所損。臣請於京口埭下，直截渡江二十里，開伊婁河二十五里，即達揚子縣，無風水災。』又減租脚錢，歲收利百億。又立伊婁埭，皆官收其課，迄今用之。

二十八年九月，魏州刺史盧暉徙永濟渠[一]，自石灰窠引流至州城西，都注魏橋，夾州製樓百餘間，以貯江淮之貨。

二十九年十一月，陝郡太守李齊物鑿三門上路通流，便於漕運。開渠得古黎鏵三於石下，皆有文曰『平陸』，遂改河北縣爲平陸縣。至天寶元年正月二十五日，渠成放流。其年，陝郡太守韋堅奏引灞、滻二水，開廣運潭於望春亭之東，自華陰永豐倉以通河、渭。廣運潭渠既成，至二年三月二十六日，勅：『古之善政，貴於足食，欲求富國，必先利人。朕以關輔之間，尤資殷贍，比來轉輸，未免艱辛，故置此潭，以通漕運。萬世之利，一朝而成，其潭宜以「廣運」爲名。』

其年，京兆尹韓朝宗分渭水入自金光門，置潭於西市之西街，以貯材木。

永泰二年七月十日，鑿運水渠，自京兆府直東至薦福寺東街，至北國子監正東，至於城東街正北，又過景風門、延喜門，入于苑。闊八尺，深丈餘，京兆尹黎幹奏。

貞元二年五月勅：『漕運通流，國之大計，其河水每至春夏之時，多被兩岸田萊，盜開斗門，舟船停滯，職此之由。宜委汴、宋等州觀察使，選清強官專知，分界勾當。其鄭州、徐州、泗州界，各仰刺史准此處分，仍令知汴州支遣院官計會勾當。』

十五年二月，于頔奏移轉運汴州院於河陰，以汴州累遇兵亂，失散錢帛故也。

元和三年四月，增置河陰倉屋一百五十間。

十一年十二月，始置淮、潁水運。楊子等諸院米，自淮陰泝流，至壽州西四十里入潁口，又泝流至潁州沈丘界，五百里至於陳州項城，又泝流五百里，入於溵河，又三百里輸於郾城，得米五十萬石，附之以茭一千五百萬束，計其功，省汴運七萬六千貫。

寶曆二年正月，鹽鐵使王播奏：『揚州城内舊漕河水淺，舟船澀滯，轉輸不及期程。今從閶門外古七里港開河向東，屈曲取禪智寺橋東，通舊官河，計長一十九里，其功役所費，當使自方圓支遣。』從之。

[一] 徙永濟渠　按：原作『開通濟渠』，參考《新唐書》卷三九《地理志》改。

咸通三年五月，南蠻陷交趾，徵諸道兵赴嶺南，詔湖南水運自湘江入澪渠，並江西水運，以饋行營諸軍。湘、澪泝運，功役艱難，軍屯廣州乏食，潤州人陳磻石詣闕上書言：『江西、湖南泝流運糧，不濟軍期，臣有奇計，以饋南軍。』帝召見，因奏：『臣弟聽思，昔曾任雷州刺史，家人隨海船至福建往來，大船一隻可致千石，自福建不一月至廣州，得船數十艘，便可致三五萬石。』又引劉裕海路進軍破盧循故事，乃以磻石爲鹽鐵巡官，往揚子縣，專督海運，于是軍不闕供。

八年三月，安南都護高駢奏：『安南至邕管，水路湍險，已令工人鑿去巨石，漕船無滯。』詔褒美之。

轉運使

開元二十一年八月，侍中裴耀卿充江南、淮南轉運使。二十二年九月，太府少卿蕭炅充江淮處置轉運使。天寶二年四月，陝郡太守韋堅加兼勾當緣河及江淮轉運使。四載八月，楊釗除殿中侍御史，充水陸轉運使。乾元元年三月，第五琦除度支郎中，充諸色轉運使。二年十二月，兵部侍郎吕諲充勾當轉運使。元年建子月，户部侍郎元載充江淮轉運使。寶應元年六月二十八日，户部侍郎劉晏充勾當轉運使。廣德二年正月，户部侍郎第五琦充諸道轉運使。永泰元年正月，劉晏充東畿、淮南、浙江東西、湖南、山南東道轉運使；第五琦充畿關内、河東、劍南、山南西道轉運使。

大曆四年三月，劉晏除吏部尚書，兼御史大夫，充東都、河南、江淮、山南東道轉運使。建中二年十一月，度支郎中杜佑兼御史中丞、江淮水陸運使。三年十二月二十日，包佶除左庶子，充汴東水陸運使；崔縱除右庶子，充汴西水陸運使。貞元元年三月，元琇加御史大夫，充諸道水陸運使。其年七月，尚書右僕射韓滉充江淮轉運使。五年二月[二]，中書侍郎竇參充諸道轉運使。八年三月，張滂除侍郎，充諸道轉運使。十年十月，潤州刺史王緯兼諸道轉運使。十五年十二月，以浙西觀察使李錡充諸道轉運使。永貞元年，以司空、平章事杜佑再兼諸道轉運使。元和元年四月，兵部侍郎李巽充諸道轉運使。三年六月，刑部尚書李墉充諸道轉運使。五年十二月，盧坦除刑部侍郎，充諸道轉運使。六年四月，刑部侍郎王播充諸道轉運使。十四年五月，刑部侍郎柳公綽充諸道轉運使。

長慶元年二月，王播復爲刑部尚書，充諸道轉運使。四年四月，王涯爲户部侍郎，充諸道轉運使。寶曆元年正月，王播爲淮南節度，又充諸道轉運使。大和九年十二月，右僕射令狐楚充諸道轉運使。開成元年四月，户部尚

[二] 五年二月　按：『年』原作『月』，據殿本、甲乙丙三鈔本改。

書、平章事李石充諸道轉運使。三年十月，楊嗣復除户部尚書，充諸道轉運使。五年二月，户部尚書崔珙充諸道轉運使。會昌四年七月，左僕射、平章事杜悰充諸道轉運使。六年四月，以大理卿馬植爲刑部侍郎，充諸道轉運使。

大中五年，刑部侍郎裴休充諸道轉運使。十一年，兵部侍郎柳仲郢充諸道轉運使。十一年二月，户部侍郎夏侯孜充諸道轉運使。十四年，尚書左僕射杜悰復充諸道轉運使。咸通五年十二月，户部侍郎劉鄴充諸道轉運使。六年十月，兵部侍郎于琮充諸道轉運使。乾符元年二月，崔彦昭爲兵部侍郎，充諸道轉運使。其年，又以兵部尚書王凝充諸道轉運使。二年二月，兵部侍郎裴坦充諸道轉運使。四年六月，以宣歙觀察使高駢爲潤州刺史，充諸道轉運使；六年，移節淮南，領使如故。

中和元年，兵部侍郎蕭遘充諸道轉運使。其年，中書侍郎、平章事韋昭度充諸道轉運使。光啓二年三月，刑部尚書孔緯充諸道轉運使。大順二年，門下侍郎杜讓能充諸道轉運使。景福二年十一月，吏部尚書、平章事崔昭緯充諸道轉運使。乾寧二年，京兆尹、嗣薛王知柔爲户部尚書，充諸道轉運使。其年九月，門下侍郎、平章事徐彦若充諸道轉運使。光化三年八月，左僕射、平章事崔胤充諸道轉運使。天祐元年，右僕射裴樞充諸道轉運使。其年，門下侍郎、平章事柳璨充諸道轉運使。

河南水陸運使

開元二年閏二月，陝郡刺史李傑除河南少尹，充水陸運使。至三年九月，畢構爲河南尹，不帶水陸運使。至天寶三載十一月，李齊物除河南尹，又帶水陸運使。貞元十年二月，河南尹齊抗充河南水陸運使。至元和六年十月，勅：『河南水陸運使宜停。』

陝州水陸運使

先天二年十月，李傑爲刺史，充水陸運使，自此始也，已後刺史常帶使。天寶十載五月，崔無詖除太守，不帶水陸運使，度支使楊國忠奏請自勾當，遂加國忠陝郡水陸運使。至十二載正月二十一日，勅：『陝運使宜令陝郡太守崔無詖充使，楊國忠充都使勾當。』至貞元十三年四月，陝虢觀察使于頔兼陝州水陸運使。至元和六年十月勅：『陝州水陸運使宜停。』

開元十三年五月二十八日勅：『陝州水陸運使，令别自置印。』二十五年六月二十三日詔：『河南、陝運兩使，每年常運一百八十萬石米送京，近已減八十萬石。今據太倉米數，支計有餘，其今年所運一百萬石亦宜停。』

建中二年十二月，停江淮水陸運使，轉運事委度支處置。三年八月，分置汴東、西水陸運使、兩税、鹽鐵使。貞元三年正月，『諸道水陸運使及度支巡院、江淮轉運使並宜停。』

卷八九　疏鑿利人　碓碾

疏鑿利人

武德元年，長孫操除陝東道行臺金部郎中，遂自陝東引水入城，以代井汲，百姓賴之。

七年四月九日，同州治中雲得臣開渠，自龍門引黄河，溉田六千餘頃。

貞觀十一年，揚州大都督府長史李襲譽以江都俗好商賈，不事農業，譽乃引雷陂水，又築勾城塘，溉田八百餘頃，百姓獲其利。

大曆四年五月十五日勅：『涇堰監先廢，宜令却置。』

十二年，京兆尹黎幹開決鄭、白二水支渠及稻田碓碾，復秦、漢水道，以溉陸田。

建中元年四月，宰相楊炎不習邊事，請于豐州置屯田，發關輔民開陵陽渠，人頗苦之。京兆尹嚴郢常從事朔方，曉其利害，乃具五城舊屯及兵募倉儲等數，奏曰：『按舊屯沃饒之地，今十不畊一，若力可墾闢，不俟浚渠，其諸屯水利，可種之田甚廣，蓋功力不及，因致荒廢。今若發兩京關輔民于豐州浚泉營田，徒擾兆庶，必無其利。臣不敢遠引他事，請以內園植稻明之。其秦地膏腴，田稱第一，其內園丁皆京兆人，于當處營田，月一替，其易可見。然每人月給錢八千，糧食在外，內園丁猶僦募不占。奏令府司集事，計一丁一歲當錢九百六十，米七斛二㪷，計所僦丁三百，每歲合給錢二萬八千八百貫，米二千一百六十斛，不知歲終收獲幾何。臣計所得，不補所費。況二千餘里，發人出塞屯田，一歲方替，其糧穀從太原轉餉漕運，價值至多。又每歲人須給錢六百三十，米七斛二斗，私出資費，數又倍之。據其所收，必不登本，而關輔之民，不免流散，是虚擾畿甸，而無益軍儲，與天寶以前屯田事殊。臣至愚，不敢不熟計，惟當省察』。疏奏，不報。

郢又上奏曰：『伏以五城舊屯，其數至廣，臣前挾名聞奏訖。其五城軍士，若以今日所運開渠之糧，貸諸城官田，至冬輸之，又以所送開渠功直布帛，先給田者，至冬令據時估輸穀。如此則關輔免于徵發，五城豐厚，力農闢田，比之浚渠，十倍利也』。郢奏，不省，卒開陵陽渠，而竟棄之。

貞元四年六月二十六日，涇陽縣三白渠限口，京兆尹鄭叔則奏：『六縣分水之處，實爲要害，請准諸堰例，置監及丁夫守當。』勅旨依。

八年三月，嗣曹王皐爲荆南節度使觀察。先是，江陵東北七十里廢田旁漢古堤壞決，凡二處，每夏則爲浸溢。

皋使命塞之，廣良田五千頃，畝收一鍾。又規江南廢洲爲廬舍，架江爲二橋，流人自占者二千餘户。自荆至樂鄉凡二百餘里，旅舍鄉聚凡十數，大者皆數百家。楚俗佻薄，舊不鑿井，悉飲陂澤，乃令合錢鑿井，人以爲便。

十三年七月詔曰：『昆明池俯近都城，蒲魚所産，宜令京兆尹韓皋充使修堰。』

十六年十一月，以東渭橋納給使徐班兼白渠、漕渠及昇原、城國等渠堰使。

元和八年，孟簡爲常州刺史，開漕古孟瀆，長四十里，得沃壤四千餘頃。觀察使舉其課，遂就賜金紫焉。其年四月，以神策軍士修城南之洨渠。

其年十二月，魏博觀察使田弘正奏：『准詔開衛州黎陽縣古黄河道。』從鄭滑節度使薛平之請也。先是，滑州多水災，其城西去黄河二里，每夏漲溢，則浸壞城郭，水及羊馬城之半。平詢諸將吏，得古河道於衛州黎陽縣界，遣從事裴弘泰以水患告於弘正，請開古河，用分水力。弘正遂與平皆上聞，詔許之。乃於鄭、滑兩郡徵徒萬人，鑿古河，南北長十四里，東西闊六十步，深一丈七尺，決舊河以注新河，遂無水患。詔並褒美焉。

十三年，湖州刺史于頔復長城縣方山之西湖。西湖，南朝疏鑿，溉田三千頃，歲久堰廢，至是復之，秔稻蒲魚之利，賴以濟。

長慶二年，温造爲朗州刺史，奏開後鄉渠九十七里，溉田二千頃，郡人利之，名爲右史渠。至大和五年七月，造復爲河陽節度使，奏浚懷州古渠枋口堰，役功四萬，溉濟源、河内、温、武陟四縣田五千頃。

四年七月，詔疏靈州特進渠，置營田六百頃。

大曆二年二月，以詔應令劉仁師充修渠堰副使。初，仁師爲高陵令，上言三白渠可利者遠，而涇陽獨有之，條理上聞，其弊遂革，關中大賴焉。

其年三月，内出水車樣，令京兆府造水車，散給沿鄭、白渠百姓，以溉水田。

磑碾

開元九年正月，京兆少尹李元紘奏疏三輔諸渠。王公之家，緣渠立磑，以害水功，一切毁之，百姓大獲其利。

至廣德二年三月，户部侍郎李栖筠、刑部侍郎王翊、充京兆少尹崔昭奏請拆京城北白渠上王公寺觀磑碾七十餘所，以廣水田之利，計歲收粳稻三百萬石。

大曆十三年正月四日奏：『三白渠下碾有妨，合廢拆總四十四所。自今以後，如更置，即宜録奏。』

其年正月，壞京畿白渠八十餘所。先是，黎幹奏以鄭、白支渠磑碾，擁隔水利，人不得灌溉，請皆毁廢，從之。時昇平公主，上之愛女，有磑兩輪，乞留。上曰：『吾爲蒼生，爾識吾意，可爲衆率先。』遂即日毁之。

元和六年正月，京城諸僧有請以莊磑免税者，宰臣李吉甫奏曰：『錢米所徵，素有定額，寬緇徒有餘之力，配貧下無告之甿，必不可許。』從之。

八年十二月勅：『應賜王公、郡主並諸色莊宅磑碾等，並任典貼貨賣，其率税夫役，委府縣收管。』

整理人：　蔡蕃，中國水利史專家。曾出版《北京古運河與城市供水研究》、《元代水利家郭守敬》等著作。

宋會要輯稿水利史料匯編

蔡蕃 整理

整理説明

一、關於《宋會要》與《宋會要輯稿》

（一）關於《宋會要》

宋代官修各朝會要，後人統稱之爲《宋會要》。會要屬政書類的斷代典志體史書，是專門記載當朝典章制度的史學著作。宋代設置專門機構——會要所。據有關專家考證，文獻記載的宋代所修纂會要有十六部之多，其中北宋修三部，南宋修十三部，共計二千餘卷。包括《慶曆國朝會要》（宋綬、王洙等修纂）一百五十卷、《元豐增修五朝會要》（王珪、李德芻等修纂）三百卷、《政和重修會要》（王覿、曾肇、蔡攸等修纂）一百一十一卷、《乾道續四朝會要》（汪大猷等修纂）三百卷、《乾道中興會要》（陳騤等編類）二百卷、《淳熙會要》（施師點、趙雄等分三次編修奏進）三百六十八卷、《嘉泰孝宗會要》（楊濟、鐘必萬總修）二百卷、《慶元光宗會要》（京鏜等奏進）一百卷、《今上皇帝（甯宗）會要》（陳自强、史彌遠分三次奏進）三二五卷、《淳祐甯宗會要》（史嵩之等奏进）五十卷、《嘉定國朝會要》（張從祖類輯）五八八卷。後李心傳奉詔依歷朝會要編成《國朝會要總類》（即《十三朝會要》）五八八卷。《宋史・度宗紀》載，曾奉安有《理宗會要》，今《宋會要輯稿》中未見。上述這些會要，除《國朝會要總類》曾刊行四川外，其餘均無刊本，僅有少量抄本流傳於世。

（二）關於《宋會要輯稿》

《宋會要輯稿》（以下簡稱《輯稿》）是清代著名地理學家徐松[一]，於嘉慶十四年（一八〇九年）入全唐文館主編《全唐文》時，利用職務之便，將《永樂大典》中《宋會要》隨同《全唐文》簽注，交書吏謄寫所影印的原稿，在篇首或版心多有『全唐文』三字。這時《永樂大典》雖已殘缺兩千卷，從《永樂大典》中輯出的《宋會要》原稿仍有約五百卷。

徐松於道光二十八年（一八四八年）去世，『同治初年，其書散出』，所輯《宋會要稿》本輾轉流落到北京琉璃廠書肆。繆荃孫出資四千大洋購買後，將稿本交予好友

[一] 徐松（一七八一年—一八四八年），字星伯，原籍浙江上虞人。清代著名地理学家。嘉慶十年（一八〇五年）二甲第一名進士，授翰林院編修。嘉慶十四年（一八〇九年）入全唐文館，主編《全唐文》；同時從《永樂大典》中輯出《宋會要稿》約五百卷。（嘉慶十七年（一八一二年）受人劾奏，戍守伊犁，爲期六年，成就了他的《西域水道記》等邊疆之書。嘉慶二十四年（一八一九年）赦還，官至禮部郎中。道光二十八年（一八四八年）卒。

兩廣總督張之洞在廣州創設的廣雅書局。廣雅書局對《宋會要》稿的整理工作，由繆荃孫、屠寄負責，但具體工作則以屠寄爲主。屠寄在徐松整理的基礎上，從稿本編排，到文字校訂、年月調整，甚至謄録清稿等方面，都做了大量工作。雖然他只整理出一部分，但却爲後來嘉業堂的整理創出先例。在屠氏已成的清稿中，職官一類，直接爲嘉業堂采用，成爲清本《宋會要》的一個組成部分。

一九一九年，辛亥革命廣州起義之前，張之洞、屠寄已先後離開廣雅書局，《宋會要》輯稿的整理工作未能完成。不久，書局提調王秉恩將藏匿下來的《宋會要》稿本分兩次賣與吴興劉承幹。於是，徐輯原稿及廣雅書局清稿轉歸劉樂嘉業堂所有。劉樂先後聘請劉富曾、費有容等進行整理。劉、費二人在徐松原稿的基礎上，大體遵循廣雅書局的整理體例，成初編二九一卷，續編七五卷。劉富曾又參考各書，移改舊史實，增入新史料，録成清本，共得四六〇卷。

一九三一年，北平圖書館從嘉業堂購得經剪裁的徐氏原稿。該館編纂葉渭清對照廣雅書局所修清本研究認爲，徐氏原稿雖然已被大量删并，失去原來面目；但仍有不少篇幅是出於《永樂大典》而不見於徐氏抄本，因而清本仍有參考價值。以陳垣爲首的編印委員會，根據葉氏的研究認爲，清本與原稿有必要合并印行。但因經費有限，於一九三五年委托上海大東書局將原稿先行影印，稱《宋會要稿》，共印綫裝書二百册。

一九五七年中華書局以一九三五年本爲底本，以四合一版再度影印，稱《宋會要輯稿》，共印精裝十六開八册。分爲十七門，分目收録大量詔令、法令、奏議，保存了大量宋代典章制度資料。

一九八八年七月，陳智超在對遺文作初步整理的基礎上，影印出版了八十余萬言的《宋會要輯稿補編》。這些塵封已久的遺文中，不重複文字就有十餘萬字，其價值很高，即使是重複文字，也足以校補《輯稿》中大量錯訛奪衍之處。

（三）《宋會要》原本與《宋會要輯稿》的區别

應該明確指出，《輯稿》與《宋會要》原本已有很大不同。

從内容上看，《輯稿》已較原本少了很多。自宋末至明初，歷經變亂，原本恐已不全。宋修會要共有十六部，但現在《輯稿》中注明者只有七部。修《永樂大典》時，將整部會要分入各韻，難保没有遺漏。

徐松自《永樂大典》中輯出《宋會要》時，《永樂大典》已經散失兩千餘册，并非全書。

《輯稿》中存在大量重出篇幅。分析其原因，《永樂大典》以字韻次第編排事目，所以會將《宋會要》同一篇文字編入不同的字韻事目中，故而形成重出複見的情況。但是，複文的價值也很高，既可校勘，又能補缺。

書手從《永樂大典》中抄録時，又可能有遺漏。有人用殘存的《永樂大典》與《輯稿》對照，已發現若干條佚文。在劉富曾整理徐松輯本過程中，輯本又有遺落。當時有人將劉富曾清本與徐松輯本對比，即發現少數條文清本有而輯本無。

從形式上看，輯本已非原本的本來面目。原本《宋會要》，各本分類稍有不同，分門更有差異。輯本合爲一本，門類上有可商榷之處。

經過多次轉抄，脱、衍、誤、倒之處，觸目皆是。

儘管《輯稿》有上述種種問題，但它仍然是現存宋代史料中最原始、最豐富、最集中的一部，因而也是史料價值最高的一部。

（四）近年《宋會要輯稿》整理的情况

一九五八年，法國學者Etienne與Balazs將《輯稿》中食貨、職官、刑法、方域四類，編成《宋會要目次》出版。

一九七〇年日本東洋文庫宋代史研究會，在前人的基礎上編制了《宋會要研究備要》。

一九八〇年，臺灣大學王德毅出版《宋會要輯稿·人名索引》。

一九八二年，日本東洋文庫宋代史研究會再度出版了《宋會要輯稿·食貨索引》。

一九八四年和一九八六年，王雲海先後出版了《宋會要輯稿研究》和《宋會要輯稿考校》。

一九九五年，陳智超出版《解開宋會要之謎》。

二〇〇〇年，中國內地學者與哈佛大學、臺灣中央研究院合作，進行了電子版《宋會要輯稿》（約一千四百萬字）整理工作。

這些著作和工具書的出版，對《輯稿》的使用提供了很大的方便。

二、本書摘録整理説明

宋史的基本史料比較公認者有六部，即《宋史》、《文獻通考》、《宋會要輯稿》、《續資治通鑑長編》、《建炎以來繫年要録》和《三朝北盟會編》，其中《宋史》和《續資治通鑑長編》已有標點本。而《輯稿》整理的繁難，堪稱古文獻之最。現在只就會要目録而言，只有小部分復原到編入《永樂大典》時的原始狀况，但仍有争議之處。例如船門，《輯稿》編入了食貨類，而復原後的食貨類中并無船門；依《宋史·河渠志》的内容，只有治水，没有造船。而食貨類中包含了部分《河渠志》的内容，但相差甚遠。會要的整理工作，百分之九十以上是文字的校勘。需要有關各專業宋史研究者投入精力和開展研究，才能逐步整理和出版。如《輯稿》食貨類有七十卷，《宋史·食貨志》僅十四卷，加上《宋史·河渠志》的部分內容，也相差很大。可見，《輯稿》所保存的宋代史料，在數量上遠遠超過《宋史》諸志。《輯稿》所載史事，一般均詳於《宋志》，其記述具有較爲原始而詳細的特點，且往往能够校訂《宋史》各志的紕謬與疏略，有很高的史料價值。

中國古代水利包括防洪（主要含洪澇災害、賑濟等）、灌溉、運河（含漕運）等。《輯稿》中保存了大量宋代水利工程和管理等各方面珍貴內容，爲研究宋代水利提供了大量資料。《輯稿》資料篇幅浩繁，數量巨大，加之歷史原因，歷來被古籍整理者視爲最難。本書只是對《輯稿》各門類中水利內容比較集中的資料作了標點和簡單的校注，不是全面對《輯稿》所有篇幅中的水利記述進行整理和校勘，因此一定會有許多內容遺漏。本書從《輯稿》中摘録的有關資料約五十萬字，分爲治河水利、漕運水運、恤災賑貸三部分。治河水利部分包括方域一三至一七的『山泉橋梁』、『治河』上、下、『諸河』和『水利』上、下，食貨七、八『水利』上、下，食貨六一『水利雜録』等；漕運水運部分包括食貨四二至四五的『宋漕運』一至五，食貨四六至四八的『水運』一至三，食貨四九『轉運』等；恤災賑貸部分包括瑞異三『水災』、食貨五七至五九的『賑貸』上、下和『恤災』、食貨六八『賑貸恤災』。

本書是根據北京圖書館一九五七年影印版本爲底本進行工作的，摘録的每節均注明原書的出處頁碼。

雖《輯稿》中存在許多重複文獻，但對文獻的校核仍起到不可多得的作用。因此，只要是有關水利漕運內容，一概收録。總體看，食貨七、八『水利上、下』與食貨六一『水利雜録』多條重複；食貨四六至四八『水運諸門』與食貨四二至四四『漕運諸門』多條重複；食貨五七至五九『賑貸恤災』與食貨六三『屯田雜録』多條重複。在此特別説明。

本書的匯編点校工作由蔡蕃完成，審稿由鄭連第、陳茂山、徐海亮、王利華等完成。由於編者能力水平和研究深度所限，其中錯訛、疏漏之處，欢迎讀者批评指正。

整理者

三、整理原則

匯編點校時主要原則如下。

目録

一、治河水利

方域一三　山泉　橋梁

山泉[一]

《東京雜録》：　神宗元豐四年，承議郎胡宗炎言：『夷門山在大東内北，當少陽之位，爲都城形勝之所，國姓王氣所在，公私取土於此，崗阜漸成坑塹。伏望禁止，及填塞掘鑿處。』司天監定，如宗炎所言，從之。

泉

真宗[二]大中祥符元年二月，醴泉出蔡州汝陽縣鳳源鄉，有疾者飲之皆愈。又相州永安縣韓陵山牧童掊地得泉，深尺餘，汲取不竭，飲者宿疾皆愈。時或愆雨，禱之必應。

四月丁巳，兖州乾封縣民王用田中，有童兒掊土得小青錢數十，争取之，錢墜石罅，因發石，有湧泉二十四眼，味極甘美。又枯石河復有湧泉二十五眼，又一眼出曾阜之上，信宿勢加倍。又別引數派，雙魚躍其中，有果實流出，似李而小，味甚甘，及今古錢百餘。封禪經度制置使王欽若貯水馳驛以獻，分賜近臣，詔設欄格，謹護之。

五月，王欽若言泰山醴泉出，錫山蒼龍見。

六月，詔建亭，以『靈液』爲額。是月庚戌，賜百官泰山醴泉。

十二月丁酉，内出泰山玉女白龍王母池新醴泉賜輔臣。

天禧二年九月乙酉，錢曖獻《醴泉賦》，賜及第。

三年閏四月丁未，醴泉出京師拱聖營，上謂輔臣曰：『營卒初覩龜，建真武祠，今泉出其側，有疾者飲之多愈。』甲寅，命王欽若建觀，名祥源。十月辛卯成。仁宗重建，改爲醴泉。觀題曰：『爰有神泉，湧兹福地，甘如飲醴，美可蠲痾。』

四方津渡[三]

開封之酸棗、張家，河南之王屋、長宗、南津，孟州之汜水、九鼎，河中之三亭、青澗，懷州之宋家，陝州之豆津、

[一] 本部分内容摘録自『《宋會要輯稿・方域》一三之一至二九』。原《宋會要稿》一九二册。
[二] 『真宗』二字原在本頁題前，今移於此。
[三] 原『四方津渡』字下有『會要』二字，今删。

三亭，京兆之渭橋，鎮德軍之大保津，慶成軍之滎河，青州之王家河，單州之黄隊，齊州之河陰口、耿濟口、高家口、黄河南(北)伯水、馮家口、商家擒河口、淯口、老僧口、李唐口、柳家港河口，潁(川)〔州〕之河鏁，界溝，許州之合流，鄢城，鄆州之王橋，鄒家，滑州之李固，白臯，磁州之觀臺，滄州之荆河口、南皮口、郭橋口、長蘆口、劇家口，棣〔一〕州之樂家、七里，衛州之張家、李家、淇門鎮、小河，濱州之窯子口、解家，貝州之李家，荆南之東津，楚州之北神、淮陰、洪澤，光州之朱臯，蘄州之獨樹，黄州之黄陂河，揚州之瓜洲，濠州之濠口，宿州之荆山、渦河、同海，蔡州之臨懷，漣水軍之巢縣，宣州之水陽，杭州之浙江、龍山廟。此舊總數，後亦有增廢者。

太祖建隆元年三月，詔：『滄、德、□、淄、齊、鄆等州界有古黄河及原河、文河，因水潦置渡收筭，凡三十九處。及水涸爲橋，亦筭行者，名曰乾渡錢，宜並除之。或秋夏水漲，聽民具舟濟渡，官物取筭。』

開寶五年二月，詔自潼關至無□，沿河民置船(船)私渡者，禁止之。

太宗太平興國二年十二月，有司言：『准乾德二年詔書，有敢私渡江者及舟人，盡寘於法。今江南平，舊禁未改，望如私渡黄河例論其罪。』從之。

七年三月，黎州言，修大渡河船，渡進奉蠻人。

端拱二年，詔：『應係官及買撲津渡，如有百〔姓〕輸納二税經過，並樵漁及孤老貧窮之人往來，並不得收納渡錢。』

十二月，三司言：『許州鄢城東螺灣渡，係百姓買撲，每年納錢四百五十千。伏見支移蔡州税赴許州並在京送納日，有車重往來經過，計出渡錢七十五文，慮額外收錢，不盡入官，望特與免此渡錢。』看詳，百姓輸税經歷津渡不合勒納渡錢，請令應是江河津渡之所，但百姓輸税經過，自今不許雷同收納渡錢利。從之。

是月，荆湖轉運司言：『漢陽軍自湖渡年額錢三十六千，其渡口並無客旅過往，亦無人煙居止，每差牙校主當，所收課利不多，欲望停廢。』從之。

至道二年五月，詔：『濱州管内溝台、南北口等五處，先是置渡，官以船渡，行依取其課。今水潦不降，河道枯涸，而吏猶責其直，宜除之。』

咸平三年四月，詔禁黄河私渡船。

四年十月，詔禁諸州競渡。

景德元年正月，詔開封及諸路轉運司，部内津渡先蠲免課利者，並官設舟楫以濟之。

二年九月，除三泉縣東西及青烏、嘉陵四津渡年額錢，仍不得以部民爲渡子。

〔一〕棣　原空，據《元豐九域志》卷二補。

天禧元年五月，群牧司[一]判官傅蒙言：『乞於邢州鹿縣南漳河長蘆渡口造橋，通過外監鞍馬，就草地牧放，其於地理甚便。其所有長蘆渡課利錢五十六千，望特廢罷。』從之。

仁宗天聖四年四月，翰林學士夏竦[二]言：『金山、羊欄、左里、大孤、小孤、馬當、長蘆口等處，皆津濟艱險，風浪卒起，舟船立至傾覆，逐年沉溺人命不少。乞於津渡險惡處官置小船十數隻，差水手乘駕，專切救應。其諸路江河險惡處，亦乞勘會施行。』從之。

七月，廢冀州堂陽縣乾渡一，許民取便造橋。以轉運使言，此渡係民買撲，歲納六十餘千，頗成搔擾故也。

六年五月，詔：『荆南公安縣渡新增收渡牛錢，每一牛五十文，歲課止十九千，自今宜罷之。』

八年八月，左司諫、龍圖閣待制、知鄆州孔道輔言：『緣河耕種人户，望許取路過往，更不問罪，與免官渡津錢。』從之。時鄒家渡捕得越河者，皆屬縣税户，不當爲（非）〔罪〕，故道輔有是奏。

景祐元年三月六日，臣僚上言：『鄆州界王橋渡，乞只就眉邱河上一處監收渡錢，並淄州臨河鎮南河口、乾口，亦乞停廢。』詔：『王橋渡只於眉邱河一處收納渡錢，其王橋渡並淄州臨河鎮，並與停廢。』

慶曆元年十月，禁火山、保德軍緣河私置渡船。

皇祐五年十一月赦書：『諸處乾渡錢累行除放，如聞尚有存者，令長吏訖以聞。』

嘉祐二年十一月，詔除嵐州合江等三津渡課利錢。以上《國朝會要》

神宗熙寧六年十月三日，詔河州安鄉城黄河渡口置浮橋。詳見橋門

同日，詔延州永寧關黄河渡口置浮梁。詳見橋門

七年正月一日，詔[三]定諸關門並黄河橋渡，常切辯察姦詐、禁物，軍人、公人及官員經過，取索公文券曆文字看驗。遇夜以鏁門，唯軍期急速審（聞）〔問〕聽開。詳見關門

十年七月二十七日，司農寺言：『訪聞諸路河渡每遇乾淺月，即人涉水過往，買撲人户以出官課爲名，約攔上船，或令出納乾渡錢去處。今相（渡）〔度〕諸路應買撲河渡内，有溪港等水源淺小，至乾淺月分，元不曾捐除課利買名錢去處，委自本州縣契勘，申轉運、提舉司相度，據合紐納課利買名錢數減免，仍禁欄截人旅。並小可渡口不妨過往處，相度廢罷。若見召中下等人户管勾處，遇乾淺月分，如有官給舟船，許留一名看守，支與合得庸錢，餘並權暫放罷，庸錢更不支給。並候有水渡載日，依舊所

[一] 群牧司　『群』疑爲『郡』之誤。
[二] 竦　原作『竦』，據《續資治通鑑長編》（以下簡稱《長編》）卷一〇四改。
[三] 詔　原作『諸』，據《方域》一二之四改。

（賞）〔償〕公私通濟。』從之。

元豐五年八月二十四日，前河北轉運副使周革言：『熙寧中，外都水監丞程昉於真定府滹沱河中渡繫浮橋，比舊增費數倍，又非形勢控扼，虛占使臣、兵員，乞皆罷之。每歲八九月修板橋，至四五月防河拆去，權用船渡。』從之。

徽宗大觀三年正月二十九日，詔：『今後擅置私渡，不原赦降，並從杖一百。應係橋渡，官爲如法修整。今復擅置及將係官橋輒毁拆損壞者，徒二年，配一千里。其官渡橋不修整者，杖一百。令优展一考，致溺人者衝替。並許人告，賞錢五十貫。諸路依此。』以壽州民焦清言，近因沿河創置私渡，多覓渡錢故也。

政和元年七月二十一日，臣僚言：『津渡凡遇民旅往來，渡子多方乞取，候其所得如意，乃肯濟渡。與錢稍薄，即百端留難，民旅受弊。』内降黄貼子：『津渡阻留及湍險恐赫錢物，皆有彝憲，所屬自合常切檢舉曉示。』詔：『應有津渡去處，檢坐前項條法分明曉示，仍令州縣官常切檢舉覺察。』以上《續國朝會要》

光堯皇帝紹興三年七月二十五日，知臨安府梁汝嘉言：『臨安府錢塘江一帶，自浙江岸至富陽縣觀山，舟船往還，多是等候潮訊，中夜行船，是致盜賊乘時劫奪。雖督責巡尉緝捕，緣江面闊遠，難以擺布。乞行自富陽至浙江江岸一帶，應有舟船並不許中夜通放，仍令本地分巡尉常切止約，不得因緣搔擾。』契勘錢塘江潮早晚兩訊，如遇夜不行通放，所有日中潮訊，自不妨客旅舟船往還。從之。

五年閏二月十三日，尚書省言：『車駕駐蹕臨安，四方輻湊，錢塘江水闊流湍，全藉牢固舟船往來濟渡。近日添置渡船，往往怯薄，每遇濟渡，篙梢乞覓錢物，以多寡先後放令上船，以致争奪，壓過力勝，或遇風濤，每有覆溺。』詔令兩浙轉運司，限十日更行添置三百料舟船五隻，專一濟渡，不得别將他用。仍將見今板木怯薄渡船别行修换，務要牢實。及委官覺察篙梢等，不得乞覓錢物，如有違犯，重作行遣。

六年六月二十一日，右司諫王縉言：『近者乙巳地震，陛下深自儆懼，詔誡中外，務在恤民。竊見日前有司奉行詔令，實惠及民者少，因緣搔擾者多。如浙江船渡，憫其覆溺，差使臣以察之，而百端阻節，往來反受其害。回易收息以助軍費，置官吏以司之，而有籠及柴薪，物價爲之頓增。凡此本欲興利，而或以爲害，况其甚者乎？欲乞睿旨，詔浙江船渡宜責邊江巡檢，諸處回易取商旅情願。民瘼既除，變異自銷。』勘會使臣已送大理寺根勘，詔應有回易去處，如敢抑勒買賣，監官、使臣勒停，人吏等並（次）〔決〕脊，配千里牢城。許人越訴。仰提刑司常切覺察。餘依奏。

七年六月十五日，尚書省言：『浙江西興兩岸渡口，每因人衆爭奪上船，或渡子乞覓邀阻放渡，致多沉溺。自紹興元年至今年，已三次失船，死者甚衆。』詔：『如裝載過數，（稍）〔梢〕工杖八十，致損失人命，（如）〔加〕常法二等。監官故縱與同罪，不覺察杖一百。輒以渡船私用或借人，並徒一年。其新林龕山私渡人杖一百。仍許人告，賞錢五十貫。』

二十四年七月十九日，行軍器監丞孫祖壽言：『春秋時，吴越相望，界以浙水之險。海潮日至，待其水準然後可濟，其來尚矣。間者舟師載渡無節，逮至中流，過有邀〔阻〕，不旋踵間，同舟盡溺。於是朝廷差監渡使臣，措置甚嚴。閱歲既久，復成玩習，渡舟滅裂，小民輕生，不顧潮之至否，競從私渡。葉舟徑涉，間有沉溺，無由盡知，損傷往來，爲患甚大。乞申嚴舊制，禁私渡，治舟楫，則近甸之人，自絶濤波之虞。』詔令臨安府檢舉措置。

九月十五日，知臨安府曹泳言：『准敕禁錢塘私渡，察視舟楫，時加修治。今欲檢舉見行私渡條法曉示外，其所差官係朝廷使臣，本府難以約束，欲專令本府差官一員主管濟渡，（度）〔庶〕得逐時檢察，不致闕事。其渡船乞下轉運司，依元降指揮修整，每月差本司官一員點檢，保明堪與不堪濟渡。所有紹興府蕭山渡，乞下本路依此施行。』從之。

二十六年七月十四日，尚書省勘會已降指揮住罷，聽從民便。

三十年十二月十四日，詔：『浙江西興鎮兩處監渡官，係樞密院差到使臣，今後一年一替。如無沉溺人船，令轉運司保明，申取朝廷指揮推賞。任滿不切用心，裝載舟重，致悮人命，依紹興七年六月四日立定：渡船三百料許載空手一百人、二百料六十人、一百料三十人，一百料已下遞減，如有擔杖比二人罪賞指揮施行。仍仰所屬具情犯申取朝廷指揮。所有供給，令臨安府、紹興府比附監當例減半添支。其龍山、漁浦、監鎮並是監管，不得專一，今後漁浦渡依舊就委監鎮巡檢，依浙江例賣牌發渡。龍山渡從朝廷選差樞密院使臣，一年一替，賞罰並依浙江西興體例。其臨安府海内巡檢司管魛漁三百料船二隻，專一應副朝陵内人濟渡不測使用。聞巡檢司衷私差借，應副官員。今後專差軍兵看守，如私輒差借，合幹人從杖一百科罪，官員許本府具申朝廷施行。』並從兩浙運使吕廣問請也。以上《中興會要》

壽皇聖帝隆興元年十月五日，臣僚言：『歸正人略無來歷因依，慮影匿姦細。措置下諸渡密切伺察，如有透漏，監渡並巡鋪各黜官一等罷任。任内無透漏，進官如之。』詔獲姦細轉官外，增給賞錢三百貫，仍令責辦守臣。

十一月三日，臣僚言：『浙江渡昨自紹興七年吕頤浩爲相，（魯）〔曾〕緣節次失渡，嘗立畫一約束，最爲詳盡。因循日久，新差使臣不復留意。訪聞十月三日中流覆舟，舟中之人並殞非命，而當日監渡係樞密使臣吉演，妄以舟船側倒，人已上岸爲詞，公肆誕謾。請大字鏤板，揭立江岸，所差樞密院使臣二年一替，許兩州守臣按察，仍將使臣吉演罷黜。其當日覆舟梢工李勝，依元立刑名論遣。』詔吉演放罷，李勝編管五百里，仍令户部申嚴行下。

二年正月九日，江淮都督府准備差遣李椿言：『静江府興安、陽〔一〕朔、荔浦、修仁、永福縣，昭州恭城、平樂縣，賀州富川、臨賀、桂嶺縣，道州永明、江華縣，全州灌湯縣，多有聚集往南之民，並以販茶鹽爲名，結集逃卒，剽掠作過。蓋廣東必由賀州，廣西必由貴、象二州江口，每經歷津渡，人納百錢，如誘掠婦女，人納千錢。今措置，令本州於逐處團結保伍，籍其姓名，每冬點集，不許出入。仍於要切渡口嚴加禁止。』詔下本路經略安撫、提刑司相度可否以聞。

同日，江淮都督府准備差遣李椿言：『二廣往南之人，每自沿海作過，歸却於州縣關津要處，或以税牛爲名，或計人數取錢，導民於作過之地。欲乞將貴、象等州至於渡口或山峽往南之人必經由路，各置守把官。遇三人以上，雖貨物不多而持杖者，皆不得放行。』詔下本路經略安撫、提刑司相度可否以聞。

十二月十六日，德音：『楚、滁、濠、廬、光州，盱眙軍、光化軍管内，並揚、成、西和州、襄陽、德安府、信陽、高郵軍，緣避兵人馬流移，歸業之〔際〕，竊慮津渡艱阻，可令州軍各於津渡去處多添舟船，即時濟渡。仍免官司渡錢，約束不得乞覓阻節。』

乾道二年四月四日，臣僚言：『乞鎮江府並揚州，依錢塘江例分造揚子江渡船。』詔下鎮江府、揚州相度利害以聞。輔臣以臣僚言奏，上〔聞〕〔問〕尋常如何渡江，汪澈等曰：『皆民間以小船渡載，每遇風濤，必有覆溺之患。』上曰：『此亦非小事，如何從來無人理會？』澈等欲更下各處相度利害，然後施行。從之。

三年五月十三日，兩浙路轉運司言：『浙江西興龍山、漁浦渡船濟渡官兵民旅，自吕頤浩措置後，年歲深遠，奉行廢弛。今欲乞監渡官到任一年無覆溺損失人船，與減一年磨勘，月於逐州府增支食錢六千。如不依則例多裝人數，及將添置船櫓藏匿不盡行使，及不於裝發船處躬親點檢人數、輿馬、擔物，依時裝發，縱容梢工水手於大江半途邀阻横索，或致差失潮候，損溺人船，乞將監渡官重寘於法，梢工配隸，篙手杖一百編管，仍立賞錢三十千。』從之。並立渡船置五色旗及五色牌賣給過渡人，嚴禁私渡差撥水軍，止約攙奪登舟等數條。

四年八月十四日，尚書省勘會，累降旨令沿邊州軍禁止私擅渡淮及招納叛亡之人，非不詳盡。近來帥、憲司視爲常務，督責不嚴，竊恐因致生事。詔沿邊州軍常切遵

〔一〕陽　原作『縣』，據《元豐九域志》卷九改。

守，仍不時鈐束縣令、巡尉，並仰所隸地分官都巡檢使嚴行關防。如能用心捕獲，所立賞格外，更優推恩。若有透漏，他處官司捕獲，其地分當職並取旨重罰，帥憲司失覺察，亦重真典憲。仍仰沿邊州軍置立粉壁，帥憲司多出文榜曉諭，各具知稟聞奏。

六年十一月二十六日，太平州言：『被旨，采石鎮税額併縣蕪湖，其采石税務係監官兩員，若盡省併，緣係緊切關津渡口，譏察姦細，欲乞存留一員。』從之。

八年六月五日，淮東路鈐轄夏俊降一官，楚州山陽縣陳鋭，添差山陽縣馬邏巡檢孫春、楚州管界沿淮巡檢張舜臣各追兩官勒停，山（縣陽）〔陽縣〕下柳浦巡檢嚴宗顔追一官勒停。以沿淮私渡透漏户口，坐不覺察故也。

十一月十一日，詔淮河監渡在任二年，委無入齎帶銀銅鐵等敗露，方許漕司保明推賞；不實，與所保同罪。先是，臣僚言淮河私渡之弊，因有是命。仍令知、通或職官以下，同摧場官日輪一員，（請）〔詣〕發客渡口，轄所差官都監、監渡、緝捕使臣等，搜檢機察，臨時點差水工登舟，及督責沿淮巡尉捕盜官司於所管地分上連下接，往來晝夜巡警，日具無透漏文狀申本軍照會。

九年二月六日，盱眙軍言：『本軍監淮河渡闕官，未有代人，緣淮渡日過客旅過淮博易，最要機察關防透漏錢銀禁物之弊，委不可久闕正官。伏乞早賜差注。』詔本路帥漕司同議辟差一次。以上《乾道會要》

淳熙二年十二月二十日，詔自今揚州瓜洲渡、鎮江府西津渡，並令本處巡檢兼監渡，仍於銜内帶入，依舊侍右使闕差注。

四年八月二十四日，太平州守臣言：『黄池鎮河渡從來係百姓買撲，是致盜賊出没，難以禁止。乞從本州買撲，抱認課利，量立渡錢，機察盜賊。』從之。

六年正月二十六日，知鎮江府司馬伋言：『鎮江府沿江一帶私渡頗多，除西津闕瓜洲岸係官渡外，其餘私港不惟般載違禁物貨、銅錢過江，仍恐透漏姦細。乞除炭渚港、亭資東西港、丹徒東西港、諫壁港、大港共七處，許本處土豪經管，投充渡船户，其渡船鐫刻字號，委巡尉專一覺察，其餘私港三十餘處，並不許私渡，仍乞行下沿江諸郡依此。』從之。

四月二日，淮南運判徐子寅言：『真州沿江官私渡共二十九處，内宣化鎮渡一處係官監，並瓜步山前渡、何家穴渡、真州城下檢税亭渡、潮閘渡、獺兒河渡、巨家港渡六處，係買撲常平渡，共七處乞存留外，其私港二十二處乞禁止。揚州沿江官私渡共五十四處，内瓜洲渡係官監，並泰興縣穿破港、茆莊港買撲常平渡乞存留外，有私渡五十一處，乞禁止。泰州沿江官私渡共五處，内合石莊港合置立官渡乞存留外，有私港四處乞禁止。通州沿江官私渡共六十四處，内海門縣孫團併買撲常平渡一處，及江口新舊兩港併合一渡，衝要去處乞行存留外，有私渡六十二處乞行禁止。』詔(除)〔徐〕子寅更切相度外，盡行廢罷，恐民旅往來迂回不便，可除官渡外，更將要緊處私渡量行存留，具合存留申尚書省。先是，知鎮江府司馬伋言：『本府沿江私港四十一處，除炭渚港七處許令土豪爲渡户，其三十餘處並不許私渡，乞下沿江諸郡依此。』從之。至是，子寅開具本路私渡去處，乞行禁止。詔除官渡外，更將要緊處私渡量行存留，申尚書省。

五月二十八日，子寅條具乞存留真州陳李港、陳家斗門，揚州泰興縣港、柴墟鎮港，通州上洨港、天使港渡。從之。

十年二月三日，宰執進呈知臨安府王佐言：『龍山渡官許元禮裝渡船至浮山沉覆，監漁浦鎮霍令詢、監漁渡郭孝忠將帶人船救活七十九人，已將龍山渡官許元禮奏罷，其霍令詢、郭孝忠乞賜旌賞。』上曰：『可各與減三年磨勘。』王淮等奏曰：『裝渡者黜，救沉者賞，懲勸如此，其誰敢不勉？』

十二年十二月十八日，湖北提舉趙善舉言，乞將本路買撲江陵府亭陂等四十五處河渡盡行廢罷，從之。以上《孝宗會要》

慶元元年二月五日，臣僚言：『竊見江西路州縣管下通津河渡隸常平司，召人承買外，其支流斷港或非常平所隸，而姦猾不逞假承買河渡之名，妄操舟楫，當水潦泛漲則故作留難，平沙淺瀨則不容褰涉。甚者野橋略彴，亦掠渡錢，資裝或豐，弊害益肆。乞行下諸路常平司相度，將管下河渡除通津驛路許仍舊買撲，其課額差重、見今無人承買去處，量行蠲減。自餘窮源僻間，課利絶少，及非正渡，悉行罷去。』從之。

六年十二月十九日，監察御史施康年言：『錢塘江潮水勢湍險，異於他處，每日濟渡，往來何啻千百，雖有巨舟，非得慣習水勢篙手三十人，亦不克舉。乞行下兩浙轉運司並臨安府、紹興府，將所管濟渡舟楫籍爲定數，其間稍有損漏，重行修製。每一渡舟量其大小，爲措置水手一二十人，籍定姓名，各與請給，不得妄有差撥。至如合用維楫之屬，亦合委官常切點檢預辦，以備不虞。』從之。

嘉泰元年三月二十四日，臨安府言：『浙江、龍山、西興、漁浦四渡通管船三十五隻，内轉運司一十九隻，本府所管一十六隻。日常津發民旅，依已降指揮，每人出備錢三十一文足，買牌上船過渡。除官員、軍兵、茶鹽鈔客、乞丐、僧道免出牌錢外，若有擔仗、轎馬增折人數。其牌錢以十分爲率，將一分發納分隸兩司修船使用。今欲從本府勒各船篙梢，從公踏逐少(裝)〔壯〕諳曉水勢慣熟人，籍定姓名，委自渡官將兩司船隻輪流資次裝發，渡官臨時酌量，須管於籍定人數内充應水手撐駕。本府免收一分官錢，每日將所收十分官牌錢盡行均給當日行船水手，内本船梢工倍支。謂如水手一百文，梢工即支二百文。若各渡將牌錢仍前別作名色支破，不即盡數支給水手、梢工，或隱匿作弊，即許梢工、水手指實，經府陳告，重行斷治。所有船隻損動，從本府自行修整。』從之。

三年十一月十一日，南郊（放）〔赦〕文：『州縣人户買撲河渡，舊納浄課利錢，偶因改造橋梁，其河渡錢無從收掠，而官司拘於元額，依舊追催，縣道申訴，不爲減豁，致令別作名色科率應副，委是違法。如有似此去處，令提舉常平司差官審覈，當與蠲免。』開禧二年、嘉定二年、五年、十四年明堂赦並同。

開禧三年十一月四日，詔臨安府浙江、龍山，紹興府西興、漁浦四渡監官，仍舊改差武臣，添給食錢，任滿轉官並比附文臣體例施行。四渡監官元差右選，因嘉泰二年兩浙漕臣陳景思申請改差文臣。至是，漕臣史彌堅言文臣養（亭）〔高〕自重，視本職爲猥賤而不屑爲，其弊尤甚，乞復用武臣，故有是詔。

嘉定五年三月六日，知建康府、兼沿江制置使黄度言：『建康府境北據大江，是爲天險，上自采石，下連瓜步，其間千有餘里，共置六渡。其一曰烈山渡，籍於常平司，歲有河渡錢額。其五曰南渡浦，曰龍灣渡，曰東陽渡，曰大城堽渡，曰岡沙渡，籍於府司，亦有河渡錢額，而不屬常平。合六渡，歲爲錢萬餘緡。歲月寖久，官但知循例拘納月解錢，而舟檝廢壞，僅有存者，官吏、篙工初無稟給，民始病濟，而官漫不省。乃有姦豪不顧法禁，始更別置私渡，左右旁午，是由官渡濟者絶少，乃聽吏卒苛取以充課。徒手者猶憚於往來，而車擔馬牛幾不敢行，甚者至扼之中流以邀索錢物。竊以爲方今依江爲國，天設巨防，不容緩縱，而或至弛禁。南北津渡，務在利涉，不容簡忽，而俱求征課。臣已盡爲之繕治舟艦，選募篙梢，使逐處巡檢兼監渡官。於見今諸渡月解錢則例，量江面闊狹，計物貨輕重，斟酌裁減，率三之一或四之一，自車人牛馬皆有定數，雕牓揭示，約束不得過數增收，邀阻乞覓。裒一歲之入，除烈山渡常平錢如額解省，自餘諸渡皆以二分解修造庫，專充向去修船之費，而以其餘給官吏、棹梢、水手食錢，令監渡官逐月照數支散。其更有餘錢，則解送府司，然後盡止絶私渡，不使姦民踰越禁防。檢坐見行條法，使諸渡官覺察，逐月結罪保明申府。嚴邪慝之防，行濟涉之政，關〔係〕非輕。猶慮他時不知事因，或以失陷官錢爲非，或以禁約越逸爲過，輕有改更，失臣始意，則舊弊復存，公私非便。乞令本府永久遵守施行。』從之。

七年八月六日，淮南運判兼淮西提舉喬行簡言：『竊見中渡、花曆係南北限界，民旅交通，物貨互市，關係不小，尤當謹嚴，亦何愛一二差遣，不使之專一管幹！乞朝廷將中渡、花曆兩渡監官創置員闕，選差曾經任有舉主人充。應任内有捕獲到茶鹽，與照巡尉格推賞。其透漏者，罰亦如之。令本司專一覺察，旬具有無透漏及捜捉到茶鹽事狀供申，任滿與之保明批書，庶幾職思其憂，亦可使之捜檢姦細，機察盗賊，體探邊境事宜。』詔：『依所乞，增置中渡、花靨兩渡監官各一員。仍令淮西運司選辟經任有（舉）主選之人一次，今後作堂除使闕。』餘並從之。

十月四日，湖南提舉司言：『照得衡州衡陽縣柿江渡額管浄利錢伍百六貫一（百）九十六文，近改造石橋了畢，及委官覈實，果爲永遠利便。所是河渡錢無從收掠，合與照赦蠲免。』送户部勘當，申尚書省。繼而户部言：『照得其渡既已造石橋濟人往來，乞下湖南提舉司照赦施行。』從之。

十四年六月十六日德音赦文：『應蘄、黄州流移人民，已降指揮速令賑恤，津遣復業。竊慮歸渡之際，舟人津子乞覓邀阻，殊失矜軫流民之意。可令逐路沿江州軍，各於津渡去處增撥舟船，差官監視濟渡，給牓約束合干等人，不得乞覓阻節。如違，許人户越訴。』

橋梁（一）

宋太祖建隆二年四月，西京留守向拱言：『重修天津橋成，甃石爲脚，高數丈，鋭其前以疏水勢，石縫以鐵鼓絡之，其制甚固。』降詔褒美。

開寶七年十一月，江南行營曹彬等言：『大江浮梁成，命前汝州防禦使陸萬友往守之。』先是，江南布衣樊若水嘗漁於采石磯，以小舟載絲繩維南岸，疾櫂至北岸，以度江之廣狹。遂詣闕獻策，請造舟爲梁以濟師。太祖即命高品、石全振往荆湖，造黄黑龍船數十艘，又以大艦載巨竹絙，自荆南而下。及命曹彬等出師，及遣八作使郝守濬等率丁夫營之。議者以爲自古未有浮梁渡大江者，恐不能就。至是先試於石碑口造之，移置采石磯，三日而橋成。由是大軍長驅以濟，如履平地。

太宗太平興國八年九（月），詔：『國家同文共軌，四海一家，方蘇歸化之人，豈禁代勞之畜？其泗州浮橋，今後應有馬經過，不得更有禁止。並下沿淮州軍准此。』先是，江浙未平，馬有渡淮之禁，至是用贊善大夫闞衡言而有是命。

真宗景德二年四月，改修京新城諸門外橋，並增高之，欲通外濠舟楫使人故也。

大中祥符元年五月，詔：『在新舊城裏汴河橋八座，令開封府除七座放過重車外，並平橋只得座車子往來。』

二年八月，詔：『京城汴河諸橋差人防護，如聞邀留商旅舟船，官司不爲禁止，自今犯者坐之。』

三年八月，工部尚書、知樞密院事陳堯叟言：『同州新市鎮渭河造浮梁，有沙灘，且岸峽不若嚴信倉水狹岸平，爲梁甚便。』從之。

四年一月，詔：『洛水橋名「迎躔」，渭水橋名「省方」。』

（一）本部分摘録自『《方域》一三之一九至二九』。

六月，詔：『如聞陳留有汴河橋，與水勢相戾，往來舟船多致損溺，令府界提點經度修换，（其）〔具〕利害以聞。』

五年七月，修保康門相直汴河廣濟橋，改名曰延安；創惠民河新橋，名曰安國。車駕臨視之。

九（日）〔月〕，帝曰：『京城通津門外新置汴河浮橋，未及半年累損，公私船經過之際，人皆憂懼。尋令閻承翰規度利害，且言廢之爲便，可依奏廢拆。其元陳利便已受遷補之人劾罪誡勵，並勒依舊。』

六年六月，詔曰：『昨者祇若元符，欽迎真像，靈期久協，茂典慶成。乃眷飛梁，實登寶座，宜更美稱，用表純熙。昇平橋且以「迎真」爲名。』

八年六月，河西軍節度使、知河陽石普言：『陜府、澶州浮橋，每有綱船往來，逐便拆橋放過，甚有阻滯。今造到小樣脚船八隻，若逐處有岸，即將高脚船從岸鋪使漸次將低脚船排使。如無岸處，即兩邊用低橋脚〔一〕以次鋪排，中間使高脚船八隻作虹橋，其過往舟船於水深洪内透放。並具樣進呈。』帝令三司定奪聞奏。

閏六月，詔：『開封府界諸縣鎮橋，自今蓋造添修，並要本府勾當。所用木植，令於屋税等錢内折科。如大材料，令三司支撥應副。』

天禧元年正月，罷修汴河無脚橋。初，内殿承制魏化基言：『汴水悍激，多因橋柱壞舟，遂獻此橋木式，編木爲之，釘貫其中。』詔化基與八作司營造，至是三司度所廢工逾三倍，乃請罷之。

仁宗天聖二年九月二十八日，太常博士董黄中言：『太平州蕪湖縣有渡江浮橋一，乞降勑命，長令存留，仍不住修葺。』從之。（乞）〔先〕是江水歲暴漲，浸没橋道，科率修繕，甚爲民害。至是，造舟爲梁，頗革其弊。

三年正月，巡護惠民河田承説言：『河橋上多是開鋪販鬻，妨礙會簷及人馬車乘往來，兼損壞橋道。望令禁止，違者重寘其罪。』從之。是月，詔在京諸河橋上不得令百姓搭蓋鋪占欄，有妨車馬過往。

六年三月，詔：『澶州浮橋計使脚船四十九隻，並於秦、隴、同州出産松材，磁、相州出釘鐵石灰採取應副，就本州打造，差監浮橋使臣管勾。』先是，於温、台二州打造，以其遠到遲，故有是命。

七年六月，京東轉運司言：『近准勑差知萊州、虞部郎中閻貽慶等部轄開修夾黄河，勘會所開河橋梁垻子，除北田、朦朧垻子兩座水勢添漲，候開春减退修置外，其餘橋垻並已修置。欲令緣廣濟河並夾黄河縣分，令佐常切巡護，逐年檢計工料，圓融夫力，淘出泥土，修貼堤身，於牽路外栽種榆柳。如河堤别無决溢，林木清活，具數供

〔一〕低橋脚　疑當作『低脚船』。

中，年終輦運司點檢不虛，批上曆子，理爲勞績。如公然慢易，致堤岸怯弱頹缺，栽種失時，亦乞劾逐科罰。』從之。

慶曆四年四月，詔責罰定奪陳留縣移橋官吏。先是，催綱右侍禁李舜舉，請移陳留南鎮上橋於近南舊弛橋處，以免傾覆舟船之患。開封從其請，而移橋則廢縣大姓之（氏）〔邸〕舍。遂因緣以言於三司使王堯臣，以爲無利害而徒費。三司遣提點倉草場陳榮古相之，榮古請於舊橋西展水岸五十步，擗水入大洪，而罷移橋。知府吴育固争之，朝廷遣御史按之。御史言移橋便，且繫三司受請，置司推劾。於是自堯臣以下皆罰金焉。

皇祐三年十月，以惠民作新橋爲安濟橋。

嘉祐二年十二月，追先降修澶州浮橋官吏獎諭詔。先是，澶州言河流壞浮橋，後日而完修之，遂降獎諭，而中書言官吏護視不謹，法當劾罪，既（令）〔令〕免劾，而詔亦追罷之。

治平四年八月二十一日，神宗即位，未改元。陝西體量安撫使孫永言：『河中府浮梁自來西岸有減水口子，自淤澱後，遇水泛漲，束狹得河流湍悍，故壞中墠及浮橋。乞將陳、杜、唐州材三口略行疏理，分泄黄河泛漲時水勢。』從之。

神宗熙寧六年四月十七日，熙河洮河浮梁成，賜名永通橋。

十月十三日，洮河北安鄉城，鄯、廓通道也，濱河戎人嘗刳木以濟行者，艱滯既甚，何以來遠？故令景思[一]立營之。同日，詔延州永寧關黄河渡口置浮梁。永寧關與洺、隰[二]州跨河相對，地沃多田收，嘗以芻糧資延州東路城寨，而津渡阻隔，有十數日不克濟者，故上命趙卨營以通糧道，兵民便之。

八年八月八日，詔澶州製造吴舜臣所造（獲）〔護〕浮橋鐵叉竿。

九年五月十九日，鄜延路經略安撫使李承之言：『延州新修寧和橋，乞依舊存留。若解拆後遇大水，璽淩吹失，更不添修，依舊置渡。』從之。

元豐二年十二月二十五日，詔：『改開遠門外浮橋畢，賜知將作監吴處厚銀絹及使臣、吏人有差。』

五年八月七日，詔應諸處廣濟橋道並隸都水監。

二十四日，前河北轉運副使周革言：『熙寧中，外都（中）〔水〕監丞程昉於滹沱河中渡繫浮橋，比舊增費數倍，乞罷之，權用船渡。』從之。

六年八月十一日，賜河中府度僧牒二（伯）〔百〕八十修浮橋堤岸。

七年七月二十二日，滑州言齊賈下（掃）〔埽〕河水漲

[一] 思　原作『果』，據《長編》卷二四七改。

[二] 隰　原作『濕』，據《長編》卷二四七改。

壞浮橋，詔范子淵相度以聞。後范子淵言：『相度滑州浮橋移次州西，兩岸相距四百六十一步，南岸高崖地雜膠淤，比舊橋增長三十六步半。』詔子淵與京西河北轉運司、滑州同措置修築。

哲宗紹聖二年六月三日，詳定重修勑令所申明黃河浮橋禁，揭榜於兩岸。

徽宗大觀三年正月二十九日，詔：『應係橋渡，官爲如法修整，今後擅置及將官橋毀壞者徒二年，配一千里。其官渡橋不修整者杖一百。』

十月七日，尚書度支員外郎王革言：『滑州比年以來修整浮橋，所費工力、物料萬數浩瀚，每歲虜使到河，或不及事，或僅能了當，致一一上煩朝廷措置。乞詔都水監與滑州、通利軍當職官，於沿流上下從長相視，同狀指定可以繫橋去處，權暫繫橋，水漲輒拆，以備後用。或令河北、京西路轉運司相度增五宿頓，使虜使由孟津趨闕下。候具辦集，檢會元豐四年因避冀州濟渡改路詔旨施行，實爲長久之利。』詔令京西、河北路轉運司，檢會案例年分及所經由京西道路增添，相度有無害程頓去處聞奏。

政和四年八月十日，京西路計度都轉運使宋昇奏：『河南府天津橋依倣趙州石橋修砌，令勒都壕寨官董士輗彩畫到天津橋，作三等樣製修砌圖本一冊進呈。』詔依第二橋樣修建，許於新收税錢內支撥糧米，本司應辦，仍不立名行遣。仍詔孟昌齡同宋昇措置。其後宋昇奏：『西京端門前，考唐《洛陽圖》，舊有四橋。曰穀水，曰黃道，在天津橋之北；曰重津，在天津橋之南，並爲疏導洛水夏秋泛漲。歲月寖久及自經壞橋之後，悉皆湮没。今看詳，見修天津橋居河之中，除穀水已與洛河合爲一流外，其南北理當亦治二橋以分其勢。蓋不如是，則兩馬頭雖用石段砌壘，兩岸之水東入橋下，發洩不快，則兩馬〔頭〕不無決溢之患。又橋之上十里有石堰曰分洛，自唐以來引水入小河東南流入於伊。聞之耆舊，每暴漲則分減其勢。若今來修建(大)〔天〕津橋而不治分洛堰，不能保其無虞。臣前項所乞止是天津一橋，今欲如舊制添修重津並黃道橋，及置分洛堰，增梁以疏其流於下，作堰以分其勢於上，實爲永久之利。』從之。

十一月二日，都水使者孟昌齡言：『近承尚書省劄子，滑州浮橋今歲已經漲水，不曾解卸，未見比每歲係橋計使若干工料、錢數，及今歲不曾解拆，計減省數目。昌齡契勘到：政和元年兵士一萬餘工、錢七萬餘貫，政和二年兵士三萬餘工、錢八萬餘貫，政和三年兵士四萬工、錢七萬餘貫。今歲不曾解拆，將前項三年折計，減省兵士八萬一千餘工、錢二十二萬八千餘貫。今具保守遇今歲夏秋漲水，不曾解折官吏職位姓名。』詔昌齡、葛仲友及三等官吏、作頭、壕寨，轉官、支賜有差。

二十二日，都水使者孟昌齡言：『請於通利軍依大伾等山徙繫浮橋，其地勢下可以成河，倚山可爲馬頭，又有中潭，正如河陽長久之利。』從之。

五年六月二十九日，詔：『居山至大伾山浮橋，賜名天成橋。大伾山至汶子山浮橋，賜名榮充橋。』續詔改榮充橋曰聖功橋。

十一月十七日，尚書工部侍郎孟昌齡言：『三山水橋、萬年等新堤，前後役事，並各已成功。然大河非他水之比，或漲或落，掠岸衝激，勢不可測。緩急若須令臣出入照管，即待班次朝辭，萬一恐失期會。欲權依都水監官出入條例，逐急出門，只具奏聞，及申牒逐處官司，庶免臨時誤事。』從之。

六年正月一日，提舉三山天成橋河事孟擴言：『契勘橋（司道）〔道司〕舊兩指揮，額計一千人。今來兩橋四馬頭，窠占並差定看船守宿之人，及祇補打淩整橋道用人甚多，即目尚闕人數，招塡不足。蓋因招軍例物與黄河（掃）〔埽〕兵多寡不同，是致少人投充。欲乞將橋道司招軍例物與黄河埽一般支給。』從之。

七月二十日，提舉三山天成橋河等司狀：『據管勾天成聖功橋、武節郎寇茂孫狀：本橋近承朝旨添置人兵，馬頭作兩指揮，已招到並舊管人兵，合行分撥於兩馬頭，未審稱呼爲南北馬頭橋道，爲復以第一、第二指揮爲名。本司今相度，欲將天成橋東馬頭作橋道第一指揮，西馬頭作橋道第二指揮。』從之。

二十四日，詔：『三山浮橋，萬世永賴，造言者終未革心。可令都水監與當職官夙夜常切固護，如（何）〔河〕流向著或淺澱，即行疏濬，一有缺溢，並依舊法當行處斬。若或造言摇動，以惑衆（請）〔情〕，可立賞錢一千貫，許人告捕。其增修堤道，開分水河，依圖相度，具工料以聞。』

七年五月二十七日，詔：『青州上水城、南洋二橋久廢不治，昨降指揮修整，不及一季，遂見成功，控扼海道，增固守禦，委有勞績。帥臣崔（真）〔直〕躬，令學士院降詔獎諭，所委計置、監修、部役官等，令直躬具功力等第保明聞奏，取旨推恩。』

八年四月二十二日，詔：『聞磁州界（淺）〔棧〕橋閣道路二百八十餘里，修治未至如法，行路惴恐，見管兵級數少，分布鋪地不足。仰本路帥臣差官同本州當職官相度措置，具事狀聞奏。仍屬縣巡尉並巡轄馬遞鋪使臣，於銜内帶「管幹橋閣」四字。本州通判上下半年遍察别路有棧閣處。准此。』

宣和元年五月二十五日，臣寮言：『永興軍界滻水河並灞（海）〔河〕，每經大雨，山水合併，兩河泛漲，别無橋路。及水勢稍息，往往病涉，多傷人命。乞下陝西路轉運司相度，如不可置橋渡，即乞以過馬索引路。今所屬縣分多差水手救護，專委本路漕臣張孝純相度，措置聞奏。』

三年八月二十五日，詔：『天成、聖功兩橋已奏畢功，本處當職官失職與免勘，監橋官二員各降兩官，都大一員降一官、展二年磨勘，滑州知、通二員各降一官，應當

（官職）〔職官〕各展三年磨勘，提舉官、都大司人吏、滑州當行人吏、監橋官下軍司橋匠、作頭等，各科杖一百。』

四年四月二十四日，詔修繫三山橋了畢，累經秋河漲水，並無疎虞，賜都水使者孟揚以下轉官，賜帛有差。

光堯皇帝紹興三年七月二十二日，詔：『昨緣臨安府申請，橋道去處居民搭蓋茆草席屋，並令拆去，其本府並不預定的確去處，於一二日內了畢，却縱令官吏所至搔擾，有不係當拆去處亦行起動，小民不安。令臨安府分析措置無法因依，即令轉運司體究曾搔擾人户官吏，申尚書省。如漕臣隱庇，朝廷覺察得知，亦重寘典憲。』時爲久缺雨澤，故有是詔。

壽皇聖帝乾道二年八月二十三日，兩浙漕司姜詵言：『吴江長橋南三十三橋，塘岸南北十餘里，兩岸皆民田。舊立兩橋，對岸各有浦巷，歲久橋廢，欲再建立。旁近橋道稀少及對岸無民田者，更添造六橋，共創爲八橋，導泄太湖水徑入吴松江，達於海。』詔別議施行。

四年〔一〕十二月十四日，詔於臨安府清湖閘堰下創木橋一，北郭税務北創浮橋一。以户部侍郎曾懷等言，三衙諸軍赴新置豐儲倉請糧地遠故也。先是，懷等欲於清湖閘堰及北（過）〔郭〕税務人使廚屋北各創木橋一，詔令轉運司、臨安府營度。（即）〔既〕而逐司以北郭税務廚屋北及人使維舟之所造橋有妨，請更爲浮橋，故有是命。

浮橋

淳熙十年二月二日，詔：『襄陽府浮橋，自來年爲始，將均州合敷竹木與減一半，其餘並令襄陽府計辦。』從知均州守臣請也。

河鎖〔二〕

太宗太平興國三年正月十五日，詔：『陳州城北蔡河，先置鎖筭民舡者，罷之。』先是，五代以來藩鎮多便宜從事，所征之利咸資於津渡，悉私置鎖。凡民舡勝百石者，税取其百錢，有所載者即倍征之，商旅甚苦其事。至是，陳州以聞，遽罷之。其後諸州軍河津之所有征者，復皆置鎖。

仁宗天聖三年正月十二日，上封者言：『在京惠民河置上下鎖，逐年征利不多，擁併般運，阻滯物貨，致在京薪炭湧貴，不益軍民，乞罷之。』詔三司詳定可否。三司言：『大中祥符八年，都大提點倉場夏守贇相度，於蔡河上下地名四里橋段家直置鎖，至今歲收課利六千餘緡，廢之非便。乞下提點倉場官員常鈐轄監典，毋令阻滯。』從之。

〔一〕『四年』上原衍『一』字，今刪。
〔二〕原題为：宋會要輯稿方域一三　河鎖。

江鎖

徽宗政和元年六月二十四日，樞密院奏：『臣僚上言：「伏見雅州碉門有溪曰禁江，並無鎖閉，可通舟筏，未有關防之法。欲乞嚴設禁止。」送成都府、利州路鈐轄相度，申樞密院。本司據雅州申，碉門寨下禁江一處係屬嚴道、榮經兩縣界，然舊有鎖水一處，從來只置竹棚欄截。今相度改造截河鐵索，兩岸繫縛安置，以備寅夜乘舟舡作過之人。尋行打量得，江面闊一十四丈八尺，每尺用熟鐵一斤打造連鎖，計用鐵一百四十八斤。於南岸山下就山鑿石竅鐵圈鎖纜，纜縛鐵索，及更用將軍柱一條副之。次岸置華車一座，安置鐵索，以備水勢高下，旋行收放。及用鏁一連，寨官逐時點檢封索，選差人兵看守。及碉門寨門下江水岸北舊用木作籬牆，今乞以大石塠疊作城用乳頭牆，城上置敵棚，分那人兵守宿。本司相度，委是經久可行。』從之。

方域一四　治河上[一]

太祖建隆元年十月，河決棣州厭次縣，又決滑州靈河縣。至二年七月，遣右領〔軍〕衛上將軍陳承昭修塞之。役成，賜承昭錢三十萬。

三年十月，詔沿黄、汴河州縣長吏，每歲首令地分兵種榆柳以壯堤防。

四年正月，詔左神武統軍〔陳〕承昭發近甸丁夫數萬，修畿内河堤。

乾德四年六月，鄆州東阿縣河水溢，損民田。澶州觀城縣河水溢入大名府，壞廬舍。

開寶三年正月，詔發近甸丁夫數萬增治河堤。十二月，又發二萬人治堤。

四年十一月，河決澶淵，泛數州，官守不時言，通判姚恕棄市，知州杜審肇坐免。命棣州團練使曹翰、濮州刺史安守忠部勒修塞。

五年正月，詔曰：『每歲河堤，常須修補。訪聞科取梢（捷）〔楗〕，多伐園林，全虧勸課之方，頗失濟人之理。自今沿黄、汴、清、御河州縣人户，除准先敕種桑棗外，每户並須創柳及隨處土地所宜之木。量户力高低，分五等：第一等種五十株，第二等四十株，第三等三十株，第四等二十株，第五等十株。如人户自欲廣種者，亦聽。孤老、殘患、女户、無男女丁力作者，不在此限。』

三月，詔曰：『朕每念河堤潰決，頗爲民災，故嘗置使以專掌之，思設佐僚，共濟其事。自今開封、大名府、

[一] 原題『治河』，下有小字『二股河附』，今依序記爲『治河上』。本部分内容摘録自《方域》一四之一至二七。原《宋會要稿》一九二册。

鄆、澶、滄、滑、孟、濮、懷、鄭、齊、棣、博、德、淄、衛、濱州，各置河堤判官一員，以逐州通判充。如闕通判，以本州判官兼領。』

五月，澶州河決濮陽縣南岸，六月又決於陽武，命棣州團練使曹翰馳騎經度修塞。太祖曰：『朕方以霖雨，又聞河決，三兩日來，宫中焚香禱天，若天災流行，願移於朕躬，幸勿殃兆民。』翰奏曰：『若宋景公一言修德，災星爲之退舍。陛下憂兆民，懇禱如是，必應上感天心，亦何慮河決爲災邪！』即詔發開封、河南十三縣夫三萬六千三百人，及諸州兵一萬五千人，修陽武縣堤。澶、濮、魏、博、相、貝、磁、洺、滑、衛等州兵夫數萬人，塞澶州河。並令翰督役，至十二月畢功。

六年正月，遣德州刺史郭貴修魏縣堤。

八月，草澤王德方上《修河利害》，特賜同學究出身。

八年五月，河決濮州郭龍村。六月，又決澶州頓丘縣。遣内衣庫副吏閻彦進發丁夫數萬修之，十一月功畢。

太宗太平興國三年四月，河決懷州獲嘉縣。至十月，滑州言：『靈河縣河決已塞，水復故道，既而復決。』詔塞之，命西上閤門使郭守文、供奉官閤門祇候王侁、西八作副使石全振護其役。

五年正月，命連州刺史任知杲、虢州刺史許昌裔、雄州刺史孫全興發丁夫，理衛、澶、濮三州河堤。左屯衛將軍李重進、右千牛衛將軍鄭彦華、右内率府率由浦發丁夫，理濟、鄭、貝三州河堤。

七年六月，河決齊州臨濟縣，又決大名府范濟河。秋，河大漲，蹙清河，侵鄆州，城將陷，塞其門，急奏以聞。詔遣殿前承旨劉吉馳往固之。清河水退，鄆城不陷。吉，江南人，習水事，故命之。

雍熙二年正月，遣左領軍衛大將軍郭重吉等十三人監治河堤。

端拱二年五月，滑州房村埽火，焚竹木梢芟百七十餘萬。詔轉運使督沿河州縣官吏，常令分行部内埽岸積聚之物，有檢視不謹、爲水所敗者，坐其罪。

淳化二年三月，詔曰：『今歲時雨霶霈，（州）〔川〕流暴漲，慮河堤脆薄之處，或有蛇鼠所穴，牛羊踐履，岸缺成道，積水衝注，因而壞決，以害民田。宜委諸州河堤使、長吏以下及巡河主埽使臣經度行視，預圖繕治。苟失備慮，或至壞隳，官吏當寘於法。』

四年九月，澶州河水暴漲，夜衝北城，壞居人廬舍及州宇倉庫。即日命彰德軍節度使魏咸信知州事，遣侍御史元紀劾知州、工部侍郎郭贄等不預修防事。民溺死者人給錢，闕食者量予賑給，今年屋税沿納物並權除放。河水合御河並山水奔注大名府，知府趙言分兵夫填築堤岸，壅城門，遂不爲患，降詔褒（漿）〔獎〕，並存撫軍吏百姓。

至道元年十二月，京兆府通判楊覃言：『官買修河竹六十餘萬。』帝曰：『渭川千畝竹與千户侯等，聞闕右百姓竹園，官中斫伐殆盡，不及往日蕃盛，此蓋三司失計度所致。自今官所須竹，量多少採取，厚償其直，存其竹根，則新竹可望矣。』吕端曰：『芟葦亦可以爲索，甚堅韌。後唐莊宗自楊留口渡河，造舟爲梁，只用葦索。』因命樞密院分遣使臣詣河上刈葦爲索，然以脆不用，遂寢。

三年正月，遣内臣往澶州沿河點檢竹索。以官費甚多，吏或侵擾爲姦，故令閲數裁減之。

真宗咸平三年五月，河決鄆州王陵埽，浮鉅野，入淮、泗，水勢悍激，侵迫州城。命步軍都虞候張進、内侍副都知閻承翰率諸州丁男二萬人往塞之。至十一月，塞河功畢，遣使存恤被水災，令給以口糧。知州馬襄、通判孔某坐免官，巡河堤左藏庫使李繼原配隸許州。

六年十二月，雄州何承矩言，乞開濱、棣州界黄河入赤河北流，東匯於海，甚爲長久之利。真宗曰：『此屢有言者，亦曾經度，計役千萬工，浸數縣民田，壞居人廬舍，終恐非便，不可行也。』

景德元年二月，詔：『每歲遣使閲視黄、汴河堤，回日具委保以奏，異時有壞決，連坐其罪。修護渠各有官屬，使者暫往，安可專責，自今罷之。』

九月二十九日，河決澶州横埽，命起居舍人、知制誥李宗諤馳往設祭，遣侍衛馬軍都指揮使、威德軍節度使葛霸爲澶州修河都總管，崇儀使張利涉、内殿崇班王懷昭副之。又遣使視決河漂溢之所，官給船濟之，民乏食者計口賑救。

二年十月，詔：『沿河州軍長吏、通判，自今任滿，候水落乃得代還。』又令沿河縣令、主簿更互出視堤防。

十一月，以内殿崇班、閤門祗候錢昭晟爲崇儀副使。昭晟計春料，擘畫省功減費，親自行視無虞，故有賞。

五年七月，詔自今修繕河堤，不得更減功料。是春，陽武、酸棗河堤使者以省功料爲勞課，亟命選勤幹者代之。

九月，詔沿黄河隸役兵匠，自今除月稟外，别給口糧。

十二月，詔：『沿黄河州軍知州、知軍、通判、令佐等，在任三年，修護堤埽牢固，别無遺累，得替日免短使，依例磨勘，與家便差遣，令佐亦放選注家便官。』

是年，河決滑州王八埽，詔發兵夫完治之，費功十餘萬乃成。

大中祥符元年四月，遣中使四人分護鄆、濮等州河堤，以馳道所歷，謹備豫也。

三年五月，京西提點刑獄司上言：『河陽高紳修黄河岸，以葉石累之，計省功鉅萬，頗爲堅固。』詔獎之。

八月二十五日，滑州言大河順道北流，詔遣職方員外郎劉益馳往設祭。

十二月，帝謂知樞密院王欽若等曰：『河防所設，本各有因，官司相度，容易廢毁，或恣形勢請射，或容彊户侵耕，非次奔流，多貽墊決。蓋聽授之不審，亦興復之倍艱。

可降詔諭沿河官吏及巡河使臣，所管舊日大小堤，並依舊存留，不得專擅移易。內有委實不便，須合改更處，具本處何人規畫、於何年修築及明陳改更利害以聞。』

四年八月，河決通利軍，又合御河流注大名府城，害民田，人多溺死。詔遣官致祭，賜被水家米一斛。是年，遣使滑州經度西岸開減水河，朝議以疏治此河可以折水勢，省民力。事畢，詔奬獻言者。

五年正月，棣州言河決聶家口，請徙州城。帝曰：『城去河尚十數里，居民重遷。』又命內殿崇班史崇貴、入內供（俸）〔奉〕官王文慶，與轉運使王（曉）〔曙〕、李應機完塞。既成，又決於州東南李民灣，環城數十里，民舍多壞。（曉）〔曙〕等又請徙於滴河，詔閤門衹候郭盛覆視之，如其請。

五月，又遣太常博士孫冲、內殿崇班衛承慶按視之。冲言城可固護，止費功三十萬，與（曉）〔曙〕更陳利害，即遣冲知棣州，承慶爲兵馬都監。冲又薦大理寺丞史瑩知水事，遂以瑩通判棣州。瑩俄以異議被絀。冲御下嚴刻，有行新堤上者必杖之。役興踰年，雖扞護完築，裁免決溢，而湍流溢暴，壖地益削，河勢高民屋迨踰丈矣。民苦久役而終憂水患，乃罷冲等，徙州。

八月，命東染院使秦義、開封府官寇弦乘傳至鄆州按視河堤城池，圖上利害。

七年二月，詔：『如聞河北濱、棣〔一〕州修葺遥堤，科配勞苦，亦有逃亡者，可諭轉運使便勿修疊，別作規畫，無致闕悞。』

八月，遣使視棣〔二〕州河堤，還言城南河高二三丈，知州、殿中侍御史孫冲守護過嚴，民輸租踐堤者亦笞之。詔擇官代之，乃命轉運使李士衡、張士遜徙州於陽〔三〕信之八方寺。

八年二月，命三司户部副使李及、西上閤門使夏守贇馳傳詣滑州，與河（北）、京西轉運使議開減水河（利）害。先是，京西轉運使陳堯佐等請於滑州開小河以分水勢，河北轉運使李士衡等言將爲魏、博民患，請罷之。帝曰：『各庇所部，非公也。』故命及等覆視。及等使迴，請於三迎陽村北開河，仍於新河別開汊河，如河水湍激，即令兵卒之習水者決導。從之。

三月，令滑州都監、監押二員，每月更巡河上，提轄六埽修河物料。詔京西轉運使俟農隙日，量發二匠課取石段，備修河陽埽岸。

四月，詔：『沿河諸埽巡河使臣各給當直軍士五人，監物料使臣各三人，並以本城充，自今不得輒差河清卒。』

〔一〕棣　原空，據《長編》卷八二補。

〔二〕棣　原空，據《長編》卷八三補。

〔三〕陽　原作『揚』，據《宋史·河渠志一》改，但該事繫於八年。見周魁一等《二十五史河渠志注釋》四四頁。中國書店，一九九〇。

是月，遣使滑州，與知州、通判同閲芟地，盡令刈送官場。

七月，令京東路提點刑獄滕涉、常希古與本路轉運同定奪鄆、濮州規置芟地久遠利害。

九年正月，三門白波發運使言，沿河山林約採得梢九十萬，計役八千夫一月。命發運使陳麗夫躬自臨視，仍官給糧食，畢日即散。

四月，詔：『自今沿黄河令佐三年，二年在本縣地分修護河堤埽岸，一年差出别縣界，亦修護堤，並得牢固者，只免選注合入官，即不注家便。如三年内俱在本縣地分修護河堤，别無疎虞，即依先降敕命施行。』

十二月，河北都轉運使李士衡言：『滑州魚池埽水勢湍急，知通利軍鄭希甫請於本埽下開減水河，相度利便。』從之。

天禧元年十月，滑州監押、侍禁勾重貴言：『准先降敕，知州軍、通判官、令、佐、巡檢河堤埽岸使臣得替後並有酬奬，惟不及都監、監押。』詔自今替日與免短使。

三年六月，滑州河溢州地西北天臺山旁，俄復潰於城西南岸，摧七百步，漫流州城，民多漂没。歷澶、濮、曹、鄆，注梁山泊、濟、徐州界，又合清河、古汴河上流入淮，軍士溺死者千餘人。遣馬步都軍頭崔鑾領宣武卒四百人巡護。詔光禄少卿薛顔、西上閤門使張昭遠體量規畫，仍與京東、京西、河北轉運使會議，遣使具舟以濟行者。又遣閤門祇候薛貽廓相度水口。以侍衛步軍都虞候馮守信爲滑州修河總管，兼知滑州，虢州團練使郝榮副之，崇儀使、入内押班鄧守恩爲鈐轄，薛貽廓、内殿崇班楊懷（吉）〔古〕並爲都監。遣御史馳驛劾滑州官吏之罪。貽廓言：『修河物料，望差官提點支納，及差木石匠各百人。』從之。命屯田員外郎崔立、内殿崇班閻文慶往涖，其令入内供奉官史崇、楊繼斌以馬步卒二百四十人巡邏兩岸，捕緝賊盜，修護堤岸。牛忠又言河水有復故道者，及請發河清卒葺治魚池埽臺。從之。

八月，命樞密直學士王（曉）〔曙〕、客省副使焦守節馳驛詣滑州，與馮守信、京東、河北轉運使等議[一]合要人夫、（與）〔興〕役時日，及具合役日限以聞；其本州合要修河物料、錢帛、糧草等，除見有備外，仍令（時）〔曙〕等同知撥般運，應辦給用，連書以聞。仍賜宴犒。

九月，三司請於開封府等縣敷配修河榆柳雜梢五十萬，以中等以上户秋税科折，從之。

十二月，都官員外郎鄭希甫言：『通利軍至澶州黄河堤岸沙淤，慮將來壅塞河口，水遷舊河，衝注溢岸，望令逐州軍增築舊堤一二尺備之。』詔可。

〔一〕『等議』二字原在『馮守信』下，又『京東』下有『西』字，並據《長編》卷九四改。

四年正月，命翰林學士盛度言白馬軍將塞河[一]，又命右諫議大夫張士遜往祭。仍詔馮守信俟河平，留兵夫萬人護之。是役，凡賦諸州薪石楗芟竹千六百萬，發兵夫九萬人治之。

二月，河堤塞，群臣入賀，帝製滑州修河碑建於福寧院乾文殿，以紀成功。又命翰林學士承旨晁迥祭謝，分遣官謝宮觀、陵廟、岳瀆，群臣稱賀。賜修河官吏衣服、金銀帶、器帛，將士緡錢有差。

五月，詔：『沿河州軍自今每歲令長吏與巡河使臣躬視堤岸，當浚築者，備書以聞，勿復減省功料，以圖恩獎。違者寘重罪。』

八月，知制誥呂夷簡言：『伏見河再決滑州，計功鉅萬，以臣所見，未議修塞，俟一二年間漸收梢芟，然後興功。兼聞諸州有賤典賣莊田者，蓋慮科率梢芟，無以出辦。望議定未修河，特詔諭州縣，仍令滑州規度所須梢芟，以軍人採伐，或於近州秋税折科。』從之。

九月，夷簡言：『景德二年，詔沿黄、汴河春科檢計河堤合使物料、人力，今後知州、通判、巡河使臣、令佐若能用心點檢，逐年大段減剩得人功、物料，堤岸又得牢實，不至疎虞，與將在任減剩得功料，比附前界敘爲勞績，候得替到闕，特行酬獎。臣今看詳，伏恐沿河州軍官吏因此詔條，每年多減功料數目，故得欲替敘爲勞績，以致堤岸漸至薄怯，致昨來河決滑州，倍費功力修塞。其景德二年十月九日敕命，今後更不行用。』詔審刑院、大理寺定奪，請如夷簡所奏。從之。

是月，國子博士王黄裳言：『竊見去年滑州決河，修築終未完固。臣近過鄭州，見黄、汴河岸相去止五十步許，若來歲泛溢，即入汴河口，或至震驚都城。願與諸州長吏案行規度，就直開浚，必可省功料、惜人民。』詔黄裳馳驛往滑州，與李應幾等同共規度修浚河口年限，並具功料以聞。畢日，同往鄭州，召轉運使、河堤官吏等案視以聞。

十二月，知滑州陳堯佐請令兵馬總管同管勾堤事。從之。是月，崇儀副使史瑩、國子博士王黄裳，請於衛州等處規度分減黄河水勢，詔與李垂親視利害以聞。

五年正月，詔曰：『乃眷洪河，是惟經瀆，決溢爲患，今古攸同。言念修完，頗增勞費。應沿滑州河口且（往）〔住〕修疊，俟將來豐熟日指揮。京畿、京東西、河北遭水及積雨浸民田、妨墾種縣分，委轉運使與逐州長吏體量詣實以聞，議加優恤。京東路河流所及地分尤廣，特差官往彼安撫。』

五月，詔：『應沿河州軍自今每歲撿計管界河堤功

[一] 此句與《長編》記載略有不同。《長編》卷九五：『天禧四年春正月戊午，以滑州將塞決河，命翰林學士盛度乘傳致祭。』

料，委逐處長吏或通判、河堤官吏與都大巡河、本地分使臣躬親詳度，如是堤岸怯弱，河道堙塞，合行開濬修築，即連書以聞，不得復有減省功料以爲勞績，希求恩賞，違者寘深罪。』是月，滑州開減水河功畢，河流漸復北岸，命右諫議大夫李行簡致祭。

六月，滑州陳堯佐言：『黄河泛漲，河北岸撥堰放水，其正河、汊河並入故道。』降詔獎諭。

仁宗天聖元年五月，右諫議大夫、參知政事魯宗道，往滑州相度修塞河口功料，又遣太常博士李渭隨宗道相視。時滑州計度修塞功料聞奏，又渭嘗言修河利害，故遣之。

六月，供奉官、閤門祗候、簽書滑州事張均平言：『簽書州事兼管河堤，將來修塞河口功料，排備物料，分領役兵，伏緣往來隔河，恐失點檢。況修河亦有都監名目，欲(勉)〔免〕簽書州軍，專令管勾河口。』別命太常博士李渭爲北作坊副使，充修河都監。

是月，魯宗道言：『近奏鄭州判官王述、前安利軍判官葛湛充滑州職官，同管修河公事。今點檢滑州奏狀，幕職多出外縣，不親書名，欲乞特申戒約，並須同共商議，親書文奏。如有功過，應干修河官，並與知州已下一例施行。』從之。

八月，中書言：『(令)〔今〕京西等路(色)〔邑〕人有情願進納修河梢並草者，逐州軍數目十分中特與減放一分，令出榜曉示。』從之。

二年八月，遣度支員外郎、祕閣校理李垂，内殿崇班、閤門祗候張君平，同往滑、衛州相度水勢，及具合役功料數，畫圖以聞。時議修塞故也。京東轉運使又奏：『本部羨財十萬貫，充修河支用。』詔加獎諭。宰臣言：『滑州修河物料，地理闊遠，欲令本州相度添差巡檢，於高阜處積壘苫(益)〔蓋〕，不管疎虞損惡，有悮將來支用。』仁宗曰：『草數重逾千萬，此皆出於民力，不可枉致損爛，如此約束甚便。』

四年十二月，詔：『滑州向下緣河埽岸，累降敕取責結罪文狀，如壘口以後，常切修貼，不唯疎虞，尚慮官員、使臣不切用心固護。宜令接此春初，差夫興修，預合固護，仍以修過功料進取進止。』

五年八月，中書門下言：『近差内殿崇班史崇信、入内供奉官段文德，往滑州修疊固護怯薄堤，官員照管兩堤，恐將來水復舊河，別有疎虞。』從之。

九月二日，御史知雜王鬷言：『伏覩敕命，塞疊河口，竊惟濮、衛之郊，連苦水旱，趙、魏之境，昨經螟蝗，倘加役使，重益困窮。欲乞應在京見有土木工不急修造處，一切權罷，那併充河口差使。』詔從其請。又遣知制誥程琳、西上閤門使曹儀往滑州，與修河總管等相度兵夫、功作料數，及密體量有無未便事件。八月，詔京西轉運使洎滑州，自今每五日一次具修河次第、修疊步數、堤岸平安聞奏。

十月，滑州言決河已塞，水復故道。帝召宰相於承明殿，謂曰：『河決累年，一旦修塞，遂除民患，非獨靈意幽贊，亦卿等勠力。』王曾曰：『此皆聖心憂昃，憫昏墊之民，上感穹旻，致滋協順。』詔新修埽以天臺埽爲名。郡有天臺山，因以爲名。群臣稱賀於崇德殿。

十二月三日，中書門下言：『天臺埽費功至大，向下軍州堤岸切在提舉修護，欲令逐路轉運使往來撿舉，如有合行修貼固護，逐處立便施行。小有疎虞，重行朝典。』從之。

十二日，知制誥徐奭言：『近至滑州魚池埽，最是緊急，聞得舊有減水河，望令開浚。』詔滑州相度，本州言應役夫二萬八千餘，一月工畢。或以兵士漸次興功，計役萬二千人，七十日。詔差軍士興葺之。

六年三月六日，滑州寇瑊言：『天臺埽塞河，望付有司譔記。』詔翰林學士宋綬譔述。

十六日，詔：『內殿崇班、閤門祇候戴潛、高繼密，分充澶、滑、安利軍、天雄軍、濮、鄆、齊州界都大提舉修護黄河堤岸。』是日，新授京西轉運使楊嶠言：『澶州每年檢河堤春料夫萬數，並自濮、鄆差往，備見勞擾。欲乞只於外州抽兵士五七千人，與河清兵士同修。』從之。

四月，以鄆州言張秋埽發分兩岸，名三百步埽，別差使臣巡護。從之。是月，詔澶、滑州簽判職官，自今與知州、同判管河堤事。

八月，澶州言王楚埽[一]河水漲溢，衝決堤岸約三十步，已役兵夫修疊。

七年正月，滑州言：『得殿中丞、簽書節度判官廳公事花尹等狀，嘗准州牒守宿巡掌物料堤埽，緣舊敕只有知州、同判，無職官防護條例，河防重難，深慮小人疎虞，一例負責，洎至任滿，又無優獎。』詔自今澶、滑州簽判職官，候得替日與依知州、同判例施行。

五月，承明殿詔示中書、樞密院高弁、高繼密等所上《黄河諸埽圖》，令議所行，乞降付高弁等議定。從之。

七月，滑州言：『諸埽捉到河清軍士盜斫沿隄林木者，按天聖四年宣，贓錢不滿千錢，從違制失定斷，軍人刺面，配西京開山指揮，千錢已上奏裁。切緣軍兵多西京鄰兵，人規避重役，故意盜林木以就決配，依舊收管，若三犯即決配廣南遠惡州牢城。』從之。

十二月，都大巡護澶滑州堤高繼密，請差近上官相度河北岸，自澶州嵬固埽下接大堤，以次東北就高阜地創築遥堤。即詔龍圖閣待制韓億與(西)京左藏庫使閻文應、內殿崇班、閤門祇候康興同往相度。時御史高弁亦請於澶州向上分作兩堤，前蓬州良山令陳曜乞開鄆州界黄

[一] 王楚埽　原作『楚州』，據《長編》卷一〇六改。

河入麋丘河，詔億等並議之。時侍禁王乙差韓億、高弁同相度開澶州向上分兩河利害[一]，詔令弁與陳曜乘驛計會億等，就處規畫利便以聞。

八年正月，中書門下言：『河北轉運使胡則相度，若未修塞王楚埽外口，且留人功、物料固護緊急埽岸，雖即利便，又緣向去河漲，必是依舊衝滲去年遭水人户。欲下河北諸州，爲水災人民貧困不易，其王楚埽生堤水口，令先計度，候澶州上下兩岸將來危急之處物料各有準備，即議修疊。其王楚埽經水滲人，令胡則常切存恤，無致失所。』

十月，三門白波發運使文洎言：『沿河諸埽岸物料內山梢，每年調河南、陝府、虢、解、絳、澤州人夫，正月下旬入山採斫，寒節前畢。雖官給口食，緣遞年採斫，山林漸稀，亦有一夫出錢三五千已上雇人採斫。今年所差三萬五千人，內有三二家共著一丁應役之人，計及十萬，往復千里已上，苦辛可憫。所有椿橛竹索出自向南北，山梢又更北遠。雖芟榆所出地近，勞役亦重。近年計度迭增，新舊折腐實多。山梢舊每年止一二百萬束，去年所及三百七十六萬束，今年七百八(千)〔十〕餘萬束，以至竹索椿橛，比舊數倍多。蓋是計料之時，不以埽岸緊慢，廣作約束，度多不使用，積留枉耗。今計沿河諸埽使外物料尚有二千五百萬有餘，稱是深損爛煤末不(甚)〔勘〕，約直三二千貫。諸埽使臣懼見負罪培填，上下蓋庇，專望水逼堤岸，便作危急夾捲埽中，虛行除破。其外二千二百一十萬，稱堪好，亦有不言堪與不堪使用。此項物料有祥符年納下梢芟，比前項年歲益遠，必慮損爛懼罪培填，未肯實報。欲乞差官點檢，依年分如法排垛，準備支用。諸處係官物，轉運使巡歷，並皆點檢。修河物料，望令轉運、發運使依例點檢，相度埽岸急慢、物料多少，逐旋移那，則經久別無朽損，又不敢過外約度。只如天聖三年，據諸州約度修河梢，準敕十分中減三五分已上，亦無闕悮，此明見元約數大。又鄆州去年要梢九十九萬，只般三十萬應副，亦無闕悮。

又今三月準三司牒，據巡河魏昭素狀，新置(榮)〔滎〕澤酸棗縣河岸水勢向著，乞般山梢。一月之內八次承牒，莫非緊急，遂併般三十一萬往彼。訪聞逐埽去舊堤三四里，般去梢並來曾使。似此虛垛年深，枉有損爛。欲乞候差官點檢見數，下提舉修河官，將河退水慢埽見在物料相度撥與緊著埽分。今後每秋約度來年物料，乞令提舉官與知州軍、縣令佐、埽岸使臣相度，先將河背慢埽物料就支，及採榆柳使外，據實少數申奏採買。如埽慢河退，物料數多，提點司相度移用。若致損爛不堪，即申與本轄根勘，候繼遣乞即放離任。若新監官不切點檢，被提舉官或後界使臣點檢，並乞嚴斷。令逐埽置版榜，備録交割，遵

[一] 此句疑有誤。

守施行。

又沿河堤上甚有雜木，並可採斫充梢椒。竊聞諸處避見役使人工，意要綱運般載，利於掌納辦濟，不肯盡公約度。況河清兵士轉添數目，欲乞委提舉官自今仔細約度雜木斫梢椒數，牒本州抽那人工、兵士採斫，漸減斫梢人夫勞役，亦(有)〔省〕般運。如依擘畫，其利有五：點檢物料，見得好惡，依條結絶，免致失陷，一也。移那物料，逐旋支使，不致積壓，枉致朽腐，二也。鈐轄交割，必得近新物料，修河久固，三也。依實計度，添斫榆柳，減省遠地採買般運勞費，四也。廢却閑埽，不至枉差監專，虚積物料，五也。』詔三司相度，請悉如洎奏。從之。

慶曆元年三月，詔權(亭)〔停〕塞滑州横隴決河。初，遣内侍王克恭往議塞河，又遣三司户部副使楊吉與入内内侍省押班劉從願繼往規度其事。而克恭(詣)〔請〕先治金堤，吉等言乘河北歲稔，請塞横隴爲便。又下京東、河北轉運司及都大巡河使臣，與知天雄軍李迪議利害，而迪言功大不可就，請止修金堤以禦下流。帝以爲然，故降是命。

八月，遣官澶州祭河。時方議開分水河以減湍暴之勢，未定功而水自成道，州以其事聞，特祠之。

六年十月，詔黄河諸埽官吏，如經大水抹岸，歲滿並與遠地官。

八年七月，分遣内臣往河北、陜西、河東、京東、京西、淮南六路，勸誘進納修河梢芟。是月，命侍衛親軍馬軍副都指揮使郭承祐爲澶州修河都總管，尋以知澶州。又命三司户部判官燕度同知澶州，兼官勾河口事。時以河水爲患也。是月，命翰林學士宋祁、入内(内)侍省内侍都知張永和往視商胡埽決河及覆計工料，而祁、永和並言商胡水口見闊五百五十七步，用工一千四十二萬六千八百日，役兵夫一十萬四千二百六十人，計一百日修塞畢。

十二月，判大名府賈昌朝言：『按夏禹導河過覃懷，至大伾，釃爲二渠：一即貝丘西南河，《書》稱「北過降水至於大陸」者是也；一即漯川，《史》説經東武陽，由千乘入海者是也。河自平原以北播爲九道，齊桓公塞其八而並歸徒駭。漢武帝時，決瓠子，久爲梁、楚患，後卒塞之，築宫其上，曰宣房，復禹舊跡。至王莽時，貝丘西南渠遂竭，九河盡滅，獨用漯川。而歷代徙決不常，然不越在渾、濮之北，魏、博之東。即今澶、滑之大河，歷北京朝城，由蒲臺入海者，禹、漢千載之遺功也。

國朝以來，開封、大名、懷、滑、澶、鄆、濮、棣、齊之境，河屢決。天禧三年至四年夏連決，天臺山傍尤甚，凡九載乃塞之。天聖六年，又敗王楚。景祐初，潰於横隴，遂塞王楚。於是河獨從横隴出，至平原分金、赤、淤〔一〕三河，經

〔一〕淤　原作『遊』，據《長編》卷一六五改。

隸、濱之北入海。近歲海口壅閉，淖不可浚，是以去年河敗德、博，間〔一〕者凡二十一。今夏潰於商胡，經北都之東，至於武城，遂貫御河，歷冀、瀛二州之（城）〔域〕，抵乾寧軍，南達於海。今橫隴故水止存三分，金、赤、淤河皆已堙塞，惟水壅京口以東，大決〔二〕民田，乃至於海。自古河決爲害，莫甚於此。朝廷以朔方根本之地，禦備戎虜，取材用以饋軍師者，惟滄、棣、濱、齊最厚。自橫隴決，財〔三〕利耗半，商胡之敗，十失其八九。又況國家恃此大河，內固京都，外限胡馬，祖宗以來，留意河防，條禁嚴切者以此。今〔四〕乃旁流散出，甚有可涉之處。臣竊謂朝廷未之思也，如或思之，則不可不救其敝。

臣愚竊謂救之之術，莫若東復故道，盡塞諸口。按橫隴以東至鄆、濮間，堤埽具在，宜加完葺。其湮淺之處，可以時發近縣夫，開導至鄆州東界。其南悉沿丘麓，高不能決，北皆平原曠野，無所阨束，自古不爲防岸以達於海，此歷世之長利也。謹繪漯川、橫隴、商胡三河爲一圖上進。』詔翰林侍讀學士郭勸、入內內侍省都知藍元用與河北、京東轉運使再行相度修復黃河故道利害以聞。勸等言：自橫隴水口以東至鄆州銅城鎮，規度地勢高下，使河復故道，甚爲大利。凡開二百六十三里一百八十步，役四千四百十九萬四千九百六十功。初，河決商胡，又決郭固，朝議修塞，卒以不就。

皇祐三年九月，觀文殿學士、尚書右丞丁度等言：『奉詔定奪商胡、郭固（塚）〔埽〕水口，蓋爲見與恩、冀州爲患危急。若便議修（閑）〔閉〕商胡水口，緣所費物料、人功萬數至多。況今諸路災傷，民力未豐，必至將來春水已前未能辨集。（郎）〔即〕來年恩、冀州水患未息。兼商胡（閑）〔閉〕塞之後，河水未有所歸，欲乞且令速行計度人功、物料，多方修塞郭固口，及創立堤防，固護水勢。其商胡口經久須合修塞，方免河北水患。望選諳知河水次第臣僚，仔細踏行地勢，相度定奪將來（閑）〔閉〕塞商胡之後，河水合歸甚處流水的確利害，及計定疎理修渠逐項人功物料數目聞奏，別降指揮，預行計置。』詔依所議，其商胡口並故道累經相度，更不差官檢計，只候來年秋修塞。合要物料，令三司檢會天禧年修河體例敷配，所貴衆力易集。

至和二年十二月四日，中書門下言：『黃河自商胡決，北流經大名、恩、冀之地，久爲民患。先議開銅城故道而塞商胡，恐功大難卒就，若緩期，又慮金堤泛溢，不能捍固。欲量集兵夫、物料，就六塔河見行水勢，橫隴舊道，以紓大名、恩、冀之患。仍令河北京東轉運司，應沿河州軍堤埽及牛羊道口，預修完之。內民田爲水所占者，具數以

〔一〕間　原作『聞』，據《長編》卷一六五改。
〔二〕決　原作『汙』，據《長編》卷一六五改。
〔三〕財　原作『則』，據《長編》卷一六五改。
〔四〕今　原脫，據《長編》卷一六五補。

聞。』從之。

初，黄河自商胡決，北流經大名、恩、冀，歲暴溢爲患，而〔蔡〕挺與〔李〕仲昌等建議塞北流以入於六塔河。以嘉祐元年四月塞商胡北流入六塔河，北六塔河溢而不能容，一夕河復決，漂溺兵夫與揵塞之費不可勝計。於是言者以謂濟、博、濱、棣之民重罹水患，乃遣殿中侍御史吴中復、帶御器械鄧守恭置獄於澶州，修河官等並坐奉詔俟秋冬塞北流，而聽仲昌擅進，既塞而復決，枉費功料，都監張懷恩與仲昌仍坐於河上盜所監臨物羈管。

嘉祐七年七月，河北提點刑獄司言，河決北京第五埽。詔都水監丞王叔夏與本路轉運使調兵夫完築之。至八月埽成。

英宗治平三年六月二十八日，都水監言：『新知明州沈扶乞今後黄河及諸河泛漲，堤岸疎虞抹岸去處，令轉運司於鄰州選官檢視，先驗照水口兩頭堤身内近經漲水退落痕跡，仔細打量相去堤面高下丈尺，指定係是抹岸，爲復衝決，保明申監然後行。其當職官吏若檢視官定驗不實，乞行嚴斷。其恩州清陽縣界御河衝決，乞特行衝替令、佐。看詳自商胡横流後來，黄河與御河身相合，下流梗澀。其御河雖係所屬縣分管勾，緣承例不曾計置應付人功、物料修護，昨因懷州界沁河決溢，通注御河，水勢添漲，倍過常歲，致御河吞伏不盡，自通利軍已下破決堤岸甚多。其恩州〔滑〕〔清〕陽縣令、佐失於修護，犯在赦前，乞賜詳酌。所有御河堤岸監司近曾奏請，已令所干州縣管勾常檢視修護，預先計置物料、人功有備。如計置不足，即委都轉運司擘畫應副，及令沿河逐縣令佐官銜内各帶修護，逐州通判專提舉修護，並令管河道堤岸，令後河事有所責成。』從之。以上《國朝會要》

二股河

嘉祐八年二月，詔：『判都水監韓璹、監丞李立之與河北都轉運使唐介同往相視修二股河。』

治平三年十月二十五日，同判都水監張鞏言：『已與沈立同共相度六塔河經久利害聞奏，乞增修二股河上下約。緣正當河衝，灘面低下斜狹，欲乞來春先且極力增修下約，候夏秋委是牢固，至次年方得相度緊慢，次量進卷上約歸。』從之。舊會要黄河、二股河各五門，今併二股河附於此。

神宗熙寧元年七月十八日，以京東轉運使、太常少卿孫琳權都大提舉恩、冀、深等州修葺河堤。

二年五月一日，詔尚書司勳員外郎、知都水監丞李立之乘驛赴闕。以議者多言二股河生堤不足築，築之無利，故詔與之計議。

七月二十四日，同判都水監張鞏等言：『二股河上下約累經大河泛漲無虞，乞差近上知河事臣僚一兩員，計會本路轉運司，與臣等及郡邑官吏共講求閉塞北流利害，及定時月，仍相視東流南北〔提〕〔堤〕防功料。』詔送相度官翰林學士司馬光、入内副都知張茂則相度以聞。

八月六日，詔：『張茂則、張鞏與轉運司，再同相度二股河下流堤岸利害及計工以聞。』先命司馬光，其罷之。上初遣光，既而王安石恐與建議者不合，乃罷其行。

十七日，張鞏等言：『躬親至二股河覰步下約，東流河勢深快，北流漸慢。今相度下流怯薄，堤防並未曾施功，深恐危急，別致決溢。欲望依久來修塞河口例，差轉運使副一員，專往下流州軍檢視，堤防向著去處，闕少人功、料物計置，其妨礙水行縣鎮，且令固護，仍一面相度遷移，候河事定疊，即歸本司。其王亞乞令往下流州軍同共照會管幹。』詔轉運使副一員與王亞計會張茂則同去。茂則又言：『二股河一面東傾，水及八分，北流止及二分。觀此水更無議論，其張鞏等見議修疊，漸次閉塞北流，見同議定閉塞次第，未敢便往二股河下相度堤防。乞差近上臣僚一二員赴二股河，同議閉塞北流。』詔更不差官，並依累降指揮。

十九日，張鞏等言：『先准詔開治二股河，今月十二日，大河東徙，北流淺小。十四日閉斷大河北流，更卷欄水埽以禦捍暴漲水勢，用〔上〕（土）木填疊次。』詔見役兵士特與等第支賜，仍賜張鞏、李立之器幣有差。

九月五日，程昉言：『二股北流，今已閉塞，然御河水由冀州下流，尚當疏導，以絶河患。』又言：『南河、蔡河等處，若以堰蓄水，可復舊日塘濼，爲久長之利。』上批：『御河等水，須合早議疏導，可速處置。其塘濼當措置事，令樞密院施行。仍差權都水監丞劉彝與昉相度以聞。』

三年正月，判北京（翰）〔韓〕琦言：『奉詔選委官相度體量，見今東流堤防興功次第如何，固免向去水患。欲乞專委見在河上都水監官與轉運使相度，必見利害。或以近上經歷臣僚往彼檢覰。』詔若且罷御河工役，併力治大北堤，似爲得策。因令河北轉運司於御河抽那人夫兵卒赴東流工役，其御河闕人，樞密院刷劄應副。

十二月，詔：『判都水監張鞏候勾當迴日，且在黄河東流照管，候至夏秋水勢定疊，即還司。』

四年七月二十三日，河決大名府第五埽。

八月五日，張茂則言：『奉詔相度二股決河利害，乞以開封府判官宋昌言、都水監丞、河北興修水利官、宫苑使、帶御器械程昉，同領役事。』從之，仍以昌言判都水監。

九月五日，詔：『鄆州言黄河溢水入故道行流，令京東提舉常平倉司那官一員，前行相視深淺闊狹水所歸，仍畫圖以聞。』

十二月十四日，賜河北轉運司度僧牒五百，紫衣、師號各二百五十，開修二股河上流，並修塞第五埽決口。

二十三日，命内侍省内侍押班李若愚、宫苑使帶御器械程昉，同提舉修塞北京第五埽決口，並（門）〔開〕二股河上流。

五年三月十六日，塞北京第五埽口，導河入二股，賜都大提舉官宋昌言、王令圖、程昉等錢絹有差。

四月二十二日，都大提舉修塞北京第五埽決河、入内副都知張茂則等言：『已塞第五埽，令河入新開二股河。』詔賜茂則以下御筵於大名府，仍命右諫議大夫、集賢殿學士宋敏求就決河致祭。

七年二月五日，都大〔一〕提舉大名府界金堤范子淵等言：『疏濬二股及清水鎮河通快，其退背魚肋河三道可以閉塞，庶大河水併入清水鎮及二股河，兼退出民田不少。』詔如疏濬正流，河道已深，即閉塞。初，外都水監丞同勾當公事張倫請於第四埽上下簽開魚肋河，可以引水勢復二股河故道，命監丞劉璯、王令圖、程昉參議，以子淵等領（具）〔其〕事。又開直河深八尺，以濬川把疏治之。至是，子淵言疏濬功狀，故有是詔。濬川把事詳見濬河司。

四月十六日，詔：『應黄河夏秋水勢泛漲，堤岸阨急，須藉夫衆救護之處，去所屬州府五十里已上者，委本埽申所屬縣分，那令佐一員晝時上言，抽差急夫入役。及申都水監丞司並本屬州府，催促應副。仍令通判上河提舉。如不至危急，妄有拘集人夫，並坐違制之罪。仍委按察官司覺察之。』

六月，都水監言：『監丞劉璯狀：「勘會北京界黄河自熙寧二年閉斷北流後來，累經横決，於許家港及清水鎮行流，致水勢散漫，不成河槽，常憂壅遏之患。六年十月之内，因外監丞王令圖等各爲大河行流清水鎮，下入蒲泊，散漫不成河槽，滲侵民田，乞於北京第四、第五埽等處開修直河，使大河復還二股故道。璯尋被旨相度，還言其利，尋已施行，乃係金堤都大范子淵、朱仲立等領其事，開成其河，計深八尺，不住疏濬。又緣向上魚肋河數道分奪水勢，尋擘畫閉斷魚肋河四道，所貴擗拶水勢，全入二股河行流。今據北京新堤第五埽使臣康景通並德博州都大李襄等言，自今歲開撥北京第五埽直河並南岸閉斷魚肋河四道，擗拶水勢，全入二股河後來，水勢節次添漲七尺二寸，行流湍急，不住擁塌河崖。即目直河内水深二丈五至三丈已來，而許家港、清水鎮河極至淺〔二〕漫，幾乎不流。看詳二股河見今雖是水勢深快，已成河道，蓋緣蒲泊已東接連清水鎮、許家港，向下直至四界首，漸次退出田土，别無固護。如向去却遇漫水出崖，未免依前牽迴河頭，復成水患。欲乞下外監丞司相度〔三〕，候霜降水落，得清水鎮河閉斷，築摟河堤一道遮欄漲水，使大河復循故道，别無走移壅塞之患。及退出良田數萬頃，民得耕種，兼退背下博州界堂邑等七埽，減省逐年修護之費，公私俱濟。所有退出田土内，係官及人户未歸業地土，即乞許逐旋召人承

〔一〕大　原脱，據《宋史·河渠志二》補，但該事繫於六年内。見周魁一等《二十五史河渠志注釋》六九頁。中國書店，一九九〇。
〔二〕淺　原作『清』，據《長編》卷二五四改。
〔三〕度　原作『應』，據《長編》卷二五四改。

佃。人户歸業，照證分明，即復給還。」監司勘會北京界第五埽所開直河，及用濬川把、鐵龍爪疏濬河道，並閉塞魚肋河等，元係劉璯相度措置，今又以爲言，乞差璯與監丞王令圖同會外都水監丞司就計其事。』從之。

九年正月十二日，同管勾外都水監丞司公事范子淵言：『北京第六埽、許村港連二股河，切慮向去漲水，復至漫溢爲患，欲乞自南岸魚肋埽接（水）〔治〕水堤。』從之。

四月十八日，都水監丞司言：『本監已相度，致於許村港連接魚肋河築堤，委是利便，見已興修。』

十年七月十七日，黄河大決於曹村下埽。

二十四日，澶淵絶流，河道南徙，又東匯於梁山、張澤濼，分爲二派，一合南清河入淮，一合北清河入於海。凡灌郡縣四十五，而濮、齊、鄆、徐尤甚，壞官亭民舍數萬，田三十萬頃。上惻然矜湣，遣御史按視而賑濟其民。乃案圖書，相山川形勢，詔以明年春作治修塞，下都水監考事計功。以閏正首事，距五月一日新堤成，河還北流。詔獎賜官吏有差。凡興功一百九十餘萬，材一千二百八十九萬，錢米各三十萬。

九月三日，詔應大河決溢見被水占壓民田處，並令當職官司速行疏畎。

十一月十四日，都水監言：『勘會黄河遞年所役兵夫，自來土功别無成法，昨列到土法，今春試用，委得經久，可從之。』

嘉祐二年[一]，有司言：『至和大水，京城罹害，宜自祥符縣葛家岡穿河，直城南好草陂，北入惠民河，分注魯溝，則無水患永通。』

三年正月戊戌，發卒調民，穿河於京城西，役工六十萬。九月成，癸巳，名曰永濟河。

十一月己丑，置都水監。

五年春，河北漕[二]韓贄穿二股渠，分河流入金、赤河，役夫三千，一月而畢。七月丙辰，上二股河圖。八年，贄判都水。二月，命贄及丞李立之與河北漕唐（界）〔介〕按視修二股河。

治平元年五月，命都水浚二股河，紓恩、冀水災。

熙寧元年十一月十三日，命學士司馬光〔相〕度二股河利害。

二年八月五日己亥，光言：『禹分九河，漢釃二渠，河順則爲患小矣。河併爲一則勞費倍，分爲二則費減半。張鞏等欲塞二股河爲北流，恐費大而功不成。』

十四日，鞏言北流已塞。辛亥，詔閉斷北流。

四年七月，河決大（明）〔名〕。五年三月塞之，導河入二股。

[一] 本頁題頭有『二股河』三字，删。

[二] 漕字后疑有脱文。

七年，浚魚肋河，復二股河故道。

元祐七年，吕大防曰：『黄河持議者有三説，一曰回河，二曰塞河，三曰分水。爲四堤二河分減水勢，實爲大利。』

方域一五　治河下[一]

元豐元年閏正月一日，提舉修閉曹村決口所言：『以今月十一日築簽（提）〔堤〕，閉脱水河。』遣權判太常寺李清臣乘驛告祭，就差走馬承受韓永式齎香建道場三晝夜，仍令候河水稍渾閉口，毋得沙損京東民田。

二十八日，修閉曹村決口所言：『昨計修閉之功，凡役兵二萬人，而今止得一萬五千人有奇。』詔河東路、開封府界差傭萬夫。

二月五日，詔：『提舉修閉曹村決口所察視兵夫飲食，有如疾病，令醫官用心治療，具全失分釐以聞，當議賞罰。』

三月四日，詔：『都水監調發汴口水勢，通接淮、汴行運。其曹村決口水雖已還故道，三日一具疏濬次第以聞。』賜塞決河役兵特支錢。

二十五日，詔：『大河初復故道，尚或壅遏，令都水監遣丞一員，於上流王供等埽往來照管，及別差官提點下流堤埽。』

二十七日，賜度牒二百道付河北轉運司，以市年計修河物料。

四月二日，詔：『塞河役衆闕醫治疾，令翰林醫官院選醫學二人，馳驛給券以（住）〔往〕。』

二十一日，詔：『太醫局選醫生十人，給官局熟藥，乘驛詣曹村決河，醫治見役兵夫。』

二十五日，提舉修閉曹村決口〔所〕言，已塞決口。詔改新閉曹村埽曰靈平，遣樞密學士、尚書右司郎中陳襄祭謝。初，決口屢塞不能絶流，財力俱竭，燕達等相視無策。有小赤蛇出於上流，衆以爲神，共禱之，一夕沙漲，河遂塞，故賜名埽曰靈平，廟曰靈顯。

同日，詔：『新閉曹村埽都總管燕達，兼都大提舉修閉決口，外都水監王令圖權同提舉修護，務令堅實。』仍遣中使撫問，賜燕達以下御筵。

二十八日，詔：『新埽役兵疲於盛暑，可三分日力，用二分全役，一分與放半功，午暑聽少休息。』

五月六日，群臣上表賀塞曹村決口，河復故道。

同日，詔：『塞決河口卒聽自陳，仍（俱）〔具〕被差急夫合如何優恤，其部夫官分若干等第以聞。』

[一] 原題頭爲『治河下　二股河附』。本部分摘録自『《方域》一五之一至三二』。原《宋會要稿》一九三册。

同日，都大提舉修閉曹村決口所〔言〕：『見修河(提)〔堤〕，增卑培薄，正須兵夫赴役。候漲水定，即先降指揮，分日力三分之一放半功。』承受韓永式言：『新修馬頭，於大河傾注之間簽成隄岸。河流雖斷，堤面尚墊，猶須衆力。乞且留諸處役兵一月，候馬頭不墊，新堤增固，委都大提舉所減放，實選役兵萬人，俟過漲水聽還。』並從之。

二十五日，詔：『入内東頭供奉官韓永式轉兩官，聽寄資。其保明勞績優等轉兩官；第一等轉一官，減磨勘二年，選人改合入官；第二等轉一官，選人循兩資；第三等減磨勘三年，總管及轉運司各減一等。其靈平埽都大及巡河等官滿日酬獎。』論塞決河之勞也。

二十六日，詔：『權河北轉運副使、尚書祠部郎中王居卿，權發遣河北東路提(舉)〔點〕刑獄汪輔之，各減磨勘三年。』賞應副河事畢也。

二十八日，詔收河所減放諸埽河清客軍，並歇泊十日，如河防緊急入役，即令向後補歇泊日。

六月三日，詔太常博士苗師中、供備庫使朱仲立等二十三人各遷一官，以與塞河決有勞故也。

四日，詔權都大主管巡護惠民河楊琰，令任滿日再任，賜度僧牒五十。琰自陳以夏津縣決河故道爲大河，塞曹(封)〔村〕決口，省人功、物料錢百餘萬緡，又五埽退背，減罷使臣五員，乞恩故也。

七日，詔河北路轉運司昨發塞決河急夫，候發春夫計日折免，更蠲五分。以京東路體量安撫黄廉上言，本路備水故也。詳見水利門

十二日，詔令逐路提點刑獄官一員，專檢督修河減放役兵。

十三日，詔都水監，聞減放塞河役兵多道死者，宜指揮逐路提點(形)〔刑〕獄官點檢催督，早令達住營州軍。

十七日，詔都水監，應河埽物料於合應副路轉運及開封府界提點司，取三年中一中數爲額，委逐司管認，應副錢物，關本監計置。

七月十一日，詔鎮安軍節度推官、知澶州衛南縣李夷白循一資。初，靈平埽闕草，夷白市十餘萬束應用，都水監乞優與推恩。中書擬理爲勞績，上批：『夷白和買草濟一時急用，實爲有功，可特循一資。』

八月十六日，賜度僧牒六百付都水監，分與開封府界提點及河北轉運司鬻之，預買修河物料，以其半市梢草還諸埽。

十月十一日，詔韓村埽巡河、左班殿直武繼寧追一官勒停，餘官衝替，罰銅有差。坐大河以風雨溢岸，失於備預也。

二十七日，詔罷左藏庫副使霍舜舉、西京左藏庫副使王鑑提舉黄汴等河楡柳，止令逐地分使臣兼管，及委都大官提舉。以都水監言剝杌累年，今已成緒故也。

十二月十八日，三司言：『准送下判都水監宋昌言等奏，乞支錢二十萬緡，分與開（州）〔封〕府界、河北路諸埽市梢草，未有錢物可給，欲支市易務界末鹽錢十萬緡，從三司撥付本監，依朝廷錢物例封樁，逐年依數兑换，非朝旨及埽岸危急支盡年計物料，毋得支用，從三司點檢搆轄。』從之。

二年三月八日，知都水監丞范子淵言，修黄河南岸治水堤，乞給人兵、物料、緡錢。詔發卒三千人，給官莊司、熟藥所錢共三萬緡，公用錢二百千。

四月十二日，詔司農寺出坊場錢十萬緡賜導洛通汴司，增給吏兵食錢。内以二萬緡給范子淵，爲固護黄河南岸薪蒭之費。

六月五日，都水監言：『去月二十八日，澶州明公埽墊。』詔：『明公埽最爲河流向著，其南纔隔大堤一重，備之不時則與靈平之患無異。本埽見闕正官，外都水監丞可速奏舉，差出埽兵亦即追還，以防夏秋漲水。』

七月二十二日，知都水監丞范子淵言：『固護黄河南岸畢工，乞中外分爲兩埽。』詔以廣武上、下埽爲名也。

九月二日，前京西轉運副使、屯田員外郎李南公減磨勘三年，餘十一人遷官、減磨勘並陞名次有差，以固護（夫）〔大〕河南岸有勞也。

七日，上批：『近差都水監幹當公事錢曜檢定諸埽春料，聞都大司已計夫二十餘萬外，尚有五都大司及諸河工料，如此則來歲雖起三四十萬夫，未能應副，公私財用枉費過當，深爲可惜。錢曜新作水官，未歷河事，恐爲沿河冒利者所罔，不能究悉底裏，可差本監主簿陳祐甫代曜檢定以聞。』

三年四月十九日，前河北路轉運副使陳知儉罰銅三十斤，前提點河北路刑獄韓正彦罰銅二十斤，坐河決曹村失備也。

五月十三日，司農少卿、前知衛州魯有開〔一〕罰銅二十斤，通州幕職官、汲縣主簿尉並衝替，巡河部役官追官勒停差替，並坐河溢失救護也。

二十四日，都水監言：『同外監丞並諸都大定議黄河諸埽向著、退背，分三等會兵夫物料數，乞令判監一員按視推行。』詔遣判監劉定。

六月十五日，權判都水監張唐民請復黄、汴諸河歲差修河客軍九千人額。從之。

二十五日，御史滿中行言：『昨曹村河決，止坐都水監當任官，竊以河防堅固，非朝夕可致，量罪定罰，宜以供職久近爲差。』詔中書立到官日限法。

七月七日，詔：『雄州廣武上、下埽役兵，方盛暑晝夜即工，可與特支錢，賜部役官夏藥。』

〔一〕開　原作『闕』，據《長編》卷三〇四改。

八月十二日，河陽言：『雄武埽七月二十八日河水變移，埽岸危急，已發河陰、濟源縣急夫各千人救護。』上批：『今歲夏秋農時，並河之民累經調發，人力已困，又前奏雄武河流離埽已遠，更無可虞，豈有伏槽之際，致危急之理？此乃官司不恤百姓疲於役事，信監埽使臣張皇呼嗦，可遣權提點開封府界諸縣鎮公事楊景略按視，如不應差發，劾罪以聞。』

二十六日，權提點開封府界諸縣鎮楊景略言：『雄武埽自六月至七月累危急，所調發五縣急夫共八千人，而河陰縣獨占三千人。本縣有災傷十分鄉，而坊郭差至第四等，有一户一日之内出百十七夫者，比之他縣尤爲困擾。』詔河陰縣所差急夫折免春夫外，每户更免雜税錢三千。如不足，即計年折除。

九月二日，權知都水監丞公事蘇液言：『河北、京東河決，朝廷賑濟放税，靈津廟碑失載其實，乞以其事付史官。』從之。

十二月十一日，知都水監主簿公事李士良言：『黄河見管（夫）〔大〕小使臣一百六十餘員，並委監丞已上（奉）〔奏〕舉，其所舉未必習知水事。欲乞今後河埽罷舉官之制，並委（審）〔審〕官西院、三班院選差，其都大提舉即乞且如舊。』從之。

四年四月二十八日，河北轉運使周革言：『小吴埽決，本州雖已發急夫六千人修塞，續於鄰近差兵夫及舟運薪蒭，其所役人數亦少，乞許發近便州軍役兵，及於諸埽輟河清兵併力。』從之。

五月四日，詔：『河決小吴埽，已全奪過大河，若止循例以三千人急夫，必不能塞。方蠶麥收成，民力不宜妄有調發，速令燕達相度，如有以（以）東退背諸埽兵可發，即便不差急夫。』

同日，澶州言：『河決浸成，（小）〔水〕勢猛惡，本州無（近）〔兵〕差撥及無梢草，乞劄刷本路兵五七百人，及借支河埽楊椿千條、梢二萬束，本州預買草四萬束。』從之。

八日，燕達言：『小吴道斷流，今接近漲水，河門水口皆深闊，探〔一〕埽未定，難計功料，未可修塞。』詔達且發赴闕，李立之罷澶州，權判都水監，自河陽至小吴決口點檢埽岸。

十七日，恩州言：『河決澶州，注入御河，本州極危，乞以州界退背諸埽梢草、河清兵，及令北岸都水使臣並諸埽巡河使臣，赴州部役。』從之。其梢草令北外都水丞司量應副。

八月二十八日，權判都水監李立之言：『准朝旨，小吴決口不閉，令臣經畫。臣自決口相視河流，至乾寧軍分

〔一〕探：《長編》卷三一二作『墊』。

入東、西（南）〔兩〕塘，次入界河，於劈地口入海，通流無阻。令檢計當立東西堤防，計役三百十四萬四千工。』詔知制誥知（陳）〔諫〕院舒亶、三司判度支副使直（司）〔史〕館蹇周輔再相視檢計。

九月十七日，權判都水監李立之言：『北京南樂、館陶、宗城、魏縣，淺口、永濟、延安鎮，瀛州景城鎮，在大河兩堤之間，乞令轉運司相度遷於堤外。其小吴決口以下兩岸修堤，計工不少，（何）〔河〕清兵止有千餘人，乞於南北兩丞地（客軍存留五千人，更不收放東均與新立堤埽興修堤道分），依例月支錢二百。』從之。

十二月二十一日，相視檢計黄〔河〕堤防舒亶言：『詳李立之所乞，小吴決口以下舊河見管物料榆柳差使臣等巡防，又乞相州障河置安陽埽。今詳舊河已棄廢，虚占使臣、兵級，乞下轉運司，令付州縣，以待都水監給用。其地遠難運，委轉運賣之，以錢應副河防。安陽埽當增置。』（立）〔並〕從之。

元豐五年二月二十三日，提舉河北黄河堤防司言：『大河自（思）〔恩〕州臨清縣西傾，側向東入御河，衝刷河身，深濬至恩州城下，水行湍悍，御河堤下闊不能吞伏水（塾）〔勢〕。今相度，欲趁河水未漲以前下手閉塞，併歸大河。』詔如不碍漕運及灌注塘濼，即依所奏施行。

二十四日，詔：『前知澶州韓璹、都水監丞張次山、蘇液、北外都水丞陳祐甫、判都水監張唐民、主簿李士良、都水監幹當公事錢曜、張元卿，罰銅有差；大、小吴埽使臣各追一官勒停；澶州通判、幕職官，臨河、濮陽縣令佐衝替；本路監司劾罪。』以去歲河決，不能救護提舉也。

四月十九日，詔判都水監李立之理三司副使資序，幹當官吏轉官、支賜有差，賞相度新河裁省工力之勞也。

七月二十八日，賜南外都水監丞司度僧牒六十，備廣武上、下埽。

九月十三日，詔賜陽武縣廣勇、廣德兩指揮（共）〔兵〕級錢有差，以八月二十九日河決原武，軍人移營避水故也。

十月十二日，左侍禁班仲方言：『熙寧八年，孫民先乞[一]於衛州王供埽決大河，傍西山北流，南岸如禹舊跡，止遷深州，可無水患。當時朝廷雖相度，未果施行。今大吴埽河決不塞，略内黄縣北流，已成正河，上至王供埽止二百餘里。欲乞移本州界獲嘉、汲縣，上下衛鎮、齊賈、蘇村、王供七埽，却治南岸堤道，不移動深州，可減廢開封府界原武、陽武、宜村、滑州界韓、房、石堰、天臺、魚池、迎陽、澶州靈平十埽工料。又大河遠離京城，無慮河患。却乞於相、衛州界黄河狹處繫浮橋，以通虜使。』上批：『河事已差蹇周輔等相度，仲方狀可送周輔。』

[一] 乞　原脱，據《長編》卷三三〇補。

十三日，賜塞原武埽役兵特支錢有差。

二十五日，賜京西轉運司度僧牒二百，應(赴)〔副〕原武埽。

同日，詔候原武埽塞[一]，其役兵更特等第賜錢。

十一月一日，都水使者范子淵言：『昨被旨救護廣武埽大河淪塌堤岸，賴官吏畢力營救，遂護安定，宜蒙恩賞，以勸後功。』詔轉運副使向宗旦以下各減年、陞名、賜帛有差。

六年三月一日，詔河北轉運判官呂大忠罰銅三十斤，以黄河溢不即救護也。

二十三日，開封府界提點司言：『陽武縣尉、權知縣張繹，昨黄河漲水注縣，凡七處水決，繹身先勞苦，率衆用命，救護縣城，公私以濟。乞不依常制，權知本縣。』詔繹特改合入官知陽武縣。

四月三日，都水監丞李士良自劾：『滄州清池埽，舊以御河西岸作黄河新堤，地薄下，不能制水，已相度用御河東堤治爲黄河大堤，奏俟朝旨。昨爲春夫已至役所，臣輒令都大創築生堤一道，簽上御河東堤。』詔釋之。

閏六月二十一日，賜開封府界提點司度僧牒五百，市陽武等埽物料。

七月十七日，雄州言拒馬河溢，破長沙口南北界，例差兩地供輸民夫修治。上批：『去年決口，兩界發夫，已嘗興訟，委雄州詳審處置，毋致生事。』

七年四月二十二日，上批：『范子淵乞發急夫萬人重修直河，適當農時，非次調發，初出於不得已。今河口既未成功，則其埽岸皆不須爲之，可更不起發。其見在河上急夫，亦令放散。』上以子淵所修直河不爲功，徒費工料以數十萬計故也。既而子淵自言：『兩修進鋸牙河口幾塞，不虞漲水及風雨暴至，致功敗於垂成。乞候霜降水落修閉。』詔子淵降一官，仍不理提刑資序也。

六月十八日，賜都水監度僧牒二百，應副滑州諸埽梢草。

七月十一日，詔開封府推官李士良提舉救護陽武埽。

十二月二十七日，京西轉運司言：『每歲於京西河陽差刈芟梢草夫，納免夫錢，應副洛口買梢草。南路八州隨、唐、房州舊不差夫，金、均、郢、鄧、襄州丁多夫少者，欲敷納免夫錢，河北州軍兑還。』從之。

八年十月十八日，河決大名府小漲口。

十一月十六日，知澶州王令圖言，曾建議回復大河故道，未聞施行。命吏部侍郎陳安石、入内都知張茂則同相視利害以聞。尋以勾當御藥院馮宗道代茂則。

十二月十四日，遣吏部侍郎李常代陳安石相視黄河。

哲宗(天)〔元〕祐元年正月十四日，河北路轉運司

[一] 塞　原脱，據《長編》卷三三〇補。

言：『乞下相度黄河利害所，自迎陽埽至北京界孫村口，於今春内便行施功。及先修舊河堤，免新河枉費工，向去夏秋，别爲大患。』詔李常等相度施行訖奏，如不可行，即具事理以聞。

二月六日，詔以未得雨澤，權令罷修黄河，其諸路兵夫並放歸元來去處。

四月四日，吏部侍郎李常、勾當御藥院馮宗道言：『准朝旨相度黄河利害。臣等所至，歷覽其堤防，全未高廣，物料亦未有備。緣堤防之設，全繫水官物料之蓄，責在本道。今經歲月，尚爾未集，以是知水官未得其人，欲乞添置使者。』詔添置外都水使者、勾當公事各一員，北外都水丞隸外都水使者。

七月四日，保州言河水泛溢，浸及上皇墳地，請就本州界來年春夫修築。從之。

十一月二十三日，詔以府界京東西路災傷，權罷明年黄河年例春夫。如係於河防緊急，來春須合興役，即計定的確夫數以聞。

三年正月十二日，權發遣京東西路轉運判官張景先增差（北河）〔河北〕路轉運判官。景先議開孫村口減水河，與執政意合，故有是命。

二年四月三日，内殿承制、知乾寧軍張赴以大河漲急，護水有勞，降敕書獎諭，乃推恩官屬七人。

六月十二日，詔賜北京恩、冀州界修河役兵夏藥、特給錢。

十一月二日，三省、樞密院言：『檢會都水使者王孝先狀：「伏思大河決塞不常，爲國之患屢矣。此自小吴之決，遂失堤防，貽患爲甚。欲乞於西岸上自北京内黄第三埽河，先起截河堤一道，與舊河孫村口相照。仍相度於樊河第三河靠水各作縷河小堤閘斷河門。於大名府南第四鋪下至孫村口，比倣往時作汴河規模，開修減水河一道，分殺水勢，東趍入海。」尋召到（李）〔孝〕先及俞瑾等，令陳述利害。據孝先等稱，除孫村口外，更無不近界河、可以回河入海去處。其孫村口欲作二年開修，今冬先備用兵夫，已有前甲定數，至元祐五年方議開塞北流，回改舊堤梢草一千萬束，來春下手，先開減水河分減水勢。所預備舊堤物料便可放行外，所有元祐五年閉回全河入東流故道，並來年開減水河，慮别有未盡利害，欲差官躬親相度，具經久利害詣實奏聞。』詔差吏部侍郎范百禄、給事中趙君錫躬親往彼相度，並具的確利害，畫圖連銜保明聞奏。如孫村口不可開河，即别於不近界河踏逐一處，亦具保明聞奏。回河事始末，按《實録》所載殊不詳，今取范百禄奏稿具載之，庶後世有考焉。

閏十二月一日，遷大名府南樂縣於金堤東埽節村，從河北轉運司之請也。

四年正月二十八日，詔罷回河。先是，范百禄、趙君錫等既受命未行，大臣主議者乃密從中批出曰：『黄河未復故道，終爲河北之患。王孝先等所議已嘗興役，不可中罷，宜接續功料，向去決要回復故道。』右僕射范純仁累疏論列，上遂遣中使收回批旨，使執政大臣與水官公心議論。（曰）〔回〕河之議，自此稍緩。後百禄、君錫受詔同行相視東西二河，度地形，究利害，見東流高仰，北流順下，知河決不可回，即奏罷修河司，至是始罷。

二月二日，御史中丞李常言：『伏聞回河與減水河之議，已奉德音悉令罷免，凋瘵之民咸獲休息。聖恩所加，過半天下，盛德之事，傳之無窮，四海幸甚。其都水〔使〕者王孝先，乞重行黜降。』詔孝先知曹州。

七月八日，詔復置外都水使者，令河北路轉運使謝卿材兼領。六月二十四(四)日，卿材再任河北。

十月六日，左諫議大夫梁燾等言：『乞約束逐路監司及都水官吏，應緣修河所用物料，除朝廷應副外，並須和買，不得擾民。』從之。

十二月十八日，三省、樞密院言：『昨令都提舉修河司，從長擇一順處回河，差夫八萬，和雇二萬，充引水正河工役外，北外都丞司檢計到大河北流人夫共二十萬四千三百一十八人，故道人夫七萬四千四百五十六人，兩項共計二十七萬八千七百七十四人。令都水監丞李君貺等檢計，裁減到共十九萬四千九十八人。』詔令修河司具開減水河，其差夫八萬人，於數内減作四萬人，充修河功役。於李君貺等裁定春夫内，共減作一十萬人，令修河司通那分擘役使。餘依前指揮。

哲宗元祐五年二月九日，都水使者吴安（特）〔持〕言：『州縣夫役舊以人丁户口科差，今《元祐令》自第一至第五等皆以丁差，不問貧富，有偏重偏輕之弊。請除以次降殺，使輕重得所外，其或用丁口，或用等第，聽州縣從便。』從之。

三月二日，都水使者吴安持言，大河信水向生，請鳩工預治所急。詔發元豐庫封樁錢二十萬充雇直。十月十二日，又書新提舉出賣解鹽孫迥知濮州，則是此日差除於改易也，當考之[一]。

十月二日，罷都提舉修河司。

六年十二月二十日，工部言：『盜斫黄河埽潬木岸以持杖竊論，其退背處減一等，即徒以上罪於法不該配者，亦配鄰州。』從之。

七年八月九日，詔科夫除逐路溝河夫外，諸河防春夫每年以十萬人爲額，仍自科元祐八年分春夫爲始。餘並從之[二]。

二十一日，御邇英閣，侍讀顧臨讀《寶訓》，至王沿論

[一] 此條按語當在下條『十月二日』之後。
[二] 『餘並從之』上無所承，查《長編》卷四七六，此詔乃簽工部之奏，此處删去工部奏，以致文意不接。

引漳水灌溉，王軫以爲不可。讀畢，上問顧臨曰：『沿、軫所論孰長？』臨奏釋沿、軫所説意。上曰：『是何説可行？』臨曰：『沿説可行。』上宫中恭默不言，唯講讀時發問。他日右僕射吕大防進曰：『臣側聞顧臨讀《寶訓》引漳河灌溉事，臣謂大抵河渠利害最爲難明，朝廷不可不詳知本末。如本朝黄河，持議者有三説，一曰迴河，二曰塞河，三曰分水。今議者欲以兩河四堤勞費稍增，久可無患。如漢武帝時河决瓠子，築堤防塞，僅可支七十餘年。本朝昨有二股河分流水勢，粗免河患，後因閉塞一股，併入一股合流，遂致决溢。分水之利，從可知矣。今爲四堤二河分減水勢，實爲大利。』從之。

九月十四日，都水監言：『準勑，五百里外方許免夫。自來府界黄河夫多不及五百里，緣人情皆願納錢免行。今相度，欲府界夫即不限地里遠近，但願納錢者聽。』從之。

十一月三日，權知乾寧軍張元卿言：『本軍當諸河之衝會，堤埽不可不治。』詔乾寧軍埽岸，令工部從都水監相度，委合起夫，近里州軍依例科夫功役，不得過三百人。如工役稍大，本軍夫不足，即令都水監那融應副。

八年正月十日，都水外丞范緩言：『以武陵縣年例買山梢五萬束，應副河埽，若徙於滎澤埽收買，從都水監支遣爲便。』從之。

二十九日，吏部、工部言：『河陽狀論列中潬一岸在大河中，四面俱是緊急向著，而官吏有責無賞，實爲未均。欲將本岸立爲第三等向著推賞。』從之。

三十日，中書侍郎范百禄言：『切聞水官自元祐四年正月二十八日準勑罷回河後，逐年併力修進梁村、鋸牙並大河兩馬頭，經今四周年有餘，用過工力浩（澣）〔瀚〕。兼三處並作第一等向著，其河清人數、年計物料、使臣酬獎並係第一等。今鋸牙與西馬頭連亘約及數十里，其東馬頭進築與西馬頭相向，所以北流河門止有三百二十步闊，以此多方盡力，擗拶水勢。歲月既久，遄迅安得不激射奔赴東流？賴得北流尚緊，所以未至全河東去。若如水官之意，既進埽潬，又狹河門只留一百五十步，及預乞朝廷候北流淺小，作軟堰閉斷。詳此五事，顯見必欲回河，特以分水爲名，託云恐東流生淤，陰行巧〔一〕計耳。方且鼓唱言路，以非爲是，致臺官章疏前後十餘，中外傳聽，不能無惑，深恐不便。

臣愚切謂若大河東流，别無患害，在公在私，有何不可？只緣東流故道久來淤高，雖累年偷工開濬，豈能及得北流河道見行地勢〔二〕自是卑平？兼元祐三年冬，臣與趙君錫行河奏狀内，東流故道堤岸缺破，有牛羊道口、車

〔一〕巧　原作『功』，據《長編》卷四八〇改。
〔二〕地勢　原作『北里』，據《長編》卷四八〇改。

路等一萬一千餘處，雖累年偷工完補，豈能保得一例盡獲牢固？若如水官之計，乘緊流向東，候北河淺小，便要閉塞，回奪全河，即北京之北二十里許小張口等處不測衝決，不則又以北二十里許田令公渠等處亦不測衝決。若只此等處決，必皆復入北流大河，爲患未至甚大，然而北京一境，内外生聚沉没爲魚，不勝其萬矣。若更捨此近處而向館陶以下決，復在東岸，則濱、棣、德、博、滄州等數十縣地土千餘里，生靈將何以堪？若水官恐向去疏虞，避免憂責，不敢明貢回河，託以分水爲説，一向增進馬頭、鋸牙，巧設埽澤軟堰之類，更積歲月之久，必然大段淤却北流河道，則將來緊流不免須奔東河，其爲患害正與回河無異。顯是水官實欲收回河僥倖之功，而外不任回河敗事之責也。朝廷容其施爲亦已久矣。

今既悟其有害，若不速行捄正，且爲改更，一旦誤事，安危所繫，豈得穩便？臣愚伏望二聖陛下詳覽臣前件事理，特軫睿慈深慮，詔三省速議，果決〔一〕去拆河上、鋸牙兩(頭馬)〔馬頭〕，開放河門，任令大河自濬趨下，致免壅遏障塞，淤壞北流，積〔爲〕大害。若北流通快，將來每遇漲水，自然分向東流，即是分〔二〕水之利，兩河並行，久遠安便。今日之計，宜及漲水已先前事措置，庶免後悔。若遂其過，悔將無及。臣誠愚(憨)〔戇〕，願不負二聖陛下憂國恤民之心。』

貼黄稱：『臣去冬以來都堂聚議，及水官等白河事，臣累説梁村、鋸牙兩馬頭甚非典據，擁拶河流，逆水之性，於大流不便，及曾簾前面具奏聞。但以未有章疏，朝廷未能決議去拆，所以今來須至縷縷，上瀆聖聽，不任皇恐。』

又稱：『臣竊以壅防百川，古人所忌，周太子晉力諫靈王壅谷、洛二水之事是也。況黄河百川所聚，乃天地之絡脈，豈有以人力擗約，不順其性，經久如此而不致患害者？臣考古驗今，灼見不便，區區愚心，既知如此，夙夜憂懼，不敢緘默。乞賜聖覽，特達施行。』

百禄又言：『自元祐四年正月二十八日降勅罷回河，後來臣僚回河之意終不肯已，然而大河亦終不可回。二聖洞照河事，亦終不可惑。且如元祐四年秋，北京之南沙河直堤第七鋪決，水却近北還河，臣見朝廷別無施行，將謂無足憂者。近因外都水丞將到河圖，方見畫樣，上件決口乃與大河一般。尋行取會，據外丞司申：打量到決口闊六里零二百八十五步，決口水勢正注北京横簽堤。據如此口地〔三〕廣闊，若將來夏秋泛漲，簽堤禦悍不定，北京豈不寒心？而水官恬然，曾不顧恤，但務掩蔽，止欲朝廷不知此意，豈得穩便？況吴安持等方日生巧計壅遏北流，前後多端，致大河漸有填淤之害，寖壞禹跡之舊，豈不

〔一〕決　原作『法』，據《長編》卷四八〇改。
〔二〕『向東流，即是分』六字原脱，據《長編》卷四八〇補。
〔三〕地　原作『施』，據《長編》卷四八〇改。

勝可惜哉？若北流湮塞而東流足以吞納全河，別無（疎）〔疏〕虞，有何不可？止緣東流故道積淤歲久，今其高仰出於屋之上，河槽又狹而缺破處多，安持等都不以此爲憂，惟欲僥倖萬一，不顧危亡，殊可怪駭。況安持近已三次有狀乞替，欲乞出自宸斷，別選水官充代，非特保全安持等，實免久隳水政，別致害事。』貼黃：『臣自聞得直堤決口的實後，累於都堂會議及見行取會水官，將來漲水，其決口合如何措置，免致北京疏虞，三省續奏聞次。』

〔紹聖元年〕[一]三月二十二日，乃罷吕、井議。此段用蘇轍《（別）〔略〕志》、《遺老傳》增修，《實録》但云三省進呈，其間乃有韓忠彦議，蓋《實録》失不載樞密院乞與河議一節故也。《略志》云：『其後六年間，河遂復故道，而元符元年秋，河又東決，浸陽谷，河勢要不可改舊，而人事不可知耳。明年，河遂北流。』

三月二十二日，詔：『黄河利害專責都水使者王宗望，仍與不幹礙屬官相度措置施行，具圖狀以聞。其今月二日依相度定奪黄河利害所降旨揮更不施行。』

七月四日，都水監丞馮忱之言：『廣武埽危急，水勢刷塌堤岸，欲乞築欄水簽堤一道。』詔令馮忱之、李偉、郭茂恂相度，從長措置。

十一日，詔差入内高〔班〕黄汝賢，往廣武等埽傳宣撫問救護大河堤埽官吏、役兵，兼賜銀合茶藥、緡錢有差。

十二日，京西轉運使兼南丞公事郭茂恂言：『廣武埽危急，計置梢草二百萬束，如和買不及，即乞依編敕於人户科買。』從之。

十四日，詔：『差權户部侍郎吴安持乘傳往廣武埽及洛口措置救護，如刷盡堤身，閉洛口，即相度可與不可全閉。如不銷全閉，即如何進埽節限水勢，可保不致衝決。如合全閉，即與甚處引水入汴。』

十八日，上諭執政曰：『聞河埽久不修，故幾壞者數處，魚池、原武、陽武皆已遣水官乘疾置護役。昨日報洛水又大溢注於河，若廣武埽壞，大河與洛水合而爲一，則清汴不通矣。京都漕運殊可憂，宜亟命吴安持與王宗望同力督作。苟得不壞地，此亦須措置爲久計，其促安持往營度之。』

九月十三日，北外丞李舉之言：『春夫一月之限，減縮不得過三日，遇夜及未明以前，不得令入役。如違，官吏以違制論。』從之。

十月十四日，左中散大夫、直龍圖閣謝卿材爲福建、陝西、河北三路轉運使，河北兼外都水使者。時河決小吴，議者欲復東流，卿材建言，近歲河流稍行北，無可回之理，上《河議》一編，召赴政事堂會議，持論不屈，忤大臣意，徙河東轉運使。

〔一〕紹聖元年　原無，參《龍川略志》補。以下俱紹聖元年事。

十一月十三日，知南外丞李偉言：『清汴貫京都，下通淮、泗，自元祐以來屢危急，而今歲特甚。臣相視就武濟河下尾廢堤衍河基址，增修疏導，回截河勢東北行，留舊埽作遥堤，可以紓清汴下注京城之患。』詔宋用臣、陳祐甫覆按以聞。詳見汴河門

十二月二十日，權工部侍郎吴安持言：『京西路轉運使拖欠年額梢草錢計七十萬貫有餘，止稱歲計窘(之)〔乏〕及應副軍儲，無由辦集。欲别賜錢物，或降度牒收買。』詔京西轉運司，自紹(興)〔聖〕二年後合認諸埽年計梢額錢，並須依限數足。

十八日，詔祠部給空名度牒一千道與北外丞司，五百道與南外丞司，令乘時計置梢草。

二年六月三日，詳定重修敕令所申明黄河泛橋火禁，揭榜於兩岸。

元符元年正月十八日，工部言：『今年黄河埽並諸河合用春夫，除年例人數外，少三萬六千五百人，乞給度牒八百二十一道，充雇夫錢。』從之。

五月二十七日，詔朝散大夫、試户部尚書吴居厚，朝散郎、權刑部侍郎周之道，並轉一官；發運副使張商英減磨勘一年；淮南轉運副使張元方賜帛。以修支河畢功故也。

九月十九日，水部員外郎曾孝廣言：『今河事已付轉運司，責州縣共力救護北流堤岸，則北外都水丞别無職事，請並歸轉運司。』從之。

三年正月八日，吏部言：『都大並河埽使臣、兵士，及修河物料，雖不拘常制抽差取射者，並聽本監與轉運、外丞司執奏占留。』從之。

徽宗崇寧元年六月二十九日，臣寮言：『伏見黄河自商胡口決以來，治水者闢爲兩堤，相去數十里許，不盡與河争，以順其勢。餘二十年，河底漸淤積，則河行地上，失其本性，一遇泛溢，河道變徙。自金堤第四埽、第五埽決溢之後，治水者惟與河相争，殊不原水性潤下，豈特遏之而後行之。先帝留神河事十餘年，究覽孫民先之奏，慨然下詔，不得回瀾。已而黄河漲淤(刑)〔邢〕、洺、深、冀之間，流行於瘠鹵低下之地，入界河，漂北界以歸於海。自北京、澶、濮至於懷、博、齊、鄆，桑麻被野，禾黍如雲，可謂萬全之策矣。中間大臣謀不出此，必欲回河東流，以破北流之議。自商胡口決之後，一如先帝聖斷與孫民先所陳。今録民先書進呈，乞下河北，如其所説引水築堤去處，以圖來上。』詔付三省。

閏六月十四日，詔翰林學士郭知章爲樞密直學士、知鄆州，都水使者黄思放罷，皆以昔論河事嘗主東流之議，爲言者所彈故也。

七月八日，樞密直學士、知鄆州郭知章以辨言官所彈，降充龍圖閣直(閣)學士。知章奏：『東流利害，乞下都水監相度施行。朝廷未嘗以臣言爲是，尋下提(轉)

〔舉〕、安撫司、都水監同共相度，第二次又差吕希純、井亮采相度，第三次又差王宗望相度。王宗望定議上稟，朝廷遂閉北流。吴安持、鄭佑等各保過漲水二年，累轉勑官。其後河決，諫官王祖道乞罪水官，亦未嘗一言及臣。其水官得罪，或安置，臣雖罷中書舍人，尚得集賢殿修撰、知和州。未行間，哲宗有旨令上殿，則當時朝廷已察見非臣之罪。況前後臣僚、臺諫言東流者非一，今來已經九年，言事者不詳本末，至煩朝廷再有行遣。伏望聖慈憫察。』檢會朝奉郎、監察御史郭知章奏：『臣竊見大河分東北，生靈被害滋久。往年朝廷議欲回河，蓋嘗患之而未能也。今兹復故道，水之趨東者已不可遏，若順而導之，議閉北而行東，其利百倍。近日朝廷遣使按視，聞已閉梁村北流，尚有闞村、張包河等處，逐司議論未一。臣（論）〔謂〕：都水監，水官也，朝夕從事於河上，耳目之所聞見，心志之所思慮，議論之所綴接，莫非水也。河流之曲折高下，利害之輕重本末，宜熟知之矣。今使水官不得盡其職而惑於浮議，臣恐河事一誤，則北方之民未得安堵而樂業。伏望陛下特降睿旨，專委水官以圖經久可行之策，以幸河北一路元元之民，不勝幸甚。』

又檢會朝奉郎、監察御史郭知章奏：『臣切見以大河分東北之流數年矣，論議蠭起，上惑朝廷之聽，至今未決。河北之民被患滋久，亡失賦租，蕩析田畝，其害不可勝計。臣以謂地形有高卑，水勢有逆順，河道有淺深，水流有緩急，利害皆可以目覩。方兹隆冬霜降，水落復槽，則利害易辨也。臣比緣使事至河北，自澶入北京，渡孫村口，見水趨東者河甚闊而深。又自北京往洺州，過楊家淺口渡，見水之趨者纔十分之二三。然後知大河之閉北而行東無疑也。今東流之河即商胡之故道，詢諸父老，具言水舊行者七十餘年矣，今者水之復行，天也，殆非人力也。而議者欲固違水之性，必使趍北，誠私憂過計也。東流利害，其大略則存塘（泊）〔泊〕也，通御河也，固北都也，復民田也。至於堤防之費，兵夫之役，官員之敕，梢（莫）〔草〕之用，所省不貲，則其利可勝言哉！臣職爲御史，親見利害，不敢不言。如以臣言爲可取，即乞早降睿旨，下都水監相度施行。』故有是詔。

二年五月十一日，通直郎、試都水使者趙霆奏：『臣切見黄河地分調發人夫修築埽岸，每歲春首騷動良民，數路户口不獲安居。内有地里遥遠，科夫數多，常至敗家破産以從役事，民力用苦，無計以免。契勘滑州魚池埽今春合起夫役，嘗令送納免夫之直，却用上件夫錢收買土（檐）〔簷〕，增貼埽岸。會計工料，比之調夫反有增剩。乞詔有司，應干堤岸埽合調春夫，令依此例免夫買土，仍照所屬立爲永法，不唯河埽事務易於辦集，又可以示寬恤元元之意。』詔河防夫工歲役十萬，濱河之民困於調發，可上户出錢免夫，下户出力充役，皆取其願，買土修築。可相度條畫（開）〔聞〕奏。

十八日，通直郎、都水使者趙霆劄子：『契勘管埽岸文官，見今南北兩丞地分，未有官員注授處甚多。蓋緣文臣管埽岸事，下與巡河監埽爲敵，上爲都大埽司所統，凡舉執事，動有牽制。惟能雷同含糊，漠然不顧，然後可以自保，而復有失職連坐之患；不能雷同含糊，則必深中小人禍機。今相度，欲乞於大河應係置都大去處，各添文臣都大一員，仍令本監選舉公勤廉幹之人以充，使之表裏相援，安心職守。』吏部取到都水監備元豐元年閏六月六日敕節文，黄河逐處都大並令本監不以文武官奏差。詔今後都大並舉文官。

三年六月六日，朝散郎、守都水使者吴玠奏：『伏覩黄河自元豐年間小吴口決，北流入御河，下合西山諸水，至清州獨流寨三（又）〔叉〕口併歸入海。雖深得保固形勝之策，而歲月寖久，行流侵犯塘堤，衝壞道路，齧損城寨。臣近蒙詔旨修治堤防，禦捍漲溢，然築八尺之堤，當九河之尾，臣復恐他時經隔年歲，其堤道爲大河衝齧，必不能敵其湍猛之勢。若不遇有損缺，逐旋增修，即又至隳壞。使與塘水相通，則於邊防非計之得也。欲增添埽兵，創置官局，又爲並邊虜情不測，或至疑似。欲乞睿旨，諸寨鋪依自來條令，遇有些小工料，即令寨鋪使臣營修，無使損墊堤寨。候任滿日，依黄河榆柳法差官交割。若果有用心修葺，别無損壞，其城寨官及巡虧堤道使臣，並與依黄河第二等向著巡河法推賞。不唯無增兵創官（户）〔之〕疑，而邊防得久完固。』詔如無違礙，即依所奏施行。

政和元年正月十二日，（詔）〔都〕水監狀：『契勘見行河道次第，將年額合得諸路河防春夫一十萬人相度均分，黄河諸河合用春夫，本監已將諸路春夫一十萬人相度均科。檢準勑：都水監狀，春夫不具夫帳上朝廷，只從本監依數科撥路分，具功役窠名申尚書省。今均前項役使去訖。』詔今後科夫，並依舊具抄擬奏，所有元祐年指揮内更不具夫帳上朝廷一節，更不施行。

二年三月一日，京畿轉運、提刑司申：『相度到提刑乞管下陽武上下、酸棗三埽巡河使臣，依大觀二年四月二十八日敕，命（榮）〔滎〕澤等八埽巡河兼巡檢，捕盜賞罰、差破捉賊兵員等，委是别無違礙，經久可行。』從之。

三年正月二十三日，詔：『訪聞黄河諸埽自來招填闕額兵士，多是干繫人作弊，乞取錢物，將本營年小子弟或不任工役之人一例招刺，致防工役，枉破招軍例物、衣糧，請受。自今後可將合招河清兵士，令外丞司委都大並巡河使臣揀選少壯堪任工役之人招刺，逐旋據招到人申都水監，差不干礙官覆驗。如有招下年小或不堪工役之人，乃立法施行。』

二月六日，勑：『尚書工部奏，據都水監狀，束鹿上埽今年漲水過常，比之已前年分行流湍猛，委係非次變移河勢。自降作第三等向著，後來到今實及三年以上，乞依條陞作第二（年）〔等〕向著。檢會崇寧看詳尚書水部條，諸埽向著，退背各分三等，每三年一定，若河勢非時變移，都水監申本部擬奏。』詔依都水監所乞，深州束鹿上埽作第二等向著。

三月十六日，勅：『中書省、尚書省送到屯田員外郎劉絳劄子：契勘河清兵級，於法諸處不得抽差，其擅差（惜）〔借〕或內有役使者徒一年，蓋廢功役者有害堤防。諸處功作名目抽差占破官司，臨時申畫朝旨，須至發遣，不能占留，遂使本河闕人。今欲乞除官員依條差破白直人，其承久例差占窠名條法不載者，並令本河勿收入役，今後不許差占外，諸處申請到朝廷特旨並衝改一切條禁等，指揮抽差本河兵級者，並令都水監執奏，更不發遣。』詔從之。

四年十一月七日，都水使者孟昌齡奏：『伏覩政和四年，經過夏秋漲水，河流上下並行中道，亦無泛溢緊急去處，埽岸平安。伏乞宣付史館及稱賀。』詔送秘書省，許拜表稱賀，官吏依條推恩。檢（檜）〔會〕崇寧四年大河安流推恩體例，本監使者、監、丞、主簿各轉一官，人吏等第受賜。詔經大河安流年分三次，都水監官轉一（次）〔資〕，工部官減三年磨勘；經二次[一]，都水監官減三年磨勘，工部官減二年；經一次，都水監官減二年磨勘，工部官減一年磨勘。內孟昌齡許回授本宗有官有服親。人吏等第支賜。

五年十月二十一日，詔中散大夫王仲栢特差知冀州，替辛昌宗赴闕。以中書省言辛昌〔宗〕係武臣，慮不諳河事也。

六年閏正〔月〕二十八日，工部奏：『知南外都水丞公事張克懋狀：「契勘本司管下三十四埽，見闕四千七百七十人，欲乞以十分爲率：內四分下都水監於北外都水丞司地分退慢埽分並諸州移撥；其三分特許將合配五百里以下情犯稍輕之人，依錢監法撥行配填；其餘三分，乞下所屬預支例物、錢帛，責令畿西、河北路側近州縣寄招，逐（施）〔旋〕發遣。並限半年須管數足。如有違慢去處，從本司具因依申乞朝廷重賜施行。」工部今勘當，除乞於北外都水丞司並諸路移撥人兵，都水監稱有未便，難議施行，餘（依）張克懋所乞事理施行。』刑部看詳：『張克懋所申，乞將三分特許將合配五百里以下情理稍輕之人，依錢監法撥行配填。其錢監乞配填兵匠，皆係免決配填。今勘當，欲下諸路州軍，除犯（疆）〔強〕盜及合配廣南遠惡州軍、沙門島並殺人放火兇惡之人外，將犯罪合配五百里以下之人，不以情理輕重配填。仍斷乞先刺「刺配」二字，監送南外都水丞司分撥諸埽，及填刺配埽分。候敷足，申乞住配。』詔依工部所奏，內情輕人特免決刺填。

七月二十日，詔：『勘會廣武、雄武諸埽，（復）〔腹〕背清汴，雖已降指揮，都水監廣貯功料，即今大河向著，下

〔一〕二次　原作『一次』，據前後文敘述次第改。

秘書省，許拜表稱賀。

九月二十五日，詔：『汴河（提）〔堤〕岸司可就所役兵夫取土，將南岸自京至洛口廣闊厚實幫築，務要勞壯，不得滅裂。自今後須管離堤岸三十步以外，方許開掘種植蓮藕等，不致陂水腹背相滲浸。如違，以違御筆論。』

二十九日，文武百僚太師、魯國公蔡京等言：『伏覩提舉三山河橋孟昌齡奏，三山河措置西橋河道，臣行歷新堤諸埽，點檢得南丞官（滎）〔榮〕毖所申，管下三十五埽，自河清及廣武埽以下，至三山正東南丞地分以來，臥南行流，皆是向著埽分。唯廣武諸埽又居都城之上，腹背清汴，比年以來，再軫聖慮。今歲漲水之後，諸埽岸下一例生灘，河行中道，實由聖德昭格上下，神祇助順，協濟偉績，誠非人力所致。』伏望宣付史館。』詔送秘書省。

十月二十三日，詔：『淮南西路提點刑獄徐（閔）〔閎〕中前任知濬州日，應副橋埽，協力固護有勞，特賜紫章服。』

二年八月二十日，詔：『開修廣武直河，分奪南岸生灘，埽岸無虞，省減勞費，功（和）〔利〕爲大。當職官暴露郊野，日冒大暑，委有勤瘁，與常例恩賞不同。可特依此推恩，內減年人依文武臣比折，選人依條施行。提領措置官保和殿學士、銀青光禄大夫孟昌齡，興德軍節度使王仍，各轉一官回授；漕臣並兩州知州各應辦錢糧，同京畿都城，可令都水監常切遵守元豐舊制，於逐埽廣貯工料，過作枝梧，不得少有疏虞，官吏當行軍法。』

十月十八日，詔：『孟昌齡、王仍，令學士院降詔獎諭，寇茂孫等六人各轉一官，孟擴等十八人各減三年磨勘，賈鎮等各減二年磨勘。』以户部尚書孟昌齡奏，三山河橋經今漲水過，並無疏虞，其官吏委有勞効，乞行推賞故也。

七年五月二十九日，詔：『諸免夫錢應差人管押赴指定埽分送納者，元科州縣先具年分、錢數、押人姓名、起發日月實封入遞，報南北外丞司。仍別給行程付押人，所至官司即時批書出入界日時，遞相關報催促。』從南外都水監丞張珝所請也。

八月三日，詔：『訪聞河朔郡縣，凡有逐急應副河埽梢草等物，多是寄居命官子弟及舉人、伎術、道僧、公吏人等別作名字攬納，或幹託時官權要，以攬狀封送令佐，恣其立價，多取於民。或民户陪貼錢物，郡縣爲之理索，甚失朝廷革弊恤民之意。自今並以違御筆論，不以蔭贖及赦降、自首原減。許人告，賞錢一千貫，以犯人家財充。當職官輒受請求者與同罪。』

宣和元年五月四日，太師、魯國公蔡京等言：『伏覩宣示廣武埽所開直河，大河水勢直趨下口，不俟人力開撥，大河已直入河行流，皆自陛下降香陳醮，致舒解廣武危急，臣不勝大慶。伏乞宣付史館。』四月九日，奉聖旨送西轉運副使時道、河北轉運副使胡直孺、李孝昌，知河陽王序，知懷州李罕，各進職一等。其餘官吏第一等各轉一官資，内無資人候有名目日收使；第二等各減三年磨勘，諸色人各支絹五匹。』

九月四日，工部尚書陸德先等奏：『契〔勘〕黄河南北兩外丞司管下文武都（文）〔大〕官，所屬河防職務事體非輕，須是諳曉河事之人，方可倚辦。熙寧以前，選舉曾經巡河兩任以上使臣，至元豐前選一任之人充，條（路）〔格〕具存。比來所差都大官，往往不經〔巡〕河，緩急難以倚辦。乞今後依元豐選差曾經一任河埽差遣無遺闕之人充。』詔依元豐法。

三年六月二十三日，吏部奏：『崇寧三年六月十五日勅，諸向著埽添差承務郎以上或令録，以一員充管勾埽事。大觀二年六月十四日勅，諸埽添差文臣罷。政和二年七月五日，奉聖旨南北外都水丞司管下逐都大司，各置文武官二員，内文臣從朝廷選差承務郎以上諳歷河事人，武臣令都水監依舊條奏舉。（水）〔本〕部契勘，准元豐六年閏六月十八日敕，黄河都大並令本監不以文武官指名奏差，南北都水丞司管下逐都大司，元豐年只是通差文武官一員爲額，後來添增都大一員，即令每都大司文武官都大各一員。』詔添差文臣都大指揮更不施行，見任並已差人並罷，（乃）〔仍〕依省罷法。今後依元豐法通差文武官一員。

八月二十七日，詔：『訪聞今年六月冀州信都等埽大河暴漲，北外都水丞張克懋、知州韓昭、通判晁將之措置救護有方，各特轉一官。』

九月二十五日，詔：『朝散大夫、都水監丞梁防職事修舉，可令再任。候廣武、雄武埽平寧，特與轉行一官，仍取旨陞擢差遣。』

四年七月二十九日，臣僚上言：『伏見恩州累修立大河堤道，都水監行催促工料等事爲名，舉辟文武官甚多，至於百二十餘員，例皆受牒家居，繫名本監，漫不省所領爲何事。其間曾至役所者十無一二焉。』詔除正差官一十一員外，餘並罷。今後都水監因事張官，正兼管就委策〔一〕，並具所得指揮姓名申尚書省差。應都水監、將作監見因事張官去處，限三日具見差委員數申尚書省裁定，不得隱漏。以上如違，並令御史臺覺察彈奏。

九月二十三日，太宰王黼言：『昨孟昌齡計議河事，至滑州韓村埽檢視，河流注衝寸金潭，其勢就下，未易禦遏。近降詔旨畫定，令就港灣對開直河。水司方議疏鑿，於元晝處自成直河一道，寸金潭下水即流，在役之人聚首仰歎。乞付史館。』從之。

五年八月十九日，中書省言：『檢會京西路都轉運司

〔一〕此句文字似有誤，『管』或爲『官』。

十一月十九日，南郊制：『勘會河防免夫錢數目至草官，各減一年磨勘。』

七年八月二十二日，詔：『應辦廣武河事官職修舉，備見宣力，京西轉運副使劉民瞻、韓奕忠各陞一職，提舉部夫官各減二年磨勘，內趙鼎減三年。受給差遣官、都濠寨分放工料官、部從官、彈壓官、繫取土橋官、催促諸縣梢草官，各減一年磨勘。』

十一月二十九日，都水使者韓枏奏：『昨奉聖旨，令臣固護滑州天臺埽，並降到御筆畫定圖子，對岸開修直河。臣到日躬親相視間，大河水勢盡在聖畫直河內行流，尋具劄子奏聞。』詔許拜表稱賀。

十一月二十九日，都水使者韓枏奏：

狀，准都水監丞賈鎮劄子，欲乞京西漕臣應副梢草一百萬束。今契勘本司每年合應副廣武埽(税)〔梢〕草四百萬束，自來係將一百一十萬束年例科撥本色(税)〔梢〕草外，其餘二百九十萬束，昨宣和三年都水使者與本司官措置，令出備地(理)〔里〕脚錢，於黃河沿流去處置場收買，遂將本息合納秋雜錢細數，每束納本脚錢七十五文，共納錢二十一萬七千五百貫，赴南丞司並諸埽送納已訖。今(束)〔來〕梢草一百萬束價錢，欲令南外都水丞司依已降指揮，於納到逐年本脚錢內支給，仍乞量度日限買納。及依元降指揮，差水部郎中龔端前去點檢，自宣和三年以後納到梢草錢，見在若干，已買梢草若干，見在梢草若干，其錢有無移用。所有賈鎮奏上不實，令大理寺取勘，具案聞奏。案取到旨，尚書工省房並不檢貼檢照，當行手分勒停，職級降兩官。』

多，自今相度緊慢，於合興役埽分雇募人夫、未買梢草外，並樁留以備危急支用。訪聞並不依條例措置，每至漲水危急，旋行科撥人夫，配買梢草，急於星火，官吏寅緣爲姦。自今後並於河防免夫錢內預行置辦，並優立價直雇夫役使，不得於倉卒之際却行差科。』

十二月二十二日，詔河防免夫錢並罷。以上《續國朝會要》

方域一六 諸河[一]

汴河 廣濟河 惠民河 金水河 白溝河

月河 運河[二] 東南諸水

汴河[三]

太祖建隆三年六月，宋州上言，寧陵縣河溢堤決。詔發宋、(亳)〔亳〕丁夫四千五百人，分遣使臣護役，命西上閤門使郭守文總其事。又發丁夫三千三百人塞汴口以息水勢，命判四方館事梁迥董之。

[一] 本部分摘録自中華書局一九五七年影印本『《方域》一六之一至四二』。原《宋會要稿》一九三册。

[二] 月河 運河 此兩題原無，據原文內容補。

[三] 原無此小題，據天頭批注增加各小節標題。

四年八月，又決於宋城縣，以本州諸縣丁夫二千五百人塞之，命八作使郝守濬護其役。

雍熙二年六月，汴又決於宋州宋城縣，發近縣丁夫二千人塞之，判四方館周瑩、八作使郝守濬護其役。知州、工部郎中劉甫英護堤不謹，（青）〔責〕濮州防禦副使；（郭）〔都〕大巡河、作坊副使劉（降吉）〔吉降〕西頭供奉官。

至道二年六月，河決穀熟縣，遣御前忠佐軍頭劉能乘急遞船往修塞之。

真宗景德元年七月，以水部郎中、三門發遣使許玄豹兼河陰兵馬都監、知縣事。河陰汴口每歲均（師）〔節〕水勢，以濟江淮漕運，玄豹上書自言（皆）〔習〕知利害，願兼領以自効，故命之。自是河陰常命知水事者爲都監。其後宋雄以鴻臚亦爲之。

三年六月，汴水暴漲，詔宣政使李神祐、東上閤門使曹利用、馬軍副都指揮使曹璨、步軍副都指揮使王隱巡護堤。帝曰：『昨晚覘候水勢，京城東去窯務約四五十步，水不溢岸者五寸至一寸。西染院側水溢壞屋，賴外堤防遏。』遂令併工修補，增起堤岸，自今凡檢計似此怯弱處，倍加工料。翌日，乘步輦幸西水門觀汴水，問工作兵士，賜錢人一千。又幸東染院，召從官賜茶。是日，應天府亦言汴決南堤，流亳州，合浪宕河東入於淮。即遣閤門祇候胡守節馳往河陰，督兵馬監錢昭晟塞汴口，劾罪貶秩。又內園使李神佑馳往應天，固護決堤。所〔需〕物料，三司自京津遣，不得科配差擾。又遣入內高班韓從政、本州不該修河官檢行經水家，口給米三斗。避水隔在高阜者，以船搬去，隨便安泊，不願離者聽自便。闕食者據口給糧，死無主者及貧不能掩（痊）〔瘞〕者爲殯埋。災傷之民，倍加安撫。

七月，遣屯田員外郎、直昭文館尹少連祭汴口。自汴決，遂壅汴口，減水勢築堤。至是畢工，復開導之，故祭焉。

四年七月，詔汴堤商旅以牛驢挽舟者，所在官司勿禁止之。

大中祥符元年正月，侍衛步軍司言浚汴河，差人巡欄，請給器械。帝曰：『約攔丁夫，何用器械？令樞密召諭，不得毆擊。』

三年正月，罷汴河沿堤巡檢內臣，其緣開汴功料，即分定地，權差內臣檢校。

六月，以汴水淺澀，遣知制誥孫（偉）〔僅〕祭汴口。既而雨澤水漲，公私無滯。

四年正月，詔河南府、孟、鄭州所發浚汴口役夫，今年夏稅止輸本處。

十月，白波發運判官史瑩言：『朝（建）〔廷〕歲計汴口頗費工料，蓋地多砂磧，轉移不定。臣久曾相度，乃尋古碑誌，請於汜水孤栢嶺下，緣南岸山趾開疊汴口，必可久遠，水勢均調。』帝曰：『河流轉（徒）〔徙〕，今古不同，朕詳所奏及圖所開口處地形甚高，若河勢正注而來，下面分泄不及，即溢流爲害，亦可慮也。然瑩論列頗堅，可並圖付汴口楊守遵，令同經度〔一〕。』守遵言：『若開之，功力浩瀚，河水猛大，難以枝梧。』瑩復指陳守遵爲已邀功，乞別委官經度。又令內侍都知閻承翰，言今河流併依南岸，若就開汴口，取河東注，至於京師，亦可憂慮。且請於下流開減水四道以防氾溢。從之，遂罷瑩請。瑩所上碑誌云：『〔正〕〔貞〕觀中，文皇帝降洛州長史李傑大開具舊制，創堰鑿山，山有堅壤，隨山導水，水無激湍。連堤以布具揵，用決濤浪；釃河以延其濤，用艤舟檝。巨浸不入，餘波常通，以濟大川，利有攸往，故無顛覆之憂。雖夏潦暴興，濟沙洎至，深尤過厲，濬未勞人，可爲萬代之軌也。有或人者〔止〕〔上〕言：此之溝洫，無異涓涔，一葦則浮，巨艦則膠。乃特起渠口，寔丁河衝，琢石爲門，剡木爲閣，壯麗極矣，才力殫矣。始有曰流苟灑矣，少有曰灘自堙矣。奚道之廣費，而塞之遄迫，陽候何情，役夫匪知，僉識其鄙，孰彰其事。皇帝與天合契，登岱勒崇，已遇堯功，尤勞禹跡。恤人之隱，若己納隍，念彼方割，疇咨俾乂。始命范公往兼之，范公承舜明命，委垂共工，詳改作之殊宜，請仍舊而爲美。已而詔公爲開鑿使，使左驍衛中郎將張琰介焉。於是召水工，（雷）〔審〕地勢，調閱五州數萬之卒，部勒群吏千夫之長。疏疆畫分，荷鍤如雲，畚之絲，鄭之沄，人百其力，臯〔二〕鼓弗鬩。平塘成澮，夷岸成埧，（槙）〔植〕以柳杞，揭以杠梁，便道而行，應務斯畢。開元十五年二月二十五日建。』

五年閏十月，帝曰：『汴河有灣曲灘淺溺甚多，蓋開浚之際，只依檢到功科，檢計之際，又河水益覆，不見合施功處。自今須先塞上流，盡河槽內水，方行檢計。』仍差莊宅副使王承祐、入內殿頭楊懷古領其事。

八年六月，詔：『自今開汴口，預選日奏聞，當遣官祭告。』是月，詔：『自今後汴水添漲及七尺五寸，即遣禁兵三千，沿河防護。』時差兵士護河太速故也，因詔：『自今遣內臣分掌京城門鑰，如盛漲，防河兵士即開，點閱放過。』

七月，命知制誥劉筠乘傳祭汴口，以河流阻澀故也。

八月，太常少卿馬元方〔三〕請浚汴河中流，闊五丈，深五尺，可省修堤之費。即詔供奉官、閤門祗候韋繼昇計度修浚。繼昇（言上）〔上言〕：『泗洲西至開封府界，岸闊底平，水勢薄，不假開浚，請止自泗洲夾岡，用功八十六萬五千四百三十八〔四〕，以宿、亳丁夫充，計減功七百三十一萬。

〔一〕經度　原脱，據《長編》卷七六補。

〔二〕臯　原字迹模糊，權按此字讀。

〔三〕馬元方　原作『馬尤方』，據《宋史·河渠志三》改。見周魁一等《二十五史河渠志注釋》一一〇頁。中國書店，一九九〇。本書記述較《宋史》爲詳。

〔四〕三十八　原作『二十人』，據《宋史·河渠志三》改，同上書。

仍請於沿河作頭踏道擗岸，其淺處爲鋸牙，以束水勢，使其浚成河道。止用河清、下卸卒，就未放春水前，令逐州長吏、令佐督役。自今汴河淤澱，可三五年一浚。又於中牟、滎澤縣各開減水河。』並從之，仍命繼昇都大巡護。及修浚畢，明年繼昇表請罷修河一年，可省物力。帝曰：『惜得夫役誠好，必然不爲民患否？』繼昇極言其利，帝曰：『當更遣人相度，異日河決，雖罪言者，亦無益事。』

天禧元年正月，都大巡檢汴河堤岸韋繼昇、（長）〔張〕君平言：『汴河（遂）〔逐〕年栽種榆柳，並於人户科配，栽種失時，少有青活。遞年增數帳管，遂勒逐鋪作畦，收榆莢種蒔，於閑隙地内栽種。欲望自今在任三年，如能沿河於閑地栽種榫五萬株已上青活，委新官點檢交割，州府保明聞奏，令佐免選，與家便官，使臣免短使，京朝官知縣優與親民。（具）〔其〕在任官每一年栽種二萬株，亦與依前項處分。』詔緣汴河州軍管勾河堤京朝官使臣、令佐等任滿，如委栽種及五萬株已上青活，河堤别無疎虞，新官點檢交割，取本州府官吏保明以聞。仍自（齊）〔賫〕赴闕，於中書、樞密院通下，候看詳應條，京朝官使臣與免短使、家便差遣，令佐免選。如不應條，不及數，顯有情倖，干繫官吏重行朝典。

九月，詔曰：『睠彼京師，寔通汴水，是四海會同之處，念一夫覆溺之憂，俾設巡防，合行拯救。苟失性命，深用憫傷。爰形（勤）〔勸〕賞之文，式表好生之旨。應沿汴河州縣，有誤墜河之人，委本界巡檢及習水人等晝時救接。如溺者家願出錢與拯濟之人者，聽。或救接得貧闕人，即以官錢給賜。』

二年六月，汴水漲九尺，遣臣詣萬勝梁固斗門，諭勾當使臣均調水勢，無致泛溢。

八月，遣開封府推官周好問與八作、（推）〔排〕岸司檢汴堤毁官司廬舍，計工料修疊。凡工二百四萬。時開封府言，民屋低下，岸多（擁）〔摧〕圮故也。

仁宗天聖三年八月，以汴水淺澀，遣使祭汴口。

四年七月，樞密院言：『汴水漲，堤危急，欲令八作司相度京城西決洩入護龍河，以減水勢。』從之，遂於賈陂開決疊水口。畢，賜役兵緡錢。

慶曆六年十二月八日，勾當汴口張從一、張滋言：三年水勢調均。詔從一轉西上閤門副使，滋遷西京作坊。

皇祐二年八月，命開封府判官張中庸，往中牟縣修築汴河堤岸。

三年九月，詔緣汴河商税務毋得苛留公私舟船。又詔三司河渠司，每年一開浚之。

嘉祐二年六月，詔以真宗皇帝御製《發願文》，刻石於汴口靈津廟。

六年閏八月六日，同判水監楊佐（官）〔言〕：『據汴口檢計功役八萬三百一十一工，具到功畢，尅日取放水勢。』詔汴口見攸人（貢）〔員〕兵士並等〔第〕特支。

英宗治平二年七月，詔以狹汴河賞官吏有差。初，嘉祐六年，以汴河久不浚，(河久不浚)詔命都水監與淮南江浙荆湖制〔置〕發運使李肅之(祖)〔相〕度利害。都水監(察)〔奏〕：『汴河自泗(洲)〔州〕以上至南京水道直流湍〔一〕駛，不復須治；自南京以上至汴口水闊散漫，以故多淺。欲乞自南京〔至〕都門三百里修狹河(水)〔木〕岸，扼束水勢，令深駛。俟三五年見次第，即復修汴口至京東水門外。所用椿梢，止伐岸木爲之可足。』詔從之。而以岸木不足，又募民出雜(稍)〔梢〕，度以爲僧。凡用梢椿竹索三百八十四萬二百，役工百八十六(兩)〔萬〕四千，爲岸三萬一千四百步。自祖宗時固已嘗狹河，其後久不復狹，方興是役。論者紛然，以爲不利，及成，人乃(使)〔便〕之。

以上《國朝會要》

神宗熙寧六年六月十二日，上批：『汴水比忽減落，中河絶流，其窪下處才餘一二尺許。訪聞下流公私重船，初不預知放水淤田時日，以故減剥不及，類皆閣折損壞，致留滯久，人情不安。可令都水應干官司分析，仍〔二〕下三司委差官同府界提點司，自京抵陳留，具有無損壞舟船，比較累年所壞數以聞。』後提點吴審禮等言，檢視舟船，初無〔三〕損壞者。

十一月七日，中書門下言：『權判將作監范子奇乞不閉汴口，造木栰截口，或打撥大河浮淩不入，常使水勢通流，外江綱運直入汴至京，公私利便，經久委實可行。淮南江浙荆湖都大制置發運司乞再展十日閉口。』詔汴口相度。既而乞依范子奇所請，差人打撥淩牌及就汴口造木栰欄截浮淩。從之。舊制，汴口啓閉有時，至是遂不閉之。會高麗入貢，因令泝流而上。

七年八月二十一日，同判都水監宋昌言、李立之、丞王令圖言：『汴口已生雜灘，秋冬之交必稍退背，乞權閉汴口使水涸，增修堤岸斗門畢，再相度。』同判都水監侯叔獻、丞劉璯乞不閉汴口，於孔固斗門下權作截河堰，使水入都門，候修堤岸畢，即開堰。詔如叔獻等所請。

八年二月二十四日，同管勾外〔四〕都水監丞程昉等言：『嘗乞〔五〕以京西三十六陂爲塘，瀦水入〔六〕汴漕運，其陂内民田，欲先差官量頃畝，依數撥還，或給價錢。又采買材木遥遠，清汴牐欲作三二年修，仍乞選知河事臣僚再按視措置。』詔翰林侍讀學士陳繹、入内都知張茂則與昉等覆視以聞。其後繹等言水源足用，清汴有可以必成理。

〔一〕湍　原無，據《宋史·河渠志三》補。見周魁一等《二十五史河渠志注釋》一一一頁。中國書店，一九九〇。

〔二〕仍　原作『上』，據《長編》卷二四五改。

〔三〕無　原脱，據《長編》卷二四五補。

〔四〕外　原作『水』，據《長編》卷二六〇改。

〔五〕乞　原作『以』，據《長編》卷二六〇改。

〔六〕入　原無，據《長編》卷二六〇補。

六月十六日，都水監言，汴、蔡兩河就丁字河置牐通漕，從之。時有詔羅西京米赴河北封樁，患蔡河舟運不能達河北，故水官侯叔獻、劉璯建議，汴河可因故道鑿堤置牐，引汴水入蔡河。

十二月二十六日，都水監言：『孫賈斗門之西，汴河北岸，共八處可置虛堤，滲水入西賈陂；並淤（由）〔田〕司欄水堤開河一道，引水透入減水河，下注務澤陂，爲五丈河上源。乞差楊琰管勾修置，陳祐提舉。』從之。

九年正月二十八日，中書門下言：『今安南營器械什物發付潭州，欲令都水監早開汴水。』從之。

十年二月十三日，詔：『春候已深，無甚寒凍，高麗進奉使非久離京，汴口可令都水監於元擬日前促五七日。』

六月二十八日，范子淵言，今月十八日興工濬汴。

九月二十六日，權判都水監俞充等言：『勘會汴口取黄河水經由京師，應副東南漕運，久來選任能吏，增置兵力，廣聚物料，以爲緩急之備。後多裁減，事難濟辦，合具申請。一、汴口久來差大使臣二員，内或小使臣一員勾當，並兼京西都大巡檢汴河堤岸賊盗斗門。近歲兼管勾（洪）〔淤〕田，仍一員官高者同河陰縣兵馬都監，以便緩急差借河陰縣教兵士。昨因裁減日，差小使臣二員，改作勾當汴口管勾京師汴河堤岸斗門淤田。況勾當汴口使臣所管地方，自京城西至汴口一百里，事責重於京東都大（堤）〔提〕舉，權輕任（畢）〔卑〕，難爲集事。欲乞差諳曉河事大使臣一員，仍留見在小使臣一員勾當汴口，並兼京西都大巡檢汴河堤岸賊盗斗門，管勾淤田。内大使臣仍同河陰縣兵馬都監，其替罷小使臣却與河上一等差遣，不爲遺闕。一、河陰管城縣等沿夾河巡檢，自汴口至趙橋地分約五十里，並河陰縣雄武埽黄河巡河，舊有使〔臣〕二員通管，近減罷，令勾當汴口使臣兼行管勾。緣勾當汴口使臣常須在本口調勾水勢，豈可更令兼管夾河巡檢公事？欲乞比舊裁減一員，只差小使臣一員，自汴口至趙橋（汾）〔沿〕汴夾河巡檢，專切修護堤岸，兼河陰縣〔雄〕武埽巡河。乞本監選舉。一、京西都大巡河司及汴口舊管部役使臣四員，内差使臣管押人船般運鞏縣山灘柴草二員，專管勾汴口上下約堤埽外，有一員諸處部役。近裁減都大司部役，只留汴口二員，全然闕人。欲乞依舊添差部役使臣二員，從本〔監〕選舉。一、汴口舊管河清三指揮，廣濟、平塞各一指揮，並以八百人爲額，計四千人。昨減併平塞指揮並依添作八百人爲額，據見少人數，乞下外都水監丞司，於北京以下埽分割移河清人兵千人赴汴口填配，餘數即令招填，比舊亦減一千六百餘人。一、汴口官吏務減調勾水勢，固護堤埽，近經裁減賞格，却以減省工料爲重，調勾水勢爲輕，官吏務減省工料，不顧水勢，以致汴水多不調勾，阻節行運。欲今後汴口官吏任滿，減省工料雖應賞格，仍須埽岸斗門無虞，水勢調勾，不阻行運，方與酬獎。凡諸勾當汴口兼管雄武埽官員任滿，埽岸斗門無虞，調勻水勢，不阻行運，方有賞格。』並從之。

十月十七日，提舉修閉決口所乞專差内臣，於斷河内門處打斷欄水堤，不得放水東流，從之。續詔凡取借什物、動使家事等，並(計)〔許〕不依常計，及所舉受納管勾等文武官，共不得過二十人。

元豐元年三月二日，詔：『都水監調撥汴口水勢，通接淮汴行運，其曹村決口水雖已還故道，三日一具疏濬次第以聞。』

六月十五日，權都水監丞范子淵言：『乞於汜水鎮北門導洛水入汴，爲清汴通漕，以省開閉〔一〕汴口功費。』詔候來年取旨。

十月七日，權都水監丞范子淵言：『自來前冬至二十日閉汴口，今歲閏月，較之常年已是深冬，慮大河凌牌爲患，乞先期閉口。』詔聽前至日半月。

十一月四日，都水監言，乞下京西人夫一萬赴汴河口，限一月開修河道。詔止差七千人。

十二月六日，知都水監丞范子淵言：『奉詔相視導洛通汴，今自河陰縣西十里簽河處步量至洛口，地形西高東下，可以行水，乞差知水事臣僚再按視。』詔遣史舘修撰、直學士院安燾，入内都知張茂則。

二年二月二十一日，詔：『入内東頭供奉官宋用臣及河水未通，毋俟盧秉押米運到京，先往按視導洛通汴〔二〕利害以聞。』

三月十三日，詔發壯役兵二千，京東路廂軍一千，濱、〔棣〕州修城揀中崇勝兵五指揮，並赴洛口工役。

二十一日，詔入内東頭供奉官宋用臣、都大提舉導洛通汴，前差盧秉罷勿遣。初，去年五月，西頭供奉官張從惠言，汴河口歲歲閉塞，又修堤防勞費，一歲通漕纔二百餘日。往時數有人建議引洛水入汴，患黄河齧廣武山，須鑿山嶺十五丈至十丈以通汴渠，功大不可爲。自去年七月黄河暴漲，異於常年，水落而河稍北去，距廣武山麓有七里遠者，退灘高闊，可鑿爲渠，引洛水入汴，爲萬世之利。知孟州河陰縣鄭佶〔三〕亦以爲言。時范子淵知都水監丞，畫十利以獻：歲省開塞汴口工費，一也；黄河不注京城，省防河勞費，二也；汴堤無衝決之虞，三也；舟無檝射覆溺之憂，四也；人命無非横損失，五也；四時通漕，六也；京洛與東南百貨交通，七也；歲免河水不應妨阻漕運，八也；江淮漕船免爲舟卒鑴鑿沈溺以盜取

〔一〕閉 原作『門』，據《長編》卷二九〇改。

〔二〕導洛通汴 汴河原以黄河水爲源，帶來嚴重淤積問題，此時堵塞引黄汴口，改引洛水清水供應汴河，即『導洛通汴』工程。爲此政府專門成立『導洛通汴司』，這是宋代修建專門水利工程，似今日『南水北調』工程，也設立專門管理機構。

〔三〕鄭佶 原作『鄭信』，據《長編》卷二九七改。

官物，又可減泝流牽挽人夫，九也；沿汴巡河使臣、兵卒、薪楗皆可裁省，十也。又言：『汜水出玉仙山，索水出嵩渚山，亦可引以入汴。合三水，積其廣深，得二千一百三十六尺，視今汴[一]流尚贏九百七十四尺。以河、洛[二]湍緩不同，得其贏餘，可以相補。猶懼不足，則旁[三]堤爲塘，滲取河水，每百里置木牐一，以限水勢。堤兩旁溝湖陂濼，皆可引以爲助，禁伊、洛上源私取水者。大約汴舟重載，入水不過四尺，今深五尺，可濟漕運。起鞏縣神尾山，至任家堤，四十七里，以捍大河。起沙谷至河陰縣十里店，穿渠五十二里，引洛水屬於汴渠，總計用工三百五十七萬有奇。』疏奏，上重其事，是年冬，遣直學士院安燾、入内都知張茂則行視。

正月，燾等還奏：『索水在汴口下四十里，不可引；洛、汜二水積其廣深，纔得二百六十餘尺，不足用。滲水塘引入大河，緩則填淤，急則衝決。洛水唯西京[四]可分引入城，下流還[五]歸洛河，禁之無益。置（牌）〔牐〕恐地勢高下不齊，不能限節水勢。黄河距廣武山有纔一二里者，又方向著南岸退灘，堅土不及二分，沙居十之八，若於其間[六]鑿河築堤，至夏洛水内溢，大河外漲，有腹背之患。新堤一決，新河勢必填淤，則三百餘萬工皆爲無用。又子淵建此，本欲省汴口歲歲勞費，今則埽堤水澾之類，歲計恐不啻一汴口之費，而又有不可保之慮。雖然，財力在人，猶可爲之，唯是水源不足，則人力不可（疆）〔强〕致。蓋伊、洛山河，盛夏雖患有餘，過此常苦不足。疑謀勿成，唯陛下裁之。』上以子淵計畫有未善者，乃命用臣經度，以楊琰往。至是，用臣還奏可爲，請自任村沙谷口至汴口開河五十里，引伊、洛水入汴。每二十里置束水一，以芻楗爲之，以節湍急之勢，取水深一丈以通漕運。引古索河爲源，注房家、黄家、孟王陂及三十六陂，高仰處瀦水爲塘，以備洛水不足，則決以入河。又自汜水（闞）〔關〕北開河五百五十步，屬於黄河，上下置（牌）〔牐〕啓閉，以通黄、汴二河船筏。（節）〔即〕洛河舊口置水（達）〔澾〕，通黄河，以泄伊、洛暴漲之水。古索河等暴漲，即以魏樓、滎澤、孔固三斗門泄之。計用工九十萬七千有餘。又乞責子淵修護黄河南堤埽，以防侵奪新河。詔如用臣策，故有是命。

二十三日，詔：『近已差宋用臣都大提舉導洛通汴司，可令范子淵候修黄河南岸畢，留卒二千給用臣工役。仍令轉運副使李南公專應副河南府都巡檢一人，往洛口編欄。用臣支賜，依所寄諸司使給。』

[一] 汴　原作『淮』，據《長編》卷二九七改。
[二] 洛　原脱，據《長編》卷二九七補。
[三] 旁　原作『勞』，據《長編》卷二九七改。
[四] 京　原脱，據《長編》卷二九七補。
[五] 還　原作『連』，據《長編》卷二九七改。
[六] 間　原作『開』，據《長編》卷二九七改。

四月十二日，詔司農寺出坊場錢十萬緡賜導洛通汴司，增給吏兵食錢。内以二萬緡給范子淵，爲固護黄河南岸薪芻之費。

十七日，詔：『導洛通汴用是日甲子興工，遣禮官祭告。如河道侵民冢墓，量給錢令遷避，無主者官爲瘞之。』

六月四日，賜導洛通汴司開河築堤役兵特支錢。

十七日，提舉導洛通汴司言清汴成。四月甲子起兵役，六月戊申畢工，凡四(百)〔十〕五日。自任村沙谷至河陰縣瓦亭子，並汜水(闕)〔關〕北通黄河，接運河，長五十一里。河兩岸爲(提)〔堤〕，總長一百三里。河所占官私地二十九頃。已引洛水入新口斗門，通流入汴。候水調均，可塞汴口，乞徙汴口官吏、河清指揮於新開洛口。從之。

二十二日，詔：『應導洛通汴事，令宋用臣主管。一年如洛水通快，委范子淵閉黄河水口。其沿汴淤田既非濁水，可並閉塞，併水東下，接應江淮漕運。』

七月二日，詔：『汴口閉斷黄河水，遣禮官致祭。』以都水監丞范子淵言前月甲子已塞汴口故也。

同日，詔：『導洛水入汴，已通漕，緣河水湍怒，綱運阻難，增置河堤使臣、河清軍士、技頭、水手、廨舍營房、請受水脚工錢，及汴口每年開閉物料兵夫之費，自可裁損，令轉運使盧秉條析以聞。』

五月，都大提舉導洛通汴司言：『洛河清水入汴，已成河道，疏濬司依舊攪起沙泥，却致填淤，乞權罷疏濬。』從之。

八月十三日，上批：『導洛水入汴及治堤岸捍河，悉有成績，可令宋用臣、范子淵具總事効力官吏第賞。』

同日，御史何正臣言：『近彈奏安燾、張茂則驗覆導洛通汴利害不當，切聞詔候來年歲運了日取旨。以臣所聞，則自不須如此。燾等以爲盛夏洛水外溢，大河内漲，新淤沙堤，當二水腹背交攻之患，其勢未易支梧。今既秋矣，二水交攻之患固未嘗有。燾等又以爲洛水盛夏暴漲，甚於大河，雖盛夏亦有乾淺之時。自今夏秋以來，蓋亦屢雨而河未嘗漲，亦有經旬不雨而水未嘗乾，舟行往來，晝夜不輟，安俟考察而後見乎？伏望重行誅罰。』詔燾、茂則各罰銅二十斤。

九月二日，知都水監丞、尚書主客郎中范子淵爲金部郎中，陞一任，同判都水監；入内東頭供奉官、寄禮賓使、遥郡刺史宋用臣爲寄六宅使、遥郡團練使，給寄資全俸；入内東頭供奉官董嘉言、右班殿直楊琰，各進兩官，琰兼閤門祇候；入内東頭供奉官王修已等三十七人，各進一官，優者減磨勘四年，或指射差遣；人循兩資者五十六人，遷一資者八十一人，仍等第賜錢。上批以子淵、用臣首議導洛入汴，及築堤(桿)〔捍〕河，悉有成績，故優獎之，餘皆董役有勞也。

十月四日，都大提舉導洛通汴司言：『汴河綱船久例附載商貨入京，致重船留阻，兼私載物重四百斤以上已抵重刑，今落水，汴不至湍猛，欲自今商貨至泗州，官置場堆垛，不許諸綱附載，本司置船運載至京，令輸船脚錢。』從之。

十二月二十九日，詔范子淵減磨勘二年，餘推恩有差，以疏濬汴河有勞也。

三年正月一日，府界第六將言差襄邑縣防河兵闕二百餘人，已添差訖。上批：『令汴流京岸止深八尺五寸，應接向東重綱，方得濟辦。若便差人防護，則無時可以放散。況今水流調緩，不須過爲支梧。』詔提點司相度，據彼處堤岸去水所餘尺寸更行增長，方聽上河。

二月十二日，都大提舉導洛通汴宋用臣言：『洛水入汴至淮，河道甚有闊處，水行散漫，故多淺澀。乞計功料修狹河。』從之。後用臣上狹河六百里，爲二十一萬六千步，當用梢樁。詔給坊場錢二十萬緡，仍伐並河林木。

四月十七日，都大提舉導洛通汴司言：『所陿河道欲留水面闊八十尺以上，東水水面闊四十五尺。』詔陿河處留水面闊百尺。

二十八日，詔：『非導洛司船輒載商人私物入汴者，雖經場務投稅，並許入告，罪賞依私載法。即服食、器用、日費非販易者勿禁，官船附載發箔柴草竹木亦聽。仍責巡河催綱巡檢都監司覺察。』從宋用臣請也。

五〔五〕月一日，江淮等路發運司言：『導洛通汴司已修陿河道，更不置草屯浮堰。』從之。時以汴水淺澀，發運司請積爲堰（雍）〔壅〕水通漕舟。至是復自請罷。

二十一日，權江淮發運副使盧秉言：『黃河入汴，水勢湍激，綱船破人數多。今清汴安緩，理宜裁減。欲令六百料重船上水減一人，下水減二人；空船上水減二人，下水減三人，餘以差減。』從之。

二十二日，改都大提舉導洛通汴司爲都提舉汴河堤岸司。

六月十三日，都提舉（河汴）〔汴河〕堤岸司乞禁商人以竹木爲牌筏入汴販易，從之。

十五日，權判都水監張唐明，請復黃河諸河歲差河客軍九千人額，從之。

二十四日，參知政事章惇上《導洛通汴記》，詔以《元豐導洛記》爲〔名〕，刻石於洛口廟。

十月四日，都水監言：『奉旨改導洛通汴司作都提舉汴河堤岸司，其應係汴河公事，乞令一面主管。』從之。

五年三月十八日，提舉汴河堤岸宋用臣言：『面奉旨，金水河透水槽阻礙上下汴舟，令臣相度措置，其舊透槽可廢撤。』從之。詳見《金水河》

十二月二日，詔發運司糶糴斛斗鄭佶（滅）〔減〕磨勘三年，前西頭供奉官除名勒停黃州編管人張從惠（滅）〔減〕一赦敘，並以嘗幹當汴口，建議導洛入汴，續議賞也。

二十日，都提舉汴河堤岸司言：『準朝旨，爲原武埽閉合水口，見增防堰，令本司權閉斷魏楼、孔固、滎澤斗門五七日。自閉合三斗門，汴水增長，今自開遠門浮橋以上，凌排查塞水，欲抹岸，望速降指揮開撥沿汴斗門，及乞於京西向上汴河兩岸相度可櫃水處，即決堤分減水勢。』詔(知)〔如〕實危急，即依所奏。

六年閏六月十二日，步軍副都指揮使劉永年言：『汴水漲及一丈三尺，法許追正防河兵二十八指揮，自西窯務列兩岸至東窯務。如漲水一丈三尺二寸，更追準備一千人。臣切以京闕防河，事體至重，乞自今遇水大漲，或淫雨不已，令都巡地分如救火法，於近便增發三兩指揮。不足，即指所轄軍分奏差。支賜、約束，並依防河兵。』從之。

八月二十八日，都水使者范子淵言：『導洛通汴，將及五年。昨興役之初，大河北徙，距清汴遠，列爲堤埽，以障游波。臣今相視水勢，大河有可從之理，及上塞河兵夫物料數。』詔子淵詳度，從南岸漸進鋸牙，約水勢入新河，具合行事以聞。已而子淵(於)〔請〕於武濟山麓至河岸並嫩灘(止)〔上〕修堤及壓埽堤，並新河南岸築新堤，計役兵六千人，限二百日成。開展直河長六十三里，廣一百尺，深一丈，計役兵四萬七千有奇，限三十日成。合費(稍)〔梢〕草竹，爲錢一十七萬緡有奇。從之。

哲宗元祐元年正月十四日，中書省言，點曆得宋用臣導洛通汴、並京城所出納違法等事。詔宋用臣降授皇城使，添監滁州酒税。其根究錢物未明事，送户部(給)〔結〕絶。仍令本部具合措置事件聞奏。

紹聖四(事)〔年〕五月二十二日，都大提舉汴河堤岸賈種民言：『元豐年導洛通汴，改汴口爲洛口，止係通放洛河清水，名汴河爲清汴。水勢淺澀，即益以櫃内清水。自元祐年，於黄河撥口分引渾水，令自漨上流入洛口，比之清洛難以調節。乞將汴河依元豐年已修狹河身丈尺深淺，檢計合用物力，具數申尚書省，復元豐清汴，立限修濬〔一〕，通放洛水，仍置洛斗門。』從之。

元符元年四月二十二日，工部言：『請復置提舉汴河堤岸司，乞應緣河事經畫奏請等事，並須關報本部。』從之。

徽宗政和年六月四日，詔：『汴河水大段淺澀，有妨綱運。令藍從熙差人前去洛口調節水勢，須管常及一丈，不得有妨漕運。』

宣和元年七月九日，中書省言：『都提舉汴河堤岸司言，近因野人衝抹沿汴堤岸及河道(於)〔淤〕淺去處功料不少，若止役河清即功不勝。欲乞本司出備錢物，專委本路漕臣賈讜、李祐，候將來農隙和雇人夫應副開修，遂具奏聞。』從之。以上《國朝續會要》

〔一〕自『流入洛口』至『立限修濬』原脱，據《長編》卷四八八補。

光堯皇帝建炎元年五月二十三日，詔：『都水監官各降三官，都水使者陳求道降五官，須管修治汴水一切了畢，方許入城。令留守司覺察，及日具修閉，次第申奏。差水部員外郎丁彬催促修補，如監官及都大巡河部役官吏等弛慢不（識）〔職〕之人，從彬一面牒送所屬取勘，具案申奏。仍令都水監限一日開具合降官職位、姓名，申尚書省。』先因河口決壞，汴水堙塞，綱運不通，於是差都水使者陳求道前去修治。求道申十五日已星夜前去，至十七日方始出門，臣寮論列，故有是詔命。

三年四月十日，詔：『訪聞東京軍民等久闕糧食，雖已降指揮撥發斛斗上京，緣汴水未通，有妨行運。仰杜充限指揮到日，立便差委諳曉河防官，及刬刷人兵，和雇人夫，限十日須管修治口岸，使汴水通流，無致礙滯。仍於在京不以是何官錢内支撥五萬貫，應副修閉支用。如限内修治了當，令杜充具名聞奏，當議優與推恩。』以上《中興會要》。《乾道會要》無此門。

廣濟河

廣濟河，自都城歷曹、濟及鄆，其廣五丈，舊云五丈河，開寶六年改今名[一]。

太祖建隆三年三月，控鶴右廂都指揮使尹勳責爲許州教練使，殿直周令謙決杖，配隸鄭州，坐護役夫浚五丈河，有避役逃者，輒馘七十人，專殺十二人，有詣闕稱冤者，故責之。太祖素愛勳勇，欲貸之，會兵部尚書李濤抗疏極言，以國家法令可惜，遂特行之。

乾德三年，京師引五丈河造西水磑，募諸軍子弟數千人，以八作使趙璲領其役。磑成，車駕臨視，賜役夫緡錢。

仁宗天聖六年七月，駕部員外郎閻貽慶言：『五丈河下接濟州合蔡鎮梁山濼，至鄆州，久來舟運。自河決淤昧，合蔡而下漫散不勝舟，湌毁民田，請仍舊撥五丈河入夾黄河。』因詔貽慶與勾當溝河李守忠、京東轉運使規度檢計，具功料聞奏。

神宗熙寧九年三月二十四日，詔：『廣濟河元額歲漕京東斛斗，宜速委官修（元）〔完〕壩閘。』

元豐五年二月十一日，詔：『罷廣濟河輦運司及京北排岸司，移上供物於淮陽軍界，計置入汴，以清河輦運司爲名，差朝奉郎張士澄都大提舉。』先是，京東路轉運司言：『廣濟河用無上源（防）〔陂〕水，常置壩[二]以通漕運，歲上供六十三萬石，間一歲旱，底著不行。欲移人舡於淮陽軍界上吴鎮、下清河及南京、穀熟、寧陵、會亭[三]，臨汴水共爲倉三百楹，從本司計置七十萬

[一] 此段文字原係題下注釋小字，今放在文内，用大字排，便於閲讀，且與下面諸河體例一致。
[二] 壩　原作『清河』，據《長編》卷三二三改。
[三] 亭　原作『寧』，據《長編》卷三二三改。

石上供。置輦運司，隸轉運司，歲減舡三百五十，兵工二千七百綱，官典三十三，使臣十一，爲錢八萬二千緡。』下提點刑獄司按寔，以爲如轉運司言。京北排岸司沿廣濟河置，故並罷之。

七月二十日，御史王桓言：『昨發廣濟河輦運，自清河轉淮、汴入京。臣每見累官京東，博知利害者，詢之，皆以爲未便。如廣濟安流而上，與清河泝流入汴，遠近險易，較然有殊，望更體量。』詔令轉運、提點刑獄、提舉輦運司，以舊廣濟河並令清河行運，比較利害。

七年八月十九日，提舉汴河堤岸司言：『廣濟河下接逐處，但以水淺不能通舟，今欲於通津門裏汴河岸東城裏三十步内開河一道，下通廣濟，接行運。』從之。先是，都大提舉清河輦運司乞以舊廣（清）〔濟〕河並清河行運，詔令工部相度可與不可應接廣濟河行運。至是乃從埽岸司之請。

哲宗元祐元年三月十九日，三省言：『廣濟河輦運，昨因李察等言廢罷，改置清河輦運，顯是迂遠。』詔（和）〔知〕棣州王諤措置興復。

十二月二十二日，詔廣濟河都大管勾催造輦運，三十月爲任。

惠民河

與蔡河一水，即閔河也。

建隆元年，始命右領軍衛將軍陳承昭督丁夫導閔水，自新鄭與蔡水合，貫京師，南歷陳、（穎）〔潁〕，達壽春，以通淮右，舟楫相繼，商賈畢至，都下利之。於是以西南爲閔河，東南爲蔡河。至開寶六年三月，始改閔河爲惠民河。

太祖建隆元年四月，命中使浚蔡河，設斗門節水，自京距通許鎮。

二年，發畿甸陳、許丁夫數萬浚蔡水，南入（穎）〔潁〕川。

乾德二年二月，令陳承昭率丁夫數千鑿渠，自長社引潩水至京師，合閔水。潩水本出密縣大隗山，歷許田。會春夏霖雨，則泛（隘）〔溢〕民田。至是渠成，無水患，閔河益通漕焉。

淳化二年，詔以潩水泛溢，侵許州民〔田〕，令自長葛縣開小河道，分流二十里，合於惠民河。

真宗咸平五年七月，京師霖雨，溝洫壅，惠民河溢，泛道路，壞廬舍，自朱雀門抵宣化門尤甚。知開封府寇準治丁岡古河泄導之。

大中祥符元年正月，詔：『如聞浚蔡河召集丁夫，其未入役者不給稟食，暴露原野，朕甚憫焉。自今令主者餉之，寬其程約。』

六月，開封〔府〕言尉氏縣惠民河決，遣使督視完塞。

二年四月，陳州言：『州地洿下，苦積潦，歲有水患。

請自許州長葛縣浚減水河，及補棗村舊河以入蔡河。』從之。

八月，選使臣巡轄京、索、惠民河，其殿最如黄、汴河例。以每歲修防不精，主者多不經習，以致決溢害田故也。

十月，御史中丞王嗣宗言：『許州積水害民田，蓋惠民河不謹堤防，每決壞。』即詔遣閤門祗候錢昭厚經度之。昭厚請開小(穎)〔潁〕河分導水勢，帝曰：『是雖泄其上源，無乃移患於(穎)〔潁〕河下流乎？』昭厚等不能對。陳州石保吉復言：『此河浸廣則陳州爲水之衝，其害滋甚。』遂詔白波發運判官史瑩與京西轉運使、逐州官吏按視畎導之。瑩請於頓固減水河口改修雙斗門，爲東水鹿巷以泄其流，可減陳、(穎)〔潁〕每歲水患。從之。

九年，知許州石普請於大流堰穿渠，置二斗門，引沙河以漕京師。遣使按視，又請廢段家鏁，移長平鎮[一]於建雄鎮。詔問知陳州馮拯，言無害，乃許農隙興事。

四月，詔遣中使至惠民河，規畫置坝子以通舟運。

天禧三年，新堤決壞，崇儀副使、巡護史瑩坐護治不謹，責爲供備庫副使。

仁宗天聖二年二月，崇儀副使、巡護惠民河田承(説)〔悦〕獻議，重修許州合流鎮大流堰斗門，創開減水河通漕，省迂路五百里。詔遣使與承悦同規畫利害以聞。

四年閏五月，都大巡護惠民河田承悦言：『昨諸河水遂置坝子應接舟舡，近西華縣坝子南西匣口板，稱冀國長公主宅炭舡撞下，節級劉榮受錢不曾修補。按蔡河斗門上下鏁，咸下[二]、義聲、建雄屬開封府，長平、西華屬陳州，大流三門及都使堰屬許州。請自今應有乞覓百錢及擅離地分者，所屬斷遣；再犯及邀滯損撞乞錢，禁錮奏裁；使臣不覺察，亦治其罪。在任三經罰，並與降等遠小差遣，仍令所在板榜曉諭。』從之。

五年八月，都大巡護惠民河王克基言：『先準宣，惠民、京、索河水淺下，緣出源西京、鄭、許州界，惠民河下合横溝、白雁溝，京、索河下合西河、湖河、雙河、欒霸河、丈八溝，(名)〔各〕爲民間截水蒔稻灌園，宜令州縣巡察，偷畎者捉搦勘罪。近巡(濼)〔欒〕霸河，閻莊西有掘河一條，放水種稻田等，牒鄭州收捕治罪。又巡至谷口，復有七巡放水灌稻之人，即乞嚴斷。』從之。

七年，王克基言：『檢會條，蔡河斗門棧板須依時開閉，調停水勢，應接綱船，不令邀滯。其使臣如鈐轄齊整，

[一] 長平鎮　原作『長平領』。《九域志》卷一『長平鎮屬陳州西華縣』，據改。

[二] 咸下　疑當作『咸平』，開封府鎮名，見《九域志》卷一。

不致搔擾，得替日批書，理爲勞績，與免短使。近巡（察）〔察〕河，見官綱並不計會斗門下棧搿水，却於河內打軟堰攔河，踐踏堤岸，隔礙舟運，雖行止絶，未有條約。今請申明舊條外，更下逐處勾調水勢，躬親開閉板棧。鈐轄邀滯，如官中察探得知，依法斷遣，使臣乞行朝典。如無阻滯，鈐轄齊整，依先降宣命批書，理爲勞績，與免短使。其官私舟船須分兩岸牽駕，不得打軟堰。如遇水小，於逐斗門計會放水，遣者送官勘逐。』從之。

嘉祐三年正月，開京城西葛家岡新河。以有司言：『至和中，大水入京城，請自祥符縣界葛家（綱）〔岡〕開[一]生河，直城南好草陂，北[二]入惠民河，分於魯溝，以（紓）〔紓〕京城之患也。』以上《國朝會要》

神宗熙寧四年八月二十五日，以殿中丞樂換提舉修置惠民河上下壩閘，三班借職楊琰勾當修置。

八年六月十六日，都水監言汴、蔡兩河可就丁字河置（插）〔牐〕通漕。從之。詳見《汴河門》

十月七日，詔都水監相度開展惠民河利害以聞，以宋用臣與護惠民河官，乞開展河道以便修城也。

九年七月二十日，都水監言：『看詳提舉修京城所乞引務澤陂水至咸豐門，合入京、索河，及京、索河簽入副堤河，下合惠民河。本監相度，於順天門外簽直河身，及於染院後簽入護龍河至咸豐門南，却及京、索河，委是爲利。』從之。

徽宗崇寧元年二月二十三日，都水監言：『惠民河都大提舉趙思復狀，惠民河地分見役人兵興修簽河次下硬堰，今已畢功，欲乞今後遇有盗決堤堰，許諸色人等告官，仍乞立定支賞錢一百貫文。如內有徒中告首之人，乞與免罪，亦支錢一百貫充賞。』從之。以上《國朝會要》。《中興》《乾道會要》無此門。

金水河[三]

《宋史·河渠志》：金水河一名天源，本京水，導自滎陽黄堆山，其源曰祝龍泉。

太祖建隆二年春，命左領軍衛上將軍陳承昭率水工鑿渠，引水過中牟，名曰金水河，凡百餘里，抵都城西，架其水横絶於汴，設斗門，入浚溝，通城濠，東滙於五丈河，公私利焉。

乾德三年，又引貫皇城，歷後苑，内庭池沼，水皆至焉。

[一] 開　原脱，據《宋史·河渠志四》補，見周魁一等《二十五史河渠志注釋》二二七頁，中國書店，一九九〇。
[二] 北　原作『不』，據《宋史·河渠志四》改，同上。
[三] 原天頭批注：『此下兩頁，小字改爲正文大字。以大字改爲小字，注各段《河渠志》下』。本次整理没有依此編排，《宋會要》文均排大字。

開寶九年，帝步自左掖，按地勢，命水工由承天門鑿渠，爲大輪激之，南注晋王第。

《會要》云：　金水河渠，其後又令入替龍園及公主第，因幸其第賜宴，太宗作詩稱謝。

真宗大中祥符二年九月，詔供備庫使謝德權決金水，自天波門並皇城至乾元門，歷天街東轉，繚太廟入後廟，皆甃以礲甓，植以芳木，車馬所經，又累石爲間梁。作方井，官寺、民舍皆得汲用。復東引，由城下水竇入於濠，京師便之。

《會要》云：　大中祥符元年九月，真宗曰：『昨見八作司奏事，言及京城緣街渠水所置井，從來官收水錢。可降詔蠲除，任從公私汲取。』

天禧二年八月，命殿中丞史瑩相度金水、惠民河水勢。時以水淺少，命按視川源，瑩言周視之須五六十日，請止以近便相度，畫圖開浚，便舟船通濟之急。鄭州畎索水入金水，止役卒七千，望發鄭州丁夫，一月畢工。詔止以軍士萬人給之，令右〔軍領〕〔領軍〕衛大將軍魏榮爲總管，御前忠佐馬軍副都軍頭張榮副之。元料底闊二丈，今減半。乞徙河清兵士九十六人置舍營，令巡防斗門河道，固檢計河堤工料，詔役兵千，（後）〔役〕六十日。

二年五月，崇儀副使史瑩言：『民廣納課買金水河漕裏淺灘種蓮芡之類，踐污河水，望令傳廢。』從之。

神宗元豐五年，金水河透水槽阻礙上下汴舟，遣宋用臣按視。請自板橋别爲一河，引水北入於汴。後卒不行，乃由副堤河入於蔡。以源流深遠，與永安青龍河相合，故賜名曰天源。先是，舟至啟槽，頗滯舟行。既導洛通汴，遂自城西超宇坊引洛水，由咸豐門立堤，凡三千三十步，水遂入禁中，而槽廢。然舊惟供灑掃，至徽宗政和間，容佐請於七里河開月河一道，分減此水，灌溉内中花竹。命宋昇措置導引，四年十一月畢工。

《續會要》云：　熙寧七年十二月二十三日，都水監言：『相度將金水河上自咸豐門裏下至街道司口子，並割與西水磨務管勾，今後不問河水大小，須管依元定尺寸應副。内並太廟、萬壽觀等處供使，稍有闕悮，責在本務。及乞撥與巡河鋪分剩員、河寨兵級，令在務管。』

元豐五年三月十八日，提舉汴河堤岸宋用臣言：『奉旨金水河透水槽阻礙上下汴舟，今以相度措置，已行按視，可以自汴河北岸超宇坊開河一道，取水入内，徑至咸豐門合金水河，却將金水河自板橋下石斗門東修斗門，開河一道，引至金明池西北三家店灣環入汴河，其舊透槽可廢徹。』從之，拆透槽回水入汴。後有詔，自汴河北引洛水禁中，以天源河爲名。

徽宗政和四年十一月十三日，詔：『創開天源河了當，優等張珪、孫嚴、路天民、韓拯、劉圭各轉一官，更減三年磨勘。』

宣和[一]元年六月，復命藍從熙、孟揆等增堤岸，置橋槽壩牐，瀦澄水，導水入内。内庭池籞既多，患水不給，又於西南水磨引索河一派，架以石渠絶汴，南北築堤，導入天源河以助之。

白溝河

咸平六年秋，自[二]渠溢，害民田。〔邢〕用之[三]時爲度支員外郎，遂詔往度工役，乃自襄邑疏下流以導京城積水，即令董役，成之。

大中祥符二年八月，以京東積水，令轉運司分視諸州積水及理堤防。時使臣自東來，詢其事，云近河窪下處尚有水浸田，故詔督之。是月，詔閤門祇候康宗元與中使、軍頭各一人，領水匠經度京城積水及補塞諸河。時秋雨，金水河防決，浸及瓊林苑牆。有言汴河南有三十六陂，古停水之地，必有下流以通諸河，遂令度地畫圖以聞。宗元初請廣修近堤，復多開斗門，設堤壘，遇河泛即自斗門泄之，至下流復還河道。真宗面論利害，曰：『大築堤防擁東河水，下流（溢）〔益〕狹，爲患益深。今雖斗門減水，然而非遠却復河道，即其下隘狹之患尚在。』又遣使尋源，果金水河新修堤津漏甚猛，即督元修官補塞。帝曰：『地西積水，皆民之腴田，昨令使臣徧視，皆無以疏導，獨有留麵河，俟汴水減，即由此導之。』麵河者，注水分之南流，蓋李繼源所開，以其分水作碾磑，故謂之麵河。

三年六月，供備庫使謝德權言：『準詔於太一宫側疏導積水，今開河抵陳留縣界，入亳州渦河，望令逐處造橋以濟行者，仍約束緣河州軍，常令導治。』從之。

五年正月，帝謂近臣曰：『京城開河，自來役兵般泥填於街衢上，勢高人户不便，又（抵）〔低〕下地近水，甚於橋梁損壞。所由司不時完葺，有妨事乘，可差皇城副使焦守節與所由司經度制置，具利害以聞。』

真宗天禧元年八月，入内押班周懷政言：『順天門遠門外汴河西積水，浸營舍、道路，欲望規度疏入汴。』詔内侍雷允恭督八作司治之。允恭等相度順天門遠門積水，欲開汴河西第三坐斗門，漸次通流入汴。及於宣城營西南京水河下直透槽透流雨水過河，南尋河開展舊流水小河，透流入新城濠，以入惠民河。又安上門外亦有積水，欲於橋河南開舊水口放入新城濠内，兼造小斗門子一。並從之。

三年五月，以大雨京城積水，遣清衛都虞候袁俊相度開畎河道，浚太一宫前河，及修移水窗以便水勢。

八月，巡護河岸史瑩言：『準詔於京西創減水河二，今已疏通，望令祥符縣常切提振，量留兵卒二百護守。』從之。

[一] 宣和 《宋史》卷九四《河渠志四》作『重和』。
[二] 原天頭批注：『自』，疑『白』。
[三] 用之 原作『月之』，據《宋史·河渠志四》改。

四年閏十二月，詔近京諸州有積水處，並遣官開治。

仁宗天聖二年三月，内殿崇班、閤門祇候張君平言：『近京諸州古來溝河堙塞，望差官開濬。』詔君平往諸州，同長吏規度，漸次開治，務爲悠久之利。因詔開封、應天府、陳、許、亳、宿、（穎）〔潁〕、蔡州長吏縣令兼開治溝洫事。

四月，詔：『開封府應食禄官員等，今後更不得令人下罾網打魚，攔截河道，妨公私舟船往來。如違，隨處勘逐，仍具職位、姓名聞奏。地分巡河人如不止絶，亦當嚴斷。』

七月，同提（典）〔點〕開封府諸縣鎮公事張君平言：『府界逐州甚有古溝洫可以疏決，望自今後逐縣界溝洫河道，如令佐能多方設法勸諭部民開浚深快，值雨別無積潦，顯著勞績，替日委批歷具狀保明聞奏，令佐與免選，家便注官，京朝官家便優與差遣，知州、同判勸課催督，亦量勞績旌賞。』從之。

十一月，張君平等言：『奉詔相度府界、南京、陳、許、（穎）〔潁〕、蔡、宿、亳等處積水渰潦民田，開畎溝河。竊見陳留等縣今歲雨澤調勻，尚有訴水潦數萬户，蓋溝河堙塞，可以畎治。竊慮縣有合該移川陝遠宦者，交替之後，不知初檢溝河工料條約，致部役人夫開（淩）〔浚〕不能盡料，枉勞民力，或致霖雨，依前渰傷田苗。乞下審官院，勘會府界縣已檢計溝河工料向去役夫處，有知縣合該移者，並留在任管勾開治。候將來別無壅塞、淹潦民田，即依七月勑命施行。』從之。

四年五月，張君平言：『近自徐州相度公事，竊聞知單州高弁擘畫開治溝河，霖雨無淹田。其碭山一縣窳下，有古溝河例各堙填，壅積水勢，若令、佐得人，勸誘興工，可以與民興利。其單州知州、同判、令、佐等，欲依南京例，並帶開治溝河。有因循曠職者，望委長吏體量聞奏，選擇對换。自今差單州知州、同判、令、佐管勾溝洫河道。』

六月，應天府言：『本府諸縣有檢計未修溝河，伏見開封府界知縣爲修溝河，候三年滿日替移，乞依開封府例。』事下張君平等相度，君平言：『南京沃野，古溝尤多，堙填不治，乞依南京所奏。』詔應天府、（毫）〔亳〕州係溝河知縣處，許滿三年得替，於合入去處優便差移。

七月，開封府言：『點檢新舊城内東西八作司地分溝渠，有八字九口二百五十三所，多是居人穢惡填塞，阻滯水勢。乞委廂界巡檢人察視，不令填塞蓋閤。』從之。

六年正月，屯田員外郎、提點開封府諸縣鎮事、管勾溝洫河道張嵩言：『準詔，府界諸縣人夫除差開河及滑州役外，有陽武十縣人夫，將檢到溝河工料分擘開修。續準詔減下一半工役。緣府界溝洫河道並係緊急，合行開修，如只役本縣人夫，拖延歲月，慮恐百姓有願自辦工力開修者，逐縣令佐不能勸誘。欲令諸縣官屬設法勸誘，有願自辦工力開修者，聽元檢工料興修，替日批曆，理爲勞

溝河覆視以聞。後覆視河長八百里，工大，分爲三歲興修。從之。詳見《水利門》

六年八月十六日，詔劉璯同侯叔獻所（謂）〔請〕開白溝自盟河。從之。

七年正月二十七日，都水監請暫權停修白溝河，移夫填塞道路，慮妨百姓輸納。初詔白溝河置（鍤）〔牐〕行運，分三年修，而同判都水監侯叔獻以爲差夫日逼，又見被命提舉汴河堤岸打凌，未可即往白溝，因言自盟河係疏泄汴以南民田積水，最爲大川，近歲失於濬導，小常爲患，乞輟白溝夫修之，故有是詔。

二年閏十月，詔都水監差官溝畎開封府界積水，〔以〕逐縣知縣都押開淘。仍令提點司遍行點檢。』從之。

徽宗政和二年十月四日，朝請大夫、行都水監丞孟昌齡奏：『承朝旨開淘含暉門外白溝河，尋就用創修堤岸人兵開淘了當，開堰放水，依舊通流。除昌齡乞不推恩外，（其）〔具〕到官吏諸色人職位、姓名、功力等第。』詔官屬、人吏、役兵減半賜錢帛有差。

三年八月十九日，尚書虞部員外高揆言：『提舉措置修治都城內外積水所申，城東景德寺街、午行街一帶地勢最下，瀦積尤甚。去都城內外，先求出水所歸之地，檢踏得自蓼堤橋東南創開導水新河一道，於渡口橋決上鑿透槽一道，其上係東白溝河新置透槽，專導都城積水，今已畢工。今於二十日開堰通放，深三尺，出泄浄盡，委是利便。』詔提舉措置官孟昌齡特轉一官，仍許轉行中散大夫、行將作少監。以上《續國朝會要》

工料，據本縣合差夫數，以五分夫役十分工，依年分專委三月初選官三員，與逐縣官同共檢定合開溝河緊慢次第、官檢定緊慢、的確工料，以備興工。欲乞令府界提點司於縣人夫，尚須二三年可以訖役。緣逐縣溝河至多，須預委諸縣溝河，各役人夫開淘，十分纔及二三。若次年只留本

神宗熙寧元年三月十三日，都水監言：『今年畿內無復阻滯，別致疎虞。』以上《國朝會要》

嘉祐二年五月十七日，詔：『京城內外溝河，令三司委當職官吏躬親巡觀，修整開畎，須堤岸堅固，雨水通快，

皇祐三年十二月，詔：『開封府諸縣歲差人開濬溝洫，頗以爲擾，自今有堙塞之處，聽所在人户自開濬，而官爲檢視之。』

慶曆五年二月，提舉在京諸司庫務宋祁等言：『近差東西八作司監官及開封府士曹參軍張谷等，同相度城濠溝河通流積水，看詳（臂）〔擘〕畫事理，稍得利便。緣京畿闊遠，藉溝渠發泄水勢流通，方免積聚。乞特下開封府施行。』從之。

績。』從之。

月河

淳熙六年三月十九日，詔和州將開挑月河日下住罷，

仍令郭剛同淮南轉運司填塞。

運河

淳熙二年十一月二十二日，浚長安至許村一帶運河。兩浙運副趙磻老言：『臨安府長安閘至許村巡檢司一帶，漕河淺澀，未曾開浚。除兩岸人户自出力開濬外，勢須添人併工開濬。約用錢一萬五百餘貫，本司管認應副外，合支米二千三百六十二石五斗，乞於朝廷樁管米内給降。』從之。

七年八月十六日，濬沿邊一帶運河。詔臨安府至鎮江府淺涸去處，令守臣措置開濬。臨安府於見樁管朝廷會子内支撥二萬貫，平江府三萬貫，秀州、常州各二萬貫，仍於見管未起發户部並總領所綱運錢内支撥，却具所支窠名申朝廷撥還。既而兩浙轉運司同臨安、鎮江、平江府、常、秀州守臣言：『被旨開濬浙西自臨安府至鎮江府沿流一帶運河，計一百四十里，通計一十一萬五千四百四十一丈。内二萬二千二百一十丈深濬，可以通行綱運，不須開治外，九萬三千二百三十三丈合行開濬，乞於朝廷樁管錢、米内撥付逐州使臣。』故有是詔。

十一年十二月二日，兩浙路轉運判官錢沖之言：『奉詔，爲臣僚奏請乞開濬常、潤等縣運河淺澀去處，令臣相視聞奏。今相度，自臨安至鎮江四郡，向來計料日用共六萬餘夫，委是大役。乞且令諸州將運河兩岸支港地勢卑下泄水去處，牢固捺成堰埧，仍申嚴請閘啓閉之法。淺澀去處，令逐州守臣措置，隨宜開撩，務要舟楫通行。』從之。

嘉泰元年六月二十三日，臣僚言：『鎮江府運河，其所濟甚博，歲月寖久，不加開濬，目今河道淤塞淺澱，爲害不小。去歲朝廷嘗因淮東帥臣有請，得旨令淮東總領同鎮江守臣、淮東安撫並鎮江府都統制，先次條具寔用工料數目申尚書省。既而諸司委官檢視，條具甚悉，闊狹深淺，皆有丈尺，人工物料，悉有成數。是時偶朝廷多故，且使臣往來頻數，異於常時，所以未蒙施行。今乞檢照淮東帥臣元奏請及諸司條具項目，行下淮東總領所、鎮江都統制司，令同心協力，豫期措置合用工料錢、米，遇有幾會，可以開濬，即行興工，一面申奏。如此，則免至往反待報，遷延月日，復起噬臍之歎。』從之。

嘉定六年十一月二十九日，臣僚言：『國家駐蹕錢塘，綱運糧餉，仰給諸道，所繫不輕。水運之程，自大江而下，至鎮江則入閘，經行運河，如履平地，川廣巨艦直抵都城，蓋甚便也。比年以來，鎮江閘口河道淺塞，不復通舟，凡有綱運，悉自江陰(寬)〔宛〕轉由五鴻堰以入運河，不惟地里迂回，程數增多，緣自鎮江而下，經由地名諫壁、包港等處，江面渺闊，與海接連，既無梢泊之(之)所，當時水勢洶湧一遇風濤，鮮有不遭損壞者。夫大江之與運河，餽餉糧道，舟楫相通，其來久矣。今一旦隔絶，儻不早爲之計，則土脉日堅，一力[一]愈費，其勢必至於因循。緣所淤河岸類爲居民侵占，一時守臣重於復取，廢置不講。乞令漕臣同淮東總領及本府守臣公共相度，計約日用錢、米數目，措置開浚，誠爲利便。』從之。

許浦河[二]

淳熙元年二月十三日，浚許浦河。詔平江府守臣與許浦駐劄戚世明，同措置開濬許浦港，限一月訖工。次年十月十六日，知平江府陳峴言：『奉旨宣諭開許浦河道，更切相度，隨宜增展深闊，庶可經久（令）〔令〕措置增展開掘，自地分雉浦至梅里道通橋一帶，浦港凡三十八里，面六丈五尺止八丈，底二丈五尺止三丈五尺。復自道通橋至許浦口一十六里，浦面闊二十餘丈。將南岸泥土增築通行大路，面一丈五尺止二丈，已皆平坦堅實。仍植楊柳一萬株以固岸塍。』詔本路提刑司覈實以聞。

吕城河

淳熙五年九月二十四日，浚横林、小井、犇牛、吕城河。兩浙運副陳峴言：『常州無錫縣以西地名横林、小井及犇牛、吕城一帶，地高水淺，每至夏秋雨澤稍愆，河流斷絶。今乞於十月末農隙之時，本司自備錢糧，差委官屬相度，募工開濬，庶（曹）〔漕〕運不致阻滯。』從之。

崗河

治平四年七月二十一日，都水監言：『兩浙相度到潤州至常州界開淘運河，廢置堰閘，乞候今年往運修夾崗河道。』從之。

鹽河

淳熙五年二月十一日，淮東提舉司言：『禮部郎中鄭僑奏：「臣前任淮東提舉日，當久旱之後，鹽河淺涸，綱運不通，商旅（承）〔不〕行。奉旨開濬河道五百二十餘里，並皆深廣，比及得雨，客舟通行，下半年間收趁鹽課，比之遞年全數尚且過之。竊見當時所開之河，水道既深，則土岸甚浚，烈日所暴，淫雨所浸，歲久必復有堙塞之患。與其待堙塞而復開，不若時察其淺涸之處，即爲濬治。」帖下本路監司，逐時檢照，措置修治施行。』從之。

馬崗河

淳熙十一年四月十八日，浚馬崗河。臣僚言：『明州象山縣瀕海瘠鹵，後來開東、西兩河，建立碶閘，獲豐

[一] 一力 似當作『工力』。
[二] 『許浦河』此小節應移至『東南諸水』之下，以下几節同。

稔。今尚有馬崗舊河，堙塞日久，乞下浙東（嘗）〔常〕平司，撥本縣今年合發身丁錢，委清彊官招募飢民開濬。』詔令浙東提舉常平司相度聞奏。既而提舉勾當昌泰之相度，委是本縣水利，合行開撅。從之。

東南諸水〔一〕

奉口河

淳熙十四年七月一日，浚奉口河至北新橋。臣僚言：『竊見奉口至北新橋三十六里，斷港絶横，莫此爲甚。臨安衆大之區，日用之粟不可億計，舟楫不通則須人力，計其脚乘之費，日應踴貴。照得：淳熙七年亦以久旱，守臣吴淵曾被旨開浚奉河一帶河道，七日而役成。自奉口斗門通放客舡六百餘隻，相繼舳艫不絶，穀直遂平。竊謂區區目前之策，莫急於此。』從之。

五河

淳熙十年三月二十三日，浙西提舉王尚之言：『秀州華亭縣有魚祈塘一道，上有四閘堰，下通華亭縣界澱山湖、練湖、吴松江、太湖。亢旱之歲，諸湖並無水，唯魚祈塘向下深處，得（吾）〔吴〕松江、太湖相接，一方民田賴以灌溉。其上淺處，須合開通湖泖。今乞令本州將魚祈塘開濬，使松江、太湖之水相接，遇旱即開西閘堰，放水入湖泖，爲一縣之利。及所開五河，雖已深濬，而民户田畝沿流去處不多，其間有深遠一二十里者，全得小港取水灌注。今大河既深，小港仍舊高淺，若遇旱歲，非唯大河水難取，苟或得雨則小港内水注入大河，存留不住。欲令本州候令冬農隙，勸諭食利人户，各行開通小港，官司量給錢米以助其費，庶幾有田之家，相率協力易成。其所築堰閘合行開通置立斗門之處，仍添築堰者，乞降指揮，委本州更行措置，使上下皆得通濟。』從之。

新河

初，神宗長患長淮風濤之險，覆溺相繼，欲鑿龜山河以避之，前後臣僚議論不一。時同知樞密院事蔣之奇爲六路制置發運使，因獻議請自龜山左肋開新河，上流取淮爲源，出龜山之下，接洪澤，其長六十里，面闊十五丈，深一丈五尺。起四州十五縣夫，日役千人，卒以成，大爲舟楫之利。從之。

又淳熙十五年五月八日，浚新河口。户部言：『揚州申，泰興縣港新河下口，近年以來爲渾潮漲塞，漸次不通。民户乞自行出備人（未）〔夫〕錢米，以各户田土頃畝遠近均備開浚。乞下淮東提舉司更切契勘，如委是有便於民，即從所申施行。』從之。

〔一〕按上文『許浦河』等已屬『東南諸水』，應移於此『東南諸水』之下。

方域一七　水利[一]

《方域志》：太祖建隆二年，西京留守向拱言：『重修天津橋，洛水貫西京，多暴漲，壞橋梁。拱甃巨石爲脚，高數丈，鋭其前以疏水勢，石縫以鐵鼓(略)〔絡〕之，其制甚固。』詔書褒美。

開寶九年四月，郊祀西京，詔發卒五千，自洛城菜市橋鑿渠，抵漕口二十五里，饋運便之。

《方域志》：太宗太平興國三年正月，詔：『弓箭庫使王文寶、六宅使李繼隆、作坊副使李神祐、劉承珪往京西，分護南路新河[二]之役。』

白河在唐州，南流入漢。先是，轉運使程能建議開是河，自南陽[三]下向口置堰，回水入石塘、沙門，合蔡河達京師。塹山堙谷凡千餘里，引(自)〔白〕河水注焉，以通襄漢[四]之漕。詔發唐、鄧、汝、(穎)〔潁〕、許、蔡、陳、鄭丁夫數萬人赴其役，又以諸州兵萬人助之，歷博望、羅渠、小柘山，凡百餘里。月餘，抵方城，而地勢高仰，水不能至。復多役人以致水，然終不可通漕。會山水暴漲，石堰壞，河不克就，卒堙廢焉。

九月，遣殿直李守澤浚絳州汾河。

端拱元年，供奉官、閤門祇候閻文遜、苗忠言：『開荆南城東漕河至師子口，入漢江，可通荆峽漕路至襄州。又開古白河，可通襄漢漕路至京。』詔八作使石全振往視之。遂(廢)〔發〕丁夫治荆南漕河至漢江，可勝二百料重載，行旅頗便，而古白河終不可開。

至道三年正月，內侍閻承翰上力、濮二水圖，乞輟鄢陵縣修汴夫，量事勾畎，並築堤塘。從之。

《方域志》：真宗咸平五年三月，河北轉運使耿望，奉詔開鎮州常山鎮南河水〔入〕洨河[五]至趙州。

景德元年正月，北面都鈐轄[六]閻承翰言：『定州屯大兵，歲役河朔民輦運，甚爲勞苦。竊見定州北唐河水，可自嘉山東引至定州，計三十三里。自定州開渠至蒲陰縣東，約六十二里入沙河[七]。東經邊吳泊，入界河，足行舟楫，不惟易致資糧，(無)〔兼〕可播種其旁，引水灌溉，以助軍食，設險以限戎馬。』從之。

四月，保州趙彬請堰徐河水入雞距泉。雞距泉在州

[一] 本部分摘録自中華書局一九五七年影印本《方域》一七之一至二五。原《宋會要稿》一九三册。

[二] 按此條之『新河』與上條之『新河』並非一河，不應置於同題之下。

[三] 南陽　原作『襄漢』，據《長編》卷一九改。

[四] 襄漢　原作『湘潭』，《長編》卷一九作『襄潭』，均不通，應是『襄漢』之誤。下文『端拱元年』條言『可通襄漢漕路至京』，可證。

[五] 洨　原作『汶』，據《長編》卷五一改。

[六] 都鈐轄　原脱，據《長編》卷五六補。

[七] 沙　原作『汴』，原注云『一本作「沙」』。今從《長編》卷五六定爲『沙』。

之南，東流入邊吳泊，歲漕粟以給軍食。而地峻水淺，役夫挽舟，甚爲勞苦。至是，彬經度引水勝重舟，省人力。詔奬之。

五月，詔：『駕部員外郎滑修己與京東轉運使按行梁山濼，開渠疏水於淮。』修己言：『徐州界有吕隘，舟行頗艱，自來官置水手三十人，又置二十人爲隊長，往來挽致舟船。本州頗弛慢，不加督責，山石（溢）〔隘〕舟，行爲疏導，水手曾不畏懼，但務擾民，長吏未曾親臨省視。望專委官吏，俟秋深水涸，即遣匠修此二洪。』詔修己遷一官，令知徐州修其事。

八月，雄州何承矩請令滄州、乾寧軍常督壕寨主吏專視斗門水口，旦夕俟海潮至，放水入御河東塘[一]堰，以溢塘水。從之。

二年正月，詔定、祁州委官按視（親）〔新〕開漕河及沿河寨柵，勿令壅圮。

三年八月，侍禁、閤門祗候胡守節言：『準宣按視趙守倫所開廣濟河，通夾黄河，入清河。臣與水平匠緣清河檢校，其自徐州至楚州灘峻處，乞守倫未得興役，先須經度，若是可以久遠通行漕運，即於夾黄河興工，添置斗門、垻子，免費工料。』從之。

大中祥符七年十月，江淮發運使李（傳）〔溥〕言：『準詔與內供奉官盧守懃，按視杭州江岸，請依錢氏舊制，立木積石以捍湖波。』從之。仍令守懃專掌其事。初，江潮悍激，止及西興，至是直抵州城，知州戚綸、轉運使陳堯佐請累梢爲岸。既成，會綸等徙任，或言其非便，故令溥等視而改之。

八年九月，令京西轉運使與鄭州知州相度，開小河導湖河退水入州城壕。時入內殿頭李懷賓言：『金水河與湖河合流，多穢濁，乞畎湖，別常切巡護，逐年檢計工料，差夫並逐垻兵士淘取泥土，修貼堤岸，每春率逐垻兵士於牽路外多栽榆柳。如河堤無虞，林木青活，年終令輦運司點檢不虛，批上曆子，理爲勞績。如怠慢，致岸頹缺，栽種失時，勘逐科罰。』

五月，兩浙轉運使言，潤州開河畢工，降詔奬之。

八年正月，虞部郎中、知萊州閻貽慶言開修夾黄河畢，詔遷一官賞之。

嘉祐三年三月二十八日，詔六塔河水見浸博州，將來河水泛漲，東流轉大，令轉運使李參等相度分減東流，不得淹浸向下州軍。

三年正月，開京城西葛家岡新河。以有司言：『至和中大水入京城，請自祥符縣界葛家岡開生河，直城南好草陂，北入惠民河，分入魯溝河，以紓京城之患』也。命名爲永通河。凡役工六十三萬，九月而成。

[一] 塘　原作『堂』，據《長編》卷五七改。

六年八月，江淮制置發運司言：『淮水壞泗州城，知州王璪、通判張師中能協力保完之，乞降詔奬諭。』從之。

《方域志》：仁宗天聖元年閏九月，淮南制置發運使趙賀、入内供奉官張永和準勅，往蘇州相度積水。今相度得吴江等縣，自來工石塘路、橋道，合依舊修疊，隔欄太湖風浪，護占民田。從之。

三年六月，淮南制置使張綸請開真州長蘆口河道，從之。

五年六月，淮南制置發運副使張綸言：『楚州、高郵軍界運河堤岸修築，其知楚州寶應縣張九能、知高郵縣李居方管勾河堤，種植榆柳，委寔用心，欲令逐官添管勾運河堤岸，令終三年。』從之。仍自今所差寶應、高郵知縣，並帶管勾運河堤岸事。九能後坐開運河不切防護，水衝堤岸，浸民田，罰金，降監當差使。

六年六月，殿中侍御史李紘言：『徐州沛縣有古泡河及清河，濟州任城、金鄉兩縣有故大義河，並各淺澀淤澱，望開撥修疊堤岸。』詔轉運司計度工料以聞。

七年二月，京東轉運司言，緣廣濟河並夾黄河縣分，令、佐乞派故也[一]。

天禧三年十二月，上封者言：『崇儀副使史瑩於鄭州界開新河流入金水河，非便。』詔京西轉運副使杜詹與鄭州知州詳所奏，規度利害以聞。是日，遣殿中侍御史張宗象與淮南勸農使王貫之，同相度開楚州西門外運河。宗象言：『若開河，可免淮河風濤阻滯、拋失舟船，頗爲利便。』詔俟將來歲稔，奏裁施行。

五年六月，知江陰軍崔立勸部民浚港溉田，下詔奬之。

英宗治平三年三月，命同判都水監張鞏與河北轉運使沈立度治澶州上六塔河。

《方域志》：神宗熙寧三年正月十二日，提舉河北便糴皮公弼、提舉常平倉王廣廉言：『相度王庠擘畫商遐村地分開御河，池濆陷，難以興工，如劉彝、程昉所擘畫，仍添展工料爲便。』詔依所奏，發邢、洺、磁、相、趙州、真定府夫及都水監卒治之，以廣廉、昉都大管勾，本路轉運使劉庠提舉。至六月開修新河，東趨通快，別無阻礙。先是，臣寮奏御河可於恩州武城縣開約二十餘里，入黄河北流故道，下五股河，故命彝、昉相度。而冀州通判王庠言：『若只於今來見行流去處，下接胡蘆河，地里近便，地形卑下，不至大段枉費民力。』彝等又奏：『據庠言同共相度上件河道，雖是見今御河水勢行流，於理爲順，其有漫淺膠泥深闊去處，即須至更興修郝閏口，方免阻滯綱船，其工役又須二三年。今除郝閏口一十八里外，鳥欄堤東北至小流港，横截黄河入五股河，計一百二十餘里，地

[一] 此條文字似有脱誤。

形低下，有積水，可以開河，引撥水勢至永静軍，自五股河入故道。』

四年八月四日，令淮南發運司召人進納見錢，差雇人夫，開修泗州洪澤河。

五年正月十七日，賜權發遣江淮等路發運副使皮公弼銀絹二百，仍賜勅書獎諭。初，公弼言：『漕運涉淮，有風波之險，乞開洪澤河六十里，稍避其害。』詔委公弼提舉，至是工畢，人以爲便，故有是賜。

七年正月二十七日，詔權停修白溝河，移夫濬自盟河。詳見白溝河

八年四月十七日，都大提舉黄、御等河公事程昉言：『乞自滹沱、胡蘆兩河引水，淤溉滹沱南岸魏公、孝仁兩鄉瘠地萬五千餘頃；自永静軍雙陸道口引河水，淤溉北岸曲澱等村瘠地萬二千餘頃。乞並俟明年興工。』從之。

五月十八日，詔同管勾外都水監丞程昉、權知都水監丞劉璯，提舉開廣沙河。初，昉、璯言：『王供埽地有沙河故道，可開廣，取黄河水灌之，轉入枯河，下合御河，即黄河堤置斗門啓閉。其利有五：王供迺向著埽，免河勢變移，别開口地，一也；漕舟出汴，對過沙河免大河風濤之患，二也；沙河分水一支入御河，大河漲溢，沙河自有節限，三也；御河漲溢，有斗門啓閉，無充注填淤之憂，四也；德、博舟運，免數百里大河之險，五也。開河用工五十六萬七千四百九十三，請發卒萬人，役一月可成。』故從其請，而有(是)〔詔〕。

六月二十八日，詔判都水監(史)〔侯〕叔獻減磨勘二年，丞劉璯一年，殿直劉永年二年，以開訾家口有勞也。

九月五日，中書門下言：『訪聞深、祁、永静等州軍，胡蘆、滹沱、沙河、新河山水泛漲，例皆衝決岸口，所有合修治堤防及開濬淤澱，欲令外都水監丞及水利司檢計施行，仍先具工料及令轉運司勘會淹浸民田頃畝都數以聞。』從之。

九年五月二十六日，提舉淮南常平倉王子京言：『提舉開修運鹽河，自泰州至如(臯)〔皋〕縣，共一百七十餘里，日役人夫二萬九十餘。』

六月，修滹沱河功畢。

四月，司農寺言修丁家河畢，詔推恩官吏。

十九日，高陽關路安撫司言：『信安、乾寧軍塘濼，昨因不修，獨流決口，至今乾涸。乞於撲椿堰南引御河水。』上批：『聞近歲塘水有極乾淺處，當職之官頗失經治，可於兩路各選委監司一員，以巡歷爲名點檢，具闊狹深淺畫圖以聞。』已而河北東西路提點刑獄韓正彦、韓宗道，各具淤澱乾淺處以聞。詔送河北屯田司相度當興修所在，計工料聞奏。其官吏仍令東路轉運司劾之。

七月四日，知太原府韓絳言：『府西汾河夏秋霖雨，水勢漲溢，與黄河無異。近淤澱，河道高起，泛漲爲患。乞於本府雄猛指揮差兵級百人，專切(條)〔修〕築救護，及

令堤上種植林木，以充梢樁。仍降滄川把樣及差人指教。』並從之。

元豐元年閏正月三日，前知曹州劉攽言：『伏見知濟陰縣羅適開導古涀河，決洩積水有功。適議以爲，若明年春許差人夫及取民願併力施功，則爾後水害可使永除。乞下本州，速與應副。』上批：『可記適姓名。』以適知陳留縣，仍詔適留舊任，候見任官成資日交替。

六月七日，京東路體量安撫黄廉言：『本路被水，乞勅有司檢計溝河，候豐熟，令所屬調丁夫濬治。梁山、張澤兩濼，累歲填淤，浸損民田，亦乞自下[一]流濬至濱州。』從之，仍令都水監遣官同轉運司檢視工料。

二年八月十三日，詔濬淮南運河，自邵伯堰至真州十四節，分二年用工。從轉運司奏也。

十二月十二日，定州安撫使韓絳言：『大理寺丞楊嬰尋訪，得定州界西自山麓東接塘濼，綿地百餘里，可以瀦水，設爲險固，願聽營葺。』從之。仍詔以引水灌田爲名。

三年六月十五日，權判都水監張唐民請復黄、汴諸河，歲差修河客軍九千人額。從之。

八月一日，京東轉運司言：『濰州白浪河每歲淬浸護城堤岸，去年費梢草萬餘，僅免水患。知州楊采開河引導，遂不至城下，費省患弭。』詔降勅書獎之。

四年六月十四日，幹當御藥院竇仕宣言：『相視大河，至乾寧軍撲樁口以下流行，未道河道。又緣河東北流，自小吴向下與御河、胡蘆、滹沱三河合流，若於漲水之際，深慮堤防艱難。乞令都水監定三河合黄河，如何[二]作堤防限隔；或不合黄河，其三河於何所歸納。』詔遣李立之相度。後立之言，三河別無回河歸納處，須當合黄河行流。從之。

六年八月六日，江淮等路發運副使蔣之奇言：『長淮洪澤河實可開治，願亟興工。』詔陳祐甫相視以聞。已而陳祐甫言：『田棐任淮南提刑，嘗建言開河，其後自淮陰至洪澤，訖成厥功，獨洪澤以上未克興役。臣今相度，既不用牐蓄水，惟隨淮面高下，開深河底，引淮水通流，則於勢至易，其便甚明。行地五十七里，計工二百五十九萬七千，役民夫九萬二千，一月，兵夫二千九百，兩月，麥米十一萬斛，錢十萬緡，分二年關。』詔限一月，仍令蔣之奇、陳祐甫同提舉。

哲宗元祐四年六月二十六日，知陳州胡宗愈言：『本州地勢卑下，至秋夏之間，許、蔡、汝、鄧、西京及開封諸處大雨，則諸河之水並由陳州沙河、蔡河同入(穎)〔潁〕河，(穎)〔潁〕河不能容受，故陳州境内瀦爲陂澤。今沙

〔一〕下　原無，據《長編》卷二九〇補。

〔二〕『如何』以上十二字原脱，據《長編》卷三一三補。

河、蔡河合水（穎）〔潁〕河處，有古八丈溝，可以開濬，分決蔡河之水自爲一支，由（穎）〔潁〕、壽界直入於淮，則沙河之水雖湧，不能壅遏。昔有項城縣令姚鬮曾建此議。』詔府界提刑羅適依宗愈所奏，仍兼提舉淮南西路接連合治水利。

紹聖元年七月十二日，殿中侍御史郭知章言：『昨被命賑濟，體問得京東路曹、濟、濮、廣濟等州軍地勢汙下，累年積水爲患，雖豐歲亦不免爲憂。緣往年府界提刑羅適開畎府界諸縣積水，引而委之於京東，而京東河道未有措置，故水無所歸。望選監司，令疏濬京東河道。』詔令本路提刑司審按，如有積水，即具合如何開畎聞奏。

三年四月十七日，河北路轉運使吴安持言：『御河自元豐四年因小吴決溢，大河北流，遂致湮塞。今大河趨御河復出，請委前都水丞李仲專提舉開導。』從之。

四年二月十一日，詔降度牒百道付洪州，鬻錢以募闕食小民，開治本州内外湖港。從江西轉運、鈐轄司請也。

九月一日，詔：『兩淛歲旱，本路運河如有填淤處，優給雇直，募人開濬。』

元符元年三月五日，詔新修楚州支家河，賜名爲通漣河。以工部言，淮南開河所奏，其河係導引漣[一]河與淮水相通，乞賜名故也。

紹聖四年閏二月十九日，工部言：『京西都大提舉汴河堤岸楊琰乞依元豐年例，減放洛水入京西界大白龍坑及三十六陂充水櫃，準備添助汴水行運等。下都水監相度，欲乞興復，悉如元豐故事，甚便。』詔賈種民、楊琰同相度合占頃畝及功力以聞。

《方域志》：徽宗崇寧四年五月十五日，提舉兩浙路常平等事徐確言：『蘇、秀、湖三州見管開江兵士一千四百人，並使臣二員，欲就令逐官專切點檢已開吴松古江。如有潮沙淤澱，即時開淘，須管常及今來開掘深闊丈尺，決洩水勢，取令通快。華亭、昆山縣知佐，每季輪那巡視，具有無淤塞去處，關報本州縣及監司，並委蘇、秀二州通判半年前去檢點，監司依分定歲巡親往檢察。開江使臣若能用心開淘，並無漲沙堙澱，任滿減二年磨勘。如敢弛慢，却致沙泥堙澱，即展二年磨勘。逐縣知佐並兩州通判，如不依立定日限逐時前去點檢，亦令監司點檢，勘劾施行。』從之。

大觀元年十一月十四日，詔：『舟行大江，或遇風波，頗遭覆溺之害。訪聞兩岸有港澳可保，歲久堙塞，其令所在州縣檢視，悉行開濬。每澳降祠部度牒十道給其費，仍令發運司開具合修港澳處以聞。』

三年二月十五日，朝議大夫張竦言：『河陽界元相度於上渦西南馬村開直河一道，温縣南堯風村開直河一

[一]『漣』下原衍『海』字，據《長編》卷四九五删。

道。内上渦馬村直河開修了當，已見成効外，有温縣堯風村直河，本縣人户經朝廷陳狀，稱開掘莊並桑棗數百頃，直河司遂乞權罷開修。契勘得所掘民田止是數頃，欲乞乘此豐稔，下都水監依元相度(對)〔得〕事理，趁今春復行開修。奉詔，令都水監相度開修。勘會所占民田，若不優給價值，切慮虧損人户。』詔據合拘占田，於見今價直上更增三分，限十日支給。

四年四月十四日，工部言：『淮南、江浙、荆湖都大制置發運司狀，兩浙路運河失於開治，蓋爲州縣不切點檢開修，是致阻節綱運。雖有本州審度指揮，緣別無法，任責州郡終不究心。欲乞令兩浙州縣，運河依元符二年九月十八日淮南運法，令知州、通判兼管。』從之。

政和二年七月十二日，詔於兩浙路支撥見管度牒一百道，修築錢塘江，從兵部尚書張閣請也。

三年七月二十日，詔吴江修整了當，專監修官轉一官，餘官各減二年磨勘，承直郎以下依條比類施行。從兩浙轉運、提舉司奏也。

五年四月十五日，詔：『通利軍三山開河修繫永橋，今來放水了當，其在彼公役人，賜銀、絹錢物有差。』

六年閏正月七日，知杭州李偃言：『湯村、巖門、白石等處並錢塘江通大海，日受兩潮，漸致侵齧，乞依六和寺岸，用石砌疊。』詔令劉既濟措置。

四月二十七日，詔賜開濬大名府壕河官吏轉官有差。

八月十七日，詔：『鎮江府旁臨大江，舟楫往來，每遇風濤，無港河容泊，以致三年間覆溺凡五百餘艘。訪聞西有舊河，可以隱避，歲久堙廢，宜令發運司計度濬治。』

宣和元年十二月六日，詔開修兔源河並直河畢工，孟昌齡降詔獎諭，餘人轉官減年有差。

二年十一月四日，江淮等路發運使陳亨伯言：『奉詔措置楚州至高郵亭一帶〔運〕河淺澀，相度運河別無上源，惟賴陂湖灌注行運。今歲春夏闕雨，陂塘潮水例皆低淺，山陽河道比南地稍高，遂委官前去催促開撩。州縣並不究心，致河水淺澀。知楚州杜總、知山陽縣費若全無心力，楚州通判康大年頗勤職事。臣見與趙億、孫默日逐措置。』詔杜總、費若勒停，差程固知楚州，山陽知縣，令吏部限一日差注，仍令陳亨伯同本路轉運、常平司隨宜措置。

三年正月二十六日，詔改開封府中牟縣敲脛河爲靖潤河。

三月二十八日，高州防禦使李琮言：『真州係外江綱運會集要口，所裝糧斛五十餘萬，以河運淺澀，不能津發。契勘真州以來轉運，河南岸有泄水斗門八座，去江不滿一里。相度乞將斗門河身開掘面闊一丈五尺，門深五尺，於江口近里約十丈以來，打築軟壩，賺引潮水，入河捺定。即蓄一潮之水，量度功力，可消水車數倍。仍逐斗門差官專一監督，亦作交替，令真州日具功程回報。今來運河雖每十里作壩，緣至揚州界地名揚子橋，仍於南岸權置小堰，廣用水車，畎以南河水，不惟不走運水，復得廣有車水資助，可以浮應綱船。』詔令趙億、王似、錢德興疾速措置施行。

五年八月七日，發運提舉司廉訪所言：『兩浙運河，自今河身淤澱，稍愆雨澤，便有淺澀，致妨漕運，合行深濬。數內鎮江府地名新豐界，運河底有古置經函，係準備西岸民田水長泄入江。今來若行取折開濬，恐雨水連併，却致損壞堤岸，無以發泄。今相度，鎮江府丹陽縣界運河，可開深至經函上下，却於兩岸展出河身作馬齦開闊外，有吕城閘外至杭州一帶河道，各合用水手打將河底，一例開深五尺，亦作馬齦開闊。並委逐州縣守令檢計工料，並將來差顧人夫合用錢糧，管幹開濬，委是經久利便。』從之。

六年十月六日，江淮荆浙等路發運副使盧宗原言：『池州大江係上流綱運經由，東岸有暗石二十餘處。西岸有沙洲，謂之拆船灣，廣二百餘里，前後壞舟不可勝數。東岸有沙洲，謂之沙地，四里餘。若開通入杜湖，經平水，徑池口，可[一]避江行二百里風濤之險，實爲大利。』從之。

熙寧六年六月十六日，管勾都水監丞侯叔獻言：『近淮詔從所請開白溝等河，欲以白溝爲清汴儲三十六陂，及京、索二水爲源，倣真、楚州開平河置牐，四時行舟，因罷汴渠。』上曰：『叔獻開白溝河功料未易辦，乃欲來年即廢汴渠，宜更遣官覆驗。且汴渠水運甚廣，河北、陝西資焉。又都畿公私所用良材，皆自汴口而至，何可遽廢？』王安石曰：『此役若成，亦無窮之利，當別爲漕河以通黄河，一支漕運河，乃爲經久耳。』馮京曰：『若白溝成，與汴、蔡皆通運輸，爲利愈大。臣恐汴河終不可廢。』上然之，詔劉璯同叔獻覆視以聞。後覆視河長八百里，工大，分爲三歲興修，從之。

《方域志》：高宗光堯皇帝紹興元年十月十三日，倉部員外郎成大亨等言：『兩浙運使徐康國具到上虞縣梁湖堰東運河淺澱一里半已來，有旨令工部郎官各一員前去，限一日相度申尚書省。臣等遵依起發前去打量(可)〔工〕料。自梁湖堰至住家垻共一里一百八十丈淺澱去處，深淺尺寸不等，計積二十四萬二千一百(赤)〔尺〕，每工開運土四十尺，共合用開撩計六千五百二工。』詔依，其合用錢米，令户部應付。仍限三日，令本縣令佐監督併工開撩，及誡約合干人不得拖延，別致減尅錢米。

十六日，都省言越州至餘姚縣運河淺澀，垻閘隳壞，阻滯綱運。詔差徐康國、蔡向、失璞[二]，限一日起發前去措置開畎，仍具修整次第及日具逐官所至申尚書省。康

〔一〕可　原作『面』，據《宋史·河渠志六》改，但記述該事時間爲九月。見周魁一等《二十五史河渠志注釋》一八三頁，中國書店，一九九〇。

〔二〕失　疑誤。

國等開具會稽縣都泗堰至曹娥塔橋合開掘淘撩河身夾塘，共用七萬一千二百一工，詔令和雇人夫開淘，限十日了畢。其合用錢米，令轉運司應副。如見闕乏，具令户部借支，具支（邊）〔過〕數，却令轉運司撥還。

二年四月十六日，臣僚言：『臨安府城中惟藉湖水喫用，自來雖採捕之類，亦嚴禁止。今訪聞諸處軍兵多就湖中飲馬，或洗濯衣服作踐，致令汙濁不便。』詔令諸軍統制官常切戒約，如違，重行斷遣。本部統領官失覺察，亦一例施行。仍仰李振差兵級一百人擺鋪巡捕。

三年十一月五日，宰臣奏聞修運河淺澀畫一，上曰：『間有言以五軍不堪出戰士卒充此役者，固不可。又有言調民而役之者，尤不可。惟發旁郡廂軍、壯城捍江之屬爲宜。至於稟給之費，則不當吝。』宰臣朱勝非等奏言：『開河似非今急務，而餽餉艱難，爲害甚大，故不得已。但時方盛寒，役者良苦，臨流人侵塞河道，悉當遷避。至於畚揭所經，泥沙所積，當預空其處，則居人及富家以僦屋取貲者皆非便，恐議者以爲言。』上曰：『禹卑宮室而盡力乎溝洫，浮言何恤焉！』

四年正月十八日，樞密院言：『臨安府見開撩運河，雖下浙東西州軍各差到廂軍兵士役使，即目尚自闕人。今來神武右軍有能舉、王材、史康民下揀退不堪披帶人兵，已降指揮並均撥與浙東州軍充填廂軍，理宜措置。』詔令張俊將揀下人依數差將校使臣管押，赴臨安府交割與梁汝嘉收管訖。日下同馬承家等躬親揀點，將少壯人就交付諸州差來開河部押兵官應副役使，候畢工日，部押歸本州。内患病老弱之人，具姓名申取樞密院指揮。如諸州開河兵官有未到，權令臨安府收管使喚。候到交割，並日下放行口券、錢米，無令失所逃竄。

二月三日，上諭宰執曰：『開河工料如何兩不妨作否？人或以爲非急務，朕語之曰，禹卑宮室而盡力乎溝洫，孔子以爲無間然，安可謂非急務，但要措畫有方耳。』

四日，兩浙運副馬承家等言：『開撩臨安府運河，元約兩月爲期，已於今月二十三日興工，自跨浦橋及飛虹橋北下手開掘，以二十日爲一料。今欲候第一料畢工，從朝廷先次差官覆視，應得元開深闊丈尺，接續開撩第二料，更合取自朝廷指揮。』詔依，差都司、工部郎官、寺監丞各一員，臨時從朝廷指揮差。侍御史辛炳言：『開河兵級及部役幹當官吏，依已降指揮量行犒設，具到除役兵外，六項屬官，三項使臣，四項人吏貼司，所支錢自五貫、三貫、兩貫至五百文，雖有等差，然名色猥多，不無冒濫。如樞密院使臣七員，何預開河之事？轉運司主管催驅工料官共八員，既逐州軍官兵認定各有部役兵官，何用驅催？轉運司主押官並貼司共五人，既興工役，即別無大段行遣，如壕寨等官下人吏共三十二人，彈壓官下使臣七員，皆是冗數。又彈壓兵級二百人，何所用之？不惟逐項僥倖支散，往往覬覦畢工，保奏恩賞。兼役兵四千一百二十四人，訪聞工部郎官點檢得實役兵只三千餘人，其餘多是影占逐處當直及壕寨官安頓，妄作名目，差留在嚴州借事。不知壕寨司元初檢計開撩工料係若干土工，都數如何抛撥。雖四十州軍差到人兵數目不同，亦須預先隨多寡分認料數。況州軍各有管押兵官部役，豈有役兵不足，虚認工料，却容影射差借之理？逐人每日支破錢米，既不著役，未委何人僞冒請領。今來犒設給散，必有所歸，竊慮上下通情作弊，乞下工部取索本郡郎官曾與不曾點檢見實著役兵不同，因依如何究治，委有上件影射占差借虚數，即乞送所司根勘施行。所有官吏犒設，亦乞減半支給，庶使着役勞苦之人不至怨懟。』從之。

二十二日，工部員外郎謝伋等言：『知臨安府梁汝嘉，具到開撩本府裏河深處，乞更不須開掘，其垻子基並餘杭門裏外一節，措置併工，量行挑撩。臣等躬親將帶壕寨前去，自地名葛公橋，垻子基探量水勢，至餘杭門裏外兩處，各有水四尺五六寸，可以隨宜挑撩外，其餘河本皆及四尺七八寸至五尺以來，欲依梁汝嘉等所乞施行。』從之。

二十七日，刑部言：『兩浙運副馬承家等言，臨安府運河開撩漸見深濬，今來沿河兩岸居民等尚將糞土瓦礫抛擲已開河內，乞嚴行約束。本部尋下大理寺立到法，輒將糞土瓦礫等抛入新（河）開運河者，杖八十科斷。仍令在城都監及排岸外沙巡檢常切覺察，如有違戾，許臨安府依法施行，及仰本府多出文牓曉諭。今看詳，欲依本寺所申。』從之。

三月五日，御史臺言：『自來開撩河道，合在冬月水涸之時，今臨安府所開運河，却於春間興役，跨涉三月，未見畢工。近緣春雨頻併，水深數尺，所役兵夫無處措手。兼訪聞，元分作三料工役，第一料乾淺去處先已開撩了當；第二料有些小未開處，並第三料水皆已深。乞令臨安府守臣同元管漕臣疾速相度，將實礙漕運去處量行開撩，但舟船可通，不必盡依元料。如水深難施工處，即且住罷，候令冬乾涸，再行鳩集。』詔令梁汝嘉、馬承家限三日同共相度，申尚書省。

八年十一月十一日，知臨安府張澄言：『臨安府引江爲河，支流於城之內外，舟檝往來，爲利甚博。歲久（煙）〔堙〕塞，民頗病之。頃由陛對，嘗乞因農隙略加濬治，今再講究，更不調夫工，止乞下兩浙轉運司刷那廂軍、壯城兵士，逐州軍定共差一千人，選兵官將校部轄，嚴責近限，發赴本所開濬。以工程計之，半年之外，河流無壅，豈惟百物通行，公私皆便，兼春夏之交，民無疾厲之憂。』從之。

九年八月十七日，知臨安府張澄言：『聞錢氏時，嘗置撈湖兵千人，其後稍廢。至元（和）〔祐〕中，知（州杭）〔杭州〕蘇軾始請於朝，遂加開浚，湖水深廣，爲利非一。逮今五十餘年，葑田彌望，堙没太半。況今車駕駐蹕一城，億萬仰六井之水爲多。乞許本府召置廂軍士卒二百人，衣糧依崇節指揮則例，委官同縣屬兼領其事，專一浚湖。其或借使他役，計贓定罪。如有包占種田其間者，亦重置於法。』從之。

十五年七月二十四日，給事中李若谷等言：『（詳看）〔看詳〕到兩浙路轉運判官吴恫奏，浙西湖、秀州、平江府舊年常有積水之患，田不能耕，逃移失業。昨因提舉常平官趙霖開濬華亭處沾海三十六浦決泄水勢，二十年間並無水患。比年以來，諸浦堙塞，上河水泛，渰損田畝不可勝計。欲乞委浙西常平司措置，支借常平錢穀，諭人户於農隙之際併力開濬，以爲永久之利。今欲依所乞。』從之。

十六年八月二十五日，宰執進呈臨安府措置在城舟船並令城外擺泊。上曰：『已濬河道，舟船之便，多是居民因循填塞，可行下臨安府禁止之。』

十七年六月一日，上謂宰執曰：『臨安居民皆取汲西湖，聞近年以來爲人買撲拘占，作葑田種菱耦之類，沃以糞穢，豈得爲便？況諸處庫務引以造酒，用於祭祀，尤非所宜。可令臨安府措置禁之。』

十九年二月三日，上謂宰執曰：『近降指揮開撩運河，可以催促日下興工，恐春深有妨農作。』

十三日，上謂宰執曰：『昨降指揮開撩運河，朝廷應副錢米，因以養濟闕食民户。竊慮公吏減剋，或於諸縣調夫，反有騷擾。可告諭湯鵬舉、（漕）〔曹〕泳躬親檢察，毋致違戾。』

三月二十六日，前知和州徐嘉問言：『和州城下古河一道，自含山縣發源，東入州城，流歸大江。自經兵火，沙礫堙塞，舟楫不通，每歲起發上供及諸司綱運，遵陸二十五里，始至江次。計一歲裝綱，約用八千餘工，雇募夫役，不無騷擾。乞下提舉司量行應付，令本州將來農隙濬治舊河，灌溉阜通，有利無害。』詔本路轉運司相度申尚書省。

七月二日，上謂宰執曰：『西湖灌溉所資，其利不細。歲久淤澱，宜措置修治。』

八月十一日，知臨安府湯鵬舉言：『開撩西湖及修砌六井陰竇水口，增置斗門閘板，通放入井，已得就緒。今條具下項：一、紹興九年八月十七日已降指揮，許本府招置廂軍兵士二百人，衣糧依崇節指揮例支破。見管止有四十餘人，今已撥填（捧）〔湊〕及元額，蓋造寨屋舟船。每名日添支米二升半、錢五十文，專一撩湖，依昨降指揮，不許他役，如違，計贓定罪。一、前任知府張澄於紹興元年八月十七日，已降指揮差前錢塘縣尉兼管西湖灌溉事，今欲專差武臣一員主管，每月支錢三十貫文。知、通逐時檢察，候任滿日，委有勞績，保明推恩。一、西湖菱藕往往夾和糞穢包種澆灌，紹興十七年六月內申明，不許請佃栽種，今來又復栽種填塞。臣已將蓮荷租錢並除放訖，犯人從杖一百科罪，追賞錢三十貫文，有官人申朝廷取旨施行。』從之。

二十一年正月二十二日，上諭宰執曰：『布衣步孝友上書言，鎮江府練湖歲久堙塞，艱於漕運，令本路漕運司措置開修。』

二十九年四月十五日，知鎮江府楊揆言：『運河高仰，藉練湖水添注，稍乾涸，運河極淺。今來接伴傳宣押宴，若乘船至常州，出陸至鎮江，就揚州船以往，庶（借）〔借〕得湖水，以備使人往來之用。』送兩浙轉運副（司）〔使〕趙子潚看詳，欲下鎮江府、常州，專委通判相視夾崗、呂城、奔牛閘一帶運河淺澀處，通徹潮港。支撥錢米，多雇人夫，差縣官巡尉監督車畎，並將練湖水措置引導，指期通放添注運河。餘依楊揆所乞。從之。

十月二十一日，上宣諭知樞密院事王綸曰：『往年宰臣嘗欲盡乾鑑湖，（去）〔云〕歲可得十萬斛米。朕謂若遇歲旱，無湖水引灌，即所損未必不過之。凡事須遠慮可也。』王綸奏曰：『貪目前之小利，忘經久之遠圖，最謀國者深誡。此一事當時非陛下止之，今民間必受其患。聖慮宏遠，侔古帝王矣。』上又云：『孔子以卑宮室、盡力溝洫，謂「吾無間然」，可知聖人以此爲重。大抵立事只問是與不是？爲己與？爲百姓？禹之溝洫爲百姓，故孔子無間。若紂之陂池，則是縱己私欲，故聖人罪之。』王綸奏曰：『雖聖人復起，不易斯言。』

食貨七　水利上[一]

《食貨志》：宋太宗皇帝淳化四年，知雄州何承矩及臨濟令黄懋，請於河北諸州置水利田，興堰六百里，置斗門灌溉。詳見《屯田門》

太宗至道元年正月五日，度支判官梁鼎、陳堯叟言：『乞興三白渠及南陽、陳、（穎）〔潁〕、壽春、沛郡、襄陽水田，復邵信臣、鄧艾、羊祐之制，以廣農作。』詔光禄寺丞何亮等經度之。

九月，堯叟、鼎等言：『伏自唐季已來，農政多廢，民率棄本，不務力田，是以廩庾無餘糧，土地有遺利。臣等每於農畝之際，精求利害之本，討論典故，備得端倪。自陳、許、鄧、（穎）〔潁〕，暨蔡、宿、亳至於壽春，用水利墾田。先賢聖跡具在，防埭廢毀，遂成汙萊。儻開闢以爲公田，灌溉以通水利，發江淮下軍散卒，給官錢市牛及耕具，導達溝瀆，增築防堰，每千人，人給牛一頭，治田五萬畝，畝三斛，歲可得十五萬斛。凡七州之間，置二十七屯，歲可得三百萬斛，因而益之，不知其極矣。行之二三年，必可

[一] 本部分摘自中華書局一九五七年影印本『《食货》七之一至五七』。原《宋會要稿》一二四册。

以置倉廩，省江淮漕運。閑田益墾，民益饒足，乃慎選州縣官吏，俾兼督其事。民田之未闢者，官爲種植；公田之未墾者，募民墾之。歲登，公私各取其半，此又敦本勸農之術。』又引『漢元帝建昭中，邵信臣爲南陽太守，於穰縣南六十里造鉗廬陂，累石爲堤，旁開六石門以節水勢，溉田三萬頃。至晋杜預因信臣遺跡，激湍、淯二水，以溉田萬頃。魏武以任峻爲典農中郎將，屯田許下，得穀百萬斛。晋宣王遣鄧艾行陳、（穎）〔潁〕以東，至壽春，艾言田良水少，不足以盡地利，宜開渠。淮北二萬人，淮南三萬人，且佃且守，歲小豐，常收三倍。除給費外，歲完五百萬斛，六年可積三千萬斛。宣王然之，遂北並淮。自鍾離而南，横石以西，盡沘水四百餘里，五里置一營，營六十人，且佃且守。更修廣淮陽、百尺二渠，上引河流，下通淮、潁，大治諸陂，於潁南、潁北穿渠三百里，溉田二萬頃。自戰争以來，民競逐末，凡此遺跡，率皆荒榛。臣等欲因其溝塍，增築堤堰，導其水利，墾爲公田。《傅子》曰：陸田命繫於天，人力雖修，苟水旱不時，則一年之功棄矣。水田之制由人力，人力苟修，則地利可盡也。矧又膏沃特甚，螟螣不生，比於陸田，又不侔矣。』帝覽奏嘉之，詔大理寺丞皇甫選、光禄寺丞何亮乘傳按視經度之。

二年四月，皇甫選、何亮等言：『奉詔，往諸州興水利。臣等先至鄭渠，相視舊跡。按《史記》，鄭渠元引涇水，自仲山西抵瓠口，並北山東注洛三百餘里，溉田四萬頃，收皆畝一鍾；白渠引涇水，首起谷口，尾入櫟陽，注渭中，袤二百餘里，溉田四千五百頃。兩處共四萬四千五百頃。今之存者，不及二千頃，乃二十二分之一分也。詢其所由，皆云因近代職守之人改修渠堰，坼壞舊坊，走失其水，故灌溉之功絶不及古渠。況此水二郡六縣資其利，以溉田畝，望令增築堰埭。舊有放水斗門百七十六處，悉已毁壞，望繕治之，嚴禁豪民盜用水。移六石洪門，就近上河岸不損處開渠口，通河水，慎選能吏專掌其事。』又言：『鄧、許、陳、潁、蔡、宿、亳等七郡，民力耕種不及之處，官司閑田共二十二萬餘頃，凡三百五十一處，並是漢魏以來邵信臣、杜詩、杜預、任峻、司馬宣王、鄧艾等制置墾闢之地。内鄧州界鑿山穿嶺，疏導河水，散入唐、鄧、襄三州，灌溉田土。又諸陂塘坊埭大者長三十里至五十里，闊五丈至八丈，高丈五尺至二丈；溝渠大者長五十里至百里，闊三丈至五丈，深一丈至丈五尺，可行小舟。臣等按視諸處增築陂堰，大費功役。欲望於舊防未壞可以疏引水利處，先耕二萬餘頃，漸興置之。』詔從其請，令自鄧州始，但募民耕墾，免其税。令選等保舉一人，與鄧州通判同掌其事，選與亮分路按察焉。

五月，知懷州許衮上言：『蒙差奉職張致與臣相度開畎河水，澆溉人户（佃）〔田〕苗，並官竹園。臣等相度，所有令狐管水磨兩盤，寔是每年配率民户於丹河作堰，功料至大，百姓甚困敝，欲望特行停廢。其上汜河下流水磨兩盤，且乞仍舊差人勾當，出辦元額一半錢銀。其官竹園依時流溉外，沿河人户，乞令鄉村春夏澆田，自上流使水；秋冬澆田，自下流使水。如違，乞以盜決堤防條科罪。或百姓自辦開畎，廣作陂塘，亦聽取便。今據河内縣里正申超等，分析到緣河兩岸使水二十村二百二十五户，澆得田土約六百八十餘頃，並屬省竹園在内。』帝謂宰相等曰：『川谷通流，澆溉畎畝，乃農田之急務也。豈可以水磨微細課入妨百姓之利哉？其水磨，依奏廢兩盤，見存留者，亦與減放一半課額。餘水則引入官地，用灌園竹，勿使荒廢。』

真宗咸平六年三月，以大理寺丞黄宗旦通判潁州，從京西轉運使查道之舉。宗旦先上潁川諸路陂塘荒地，計千五百餘頃，可募民耕佃，因命宗旦經度之。其民自占者三百二十餘家，朝廷欲終其事，適會道舉奏，遂就命之。

景德元年正月，北面都鈐轄閻承翰言：『自定州開渠至蒲陰縣東約六十二里，引水入沙河，東經邊吴泊入界河，可通行舟楫。』計其二役並圖畫來上。帝謂侍臣曰：『承翰以開導此河不惟易致資糧，兼可播種其旁，引水灌溉，以助軍食。且設險以限戎馬，亦邊防之利也。宜可其奏。』

四月十四日，閻承翰言：『自嘉山引徐河水，經定州東入沙河。其新開河北，官司已開田種稻；其旁隙地，欲募人耕墾。』從之。

大中祥符五年九月，帝曰：『保州興置稻田，地里漸廣。知州高尹到彼，並不具興修次第聞奏。可密諭尹，令常用心興[一]置，仍逐月件析以聞。其稻田務兵士，或聞數目無多，宜令樞密院量與增差。』

天禧元年六月十一日，知昇州丁謂言：『城北有後湖，因旱，百姓請佃，計七十六頃，納[二]租五百五十餘貫。今請依前蓄水，種植菱蓮，或遇亢旱，決[三]以溉田。仍用蒲魚之利，旁濟饑民。望量遣軍士開修，其租錢特與減放。』從之。

十二日，詔：『明州城外濠地及慈溪、鄞縣陂湖所納課額，永除之，許民溉田疇，採菱芡。』

二年十二月，都官員外郎張若谷言：『宣州化城圩水陸地八百八十餘頃，歲納租米二萬四千餘碩，見屬永陽鎮監税使臣勾當，未得整肅。望置一使臣專領其事。』從之。

四年五月，淮南勸農使王貫之等，導海州界石闥堰水，入漣水軍溉民田；知濠州定遠縣、太子中舍江澤，率部民修古塘堰，貯水溉田，民獲其利。詔並獎之，仍令代

[一] 興　原文漫漶，據《食貨》六一之九〇定。
[二] 納　原作『紐』，據《長編》卷九〇及《食貨》六一之九〇改。
[三] 決　原作『次』，據《食貨》六一之九〇改。

還日考課引對。因論諸路勸農司，應塘堰可以利民者，準此繕修。

七月，詔：『江淮南舊有陂塘，民請佃二十年以内者，並許仍舊修畎，自今不許請佃。内已種苗者，俟收獲畢修作；二十年以上者，依舊爲主。』

〔仁宗〕天聖四年八月，監察御史王沿上相州開河渠引水溉民田利害。詔候修護黄河畢日，規畫之。沿奏云：『渠田起於戰國魏襄王時，東有全齊，西有强秦，韓、魏在其前，燕、趙居其後，干戈歲動，封疆日蹙，苟不盡其地利，則爲强國所吞。故史起獻其謀曰：魏氏之行田也，以百畝，鄴獨二百畝，是田惡也。漳水在其旁，西門豹爲鄴令，請引之以溉[一]鄴，以當魏之河内。臣徧觀史傳，但載溉灌之饒，不書疏導之法。唯本州《圖經》稱，有天井堰者，魏武帝所作。二十里分十二重墱，每墱相去三百步，令互相灌注。故左太沖《魏都賦》云：「墱流十二，同（原）〔源〕異口。」詳此，則古來漳水本淺，不與岸平，須就岸以開渠，復臨渠而作堰，則水流渠内，渠灌田中。蓋爲渠之初，必就高處，渠行數里，方達平田。若水與岸平田接，爲渠甚易，溉田不難。則自國初以來，庸常之人已能開之久矣，又豈假臣之瞽言而後隱度哉？

臣按《史記》云：韓聞秦之好興事，欲疲之，無令東伐，乃俾水工鄭國説秦，令鑿渠，引涇水，並北山東注洛三百里，欲以溉田。中作而覺，鄭國乃曰：「爲韓延數年之命，爲秦建萬世之功」。秦以爲然，卒使就渠。夫以强秦之力，鑿一渠有何艱哉？韓人乃云欲疲之，鄭國又云爲韓延數年之命，則是舉秦國之人而疲之數年，然後能成之。今若持此較彼，則史起之引漳水，豈止一朝一夕之功哉？是必歲役萬人，數歲而獲其利。又鄭國鑿渠，並北山東注洛三百里，則是爲渠之初，須就高處，本不與平田相接，亦已明矣。若與平田相接，則澆灌之利，豈能遠及三百里哉？

臣詳王軫、房中正等相度漳渠事狀，大抵云水卑岸高，渠已湮塞，若作堰開渠，其功甚大，則亦然矣。若云渠堰雖成，其水渾濁，不堪溉田；及所作之堰，若遇川溢之時，必復衝壞，則是軫等不知溉田之方、作堰之法。臣按鄭、白渠之引涇水也，今在耀州之雲陽、三原、富平及京兆府之江陽、高陵、櫟（楊）〔陽〕六縣，緣渠皆立斗門，多者至四千餘所，以分水勢。其下别開水渠，方以溉田。則水有所分，民無奔注之患。且其水最濁，故稱「涇水一石，其泥數斗，溉糞禾黍」。今[二]反言其水渾濁，不堪溉田，斯豈非不知而爲知者耶？又其作堰之法，或云皆用大石方四五尺者，錮之以鐵，積之如陵，岐彼中流，擁爲雙派。其南流

[一] 溉 原作『鄴』，據《長編》卷一〇四及《食貨》六一之九一改。

[二] 今 原作『令』，據《食貨》六一之九二及《長編》卷一〇四改。

者乃爲涇水，其東注者乃是二渠，故雖駭浪不能壞。古人苟不如此，則年年〔一〕修渠，歲歲作堰，百姓豈有利哉？今漳水之畔若復渠田，乞朝廷勘會雲陽縣。若有上件渠堰斗門，即乞精擇水工十餘人，徧〔二〕詣彼處，模古人作堰開渠之法。觀今人置斗門溉田之方，及命雲陽民自今犯罪當配者，皆徙〔三〕相州，教百姓水種六蒔之利，則其謀易成〔矣〕。至如北〔四〕邊，本無水田，自徙江南罪人於彼，後來皆知水利。

臣昨於正月内上疏，乞命水工往鄭、白渠，觀彼疏導之制，往衡漳之上，鑿而引之。蓋亦慮磁、相之民不知作渠法耳。又詳王軫稱，若不開舊渠而截河作堰，當役七十五萬餘工； 若從渠口開深一丈四尺，當役十三萬餘工。以臣籌之，若渠開二丈四尺，則作堰之功可損半，當併役五十萬工，日萬人，役五旬而罷。若擇水工有計智，依鄭、白渠作堰之法，采〔五〕呸山之石，取磻陽之木，給黎城之鐵，扼中流，據長岸，資木石之固，作其堰焉，上開大渠，可成別派。沿渠數里，分置斗門，漸及平田，必獲澆溉之饒。水東入御河，或遇川溢之時，則於元渠之口下板以塞之，以防奔注之患。其磁、魏、邢、洺既居下流，堤岸又淺，或餘波可及，或別渠可穿，則所謂鄭國在前，白渠起後，又且首起谷口，尾入櫟陽之類也。夫如是，則復三百年廢迹，溉數萬頃良田，雖役萬人，數歲而畢，亦不足爲勞矣。

又詳王軫稱，若開古渠，則掘却民田，而其萬金、都領等，尋之無迹者。大凡開溝渠，豈有不犯民田哉？若不犯民田而能開之者，雖史起復生，亦不知計之安出。其萬金等渠，求〔六〕之無迹者，蓋本田之中，歲久堙没。

又詳王軫稱，高平渠據百姓狀稱： 税賦已重，雖得水，出利不得，乞不修堰。檢會臣昨言，乞於安陽水次作堰，不以遠近，百姓並許引水溉灌，蓋欲春夏旱時澆救二十村民田。今軫曾不思〔七〕先議增税，致人憂疑，不願灌溉，斯豈恤民之旨哉？又以堰成之後，安陽水少，行舟不得，虧却税額。夫以一渠之流，不過減本河數分之水，安患舟不浮哉？苟有利民，雖虧税，其亦末矣。臣載觀軫等事狀，似不以古今利害，徒采村落小民、壕寨軍將之語，以斟酌三百年廢渠之迹，其能盡其術乎？昔西門豹，賢臣也，史起尚以爲不知用，是不智也。况野人鄙卒之屬，能盡知乎？《傳》曰：「夫民可與樂成，不可與謀始」。又曰：「可使由之，不可使知之」。今國家生民富庶，區

〔一〕年年　原作「年」，據《食貨》六一之九二補。
〔二〕徧　原作「偏」，據《食貨》六一之九二改。
〔三〕徙　原作「從」，據《長編》卷一〇四改。
〔四〕北　原作「此」，據《食貨》六一之九二及《長編》卷一〇四改。
〔五〕采　原作「來」，據《食貨》六一之九二改。
〔六〕求　原作「水」，據《食貨》六一之九二改。
〔七〕不思　原作「不是思」；「增税」二字原無，據《食貨》六一之九二、《長編》卷一〇四删補。

夏乂安，有陶唐擊壤之風，無戰國交兵之事，猶乃俯從鄙議，恢復農工。此蓋丕闡皇猷，紹隆治本，雖大禹之疏濬川澤，周人之均別廬井，亦無以加矣。』

景祐元年十一月二十一日，三司、户部副使王沿言：『磁、相、邢、趙州已南州軍澆灌去處，人户種蒔稻田，勘會西山一帶州軍即目開修，甚有地窪。竊緣逐處少得稻種，乞下衛州，於種田務支借二百碩，與人户種蒔，收成日，依元數送納。』從之。

慶曆三年十一月七日，詔：『訪聞江南舊有圩田，能禦水旱；並兩浙地卑，常多水災，雖有堤防，大半隳廢，及京東、西亦有積潦之地，舊常開決溝河。今罷役數年，漸已堙塞，復將爲患。宜令江淮、兩浙、荆湖、京東、京西路轉運司轄下州軍圩田，並河渠堤堰、陂塘之類合行開修去處，選官計工料，每歲於二月間未農作時興役，半月即罷。仍具逐處開修功績〔一〕，並所獲利濟大小事狀保明聞奏，當議等第酬獎。内有係災傷人户，即不得一例差夫搔擾。如吏民有知農桑可興廢利害，許經運司陳述，件析利害，畫時選官相度。如委利濟，亦即施行。』

四年正月二十八日，詔：『陂塘圩田之類，及逐處堤堰河渠可備水患者，或能創置開決，或久遠廢壞堙塞却能興復，或前人已興功未成，後來接續了畢者，仰逐處勘會功料大小、所利廣狹以聞。』

十月，權發遣户部判官公事燕度言：『竊聞〔二〕關中水利，古人所以富國。近來亦有臣僚擘畫澆灌者，然州縣鮮能訪尋水勢，疚心農務，是致頻年亢旱，屢遭饑饉，百姓流移，軍儲不集。近華州渭南知縣曹公望嘗引敷水，溉田甚廣，民間頗稱利便。却聞有人〔三〕爲妨私家水磨，遂訟於官。雖州縣不行，然水勢可以疏引澆溉去處不少，似此盡爲豪勢之家占爲碾磑之利，而州縣見（年）〔乎〕訟，不敢盡心計畫。欲乞特下陝西都轉運司，如〔四〕州縣能以水利澆溉民田廣闊者，應是〔五〕妨滯公私碾磑池沿諸般課利，並須停廢，不得争占，州縣仍不得受理。』詔三司詳定，尋移陝西都轉運司就近相其利害。於是本司言：『度擘畫，委是經久之利。』從之。

五年九月二十八日，兩浙提點刑獄宋純等言：『乞應在官有能擘劃開修水利，並須先具所見利害於畫地圖，申本屬州軍及轉運或提刑司。委是本司於部下選官，親詣地所相度。如寔合行開修，經久利濟，詢問〔六〕鄉耆，審取詣寔，差官具保明結罪，申轉運（所）〔提〕刑司體量允當，方下本屬州軍，計夫料、餉糧，設法勸誘租利人户情願

〔一〕功績 原無，據《食貨》六一之九三補。
〔二〕聞 原脱，據《食貨》六一之九三補。
〔三〕人 原作『妨』，據《食貨》六一之九三改。
〔四〕如 原作『令』，據《食貨》六一之九三改。
〔五〕是 原作『私』，據《食貨》六一之九三改。
〔六〕詢問 原作『荆門』，據《食貨》六一之九三改。

出備。仍依元敕，於未農作時興役半月，不得非時差擾。候畢，具元擘畫官吏依近詔保明施行。如官吏敢擅開修，不預申本屬，不得理爲勞績，及出給公據保明，仍勘事端施行。』從之。仍詔〔一〕今後委寔有功効，並只理爲勞績。

皇祐元年正月二十五日，兩浙轉運司言：『知越州餘姚縣謝景初申，當縣陂湖三十一所，並係衆户植利蔭田。内二十一所見於圖經，其間有被形勢豪强人户請射作田納租課，後來遂廢水利去處。雖累有詔敕及赦令，山澤陂湖不得占固，即無明言不得請射營種，及無簿籍拘管，所以官司因循請託，或致受納賂遺，令形勢豪强人户請射作田，以起納租税爲名，收作己業，民田蔭溉之利，其弊不細。請下本屬，明置簿籍拘管，永爲衆户蔭溉之利。今後更〔不〕得以起納租税爲名，輒行請射。如違，其所請人及所給官司重行朝典。本司欲依謝景初所請，明置簿籍，拘管陂湖，永充衆户貯水蔭田，更不許以起納租税爲名請射。仍令知縣常行檢察，如違，其所請頭主及給付官司，各乞嚴行勘斷奏聞。』事下三司，三司相度：『乞今後江淮、兩浙、荆湖路州軍如有陂湖，明置簿籍拘管，永爲衆户貯水蔭田。更不許人户以起納租税爲名，輒行請射。仍令知縣常行檢察，如違，其所請人及所給付官司，各重寘於法。』從之。

至和元年八月二十日，光州仙居縣令田淵言：『竊見江淮民田，十分之中，八九種稻，春中遇雨，則耕耨布種常宜霑潤；盛夏稍愆雨澤，則其苗衰薄，所收微尠。惟是陂塘，有修築堅固，蓄水高廣，則下所灌田，不以旱沴，無不厚收。訪聞民間不肯協力乘閑修作，雖私有文約，愚頑之民多不聽從。興工之時，難爲糾率，或矜强恃猾，抑卑淩弱，或只令幼小應數，而坐俟其利。似此之類，十居其半。及用水之際，争来引注，是以勞費不均，多起鬥訟。勤力懦善之家，受其弊，故不能專志（特）〔恃〕力〔二〕，用工興修，是致因循，極有遺利。竊見京畿及京東、京西等路每歲初春差夫，多爲民田所（興）〔與〕，逐縣差官部押，或役，當農隙之際，一向安閑，比之北地，寔爲優幸。伏知江淮並不點差夫支移三五百里外工役，罕有虚歲。其民於自己所利，亦不能勤力〔三〕治生，暫勞永逸，誠宜勸率。若非官爲拘督，因時興作，則私下雖有期會，無由糾集，所興之工，獲水之利，十未得其一二。欲乞諸路凡有陂塘湖港可以溉田之處，今後令逐縣將元籍所管及不曾供報之處〔四〕，逐一拘收。每年預先檢討工料，各具析〔五〕合係使水人户各有田段畝數，據寔户遠近，各備工料，候至初春，本縣定日，如差夫例，點集入役。仍逐處立團頭、陂長監催，

〔一〕詔　原作『照』，據《食貨》六一之九三改。
〔二〕恃　原作『特』，不通，應爲『恃』之誤。
〔三〕力　原作『户』，據《食貨》六一之九四改。
〔四〕此處疑脱『行』字，見《食貨》六一之九四。
〔五〕析　原作『折』，據《食貨》六一之九四改。

本州差逐縣官點檢部轄。候畢，責干係人結罪供狀〔一〕，仍別差官覆檢料例，並視差夫條約。後雖完固，亦須每歲計度合添工料，補疊堤防高厚，則積水深廣，獲利愈博。其久來堙塞遺跡，及地勢合有可以創置陂塘之處，令逐處檢踏，聽人户所願，經官申述，亦即相度，依例興修。其有陂塘乾淺退出灘地，却爲接連之家侵占，經久妄冒，便作己田欄占，不令依舊修作，多起訟端，官司不爲研窮。今後須仰定奪，雖經歲深，亦不得占護。若向去添疊水勢，過於舊跡，亦當損少利衆。其有水侵之地，即令檢量，據數比樸，量減二税。及新創陂塘之處，若有水面侵却不係使水之人田土，亦乞準前例。所差團頭陂長，於上等户內，如差夫隊頭例選差，仍給文貼，令董其役。或遇大雨，即率衆户防守；遇愆亢使水，須衆議同開決，自上及下，均匀灌溉，不得壅障。所産魚蛤、蒲葦、蓮芡之類，須秋成方得採捕。乞明立條約，若是盜決堤防，情理重者，嚴寘之法。』詔下三司施行。

嘉祐五年五月，知秀州羅拯言：『乞今後諸處湖塘〔二〕及運河邊田土，不得更令諸色人及官員請射。如有私冒侵占耕作，並以違制論。仍不以年歲遠近，令追〔三〕理所得租課入官。』詔都水監相度以聞。監司看詳：『蓋緣逐路轉運司及州縣並不檢條約舉行，是致豪勢人將衆户蓄水陂湖請射，量出租税，有妨旱歲溉救民田。今欲乞下逐路轉運司，依羅拯所請施行。如違，乞以違制科罪。』從之。

七月六日，羅拯言：『昨差往兩浙路相度均定茶租，竊見諸處係官湖塘〔四〕並運河邊田土，多被權要之家請射及鄰近鄉民侵占汙澱，種作成田，或量出租課入官，其寔微薄，却致湖塘漸成湮廢，有妨灌溉民田；並運河因茲淺澀，阻滯官私〔五〕舟船。如越州鑑湖，自東漢時興修，著在圖籍。周回三百餘里，灌田數萬餘頃，其爲越人之利甚大。近歲爲貪黷之輩以權勢干請，假託姓名，占射殆遍。欲乞今後諸處湖塘及運河邊田土，不得更令請射。如有私冒侵占耕作，並科違制之罪。仍不以年歲遠近，令追理所得租課入官。』從之。

二十四日，兩浙轉運司言：『睦州桐廬縣令劉公臣言：「民間有古溪澗、溝渠、泉源，接連山江，多被富豪之家漸次施工填築，作田耕種。無力之人，田畝接連，或遇水旱，並不約水溉田，因茲害稼。及訟於官，又爲富豪人户與賣産之家通爲弊倖，於文契並分居帖內廣定四至，包裹溪源在內，官司據而斷遣，寔見不均。欲乞應天下郡縣

〔一〕狀　原作『報』，據《食貨》六一之九四改。
〔二〕塘　原作『廣』，據《食貨》六一之九五改。
〔三〕追　原作『道』，據《食貨》七之一五和《食貨》六一之九五改。
〔四〕塘　原作『廣』，據《食貨》六一之九五改。
〔五〕私　原作『司』，據《食貨》六一之九五改。

鄉村，有古來溪澗、溝渠、泉穴之處，並不得人户作埭填築，占據爲主。每遇春農之際，並仰有田分之家，各據頃畝多少均攤，出備工力修開，取令深闊，盛貯其水。或遇水旱，即據田畝輪番取水[一]澆溉。明置文簿拘管，官爲印押，給與本處鄉長收管。或有貧人下户貿易田土與別主者，亦據見佃之人承認水分。違者，嚴寘之法。」本司看詳，民間水利，州縣自合依此施行。今劉公臣申述，已下諸州軍，令部内縣分應有古來溪澗、溝渠、泉穴之處，並不許人户作埭填築，占據水利。仍令逐縣置簿拘管，常行點檢。如遇水大，即令決泄，不得壅遏，却致浸没民田；若係旱歲，亦須通放，許令衆户得水，救蔭田畝。春時人户願備工開淘者從便，即不得邀難阻節。雖已施行，慮久不能遵守。』詔送詳定寬恤民力所關兩浙提刑司定奪。提刑司言：『欲依所請。』詔復送都水監相度以聞。監司看詳：『天下陂湖、塘堰、溪澗、溝渠、泉穴，爲強猾之人奪利侵占作田者甚多，每至旱歲，無水澆救苗稼。若依寬恤民力所相度劉公臣並兩浙轉運司事理，寔見可行。欲乞下諸路提刑司，遍下逐州縣，應有上件陂湖、塘堰、溪澗、溝渠、泉穴，元係衆人所使水利，久[二]來爲人耕占作田，合依所請施行。仍先具根究地名、源流去處、廣狹深淺、合澆溉得多少人户田土頃畝數目，申都水監，從本監看詳施行。仰本監置簿拘管，歲時檢舉，所冀經久不廢。』詔可，仍令『逐處應有陂湖、塘堰、溪澗、溝渠、泉穴，如根究得元係衆人使水，久來爲人耕占去處，即更差官定奪，奏候朝旨施行。』

是月，權三司使包拯言：『京西多閑田，而唐州治平四縣，其田之入草莽者十八九，雖簡其賦徭，而民多流去，不能以還業。知州趙尚寬興復邵信臣渠並境内之陂堰，下溉民田數萬頃，荒瘠之田，變而沃壤。今非獨流民自歸，又有淮南、河北之民至者萬餘户，請且留再任。若更能招輯户口，特與升陟差遣。』從之。

六年七月，提點河北刑獄公事張問言：『奉詔相度河北八州軍塘渠。今若就塘出土作堤，以蓄西山之水，則涉夏大河雖溢，而民田無衝浸之害。請下逐處，每歲增築。』從之。

英宗治平三年十一月，都水監言：『勘會諸處陂澤，本是停蓄水潦。近年京畿諸路州縣例多水患，詳究[三]其因，蓋爲豪勢人户耕犁高阜處土木，侵疊陂澤之地，爲田於其間。官司並不檢察，或量起税賦請射，廣占耕種。致每年大[四]雨時行之際，陂澤填塞，無以容蓄，遂致泛溢，頗爲民患。不制其漸，則盡爲民患。欲乞應天下州縣及京

[一] 水　原作『人』，據《食貨》六一之九五改。
[二] 久　原作『水』，據《食貨》六一之九六改。
[三] 究　原作『見』，據《食貨》六一之九六改。
[四] 大　原作『火』，據《食貨》六一之九六改。

畿陂澤之類，皆不得請射，明立界址，逐季舉行。令地分鄉耆覺察，不得容縱人户侵耕。許諸色人陳告，每畝支賞錢三千，以犯事人家財充。仍不以年歲遠近，並令追理所得地利入官。如違，其請射人並所給官司及侵耕之人，並科違制之罪。』從之。以上《國朝會要》

治平四年五月，神宗即位，未改元。京西南路安撫使[一]郭申錫等言：『知唐州高賦在任，興建水利，墾闢荒田，户口〔日〕增，民獲安便。』詔賦再任，如更能興置水利、招添人户、開廣閑田，仰轉運司畫（祈）〔析〕保明以聞，當議特與陞（步）〔陟〕。

《方域志》：英宗治平三年三月，命同判都水監張鞏與河北轉運使沈立度治澶州上六塔河。

《食貨志》：神宗熙寧元年六月十一日，中書言：『諸州縣古迹陂塘，異時皆蓄水溉田，民利數（陪）〔倍〕。近歲所在堙廢，致無以防救旱災，及瀕江圩埠，毁壞者衆。坐視沃土，民不得耕。』詔：『諸路監司訪尋轄下州縣可興復水利之處，如能設法[二]勸誘，興修塘堰圩埠，功利有實，即具所增田税地利保明以聞，當議旌寵[三]。』

二年四月十六日，權三司使公事吴充言：『竊見前襄州宜城縣令朱紘[四]在任日，修復水渠，不費公家束薪斗粟，而民樂趍之。渠成，所溉六千餘頃，數邑蒙其利。今授唐州泌陽縣令，乞召紘赴闕，詢其利害。如可試用，乞酬其勞。』詔轉大理寺丞。

閏十一月十五日，提舉兩浙常平等事、祕書丞侯叔獻徙開封界，都官員外郎、提舉開封府界常平等事林英徙兩浙路，以叔獻言：『汴河歲漕東南六百萬斛，浮江泝淮，更數千里，計其所費，率數石而致一碩。雖中都之粟用饒，而六路之民，實受其（幣）〔弊〕。夫千里餽糧，軍志所忌，矧京師帝居，天下輻（臻）〔湊〕，人物之富，兵甲之饒，不知幾百萬[五]數。夫以數百萬之衆，而仰給於東南千里之外，此未爲策之得也。臣伏思之，沿河兩岸沃壤千里，而夾河之間，多有牧馬地及公私廢田，略計二萬餘頃。計馬而牧，不過用地之半，則是萬有餘頃，常爲不耕之地，此遺利之最大者也。觀其地勢，利於行水，最宜稻田。欲望於汴河南岸稍置斗門，泄其餘水，分爲支渠，及引京、索河並二十六陂[六]水以灌之。則環畿甸間，歲可以得穀數百萬，以給兵食。此減漕省卒、富國強兵之術也。』故叔獻代英，仍令計會所屬相度，具經久利害以聞。

[一] 使　原作『司』，據《食貨》六一之九六改。

[二] 法　原作『勸』，據《食貨》六一之九七改。

[三] 寵　原作『罷』，據《食貨》六一之九七改。

[四] 紘　原作『絃』，據《宋史》卷一七三《食貨上一》及《食貨》六一之九七改。

[五] 萬　原作『里』，據《食貨》六一之九七改。

[六] 二十六陂　應爲『三十六陂』，見《食貨》六一之九七等。

十二月二十三日，條例司乞差祕書省著作佐郎、同管勾廣南東路常平等事楊汲，同提舉開封府界常平等事、祕書丞侯叔獻，於夾河引汴水，以溉民田。從之。

三年正月二十四日，條例司言：『進士程義路所陳蔡、汴等十河利害文字，實知水利。欲令義路隨侯叔獻、楊汲等以備指引，仍給驛券，視三班借職。』從之。

二月二日，都水監言：『中牟縣曹村袁家地，可創水澾一坐，水漲出時任其自流，比之修斗門倍省工費。又因而可以淤民田千餘頃。』從之。

二月三日，制置三司條例司言：『同判都水監張鞏等相度，得中牟縣界曹村創置水澾一坐，遇漲水時任其自流，比之修斗門大省費；又更灌二十餘里民田，都計五十餘里，約千有餘頃。所有合用人功物料，委京西都大司支那應副。乞依所奏施行。』從之。

二月二十六日，補潭州湘陰縣進士李度爲本州長吏。以監司言度嘉祐中率人修築兩鄉塘堤，灌溉民田，(常)〔賞〕賜粟帛，復徭役故也。

四月五日，制置三司條例司言：『據提舉河北路常平廣惠倉皮公弼言：懷州官吏同相度到境内秦河、丹河、沁河等，可以引水澆溉。然體問民間多不願興修水利，蓋慮起立粳稻米水税。已議差官按驗。仍體問洺、鎮、趙等州，亦有溝渠河道，可以興置水利。民間多恐官司創立粳稻水税，久遠輸納不前。公弼看詳，興置水利，係朝廷創新施行，若不設法招誘，人户無由肯用心，致州縣亦難興置。欲乞應人户今來創新修到渠堰，引水溉田，種到粳稻，並只令依舊管税，更不增添水税名額。所貴人户各肯興修水利。制置使相度，欲依所請，下河北東、陝西路施行。』從之。

九月二十一日，以知密州、尚書兵部郎中、集賢殿修撰張芻，知滄州、兵部郎中楚建中爲河北轉運使[一]，遣殿中丞陳世修乘驛同京西、淮南農(田)水利司官，經度陳、潁州八丈溝故迹以聞。〔世〕修言：『陳州項城縣界蔡河東岸，有八丈溝，或斷或續，迤邐東去。由潁及壽，綿亘三百餘里。乞因其故道，量加濬治，完復大江、射[二]虎、流龍、百[三]尺等處陂塘，導水行溝中，棋布灌溉[四]，俾數百里地復爲稻田，則其利百倍。』及畫圖來上[五]，於是上(論)〔諭〕：『世修言陳、許間地勢止合作水田，甚善。』又令早

[一] 使　原作『司』，據《食貨》六一之九八改。

[二] 射　原脱，據《長編》卷二一五補。又《食貨》六一之九八作『伏』。《長編》並於『射虎』前有『次河』二字。

[三] 百　原作『八』，據《食貨》六一之九八、《長編》卷二一五改。

[四] 灌溉　原脱，據《長編》卷二一五補。又《食貨》六一之九八作『棋布其勢。』

[五] 畫圖來　原無，據《長編》卷二一五補。又『及』《長編》作『乃』。

應副世修事。王安石曰：『世修言引水事即可試，但言八丈[一]溝、新河事宜，俟一精於水事人同相度可也。向時八丈溝，止爲鄧艾當時不賴蔡河漕運，得並水東下，故能大興水田。其後蔡河分其水漕運，水不可並，故溝未可講。今蔡河新修閘，無所用水，即水可並，而溝可復古迹矣。』故有是命。

十二月八日，梓州路轉運判官李竦言：『奉詔，令具財用利害事。伏見江淮、荆楚之地，民業窳薄，（卒）〔率〕以水田爲生，地多瀕江帶山，高下不等，雖有耕耘之勞，而罕勤堤防之利。雨暘稍愆常度，必（羅）〔罹〕暵潦之災。雖有編敕興復水利指揮，而郡縣少[二]能用心詢采。臣前任知舒州太湖縣日，訪聞諸鄉民田有邊臨溪江者，頻歲力耕疾種，不潦則旱。體問得皆有古來堤堰瀦洩水勢，或因積年大水決潰，因循不復修完。臣因乘其農隙，勸募傍近地主，備工料興築。民俗始未堅信，粗亦勉從。凡築成堤岸數處，次年積雨，溪江暴泛，所障遂免浸溺。自昔不植之地，一旦遂爲膏壤。遂令復加增葺，衆始悦隨。尋屬臣去，約太湖所修，十未一二，以天下計之，遺利固亦多矣。欲乞特詔郡縣，委長吏、令、佐，訪求境内古來陂堰積年毁壞荒廢者，並諸色人具利害、興修次第指陳，官司預行計度，俾因歲豐農[三]暇，據占以植地利人户，以頃畝多少爲率，勸誘出備工料興修。或量破廣惠倉斛斗，以充口食，不得以威刑驅逼，並專行覺察公人、耆保等接便搔擾。俟興築畢工，本州申提刑、轉運司，委官檢視。及候秋成，的免水旱之患，其勸督之官，乞依編敕，量功利大小，特行酬奬。元指陳修築人，亦與免本户一次色役。人户例不該差役之人，即量給小可酒税場務充賞。所貴地利不遺，民食充衍。』詔淮南提舉常平、廣惠倉司相度施行。

十二月二十七日，京西轉運司言：『許州長社等縣有（收）〔牧〕馬草地四百餘頃，先爲不堪牧放，權令人租。今相度，可以拘收入官，決邢山、潩河石限等水，溉種稻田。』從之。

四年六月十九〔日〕，詔司農寺選官，經量汴河兩岸淤到官陂牧[四]地、逃田等，召人請射租佃[五]。

二十四日，又詔：『諸州縣當職官如擘畫興修農田水利事，並先具利害，申轉運或提刑、提舉司，差官詣地相度，保明供申本司，疾速體訪施行。如能完復陂塘溝河，或導引諸水淤溉民田，修貼堤岸，或疏決積潦水害，或召募開墾久廢荒田，委堪耕種，令所屬官司結罪以聞。千頃以上，京朝官轉一資，幕職州縣官勘會功過考第舉主，轉

[一] 丈　原脱，據《長編》卷二一五、《食貨》六一之九八補。
[二] 少　原作『必』，據《長編》卷二一八改。
[三] 農　原脱，據《長編》卷二一八補。
[四] 牧　原作『地』，據《食貨》六一之九九改。
[五] 佃　原作『田』，據《食貨》六一之九九改。

合入京朝官，或與循資，不拘名次，指射優便差遣； 五百頃以上，京朝官減三年磨勘，幕職官與循資，令録及合入令録人與兩使職官，判司簿尉與初等職官。內合守選者，仍與免選； 三〔百〕頃以上，京朝官減二〔一〕年磨勘，選人免選，注家便官，合免選者，與指射優便官； 二〔百〕頃以上，京朝官減一年磨勘，選人並與免選，合免選者，與指射家便官； 百頃以上，理爲勞績。若只是興修開墾近歲損壞陂圩、溝河、荒田之類，比附上條頃畝，爲第一等酬獎。若功利殊常，自從朝廷旌擢，其已能創置增修，功利及民者，委官司常行葺治。 如至廢壞，並當降黜。』

五年正月，兩浙轉（司）運副使俞希旦言：『伏覩朝廷興修天下農田水利，此萬世之長圖。其間有昔日溝港，而今爲田畝，疏導水患，須至開決。緣未有條約，竊慮官吏有便廢民田爲溝港，致侵於民； 亦有可以疏鑿而未敢以興工，致利害有所未盡。欲乞應興水利處，有合開決民田者，即以官田計其頃畝，撥還田户； 如無田可撥，即計田給直。』詔送司農寺，遂移兩浙轉運提舉倉司看詳：『所請爲利，尚慮將來法行之後，州縣不計田土肥瘠高下，一例以步畝準折撥還，或虧損百姓。欲立關防，其給還民田之時，州縣並須依色額支撥官田，不得將瘠薄不堪耕佃田土，只以步畝抵數還民。內官田雖比元田薄而堪耕佃，有願請者，即兩倍其直，紐計步數，準折撥還。』從之。

五月十八日，詔：『應人户見耕占古迹陂塘地土，如可興修澆灌，委實利便。其所占地土，始係祖業，即依鄉原例支給價錢收買，除破省税。如地內見有墳墓、舍屋，仍量給還葬拆修功錢。係請射者，即與破税。如施功開墾，量給功直。以上合支錢，並合修斗門木石，如食利人户物力出辦不及，即許於常平倉官錢內支破。仍令提轉倉司候相度得利便，即先具澆灌頃畝及合用人功物料諸般支費錢物實數，保明聞奏。』

十九日，提舉京西常平等事陳世修言：『乞於唐州石橋河〔二〕南北岸，疊石爲馬頭，造虹橋架過河道，於橋梁下柱透槽，横絶過河，引水入東、西〔三〕邵渠，灌注九子等十五陂，則二百里之間，終冬水利均浹。』詔知唐州蘇涓覆視，如實，即委世修提舉創造。

十一月十七日，權發遣都水監丞周良孺言：『奉詔，相度陝西提舉常平楊蟠所議洪口水利。今與涇陽知縣侯可等相度，欲就石門創口，引入侯可所議鑿小鄭泉新渠，（南）〔與〕涇水合（西）而爲一，引水並高隨古鄭渠南岸。今自石門以北已開鑿二丈四尺，此處用堰約起涇水，入新渠行，可溉田二萬餘頃。若開渠直至三限口，合入白渠，

〔一〕二　原作『三』，據《食貨》六一之九九及上下文改。
〔二〕河　原脱，據《長編》卷二三三補。
〔三〕西　原脱，據《長編》卷二三三補。

則其利愈多，然慮功大難成。若且依可等所〔一〕陳，迴渠行十餘〔二〕里，雖溉兩旁高阜不及，然用功不多。既鑿石爲洪口，則經久無遷徙之弊。若更開渠至臨涇鎮城東，就高入白渠，則水行二十五里，灌溉益多。或不以功大爲難成，遂開渠直至三限口五十餘里，下接耀州雲陽界，則所溉田可及三萬餘頃。雖用功稍多，然獲利亦遠。』詔用良孺議，自石門創口至三限口，合入白渠興修，差蟠、可提舉。又令入內供奉官黃懷信乘驛相〔三〕度功料。先是，上問鄭渠利害，王安石曰：『此事正與唐州邵渠事相類，從高寫水，決無可慮。陛下若捐常平息錢助民興作，何善如之！』上曰：『縱用內藏錢，亦何惜也。』

初，宰相王安石奏事，因陳天下水利極有興治處，民間已獲其利。上曰：『灌溉之利，農事大本，但陜西、河東民素不習此。今既享其利，後必有繼爲之者。然三白渠爲利尤大，兼有舊迹，自可極力興修。大凡疏積水，須自下流開導，則甽澮易治。《書》所謂「濬甽澮距川」者是也。』

十二月二日，又詔：『應有開墾廢田、興修水利、建立堤防、修貼圩埠之類，工役浩大，力所不能給者，許受利人戶於常平倉係官錢斛內連狀借貸支用。仍依青苗錢例，作兩限或三限送納，只令出息二分。如是係官錢斛支借不足，亦許州縣勸誘物力人出錢借貸，依鄉原例出息，官爲置簿，及時催理。』

四日，權發遣河北西〔四〕路提刑公事李南公言，相度揲椿口添灌東塘等，詔閻士良專督修。先是，滄州北三堂等塘泊爲黃河所注，其後大河改道，而泊遂淤澱。程昉嘗請開琵琶灣，引黃河水灌之，其功不成。士良建言堰絶御河，引西塘水灌之。今從其請。

十二月十八日，提舉淮南西路常平倉司言：『濠州鍾離長安堰，定遠縣楚、漢泉二堰，水利至博，積年湮廢。乞依宿、亳、泗州例，賜常平錢穀，春初募人興修。』詔楊汲覆視，如可興，即本司官提舉。

六年五月二十三日，提舉兩浙興修水利郟亶追司農寺丞，送吏部流內銓，仍罷修兩浙水利。初，亶言蘇州水利，具書與圖，以爲『環湖之地稍低，常多水；沿海之地稍高，常多旱。故古人治水之迹，縱則有浦，橫則有塘，又有門、堰、涇、瀝而碁布之。亶所能言者，總二百六十餘所。今欲略循古〔五〕人之法，七里爲一縱浦，十里爲一橫塘。又因出土以爲堤岸，用度二千萬。夫水治高田，旱治下澤，要以三年而蘇之，田畢治矣。』朝廷始得亶書，以爲可

〔一〕所　原作『新』，據《食貨》六一之一〇〇、《長編》卷二四〇改。
〔二〕餘　原脱，據《長編》卷二四〇補。
〔三〕相　原脱，據《長編》卷二四〇補。
〔四〕西　原作『兩』，據《食貨》六一之一〇〇改。
〔五〕古　原脱，據《食貨》六一之一〇〇、《長編》卷二四五補。

行，遂除司農寺丞，令提舉興修。工役既興，而民以爲擾。會呂惠卿被召，言其措置乖方，又違先降朝旨，故有是命。

六月十六日，命太子中允、集賢校理、檢正中書刑房公事沈括，相度兩浙路農田水利差役等事。

八月二日，檢正中書刑房公事沈括，辟官相度兩浙水利。上曰：『此事必可行否？』王安石等曰：『括乃土人，習知其利害，性亦謹密，宜不敢輕舉。』上曰：『事當審計。無如郟亶妄作，中道而止，爲害不細也。』

三日，三司言：『淛西諸州水患，久不疏障，堤防川瀆，多皆堙廢。今若一出民力，必難成功。乞下司農，貸官錢，募民興役。』從之。

七年四月八日，檢正中書刑房公事沈括〔言〕：『先奉朝旨，許支兩浙陂湖等遺利錢興修水利。近勘會本路先管遺利錢額，及再差官根究，興修見未周徧，已見貫萬不少。竊見兩浙荒廢隱占，遺利尚多，及温、台、明州以東海灘塗地，可以興築堤堰，圍裹耕種，頃畝浩瀚，可以盡行根究修築，收納地利，將來應副水利，養雇人夫及貼支吏禄，免致侵耗免役及係省錢物。雖曾差官勾當，緣不在本路，無人應副。欲乞特降朝旨，選委官吏，仍乞優立獎勸之法。』詔宜令沈括選委官吏勾當，仍立獎勸之法以聞。

八月九日，中書門下言：『諸處見差官吏舉人擘畫興修農田水利，未見奏到興修次第及結絕了當。』詔令司農寺條析以聞。寺司勘會府界諸縣荒閑地土，召人開種稻田，並陳、許州溉田及兩浙永興軍等路水利，河中府、同、解等州淤田，回移洪口等，已相度並已未興修次第，係差官員舉人管勾去處。詔令司農寺常切點檢催促。

九月一日，臣僚上言：『伏見朝廷近年廣興（工）〔功〕利，頗有不實，互相隱蔽，未經考察。欲乞令司農寺畫具已興過功利，中〔一〕書置籍拘管，間或選官計會，逐路監司指名按驗，具的實事狀，連書結罪聞奏。其不實之人，並元保明官司，並乞重寘於法，以戒欺罔。』詔應已興修水利，宜令司農寺置簿拘管。如朝廷差官出外，即本寺申中書〔二〕令取索，因便體訪。如有不實不當，即按驗詣〔三〕實以聞。

十月十三日，以皇城使、端州刺史程昉，遥領達州團練使。昉治滹沱河，議者争出所見，謂非利。昉確不移，既而水行，人便之。上嘉焉，進官以賞之。

八年五月二十五日，右班殿直、勾當修内司楊琰言：『開封、陳留、咸平三縣種稻，乞於陳留縣界舊汴河下口，因新舊二堤之間修築水塘，用碎甓築成虚堤五步以來，取汴河清水入塘灌溉。』詔琰管勾，罷勾當修内司，依舊兼巡護惠民、蔡河、京、索、金水河斗門、堤岸、河道，令開封府

〔一〕中　原作『申』，據《食貨》六一之一〇一改。
〔二〕書　原作『令』，據《食貨》六一之一〇一改。
〔三〕詣　原作『指』，據《食貨》六一之一〇一改。

界提點司提舉，俟灌溉有實，保明以聞。

九月二十三日，詔：『諸當職官申請興修農田水利，謂開修陂塘溝河，導引諸水淤溉民田，或貼堤岸疏決積潦，永除水害，或召募開墾久廢荒田之類，委堪耕種者，並先具利害、功料，申提舉司體訪詣實，差官檢覆。功利大者，知州交職事與以次官，親行檢驗。俟興修畢，委本縣次第保明，申提舉司。本司保明申寺[一]。如元係監司、提舉司官擘畫，即本司申寺，差鄰路官計會。本州縣官共覆按保明申寺，千頃，與第一等酬獎；七百頃，〔與〕第二等；五百頃，與第三等；三百頃，與〔第〕四等；一百頃，與第五等。若擘畫而不曾監修，及監修而元非擘畫，並堙塞廢壞不滿二十年，而田舊功完復者，各降一等。其數少未應賞格者，委提舉司保明給公據，以任計酬獎。其功利殊常者，申寺奏裁。』

九年正月二十五日，中書門下言：『相度淮南東西路水利劉瑾言：體訪得（楊）〔揚〕州江都縣古鹽河，高郵縣陳公塘等湖，天長縣白馬塘、沛塘，楚州寶應縣泥港、射馬港，山陽縣渡塘溝、龍興浦，淮陰縣青州澗，宿州虹縣萬安湖、小河子，壽州安豐芍陂子等，今欲除古鹽河、萬安湖、小河子已令司農寺結絶，餘下逐路轉運司選官覆按施行。如本路職司有妨礙，即委別路選官。』從之。

七月二十八日，罷程昉同管勾外都水監丞，令都大制置河北河防水利，並依制置屯田使例施行。續詔更不別置司，其職事並依外都水監丞例施行。

八月二十四日，權判都水監程師孟言：『臣昔提點河東刑獄兼河渠事，本路多土山，旁有川谷，每春夏大雨，水濁如黄河。礬山水俗謂之天河水，可以淤田。絳州正平縣南董村旁有馬壁谷水，勸誘民得錢千八百緡，買地開渠，淤瘠田五百餘頃。州縣有天河水及泉源處，開渠築堰，皆成沃壤。凡九州二十六縣，興修田四千二百餘頃，并修復舊田五千八百餘頃，計萬八千餘頃。嘉祐五年畢功，攢成《水利圖經》二卷，付州縣遵行，迨今十七年。聞董村田畝舊值兩三千，所收穀五七斗，自淤後，其直三倍，所收至三兩碩。今權領都水淤田，竊見累歲淤變京東、西鹹鹵之地，盡成膏腴，爲利極大。尚慮河東路荒瘠之田，可引天河淤溉。乞委都水監選差官，往與農田水利司並逐縣令佐檢視，有可淤之處，具頃畝功料以聞。俟修畢，差次酬賞。』從之。於是奏遣都水監丞耿琬主管淤河東路田。

神宗元豐元年四月十九日，詔興水利，聽民户貸常平錢穀。詳見《農田門》

六月七日，京東路體量安撫黄廉言：『本路被水後，

〔一〕寺　原作『等』，據《食貨》六一之一〇二改。

乞勑有司檢計溝河，候豐熟，令所屬調丁夫濬治。梁山、張澤兩濼累歲填淤，浸損民田，亦乞自下流濬至濱州。』從之。開濬溝河，令都水監遣官，同轉運司檢視工料。

十四日，詔：『聞近畿路有苦雨處，令開封府界提點司督諸縣開畎積水，具退出民田次第以聞。京東、西路州軍委轉運司施行。』

三年七月十二日，詔：『前永興軍等路察訪使李承之、前知司農寺丞莊岳、前提舉常平倉沈披、蔡〔一〕曚、轉運判官章楶、楊蟠各（碾）〔展〕磨勘三年；提點刑獄李南公、轉運使趙瞻展二年；前轉運使張詵、楚建中各贖銅二十斤。』坐保明修永興洪口不當也。

六年十二月二十一日，尚書户部狀：『新權提舉成都府路常平等事韓玠言：唐州泌陽縣界馬仁陂遺利，乞下京西南路提舉司相度。』從之。

七年三月三十日，知相〔二〕州（蒲）〔滿〕中行言：『林慮縣南修合澗河水，以濟民用，功既及人。有孟兒等（料）〔村〕鑿井取水十年，百八十尺不及泉，民以爲勞而無功，寧遠行汲水。以初奉朝旨，未敢罷。』詔罷之。

徽宗崇寧三年十月二十三日，臣僚言：『元豐官制：水部掌川瀆河渠。凡水政，詳立法之意，非徒爲穿塞開導、修舉目前而已。天下水利，凡當興修者，皆在所掌。宜發明之，以告於上，在今尤急。如淛右積水比連，震澤泛溢，洊浸田廬，未有歸宿。此類利害，最宜講明，而未之及者也。願申飭水部及當職官，推廣元豐修明水政，凡當興修，悉究利害，條具以聞。』從之。

大觀四年十月一日，户部言：『提舉兩淛路常平司奏，乞詔諸路常平司，專委守令詢考古迹，應瀦水之地，立堤防之限，置籍拘管，俾公私無得侵占。凡民田不近水處，略倣《周官》「遂人」、「稻人」溝防之制，使合衆力而爲之。看詳：欲下諸路提舉司詳此，丁寧州縣，常切檢舉相度，依詳勑條施行。』從之。

政和元年三月十四日，詔：『近因陳仲宜等言：諸路湖濼、池塘、陂澤緣供贍學費，增收遺利，縱許豪富有力之家薄輸課利占固，專據其利，馴致貧窶細民頓失採取蓮荷、蒲藕、菱芡、魚鱉、蝦蜆、螺蚌之類，不能糊口營生。若非供納厚利於豪户，則無緣肯放漁採。兼遇時雨稍愆，即成災傷，蠲除租課，遺棄地利，因被阻飢。推究始終，爲患頗大，理合改更。令檢會行下諸路。』先是，荆湖北路提點刑獄公事陳仲宜奏：『本路州縣將久來衆共灌溉食利陂湖，一概比附坊場，令人户買撲收錢，以助學費，致妨人户灌溉及細民食利，爲害不細。已牒諸州並提舉學事司，依法改正施行去訖。竊慮諸州不便施行，望降睿旨。』又提

〔一〕蔡　原作『察』，據《食貨》六一之一〇三及《長編》卷三〇六改。
〔二〕相　《食貨》六一之一〇三作『湘』。

舉淮南西路常平等事李西美奏：『蘄州等處沿江湖池不少，自來係衆人採取，小民所賴。向緣縣學支費，令人户請佃出課，欲依已得指揮改正。』故有是詔。

二十一日，詔：『弛陂湖塘濼之禁，依元豐舊法，與衆共利，聽其汲引灌溉，及許瀕水之民漁採，以資生計。所有創許人户作遺利斷撲，供納課利，以助學費，可改正不施行。今後更不許人陳乞斷佃請射。監司常切覺察，如有違犯，糾劾以聞。』

十月二日，臣僚言：『蘇、湖、秀三州並江，積水歲爲患，故須圩岸以障。越州有鑑湖，租三十萬，法許興修水利支用。乞令本路提舉常平司委三州令佐相視，創立圩岸，工用之費，取足於鑑湖錢糧。』從之。

四年二月十五日，工部言：『前太平州軍事判官盧宗原，請開修自江州至真州古來河道湮塞者凡七處，以成運河，入浙西一百五十里，可避一千六百里大江風濤之患。凡用夫五百二十六萬一千一百七十五工，米五萬七千八百三十五碩。又可就工興築自古江水浸没膏腴田，自三百頃至萬頃者凡九所，計四萬二千餘頃。其三百頃以下者，又過之。乞依宗原任太平州判官日已興政和圩田例，召人户自備財力興修，更不用官錢糧。仍依府畿見行興修水利法，不限等第，許請佃，歲約得官租一百餘萬貫碩。若朝廷專遣官總核興修，衆工並舉，一年之間，可見成效。』詔差膳部員外郎沈鏻，同本路常平官相度措置，仍差盧宗原充幹當公事。

三月二十日，膳部員外郎沈鏻奏：『奉詔，相度措置江淮、兩浙路開修運河、興築圩田。據幹當公事盧宗原狀：合開修河路係官司措置外，有可興圩田，係涉江淮、兩浙三〔一〕路。已曾申明，乞依都畿見行興修水利法，不限等第，許人户請佃，情願隨力各借錢米。慮人户不知今來朝廷許令請佃，若相度措置得有合修地（上）〔土〕去處，即乞先次令逐處官司散出榜示，告諭人户送納投狀，理定名次。至興修有日，令人户送納興修錢糧。成田日，依次給佃〔二〕。』從之。

五月二十三日，京西轉運副使張徽言：『二浙雖遇豐歲，蠲除税賦不下三四十萬碩，皆堤防不修、溝洫不濬。欲申敕所屬監司督責州縣，各審視境内合興修堤防溝洫，以利害大小急緩爲先後，具圖狀先申朝廷，逐時檢舉催督，接續興修。雖農田水利隸常平司，乞轉運司同共催督。』從之。

六年八月四日，尚書省言：『平江府司户曹事趙霖相度，平江府積水舊有三十六浦，導其水歸於江海，又爲之閘，以（遵）〔導〕積水，今堙塞殆盡。措置當興修並置閘

〔一〕三　原作『水』，據《食貨》六一之一〇四改。
〔二〕佃　原作『田』，據《食貨》六一之一〇五改。

等，共用役夫一千七百五十六萬五千餘工、錢一百四萬二千餘貫、米五十二萬六千餘石。又發運副使應安道，委官相視港浦六處堙塞，合行先開，共役夫二百八十萬八千餘工，合用錢糧二十四萬七千餘貫碩。秀州華亭縣欲並循古法，盡去諸堰，各置小斗門。常州鎮江府望亭鎮合依舊置閘。』詔劄與趙霖相度，保明聞奏。

十六日，鴻臚卿王仲嶷奏：『兩浙積水之地多是民田，止因興築圍岸，苟簡滅裂，歲時風水衝蕩瀰漫，遂成陂湖。望朝廷選差有風力人，專行計置興築圍岸。其所差官，據圍裹過田數多寡，特與推恩，庶幾激勸。』詔送趙霖施行。

十月六日，新差權發遣提舉兩浙路常平等事趙霖言：『奉詔相度平江府積水，其諸路監司州縣承受備坐前項指揮，如有稽緩，因致闕悮去處，欲乞以違制論。合用錢米，踏逐到越州鑑湖封椿米，欲乞支撥一十萬石，並借支本路諸州常平本錢[一]一十萬貫文。如闕，則以常平米及常平封椿錢貼支。並乞降空名度牒二千道，承信郎、承節郎、將仕郎官誥各五十道。其命詞，並令以「興修水利」爲名。別立價直，將逐浦合用工料，召有力人户出備錢米，官爲募夫，監部開修，或一户、數户管一浦。候畢工日，計實用錢米，紐直給空名，許令變賣書填，召募出賣，不得抑勒。仍不依進納出身人例，以爲勸誘之方。今來措置興修積水，開浦置閘，並在平江府界内，欲乞權就本府置局，以提舉措置興修水利爲名。其差辟到官吏居泊、供給人從，仍令並就平江府應副。工作日，應閘匠每人別給工錢一百文、米三升。』詔並依所奏施行。

十二月四日，提舉兩浙路常平等事兼提舉措置興修水利趙霖奏興修水利未盡事：『湖、常、秀三州見行方田去處，候興修水利稍見就緒日施行。庶使數州之民，悉力以成大利。批降依奏指揮，支撥越州鑑湖封椿錢米。他司別有陳請支撥，欲乞許臣執奏。及開浦置閘，雇募夫力縣分，知佐自十一月止二月，諸司不許差出。』從之。

七年正月二十日，臣僚言：『趙霖興役治水，蘇、杭等州去歲災傷疾疫，民力正宜休息。』詔罷役，霖別與差遣。

七月六日，提點京畿刑獄公事王本奏：『前任提舉京畿常平日，根括諸縣天荒瘠鹵地，開修水田，引水種稻，逐年所收土利不少。將引水不利之地一萬二千餘頃，並置圖籍，拘管入稻田務，召人承佃。數内已佃五千三百餘頃，蒙朝廷立定賞格，已足激勸。尚慮逐縣令佐不切奉行，却致荒廢。欲乞朝旨，比附鹽事司開墾鹹地賞格推賞。』詔依，申明行下。

[一]『路』原脱，據《食貨》六一之一〇五補。又『常平本錢』，食貨六一之一〇五作『本錢』。

宣和元年二月十四日，臣僚言：『訪聞江淮、荆漢間荒瘠彌望，率古人一畝十鍾之地，其堤閼、水門、溝澮之迹，迤邐猶存，而郡縣恬不以爲意。近絳州百姓吕平等詣御史臺披訴，乞開濬熙寧舊渠，以廣浸灌，情願加税一等。則是近陂池之利且廢矣，何暇議復古哉！欲詔常平使者，有興修水利，功效明白，則亟以名聞，特與褒除，以勵能者。』從之。

三月二十三日，詔直祕閣提舉兩浙路常平趙霖降兩官，以增修水利不當故也。

六月七日，詔：『比遣趙霖措置興修吴浙水利，霖召募被水艱食之民，凡役工二百七十八萬二千四百有奇，開一江一港四浦五十八瀆，已見成績。霖可陞職一等，仍復所降兩官。』其後十月十日，詔趙霖差辟到水利官屬，具等第職位姓名聞奏，當優與推賞。

八月二十四日，提舉專切措置水利農田所奏〔一〕：『浙西諸縣，各有陂湖溝港，涇洪湖濼，自來蓄水灌溉，及官私舟船往還。今欲就委打量官遍詣鄉村檢踏，應有似此去處打量，並見丈尺、四至、著望，用大石碑〔二〕雕鐫地名、丈尺、四至，以千字文爲號，於界省分明標識。仍曉示地分食利人户常切照管〔三〕，無令損動、堙塞，請占。縣别置簿拘收。縣尉遇下鄉檢察，如有堙塞，即時開濬。』從之。

三年二月一日，詔：『越州鑑湖、明州廣德湖自措置爲田，下流堙塞，有妨灌溉，致失陷常賦。又請(田)〔佃〕人多是新舊權勢之家，廣占頃畝，公肆請求。兩州被害民户，例多流徙。仰陳亨伯體究詣實，如所納租税過重，即相度減免，立爲中制。應妨下流灌溉處，並當弛以與民。令條畫圖上取旨，毋得觀望滅裂。』

三月十九日，詔：『江南路官私圩埕，有司希功妄作，或輒將上流閉塞，致下流無水灌溉；或壅遏無所發泄，致鄰左例遭水患。及有元供頃畝數多，後來實數不及，輒敷與民户，或勒令等第承佃，或抑配倍納租賦，因此多致民户流徙。可限十日改正。見妨民户灌溉及擁遏無發泄者，所屬監司相度措置，或弛以予民。所輸税賦，比附鄰近，立爲永制。如尚敢營私觀望，許民户越訴，當議重行黜責。』

五年五月四日，臣僚言：『鎮江府練湖與新豐塘地里相接八百餘頃，灌溉四縣民田，每歲春夏雨水漲滿，側近百姓引灌田苗，縱秋無雨，亦不慮旱。漕河水淺，湖水灌注，是以一寸益河一尺，其來久矣。今湖堤四岸多有損缺，春夏不能貯水，纔至少雨，則民田便稱旱傷，縣官又禁止民間不得引湖水灌田，且以益河爲務，故丹陽等縣民田

〔一〕奏　原脱，據《食貨》六一之一〇六補。
〔二〕碑　原作『牌』，據《食貨》六一之一〇六改。
〔三〕管　原脱，據《食貨》六一之一〇六補。

失於灌溉，虧損税賦。欲令食利縣分候農隙日，次第補葺堤防。』詔本路漕臣並本州縣當職官詳度利害，檢計合用功料以聞。

七年九月二十二日，詔以徽猷閣待制、知江寧府盧襄爲顯謨閣直學士，江東路提點刑獄、常平官各轉一官，以能奉詔體國。罷丹陽、固城、石臼三湖爲圩田，及言開銀林河事爲不急之務，切中時弊也。

哲宗元祐六年閏八月四日[一]，知杭州林希言：『太湖積水未退，爲蘇、湖大患。乞專委監司躬詣瀕海泄水處相度開決，庶使積水漸退，民田復出，流移歸業。』詔左朝奉郎邵光與本路監司同導積水。

元符元年二月十六日，工部言：『河北屯田司令塘水深淺季申尚書工部。今後塘泊州軍率於孟月保明所管地分塘水增減尺寸，徑報屯田司。候到，差官檢覆，本司於仲月審察詣實保奏，仍具申本部。』從之。

欽宗靖康元年三月一日，臣僚言：『東南地瀕江海，舊有陂湖蓄水，以備旱歲。近年以來，盡廢爲田，澇則水爲之增益，旱則無灌溉之利，而湖之爲田亦旱矣。民既承佃，無復可脱，租税悉歸御前，而漕司暗虧常賦，多（致）〔至〕數百萬斛，而民之失業者衆矣。乞盡罷東南廢湖爲田者，復以爲湖。』詔令逐路轉運、常平司計度以聞。以上《續國朝會要》

高宗紹興元年九月七日，三省言：『宣州、太平州圩田，歲入租課浩瀚。近（緩）〔緣〕賊馬蹂踐，掘破圩岸，及佃户逃亡未歸，荒閑甚多。』詔令逐州守臣將缺壞圩岸疾速措置，如法修治。人户耕種内合工料，並見佃貧乏無力人户，並許取撥常平錢米量行應副，及借貸支使。

二年正月一日，詔：『宣州、太平州見修治圩田，逐州當職官能趁時興修了當，將來收租税及選人改合入官；京官轉一官，更減二年磨勘。如過期違慢，仰提刑司具名按劾，官取旨重行勒停，人吏決配。』

十二月三日，知太平府張錞言：『本州管下公私荒閑水田甚多，今欲廣行召募，修圩開墾。其糧種，據所佃頃畝多寡立法，官中量爲借貸。候至秋米成熟，將所借物數分料尅還。縣丞或主簿一員，專爲勸誘催督，歲終較請佃之數，以其多者，乞行推賞。仍欲踏逐指差大小使臣兩員，充本州準備使唤，幹辦農田事務。』從之。

十六日，詔：『太平州諸縣興修圩岸錢米及借貸人户種糧，令於宣州常平、義倉等米内取撥一萬石。仍令太平州認數，候將來圩地收成日，却行撥還。』

[一] 原此頁題頭有『食貨志』三字；此頁所記『哲宗元祐六年閏八月四日』及其下『元符元年二月十六日』條，當移於置《食貨》七之三一『元豐七年三月三十日條』後。疑編書時錯頁。

二年〔一〕三月二十七日，都省言：『太平州、宣州圩田累降指揮，專委太平州守臣張錞、宣州通判樊滋，同本路漕臣、提刑司併工修治。尚慮不切用心，理當專責帥臣提總其事。』詔專委李光。

三年三月二十九日，紹興府上虞令趙不摇言：『本縣所管夏蓋等湖一十三處，自廢湖爲田，租米皆屬御前，省税即隸户部。官吏知有湖田數千碩之利，而不知奪此水利，檢放省税，歲乃至萬碩。建炎以後，湖租盡入户部，然未之廢，廢之誠便。』吏部侍郎李光言：『一方利病，莫甚於湖田。大抵湖高於田，又高於江海，水少則泄湖水入田，水多則泄田水入湖，故無水旱之歲、荒廢之田也。自政和以來，樓异知明州，王仲薿知越州，内交權臣，專務應奉，將兩郡陂湖廢爲田，澇則增溢不已，旱則無灌溉之利，而湖之爲田亦旱矣，百姓失業者不可勝計。望下轉運司比較，自興湖以來所失常賦與湖田所得孰多孰少。』檢會祖宗條法，應東南郡自政和以來以湖爲田者，復以爲湖。』詔户部、工部看詳。本部言：『昨據紹興府上虞縣丘襄等狀稱，靖康元年三月内降指揮，盡罷東南廢湖爲田者，復以爲湖，令逐路轉運等司同共相度利害聞奏。乞先次廢罷本縣夏蓋湖田，遂行下兩浙提刑司施行。去後雖據本司申到因依聞奏，當時緣未見靖康間轉運司曾如何相度具奏，有無畫到指揮，再下提刑司從長相度，申部未到。』詔令張守限三日相度，具經久的確利害以聞。

五月十日，知紹興府張守言：『被旨，令相度上虞、餘姚兩縣湖田復廢爲湖經久利害以聞。守契勘民户所納苗米，較兩年號爲豐熟，但秋夏雨水稍不應時，其減放之數，以湖田所收補折外，官中已暗失米計四千二百餘碩，民間所失當復數倍。今相度，先將餘姚、上虞湖田復廢爲湖，委是經久有利無害，伏望早賜施行。』詔依，仍(乞)自紹興三年正月爲始。

四月一日，詔：『宣州見興修官私圩田，可改委新除守臣李處勵措置，並依樊滋前後已得指揮，疾速施行。其樊滋不合專輒工役，限一日分析不奉行因依以聞。』

二日，詔江南東路轉運判官〔二〕陳敏識，將宣州見管常平義倉並惠民圩租一萬九千七百餘碩，於内支撥一萬三千碩與太平州外，餘數撥付宣州，並專充貸借圩田民户使用，同所委〔三〕守臣疾速勸民耕佃。

四年二月八日，兩浙西路宣諭胡蒙言：『乞行下兩浙諸州軍府，委官相度管下縣分鄉村，勸誘有田産上、中户量出工料，相度利害，預行補治堤防圩岸等，以備水患，庶免將來有害民田。』詔劄與本路轉運司相度施行。

〔一〕二年　疑爲『三年』之誤，前已敘述至二年十二月，此處又退回三月？如是三年，時間順序無誤。
〔二〕轉運判官　原作『轉判運官』，據《食貨》六一之一〇八改。
〔三〕委　原脱，據《食貨》六一之一〇八補。

九月二十二日，太平州言：『當塗縣管下舊有路西湖，傍有跋聳港，係通宣、徽州界。每遇春夏山水泛漲，自港入湖，出海塘港，入本州姑溪河，通出大江，所以諸圩無水患。止因政和二年本州將路西湖興修作政和圩，自後山水無以發泄，遂致衝決圩埕，損害田苗。乞廢田，依舊開掘爲湖。』户部下本路轉運、提刑司同共相度，逐司言：『決圩爲湖，委是經久利便。』從之。

五年閏二月二日，江南東路轉運司言：『契勘太平州管下當塗、蕪湖、繁昌等三縣圩田，所收租米萬數浩大。因去歲春夏雨水連綿，江湖泛溢，衝決圩岸，已蒙朝廷支降到圩米一萬碩，應付見行修築。欲依紹興二年正月内指揮推恩，庶幾有以激勸。』從之。

四日，知湖州李光言：『自壬子歲入朝，首論明、越州〔一〕廢湖爲田之害，蒙獨罷餘姚、上虞兩邑湖田。其會稽之鑑湖、鄞之廣德湖、蕭山之湘湖等處，其類甚多，州縣官往往利爲圭田，頑猾之民因而獻計，侵耕盜種，上下相蒙，未肯盡行廢罷。竊謂二浙每歲秋租，大數不下百五十萬斛，蘇、湖、明、越其數太半，朝廷經費之源，實本於此。伏望專委漕臣，遍行郡邑，延問父老，考究漢、唐之遺制，檢舉祖宗之成法，應明、越湖田盡行廢罷。内有積葑葑淺澱去處，許於農隙量差食利户旋行開撩，稍假歲月，盡復爲湖。』詔逐路轉運，限半月躬親前去相度利害，申尚書省。

六年九月二十三日，温州進士張顧言：『今歲旱凶，逮此窮冬，民食已艱，惟水利一事可行於此時。今已孟春農隙，乘民乏〔二〕食，仍興是役，用以振之，一舉而兩得。本州委瑞安縣主簿同張顧前去集善鄉陶山湖，勸率豪户情願出備穀米，給散貧乏人，同共修築陂塘，蓄水灌溉，因便賑濟小民千餘家，各免饑乏，功效尤著。緣此以近及遠，互相依倣之人頗衆，貧民賴以兼濟。望朝廷特行推賞。』顧召赴行在都堂審察。

七年三月十九日，兩浙西路安撫制置大使兼知臨安府吕頤浩言：『五代時，馬氏〔三〕名犯廟諱據湖南潭州東二十里，因諸山之泉，築堤潴水，號曰龜塘，灌溉公私一萬餘頃，惠民一方。其後，堤堰廢壞，經百餘年，有失修治。去年旱災，民皆失食。臣募雇饑民修成堤岸，以爲久遠之利。今來栽插是時，欲令安撫司於潭州摘挪數〔四〕百人，併力栽插，及將來芟除蒿草。』詔令劉洪道疾速措置施行。

五月十二日，詔：『臨安府餘杭縣南、北湖依舊存留，灌溉民田等用，不許輒便出賣。』

十七日，尚書右僕射、都督諸路軍馬張浚言：『勘會興元府洋州所管渠堰，澆溉民田，數目浩瀚。昨自兵火之

〔一〕州　原作『間』，據《食貨》六一之一〇八改。
〔二〕乏　原作『之』，據《食貨》六一之一〇九改。
〔三〕馬氏　《食貨》六一之〇九作『僞楚馬殷』，當爲原書底本文字。
〔四〕數　原無，據《食貨》六一之一〇九補。

後，例皆隳壞。今吴玠遣發將兵及委知興元府王俊、知洋州楊從義部押官兵同共修葺，並已就緒。望賜獎諭，並乞降黄榜撫勞將兵。』從之。

二十三日，給事中兼直學士院胡世將言：『吴玠等能憂國恤民，發戲下之衆以興渠堰，廣灌溉之用，爲富國强兵之資，寬疲瘵遠輸之急，其體國之忠，有足嘉者。臣謂宜因以風厲將帥，使咸知朝廷之意，各務究心興修水利，措畫營田，以省餽運而寬民力。欲望將今來降詔勑牓文，令有司行下諸大帥及統兵官等照會，將王俊、楊從義等特賜旌賞，以爲忠勞之勸。』從之。

八年十一月二日，御史[一]蕭振言：『乞詔親民之官各詢境内之地，某鄉某里凡係陂塘堰埭，民田共取水利去處，咸籍而記之。若從官中追集修治，則慮致搔擾。不若隨其土著，分委士豪，使均敷民田近水之家，出財穀工料，於農隙之際修焉，縣官董其大概？而已。仍於縣官罷任之日，書所興修水利若干於印紙，量加旌賞，以勸來者。』詔令户部行下諸路常平司，委守臣措置興修以聞。

九年正月二十一日，利州路提刑司言：『保明到王俊、楊從義、田晟，修葺興元府、洋州兩處修到渠堰溉田所增苗税，乞依已降指揮旌賞施行。』詔吴玠令學士院降詔獎諭，餘各與轉一官，依條回授。

五月二十四日，權發遣明州周綱言：『嘗考明州城西十二里有湖，名廣德，周回五十里，蓄諸山之水利，以灌溉鄞縣七鄉民田，其利甚廣。自政和八年，守臣樓异請廢爲田，召人請佃，得租米一萬九千餘碩。至紹興七年，守臣仇疊又乞令見種之人不輸田主，徑納官租，增爲四萬五千餘碩。臣嘗詢之老農，以爲湖水未廢時，七鄉民田每畝收穀六七碩，今所收不及前日之半，以失湖水灌溉之利故也。計七鄉之田不下二千頃，所失穀無慮五六十萬碩，又不無旱乾之患。乞還舊物，仍舊爲湖，伏望特賜指揮施行。』詔依，令轉運司疾速措置，申尚書省。

十三年三月二十四日，明州言：『契勘廣德湖下等田畝，緣既已爲田，即無復可爲湖之理。不免私自冒種，非惟每年暗失官租三千餘碩，而元佃人户詞訟終無由[二]止息。又因緣有争占鬭訟，愈見生事。欲乞依舊爲田，令元佃人户耕種。』從之。

十五年閏十一月九日，差權發遣利州元不伐言：『蜀本魚凫、彭濮之國，土地瘠薄，秦太守李冰鑿離堆皂水以灌以溉，由是(利水)〔水利〕之興，徧於右蜀，遂爲奥區，養民之利，莫大於此。爰從近歲，堰多壞缺，不時繕營，爲農之害，莫大於此。賞罰之明，著於甲令，非舉而行之，無以示勸懲。欲望戒飭有司，克遵成憲，申嚴殿最，以隆邦

[一] 御史　《食货》六一之一〇九为『侍御史』。
[二] 由　原作『田』，據《食貨》六一之一一〇改。

本，使無罪歲之憂。』詔委四川宣撫司相度措置。

十六年正月二十一日，知興元府楊政言：『契勘本府山河六堰，澆溉民田頃畝浩瀚。自來春首，隨民户田畝多寡，均差夫力修葺。昨經兵火，民力不足，多因夏月暴水衝壞堰身。若修葺不如法，遂失一歲之利。今措置，如遇渠堰損壞，民力不足，即於見屯軍兵下等人内量差應〔一〕副，併力修葺。』從之。

七月二日，上諭宰執曰：『平江堤堰不修，歲輸米比舊額虧十萬斛，並臨安西湖民灌溉所資，其利不細。歲久淤澱，並宜措置修治。』

十一月，前知袁州張成已言：『江西良田多占山崗上，資水利以爲灌溉，而罕作池塘以備旱暵。望令江西守令，俾務〔農〕隙時，勸督父老，相地之宜，講究池塘灌溉之利，以爲耕種無窮之資。』詔令户部檢具賞格，行下本路常平司措置。

二十三年四月二十三日〔二〕，上諭輔臣曰：『久雨，不至妨農否？民田須常作瀦蓄。昨來士大夫有理會興修陂湖之利者，宜令州郡措畫，以備闕雨灌溉。』於是尚書省勘會：『諸路州縣陂湖，本以蓄水，準備灌溉民田。訪聞比來多爲大户侵占，一或闕雨，有妨灌溉。』詔令逐州軍措置，每季具施行次第以聞。

六月十四日，權知江陰軍蔣及祖言：『江陰軍地廣民衆，號稱沃壤，北枕大江，潮汐〔三〕之所往來。然漕河别有一泒，曰五卸港，港北入大江，凡六十里。自大觀中濬治，距今填淤，積水不泄，霖潦暴至，冒没民田，故西南諸鄉多水溢之虞。本軍舊有横河，自建寅門至平江常熟縣，凡五十里，傍爲支渠，溉田甚廣。自政和中濬治，距今沙漲，幾爲平地。凡北江之潮，無自而入，故東南之鄉，多旱乾之患。二河之利，久不開鑿。望令官相視興修，仍令長吏以時疏導。』詔令本路常平司相度，申尚書省。

二十二年十二月十九日，前權知黄州黄子游言：『乞飭提舉常平官，將舊來管下所有陂塘應干水利去處，委官檢踏〔四〕，本處縣丞措置，申本司照應修治，務要可禦水旱。如一切了當，從本司覆實，申乞推賞施行。或不切究心，措置滅裂，亦仰常平司具名按劾。』上曰：『近聞陂塘水利去處多爲人侵占，可令有司措置，無妨衆用。』於是詔户、工部檢坐見行條法指揮，申嚴行下。既而上諭輔臣：『須是常平官得人。若監司用心，此等事無慮。聞近時監司多是端坐，不出巡歷，提點刑獄職在平反，尤當遍臨所部，宜加戒飭。』乃詔諸路灌溉民田陂湖，往往爲人

〔一〕應　原脱，據《食貨》六一之一一〇補。
〔二〕該『二十三年四月二十三日』及『六月十四日』兩條，當爲原稿錯録，應置於『二十二年六月九日』之後。
〔三〕汐　原作『洺』，據《食貨》六一之一一一改。
〔四〕踏　原作『路』，據《食貨》六一之一一一改。

侵占，令户部行下提舉常平官躬親措置，申尚書省。

二十二年八月四日，比部員外郎李泳言：『淮西募兵耕墾閑田，而田疇高原去處，舊有陂塘，以資灌溉。今來墾闢雖廣，而未究水利。若使民户自行開濬，竊恐方集之人，有傷其力。望詔有司行下州縣，更切講究水利〔一〕。如有陂塘所在，俾於農隙，官給錢米以濬治之。』上宣諭曰：『聞州郡陂塘蓄水去處，如對岸紹興及淮南，往往爲民户所侵占。雖目前州縣獲利，恐三五年後，無水溉田，却爲害非細。李泳所奏，可令户部行下本路常平司措置。』

九月六日，左朝奉郎周楙言：『臣前任蘄州，見郡城環迴皆山，每遇霖雨，則衆山之水奔湊城下，莫之能禦。治平二年，郡守張衡創築河堤，以捍水勢，從此無復水患。自經兵火，掘鑿殆盡。望詔有司委自知、通同屬縣，就農隙依所定錢米和雇游手濬渠，取土成堤，水到渠成，堤亦成矣。堤岸既修，除去水患，民皆安居，而灌溉有備，亦無旱暵之虞。』上可其言，因宣諭曰：『不獨蘄州，凡沿淮合堤備水患去處，令本路漕臣同逐州守臣措置。』

二十三年七月二十三日，試右(見)諫議大夫史才言：『浙西諸郡水陸平夷，民田最廣，平時無甚水甚旱之憂者，太湖之利也。數年以來，瀕湖之地，多爲軍下兵卒侵據爲田，擅利妨農，其害甚大。蓋隊伍既易於施工，土益增高，長堤彌望，曰埧田。水源既壅，太湖之積，漸與民田隔絶不通。旱則據之以溉埧田〔二〕，而民田不沾其〔三〕利。乞專令本路監司躬親究治〔四〕太湖舊利〔五〕，軍民各安其職，田疇盡蒙其利，農事有賴。』上然，從之。

十月二十二日，户部言：『宣州、太平州縣管官私圩田内，有被水衝破圩埕去處，欲乞委司農寺丞兼權户部郎中鍾世明前去措置。』從之。

二十七日，鍾世明言：『被旨差往宣州、太平州措置圩埕。今條下項：一、今來宣州化成、惠民圩埕周圍接連計長八十里，小埂不用修築外，内被水破缺並裏外損壞摧塌去處，合行修築增高。一、(令)〔今〕來修築圩埕，合用和雇人功錢米，乞於常平錢米内應副。如本州常平錢米不足，即許提舉常平司於本州合發上供錢米内取撥兑借，免致臨時闕悮。其下三等人户，竊慮緣水患無力輸納，即乞令結甲借貸常平司錢。自紹興二十四年爲始，作四年帶納。一、(令)〔今〕來修築圩埕，所用工浩瀚，務要堅實，庶可經久。全籍所差官協力管幹，庶不致滅裂，枉費人工。如有不切用心〔六〕，弛慢職事，許行按劾。内有昏

〔一〕自『若使民户』至『講究水利』，原稿有重抄，已删。
〔二〕埧田　原脱，據《食貨》六一之三補。
〔三〕其　原脱，據《食貨》六一之三補。
〔四〕治　原脱，據《食貨》六一之三補。
〔五〕利　原脱，據《食貨》六一之三補。
〔六〕心　原作『之』，據《食貨》六一之二二改。

懦怯弱不任職事之人，亦許差官抵替。所有檢察監修部役等官，如能用心了辦，不致滅裂，虛費人工，亦乞許保明，申取朝廷指揮，量行推賞，庶示懲勸。』於是户部看詳：『欲乞下宣州並江東轉運常平司詳此，並依本官逐項措置到事理施行。』從之。

閏十二月二十七日，又言：『今措置太平州圩埠下項：一、（令）〔今〕來當塗、蕪湖兩縣人户被水，損壞圩埠。乞結甲保借米糧相添，自行修築。在法：係是農田水利，民力有不能辦者，合依宣州體例借貸，具數保明，申提舉常平司外，有萬春等圩埠人户乞官爲雇工修築。今檢計被水破缺並裏外埂損壞，合行增築貼補，其蕪湖縣萬春、陶新、政和等圩埠三所，共長一百四十五里有餘，合用九十六萬一百三十四工；當塗縣管圩埠一所，係廣濟圩，長九十三里有餘。其圩與私圩五十餘所並在一處，坐落青山前，各係低狹。埂外面有大埂埠一條，包套逐圩在內，抵障[一]湖水。今來逐圩被水損壞，詢訪人户，只修外面大埂，不惟數倍省工，委是可以抵障水勢。所有腹裏圩埠或有損處，聽人户自修。尋取會到逐縣被水修治官私圩埠體例，係是人户結甲保借常平米自修。今來損壞尤甚，人户工力不勝，不能修治。今措置，欲乞依見今人户結甲乞保借米糧自修圩埠體例，不以官私圩、人户等第納苗租錢米充雇工之費，官爲代支過錢，年限帶納。自餘合用錢米，並乞下提舉常平司照會，日下取撥，津[二]發應副本州雇工修治施行。一、今來蕪湖縣申：獨山、永興、保城、咸寶、保勝、保豐、行春圩北，其地圩埠，被水衝破打損至多。若只依係保借糧米，將來修築不前。內有咸寶一圩，被水損壞，衝成潭缺，計長二十五丈，闊三十丈，深二丈二尺，須用創作堤埠，從裏面圍裏，倍費工力。比獨山等圩埠損壞，尤見工費不同，委是民力難辦，乞官爲雇工修築。今檢計獨山等七圩，委是被水損壞處多，其咸寶堤埠衝破成潭處，難以就舊基修築，合從裏面別創，築埂圍裏，計長八十一丈，合用五千四百工。今措置，上件圩埠欲各依例結甲隨苗借米外，更據户下田每畝與借[三]錢一百文省，令自修築。其咸寶圩埠潭缺處，據合用工數，欲乞官和雇人工，共同修治。』於是户部言：『欲乞下太平州、江東轉運常平司，並依本官逐項措置到事理施行。』從之。

二十四年九月十五日，大理寺丞周環言：『臨安、平江、湖、秀四州低下之田，多爲水積浸灌。蓋緣溪山諸水併歸太湖，水分爲二派：東南一派由松江入於海，西北一派由諸浦注之江。其沿江泄水諸浦中，惟白茅浦最大，

[一] 障　原作『漲』，據《食貨》六一之一一二改。下句有『可以抵障水勢』可證。

[二] 津　原作『律』，據《食貨》六一之一一二改。

[三] 户下　原作『下户』，『借』字原脱，並據《食貨》六一之一一三改補。

今爲沙泥淤塞。每歲若遇暑雨稍多，則東北一派水必壅溢，遂致浸傷農田。欲望令有司相視，於農隙開決白茅浦故道，俾水勢分派流暢，實四州無窮之利。』詔令轉運司措置。

二十八年八月二日，宰執進呈監察御史任古論蘇、常、湖、秀被風水災傷，因措置浙西、江東、淮南賑糶事。上曰：『被水州縣檢放税苗，而賑貸其不給，固當如此。』宰臣曰：『平江一帶低下，而堤堰壅塞，畎澮不通，致有積水。他郡亦不至此。』上曰：『可令蔣璨[一]同漕臣專一措置。』

九月十三日，兩浙路轉運副使趙子潚、知平江府蔣璨言：『近被旨相度水利利害。子潚等歷吴江、吴〔興〕、長〔興〕[二]三縣民田渰没去處相視，以至常熟；又自常熟北至楊子江，又自崑山東至海口，推究源流，講求利害。今詢訪得浙西諸州，平江最爲低下，而湖、常等州之水皆歸於太湖，自太湖以導於松江，自松江以注海。是太湖者數州之水所瀦，而松江者又太湖之所洩也。然以數州瀦水之巨浸而獨洩以松江[三]之一川，宜其勢有所不勝受，而洩放有所不逮。是以昔人於常熟之北開二十四浦，疏而導之楊子江，又於崑山之東開一十二浦，分而納之海。兩邑大浦，凡三十有六，而民間私小涇港不可勝數，皆所以決壅滯而防泛溢也。後因潮汐往來，泥沙積聚，舊置開江之卒，尋亦廢去。閱時既久，填淤日增，此大浦所以堙塞，而民田於是有渰没之憂也。昨日建議興修水利之人接武而出，其説皆迂闊汗漫而難用。所見於已施行者，天禧、天聖間，運使張綸於常熟、崑山縣各開衆浦，以導積水。景祐間，郡守范仲淹親至海浦，開浚五河以疏導諸邑之水，使東南入於松江，東北入於楊子與海。政和間，提舉趙霖將命興修水利，開浚三十三浦，役工僅開常熟兩浦、崑山一浦而罷。開三浦之後，迄今又四十年，諸浦堙塞，又非昔日之比，遂致湖瀼盈溢，浦港溷淤，而積水散漫民田之中，十年之間，澇歲八九。今相視，泥沙湮塞，有妨洩水，合行開掘分導緊切去處，開具如左：一、常熟縣開浦五處：梅里塘，泄崑湖並常熟塘一帶積水，自本縣東栅，由梅里鎮至白蕩橋；又茆浦，係泄崑湖、承湖水，自周涇至浦口；又崔浦，泄崑湖、承湖由梅里塘積水，自浦口至雉浦一帶；又福山浦，係泄崑湖、承湖並府塘一帶積水，自尚墅橋及九折塘至顯星橋；又黄四浦，係泄尚湖及崑湖水，自三里汀至十字港。一、崑山縣開浦四處：新洋江，北接百家瀼，南出吴松江，自百家瀼口〔至〕太倉塘；〔入〕〔又〕小虞浦，北接鰻鱺瀼，南出吴松江，自鰻鱺瀼口下，南至黄墓村橋；又雇浦，北接斜塘瀼，南出吴松江，

[一] 璨　原作『燦』，誤，本書其他處均作『璨』，據改。
[二] 吴〔興〕、長〔興〕原作『吴長』，無此縣，且下文爲『三縣』，應爲略稱。
[三] 江　原脱，據《食貨》六一之一一三補。

自郭澤塘口下，北至郡遥；　又郭澤塘，南通夏駕浦，東通雇浦、洛徹、吴松江。已上兩縣，總計工三百三十七萬四千六百六十四工，錢三十三萬七千四百六十六貫三百文，米一十萬一千五百三十九碩八斗九升。

子潚等契勘：　崑山縣四浦，工力不多，乞止用本縣食利人户支給錢米，委本縣官監督開浚。常熟縣五浦，工力浩瀚，係與吴長等縣利害相及。欲除崑山縣外，有本縣食利人户，以五千人爲率。人夫數少，即於三縣見賑濟人内，募强壯人充。應所有差官起工等事件，續〔一〕次條具申請。緣平江府積水，經今已兩月餘日未退，已妨種麥。若不於農隙之際支給錢米，雇夫開治，深恐來歲春雨，積水愈甚，虧失常賦不便。望速降指揮施行。』詔差御史任古同提點刑獄徐康前去覆視，詳究利害聞奏。所有合措置事件，令趙子潚、蔣璨一面條具，申尚書省。其任古仍令上殿奏事畢，疾速前去。

二十五日，知涪州程敦書言：『稻田以水爲本，故無渠堰而田宜稻者，則有瀦水之地以待灌溉。比緣經界，官吏以民間瀦水地爲天荒地，豪猾游手因而結交州縣，請佃承買，洩其水以爲可種之地，獨擅其利。　田既無水，歲失播種。　乞行下諸路，如有請佃承買瀦水地者，即爲改正。』從之。

十一月九日，監察御史任古言：『平江府常熟四縣，舊有開江四指揮，共二千人額，專一修治浦塘等，並置巡塘官一員。今欲乞止於常熟、崑山兩縣合招填一百人額，其請給等，並依舊例支給施行。仍奏撥軍員、使臣各二人，分管軍兵。如有塘浦堙缺，通融人工役使，逐旋修治。』古又奏：『崑山縣耆宿言：　所開浦四處，緣今歲積雨，東北風潮並太湖及山水相會，有渰没民田；　兼郭澤塘一浦横過，即非泄水去處。春間人户圍田，自當開撩。所有小虞浦、新洋江、雇浦三處，雖合開浚，見今四浦盡爲松江大水漲遏其外，發泄遲緩，是致諸浦蓄水，難以興工。欲候江水減落，岸塍出露，人户自行開掘，亦不願支破錢米。若内有貧乏無力之人，乞量借常平官糧，寬立年限，分料送納，乞從民便。已行下本縣，令預備將來興工之具，候江水減退，即行開浚。』並從之。

同日，監察御史任古言：『臣同徐康與常熟縣官覆視五浦，今詳究得本縣東栅至雉浦入丁涇，通徹福山塘，下注大江，委是快便。若依趙子潚嘗來申請，以五千人爲率，於來歲正月入役，約計一月餘日可畢此浦。使崑、承二湖及府塘一帶並被傷民田内水通注於江。　然後浚治黄泗浦、三里江至十字港，工力亦不甚多。　併趁農隙，先畢二浦。其餘合開港浦，再俟將來農隙，當以緊漫次第興工。』古又奏：『趙子潚昨計料開浚崔浦，係決泄昆、承二

〔一〕續　原作『杭』，據《食貨》六一之一一四改。

湖及民田内水，南自梅里塘，距浦口，迤邐北入大江。古等身詣相視，其浦乾涸，可以行往。蓋緣浦身適回曲折，泄水不快，是致積沙高厚，開浚工倍。欲於雉浦口別有一涇，徑入福山大浦，通於大江，名爲（不）〔丁〕涇，（北）〔比〕之崔浦，並無回曲。不惟開浚省[一]費，實於泄水爲便。』詔並依奏，錢於御前激賞庫支降，米就平江府撥到綱米内支取。令趙子濂同守臣措置，於正月上旬興工。令預備器用，不許科擾於民。

二十九年正月二十一日，兩浙路轉運副使趙子濂言：『被旨開濬平江府常熟縣東栅至雉浦，入丁涇，徹福山塘，已於正月五日興工。據常熟縣父老稱，福山塘與丁涇地勢相等，今開丁涇，更深三尺，若不濬福山塘，則水必至倒注於涇。今與平江府州縣官同往相視，宜依父老陳乞開濬。又見開東栅至雉浦口，河面並合闊八丈，並雉浦港底四丈二尺，貴得泄水通快。』詔依，仍令疾速興工。

二月十八日，敷文閣待制、知平江府陳正同言：『相視到常熟縣開浚諸浦，其修治田岸，係有田之家計畝均出錢米，以保永業，必無怨尤之理。舊來浦口雖有潮沙之患，每得上流清水湍浚，可以推滌，不至全然淤塞。後來節次被人户圍裹瀦水湖囊爲田，其已成之田，人户認爲永業。欲乞今後不許人户更將邊湖瀦水去處占射圍裹。』於是户部言：『在法，諸瀦水之地，謂衆共溉田者，輒不許人請佃承買，並請佃承買人，各以違制論。每畝賞錢三貫，一百貫止。今欲下平江府明立界至[二]，約束人户，即不得依前占射圍裹。』從之。

同日，詔常熟縣丞江續之減二年磨勘，壕寨官韓彦、彭昇各與轉一官資。以本路運使保明開浚浦畢工故也。

三十年三月八日，淮南運判張祁言：『被旨措置開墾荒田，修築圩埠陂塘。竊見無爲軍盧江縣楊柳圩一所，周環五十里，兵火後來，不曾修築，致圩埠損缺，溝洫壅閉，一向荒閑二十餘年。及無爲縣嘉城圩一所，各有荒閑田土。本司見已修築圩埠，蓋造莊屋，收買牛具，招集百姓耕墾。竊念淮甸窮陋，本司別無寬剩錢物應付逐急支遣。欲望詳酌，權於本路州軍合起發錢内科撥三萬貫，從本司置曆，專充措置開耕荒田支費。候稍有次第，即將逐年所收莊課樁管，撥還支過錢數。』詔於淮東茶鹽司樁管錢内支撥三萬貫應副。以上《中興會要》

食貨八　水利下[三]

紹興三十二年二月二十七日，詔令臨安府自浙江清

[一] 省　原作『有』，據《食貨》六一之一一五改。

[二] 至　原作『止』，據《食貨》六一之一一五改。

[三] 本部分摘自中華書局一九五七年影印本『《食貨》八之一至五三』。原《宋會要稿》一二五册。

水閘横河口西曲盡頭，南至龍山閘一帶河道，並令開淘。

馬（瑞）〔端〕臨《通考》：

紹興元年，詔：　宣州、太平州守臣修圩，議修圩官賞罰。又詔：　修圩錢米及貸民種糧，並於宣州常平義倉米内撥借。又〔一〕詔：　建康新豐圩租米，歲以三萬石爲額。圩四至相去皆五六十里，有田九百五十餘頃，近歲墾田不及三分之一，至是始立額。

紹興五年春二月，寶文閣待制李光言：『明、越之境，皆有陂湖，大抵湖高於田，田又高於江海，旱則放湖水灌田，澇則決田水入海，故不爲災。本朝慶曆、嘉祐間，始有盜湖爲田者，三司使切責漕臣甚嚴。政和以來，創爲應奉，始廢湖爲田，自是兩州之民歲被水旱之患。壬子歲，嘗取會稽餘姚、上虞兩邑利害，自廢湖以來，每縣所得租課不過數千斛，而所失民田常賦動以萬計，遂先罷兩邑湖田。其會稽之鑑湖、鄞之廣德湖、蕭山之湘湖等處尚多，望詔漕臣訪問，應明、越湖田盡行廢罷。其〔二〕江東西圩田、蘇秀圍田，併〔三〕遍下諸路監司守令條上。』詔諸路漕臣躬親相度，以聞於朝。

紹興二十三年正月，詔以永豐圩賜秦檜。檜死，圩復歸有司。諫議大夫史才言：『浙西民田最廣，而平時無甚害者，太湖之利也。近年瀕湖之地多爲軍下侵據，累土增高，長堤彌望，名曰埧田，旱則據之以溉，而民田不沾其利；水則〔四〕遠近泛濫，不得入湖，而民田盡没。望詔有司究治，盡復太湖舊跡，使軍民各安田疇均利。』從之。

按圩田湖田多起於政和以來，其在湖間者隸應奉局，其在江東者，蔡京、秦檜相繼得之。大概今之田昔之湖，徒知湖中之水可涸而爲田，而不知湖外之田將胥而爲水也。主其事者皆近倖權臣，是以委鄰爲壑，利己困民，皆不復問。《涑水記聞》言：王介甫欲興水利，有獻言欲涸梁山泊，可得良田萬頃者。介甫然其説，復以爲恐無貯水之地。劉貢甫言：在其旁别穿一梁山泊，則可以貯之矣。介甫笑而止。當時以爲戲談，今觀建康之永豐圩，明、越之湖田，大率即涸梁山泊之策也。

沙田蘆場：紹興二十八年，詔户部員外郎莫濛同浙西、江東、淮南漕臣趙子潚、鄧根、孫藎檢視逐路沙田蘆場。先是，言者謂江淮間沙田蘆場爲人冒占，歲失官課至多，故以命濛等。既而侍御史葉義問等言貧民受害，乃詔沙田蘆場止爲世家詭名冒占，其三等以下户勿一例根括〔五〕。尋詔官户十頃、民户二十頃以上並增租，餘如舊。置提領官田所領之，不隸户部。二十九年，詔盡罷所

〔一〕又　原脱，據《文獻通考》卷六補。
〔二〕其　原作『吴』，據《文獻通考》卷六改。
〔三〕併　原作『折』，據《文獻通考》卷六改。
〔四〕則　原作『利』，據《文獻通考》卷六改。
〔五〕括　原作『栝』，據《文獻通考》卷六改。

增租。

孝宗隆興元年，知紹興府吳芾乞浚會稽、山陰、諸暨諸縣舊湖，以復水利；及築[一]蕭山縣海塘，以限鹹潮，從之。又開掘鑑湖。乾道元年，詔令淮西總領所撥付建康中收到子粒令項樁管，非詔旨無得擅用。臣僚言：『秦檜既得永豐圩，竭江東漕，計修築堤岸，自此水患及於宣、池、太平、建康。昨據總領所申：通管田七百三十頃，共理租二十一萬一千餘秤，當年所收，纔及其半，次年僅收十五之一。假令歲收盡及元數，不過米二萬餘石，而四州歲有水患，所失民租，何翅十倍？乞下江東轉運司相度。本圩始害民者廣，乞依浙西例開掘，及免租户積欠。』從之。江東轉運司奏：『永豐圩自政和五年圍湖成田，今五十餘載，橫截水勢，每遇泛漲，衝決民圩，爲害非細。難民田千頃，自開修至今[二]，可耕者止四百頃，而損害數州民田，失税數倍。欲將永豐圩廢掘瀦水，其在側民圩不礙水道者如舊。』詔從之。其後漕臣韓元吉言：『此圩初是百姓請佃，後以賜蔡京，又以賜韓世忠，又賜秦檜，既撥隸行宮，今隸總所。五十年間，皆權臣大將之家，又在御府，其管莊多武夫健卒，侵欺小民，甚者剽掠舟船，囊橐盜賊，鄉民病之，非圩田能病民也。』於是開掘之命遂寢。

乾道二年，詔漕臣王炎相視開掘浙西勢家新圍田，謂草蕩、荷蕩、菱蕩及陂湖溪港、岸際築塍畦圍裹耕種者，所至今守倅縣令同共措置。五年，知明州張津奏乞開東錢湖，瀦水灌田，從之。七年，四川宣撫使王炎奏開興元府山河堰，溉南鄭、褒城四百九十三萬三千畝有奇。詔獎諭。乾道[三]九年，詔户部侍郎葉衡覈寔寧國府太平州圩岸。五月，衡言：『寧國府惠民、化成舊圩四十餘里，新增築九里餘；太平州、黄州鎮福定圩周迴四十餘里，延福等五十四圩周迴一百五十餘里，包圍諸圩在内；蕪湖縣圩岸大小不等，周迴總約二百九十餘里，通當塗圩岸共約四百八十餘里，並皆高闊壯實。瀕水一岸種植榆柳，足捍風濤。詢之農民，實爲永利。』於是詔獎諭。知寧國府汪得言：『他圩無大害，惟童圩最爲害民，只決此圩，水勢且順。』從之。

湖田、圍田、陂塘總水利

淳熙二年，淮東總領錢良臣奏：『修復鎮江府練湖，凡七十二源，灌田百餘萬畝。』從之。三年，監察御史傅淇奏：『近臣僚奏陳圍田湮塞水道之害，陛下復令監司守臣禁止圍裹，此乃拔本塞源之要術。然豪右之家未有無

[一] 築　原作『等』，據《文獻通考》卷六改。
[二] 至今　原作『今至』，據《文獻通考》卷六改。
[三] 道　原作『元』，原書天頭批注：『元』疑『道』。今據《文獻通考》卷六改。

所憑依，而肆意築圍者。聞〔一〕淛西諸縣江湖草塘，計畝納錢，利其所入，給據付之。望條約諸縣，毋得給據與〔二〕官、民户及寺觀。』上曰：『此乃侵占之地，今絶其源，後去無復此患。可令漕司、常平司察之。』

《食貨志》：孝宗紹興三十二年未改元十一月二十九日，參知政事、督視湖北京西路軍馬汪澈言：『相視襄陽有二渠，一曰長渠，一曰木渠，皆古來水利播殖去處。（人）〔大〕約長渠溉田七千頃，木渠溉田三千頃，其間陂池灌浸，脉絡交通，土皆膏腴。自兵火後，悉已堙廢。嘗差委湖北運判吕擢、京西運判姚岳親至其地計度。今且先治長渠，凡築堰開渠，可用二萬工，並合要牛具、種糧等，就委兩路運司措置，不令絲毫擾民。長渠纔成，或募民之在邊者，或取軍中之老弱者，雜耕其中。來秋穀熟，量度收租，以充軍儲，既省饋運，又可安集流亡。乞以措置京西營田司爲名，令姚岳兼領。』從之。其後，乾道九年十二月二十三日，權京西路轉運判官胡仰復言：『長、木二渠之利，數内靈溪水見流白馬堰，係鄂州都統制司營田莊，水亦通。惟是白馬陂以東石子山、木眼山合渠去處，類多損壞，日復一日，必皆湮塞。今若隨宜興修，可以立見成效。欲望下荆鄂都統制司，令同本司差官行視二渠，隨宜開遍。』詔户、兵、工部看詳，各部欲下鄂州都統制，京西安撫、轉運司、襄陽府同共疾速相度施行。從之。

隆興元年四月十二日，詔浙西路轉運、常平司：『取見今逐州人户創立堘埒，包圍成田，及漁户廣施漁具，壅遏水勢去處，疾速相度，措置施行。仍令州縣常切督責巡尉，每歲於農隙時修治堤防，無使缺壞。及春夏之交，部集人户於河道淤塞要害之處，併工開撩，常令水路通快。』從殿中侍〔三〕御史胡沂請也。

六月十二日，工部尚書兼侍讀張闡等言：『竊見近降指揮，將紹興府鑑湖田、明州廣德湖田盡賣。二湖元灌溉民田浩瀚，後緣民間侵種，遂作圩田。今若一概出賣，竊恐於民間別有所妨。如紹興府鑑湖，曾立石碑，應深溝大港，並永遠存留，以充灌溉。今欲乞專委紹興府、明州守臣討論利害詣寔，方可出賣。』從之。

二年八月五日，詔：『浙江水利久不講修，積雨無所鍾洩，重爲秋稼之害。可令逐州守臣考按古跡及見今淤塞去處，條具措置聞奏。』

九月四日，集英殿修撰、知宣州許尹奏：『本州有童圩，寔係創興，委是堙塞水流去處。今欲依舊開決作湖，以爲民利。』詔令本路轉運司相度，如有壅塞，候秋收後畢，措置開決。

十二日，詔江東浙西監司、郡守：『朕嗣服以來，求

〔一〕聞　原作『開』，據《文獻通考》卷六改。
〔二〕與　原作『興』，據《文獻通考》卷六改。
〔三〕侍　原脱，據《食貨》六一之一一六補。

民之瘼。比緣江東浙右俱被水災，思拯民於愁歎，寤寐不忘。卿等既分外臺之寄，皆爲共理之良，宜究乃心，各揚爾職。能於所部講明田事，預爲陂塘渠堰，防患未然，使顯效著於將來者，朕當不次親擢。其或但爲文具，尚畏權勢，無益於備患，徒擾於庶民，國有典刑，朕必不赦。』

乾道元年正月十四日，知徽州吕廣問條奏農田水利：『諸塘堨，合輪知首之人充，雖田少不該，亦均給水利，不得阻障。若鄉例私約輪充，於官簿内開説充知首人。盡賣田業、新得産家雖合充，止輪當末名，不得越次，仍批官簿照會。諸塘堨係衆利害，蓄水救田。本縣於農隙之時，告示知首及同食水利人，均備人夫，併力修作。塘堨下合承水利田産人户典賣者，並依資次承水。如係買税户塘堨水，亦申官（江）〔注〕籍。塘堨水上流既足，如障塞、公然占奪、不從州縣約束者，取旨。形勢之家將新置田産却在舊堨之上占截水利，似此去處，縣官即時除拆。若舊堨不容修築，衆定利害，務從民便。若兩堨用水已足，不放流者，亦仰官司禁約。甽堨兩岸或被水衝陷隔岸，漲出沙田，止許被[一]水人承佃，不得田鄰争占。甽堨所在，合留水門，若不妨阻舟船，或擅毁拆，並追勘斷。約束未盡，如别有私約，並仰知首自陳添入。若舊例已定，不得創改。有合增事件，並聞官，始許行用。』從之。

二月二十四日，詔：『紹興府開濬鑑湖，除唐賀知章放生池舊界十八餘頃爲放生池水面外，其餘聽從民便，逐時放水，依[二]舊耕種。』從知府趙令詵請也。

同日，知平江府沈度言：『被旨開掘長州縣習義鄉清沼湖圍田一千八百三十九畝，益地鄉尚澤蕩圍田一千五百畝，蘇臺鄉元潭圍田一千五百八十八畝，樊洪瀼圍職田三百三十二畝，營田一千九百六十九畝，費村瀼圍田一千六百六十二畝，崑山縣大虞浦圍田二十六畝，小虞浦圍田一百六畝，新洋江圍田一百七畝，崑塘圍田三十三畝，許塘〔圍〕田二十六畝，六河塘圍田一十三畝，常熟縣梅里塘圍田二畝，白茆浦圍田二百三十一畝，自今通泄水勢。』詔浙西提刑曾逮親至其地審實，開具洩水通快、可以經久無湮塞去處保明以聞。

二年四月七日，吏部侍郎陳之茂言：『比年以來，泄水之道既多湮塞，重以豪户有力之家以平時瀦水之處，堅築塍岸，包廣田畝，彌望綿亘，不可數計。中下田疇，易成泛溢，歲歲爲害，民力重困。數年之後，凡瀦爲陂澤，盡變爲阡陌，而水患恐不止今日也。乞選差彊明郎官一員問漕臣，將日下將新圍之田疾速開鑿。』上曰：『聞浙西自圍田即有水患，前此屢有人理會，竟爲權要所梗。卿等可檢點累降指揮已曾如何施行，仍委兩浙運副王炎疾速相

[一] 被 原作『便』，據《食貨》六一之二七改。
[二] 依 原作『以』，據《食貨》六一之二七改。

視利害以聞。』既而王炎言：『相視圍田內有張子蓋新舊圍田九十餘畝，占藉兩縣，壅塞水勢，久爲民患。躬至其地，地名四塘，周迴約二十里，開掘已盡，泄水通快；地名長安，周迴約四十里，見督縣官併工開掘。乞戒勵張子蓋等家，再犯，重置[一]典憲。已開掘去處，各立標記，餘州縣依此。』從之。

五月十一日，尚書省言：『浙西圍田有壅塞水勢去處，近專遣漕臣親詣逐州縣監督開掘，以泄積水，除（民）〔去〕民害。尚慮形勢權要之家日後依前冒法謀利，復行修築，爲害如初，理宜約束。』令兩浙轉運司並逐州縣守令常切檢察遵守，如有違犯之人，命官取旨，餘重作施行。

六月一日，臣僚言：『江陰軍在浙西最爲地勢卑下，雖瀕大江，而歲苦水患，尤甚於他州。蓋常州之水，其勢趍下，盡自五瀉堰分流入石頭港、黃港、夏港、蔡、申港，達於大江，而江潮直至堰下。歲久，潮泥淤塞河港，水既不能輸泄，漫入田間，而申港一河，連接數鄉，所繫尤重。又有三山與秦望山山脚之下石，自港內横絶而過，壅遏水道，今所謂大石堰、小石堰者是也。一屬常州，一屬江陰。其石比年漸高大，河水爲之不流，數鄉無歲不被害。田畝常在水底，而常州境內河港水勢又不能泄，實爲兩郡之害。若非朝廷措置開掘，以兩郡之力，必不能辦。乞詔有司，下本路監司、兩郡守臣，同力相度利害。』詔工部行下轉運司，同常州府、江陰軍相度，措置以聞。候農隙日，興工開掘。

十五日，臣僚言：『浙西圍田壅塞水勢，已行開掘。竊見永豐圩自政和五年圍湖成田，經今五十餘年，横截水勢，不容通泄，圩爲害非細。今相度，欲將永豐圩廢掘，依舊爲蓄水之地。』詔依，候至十一月開掘。後復詔仍舊不開

十月十四日，利州路提點刑獄公事張德遠言：『興元府褒城縣山河六堰，灌溉褒城、南鄭兩縣田八萬餘畝。內有光道枝一渠，決壞年深，民力不能興修，下流闕水，率多改種陸田。今歲正月內，判興元府吴璘親率將士，代民修塞，仍作偏偃，勒回別渠棄水，併入光道（拔）〔枝〕下流。諸堰堅固，前日陸種去處，復爲稻田，其利甚博。』詔璘令學士院降詔獎諭。

三年五月十五日，秘閣修撰、前知衢州周操言：『宣城管下六縣，惟宣城南陵有圩田去處，而宣圩田最多，共計一百七十九所。大率地本卑下，人力矯揉，以成田畝，十年九潦，常有水患。議者多欲廢決梗塞水道之圩，以全衆圩，謂不當隱忍愛惜當決之圩，使衆圩俱受其害。臣於乾道元年十一月到任，是時圩田再（造）〔遭〕巨浸。童圩係是破壞之數，人户稱此圩委梗塞水道。臣遂出榜曉諭，且令權住一年興築。若來年衆圩熟不遭水患，遂可永久

[一] 置　原作『宜』，據《食貨》六一之二七改。

廢罷。今已去彼隔歲，乞將童圩徑行廢決。所有養賢、政和、蓮湖三圩，乞併賜行下，委自守臣詢訪，條具聞奏。』詔寧國府守臣相度利害以聞。其後，知寧國府汪澈言：『童圩最爲民害，一水自徽州績溪縣、本府寧國縣合諸水至童圩；一水自廣德軍建平縣合本府宣城縣南湖之水至童圩。二水奔衝併來，其勢浩渺，所以向上諸圩，悉遭巨浸。又嘗考此圩本童家湖，容流衆水，非古來圩額。今若將童圩廢決，則水勢自然順適。其餘未可輕議。』從之。

四年五月二十四日，詔：『知彭州梁介自到任，講究農田水利，經畫修築本州九隴等三縣十餘堰，灌溉民田，固護水勢，委是利便。可除直秘閣、利州路轉運判官，填見闕。』從四川安撫使虞允文請也。

八月七日，觀文殿大學士、知紹興府史浩言：『府內諸暨聚天台、四明數百里重岡復嶺，水出之源，其流既廣，止有錢清一江爲吐泄之處。古人於縣之四傍立湖七十二處以瀦蓄，故無泛溢之患。歲久，所謂七十二湖者，皆人占以爲田，故雨水霑足，則水皆歸七十二湖，所種之苗，悉皆浸損。然則非水爲害，民間不合以湖爲田也。今湖不可復，則諸暨湖田爲之民歲歲受害，臣不敢以不告。』詔令史浩，選委諳曉湖田利害官相度措置。

七年十二月八日，臣僚又言：『紹興府諸暨縣地接婺之浦江，義烏，衆溪輻湊，與本縣諸山之水凡四十餘港合流而下。境內舊有七十二湖可以瀦蓄，歲久湖變爲田，不惟水無所歸，而溪港浸爲漲沙堙塞。由是久雨則有墊溺之患，久晴則有旱暵之憂。開鑿約用六十八萬一千五百工，每工日給米二升，計用米一萬三千六百三十碩。』詔令蔣芾相度。

九月二十四日，詔諸路提舉官：『自今興修水利，若不依常平免役條令，先選官按視，許令興修，只憑州縣保明，虛撰農田水利酬賞，輒爲申奏不實者，從戶部按劾取旨。本部人吏不照應條法疏駁，輒便依隨僞妄，關報推賞者，亦科違制之罪。』

十月二十六日，臣僚言：『紹興府諸縣各有湖，湖高於田，築塍岸瀦水以備旱。其田高於江，置斗門洩水以備潦。故雖或水旱而有備，歲可使之常豐。蕭山縣管下湘湖，灌溉九鄉民田，夏秋之交，多闕雨澤，決其湖以灌田，禾稼滋茂。近聞百姓將湘湖填築以爲田，寖害灌溉。欲乞令紹興府差官看視，若委是將湘湖爲田，則令開掘，復以爲湖，依舊灌溉民田。』從之。

五年三月二十日，大理正、措置兩淮官田徐子寅言：『兩淮荒蕪之田一目百里，究其十分之地，陸田纔三四，而水田居其五六。春夏之交，霖雨之久，耕耨之勞，秧莳之功，一旦空然，此田之所以爲民病也。自去冬，歸正頭目人差擇到楚州山陽縣大溪村博田岡空閑官田，約數百餘頃，南有灌溝，可通運河，北有舊溝，可接小溪。今欲由其舊跡，與之開浚，約用五百工。歸正人各欲俟墾種畢日，併力開浚。』從之。

六年閏五月一日，知雷州戴之邵言：『管下瀕海土薄，地雜泥沙，東北接連有大塘一所，臣於農隙雇募夫丁併力開築。竊慮歲久，官司不能相繼增修，旋致堙塞。今後差注本州海康、遂溪兩縣，並令於官銜上帶主簿河渠公事。任滿，有無增修損壞，批上印紙。』從之。

七日，徽猷閣待制、新知寧國府姜詵言：『寧國府、太平州兩郡，惟仰圩田，得以供輸。今來夏雨頻多，竊慮縣官滅裂，民心不齊，失於修治，大爲圩田之害。欲選委清彊官，同本縣遍行檢視修護。』從之。

六月二十二日，徽猷閣待制、知寧國府姜詵言：『宣城縣南陵圩田既壞，有不曾決破圩田九所，欲於今冬自十月措置修圩，以係官錢米募民興工，俟今秋八九月措置以聞。』從之。其後，詵措置修濟陽圩岸，兼開決除廢在外，詔從〔之〕，餘州軍圩岸損壞准此。

九月二十八日，新知泉州周操言：『太平州所管圩田，每遇水災決〔一〕壞，除大圩官爲興修外，其他圩並係食利之户保借官米，自行修治。就令冬十月内措置，乞委自各州守臣照紹興二十三年例，從實措置施行。』詔：『應有圩田合修治處，仰逐州守臣精加檢實，及工役合用錢米支費，具數限一月聞奏。』

十月二十三日，知寧國府姜詵言：『焦村私圩梗塞水面，致化成、惠民圩頻有損壞。合將焦村圩廢決。其化成、惠民兩圩南元有梗岸接焦村圩，合依舊增高修築。』從之。

十二月十四日，監行在都進奏院李結言：『蘇、湖、常、秀所産，爲兩浙之最。自紹興十三年以來，屢被水害，議者皆歸積水不決之故，以爲積水既去，低田自熟。第以工役浩繁，事皆中輟。臣有管見治田利便三議：一曰敦本，二曰協力，三曰因時。司農丞郟亶議云：「古人使塘浦闊深者，蓋欲取土以爲堤岸，非專爲決積水。若堤岸高厚，借令大水之年，江湖之水高於民田五七尺，而堤岸尚出於塘浦三五尺，故雖大水，不能入於民田。民田既不容水，則塘浦之水自高於江，而江之水亦高於海，不須決泄而水自湍流矣。」此古人治低田之法也。若知決水而不知治田，則所浚之地，不過積土於兩岸之側，霖雨蕩滌，復入塘浦，不五七年，填淤如舊，前功盡棄。爲今之務，莫若專務治田。乞詔監司守令相視蘇、湖、常、秀諸州水田、塘浦緊切去處，發常平、義倉錢米，隨地多寡，量行借貸與田主之家，令就此農隙，作堰車水，開浚塘浦，取土修築兩邊田岸。立定丈尺，衆户相與併力，官司督以必成。且民間築岸，所患無土。今既開浚塘浦，積土自多，而又塘闊水深，易以流泄。田岸既成，水害自去。此臣所謂敦本之義

〔一〕決 原作『除』，據《食貨》六一之一二〇改。

也。』結又以爲：『百姓非不知築堤固田之利，然而不能者，或因貧富同段而出力不齊，或因公私相吝而因循不治，非協力不可。百姓所鳩工力有限，必賴官中補助。官非因饑歉，難以募民興役，非因時不可。』詔：『李結所陳，緣所費浩大，令胡堅常相度措置。』胡堅常看詳：『李結所議，誠爲允當。今相度，欲鏤板曉示民間有田之家，各自依鄉原體例，出備錢米，與租佃之人更相勸諭，監督修築田岸。庶官無所損，民不告勞』。詔從之。

七年七月二十五日，將作少監馬希言奏：『被旨覆寔太平州修圩利病，欲望委自有圩田州縣守令措置，將圩内人户推一名有心力、田畝最高之人爲圩長，大圩兩人。每遇秋成，集本圩人夫，於逐圩增修。面闊一尺，側厚一尺，脚闊二尺，須用堅土實築。若圩内人力不足，或闕工食，官中量行添助。如是五年不輟，則圩勢高厚，雖有湖潦，不能侵也。』詔令逐州守臣措置。希言又言：『乞再委三州軍守令，應私圩未修去處，以田畝十分爲率，借米一分，令日下修葺。仍令被水之圩更與給借糧種，候秋熟，分兩年剋納，並須徧及四遠鄉村。先以所管常平米支，如不足，轉運司就鄰近州縣取撥應副。』從之。

二月四日，觀文殿學士、知紹興府蔣芾言：『本府會稽縣德政鄉有田萬二千畝，七年被水，細民殆無生意。古有後浦，在下流，凡十里餘，舊來深浚，以泄裏水。爰自損壞堙塞，每遇溪流泛溢，江湖壅大，則瀰浸旬日，水不通泄，一再插種，並無收成。乞於本府常平錢借支二千緡、義倉米借支三千斛，就行賑濟，因以開浦。』從之。

五月二十日，詔：『太平州寧國府新修圩田，可差監察御史陳舉善前去覆實，開具有無堅壯損壞以聞。』

七月十三日，户部尚書曾懷等言：『秀州華亭縣新涇塘合築堰置閘，以捍鹹潮，免侵民田，事繫利害。其所用工料錢五萬貫文省，乞委浙西提舉常平官李結疾速興修。』從之。後知秀州岳霦遂成之。詳見《堤堰門》

八年十一月，臣僚言：『寧國府兩圩（埂）〔埂〕岸雖已圓固，至於卑窪去處可以瀦水者，又須當求所以措畫之方。惟相其水源所歸，穿掘陂堤以儲蓄之。外水既落，則因以決放，而可以免於浸溺。況兩圩腹内包裹私圩十五所，其野泊荒陂低圩之田，廢而不治者尚多有之。圩民知〔一〕其利而不能自辦，官欲爲之，又無餘力可成。惟其常有淹澇之憂，而未免蠲減苗税，孰若以其所減者募民疏鑿。欲望於苗租内截撥米若干碩，責以農隙之時浚築，將見永無水患，不失賦入，以濟大農之用。』詔江東常平司委官取見的實合修去處丈尺、工料、米數，實具文狀，保明以聞。

九年八月十六日，詔曰：『朕惟旱乾水溢之災，堯、

〔一〕民知 原作『知民』，據《食貨》六一之一二一改。

湯盛時有不能免，民未告病者，備先具也。間者數年比不登，江、湖、閩、浙之人或薦告饑，豈有肥磽人事之不齊乎？將火耕水耨不得其時，地有遺利乎？抑賦役繁多，或奪其力乎？何種入之寡乏也。深惟其故，未燭厥理。乃博延群臣，訪問得失。吏有從南方來者，言豫章諸郡，綿亘阡陌，近水者苗秀而實，高仰之地雨不時至，苗輒就槁。意者水利不修，失所以爲旱備乎！唐韋〔一〕丹爲江西觀察使，治陂塘五百九十八所，灌田萬二千頃，此特施之一道，其利如此，矧天下至廣也。農爲生之本也，泉流灌溉，所以毓五穀也。今諸道名山川原甚衆，民未知其利，然則通溝瀆、瀦陂澤，監司守令顧非其職歟！其爲朕相丘陵原隰之宜，勉農功，盡地利，平繇行水，勿使失時。雖年有豐凶，而力田者不至拱手受弊，亦天人相因之理也。朕將即吏勤惰，行殿最而寓賞罰。各殫厥心，無蹈後悔。』

九月二十七日，度支員外郎朱僭言：『江東圩田爲利甚大，其所慮者，水患而已。知增築埂岸以固堤防爲急，而不知廢決隘塞，以緩奔衝之勢。乞下江東轉運、常平司，更切講究本路圩田，別有似此隘塞水道合從廢決去處，與逐州守臣公共詳酌，奏請施行。』從之。

九年十一月二十五日，詔：『令諸路州縣，將所隸公私陂塘川澤之數開具，申報本路常平司籍定，專一督責縣丞，以有田民〔二〕户等第高下分佈工力，結甲置籍，於農隙日浚治疏導。務要廣行瀦蓄水利，可以公共灌溉田畝。如無縣丞處，即責以次縣官依此措置。候歲終，令本州參酌，將工力最多去處保明，申常平司，差官覈寔，申朝廷推賞。其怠慢不職之人，按（刻）〔劾〕取旨責罰。』從臣僚請也。

十二月二日，龍圖閣（侍）〔待〕制、知太平州胡元質言：『今歲遭值大水，除政和等十三圩不曾遭風水，餘諸圩幾四百里，爲水漫沫而入，內外灌浸，風浪淘洗，經涉三時，其受害損壞不一。合隨其所損而爲之計：其洗動處則重築，其坍落處則補築，其虧狹處則貼築，其不損壞處則（補築。其虧狹處則貼築，其不損壞處則又爲之）〔三〕增築。其工費，計米二萬一千七百五十七碩五升，錢二萬三千五百七十貫一百三十七文省。比隆興二年、乾道六年所省幾半。務趁此冬土脉堅實之時，及期辦集。』從之。以上《乾道會要》

《方域志》：壽皇（帝聖）〔聖帝〕隆興元年十一月二十四日，知紹興府吴芾言：『鑑湖之廣，周回三百五十有八里，環山三十六源之水注流其中。自漢永和五年，會稽太守馬臻爲之，溉會稽山陰縣之田九千餘頃。至於國初，八百餘年，民受其利。歲月寖遠，濬治不時，日以堙廢，瀕

〔一〕韋　原作『圍』，據《食貨》六一之一二一改。
〔二〕田民　原作『民田』，據《食貨》六一之一二二改。
〔三〕括号内文字，疑爲重抄，應删去。

湖之民侵耕爲田。熙寧間，盜而田者九百餘頃。朝廷嘗委前廬州觀察推官江衍經度其宜，凡爲田者兩存之。乃立石碑爲界，內者爲田、外者爲湖，申嚴約束。政和末，爲郡守者務爲應奉之計，遂建議廢湖爲田，賦輸入於京師。自是姦民私占，無所忌憚。江衍所立石碑之外爲田者又一百六十五頃七畝有奇，而湖湮廢盡矣。今欲開鑿，合用工四百九十萬七千九百餘。欲望申嚴約束，今後每於農隙接續興工。仍乞勅旨本路提舉常平官，並本府守臣各兼提舉開湖道，判令丞簿各兼主管開湖，庶得上下協力。昔錢氏以臨安府西湖有灌田之利，嘗專置撩湖兵士千人以爲便。今欲移壯城一百人備撩漉浚治之役，許本府辟差強幹大小使臣一員，以巡轄鑑湖堤岸爲名。』從之。其後芾任刑部侍郎，復奏：『自開鑑湖溉廢田一百七十頃，復湖之舊，又修治斗門堰閘十三所。夏秋以來，時雨雖多，亦無泛濫之患。民田九千餘頃悉獲倍收，其爲利較然可見。勘會旁近低田不過二萬畝，欲從官司量給其直之半，而盡廢（田其）〔其田〕，將江衍元立禁碑別定界止，則堤岸自然永無盜決之虞。』從之。

隆興二年八月六日，臣僚言：『大江之南海濱有三十六浦，洩浙西陂湖之水入於海，浙西因無水患。近歲浦港淤塞甚多，且有力之家圍田支閡。紹興二十八年，朝廷差趙子潚措置開濬，未及興工，改用任古，比子潚所計十減八九，議者非之，今歲果然。三十六浦實有四等：如茜涇、下張、崔黃、四七、了浦、掘浦、溪浦、金涇八所爲最要；如六、鶴、楊浦、千步涇、甘草、六河、高浦、司馬浦、東浦九所又其次也；如浪港、杀浦、五嶽、川沙、顧遥、野兒、西陳、水門、溏浦、黃鶯、耿涇、丸浦、唐浦、石幢、鄔溝、北浦十六所，又其次也；如白茆、福山、許浦三所，不大淤塞。欲望睿旨選官，先次商浙西水勢，將三十六浦擇要切處科計工役，盡理開濬，諸州守臣考按古迹及條具堙塞河港以聞。』其後兩浙路轉運判官陳彌作言：『奉旨平江府躬至常熟、崑山兩縣考利病。常熟之浦二十有四，皆北入於江；崑山之浦十有二，東入於海。蓋以太湖、震澤居其上流，昔人患松江之不能勝，欲使衆流涇得其歸故也。諸浦之興，始於天禧，成於景祐。逮政和間，稍已堙廢。夫瀦水則今之塘湖是也，瀉水則今諸浦是也。識者皆知開浦之利，不但今日，特以工費甚廣，不敢輕議。今若併舉大役，慮歉歲，民無餘力，官無羡儲，及致勞擾。擇其宜先者九十浦，而其緩急又半之。興工之月，仍乞以緩急爲先後之序。常熟縣最要二浦：曰許浦，曰白茆浦，總計工役爲錢十萬五千三百四十八緡，米四萬五千四百四十六石。次二浦：曰崔浦、黃泗浦，總計工役爲錢七萬六千六百八十二緡，米二萬三千三百四石。崑山縣最要三浦：茜涇、下張、七了浦，（計共）〔總計〕工役爲錢七萬一千四百七十二緡，米二萬一千四百四十一石；次三浦、川沙、楊林、掘浦，總計工役爲錢二萬二千二百緡，米六千六百六十石。』詔平江府守臣沈度覈實，如委當開掘，即具省減工料聞奏。

同日，權發遣常州劉唐稽言：『本州申、利二港上自運河發流，經營回復，至下流析爲二道：一自利港，一自申港，以達於江。緣江口每日潮汐帶沙，填壅上流，淤泥澄積，流洩不通；而申港又以江陰軍釘立標揭，拘攔税船，每潮，則泥沙爲木標所壅，淤塞益甚。今若相度開此二河，但下流申、利兩港並隸江陰軍。若議定深闊丈尺，各於本界開淘，庶協力皆辦。又孟瀆一港在奔牛鎮西，唐孟簡所下，並宜興縣界，沿湖舊有百瀆，皆通宜興之水，籍以疏洩。近歲阻於吴江石塘，流行不快，而沼湖河港所謂百瀆，存者無幾。今若開通，委爲公私之便。』〔詔〕本路憲臣葉謙亨相視，先具利害以聞。其後（亨謙）〔謙亨〕言：『港水與民田漫没不分，俟水退計度。』詔憲臣曾建兩月措置開濬，事有未便，條奏。至乾道二年八月，漕臣姜詵等始議措置，欲於來年移造蔡涇閘、〔申〕港工物，次年春初地脉開凍之時，先開申港。其説謂上流横河有三山横石，妨礙洩水，須先開鑿。日役民夫七千，度至三月上旬畢工。更乞休役一年，再於次年開濬利港。合用民夫，乞下常州、江陰軍兩郡均募。詔江陰軍、常州蔡涇閘及申港來年春興功，利港更休役一年。明年四月，修申港成，官吏第賞有差。

十月二十日，直敷〔文〕閣、權發遣臨安府黄仁榮言：『餘杭南、北兩湖綿亘二千餘里，頃年以創置馬監，洪水暴漲，泥土沙石亟湧入湖，遂致湧塞淤積，水無所歸。乞將馬監撥歸南蕩，可以施工修治。』詔馬監撥南蕩，就委仁榮措置。仁榮措置：『兩湖東舊有五畝畦，計七十二丈，以殺水勢，不致衝突，久廢不修。今鄉自備樁篠，修治兩湖北中隔塘約四里，隔護湖水，免入縣市浸損民屋。即今塘岸損漏，欲候農隙日興工。馬監元買田地一千六百五十九畝，並兩湖地七千九百四畝，漲泥堙塞。已勸諭鄉民候農〔隙日〕力辦，（日）於湖内任便取土，興修濬治。』從之。

乾道元年正月十四日，敷文閣待制、知建康府張孝祥言：『溧水縣銀林至東壩約陸行十五餘里，中隔五堰，東通溧陽、宜興兩縣入太湖，古道尚存，歷歷可考。按《圖經》云：昔吴王闔閭伐楚，以伍相舉兵，因開此瀆，以通漕運。此道堙塞久矣。宣和間，嘗委發運司同本府審度利害，議者以謂東、西湖水高低不等，若開此河，西湖之水流入東湖，則蘇、常被害。又云土石堅硬，不通開鑿。是時頗疑此説，遂即舊河開井丈餘，探知工力可以穿鑿，即會計貲糧，方欲興工，偶靖康多事，因而止役。今宣和間所開土井尚存，則土石堅硬之説，已不然矣。此河從古有之，既入太湖，當自松江順流入海，則蘇、常被害之説，亦未爲得。紹興以來，朝廷屢委本路漕司相度利害，村民往往憚於興作；加其地多，以車脚往來，牙儈所得甚厚，使舟船通行，即黨輩失利，故立異説以惑亂上下。况銀林至東壩，每春水泛漲，舊河亦可通百料之舟。方今駐蹕錢塘，若此河可開，不唯川廣、荆湖、江淮諸路綱運減省水脚，且免涉大江數百里風濤、寇盜之患。』詔令汪徹依張孝祥所具便宜，限半月措（定）〔置〕以聞。其後徹移通判張維行視。維言：『若開五堰，恐大江泛濫，無以禦之，蘇、常受害。』奏聞，遂寢。

同日，敷文閣待制、知〔建康府〕張孝祥言：『奉詔案視溝瀆古迹。考按《圖經》，秦淮水三源：一自華山由句容，一自廬山由溧陽，一自溧水至赤山湖，至府城東南，合而爲一。縈回潦繞，綿亘二百餘里，溪港溝澮之水盡歸焉。水流上水門，由府城入大江。舊上、下水門展闊，自兵火後，砌疊稍狹，雖便於一時防守，寔遏水源，流通不快。兼兩岸居民填築河岸，添造屋宇，日漸侵占其岸白地，利入公庫。若本府免收，仍諭居民不許侵占，秦淮既復古道，則水不泛漲矣。又府城東南號陳二渡，有順聖河，正分秦淮之水。每遇春夏，天雨連綿，上源奔湧，則分一派之水自南門一直入江，故秦淮無泛濫之患。今一半淤塞爲田，水流不通，河勢雖存，寔不通徹。若不惜數畝之田，疏導之以復古迹，其利尤倍。』詔帥臣汪徹指定以聞。徹代孝祥，故命焉。其後徹言：『水潦之害，大抵緣建康地勢稍低，秦淮既泛，又大江湍漲，其勢溢溢，非由水門砌疊窄狹及居民侵築所致。秦淮分三派：一入城中，入下水門入江，一抱北流爲壕，一抱城南流爲壕入江。入城中者，即由上水門，其砌疊處正不可闊，闊則水入城益多，狹則有以殺其勢，而分歸兩壕。臣今指定上下水門砌疊處不動，夾河居民之屋亦不毀除，止去兩岸積壤，使河流快，所謂陳二渡順聖河，乃程二渡也，訛而爲陳。相近者有二河之迹：一名順營河，一名石溝河，自東南至城角伏龜樓下，與城濠相就，直入江。疑古有此，莫究堙塞年代。順（勞）〔營〕勢彎難鑿，惟石溝勢快，可以下工。其河約六里，見爲民田。今指定，欲自程二渡開復石溝一河，就伏龜樓下南城壕，可使秦淮水勢不至大入城中。臣又慮其地係行宫東南旺方，不宜開鑿。』從之。

三月六日，知平江府沈度言：『兩浙運判陳彌作言：崑山、常熟界白茆等十浦，相視疏濬先後之序，約用工三百二十二萬七千三百有奇。今體訪彼處耆老，所開港浦並通徹大海，遇潮即海内細砂隨泛以入，潮退而砂泥澄墜。設一舉開濬，晝停夜積，不數年（以）〔依〕舊填淤。今若依舊招置闕額開江兵卒，常熟、崑山每縣各一百人，仍於本府見管使臣内選差二員部轄，相視緊緩見今淤塞之所，次第開濬，通洩水勢，不數月，諸浦可以漸次通徹。如慮潮水帶上砂泥停積，即候徐來委逐縣措置官船，於要緊浦内擺泊，用開江兵卒駕船，每遇潮退，隨之搖舩，常使砂泥隨潮退落，不至停積，實爲久便。』從之。

二年二月十九日，和州言：『開鑿姥下河，東接大江，防捍敵人，檢制盜賊，最爲右地。』輔臣以堙廢既久，擅興非宜，奏罷之。

三月十七日，太平州言：『轄下東采石與和州楊林渡相直，紹興三十一年，金人犯江，先自和州造船，入楊林渡小河，徑衝采石，其爲要害明甚。今和州止爲創收商税，皆微小課息，却將舊姥下河東接大江，西至姥下市橋，次曲尺至和州城下，稍西比接連東河，出大江，欲創疏鑿，達和州城下，直抵慈湖，相對赤埭河口出大江，通放舟船。恐緩急賊船可以囊橐，實難防禦。』詔以其事下淮西總領所轉運司。其後逐司言：『楊林渡元係大江砂夾河水，通行約三千四百餘步，堙塞歲久。若今開通，可免逐年大江黄滂湧入姥下，浸損圩埕。兼砂夾自今淤澱，人馬可以直過，別無限隔。若開通河道，緩急之際，江北百姓牛馬等可先渡沙上，次第濟渡過江。其沙上亦可儲蓄糧草，軍民兩利。』詔和州將(來)〔未〕開步數，許行開掘。

六月二十三日，權兩浙路計度轉運副使姜詵言：『華亭縣蹻港、顧永瀝、大沈涇、小沈涇、繆涇、新漕涇、銚港、東沈涇、沅家港、龍泉港十所與柘湖相通入海，後以潮沙淤塞港口，今相度，令秀州從宜開濬。常熟縣黄泗浦、崔浦、許浦、白茅浦亦以潮沙所堙，浦口淺狹，開鑿合用二百二十九萬三百餘工。最要許浦，自梅里塘、雉浦口東南至白蕩橋；黄浦，自黄沙港至塘河橋；其次催浦，自丁涇塘至浦口；黄沙浦，自十字港至溪浦。』詔本路漕臣躬詣相視，仍令逐州守臣專委令丞計度開掘，申尚書省。其後詵復言：『遍往相視，據鄉土父老等合辭言：瀕海諸浦，官司難以盡開。衆議許浦最要，今先開濬，及自雉浦口開至梅里，直達柴彎，則積水可徑泄入楊子江，與諸浦以次開淘。』詔別議施行。

三年十一月十五日，紹興府言：『轄下蕭山縣西興鎮通江兩閘，近年爲江沙壅塞，舟楫不通，募人自西興至大江疏成沙河二十里，並開浚閘裏運河十三里，通便綱運，民旅皆利。既通之後，復恐潮水不定，仍有填淤之患，並本府通江六堰綱運至多，謂宜措置，爲經久便利。欲乞於本府合差注指使員數差一員，以專開撩西興沙河繫銜，庶永遠爲一方舟楫之利。本府額管捍江兵士二百人，今欲撥差五十名，專充開撩沙浦，不得泛雜差使。仍從本府措置起立營屋居止，遇有微小拆毁處，即時開撩，歷常令通濟。』從之。

四年十二月二十六日，臣僚言：『蕭山縣民裴詠等，屢經御史臺訴百姓汪彦等將湘湖爲田千餘畝，以獻總管李顯忠。若果以湘湖爲田，侵漁不已，湖當盡廢。湖廢，則九鄉萬衆之産一遇旱乾，何以灌溉？苗即就槁。欲乞令紹興府差官行視，若委以湘湖爲田，則給民，復以爲湖；非湘湖則勿問。』從之。

五年二月七日，權發遣臨安府周悰言：『西湖水面惟務深闊，不容填溢，並引入城内諸井，一城汲用，尤在涓潔。今相度，欲增置撩湖軍兵，以百人爲額，專委錢塘縣尉並壕塞官一員，於銜内帶「主管看湖」，專一管轄軍兵開撩。仍乞除德壽宫外，自今並不許有力之家種植菱茭及因而包占，增疊堤岸。或有違戾，依蘇軾任内申請，以違制論。』從之。

九月六日，權知明州張津言：『轄下東錢湖容受七十二溪，方圓廣闊八百頃，傍山爲固，叠石爲塘，合八十里。自唐天寶三年，縣令〔陸〕南金開廣之。皇朝天禧元年，郡守李夷唐重修之。中有四閘七堰，凡遇旱涸，開閘放水，灌溉七鄉民田計五十四萬畝。雖甚亢旱，亦無災傷。昨因豪民於湖塘淺岸漸次包占，種植茭荷，障塞湖水。紹興十八年，雖曾檢舉約束，盡罷請佃，歲久，茭根蔓延，滲塞水脉，致妨蓄水。兼塘岸間有低塌去處，若不開淘修築，不惟侵失水利，兼恐塘埂相繼摧毁。欲望下本州，候農隙之際，趁時開鑿，因得土修治埂岸，寔爲兩便。』從之。其後本州言：『行視湖濱，緣所用丁夫浩瀚，見椿錢米殊闕不支。竊見東錢湖自有湖以來到今，雖遇大旱，不闕灌溉。自前雖時復野生茭草，諸鄉百姓至二三月間便採割貨賣，飼食耕牛。近年因兩寨水軍牧馬，盡籠有之，刈割失時，以致根蔓積爲厚葑。今若依舊許百姓二三月間茭草發生之時任便採刈，八九月以後無用水之時，縱乾湖水，令百姓牧放踐踏，即茭葑逐軍自壞，經久凈盡，官中可無大費，誠爲便利。兼環湖皆出倚山爲岸，岸非山處殆不能半，外民田率低下，雨澤稍多，湖面漲溢，輒時決放。至今諸堰有所謂則水石〔一〕者，言水過此則須開閘破堰，放泄湖水，可見岸下足以瀦蓄。今欲度量，將所椿錢米先修堤防。堤防既高，水自瀦蓄。水勢既深，雖茭葑未除，亦不爲害。』詔開東錢湖前旨不行，所椿錢米，令本州修築堤岸。

七年七月二十四日，詔兩浙漕臣沈度專一措置修築練湖。先是，臣僚上言：『鎮江府丹陽練湖，按《圖經》：幅員四十里，納長山諸水，漕運資之。故古語云：「湖水寸，渠水尺。」在唐時，法禁甚嚴，盜決者罪比殺人。本朝猶踵其法，爾後浸緩其禁以惠民。然修築嚴甚，春夏多雨之際，瀦蓄盈滿，夏秋雖無雨，漕渠或淺，但泄湖水一寸，則爲河一尺矣。故夾岡亦未始有膠舟之患，公私兩便焉。兵火以後，多廢不治，堤岸圮缺，春夏不能貯水。强家因而專利，耕以爲田。歲月既久，其害滋廣。官司雖時稱開濬浦築，徒爲文具而已。侵耕浸多，包以淤澱，夏秋乏雨之際，視湖如掌，啟板至十餘，纔能泄入河，猶不能大有所濟，况民田邪？由此公私兩病矣。伏望特降睿旨，令本路轉運若提舉官日下與府縣長吏躬親相視，按塘興國初之舊，於貯水委有利害，必當開掘者若干，公心詳度利害，檢計工料，保明以聞。然後遣一郎官或御史復案之，候農

〔一〕則水石：即石製水尺，今浙江鄞縣它山堰遺址等處仍有遺存。

隙興工，務使易成而難毁。仍參酌中制，立爲盜決侵耕之法，著於令，責長吏以奉行必定，庶幾練湖漸復其舊，民田獲灌溉之利，漕渠無淺涸之患。』

七年九月十一日，權發遣秀州岳密言：『華亭縣地勢南北高仰，其鄉吕父老皆稱或遇水潦，本縣西北有長泖，接連澱山湖、趙屯浦、鹹魚港，出大盈浦，趣吴松江入大海。縣北亦有通波塘、蒿塘、郭巷涇，趣艾祈浦，通吴松江，亦入大海。縣東北又有北俞塘、黄浦塘、蟠龍塘，通接吴松大江，皆泄裏河水潦。内北俞塘見今淤塞，已委官相視開撩。竊詳蘇、湖州積水，湖州自震澤太湖泄入吴松江，平江府自練湖入白蜆江，泄入吴松江，並歸大海。止緣兩州之人不知地勢，所以累訴，官司信之，累命決水於二州。初無利便，反均被鹹潮之患。』密興修本州涇塘堰，條奏水利，因及之。

十月十三日，兩浙路計度轉運副使沈度言：『被旨〔措〕置修築練湖，相視上下兩浙石礎三座，舊有啟閉閘板，歲久，板木不存，因此走泄。内横壩石礎係縱水歸下湖，今已衝損，及姚婆石礎最爲切要，走水尤多。欲依舊置閘板啟閉，監督添用椿木，隨閘板高下填築固護；及南北斗門損漏，一切各已整治。竊觀上湖地形比下湖高仰，西向地形石礎之側有數丈損闕，比之東向，其岸稍低。兩湖草地灘脚，若濬治近岸，即就土可以增堤高、固湖身。復依古者作上峰，就湖堆積。如此，則蓄水必多，不獨以通利綱運，亦以灌溉民田。』從之。

八年六月二日，直敷文閣、權發遣（西路兩浙）〔兩浙西路〕提點刑獄公事、提舉河渠公事王淮言：『竊見姑蘇號曰平江，言江流至此而平也。平則勢緩，緩則易壅，非泄而入海，則不能無潦水之患。《書》言：「三江既入，震澤底定」。臣嘗考三江入海之由，不可詳據，姑以耳目所接，鄰於海而易泄者，惟秀之青龍港，蘇之許浦、白茆，與夫琴川、百家涇，皆泄入海之道也。今秀之青龍港固自若，所不必論，而蘇之百家涇、琴川、白茆或存或廢，未可遽復。惟常熟之許浦，流之最下者，沙石填壅，其淺者既夷而爲平陸，而其深者亦不過尋丈，舟行則膠，流集必遏。曩者朝廷嘗命憲臣相視而開導之，工役既衆，暫而遂止。然法有不便於彼而於此甚便者，事有不行於前而於兹爲可行者，惟因人之力而用之，則役省，因人之利而導之，則樂從。力半工倍，莫甚於此。且今之許浦，水軍屯駐在焉，連營列壘，不下萬計。誠於此時命主將以提其綱，命縣官以佐其費，秋冬之交，防托之暇日，率其卒伍，沿許浦一帶疏而通之，浚而深之，使江海之流相接，而又立爲犒賞，隨所治之多寡爲之等差，則貪者先之，懦者隨焉，持久之效可旬日辦也。豈惟浙西之民可無水潦之患，亦彼屯駐者之利也。其地里之遠近，流委之曲折，地勢之高卑，經理之始末，當命有司别條具焉。惟冀陛下留神，幸甚。』

同日，五兵即前，權發遣鎮江府兵馬鈐轄王徹言：

『紹興二十八年開平江府常熟縣五浦，時因積水泛溢，欲泄(八)〔入〕大江，宜自常熟縣東開鑿，至雉浦五十里入許浦，縱水入江，方爲長利。却自雉浦之西就民田創河二十五里，號丁涇塘，橫引水復入福山浦，使二浦之水復歸一浦，止近縣田稍獲灌溉，他無補也。且大江之南，鎮江府以往地勢極高，至常州地形漸低。錢塘江之北，臨安以往，地勢尤高，秀州及湖州地形極低。而平江府居在最下之處，使歲有一尺之水，則湖州平江之田，無高下皆滿溢，每歲夏潦秋漲，安得無一尺之水乎？聞江灘海岸常列三十六浦，各置巡檢寨捍江海，浚治江浦通快上水，故數十年前淛西不聞每歲被水。今三十六浦最急者，平江府五浦，蓋平江府實爲淛西衆水聚集之地，就五浦之内，黄泗浦之中，大抵與福山通流，不用開鑿外，崔浦、許浦、白茆濬三所潮沙壅積，與岸齊平，使千里之外不能流入，大江之潮不能上通。竊謂治水當導所受之處，若使下流壅積，不達江海，雖鑿陂塘，所及亦狹。要使江显〔一〕海瀕，注水如瀉，然後百川之流漸有歸宿。謹圖地形水利附奏。』詔(光)〔先〕措置開鑿許浦。條約以聞。其後平江府守臣岳密言：『開鑿許浦，雖大水不無獲利，然頓失瀦蓄，遇旱不無所病，且大役難成。』其議遂止。

九年十一月二十三日，臨安府言：『承御降文字，竊惟西湖自蘇軾開鑿以後，舊額合招撩河兵士一百人駐於近湖之地，歲輒開撩，不使淤塞。今六飛駐蹕，所存止二十有五人。況禁戢不嚴，冒佃侵多，故多葑茭蔓延，西南一帶，已成平陸，而濱湖之民，每以葑草圍裹，種植荷花，駸駸未已。若不鋤治，恐數十年之後，西湖遂廢，將如越之鑑湖，不復可復。欲望睿慈措置，凡湖之荷蕩，若閑慢不急之所，許存留。若居湖中，有礙湖面，一切芟除，務令净盡。仍乞約束，自後居民不得再有圍裹，如違戾，以違制論，庶幾瀦水有餘水，而漕渠六井之須，雖遇旱歲，可以無乏，公私兼濟，實非小補。』從之。其後臨安府守臣言：『一切芟除外，西至顯明寺前，北至四聖觀港湖，東至王妃塔，南至山脚，種植菱茭蕩等並係良馬院主堂。』詔並令開撩。

造水磑

真宗大中祥符八年四月，命河北安撫副使賈宗相度定州北河興置水磑。先是，上封者言：定州地有暖泉，冬月不冰，可以常用，故使經度之。

仁宗天聖八年四月，陝府西轉運司(府)言：『秦州路歲造麴用麥數萬石，止合於在州及近郊水磑户分配變磨，其就倉請領並納(細)〔紐〕麴時，頗多邀滯搔擾。今據磑户八十餘人狀：願細撲官水磑五盤，所收數納官，

〔一〕显 原文不清晰，暫作此字。

只乞官自變磨應副。知州張綸尋已施行。兼綸差通判程賁，於州界側近度地形安便處，增修水磑。得永寧寺西官柳林中，可修立水磑一，悉不妨占居民地土水利。令並舊官磑應副中變磨合用麴麥外，亦可量出租課，添助軍須。乞降敕處分。』從之。

神宗熙寧六年五月六日，詔諸創置水磑、碾、碓有妨灌溉民田者，以違制論，不以去官赦降原免。官司容縱準此。

元豐六年二月二十七日，都提舉汴河堤岸司言：『丁字河水磨，近爲濬蔡河開斷水口，妨關茶磨。本司相度通津門外汴河去自盟河咫尺，自盟河下流入淮，於公私無害。欲置水磨百(般)〔盤〕，放退水入自盟河。』從之。

哲宗紹聖元年八月二十三日，詔興復水磨茶，應合行事，令户部先具措置，申尚書省。

九月二十八日，户部言：『準敕，復置水磨，今踏逐到京索、天源等河，措置修立。』從之，仍差右通直郎孫迥提舉。

二年三月七日，户部言：『得旨興修水磨茶事。初元豐中，都提舉汴河堤岸司總領，即便水流用之。堤岸司令廢歸都水監，而措置茶事乃隸户部，事不相應。請依元豐置都提舉汴河堤岸司故事，應一司事並依舊條。』詔就差提舉茶場水磨官，兼提舉汴河堤岸，專管句自洛至府界調節汴水，應副茶磨，不得有妨東南漕運。

四年十一月十一日，户部郎中、提舉水磨茶場孫迥言：『茶磨乞於在京東水門外沿汴河兩岸，逐舊日修置水磨去處，別行興復。』從之。

元符三年十二月三日，詔以都水使者魯君貺專切應副茶場水磨。先是，閻守懃、李士京同領茶場，欲榷淮南茶，盡鬻之官，歲當三百萬緡，三省抑而不行。至是，三省因奏，神宗本以抑奪都城十數兼併之家，歲課至三十四萬緡，近賈種民遂增展及輔郡，人以爲病。詔增展輔郡榷茶指揮勿行，止依元豐舊法。

徽宗崇寧二年二月二十三日，提舉京城茶場所言：『紹聖初，興復元豐水磨，推□〔一〕京畿茶法，歲收二十六萬餘緡。四年，於長葛、鄭州等處京索、溴水河增磨二百六十所，借用汴水，極爲要便。自輔郡榷法之罷，遂失其利，今四磨不能給。其元符三年罷輔郡榷茶指揮，乞勿行。』從之。

《嘉定鎮江志》：淳化元年二月，詔廢潤州之京口、吕城、常州之望亭、奔牛四堰，秀州之杉木堰，杭州之捍江、清河、長安三堰，越州之山陰縣西堰。天聖七年五月，兩浙轉運使言潤州新河畢工，降詔獎之。

《三朝國史志》：慶曆三年，潤州濬漕河成，督功者

〔一〕原缺字，用□表示，所缺或爲『行』字。

賜詔嘉獎。其後每年必乾淺，輒阻漕舟。虞部郎中胡淮與兩浙路提點刑獄元積中再經度，常、潤州河夾崗道置堰，功費多而卒無補。御史陳經言之，淮及積中皆貶官，係熙寧二年。初，武進尉陵民瞻建議廢呂城堰，又即望亭堰置閘，而知常州王説議開珥瀆河，通常、潤運路。朝廷以虞部郎中胡淮提舉，民瞻督役，兩浙提刑元積中總其事。蓋積中主民瞻議故也。鄭向爲兩浙轉運副使，疏潤州蒜山漕河抵於江，人便利之。皇祐二年，王琪再守潤，轉運使欲大興役，濬常、潤二州漕河。琪言：『方蠻蜑騷五嶺，又南方歲比不登，民困無聊，不可重興此役。』詔罷之，而後議者卒請廢呂城堰，破古函管而濬之，河反狹，舟不得方行，公私以爲不便，官吏率得罪去。

《會要》：治平四年七月，都水監言：『兩浙相度到潤州至常州界開淘運河，廢置堰閘，乞候今年住運，開修夾岡河道。』從之。

《四朝國史志》：元祐四年，知潤州林希復呂城堰，置上下閘，以時啟閉。

《四朝史》：本傳：曾孝蘊字處善，公亮從子，紹聖中管幹發運司糴羅事，建言楊之瓜州、潤之京口、常之奔牛宜易堰爲閘，以便漕運商賈。役成，公私便之。

《四朝國史志》：元符二年九月，潤州京口、常州奔牛澳閘畢工。先是，兩浙轉運判官曾孝蘊獻澳閘利害，因命孝蘊提舉興修，仍相度立啟閉日限之法。至是始告成也。

《會要》：崇寧元年十二月一日，中書省、尚書省勘(合)〔會〕左司員外郎曾孝蘊劄子：『紹聖間，獻陳澳閘利害，蒙朝廷〔令〕孝蘊提舉，興修了當。行運首尾四五年，若不別令官司主管，則已成東南漕運大利，當遂廢革。欲乞專差官一員，自杭州至(楊)〔揚〕州、瓜州澳閘，通管常、潤、揚、秀、杭州新舊等閘，依已降條貫，專切提舉車水澳閘，覺察應幹姦弊。乞差舊曾監修澳閘，宣德郎、新知崑山縣事鮑朝懋提舉管幹，依提舉弓箭手例序官，請給、人從、舟船等事，於蘇州置廨宇，以提舉淮浙澳閘司爲名。人吏許於常、潤、蘇、杭、秀等州選差，半年一替。仍令兩浙轉運司進奏官兼管發落文字。』從之。

政和六年八月，御筆：『鎮江府旁臨揚子大江，舟楫往來，每遇風濤，無港河容泊，以故三年之間，溺舟船凡五百餘艘，人命當十倍其數，甚可傷惻！訪聞西有舊河可以避急，歲久湮廢。宜令發運司計度，深行濬治，以免沉溺之患。委官處畫，早令告功。』《嘉定鎮江志》

慶曆中，於夾岡道置堰，功費多而卒無補，旋罷。今地名有黃泥垻者，豈其地歟。按《舊志》：夾岡地勢縈迴歧分，山脊相距曠迴，行者惴惴。熊叔茂詩：『僻疑昏有虎，靜怪曉無雞。』謂此地也。嘉定中，郡守宇文紹彭創置六鋪，撥邏卒守之，舟行陸走以無恐，混一以來成坦途。《嘉定鎮江志》

堰[一]

曹娥堰　威州之保寧縣新修堰，天禧二年三月修。

碓子堰　鳳州梁泉縣之碓子堰，大中祥符二年置。

第六堰　紹興二十三年五月十二日，利州路安撫司機宜楊庭言：『紹興府見屯御前軍馬合用糧料，全籍糴買應副食用。本府褒斜谷口有古六堰，澆溉民田頃畝浩瀚。自來春首隨食水户田畝多寡，均出夫力修葺。昨經兵火，民力不足，多因夏月使水之際，暴水衝損堰身，遂失一歲之利。又撥屯內將兵、差不入隊人兵併手修葺，（幾）〔庶〕幾便民。』詔四川安撫制置司詳所陳事理施行。

築堰：　紹興十一年四月二十三日，兩浙轉運副使張叔獻等言：『華亭縣東南（沈）〔枕〕海，西連太湖，北接松江，松江之北，復控大海，地形東南最高，西北稍下，柘湖十有八港，正在其南。故來築堰，以禦鹹潮，防趨下而北，爲民田之害。』

水溢堵堰：　乾道四年五月二十四日，知樞密院事、四川宣撫使虞允文言：『彭州九龍等三縣管都江等别等一十餘堰，灌溉民田，其堰身長七十餘里。自紹興二十年以後，州郡不以實意，遇雨水泛溢，決壞堰身，水利略盡。知縣梁介躬行堰所，部勒丁夫修治堅密，水脉通流，田畝霑之，溉及旁縣，實爲水利。』詔梁介直秘閣、利（縣）〔州〕路轉運判官。

汴河堰　皇祐二年閏十一月，賜汴河治堰緡錢。

山河堰　乾道七年五月十二日，參知政事、四川宣撫使王炎言：『興元府山河堰灌溉甚廣，世傳爲漢蕭何所作。嘉祐中，提舉（常平）〔平常〕史炤奏上堰法，獲降敕書，刻石堰上，至今遵守。』

捍海堰　天聖六年七月，淮南發運司興修泰州捍海堰畢工，詔以發運使兼知泰州張綸領韶州刺史，轉運使司胡令儀遷一官。堰內歸業人户免三年差役税賦，督役三班壕寨軍校等遞支賜有差。

司馬堰　泰州之司馬堰，淳化二年二月詔廢。

水閘[二]

天聖四年十月，楚州北神堰並真州江口（南）堰，各置造水閘。先是，監税三槐王乙上言，詔轉運司度其事，且言其經久利濟，省得綱運般剥、偷侵、住滯，故信從之，仍遷一秩。

淳熙六年三月十二日，宰執進呈知鎮江府司馬伋言：　用石修砌潮閘門，濬海鮮河，使舟船有艤泊之所。上曰：『司馬伋濬河修閘，惠利甚廣，可除寶文閣待制。』

〔一〕原『堰』和以下諸堰字皆爲題頭，今只保留『堰』字，其他改爲行文。

〔二〕原天頭有『閘』字，文前標題爲『水閘』。

淳熙十四年九月十一日，權知(楊)〔揚〕州熊飛言：『揚州一帶運河惟藉瓜洲、真州兩閘瀦積。今來河水走泄，祇緣瓜州上、中二閘久不修治，獨潮閘一座，轉運提鹽及本州共行修整。然迫近江潮，水勢衝激，易致損壞。真州二閘亦損漏。乞下淮南轉運司、淮東提鹽司疾速同共修理，仍乞下真州日下修葺本州上下二閘，以防走泄。』從之。

保安閘　乾道五年二月八日，權發遣臨安府周淙言：『竊見浙江舊有渾水、清水、保安三閘，歲久損壞，已行修治。今欲專差官一員充監閘，常令管轄閘兵依時啟閉，並不住打淘河道，免致湮塞，使公私舟船無留滯之患。乞先從本府於大小使臣内有材力能幹官選辟。』從之。

月河閘　乾道二年六月十一日，前權知秀州孫大雅言：『昨所領州，其境内欲水潦可以無憂而又足以禦旱者，莫若修閘與斗門，以時啟閉之爲利也。且其地有四湖：一曰拓湖，二曰澱山湖，三曰當湖，四曰陳湖。其東南則拓湖，自金山浦、小官浦入於海；其西南則澱山湖，自蘆瀝浦入於海；西北則陳湖，自大姚港朱里浦入於吴松江；其南則當湖，自月河南浦口、澉浦口亦可達於海。支港相貫，四湖皆通也。今若官於諸港浦分作閘或斗門，度時啟閉，不獨可以洩水，而旱亦獲利。』詔委本路漕臣同秀州守臣躬往相度措置，候農隙興工。其後兩浙漕臣姜詵、秀州守臣鄭聞言：『合於張涇堰傍高兩岸創築月河，置閘一所。其兩柱金口基脚並以石造，涇内水泛即開閘以泄之。』詔令十一月興工。

乾道三年三月二十一日，權兩浙路計度轉運副使姜詵言：『華亭縣新涇、招賢涇雖有水河，泄水不快，今相度，欲於張涇、白苧、陳涇、新涇四處各置一閘，遇蘇、秀、湖三州水泛，候潮退，即開閘以殺水勢。』從之。

考證：宋隆興甲申八月，本路漕臣姜詵奏請於張涇堰增庳爲高，築月河，置閘其上，甃巨石兩址，相距常有四尺，深十有八板，板尺有一寸，以時啟閉，故鹹潮無自而入。月河之長三千三百五十有五尺，廣六尺，許克昌爲之記。

洪澤閘　乾道元年三月十八日，淮南路轉運判官韓元龍言：『催督修整洪澤兩閘，自三月初四日興工，至十二日畢。』詔修閘官兵令總領所等第犒設。

堰閘　乾道三年四月二十四日，兩浙漕臣姜詵言：『常州無錫縣以北五瀉堰，通徹江陰軍等處，其堰有閘一重，承前除綱運及重船開閘通放外，餘舟止車堰。後以無錫利於拘税，恐車堰走失，即將舊堰掘斷，自收掌閘鑰，不以大小、空重舟船，並閘内通放。致啟閉無時，失洩運水，閘板多浮，不相連貼，亦不着底，水從板罅晝夜流入裏河。今相度，於五瀉堰閘裏更添閘一重，並修築元堰，依舊車打小料舟船。』詔本州措置。

吕城閘　慶元五年正月十九日，兩浙轉運、浙西提舉司言：『以知鎮江府萬鍾乞於吕城倣臨安、嘉興二閘之制，添置一閘。兩司委官相視，鎮江府地形高峻，東至常州，運河迤邐就下，每遇水漲，河流湍急，吕城兩閘歲久損壞。今若依倣三閘之制，本府自備工役添造一閘，則堤防周備，可保無虞。但今来吕城兩閘既已損壞，若不先行修整，雖有新建上閘，亦難獨當上流。欲乞下本府將吕城兩閘重行修葺，候畢（上）〔工〕日，却從本府從長措置接續添造新閘，庶得利便。』從之。

斗門閘　孝宗皇帝隆興二年二月十三日，知紹興府吴芾言：『昨條奏興修會稽、山陰縣鑑湖，全藉斗門堰閘蓄水，都泗堰閘尤爲要害。凡遇綱運及監司使命舟船經過，堰兵避免車打，必欲開閘通放，以致啟閉無時，失泄湖水。體訪都泗堰因高麗使往來，宣和間方置閘，今乞廢罷。』從之。

淳熙五年十二月二十二日，提舉廣南路常平茶鹽司言：『昨來所開濟川河口創置斗門一座，候春夏間江潮稍大，以時啟閉，通放至運河，則監綱往來，無淺涸之患。』從之。

淳熙十二年三月二十八日，淮南轉運司言：『和州守臣乞於千秋澗置斗門，以防麻澧湖水洩入江。遇歲旱，灌溉民田，實爲利便。』從之。

淳熙十四年四月四日，知太平州張子顔言：『本州管下圩田，除繁昌縣並是私圩，江湖隔遠外，所是當塗、蕪湖兩縣諸圩，當塗受水特甚。至於斗門、水函，多以竹木爲之，間用磚石，往往不牢，致有損壞。今當塗縣重新改造斗門一十三所，石卷砌四所，水函八所，修砌舊係磚石斗門五所，水函一十所；蕪湖縣重新改造斗門八所，用磚石卷砌。今後每歲冬間農隙之時，先次增修大埂。今來興修内埂二十段，共長三萬二千三百八十二丈，計一百七十九里一百六十二丈，並已了畢。』詔令守臣以時檢察，務爲久遠之利。

通江橋閘　淳熙二年十二月十六日，臨安府言：『欲於通江橋用石砌疊，置立閘板，遇河水乾涸，啟板通放潮水入河，繼行下板，固護水勢。』

栲（栲）〔栳〕[一]閘　乾道元年正月十七日，知鎮江府方滋言：『體訪子城居民水患，祇緣近來栲栳閘城下放水道通徹裏澳，當時務蓄水灌栲栳閘，免泄運水。今裏澳（刑）〔形〕勢低下，放水不入。事既無益，每因水漲入城，反爲民患。又體訪古西夾城裏教場城下有水澳池一處，停蓄子城内水；向北有古溝一所，於利涉門城下置水牕一座，通徹大江。每遇水滿，通放澳水出城，以是居民少罹水患。今相度於向西城下水牕子城外，添置閘閉斷，使運河水不入子城裏澳，久遠爲便。』從之。

[一] 栳　原作『栲』，誤字，據文中記述改。

常豐閘　淳熙十一年六月八日，又言：『台州黄巖縣之東地名東浦。紹興中，開鑿建置常豐一閘，名爲決水入江，其實縣道欲令舟船取徑通過，每船納錢，以充官費。一日兩潮，一潮一淤，纔遇旱乾，更無灌溉之備。已將上件常豐閘築爲平陸，還故基。乞下本縣，自今永不得開鑿入江湖，庶絶後患。』從之。

黄巖縣閘　淳熙十一年十一月二十六日，浙東提舉勾昌泰言：『台州黄巖縣舊有官河，自縣前至温顔嶺凡九十里，其支流九百三十六所，皆以溉田。元有五閘，久廢不修。今相度，其河有合開三十一萬九千丈有奇，一面開淘，兩月可畢。惟有建閘一事，約費二萬餘緡，乞從朝廷給降。』詔下兩浙轉運司，從本司取的實合用錢數，於本司所得窠名錢内取撥，應副施行。

十二年四月二日，宰執進呈昌泰再上言：『漕司不應副錢，乞度牒二十道。』上曰：『此乃百姓水利，可與度牒二十道，令浙東提舉司每道作七百貫出賣，(捿)〔湊〕本司合支用錢數應副(修興)〔興修〕。候了畢間，開淘及修建去處，並灌溉田畝數目開(其)〔具〕聞奏。』

渠〔一〕

〔大中〕祥符七年六月，知永興陳堯叟導龍首渠入城，民便之，詔嘉奬。

天聖四年閏五月，陝(府)西轉運使王博文等言：『準勅相度到右班殿直劉逵奏，乞開治解州安邑縣至白家場永豐渠，行舟運鹽，經久不至勞民。其開修檢計工料別具奏陳次，乞選差使臣一員勾當開修，候其功成，望賜酬奬。按此渠自後魏正始二年都水校尉元清引平坑水西入黄河以運鹽，故號永豐渠。周、齊之間，渠遂廢絶。隋大業中，都水監姚暹決堰濬渠，自陝郊西入解縣，民賴其利。及唐末至五代亂離，迄今湮没，水甚淺澁，舟楫不行。』詔三司相度以聞。先是，解州般鹽，帖頭麻處厚等詣闕訴，稱般鹽陪用家貲並盡，乞別行相度，故有是奏。從之，甚利於公私也。

淳熙七年六月三十日，知臨安府吴淵言：『萬松嶺兩傍古渠，多被權勢及百司公吏之家起造屋宇侵占。及内西寨前石橋，並海眼緣渠道堙塞，積久淤填，兼都亭驛橋南北河道緣居民多將糞土、瓦礫抛颺河内，以致填塞，流水不通。今欲分委兩通判監督地分廂巡，逐時點檢鈐束，不許人户仍前將糞土等抛颺河渠内及侵占去處。任滿，批書水流淤塞，從本府將所委通判及地分節監保明申尚書省，各減一年磨勘。如有違戾去處，各展一年。』從之。

淳熙八年九月二十八日，知襄陽府郭杲言：『本府

〔一〕『渠』字原在天頭，今移入正文爲小標題。

有木渠，可溉田數千頃，堙塞，乞以開修。』從之。

斗門[一]

仁宗天聖四年二月，侍御史方慎言：『杭州元有江岸斗門二，凡舟船出入，一則温台路，一則衢婺路，其北岸斗門爲潮水所壞，因循不修。今兩路舟船併在一岸，備見不便。蓋斗門啟閉有時，須候潮平方開，因兹住滯。欲望（後）〔復〕創二斗門。』詔本州疾速修創，勿令住滯舟楫。

神宗熙寧二年七月，京西轉運司言：『乞差官檢視鄭州滎澤界魏樓村斗門地形高下，相度經久利害。』命監察御史裏行張戩、館閣校勘顧臨定奪。戩等言：魏村斗門委實利便。詔都水監施行。

《乾道會要》：壽皇聖帝乾道七年二月四日，觀文殿大學士、知紹興府蔣芾言：『本府會稽縣德政鄉古有二浦：一名兆浦，在上流凡五里餘，舊有斗門，以障外水；一名後浦，在下流凡十里餘，舊來深濬，以泄裏水。爰自堙塞，久不修治。今欲商度開浦，並置斗門。』從之。

十一月十二日，皇子、判寧國府、魏王愷言：『化成、惠民兩圩周回已置立斗門，共二十四所，兩旁用石築疊，及以沙扳安閘，高築土鉗，常加堅實。及斗門遞年專輪圩户四名防守。臣欲行下宣城縣令、佐，今後遇圩内積水深長、外河水低於斗門，即仰守圩人户申官，躬親先次集衆開斗門出入。候畢，即依舊安閘築塞。及常切禁止圩民不得盗決堤岸，犯者依法施行。』從之。

堤岸

徽宗建中靖國元年四月三十日，詔發運司差官點檢龜山新河堤岸，如有墊缺，速加補築，仍自今歲以爲常。

食貨六一　水利雜録[二]

太宗皇帝淳化四年，知雄州何承矩及臨濟令黄懋請於河北諸州置水利田，興堰六百里，置斗門灌溉。詳見《屯田門》[三]

至道元年正月五日，度支判官梁鼎、陳堯叟言：『乞興三白渠及南陽、陳、（穎）〔潁〕、壽春、沛郡、襄陽水田，復邵信臣、鄧艾、羊祜之制，以廣農作。』詔光禄寺丞何亮等經度之。

九月，堯叟、鼎等言：『伏自唐季以來，農政多廢，民率棄本，不務力田，是以稟庾無餘糧，土地有遺利。臣等每於農畝之際，精求利害之本，討論典故，備得端倪。自

[一]『斗門』二字原在天頭，今移入正文爲小標題。

[二] 本部分録自《食貨》六一之八九至一五〇。題頭有『《食貨》二十五』批注字。原《宋會要稿》一五二册。

[三] 此段文字原稿在天頭處，今排入正文。

陳、許、鄧、（穎）〔潁〕，暨蔡、宿、亳至於壽春，用水利墾田。先賢聖跡具在，坊埭廢毀，遂成汙萊。儻開闢以爲公田，灌溉以通水利，發江淮下軍散卒，給官錢，市牛及耕具，導達溝瀆，增築防堰，每千人，人給牛一頭，治田三萬畝，畝三斛，歲可得十五萬斛。凡七州之間，置二十七屯，歲可得三百萬斛，因而益之，不知其極矣。行之二三年，必可以置倉廩，省江淮漕運。閑田益墾，民益饒足，乃慎選州縣官吏，俾兼督其事。民田之未闢者，官爲種植；公田之未墾者，募民墾之。歲登，官私各取其半，此又敦本勸農之術。』又引『漢元帝建昭中，邵信臣爲南陽太守，於穰縣南六十里造鉗盧（坡）〔陂〕〔一〕，累石爲堤，旁開六石門以節水勢，溉田三萬頃。至晉杜預，因信臣遺迹〔二〕，激湍、瀆之水，以溉田萬頃。魏武以任峻爲典農中郎將，屯田於許下，得穀百萬斛。晉宣王遣鄧艾行陳、（穎）〔潁〕以東，至壽春，艾言田良水少，不足以盡地利，宜開渠。淮北二萬人，淮南三萬人，且佃且守，歲小豐，常收三倍。除給費外，歲完五百萬斛，六年可積三千萬斛。宣王然之，遂北並淮。自鍾離而南，橫石以西，盡沘水四百餘里，五里置一營，營六十人，且佃且守。更修廣淮陽、百尺二渠，上引河流，下通淮、（穎）〔潁〕，大治諸陂，於（穎）〔潁〕南、（穎）〔潁〕北穿渠三百里，溉田二萬頃。自戰爭以來，民競逐末，凡此遺迹，率皆荒榛。臣等欲因其溝塍，增築堤堰，導其水利，墾爲公田。《傅子》曰：陸田命繫於天，人力雖修，苟水旱不時，則一年之功棄矣。水田之制由人力，人力苟修，則地利可盡也。矧又膏沃特甚，螟螣不生，比於陸田，又不侔矣。』帝覽奏嘉之，詔大理寺丞皇甫選、光禄寺丞何亮乘傳按視經度之。

二年四月，皇甫選、何亮等言：『奉詔，往諸州興水利。臣等先至鄭渠，相視舊迹。按《史記》，鄭渠元引涇水，自仲山西抵瓠口，並北山東注洛三百餘里，溉田四萬頃，收皆畝一鍾；白渠引涇水，首起谷口，尾入櫟陽，注渭中，袤二百餘里，溉田四千五百頃。兩處共四萬四千五百頃。今之存者，不及二千頃，乃二十二分之一分也。詢其所由，皆云因近代職守之人改修築堰，圻壞舊坊，走失其水，故灌溉之功絶不及古渠。況此水二郡六縣資其利，以溉田畝，望令增築堰埭。舊有放水斗門百七十六處，悉已毀壞，望善治之，嚴禁豪民盜用水。移六石洪門，就近上河岸不損處開渠口，通河水，慎選能吏專掌其事。』又言：『鄧、許、陳、（穎）〔潁〕、蔡、宿、亳等七郡，民力耕種不及之處，官司閑田共二十二萬餘頃，凡三百五十一處，並是漢魏以來邵信臣、杜詩、杜預、任峻、司馬宣王、鄧艾等置墾闢之地。內鄧州界鑿山穿嶺，疏導河水，散入唐、

〔一〕鉗盧陂　『陂』原作『坡』，誤，據《食貨》七之二改。
〔二〕迹　原脱，據《食貨》七之二補。

鄧、襄三州，灌溉田土。又諸陂塘坊埭大者長三十里至五十里，闊五丈至八丈，高丈五尺至二丈；其溝渠大者長五十里至百里，闊三丈至五丈，深一丈至丈五尺，可行小舟。臣等按視諸處增築陂堰，大費工役。欲望於舊防未壞可以疏引水利處，先耕二萬餘頃，漸興置之。』詔從其請，令自鄧州始，但募民耕墾，免其稅。令選等保舉一人，與鄧州通判同掌其事，選與亮分路按察焉。

五月，知懷州許袞上言：『蒙差奉職張致與臣相度開畎河水，澆溉人户田苗，併官竹園。臣等相度，所有令狐管水磨兩盤，實是每年配率民户，於舟河作堰，功料至大，百姓甚困弊，欲望特行停廢。其上氾河下流水磨兩盤，且乞仍舊差人勾當，出辦元額一半錢銀。其官竹園依時流溉外，沿河人户，乞令鄉村春夏澆田，自上流使水；秋冬澆田，自下流使水。如違，乞以盜決堤防條科罪。或百姓自辦開畝，廣作陂塘，亦聽取便。今據河內縣里正申超等分析到緣河兩岸使水二十二村二百二十五户，澆得田土約六百八十餘頃，並屬省竹園在內。』帝謂宰相等曰：『川谷通流，澆溉畎畝，乃農田之急務也。豈可以水磨微細課入妨百姓之利哉？其水磨，依奏廢兩盤，見存留者，亦與減放一半課額。餘水則引入官地，用灌園竹，勿使荒廢。』

真宗咸平六年三月，以大理寺丞黃宗旦通判（穎）〔潁〕州。從京西轉運使查道之舉。宗旦先上（穎）〔潁〕州諸縣陂塘荒地，計千五百餘頃，可募民耕佃，因命宗旦經度之。其民自占者三百二十餘家，朝廷欲終其事，適會道舉奏，遂就命之。

景德元年正月，北面都鈐轄閻承翰言：『自定州開渠至蒲陰縣東約六十二里，引水入沙河，東經邊湖泊入界河，可通行舟楫。』計其工役並圖（盡）〔畫〕來上之。帝謂侍臣曰：『承翰以開導此河，不惟易致資糧，兼可耕種其旁，引水溉灌，以助軍食[一]。且設險以限戎馬，亦邊防之利也。宜可其奏。』

四月十四日，閻承翰言：『自嘉山引徐河水，經定州東入沙河。其新開河北，官司已開田種稻；其旁隙地，欲募人耕（懇）〔墾〕。』從之。

大中祥符五年九月，帝曰：『保州興置稻田，地里漸廣。知州高尹到彼，並不具興修次第聞奏。可密諭尹，令常用心興置，仍逐月件析以聞。其稻田務兵士，或聞數目無多，宜令樞密院量與增差。』

天禧元年六月十一日，知昇州丁謂言：『城北有後湖，因旱，百姓請佃，計七十六頃，納租五百五十餘貫。今請依前蓄水，種植菱蓮，或遇亢旱，決以溉田。仍用蒲魚之利，旁濟民飢。望量遣軍士開修，其租錢特與減放。』

[一] 軍食　原作『軍實』，據《食貨》七之五改。

從之。

十二日，詔：『明州城外濠地及慈溪、鄞縣陂湖所納課額，永除之，許民溉田疇，採菱芡。』

二年十二月，都官員外郎張若谷言：『宣州化城圩水陸地八百八十餘頃，歲納租米二萬四千餘碩，見屬永陽鎮監稅使臣勾當，未得整肅。望置一使臣專領其事。』從之。

四年五月，淮南勸農使王貫之等，導海州界石闥堰水，入漣水軍溉民田；知濠州定遠縣、太子中舍江澤，率部民修古塘堰，貯水溉田，民獲其利。詔並奬之，仍令代還日考課引對。因諭〔一〕諸路勸農司應塘堰可以利民者，准此繕修。

七月，詔：『江淮南舊有陂塘，民請佃二十年以內者，並許仍舊修畎，自今不許請佃。內已種苗者，俟收獲畢修作；二十七年已上者，依舊爲主。』

仁宗天聖四年八月，監察御史王沿上相州開河渠引水溉民田利害。詔俟修護黄河畢日，規畫之。沿奏云：『渠田起於戰國魏襄王時，東有全齊，西有強秦，韓、魏在其前，燕、趙居其後，干戈歲動，封疆日蹙，苟不盡其地利，則爲強國所吞。故史起獻其謀曰：魏氏之行田也，以百畝，鄴獨二百畝，是田惡也。漳水在其旁，西門豹爲鄴令，請引之以溉鄴，以當魏之河內。臣徧觀史傳，但載灌溉之饒，不書疏導之法。唯本州《圖經》稱，有天井堰者，魏武帝所作。二十里分十二重墱，每墱相去三百步，令互相灌注。故左太冲《魏都賦》云：「墱流十二，同源異口。」詳此，則古來漳水本淺，不與岸平，須就岸以開渠，復臨渠而作堰，則水流渠內，渠灌田中。蓋爲渠之初，必就高處，渠行數里，方達平田。若水與岸平，田與岸接，爲渠甚易，溉田不難。則自國初以來，庸常之人已能開之久矣，又豈假臣之瞽言而復隱度哉？

臣按《史記》云：韓聞秦之好興事，欲疲之，無令東伐，乃俾水工鄭國説秦，令鑿渠，引涇水，並北山東注洛三百里，欲以溉田。中作而覺，鄭國乃曰「爲韓延數年之命，爲秦建萬世之功」。秦以爲然，卒使就渠。夫以彊秦之力，鑿一渠有何艱哉？韓人乃云欲疲之，鄭國又云爲韓延數年之命，則是舉秦國之人而疲之數年，然後能成之。今若持此較彼，則史起之引漳水，豈止一朝一夕之功哉？是必歲役萬人，數歲而獲其利。又鄭國鑿渠，並北山東注洛三百里，則是爲渠之初，須就高處，本不與平田相接，亦已明矣。若與平田相接，則澆灌之利，豈能遠及三百里哉？

臣詳王軫、房中正等相度漳渠事狀，大抵云水卑岸高，渠已湮塞，若作堰開渠，其功甚大，則亦然矣。若云渠堰雖成，其水渾濁，不堪溉田；及所作之堰，若遇川隘〔二〕

〔一〕諭　原作『論』，據《食貨》七之六改。

〔二〕隘　原作『溢』，據《食貨》七之八改。

之時，必復衝壞，則是軫等不知溉田之方、作堰之法。臣按鄭、白渠之引涇水也，今在耀州之雲陽、三原、富平及京兆府之江陽、高陵、櫟陽六縣，緣渠皆立斗門，多者至四千餘所，以分水勢。其下別開小渠，方以溉田。則水有所分，民無奔注之患。且其水最濁，故稱「涇水一石，其泥數斗，溉糞禾黍」。今反言其水渾濁，不堪溉田，斯豈非不知而爲知者耶？又其作堰之法，或云皆用大石方四五尺者，錮之以鐵，積之如陵，岐彼中流，擁爲雙派。其南流者乃爲涇水，其東注者乃是二渠，故雖駭浪不能壞。古人苟不如此，則年年修渠，歲歲作堰，百姓豈有利哉？今漳水之畔若復渠田，乞朝廷勘會雲陽縣。若有上件渠堰斗門，即乞精擇水工十餘人，徧詣彼處，模[一]古人作堰開渠之法。觀今人置斗門溉田之方，及命雲陽民自今犯罪當配者，皆徙[二]相州，教百姓水種陸蒔之利，則其謀易成。至如北邊，本無水田，自徙江南罪人於彼，後來皆知水利。

臣昨於正月内上疏，乞命水工往鄭白渠，觀彼疏導之制，往衡漳之上，鑿而引之。蓋亦慮磁、相之民不知作渠法耳。又詳王軫稱，若不開舊渠而截河作堰，當役七十五萬餘工；若從渠口開深一丈四尺，當役十三萬餘工。以臣籌之，若渠開二丈四尺，則作堰之功可損半，當併役五十萬工，日萬人，役五旬而罷。若擇水工有計智，依鄭、白渠作堰之法，采坯山之石，取磻陽之木，給黎城之鐵，扼中流，拒長岸，資木石之固，作其堰焉，上開大渠，可成別派。沿渠數里，分置斗門，漸及平田，必獲澆溉之饒。水東入御河，或遇川溢之時，則於元渠之口下板以塞之，以防奔注之患。其磁、魏、邢、洺既居下流，堤岸又淺，或餘波可及，或別渠可穿，則所謂鄭國在前，白渠起後，又且首起谷口，尾入櫟陽之類也。夫如是，則復三百年廢迹，溉數萬頃良田，雖役萬人，數歲而畢，亦不足爲勞矣。

又詳王軫稱，若開古渠，則掘却民田，而其萬金、都領等，尋之無迹者。大凡開溝渠，豈有不犯民田哉？若不犯民田而能開之者，雖史起復生，亦不知計之安出。其萬金等渠，求之無迹者，蓋本田之中，歲久堙没。

又詳王軫稱，高平渠據百姓狀稱：税賦已重，雖得水，出利不得，乞不修堰。檢會臣昨言，乞於安陽水次作堰，不以遠近，百姓並許引水澆灌，蓋欲春夏旱時澆救二十村民田。今軫曾不思先議增税，致人憂疑，不願灌溉，斯豈恤民之旨哉？又以堰成之後，安陽水少，行舟不得，虧却税額。夫以一渠之流，不過減本河數分之水，安患舟不浮哉？苟有利民，雖虧税，其亦末矣。臣載觀軫等事狀，似不以古今利害，徒采村落小民、壕寨軍將之語，以斟酌三百年廢渠之迹，其能盡其術乎？昔西門豹，賢臣也，

[一] 模　原作『募』，據《食貨》七之九改。
[二] 徙　原作『從』，據《長編》卷一〇四改。

史起尚以爲不知用，是不智也。況野人鄙卒之屬，能盡知乎？《傳》曰：「夫民可與樂成，不可與謀始」。又曰：「可使由之，不可使知之」。今國家生民富庶，區域乂安，有陶唐擊壤之風，無戰國交兵之事，猶乃俯從鄙議，恢復農工。此蓋丕闡皇猷，紹隆治本，雖大禹之疏濬川澤，周人之均別廬井，亦無以加矣。』

景祐元年十一月二十一日，三司、户部副使王沿言：『磁、相、邢、趙州已南州軍灌澆去處，人户種蒔稻田，勘會西山一帶州軍即目開修，甚有地窪。竊緣逐處少得稻種，乞下衛州，於種田務支借二百碩，與人户種蒔，收成日，依元數送納。』從之。

慶曆三年十一月七日，詔：『訪聞江南舊有圩田，能禦水旱；并兩浙地卑，常多水災，雖有堤塘，大半隳廢，及京東、西亦有積潦之地，舊常開決溝河。今罷役數年，漸已湮塞，復將爲患。宜令江淮、兩浙、荆湖、京東、京西路轉運司轄下州軍圩田，并河渠堤堰、陂[一]塘之類合行開修去處，選官計工料，每歲於二月間未農作時興役，半月即罷。仍具各處開修功績，并所獲利濟大小事狀保明聞奏，當議等第酬奬。內有係災傷人户，即不得一例差夫搔擾。如吏民有知農桑可興廢利害，許經運司陳述，件析利害，畫時選官相度。如委利濟，亦即施行。』

四年正月二十八日，詔：『陂塘圩田之類，及逐處堤堰河渠可備水患者，或能創制開決，或久遠廢壞堙塞却能興復，或前人已興功未成，後來接續了畢者，仰逐處勘會功料大小、所利廣狹以聞。』

十月，權發遣户部判官公事燕度言：『竊聞關中水利，古人所以富國。近年亦有臣僚擘畫澆灌者，然州縣鮮能訪尋水勢，疚心農務，是致頻年亢旱，屢遭饑饉，百姓流移，軍儲不集。近華州渭南知縣曹公望嘗引敷水，溉田甚廣，民間頗稱利便。却聞有人爲妨私家水磨，遂訟於官。雖州縣不行，然慮陝西水勢可以疏引澆灌去處不少，似此盡爲豪勢之家占爲碾磑之利，而州縣厭見乎訟，不敢盡心計畫。欲乞特下陝西都轉運司，如州縣能以水利澆溉民田廣闊者，應是妨滯公私碾磑池沼諸般課利，並須停廢，不得爭占，州縣仍不得受理。』詔三司詳定，尋移陝西都轉運司就近相其利害。於是本司言：『度擘畫委是經久之利。』從之。

五年九月二十八日，兩浙提點刑獄宋純等言：『乞應在官有能擘畫開修水利，并須先具所見利害，於畫地圖，申本屬州軍及轉運或提刑司，委自本司於部下選官，親詣地所相度。如實合行開修，經久利濟，詢問鄉耆，審取詣實，差官具保明結罪，申轉運提刑司體量允當，方下本屬州軍，計夫料、餉糧，設法勸誘租利人户情願出備。

[一] 陂　原作『坡』，據《食貨》七之一一改。

仍依元敕，於未農作時興役半月，不得非時差擾。候畢，其元擘畫官吏依近詔保明施行。如官吏敢擅開修，不預申本屬，不得理爲勞績，及出給公據保明，仍劾事端施行。』從之。仍詔今後委實有功效，並只理爲勞績。

皇祐元年正月二十五日，兩浙轉運司言：『知越州餘姚縣謝景初申，當縣陂湖三十一所，並係衆户植利蔭田。内二十一所見於圖經，其間有被形勢豪强人户請射作田納租課，後來遂廢水利去處。雖累有詔敕及赦令，山澤陂湖不得占固，即無明言不得請射營種，及無簿籍拘管，所以官司因循請託，或致受納賂遺，令形勢豪强人户請射作田，以起納租税爲名，收作己業，民田〔一〕蔭溉之利，其弊不細。請下本屬，明置簿籍拘管，永爲衆户蔭溉之利。今後更〔不〕得以起納租税爲名，輒行請射。如違，其所請人及所給官司重行朝典。本司欲依謝景初所請，明置簿籍，拘管陂湖，永充衆户貯水蔭田，更不許以起納租税爲名請射。仍令知縣常行檢察，如違，具所請頭主及給付官司，各乞嚴行勘斷奏聞。』事下三司，三司相度：『乞今後江淮、兩浙、荆湖路州軍，如有陂湖，明置簿籍拘管，永爲衆户貯水蔭田。更不許人户以起納租税爲名，輒行請射。仍令知縣常行檢察，如違，其所請人及所給付官司，各重寘於法。』從之。

至和元年八月二十日，光州仙居縣令田淵言：『竊見江淮民田，十分之中，八九種稻，春中遇雨，則耕耨布種常宜霑潤；盛夏稍愆雨澤，則其苗衰薄，所收微尠。惟是陂塘，有修築堅固，蓄水高廣，則下所灌田，不以旱沴，無不厚收。訪聞民間不肯協力乘閑修作，雖私有文約，愚頑之民多不聽從。興工之（之）時，難爲糾率，或矜强恃猾，抑卑淩弱，或只令幼小應數，而坐俟其利。似此之類，十居其半。及用水之際，争來引注。是以勞費不均，多起鬭訟。勤力懦善之家，常受其弊，故不能專志特力，用工興修，是致因循，極有遺利。竊見京畿及京東、京西等路，每歲初春差夫，多爲民田所（興）〔與〕，逐縣差官部押，或支移三五百里外工役，罕有虚歲。伏知江淮並不點差夫役，當農隙之際，一向安閑，比之北地，實爲優幸。其民於自己所利，亦不能勤力治生，暫勞永逸，誠宜勸率。若非官爲拘督，因時興作，則私下雖有期會，無由糾集，所興之工，獲水之利，十未得其一二。欲乞諸路凡有陂塘湖港可以溉田之處，今後令逐縣將元籍所管及不曾供報之處，逐一拘收。每年預先檢計工料，各具析合係使水人户各有田段畝數，據實户遠近，各備工料，候至春初，本縣定日，如差夫例，點集入役。仍逐處立團頭、陂長監催，本州差逐縣官點檢部轄。候畢，責干係人結罪供狀，仍别差官覆檢料例，並視差夫條約。後雖完固，亦須每歲計度合添工

〔一〕田　原脱。據《食貨》七之一三補。

料，補疊堤防高厚，則積水深廣，獲利愈博。其久來湮塞遺跡，及地勢合有可以創制陂塘之處，令逐處檢踏，聽人户所願，經官申述，亦即相度，依例興修。其有陂塘乾淺退出灘地，却爲接連之家侵占，經久妄冒，便作己田攔占，不令依舊修作，多起訟端，官司不爲研窮。今後須仰定奪，雖經歲深，亦不得占護。若向去添疊水勢，過於舊跡，亦當損少利衆。其有水侵之地，即令檢量，據數比撲，量減二税。及新創陂塘之處，若有水面侵却不係使水之人田土，亦乞準前例。所差團頭陂長，於上等户內，如差夫隊頭例選差，仍給文帖，令董其役[一]。或遇大雨，即率衆户防守；遇愆亢使水，須衆議同開決，自上及下，均匀溉灌，不得壅障。所産魚蛤、蒲葦、蓮芡之類，須秋成方得採捕。乞明立條約，若是盜決堤防，情理重者，嚴寘之法。』詔下三司施行。

嘉祐五年五月，知秀州羅拯言：『乞今後諸處湖塘及運河邊田土，不得更令諸色人及官員請射。如有私冒侵占耕作，並以違制論。仍不以年歲遠近，令追理所得租課入官。』詔都水監相度以聞。監司看詳：『蓋緣逐路轉運司及州縣並不檢條約舉行，是致豪勢人將衆户蓄水陂湖請射，量出租税，有妨旱歲溉救民田。今欲乞下逐路轉運司，依羅拯所請施行。如違，乞以違制科罪。』從之。

七月六日，羅拯言：『昨差往兩浙路相度均定茶租，竊見諸處係官湖塘並運河邊田土，多被權要之家請射及鄰近鄉民侵占汙瀦，種作成田，或量出租課入官，其實微簿，却致湖塘漸成湮廢，有妨灌溉民田，並運河因之淺澀，阻滯官私舟船。如越州鑑湖，自東漢時興修，著在圖籍。周圍三百餘里，灌田數萬餘頃，其爲越人之利甚大。近歲爲貪黷之輩以權勢干請，假託姓名，占射殆徧。欲乞今後諸處湖塘及運河邊田土，不得更令請射。如有私冒侵占耕作，並科違制之罪。仍不以年歲遠近，令追理所得租税入官。』從之。

二十四日，兩浙轉運司言：『睦州桐廬縣令劉公臣言：「民間有古溪澗、溝渠、泉源，接連山江，多被富豪之家漸次施工填築，作田耕種。無力之人，田畝接連，或遇水旱，並不約水溉田，因兹害稽。及訟於官，又爲富豪人户與賣産之家通爲弊倖，於文契併分居帖內廣定四至，包裹溪源在內，官司據而斷遣，實見不均。欲乞應天下郡縣鄉村，有古來溪澗、溝渠、泉穴之處，並不得人户作埭填築，占據爲主。每遇春農之際，並仰有田分之家，各據頃畝多少均攤，出備工力修開，取令深闊，盛貯其水。或遇水旱，即據田畝輪番取水澆溉。明置文簿拘管，官爲印押，給與本處鄉長收管。或有貧人下户貿易田土與別主者，亦據見佃之人承認水分。違者，嚴寘之法。」本司看

[一] 役　原作『後』，據《食貨》七之一五改。

詳，民間水利，州縣自合依此施行。今劉公臣申述，已下諸軍州，令部内縣分應有古來溪澗、溝渠、泉穴之處，並不許人户作埭填築，占據水利。仍令逐縣置簿拘管，常行點檢。如遇水大，即令決泄，並不得壅遏，却致没民田；若係旱歲，亦須通放，許令衆户得水，救蔭田畝。春時人户願備工開淘者從便，即不得邀難阻節。雖已施行，慮久不能遵守。』詔送詳定寬恤民力所關兩浙提刑司定奪。提刑司言：『欲依所請。』詔復送都水監相度以聞。監司看詳：『天下陂湖、塘堰、溪澗、溝渠、泉穴，爲强猾之人奪利侵占作田者甚多，每至旱歲，無水澆救苗稼。若依寬恤民力所相度劉公臣並兩浙轉運司事理，實見可行。欲乞下諸路提刑司，並下逐州縣，應有上件陂湖、塘堰、溪澗、溝渠、泉穴，元係衆人所使水利，久來爲人耕占作田，合依所請施行。仍先具根究地名、源流去處、廣狹深淺、合澆溉得多少人户田土頃畝數目，申都水監，從本監看詳施行。仰本監置簿拘管，歲時檢舉，所冀經久不廢。』詔可，仍令逐處應有陂湖、塘堰、溪澗、溝渠、泉穴，如根究得元係衆人使水，久來爲人耕占去處，即更差官定奪，奏候朝旨施行。

是月，權三司使包拯言：『京西多閑田，而唐州治平四縣，其田之入草莽者十八九，雖簡其賦徭，而民多流去，不能以還業。知州趙尚寬興復邵信臣渠並境内之陂堰，下溉民田數萬頃，荒瘠之地，變爲沃壤。今非獨流民自歸，又有淮南、河北之民至者萬餘户，請且留再任。若更能招輯户口，特與升陟差遣。』從之。

六年七月，提點河北刑獄公事張問言：『奉詔相度河北八州軍塘濼。今若就塘出土作堤，以蓄西山之水，則涉夏大河雖溢，而民田無衝浸之害。請下逐處，每歲增築。』從之。

英宗治平三年十一月，都水監言：『勘會諸處陂澤，本是停蓄水潦。近年京畿諸路州縣例多水患，詳究其因，蓋爲豪勢人户耕犁高阜處土木，侵疊陂澤之地，爲田於其間。官司並不檢察，或量起税賦請射，廣占耕種。致每年大雨時行之際，陂澤填塞，無以容蓄，遂至泛溢，頗爲民患。不制其漸，則盡爲民患。欲乞應天下州縣及京畿陂澤之類，皆不得請射，仍明立界址，逐季舉行。令地分鄉耆覺察，不得容縱人户侵耕。許諸色人陳告，每畝支賞錢三千，以犯事人家財充。仍不以年歲遠近，並令追理所得地利入官。如違，其請射人並所給官司及侵耕之人，並科違制之罪。』從之。以上《國朝會要》

治平四年五月，神宗即位，未改元。京西南路安撫使郭申錫等言：『知唐州高賦在任，興建水利，墾闢荒田，户口日增，民獲安便。』詔賦再任，如更能興置水利、招添人户、開廣閑田，仰轉運司畫析，保明以聞，當議特與陞陟。

神宗熙寧元年六月十一日，中書言：『諸州縣古蹟陂塘，異時皆蓄水溉田，民利數倍。近歲所在堙廢，致無以防救旱災，及瀕圩江埠毀壞者衆。坐視沃土，民不得耕。』詔『諸路監司訪尋轄下州縣可興復水利之處，如能設法勸誘，興修塘堰圩埠，功利有實，即具所增田税地利保明以聞，當議旌寵。』

二年四月十六日，權三司使公事吴充言：『竊見前襄州宜城縣令朱紘在任日，復修木渠，不費公家束薪斗粟，而民樂趍之。渠成，所溉六千餘頃，數邑蒙其利。今授唐州沘陽縣令。乞召紘赴闕，詢其利害。如可試用，乞疇其勞。』詔轉大理寺丞。

閏十一月十五日，提舉兩浙常平等事、秘書丞侯叔獻徙開封界，都官員外郎、提舉開封界常平等事林瑛徙兩浙路。因以叔獻言：『汴河歲漕東南六百萬斛，浮江泝淮，更數千里，計其所費，率數石而致一碩。雖中都之粟用饒，而六路之民，實受其弊。夫千里餽糧，軍志所忌，矧京師帝居，天下輻湊，人物之衆，車甲之饒，不知幾百萬數。夫以數百萬之衆，而仰給於東南千里之外，此未爲策之得也。臣伏思之，沿河兩岸沃壤千里，而夾河之間，多牧馬地及公私廢田，略計二萬餘頃。計馬而牧，不過用地之半，則是萬有餘頃，常爲不耕之地，此遺利之最大者也。觀其地勢，利於行水，最宜稻田。欲望於汴河南岸稍置斗門，泄其餘水，分爲支渠，及引京、索河並三十六陂以溉灌之。則環畿甸間，歲可以得穀數百萬碩，以給兵食。此減漕省卒、富國強兵之術也。』故以叔獻代瑛，仍令計會所屬相度，具經久利害以聞。

十二月二十三日，條例司乞差秘書省著作佐郎、同管勾廣南東路常平等事楊汲，同提舉開封府界常平等事、同秘書丞侯叔獻，於夾河引汴水，以溉民田。從之。

三年正月二十四日，條例司言：『進士程義路所陳蔡、汴等十河利害文字，實知水利。欲令義路隨侯叔獻、楊汲等以備指引，仍給驛券，視三班借職。』從之。

二月二日，都水監言：『中牟縣曹村袁家地，可創水澾一座，水漲出時，任其自流，比之修斗門倍省公費。又因而可以淤民田千餘頃。』從之。

二月三日，制置三司條例司言：『同判都水監張鞏等相度，得中牟縣界曹村創置水澾一座，遇漲水時任其自流，比之修斗門大省費；又更灌二十餘里民田，都計五十餘里，約千有餘頃。所有合用人功物料，委京西都大司支那應副。乞依所奏施行。』從之。

二月二十六日，補潭州湘陰縣進士李度爲本州長史。仍詔本路，候有合修水利，令勾當。以監司言度嘉祐中率人修築兩鄉塘堤，灌溉民田，嘗賜粟帛，復徭役故也。

四月五日，制置三司條例司言：『據提舉河北路常平廣惠倉皮公弼言：懷州官吏同相度到境内秦河、丹河、氾河等，可以引水澆溉。然體民間多不願興修水利，蓋慮起立粳稻米水税故。已議差官按驗。仍體問得洺、鎮、趙等州，亦有溝渠河道，可以興置水利。民間多恐官司創立粳稻水税，久遠輸納不前。公弼看詳，興置水利，係朝廷創新施行，若不設法招誘，人户無由肯用心，致州縣亦難興置。欲乞應人户今來創新修到渠堰，引水溉田，種到粳稻，並只令依舊管舊税，更不增添水税名額。所貴人户各肯興修水利。制置使[一]相度，欲依所請，下河北東、陝西路施行。』從之。

九月二十一日，以知密州、尚書兵部郎中、集賢殿修撰張芻，知滄州、兵部郎中楚建中爲河北轉運使，遣殿中丞陳世修乘驛同京西、淮南農田水利司官，經度陳、（穎）〔潁〕州八丈溝故迹以聞。（知）世修言：『陳州項城縣界蔡河東岸，有八丈溝故迹，或斷或續，迤邐東去。由（穎）〔潁〕及壽，綿亘三百八十餘里。乞因其故道，量加濬治，完復大江以北伏虎、流龍、百尺等陂塘，導水行溝中，棋布其勢，俾數百里地復爲稻田，則其利百倍。』及畫圖[二]奏上。於是上論[三]：『陳世修言陳、許間地勢止合作水田，甚善。』又令早應副世修事。王安石曰：『世修言引水事即可試，但言八丈溝新河事宜，俟一精於水事人同相度可也。向時八丈溝，止爲鄧艾當時不賴蔡河漕運，得併水東下，故能大興水田。其後蔡河分其水漕運，水不可併，故溝未可講。今蔡河新修閘，無所用水，即水可併，而溝可復古迹矣。』故有是命。

十二月八日，梓州路轉運判官李竦言：『奉詔，令具財用利害事。伏見江淮、荆楚之地，民業窳薄，率以水田爲生，地多瀕江帶山，高下不等，雖有耕耘之勞，而罕勤堤防之利。雨暘稍愆常度，必罹暵潦之災。雖有編敕興復水利指揮，而郡縣少[四]能用心詢采。臣前任知舒州太湖縣日，訪聞諸鄉民田有邊臨溪江者，頻歲力耕疾種，不潦則旱。體問得皆有古來堤堰瀦洩水勢，或因積年大水決潰，因循不復修完。臣因乘其農隙，勸募旁近地主，備工料興築。民俗始未[五]堅信，粗亦勉[六]從。凡築成堤岸數處，次年積雨，溪江暴泛，所障遂免浸溺。自昔不植之地，一旦遂爲膏壤。遂令復加增葺，衆始悦隨。尋屬臣去，約太湖所修，十未一二，以天下計之，遺利固亦多矣。欲乞特詔郡縣，委長吏、令佐，訪求境内古來陂堰積年毁壞荒廢者，並諸色人具利害，興修次第指陳，官司預行計度，俾因歲豐農[七]暇，據占以植地利人户，以頃畝多少爲率，勸誘出備工料興修。或量破廣惠倉斛斗，以充口食，不得以威刑驅逼，並專行覺察公人、耆保等接便搔擾。俟興築畢

[一] 使　原作『司』，據《食貨》七之二一改。
[二] 畫圖　原作『盡聞』，據《長編》卷二一五改。又『及』，《長編》作『乃』。
[三] 論　原作『論』，據《長編》卷二一五改。
[四] 少　原作『必』，據《長編》卷二一八改。
[五] 未　原作『末』，據《食貨》七之二二改。
[六] 勉　原作『免』，據《食貨》七之二二改。
[七] 農　原脱，據《長編》卷二一八補。

工，本州申提刑、轉運司，委官檢視。及候秋成，的免水旱之患，其勸督之官，乞依編敕，量功利大小，特爲酬獎。元指陳修築人，亦與免本户一次色役。若户例不該差役之人，即量給小可酒税場務充賞。所貴地利不遺，民食充衍。』詔淮南提舉常平、廣惠倉司相度施行。

十二月二十七日，京西轉運司言：『許州長社等縣有牧馬草地四百餘頃，先爲不堪牧放，權令人租。今相度，可以拘收入官，決〔一〕邢山、溴河石限等水，溉種稻田。』從之。

四年六月十九日，詔：『司農寺選官，經量汴河兩岸淤到官陂牧地、逃田等，召人請射租佃。』

二十四日，又詔：『諸州縣當職官如擘畫興修農田水利事，並先具利害，申轉運或提刑、提舉司〔二〕，差官詣地相度，保明供申本司，疾速體訪施行。如能完復陂塘渠溝河，或導引諸水淤溉民田，修貼堤岸，或疏決積潦水害，或召募開墾久廢荒田，委堪耕種，令所屬官司結罪以聞。千頃以上，京朝官轉一資，幕職州縣官勘會功過考第舉主，轉合入京朝官，或與循資，不拘名次，指射優便差遣；五百頃以上，京朝官減三年磨勘，幕職官與循資，令録及合入令録人與兩使職官，判司簿尉與初等職官。內合守選者，仍與免選；三〔百〕頃以上，京朝官減二年磨勘，選人免選，注家便官，合免選者，與指射優便官；二百頃以上，京朝官減一年磨勘，選人並與免選，合免選者，與指射家便官；百頃以上，理爲勞績。若只是興修開墾近歲損壞陂圩、溝河、荒田之類，比附上條頃畝，加一等酬獎。若功利殊常，自從朝廷旌擢，其已係創置增修，功利及民者，委官司常行葺治。如至廢壞，並當降黜。』

五年正月，兩浙轉運副使俞希旦言：『伏睹朝廷興修天下農田水利，此萬世之長圖。其間有昔日溝港，而今爲田畝，疏導水患，須至開決。緣未有條約，竊慮官吏有便廢民田爲溝港，致侵於民；亦有可以疏鑿而未敢以興工，致利害有所未盡。欲乞應興水利處，有合開決民田者，即以官田計其頃畝，撥還田户；如無田可撥，即計田給直。』詔送司農寺，遂移兩浙轉運提舉倉司看詳：『所請爲利，尚慮將來法行之後，州縣不計田土肥瘠高下，一例以步畝準折撥還，或虧損百姓。欲立〔三〕關防，其給還民田之時，州縣並須依色額支撥官田，仍不得將瘠薄不堪耕佃田土，只以步畝抵數還民。內官田雖比元田薄而堪耕佃，有願請者，即兩倍其直，紐計步數，準折撥還。』從之。

五月十八日，詔：『應人户見耕占古迹陂塘地土，如可興修澆灌，委實利便。其所占地土，始係祖業，即依鄉原例支給價錢收買，除破省税。如地內見有墳墓、舍屋，

〔一〕決 原作『次』，據《食貨》七之二二改。
〔二〕司 原脱，據《食貨》七之二二補。
〔三〕立 原脱，據《食貨》七之二四補。

仍量給還葬拆修功錢。係請射者，即與破税。如施功開墾，量給功直。以上合支錢，並合修斗門木石，如食利人户物力出辦不及，即許於常平倉官錢内支破。仍令提轉倉司候相度得利便，即先具澆灌頃畝及合用人工物料諸般支費錢物實數，保明聞奏。』

十九日，提舉京西常平等事陳世修言：『乞於唐州石橋河[一]南北岸，疊石爲馬頭，造虹橋架過河道，於橋梁下柱透槽，横絶過河，引水入東、西[二]邵渠，灌注九子等十五陂，則二百里之間，終冬水利均浹。』詔知唐州蘇涓覆視，如實，即委世修提舉創造。

十一月十七日，權發遣都水監丞周良孺言：『奉詔，相度陝西提舉常平楊蟠所議洪口水利。今與涇陽知縣侯可等相度，欲就石門創口，引入侯可所議鑿小鄭泉新渠，(南)〔與〕涇水合，(西)而爲一，引水並高從古鄭渠南岸。今自石門以北已開鑿二丈四尺，此處用堰約起涇水，入新渠行，可溉田二萬餘頃。若開渠直至三限口，合入白渠，則其利愈多。然慮功大難成。若且依可等所陳，迴洪口至駱駝項合白[三]渠，行十餘[四]里，雖溉兩旁高阜不及，然用功不多。既鑿石爲洪口，則經久無遷徙之弊。若更開渠至臨涇鎮城東，就高入白渠，則水行一十五里，灌溉益多。或不以功大爲難成，遂開渠直至三限口五十餘里，下接耀州雲陽界，則所溉田可(久)〔及〕三萬餘頃。雖用功稍多，然獲利亦遠。』詔用良孺議，自石門創口至三(陷)〔限〕口，合入白渠興修，差蟠、可提舉。又令入内供奉官黄懷信乘驛相[五]度功料。先是，上問鄭渠利害，王安石曰：『此事正與唐州邵渠事相類，從高寫水，決無可慮者。陛下若捐常平息錢助民興作，何善如之！』上曰：『縱用内藏錢，亦何惜也。』

初，宰相王安石奏事，因陳天下水利極有興治處，民間已獲其利。上曰：『灌溉之利，農事大本，但陝西、河東民素不習此。今既享其利，後必有繼爲之者。然三白渠爲利尤大，兼有舊迹，自可極力興修。大凡疏積水，須自下流開導，則畎澮易活。《書》所謂「濬畎澮距川」者是也。』

十二月二日，又詔：『應有開墾廢田、興修水利、建立堤防、修貼圩埠之類，工役浩大，民力所不能給者，許受利人户於常平倉係官錢斛内連狀借貸支用。仍依青苗錢例，作兩限或三限送納，只令出息二分。如是係官錢斛支借不足，亦許州縣勸誘物力人出錢借貸，依鄉原[六]例出

[一] 河　原脱，據《長編》卷二三三補。
[二] 西　原脱，據《長編》卷二三三補。
[三] 洪口至駱駝項合白　原脱，據《長編》卷二四〇補。
[四] 餘　原脱，據《長編》卷二四〇補。
[五] 相　原脱，據《長編》卷二四〇補。
[六] 原　原作『源』，據《食貨》七之二五改。

息，官爲置簿，及時催理。』

四日，權發遣河南西路提刑公事李南公言，相度撲椿口添灌東塘等，詔閻士良專督修。先是，滄州北三堂等塘泊爲黃河所注，其後大河改道，而泊遂淤澱。程昉嘗請開琵琶灣，引黃河水灌之，其功不成。士良建言堰絶御河，引西塘水灌之。今從其請。

十二月十八日，提舉淮南西路常平倉司言：『濠州鍾離縣長安堰，定遠縣楚、漢泉二堰，水利至溥，積年湮廢。乞依宿、亳、泗州例，賜常平錢穀，春初募人興修。』詔楊汲覆視，如可興，即本司官提舉。

六年五月二十三日，提舉兩浙興修水利郟亶追司農寺丞，送吏部流內銓，仍罷修兩浙水利。初，亶言蘇州水利，具書與圖，以爲『環湖之地稍低，常多水；沿海之地稍高，常多旱。故古人沿水之迹，縱則有浦，橫則有塘，又有門、堰、涇、瀝而棋布之。亶所能言者，總二百六十餘所。今欲略循古人之法，七里爲一縱浦，十里爲一橫塘。又因出土〔一〕以爲堤岸，用度二千萬。夫水治高田，旱治下澤，要以三年而蘇之，田畢治矣。』朝廷始得亶書，以爲可行，遂除司農寺丞，令提舉興修。工役既興，而民以爲擾。會呂惠卿〔二〕被召，言其措置乖方，又違先降朝旨，故有是命。

六月十六日，命太子中允、集賢校理、檢正中書刑房公事沈括，相度兩浙路農田水利差役等事。

八月二日，檢正中書刑房公事沈括，辟官相度兩浙水利。上曰：『此事必可行否？』王安石曰：『括乃土人，習知其利害，性亦謹密，宜不敢輕舉也。』上曰：『事當審計。無如郟亶妄作，中道而止，其爲害不細也。』

三日，三司言：『浙西諸州水患，久不疏障，堤防川瀆，多皆堙廢。今若一出民力，必難成功。乞下司農，貸官錢，募民興役。』從之。

十六日，管勾都水監丞侯叔獻言：『近准詔，從所請開白溝等河。欲以白溝爲清汴，儲三十六陂及京、索二水爲源，倣真、楚州，開平河置牐，四時行舟，因罷汴渠。』上曰：『叔獻開白溝河，功料未易辦，乃欲來年即廢汴渠，宜更遣官覆驗。且汴渠歲運甚廣，河北、陝西資焉。又都畿公私所用良材，皆自汴口而至，何可遽廢？』王安石曰：『此後若成，亦無窮之利。當別爲漕河，以通黃河一支漕運，乃爲經久耳。』馮京曰：『若白溝成，與汴、蔡皆通，運輸爲利愈大。臣恐汴河終不可廢。』上然之，詔劉璯同叔獻覆視以聞。後覆視河長八百里，工大，分爲三歲興修。從之。

七年四月八日，檢正中書刑房公事沈括〔言〕：『先

〔一〕土　原作『吐』，據《食貨》七之二六改。
〔二〕惠卿　原作『會鄉』，據《食貨》七之二六改。

奉朝旨，許支兩浙陂〔一〕湖等遺利錢興修水利。近勘會本路先管遺利錢額，及再差官根究，興修見未周徧，已見貫萬不少。竊見兩浙荒廢隱占，遺利尚多，及温、台、明州以東海灘塗地，可以興築堤堰，圍裹耕種，頃畝浩瀚，可以盡行根究修築，收納地税，將來應副水利，養雇人夫及貼支吏禄，免致侵耗免役及係省錢物。雖曾差官勾當，緣不在本路，無人應副。欲乞特降朝旨，選委官吏，仍乞優立奬勸之法。』詔宜令沈括選委官吏勾當，仍立奬勸之法以聞。

八月九日，中書門下言：『諸處見差官吏舉人擘畫興修農田水利，未見奏到興修次第及結絶了當。』詔令司農寺條析以聞。寺司勘會府界諸縣荒閒地土，召人開種稻田，並陳、許州溉田及兩浙、永興軍等路水利，河中府、同、解等州淤〔二〕田，回移洪口等，已相度並已未興修次第，係差官員舉人管勾去處。詔令司農寺常切點檢催促。

九月一日，臣僚上言：『伏見朝廷近年廣興工利，頗有不實，互相隱蔽，未經考察。欲乞令司農寺畫具已興過功利，中書置籍拘管。間或選官計會，逐路監司指名按驗，具的實事狀，連書結罪聞奏。其不實之人，並元保明官司，並乞重寘於法，以戒欺罔。』詔應已〔三〕興修水利，宜令司農寺置簿拘管。如朝廷差官出外，即本寺申中書令取索，因便體訪。如有不寔不當，即按驗詣實以聞。

十月十三日，以皇城使、端州刺史程昉，遥領達州團練使。昉治滹沱河，議者争出所見，謂非利。昉確不移，既而水行，人便之。上嘉焉，進官以賞之。

八年五月二十五日，右班殿直、勾當修内司楊琰言：『開封、陳留、咸平三縣種稻，乞於陳留縣界舊汴河下口，因新舊二堤之間修築水塘，用碎甓築成虚堤五步以來，取汴河清水入塘灌溉。』詔琰管勾，罷勾當修内司，依舊兼巡護惠民、蔡河、京、索、金水河斗門、堤岸、河道，令開封府界提點司提舉『開封府界』〔四〕。俟灌溉有實，保明以聞。

九月二十三日，詔：『諸當職官申請興修農田水利，謂開修陂塘溝河，導引諸水淤溉民田，或貼堤岸疏决積潦，永除水害，或召募開墾久廢荒田之類，委堪耕種者，並先具利害、工料，申提舉司體訪詣實，差官檢覆。功利大者，知州交職事與以次官，親行檢驗。舉修畢，委本縣次第保明，申提舉司。本司選差别州縣官覆（保按）〔按，保〕明申本司。本司保明申寺。如元係監司、提舉司官擘畫，即本司申寺，差鄰路官計會。本州縣官並覆按保明申寺，千頃，與第一等酬奬；七百頃，〔與〕第二等；五百頃，與第三等；三百頃，與第四等；一百頃，與第五等。若

〔一〕陂　原作『坡』，據《食貨》七之二七改。
〔二〕淤　原作『於』，據《食貨》七之二八改。
〔三〕已　原作『以』，據《食貨》七之二八改。
〔四〕『界』下原衍『令』字，據《食貨》七之二八删。

擘畫而不曾監修，及監修而元非擘畫，並堙塞廢壞不滿二十年，而由舊功完復者，各降一等。其數少未應賞格者，委提舉司保明給公據，以任計酬獎。其功利殊常者，申寺奏裁。』

九年正月二十五日，中書門下言：『相度淮南東西路水利劉瑾言：體訪得（楊）〔揚〕州江都縣古鹽河，高郵縣陳公塘等湖，天長縣白馬塘，沛塘，楚州寶應縣泥港、射馬港，山陽縣渡塘溝、龍興浦，淮陰縣青州澗，宿州虹縣萬安湖、小河子，壽州安豐芍陂子等，今欲除古鹽河、萬安湖、小河子已令司農寺結絶，餘下逐路轉運司選官覆按施行。如本路職司有妨礙，即委别路選官。』從之。

七月二十八日，罷程昉同管勾外都水監丞，令都大置制河北河防水利，並依置制屯田使例施行。續詔更不别置司，其職事並依外都水監丞例施行。

八月二十四日，權判都水監程師孟言：『臣昔提點河東刑獄兼河渠事，本路多土山，旁有川谷，每春夏大雨，水濁如黄河。礬山水俗謂之天河水，可以淤田。絳州正平縣南董村旁有馬壁谷水，勸誘民得錢千八百緡，買地開渠，淤瘠田五百餘頃。州縣有天河水及泉源處，開渠築堰，皆成沃壤。凡九州二十六縣，興修田四千二百四（百）〔十〕餘頃，並修復舊田五千八百餘頃，計萬八千餘頃。〔嘉祐〕五年畢功，攢成《水利圖經》二卷，付州縣遵行，迨今十七年。聞董村田畝舊直三兩千，所收穀五七斗，自淤後，其直三倍，所收至三兩碩。今權領都水淤田，竊見累歲淤變京東、西鹽鹵之地，盡成膏腴，爲利極大。尚慮河東路荒瘠之田，可引天河淤溉。乞委都水監選差官，往與農田水利司並逐縣令、佐檢視，有可淤之處，具頃畝工料以聞。俟修畢，差次酬賞。』從之。於是奏遣都水監丞耿琬主管淤河東路田。

神宗元豐元年四月十九日，詔興水利，聽民户貸常平錢穀。詳見《農田門》

六月七日，京東路體量安撫黄廉[一]言：『本路被水後，乞敕有司檢計溝河，候豐熟，令所屬調丁夫濬治。梁山、張澤兩濼累歲填淤，浸民田，亦乞自下流濬至濱州。』從之。開濬溝河，令都水監遣官，同轉運司檢視工料。

十四日，詔：『聞近畿路有苦雨處，令開封府界提點司督諸縣開畎積水，具退出民田次第以聞。京東、西路州軍委轉運司施行。』

三年七月十二日，詔：『前永興軍等路察訪使李承之、前知司農寺丞莊岳、前提舉常平倉沈披、蔡朦、轉運判官張[二]粢、楊蟠各展磨勘三年；提點刑獄李南公、轉運使趙瞻展二年；前轉運使張詵、楚建中各贖銅二十斤。』

[一] 廉　原字漫漶，據《食貨》七之三〇核定。
[二] 張　《食貨》七之三一作『章』。

坐保明修永興洪口不當也。

六年十二月二十一日，尚書户部狀：『新權提舉成都府路常平等事韓玠言唐州泌陽縣界焉仁陂[一]遺利，乞下京西南路提舉司相度。』從之。

七年三月三十日，知湘州滿中行言：『林慮縣南修合澗河水，以濟民用，功既及人。有孟兒等村鑿井取水十年，百八十尺不及泉，民以爲勞而無功，寧遠行汲水。以初奉朝旨，未敢罷。』詔罷之。

哲宗元祐六年閏八月四日，知杭州林希言：『太湖積水未退，爲蘇湖大患。乞轉委監司，躬詣瀕海泄水處，相度開決，庶使積水漸退，民田復出，流移歸業。』詔左朝奉郎邵光與本路監司同導積水。

紹聖四年閏二月[二]二十九日，工部言：『京西都大提舉汴河堤岸楊琰乞依元豐年例，減放洛水，入京西界大白龍坑及三十六陂充水櫃，準備添助汴水行運等。下都水監相度，欲乞興復，悉如元豐故事甚便。』詔賈種民、楊琰同相度合占頃畝及功力以聞。

元符元年二月十六日，工部言：『河北屯田司令塘水深淺，季申尚書工部。今後(唐)〔塘〕泊，州軍率於孟月保明所管地分塘水增減尺寸，徑報屯田司。候到，差官檢覆，本司於仲月審察，詣實保奏，仍具申本部。』從之。

徽宗崇寧三年十月二十三日，臣僚言：『元豐官制：水部掌川瀆河渠。凡水政，詳立法之意，非徒爲穿塞開導、修舉目前而已。天下水利，凡當興修者，皆在所掌。宜發明之，以告於上，在今尤急。如浙右[三]積水比連，震澤泛溢，浸浸田廬，未有歸宿。此類利害，最宜講明，而未之及者也。願申飭水部及當職官，推廣元豐修明水政，凡當興修，悉究利害，條具以聞。』從之。

大觀四年十月一日，户部言[四]：『提舉兩浙路常平司奏，乞詔諸路常平司，各專委守令詢考古迹，應瀦水之地，立堤防之限，置籍拘管，俾公私無得侵占。凡民田不及水處，略倣《周官》「遂人」、「稻人」之制，使合衆力而爲之。仍復看詳：欲下諸路提舉司詳此，丁寧州縣，常切檢舉相度，依詳敕條施行。』從之。

政和元年二[五]月十四日，詔：『近因陳仲宜等言：諸路湖濼、池塘、陂澤緣供贍學費，增收遺利，縱許豪富有力之家薄輸課利占固，專據其利，馴致貧窶細民頓失採取蓮荷、蒲藕、菱芡、魚鱉、蝦蜆、蚌螺之類，不能糊口營生。若非供納厚利於豪户，則無繇肯放漁採。兼遇時雨稍愆，即成災傷，蠲除租課，遺棄地利，因被阻飢。推究始終，爲

[一] 焉仁陂　當爲馬仁陂之誤，見《食貨》七之三一。
[二] 閏二月　『二』字原脱，據《行水金鑑》卷九七補。
[三] 右　原作『在』，據《食貨》七之三二改。
[四] 言　原脱，據《食貨》七之三二補。
[五] 二　《食貨》七之三二作『三』。

患頗大，理合改更。令檢會行下諸路。』先是，荆湖北路提點刑獄公事陳仲宜奏：『本路州縣將久來衆共灌溉食利陂湖，一概比附坊場，令人户買撲收錢，以助學費，致妨人户灌溉及細民食利，爲害不細。已牒諸州並提舉學事司，依法改正施行去訖。竊慮諸州不便施行，望降睿旨。』又提舉淮南西路常平等事李西美奏：『蘄州等處沿江湖池不少，自來係衆人採取，小民所賴。向緣學院支費，令人户請佃出課，欲依已得指揮改正。』故有是詔。

二十一日，詔：『弛陂湖塘濼之禁，依元豐舊法，與衆共利，聽其汲引灌溉，及許瀕水之民漁採，以資生計。所有創許人户作遺利斷撲，供納課利，以助學費，可改正不施行。今後更不許人陳乞斷佃請射。監司常切覺察，如有違犯，糾劾以聞。』

十月二日，臣僚言：『蘇、湖、秀三州並江，積水歲爲患，故須圩岸以障。越州有鑑湖，租三十萬，法許興修水利支用。乞令本路提舉常平司委三州[一]令佐相視，創立圩岸，工用之費，取足於鑑湖錢糧。』從之。

四年二月十五日，工部言：『前太平州軍事判官盧宗原，請開修自江州至真州古來河道堙塞者凡七處，以成運河，入浙西一百五十里，可避一千六百里大江風濤之患。凡用夫五百二十六萬一千一百七十五工，米一十五萬七千八百三十五碩。又可就工興築自古江水浸没膏腴田自三百頃至萬頃者凡九所，計四萬二千餘頃。其三百頃以下者，又過之。乞依宗原任太平州判官日已興政和圩田例，召人户自備財力興修，更不用官錢糧。仍依府畿見行興修水利法，不限等第，許請佃，歲約得官租一百餘萬貫碩。若朝廷專遣官總核興修，衆工並舉，一年之間，可見成效。』詔差膳部員外郎沈鏻，同本路常平官相度措置，仍差盧宗原充幹當公事。

三月二十日，膳部員外郎沈鏻奏：『奉詔，相度措置江淮、兩浙路開修運河，興築圩田。據幹當公事盧宗原狀：合開修河路係官司措置外，有可興圩田，係涉江淮、兩浙三路。已曾申明，乞依都畿見行興修水利法，不限等第，許人户請佃，情願隨力各借錢米。慮人户不知今來朝廷許令請佃，若相度措置得有合修地(上)〔土〕去處，即乞先[二]次令逐處官司散出牓示，告諭人户送納投狀，理定名次。至興修有日，令人户送納興修錢糧。成田日，依次給佃。』從之。

五月二十三日，京西轉運副使張徽言：『二浙雖遇[三]豐歲，蠲除歲賦不下三四十萬碩，皆堤防不修、溝洫不濬。欲申敕所屬監司督責州縣，各審視境内合興修堤防溝洫，以利害大小急緩爲先後，具圖狀先申朝廷，逐時

〔一〕州　原作『洲』，據《食貨》七之三三改。
〔二〕乞先　原作『先乞』，據《食貨》七之三四改。
〔三〕遇　原作『過』，據《食貨》七之三四改。

檢舉催督，接續興修。雖農田水利隸常平司，乞轉運司同共催督。』從之。

六年八月四日，尚書省言：『平江府司户曹事趙霖相度，平江府積水舊有三十六浦，導其水歸於江海，又爲之閘，以導積水，今堙塞殆盡。措置當興修並置閘等，共用役夫一千七百五十六萬五千餘工，錢一百四萬二千餘貫，米五十二萬六千餘碩。又發運副使應安道，委官相視港浦六處堙塞，合行先開，共役夫二百八十萬八千餘工，合用錢糧二十四萬七千餘貫碩。秀州華亭縣欲並循古法，盡去諸堰，各置小斗門。常州鎮江府望亭鎮合依舊置閘。』詔劄與趙霖相度，保明聞奏。

十六日，鴻臚卿王仲嶷奏：『兩浙積（之水）〔水之〕地多是民田，止因興築圍岸，苟簡滅裂，歲時風水充蕩瀰漫，遂成陂湖。望朝廷選差有風力人，專行計置興築圍岸。其所差官，據圍裹過田數多寡，特與推恩，庶幾激勸。』詔送趙霖施行。

十月六日，新差權發遣提舉兩浙路常平等事趙霖言：『奉詔相度平江府積水，其諸路州司監縣承受備坐前項指揮，如有稽緩，因致闕悞去處，欲乞以違制論。合用錢米，踏逐到越州鑑湖封椿米，欲乞支撥一十萬石，並借〔一〕文本路諸州本錢一十萬貫文。如闕，則以常平倉積米及常平封椿錢貼支。並乞降空名度牒二千道，承信郎、承節郎、將仕郎官誥〔二〕各五十道。其命詞，並令以「興修水利」爲名。別立價直，將逐浦合用工料，召有力人户出備錢米，官爲募夫，監部開修。或一户〔三〕、數户管一浦。候畢工日，計實用錢米，紐直給空名，許令變賣書填，召募出賣，不得抑勒。仍不依進納出身人例，以爲勸誘之方。今來措置興修積水，開浦置閘，並在平江府界内，欲乞權就本府置局，以提舉措置興修水利爲名。其差辟到官吏居泊〔四〕、供給人從，並令仍就平江府應副。工作日，應閘匠每人別給工錢一百文、米三升。』詔並依所奏施行。

十二月四日，提舉兩浙路常平等事及兼（提）提舉措置興修水利趙霖奏興修水利未盡事：『湖、常、秀三州見行方田處，候興修水利稍見就緒日施行。庶使數州之民，悉力以成大利。批降依奏指揮，支撥越州鑑湖封椿錢米。他司別有陳請支撥，欲乞許臣執奏。及開浦置閘，雇募夫力縣分，知佐自十一月止二月，諸司不許差出。』從之。

七年正月二十日，臣僚言：『趙霖興役治水，蘇、杭等州去歲災傷疾疫，民力正宜休息。』詔罷役，霖別與差遣。

七月六日，提點京畿刑獄公事王本奏：『前任提舉

〔一〕借　原作『錯』，據《食貨》七之三五改。
〔二〕誥　原作『告』，據《食貨》七之三五改。
〔三〕一户　原作『户户』，據《食貨》七之三五改。
〔四〕泊　原作『治』，據《食貨》七之三五改。

京畿常平日，根括諸縣天荒瘠鹵地，開修水田，引水種稻，逐年所收土利不少。將引水不利之地一萬二千餘頃，並置圖籍，拘管入稻田務，召人承佃。數内已佃五千三百餘頃，蒙朝廷立定賞格，已足激勸。尚慮逐縣令佐不切奉行，却致荒廢。欲乞朝（指）〔旨〕，比附鹽事司開墾鹻地賞格推賞。』詔依，申明行下。

宣和元年二月十四日，臣僚言：『訪聞江淮、荆漢間荒瘠彌望，率古人一畝十鍾之地，其堤閼、水門、溝澮之迹，迤邐猶存，而郡縣恬不以爲意。近絳州百姓吕平等詣御史臺披訴，乞開濬熙寧舊渠，以廣浸灌，情願加税一等。則是近世陂池之利且廢矣，何暇議復古哉！欲詔常平使者，有興修水利，功效明白，則亟以名聞，特與褒除，以勵能者。』從之。

三月二十三日，詔直秘閣提舉兩浙路常平趙霖降兩官，以增修水利不當故也。

六月七日，詔：『比遣趙霖措置興修吴浙水利，霖召募被水艱食之民，凡役工二百七十八萬二千四百有奇，開一江一港四浦五十八瀆，已見成績。霖可陞職一等，仍復所降兩官。』其後十月十日，詔趙霖差辟到水利官屬，具等第職位姓名〔一〕聞奏，當優與推賞。

八月二十四日，提舉專切措置水利農田所奏：『浙西諸縣，各有陂湖溝港、涇洪湖濼，自來蓄水灌溉，及官私舟船往還。今欲就委打量官遍詣鄉村檢踏，應有似此去處打量，並見丈尺、四至、著望，用大石碑雕鐫地名、丈尺、四至，以千字文爲號，於界首分明標識。仍曉示地分食利人户常切照管，無令損動、堙塞、請占。縣別置簿拘收。縣尉遇下鄉檢察，如有堙塞，即時開濬。』從之。

三年二月一日，詔：『越州鑑湖、明州廣德湖自措置爲田，下流堙塞，有妨灌溉，致失陷常賦。又請（田）〔佃〕人多是新舊權勢之家，廣占頃畝，公肆請求。兩州被害民户，例多流徙。仰陳亨伯體究詣實，如所納租税過重，即相度減免，立爲中制。應妨下流灌溉處，並當弛以與民。令條畫圖上取旨，毋得觀望滅裂。』

三月十九日，詔：『江南路官私圩埕，有司希功妄作，或輒將上流閉塞，致下流無水灌溉；或擁遏無所發泄，致鄰左例遭水患。及有元供頃畝數多，後來實數不及，輒敷與民户，或勒令等第承佃，或抑配倍納租賦，因此多致民户流徙。可限十日改正。見妨民户灌溉及擁遏無發泄者，所屬監司相度措置，或弛以予民。所輸税賦，比附鄰近，立爲永制。如尚敢營私觀望，許民户越訴，當議重行黜責。』

五年五月四日，臣僚言：『鎮江府練湖與新豐塘地里相接八百餘頃，灌溉四縣民田，每歲春夏雨水漲滿，側

〔一〕名 原作『民』，據《食貨》七之三七改。

近百姓引灌田苗，縱秋無雨，亦不慮旱。漕河水淺，湖水灌注，是以一寸益河一尺，其來久矣。今湖堤四岸多有損缺，春夏不能貯水，纔至少雨，則民田便稱旱傷，縣官又禁止民間不得引湖水灌田，且以益河爲務，故丹陽等縣民田失於灌溉，虧損賦稅。欲令食利縣分候農隙日，次第補葺堤防。』詔本路漕臣並本州縣當職官計度利害，檢計日用功料以聞。

七年九月二十二日，詔以徽猷閣待制、知江寧府盧襄爲顯謨閣直學士，江東路提點刑獄、常平官各轉一官，以能奉詔體國。罷丹陽、固城、石臼三湖爲圩田，及言開銀林河事爲不急之務，切中時弊也。

欽宗靖康元年三月一日，臣僚言：『東南地瀕江海，舊有陂湖蓄水，以備旱歲。近年以來，盡廢爲田，澇則水爲之增益，旱則無溉灌之利，而湖之爲田亦旱矣。民既承佃，無復可脱，租稅悉歸御前，而漕司暗虧常賦，多至數百萬斛，而民之失業者衆矣。乞盡罷東南廢湖爲田者，復以爲湖。』詔令逐路轉運、常平司計度以聞。已上《續國朝會要》

高宗紹興元年九月七日，三省言：『宣州、太平州圩田，歲入租課浩瀚。近緣賊馬蹂踐，掘破圩岸，及佃户逃亡未歸，荒閑甚多。』詔令逐州守臣將缺壞圩岸疾速措置，如法修置。人户耕種内合用功料，並見佃貧乏無力人户，並許取撥常平錢米量行應副，及借貸支使。

二年正月一日，詔：『宣州、太平州見修治圩田，逐州當職官能趁時興修了當，將來收租稅及選人與改合入官；京官轉一官，更減二年磨勘。如過期違慢，仰提刑司具名按劾，官取旨重行勒停，人吏決配。』

十二月三日，知太平州張錞言：『本州管下公私荒閑水田甚多，今欲廣行召募，修圩開墾。其糧種，據所佃頃畝多寡立法，官中量爲借貸。候至秋米成熟，將所借物數分料剋還。縣丞或主簿一員，專爲勸誘催督，歲終較請佃之數，以其多者，乞行推賞。仍欲踏逐指差大小使臣兩員，充本州準備使唤，幹辦農田事務。』從之。

十六日，詔：『太平州諸縣興修圩岸錢米及借貸人户種糧，令於宣州義倉、常平等米内取撥一萬碩。仍令太平州認數，候將來圩田收成日，却行撥還。』

二年三月二十七日(一)，都省言：『太平州、宣州圩田，累降指揮，專委太平州守臣張錞、宣州通判樊滋，同本路漕臣、提刑司併工修治。尚慮不切用心，理當專責帥臣提總其事。』詔專委李光。

三年三月二十九日，紹興府上虞令趙不摇言：『本縣所管夏蓋湖等一十三處，自廢湖爲田，租米皆屬御前，省稅即隸户部。官吏知有湖田數千碩之利，而不知奪此

(一) 二年三月二十七日　『二年』疑爲『三年』之誤，前已敘述至二年十二月三日。

水利，檢放省税，歲乃至萬碩。建炎以後，湖租盡入户部，然未之廢，廢之誠便。』吏部侍郎李光言：『一方利病，莫甚於湖田。大抵湖高於田，田又高於江海，水少則泄湖水入田，水多則瀉田水入湖，故無水旱之歲、荒廢之田也。自政和以來，樓异知明州，王仲嶷知越州，内交權臣，專務應奉，將兩郡陂湖廢以爲田，澇則增溢不已，旱則無灌溉之利，而湖之爲田亦旱矣，百姓失業不可勝計。望乞下轉運司比較，自興湖以來所失常賦與湖田所得孰多孰少。檢會得祖宗條法，應東南郡自政和以來以湖爲田者，復以爲湖。』詔户部、工部看詳。本部言：『昨據紹興府上虞縣邱襄等狀稱，靖康元年三月内降指揮，盡罷東南廢湖爲田者，復以爲湖，令逐路轉運等司同共相度利害聞奏。乞先次廢罷本縣夏蓋湖田，遂行下兩浙提刑司施行。去後雖據本司申到因依聞奏，當時[一]緣未見靖康間轉運司曾如何相度具奏，有無畫到指揮，再下提刑司從長相度，申部未到。』詔令張守限三日相度，具經久的確利害以聞。

五月十日，知紹興府張守言：『被旨，令相度上虞、餘姚兩縣湖田復廢爲湖經久利害以聞。守契勘民户所納苗米，較兩年號爲豐熟，但夏秋雨水稍不應時，其減放之數，以湖田所收補折外，官中已暗失米計四千二百餘石，民間所失當復數倍。今相度，先將餘姚、上虞湖田復廢爲湖，委是經久有利無害，伏望早賜施行。』詔依，仍乞自紹興三年正月爲始。

四月一日，詔：『宣州見興修官私圩田，可改委新除守臣李處勵措置，並依樊滋前後已得指揮，疾速施行。其樊滋不合專輟工役，限一日分析不奉行因依以聞。』

二日，詔：『江南東路轉運判官陳敏識，將宣州見管常平義倉並惠民圩租米一萬九千七百餘石，於内支撥一萬三千石與太平州外，餘數撥付宣州，並專充貸借圩田民户使用，同所委守臣疾速勸民耕佃。』

四年二月八日，兩浙西路宣諭胡蒙言：『乞行下兩浙諸州軍府，委官相度管下縣分鄉村，勸誘有田産上、中户量出功料，相度利害，預行補治堤防圩岸等，以備水患，庶免將來有害民田。』詔劄與本路轉運司相度施行。

九月二十二日，太平州言：『當塗縣管下舊有路西湖，傍有拔[二]聳港，係通宣、徽州界。每遇春夏山水泛漲，自港入湖，出海塘港，入本州姑溪河，通出大江，所以諸圩無水患。止因政和二年本州將路西湖興修作政和圩，自後山水無所發泄，遂致沖決圩埠，損害田苗。乞廢田，依舊開掘爲湖。』户部下本路轉運、提刑司同共相度，逐司言：『決圩爲湖，委是經久利便。』從之。

五年閏二月二日，江南東路轉運司言：『契勘太平

[一] 時　原作『特』，據《食貨》七之四二改。
[二] 拔　《食貨》七之四二作『跋』。

州管下當塗、蕪湖、繁昌等三縣圩田，所收租米萬數浩大。因去歲春夏雨水連綿，江湖泛溢，衝決圩岸，已蒙朝廷支降到圩米一萬石，應副見行修築。欲依紹興二年正月内指揮推恩，庶幾有以激勸。』從之。

四日，知湖州李光言：『自壬子歲入朝，首論明、越州廢湖爲田之害，蒙獨罷上虞、餘姚兩邑湖田。其會稽之鑑湖，鄞之廣德湖，蕭山之湘湖等處，其類甚多，州縣官往往利爲圭田，頑猾之民因而獻計，侵耕盜種，上下相蒙，未肯盡行廢罷。竊謂二浙每歲秋租，大數不下百五十萬斛，蘇、湖、明、越其數大半，朝廷經費之源，實本於此。伏望專委漕臣，遍行郡邑，延問父老，考究漢、唐之遺制，檢舉祖宗之成法，應明、越湖田盡行廢罷。内有積葑葑淺澱去處，許於農隙量差食利户旋行開撩，稍假歲月，盡復爲湖。』詔逐路轉運，限半月躬親前去相度利害，申尚書省。

六年九月二十三日，温州進士張頤言：『今歲旱凶，逮此窮冬，民食已艱，惟水利一事，可行於此時。今已孟春農隙，乘民乏食，仍興是役，用以振之，一舉而兩得。本州委瑞安縣主簿同張頤前去集善鄉陶山河，勸率豪户情願出備穀米，給散貧乏之人，同共修築陂塘，蓄水溉灌，因便賑濟小民千餘家，各免飢乏，功效尤著。緣此以近及遠，互相依倣之人頗衆，貧民賴以兼濟。望朝廷特行推賞。』顧召赴行在都堂審察。

七年三月十九日，兩浙西路安撫置制大使兼知臨安府吕頤浩言：『五代時，僞楚馬殷據湖南潭州東二十里，因諸山之泉，築堤瀦水，號曰龜塘，灌溉公私一萬餘頃，惠及一方。其後，堤堰廢壞，經百餘年，有失修治。去年旱災，民皆失食。臣雇募飢民修成堤岸，以爲久遠之利。今來栽插是時，欲令安撫司於潭州摘那數百人，併力栽插，及將來芟除蒿草。』詔令劉洪道疾速措置施行。

五月十二日，詔：『臨安府餘杭縣南、北湖依舊存留，灌溉民田等用，不許輒便出賣。』

十七日，尚書右僕射、都督諸路軍馬張浚言：『勘會興元府洋州所用渠堰，澆溉民田，數目浩瀚。昨自兵火之後，例皆隳壞。今吴玠遣發將兵及委知興元府王俊、知洋州楊從義部押官兵同共修葺，並已就緒。望賜獎諭，仍乞降黄牓撫勞將兵。』從之。

二十三日，給事中兼直學士院胡世將言：『吴玠等能憂國恤民，發戲下之衆以興渠堰，廣灌之用，爲富國與强兵之資，寬疲瘵遠輸之急，其體國之忠，有足嘉者。臣謂宜因以風勵將帥，使咸知朝廷之意，各務究心興修水利，措置營田，以省餽運而寬民力。欲望將今來降詔敕牓文，令有司行下諸大帥及統兵官等照會，將王俊、楊從義等特賜旌賞，以爲忠勞之勸。』從之。

八年十一月二日，侍御史蕭振言：『乞詔親民之官各詢境内之地，某鄉某里凡係陂塘堰埭，民田共取水利去處，咸籍而記之。若從官中追集修治，則慮致搔擾。不若隨其土著，分委土豪，使均敷民田近水之家，出財穀工料，於農隙之際修焉，縣官董其大概而已。仍於縣官罷任之日，書所興修水利若干於印紙，量加旌賞，以勸來者。』詔令户部行下諸路常平司，委守臣措置興修以聞。

九年正月二十一日，利州路提刑司言：『保明到王俊、楊從義、田晟，修葺興元府、洋州兩處修到渠堰溉田所增苗税，乞依已降指揮旌賞施行。』詔吴玠令學士院降詔獎諭，餘各與轉一官，依條回授。

五月二十四日，權發遣明州周綱言：『嘗考明州城西十二里有湖，名廣德，周回五十里，蓄諸山之水利，以灌溉鄞縣七鄉民田，其利甚廣。自政和八年，守臣樓异請廢爲田，召人請佃，得租米一萬九千餘石。至紹興七年，守臣仇悆又乞令見種之人不輸田主，徑納官租，增爲四萬五千餘石。臣嘗詢之老農，以謂湖未廢時，七鄉民田每畝收穀六七石，今所收不及前日之半，以失湖水灌溉之利故也。計七鄉之田不下二千頃，所失穀無慮五六十萬石，又不無旱乾之慮。乞還舊物，仍舊爲湖，伏望特降指揮施行。』詔依，令轉運司疾速措置，申尚書省。

十三年三月二十四日，明州言：『契勘廣德湖下等田畝，緣既已爲田，即無復可爲湖之理。不免私自冒種，非唯每年暗失官租三十餘石，而元佃人户詞訟終無由止息。又因緣有爭占鬬訟，愈見生事。欲乞依舊爲田，令原佃人户耕種。』從之。

十五年閏十一月九日，差權發遣利州元不伐言：『蜀本魚鳧、彭濮之國，土地瘠薄，秦太守李冰鑿離堆皂水以灌以溉，由是水利之興，徧於右蜀，遂爲奥區，養民之利，莫大於此。爰從近歲，堰多壞缺，不時營繕，爲農之害，莫大於此。賞罰之明，著於甲令，非舉而行之，無以示勸懲。欲望戒飭有司，克遵成憲，申嚴殿最，以隆邦本，使無罪歲之憂。』詔委四川宣撫司相度措置。

十六年正月二十一日，知興元府楊政言：『契勘本府山河六堰，澆溉民田頃畝浩瀚。自來春首，隨民户田畝多寡，均差夫力修葺。昨經兵火，民力不足，多因夏月暴水衝壞堰身。若修葺不如法，遂失一歲之利。今措置，如遇渠堰損壞，民力不足，即於見屯軍兵下等人内量差應副，並力修葺。』從之。

七月二日，上諭宰執曰：『平江堤堰不修，歲輸米比舊額虧十萬斛，並臨安西湖民灌溉所資，其利不細。歲久淤澱，並宜措置修治。』

十一月，前知袁州張成已言：『江西良田多占山岡上，資水源以爲灌溉，而罕作池塘以備旱暵。望令江西守令，俾(務)〔農〕隙時勸督父老，相地之宜，講究池塘灌溉之利，以爲耕種無窮之資。』詔令户部檢具賞格，行下本路常平司措置。

二十三年四月二十三日〔一〕，上諭輔臣曰：『久雨，不至妨農否？民田須常作瀦蓄。昨來士大夫有理會興修陂湖之利者，宜令州郡措畫，以備闕雨灌溉。』於是尚書省勘會：『諸路州縣陂湖，本以蓄水，準備灌溉民田。訪聞比來多爲〔二〕大户侵占，一或闕雨，有妨灌溉。』詔令逐州軍措置，每季具施行次第以聞。

六月十四日，權知江陰軍蔣及祖言：『江陰軍地廣民衆，號稱沃壤，北枕大江，潮汐之所往來。然漕河別有一派，曰五卸港，港北入大江，凡六十里。自大觀中濬治，距今填淤，積水不泄，霖潦暴至，冒没民田，故西南諸鄉多水溢之虞。本軍舊有横河，自建寅門至平江常熟縣，凡五十里，旁爲支渠，溉田甚廣。自政和中濬治，距今沙漲，幾爲平地。北江之潮，無自而入，故東南之鄉，多旱乾之患。二河之利，久不開鑿。望命官相視興修，仍令長吏以時疏導。』詔令本路常平司相度，申尚書省。

二十一年十一月十九日，前權知池州黄子游言：『乞飭提舉常平官，將舊來管下所有陂塘應干水利去處，委官檢踏，本處縣丞措置，申本司照應修治，務要可禦水旱。如一切了當，從本司覆實，申乞推賞施行。或不切究心，措置滅裂，亦仰常平司具名按劾。』上曰：『（聞近）〔近聞〕陂塘水利去處多爲人侵占，可令有司措置，毋妨衆用。』於是詔户、工部檢坐見行條法指揮，申嚴行下。既而蒙上諭輔臣：『須是常平官得人。若監司用心，此等事無慮。聞近時監司多是端坐，不出巡歷，提點刑獄職在平反，尤當遍臨所部，宜加戒飭。』乃詔諸路灌溉民田陂湖，往往爲人侵占，令户部行下提舉常平官躬親措置，申尚書省。

二十二年八月四日，比部員外郎李泳言：『淮西募民耕墾閑田，而田疇高原去處，舊有陂塘，以資灌溉。今來墾闢雖廣，而未究水利。若使民户自行開濬，竊恐方集之人，有傷其力。望詔有司行下州縣，更切講究水利。如有陂塘所在，俾於農隙，官給錢米以濬治之。』上宣諭曰：『聞州郡陂塘蓄水去處，如對岸紹興及淮南，往往爲民户所侵占。雖目前州縣獲利，恐三五年後，無水溉田，却爲害非細。李泳所奏，可令户部行下本路常平司措置。』

九月六日，左朝奉郎周楙言：『臣前任蘄州，見郡城環回皆山，每遇霖雨，則衆山之水奔湊城下，莫之能禦。治平二年，郡守張衡創築河堤，以捍水勢，從此無復水患。自經兵火，掘鑿殆盡。望詔有司委自知、通同屬縣，就農隙依〔三〕所定錢米和雇游手濬渠，取土成堤，水到渠成，堤亦成矣。堤岸既修，除去水患，民皆安居，而灌溉有備，亦無旱暵之虞。』上可其奏，因宣諭曰：『不獨蘄州，凡沿淮

〔一〕此條年代排序有誤，疑錯簡。
〔二〕爲　原作『謂』，據《食貨》七之四七改。
〔三〕隙依　原作『依隙』，據《食貨》七之四八改。

合堤備水患去處，令本路漕臣同逐州守臣措置。』

二十三年七月二十三日，試右諫議大夫史才言：『浙西諸郡水陸平夷，民田最廣，平時無甚水甚旱之憂者，太湖之利也。數年以來，瀕湖之地，多爲軍下兵卒請據爲田，擅利妨農，其害甚大。蓋隊伍既易於施工，土益增高，長堤彌望，名曰埧田。水源既壅，太湖之積，漸與民田隔絶不通。旱則據之以溉埧田，而民田不沾其利。乞專令本路監司躬親究治，盡復太湖舊利，使軍民各安其職，田疇盡蒙其利，農事有賴。』上然，從之。

十月二十二日，户部言：『宣州、太平州諸管官私圩田内，有被水衝破圩埕去處，欲乞委司農寺丞兼權户部郎中鍾世明前去措置。』從之。

二十七日，鍾世明言：『被旨差往宣州、太平州措置圩埕。今條具下項：一、今來宣州化城、惠民圩埕周圍接連計長八十里，其小埂不用修築外，内被水破缺並裡外損壞摧塌去處，合行修築增高。一、今來修築圩埕，合用和雇人工錢米，乞於常平錢米内應副。如本州常平錢米不足，即許提舉常平司於本州合發上供錢米内取撥兑借，免至臨時缺悞。其下三等人户，竊慮緣水患無力輸納，即乞令結甲借貸常平司錢。自紹興二十四年爲始，作四年帶納。一、今來修築圩岸，所用工浩瀚，務要堅實，庶可堅久。全藉所差官協力管幹，庶不致滅裂，枉費人工。如有不切用心，弛慢職事，許行按劾。内有昏懦怯弱不任職事之人，亦許差官抵替。所有檢察監修部役等官，如能用心了辦，不致滅裂，省廢人工，亦乞許保明，申取朝廷指揮，量行推賞，庶示懲勸。』於是户部看詳：『欲乞下宣州並江東轉運常平司詳此，並依本官逐項措置到事理施行。』從之。

閏十二月二十七日，又言：『今措置太平州圩埕下項：一、今來當塗、蕪湖兩縣人户被水，損壞圩岸。乞給甲保借米糧相添，自行修築。在法：係是農田水利，民力有不能辦者，合依宣州體例借貸，具數保明，申提舉常平司外，有萬春等圩埕人户乞官爲雇工修築。今檢計被水破缺並裡外埂損壞，合行增築貼補，其蕪湖縣萬春、陶新、政和等圩埕三所，共長一百四十五里有餘，合用九十六萬一百三十四工；當塗縣官圩埕一所，係廣濟圩，長九十三里有餘。其圩與私圩五十餘所並在一處，坐落青山前，各係低狹。埂外面有大埂埕一條，包套逐圩在内，抵障湖水。今來逐圩被水損壞，詢訪人户，只修[一]外面大埂，不惟數倍省工[二]，是可以抵障水勢。所有腹裏圩埕或有損[三]處，聽人户自修。尋取會到逐縣被水修治官私圩埕體例，係是人户結甲保借常平米自修。今來損壞尤甚，

[一] 修　原作『條』，據《食貨》七之五〇改。
[二] 省工　原闕，據《食貨》七之五〇補。
[三] 損　原作『省』，據《食貨》七之五〇改。

人户工力不勝，不能修治。今措置，欲乞依見今人户結甲乞保借米糧自修圩埠體例，不以官私圩、人户等第納苗租錢米充雇工之費，官爲代支過錢，年限帶納。自餘合用錢米，並乞下提舉常平司照會，日下取撥，津發應副本州雇工修治施行。一、今來蕪湖縣申，獨山、永興、保城、咸寶、保勝、保豐、行春圩北，其地圩埠，被水衝破打損至多。若只依係保借糧米，將來修築不前。内有咸寶一圩，被水損壞，衝成潭缺，計長二十五丈，闊三十丈，深二丈二尺，須用創作堤岸，從裏面圍裹，倍費工力。比獨山等圩埠損壞，尤見工費不同，委是人力難辦，乞官爲雇工修築。今檢計獨山等七圩，委是被水損壞處多。其咸寶圩埠衝破成潭處，難以就舊基修築，合依裡面別創，築埂圍裹，計長八十一丈，合用五千四百工。今措置，上件圩埠欲各依例結甲隨苗借米外，更據户下田每畝與借錢二百文省，令自修築。其咸寶圩埠潭缺處，據合用工數，欲乞官和雇人工，共同修治。』於是户部言：『欲乞下太平州、江東轉運常平司，並依本官逐項措置到事理施行。』從之。

二十四年九月十五日，大理寺丞周環言：『臨安、平江、湖、秀四州低下之田，多爲積水浸灌。蓋緣溪山諸水併歸太〔一〕湖，水分爲二派：東南一派由松江入於海，西北一派由諸浦注之江。其沿江泄水諸浦中，惟白茅浦最大，今爲沙泥淤塞。每歲若係暑雨稍多，則東北一派水必壅溢，遂致浸傷農田。欲望令有司相視，於農隙開決白茅浦故道，俾水勢分派流暢，實四州無窮之利。』詔令轉運司措置。

二十八年八月二日，宰執進呈監察御史任古論蘇、湖、常、秀被風水災傷，因措置浙西、江東、淮南賑糴〔二〕事。上曰：『被水州縣檢放税苗，而賑貸其不給，固當如此。』宰臣言：『瀕江〔三〕一帶低下，而堤堰壅塞，畎澮不通，致有積水。他郡亦不至此。』上曰：『可令蔣璨同漕臣專一措置。』

九月十三日，兩浙路轉運副使趙子潚、知平江府蔣璨言：『近被旨相度水利利害。子潚等歷吴江、吴〔興〕、長〔興〕〔二〕〔三〕〔四〕縣民田湮没去處相視，以至常熟；又自常熟北至揚子江，又自崑山東至海口，推究源流，講求利害。今詢訪得浙西諸州，平江最爲低下，而湖、常等州之水皆歸於太湖，自太湖以導於松江，自松江以注海。是太湖者三州之水所瀦，而松江者又太湖之所洩也。然以數州瀦水之巨浸而獨洩以松江之一川，宜其勢有所不勝受，而洩放又所不逮。是以昔人於常熟之北開二十四浦，疏

〔一〕太　原作『大』，據《食貨》七之五一改。
〔二〕糴　原作『糶』，據《食貨》七之五一改。
〔三〕瀕江　《食貨》七之五一作『平江』。
〔四〕三　原作『二』，似將『吴長』誤作一縣，另《食貨》七之五二亦爲三縣，據改。

而導之揚子江，又於崑山之東開一十二浦，分而納之海。兩邑大浦，凡三十有六，而民間私小徑港不可勝數，皆所以決壅滯而防泛溢也。後因潮汐往來，泥沙積聚，舊製開江之卒，尋亦廢去。閱時既久，填淤日增，此大浦所以湮塞，而民田於是有淹浸之憂也。昨者建議興修水利之人接武而出，其説皆迂闊汙漫而難用。所見於已施行者，天禧、天聖間，御史張綸於常熟、崑山縣各開衆浦，以導積水。景祐間，郡守范仲淹親至海浦，開濬五河以疏導諸邑之水，自東南入於松江，東北入於揚子與海。政和間，提舉趙霖將命興修水利，開浚三十三浦，役工僅開常熟兩浦、崑山一浦而罷。開三浦之後，迄今又四十年，諸浦湮塞，又非前日之比，遂致湖瀼盈溢，浦港澱淤，而積水散漫民田之中，十年之間，澇歲常八九。今相視，泥沙湮塞，有妨洩水，合行修掘開導緊切去處，開具如左：一、常熟縣開浦五處：梅里塘，泄崑湖並常熟塘一帶積水，自本縣東柵，由梅里鎮至白蕩橋； 又苑浦，係泄崑湖、承湖水，自周涇至浦口； 又雀浦[一]，泄崑湖、承湖由梅里塘積水，自浦口至雉浦一帶； 又福山浦，係泄崑湖、承湖並府塘一帶積水，自尚墅橋及九折塘至顯星橋； 又黄四浦，係泄尚湖及崑[二]湖水，自三里汀至十字港。一、崑山縣開浦四處： 新洋江，北接百家瀼，南出吴淞江，自百〔家〕瀼口〔至〕太倉塘； 又小虞浦，北接鰻鯉瀼，向南出吴淞江，自鰻鯉瀼口下，南至黄墓村橋； 又雇浦，北接斜塘瀼，南出吴淞江，自郭澤塘口下，北至邵塘； 又郭澤塘，南通夏駕浦，東通雇浦、洛徹、吴淞江。已上兩縣，總計工三百三十七萬四千六百六十四工，錢三十三萬七千四百六十六貫三百文，米一十萬一千五百三十九石八斗九升。

子潚等契勘： 崑山縣四浦，工力不多，乞止用本縣食利人户支給錢米，委本縣官監督開濬。常熟縣五浦，工力浩瀚，係與吴、長等縣利害相及。欲除崑山縣外，有本縣食利人户，以五千人爲率。人夫數少，即於三縣見賑濟人内，募強壯人充。應所有差官起工等事件，續次條具申請。緣平江府積水，經今已及兩月餘日未退，已妨種麥。若不於農隙之際支給錢米，雇夫開治，（恐）深恐來歲春雨，積水愈甚，虧失常賦不便。望速降指揮施行。』詔差御史任古同提點刑獄徐康前去覆視，詳究利害聞奏。所有合措置事件，令趙子潚、蔣璨一面條具，申尚書省。其任古仍令上殿奏事畢，疾速前去。

二十五日，知涪州程敦書言：『稻田以水爲本，故無渠堰而田宜稻者，則有瀦水之地以待灌溉。比緣經界，官吏以民間瀦水地爲天荒地，豪猾游手因而交結州縣，請佃承買，洩其水以爲可種之田，獨擅其利。田既無水，歲失

[一] 雀浦 《食貨》七之五三作『崔浦』。

[二] 崑 原作『昆』，據《食貨》七之五二及文意改。

播種。乞行下諸路，如有請佃承買瀦水地者，即爲改正。』從之。

十一月九日，監察御史任古言：『平江府常熟四縣，有開江四指揮，共二千人額，專一修治浦塘等，並置巡塘官一員。今欲乞止於常熟、崑山兩縣各招填一百人額，其請給等，並依舊例支給施行。仍奏撥軍員、使臣各二人，分管軍兵。如有浦塘堙缺，通融役使，逐旋修治。』古又奏：『崑山縣耆宿言：所開浦四處，緣今歲積雨，東北風潮[一]並太湖及山水相會，有渰没民田；兼郭澤塘一浦横過，即非泄水去處。春間人户圍田，自當開撩。所有小虞浦、新洋江、雇浦三處，雖合開浚，見今四浦盡爲松江大水漲遏其外，發泄遲緩，其致諸浦蓄水，難以興工。欲候江水減落，岸塍出露，人户自行開掘，亦不願支破錢米。若内有貧乏無力之人，乞量借常平官糧，寬立年限，分料送納，乞從民便。已行下本縣，令[二]預備將來興工之具，候江水減退，即行開浚。』並從之。

同日，監察御史任古言：『臣同徐康與常熟縣官覆視五浦，今詳究得本縣東栅至雉浦入丁涇，通徹福山塘，下注大江，委是快便。若依趙子潚嘗來申請，以五千人爲率，於來歲正月入役，約計一月餘日可畢此浦。使崑[三]、承二湖及府塘一帶並被傷民田内水通注於江。然後浚治黄四浦、三里江至十字港，工力亦不甚多。併趁農隙，先畢二浦。其餘合開港浦，再俟將來農隙，當以緊慢次第興工。』古又奏：『趙子潚昨計料開浚雀浦，係決泄（昆）〔崑〕、承二湖及民田内水，南自梅里塘，距浦口，迤（逦）北入大江。古等身詣相視，其浦乾涸，可以行往。蓋緣浦身迂迴曲折，泄水不快，是致積沙高厚，開浚工倍。欲於雉浦口別有一涇，徑入福山大浦，通於大江，名爲丁涇，比之雀浦，並無回曲。不惟開浚省費，實於泄水爲便。』詔並依奏，錢於御前激賞庫支降，米就平江府撥到綱米内支取。令趙子潚同守臣措置，於正月上旬興工。令預備器用，不許科[四]擾於民。

二十九年正月二十九日，兩浙路轉運副使趙子潚言：『被旨開濬平江府常熟縣東栅至雉浦，入丁涇，徹福山塘，已於正月五日興工。據常熟縣父老稱，福山塘與丁涇地勢相等，今開丁涇，更深三尺，若不濬福山塘，則水必至倒注於涇。今與平江府州縣官同往相視，宜依父老陳乞開濬。又見開東栅至雉浦口，河面並合闊八丈，並雉浦港底四丈二尺，貴得泄水通快。』詔依，仍令疾速興工。

二月十八日，敷文閣待制、知平江府陳正同言：『相視到常熟縣開浚諸浦，其修治田岸，係有田之家計畝均出

[一] 風潮　據《食貨》七之五四改。
[二] 令　原作『今』，據《食貨》七之五五改。
[三] 崑　原作『昆』，據《食貨》七之五五改。
[四] 科　原作『料』，據《食貨》七之五五改。

錢米，以保永業，必無怨尤之理。舊來浦口雖有潮沙之患，每得上流清水湍浚，可以推滌，不至全然壅塞。後來節次被人户圍裹瀦水湖瀼爲田，其已成之田，人户認爲永業。欲乞今後不許人户更將邊湖瀦水去處占射圍裹。』於是户部言：『在法，瀦水之地，謂衆共溉田者，輒許㈠人請佃承買，並請佃承買人，各以違制論。每畝賞錢三貫，一百貫止。今欲下平江府明立界至，約束人户，即不得依前占射圍裹。』從之。

同日，詔常熟縣丞江續之減二年磨勘，壕寨官韓彦、彭昇各與轉一官資。以本路運使保明開浚浦畢工故也。

三十年三月八日，淮南運判張祁言：『被旨措置開墾荒田，修築圩埠陂塘。竊見無爲軍廬江縣楊柳圩一所，周環五十里，兵火後來，不曾修築，致圩埠損闕，溝洫壅蔽，一向荒閑二十餘年。及無爲縣嘉成圩㈡一所，各有荒閑田土。本司見已修築堤岸，蓋造莊屋，收買牛具，招集百姓耕墾。竊念淮甸窮陋，本司別無寬剩錢物應副逐急支遣。欲望詳酌，權於本路州軍合起發錢内科撥三萬貫，從本司置曆，專充措置開耕荒田支費㈢。候稍有次第，即將逐年所收莊課樁管，撥還支過錢數。』詔於淮東茶鹽司莊管錢内支撥三萬貫應付。已上《中興會要》

紹興三十二年，孝宗即位，未改元。十一月二十九日，參知政事、督視湖北京西路軍馬汪徹言：『相視襄陽有二渠，一曰長渠，一曰木渠，皆古來水利播殖去處。大約長渠溉田七千頃，木渠溉田三千頃，其間陂池灌浸，脉絡交通，土皆膏腴。自兵火後，悉已堙廢。嘗差委湖北運判李㈣擢、京西運判姚岳親至其地計度。今且先治長渠，凡築堰開渠，可用二萬工，並合要牛具、種糧等，就委兩路運司措置，不令絲毫擾民。長渠纔成，或募民之在邊者，或取軍中之老弱者，雜耕其中。來秋穀熟，量度收租，以充軍儲，既省餽運，又可安集流亡。乞以措置京西營田司爲名，令姚岳兼領。』從之。其後，乾道九年十二月二十三日，權京西路轉運判官吴仰復言：『長、木二渠之利，數内靈溪水見流白馬堰，係岳州都統制司營田莊，水亦通。唯是白馬陂以東石子山、木眼山合渠去處，類多損壞，日復一日，必皆湮塞。今若隨宜興修，可以立見成效。欲望下京㈤鄂都統制司，令同本司差官行視二渠，隨宜開遍。』詔户、兵、工部看詳，各部欲下岳州都統制、京西安撫、轉運司、襄陽府同共疾速相度施行。從之。

隆興元年四月十二日，詔浙西路轉運、常平司：『取見逐州人户創立埁岸，包圍成田，及漁户廣施漁具，壅遏

㈠ 許　《食貨》七之五六爲『不許』，依文意應是。
㈡ 嘉成圩　原作『佳成圩』，據《食貨》七之五六改。
㈢ 費　原作『廢』，據《食貨》七之五六改。
㈣ 李　《食貨》八之五作『吕』字。
㈤ 京　《食貨》八之五作『荆』字。

水勢所去處，疾速相度，措置施行。仍令州縣常切督責巡尉，每歲於農隙時修治堤防，無使闕壞。及春夏之交，部集人户於河道淤塞要害之處，併工開撩，常令水路通快。』從殿中侍御史胡沂請也。

六月十二日，工部尚書兼侍讀張闡等言：『竊見近降指揮，將紹興府鑑湖田、明州廣德湖田盡賣。二湖元灌溉民田浩瀚，後緣民間侵耕，遂作圩田。今若一概出賣，竊恐於民間別有所妨。如紹興府鑑湖，曾立石碑〔一〕，應深溝大港，永遠存留，可以充灌溉。今欲乞專委紹興府、明州守臣（計）〔討〕論利害詣實，方可出賣。』從之。

二年八月五日，詔：『江浙水利久不講修，積雨無所鍾〔二〕泄，重爲秋稼之害。可令逐州守臣考按古迹及見今淤塞去處，條具措置聞奏。』

九月四日，集英殿修撰、知宣州許尹奏：『本州有童淤〔三〕，實係創興，委是堙塞水流去處。今欲依舊開決作湖，以爲民利。』詔令本路轉運司相度，如委有壅塞，候秋收畢，措置開決。

十二日，詔江東浙西監司、郡守：『朕嗣服以來，求民之瘼。比緣江東浙右俱被水災，思拯民於愁歎，寤寐不忘。卿等既分外臺之寄，皆爲共理之良，宜究乃心，各揚爾職。能於所部講明田事，預爲陂塘渠堰，防患未然，使顯効著於將來者，朕當不次親擢。其或但爲文具，尚畏權勢，無益於備患，徒擾於庶民，國有典刑，朕必不赦。』

乾道元年正月十四日，知徽州吕廣問條奏農田水利：『諸塘堨，合輪知首之人充，雖田少不該，亦均給水利，不得阻障。若鄉利私約輪充，於官簿〔四〕内開説充知首人。盡賣田業、新得産家雖合充，止輪當末名，不得越次，仍批官簿照會。諸塘堨係衆水利，蓄水救田。本縣於農隙之時，告示知首及同食水利人，均備人夫，併力修作。如係塘堨下合承水利田産，遇人户典賣，並依資次承水。如係買税户塘堨水，亦申官注籍。塘堨水上流既足，如障塞、公然占奪，不從州縣約束者，取旨。形勢之家將新置田産却在舊堨之上占截水利，似此去處，縣官即時除拆。若舊堨不容修築，衆定利害，務從民便。若兩堨用水已足，不放流者，亦仰官司禁約。甽堨兩岸或被水衝陷隔岸，漲出沙田，止許被水人承佃，不得田鄰争占。甽堨所在，合留水門，（芳）〔若〕不妨阻舟船，或擅毁拆〔五〕，並追斷斷。約束未盡，如别有私約，並仰知首自陳添入。若舊例已定，不得創改。有合增事件，並聞官，始許行用。』從之。

二月二十四日，詔：『紹興府開濬鑑湖。除唐賀知

〔一〕碑　原作『牌』，據《食貨》八之六改。
〔二〕鍾　原作『種』，據《食貨》八之六改。
〔三〕童淤　疑作『童圩』。參見《食貨》八之六等。
〔四〕簿　原作『部』，據《食貨》八之六改。
〔五〕拆　原作『折』，據《食貨》八之六改。

章放生池舊界十八餘頃爲放生池水面外，自餘聽從民便，逐時放水，依舊耕種。』從知府趙令詪請也。

同日，知平江府沈度言：『被旨開掘長州縣習義鄉清沼湖圍田一千八百三十九畝，益地鄉尚澤蕩圍田一千五百畝，蘇臺鄉元潭圍田一千五百八十八畝，樊洪瀼圍職田三百三十二畝，營田一千九百六十九畝，費村瀼圍田一千六百六十二畝，崑山縣大虞浦圍田二十六畝，小虞浦圍田一百六畝，新洋江圍田一百七畝，崑山塘圍田三十三畝，許塘圍田二十六畝，六河塘圍田一十三畝，常熟縣梅里塘圍田二畝，白茆浦圍田二百三十一畝，自[一]今通泄水勢。』詔浙西提刑曾逮親至其地審寔，開具洩水通快，可以經久無堙塞去處保明以聞。

二年四月七日，吏部侍郎陳之茂言：『比年以來，泄水之道既多堙塞，重以豪右有力之家以平時瀦水之處堅築塍岸，廣包田畝，彌望綿亘，不可數計。中下田疇，易成泛溢，歲歲爲害，民力重困。數年之後，凡瀦爲陂澤，盡變爲阡陌，而水患恐不止今日也。乞選差強明郎官一員問漕臣，日下將新圍之田疾速開鑿。』上曰：『聞浙西自圍田即有水患，前此屢有人理會，竟爲權要所梗。卿等可檢點累降指揮已曾如何施行，仍委兩浙運副王炎疾速相視利害以聞。』既而王炎言：『相視圍田内有張子蓋新舊田九十餘畝，占籍兩縣，堙塞水勢，久爲民患。躬至其地，地名四塘，周圍約二十里，開掘已盡，泄水通快；地名長安，周圍約四十里，見督縣官併工開掘。乞戒勵張子蓋等家，再犯，重寘典憲。已開掘去處，各立標記，餘州縣依此。』從之。

五月十一日，尚書省言：『浙西圍田有壅塞水勢去處，近專遣漕臣親詣逐州縣監督開掘，以泄積水，除去民害。尚慮形勢權要之家日後依前冒法謀利，復行修築，爲害如初，理宜約束。』令兩浙轉運司並逐州縣守令常切檢察遵守，如有違犯之人，命官取旨，餘重作施行。

六月一日，臣僚言：『江陰軍在浙西最爲地勢卑下，雖瀕大江，而歲苦水患，尤甚於他州。蓋常州之水，其勢趍下，盡自五瀉堰分流入石頭港、黄港、夏港、蔡、申港[二]，達於大江，而[三]江潮直至堰下。歲久，潮泥淤塞河港，水既不能輸泄，漫入田間，而申港一河，連接數鄉，所繫尤重。又有三山與秦望山脚之下石，自港内横絶而過，壅遏水道，今所謂大石堰、小石堰者是也。一屬常州，一屬江陰。其石比年漸高大，河水爲之不流，數鄉無歲不被害。田畝常在水底，而常州境内河港水勢又不能泄，寔爲兩郡之害。若非朝廷措置開掘，以兩郡之力，必不能辦。乞詔有司，下本路監司、兩郡守臣，同力相度利害。』詔工

[一] 自　原作『目』，據《食貨》八之八改。
[二] 港　原脱，據《食貨》八之九補。
[三] 『而』前原衍『江』字，據《食貨》八之九刪。

部行下本路轉運司，同常州、江陰軍相度，措置以聞。候農隙日，興工開掘。

十五日，臣僚言：『浙西圍田壅塞水勢，已行開掘。竊見永豐圩自政和五年圍湖成田，經今五十餘年，横截水勢，不容通泄，圩爲害非細。今相度，欲將永豐圩廢掘，依舊爲蓄水之地。』詔依，候至十一月開掘。後復詔仍舊不開。

十月十四日，利州路提點刑獄公事張德遠言：『興元府褒城縣山河六堰，灌溉褒城、南鄭兩縣田八萬餘畝。内有光道枝[一]一渠，決壞年深，民力不能興修，下流闕水，率多改種陸田。今歲正月内，判興元府吴璘親率將士，代民修塞，仍作偏堰，勒回别渠棄水，併入光道枝下流。諸堰堅固，前日陸種去處，復爲稻田，其利甚博。』詔吴璘令學士院降詔奬諭。

三年五月十五日，秘閣修撰、前知衢州周操言：『宣城管下六縣，唯宣城南陵有圩田去處，而宣圩田最多，共計一百七十九所。大率地本卑下，人力矯揉，以成田畝，十年九潦，常有水患。議者多欲廢決梗塞水道之圩，以全衆圩，謂不當隱忍愛惜當決之圩，使衆圩俱受其害。臣於乾道元年十一月到任，是圩田再遭巨浸。童圩係是破壞之數，人户稱此圩委梗塞水道。臣遂出榜曉諭，且令權住一年興築。若來年衆圩熟不遭水患，遂可永久廢罷。今已去彼隔歲，乞將童圩徑行廢決。所有養賢、政和、蓮湖三圩，乞併賜行下，委自守臣詢訪，條具聞奏。』詔寧國府守臣相度以聞。其後，知寧國府汪徹言：『童圩最爲民害，一水自徽州績溪縣、本府寧國縣合諸水至童圩，一水自廣德軍建平縣合本府宣城縣南湖之水至童圩。二水奔衝併來，其勢浩渺，所以向上諸圩，悉遭巨浸。又嘗考此圩本童家湖，容流衆水，非古來圩額。今若將童圩廢決，則水勢自然順適。其餘未可輕議。』從之。

四年五月二十四日，詔：『知彭州梁介自到任，講究農田水利，經畫修築本州九隴等三縣十餘堰，灌溉民田，固護水勢，委是利便。可除直秘閣、利州路轉運判官，填見缺。』從四川安撫使虞允文請也。

八月七日，觀文殿大學士、知紹興府史浩言：『本府諸暨聚天台、四明數百里重岡復嶺，水出之源，其派既廣，止有錢清一江爲吐泄之處。古人於縣之四傍立湖七十二處以瀦蓄，故無泛濫之患。歲久，所爲七十二湖者，人皆占以爲田，故雨水霑足，則水皆歸七十二湖，所種之苗，悉皆浸損。然則非水爲害，民間不合以湖爲田也。今湖不可復，則諸暨湖田爲民之歲歲受害，臣不敢以不告。』詔令史浩，選委諳曉湖田利害官相度措置。

[一] 光道枝　原作『光道拔』，據《食貨》八之九改，下同。

七年十二月八日[一]，臣僚又言：『紹興府（暨諸）〔諸暨〕縣地接婺之浦江、義烏，衆溪輻湊，與本縣諸山之水凡四十餘港合流而下。境内舊有七十二湖可以瀦蓄，歲久湖變爲田，不惟水無所歸，而又溪港侵爲漲沙堙塞。由是久雨則有墊溺之患，久晴則有旱暵之憂。開鑿約用六十八萬一千五百工，每工日給米二升，計用米一萬三千六百三十石。』詔令蔣芾相度。

九月二十四日，詔諸路提舉官：『自今興修水利，若不依常平免役條令，先選官按視，許令興修，只憑州縣保明，虚誤農田水利酬賞，輒爲申奏不實者，從户部按劾[二]取旨。本部人吏不照應條法疏駁，輒便依隨僞妄，關報推賞者，亦科違制之罪。』

十月二十六日，臣僚言：『紹興府諸縣各有湖，湖高於田，築塍岸瀦水以備旱。其田高於江，置斗門洩水以備潦。故雖或水旱而有備，歲可使之常豐。蕭山縣管下湘湖，灌溉九鄉民田，夏秋之交，多闕雨澤，決其湖以溉田，禾稼滋茂。近聞百姓將湘湖填築以爲田，寖害灌溉。欲乞令紹興府差官看視，若委是將湘湖爲田，則令開掘，復以爲湖，依舊灌溉民田。』從之。

五年三月二十日，大理正、措置兩淮官田徐子寅言：『兩淮荒蕪之田一目百里，究其十分之地，陸田纔三四，而水田居其五六。春夏之交，霖雨之久，耕耨之勞，秧蒔之功，一旦空然，此田之所以爲民病也。自去冬，同歸正頭目人差擇到楚州山陽縣大溪村博田崗空閑官田，約數百餘頃，南有灌溝，可通運河，北有舊溝，可接小溪。今欲由其舊蹟，與之開浚，約用五百工。歸正人各欲俟墾種畢日，併力開浚。』從之。

六年閏五月一日，知雷州戴之邵言：『管下瀕海土薄，地雜泥沙，東北接連有大塘一所，臣於農隙雇募夫丁併力開築。竊慮歲久，官司不能相繼增修，旋致堙塞。今後差注本州海康、遂溪兩縣，並令於官銜上帶主管河渠公事。任滿，有無增修損壞，批上印紙。』從之。

七日，徽猷閣待制、新知寧國府姜詵言：『寧國府太平州兩郡，惟仰圩田，得以供輸。今來夏雨頻多，竊慮縣官滅裂，民心不齊，失於修治，大爲圩田之害。欲選委清彊官，同本縣遍行檢視修護。』從之。

六月二十二日，徽猷閣待制、知寧國府姜詵言：『宣城南陵縣圩田既壞，有不曾決破圩田九所。欲於今冬自十月措置修圩，以係官錢米募民興工，俟今秋八九月措置以聞。』從之。其後，詵措置修濟陽[三]圩岸，兼開決除廢在外。詔從之，餘州軍圩岸損壞准此[四]。

[一] 此處天頭原有批注：『應排後』。今注：此條按時間應排在『七年七月二十五日』條後。
[二] 劾 原作『刻』，據《食貨》八之一一改。
[三] 濟陽 原作『濟養』，據《食貨》八之一四改。
[四] 准此 原作『從之』，據《食貨》八之一四改。

九月二十八日，新知泉州周操言：『太平州所管圩田，每遇水災決壞，除大圩官爲興修外，其他圩並係食利之户保借官米，自行修治。就今冬十月内措置，乞委自各州守臣照紹興二十三年例，從寔措置施行。』詔：『應有圩田合修治處，仰逐州守臣精加檢寔，及工役合用錢米支費，具數限一月聞奏。』

十月二十三日，知寧國府姜詵言：『焦村私圩梗塞水面，致化成、惠民圩頻有損壞。合將焦村圩廢決。其化成、惠民兩圩南元有梗岸接焦村圩，合依舊增高修築。』從之。

十二月十四日，監行在都進奏院李結言：『蘇、湖、常、秀所産，爲兩浙之最。自紹興十三年以來，屢被水害，議者皆歸積水不決之故，以爲積水既去，低田自熟。第以工役浩煩，事皆中輟。臣有管見治田利便三議：一曰敦本，二曰協力，三曰因時。司農丞郟亶議云：「古人使塘浦闊深者，蓋欲取土以爲堤岸，非專爲決積水。若堤岸高厚，借令大水之年，江湖之水高於民田五七尺，而堤岸尚出於塘浦三五尺，故雖大水，不能入於民田。民田既不容水，則塘浦之水自高於江，而江之水亦高於海，不須決泄而水自湍流矣。」此古人治低田之法也。若知決水而不知治田，則所開浚之地，不過積土於兩岸之側，霖雨蕩滌，復入塘浦，不五七年，填淤如舊，前功盡棄。爲今之務，莫若專務治田。乞詔監司守令相視蘇、湖、常、秀諸州水田、塘浦緊切去處，發常平義倉錢米，隨地多寡，量行借貸與田主之家，令就此農隙，作堰車水，開浚塘浦，取土修築兩邊田岸。立定丈尺，衆户相與併力，官司督以必成。且民間築岸，所患無土。今既開浚塘浦，積土自多，而又塘闊水深，易以流泄。田岸既成，水害自去。此臣所謂敦本之議也。』結又以爲：『百姓非不知築堤固田之利，然而不能者，或因貧富同段而出力不齊，或因公私相吝而因循不治，非協力不可。百姓所鳩工力有限，必賴官中補助。官中非因饑歉，難以募民興役，非因時不可。』詔：『李結所陳，緣所費浩大，令胡堅常相度措置。』胡堅常看詳：『李結所議，誠爲允當。今相度，欲鏤板曉示民間有田之家，各自依鄉原體例，出備錢米，與租佃之人更相勸諭，監督修築田岸。庶官無所損，民不〔一〕告勞。』詔從之。

七年七月二十五日，將作少監馬希言奏：『被旨覆寔太平州修圩利病，欲望委自有圩田州縣守令措置，將圩内人户推一名有心力、田畝最高之人爲圩長，大圩兩人。每遇秋成，集本圩人夫，於逐圩增修。面闊一尺，側厚一尺，脚闊二尺，須用堅土寔築。若圩内人力不及，或闕工食，官中量行添助。如是五年不輟，則圩勢高厚，雖有湖潦，不能侵也。』詔令逐州守臣措置。希言又言：『乞再

〔一〕不　原作『人』，據《食貨》八之一四改。

委三州軍守令，應私圩未修去處，以田畝十分爲率，借米一分，令日下修葺。仍令被水之圩更與給借糧種，候秋熟，分兩年剋納，並須遍及四遠鄉村。先以所管常平米支，如不足，轉運司就鄰近州縣取撥應副。』從之。

二月四日〔一〕，觀文殿學士、知紹興府蔣芾言：『本府會稽縣德政鄉有田萬二千畝，七年被水，細民殆無生意。古有後浦，在下流，凡十里餘，舊來深浚，以泄裏水。爰自損壞堙塞，每遇溪流泛溢，江潮壅大，則渰浸旬月，水不通泄，一再插〔二〕種，並無收成。乞於本府常平錢借支三千緡，義倉米借支三千斛，就行賑濟，因以開浦。』從之。

五月二十日，詔：『太平州寧國府新修圩田，可差監察御史陳舉善前去覆寔，開具有無堅壯損壞以聞。』

七月十三日，户部尚書曾懷等言：『秀州華亭縣新涇塘合築堰置閘，以捍鹹潮，免浸民田，事繫利害。其所用工料錢五萬貫文省，乞委浙西提舉常平官李結疾速興修。』從之。後知秀州丘崈遂成之。詳見堤堰門

八年十一月，臣僚言：『寧國府兩圩埂岸雖已圓固，至於卑窪去處可以瀦水者，又須當求所以措畫之方。惟相其水源所歸，穿掘陂堤以儲蓄之。外水既落〔三〕，則因以決放，而可以免於浸溺。況兩圩腹内包裹私圩十五所，其野泊荒陂低圩之田，廢而不治者尚多有之。圩民知其利而不能自辦，官欲爲之，又無餘力可成。惟其常有淹潦之憂，而未免蠲減苗税，孰若以其所減者募民疏鑿。欲望於苗租内截撥米若干碩，責以農隙之時浚築，將見永無水患，不失賦入〔四〕，以濟大農之用。』詔江東常平司委官取見的寔合修去處丈尺、工料、米數，寔具文狀，保明以聞。

九年八月十六日，詔曰：『朕惟旱乾水溢之災，堯、湯盛時有不能免，民未告病者，備先具也。間者數年比不登，江、湖、閩、浙之人或薦告飢，豈有肥磽人事之不齊乎？將火耕水耨不得其時，地有遺利乎？抑賦役繁多，或奪其力乎？何種入之寡乏也。深惟其故，未燭厥理。乃博延群臣，訪問得失。吏有從南方來者，言豫章諸郡，綿亘阡陌，近水者苗秀而寔，高仰之地雨不時至，苗輒就稿。意者水利不修，失所以爲旱備乎！唐韋丹爲江西觀察使，治陂塘五百九十八所，灌田萬二千頃，此特施之一道，其利如此，矧天下至廣也。農爲生之本也，泉流灌溉，所以毓五穀也。今諸道名山川原甚衆，民未知其利，然則通溝瀆、瀦陂澤，監司守令顧非其職歟！其爲朕相丘陵原隰之宜，勉農功，盡地利，平繇行水，勿使失時。雖年有豐凶，而力田者不至拱手受弊，亦天人相因之理也。朕將即吏勤惰，行殿最而寓賞罰。各殫厥心，無蹈後悔。』

〔一〕原稿地脚批注：『應起八年』。
〔二〕插　原作『揷』，據《食貨》八之一五改。
〔三〕落　原作『洛』，據《食貨》八之一五改。
〔四〕入　原作『失』，據《食貨》八之一五改。

九月二十七日，度支員外郎朱僋言：『江東圩田爲利害大，其所慮者，水患而已。知增築埂岸以固堤防爲急，而不知廢決隘塞，以緩奔衝之勢。乞下江東轉運、常平司，更切講究本路圩田，別有似此隘塞水道合從廢決去處，與逐州守臣公共詳酌，奏請施行。』從之。

九年十一月二十五日，詔：『令諸路州縣將所隸公私陂塘川澤之數開具，申本路常平司籍定，專一督責縣丞，以有田民户等第高下分佈工力，結甲置籍，於農隙日浚治疏導。務要廣行瀦蓄水利，可以公共灌溉田畝。如無縣丞處，即責以次縣官依此措置。候歲終，令本州參酌，將工力最多去處保明，申常平司，差官覈寔，申朝廷推賞。其怠慢不職之人，按劾取旨責罰。』從臣僚請也。

十二月二日，龍圖閣待制、知太平州胡元質言：『今歲遭值大水，除政和等十三圩不曾遭風水，餘諸圩幾四百里，爲水漫沫而入，内外灌浸，風浪淘洗，經涉三時，其受害損壞不一，合隨其所損而爲之計：其洗動處則重築，其坍落處則補築，其虧狹處則貼築，其不損壞處則（補築。其虧狹處則貼築，其不損壞處則）〔一〕反爲增築。其工費，計米二萬一千七百五十七碩五升，錢二萬三千五百七十貫一百三十七文省。比隆興二年、乾道六年所省幾半。務趁此冬土脉堅實之時，及期辦集。』從之。以上《乾道會要》

孝宗淳熙元年四月七日〔二〕，提舉兩浙常平茶鹽公事劉孝韙言：『紹興府山陰縣安昌、清風兩鄉，餘姚縣蘭風、東山等五鄉海塘爲海潮所損，已委各縣尉修築。温州瑞安、永嘉、平陽、台州黃巖等縣，皆有堙塞河道海浦，乞行開修。』從之。

五月六日，詔温州瑞安知縣特轉兩官，任滿與通判差遣。以浙東提舉劉孝韙言，恕開運河，溉民田，又遍詣諸鄉浚治河涇，（與）〔興〕建塘濼斗門，故有是命。

六月十二日，詔福州長樂知縣徐謩、連江知縣曾模各特轉一官。以本路安撫使言謩興修管下湖塘水利，及創造斗門一百四所，灌溉民田二千八十餘頃；模開浚東湖塘二十餘里，造水閘、築埕塍一百二十餘所，灌溉田二十餘頃，故有是命。

七月二十三日，提舉江南東路常平茶鹽公事潘甸言：『被旨，詣所部州縣，措置修築濬治陂塘，今已畢工。計九州軍四十三縣，共修治陂塘溝堰凡二萬二千四百五十一所，可灌溉田四萬四千二百四十二頃有奇。用過夫力一百三十三萬八千一百五十餘工，食利人户一十四萬八千七百六十有餘。』詔劄下諸路，依此逐一開具以聞。

十一月二十七日，江東運副程叔達言：『番陽、廣德二郡，地最高仰，間有旱傷，二郡尤甚。乞詔守令遍行阡

〔一〕括号内文字，疑爲重抄，應删去。參見《食貨》八之一七。

〔二〕此條前原批『水利四』，删去。

陌，有荒曠田畝無水源處，相視其宜，多創塘濼，以備灌溉。及令常平、轉運司分行督察，若民力不能獨辦，量行應副錢米，以助其役。』從之。

七年三月四日，淛東提舉常平折知常言：『台州黄巖縣令孫叔豹勸諭食利之家自行興工，開濬八鄉官河九十餘里。置立斗門、堰閘五所，灌溉田畝。』詔孫叔豹改合入官，候任滿赴都堂審察。

四月二十二日，詔知泰州張子正、提舉淮南東路常平鹽茶公事葉翥各特轉一官。以修築泰州捍海堰有勞故也

七月二十八日，浙西提舉薛元鼎言：『太湖之水，獨泄以松江之一川，其勢有所不勝受，並湖數州皆受其害。景祐間，范仲淹嘗就常熟、崑山之間濬五大浦：茜涇、下張、七了、白茆、許浦，以殺其勢，爲數州之利。比年並皆堙塞。前任提舉陳舉善勸諭人户，以漸開濬。獨許浦正是泄水去處，並未施工。昨水軍統制馮湛乞用軍兵開掘，因與守臣不協，遂已。臣竊見許浦自梅里約三十餘里堙塞不通，其水軍搬運錢糧亦自艱難。乞詔馮湛候農隙日，從所請開濬。』從之。

閏九月十九日，詔：『浙東今歲間有旱傷州軍，仰轉運司同提舉常平司，日下委官詢訪興修水利去處，召募本處闕食人，支給錢米，因此存濟，趁時修築，不得因而科抑騷擾。』

十月二日，淮東總領錢糧臣言：『鎮江三邑旱傷，練湖湮塞之久，而樁積之米陳腐甚多，欲因賑濟，以興水利。』從之。

三日，詔：『非㈠令諸路監司守令措置興修水利，以備旱乾灌溉田畝。江東具到修治陂塘溝堰二萬二千四百餘所，淮東一千七百餘所，浙西二千一百餘所。今歲旱傷，江東、淮東爲甚，未委當來如何興修。可令元興修官江東提舉潘甸、淮東提舉葉翥、知平江府陳峴具析以聞。』從中書門下省請也

十一月七日，福建提舉薛居實言：『漳州龍溪縣丞范薰，勸率田户開墾東湖，修飾斗門及陂塘、浦港六十一所，灌田甚多。』詔范薰特循兩資，任滿赴都堂審察。

三年二月十一日，新知南康軍趙彦逾言：『諸處興修陂塘，施工開掘，緣無限制，多是苟簡。望責之監司，命諸州軍，如(與)〔興〕修水利，陂塘、河溝，不以廣狹，隨其地形，並限深一二丈，具畢工月日申奏。不測遣使合核而加賞罰。』從之。

四月二十六日，皇子判明州魏王愷言：『本州鄞縣東錢湖周回八十餘里，自唐天寶間開置，灌溉定海、鄞縣民田甚多。而茭葑滋生，塘岸摧毁寖久，湮塞水源。今欲開濬，約用錢一十萬貫，米一萬碩。』詔於本州見管義倉米

㈠ 非　疑誤，據《宋史全文》卷二六上，當作『昨』。

內就撥米一萬碩，提領南庫所支會子五萬貫。

三年十月十九日，以東錢湖興修成，愷降詔獎諭，長吏莫濟除秘閣修撰，司馬陳延年〔除〕直秘閣。

六月二十九日，詔：『兩浙漕臣及提舉常平官，並逐州守臣常切覺察，自今如有官民户及寺觀圍築田畝，堙塞水道，即行禁止。如違，具名以聞。』從中書門下省請也

七月二十三日，詔：『浙西諸州縣輒敢給據與官民户及寺觀，買佃江湖草蕩圍築田畝者，許人户越訴，仍重寘典憲。監司常切覺察。』從監察御史傅淇請也

四年十二月〔一〕十三日，前浙東提舉〔二〕常平茶鹽公事何揔言：『本路州縣措置到水利，創建河浦、塘埭、斗門二十九處，增修開濬淺狹塘埭、斗門、碶閘、溪浦、河堰、碑潭、湖埂六十三處，計灌溉民田二十四萬九千二百六十六畝。』詔提舉兩浙東路常平茶鹽公事姚宗之覈實，開具聞奏。

五年閏六月二十四日，淮東總領所言：『高郵寶應田，歲被水澇，昔元祐間發運張綸興築長堤，環遶二百餘里，爲函管一百八所，石礎、斗門三十六座，以時疏洩，下注〔謝〕〔射〕陽湖，流入於海，故年穀屢登。自殘擾之後，是堤、函管、石礎，斗門盡皆廢壞，湖水漫流。今乞委官專董其事，同守令於農隙之際，官給米募夫，擇湖水衝要去處，建石礎、斗門、〔亟〕〔函〕管，察堤岸之損闕，修築填補，庶幾公私利便。』從之。六年四月三日畢工，詔淮東總領葉翥覈實以聞。

六年正月四日，詔：『諸路提舉司各取去年所部州軍興修水利數目以聞。』

七年二月四日，知潭州辛弃疾言：『欲令常平司、本路諸州〔那〕〔郡〕措置，以官米募工濬築陂塘，因而賑給，一則使官米遍及細民，二則興修水利。』從之。

十二月十一日，詔：『諸路提舉常平司常切約束所部縣丞，每季檢視措置農田興修水利，務要廣行灌溉田畝。如奉行違戾，仰按劾以聞。』從三省請也。

八年九月二十四日，知鎮江府潘綽言：『鎮江府置二閘，本爲三邑高仰之田藉此灌溉。自使者往來，官司常留準備。望行下本府並轉運、常平司，自今常留四版，以備人使經由。遇春夏間，如水及五六版，許令通放，霑溉民田，實爲兼濟。』從之。

九年六月二十二日，度支員外郎姚述堯言：『傳法寺僧請佃明州定海縣鳳浦、沈窖兩湖八百畝爲田。契勘兩湖可以灌溉田二萬六千餘畝，乞委浙東提舉官將所佃田盡行開掘，復爲平湖，以爲旱乾灌注之利。』從之。

同日，詔：『兩浙漕司行下所部州縣，自今常切禁止

〔一〕十二月　原作『十三月』，據《宋史全文》卷二六上改。

〔二〕浙東提舉　原作『提舉東路』，據《宋史全文》卷二六上改。

官民户毋得將草蕩圍裹成田。如失覺察，其漕臣取旨施行。』

九月二十六日，淮南運判錢冲之言：『真州之東二十里有陳公塘，周回百里，本司近已興修塘岸、建置斗門、石䃮各一所，東西湫口二處。乞於揚子縣知縣、尉銜內帶入「兼主管陳公塘」六字，庶幾責有所歸人之身也。』

十年二月二十四日，知秀州趙善悉言：『本州海鹽縣境，近已修築堰閘共八十八處，開濬運河一百四十九里一百步，瀦積水源，以資灌溉之用。』詔可令縣尉兼管，縣丞提督。

四月九日，大理寺丞張抑言：『浙西諸州豪宗大姓，於瀕湖陂蕩多占爲田，名曰塘田。於是舊爲田者，始隔絶水出入之地。淳熙八年，雖因臣僚劄子，有旨令兩浙運司根括，而八年之後，圍裹益甚。乞自今責之知縣，不得給據；責之縣尉，常切巡捕；責之監司，常切覺察。仍許人告。令下之後，尚復圍裹，斷然開掘，犯者論如法。』從之。

十二月四日，知和州錢之望言：『歷陽縣、含山縣有麻、澧二湖，灌溉民田，爲利甚博。乾道二年，因守臣胡昉鑿千秋澗以設險，澗既開通，而二湖之水始洩入江。積十餘年，湖水日淺，灌溉之利遂廢。今欲於千秋置斗門，以防湖水之洩。遇大浸，則啓之以出外；遇旱暵，則用之以瀦水，俾二湖之浸如初，又不妨千秋澗之險。』從之。

二十二日，知明州楊獬言：『定海縣崇邱鄉南北二港，總計二萬四千六百餘丈，日就湮塞。本縣丞趙師程勸諭人户，各據食利併力開掘，皆已畢工，欲行推賞。』宰執進呈，上曰：『且令提舉官覈實，俟來秋見其利，方可推賞。』

十一年正月十一日，詔：『浙東提舉司將開掘過白馬湖爲田去處，並置立版牓，每季檢舉，曉諭人户，日後不得再有侵占。仍仰本司常切覺察，毋致違犯。』

八月五日，詔：『浙西諸路州府，各將管下舊來圍田去處明立標記，仍出牓曉諭官民户，今後不得於標記外再有圍裹。如敢違戾，具名申取朝廷指揮，仰漕臣常切覺察。』以中書門下省檢會：淳熙十年四月九日，臣僚奏，將浙西諸州豪宗大姓圍裹瀕湖陂塘，斷然開掘。緣有措置未盡，訪問日來尚多違戾，故有是命。

十一月三日，詔：『向來趙善悉所修海鹽縣堰閘外，劉俣修華亭縣塘堰，令劉穎親往相視，目今有無衝決損壞，並本州去年所修水利，於今年有無實被灌溉田畝及未盡去處，開具聞奏。』浙西提舉劉穎言：『一、相視海鹽縣所開河□[一]五處，雖得深濬，可以蓄水，其入深田畝，全藉支港分引水勢灌溉稻苗。緣(何)〔河〕泖開濬既深，支港高仰，每遇雨澤，其水傾入大河，無所瀦停。臣七月間因

〔一〕原此處是空格，依下文『緣河泖開濬既深』句，疑爲『泖』字。

措置鹽場到縣，其時雨多水漲，與田相平，故得一例全熟。目今止是大河有水，支港乾淺，若他日闕雨，必至旱涸。衆議皆欲開濬，除已委官措置，趁農隙興工開淘，此役重大，乞量支錢米，以爲犒賜。户部勘當，乞下浙西提舉司，將本開通小港從今來奏請，開掘施行。其犒賜錢米，從本司措置，量行支散。一、相視得海鹽縣白馬廟至縣東二十里地，屬沙腰鹽場，其地卑下，潮水見行衝決。數中有岡門三條，洗滌日漸深廣，鹹水將及民田，人〔一〕一二里内創置塘岸一條，限隔鹽場。若從官司出備錢物，置買（村）〔材〕料，其費不多。户部勘會，乞下浙西提舉司計料工費，具（諸）〔詣〕寔文狀供申。一、相視得華亭縣澱山湖闊四十餘里，所以瀦泄九鄉之水。近歲被人户妄作沙塗，經官佃買，修築岸塍，圍裹成田，計二萬餘畝。以此北鄉之田遇水無處通泄，遇旱亦無由取水灌溉。乞下有司詳度施行。户部勘當，乞下浙西提舉司，更切委官審實。如係妄作沙塗、包占湖面去處，即仰照條開掘施行。一、照對華（停）〔亭〕縣自築運港塘堰、張涇牐堰，守臣丘崈奏，其諸〔二〕不可無官巡視修葺。乞移秀州城下杉青閘官至彼監管，專以監新涇堰爲名，遂於亭林寶雲寺作廨宇，招堰兵五十人充役。向來運港堰外二十里尚通海潮，兼亦未曾築塘涇堰岸，委合在亭林監管。今來運港堰外二十里並已潮泥淤塞，塘岸更不須修築，却合照管張涇牐堰岸等處，而相去乃在二三里外，委是不便。今欲移就張涇牐堰居止，不惟於往巡視山塘涇岸一帶便近，兼張涇牐堰鹽船經過，多於彼處停泊，等候潮汛，未免衷私出賣。若得偃官在彼，亦可稽察私販。乞下本州，略與創立廨舍，本司亦當少助其費。本處堰兵衣糧，州縣視爲閑慢，不以時得，往往怠慢，不切向公。户部勘當，乞下浙西提舉司，將新涇堰監官移就張涇牐堰居止。其堰兵衣糧，行下本州按月支給。一、照對華亭縣塘岸西綿亘七十餘里，所管堰兵不多，每遇修葺，全藉食利人户，以爲所築堤岸，止是沙土，每歲未免少有坍損。官司役用人户，若遇豐歲，口食稍給，固自無害；設有饑歉，恐難徭使。今踏逐到運港堰外舊涇二十里，目今潮泥填塞，生出蘆柴，約歲可得柴三萬餘束。若以一半爲看管採斫工力之費外，歲可得錢三數百千。既係官塘地段，却與民間全無交涉。若令丞尉拘收，更行踏逐添助，足可贍給支用。』户部勘當，乞下浙西提舉司，得踏逐到前項柴地。如委係官塘地段，不係民間産業，令從今來奏請事理拘收入常平施行。從之。

十二月二十六日，進呈知太平州陳駸奏：『修圩畢工，已行具奏，躬親遍視驗實。今到圩上，見得元水決破大埂，成深潭處一百三十一丈，圩脚見闊七尺、面闊二丈、高一丈三尺。其幫築元水齧蝕見湖大埂，凡二萬五千一百三十四丈五尺；其幫築元水決破及齧蝕子埂，凡一萬五千八百三十七丈，比舊埂面有增闊二丈至六尺，埂脚有

〔一〕此句疑有誤。『人』，按文意疑爲『入』字之誤。
〔二〕『諸』下疑脱一『堰』字。

十月四日，知臨安府張杓言：『竊見本府每遇大雨，四山之間所積糞壤衝突而下，雖行措置，增添海子，深闊溝渠，創置鐵窗，差委使臣等往來尋視，纔遇填積，旋即除去。躬行督促，不敢少懈，常恐或有所未至。倘更本府憚於支費，稍不任責，則數月之間，(使)〔便〕可填塞。臣照得元祐五年守臣蘇軾申請開西湖畫一內一項，乞將西湖新舊菱蕩課利錢，盡送錢塘縣尉司收管，以備逐年開葑撩淺。如敢別用，並科違制。又一項，乞今後錢塘縣尉銜位帶管當開湖司公事，(當)〔常〕切點檢開撩。替日，如有菱葑不治，即申吏部，理爲遺闕。臣今欲倣此二說，先儲工力之費，將本府合得湖塘等錢六項，每年共計錢二千九百餘貫，專置赤曆，椿充挑撩湖河之用。如别將支使，並科以違制之罪。却分委本府正任通判二員，一則點檢城內外河道，一則點檢西河，更以巡河、巡湖爲名。城內道，則委之排岸並逐地分兵官；江浦口河，則委之城東巡檢修江監閘官；西湖，則委之錢塘縣尉。城西巡檢，日後差注，並乞於階銜中帶入。每歲委轉運司覈視有無湮塞，以爲殿最，從運司保明批書。責既有歸，人必盡力，工費既儲，易於辦集，誠爲無窮之利。』從之。

十三年正月二十六日，詔：『承事郎、臨江軍新塗縣增闊三尺至八尺，高有增三寸至五寸。至舊埂脚又增築一丈至二丈，並皆修築堅實，委(堰)〔堪〕久遠。臣昨已將防護圩岸約束刊碑分植在圩曉示。竊慮畢築之後，過往路人及牛羊放牧，恣有踐踏頽毁。分責巡尉，各據地界，每五日一次點檢，十日一次申州，庶幾常有覺察，不致因循隳壞。』上曰：『陳騤與集英殿修撰。』

十二年正月五日，户部言：『明州申，鄞縣東錢湖蓄積澗水，溉田三十餘萬畝。昨緣茭草延蔓，侵耗湖水，昨奉旨，支降錢米，開淘茭葑，堆積沿湖山灣湖濼去處，遂成葑地。先係資教院僧立利承佃，茲墾成田三百餘畝。近有人户争佃，承提舉常平司行下本州，出榜别召人增租承佃。蓋緣東錢湖積水灌溉定海鄞縣七鄉民田，竊〔一〕人户以增租承佃爲名，填疊增廣，有妨積水。乞將上件沿湖葑地不許人户請佃，仍舊開掘爲湖，庶免向後湮塞之患。』詔勾昌泰躬親前去相視開掘。

二月二十一日，詔：『從事郎、徽州休寧縣丞譚次山，迪功郎、池州貴池縣尉趙炳，從政郎、寧國府宣城縣丞陳篆各循一資。』以江東提舉張押言，篆等浚築陂塘，最爲究心，乞賜推賞。故有是命。

四月三日，宰執進呈户部勘當知鎮江府耿秉奏：『遇亢旱，聽民車河水。』上曰：『河水豈可不令百姓灌田？』王淮等奏：『尋常人使來時，恐水淺，所以不聽人户車水。』上曰：『稼穡事大，可依耿秉所請。』

〔一〕『竊』下疑脱一字。

丞梁克俊轉一官，文林郎、臨江軍新喻縣丞王必簡循兩資，承奉郎、贛州興國縣丞劉伋與減三年磨勘。』以江西轉運提舉司言克俊等（與）〔興〕修陂塘，乞加推賞。故有是命。

十二月十六日，知太平州張子顔言：『昨奉聖訓，圩田候農隙，每歲一往點檢。去年已嘗具奏，前往逐圩看視畢。即今復是農隙，除已行下管屬三縣，將官私圩埂照應逐年體例趁時增築，令措置，自淳熙十三年冬爲始，每歲候修官埂畢日，勸諭圩官，專長部集食利人夫興築。合圩元來舊小圍埂，將來或有損闕去處，其害及一小圍，其他諸圍自可保守。已行呼集圩官，勸諭下鄉部集人夫，增修官埂畢日，併工興築內埂，兼蕪湖縣官修圩內間有元來舊埂去處，已行勸諭興修，以備向去梅夏雨水。欲照前項累降指揮，親往圩上相視點檢，及照對諸圩，從來不曾開治圩內溝瀆，今因修築小圍，就行勸諭農民浚治水道。』從之。

十四年七月十九日，詔宣教郎、知秀州華亭縣劉璧特轉一官，候任滿赴都堂審察。以浙西提舉羅點言，華亭縣旱，河流斷絶，璧躬行村落，相視水利。有青龍江，可通潮水，填塞已久，璧糾集民夫開浚，救溉民田，委是利便，特加旌别。故有是命。

八月二日，詔修職郎、秀州華亭縣尉徐昭特循一資。以兩浙轉運司言昭與知縣劉璧協力興建水利，乞量加推賞。故有是命。

十五年十月四日，知湖州趙思言：『湖州寔瀕太湖，並湖有堤爲之限制，且例〔一〕二十七浦漊，引導湖水，以溉民田。因各建斗門，以爲蓄泄之所，視旱潦爲之啓閉。去歲之旱，高下之田俱失霑溉。專委官吏訪求遺迹，開濬浦漊，不數日間，湖水通徹，遠近俱獲其利，而於斗門因加整葺。乞詔守臣，逐歲差官親詣湖堤，遍行相視，開濬浦漊，治斗門，庶幾永久。』從之。

淳熙十六年五月五日，知嚴州錢聞詩言：『本州東城下大壕注湖水入城，瀦三小湖，與外溪水會於龍津橋，下楫〔二〕州治，轉東南入江，居民侵塞爲屋爲圃者半。臣委曲諭侵塞之家，皆願還官如舊界。今一壕自湖至東江，凡四里，通流無礙。又念外溪沙石易積，不三二年間，淤塞水溢，恐復爲湖害。今浚湖官就畚湖土填築堤岸，得地百餘丈，造蓋三十六家募賃，賃直三歲計得千緡，可以浚溪湖。已委建德縣尉日掠，每月解本州常平庫寄樁。乞行下本路常平司，時與點檢。每三歲，令守臣以其錢和雇人夫浚溪。如湖塞，亦浚。或有用餘之錢，量犒重役官吏。』從之。

六月七日，浙東提舉袁説友言：『本路管下州縣田

〔一〕例　疑當作『列』。
〔二〕楫　疑誤。

畝，每歲易於告旱，往往皆因河渠陂塘久不開浚，斗門、堰閘失於修建，以致不能瀦水，一遇水旱，禾稼即有損傷。内有管下台州臨海縣、明州鄞縣、紹興府上虞縣三處，開淘河涇，建置堰閘、斗門，各已畢工。其紹興府上虞縣運河一帶，自梁湖堰至通明堰，計三十五里，本縣先乞裨捺塘岸，次乞置立減水石礎。已勸諭三鄉上户均出樁篠用工，裨捺塘岸，今並已堅固。所有合置減水石礎，恐妨農務，乞候農隙興建。』從之。

光宗紹熙二年七月二十二日，詔：『守令凡到任半年之後，具所部有無水源湮塞，合行開修去處，次第申聞。任滿之日，亦具已興修過水利畫圖繳進。擇其勞効著明、功垂久利者，特與推賞，以激勸之。』據臣僚請也。

三年十一月五日，知潼（州）〔川〕府范仲藝言：『東、南二江環遶城郭，近江堤岸歲久頹壞。雖曾措置修築，未兩年間，又值大水，悉皆漂壞。自後節次相視修築南江五堤，以扞城郭；疏導東山古渠，以分水勢；開敞府北山路，以便避水；人民別建城東、城南兩處木橋，以防漲潦漂壞。又詢訪東江水脉元在東山普慧寺下，（旁）〔傍〕山而行。見得東江之水元（旁）〔傍〕東山安流以行，只緣江口堙塞，久不淘濬，江心土堤常漏，湍水漲潦之際，南江合怒，因而回流，吹損城郭。今於普慧寺下疏開古來江道三百丈有奇，並於上流漏水灘上疊石堰水，分送水脉，令復傍山而行，並已畢工。合所築五座長堤，並開道東山下石渠，若逐歲常加增修，使兩江之水久遠循山而行，則一城之憂，遂可永息。乞自朝廷行下本府，委自守臣任責，逐年於係省錢内趁時收買竹木，雇募人夫，檢舉修葺，不令廢填。』從之。

四年八月十二日，知太平州葉翥言：『本州所管當塗、蕪湖、繁昌三縣，並低接江湖，圩田十居八九，皆是就近湖濼低淺去處築圍成埂，便行布種。每遇大水年分，江湖水漲，衝突岸埂，即時破決，顆粒不收。近一二十年以來，官司出錢，每於農隙之際鳩集圩户，增築岸埂，高如城壁，種植蘆葦，以圍岸脚。今措置，欲於圩田之内舊有通水小溝去處開濬深闊，就用其土增築塍岸，亦令高廣、厚實，以爲裏濠，可爲車戽出入之地。其間頃畝廣袤，或無舊溝，亦皆創新爲之。必使一圩之間，遇水可以瀦蓄，遇旱可以灌溉。欲先於當塗縣所管官圩五十五所之内，先開濬一二圩溝港，使之丈尺深闊，可以納水。已於本州去年州用米内取撥米三千石，趲積到錢一千貫，專充修圩使用。先於今冬農隙，雇集食利圩夫，均行開通水壕田溝，且逐旋興修一兩圩，寬作三年，庶使州郡接續成功，永爲久利。今別行開濬，大壕以闊五尺、深一丈；小溝以闊二丈、深七尺爲約；及兩岸田塍，亦高三四尺、脚闊四五尺。未免用過人户田畝開修。欲候收割之後，先次差官，於合修溝岸去處，打量係是何人田産，所用過步畝若干，總見數目，以時估價直（細）〔紐〕計錢數，於諸圩衆户有田之家，均敷價錢給還。所合差官監督之役，分頭管幹，只就本州選擇見任官逐時興修。』詔本州守臣將葉翥椿管下錢米修圩，接續措置，逐時興修，以防水患。

紹熙五年九月二十七日，司農卿兼知臨安府蔡戡、兩浙轉運判官黄黼言：『餘杭縣去行在四十五里，地勢最下，當天目群水之衝，每遇霖雨，水勢暴漲，即高尋丈，故堤防之設，比他邑爲重。不幸一決，則邑不可居，田不可耕，其害浸淫於臨安府、湖、秀三州六縣。今歲八月，水漲湖決，約計四十六所，共五百餘丈。既欲修治，必須沿湖幫廣舊堤，填築敗岸，合於湖内取土。紹興初，南湖爲孳生馬監，馬不蕃息，監遂隳廢。而湖有蘆葦、茭荗、鵝魚之利，至今監據其利，凡民間下湖探取，必納錢買牌，違者有禁。今來馬監既已久廢，則兩湖合還本縣，庶幾可於湖内取土，每歲築岸浚湖，爲本縣悠久之利。乞降旨，撥南北兩湖歸還本縣，從便取土，修築堤岸，開浚湖港，派連天目，旁通裏河，潦則瀦水，旱則灌田，以爲三州六縣之利。』臨安府、轉運司欲分拘採取買牌課利入馬監申發。

寧宗慶元元年十月十一日，新知通州李栂言：『乞行下諸道，每於農隙，專令通判嚴督所屬縣丞躬行阡陌，博訪父老，應舊係溝澮及陂塘去處稍有堙，趣使修備，務要深闊。或有水利廣袤，工費浩瀚，即申監司，別委官相視，量給錢米，如法疏治，毋致滅裂。仍勅監司察倅丞之勤惰，以爲殿最。異時非但亢陽有備，或遇淫潦，而水有所歸，亦不致泛浸之患，實經久之利便。』從之。

二年八月二日，户部尚書袁説友、侍郎張抑言：『近年以來，浙西諸郡圍田之利既行，而陂塘淹瀆皆變爲田，年歲既深，圍田日廣，曩日瀦水之地，百不一存。水無所瀦，旱無所取；雨則易潦，晴則易旱者，皆四〔一〕田有以致之也。今浙西鄉落，圍田相望，皆千百畝，陂塘淹瀆，悉爲田疇。有(有)水則無地之可瀦，有旱則無水之可戽，易水易旱，歲歲益甚。今不嚴爲之禁，將不數年，水旱易見，又有甚於今日，無復有稔歲矣。乞下浙西提舉司，將諸郡管下縣分委各縣清彊佐官取索淳熙十一年内立碑標記、圍田簿籍，照籍及碑内四至，親到地頭，著寔審究，畫定某鄉某村其舊田增圍者有若干畝，及新創圍裏者有若干畝，結罪具申提舉司，併行藉記。若盡行開掘，復恐租種者有失業之患。令本司嚴立賞榜，遍於諸州縣城郭鄉村散榜曉諭，自後輒敢將陂塘淹瀆等應干瀦水之處，增圍舊田及新創圍田，並雖係舊圍之田，如已經浸没，或圍岸已倒者，不得再行修圍。上件三項，立賞錢一千貫。如有違犯，許諸色人赴提舉司陳告。仰追犯人根勘指實，即以所圍田委官日下盡掘，並行没官。賞錢先以常平錢代支，犯人以違制論，不以蔭贖監錮追賞。仍令提舉司每歲於秋成後，檢

〔一〕四：疑誤。或作『圍』。

舉今來指揮，申嚴鏤牓，遍行曉諭，毋致久遠視爲虚文。』從之。中書門下省言：『乞行下浙西提舉司，令從實契勘。如舊圍田本係經界字號，及自經界後來常年得（孰）〔熟〕，止因去年被水浸没，或圍岸已倒，如不妨衆共水利及曾有石碑標記去處，許令修築。如舊圍之田有累年積水，已係衆共水利及自來不曾有石碑標記去處，雖係曾經紹興十三年經界立定字號，不許援引今來指揮，再行修圍。如有違犯，自依已降指揮，勘斷追賞。仰本司令所委官分明區別，不得令豪強形勢之家並緣修圍，有妨水利。常切遵守。』詔令户部行下浙西提舉司照應。

三年六月十一日，淮東提舉王寧言：『昨者奉旨，開濬高郵軍至楚州鹽城縣，並修築一帶堤岸，皆已畢工。今斟酌措置，斗門石𥐻通大河港，所以殺水勢之衝決，故去水速而所置稀。函管通小溝港，所以節水勢之高下，故去水遠而所置密。除鹽城縣係上流止有石𥐻一座，即無斗門、函管外，高郵、興化兩縣，共函管、斗門止四座、石𥐻止七座，却管函管四十四座，並係紹興五年所修置。内石𥐻已是高固，不必移改。獨斗門、函管視新開河底尚有低一尺五寸者，乃是當來修置之初設爲此弊，却欲暗竊運河之水，以濟其私，甚失本意。今斟酌水勢，於斗門之外，視新開河底，以四尺爲則甃砌。水若登及四尺，則流而入於斗門。於函管之外，視新開河底，以三尺五寸爲則甃砌。水若登及三尺五寸，則流而入於函管。其制悉徹石𥐻而差小焉。大率水小隘則先放函管，水浸溢則兼放斗門，水大溢則併放石𥐻，必次第蕩泄，（及）〔乃〕得其平。尚慮頑民猶有私意，不放水（則）蕩泄，輒行毁掘，則爲公私之害。欲乞分委地分，巡尉每月一巡視，仍委知縣每季一點檢，如有毁掘去處，即申本司追斷，仍與登時修整。苟或漶蔽，毁〔一〕有損壞，從本司覺察責罰。紹熙五年所修函管，不能盡復其舊，是致人户續有陳乞興修者。今盡行根刷，舊有函管未復去處共二十座，並與興修，務令均一。次乞令逐縣每年冬收成畢日，檢舉勸率挑撩，無〔二〕淺淤。如有怠惰，不從勸率之人，即行懲治，責得接續（不）治成，爲久遠之利。』從之。

寧宗嘉泰元年九月四日，中書門下省言：『檢會已降指揮，訪聞浙西州郡圍田不已，日侵水利，爲害匪輕。雖累有指揮築戢，官吏奉行不虔，遂至全無忌憚。可選差職事官二員，專一措置。自淳熙十一年立石碑之後，不以官民户，應輒有圍裹者，候秋割了日，限兩月盡行開掘，務在必行，無爲文具。』詔差大理司直留佑賢、宗正寺主簿李澄，限半月内起發。仍各具已開掘過數目申尚書省。

十月四日，臣僚言：『伏見宫陵之山，俯鑑湖爲形

〔一〕毁　疑誤。疑當作『或』。
〔二〕『無』下疑脱『一』字。

勢。今鑑湖爲姦人侵耕包占，日就淺狹，忽遇天旱，乾涸無餘，既於宫陵形勢未便，又於會稽、山陰兩縣俱失灌溉民田，害莫大焉。嘗推究本原，有姦人規圖管莊之利，將此侵湖田獻入爲慈福宫、延祥觀莊田，姦人因此侵碑外低窪之地，盡行包占爲田，並無忌憚。臣子爲是延祥之田，莫敢輕議。今乃撥入修内司矣。(令)〔今〕湖面日蹙，天久不雨，徒步可行。不惟元來食湖之田被害，而日後侵之田(田)亦例失灌溉矣。竊聞淤田微利，歲入修内司不及萬緡，朝廷視此不啻如太倉之稊米，必不靳惜。(合)〔今〕乃使此郡兩邑民田每歲苦旱，以致上勤宵旰，捐稟賑濟，減放秋苗，所損不知幾萬錢。而姦人占據淤田，所入大概有名無實，適足以饜飫修内司管莊輩饕食爾。今縱未能盡復歷治平以前舊跡，如隆興間吴芾所奏碑外之田，與今日修内司元係侵湖之田，豈有不可復而爲湖者？乞委自紹興府，同本路提刑主管河渠司，且將修内司田，凡係侵包東、西兩湖石碑外低窪淤土爲之者，盡廢爲湖，不得耕種。趁此農隙之時，限日開掘，以俟朝廷委官覈實，毋爲文具。仍俟開畢之後著令，每歲委通判一員巡視有無再行侵包，保明具申臺省照會。如再盜種之人，則乞如治平間臣僚所議，拔其苗，責其力以復湖，重其罰，庶使越人田畝不憂每歲之災傷，宫寢諸陵稍復平湖之形勝，實爲公私利便。』從之。

十二月十四日，吏部尚書兼實録院修撰兼侍講袁説友言：『竊見比頒詔旨，以浙西圍田之害荒廢水利，遣二使者親往措置，盡行開掘。命下之日，識者交慶。今開掘之利，竊聞十竟七八，然議者猶有遠慮。蓋今不預爲必行之法，則恐歲復一歲，人情易玩，法久易廢，官司不能禁戢，約束不能詳備。則恐今日圍田已壞者，又復漸圍於後日矣。此不可不慮也。今乞行下，將每州諸縣内，令鄉所掘圍田並行逐縣置籍，凡所掘某人圍田計若干畝、坐落四至並田主姓名，並行抄上，如法印記，付各縣知縣牢固掌管。其知縣於銜内帶專一點檢圍田事，每遇農事方興，於三月四月，知縣同縣尉將簿籍親往已掘圍田地頭，徧行點檢有無姦民再行圍裹布種。遇點檢畢，具有無結罪保明申州，州申省部。所有知縣每考及任兩批書，並於印紙上批鑿有無再行圍裹，分明批上。仍行下提刑司，照措置圍田所已置開掘諸縣内圍田簿籍，依樣抄録一本存留。提刑司每遇春夏之交，抽摘諸州内或一縣或兩縣，互差有心力官前去對籍，親到鄉分，審點已開掘去處，結罪保明，具有無再行圍裹，申提刑司。提刑司再行結罪保明，備申省部。每三年，三月内從朝廷取旨，選差職事官兩員，分往浙西諸州點檢審視。各州知通專一遵守朝廷行下應干束約，務在必行。仍委臺諫常切覺察彈奏。庶幾法久不行，人無輕玩，所在水利，永助豐登。』從之。

二年二月十四日，大理司直留佑賢、宗正寺主簿李澄，條具到圍田利害：『乞下提舉司，將臨安、平江、嘉興府、湖、常州開掘圍田户名數目，除曾納錢請買，許將元産地管業別作營生，不得圍裹成田。其他白狀，作常平没官産、學糧職田等色請佃者，並行追索元給公據，入官毁抹。仍嚴飭浙西提舉官及守令，今後不得輒行開請佃公據。縣分巡尉並帶專一巡視圍田，下敕令所議定禁止刑名，修爲成法。其殿前司草蕩，不許將有管草蕩再行圍築爲田及種植菱荷、蘆葦。如違，委御史臺覺察。（具）〔其〕官賣産立價低微，占據寬闊。今來既已開掘，止合照租額輸納。其創立爲田賦税，却合與之減免。下諸州屬縣，應論訴圍田結局以前填疊者，並不許受理。截自嘉泰二年正月以後，新行填疊，委是堰塞，妨礙水勢之處，却許行指實陳訴。』詔從之。

二月十一日〔一〕，右正言、兼侍講施康年言：『去歲，因夏秋不雨，復行乾道之令，特遣使者巡視開掘，務在必行。蓋欲廣疏灌溉之源，預爲水旱之備。奈何近屬貴戚之家，平日享國家高爵厚禄，貪婪無厭，不體九重愛民之心，止爲一家營私之計，公然投詞，紊煩朝廷，略無忌憚。且國家行一法一令，貴戚之臣，首當遵奉。今乃交相符合，倡爲浮議，意欲摇動愚民，傚傚陳訴，以沮成法。乞嚴飭貴近之家，自今後輒有前來陳狀者，臺諫指名奏劾，必罰無赦。』從之。

六月九日，臣僚言：『常、潤一帶，與臨安、蘇、秀運河相通，兩浙州郡，向者以此漕運入於汴京，故鎮江爲之京口。今日自京口漕運入於行都，皆此河也。常、潤之間，舊有名湖水利數處，皆可注之於河。又有大江大湖之水可引而入，爲之閘堰。如江水，則有潮汛之候，每月遇大汛，則開閘放水入河，水及然後下閘。如湖水，則不拘汛次，遇支港闕水，則引湖水而入。河水有闕，則引支港水而入。況又有天雨，可及運河，安得而涸乎？乞專遣提舉常平使者同與州郡相視措置，使江湖之水皆入於河，以爲綱運舟楫之備。雖遇天雨之至，常謹閫闢之法，但不使河水大溢，免爲田疇道路之患。』從之。

三年二月十一日，臣僚言：『丹陽練湖回環四十里，湖面闊遠，蓄水至多，固足爲旱乾之備。然其弊有二：斗門之不固，函管之不通是也。爲今之計，莫若修築斗門，開掘函管，工用省而惠濟博。乞下鎮江府差官相度，疾速條具施行。』從之。

十一月十一日，南郊赦文：『在法，湖塘池濼之利，與衆共者，不得禁止及請佃承買，監司常切覺察。如許人請佃承買，並犯人糾劾以聞。請佃及買者，追地利入官。訪聞比年以來，縣道利於賦入，違法給佃，或作荷蕩，或作草地，容令形勢之家占據，侵奪小民食利。自今仰轉運、

〔一〕二月十一日　此處繫年疑有誤。上條已記『二月十四日』，如何時間倒敘。

提舉司嚴行措置約束。如州縣奉行法令違戾，按劾以聞。』自後，郊祀、明堂赦亦如之。

開禧元年四月十八日，集英殿修撰、知寧國府沈作賓言：『本府宣城縣管下有號童家湖者，乃徽州績溪縣、廣德軍建平縣二水之所會，其勢闊遠。政和間，有貴要之家請佃此湖，圍成田。宣和間，因民户陳詞，遂令開掘，依舊成湖。至紹興間，有淮西總管張荣者，詭名承佃，再築爲圩，計田一十八頃、草塌七頃。自後每遇水漲，諸圩被害如初。至隆興、乾道間，守臣許尹、周操具申朝廷，遂將童湖圩廢決，以息水患。至今年深，民間又復節次改易地名，挑揀田段，經官請佃。萬或遂所欲，則漸次築圩，被害者衆矣。乞明詔三省行下本州常切遵守，毋令人户妄有請佃圍築，以妨水利。』從之。

五月十一日，浙西提刑葉簣言：『近郡圍田之害，朝廷爲之専遣使命，措置開掘。比歲以來，雖稍多雨，無曩時泛溢之憂。近者有訟開掘之不公者，頑民皆起僥覬之心，陳訴者源源而未絶。乞約束州縣，凡各有訟圍田者，即令當官重責決配，估籍文狀，然後送所司究驗虛實。如果有契券碑籍歲月明白，即從令丞、守倅次第結罪保明申本司。本司再行覈實保明，具事因申取指揮施行，不得擅自給與。如有虛妄，則（生）〔坐〕以所責之罪。若州縣奉行滅裂，乞賜加責罰，下本司以憑遵守施行。』從之。

嘉定二年十一月四日，臣僚言：『臣聞浙右號爲澤國，松江、太湖控引灌溉，且無旱乾之憂。而比年以來，未嘗患水而多苦旱者，水利不修而陂塘溝瀆之事不講也。浙西之俗，惟恃江湖溪河天造地設自然之水。至於陂塘之儲蓄、瀆澮之開浚，一切廢而不講。欲（函）〔亟〕委監司下之郡縣，相視水勢之高下，推尋陂塘之堙塞。雖小小之溝渠，凡利之可以及民田者，悉循行而周視之。趁此農隙，責立近限，申聞監司，以達於朝省。然後於合用賑糶錢米之内，分委才敏清強之官，責以開浚疏導之事，募民之無食者，役而食之。分圍申結，如庸雇夫役體例，日役若干、用錢米若干，皆可稽考。民既執役，朝夕待哺，雖欲不與，不可得也。若胥吏或有減尅，坐以重罪。』從之。

三年七月八日，臣僚言：『迺者朝廷分遣使者，將奏册曾經有籍開掘之田，許人户入米，仍舊圍裹。已降指揮，不許稍有過數。竊聞豪民巨室並緣爲姦，廣行圍裹，殆且加倍。又連年亢旱，江湖之濱，塗泆旋生，囑托胥吏，僞造干照，或就縣起立税租，納錢請佃，多圍成田。又所在水蕩，自來止是栽種茭蘆、菱荷之屬，不妨瀦水。今亦憑籍再圍指揮，影射包占，不顧衆户灌溉之利。又牧馬草地，自有標定界止。今來牧放官與管蕩軍兵接受賕囑，縱人圍裹，以畝計者，動以萬數。積日累久，展轉侵占，重妨水利。凡此數者，爲害寔廣。乞詔浙西提舉常平司，照當來續降指揮，多給文牓，曉諭官民户，除奏册有籍曾經開掘之田許令圍裹外，如有（遇）〔過〕數包占，步田不同，雖曾經縣起立税租及納錢請佃，並候秋成之後，差委清彊官分往地頭，照元奏耕界至，打量步畝分留，其餘盡行開掘。仍劄下殿前司，約束兵官，不得擅將草地私給自據，與之圍裹。嚴立罪賞，務在必行。每歲專責諸縣縣丞點檢有無創添圍占田畝，申常平司。每考書上印紙，以憑將來稽考。如此，則水勢疏通，有所瀦泄，實爲民田久遠之利。』從之。

五年三月七日，臣僚言：『丹陽練湖，舊係瀦水去處，聞之父老，以爲放練湖水一寸，可增運河水一尺，其利之博如此。向者親往行視，四下湖流，僅如衣帶，中間填淤，茭葑彌亘。非惟漕渠無倉卒之益，而四下田畝，亦失車捲之利。臣又按《中興記事本末》言，鎮江府吕城夾崗地勢高仰，久不雨，則水淺而漕艱。兩浙運使向子諲取唐韋損、劉晏攷覈狀，置斗門二、石礎一，以復舊迹，計度止費萬緡。今本府郡帑頗有餘，儻計向來捲江天河之艱，使損數萬緡，以爲漕運之利，異時再值旱乾，免致倉卒勞擾，亦一方之幸。』詔令兩浙轉運司同鎮江府守臣，（公）共同相度合開浚去處丈尺，措置條具，申尚書省。

六年十二月十三日，臣僚言：『竊聞浙東之田，其（旁）〔傍〕海者常有海潮衝蕩之患；浙西之田，其旁湖者常有霖潦弗泄之憂。故防海潮者，在於修築堤岸；防水潦者，在於疏剔河港。乞戒飭紹興守臣，趁此農隙，立限了畢。所修白洋石塘，不得並緣科擾。其餘姚縣八鄉濱海之塘，逐急差官相視，修疊土塘，以防近患。仍照白洋體例，一面商議修築石塘，以利（水）〔永〕久。所有浙西、蘇、湖等處田畝，增築外埂，侵占官河，並於田埂外種植竹篠、雜木，壅遏水勢者，告示鄉保，日下令自拆毁伐去。其形勢之家，不得私意執占。如違，許人户陳訴，官爲相視毁拆。若道民所創石橋不礙水勢者，聽其仍舊。其或横當水衝，故障上流，出膀州縣，許鄉民陳訴改造，實爲兩浙無窮之利。』從之。

七年七月三日，臣僚言：『竊惟國家駐蹕臨安，左江右湖，襟帶形勝，八九十年，生齒繁阜。所恃以溉負郭膏腴之田、飲闔城内外之人者，西湖之利溥哉。乾道、淳熙之間，累降指揮，居民不得〔侵〕占圍裹湖面。如違，以違制論。其時守臣遵奉，開過侵礙湖心荷草蕩八萬二千九百餘丈，盡復元祐之舊規。嘉泰以來，權姦用事，私欲横生，其微至於西湖草塘，亦復徇情，聽民請佃。日漸月積，種荷之地寖廣，而湖面之水愈狹，不惟失形勢之壯觀，而亦違淳熙之指揮。臣嘗略計，臨安府舊蕩四百餘畝，每歲增收租錢一千貫有（畸）〔奇〕。以天府財計之夥繁，視此千百緡，直瑣瑣耳。乞行下臨安府，西湖水面，盡從舊界。至嘉定以後續租地段，侵占湖面去處，並行開拓，不許租殖。其人户歲增納租錢，盡與蠲除。』從之。

十二年十二月二日，臣僚言：『臨安府鹽官縣日來爲海潮衝突，沙岸傾坍，其事頗異。蓋鹽官爲邑，雖是瀕海，相去尚有三十餘里，從來初無海患，所以鹽灶頗盛，課利易登。去歲海水泛漲，海潮湍激，横衝沙岸，每一潰裂，常數十丈，日復一日，侵入鹵地，蘆洲港瀆蕩爲一壑。京畿赤縣密近都城，内有二十五里之塘，直通長安之閘，上徹臨平，下接崇德，漕運往來，客舟絡繹。兩岸田畝，無非沃壤。若海水透徹，徑入於塘，不惟民田有鹹水淹没之患，而裡河堤岸亦將有潰決之憂。乞下浙西諸司公共相度，條具築捺之策，截撥合解上供錢米，以爲工物之費，務使捍堤堅壯，土脉充實。』從之。

十四年六月二十五日，詔：『令葑椿庫於見椿管度牒内，支撥一十二道，付慶元府，每道作八百貫文變賣價錢，充修砌上水、烏金等處碶垻及開掘夾砌道士堰、朱賴堰工物等使用。仍令本府專一委官提督，務在河流通徹，碶垻堅固，經久利濟。仍不得縱令吏胥因而科擾作弊。』從本府之請(取)〔也〕。

十二月十七日，詔：『令紹興府就於椿管米内支撥三千石。仍令葑椿庫支撥度牒七道付本府，每道作八百貫文變賣，並充開河使用。務在如法開浚，經久流通，毋致積泥再有淤塞。具所用工役、支過錢米帳申尚書省。』從浙東提刑兼知紹興府汪綱請也

十五年四月五日，臣僚言：『越之鑑湖，受溉之田幾半會稽。往者累任帥臣時加浚治，故民被其利。今官豪侵占殆盡，填淤益狹，所餘僅一衣帶水耳。興化之木蘭陂，始爲富人捐金興築，民田萬頃，歲飲其澤。今醴水之道多爲巨室占塞，時或水旱，鄉民至有争水而死者。水利之在天下，顧何地而不可興？今遺陂故堰，古人之已興修者，聽其湮廢而不修之歟？乞下臣此章，戒諭州縣，應水利所隷官司，每歲躬親相視，厚其瀦蓄，去其壅底，罔俾豪强侵占，以妨灌溉。歲終則具其興修去處，申提舉司，委官覈實，以憑賞罰。務求實利，毋事具文。如此，溝洫有復修之政，農畝有西成之望。』從之。

十七年二月二日，詔：『令封椿庫支撥度牒一千道付福州，每道作八百貫文會子變賣價錢，貼充開浚西南二湖使用。務要實濬流通，經久便民。候畢工日，具申尚書省。』從本州守臣胡永之請也

食貨六三　屯田雜録[一]

太宗淳化四年三月六日甲午，知雄州何承矩言：『近年水潦頻降，河流泛濫，壞州城民舍，蓄聚爲陂塘，妨種藝，欲因水利，大興屯田以便民。』詔從之。命高陽關副總管皇甫繼明提舉，仍令河北諸郡水潦所積處，發卒壑

〔一〕本部分摘録自『《食貨》六三之三七至五〇』中的有關水利方面的内容。原《宋會要稿》一五四册。

田，州長吏按行催督。

二十四日壬子，以六宅使潘州刺史何承矩、内供奉閤承翰、殿直張從古，同提點制置河北沿邊屯田使〔一〕、大理寺丞黄懋充判官。懋，泉州人，任滄州臨津令。《實録》於三月六日甲午先載承矩上言，即命大作水田。及壬子，乃以承矩爲制置使，懋爲判官。按上得懋書，又令承矩按視，承矩復奏，然後施行。恐甲午日未有大作水田之命也。今從本志。甲午初六日，壬子二十四日。馬端臨《文獻通考》：『按古者兵與農共此民也，故無事則驅之爲農而力稼穡，有事則調之爲兵而任征戰，雖唐府兵之法猶然。至於屯田，則驅遊民，闢曠（上）〔土〕，且耕且戍，以省饋饟，尤爲良法。自府兵之法既（壞）〔壞〕，然後兵、農判而爲二，不特農疲於養兵，而兵且恥於爲農。觀陳恕所奏及沮何承矩屯田之議者可見。然則國力如之何而不弊於餉軍也哉？』上言：『本鄉風土，惟種水田，沿山導泉，倍費工力。今河北州郡陂塘甚多，引水溉田，省工易就。乞興水田。三五年内，必公私大獲其利。』太宗〔二〕嘉之，以承矩曾言屯田事，因遣按視，復奏，咸如懋言。即令承矩領護之，以懋爲佐，發諸州戍兵萬八千人給其役也。

真宗咸平二年五月，京西轉運使耿望言：『襄州襄陽縣有淳河，舊作堤截水入官渠，溉民田三千頃。宜城縣有蠻河，溉田七百頃。又有屯田三百餘頃。請以農隙調夫五百築堤堰，仍於荆湖市牛七百頭。』從之。

四年十二月，陝西轉運使劉綜言：『鎮戎軍本古原州之地，有四縣，餘址尚存，自唐至德之後，羌寇薦臻，邊防失守，吐蕃尚結贊乘隙引兵攻陷關内及隴右百餘城，原州亦廢。其後宰相元載備知要害，決欲守其地，或沮其議而罷。今來陛下斷自聖略，復置此軍，乃元載之謀有俟於我聖朝也。然元載所議控扼之狀，尚未聞采而行之。今城壁既就，不修外援，屯聚戍兵，多費糧饋，則不如不置。臣昨閲視鎮戎軍，川原廣衍，地土饒沃，若置屯田，其利猶博。今鎮戎軍歲須芻糧約四十五萬餘石束，破茶鹽交引錢五十餘萬，況更令民遠倉輸送，其所費耗，即又倍常。見今鎮戎軍四面已有人户耕種，欲於此處置屯田務，且取田五百頃，差下軍一千人，置牛八百頭，立屯耕種。於軍城近北至木〔三〕峽口及軍城前後，各置一堡寨，約地土分種田，兵士將牛具就寨居泊，更充鎮戍，固不失且戰之理。兼彼處皆居要害，常切防備，若不分佈置寨，屯兵〔四〕爲援，即鎮戎軍久必難守。望令知軍、洛苑使李繼和充屯田制置使，令繼和自舉有心力使臣四員充四寨監押，每員管轄五百人，（便）〔使〕充屯戍。如此，久遠必大爲邊鄙之利。今安國鎮有《古制置城壕戍鎮記》一本，謹寫録上進，貴知邊陲可以耕種之也。』真宗曰：『覽《古記》，信可以興

〔一〕原天頭批注：『使』一作『事』。
〔二〕太宗　原作『真宗』，原天頭批注：『真宗，疑太宗。』按《長編》此事繫於『太宗淳化四年』，本稿亦繫於『太宗淳化四年三月』下，據改。
〔三〕原天頭批注：『木』一作『本』。
〔四〕兵　原作『田』，據《食貨》四之一改。

作。』從之。

六年十月二十四日，知保州趙彬決雞距泉，自州西至滿城縣，又分徐河水南流，以注運渠，置水陸屯田，以其事聞奏。帝乃詔保州駐泊都監王昭遜與彬同領其事，仍賜彬詔諭，令協力成其事。

景德二年正月，詔：『定、保、雄、莫、霸等州，順安、平戎、信安等軍知州軍並兼制置本州屯田事，舊兼使者仍舊。』先是，北面緣邊屯田水陸兼種，甚獲其利，自來雄州長吏兼領使名，其諸州即別命官主領。至是，戎虜通好，帝慮平寧之後，漸成弛慢，故有是詔。

三月，詔：『保州所作屯田，舊有積塘水以備溉灌，頗聞堤防隳壞，致失水利，宜令官吏專切按視，勿廢前効。』先是，知州趙彬興是田，開鑿漸廣。未幾，彬移他任，帝慮因而毀廢，即遣使視，果言堤防隳壞無備，故詔戒之。

大中祥符五年正月，令保安軍稻田務旬具墾殖功狀以聞。先[一]是，軍地接蕃境，屢詔修廣屯田，自高尹涖軍事，罕以聞奏，故督責之。七月六日，河北緣邊安撫副使賈宗言：『《緣邊開塞塘泊水勢修疊提道深淺月日定式圖》，請乞付緣邊州軍收管，仍下屯田司提舉遵守。』從之。

天禧四年四月，内殿崇班、閤門祇候盧鑑言：『保州屯田務自來逐年耕種水陸田八十頃，臣在任三年，開展至百餘頃，歲收粳、糯稻萬八千或二萬石。本務見管兵士三百七十餘人，以河北沿邊順安、乾寧等州軍屯田，務比保州十分中止及二三分已來，其保州屯田務兵士不暫休息，尤甚辛苦。欲望下軍頭司，自今所配河北屯田務兵士，十人中將四人配保州，六人配餘處。』從之。

慶曆元年十月十八日甲午，命陝西漕司度隙地置營田務。

五年七月，臣僚上言：『近定奪開郤七汲口以南，劉宗言擘畫閉斷五門、襆頭港、下赤、大渦、柳林等口，並却依舊開放通沿邊吴澱水入白羊等澱，添灌向下州軍塘泊。乞下河北屯田司永爲定制，如後更有臣僚上言更改此一帶水口及諸州軍塘泊，並乞重行責降。』從之。

嘉祐四年二月十一日，三司鹽鐵判官、管勾河渠公事楊佐等言：『准宣，躬親往保州等處相度到屯田塘泊合行開決水勢，並增修堤道去處，委實利便，及以畫圖進呈。』詔：『内開牙家港十洪橋，並順安軍北門外界河北岸水口子兩節，將定州路安撫使司先差安肅軍通判王衮相度到事理，並今來楊佐等所陳，再委河北提刑薛向、都水監丞孫琳，計會張茂則親往相度，具合如何擘畫透泄水勢即得經久穩便同共以聞外，餘並從之。仍令逐州軍長吏據本地合修去處，那容[二]人功物料，漸次興修訖奏。』

[一] 先　原脱，據《食貨》四之二補。
[二] 容　疑當作『融』。

熙寧四年二月十一日，詔：『雄州知府及安撫、都監並帶兼制置屯田事。塘堤興役，今後知州依舊不出外，其安撫、都監與管勾内臣分頭提轄。』

十三日，詔：『給祠部五百道貨易錢，買農具、牛畜、舟車，興治保州以東次邊陸地爲水田。』從安撫副使沈披所請也。披復以爲請充屯田興工支費，又給二百道。

二十三日，詔河北緣邊屯田務水陸田並令民租佃，本務兵士令逐州軍收充廂軍，監官悉減罷。初屯田司每歲以豐熟所入不償所費，屢以爲言，至是乃從之。

九年三月二十三日，河北屯田司言：『詳定州薛向奏：「安肅軍界閘板口鋪以東，舊係屯田務地，並是稻田，其南則邊吴、宜子二澱，東灌百濟河身。兩澱久來豬畜塘水爲險固，自熙寧七年夏中，其邊吴、宜子二澱積水並已乾涸，即今通行人馬，不比安肅、廣信軍西北猶有山勢關隔。舊來滹沱等九河灌注邊吴、宜子等澱，水勢漲滿，乃入石塚等諸口及百濟河，迤邐入次東，灌注向下塘泊。訪聞自去年屯田司擘畫，却於邊吴澱南敗灘套水泊近接滹沱河水勢，下流入順安界趙口，通流入康澱，灌注近下塘泊。其邊吴、宜子等澱爲趙口兩[一]邊走泄水勢，以此致兩澱乾竭。自去年秋，滹沱河道却於敗灘套上邊淤斷，河道水勢復入沙河西股，却得灌注兩澱，猶有三二分積水。若將來經夏水發却，衝開敗灘套河道，却入趙口，透泄水勢，則兩澱依前乾涸，實爲非便。今欲乞將趙口、田先口依舊閉斷，令水勢盡入邊吴、宜子兩澱，常令水勢漲滿，可以準備臨時疏道使用，實爲利便。」本司即差巡觀塘水堤道李祐之詣逐處，相其利害。祐之勘會：自來滹沱等河水盡下入邊吴、宜子等澱，如水勢漲滿，乃入石[二]塚等口，灌注向下塘泊。如水勢不至漲滿，即只由百濟河出泄。昨於熙寧六年内，爲以東塘泊乾淺，遂於保州地分尖簷帽莊開引滹沱河，由敗灘套下入趙口，灌注以東塘泊。至熙寧七年六月内，滹沱河自永寧軍界荆丘村已上淤斷河身，其水西北流入仇澱等一帶泊，入邊吴、宜子澱。祐之檢視淤澱處，開撥引水入趙口。遂於今年三月内，於東路臺村、劉家莊北有舊河一道淤斷處，開撥分引入趙口，依舊入九流等澱及邊吴、宜子澱。即今山雨水漲滿，邊吴、宜子兩澱見有水勢。欲乞如邊吴、宜子澱少，即行閉趙口、田先口。』從之。

五月十二日，河北同提點制置屯田使事閻士良言：『竊聞保州界自景祐[三]中楊懷敏勾當屯田司日，厚以財利召募人指抉西山被民填塞泉眼去處，臣常以諭保州曹偃。今偃訪得雲翼卒康進畫到地圖，仍(充)〔稱〕保塞縣小郎村劉第六地内有泉源，盈畝有餘，號叫呼泉，匿在土中。

[一] 原天頭批注：『兩』一作『南』。
[二] 『石』下原衍一『石』字，據《食貨》四之四删。
[三] 祐 原作『佑』，據《食貨》四之四改。

當州南約二里，有積年侯河一道，上自本縣界，下至運糧河。及邊吴澱内東西約及百里，每遇(早)〔旱〕歲，河内微有流水，或至斷絶。今欲開導此泉，令(人)〔入〕侯河及運糧河，四時常流，增注塘泊。及本村别有泉數十道，臣常尋訪二河上源，未得其處。今乞委保州曹偃相度收買泉源地，量興兵役，疏導舊泉，增助邊防，誠爲永利。』送河北沿邊安撫司，本司尋委權通判保州辛公佑相度。公佑言：『親詣保塞縣大静鄉龐村，沿侯〔一〕河向上約三十里已來，沿北岸有泉眼大小不等，尋令略行開撥，各見泉水湧出，相去遠近不等，約計在一里牢〔二〕地内，計有泉三十餘處，其水通流闊狹，深淺有三五寸至一尺。其舊河，堤岸闊處有五七尺至一二丈已來，其河自本州南門外西南至郎村泉源出處，共計約三十五里，若行開撥，只依舊來堤〔三〕岸開出河身，其水通流，下接運糧河，可以增注塘泊。所有浸占民田，欲乞比視側近田土，優給其值收買，委爲利便。其叫呼泉只是古老相傳，未見其源所在，又未敢徑追地主開掘，若作河道，上下所該人户地土不少。乞下本縣勘會詣實，指定有泉去處，亦行收買。當今已見泉眼去處，劉第六地内未見泉源處約四里以來，若先行開撥上件三十餘泉，使河道通流，别無妨礙。』本司未敢行下。詔河北沿邊安撫司關河北屯田司及合屬去處施行。

元豐二年，十二月二十二日，知定州韓絳言：『乞借安撫司封樁錢五千緡，市水地爲屯田。』從之。

二十七日，詔定州路屯田司以『水利司』爲名。時保州、廣信、安肅、順安軍興水利爲屯田，詔以『屯田司』爲(民)〔名〕，而安撫使韓絳言：恐虜疑增塘濼，故改之。

六年二月二十六日，詔：『河北屯田司相度尺寸，(丘)〔立〕塘濼水則，季(北)〔比〕增減以聞，令李琮〔四〕齎詔往同商議，毋得張皇漏泄。』

徽宗大觀二年，十二月十六日，詔：『瀦水爲塘，以除水患；留屯田營，以實塞下。爰自我祖宗，設官置吏，分職聯治，自爲一司，專總其事。歲月寖久，州縣習玩。訪聞比來堤齧不修，水潦穿溢，出害民田，綿亘千里。雖有司存，上下苟簡。自祖宗以來，塘堤故跡，重加修整，務令堅固，即别不得增益更改，引惹生事。本司可比本路提點〔五〕刑獄，序官提刑之上，舉官按罪吏屬等職務，可令相度條具來上，餘悉仍舊。』

高宗建炎三年四月，詔屯田郎官一員兼水部。同日，詔屯田吏人減半。

〔一〕侯　原作『侯』，原稿批注：『侯』一作『候』。今據上文及《食貨》四之四改。

〔二〕牢　疑當作『半』。

〔三〕堤　原作『垠』，據上文改。

〔四〕琮　《長編》卷三三三作『瓊』。

〔五〕點　原作『刑』，據《食貨》四之六改。

職官五　河渠司

河渠司[一]

仁宗皇祐三年五月二十三日，三司請置河渠一司，專提舉黄、汴等河堤功料事。從之。命鹽鐵副使劉湜、判官邵飾主其事。

九月，詔三司河渠司汴河每年一開濬之。

五年六月，蘄州判官李虚一上《溉漕新書》四十卷。詔送河渠司，以備檢閲。其書盖記古今河渠事。虚一特循一資。

至和二年十二月，以殿中丞李仲昌都大提舉河渠司，以仲昌知水利(之)害，特任之也。

嘉祐三年十一月，詔置都水監，罷三司河渠司。

閏十二月三日，河渠司勾當公事李師中言：『自來受三司牒，令行下諸州軍文字，雖令指揮轄下州軍，緣别無定式，致諸處都大巡河使臣及縣邑多不申狀，止行公牒。此於事體殊失輕重，以此亦難集事。乞指揮，自今都大巡河使臣及縣邑應幹河渠事並具申狀。如州縣有不應報事，或稽緩致悮事者，許牒運司取勘，下都水監定奪。』監司言：『緣已准詔置都水監，(輸)〔輪〕知監丞公事孫琳赴澶州勾當河事。欲乞下轉運司，指揮都大巡河使臣及縣邑，如有應幹河渠，並令供申。若州郡有不應報事，或稽緩致悮事，許申本監，乞取勘施行，所貴集事。檢會朝廷指揮，沿黄、汴等河州軍諸路埽修河物料、榆柳並河清兵士，不得擅有差借役占及採斫修。盖令轉運司、河渠司、提刑、安撫司、河渠司勾當公事臣僚、都大巡河使臣常切點檢。今後稍有違犯，並仰取勘以聞。竊以都大巡河使臣各隸本州，不當與監司及省司官一例，直行取勘州軍官吏。自今乞只令具事申轉運司，差官取勘。監司今相度，欲依師中所請。』從之。河渠司勾當公事因李仲昌創置，緣仲昌止是知縣資序，乃帶提舉巡檢捉賊，隸澶州及河北轉運等司，故事多苟且。師中將罷去，自以言之無嫌，故有是請。

勾當公事[二]

仁宗康定元年十一月二十八日，權三司使公事葉清臣言：『乞置推官四員。』詔三司舉係通判資序朝臣二人，充三司勾當公事，仍定年限酬奬及月終聞奏。

嘉祐二年十月二十二日，三司請以都員外郎陳昭素充勾當修造案公事。御史丁詡言：『三司勾當公事罷纔

[一] 本部分摘録自『《職官》五之四二至四六』。原《宋會要稿》六二册。

[二] 原天頭批注：『勾當公事』在『疏濬黄河司』後。

數年，今河渠司勾當已有兩員，若修造案復置一員，是廢二員而置三員也。』詔：『爲去歲今夏霖雨，修造處併多，其陳昭素依近降指揮勾當修造公事。候將修造稍稀，即行減罷，更不差填。』

英宗治平二年八月十八日，以尚書比部員外郎王荀龍、屯田員外郎張革，並勾當三司公事案。是職舊止一員，至是以雨水所壞軍營官舍十餘萬，皆當營造，而本案勾當公事張微遷判官，故增置一員，而荀龍、革有是命。

三年六月二十五日，以屯田員外郎梁端管勾三司使廳簿籍，三司使韓幹請也。尋以中旨無用，亟罷之。

神宗熙寧三年九月四日，權三司使公事吴充言：『本司舊有管勾推勘官一員，因循廢罷。欲乞復置，仍舉京朝官或幕職州縣官充。』從之。

二年十二月二日，詔：『三司差委本司勾當公事官一員，就催轄司人吏簿曆專切管勾檢舉，催促諸案勘會六路上供之物應報發運。』

疏濬黄河司

神宗熙寧七年四月三日，詔置疏濬黄河司，差虞部員外郎范子淵都大提舉疏濬黄河，自衛州至海口，衛尉寺丞李公義勾當公事。是月，范子淵言：『今創置司局，具條約，應疏濬河道合用人船，並下本地分都大司，於諸埽差撥。如船不足，即乞從本司移牒，於三門白波輦運司應副。自衛州至海口，全藉有心力使臣分委勾幹。乞不拘常制，舉使臣十員，指使二員。合制造疏濬木把、鐵龍爪等，乞下緣河諸軍應副。工匠於諸埽指名抽差，就轉運、金堤兩司差座船二隻。本司官、當直兵士只於都大司河清差撥。官員請俸、遞馬驛券、軍典人數、公吏食錢並依都水外監丞司例，本司公事並與本路轉運、提刑、提舉司及外都水監丞司公移行遣。』並從之。

九年十一月二日，都水監言：『疏濬黄河司用船二百隻，濬深大河中流，令水行地中。勘會所乞，令試一過之功，今已歲餘，未曾按驗，令本監都官一員前去檢覆。兼恐占用人船，官屬太多，就令相度裁減。』於是監丞劉璯言：『疏濬黄河舊係一司，後用鐵龍爪疏導向下河道，分爲兩局。乞依舊併爲一司，勾當官乞行並宜減罷。濬河兩司共管船二百五隻，乞減罷一百八十五隻，存留二十隻。如闕，許黄河逐都大司將般物料船三十隻應副出界，遞相交替，共不得過五十隻。』從之。

十年九月二十八日，中書門下言：『都水監丞范子淵言，准朝命，疏濬汴河，蒙差官累行試驗，功利灼然。臣欲乞候今冬疏濬汴河了畢，將杷具、舟船等盡分與逐地分使臣，令於汴[一]口之後河道内先檢量淤澱去處，至春水接

[一] 汴：原作『閄』，是『汴』的異體字。

續疏導。所(責)〔貴〕河道上下通流,不致阻遏。仍免別差官屬,占破役兵,就便集事。』下都水監,監司乞依所請施行,從之。

職官一六　水部員外郎

水部員外郎〔一〕

《續宋會要》《兩朝國史志》:水部判司事一人,以無職事朝官充。凡川瀆、陂池、溝洫、河渠之政,國朝初隸三司河渠案,後領於〔都〕〔二〕水監,本司無所掌。元豐改制,員外郎始實行本司事。

《神宗正史·職官志》:水部員外郎參掌溝洫、津梁、舟楫、漕運之事,凡水之政令,若江淮河瀆、汴洛堤防,決溢疏導壅底之約束,以時檢行,而計度其歲用之物。應修固不如法者有罰,即因其規畫措置能爲民利則賞之。

《哲宗職官志》同〔三〕

職官四三　提點司

提點司〔四〕

《兩朝國史志》:提點司有提點、同提點。提點並以朝官以上充,掌提轄諸縣刑獄、兵民、賊盜、倉場、庫務,兼管勾溝洫河道之事。勾押官一人,典七人。元豐改制,因之。

提舉常平倉農田水利差役〔五〕

神宗熙寧二年九月九日,制置三司條例司言:『近詔置京東等路常平廣惠倉,欲量逐路錢物多少,選官分詣提舉。』詔差官充逐路提舉常平廣惠倉,兼管勾農田水利差役事。於是屯田郎中(支)〔皮〕公弼、太常博士王廣廉河北路,駕部員外郎蘇涓、太子中舍〔六〕劉瑄陝西路,太常博士胡朝宗、殿中丞張復禮京東路,太常博士李南公、殿中丞陳知儉京西路,都官員外郎熊本、殿中丞徐倣淮南路,太常博士張峋、秘書丞侯叔獻兩浙路,都官員外郎林英開封府界,都官員外郎許懋、太常博士曾誼江南東路,太子中舍張次山江南西路,職方員外郎梁端、比部員外郎謝卿材河東路,太常博士吴審禮、喬敘荆湖南路,都官員

〔一〕本部分摘録自『《職官》一六之三』。原《宋會要稿》六九册。
〔二〕都　原缺,按前記載和官制應該加此字。
〔三〕原稿旁注:『寄案徐輯《永樂大典》本《會要》工部一門殘闕,其略見此』。
〔四〕本部分摘録自『《職官》四三之一至一七』有關内容。原《宋會要稿》八四册。
〔五〕原天頭批注:『十一字另低二格』。
〔六〕舍　原作『書』,據《長編》卷二一六改。

外郎田君平荆湖北路，太常博士李元瑜成都府路，都官員外郎姜師孟、秘書丞田祐梓州路，虞部郎中王直温、都官員外郎張吉甫利州路，虞部員外郎韓彦、殿中丞張授夔州路，屯田員外郎遊[一]烈廣南東路，太子中允闕杞廣南西路，太常博士嚴君貺福建路。又差同管勾：大理寺丞朱紋京西路，著作佐郎曾亢淮南路，前益州司理參軍王醇兩浙路，大理寺丞王子淵京東路，著作佐郎張杲之陝西路，台州天臺令蘇澥江南西路，前睦州桐盧縣令曾點福建路，著作佐郎范世京荆湖北路，謝仲規成都府路，楊汲（楊）〔廣〕南東路，俞兑廣南西路，就差楊汲提舉開封府界。

十二月二十二日，改差秘書丞田祐提舉河北路常平廣惠倉，兼管農田等事。先是命提舉夔州路，上以祐本定州人，今使裁治夔州路事，恐非所（諳）〔諳〕，可改河北或京東一路，故有是命。

三年七月六日，詔諸路提舉常平廣惠倉兼相度農田水利差役事官，依前降指揮，疾速計會監司、州縣相度利害以聞。

九年十月十二日，詔常平錢穀莊産、户絶田土、保甲義勇、農田水利、差役、坊場、河渡，委提舉司專管勾，轉運使、副、判官兼領。其河渠非爲農田興修者，依舊屬提點刑獄司。

紹聖二年七月六日，奉議郎周純言：『今復置常平官，而詔告乃止於免役法，恐名未正也。元豐稱常平等者，謂常平、免役、坊場、農田水利、户絶、保甲、義倉、抵當也。願詔大臣斟酌損益，如免役之法，則常平官名實正矣。』詔送詳定重修敕令所。

徽宗崇寧二年三月二十三日，宰臣蔡京劄子奏：『農田水利、山澤、市易、抵當，皆常平職事，悉以利民，所用錢物合支常平息錢。仰提舉常平司審量，支給一萬貫、石以上，申尚書户部，限三日行下支給。』從之。

政和七年十一月三日，詔試尚書户部侍郎任熙明、尚書户部員外郎程邁奏：『户部右曹掌常平免役敕令，大觀中被旨頒降《旁通格式》，令諸路提舉司每歲終遵依體式，具實管見在收支編成《旁通》，次年春附遞投進。又本部取諸路錢物之數，編類進呈。殆將十年，未嘗檢察鉤考，以見金穀之登耗盈虧與提舉州縣官之能否勤惰，幾爲文具。竊見政和六年《旁通》，其間違戾隳廢者凡七事：一、常平糴穀所糴數少路分。一、俵散常平錢穀隨税斂納，去歲未納數多路分。一、農田水利堙廢無措置興修路分。一、市易歲終收息數少路分。一、抵當歲終收息數少路分。一、熟藥歲終收息數少路分。一、名役錢依（去）〔法〕計一歲募直應用之數，立爲歲額，多準備錢不得過一分。有不敷準備錢，却有準備錢過歲額處。如有逐件違

[一] 遊　原作『斿』，據《長編》卷二一九改。

犯，即是官司違法，緣旁通册内並不曾開説，乞委官徧行點檢，因加賞罰，以示懲勸。』詔令逐路提舉常平司具析逐項因依聞奏。仍令諸路今後將每年所申户部《旁通》内，量行開説因依。謂如是常平散斂元若干，已斂若干，未斂若干，其未斂之數内若干係災傷倚閣，若干係逃亡户絶，若干係拖欠未納。又如場務元管處所若干，已賣若干，未買若干，其未賣之數内若干係因敗闕停閉，若干係過月未賣之數候到，仰户部逐一檢察鉤考，具以聞。

宣和七年正月二十一日，手詔：『朕嗣承先烈，罔敢怠忽。永惟元豐，稽若先王，修水土之政，興田疇之利，省繇役之科，嚴凶荒之令，澤被生民，施及後世博矣。粤自初載，大綱小紀，具在方册，舉而行之二十年間，何其盛哉！乃者用非其人，誕慢欺罔，改法廢令，借熙豐紹述之名，以庇貪汙營私之惡。繇役（存）〔洊〕興，盜賊多有，百姓流離莩踣〔一〕，莫之能恤；常平賑貸，度支調度，盜賊移用，莫之能懲。惕然内思，豈不戾遵制揚功之孝乎！（皆）〔比〕見四方章奏，爲之太息。可應提舉常平官屬並罷，令尚書遵守，按前後有罪惡顯著，失守漫法，應不許支用而輒支用，應當執奏而不執奏者，並重寘典（型）〔刑〕〔二〕，竄之遠方。仍令三省修已廢之法，協奉公之心，輔承先志，以稱朕懷。』

高宗建炎二年十二月八日，翰林學士葉夢得、給事中孫覿、中書舍人張澂言：『常平法起自西漢，本以惠民，祖宗行之已久。熙寧初，緣類推廣，附以青苗、免役、市易、抵當、坊場、河渡、農田水利等事，其意亦在寬恤民力。只緣創法之始，急於功利，委任非人，觀望掊刻，遂致議論不一。紹聖間再行修定，已稍損益，但拘守紹述之説，必於盡行，故如青苗斂散，追呼騷擾，市易物貨，苛細争奪，農田水利之官，謾誕欺罔之類，明知其弊，不能革去，所以民至於今以爲病。其後應奉花石，取以資不急之用，遂失創法本意。近又緣軍興調發，諸司或許借貸，於是移易侵漁，掃地殆盡。建炎霈恩，首罷青苗法，蓋得之矣。然未幾併罷常平使者，以他司兼領，吏無專責，漫無統紀，舊法雖存，無復修舉，人實惜之。今朝廷復置常平使者，命官討論，竊詳聖意，非是再欲盡行熙寧本法及别有創立，正爲法本惠民，於此艱難民力困弊之後，務欲寬繇後，省科斂，通有無，濟乏絶，使得博採群議，與時變通，擺去拘礙之議。應幹害民之事，盡行删除，存其經久利便者，使有司事一持守，以遺將來，實爲美意。尚慮中外不能究知，妄有測度，或請欲根刷已放債欠，或請欲營求非理羨餘，以爲足國用之計，動摇民聽，不無疑駭。欲乞明降詔（首）〔旨〕，先次播告，使上下通知，然後於實德州縣人内遴選

〔一〕原作『踣』字，誤，應爲『踣』，即僵屍。
〔二〕原作『典型』，依文義應爲『典刑』。

通曉世務、習知民事、篤厚忠信之人以充使者，使之奉行，言修政舉，人被實德，則上可廣惠民之實，下可明革弊之意矣。』

三年正月十一日，吏部尚書吕頤浩等言：『奉聖旨討論常平法。自來常平所蓄，不得非常支用，昨因廢法，將常平所入輒分他用，失陷儲積，不可勝數。如户絶並折納到田産，昨撥充贍學，今來諸路既科舉取士，其元撥田産並學事司因撥到上件田産，後來營置到錢物，依建炎二年六月十六日敕，下發運司將東南諸路收到錢物，依江西已得指揮，更充糴本一年。農田水利，東南所入甚厚，如越州鑑湖、湖州廣德湖、潤州練湖，所收租課依靖康元年五月五日指揮發運翁彦國拘收，專充糴轉般、代發斛斗本錢，皆係常平司所管田産，始者取充應奉，次取充漕計，見取充發運司糴本。伏望追還常平司樁管，以待朝廷緩急移用。更有似此之類，候除常平提舉官到任，先次拘收，所貴常平有以爲本。』從之。

一、漕運水運

食貨四二　宋漕運一[一]

太祖建隆三年三月，詔三司起今戍軍衣[二]，並以官脚般送，不得差編户民。

乾德六年五月，詔曰：『王者之道，使人以時，非惟不奪於農功，亦冀無煩於民力。自今應諸道州、府、軍、縣上供錢帛，並官備車乘輦送，其西川諸州合般錢物，即於水路官自漕運，不得差擾所在民人。仍於逐處粉壁揭示詔書。』

開寶三年九月[三]，詔曰：『成都府錢帛鹽貨綱運，訪聞押綱使臣並隨船人兵多冒帶物貨私鹽，及影庇販鬻，所過不輸税筭。自今四川等處水陸綱運，每綱具官物數目給引付主吏，沿路驗認，如有引外之物，悉没官。』

六年六月[四]，命(穎)〔潁〕州團練使曹翰都大催督汴路運船。

太宗太平興國七年二月，詔：『先是劍南、兩川、嶺南、荆湖、陝西諸州每歲上供錢帛，悉發民負擔，頗爲擾，宜罷之。自今並以傳置卒充其役。』

八年九月四日，以洛苑使、演州刺史王賓，儒州刺史許昌裔在京同勾當水路發運事，以軍器庫使、順州刺史王繼昇，駕部員外郎劉蟠在京勾當陸路發運使。先是，歲漕江浙熟米四百萬碩赴京，以備軍食，皆和雇百姓駕船，雖有和雇之名，其實擾人，太宗聞之，特令給每船所用人數雇召之，直委主綱者取便雇人，不得更差擾百姓。及是，有舟船數十綱到京，卸畢，月餘不能離岸者。帝訪知，乃責有司，且問其故。乃省司乘南來運船，於力勝外别附皮革雜用之物至京，而掌庫者不時受納，是有停滯之患。判使而下，減奪俸以勵之[五]。

十三日，帝曰：『諸道州、府多差部内有物力人户充軍將，部押錢帛糧斛赴京，此等皆是[六](鄉民)鄉村之民，而篙工水手及牽駕兵士，皆頑惡無籍之輩，豈斯人可擒制耶？侵盗官物，恣爲不法者，十有七八。及其欠折，但令主綱者填納，甚無謂也。亡家破産，往往有之。』乃詔：

〔一〕原作『漕運二』，無『一』，今改爲『一』。本部分摘自中華書局一九五七年影印本『《食貨》四二之一至二一』。原《宋會要稿》一四二册。

〔二〕起今戍軍衣　《長編》卷三作『春冬送戍卒衣』。

〔三〕原天頭批注：『異同注入，餘者不寫』。

〔四〕原天頭批注：『闕五年十月一條，在水運』。

〔五〕原天頭批注：『按水運「以勵之」下，有「又諸道」云云』。

〔六〕皆是　原無，據《食貨》四六之二補。

『自今荆湖諸州綱船，令三司相度合銷人數，依江淮例差軍將大將管押，其江淮、兩浙諸州一依前詔，不得差大户押綱。』

九年十月，鹽鐵使王明言：『江南諸州載米至建安軍，以回船般鹽至逐州出賣，皆差税户軍將管押，多有欠折，皆稱建安軍鹽倉交裝斤兩不足。准今年三月敕：每鹽一石已上，破隨綱鹵瀝鹽一升，恐卸納補填鹵瀝折耗不足，每石更破銷耗鹽二升。管押使臣、三司大將軍將州府軍將、綱官、稍工、本綱部轄節級同認數請納，少欠，等第均填，自後未有申報欠少去處。緣已前江南諸州般鹽税户、軍將逐綱請三五千石，多是欠少一分已上，動計及千貫已上錢數，無非破産填納，例遭枷禁校料。前件人皆是村民差充軍將，量其情狀，皆非侵欺，若令破産填欠，似傷風教，稍加寬恕，深便公私。其未降敕添耗已前於建安軍請出鹽貨未到本州，及雖到未經交納欠數每碩五升以上者，乞依條敕與破耗鹽；如已經交納，及欠數不及五升者，不在此限。除破耗鹽外，更有欠少鹽價，不以前後，並乞據數勒定年限，隨夏、秋税租催納。如三百千已下，三年；已上至五百千，五年；已上，七年；百千已下，一年。』從之。

雍熙四年十一月[一]，詔曰：『訪聞西路所發係官竹木栰拖緣路至京，多是押綱使臣、綱官、團頭、水手通同偷賣竹木，交納數少，即妄稱遺失。自今應出竹木州軍並緣河諸州及開封府嚴行約束，每有栰拖至地分，畫時催督出界，違者準盜官物條科罪。』

《宋史·宋琪傳》：端拱中，宋琪上奏平燕薊十策，其八曰饋運：『臣每見國朝發兵未至屯戍之所，已於兩河諸郡調民運糧，遠近騷然，煩費十倍。臣生居邊土，習知其事。况[二]幽州爲國北門，押蕃重鎮[三]，養兵數萬，應敵乃其(當)〔常〕事。每逢調發，惟作糗糧之備，入蕃旬浹，軍糧自(齊)〔齎〕，每人給麨斗餘，盛之於囊以自隨。征馬每匹給生穀二斗，作口袋飼秣，日以二升爲限，旬日之間，人馬俱無飢色。更以牙[四]官子弟戮力津擎裹送，則一月之糧，不煩饋運。俟大軍既至，定議取捨，然後圖轉餉，亦未爲晚。』

《墨莊漫録》：發運使，淳化四年始建官焉。陸路轉輸於京師者至六百二十萬石，通、泰、楚、海四州，煮海之鹽以供陸路者三百二十餘萬石。復運陸路之錢以供中都者，常不下五六十萬貫。淳化四年額，上供米六百二十萬石，内四百八十五萬石赴闕，一百三十五萬石南京〔京〕畿

[一] 原天頭批注：按水運缺『雍熙二年』一條。
[二] 况　原作『沉』，原稿天頭批注：『沉』疑『况』。《宋史》卷二六四《宋琪傳》，亦作『况』，據改。
[三] 蕃　原作『蓄』，『鎮』原作『鍾』，據《宋史》卷二六四《宋琪傳》改。
[四] 牙　原作『等』，據《宋史》卷二六四《宋琪傳》改。

送納。淮南一百五十萬石，一百二十五萬石赴闕，二十萬石咸平、尉(民)〔氏〕，五萬石太康。江南東路九十九萬一千一百石，七十四萬五千一百石赴闕，二十四萬五千石赴拱州。江南西路一百二十萬八千九百石，一百萬八千九百石赴闕，二十萬石赴南京。湖南六十五萬石，盡赴闕。湖北三十五萬〔石〕，盡赴闕。兩浙一百五十五萬石，八十四萬五千石赴闕，四十萬三千三百五十二石陳留，二十五萬一千六百四十八石雍(兵)〔丘〕。

至道二年二月，詔：『自三門垛鹽務裝發至白波務，每席支沿路抛撒耗鹽一斤，白波務支堆垛消折鹽半斤。自白波務裝發至東京，又支沿路抛撒鹽一斤，其耗鹽候逐處下卸。如有擺撼消折不盡數目，並令盡底受納，附帳管係。』八月，詔：『京湖般糧赴真州等處卸納，迴脚千料船或裝鹽迴，並依例破十分人力，空船即破八分人力。如千料已下船，並依此比附分數。』十二月，詔：『應諸道〔州〕、司府、軍、監今後合要支用財穀等，各須預先計度準備支遣；諸處起發上供金銀、錢帛、斛斗綱運，並須赴京送納。緣路諸州不得輒有截留，如有擅留處，其知州軍、通判，職官等並當除名，轉運使、副各勒停，三司、轉運司、發運司州軍孔目吏已下並決配遠惡處。』帝以三司文籍多是積年淹延，因問其故，稱諸道上供物色沿路每有截留，勘會往來動經歲月，因止絶之。

三年十一月，詔曰：『西鄙運糧，烝庶勞弊，近遣諸軍輓送，所以息民。今嚴冬在候，士卒亦宜放歸，仍賜緡帛。』

真宗咸平四年八月，詔：『至道三年部糧草入靈州官員，自來京不該元降敕命酬奬者，並特放選，注家便差遣。』十月，詔曰：『國家以近邊諸郡，式遏寇戎，歲屯萬旅之師，日有千金之費。雖賦租無闕，量經費以滋多；而轉餉頗勞，在久長而可慮。主其豐耗，屬在計司。免貽旰食之憂，爰訪贍邊之略(一)。佇聞婉畫，式副虛懷。宜令三司三部衆官同共商議，擘畫久遠，常得辦濟，不致悮闕，仰一一具奏。仍差吏部侍郎陳恕監議。』至十一月，恕等條上利害，事具監門。

五年七月，詔户部判官凌策與江南轉運使同計度罷者，自京至廣南香藥遞鋪軍士及使臣，計六千一百餘人，皆陸運至虔州，然後水運入京。

景德元年五月，詔：『京畿守凍，綱運兵士逐處縣分依例接續支口食料錢，仍每人特支醬菜錢百文，行運時全支二百文，更不尅折。仍令東西排岸司擗掠房屋，綱運到京，庫務未納，各認排岸司，分於其門造飯供送。庫務疾速交納，不經三司使陳告，並當嚴斷。』十月，淮南轉運使邵曄請令漕運所出州軍知州、通判，依河堤例兼管輦運公

(一) 原天頭批注：『略』一作『計』。

事，從之。

二年十月，詔：『黄河綱運，宜令三司自今後一年般〔一〕運無踈失者，其部轄殿侍、三司軍大將、綱官、綱副每月增給緡錢。』

三年二月，詔：『河西軍營在府州者，所給芻糧自今增置渡船，仍舊於保德軍請領。如水漲冰合，即聽隨處給遣，或預令輦載以往。委轉運司專提振之。』先是，河東民常賦及和市芻粟，並輸府州，而涉河阻山，頗爲勞苦。尋詔徙屯河東保德軍，其營在府州者聽量留之，而芻粟之費並給於保德軍。條約已來，公私爲便，至是上封者言：『慮水漲冰結，則軍士涉河往來艱阻。』帝志在愛民，故特申前詔。

十月四日，提舉綱運謝德權言：『汴水公私舟船多有阻滯，蓋形勢船舫在岸高設檣竿，他船不可過也。乞降條約，每有船過，並令倒檣，以便於事。』帝謂王欽若等曰：『如聞商旅頗以爲患，可嚴行誡約。如尚敢以形勢妨礙，令所在具名以聞，當重行罰。』

十一日，都大發運副使李溥言：『諸路逐年上京軍糧元無立定額，只據數撥發。乞下三司定奪合般年額。』三司言：『欲以淮南、江浙、荆湖南北路至道二年至景德二年終十年般過斛斗數目，酌中取一年般過數，定爲年額，仍起自景德四年船般上供六百萬石永爲定制。仍以夏秋税及和糴斛斗除樁留準備外，餘數並盡裝般，須管數及年額。内有路分災傷，般輦不敷額，即具保明申奏減免分數。』從之。

四年五月，詔：『河北沿河州軍綱運自今以軍士充役，勿役部民。』七月，詔：『諸州遣軍士赴京東下卸者，自今附口糧外，月别給錢二百，仍創營屋，每使其休息。』帝以士卒外役，即留廩給之半以贍其家，致飢寒不給，特優恤焉。

大中祥符元年二月，帝謂王旦等曰：『如聞江淮運糧，和顧舟楫，商旅趣利，阻其貿易，則京師粒食或致增價。可令今後不用和顧。』三月，徙麟州、府州戍兵及鈐轄於河東，以邊部寧謐，減轉餉之煩也。仍令轉運使於河西預積芻糧，以備緩急，免非時擾民餽送。九月，詔：『福建山路險惡，其輦致官物軍士自今遇旬休節序，並特給假。』

二年十月，詔：『如聞江淮、兩浙等路運糧上供，雖甚寒不止。自今宜准例，令軍士休憩兩月。』《職官分紀》

大中祥符二年，召近臣觀書龍圖閣，上《開元和國計圖》。三司〔使〕丁謂曰：『唐自江淮歲運米四十萬至長安，今江淮歲運米五百餘萬，即知今府庫充實，倉廩盈衍。』上曰：『誠賴天地宗廟，而國多備，亦自計臣也。』謂

〔一〕般　原作『船』，據《食貨》四六之三改。

再拜。

三年九月，知揚州許逖請兩浙路權罷和雇舟船，所冀行商得載糧斛，以濟經旱民庶。從之。

四年十月，帝詔示王欽若等：『發運使、文思使李溥陳述年終漕輦之績，可特改北作坊使以酬之。』

五年四月，詔：『淮南堰埭運糧挽舟軍士，四時給役，頗勞苦，自今冬季並令休息。』

六年三月，詔：『黄河自河陽已上至三門並峽路河，江水峻急，係山河。並依舊條外，有黄河自河陽已下，並三門已上至謂橋倉，並諸江、湖、淮、汴、蔡、廣濟、御河及應是運河，水勢調匀，本綱拋失重舡一隻，依舊條徒二年；二隻，遞加一等，並罪止十一隻。空船各減一等，押載、押運節級降充長行，綱副勒充稍工，使臣人員並替，稍工、橰手罪各有差。如收救得糧斛，即以分數定刑。』四月，重定山、平河虧失栰木條格：栰頭以一栰爲準，團頭、綱副、監官、殿侍以一綱爲準，山河以笞，平河以杖。栰頭、團頭以家貲償官，不足，則杖之；殿侍杖而勿償。初，太平興國八年勑：定平河條格，至有杖背者。議者以其太重，而山河悉無條格。編勑所上言，付三司與刑、寺評定，且請計其所失爲十分定罪，止杖一百。從之。十月，三司言：『揚州運鹽四千斛赴杭州，凡四十船，船二百斛。有盜及太半者，官司止論走鹵罪，杖而免之，頗容姦弊。自今應鹽船除耗外，有隱欺者，請令劾罪備償。』從之。

七年四月，詔：『廣南諸州上供物色，雖綱運不多，如聞皆自本州專差牙校管押赴京，地里遥遠，頗聞勞止。自今並令減省其數，遞送赴闕。』

八年四月，國子博士夏侯晟等言：『監百萬倉，收到出剩，乞行酬奬。』詔曰：『自京畿達於淮泗，倉庾相望，轉漕至多，若無增損之欺，寧有羡餘之積？俾均出納，屢降詔條。仍覽典司，尚形僉奏。特申明於舊制，表深示於至公。罔或(捐)〔損〕人，以圖薄效。宜令三司遍行指揮，有裝納倉敖去處及在京諸倉監官等，並須兩平受納，不得減尅。收到出剩，並不理爲勞績，但一界了當，別無少欠，即依元勑施行。』五月，詔：『諸州軍差兵士充稍工主提綱船者，並依牽駕兵夫例支給口養。』先是，淮南、江浙發運使李溥上言：『牽駕兵士不認折欠，仍給口食，稍工拖認折欠，陪納官物，即不支口食，頗未均濟。』故有是條約。閏六月，詔：『廣南、西川京朝幕職州縣官丁憂離任，情願管押綱運者並聽，仍給驛券。』

九年正月，令内藏庫應諸州上供匹帛，内有些少損壞者，更不退還諸州。初，中使江德明勾當庫，因言：『自來綱輦中有汙損者悉付逐州區斷。昨自去秋已來，諸道急於輦運上京，欲望有損壞者，悉免退還區罰。』帝曰：『德明此奏，頗有所長。』故從之。二月，詔：『如聞廣南上供綱運悉令官健護送至闕，頗亦勞止。自今令至虔州代之。』四月，江淮發運使李溥言：『今年初，運七十一綱糧斛百二十五萬三千六百六十餘石，自前逐綱一員管押，既鈐轄不逮，遂多盜竊官物。今以三綱併而爲一，則監主之人加二，俾通管之，則綱船前後得人拘轄，可減盜竊。內奉職大將三人同押當七十二綱糧斛四十九萬石，納外止欠二百石，竊取既少，則大減刑責。押綱人乞第賜緡錢。』從之。

六月，詔：『清河並江湖綱運稍工盜取官物，却以他物拌和，有人告訴者，如一船內只拌和數少，不曾故意沉溺舟船者，只將已拌和却鹽、糧官物碩斗數目估價直，每一千省，支與告事人賞錢百文，如估直至五百千已上者，止給賞錢五十千；若估價不及一千者，亦依一千例支賞。並以係省錢充。』先是，李溥上言：『元勅：應盜官物並雜以他物，及故爲僥倖沉溺舟船者，如有人告獲，每一船給賞錢三十千；二船，四十千；三船已上，五十千。官司執是法以罪，而不分輕重之差，乞別行條約。』故有是詔。

天禧元年正月，詔：『漕運之務，雖國計以攸資；舟楫之勞，諒人功而可恤。其江淮等處上供斛斗，特權罷今年春運一次。』六月，江淮、兩浙發運司言：『真州等處轉般倉及江浙上供米二百七十餘萬斛，欲留逐處，以濟闕乏。』從之。七月，知許州向敏中言：『京西轉運司支撥均、襄、房、鄧州軍見錢於許州下卸，支與西京及諸州充備收糴斛斗。先准見錢不得令遞鋪遞若，止差衙前破官錢雇脚般載，自是衙前人因般錢陪補，破産者甚衆。況至襄至許，香藥遞鋪別無大段綱運，其計度收糴斛斗價錢，欲乞權且入香藥遞鋪遞至許州下卸，候轉遞諸州糴斛斗價錢有備，即依舊制。』從之。

十一月十二日，詔：『京東、西、河東、河北、陝西、淮南等路州軍上供綱運，陸路至京者在道苦寒，宜分差使臣馳驛往逐州，應有綱運到處，悉令准數交納，置庫收管。其部送牙校當給日食者勿停留，至來春輦送赴闕。』十五日〔一〕，詔：『河東沿邊諸州軍，河外麟、府州〔二〕，歲調民輦送芻糧者，宜令特免一年。』

八月十一日〔三〕，詔江淮發運司漕米三萬碩，由海路送登、濰、密州。

十二月，淮南、江浙、荆湖制置發運使黄震言：『承前諸州米綱少欠，其部送官員悉均償欠數。望令自今止勒元部綱牙校等均償。』從之。官員顯有侵欺者乃償。是月，都大巡檢汴口堤岸張君平言：『淮南、兩浙、荆湖、廣南、福建路雜般綱運軍士，望自今相度地里，就本處併給緣路日食，免費近京倉糧。』詔付三司定奪以聞。

二年正月，荆湖北路轉運使王吉長言：『綱運所過

〔一〕按《長編》卷九〇繫此詔於十二月。
〔二〕州　原無，據《長編》卷九〇補。
〔三〕此條繫年疑誤，或爲錯簡。

州軍，多給大小麥爲兵健日食，望令自今並支粳米。』從之。二月，詔御河押運三司大將、軍將、殿侍並見在本河押運人員等，並令於元定二十萬物色上更添五萬，共作二十五萬。如三年前滿得替，自能於裝發去處認數裝般，及得二十五萬數，即依例引見酬獎。或內有元差諸處衙前請般物色，其押運大將、軍將、殿侍等只是管押綱船，不曾任數裝般官物，亦須及得三十萬數，別無損濕少欠、拋失違程及雜犯罪愆，亦許依例引見酬獎。

四月，江淮、兩浙發運司言：『今春發諸州軍銀、帛、絲、綿五十五萬五千，計糧儲四百七十萬碩上供。』帝曰：『江淮方稔，宜令更留三二百萬碩以充軍糧，免其擾民。』從之。閏四月，詔：『三司所般布帛除已般輦外，所餘者並於水路般運上京，無復差輟車乘。』六月，三司言：『汴河綱船除二百五十料至三百五十料者，已自楚州五運、泗州六運，更不增力勝斛斗，其四百料已上至五百料綱船，欲令並增力勝。』從之。

九月十八日，詔三班使臣部送益州綱運至荊南無遺闕者，自今每運賜錢十五千，三司軍大將十千。二十八日，三司言：『江淮、兩浙、荊湖五路押綱殿侍，自來不許般家，望自今許挈家隨行，所貴就得請受，益用勵心。』從之。十月七日，三門白波發運使杜詹言：『自今有拋失收救到鹽、糧及諸官物，許本司差隨處地分官員躬親點檢送官。』從之。十九日，淮南、江浙、荊湖制置發運使賈琮等言：『綱運兵梢[一]多是盜拆舟船板木貨鬻，致官綱於江河行運闕少，動使多致踈虞。望下開封府、發運司、諸路轉運司，令遍行指揮逐處排岸司及地分巡警軍人常加察舉。』從之。

十一月，詔諸路州、府、軍、監：『自今後應起發上京綱運，所差因便押綱得替幕職、州縣官等，並給與驛券，仍令起發綱運州軍責勒文狀，委得在路躬親鈐轄，依程赴京，不得取便別路行。犯者，從違制定斷。』初，邵武軍得替司法參軍路在押綱赴京，而中路擅自離去，爲本軍所奏，故條約之。

三年正月，殿中侍御史王臻請下發運司，自今糧綱十分，人七分差兵士三分給和雇工錢。詔：『今令多差軍士相兼，勿得專雇人夫，仍令轉運使提舉。』十一月，詔：『荊湖、江浙、淮南水路綱運，自來隨舡動使及鋪襯苦蓋之類，官量給數，餘並綱官等率掠兵士。委自轉運司及制置發運司，應綱舡動使鋪襯苦蓋物，並從官給，不得更令兵士出辨。』

四年三月，三司言：『前詔江淮、兩浙、荊湖五路部綱殿侍，聽挈家屬隨綱，其惠民、石塘、(唐)[廣]濟、黄[二]、

[一] 梢　原作『稍』，據《食貨》四六之六改。

[二] 黄　原無，據《長編》卷九五補。

御、蔡河押薪炭者，亦望如前詔。』從之。十一月，詔罷河東沿邊州軍明年轉般芻糧，以本路轉運司言邊儲有備故也。

五年八月，三司使李士衡言：『京西、河北轉運司元規度於河東晋州發斛斗三十萬赴滑州，山路艱險，慮或稽期。欲止於滑州通利軍，入中優給其直。』從之。十月，詔獎淮南、江浙、荆湖發運使周寔，以其自春至冬，運上供米凡六百餘萬碩故也。

乾興元年三月，仁宗即位，未改元三司言：『兩浙、荆湖産茶州軍，准大中祥符二[一]年勅，須預辨人船，及時計綱，發赴合納榷務下卸，不得積留在彼，損惡官茶，及有誤出賣，虧失課程。諸州軍近年多不依限起發，欲乞明立科條，須限當年江河水勢未落日前，盡赴逐榷務交納，不得延至秋冬，致水小阻滯。如今後公然怠慢，不預計置般送，致有稽違，並委制置司取勘官吏情罪內干係人依法區斷，命官、使臣取裁。』從之。

十二月，上封者言：『兩川四路物帛綱運，每日遞鋪常有積壓，主持人等般運苦辛，科率之時，不無勞擾。國家取之無窮，使蜀中物價何由平賤？望以兩川所發綱運一年計其數，於內詳酌不急之物可與減放三二分，庶使遠民寬裕，聖澤普均。』詔三司定奪聞奏。三司言：『兩川匹帛，自來計度每年聖節、端午、十月一內，人春、冬衣賜，並準備非時傳宣取索，及國信往來兼應副南郊支用綾羅、錦綺、鹿胎、透背、欹正、生白、大小綾花、紗絹等，下益、梓州兩路織買出染，並逐州依久例於出産州軍逐旋計綱起發上京，於內藏庫送納。今詳所陳，乞與減二三分，誠爲便民。其如國家年計支費不少，若或減省，深慮闕供。今定奪除錦三十五段全減不織造外，其餘欲且依舊，其絹、布、紬、絲、綿自來於益、梓、利、夔四路轉運司轄[二]下州軍每年買納，除應副陝西、河東、京西轉運司及本路州軍衣賜支遣外，如有剩數，即令逐州軍差人管押上京送納，每年省司元不抛椿定上京數目。所有自西川水路起發布帛六十六萬匹，赴荆南水路轉般上京，並要應副在京並京西州軍衣賜支遣，今定奪難議減省，欲且依舊。』從之。

仁宗天聖元年三月，三司言：『提點倉場所奏請事件，內綱運載斛斗上京，內有濕潤，即監鏁(稍)〔梢〕工、綱官攤乾，比元樣受納。若無欺弊，從不應爲重斷納外，有少欠，亦取勘情弊，依條施行。省司看詳糧綱梢工、綱官濕潤斛斗已有條例斷遣外，押綱人員未有條貫，欲乞今後如有濕潤斛斗船五隻以上，其押綱殿侍、軍大將笞二十，三隻加一等，罪止杖六十。委排岸司勘罪，申解赴省斷遣。如一年內兩爲濕潤斛斗該杖者，即勒下。每裝發綱

[一] 原天頭批注：『二』一作『三』。

[二] 轄　原作『轉』，原天頭批注：『轉』一作『轄』。據改。

運，委知州、通判或本判官、兵馬都監、監押、排岸使臣，在倉提點兩平量，不得虧損綱運。許押綱人員指索布袋封記，乞行盤量，如實比元樣虧少，並勘逐元裝發倉分監專等情罪依條施行。又自京至泗州，催綱更不差使臣三人，只令内侍曾継華乘遞馬往來覺察，催促綱運，巡捉偷糴拌和。提點沿河地分都監、監押、巡檢、催綱使臣，令、佐等依先降編勑[一]施行。仍令各置曆，每巡捉到公事，並令所屬州軍批書，候得替，繳連申奏，量與酬奬，違者勘罪聞奏。又每綱船至雍邱，令本縣兵馬都監具過橋牒報東排岸司，預定下卸倉分，及委排岸司候到，差人勾催，不得住滯隔驀。如違，許人陳告，不虚，支賞錢五千以下。鑠抽税力勝錢充排岸司，官吏並當嚴斷。又自今起運時，選差使臣、忠佐二人監催下卸，搜檢空船，不得隱藏官物。沿河排那泊處，除押綱人員船外，不得存留燈火，偷糴拌和。或綱船津漏，勒兵梢走報押綱人員，取燈火與地分巡檢同共覰步，愛護官物，不管疎虞。新城外委巡檢，開封、陳留界，汴河兼巡捉催綱使臣依此施行。押綱人員能自部轄緝捉梢工，愛護官物，不至入水拌和，每運倉司看驗，並是乾圓，即令批上印紙照證，至得替，一界並不曾有斛斗濕潤，更與押綱一次。其年終般過斛斗地里合該酬奬人數，不在此限。如或不切用心鈐轄，稍有彰露，即依法科罰。』並從之。

四月，詔：『淮南居河路縣分，應造下土珠土纏，擬要賣與綱運拌和斛斗人等，已有天禧五年十二月條貫，自今仍許鄰人及諸色人告捉送官，勘逐不虚，並支與賞錢十千，以犯事人家財充。慮斷遣後，與舊居止處人別生讎嫌，移送鄰近州縣不居河路去處居住。鄰人知而不告，別致彰露，並重行科斷。如不知[二]情，止從不覺察於杖六十條斷遣。』

五月，詔：『自今般鹽船至京交納數足外，元破在路耗鹽每蓆二斤半，數内却能愛護，不致[三]拋撒，留得耗鹽，於十分中量破二分等第支與押綱人員等充賞。每收五蓆，只以一蓆錢均給，押綱省員數、侍綱官等每人二千，副綱一千，梢工每蓆二百文。其人員、綱副收到五蓆已下，梢工收到一蓆已下，更不支賞，人員並綱副須是全綱，逐船各有出剩，即依此支賞。若或綱内雖船數出剩，其餘船却有少欠，不在支給之限。』

是月，三司言：『黄、汴河勾當使臣年滿得替，栽種榆柳及得元條例，與家便差遣。其緣汴河都監監官等每有綱運經過，並不鈐轄斷絶，乞今後各令於地分内催促綱運，依日限出地分及令本處使臣遞相置曆抄上到發月日，候催促出地分，於界首使臣處印押。如内有故住却日數，

[一] 勑 原無，據《食貨》四六之七補。
[二] 知 原作『上』，據《食貨》四六之七改。
[三] 致 原作『至』，據《食貨》四六之七改。

亦須開説，即不得妄外取索綱運申報，候得替。除栽種到榆柳及充條數目外，須是將催過綱船月日抄上曆子，令州府與栽種榆柳一處繳連申奏，及捉到偷糴拌和斛斗及少數目係甚刑名斷遣，批書分明，方與酬獎。』從之。

三司鹽鐵副使俞獻可言：『乞下陝府西路轉運司指揮鳳州或鳳翔，每川陝綱運到驛，令税務監官每十擔計抽揀一兩擔，如有影帶匹帛，盡底點檢勘罪，依條施行。』從之。

七月，三司言：『陝西路轉運司奏：轄下沿邊四路州軍大屯軍馬，每年支撥軍須物色萬數不少，逐州軍所管銜前人數又多，例各一年兩次差遣。當司相度，欲依河東轉運司例，每年於在京馳務差撥駱駝二百頭，差殿侍或三司軍大將四人，每人分駱駝五十頭，就近於草地牧放餵養，準備沿邊州軍緩急少闕軍須物色，立便抽差部轄管認般送應副，不至撓民。』詔下三司定奪。省司檢會：『在京見管駱駝無多，即目在石州牧放未迴。今欲先於石州見牧放數內就近支撥百頭，赴陝西交割，即令本路破係省錢收買，就華州華陰縣界泉店牧放，其軍大將即從省司差。應有鈐轄事件，並依河東路駱駝般運條例。』從之。

七月，詔：『自今汴河糧綱到京納外少欠，除依例給限填，內不足，許將綱梢等合請糧食，令排岸司勾索隨綱券曆點檢； 具合請人數則例送糧料院，據見管人合請糧食數目明白批勘，聲説坐倉不請充填欠數，仍當日內依曆具逐人名下糧斛、色額、碩斗，印書公文送排岸司照會銷欠外，有剩數，即令向下勘請，不得在京批勘。若填外尚有少欠，即依條施行。』

八月，詔：『淮南、江浙、荆湖逐年起發上京斛斗，近多不及元定額數，宜令逐路轉運司依先降敕命所定年額合般斛斗數目，預先計度，用心擘畫，須管敷及年額。仍發運司不住提舉催促，不得更致虧少。』

十月，淮南、江浙、荆湖制置都大發運使趙賀言：『荆湖、江浙路逐年起發糧斛、錢寶並茶貨、鹽貨不少，全藉綱運往迴疾速，方獲辨及。却被沿路經過税務不便點檢發遣，多是住滯，深見妨滯行運。欲乞嚴戒沿江河州軍商税務，自今綱運經過，如敢住滯，並乞勘罪斷遣。仍據住滯日分虛食請受攤陪，監官亦勘罪行遣。』從之。

二年五月，詔：『蜀州四縣折納夏秋税布，從來止令本州打角差夫般往新津縣堆貯，候交與押綱人員、使臣入船下往嘉州，合併起發，所差人夫倍多擾費民力。自今止令新津縣置庫受納，候及數目，就彼計綱打角，支與水路綱運起發。合銷庫屋下蜀州修蓋，逐年依條差專副，只委新津知縣、監押同受納。』

十月，詔：『應外處請賞給折支物色，自來管押使臣三班院差定，慮不知外處差人等候，同共請領，妨滯起發。自今三班院應承受得密縣劄子，並書鑿到院月日時辰，於當日或次日定差，當降宣命。如稽遲，勾押官已下當勘罪施行。』

二年十月，三司言：『御河牽駕糧船兵士，每年至綱船守凍住運，放歸本營歇泊。』從之。

十二月，詔：『真、楚、泗三州排岸使臣，並令發運司同罪保舉，與當親民差遣。』

三年十月十二日，詔：『江淮南、兩浙、荆湖沿江府河州軍排岸、催綱、巡檢使臣，自今綱船到地分，晝時審看風色，催促起離，不得勒住。今供到發文字及勾索行程批書，實有沿路阻滯本綱將到行程，即依條保明批書發遣。如更故違，或乞覓錢物，其干繫人並乞依條勘斷。又逐處轉般倉監官須是公平裝卸，不得大納小支，收到出剩，不得批上曆子。至替日，但一界給納了當，即特與酬奬。應轄下州軍每遇裝發糧綱，先勒押綱人員入敖看驗斛斗，如是涼冷，即責綱衆結罪文狀裝發；若斛斗發熱，即倉司併役人力般騰出敖，就廊屋攤浪冷定後裝發。又和糴斛斗裝發至卸納倉場，如驗得粗弱不堪上供，即委知州、通判入倉同與監官集綱（稍）〔梢〕人員對衆看驗，如實粗弱不堪，即勒行人估定紐計虧官價錢並枉費般輦，請受牒元糴州軍勘斷。監專斗級於合分攤人名下剋納入官，雖遇赦恩，不得除放。』

二十三日，三門白波發運使張慎言：『綱運每有拋失官物，久例取憑地分村耆並全綱人照證，結軍令罪保明，除破官物。竊詳編勑止説先取責全綱上下，遞相保明軍令罪狀，即與本縣官員覺察保證。深慮村耆與綱司扶同欺弊。乞自今有諸綱拋失鹽糧、梢柴諸物，令本司差所屬縣分令佐親詣拋失處，覺察有無情弊，保明關報本司，所貴照據分明，免有欺弊。』從之。

二十七日，舒州言：『皖口都鹽倉自來差殿侍、三司軍將押綱到彼下卸，本州止差里正、軍將交納。每一界計鹽百餘萬斤，自乾興元年以前，累界支賣漏底例皆欠折錢一二千貫，蓋是押運人員欺以鄉民、里正生疎，多將鹽貨侵偷貨賣，或入雜拌和，敧壓秤勢，斤兩不足，是致交納後漸次銷折。自天聖元年後來，擘畫將衙前職員自都知、兵馬使、都押衙已下至通引官已上，以職名資次與里正、軍將新人相兼勾當，並得斤兩齊足，無伴和之弊，逐界鹽倉支賞了當，仍有出剩。又本鎮賣鹽課利，比附遞年增至三五倍，乞下本州常切遵依。』從之。

十二月十二日，詔：『自今裝載（楊）〔揚〕、楚、通、泰、真、滁、海、濠州，高郵，漣水軍等處税倉和糴斛斗，並依裝轉般倉斛斗空重力勝例，並以船力勝五十碩爲準，實裝細色斛斗四十碩，與破牽駕兵士一名。其空船亦依差裝轉般倉例。』二十四日，詔：『自今應請般小河運糧鹽人員坐船，許令只裝一半官物，餘一半即令乘載家計物色，所貴人員易爲部轄，免致兵梢論訴。』

四年五月二十一日，詔制置發運司：『兩浙裝鹽舟船，合用鋪襯荷葉蘆蓆等物，舊止令兵梢出備，以此之故，多有率掠，及別致侵盗官物。自今並從官給。』閏五月，臣僚上言：『經過荆湖、江淮四路州軍，體問逐州在市米價，或七八十，有至百文足者。率言州縣和糴場緊急欲糴及萬數，充郡秋税斛斗上供，小民闕食者。伏覩咸平、景德中，發運司遞年上供斛斗不過四百五十萬，是時江淮人民富樂，國家儲蓄有備。其後本司惟務添及萬數，以爲勞績，比至近年，上供已及六百五十萬。欲乞先勘會在京見管斛斗數，即於咸平、景德已來逐年上供數内酌中取一年立爲定額。』詔下三司詳定。三司言：『勘會在京所支人糧馬料斛斗萬數浩大，全藉向南諸路船般應副，今欲酌中於天聖元年額定船般斛斗六百萬碩〔一〕上供數内，權減五十萬碩，起自天聖五年後，每年以五百五十萬碩爲額。』從之。

十一月，詔：『温州所支綱運兵梢、綱官轉海至明州添支米，人日一升半。元破四十五日，内有船或遇便風時月別無阻滯，及軍梢用心挽駕，轉海行運，不約日限到明州本鎮，其餘日添支米舊合回納，自今與免尅筭填官，一例消破。』

十二月，河北轉運司言：『德州將陵知縣張存申：昨撥定額殿侍黄志、盖玉、馮信、張榮、王克明等五綱赴縣交裝支下保、趙州、安肅、信安、順安軍斛斗，内有張榮經今半年，並未曾到縣；馮信曾裝斛斗一轉赴順安軍，又却於別州軍裝載雜物過往向南州軍，今及四月有餘未迴。體問得止是押綱人員避見裝載斛斗，多於逐州軍私相計會截撥裝般錢帛雜物，務要萬數益多，苟求遷轉，遂致沿河州縣斛斗積壓年深，枉有陳損，蓋條約未備，因緣爲姦。欲乞檢詳御河押綱人員條例，於三年所般三十萬官物數中別定，須得兼載斛斗三萬已上，如般過錢帛雜物萬數雖多，亦不得準折充數。如此，不惟止絶得綱船輦運倖門，兼向去沿河州軍亦可廣謀計置。當司相度，欲依張存所申，其般三十萬官物數中須令兼般斛斗三萬石，方得理爲酬獎。』事下三司：『勘會河北沿邊居河路州軍所要支贍軍儲，自來全藉潮、御河相兼輦運般供，欲自今押運省員、殿侍三年内般輦諸官物數中，斛斗須是般及細色軍糧三萬石已上；如般粗色，即依倉式例準折。〔所〕貴使押綱人員各自用心，趁逐般輦軍糧，應副沿邊支用。』從之。

天聖五年二月，京西轉運司言：『唐、汝、隨、郢州、光化軍月收諸色課利錢除留州支遣外，其餘自來並入香藥遞赴許州下卸，應副以北州軍糴買糧斛及諸般支用。自編敕條貫後，不得入香藥遞鋪般運，諸州軍止差衙前支官錢雇脚般載，陪備錢物，或致破産。勘會均、襄、房、鄧州軍錢已許入香藥遞鋪轉送外，上件諸州軍欲乞依例。』從之。

〔一〕原天頭批注：副本有《玉海》一條附注。

五年八月，江淮發運司言：『管押汴河糧綱殿侍軍大將准條：四百料至五百料綱船，自今楚州般得四運斛斗及三萬六千石已上，泗州般得五運斛斗及四萬二千石已上，到京卸納了足，及經冬短般，至年終，無拋失欠少，即依條酬奬。近年諸綱才般及一兩運斛斗，便於逐處排岸司僥求借撥別綱舟船相添般運，要趁酬奬。本司見行撥併汴河，每五百料船二十五隻爲一綱，四百料船三十隻爲一綱，應副趁（辨）〔辦〕酬奬。欲乞今後汴河糧綱不得更於逐處排岸司借撥別綱舟船般運，如違，並當依法勘斷，仍至年終不爲勞績。』從之。

六年正月，陝府西路轉運司杜詹言：『本路沿邊環、慶、鄜、延、原、渭等州軍屯泊軍馬，支費見錢不絕，供饋或至少闕。欲將近裏州軍每月課利見錢，勘會就地里近便送納，那近邊場務課利見錢在邊上送納，免致闕絕。兼逐處場務勾當人但於就近送納，免差衙前般運陪備及兵士般擔辛若，枉破地里脚錢。』從之。寧州彭原、赤城、寧羌、午狼、楚村、王澤莊、狼山等務，並赴慶州；邠州永昌、韓村、秦店、左勝、洪河、龍安莊、曹公莊、房陵村、李村買撲石炭，定平縣張村、陵頭村等務，並赴寧州； 乾州麻亭、郭下、永壽鎮、新店、平泉村、蓋村、東大樹村、北務村、巨家莊、馬坊村、南舜城、羊馬店、權家莊、下交秋林村、梁店、蒿店、常寧寨、平陽村、永寧村、白石泉等務，並赴邠州； 永興軍興平縣甘北、醴泉縣臨涇、武功縣甘河等務，並赴乾州； 鳳翔府普潤縣、麟遊縣、崔模、法善寺、洛谷、扶風縣、盩厔縣、清平鎮、岐陽鎮、坧子坑等務，並赴乾州； 華州華陰（陰）縣、關西鎮、常樂、庫渡、荆姚、漢帝、下邽、來化、敷水、泉店、潼谷、蒲城、零起、石炭店、渭津渡、晋興渡、曹村渡、温湯渡、普濟渡、黄城渡、索曲渡、渭津渡、嚴信渡、姚渡、使渡等務，並赴同州； 韓城縣務赴丹州； 白水縣務赴坊州。

二月，虞部員外郎蘇壽言：『近年少有舶船到廣州，其管押香藥綱使臣端坐請給。欲乞抽歸三班院別與差使，自今遇有舶船起發香藥綱，即具馬遞申奏，下三班院逐旋差使臣往彼。』從之。

三月二十三日，三司言：『制置發運司言准編敕，諸河押綱、殿侍、三司軍大將應杖罪，如不係上京，內三司軍大將即就近送本路轉運或發運司勘決訖，具所犯因依斷遣〔一〕刑名申省； 其殿侍郎勘罪申省，降杖區分。仍並令依舊押船。其徒罪已上，並差人替下，押赴省。發運司勘會：諸河押運殿侍爲有上項條貫，多不用心，信縱兵梢作弊，侵欺損失官物。雖省牒降到合決杖數，又緣行運往來無定，不時決遣，或該遇赦宥，是致全無畏懼。今檢會天聖四年至五年共有殿侍二十四人違犯拋失、偷侵少欠

〔一〕遣 原作『追』，據《食貨》四六之一〇改。

茶鹽糧斛，並該赦放罪。欲乞自今諸河押綱殿侍不係上京，或有罪犯徒以上，依元條替下，申解赴省。若該杖罪，乞依三司大將例，就近申送轉運、發運司勘決訖申省。』從之。

五月，京西轉運司言：『據襄州狀：逐年准轉運司牒，輪差轄下十餘州軍衙前往荆南般布十萬匹，赴當州下卸，準備以北州軍般取充軍裝。州司檢會：荆南先造船十隻，遇諸州軍抽差綱副到般請布帛，逐州更差人員、兵士五十人往彼牽駕。上水灘磧，或至一年方到州，縱不遭風水疎失，須有上雨下濕、水漬鼠傷，估剥虧下價錢不少。復近年以舡造年深，釘板疎漏，不任裝載，逐年綱副自雇船般運布，每萬匹出雇脚錢百貫，並緣行它費不少。州司相度：當州南路省遞鋪，逐鋪各管兵士十餘人，日前曾般運南米、香藥自來轉江上京。遞鋪兵士別無般送，欲自當州至林湖鋪、荆門軍界至荆南諸鋪，各添兵士及二十人，置小車子十兩，每兩推載布二百匹，日運二千，計五十日十萬數畢。或阻陰雨，至兩月可畢。其添兵士，却遣歸小車子，即委巡鋪使臣拘收封練，準備逐年般運，免致衙前陪備脚錢。欲乞依襄州擘畫施行。』從之。

六月，制置發運使鍾離瑾言：『江浙、荆湖諸州軍逐年買下茶貨，般裝赴沿江榷務及淮南州軍綱運，或遭風抛失，全綱載不收，其綱梢人貨依編勑等第斷遣，其茶貨便即除破。若綱梢人員收救得水濕茶貨到卸納處，將茶味定驗分數，勘斷後紐計虧分價錢，尅折軍人請受填納。竊詳全載不收，決訖疎放，收得分數，既已科罪，又更剥納虧分價錢，以此條約不均，是致茶綱每遭風水，皆不肯收救，枉失官物。欲自今應茶綱遭風抛失，兵梢自能用心收救，即差官點檢，委實別無欺弊，與依編勑取責一綱上下地分村耆等人結狀〔一〕，無虚僞罪狀，勘逐綱梢人員依法施行。所有收救到茶貨至卸納處，只據見在分數收納入官，更不紐計剥納虧官價錢。若在路不切愛護，致有水損，但不係遭風抛失，收救到茶數，即依元勑剥納虧官價錢。』從之。

八月十五日，三司言：『益州路轉運司奏，據邛州狀：每年起撥上京等處綱運，乞於本州並蜀州新津縣各留兵士五十人、節級二人在彼守候綱運，般遞至益州遞鋪交割。已移文本州，今後遇起發綱運，即於本城兵士輪差般擔至益州。今知邛州萬可觀奏，乞相度邛、蜀州差兵級般擔上京綱運至益州，並一年一替。當司看詳：邛、蜀二州非要衝道路，逐年起撥應副河東等三路物帛綱運並非時差人般請馬藥等，並是常程綱運，别無外路州軍綱運經過，不至煩併〔二〕，逐年已令依差出兵士在外例日給口食。今相度，乞依舊於本城兵士内輪次暫差，仍乞依當司

〔一〕狀　原作『伏』，據《食貨》四六之二改。
〔二〕併　疑誤，或『併』字上脱一字，『併』下讀。

所奏，邛州添招克寧兵士七十人、蜀州添招百人，用填闕額人數。省司欲依轉運司所奏施行。』從之。

九月，嘉州言：『據行迴匹帛第二綱上運三司軍將張承祐申：昨准荆南排岸司差撥本綱謝進等舟船四隻，並元駕兵級三十人，載送新授閬州司理參軍薛儲上水赴任。又申揚順手下人船亦准荆南府牒，差撥[一]載送新授歸州判官元泊赴任。又却准歸州差，載送本州得替知州下往荆南未迴。竊緣當州逐年載運益州等處布帛十綱赴荆南，近來向下州軍輒將布帛綱人船與川峽荆南官員赴任得替，擅便於綱運内抽射人船，不惟久占舟船在外，並帶領兵級虛破口食，乞嚴降指揮止絶。』詔下三司定奪。省司言：『緣在京四排岸司迴脚空船，官員指射乘載赴任，已有編敕，其川峽迴脚空船即未曾明立條貫。欲自今川峽赴任並得替官員，如委的係沿江地分該得空船迴路，即得指射一隻因便乘載，不得迂迴，往復占射，别致住滯，有妨輦運。如違，其元差綱船干繫官吏必行勘斷，仍據往後支過兵梢人員錢糧口食勒令均攤，陪填入官。』從之。

十月，三門白波發運使、比部員外郎盧隨言：『點檢本司押鹽糧綱船殿侍、軍大將或有抛失舟船，臨時旋於諸處申報患狀，要免科罰。伏緣殿侍、軍大將三年如無抛失罪名，便該酬奬。今既見抛失，却與綱副上下扶同作倖稱疾，要免科罰。欲乞自今如有抛失舟船，其殿侍、軍大將信縱有申報患狀，並不免抛失罪名，所貴杜塞倖門，一向用心部轄。』從之。

七年三月十六日，屯田郎中李瓌言：『原缺[二]泉州城當二江會流，綱船順流至者多爲風惡漂溺，舟人不敢收救，蓋以敕條全綱没溺，或收救足數，方免罪，若失三五分，須責備償原缺[三]之故，凡有没溺，不復收救，望别爲條制。』事下三司。三司言：『瓌所陳太過，望委轉運使參議。』乃請自今於古灘暴風溺舟者，責部綱使臣集近村耆保併力援救，若全綱失者，篙工、梢工皆杖一百，主吏、使臣遞減一等。所溺物計爲三分，須備償一分。原缺如救及分，别無侵欺者，原其罪。從之。

六月七日，三司言：『益州路轉運使高覿言：乞今後管押布綱使臣、省員三運全無抛失，不違元限，三司軍大將、三班差使、殿侍乞與改轉，其使臣未親民者乞與家便差遣，已親民者乞與五年磨勘。如是使臣、省員弛慢，沿江抛失官物，及住滯綱運有違元限，乞自當司取勘情罪申奏，乞行衝替。省司檢會使臣差益州押匹帛綱赴荆南下卸，别無抛失，每運支官錢十五千，軍大將十千文。天聖七年勅：今後川峽行運布綱抛失官物，若全抛失，收

[一] 撥　原作『發』，據《食貨》四六之一一改。
[二] 原天頭批注：原缺處應據《水運》補完。按《食貨》四六之一一《水運》所載此奏文字與此同，無『原缺』二字。
[三] 據《食貨》四六之一一，無『原缺』二字。

救不獲，其本綱梢工、𣡡手各斷杖一百，配別州軍牢城收管；綱官、節級各杖九十；押綱使臣各杖八十，並勒下，不令押綱。或十分中收救得一分已上，依全拋例斷遣；二分已上至四分已上，梢工、𣡡手、綱官、節級、使臣、殿侍、省員每一分各遞減一等斷遣訖，(稍)〔梢〕工、𣡡手勒充軍，牽駕兵士，其綱官、節級已上並依舊押綱；或收救及五分已上、不滿元數，梢工、𣡡手各杖六十，綱官、節級人員各笞五十，使臣、殿侍、省員罰一月食直斷訖，並依舊行運。所有綱官、節級、人員、使臣、殿侍、省員如遇本綱更有拋失，據隻數每一隻加一等，罪止杖一百，其罰食直加入笞五十，仍並據拋失收救不獲數目，勒本綱上下等第均攤，陪納入官。若收救官物並足，不失元數，梢工、𣡡手各笞四十，綱官、節級已上並放。所有行運程限，仍須限一年往迴，嘉州排岸司候行運日出給行程，付本綱收執，所到州軍批書到發時日、阻滯因依，候迴，嘉州委排岸司點檢。如有不因風浪故作拖延，有違程限，並依法科斷，仍罪止杖一百。若違限三月已上，其本綱梢工、𣡡手、押載綱官、節級、人員、押綱使臣、殿侍、省員斷訖勒下，不令押綱。省司看詳，緣有上項賞罰條貫，所奏難議施行。』從之。

二十五日，三司言：『臣僚起請兩川四路物帛綾羅、錦綺、絹布、紬綿，每日綱運甚多，遞鋪常有積壓，其餘藥物更有水路綱運不可勝紀。且兩川之富，出産雖多，計其地利，亦有窮竭。科率之時，不無擾人，般運不絶，物價何由賤乎？伏望兩川所發綱運以一年計其數目，於内詳酌不急之物，量與減放三二分。省司看會〔一〕益州路收買鬱金、大黄，夔州路收買黄藥子，每於匹帛綱内附載往荆南，轉附赴京，今藥密庫各有見在。欲自今於每年買數十分中量減二分。』從之。

十月，三司言：『三門白波發運使文洎奏般鹽條件：「白家場去河中府五七里，三門集津垛鹽務去陝府四十五里，乞委兩處(同)〔通〕判依例充季點納下鹽貨，及乞許三門發運使、判官提舉點檢每年上供鹽。欲乞鈐轄支裝堪好明白，鹽席分明，定樣兩平交裝上船，無令欺壓秤勢。及戒約押綱人員鈐束梢兵愛護，不得信縱偷盗拌和。到京，於都監院交納。後有少欠、拌和，不堪鹽數，即申解赴省勘罪，依格條等第斷遣。沿路偷賣鹽貨，其買人多鄉村凶惡之輩販賣取利，地分巡檢、村耆人等隱庇不言，欲乞下本司檢坐元降告捉偷盗官物支賞條貫，遍牒沿路州軍出榜曉示，許人首告，勘逐不虚，依元條支賞外，如五十斤已上，告人二税外，免户下一年差徭；百斤已上，免二年差徭。犯人如赦後再犯，凶惡不可留在彼者，斷訖配五百里外牢城。所犯重自依重法。經歷地分巡檢、村耆人等知情，並依法嚴斷。綱副知情，自依本條；若不

〔一〕看會　疑當作『看詳』或『檢會』。

知情，亦乞依糧綱偷盜斛斗例，於本犯人名下減三等定斷。其在京鹽院所納船般鹽貨，並須公平受納，不得欺壓秤勢，支絶縱有出剩，不爲勞績。但一界別無少欠[一]，即依元條施行。監官、三司申奏，下三班、審官院磨勘施行。鹽綱如納正數足外，收到水路鹽出剩，不以席數，並盡數正收入官申著[二]。」檢會天聖元年敕：只於在京支給賞錢，其鹽院監專不得隱落，故意不收。如稍[三]違犯，並行勘斷。』從之。

八年正月，三司言：『廣濟河都大催遣輦運任中師奏：乞自今本河每年逐綱約定地里、所般斛斗數目，量與酬獎。省司檢會編敕：運河押綱使臣、人員等，一年之內，全綱所般斛斗依得萬數，候住運日，令發運司磨勘。內梢工支錢三千，綱官支五千，管押人本司具勞績申奏，重將與轉大將，使臣、大將即與引見酬獎，並年終住運，除全綱一年無拋失(欠少)〔少欠〕，依前項施行外，所有一綱之中，內有梢工至年終委寔逐運別無少欠拋失，亦與據梢工人數支賜賞錢，其本綱人員，綱官即不得一例酬獎。如梢工接連三年各無拋失少欠，除支賞外，與轉小節級名目，便充綱官勾當。若充綱官後，相接更二年全綱並無拋失少欠，支與賞錢一千，更轉一資。又編敕：應差押運省員、殿侍、三班借職等，每人各給印紙五十張充曆子，付逐人收掌，據逐運送納官物有無(欠少)〔少欠〕，行船違與不違程限，及拋失舟船雜犯愆罪，並於催綱裝卸排岸司批上曆子，年滿得替，赴省投納，比較磨勘。如逐人合該年滿得替，別無少欠官物及愆罪，量與酬獎。今相度：廣濟河押糧綱軍大將、殿侍，三年內般過斛斗別無少欠，已依條申奏，乞量與酬獎，其本河梢工、綱官即未有條貫。欲乞下廣濟河輦運司，今後廣濟河糧綱，如一年之內般得鄆州、徐州、淮陽軍三運，並曹州、廣濟軍、濟州五運斛斗至京交納，並無少欠過犯，候住發運日，令輦運司磨勘，其綱梢令比附汴河酬獎體例，特支錢一千。梢工接連五年各無拋失(欠少)〔少欠〕，除支賞外，與轉小節級名目，便充綱官。充綱官後及已充綱官人，相接三年全綱並無拋失少欠，支與賞錢五千，更轉一資。』從之。

三月，三司言：『河北都轉運司言：相度今後正受潮、御、界河催綱官員、使臣，三年滿日，催般過斛斗比附已前年分般過數多兩倍，即優與陞涉差遣，若緩急邊上闕少軍糧，權於轄下州軍選官催驅般運斛斗，一年內般得粗細色及十五萬碩，亦與陞陟差遣。所有押運省員、殿侍等亦乞每人押船二十隻，如三年內只般得細色軍糧七萬碩已上，別無拋失、違程、少欠諸般罪犯，便與例酬獎，即更不拘年限。如有粗色，依倉式例六折充填。若舟船緩急

[一] 少欠　原作『欠少』，據《食貨》四六之一四改。
[二] 著　《食貨》四六之一三天頭批注：『著』一作『省』。疑作『省』是。
[三] 稍　原作『梢』，據《食貨》四六之一三改。下同。

撥裝别物，三年内般不及數，只據般過數比，並依舊定萬數施行。省司看詳，其權差催綱官員、使臣緣催綱斛斗數少，酬獎甚優，更不差遣施行，所是正授潮、御、界河催綱官員，使臣並押運軍大將、殿侍般運斛斗，欲乞並依河北轉運司擘畫施行，仍候催綱官員、使臣三年滿日得替，委自轉運司將一界催般過數開排逐運元裝州軍至卸納去處附帳收管月分，及將前來三年權般過萬數一處立項，紐計比附，委的多兩倍已上合該酬獎，即具詣實保明，申奏數目。押運軍大將、殿侍，如三年内自近里州軍般細色軍糧七萬碩已上赴沿邊州軍卸納，依例酬獎，仍令黄河、御河都提轄司保明，申本路轉運司繳連申奏，若三年内般不及上件數目，只乞依舊定萬數施行。』從之。

五月六日，上封事者言：『普、遂等州諸般綱運，州縣差借人夫般擔，至梓州方有遞鋪兵士轉遞。伏緣川中時物常貴，差借人夫山路遥遠，不支口食，亦甚不易。竊知資、簡等州差借人夫般擔綱運至益州，自來官給米日二升。欲望應川中不置遞鋪權差借人夫般擔綱運去處，每日官支口食。』詔下益、梓、利、夔四路轉運司相度，皆言其便。復詔三司：『今後四路州軍差借人夫般運上京，並河東、陝西路州軍綱運，即每日人支口食米二升；止轉般鄰近州軍官物，即不支。』

七月，益州路轉運司言：『奉詔相度置催綱使臣，具久遠利害以聞者。竊緣當司每年起撥水路布帛、牛皮綱運下往荆南卸納，自離嘉州江岸，經歷過梓、夔州路，直至荆湖北路地分，沿江州軍〔一〕過往尋移，逐路轉運司就近相度，一准逐路牒，添置一員使臣，必免綱運。逐處作弊，端坐販賣物色，人員、兵梢虚費錢糧，深爲不便。』詔：『差供奉官李蟠乘遞馬往益州路轉運司取會文字，勾當自嘉州至荆南催捉起發匹帛牛皮等綱，早赴荆南下卸。綱官、梢工、水手、兵士等多是沿路住滯，買賣興販，既被押綱使臣催趕，却言前路嶮峻，行船不得，及放船於灘磧上住泊，故要疎放連累使臣，枉壞官物，及不伏鈐束。如有違犯，即送隨處州府勘逐情罪，依法斷遣；情理重者，配遠惡州軍牢城。押綱使臣等公然容縱，不切鈐轄，致違元限，催綱司具職位、姓名申本路轉運司，乞行勘逐〔二〕。李蟠常切往來，提舉催促，不得只於隨、處州軍端坐，如違，亦當勘斷。及下益州路轉運司量差人船付蟠隨行，仍備録宣命，於沿江州軍要便處粉壁曉示。』

八月十三日，審刑院、大理寺言：『楚州奏：自來領勘偷盗，動使梢工並從監主自盗律敕科斷。今新編敕内「偷拆官船釘板等貨賣者，當行決配」；又條：「當行決配者，具案聞奏。」州路居衝要，日夕過往綱運不少，常

〔一〕軍　原作『運』，據《食貨》四六之一四改。
〔二〕逐　原作『送』，據《食貨》四六之一四改。

有拆賣釘板兵梢，若或逐度禁奏，非唯頻煩朝廷，實見虛有淹禁。欲乞立定刑名，許令斷遣衆官參詳。欲自今應梢工偷拆官船釘板之類貨賣者，計贓從監主自（自）盗法杖罪，決訖刺配五百里外牢城，徒罪決訖（剩）〔刺〕配千里外牢城，流罪決訖刺配二千里外牢城，罪至死者奏裁。』從之。

二十一日，三司言：『據荆湖北路轉運司狀：荆南府准省牒，勘會昨於天聖五年爲般運布帛入城，遥遠擘畫於沙岸堤内起蓋布庫，委自沙市巡檢兼排岸提舉巡防，每益州布綱到岸，只就江岸點檢，對交與上京省員。如未有綱次，般赴沙市布庫送納。及排岸司狀：益州布綱到岸出卸，未得兵士在綱空閑，岸司量差借應副諸處工役。如本綱交卸，却便勾抽歸綱般卸畢。如有歸峽州般取官物，依例搭載前去，晝時押發離岸，别無妨滯。當司相度到屯田郎中劉漢傑等奏：益州布帛等綱兵士，自來阻風水行船，未得被沿江州軍差役，泊到荆南，官物纔卸，本府又差諸處工役當直。乞今後禁止，其綱到荆南沙岸，與限五日下卸，二十日卸〔一〕畢。』詔：『益州布帛等綱在路，除於沿江州軍的然值風水行船未得兵士空閑者，許依例差役，如無阻滯，不得擅差，有妨行運。荆南更不得抽差工役當直，限五日内下卸，二十日卸畢，更半月起發。其附載生銅、馬藥等，自岸般入府城約十五里，赴雜納物等庫送納，並係本綱差人津般，虚有住滯。仍委自荆南量物斤重，更於本府差兵士同共般赴庫送納，務要本綱不違程住滯。』

十二月二十一日，三司言：『左班殿直趙世長先差廣州押香藥綱上京，三運了當，各有出剩，合依敕酬奬。』詔減一年磨勘。二十二日，三司言：『今後西路般鹽綱到京交納數足外，如本綱收到已破耗鹽出剩數目五蓆已上，人員支錢一千二百，綱官一千，副綱八百；十蓆已上，只倍此數，梢工每蓆支四百充賞；其人員、綱副五蓆已下，及本綱内有抛失少欠，並梢工收到一蓆已下，即不支賞錢。所有緣河諸處交納鹽貨，本綱有收到出剩鹽蓆，仍依在京則例支給一半賞錢，永爲定制。』從之。《續通鑑長編》

仁宗慶曆三年，樞密副使范仲淹言：『國子博士許元可獨倚辨。』辛未，擢元江淮、兩浙、荆湖置發運判官。元曰：『以六路七十二州之粟不能足京師者，吾不信也。』至則命瀕江州縣留三月糧，餘悉發之，遠近以次相補。引千餘艘轉運而西。未幾，京師足食。

慶曆四年正月十二日，河北、京西、陝西、河東路當遞鋪軍士特支錢有差。時雪寒，輦致綱運辛苦故也。

七年九月二十九日，發運使柳灝言：『淮南、兩浙路運河久失開陶，頗成堙塞，往來綱運，常苦淺澀。今歲夏

〔一〕卸　原作『管』，據《食貨》四六之一五改。

中，真、揚兩界旋放陂水，仍作垻子，僅能行運。久積泥淤，底平岸淺，貯水不多，易爲滿溢。連有雨澤，即泛斗門，堤防不支，或害苗稼。竊以東南一方諸路百郡鹽、糧、錢、帛、茶、銀、雜物，凡所供國贍軍者，盡由此河般運，若或仍舊不加濬治，將見多滯綱運，有悮歲計。欲乞應運河經(曆)〔歷〕州縣，委逐處官吏預計合用工料，開去淺澱，須得深至五尺。仍於開汴口之後未行運已前下手，令逐處以廂軍及住綱兵士，如闕少，即量差人夫入役，依例日給口食。仍乞今後每二年一次，准此開淘。』從之。

嘉祐二年十一月十三日，三司使張方平言：『備儲廪，通漕運，當令河道疏通，故藝祖開國，首浚諸河。按汴渠，本禹迹也，春秋時，已各見諸經，歷代皆嘗濬之。隋大發民開鑿，始名通濟渠。自漢至唐，雖都雍洛，凡諸水運，咸資此渠，漕引江湖，利盡南海。天聖已前，每歲開理，緣河器備名品甚多，未嘗有堙壅〔一〕也。天聖初，有張君平者陳利見，始罷春夫；繼以淺妄小人苟規賞利，省減役費，以爲勞績，致兹淤塞，有妨通漕。至於惠民、廣濟二河，皆所以致四方之貨食以會京邑，舳艫相接，贍給公私，近年以來，悉皆填壅。蓋圖長利者不恤於小費，期永逸者無憚於一勞，伏乞朝廷訪聞差擇稍知水利精力幹事、不以文武官兩三員經度計置，開通諸河。今據檢計盡功料疏理其木岸、壩閘、堰埭材用合繕修處，先爲計備，嚴爲責罰，必令經久。去年京畿大水，壞官私廬舍，自去秋至今春半年之中，所修諸軍營房十餘萬間。夫以國家物力，豈有不可成之事，但事敗於因循而成於果決，至於其所不獲已亦必成而已。又諸修造無名不急之處土木之工無時暫輟，所費不可勝計。此諸河道皆是祖宗留心之地，國家大計所資，忽而不圖，是亦有司之過矣！』詔應通行漕運河道，宜令三司下逐地分當職官吏檢計的確功料，來春盡功開淘，須管通快。仍令都大堤舉河渠司更切提轄擘畫施行，勿令稍有阻滯。

三年八月，詔三司以淮南上供米十萬碩，繇惠民河以餽京西路。十一月，詔曰：『國家建都河汴，仰給江淮，歲漕資糧，溢於唐、漢。繄經制之素定，有常守而不踰。六路所供之租，各輸於真、楚；度支所用之數，率集於京師。以發運使總其綱條，以轉運使幹其歲入。荆湖舟楫回載海鹽，淮、汴舳艫不涉江路。方冬閉塞，役卒得以少休；近歲因循，兹事從而遂廢。吏緣爲蠹，人實告勞。比飭攸司，遵用往則，曠歲於此，格詔未行。豈發運使不能總綱條，而轉運使不能幹歲入哉！今兹講復，皆本故事，維爾職隳，則有譴罰。其令江南東西、荆湖南北路、兩浙運司限一年，各造船添梢工，及駕船卒，團成本路糧綱，自嘉祐五年爲始。止令逐路據年額斛斗般赴真、楚、泗州

〔一〕壅　原無，據《食貨》四六之一六補。

轉般倉，却運鹽歸本路發運司，更不得支撥裏河鹽糧綱往諸路。』初，發運使許元言：『江南東、西、荆湖南三路上供斛斗，舊皆逐路載至真、楚、泗三州，復載鹽以回，而汴船不出外江，謂之裏河綱。每歲往來，四運入京，乃敷上供之數。至十月，放牽駕兵卒歸營，謂之放凍。比年諸路轉運司年額不敷，發運司不放兵卒歸，乃令出外江沿江州軍載頭運，故諸路糧船大半爲雜般綱，唯要發運司般鹽往逐處運米而還。且汴船不諳外江風水，沉失者多。朝廷累下三司條利害。』既從許元議，而會元罷去，不即行，故特降是詔。

四年八月，都水監言：『河北提點刑獄薛申言：御河運路雖曾略通漕運，於今復已梗澀，蓋今春差官檢計差晚，已難得人工，故措置非便。即大可泛漲，又非其時，阻節公私輦運。今冬須霜降水落，經度檢計，候春天與工，事當辨集。監司看詳：欲依所請。下本路提刑司，今冬據河合行開修去處，子細檢計合役工料，春天興修，貴通漕運，不阻舟船。』從之。

六年四月二十一日，詳定寬恤民力所言：『屯田員外郎陳安道言：諸州軍衙前般送綱運，合請地里脚錢，逐處須候運畢方給。緣雇覓脚乘打角官物，須至陪取債負及賤買畜産，如地遠州軍，不免侵使官物，致陷刑憲。乞今後應衙前般請綱運合支脚錢者，並於請物州軍先次支給，關報受納州軍照會。其送納綱運者，於起發州軍先次支給，如願運畢請領，各聽從便。詳定所檢會《慶曆編敕》：上供及支撥官物等，如官有水陸迴脚，並許差人管押，附搭送納，其陸路無官般及無軍人者，許破官錢與押管人和雇脚乘，仍依圖經地里，每百斤百里支錢百文，急束〔一〕輦運雇傭不及，即差借人户脚乘，仍具事由聞奏。其川陝有水路不便者，轉運司計度般運。今安道所申，自合依條於請物州軍先給脚錢。竊慮州軍候運畢方給，致使衙前重有勞擾。乞令今後押綱運和雇脚乘，依上條（使）〔施〕行。』從之。

治平三年九月，詔淮南、江浙、荆湖制置發運司，若江東、西年額斛斗不足，則許出汴河糧船七十綱以漕。初，許元言：『江東、西、湖南三路往時皆轉運以本路綱漕斛斗至真、楚、泗州轉般倉，即載鹽歸本路，汴綱止漕三州轉般倉物上供，冬則放漕卒歸營，至春乃復集。近歲諸路因循，綱多壞，乃令汴綱至冬出江，爲諸路轉漕，漕卒不得歸息，良困苦。乞詔諸路增修糧船，載年額至真、楚、泗州卸如故事。』於是言利者亦多以元所言爲是，朝廷爲詔諸路如元奏。詔出，久之而諸路綱尚不集。嘉祐三年十一月，乃勑諸路限至五年，汴綱不得復出江。比及五年，而諸路船終少，發運司又屢奏乞令汴綱出漕，而執政輒以中旨詆

〔一〕束　疑爲『速』字。

絕之。諸路既患船不給，而汴綱以出江爲利，既不得出，兵稍訖冬坐食而苦不足，皆盜折船材以充費，船愈壞，漕年額(久)〔又〕愈不及。執政初但欲漕卒得歸息，而近歲糧綱多和雇夫兒，每船卒不過一二，人既少，至冬當留守船，又實無得歸息者。至是乃詔汴綱出漕，然尚限其數，其後遂復許以皆出如故矣。

四年十月十七日神宗即位未改元，(准)江淮等路發運使沈立言：『近三司擘畫汴綱，與人私載物貨，許兵梢論訴，並依條斷遣。緣兵梢多是凶惡身分，衣糧尅折不全，惟務侵盜。如人員部轄整齊，方可搭載私物了當斛斗。若許告訴，則互相疑貳，經久轉至作弊，敗壞綱運。乞約束應係綱運，今後不得大段搭載私物，及有稅物到京，並盡數送納稅錢。如違犯，並依條斷遣。其近降許令兵梢首告指揮，乞不施行。』詔：『今後管押糧綱使臣、人員等，所載私物並依舊施行，前詔更不行用。』

十一月十四日，權發遣三司使公事邵必言：『近淮朝旨，下江淮發運司，定到綱船梢工私載，並科違制之罪；人員、綱官知情，即與同罪，物貨沒官及給告人充賞。今無故生事，創立法則，望賜追寢，且依舊法。』從之。

食貨四三　宋漕運二[一]

神宗熙寧四年二月二十一日，詔：『近借內藏庫錢六十萬貫充河東、陝西路折斛錢，宜令於數內先撥三十萬貫赴河東，令三司選使臣、軍大將差船般至河陽，令京西轉運司和雇脚乘或差兵士，轉送赴河東路近便州軍交納。如無住滯，使臣與先次指射優便差遣，軍大將與減磨勘一年。』

五月，淮南等路發運使薛向言[二]：『諸河押綱使臣內有老病昏昧不職之人，不能部轄，及同情偷盜官物，未有立定體量指揮，直至兵梢訴論，或因買罣事發，方論如法。如不該停替，復得押綱，深屬不便。乞自今應押諸河綱使臣，委自發運使、副及本路轉運使、副體量，如內有老疾昏昧，或人員貪濁踰違，多酒慢公，並歷任內曾犯贓私停替之人，不堪管押綱運，即具事狀以聞，差人衝替。如未曾交割綱運管押，即發遣歸班，所貴綱運齊整。』從之。

六年十二月十五日，成德軍言：『在府場務差遣，參用禁軍軍員，惟管押綱運，只差三百料錢以下不教閱廂軍人員。』詔從之，仍不得妨本營部轄。

九年八月二十六日，熙河路經略安撫使高遵裕言：『勘會見屯軍馬，雖累牒轉運司廣作擘畫應副糧草，其差雇蓄脚，亦非人情所願，難以常行。乞令速行計置糴買，

[一] 原題爲『宋漕運三』，應爲『二』，今改。本部分摘自中華書局一九五七年影印本《食貨》四三之一至二一。原《宋會要稿》一四三册。

[二] 原天頭批注：異同之字隨文注入。

及別立般輦之法。』乃下秦鳳等路轉運司，於是轉運判官孫迥言：『自來多和雇蕃脚般運糧草，支與見錢，亦不聞曾有嗟怨。遵裕奏乞罷雇蕃脚，令轉運司別立輦運之法，幸本司不能供（辨）〔辦〕，即坐不職之罪。竊慮縻壞邊計。』詔雇蕃脚，令戶房申行下〔一〕。

十年十月二日，詔：『諸糧綱透借並諸般損〔二〕濕斛斗，每綱不及五十碩，支充本綱兵梢月糧口食，批上券曆，於次月尅折；五十碩已上，即令變轉〔三〕收糴元色填欠，如透借斛斗，本名正數已足，更不坐欠，委本倉攤曝估賣。內逐船及十碩已上，梢工方得科罪。』

元豐二年五月二十一日，三司言：『糧綱少欠折會，請受聽借兩月，行之歲久，減免深刑，便於綱運。近爲錢綱少欠，於法未有明文，先依糧綱折會法。今再相度，既借兩月請受，慮贍養不足，別致欺弊，欲改兩月爲四月，各半分折填。』從之。

九月十九日，詔：『東南諸路上供雜物舊陸運者，委三司增置漕舟，並從水運。』

十月二十七日，三司言：『自今押汴河及江南、荆湖綱運，請以七分差三班使臣，三分差軍大將、殿侍。』從之。初，詔以三班使臣在班常不下三四百員，有至一二年方得差遣者，而三司軍大將不足，庫務綱運闕人管押，令三司議以使臣代之，仍定理任歲限、賞罰之法。三司乃言：『汴河糧綱，舊法不限分數差遣使臣，其江南、荆湖四路許差使臣五分，並舊不差使臣路分，若悉以使臣代之，禄食視軍大將，所費爲多。』故有是詔。

四年四月七日，梓州路轉運司言：『都大經制瀘州夷賊公事司牒：將來入界節次聚糧迴運，乞差顧夫五萬，本路四萬，成都府路六千，夔州路四千。』從之。仍令所差雇人、牛等，先於本路；如不足，於夔路；又不足，方於成都路。

二十七日，中書言：『勘會變（通）運川陝路司農物帛等，般運已至陝西，有合變轉措置，令逐路提舉司除銀並紬、絹、布依省樣可充支，遣者存留，其餘變轉、移徙、出賣，或折博糴糧斛，並於邊要州郡樁管，限一月結絶。川陝至陝西在〔四〕路未般物帛，慮有損失，仰催捉般運，如闕鋪兵，亦許雇人併力輦致，所費錢並於〔五〕變錢內支。』從之。

七月九日，詔：『應陝西軍須物，可並以舟載至西京界，令京西轉運司運致。』

十月十二日，詔：『河東差夫及餽運乖方，命按閲三

〔一〕申行下　此句疑有脱字。
〔二〕損　原作捐，據《食貨》四七之一改。
〔三〕變轉　原作『轉變』，據《食貨》四七之一改。
〔四〕在　原無，據《長編》卷三一二補。
〔五〕於　原作『放』，據《長編》卷三一二改。

路集教義勇、保甲趙卨權主管都轉運司，俟事畢，依舊令運官於潞州置司，械陳安石、黄廉劾罪，莊公岳、趙咸俟隨軍回取旨。其按閲集教義勇、保甲，止令李舜舉往。』上續批：『陳安石、黄廉可且令送獄收禁，劾之。』先是，上詔卨等曰：『聞河東〔一〕轉運司應副軍事，調發人夫不量民力厚薄，致有實不可勝，屢經（川）〔州〕縣號訴者。卿等可因按閲，所至廉問，如委有措置乖方事狀，馳驛以聞。』至是卨等體問得運司昨差夫萬一千隨軍，坊郭上户有差夫四百人者，其次一二百人，願出驢者，每三驢彊當五夫，每五驢別差一夫驅喝。一夫雇直約三十千以上，一驢約八千，加之期會迫趣，民力實不能勝。入軍須調發煩擾，止是不急之物，如絳州運棗千石往麟府，每石止直四百，而雇直乃約費三十緡；陝西買被〔二〕皮供軍，亦非要切。如此之類，乞特裁損。故有是命。

十一月九日，涇原路轉運判官張太寧言：『餽運之策，莫若車便。竊見自熙寧寨至磨哆口皆大川，通車無礙，兼問自磨哆口至兜嶺下，道路與此無異。自嶺以北，即山險少水，車乘難行。以臣愚慮，可就嶺南相地利建一城寨，使大車自鎮戎軍載糧草至彼，隨軍馬所在，却以軍前夫畜往來短運。更於中路量度遠近，築立小堡，以相應接。如此，則可省民力之半，止以遺回空夫併力修築。』上批付〔三〕盧秉曰：『張太寧奏乞城蕭關故城以爲根蒂，則賊界人户盡可招來。道路氣勢，遠近相屬，可通大車轉餉，其策甚善。蓋其成效〔四〕已見於熙河。卿其早圖之，則一路不日當有幾席之安矣。』

十九日，京西轉運司言：『准朝旨，於均、鄧州共發夫三萬，每五百人差官一員部押，赴鄜延路饋運，計用官六十員。本路闕官，乞於起夫縣各差令佐，及鄰州縣不依常例，共差二十員，餘四十員乞自朝廷差官。』詔：『均、鄧州所起夫三萬，自離家日及本路程頓，並依前降指揮日支錢米外，令轉運司計自入陝西界至延州程數，日支米錢三十，柴、菜錢十文，並先併給。』

五年二月十一日，罷廣濟河輦運司及京北排岸司，移上供物於淮陽軍界，計置入汴，以清河輦運司爲名，差〔五〕朝奉郎張士澄都大提舉。先是，京東路轉運司言：『廣濟河用無源陂水，常置渠以通漕，歲上供六十二萬碩，間一歲旱，底著不行。欲移人船於淮陽軍界上吴鎮、下清河及南京穀熟、寧陵、會亭，臨汴水共爲倉三百楹，從本司計置七十萬碩上供，置輦運司，隸轉運司，歲減船三百五十、兵工二千七百、綱官典三十三、使臣十一，爲錢八萬二千

〔一〕河東　原作『東河』，據《長編》卷三一七改。
〔二〕原天頭批注：『被』一作『披』。按《長編》卷三一七亦作『披』。
〔三〕原天頭批注：『付』一作『行』。
〔四〕效　原作『劾』，據《長編》卷三一九改。
〔五〕差　此字不清，據《食貨》四七之二改。

緡。』下提點刑獄司按實，以爲如轉運司言，京北排岸司沿廣濟河置，故並罷之。

五月十六日，詔：『陝西都轉運司運糧應副軍興，於諸州差雇車乘、人夫，所過州交替。人日支米二升、錢五十文，至沿邊止。軍糧出界，止差廂軍，仍曉示人户知悉。』

七月二十一日，御史王桓〔一〕言：『昨廢廣濟河輦運，自清河轉淮、汴入京。臣每見累官京東博知利害者詢之，皆以爲未便。如廣濟安流而上，與清河泝流入汴，遠近險易較然有殊，望更體量。』詔令轉運、提點刑獄、輦運司以舊廣濟河並今清河行運比較利害。

六年二月六日，詔熙河蘭會經略制置司計置蘭州人萬、馬二千糧草，於次路州軍剗刮官私槖駞二千與經略司，令自熙州搯運，事力不足，即發義勇、保甲。二十四日，李憲言：『計置蘭州糧十萬，乞發保甲或公私槖駞般運，及慮妨春耕，臣已修整綱船，自洮河漕至吹龍寨，俟廂軍搯運赴蘭州。』詔如槖駞舟船搯運不足，須當發義勇、保甲，即依前詔。詳見《陸運》〔二〕

九月十五日，尚書户部侍郎蹇周輔言：『累奏乞不閉御河徐曲口，以通漕運及商旅舟船至沿邊。』詔本路安撫提點刑獄司與知因州官同相度以聞。詳見諸河〔三〕

十一月五日，提舉導洛通汴司宋用臣言：『朝旨歲運糧百萬碩赴西京，已計置截撥東河糧綱至洛口，以淺船對裝，計會本路轉運司下卸。』從之，仍候來歲終一全年見利害，別議廢置。

七年三月十六日，詔江淮等路發運副使蔣之奇、都水監丞陳祐求合遷兩官，餘減（審）磨勘三年，循資有差。以上批：『聞所開龜山運河，於漕運往來免風濤百年沉溺之患，彼方上下人情，莫不忻快。其本建言及董役成者，令尚書司勳第賞以聞。』

五月三十日〔四〕，詔：『鳳翔府竹木栰應募土人，以家産抵當及八千貫以上者，管押上京。如有拋失虧欠，候交納了日，給限半年填納數足，與三班借職；半年外，與三班差使；過一年，與三班借差；過二年，即不在酬獎之限。其少欠木植名數，仍將元抵當估賣填官。』先是，熙寧初，鳳翔府寶雞縣木務舊係舉人姚舜賢，願將家産抵當獨押修河椿木上京，罷軍大將十五人廩秩之費。詔從之。而舜賢所押船栰增羡，官私利之，故有是詔。

七月二十一日，新河東轉運副使范純粹言：『昨在陝西，朝廷每給軍須，並計綱雇夫起發，頗爲勞擾。乞自

〔一〕原天頭批注：『桓』一作『柏』。按《長編》卷三三八作『亘』。
〔二〕原天頭批注：詳見《陸運》雙行寫。
〔三〕原天頭批注：詳見《諸河》雙行寫。
〔四〕原天頭批注：『五月三十』條，一本在『元祐七年』，似可從，今移於後。

今河東、陝西邊用非應副機速者，並令小作綱數排日遞送。』從之。蘇黄門《龍（舟）〔川〕略志·言水陸運米難易》：元祐三年春，關中小[一]旱，提刑司依法賑民，不以聞朝廷。吕微仲，陝人，憂之過甚。有吴革者，自白波輦運罷還，欲求堂除，因議水陸運米，以濟關中之饑。朝廷下户部，且使革領其事。革言：『陸運以軍營務車、駝坊駝騾運至陝，水運以東南綱船般至洛口，以白波綱船自洛般入黄河。』革見予於户部，予謂之曰：『吾已爲君呼車營務、駝坊戢掌人矣，君姑坐待之。』既至，問之，車營務無車，駝坊無駝騾。予曰：『此可以賀君矣。若有車與駝騾，君將若之何？』革曰：『何故？』曰：『陸運至難，君不過欲多差小使臣、軍大將謹其囊封耳。車營務、駝坊[二]兵給，多過犯配刺到[三]，既行，必多作緣故，使前後斷絶，監者力不能及，所至盜賊且賣。若不幸遇雨，則化爲泥土。君皆莫如之何也？』革無語。復謂之曰：『至如水運，亦且不易。汴河自京城西門至洛口水極淺，東南綱船底深，不可行。且方春，綱先至者皆稱酬奬得力綱，輟令西[四]去，人情必大不樂。及至洛口[五]，倉廩疎漏，專斗不具，雖卸納亦不如法。白波綱運昔但聞有竹木，不聞有糧食，此天下之至險，不可輕易。吾已付輦運司，令具[六]可否矣。然君難自言，吾當見諸公議之。』及見微仲，微仲業已爲之，不肯盡罷。予爲刷汴岸淺底船，量載米以往。未幾，予罷户部，聞所運米中路留滯，雖有至洛口，散失壞敗不可計。

哲宗元祐六年三月二十六日，江淮荆浙等路發運使晁端彦言：『請應汴河糧綱每歲運八千碩已上，抛欠滿四百碩，押綱人差替，綱官勒充重役；滿六百碩，軍大將、殿侍差替，使臣衝替外，更展三年磨勘。若行一運已上，抛欠通及一千五百碩，除該差替、衝替外，更展三年磨勘。其初運但有抛欠，仍無故稽程，至罪止者，亦行差替重役。』從之。

四月二十一日，刑部言：『御河糧綱初係六十分重難差遣，其後以河道平穩，改作六十分優輕。今因小吴決口，注爲黄河，水勢險惡，乞復爲重難。』從之。

九月十六日，户部言：『使臣人員押鹽糧綱没失少欠該衝替、差替者，赦降去官不免。』從之。

八年十一月十日，江淮、荆浙等路發運王宗望言：『檢准熙寧二年中書省言：綱運豫行修整舟船，欲據合

[一]小　原作『水』，據傅增湘校影宋抄本《龍川略志》改。
[二]坊　原作『防』，『級』原作『給』。據傅增湘校影宋抄本《龍川略志》改。
[三]到　原作『封』，據傅增湘校影宋抄本《龍川略志》改。
[四]西　原作『曲』，據傅增湘校影宋抄本《龍川略志》改。
[五]口　原無，據傅增湘校影宋抄本《龍川略志》補。
[六]具　原作『其』，據傅增湘校影宋抄本《龍川略志》改。

雇人夫工錢，十分先支二分，候合給工錢，只支八分。勘會諸綱所借錢數不多，綱梢不免多出息作債，及貴賒買鋪襯等裝發，致錢少雇夫不足，偷侵官物。今欲乞十分内先支三分。』從之。

紹聖元年九月七日，户部言：『發運司狀：每年上供額斛及府界南京軍糧，動以萬計，止管汴河一百七十餘綱，須裝卸行運之速，乃能辦集。其汴綱在京等處卸糧，多有少欠綱分。依朝旨，並批發下裝發處折會結絶，而從來未有立定日限，備償明文。欲並依京東排岸司一司式立限備償，若裝發處不便結絶，自依元祐八年秋頒敕條斷罪。』從之。

二年六月二十四日，江淮等路發運司言：『汴河糧綱般過八千碩已上，或不滿八千碩，抛欠滿四百碩若六百碩者，押綱人及使臣乞勒充重役衙替，展磨勘三年。』從之。

十一月二十一日，江淮等路發運副使張珣言：『乞添置汴綱通作二百綱。』從之。

徽宗崇寧元年三㈠月八日，發運司言：『乞將諸州借裝官物上京新船，並委泗州監排岸官員置籍拘管，有入汴舟船，當日抄劄及梢工、押人姓名，並給公據，付本綱收執前去，不得别有諸般占留差使。』從之。

三年六月二十四日，陝府西路兼熙河路都轉運使鄭僅言：『奉朝旨，差雇夫役運糧應付河州。酌量人户財力所勝，立定保伍維持之法，人無偏重不均之弊，部夫官無逃竄人夫、散失斛斗之患，官私稱便。雖申請到已得差夫體例，緣係一時指揮，竊慮今後本路無法遵守，却致輕重不均。欲應差夫起丁，並依此施行。』詔非因邊事，不得立爲定法，如今後雖因邊事差夫起丁，亦未得一面差雇，仍須據合差雇數目申取朝廷指揮。

四年二月十日，虞部員外郎辛之武言：『承朝旨，差沿路催促起發熙河秦鳳路錢物綱，逐鋪曆多是止稱元押使臣等某人，並不抄上所押官物名色、赴甚處送納，蓋從來未有關防。欲應步路般輦錢物綱運，令逐路遞鋪置曆一道，遇官物到鋪，令管押人於曆内親書批鑿日時及某官或某人姓名、所押官物名色、至某處送納、合使車幾（兩）〔輛〕或兵士幾人，若無人軍理合行打過者，亦須分明批鑿因依，或複擁併，即依到鋪先後資次撥發般運。其曆令所屬州縣鎮起置，用即給付，季別一易。仍委巡轄使臣或季點官常切呼索點檢。』從之。

五年七月十九日，刑部尚書王能甫言：『國家仰給諸路綱運，全賴軍大將管押，而無關防，姦弊滋甚。欲乞今後已差及見押諸河綱運，或得替未到部，並有縉繫軍大將，應官司雖晝到特旨、朝旨抽差，並不得發遣。』從之。

㈠ 原天頭批注：『三』一作『二』。

大觀元年八月二十八日，詔：『綱運舟船牽挽浮駕之人，既出本界，仰給沿流糧食，而州縣以非本道人兵，抑而不支，致侵盜綱米，餓殍失所。可依發運副使吳擇仁所奏，綱運管押人經過州縣，合該請受，不即時勘支趕發，以違制論，不以去官赦降原減。發運司不按，與同罪。』

二年五月七日[一]，京畿都轉運使吳擇仁言：『奉詔，四輔各積糧草五百萬，內北輔將來計置，泝河寄洛口入大河，下至臨河縣，置車鋪般摺。臣今先次相度，汜水縣去河約一里，有都大巡河廨宇，可就本處踏逐倉敖卸納，就委都大官照管盤裝入黃河，船順流入北輔。又滎澤縣通洛壩閘，至黃河三十里，自來遇汴水泛漲，黃、汴兩河船栰往來，若計置得糧斛數多，亦可至時裝發。又南輔，潩河自長葛縣西十里堰斷引水，東入茶磨，向下開修十七里，取退水還河，足以行運。』詔擇仁相度條畫措置聞奏。

六月二十八日，詔六路起發綱米，於南京畿下卸交量，並依在京司農寺條法施行。

三年四月二十六日，戶部檢會：『大觀三年四月四日，湖南轉運司狀，欲將本路見闕押綱使臣下吏部，權差使臣。奉聖旨： 據今來見闕人數，並權許見在部小使臣免短使指射，每一運如無違欠，與減二年磨勘，及支與本資序請給外，支破券一道。看詳前件指揮，每一運如無違欠，減二年磨勘，即是尚有違程，自合引用《元符令》：二日以上，降一等； 十日以上，不准在賞限。如有少欠，係以全綱數折會填納外，欠不滿一釐，合依元降指揮推賞。今欲申明行下。』詔依。

四年八月五日，戶部言：『契勘元豐舊法，錢綱少欠，折會填納，本船少欠滿半釐，有斷降之文； 半釐外，計贓以盜論，至死減一等。押綱官亦有斷罪降等衝替指揮。法禁甚明，犯者亦少。見行條約一分以上，方送大理寺； 一分以下，許於本路處折會。即是一綱押錢五萬貫，明許欠錢五千貫以下。』詔依元豐

十月九日，詔東南六路額斛復行轉般之法。

十一月十六日，臣僚言：『契勘汴綱使臣等用心鈐束往來般摺，方獲（辨）〔辦〕集，理當立酬賞。今相度汴河押綱使臣等任滿，無拋失少欠罪犯，亦無違程般諸不了過名者，除依元條綱運酬獎外，更與減二年磨勘； 軍大將比折收使。若不該元條酬獎者，只與上件減半年恩例，庶使激勸用心，整齊行運，軍儲早辦[二]。』從之。

政和元年六月二十六日，戶部言：『江南東路監司乞凡依條合運載官物，所用舟車之類，委當職官臨時依民間價直僦雇，不立定制。』從之。

八月八日，戶部言：『乞從發運司請，應諸路州軍起

[一] 原天頭批注：此條『水運』、『陸運』俱收。
[二] 辦 原作『辨』，據《食貨》四七之四改。

發上供錢物及附搭金銀錢帛，不以多寡，並取所押人行程，當官逐一批上。如不即書，及别給文據，即乞從收支官物不即書曆科罪。』從之。

二年六月五日，江淮發運司言：『勘會見有事故綱分闕人管押，乞據踏逐到軍大將宋瑗等並特行差撥，仍乞今後依此指揮。本部勘當：宋瑗等並係見押綱運並見勾當專副，及得替，未到部，綰繫之人，有礙勑條，不合發遣。及乞今後依例特差，難議施行。檢會大觀元年三月二十八日勑：諸路綱運押綱軍大將見闕及年滿，綱運無人差撥，特召募軍將，未足見闕及數。應諸河綱運窠名，令發運、輦運、轉運、撥發、鑄錢司下諸州，並依都官法，用家業抵保，召募土人或衙前吏人充守闕軍將，就近管押，委本貫縣司保明，申所屬州軍審察，保明申本部，給狀收補充。如州軍職官員入仕十五年以上者，與換正名軍將，並只令管押本路。軍大將綱闕，其逐處召募到人仍填見闕，次年滿替。差訖即令所屬開申都官。所有向去磨勘改轉及罪犯，並依《都官條》法。《都官條》：保人合用諸司正名二人及命官一員，慮在外，難得命官爲保，土人即令召本處有物力人二名、衙前吏人一名，召本色二人爲保。若綱運有輕重不同者，令所屬更互差押。如有少欠官物合該差替者，發遣歸部，依條承受差使。其本部差去押綱人，候召募到土人，即發歸部。』詔依大觀元年三月召募土人指揮施行。

七月十七日，江南西路轉運使言：『本路每年合發上供糧斛一百二十餘萬碩，雖許差衙前權押，或用土人軍將，少有行止之人。乞在部進納官銓試不中之人，許令注擬管押，以三年爲任。任内無違闕，即與依試中人例注授差遣。』從之。

十月八日，尚書省言：『奉詔措置東南六路直達綱。欲六路轉運司每歲以上供物斛，各於本路所部用本路人船般運，直達京師，更不轉般，仍自來年正月奉行。其發運司見管諸色綱船，合行分撥應副諸路，餘令發運司應副非泛綱運。其淮南轉般，舊制歲備水脚工錢四十二萬、米十二萬碩，合令本路提刑司拘收封樁。今來初行直達，諸路運司竊慮難於應辦，每路於上件錢内支二萬貫應副一次。所有六路運糧，歲認應副南京等處米斛，除湖南、北數少外，欲令江南管認南京，兩浙管認雍丘，江東管認襄邑，淮南管認咸平、尉氏、陳留。更不差衙前公人、軍人，除使臣、軍大將外，許本路募第三等以上有物力土人管押，除依《募土人法》，其請給、驛券，依借職例支給。若曾充公吏人，或犯徒以上，並不在招募之限。招募不足，許差見在官；又不足，即募得替待闕、無贓私罪、非流外官充。逐路各差承務郎以上文臣一員，自本路至國門往來提轄催促，杖印隨行，綱運有犯，許一面勘斷，請給、人從，依轉運司主管官例，仍給驛券。許招置手分、貼司各二人，仍與本路轉運司吏人衮理名次升補。江南西路地理遥遠，更差大使臣一員，往來催促檢察。其請給理任，依本資序，仍別給驛券。江湖綱運管押人，如二年般及三運至京或南京府界下卸，拖欠折會外，不該坐罪，使臣與減二年磨勘，軍大將依法比折，土人與補軍大將外，仍減五年磨勘。再押該賞，依使臣比折。若一年及兩運，亦依上法推恩。淮、(折)〔浙〕一年般及兩運，與減一年磨勘；三運以上，減二年；餘依前法。逐路綱官、梢工連併兩次該賞者，仍許綱船內並留一分力勝，許載私物，沿路不得以搜檢及諸般事件爲名，故爲留滯。一日，笞三十；二日，加一等，至徒二年止；公人、欄頭並勒停。官司如敢截留人船借撥差使者，以違制論；截留附搭官物者，徒二年，官員衝替，人吏勒停。所有起發交卸條限與舊不同，淮、浙初限三月，次限六月，末限九月；江湖止分兩限，上限六月，下限十月終般足。兵梢偷盜，若諸色人博易糴買並過度人，並同監主科斷，至死減一等。並依內提轄文臣，候催了日，赴尚書省呈納具狀，以行陞黜。』

十二月二十二日，發運副使賈偉節言：『綱運經由，多是於兩界首住滯，今來興復直達，須藉稽考。欲乞應沿流催綱官司，並將所置《催綱曆》改爲《催綱簿》，半年一易。應有綱運出入本界，並真書抄轉上簿，庶幾易爲省覽。』詔依。

三年正月二十九日，兩浙轉運司言：『見奉行直達之法，今措置下項：兵官差刷上綱兵士，未有罪賞專法，除已將諸州所管廂軍多寡以十分爲率，每州歲差三分，配上糧綱牽駕行運，依條一年一替外，乞立法，(請)〔諸〕州兵官任滿，如差足糧綱，兵士逃亡不及三分之一，比附押綱使臣一年三運以上，與減年酬奬。若歲終差刷不足，或逃亡及三〔分〕之一，即乞罰俸兩月。若差不及一半，或雖差足，若逃亡一半以上，並乞特行差替，仍依課利虧欠法，官吏並不以赦原減。又本路見管禁軍二萬四千餘人，依熙寧、元符勅令，許差下禁軍兼廂軍充知州、通判等官員當直。近因大觀二年朝旨，不許差撥禁軍當直，從此盡占廂軍。竊緣禁軍自有分輪番次之法，即不妨教閱，欲乞權依熙寧、元豐令文，許令兼差充那廂軍差上糧綱。戶部檢承勅：兵梢、綱官、團頭在路逃亡、病患事故，並仰所在官司即時填差，若不行差撥，並杖一百，公人勒停。今來本司所乞，除差撥上綱人兵沿路逃亡係屬本綱，其元差處本官難以認數立罰。如差撥數足，自係本職，亦難比附押綱使臣一年三運以上減年酬奬。』詔禁軍當直，不妨教閱，兵官賞罰等，並依本司所乞，餘路依此。

三月八日，金部員外郎盧法原言：『承朝旨，差委催督直達糧綱，其批書行程妄破限，無緣檢察虛實。欲乞將糧綱行程候回元裝發官司，歲終類聚參照雨雪風水事故，察其虛實真妄，批官司類申戶部，乞行黜責。』從之。

十八日，戶部尚書劉(柄)〔昺〕等言：『乞應諸路大禮上供錢物綱，並令不許沿流州軍附搭諸般官物。如有違犯，乞從本所依朝旨送所屬或鄰州縣官員取勘，具事奏聞，仍不以赦原免。』從之。

七月二十三日，發運司管勾羅羅顔彦成言：『綱運自來抛失，係地分軍兵及河清馬遞鋪等人給借濕米，雖累借不得過十碩，而官司(一)未嘗計之，及每月尅折，亦不過三二斗，纔還隨借，終身不能備償。欲應抛失濕米，並只許估價出賣，或貸借民户，依法隨税送納，不許諸兵借請。』從之。

四年二月二日，兩浙轉運司言：『綱運自北入瓜洲閘，並係空綱，鎮江府江口放重綱出江之時，望瓜州上口要入，往往被空綱迎頭相礙。今瓜洲閘外自有河道，謂之下口，欲乞自今後北來空綱，並於下口出江，使重綱於上口入閘，極爲便利。伏望下淮南轉運司約束施行。』從之。

十一月二十日，詔：『諸路召募到等第土人押綱，初運並令支撥優便去處裝發一次，如運内有欠，次運即却入重難；無欠者，還依前法，即撥入重難，而一運或次運能補足前運所欠之數，及今運亦無欠者，並却入優便去處支裝。如違及不依次輒差餘人者，徒二年，不以失及赦降原減。其諸路綱運見押人，如係衙前公吏管押，若已起發，並候回本路日，別差應入人交割訖替罷；未起發綱運並改正，別差人管押。』從尚書省請也。

五年七月九日，祠部員外郎胡獻可言：『乞諸路綱運召募土人，除各有已降指揮外，欲乞應綱運窠名輕重及理界年分並理運數，並依自來都管差副尉條法施行，候界滿日，令更互管押。』從之。

十二月二十二日，詔：『脚户侵用般運錢物，許人告獲，先支賞錢五百貫，後於犯人名下追納。如不足，應干係及交易人均備，並以自盗論。』從河東轉運司請也。

宣和元年六月十八日，詔：『陳留縣等處，應開決河口地，速行修閉，仍令都提舉汴河堤岸司、洛口都大司依已降指揮，疾速放水行綱運，不管小有阻節，令尚書省繼日催促。』

二年六月十九日，發運司言：『臣僚言：東南歲漕，召募土人，有物力自愛之民多不應募，惟無賴子弟産業僅存及兵梢姦猾者，則旋以百千置産，使親屬應募，遂補守闕進義副尉。及得管押萬碩綱至京，欠及一分五釐，計米一千五百碩，纔得杖罪差替，復多引赦用例，止罰銅十斤。計一歲六百二十萬碩之數，所欠無慮數十萬矣。乞下六路，應米麥綱運，依法募官，先募未到部小使臣及非泛補授校尉已上，未許參部人並進納人管押。淮南以五運，兩浙及江東二千里内以四運，江東二千里外及江西以三運，湖南、北以二運，各欠不及五釐，依格推賞外，仍許在外指射合入差遣一次。若應募而輒敢沮抑及乞取者，並科違制罪。詔依前項先次施行，召募土人法並罷，

(一) 原天頭批注：『官司』一作『公私』。

其餘應合條畫事件，仰陳亨伯、趙億限一月同共措置，條畫以聞。

今條具直達綱差管押人，先大小使臣、校尉合注授人，次校尉以上未參部及未到部人，次非泛補授校尉以上未許參部人，次進納文武官，次副校尉，理當管押水陸重難綱運，副尉理當重格差遣各一次。再任者，候到部，再免一次，進納人免參部。每運至卸納處，無抛欠，減磨勘三年； 併押兩運無抛欠者，轉一官資，仍減磨勘三年。進納人依正法，併押五運無抛欠，依捕盜法改換使臣。不及一釐，謂折會借納外，下准此。減磨勘二年； 不及二釐，減磨勘一年。以上副尉依使臣法，比折展年准此。少欠，坐罪自依本法： 三釐，展磨勘一年； 四釐，展磨勘二年； 五釐，展磨勘三年； 一分抛失空重般及十五隻同衝替，副尉勒停； 三分，勒停； 副尉仍展三期敘，罪至衝替以上者，奏裁。副尉勒停准此。押綱人衝替者，綱官配五百里，勒停者，配千里。

沿路官司或非本路綱運坐視不問，今後抛失或偷盜，並令地分官司限一日具數申發運司置籍，輒隱庇或漏落實數者，徒二年； 申報違限者，徒一年。發運司置籍，候歲終，開拖欠地分轉運司，次年依上供條限承認補發外，仍各計逐路年額上供數，令發運司以元起發路分年額十分爲率，計經由路分抛欠數，具奏責罰，轉運司官如在本路抛欠者同。五釐，展磨勘二年； 七釐，三年； 一分，取旨。自今應綱運經由地分，發運及別路轉運司官覺察偷盜作過及留滯損〔一〕壞等事，任責，並如本路轉運司。六路抛失，歲終户部比較三年數，申尚書省取旨，陞發運司官。其專置提轄官在路抛失，自今計本路年額，以十分爲率責罰，令發運司具奏。三釐，展磨勘三年； 五釐，降一官； 一分，取旨。經由地分巡捕官司，自今應偷盜軍人、公人不覺察者，杖一百，累及五綱以上者，徒一年，命官各減一等； 即故縱者，各加三等。軍人、公人不以赦降、自首原免； 命官雖會赦，仍奏裁。若能用心巡察，捕獲犯人，計贓不滿一貫，命官陞半年名次； 五貫以上，減磨勘一年； 每及十貫，更減磨勘半年； 一百貫以上，轉一官。諸色人計贓，不滿一貫，賞錢十貫； 五貫以上，錢三十貫； 每及十貫，加錢十貫； 一百貫以上，錢二百貫。軍人、公人仍轉一資。』詔依。

三年正月二十四日，詔：『江、湖、淮、浙錢帛糧綱，見在運河阻淺，及江潮未應，難以前來。可令發運司相度，權行寄卸於真、揚、楚、泗州、高郵軍在城逐倉，令空船且往逐路搨運，庶免日久綱兵侵欺官物，坐費糧食。如三、四月河水通行，却載向上空船裝發上京。』其後二十七日，尚書省言：『今來將近中春，江潮已應，即與冬

〔一〕損　原作『捐』，據《食貨》四七之九改。

月不同，若上件綱運能至楚、泗州，即通淮、汴，更無阻節，自可直至闕下。若於逐州寄卸，舟行，計置舟船般運，轉見迂枉。竊慮有礙中都歲計支遣。』詔已行下文字，更不施行。

二月十八日，詔：『應官員下班祗應、副尉管押綱拋失少欠，見今勒住差遣者，累降指揮，如元非侵盜，特與放行差遣。仍據合催欠負〔一〕，於請受內依條尅納。』

三月十四日，淮南、江浙、荆湖制置發運使趙億言：『今月六日，奉御筆：運河淺澀，中都闕誤，仰火急措置拖拽，用車畎〔江〕水，須管於三日中三十綱到京，及別行措置自江入淮到汴利害聞奏。契勘真、揚等州運河淺澀，潮濼皆乾，別無水源，止可車取江水。臣見與逐州並本司官分頭措置車畎江水，爲河道遥遠，未至添長。所有自江入淮到汴，緣經涉大海泛洋，轉至淮河，方可入汴，未見得可與不可泛海入淮河行運。先已牒通、海州、鎮江府子細相度，講究的確利害。』次又奏：『勘會去年楚州界河淺，奉御筆，於河東常平錢穀内特給降錢米各五千貫碩，付陳亨伯募綱食人淘河車水。今來欲乞特降指揮，下淮東提舉常平司，量於東京路借撥到錢米内各支五千貫碩，雇人車水等使。』詔趙億遵稟已降御筆處分，疾速措置津遣綱運，其所乞事理，依奏。

六月十日，發運司言：『糧綱昨降指揮，召募土人法並罷，差大、小使臣等管押。契勘土人内有諳知行運次第，自管押糧綱以來，少欠不礙分釐，不曾被罰。曾經推賞有心力可以倚〔辨〕〔辦〕之人，欲乞存留。』從之。

五年六月九日，詔：『應押綱人犯罪，或違程拋欠，合批書印紙而收匿避免批書者，杖一百。』十日，發運副使吕淙言：『欲下諸路轉運司，須管見得逐州縣申到實有米糧，方得支綱，仍依條預借綱梢三分錢，如違限，許逐綱陳訴。』從之。以轉運司科數下州縣支綱，實無見管糧料綱運等，動經數月，又不支借三分工錢，故也。

七月十八日，發運司言：『契勘江湖路裝糧重船，多是在路買賣，違程住滯。本司看詳：上供錢物綱在路有故違程，依法不得過三日，累不得過一月，所有諸路糧綱即未有立定明文。今欲比類上供錢物立定，有違程不得過十日，内江東、淮南、兩浙路地累不得過一月，湖南、北，江西路地遠，不得過兩月，所有守閘日分，許與除豁，及無稽程並經由催綱地分官司，亦乞比附上供錢量行增立法禁。』詔六路糧綱地分官司不催發，杖一百。

十月二十三日，江南運判蕭序辰言：『嘗請〔二〕綱船折欠，多因沿路稽留，而沿路官司故有阻節，有合支請給處而不即支散，有附帶官物處而不即支付，有風水靠閣處

〔一〕負　原作『員』，據《食貨》四七之九改。

〔二〕請　原作『諸』，據《食貨》四七之一〇改。

而不即救〔一〕應催發，有回運合支工錢處，其寄樁錢輒已移用，推託不支。又有一路漕司不自計置舟船，輒有申陳截留他路回綱，尤爲不便。欲乞嚴行約束。』詔令發運司措置。

十九日〔二〕，發運司言：『江西，湖南、北，兩浙西路新用敕告、香藥鈔均糴斛斗，已准指揮，權暫和雇舟船般運。合要管押人自合依前後所降處分召募起發外，相度欲乞從吏、刑部每路各更差小使臣並副尉、校尉一十人，發遣赴逐路相度差押綱運。』從之。

十二月十九日，詔：『應管押綱運使臣〔三〕等，並不許諸處抽差，如違，官司及被差人各徒一年。』從户部尚書盧益請也。

六年三月二十九日，發運副使吕淙言：『准給降香藥鈔告敕，計一百萬貫，分糴斛斗應副般轉。乞令逐路據已糴米那借係省官錢雇船起發。』從之。

閏三月六日，户部言：『勘會東南路歲起上供布六十萬匹，兩次朝旨下發運司催趕，至今未盡數到京。其沿路官司坐視，略無督責。欲乞逐官各置催綱行程曆，從本路轉運司就便印給，逐時抄上綱運入界時日、押人姓名、船隻所載官物，躬親監催起發，至甚日時出界，本地分內有無風水拋失、住滯緣故，畫時關報下界首官司，逐旬開具申本司。至歲終，本司取索行程曆點檢驅磨。如能巡捕督促，別無留滯及拋失舟船，若獲到兵梢等人博易盜賣，乞從本司比較，取摘三兩員最優者保奏等第推賞。如依前馳慢，除〔依〕法斷罪外，仍從本司酌其情重者奏劾。』詔依。

七年二月四日，尚書〔省〕言：『勘會東南六路諸州軍逐年裝發上供額斛，自來立定知、通任滿賞格，輕重未至均當。近又因兩浙申請，將不滿一任替罷之人，不論到任月日淺深、所起斛斗多寡，但管勾裝發無違限，便依任滿法，作不滿三十萬碩，皆減年磨勘。今修下條：一萬碩以上陞一季名次，五萬碩以上陞半年名次，十萬碩以上減半年磨勘，二十萬碩以上減一年磨勘，三十萬碩以上減一年半磨勘，四十萬碩以上減三年磨勘。』從之。

二月八日，詔：『燕山闕糧，可自京師運米五十萬斛，令工部侍郎孟揆親往措置。』

四月十一日，尚書省言：『近降指揮，罷兩河土人押綱。契勘土人有財力家業，軍校單身貧弱，綱運不繼，往往逃亡，其弊可以坐見，合行修復。』從之。

五月三日，詔：『盧宗原拘收糴本，興復轉般，並係

〔一〕救　原作『敕』，據《食貨》四七之一〇改。

〔二〕原天頭批注：『十九日』一作『十月十九日』，又重上，疑『十一月』之訛。今註：《食貨》四七之一〇作『十月十九日』。前面已經敘述到『十月二十三日』，此處當爲『十一月』。

〔三〕臣　原無，據《食貨》四七之一〇補。

御前措畫親筆處分，無預漕計，亦無取斂於民。訪聞諸路漕司輒敢觀望，指準補欠，便不以上供歲額爲意〔一〕，發運司官又欲以補欠爲己功，不復督責，舉此以廢彼。其宗原所拘收錢本，可令不住於夏秋豐熟去處，廣行收糴，其已糴到並去歲均糴斛斗，並行樁管，以御前措置封樁斛斗爲名。所有諸路上供額斛斗，除已代發過數合行截還外，且令依舊徑發上京。如違，以大不恭論。』

九日，臣僚言：『取押木栰，自來號爲重難，本臺累據使臣陳訴，工部推恩稽慢，有以受納不即報應，曲有留滯者，有以起發官司尺寸不同因爲沮閻者，有以外處不能盡知條法，而責其必先依式開具保明者。欲望有司嚴責日限，不得曲爲沮留，以爲赴功之勸。』詔工部限一月結絶。

六月八日，户部尚書劉昺言：『諸路糧綱情弊甚多，沿流居民無不收買官綱米斛。欲今後委逐路官司覺察，沿流人户買官物一升，賞錢十貫；一斗，賞錢五十貫，至三百貫止。買賣人決配千里外，鄰人知情，與同罪；不知情，減一等。許諸人告捕，犯人自首，與免罪。』從之。

十三日，發運司言：『應直達綱經由處，其地分催綱官拋失重船，沿江十隻，展磨勘三年。仍令地分官司遇拋失空船，限即時具船隻綱分、姓名申本州軍通判，本廳置藉抄上，候歲終，開具地分拋失隻數、合干官吏姓名，申發運〔司〕責罰。』從之。

七月十九日，發運使盧宗原奏：『乞諸路起發錢物，即給走歷，於卸納處繳曆驅磨，如地分巡尉苟簡，或致侵欺移易，乞賜黜責。』詔違者以違御筆論。

四月二十四日〔二〕，詔宗室並不許召募押糧綱，從尚書省請也。

二十一日，開封尹王革奏：『劉昺所立罪賞，已是嚴重。無圖之輩，因緣生姦，詐誘兵梢，復行告捕。欲乞詐誘及故令綱運兵梢糴糶米穀，因而告捕規賞者，並以被誘人所得刑名決配支賞，許人告捕。糧綱到岸，應管勾河岸鋪兵、公人、岸子之類知情容縱兵梢糶糴綱運米穀，乞受錢物，計贓並依河倉法決配支賞；引領牙人並知情停藏、負戴者，同罪。』詔改賞錢十貫字作一貫，五十貫字作五貫，三百貫字作一百貫，餘依奏。

十一月十三日，詔：『東南六路糧綱回運空船，沿流官司依重綱逐界催趕出界，批書出入界日時，沿汴委都大官，餘委逐路漕臣按察，具所部催綱官勤〔三〕墮申發運司，覆實比較以聞。』

十七日，詔：『發運司累歲興復轉般，今方就緒，盧宗原見措置糴到米，並淮南倉見在均糴及經制餘錢糴到

〔一〕意　原作『易』，據《食貨》四七之一一改。
〔二〕原天頭批注：『四月二十四日』條移在『五月三日』前。
〔三〕勤　原作『勒』，據《食貨》四七之一一改。

米，各已累降指揮，並充轉般代發歲斛。如諸司輒敢陳乞借撥，别充他用，或别項起發並截借措置到綱船，沮壞轉般良法，仰（抑）發運司密具以聞，當議重行貶竄，人吏決配。雖專奉特旨，仰執奏不行。』

十九日，南郊赦書：『諸路起到綱運，在路風水積壞，見今監繫，勒令陪納，情寔可矜。仰交納官仔細驗認加封記圓全，别無換易情弊，即與先次交納，其合估剥官錢，行下本處依條施行。』

十二月十六日，京東路轉運使言：『乞今後諸州軍府遇上供綱運起發盡絶日，於本處許差出官内選差官一員，沿路根究催趁。』詔諸路依此。

二十一日，都省言：『諸路封樁斛斗闕舟船般發，今來邊防警急，合廣儲備。契勘已奉御筆手詔結絶，應奉司江淮諸局所進花石綱，並罷舟船，令轉運司拘收。』詔：『逐路漕臣悉心體國，疾速拘收舟船分撥赴已樁糧斛州縣，盡數裝發催併到來，應副急闕支遣，仍選差或召募得力使臣，多方差綱梢人兵牽拽。沿路經過合批收口券錢糧，限即時應副，内有裝載官物若石，並仰隨所至州軍卸納官物，仍仰如法安置，不得損失。如糧綱到京，沿路别無留滯，候卸納訖，令司農寺具管押人保明，申尚書省取旨，優加推恩。如稍〔一〕涉稽滯，及本路監司州縣不切用心應副，並當重寘典刑。』

八年三月十二日〔二〕，臣僚言：『東南諸路斛斗自江湖起綱，至於淮甸以及真、揚、楚、泗，建置轉般倉七所，聚畜糧儲，復自楚、泗置汴綱，般運上京。崇寧三年，因臣僚建言直達京師，致多拖失。邇來召募土人管押，欺弊百端。伏望先將土人選使臣等抵替，委發運司計置，依舊興修轉般倉，候成，降賜本錢，令轉運司計置斛斗，然後置直達之法。』詔任諒相度聞奏。

閏九月十一日，尚書省言：『直達之法，事法詳備，有補無損，今妄有改更，徒爲勞費。前降指揮更不施行。』

高宗建炎元年五月十七日，路允迪奏：『都城自來惟仰諸綱運轉給，今來車駕臨駐傍京，汴河綱運理宜先次措置。欲乞下户部及發運司計度合用數外，速令催發前去京城下卸，應副急闕支用。廣濟河、蔡河綱運，亦乞下逐處〔三〕輦運、撥發司速行催發前去。』從之。

六月二十七日，户部尚書黄潛厚言：『已得指揮，諸路起發上供錢物並赴東京送納。契勘南京左藏庫見在錢物不多，乞應東南上路綱運，令行在户部相度，隨宜分撥赴東京或南京下卸。』從之。先是，汴河以河口決，糧綱運不通，詔差提舉京城所陳良弼同都水使者榮嶷、陳水道修

〔一〕稍　原作『梢』，據《食貨》四七之一二改。
〔二〕八年三月十二日　宣和无『八年』，到七年止。或是『靖康元年』依然稱宣和年號。
〔三〕處　原作『去』，據《食貨》四七之一二改。

治決口，至是綱運漸至，故有是詔。

八月一日，京東路轉運副使李祐言：『諸路應副朝廷大計，發運司最爲浩瀚，近年歲額未嘗數足，蓋緣管押使臣多是干請差委，不曾選擇能幹之人。又沿河居民盜買官米，官司並不覺察，致每運少欠不下數千碩者，至沉溺舟船。欲下發運司選擇有行止、無過犯、能管押使臣，如每運〔一〕無少欠或欠數多，及沿流官司能爲覺察盜賣及不覺察去處，重行賞罰，以爲勸沮，及令本司官不住往來催促。』詔除少欠數多及無欠一節別作施行外，餘並從之。

九月十二日，同知樞密院事張慤言：『東南六路歲運糧斛六百萬碩，去年與今年未到數目甚多。今乞責東京及南京排岸司各置簿，抄上見下卸糧綱，並諸色綱運船元來路，分州軍府下卸官物日，綱回運就差是何官員乘載使用，至甚處下卸，各不得出本路界，抄上綱官、綱梢梯手，兵士姓名人數。如違，綱梢各量情犯斷勒。』從之。

二年正月十日，詔：『糧綱卸訖，空船雖許差乘，若往別路及經過所差州軍，元差官司並乘船官各徒二年。真州排岸及瓜洲堰閘官不切檢察者，各杖一百。其以前已差往別路糧斛船，令轉運司委官催回本路，如乘船官占恡，依未出本路非理遷延、占留人船，致妨本處裝運錢糧，計日坐罪指揮施行。』

十八日，發運司梁楊祖言：『准尚書省劄子，據倉部員外郎曾愷狀：近降聖旨，差措置催促綱運。契勘發運司見行糧綱船，例皆四五百料以來，於法許載二分私物。體訪得糧綱往往沿路留滯，蓋緣押綱自買船隻，僅及千料以上，謂之隨綱座船，併行般運，增添隻數，名裝官物十分，攬載私貨。至如入汴，多致阻淺，其全綱船隻不免一例住岸。今措置，欲自今後綱運隨綱船，不得過見押官船料，例止許置兩隻。如敢依前置買大料船隻隨綱，及置買過數，許所在官司覺察，没納入官。』從之。

五月十九日，詔：『在京歲用斛斗浩瀚，從來指擬東南漕運。除發運司合應副南京、拱州斛斗共四十四萬碩，並淮、浙合赴京畿下卸年額斛斗共九千萬五千碩，逐司自當別行應副外，將發運司未起今歲合發額斛二百五十八萬九千八百餘碩，淮、浙今歲未起額斛，淮南一百四萬七千餘碩、兩浙六十八萬七千餘碩，並仰多方措置，限十月終已前須管盡數般運至京。其逐路建炎元年已前舊欠，各仰前期計置樁辦，自來年爲始，分限三年〔催〕發，不得更有拖欠。其措置不擾，及押人如期到京，不礙分數，並轉運司取旨，優加酬賞；若催發稽慢，不及今來所起之數，並押綱人遷延違滯，令逐處按劾，官當竄逐，人吏遠配。如闕少綱船，仰依已降手詔優支雇直和雇，其牽挽人夫，亦仰添支雇錢雇募，仍約束押綱人常切存恤。其江湖

〔一〕運　原作『數遇』，據《食貨》四七之一二改。

未起之數浩瀚，專委司農卿史徽催促收樁，候逐路斛斗裝發離岸，專委發運吕源催趕至淮南，自淮南專委梁楊祖催趕至泗州，自泗州專委李祉催趕至東京。仰所委官各給押綱人行程，若有住滯，所委官隨分定地分行遣。仍仰東京户部官躬親常切點檢覺察，毋令少有稽違住滯。』

『……綱運〔一〕，所至官司，莫敢誰何。欲望嚴立法禁，許押綱人經隨處官司地分陳訴承報，限時拘收，梢工送所屬依法推治，内兵梢解押赴本州，牒送住營州軍勒重役，永不得再差充坐船梢工。承報官司不即公行，或有觀望故縱，與犯人一等科罪。』詔可，行在仍令御史臺覺察聞奏。

二十三日，户部言：『江南東路轉運司言： 本路綱運舊行直達日，每綱用剩下二分私物力勝裝載糧斛，依雇客船例支錢。復行轉般本路額斛，依專法祇至淮南下卸。向緣靖康元年九月二十二日朝旨： 不許裝載二分私物，以此綱運繳計不行，押綱人皆不願管押。今欲且令本路綱運依舊例用二分私物力勝攬載年額斛斗，依和雇客船例支給雇錢，更不攬搭客貨。如押綱人輒更搭攬私貨，即乞朝廷重立法禁。本部勘當，欲依本司所乞，非情願投狀承攬者，不許抑勒； 如已攬載額斛力勝外，更載私物因致稽滯者，於本罪各加一等。』從之。

八月，發運副使吕源言：『綱運舊條，以二分力勝許載私貨。今官拘力勝〔二〕，而所支二分加料〔三〕雇夫錢米太微，必致侵盜。乞加料每十石破一夫錢米。』從之。

九月五日，專一措置財用黄潛厚奏：『乞諸路錢綱並赴行在左藏庫送納。』從之。

十二月二十四日，江南西路轉運司言：『本路歲額上供糧斛，舊押綱使臣多爲發運司拘截，真、揚排岸司所遣者，多浮浪不根及有因應募効用補受副尉之人，既無家業可以倚仗，兼不（譜）〔諳〕熟綱運次第，欲乞應有副尉乞押本路糧綱，並先令供其家業，及召命官或有物力人保委，審量心力可以委付，即乞發遣前來。』從之。

三年四月十日，詔：『東路軍民久闕糧食，已撥發上京糧斛，令尚書省差發運使一員，同本路漕臣專一往來催促起發，須管於七月一日以前起發盡絶。所雇在巡尉及應干捕盜官部領弓兵往來防護，各至界首交割，不（管）〔得〕稍有疎虞。如有弛慢不職去處，令發運使按劾以聞，當議重行停降。』

十二日，司農寺丞蘇良治言：『淮、浙路並發運司糧綱到京，依條少欠一分五釐批發，及江、浙兩路轉般赴淮南用一分。今來車駕駐蹕杭州，節次即未有立定分數。

〔一〕綱運　此句前有大段脱漏文字，其佚文見《水運》二（《食貨》四七之一三）『六月九日』條。

〔二〕力勝　原作『力升』，據《食貨》四七之一四改。

〔三〕料　原作『科』，據《食貨》四七之一四改。

欲乞將江東路糧綱依舊用一分法，兩浙路地里不遠，權用五釐法施行。』詔已降指揮移蹕江寧府，重別措置，申尚書省。司農寺措置：『兩浙並江西路綱運少欠乞用一分法外，若地里及三百里已下，乞用三釐法； 四百里以下，乞用四釐法； 五百里以下，乞用五釐法； 八百里以下，乞用七釐法； 一千里以下，乞用八釐法，餘並乞用一分法。若有礙分綱運，依京倉施行。』從之。

五月十六日，發運副使葉宗(鄂)〔諤〕言：『押綱人乞依舊條酬賞外，更與減三年磨勘。近降赦書，除軍功酬賞外，其餘權住行遣一年。今來押綱人員所得酬獎，乞依軍功例施行。』從之。

建炎四年七月三十日，户部言：『准部省批下發運副使宋煇劄子： 契勘本司舊行轉般支撥綱運裝糧上京，自真州至京，每綱船十隻，且以五百料船爲率，依條八分裝發，留二分攬載私物。如願將二分力勝〔一〕加料裝糧，聽。八分正裝計四百碩，每四十碩破一夫錢米，二分加料，計一百碩。 舊法： 每二十碩破一夫。建炎二年，内裝發東京糧緊切，畫降聖旨： 加料每十碩，支破一夫。後來前本司官葉宗諤去年〔二〕内得指揮，撥還東京糧料，沿汴少欠，就顧牽駕舟船，申畫指揮： 加料依和雇客船則例支給雇錢，入汴添支三分水脚錢，及舊法支給蔆蓆、刺水、鋪襯等錢，並管押人依條除本身請給外，重船又別給驛券，每運至東京卸納，無欠折，轉一官資，綱梢並支撞岸及賞錢，所請脚剩等大段優潤。

今來依奉聖旨： 雇船起發浙西勸誘等米，其押綱除本等資序請給外，止添食錢三五百文，別無立定了納賞罰。兼本司見打疊舟船，團給官綱，起發行在物斛，浙西州軍至越州地里不遠，若不權宜立定賞罰，無以勸懲。今相度，除雇船自有立定地里水脚錢外，有官綱欲乞依本司昨來起發上京綱運例，除添支三分水脚錢不及外，餘依舊例支破。所有官、客綱人賞罰，令以地里遠近、所裝米數參酌立定下項： 賞，每運押米五千碩以上，地理至卸納處無違程，折會償納外，少欠，依下項： 副尉比折收使，八百里減磨勘二年半，五百里減磨勘二年，三百里減磨勘一年。 罰： 每運押米五千碩，少欠一分，使臣衝替，副尉勒停，仍根究致欠因依； 七釐，展磨勘三年； 五釐，展磨勘二年； 三釐，展磨勘一年。後批送户部勘當，申尚書省。 本部今欲依本官所乞施行，内賞係別無少欠。

倉部供到狀： 近勘當發運副使宋煇劄子，起發浙西諸州米斛至越州，乞依舊八分裝，每四十碩破一夫錢米，二分加一料，每二十碩破一夫，並以地里遠近賞罰。合支蔆蓆、刺水、鋪襯等錢，已勘當，依本官所乞，内押人依條

〔一〕勝 原作『升』，據《食貨》四七之一五改。
〔二〕年 原無，據《食貨》四七之一五補。

除本身請給外，重船又別給驛券。緣今來止是一時裝發斛斗，比之上京綱運，事體不同，若更破驛券，委是太優。欲乞重船日支食錢四百文省。』詔依。

十二月十日[一]，度支員外郎韓球言：『欲前去饒、信等州劄刷錢糧，乞將沿流州軍並起發見錢，其不通水路去處依指揮變轉輕齎。』從之。

紹興元年二月十六日，詔：『令韓球照會前降事理，體度行在贍兵數多，將見劄刷不以粗細色綱運，遵依建炎四年十月一日已降陸運指揮疾速施行[二]，不得少涉搔擾。內合應副張俊下軍錢糧，仰於今來所般數內量度撥留應副。其後內降應幹合於饒、信州椿垛錢物糧斛等事理，更不施行。』

元年三月十二日，户部言：『越州通判趙公竑言：兩浙路見有起發米斛萬數不少，內有經由海道前來綱運，除官綱平河行運合依宋煇措置外，海道般運糧料係爲登險，理當優異。本部今比附重別措置，每運至卸綱納處，無拖欠、違限、折會、償納外，依下項： 內賞比平河已是優異，其罰格亦比附申請措置遞減一等。賞格： 一萬碩已下，所裝雖多者同。 一千里無拖欠，轉一官； 不滿一釐，減四年磨勘，副尉依使臣法比折收使，下准此。 不滿二釐，減三年。 五百里無拖欠，減四年； 不滿一釐，減三年； 不滿二釐，減二年。 五千碩，所裝不及五千碩，若併押兩運如及所立之數，亦乞通行推賞。 一千里無拖欠，減四年； 不滿一釐，減三年； 不滿二釐，減二年。 五百里無拖欠，減三年； 不滿一釐，減二年； 不滿二釐，減一年半。 罰格： 欠三釐，展一年磨勘，副尉亦合此展； 欠四釐，展一年半； 欠五釐，展二年半； 欠七釐，展三年半； 欠一分，展四年； 欠三分，拋[三]失空船一十五隻同。使臣、校尉衝替，副尉勒停，仍根究致欠因依。』從之。

二十七日，户部言：『上供錢物糧斛，依法雖請降特旨截留借兑支撥，執奏不行。及承指揮，統制軍馬等官以便宜行事，拘截上供錢物斛斗，官吏並流三千里，主司聽之，減三等。所有今後起赴行在送納綱運，輒敢拘截卸納，亦乞朝廷嚴賜施行。』詔：『諸路應赴行在錢物斛斗，官司輒截留借兑支撥，並依上供條法指揮。』

六月二十四日，户部言：『諸路歲起糧斛，舊制：江湖轉般，兩浙直達上京。比緣軍興，淮南轉般倉敖燒毁殆盡，其江湖糧綱自合權宜直達赴行在。』詔依。

九月十八日，明堂大禮赦：『勘會糧綱舊六路直達法，卸納少欠一分五厘已下，本路備償，折會過一分五釐，即行根究[四]。比來行在下卸糧綱，因有司申請減下欠數，和雇客船填納不及五釐，官綱一分已下，方許批發歸回補

[一] 原天頭批注： 此條水陸兩收。
[二] 原天頭批注： 『一』作『二』。
[三] 拋　原作『拖』，據《食貨》四七之一六改。
[四] 原天頭批注： 『究』一作『治』。

發。緣此留滯綱船，淹延刑禁，無補公私。自今並依舊直達法施行。』

十月十九日，三省言：『保義郎翁稟等狀：準建炎四年聖旨指揮，置收糴糧斛，每一萬碩爲綱，選差有才幹使臣兩員管押舟船綱運，經由海道，載至福州交納。如無疎虞，依六月九日已降指揮，各與轉一官，仍與家便差遣。稟等於建炎四年十月内，蒙差就潮州裝發三綱，每綱各一萬碩，經涉大海，於今年正月内到福州交卸了足。竊見成忠郎潘和等亦於潮州裝發綱運，前來温州交卸，各有抛失，亦已依前項聖旨，各與轉官，乞行推賞。』詔各與轉一官。

二年三月十二日[一]，詔：『應綱運不以人糧馬料，不得在外一面支遣，並赴合屬倉分送納。如違，並從杖一百科罪。每名賞錢五十貫文，以犯事人家財充，仍先以官錢代支。』

三月四日，户部言：『應上供錢物綱運，欲令州縣遇裝訖，即時計所裝船隻錢物數目，押人姓名，離岸日時，先次飛申户部，仍關報前路州縣綱運官司，繼續催趕出界，依此飛申出入界日時，入急遞報户部，下所屬庫分拘催。』從之。

四月二日，紹興府言：『閩、廣、温、台二年以來，海運糧斛錢物前來紹興府，並係至餘姚縣出卸，騰剥般運，而本縣常患無船，不能同時交卸，往往留滯海船。今既移蹕臨安，緣自定海至臨安海道中間砂磧，不通南船，是致沿海之民歲有科調之擾。契勘明州自來有般剥客旅貨物湖船甚多，欲乞專委官一員措置，將閩、廣、温、台等處發到錢物斛斗，並就本州出卸，優立價直，雇募湖船騰剥，就元押人由海道直赴臨安江下。既得少舒紹興諸縣民力，又免海船留滯之患，糧斛不致失期。』從之。

十二月十九日，吕頤浩奏：『近遣郎官孫逸督江西上供米，比聞已起三綱，可准擬三十萬斛。』上曰：『以江西漕臣不以時起，必待朝廷遣郎官催促[二]，然後起發。如此，則漕臣失職，可黜責。朕嘗[三]面訓都轉運使張公濟，俾先理會常賦。若常賦不入，乃反務横歛，非朕愛民恤下之意。』

三年四月二日，詔：『今後起綱，如本州差過三員皆未還任，接續有合發綱運，即先從倚郭縣差、縣丞或主簿一員管押，以後先近遠於諸縣輪差。如被差輒敢規避，並從徒二年科罪。管押官候到行在，別無疎虞，依已降指揮推恩。』

十二月二日，户部言：『兩浙運判[四]孫逸劄子：諸州縣起發綱運赴行在卸納，別無拖欠，其管押人乞特行犒

[一] 原天頭批注：下段有『三月四日』，此『三』字疑是『二』字或『正』字。
[二] 促　原作『捉』，據《食貨》四七之一七改。
[三] 嘗　原作『常』，據《食貨》四七之一七改。
[四] 判　原作『司』，據《食貨》四七之一七改。

設。今立定下項：其錢於和糴場百陌錢内支破，如無見在，移文本路運司於移用錢内限當日支給。三百里以上，三千碩已上，欲支一十五貫文省，五千碩已上，欲支二十貫文省；五百里以上，三千碩已上，欲支二十貫文省，五千碩已上，欲支三十貫文省。』詔依，今後如遇綱運卸納了當，别無緣故，排岸司非理留難阻節，官吏並從杖一百科罪。

三十日，户部言：『已降指揮，兩浙諸州起發糧斛、馬料綱運赴行在卸納，别無拖欠，其管押人特行犒設：三百里已上，三千碩已上，支一十五貫，五千碩已上，支二十貫等；雖不及三百里已上，亦合比類犒設。今相度，欲將諸州縣起到綱運，如地里不及三百里，三千碩已上，支錢一十貫文省，五千碩已上，支錢一十五貫文省，特行犒設。』從之。

四年四月二十八日，内殿進呈造船文字。宰臣朱勝非等曰：『近來諸路般發綱運大段費力，雖州縣優支雇直，人户少應募〔一〕者，蓋因軍興以後，船户例遭驅虜，民間莫敢置船。欲令兩浙、江東西路各造船二百隻，專充運糧使用。』上曰：『須於船上分明雕刻字號，諸處不得指占，雖奉聖旨，聽執奏不行。』

七月二十六日，户部侍郎梁汝嘉等言：『勘會提轄綱運官依法許將帶杖印隨行，自本路至國門以來催促糧綱，有犯，聽勘決。若綱梢偷盜，官司故縱，留難阻節，許報所至監司追究。候催促了日，赴尚書省呈納足狀。續承朝旨：糧綱在路，提轄官端閑不爲催督檢察，致少欠數多。令每半年具催促點檢過事因並住滯官司申部看詳施行，仍候六路提轄官到闕呈納足狀，從本部取索案牘點檢。歲終，具逐官績狀優劣，申取朝廷賞罰施行。本部契勘江湖提轄官昨改隸充發運司提轄催促，緣後來發運司官屬已罷，惟兩浙路見在提轄綱運二員，自移蹕後來，其提轄官全無職事，又無治所廨宇，亦無申到催發糧綱文狀。今來起到糧綱，多有糠粃、損濕、少欠，事屬不便。兼即(目)〔日〕駐蹕兩浙，地理比近，即與昔日事體不同。乞委自兩浙轉運司各出印曆，付提轄綱運官二員，於本路裝糧州軍不住，互各往來檢察催督。仍於州縣批書所至日分，依監司例，無故不得住過三日。候到，先從本司點檢，以憑本部不時收曆點檢。如有糧綱情弊，具提轄官事因申乞朝廷，特賜施行。所有逐官合破乘坐舟船，仍令本司早依格應副，所貴有以責辨。』從之。

二十七日，詔：『使臣、校尉押發糧斛等到行在交納，無違程、抛失、少欠〔二〕，或少欠不礙分釐，若納足，不願支給犒設錢，依立定平江府、湖州二萬五千碩，秀州三萬

〔一〕募　原作『慕』，據《食貨》四七之一七改。
〔二〕欠　原作『錢』，據《食貨》四七之一八改。

碩，減磨勘一年。』

九月二十九日，户部言：『湖、秀州、平江府管押糧綱使臣、校副尉押發官綱米斛到行在，無違程、抛失、少欠，或少欠不礙分釐、次運補足之人，量與減年磨勘。事批送部勘當，申尚書省。本部勘會，近承朝旨，浙西管押糧綱使臣每運裝發一千碩，無抛失、少欠，並有欠不礙分釐、次運補足，别無違程，若不願支給犒設錢，平江府、湖州與陞三季名次。今來兩浙轉運司申明校副尉押綱，亦合依使臣體例推賞。本部今勘當，欲將使臣、校副尉押發糧斛到行在交納，無違程、抛失、少欠，或少欠不礙分釐，若納足，不願支給犒設錢，依立定平江府湖州二萬五千碩、秀州三萬碩，已上二項，減磨勘一年。平江府湖州二萬碩、秀州二萬五千碩，已上二項，免短使陞二年名次。如願换減磨勘九個月，聽。平江府、湖州一萬五千碩、秀州二萬碩，已上二項，陞一年名次，如願换減磨勘半年，聽。平江府湖州一萬碩、秀州一萬五千碩，已上二項免短使，陞半年名次。』從之。

五年三月十五日，兩浙運副吴革[一]言：『給事中陳與義奏：州郡官民交病者，雇船以轉輸是也。乞令諸郡破官錢買民間堪乘載二百料以上船，仍嚴立約束，州郡不得他用，轉運司不得拘占。有旨：令江浙轉運司措置。本司契勘本路除温、台、處州不通水路，及臨安、鎮江府不係接目般運去處外，其餘州府每歲起發上供米斛、錢帛、馬料，欲依陳與義申請。令逐州和買堪好客船，以三十隻爲一綱，内秀、常、湖州、江陰軍、平江府係平河行運，衢、婺、嚴州係自溪入江，明州、紹興府運河車堰渡江，各買二百料止三百料船，專一往來般運。

本州合發行在錢斛，官司不許拘截及充他用，雖奉特旨，許本司及諸州執奏不遣。如違，以違制科罪。所有合用價錢，乞特許借支，不以諸司窠名錢應副。責令逐州收簇，合充雇船水脚錢，分限一年撥還取足。一、合差梢工、橰手、牽駕、人兵，欲乞令逐州府據每綱合破人數，依條於廂軍内選差有家累及諳會船水之人充役，如實無可選差，即行招刺。其合用例物等錢，乞依買船例，不以諸司窠名借支，分限撥還。一、管押使臣、兵梢等合支請受衣[二]賜、口券、錢米，州縣往往不依時支給，是致侵盗官物。今欲依令逐州據見今般運官綱，照驗本司所給，隨綱拘管橰梢文曆，子細檢察的實人數，遵依直達條法，限當日内勘給，於係省及移用錢内通融應副。一、所差押綱使臣，今相度，欲從本司於大小使臣、校副尉内踏逐實有心力、曾經任無過犯、不係欠失之人選差管押，不許諸處抽差。一、起發物斛赴行在，合比較功過賞罰，除浙西已有紹興

[一] 革：原字漫漶，據《食貨》四七之一八，定爲『革』字。
[二] 原天頭批注：『衣』一作『依』。

四年七月二十七日賞格外，浙東並經過大溪及錢塘江，即與浙西平河行運不同。今相度，欲乞將浙東逐州所起糧米赴行在，如無違程、抛失，少欠不礙分釐，若納足，不願支給犒設錢，内衢、婺、明州及一萬碩，紹興府、嚴州一萬五千碩，依前項已降指揮減磨勘一年，錢帛比類推賞。一、所買客船，所委官不切躬親看驗，信憑合干人與船户通同作弊，或受請求將年深不堪舊損船中賣，及虚增料例，大估價錢，其間寔係堪好舟船妄有阻難，百端情弊，乞覓錢物，及因緣搔擾，如有違犯，許諸色人告捉，供申朝廷，乞重施行斷遣。仍每名特給賞錢一百貫，以犯人家財給告捉人充賞。』詔依，内第二項如敢大破虚樁人數，冒請錢糧，取旨重作施行。

四月七日，詔：『押綱人選法並差撥資次理任，並依舊直達綱運法，内見任官如係使臣，於本任別無規避，方得正行差遣，並經本路轉運司投狀。如應得選法，即一面差訖，申尚書省。出給付身不圓及不經吏部審量人，不在差撥之限。』

十一月二十五日，權户部侍郎張志遠等言：『諸州縣起發行在斛斗綱運，和雇舟船裝載，依所降指揮，將合支雇船水脚錢以十分爲率，先支七分付船户掌管，若有欠折，並令船户管認，餘三分樁留在元裝州縣，準備糴填納訖，不礙分釐，批發前去。少欠之數，其押綱官更不認數。户部契勘，兩浙州縣起發斛斗至行在，地里止及數百里，其船户爲見有未支三分水脚錢可以糴欠。及爲州縣自來例不曾支還上件脚錢，無可指準，遂於沿路恣意偷盜官物，意在先指取合折三分錢數，因而侵用過多，無可償納。所有管押人亦不鈐束，容縱船户公然作弊。雖有少欠，令所屬監納，若不礙分釐，批發前去元裝去處補填。其州縣近來往往將船户三分水脚錢元不依數樁管，或已別作支使，致船户詞訟不絶，其欠數遷延月日，不能補發了足。緣大數計之，失陷不少，若不別作擘畫，深恐暗失省計。今相度，欲下兩浙轉運司行下所屬州縣，今後和雇客船起發行在糧斛、馬料綱運，令元裝去處將合支雇船水脚錢盡數支付船户，並管押人同共交領，仍措置鎖仗，多方關防，起發前來。若赴行在交納外有欠，令押人並船户同共認欠，除依條破耗外，以十分爲率，令押綱官認二分，其船户管認八分，只於行在填納，顆粒不得欠折。如將上件錢填納不足，委自司農寺監勒押綱並係干船户以隨行動使等出賣填納；猶不足，即移文轉運司，差人除程限十日，勒令元牙保人拘收産業出賣，發錢前來，須管補糴數足，庶幾不致綱運拖欠官物。其所屬官司不即支還脚錢，即許押人並船户、梢工經省部越訴。』從之。

十二月五日，禮部尚書李光言：『伏覩陛下駐蹕東南，江浙寔爲根本之地。自兵興以來，科須百出，民力既殫，理宜優恤。今州縣綱運，漕司既不任責轉輸之職，趣辦[一]州縣。乞檢會舊例，應州縣上供及軍糧、錢帛等，並令漕司計置綱運，專差使臣團綱起發。其水脚、縻費等錢，乞依條將直達係[二]省頭子錢椿充，漕司不得互用。』詔諸處轉運司措置，依此施行。

六年三月五日，中書門下省奏：『川陝屯駐大軍，屏蔽四川，歲用糧食數目浩瀚，州縣官吏所宜協力津運，共濟國事。軍前米糧大段闕乏，雖水運般發，每患留滯。』詔令趙開躬親前去軍前極力措置水運，如委寔般發遲緩，不能接濟軍前見今急闕，即隨宜從長措置施行，務要按月糧斛足辦。如少有稽滯，重作施行。

食貨四四　宋漕運三[三]

紹興六年十一月十八日，四川安撫制置大使席益言：『蜀中民已告病，而軍尚乏食，詳觀弊源，圖所以救之，不一而足。所以奏請轉般，欲於上流水澀之時，併運在閬、利近處，春水生後，一發運至軍前，庶免如今年夏、秋頓至闕絶，一也。又奏請於利、閬州就糴入中，庶免如今年多支脚錢，而運遠路之貴米，二也。又於瀘、叙、嘉、黔等州打造運船，及自用收拾水流木、斫伐官地木造船，庶免向來拘船之弊，致客旅逃避，棄毀其船，官失指準，而又得綱運齊整，三也。秋初，於閬州急糴萬斛，以應軍前急闕，又遣官於軍前計議，於梁、洋就糴十萬碩，庶免向來陸運之弊，人民役死，田萊多荒，又得軍前早有糧餉，四也。行下三路漕司，任責起發合運之米，自五月後來至今，在倉米數起發將盡，庶免如向來積米在倉，軍前告乏，五也。又差本司屬官齎本司錢物往瀘、叙、恭、涪，依私下糴買新米，就近發起軍前，却於西路水運最遠去處兑椿米數，省水運舟船之費，而民無科糴之苦，六也。』詔：『益前項措置事理曲盡利害，備見體國之誠，令學士院降詔奬諭。』

七年二月二十九日，詔：『訪聞兩浙路諸州縣，比因和雇舟船般發大軍錢糧，官吏並緣爲姦，多是立爲料次，預行過數科率民間見錢，規求贏餘，妄充他費。至如欲作某用，即支第幾料和雇船錢應副。公私侵欺藏隱，弊端百出，民甚苦之。除已令轉運司打造官船計置綱運外，委提點刑獄官躬親遍詣管下州縣，子細體訪，如有違犯去處，按劾以聞，其官吏當重置典憲；或監司隱庇不發，並當一例坐罪。仍令提刑司鏤板印榜，散給州縣曉示。』

十一年八月十六日，詔：『管押錢物及兩全綱，令六部對數增賞，今後管押人聽押至兩全綱止。』

[一] 辦　原作『辨』，據《食貨》四七之二〇改。
[二] 係　原無，據《食貨》四七之二〇補。
[三] 原題作『漕運四』，天頭有『宋漕運』三字；依序今改作『宋漕運三』。本部分摘自中華書局一九五七年影印本『《食貨》四四之一至二二』。原《宋會要稿》一四三册。

十二年七月八日，户部言：『兩浙轉運司所發行在米斛，例各稽遲，訪聞多是押綱使臣等作過，沿路住滯，偷盜拌和，多致失陷官物，虚有費耗。相度得浙西秀、湖、常州、平江府、江陰軍地里遠近，紐計在路合破日分，秀、湖州至行在地里，秀州[一]至行在計二百九十八里，計四日二時；　平江府至行在計三百六十里，計八日；　湖州至行在計三百七十八里，計八日二時；　常州至行在計五百二十里，計一十一日四時；　江陰軍至行在計七百三十八里，計一十六日。欲令裝發去處，才候裝畢，於本綱行程上批定所定日分地里，於經由去處批鑿到岸及起發日時，候到卸納去處，伺候司農寺驅磨。如内有押綱不依今來立定日限、地里行運，在路無故違程，或有礙分少欠官物之人，並申朝廷嚴賜指揮施行。及沿路巡尉妄與批破程限，即從所屬按劾依條施行。』從之。

十四年四月四日，户部言：『兩浙轉運司申：乞今後押綱使臣、校副尉管押米斛、馬料赴行在及軍前交卸，不以地里遠近，除破耗外，别無拋失，及少欠不礙所立分釐，次運所會補足，别無違程，一歲内每綱累界押及三萬碩，減磨勘一年；　每增一萬碩，減磨勘一年，内馬料陸折推賞，從所屬勘會次第，保明申户部指揮推賞。欲依本司所申施行。』從之。

十五年三月二十七日，户部言：『近來兵梢爲見所立分釐稍寬，公然偷盜，於沿路糶賣，止及所立批發分釐前來卸納，以致少欠數多。今措置：欲依前項所立分釐，止量度遞減一釐批發，其押綱押米少欠，非獨兵梢盜糶其間，亦有元裝州軍專斗等，意在拘收出剩米斛，作弊移易，於交裝之時，減縮斗面優量，及當來糴納米斛多有濕惡，或米雜糠粃，致下卸攤暴，擲颺净米送納，其欠折止令押綱兵梢備償。今欲行下浙西州軍，如遇當司押綱到來，裝發糧斛，並仰於職官及司户主簿或監當一員更差撥一員，於交裝倉分先次監視斛面，及封記過船堵面，方得發行，亦免偷侵之弊。如有欠少，依條[二]施行。仍乞約束行在諸倉，今後交卸官物，並請監官躬親監視，兩平交量卸納，毋令合干人作過大量，所貴不致虧損。』從之。

七月四日，四川宣撫使司奏：『准紹興十三年冬祀大禮赦，内一項：　四川向緣般發糧運，泝流牽挽，間有拋失、欠折之數，淹繫囹圄，償納不足，深可憐憫。仰宣撫司分委彊明官覈實，如委因風水拋失，即與蠲放；　其有侵盜，已被拘籍，財物償納不足者，責限十日結絶。仍各録事狀以聞。（令）〔今〕據知恭州、權夔州路提點刑獄張茂中取會覈實，到涪、黔、開、建州、南平軍等處共拋失米二千七百五十餘碩、錢六百五十餘貫，並係實無家業償納，

[一] 州　原無，據《食貨》四八之一補。
[二] 條　原作『依』，據《食貨》四八之一改。

依赦合行蠲放。』詔依。

十六年二月九日，詔：『成都府路合應副紹興十七年水運對糴米，可依紹興十五年正月已降指揮減免施行。』以四川宣撫司有請故也。

五月四日，上諭宰執曰：『聞近日綱運到，往往門外剥卸，再般運入倉，極爲費力。自有河道，可令開撩，恐漸致堙塞，非特綱運不通，商旅亦自阻絶。』

十八年五月八日，臣僚言：『竊見兩浙路運米使臣係曹司差募，例皆參部有礙，或貧乏不能待次，求爲押綱，志在盜糶官物，以給衣食，賞罰不能爲之利害，故勸沮不行焉。押米之法，最爲詳備，既不到部，則減展磨勘，遂成虚文。歲月滋久，積欠有至數千碩者，理難一併追索，不過行下所屬除豁兵梢請給，移文不已，實無有也。欲望改付銓曹，選有心力使臣管押，理爲短使，無欠而願一併押者，聽之。如此，則畏勸行而官物不失矣，亦革弊之一端也。』詔令吏、户部措置，申尚書省。逐部今措置：『欲依臣僚所請，候兩浙運司實封報到合用員數，將前任請大添支回參部大小使臣先次差撥。如不足，大使臣差前任請驛料人，小使臣差合(着)〔著〕常程短使人，其所差人兩選間隔差撥。謂如報到兩員，各差一員。應副管押一次，更不摺運。如願再押者，聽。差管押則别無少欠不了事件，除所屬合得酬獎外，不以遠近地里，更與先次占射差遣一次。今後如遇兩浙運司報到合用員數，依此差撥。』從之。

十九年十月六日，太府寺丞李濤〔一〕奏：『竊以國家常賦，皆自諸路綱運起發，俱有(着)〔著〕令。比年以來，州郡監司不務遵守，往往多差未出官選人管押，以覬賞典，多不得人。例將官錢變易，公然盜用，良由初官未諳世務，不知憲章，既無顧籍，得肆侵欺。欲望特詔有司申嚴行下，今後綱運不得輒差初官人管押，庶免欺弊。』詔令户部看詳。本部契勘：『合發錢物，全在當職官恪意選擇畏謹有心力官管押，所有未出官選人，竊慮其間亦有顧藉酬獎，可以倚仗之人，緣合得賞典太優。今欲下諸路監司州軍，如差未出官選人押發綱運，令增倍管押，候到合屬庫務交納了足，止與依見行本等格法推賞。』從之。

二十一年七月二日，上諭宰執曰：『漕司米綱，近年多差本司使臣，往往作弊，致濕惡腐壞。可令本司申吏、户部依祖宗法，差在部短使人，庶有顧藉，不敢作弊。』

八月七日，詔武略大夫、筠州指揮陳寶追毁出身以來告勑文字，除名勒停，送歸州編管。以寶管押本州折帛錢綱赴池州、太平州交納，在路違法借貸，法當絞，特貸之。

九月十六日，詔諸路轉運司：『今後押綱使臣，許於本路州軍見任指揮〔二〕使準備差使内，踏逐選差有心力、可

〔一〕李濤 《食貨》四八之二作『李壽』。
〔二〕揮 原脱，據《食貨》四八之三補。

以倚仗之人。』先是，本司多差不曾到部、付身不圓、軍中揀汰使臣，無賴作過，官米濕惡，不堪支用。至是，户部有請。從之。

二十二年三月二十六日，詔四川監司州軍：『今後募差管押綱運，須管先選有行止可以倚仗官及有行止付身圓備之人充保，如押人侵使移易，其保官與降兩官，元募差不當官吏，依紹興五年已降指揮降一官放罷，人吏從杖一百斷停。所少錢物，除押人依法斷罪，仍估賣家産填納起發外，如有未足數目，於干繫人名下依條追理。』從户部請也。

十一月十八日，南郊赦：『勘會監司、州軍差委見任官管押綱運，交納别無違欠，合行推賞，内有依條不應差官出官[一]，以此不與推賞，無以激勸。今後似此之人如無少欠、違程，與比附正押綱官減半推賞。』

十二月六日，户部言：『諸路合起發米斛赴行在，並外路卸納綱運，除官綱係差短使或指使自有立定分釐耗折罪賞外，所雇客綱，係逐州軍依見行條法指揮召募文武管押，從來多無欠折，至卸納處，如交納了足，方行推賞。近來所押客綱却有欠折，下卸去處，便依官綱地里分釐除破耗折，暗虧官物，兼客綱自合依所降指揮，拘收水脚錢分數前來卸納處準備填欠，其客綱破耗，即與官綱事體不同。欲乞將江、湖等路今後如募差文武官管押客綱，破耗與比官綱減半除豁耗米，方得推賞。所有今來未申請以前元管押客綱未經推賞破耗綱運，且依已保明到推賞事理施行，即於見行條法别無相妨，庶免暗虧官物。』詔依。

二十三年六月五日，户部、司農寺言：『契勘諸路起發斗斛赴卸納處，依節次所降指揮，押人已有等第推賞，内除兩浙賞格已是適中外，有其餘路分合起糧斛、差募押綱，舊立賞典委是稍優。今相度，欲乞申明將江南東西（京）[二]、荆湖南北、淮南路諸州軍今後起發米斛綱運至下卸處，差募文武官校副尉並未出官選人及不應差出官，依見行酬賞指揮上各與三分内減一分，所有日前赴所屬納畢綱運，亦乞且依先保明到事理依舊推賞，餘依見行條法指揮施行，庶得均濟。』從之。

十八日，右正言、前崇政殿説書史才奏：『伏見諸路州軍起綱發納錢物，差官及使臣、衙前、兵梢等押赴行在所合屬倉庫交納，至有折欠數，將合干人押下排岸司追理。排岸非行法官司，無所研問，得其人則使人監守，夜則寄禁錢塘、仁和兩縣獄中。其人皆遠去家鄉，無親故可以假貸，身爲囚繫，欲償無路，情不獲伸，徒淹歲月，凝寒烈暑，不得休息。糧餉不繼，困餓狼狽，纍纍相屬而莫之恤。夫損失官物而責其備償，有侵盜貿易之弊者付有司

[一] 差官出官　《食貨》四八之三作『差出官』，疑是。
[二] 江南東西（京）　原文衍『京』字，今删。

治之，則情可得而失物可追，不待監禁之嚴而弊已革矣。乞應倉庫交卸綱運折欠，並即時具名色數目申解所屬，見得有侵盜貿易之弊者，送大理寺推治，其過誤損失，並押下元起綱處依法施行。況本處自有抵當委保與身分請給，皆可備償追足，附綱起發，則折欠可不擾而辦。』從之。

二十六年七月十三日，詔：『行在排岸司，見監繫米斛[一]綱運管押人並綱梢一百餘人，陪填在路批發折欠米斛，皆是貧乏之人，無可填償，日夕飢餓，情實可憫，並與蠲放。外路有見繫似此之人，若非侵欺盜用，委是折欠，即依此施行。』

二十七年七月十二日，兩浙路轉運司言：『爲浙西州軍人户納苗米水脚錢赴通判廳、縣丞廳，於經總制庫收貯，並管押米斛、馬料赴行在及軍前交納。每船及二萬碩，計減磨勘一年；每增一萬碩，減磨勘半年；及押綱使司兵梢合得請給，乞撥定州府應副，依條限幫支。倉部勘當：押綱使臣管押米斛、馬料赴行在及軍前交卸，除破耗別無抛失，及少欠不礙所欠分釐，次運折會補足，別無違程，一歲内每綱累押及二萬碩，乞許減磨勘一年；每增一萬碩，減磨勘半年。所有欠多押綱兵梢，合該責罰及兵梢納足特賞，並乞依見行條法施行。』從之。

二十八年七月三日，直敷文閣、新權江南西路計度轉運副使李邦獻言：『奉旨，令臣與李若川將江西路紹興二十一年至二十六年分已起未到米一百六萬四千五百碩，疾速催趕前來，並未起七十萬五千二百餘碩併綱裝發，並限半年到行在等處。竊緣江西米運，其弊有五：一則押綱不得其人，二則官綱舟船滅裂，三則水脚糜費不足，四則不曾措置指運遠邇，五則卸綱處乞取太重，斗面太高，不除擲颺折耗，所以失陷數多。欲望許召募土豪及子本客人裝載，並與依舊例上更許搭帶一分私載，於裝發米處出給所附行貨長引，並批上行程赤曆，沿路與免商税，即不得留滯綱運。如不願請船脚錢者，管押及二萬碩無少欠，與補進武校尉，二萬碩加一資，依軍功補官法。如土豪客船不足，許令逐州選差見任文官宣教郎以下至選人及武官大、小使臣管押，若無欠少，與依紹興[二]五年十一月立定賞格推恩，如一萬碩一千里以下，減四年磨勘；二萬碩更乞與減二年磨勘，三萬碩轉兩官止。』

户部看詳：『一、乞召募土豪及子本客人裝載。今欲許召募有家業及所押物數不曾充公人，亦不曾犯徒刑、非凶惡編管會赦原免之人，當職官審驗詣實，其自備人船，每碩三十里支水脚錢三百文，省餘計地里紐支。許將一分力券裝載私物，與免收税，批止行程，沿路照驗。若所供不實或借人抵産，許人陳告，依詭名挾户條勑斷罪，財

[一] 斛　原作『料』，據《食貨》四八之四改。下同。

[二] 原文『紹興』下有一空格。

産没官。經由税場監官即躬親照驗放行，干係公吏乞覓，論如監臨主司受財法計贓斷罪；無故留滯者，杖一百。到卸納處，依自來綱運條例，計地里除破耗米，如有少欠，候補足，保明申朝廷，降付户部勘驗，關吏部等處依今來修立賞格請降付身。所乞逐州選差見任文武官，今欲令江西運司於見任應差出之官内選差，或募寄居待闕官召保官二員。除計地里合破耗外，如無拋失、少欠、違程，從交納官司保明，依今來修立到賞格等推賞。並重別增損擬定賞罰格如後：土豪子本客人運載米斛二萬碩。舟運每二萬碩轉一官資，通押及四萬碩，行放參部，注授差遣。三千里以上承信郎，二千里以上進武校尉，一千里以上進義校尉。右除地里折耗外，如少欠三釐以下，與依格推賞；如三釐以上，候補足日推賞。命官差募管押賞：一萬碩，二千里以上無官欠，減四年磨勘；每加一萬碩，增一倍推賞。不滿一釐，減三年半磨勘；不滿二釐，減三年磨勘；一千里以上無官欠，減三年磨勘；每加一萬碩，增一倍推賞不滿一釐，減二年半磨勘；不滿二釐，減二年磨勘；三千里以上，與遞增一等推賞謂如元合減四年磨勘，而及三千里以上者，減三年磨勘之類。罰：少欠三釐，展三季磨勘。每加一釐，展一季，展至一分止。少欠二分，每分加展半年磨勘，至四分止。副尉、下班祗應比類。少欠五分，命官衝替，副尉、下班祗應勒停。

一、卸納處乞取太重，斗面太高，不除擲颺折耗。今欲令江西轉運司將合起米，先次差人別賫一般樣赴司農寺照會，候綱到日申户部，差郎官一員前去對樣交卸，不得將所起米擅便擲颺折耗，疾速交納。其合赴總領所米，亦合依此封樣，候到，差官交納。仍令户部長貳、總領官不測赴倉點檢，如有違戾，各仰按劾施行。其押到米與元樣不同，委有夾雜沙土，即申本部及總領所差官看驗，依條交卸。一、水脚縻費錢。本路所起米一百七十餘萬碩，有逐州隨苗收到水脚錢三十四萬餘貫，兼朝廷給降乳香套一十三萬貫，並就撥經制總錢十七萬八千餘貫，應副裝發，本司自合將上件錢相兼，措置起發。自餘押綱作弊，舟船滅裂，並係本司合行事務，欲下江西路轉運司一面措置。』從之。

九日，户部員外郎莫濛言：『比來諸路綱運率多稽違，至有申到綱解經涉歲月而猶未至者，逗留數旬，方能起發，致押綱人得以肆其奸弊。雖給行程文曆，所至計囑安作緣故，開破月日。望飭諸路州軍應起發綱運，具實離岸月日先申户部，仍牒前路州縣遞相關報，亦各具出入界月日開申。仍委本部以申狀類聚，候綱到，擇其稽違之甚，比較沿路留滯最多去處，令本路漕司根治。』上曰：『諸路綱運之弊，其來已久，蓋緣押綱之人多是請求而得，往往沿路移易官物，於所至州縣收買出産物貨，節次變賣，以規利息，至有一二年不到，此猶是不作過者。其間用意作過之人，公然乾没，量留些小，至行在，謂之打官方錢。又既到之後，倉庫合干人等多量巧取，百端邀阻，其弊不可勝言者。卿等宜令逐一措置，革去弊源，庶幾不至失陷官物。』宰臣沈該等奏曰：『此因起江西米運，已令户部條畫措置，務要盡革宿弊。今濛又有陳請，當就令措置。』於是詔户部看詳。本路言：『今欲將諸州軍申到綱解文狀，並行下太府寺籍定，將州軍綱運每半年一次，擇其稽違之甚者，申户部所屬曹分行下本路漕司根治施行。』從之。

同日，詔：『諸路糧綱到行在交納，其受納官司往往取賂斗器，加大擲颺欠折，致拘留押綱一行人在岸，催納欠息，急於星火，以致日久折賣舟船，填數不足。仰户部長貳契勘，自今糧綱欠折者，如委無欺弊，並先與責放，仍令牽駕空船各回本處，將合陪還確實數目令本州剋納，依數補發。今後依此施行。』

二十九年四月十七日，權户部侍郎兼提領諸路鑄鐵趙令詪奏：『行在錢糧全仰舟楫，而河水淺澀，留滯綱運。自臨安府至鎮江府沿流堰閘，往往損壞，經久不修，走泄運水。望令逐州守臣差官前去相視計置，如法修整。』從之。

二十三日，詔：『今後除依條合團併錢物照應見行條法施行，其餘州軍合發錢物，並不得差募官附押兩州錢物，如違，將所押正綱合得酬賞減半，其附押官物請過水脚、縻費等錢，於違戾差遣押官司人吏名下追理入官，將所差違戾官司從杖一百科罪。』

二十八日，總領四川財賦軍馬錢糧所言：『四川押綱官不許附押他司錢物，並乞修立斷罪條。』户部：『欲自今後四川州軍諸司起綱去處，輒差官附押他司錢物，及押綱官受差附押者，准《紹興勅》諸因職事例受制書而違條科罪，受差官正綱合得賞典，便行減半，脚錢追理發納。』從之。

三十年四月九日，右正言沈濬奏：『竊見四方綱運，輻輳闕下，頃以衙校管押，多致失陷，乃選差命官俾任其責，遂定賞格以勉之，不然，罰亦隨至。今者有自川、廣數千里之遠，涉風波，冒不測，（曆）〔歷〕歲月之久，方抵闕下，幸而無虞，元數已足，方獲朱鈔。次經太府寺陳乞保明，申部推賞。寺中阻難已畢，方肯申部，部中又復阻難。望下所屬官司，如已獲朱鈔，許令節次保明推賞，或有小節未圓，亦許先次放行。其或所屬奉行違戾，許部綱官徑赴朝廷越訴，重行根治。』從之。

八月二日，臣僚言：『竊惟漕運所用，莫急於舟，江東諸郡皆雇客船，江西則於洪、吉、贛三州官置造船場，每場差監官二員、工後兵卒二百人，立定格例，日成一舟，率以爲常。運司募押綱使臣，悉由關節。訪聞一綱例行賂七百緡始得之，皆胥吏輩爲奸也。且以江東與江西事體相類，但江西運米稍多耳。江東每綱給水脚、縻費錢，付之押綱官，令自雇客舟及水手以往。客人愛護其舟，亟去亟還，不肯留滯。獨江西撥船發卒，一切仰給於官，較之江東雇舟，大不相侔。乞委江西帥臣或提舉常平司同吉、贛州守臣公共相度造舟與雇舟利害以聞，別賜裁酌。』從之。

同日，臣僚言：『諸路轉漕米綱最爲急務，前後條約未免於有弊。且運司胥吏邀阻乞覓，篙梢乘此恣行侵盜，所以交卸虧折，不免監繫。不若令州郡自募，有合起綱等錢就令趣辦，但運司每歲將上供米數著實撥下諸州，以下卸去處分道里[一]遠近，責其限程，時行比較。違戾者罰，其運使更不差官。又揀汰軍員置在州郡，多者百十人，少者三五十人，久在軍旅，練歷艱辛，今止分布守衙坐食，若令隨押綱官管轄照顧，必得其力。除見請受外，量支食錢，以夫船之多寡輪次差使。』户部看詳：『諸路綱運司及州軍指使，準備差使有心力倚仗之人内差撥，江西許差土豪及選逐州見任文武應差出官及募寄居待闕官管押，兩浙係差短使内有再願充押綱及付身圖備、曾到部使臣管押。緣逐路漕司並不遵守，致令乞覓作弊。今依所請，其所差揀汰軍員，舟船多寡，斟量差撥。』從之。

三十二年九月二十四日，孝宗即位，未改元。權江淮荆浙福建廣南路提點坑冶鑄錢魏安行言：『乞自正月以來，募官押發今年錢綱，依舊以二萬貫爲一全綱，自二萬貫以上添押之錢，與據數推賞。謂如一萬貫合減十個月零半月磨勘，五千貫合減五個月零七日磨勘之類，不必須成全綱。如此，則易爲起發，免致留滯。』從之。

十月六日，詔：『諸路綱運起發，本州具的實離岸月日，及所經州軍亦具到發月日，並申户部。本部計程機察住滯，如日數多者，下所隸運司根治其由，如興販以規利者，就令經歷所在常切覺察。』以新除福建路轉運判官王瀹言：『近年以來，所在起發綱運動輒遲滯，由諸州不能預辦合發錢物，率皆前期虚申綱解，稽留累月，方能裝發。官物既足，又候水脚縻費之用，亦復旬月，方能離岸。致部綱人寅緣作弊，貸用官錢，互市物貨，隱瞞征税，至併與全綱失陷，因而竄逸。上則有虧國計，次[二]誤支遣，下則徒起刑禁，無所從出。』故有是命。

孝宗隆興二年七月四日，臣僚言：『昨因諸路州郡綱運遲滯，及有侵欺失陷，遂降指揮，令寄居待闕等官部押，優立賞格，以爲激勸。積久弊生，其弊不一。其一請託之弊：或以親知，或以權勢競生指占，甚致臨期旋相攘奪。其二侵害之弊：凡所差官，或貪於厚利，則私將官錢貨鬻興販。其三夾帶之弊：既將所押官物轉變別貨，乃至隱雜禁物，引帶客船。其四僥冒之弊：部押之賞，朝官轉官，選人循資，而選人因其循資及占射恩例，便

[一] 里　原作『理』，據《食貨》四八之七改。
[二] 次　不通，疑有脱誤。

可別就改注。凡此四弊，皆歸於權勢有力之人賄賂請求，奸巧爭奪。乞將諸州郡合發綱運，今後只差見任官管押，除本州（職幕）〔幕職〕與諸縣知縣不許差外，餘皆先後轉差。若不及全綱，自有本州準備差使使臣據其多少貼差[一]軍員，亦可前去。其[二]賞典，且許依寄居未出官例，不爲不優。兼既有縻費脚錢，其官吏與隨行人口券食錢之類盡不當破。所有四川係遥遠之地，即乞指揮，令本路相度，從便施行。』詔令户部看詳措置。既而本部言：『欲下諸路監司，一依今來臣僚所請事理，令監司州軍具見任依條合差出官並本州準備差使使臣，籍定先後姓名，將合發綱運通差管押，仍差軍員隨行防綱，到交納處勘驗。如委無欠損、違程，照應等第見行格法、未出官選人例推賞施行。押官口券更不添破，防綱軍員若不出給口券，竊慮闕食留滯，欲依舊出給。合團併州軍去處，依條團併起發。其四川至行在地里遥遠，亦依今來臣僚所請，行下監司相度經久可從便施行。』從之。

十二月十六日，德音：『楚、滁、濠、廬、光州、盱眙，光化軍管內並（楊）〔揚〕、成、西和州、襄陽、德安府，信陽、高郵軍，應州縣倉場庫務但干係官錢物，並般押諸雜綱運往別處州縣收藏，或回易興販，不曾遺失者，候德音到，限十日經所在首納，並與免罪。如限滿不首及首納不盡，令監司守臣究治，開具奏聞，重寘於法。』

乾道元年正月一日，南郊赦：『諸路州軍般發米斛，緣有折欠，其交納去處，見將管押人並綱梢等送所屬陪填。訪聞其間有貧乏之人無力償納，日久徒有監繫，情實可憫。可將見欠五十碩以下並與蠲放，其欠五十碩以上人，除蠲免五十碩外，其餘所欠數目，行在委户部、外路委總領官，取見詣實，先次批發，押下元裝發州軍依數補糴。』

二年正月十九日，詔利路運糧人夫，每名給錢二千，令紐計度牒支降。〔先〕是，敷文閣直學士、四州安撫制置使汪應辰乞優恤利路運糧百姓，而漕臣亦具奏，乞運糧一石，人支錢引三道，計合降度牒八百餘道。上謂輔臣曰：『中間亦曾免了一處？』洪适等奏曰：『成、和等四州已嘗免夏、秋二税一年，京西路諸州亦免二税一年。』因有是命。

十一月九日，詔：『諸路州郡綱運自指揮到日，並解發見錢，其自來不通水運去處，依舊解發輕齎。』後因江東路申請，尋諸路自乾道三年爲始。三年十一月二日、六年十一月六日、九年十一月九日南郊赦，並同此制。[三]

二十三日，總領淮南江東軍馬錢糧楊倓言：『綱運

[一] 差　原無，據《食貨》四八之八補。
[二] 『其』字下原衍一『差』字，據《食貨》四八之八删。
[三] 原天頭批注：『三年十一月』至『並同此制』條，係正月一日南郊赦文小注。按此當移於『正月一日南郊制』後。

之法，各以地里遠近官爲破耗，不爲不優，而比來糧綱失陷官物，十常二三，非皆風水之虞也。臣聞在京舊制，自發運司運糧入京，並於三司差人坐押，最爲良法。南渡以來，募官押綱人但希恩賞，不量智力，而合干人始得肆其蠹弊矣。其終不過監繫追納，或賣船填欠，或押歸本州補發。大則枉陷官物，次則部押官徒同被罪戾。欲降指揮，今後諸路糧綱在内於三司、在外於所料撥軍分，每米一萬碩，差使臣一員、將校軍兵十人，於裝發州軍取撥坐押，赴倉交卸，破耗水脚縻費賞格，悉依募官押綱條例均給施行。其於革絶侵蠹之弊，實非小補。』詔今後令户部總領所相度措置差撥。

六月四日，詔：『諸路州軍起解錢綱，見以會子、見錢中半發納，訪聞諸州軍却將人户納到見錢避免起綱脚剩，兑换會子起解。可遍下州軍，自今後將應合起發錢綱並以十分爲率，權許用二分會子、八分見錢解發。』從户部請也。

六日，詔逐路轉運司：『自今差募押綱，須選擇清幹官管押，若依前作弊，從本部將元差官司取旨重行黜責，公吏斷斥，押綱官及兵梢等在内令司農寺下臨安府、外路令總領所下所屬根勘，依法施行，别行差人衝替。内押綱仍具所欠數目取旨。』

七月四日，户部言：『江西州郡每歲起發米綱應副江、池、建康、鎮江府等處軍儲，以路遠，多因管押使臣及兵梢沿路侵盗，往往少欠數多。又如上江灘磧，舟船阻滯。欲下江西轉運司，就隆興府踏逐順便高阜去處，改造轉般都倉一所，官吏令運司就差。上流諸州縣合發米斛，自受納之日，便差定本州使臣或見任寄居官計置舟船，每及三千碩或萬碩爲一綱，支給水脚縻費等錢，先次起發，不必拘定。仍據隆興府轉般倉至交納處。合用水脚、縻費等錢數附綱起發，趁江水泛漲之時，徑押赴轉般倉交納。每年所科逐軍米，各以三分爲率，二分令都統司裝載糧船，差撥官兵前去隆興府擺泊伺候，認數交裝，或就近便去處支撥起發。合用水脚、縻費等錢，將隨綱起到錢，依官綱以地里遠近則例支破耗米，其管押官酬賞，亦與依見行條法推賞； 餘一分令轉運司依舊用官綱裝發，凡轉般倉受納下米斛纔及一綱，專委漕司日下支給水脚、縻費等錢，出給綱解，起發前來軍前下卸。欲自今年秋成爲始。』從之。

十月五日，權户部侍郎曾懷言：『乞下諸路州軍將應起綱運，自來年正月十分爲率，一分會子，九分見錢，内不通水路去處，依舊起發銀兩。』從之。先是，諸州綱運並要九分見錢銀，一分會子，懷恐逐州銀價不等，以致折閲，因有是奏。

十四日，詔：『諸路州軍今後起發糧斛綱運，於見任曹職官内差撥，如不足，即依已降指揮，差撥見任文武官或寄居待闕官曾經到部、付身圓備之人管押。其合得賞典，依已降指揮，每押米一萬碩、一千里以上無拋失、少欠，減二年零八個月磨勘；一萬五千碩已上，紐計地里推賞，轉至一官止。』淮東總領韓元龍奏立綱賞，因裁酌而有是命。元龍仍請召募土豪，自用人船，每二萬碩、千里以上，補進義校尉，二千里以上，補進武校尉；三千里以上，補承信郎，仍許隨綱帶三分米斛興販。如無拖折，給賞外，更免户下非泛科率半年。並從之。

三年二月十三日，詔：『今後糧綱有欠，並從司農寺一面斷遣監納施行。如情犯深重，事須推勘者[一]，送大理寺。』以知臨安府王炎言：『在京通用令，諸官司事應推勘者，送大理寺，所有糧綱推勘，若有翻異，始合送大理寺，餘依祖宗條法施行。』故有是命。

是年三月一日，太府少卿魯訔言：『左藏庫逐時申解州軍綱運錢物，内有侵移少欠等，今來左藏庫即與司農寺事體一同，今後有欠，一面斷遣監納。如情犯深重，乞依司農寺已得指揮。』從之。

十一月二日，南郊赦：『諸路州軍起發金銀、物帛綱運，内有色額低次之類，估剥虧官錢糧，行下補發，訪聞州縣監勒干繫等人及元賣鋪户均攤，竊慮貧乏之人不能償納。可將乾道元年赦前未追數目，如委是無可填納，並與除放。』

十二月十八日，高郵軍駐劄御前武鋒軍都統制兼知高郵軍陳敏言：『諸路糧綱交卸無欠，其人船合自卸所徑便發回，而總司舊例不問其欠之有無，悉令所屬解押人船，謂之出豁米數。押綱之人足矣，豈須全綱盡解？往往監繫日久，所費不貲，不勝其苦。乞下諸路交卸綱糧去處，須管用斛兩平交量，候足無掛欠者，其人船先令逐便，祇將押綱之人解赴總領所出豁。如此，使無欠之人免致失所。』從之。

四年三月二十四日，臣僚言：『浙西湖、秀、蘇、常、鎮江、江陰六州，歲輸上供米，若令逐州選委官兵自行裝發，運之平河，刻日可到。向來漕司迺籍無顧藉人爲押綱使臣，積累欠折，已無可償。又令自招游手爲兵梢，支破厢軍衣糧，每遇欠折，即將名下日後衣糧預行樁剋，名爲折會。夫以無顧籍之官部無衣糧之卒，使之護送官物，殆猶餓虎守肉，責以不啗，其可乎？乞將湖、秀等六州上供斛斗責逐州委官自行裝發，漕司只是嚴限拘催。』從之。

五月七日，權户部尚書曾懷言：『奉詔措置倉場卸納綱運。今條具：欲下諸路轉運司約束所部州軍，凡裝發米斛，縻費水脚不以等錢，不以時給，及縱容減剋，或故小量斗面，似此犯處，並依法斷罪。仍申嚴條令，於倉場門板榜示。衆綱運到岸，若有濕潤、砂土、糠皮，自有擲颺、攤曬日數，即目並不遵依條令，祇據憑專斗之口，致行

[一] 者　原無，據《食貨》四八之一〇補。

用錢物，計囑求免。及應卸納綱運，司農寺丞簿亦不驗樣交量，止令公人取樣，其間行用者則免攤擲，無行用者恣縱作踐。今欲令司農寺官遇交納綱運，須遵條例躬親監視交量，以絶其弊；有犯，從户部覺察申罰。州郡支裝綱運，在法合用堵面印記封鏁，今欲下諸路轉運司申明條法，如卸納倉場驗無印記綱船，申司農寺依條按治。受納綱運，並係大、小甲頭以上河入廒〔一〕脚錢爲名，邀勒錢物，及計囑專斗，欲下司農寺常切覺察，有犯，送大理寺根治，倉場合干人欲勒令司農寺常切覺察，如有曾犯徒配、改姓名冒役之人，日下勒罷，立賞許告。押綱官及兵稍少欠米斛〔二〕出豁，監納往往令人代名，竊慮失陷不便，今欲日後遇有少欠監管之人，須將正身封臂施行。』從之。

五年十二月六日，户部尚書曾懷言：『乞下諸路監司州軍，應今後所起綱運，須依法擇應差之人管押，如欠，令交受倉庫止據實納之數先給鈔，其不足之數並作未到，下元起州軍，限半月補發。』從之。

六年十一月六日，南郊赦：『諸路州軍起發金銀錢帛綱運，内有色額低次之類，估剥虧官錢數，行下補發。訪聞州縣監勒干繫等人及元賣鋪户均攤，竊慮貧乏之人不能償納，可將乾道三年赦前未追數目，如委是無可填納，並與除放。』

七年二月十三日，詔：『諸路漕司嚴責所部州軍，如綱運經由縣道，仰縣道官催督，沿流巡尉護送，催趕出界，仍於行程内批鑿日時，交付以次去處。即有欠折，根究在經由界内偷盜作奸，將本縣及巡尉吏人配流，巡尉取旨施行。』從臣僚請也。

六月四日，户部尚書曾懷言：『綱運不能如期，有悮指準。本部合差承受使臣十二員，欲於内將六員改作尚書户部催督諸路綱運，分差往來，趕逐在路綱運，及催促諸州軍合發錢物，庶免留滯拖欠。仍從本部於見任或待闕已、未到部大小使臣内，不以有無拘礙選差，理爲資任。任内催納綱運別無違滯，即與減二年磨勘，占射差遣一次；如所催違滯，及事有不辦，亦賜責罰。若委有才力，保明再任，仍不許差官待闕。』從之。

九月二十二日，户部郎中、總領湖廣江西京西財賦吕游問言：『郢州至襄陽盡是灘磧，尋常綱運有三兩月以至半年不到者，致押綱與舟人通同作奸。欲於郢州要處添置撥發船運官一員，專一撥發綱運，不令失欠，職事修舉，與減磨勘三年。』從之。

十月十三日，詔：『自今廣南市舶司起發粗色香藥、物貨，每綱以二萬斤正六百斤耗爲一綱，如無欠損、違限，依押乳香三千斤例推賞。其差募官管押等，並依見行條

〔一〕廒　原作『敖』，據《食貨》四八之一一改。
〔二〕斛　原作『解』，據《食貨》四八之二改。

法。』詳見《市舶司》

八年正月一日，詔：『自今寄居見任文臣不限京、朝，武臣不限大、小使臣，歷任無贓罪，並許押綱其見任官須應差出者。唯應奏薦之官，不得以綱賞湊理磨勘，選人未出官，亦許募押。其合得酬賞，循資外，即不免試注授，聽於後任收使。其綱運地里不該減磨勘，到部合陞名次選人，與在外指射差遣，使臣與免短使。』先是，上封者言：『諸路錢米綱運近多少欠，今取會乾道五年、六年行在綱運，兩年計欠錢二萬四千九十四貫、米五萬一千八百九十三碩，料四千五百六十九碩，其三〔一〕總領所綱運少欠不在此數，皆緣所募押官多無行止，非理妄用，致綱運敗壞，積弊日深，若不措置，慮暗失歲計。欲望少更押綱之法。』故有是命。

三月十三日，詔：『近年押綱偷盜之弊不一，全無忌畏，合別措置。令户部一一相度措置，申尚書省。』户部言：『差撥押綱不當，即先將押綱官依法施行外，所差當行人，亦估賣家産，均陪欠物，其知、通當職官取旨。其交納官司，無令大量斗面。官綱兵梢，今後裝發州軍量地里遠近，約度阻風期日，寬支請給，無令闕食。管押米斛綱運，一萬碩以上，差押綱官二員，合得酬賞許行分受，仍不許押二萬碩以上綱運。經過場務，須管當日檢喝，即催趕離岸，場務官仍於行程曆内批説某綱於某日到岸，某日某時起發，以憑驅磨。故作留滯，場務主吏從徒二年斷斥，監官取旨。承前押官止令斗子認欠，全不任責，今後所差押綱並認拆欠。在路所給行程，往往妄作緣故，乞自今後綱運到岸，行在委司農寺、外路委總領所，期一日先索曆驅磨，如違程，或妄作緣故，量事斷遣。若所破日限數多，即將押綱官並巡尉取旨。和雇客舟，往往牙、保人作弊，乞自今後須和雇子本客船，如依前致欠，即將和顧、牙保財産均陪。諸路州軍綱運所至州縣，令催綱排岸官司躬親索元給行程綱解，一一點檢分明，批所給行程，催趕離界，仍遞報前路官司；如有偷盜欠數，即飛申所屬。若催綱排岸官司及經由之處不即催趕譏察，令本州按劾，仍令催綱排岸官司旬具界内有無催過綱運名數飛申户部。』從之。

五月十七日，詔兩浙路轉運司，復置提轄催促綱運官一員。以本路計度轉運副使沈度等言：『隆興二年，減罷催促物斛等官四員，自後乏使，乞仍舊增置。』故有是命。

十一月十二日，權户〔部〕〔二〕尚書楊倓言：『諸路州軍起發金銀錢物米斛綱運到行在，依元旨，寺監差承簿一員輪日監交給鈔。比緣左藏庫提轄官監給，其太府寺官

〔一〕三　原作『王』，據《食貨》四八之一二改。
〔二〕原缺『部』字，據下文『二月十五日』條改。

絶不前往。欲望自今依舊太府寺輪日，差丞簿監交給鈔。』從之。

九年閏正月十三日，詔：『諸路州軍起發米斛錢物綱運，少欠人見監繫在行在官司，未能填還，可將兩浙州軍欠一分以下、餘路欠一分五釐以下，並日下權批發一次，押下臨安府，送元起州軍追理補發；其見監兩浙欠一分以上、餘路欠一分五釐以上之人，候納及前項分釐，並雜物綱令所屬庫分，將元押及見欠數目估價紐折，依此施行。』

二月十五日，權户部尚書楊倓言：『乞下諸路州縣，今後錢物糧斛綱運止令州縣長官任責，照已得旨依公選委才力能部押人，於綱解内明具元差守令職位、姓名，如有失陷，從户部開具取旨。監司即不許差撥，若有差撥，亦具姓名以聞。所差官更不理賞。』從之。

十月六日，臣僚言：『兩浙州縣所發綱運無不欠者，嘗究其原。向來臣僚申請，每綱拖欠及一分，方送有司究弊，所押綱之人守法而不敢輕犯，後來獻説者，止欲從窄減作五釐。且以米一百碩論之，五釐即五碩耳，其使之全無侵蠹，當風擲颺，東量西折，亦恐不免五釐之少。如是，則舉無納足之綱，是絶其自新之路，啓其作弊之端。乞將兩浙綱運依舊欠及一分，方下有司根治。』户部契勘：『欲將兩浙綱運少欠五釐以上、一分以下之人，立限二十日糴填，候及五釐，即押下元裝州軍依限補發。限滿不足，行在令司農寺、外路總領所送所屬根究，依法施行。少欠一分之人，亦令限十日糴填，不足，即送所屬根究，餘依見法。』從之。

二十九日，詳定：『一司敕令所修立到諸綱運，以本州縣見任合差出官各籍定姓名，從上輪差，不許辭免。無官可差，即募官管押，先選本州本路，次别路寄居。未到部人非〔一〕得替待闕官，並選差有舉主、年未六十、無疾病有心力可以倚仗人，取付身照驗圓備，寄軍資庫。獲收附回日，即時給還付身。土豪官砧基簿契准此。召本等保官二員，土著官亦許募。仍取願狀，取見産業及得所押價直，拘收砧基簿契在官抵當；産業不及者，拘收外召保官一員。即曾犯贓及私罪衝替、押綱欠折，並通判路分都監以上及本州僉判，並不許募。其見任官許於替前六十日内指射，各以下狀先後爲次。即雖應選，若當職官審量不可付者，聽别選。以上各於綱解内，具到元差募監司謂係本司應起發者，守令名銜、諸宗室及見任本州守貳、本路監司子弟親戚或諸軍揀汰使臣及不應差出之官，並不得差募押綱。下班祗應、副尉、衙前、公吏、斗級、將校、軍兵、無官土豪准此。諸綱運於裝發州給行程曆付押綱人，募押者止批本官印紙，差押者准募押式批書。水路於排岸催綱運巡檢司、陸路於州縣鎮寨即時批到發日時，附載物名數，或

〔一〕未到部人非　原文漫漶，『到』似『列』，『人』似『八』字。

風水事故實狀，通判督責催綱巡尉差人防護，監趕出界，關報前路催綱官司。若風濤不可停船，聽押綱人從實聲説事因、到發日時，結朝典狀赴以次官司併批；仍押官用印，結罪保明。其赴闕者，水路排岸司、陸路所屬省部寺監，在外者卸納官司，點檢諸處起發官物。

應給路費錢者，並計所至謂如上供物以至京往別路物以卸納處之類，以應給錢全支付押綱人水路綱約度阻風日分寬處。仍批書解綱行程曆，若緣路截留或寄納，即據銷破不盡數與所卸官物各具鈔納。水路不曾阻風，有餘剩，回日納官。再起發者，以所納錢給如法。諸押綱人卸納官物訖，所在官司限一日取索行程曆印紙驅磨，仍批書有無違程、欠剩。諸監糧綱綱梢犯罪不可存留者，押綱人具事狀申轉運或發運、輦運、撥發司審度，差人交替。若兵梢在路糴賣，送本地分州縣施行，如闕人撐駕，即令所在貼差。諸押綱得減年賞者，不許湊理磨勘轉至應蔭補官，雖得轉官賞，亦候轉過日收使。諸糧綱每綱不得過二萬碩，裝載訖，限三日起發。諸綱運應募土著官管押者，於行程內聲説起綱事件，並依見任官法。諸綱運募土著管押應賞者，依見任官法。諸綱運差募押綱官不當，致盜貨移易失陷，具元差募監司守令職位、姓名申尚書省取旨。諸倉受納糧斛，以元樣比驗交量，非夾雜糠粃，不得抛颺。司農寺丞、簿輪日分巡諸倉，仍聽户部官不時下倉點檢。』從之。

先是，中書門下言：『都諸路監司、州軍選差管押錢物米斛綱運人指揮，雖已詳備，竊慮引用不一，兼所差孔目、典級難以責任。』詔除孔目、職級、典押並無官土豪、土著不許差押外，今後監司守令起發綱運，須管任責照前後指揮依公選委，綱解内分明聲説元差監司守令職位、姓名，如有失陷，户部具元差官取旨施行。仍令本部檢坐條旨，同敕令所立法。

十一月九日，南郊赦：『諸路州軍起發金銀、物帛綱運，内有色額低次之類估剥虧官錢數，行下補發，訪聞州縣監勒干繫等人及元賣鋪户均攤。竊慮貧乏之人不能償納，可將乾道六年赦前未追數目，如委是無可填納，並與除放。』

淳熙十六年閏五月三日〔一〕，臣僚言：『浙西諸州起發米運，乞罷去官綱，盡雇有家累梢工客船裝載，以革兵梢盜糶之弊。其水脚錢即時支給，内留三分，候交納足日盡數支還船户。毋得給付押綱官，或減剋作弊，令本路漕臣常切覺察。』從之。

十九日，詔：『今後浙西州縣輒敢違戾差撥兵梢裝運上供米（料）〔斛〕，許（從）〔司〕農寺及漕司覺察聞奏，當職官以違制論，人吏決配。逐州元撥官船，令漕司日下盡數拘收，兵梢撥歸元來軍分，其過犯已經黥刺者，押送元

〔一〕原天頭批注：『淳熙』以下補入『水運』。

配州軍收管。』

六月二十三日，詔：『今後起發上供綱運，令裝絶之日，須管離岸督責巡尉催發出界，轉牒前路連接催趕，各批出入界時日於曆。其在催綱官地分之內貸盜販易者，任滿，減磨勘，更不推賞；或受起綱人情錢者，依受乞所盜財物法論。』以臣僚言：『户部近具建昌軍陸規等押官錢八綱，有經四年不到者，見下江西漕憲司追究，內柴良臣一綱一萬七千餘貫，離岸經四十四日始行，又越二百餘日方到池州。本軍與沿路坐視，不催發，乞申嚴催綱條法。』故有是命。

紹熙元年十二月六日，廣南市舶提舉江橰言：『本司起發香藥綱運，其願押之人多無顧藉，不可倚仗。竊見本路多有江浙官員在此仕宦，任滿赴闕，或無歸資。若於其間選擇可委之人使之就押，兩得利便。但緣從條合留末後告敕在本司質當，候獲到朱鈔，方與給還，往返歲月，多不願就。今乞將本官所留末後告敕隨樣匣專人先次解赴左藏庫收管，候本官納到綱運無欠，即就庫給付；有欠，即候納足日給還。其朱鈔交付本司，隨綱兵帶回，庶得肯從差委。如本路及見任官告敕仍舊留本司，欲候今年起發綱運之時，將三兩綱乞併差文武官各一員同共管押，在路互相資助。』從之。

二年十一月二十七日，南郊赦：『諸路起發金銀、物帛綱運，內有色額低次之類估剥虧官錢數行下補發，州縣見監勒干繫等人及元賣鋪户均攤，已放至淳熙十三年。可將淳熙十六年終以前見欠錢數，如委無欺弊，並與除放。』五年五月十八日，至尊壽皇聖帝康復赦，更與除放紹熙元年以前錢數。同日，赦：『諸路州軍折欠米料，已將管押人並綱梢等押下元發去處陪填。可將見欠人特與放免一百碩，餘數依條監理；其不及一百碩者，並與蠲放。勘會押綱官一時違法借貸官錢，收買貨物，致卸綱官司拘留，勒令綱官、梢工等填納，深慮無所從出。可自赦到日，仰將所拘貨物先次估賣，如有移用破毀者，亦與估價出豁，止據未足錢數行下元起解官司照應已降指揮補發。』

五年五月一日，詔：『逐路州軍發納行在並總領所等處米斛綱運拋失、少欠之數，可令司農寺並逐路州軍各將見監從實契勘，如每名欠二十碩以下，並日下特與蠲放。』從三省請也。

九月十四日，明堂赦：『押綱官違法借貸官錢收買貨物，致被拘留，勒同梢工等填納，深慮無所從出。可自赦到日，仰將所拘物貨先次估賣，如有移用破毀者，亦與估價出豁，止據未足錢數行下元起解官司照應已降指揮發補。』自後明堂郊祀赦並同

慶元四年十二月五日，詔：『州郡監司選押綱官，須先次拘付身，候獲足鈔給還。如敢違戾，致令失陷數多，在內許户部司農寺、在外總領所具元差不當監司守令及綱官名銜，取旨重行黜責，其當行典吏根斷均陪。』從司農少

開禧三年十一月二十八日，册皇太子赦文：『應管計其貲猶直二百萬緡焉。

衆，其後制司始遣官盡拘其所有，吏因爲姦，隱匿復不少，云。方鋭之敗也，述先籍其家，得法書名畫珍寶之物甚巖，以此得召。起巖罷，述亦坐黜。議者頗指鋭事爲言州、恭州、崇慶府，慶元末，知廣安軍。用李鋭事迎合袁起之。鄉會，斥不與，未兩月，（點）〔黜〕知雲安縣，通判施改京秩，以試中大法〔夫〕。趙丞相用爲大理評事，蜀人鄙盱移檄追還之，此亦頃所未有。述，成都人，淳熙七年初本所綱運甚多，請留之打算。述舟行已過鄂渚，朝旨下，常平公事，坐贓免去。而湖廣總領吴盱申省，云：述欠

《建炎朝野雜記》：四年，刑部員外郎劉述提舉江東

坐。』從之。

日，嚴立程限，預申省部照府，庶免稽滯。如違，舶臣連及待闕有顧藉者，仰舶司籍定姓名，不許私相轉售。發綱每歲部押綱運，不得用雜流及小小武弁，須通差文武見任

五月十八日，前知崇慶府林會言：『下閩、廣舶司，

前弊。』從之。差權户部侍郎王邁、右司郎中趙不艱。

令本州選差可倚仗人管押，計遠近立限，不得留滯，以防部官各一人，同司農寺官抽索干照，稽考更張。繼今綱運而至，綱官與本寺逐倉人相通，偷竊夾雜。乞差都司、户是申時朝廷借撥，而浙西、江東等州綱運率多淹延，措期

三年三月二十七日，臣僚言：『司農寺支遣急闕，常

不得差待闕寄居官並本州指使。』從之。

令諸路轉運司行下諸州籍定見任官職位、姓名輪差管押，半，綱官輒移錢低價買會，收水脚、縻費入（已）〔己〕。乞押，俟綱到，即赴所屬保明申賞。又起發錢綱係錢、會中居，多將在綱錢米貿易，與綱梢通同作弊，或止令吏輩部

嘉泰二年九月十四日，臣僚言：『押綱官差待闕寄

差委。』故有是命。

免。』以臣僚言：『比年以來，寄居待闕夤緣請託，計會管押，見任人不復罪，押綱官補償不足，勒令元來官吏均備，不以去官原姓名及所欠數目聞奏，量重輕寘之典憲，元差官司亦坐

九月二十四日，詔：『自今如有侵用官綱之人，即具

致弛慢，或先期了辦者，優加爵賞。』從之。

殿最。如循習舊弊，將虧欠最多處重行責罰；其解發不籍揭帖，以爲稽考。每季比較，歲終申取朝廷指揮，以行起離月日，或在路風濤之阻，明於所在批鑿行程，本所置運，乞量地里近遠，令後解發，悉要如期，令部押等人明具

八月十六日，淮西總領曾稟言：『本路諸郡大軍綱

分文諸司官錢附帶，立爲定制，務在必行。』從之。

作緣故辭避。如實闕官，方許選募。仍約束諸郡不許以逐州縣見任合差出官職位、姓名置籍，自上輪差，不許妄後法令行下江東西路，日後選差綱官，專委漕臣先期刷具

五年正月二十七日，臣僚言綱運之弊：『乞申嚴前

卿兼知臨安府丁逢之請也。

押綱運，如風水拋失合行陪納，或經所屬保明，委非侵盜，而貧乏無可償者，特與除放。』

嘉定四年閏二月二十九日，司農少卿吳鏜言：『諸路應起發綱米，乞專差都副吏一人，同所差官管押，將水脚等錢責付，勒自雇船裝載。有欠，止將管押都吏監納取足，重則決配，估籍填償。』從之。

五年十一月二十日，南郊赦：『應管押綱運，偶緣元差官司失於照應，致有年六十以上或無舉主，未曾到部，及課利場務監官並有進納雜流與特奏名，並差別路官管押。或陳乞鏊革之人，但所押錢物别無少欠，見礙推賞，可特與放行一次。』八年、十一年、十四年明堂赦並同。又赦文：『勘會昨因諸路州軍差官部押米綱多有折欠，已追降官資，將欠多者勒停。自今赦到日，將元起綱州軍更切契勘，如本非侵盜，即與關會交綱去處。如見得追降以後補納已足，許保明申尚書省，特與敘復，仍免勒停。其有州軍守臣因差官不當，致降官展磨，若在今赦以前元綱所欠米斛果能補足，亦仰經元交綱官司保明申尚書省，亦與敘官，免展磨勘。』八年、十一年、十四年明堂赦並同。又赦文：『勘會諸路起發金銀物帛，内有色額低次之類估剥虧官錢數行下補發，州縣見干繫等人及元賣鋪户均攤，已放至開禧三年。可將嘉定三年終以前欠錢數如委無欺弊，並與除放。照得州縣買納金銀物帛自有色樣等則，緣買納場分合干公人受囑，入納低次，致行估剥，訪聞比來州縣欲復概勒民户陪納，委是重擾。所有今赦未放年分及日後應干估剥之數，並仰州縣止於元買納場分合干公人名下追理，不得均攤民户。如違，許越訴，重寘典憲。仍仰轉運司常切覺察，多出文榜曉諭。』八年明堂將六年終除放，十一年明堂將九年終除放，十四年明堂將十二年終除放。

六年七月一日，詔：『福建監司遵近降全解會子指揮，不得裹私買銀，其所經由州縣辨認封識，批會行程而後放行。如或仍前作弊，致御史臺覺察，其當州官吏並行坐罪。』時興化軍楮價頓增，而本州人吏輒將上供會子買銀至京變賣入納，因而彰露，臣僚以爲言，故有是命。

十二月七日，臣僚言：『綱運之弊，至今日極矣，蓋緣權姦專政，請託公行。起綱之初，以粗易精，以僞易直。綱與所差官司分受在道，則盜將官物，非理破用。沿路雖有催綱官司，反與爲市。逮至交納，則又夤緣囑託，逼脅倉庫交受。至於泉、廣舶司綱運，姦弊尤甚。今左帑積壓香貨，有同柴薪，雖痛裁（哉）價直，無人願售，此皆押綱與交綱通同作弊，重爲公家之蠹。又江西等處米綱折欠動〔至〕五六千石，皆緣元差官司請囑差委，不考程限，縱其移易，而交納官司或爲利啖勢臨，悉置不問。且在法，起綱合三申綱解，正欲關防前弊。乞降指揮，應監司州郡起發綱運，須於發日專人賫綱解赴所屬投下狀，内書填實日並當行都吏、典級姓名，其承受官司置籍拘轄，併以當職官職位、姓名及當行都吏、典級書籍，晝時關報沿路監司督責催綱，官司嚴緊催趕，批鑿行程。至交納時，仰交納官司取索驅磨。如有非理滯留三日以上，具申所屬，行下監司，將本地分催綱官吏重作施行。如監司州郡避免黜，不申綱解，從所屬委鄰路監司追本處都吏斷勒。其有侵盜換易，綱官重寘典憲，元差當職官開具職位，取旨罷黜，都吏、典級決配，並不以去官赦降原免。庶幾姦弊或可少戢。』從之。

七年六月二十五日，詔：『諸路州軍税場每遇綱運船到，若果有貨物，即從公收税；如止是起發錢糧，仰即放行，不得留滯。如違，許押綱官經州郡監司陳訴，差官覈實，嚴與斷治。』以臣僚言：『綱運經由税場，不問有無貨物，例行拘繫，牽延月日，以致轉移侵漁，失陷官物，他日交卸虧欠，徒煩監繫。』故有是命。

八年四月六日，臣僚言漕轉三弊：『一曰謹擇主綱之官。竊觀今之綱運，卸納無虧，率多文臣，若武列則陷失居多。蓋文臣粗知廉恥，武右弁唯利是嗜，群下和之，姦計横生，未易件數。乞降指揮，應帛錢米綱運，止選應差出見任文臣，如無文臣可差，方許就部内選差從義、秉義、大使臣以上廉能之人，仍詔保官兩員，餘不許妄差。令户部長貳覺察，有不遵守，以違制坐之。二曰革少受多納之弊。蓋支綱之初，州軍專斗規圖出剩，巧弄斗斛，減縮斛面勺合，初雖甚微，積累不少。至於卸綱交量，却增添升合，百端邀阻。欠折既多，又索市利，例合干官吏破産蕩家，至有殞於非命者。乞降指揮，令支綱州郡以省様斗斛給付主綱官吏，受綱官吏受綱以是而出，卸綱以是而納，使出納有憑，虧折可考。三曰絶阻滯之源。夫綱運所繫至重，多是主綱官吏貪婪無恥，輒將官物移易，所過州縣收買物貨販賣，以圖倍稱之息，至有經年不到，豈不有悮國計？乞降指揮，仰所過州縣場務索取元支綱長引，契勘所部物件，其引内元無物件，並拘没入官，即時具申户部照應。不許征取（税）税錢，隱漏不申。如違，計贓論罪。』從之。

九年五月二十三日，司農少卿趙希遠言：『綱運一項，如納苗人户元有隨苗水脚錢，州委通判、縣委丞掌管，蓋所以充起綱之用，内以錢七分給船户攬載，外以三分管押赴卸處，以備填欠，若無侵盜，即復支還。今州不屬通判，縣不屬丞，而公然互用，迫勒船户攬載。七分錢既不全支，船户路費多是盜過米斛；三分錢又不解到，勒其陪備，無所取償。乞申飭州縣，今後隨苗水脚照累降指揮，專令通判、縣丞掌管，不得互用。其七分、三分錢並用舊法，不得稽違，庶無欠折濡滯、監繫破蕩之患。』從之。

十一年正月二十五日，户部言：『左藏東、西庫指定福建市舶司遵依指揮，條具裝發綱運事理下項：

一、綱運交裝之初，監官不能皆廉，下逮專庫，各有常例隱瞞斤兩，以高爲次，弊倖百端。照得本司遞年綱運，並於未支裝前喚上舶務合干人等重立罪賞，不得就綱官乞覓，方差官吏監視行人先次分色額等第。伺交裝日，提舉官同本司官屬公共下庫，再監無干礙行人重驗色額，仍差泉州無干礙官監視。以省降銅陶法物對綱官兩平秤製觔兩，當官封角。每包作封頭兩個，一係印提舉官階位，小書用本司銅朱印記；一係監裝官名銜印記，外檀香窳木，並數計條截兩頭，各用提舉官押字雕皮記，責付綱官下船。仍差近上吏人、軍員各一名防察，隨綱前去，責限兩月到行在所屬庫分交納。今準指揮，本司除已遵禀，嚴行約束，日後合干人戢㈠輒乞綱官錢物，將香貨以高爲次，定行根究决配。或監裝官屬容情隱庇，致因覺察得知，定申朝廷施行。此項，庫司今從本司所申事理，常切遵守，毋致廢弛，務在久遠施行。

一、精選畏謹之人以充部押綱運。照得本司近降指揮，選差見任寄居大使臣堪倚仗畏謹之人，近來本司起發綱運，移文泉州選差。況聚泉州見任寄居大使臣少，縱有員額，又係歸明不諳務官，委是於條有礙。間差見任官，又復推避，正緣日前管押綱運有冒涉鯨波，而依限到庫者往往不蒙推賞，所以多有不願管押之人。欲〔令〕〔今〕後差官部押，如依程限到庫，委無欺弊少欠，乞與優加推賞。及防綱公吏，亦從本司犒勞，陞補名次。此項，逐庫檢準《慶元重修令》，諸綱運以本州縣見任合差出官，各籍定姓名，從上輪差；不許辭避無官可差，即募官管押。竊緣先來本司不與照條差募，或差無藉之官，致有在路故作稽違，交卸又有欠損，其押綱官遂不敢乞賞。今乞下舶司，須管照條選差可倚仗謹畏之人，如所押官物無欠損、違程，即與照條推賞。

一、綱官將官給之物換易變賣沿途商販，經歲滯留，照得本司每遇差官押發綱運，並從條關報本司以至行在，凡所經由州縣及沿海巡尉官迭遞催趕，防護出界，其經由州縣與海巡尉官司更不用心差人趕發，是致逗遛作弊。緣本司與州縣初無統攝，文牒視爲具文。今乞下綱運所經由郡縣及沿海巡尉官司，如綱運逗遛界分之，不即差人起發過界，並許本司移文所屬郡縣根究，如稍有違戾，申取指揮施行。此項乞朝廷行下所隸監司，嚴督催綱巡尉，遇有綱運到界，繼時催趕，防護出界，及於本綱行程分明批鑿起離時日。如有違戾，許從監司屬郡根究，重作施行。

一、交裝綱運，先以色樣申解户部，不許隨綱將帶，以防換易。本司今遵禀，日後起發綱運，只發各色香樣一項，前期專差人齎發赴户部投下，伺綱運到日，照樣交納，更不出給隨綱香樣，庶革侵欺移易之弊。此項欲從本司申請。日後起綱，於所發香貨逐件抽取色樣封角，專人先

㈠ 戢　原文漫漶，權作『戢』。

次齎赴户部投下寄留，候到庫，唤集行衆當官開拆封樣看驗，一同即與交收。

一、起發綱運，除細色香藥物貨遵陸前去不以時月，有可稽考外，其粗色物貨係雇船乘載，泛海直是四五月間支裝，趕趁南風順便發離，庶免颶風海洋阻滯。緣本司逐時遵奉，省部行下催發嚴峻，逐色於秋冬時月裝發，致綱官以阻風爲詞，公然拋泊灣澳，逗（遛）〔留〕作弊。今準指揮，後起粗色物貨綱運預期支裝，候四月、五月南風順便，方趕趁風信發離，及責日限，到所屬庫分交納。如有違限，即乞根究住滯情弊，重作施行。此項乞下市舶司。應有蕃船到舶，抽收香貨，將合解數目按月具申，遇便起發，照立定程限行運。如所押官物至交卸出違限日，將綱官從條根究，亦不推賞。

一、綱運至左帑交卸，牙儈看驗，帑吏經由，莫不歲有定價，幾類執券取償。常例之需既足，則交收指日了辦。今乞嚴行約束左帑合干人等，今後綱運到庫，如有驗委無欺弊，即交秤給鈔，不許多方需索常例。此項逐庫照得綱運到庫交卸，自有元降指揮板榜立定官脚等則例充雇夫脚剩之費。今來本司所請綱運，乞指揮下日，重立罪賞，嚴行約束施行。本部今勘當，欲從指定到逐項事理施行。』從之。

四月七日，臣僚言：『訪聞撫州每年受納苗米，自有合收水脚等錢，以備起綱之費。十數年來，守臣移用，抑勒富民之進納者認押米綱，責令自備水脚，間有違拒，即帖巡尉圍屋追捉，如捕盜然。部內進納者凡十七家，若已經部押之人與免再追，猶云可也，今乃籍定其人，歲歲舉行，吏胥賣弄，一概追擾，有賂者脱免，無力者脅從。本州每歲五綱，其實止用五人部押，而十七家皆受其苦，豈不可念？乞下江西轉運司，追當行人吏根勘逐年所取上户情囑財物，計贓定罪，從條施行。仍戒約本州，今後將見任官輪差（官）〔管〕押，仍將上五名都吏、典級，每綱差一人同管押交卸，併乞下諸路漕司考劾所部，如有違戾去處，亦仰一體施行。』從之。

嘉定十四年九月十日，明堂赦文：『諸路州軍折欠米料，已將管押人並綱梢等押下原發去處陪填，其間有委非侵盜者，可將見次人特與放免一百石，餘數依條監理；其不及一百石者，並與蠲放。及起發行在米料綱梢等人因有折欠數，押下元起綱州軍填納，監繫日久，截自嘉定十三年終，有只欠二十石以下者，亦蠲放。』同日赦文：『嘉定十一年至今赦前間有旱傷，州縣取撥樁管米斛賑濟賑糶，因般剥欠少，見將管押人並綱梢等監繫陪填。可令提舉司覈實，委非侵盜，將未足之數並與放免。』

十五年三月二十五日，臣僚言：『國以兵爲威，以食爲命，天下四總，無非錢穀之所聚。而湖廣總所，實餉京襄，萬竈雲屯，嗷嗷待哺。每歲改撥綱運，或襄陽或郢州、或均州或光州四處以交卸，米多自湖南撥運，穀多自江西撥運，其水路之艱險，脚錢之不敷，以至[一]綱運之欠折，雖綱官有顧藉者，亦有所不能免。蓋邊烽寧息之時，重兵屯於武昌，綱運改撥於京襄者有限。若湖南、江西之江綱，多是指鄂州交卸而已。比年殘虜假息於汴，本朝宿兵於邊，舳艫蔽江，殆無虚日，勢使然也。然而所給脚錢，比之平日，曾微加益。姑以衡鄂言之，只是計鄂州水程以支脚錢，除三分之外，例支銅錢、交子。若使止卸於鄂，尚可盤費，無甚折閱，今則才至鄂渚，多即改撥。自總所計水程至京襄者，所給脚錢，不過支湖廣會子而已。以今市直論之，一貫七百湖廣會，僅可换銅交子一貫行使，其折閲大概可知。每綱至鄂，而聞當改撥者，莫不張皇失措，以爲必至於狼狽，而莫能即歸矣，豈不可念耶！

又況漢江自嶓冢、倉浪以至於大别，水勢湍激，自漢口泝流至郢州，猶鮮灘磧；自郢州、襄陽以上，則有所謂三十六灘之險。綱運至此，必須小舟數百般載，謂之盤灘，泝流牽舟，率用百文，以竹爲之。舟至襄陽者，自漢江以竹而造，至鄂州以换；其往均州及光化者，至襄陽復一换，謂之换竹。逐綱至鄂改撥入襄陽者，自拖工以迄篙工，必更用識水程者爲之，顧直不廉，倍有所費。脚錢既不敷，不過取辦於官米。綱官明知船户盗糶，而勢不容戢，亦付之，無可奈何。及到倉交卸，而官米之存者僅及其半，倉官斗吏，或復誅求，又不過仰給於見到倉之米。異時監納之際，縱使禁繫箠楚，情重不過一黥而已，此何益耶？觀其所由，皆原於改撥，脚錢不敷，有以致之。乞下湖南、江西諸州，於未發綱運之前，預定改撥之地，以爲某綱當卸於此州，某綱當卸於彼州，無使至總所而後改撥。所有合支脚錢，且令本所先支一半，至鄂州再支一半，庶幾以漸支使，不至泛用，以耗脚錢。』詔從之，仍令淮東、西、湖廣三總所，各開具諸軍遞年綱運起發並改撥去處申尚書省。

既而湖廣總領所言：『本所契勘每年承准朝省科定江西、湖南上供綱米，應副本所諸屯大軍支遣，除江西實發米四萬五千二百石赴江州軍前卸納外，有湖南一路合發米四十七萬五千二百餘石，各有科定卸納軍前。其水脚縻費，諸州亦以科定軍前地頭爲準紐計，合用已作窠名隨苗收錢支給，其在平時，未見綱運艱苦，獨比年軍馬分屯沿邊，調度寖廣，專藉襄漢之水以通糧道。本所隨時措置，盡將湖南綱運米料不拘元科定額，改撥邊頭交卸，應副支遣。所有改撥襄陽、均州、光化之糧，自鄂州至交卸之地一切水脚之費，全係本所抱認，從前止支湖會，而夫米亦止拆支價錢。且如襄江自郢而上，灘瀠甚多，綱船至郢，必須换易小舟般剥，委是崎嶇，費用尤重，遂將合支改撥米綱水脚錢以十分爲率，到鄂州，先支七分，内改支三分行至交子，比之時價，每貫已多一貫七百湖會；餘支

[一] 原『至』字前闕一字。

於本所之改撥，而實在乎州軍不急於裝發也。及起綱之數，今乃裝發滅裂，每致愆期，以是其弊不專在趁此水泛，及時裝發可也。且諸郡受納米苗，在省限內已難預料。況江湖州軍豈不知改撥泝（涼）〔流〕之患，亦合之數有異，又且有倉猝應辦之所，皆是臨時就近改撥，實必欲預定改撥，亦恐未易遽行，蓋屯駐之處不一，而增損就近交卸，以補春夏改撥之數。權時施宜，似得其當。若趁水漲，改撥襄陽諸處軍前。至秋冬水涸，却令續到之綱夏之間，諸州起到上供米及和糴米綱，不問元科去處，即糧綱，以今計之，一歲趲發六七十萬石，是以本所每年春後，軍馬分屯沿邊，用度益夥，所起襄陽並移撥均州、光化前，湖南所起科定襄陽綱米，不過十五萬石；自軍興以則水落石出，爲害誠不免。如臣僚之所言者，當未軍興均、襄，無有阻滯，則公私俱可省力。設或秋冬方到鄂渚，春夏盡到鄂州，趁此漢水泛漲，（沂涼）〔泝流〕而上達之藉襄江之水，而水生水落，則有時節之異，儻使江湖綱運之良策。然自非利害，不敢不以實聞。切緣糧道之運，全定改撥之地，所有合支脚錢，且令本州先支一半，誠革弊

今詳臣僚奏請行下湖南、江西諸州，於未發運之前預難，而侵欠之弊，亦覺鮮少。

每石暗有六升之增。由是諸綱得此價潤，不復以改撥爲會各半支給。至於夫米，並支本色，比之舊來折價所閲，四分會，更有三分錢則樁留，以留其到襄陽等處，却以交、

欲乞詳酌所申，速下湖南潭、衡州，將已科定正起襄陽米綱催促支裝，趁水起發，限在半年，春末夏初，定到鄂州次第趲發前赴襄陽下卸。所（所）有潭、衡兩州並永、道、全、邵州科定合發到處軍前米綱，亦乞下各州催促裝發，照定限到來。切待本所斟酌邊頭合用米斛多寡、闕少去處，改去處行，所用一切貼支水脚交會、夫米，本所並與抱認支給。仍乞下江西、湖南州軍，今後不許差募指使及無産業人管押綱運，須管（巽）〔選〕差見任或待闕有材幹文臣及家力素厚進納官部押，如今後諸郡仍前差募武弁無賴之人，以致欠折，乞將起綱官司議罰施行。』從之。

食貨四五　宋漕運四、五

宋漕運四[一]

綱運設官

三門白波發運司，有催促裝綱二人，以京朝官三班

[一] 原作『漕運五』，依順序，今改爲四。原稿開始有附題『綱運設官』，應爲此節的副題。本部分内容録自《食貨》四五之一至七。原《宋會要稿》一四三册。

充。河陰至陝州、自京至汴口，催綱各一人，並以三班以上充。廣濟河，都大催綱一人，以京朝官充，後改爲輦運司。許、汝石塘河，催綱二人，以京朝官三班充。御河催綱一人，以三班充； 提轄官二人，以安利、永静二軍知(兼)軍兼充。御河催㈠縣。汴河至泗州，催㈡綱三人，以三班或内侍充，皆分地而領之㈢。蔡河撥發一人，以朝臣或三班充。又江南、兩浙、荆湖皆以三班爲撥發，諸州又有監裝卸斛斗官一人或二人，以京朝官、三班幕職、州縣官充。又有三門白波都大提舉輦運都大提舉一人，同提舉二人，河陰一人，三門一人並以朝官充，掌轄三門、河陰、汾洛人般，以備輦運之事。勾押押司、勾計知印各一人，前後行一十一人，舊有三門白波黄、渭河水路發運使一人，判官一人，慶曆三年，罷發運使，其發運使事分隸陝西、京西兩路轉運使，獨存三門發運判官一員，以白波發運判官兼知西京河清縣事，而添置河陰發運判官，兼知孟州河陰縣事。八年復置，嘉祐五年廢，以京西轉運使都大提舉催促綱運，於白波創立催綱司，以朝臣一員專領其事。是年，改爲都大提舉輦運公事。廣濟河專一管勾催綱官一人，以京朝官充。皇祐五年罷，以曹州通判兼管廣濟河輦運司，嘉祐四年復置，以朝官充。許、汝石塘河催綱官二人，以京朝官、三班使臣充。皇祐五年罷，以郾城知縣兼管，嘉祐四年復置，以朝官一人充。黄、御等河催綱官一人。以三班使臣充，慶曆三年廢，至和二年，復以朝官充。提轄官一人。以永静知軍兼充，因罷催綱官，其知軍更不兼官。嘉祐五年，復以永静知軍依舊兼充。蔡河撥發官一人，以三班使臣充。皇祐五年罷，(致)〔至〕和二年，以潁州通判兼管勾蔡河撥發，治平復置，以朝官一人充。河陰至陝州、自京至汴口，催綱官一人，並以夾河巡檢武臣兼； 汴河至泗州，催綱官一人，並以沿汴捉賊巡檢監押武臣兼。諸州監裝卸斗官一人或二人，並以逐州知縣及監糧料院文臣兼。

真宗大中祥符四年八月，詔置廣濟河催綱朝臣。是職舊命常參官，近歲省去，止用使臣，而州郡皆不承稟，故復之。

八年七月，詔三班院：『自今諸河催綱巡檢，並選曾經監押巡檢殿直幹事者充。』初，三班侍禁李世隆爲蔡河撥發兼巡檢捉賊，真宗曰：『世隆年方二十五，未經歷。』又上封者屢言催綱捉賊，多差權勢子弟，故條約之。

九年五月十五日，詔：『河、汴、廣濟、石塘河催綱巡河京朝官使臣，自今每歲許一次入奏，三門白波發運使、判官每歲許二人更番入奏。』仁宗天聖三年正月，三司言：『廣濟河催綱、太子中舍成壁到任二年，催綱斛斗五十六萬二千六百餘石，比前界甚有出剩，乞降敕書獎諭。』從之。

七年六月，詔輦運司年終點檢緣廣濟河並夾黄河縣分令佐栽種榆柳。

㈠ 原『催』字下有空格，此處應有脱字。
㈡ 催　原作『至』，據《職官》四二之一三改。
㈢ 原天頭批注：『三門白波』至『而領之』一條，與《職官》復。

八年正月，詔：『今後廣濟河糧綱，如一年內鄆州、淮陽軍三運，並曹州、廣濟軍、濟州五運，至京交納無欠，令輦運司磨勘綱梢遞賞。』

慶曆四年三月，省廣濟河催綱朝臣一官。

五年二月十三日，以供奉官劉孝孫充淮南撥發，從發運使方皆保請也。

皇祐五年十月十八日，詔：『諸路所舉文武臣僚充催綱、撥發者，並依從減罷，今後更不差置。見任官未成資者，即後任通理年月。』

英宗治平三年六月，詔發運司勾當公事傅承兼催發監綱。

神宗熙寧元年七月二十五日，詔虞部郎中知河陰縣張宗道、虞部員外郎發運司勾當公事傅永，並專切催遣自京所撥赴河北糧綱。

三年四月十七日，命僉書鎮東軍節度判官廳公事張次山，權發遣廣濟河都大輦運司公事，尋以職方郎中向宗道代之。初，除次山提舉常平倉事，弗就，至是提舉輦運闕，宰相曾公亮等言次山可用。翌日，詔次山資敘過淺，可再取旨，故有是詔。 八月二十六日，詔蔡河撥發、提岸、斗門公事等，今後並隸都大制置發運司提舉管轄。

四年九月二十三日，以職方郎中李孝孫爲三門白波都大提舉輦運公事。

元豐二年五月二十九日，詔廣濟河都大催遣輦運官與本部通判以上序官，在提點刑獄下。

七月十九日，知都水監丞范子淵請移河陰輦運司於行慶關，兼主管洛口。從之。

四年九月二十九日，上批：『聞三司昨雇百姓車户大車輦絹赴鄜延路，纔及半道，其挽車人已盡逃散，令官物並拋棄野次。逐縣科差保甲，其擾費人力，未知何人處畫如此乖方。可取索進呈。』三司言：『起發應副鄜延、環[一]慶、涇原三路經略司絹十七萬五千匹，市易司起發十五萬五千匹，用羸[二]馬百二十四頭及官船水運至西京，乃用步乘應副河東衣賜絹十萬匹赴澤州，及紬二萬匹用羸馬百八十三頭、小車五十兩並槖駞般馱，又三萬匹用步乘。應副延州銀十五萬兩，鹽鈔五萬席，用羸馬九十八頭；絹十五萬匹爲五綱，一綱用槖駞，四綱用小車二百一十(兩)〔輛〕。應副河東、鄜延、環慶、涇原、熙河、秦鳳路絹紬總百萬匹，用小車爲三十綱，並不用官私大車輦載。』詔三司選差幹當公事官一員緣路點檢催促，其津般乖方處，根究以聞。

五年二月十一日，罷廣濟河輦運司及京北排岸司，移上供物於淮陽軍界計置入汴，以清河輦運司爲名，差朝奉

[一] 環　原脱，據《長編》卷三一六補。
[二] 羸　原稿不清，似『羸』，但文意不通，暫定是字。

郎張士登都大提舉。先是，京東路轉運司言：『廣濟河用無源陂水，常置埧以通漕，歲上供六十二萬石。間一歲旱，底著不行。欲移人般船於淮陽軍界上吴鎮、下清河及南京穀熟、寧陵、會亭，臨汴水共爲倉三百楹，從本司計置七十萬石上供。置輦運司，隸轉運司，歲減船三百五十、兵工二千七百、綱官典三十三、使臣十一，爲錢八萬二千緡。』下提點刑獄司按實，以爲如轉運司言。京北〔一〕排岸司沿廣濟河置，故並罷之。

六年九月四日，三門白波提舉輦運司，乞借本司所轄阜財監上供錢萬緡，遣官於鄰州市木，於本司造船場造六百料運船，下陝西轉運司，依數撥還。從之。

哲宗元祐元年十一月十五日，詔都大提舉清河輦運司，依舊以廣濟河都大〔二〕管勾催遣輦運司爲名。十二月二十二日，詔廣濟河催遣輦運、提舉三門白波輦運、蔡河撥發，並以三十月爲任。

二年正月二十五日，左諫議大夫兼權給事中鮮于侁言：『蔡河撥發催綱司督京西淮南糧運，以供畿内，半歲不能週一運。請令催綱司統按縣道，立賞罰，使人自爲功。』從之。

紹聖元年九月七日，户部言：『發運司狀：每年上供額斛及府界南京軍糧，動以萬計，止管汴河一百七十餘綱，須裝卸行運之速，乃能辦集。其汴綱在京等處卸糧，多有少欠綱分，依朝旨，並批撥下裝發處折會結絶，而從來未有立定日限備償明文。欲並依京東排岸司一司式立限備償，若裝發處不便結絶，自依元祐八年秋頒敕條斷罪。』從之。

元符元年四月二十三日，户部言：『發運司奏，歲額帳狀乞限次年九月終，撥發輦運司限六月終。』從之。

二年二月六日，吏部言：『發運司使張商英奏，乞罷真、（楊）〔揚〕、楚、泗州監倉門斗面官四員，置巡轄綱運官四員。』從之。

三年二月二十四日，刑部言：『荆湖北路提點刑獄司申：檢准治平二年三司使韓絳等奏，使臣管押汴河糧綱，若於綱運内有過犯，並委三司、發運司取勘罰贖。又准元祐七年敕：小使臣在官處犯公罪，杖以下並本州斷罰，其應斷罰而所犯情輕者，申提點刑獄司，委檢法官看詳。又准紹興五年敕〔三〕：諸押綱小使臣犯笞罪，批上行程，至卸納處排岸司點檢，在外就近送轉運或發運、輦運、撥發司施行。今看詳治平朝旨，係專言渭、汴河綱使臣，即不言諸路押綱使臣，有相合依是何條令。尋送大理寺

〔一〕北　原作『兆』，據《長編》卷三二三改。
〔二〕都大　原作『記』，據《長編》卷三九一改。
〔三〕紹興五年　此處紀年費解，元符元年（一〇九八年）如何准紹興五年（一一三五年）之事？『紹興』疑爲『紹聖』之誤。本句下文有『依紹聖五年敕』可証。

參詳。今據本寺狀：治平朝旨既係一司專條外，諸路押綱使臣雖依紹聖五年敕，令排岸司點檢，送轉〔運〕司行遣，如所犯情輕者，除發運司合依本司專條勘罰外，其轉運、輦運、撥發司即亦合關報提點刑獄司，依條看詳當否施行。』從之。

徽宗建中靖國元年七月十七日，户部狀：『准都省批送下發運司，契勘諸路合起上供錢帛斛斗内年額錢，依條分作兩限封樁起發，及紬絹物帛並限歲終起發。如起發違限並不足，許發運司牒鄰路提刑司取勘。今相度諸路合起年額上供兩限起發，上限七月終，下限歲終。真、揚州岸司拖照起發月日申發運司，並上供錢及六路轉運司年額斛斗，須管依元條限次逐限内樁起了足。如違並不足，並從本司申尚書户部，下本路提點刑獄司先行取勘轉運司人吏。所有合干官員，即依元條施行。』從之。

崇寧三年八月十三日，江淮荆浙等路發運司奏：『契勘本司總轄東南諸路，内兩浙路每年合起上供歲計糧斛錢帛萬數浩瀚，比之其他路分數目最多，及有福建路合起上供錢帛綱運不少，盡皆經由兩浙團發，從來未有專置催轄綱運官數。内自江州至荆、岳一員，所歷路分州軍不多。今相度欲將江州至荆、岳州催轄綱運官一員，移於兩浙自潤州至衢州以來，催轄綱運，於蘇州安置廨宇。所有應緣諸般約束事件，並依催轄綱運官已得指揮施行。』從之。

政和三年三月四日，尚書省言：『訪聞東南諸路綱運往往沿流州縣（注）〔駐〕泊，蓋緣闕人牽轉，多被合干人等盜賣，或致散失，有妨都下指擬使用。』詔令：『沿流州指揮逐地分縣令佐及催綱官司巡尉捕盜等官，遇有綱栰，輪那一員躬親前來巡防照管，出界遞相交割，立便趕趁前來。如委闕人兵牽轉，即仰所屬官司那差廂軍。或不足，仰於本地分清河内羌刷，相兼應副；又不足，即一面支轉運司錢和雇人夫牽拽訖，申知本司，不管少有住滯。仍仰逐地分官司纔候趕趁訖，申尚書省。』

八日，中書省、尚書省檢會：『政和二年十二月十三日敕，（令）〔今〕後應押栰使臣、殿侍軍大將等，如押竹木綱栰送納別無少欠，雖有不敷元來徑寸，如有綱解大印照驗分明，係是元起官物，別無欺弊，仰所屬一面取會元發木官司認狀外，其管押人聽先次依法推賞。如會到，別有違礙欺弊，不該推賞，即行改正，依條施行勘會。未降上件指揮日前，亦有似此之人，理合一體。』詔並依政和二年十一月十三日朝旨施行。

七月十二日，尚書省言：『淮南路轉運司提轄催提直連綱運宋子雍狀：近點檢得本路州軍裝發地頭妄破諸般緣故，至有住滯等，欲望特賜重行立法。今修下條：諸綱運裝卸，無故違限過五日者，附載官物裝卸違限同。一日笞三十，二日加一等，不過杖一百，三日加一等，罪至徒二年。事由裝卸官司，本綱不坐；事由本綱裝卸官司，准此。仍各以所由爲首。和雇私船運官物而裝卸違限，並准此，内事由本船者，止坐船主。違限請過口食干繫人均備。』從之。

九月十三日，兩浙轉運司奏：『本路歲發上供額斛萬數浩瀚，奉旨直達都城，唯藉綱運趁限裝發，了辦歲計。緣本路所管綱船並是三百料，與他路大料綱船不同，除許附載私物外，裝發米數不多。近朝旨許加一分力升，通舊二分附載私物。今乞依政和令，許二分附載私物，情願將逐船所剩力升如無私物攬載，即加裝斛斗，每二十石添破一夫。所得雇夫錢米，不唯優恤兵梢，實於官物不致侵盜，兼亦使愛惜舟船，委得利便。今來所乞二分附載私物，每船一隻，裝米二百四十石外，有六十石力外，若願加裝米斛，每二十石添破一夫，每船增三夫，以酌中平江府至都城地理約度，共添得雇夫錢七貫五百文、米二石二斗，即與附搭客人行貨所得錢數不致相遠，所貴綱梢愛惜官物舟船。』從之。

五年七月九日，祠部員外郎胡猷可奏：『土人管押綱運，若不立定理界年限、輕重等第，更互交押，委是勞逸不均。今相度欲乞應募土人路分綱運窠名輕重及理界年分並理運數，並依自來都官羌副尉條法施行，候界滿日，令更互管押。』從之。

宣和二年八月十六日，中書省言：『勘會東南糧綱爲抛失少欠數多，近已奉御筆措置罷募土人，改差使臣等管押，及令經由拖欠路分任責。（令）〔今〕有合申明事件下項：一、六路召募土人法罷，其兩河糧綱所募土人，亦合並罷，遵依已降指揮施行。一、六路罷募土人糧綱並年滿事故等，關轉運司已降指揮，出闕召人指射，如過兩月無人指射，或雖有人指射，不應差注者，即具闕報發運司召人。以上差訖，除具職位、姓名申尚書省外，仍申所屬曹部出給付身。或發運司過一月無應入人指射，即申吏部；又過一月，猶無應入人，即關都官差注，其資次並依已降指揮。一、兩河土人糧綱並年滿事故等，關輦運（不）〔下〕發司出闕召人指射差訖，除具職位、姓名申尚書省外，仍申所屬曹部出給付身，過三月無人指射，不應差注者，即具闕申吏部；又過一月無應入人，即關都官差注，其資次並依六路已降指揮。一、管押人雖已有副尉指射，若定差未了間，却有校尉以上人願就者，自合先差校尉等。一、今來所罷土人，候差到人交割訖，發遣歸都官，别承差使，即不得再押糧綱。一、沿路抛欠斛斗，除合依已降指揮令經由抛欠路分轉運司任責，次年依上供條限補發外，其六路每年隨正額合起酌中補欠數目，自合依舊起發，候次年經由抛欠路分補發到京。如實補發到數目過於本路隨正額合起酌中補欠之數，即將剩豁除。一、兩河抛欠斛斗，其經由路分任責補欠置籍等，亦合依東、西直達綱已降指揮施行，内抛欠斛斗，並令地分官司、京東輦運司、蔡河撥發司置籍。一、經由京畿地分，如有抛欠，緣京畿别無上供斛斗，自合據合補數目於外路起到應副本路綱內依數改撥補發上京。一、提轄文臣已立拋欠分釐責罰，其檢察武臣亦合依此。一、土人如爲已有替罷指揮，輒敢作過偷盜糧斛，拆賣舟船，仰所在官司常切覺察，具違犯申尚書省，法外重行斷遣。』從之。

五年五月十五日，詔令呂淙、胡直孺、東南六路轉運輦運撥發司官，限指揮到，據未起斛斗數目躬親嚴緊催督，須管日近擁併相繼起發到京，其已起在路數目，亦仰催促。沿途經由州縣及催綱等官司，速行遞相趕發兼程前來，尚敢違慢，以違御筆論。

六月二十五日，發運使副呂淙、陳亨伯奏：『准尚書省劄子，權知宿州林篪奏發運司利害及管見十事劄付臣等照會，數內第二十二項自行直達，每路並差提轄官一員。今來復行轉般，所有湖南、湖北、江南東西四路提舉轄官合與不合減罷，取自朝廷指揮。倉部勘會，東南六路提轄官昨緣直達，朝廷降指揮差置，今來雖江湖四路復行轉般，其逐路有合發斛斗萬數浩瀚，並係在京指擬支遣數目，見不裝發綱運直達上京，唯藉提轄官往來檢察催督。今勘會江湖四路提轄官，候發運司有收糴到或可代發斛斗奉(一)行轉般日，即行寢罷。本部勘會諸路提轄綱運官，淮、浙各兩員，江湖四路各止一員，依法自本路至國門往來催促綱運，檢察違滯。近發運呂淙、陳亨伯措置轉般晝一，內一項申明江湖四路提轄官係直達，差置合與不合減罷。已承指揮，候發運司有收糴到或可代發斛斗奏行轉般日寢罷，及發運司勾當公事官陳亨伯稱：係諸般差委，及間有朝旨，令分委勾當。今來林篪所乞，每歲分輪提轄官於界首取索驅磨行程，及乞每歲輪差發運司勾當公事官於拱州取索行程，驅磨事理，即有礙元條及妨闕勾當，委是難行外，其陳亨伯乞今後提轄官並依法自本路至國門往來催促綱運，發運司常切檢察。如每歲不見往來經由真、(楊)〔揚〕、楚、泗，致綱運於本路及他路住滯，偷盜數多，聽發運司於所部選承務郎以上清(疆)〔彊〕官對移，或乞令具事理申尚書省，差官替罷事理施行。』並從之。

九月五日，户部奏：『荆湖南、北路剗刷大禮錢帛，趙庠申：勘會荆湖南、北路諸州軍起發上供錢物，有畸零數少去處，依條般往近便及沿流去處州軍團併成綱，起發上京，限日轉發，違限杖一百。今團併州軍承他載起到錢物，如不依限交收轉發，欲望立法約束，及許管押人越訴。户部看詳，欲依趙庠所乞，如他州或別路起到錢物限次日交收，仍乞立法施行。諸路准此。』從之。

七年三月二十日，江南西路轉運判官高述奏：『本路宣和七年合起發上供額米一百二十萬八千九百石，依近降御筆處分，般至淮南下卸，依條分三限，內第一限二

(一) 奉 《食貨》四五之六作『奏』。

月，計四十萬二千九百七十石。本司牒諸州縣計置起發。今據申，已發過四十一萬九千六百十一石九斗八升前去淮南下卸，內已充足，第限合發米數外，又攙發過第二限米一萬六千六百四十二石九斗八升，已具綱名細數申尚書省去訖。』詔：『高述頃以事罷漕司，旋命復職。今能修舉漕計，今春上供四十餘萬石，已足上限，繼運下限亦已起發，奉法修職。可特除直祕閣，以勸諸路奉公之吏。』

四月十三日，應奉司奏：『勘會兩浙路所管本司應奉綱船差破兵梢不少，除裝發行運外，其檢計修船、擺泊守凍，伺候裝發，不行運月日甚多，坐費糧食，合行措置。今相度欲兩浙路本司綱船每船存留梢工、橰手各一名，每綱留節級、綱團、軍典、木匠各一名，除船料例候裝綱，日支錢雇夫下水，依糧綱人數除留人外，據闕貼雇合用雇夫錢米，並要委本路應奉官相度措置應副。所有抵替下人兵，逐旋發歸所屬，別奉差使。其上下水雇夫錢，支付管押人掌管，節次支散。候回本路，(今)〔令〕應奉官取索驅磨，如無侵欺，及無綱運稽滯，除任滿推賞外，每任更與減磨勘二年。伏乞特降睿旨施行。』從之。

二十五日，講議司奏：『契勘諸州軍起發上供綱運，已准宣和四年九月二十五日敕，經過並時遞相關報檢察，催趕出界。如容縱或失於檢察，至有侵盜貿易者，其所犯地分官司仰户部量事輕重按劾施行外，其餘起發上京錢物未有約束。欲今後諸路應發上京錢物綱運，並依前項指揮，如違，並令所至州軍按劾施行。』從之。

宋漕運五[一]

綱運令格

捕亡令　諸江、淮、黃河內盜賊、煙火、榷貨及拋失綱運，兩岸捕盜官同管，其繫岸船栰，隨地分認。

賞格　命官　捕盜官 謂職應催綱者，能檢察綱運兵梢不犯故沈溺舟船，或有故而收救官物別無失陷者，任滿，減磨勘一年。檢官能覺察綱運妄稱被水火盜賊、損失官物欺隱入己者，免試。

諸色人　獲故沈溺綱船，及有人居止船，雖未沈溺，每隻錢五十貫；因侵盜官物者一佰貫。江河深險處收救得沈溺船所失官物，准給價三分，收救得流失官船，每隻准價不及一佰貫。諸河空船，錢五貫；重船，錢一十貫。江、淮、黃河空船錢一十貫，重船錢二十貫。一佰貫以上，諸河給一分，江、淮、黃河給二分。

雜勑　乾道八年五月二十三日，尚書省批狀：『綱運經由地分遇風水拋失，遵依見行條法，仍申所屬州縣，

[一] 原作『漕運六』，依順序，今改爲五。原稿開始有附題『綱運令格』，應爲此節的副題。本部分內容録自『《食貨》四五之八至一九』。原《宋會要稿》一四四册。

州委幕職官、縣委丞佐，即時躬親前去抛失地分驗實保明，再批行程，結罪申州，備申司農寺外，路申總領所。候本綱到下卸處，即依條施行。如違，從本路轉運司追當行人吏斷遣，官申取朝廷指揮施行。』

欺弊　盜賊　勑　諸博易糴買綱運官物，官船車脚板船具駞馱及其器用同，餘綱運條稱官物者准此。計已分依貿易官物法計利，以盜論加二等，牙保、引領人與同罪，許人告強者計利，併贓以強盜論。以上再犯，不該配者，鄰州編管；　罪至死者，減一等，皆配二千里。二十貫，爲首者絞；　殺傷人者，依本殺傷法。以上運載船車、畜産没官。知情借賃者准此。被強之人不速告隨近官司者，杖六十；　因被強而受贓者，以凡盜論。諸以私錢貿易綱運所盤錢監上供錢者，許人捕；　諸錢綱押綱人、部綱兵級本船梢工同。以私錢貿易所運錢，雖應計其等，依監主自盜法；　罪至死者，減一等配千里，本船軍人及和雇人犯者，亦以盜所運官物論。

雜勑　諸押綱人、部綱兵級、梢工失覺察，盜易欺隱本綱及本船官物，事雖已發而能自獲犯人者，除其罪。二人以上同犯，但獲一名亦是。諸綱兵級和雇人同博易本船官物，罪至徒；杖罪兩火同地分催綱、排岸巡檢、縣尉司干繫人失覺察者，杖一(伯)〔佰〕，命官減二等。三十日内能獲犯人者，不坐；二人以上獲一名，亦准此。諸路年額及上供糧綱兵級，和雇人同若博易糴買之者，其所犯並破贓地分催綱、排岸、巡檢、縣尉及捕盜人，村保、地分鋪頭同。故縱者減犯人罪一等。受贓重者亦從重。諸差雇運送官物，而收貯他物欲拌和者，以收貯物數計所欲拌和官物價，准盜論，許人捕；　已拌和者，入水及以透堵腐爛拌和者同，下條准此。計虧官價，依主守自盜法，至死者減一等，配二千里以上；　贓輕者杖一百。諸不覺本綱人以他物拌和所運官物者，部綱兵級杖七十，計所虧官價，一分杖八十，一分加一等，罪止杖一百。押綱人減部綱兵級罪二等，部綱兵級及五分，或一年内兩犯至罪止者，降一資，長行充部綱兵級者，勒充別綱牽駕。諸鹽糧綱封印有損動者，梢工杖八十，篙手減一等。詐僞勑、諸僞造封綱船堵面印，論如餘印律；　已行用者，不刺面，配本城，兵級配鄰州。許人告。

職制令　諸巡捕官獲綱運拌和官物，所屬監司歲終比較，具最多、最少之人最少謂地分内透漏及犯者數多而獲到數少者。每路各二員以聞。

輦運令　諸博易糴買綱運官物，並以他物拌和所運官物，應干條制，州縣於裝卸及沿流要會處粉壁曉示，歲一舉行。諸年額及上供糧綱，轉運、提點刑獄司賞功，督責捕盜官等警捕博易糴買之人，其應干罪賞條制，仍歲首檢舉，於裝卸及沿流要會處粉壁曉示。

賞令　諸六路並汴河綱運所經州縣，以發運司息錢椿管，如無息錢，州縣兑及官錢，具數報本司撥還。遇獲博易糴買若糴賣綱運官物者，以椿管錢當日支賞，椿管錢已支不及五分，即申發運司貼支。仍置籍，於犯人及停藏負載人追理；　若不足，於犯人鄰保及本綱保内均備；又不足，於地分及本綱干繫人；尚不足者，以犯人役官船、車、畜産估償納，逐旋銷注。

諸備賞　應以犯人財産充而無或不足者，差雇運送官物而收貯他物，欲拌和所運官物，及已拌和者，責部綱兵級、押綱人均備。

輦運格　六路並汴河綱運經過州縣，樁管發運司息錢充博易糴買糶賣綱運官物賞錢數，州三百貫，縣二百貫。

賞格　諸色人　獲結集徒黨强博易糴買綱運官物者，仍以其財産，徒罪給三分，流罪給五分，死罪全給。獲以私錢貿易綱運所般錢監上供錢者，錢三百貫。獲博易糴買若糶賣六路並汴、蔡河綱運官物，錢五貫。贓及一貫者給一十貫，每貫加五貫，至一百貫止。獲差雇運送官物而收貯他物欲拌和及已拌和者，錢三十貫。已拌和計虧官價一十貫外，每貫仍加五百文，至一百貫止。虧及二千貫者，仍轉一資。告獲僞造封綱船堵面印，錢三十貫。

廒庫　乾道六年十二月二日，勅：『起發上供綱運並諸司錢物，並合用錢、會中半，訪聞在外州縣會子或有損折，其押綱官却將合發見錢贏落水脚，盡買會子前來臨安府私充見錢送納，反復贏落厚利，是致會子不復流轉。自今起綱，仰於綱解内分明開具所發錢、會數目，押綱保官狀内仍聲説如所保官有前項移易，甘伏同罪。所押官並隨綱合干篙、梢等，仍前通同作弊，許諸色人經所在州縣陳告，其告人每一千貫支賞錢一百貫文，犯人計所移易數，以監臨自盜贓論。若合干篙、梢等能自首，與免罪，亦支給上件賞錢。今來會子務要流通，如不畏公法之人妄有扇摇，許諸色人指證著實陳，並科違制之罪，不以官蔭赦降原減。』

盜賊勅　諸竊盜得財，杖六十；四(伯)〔百〕文，杖七十；四百文加一等；二貫，徒一年；二貫加一等；過，徒三年；三貫加一等；二十貫，配本州。諸强盜得財，徒三年；二貫五百文，流三千里；二貫五(伯)〔佰〕文，加一等；拾貫，絞即罪至流，皆配千里。諸監臨主守自盜，及盜所監臨財物，罪至流，配本州，謂非除免者三十五匹，絞。其運送官錢而自貸罪至流，應配本城至死者，奏裁。諸梢工盜本船所運官物者，依主守法徒罪，勒(克)〔充〕牽駕，流罪配五百里，本船軍人及和雇人盜者，減一等流罪，軍人配本州，和雇人不刺面配本城。

輦運令　諸鹽糧綱裝訖，梁上置鎖伏封鎖，徧用省印，押綱人點檢。若封印損動，即時報隨處催綱巡捕官司，限當日同押綱人開視訖，以隨處官印封鎖，批書本綱曆照驗。

盜貸　盜賊勅　諸梢工盜本船所運官物者，依主守法徒罪，勒充牽駕，流罪配五百里，本船軍人及和雇人盜者，減一等流罪。軍人配本州，和雇人不刺面配本城。同保人受贓，及已分重於知情者，以盜論； 非同保知而不糾及受贓者，各減同保人罪一等； 受贓滿二十貫者，鄰州編管。諸於管押官物或受雇立案承領官物人名下私攬運送而盜貸者，依主守法減一等。展轉受雇運送而犯者，亦准此。諸巡防守禦人於本地分犯盜者，以盜所監臨財物論，其盜官物者，從主守法，罪至死，減一等，配千里。 竹木栰，團頭、水手大下盜本栰官物，梢工盜本船釘板船具者，准此。諸運送官錢而自貸，罪至流應配者，配本城； 至死者，奏裁； 即受雇立案承領官物而運載者，同主守法。諸盜官船、釘板船具者，加凡盜一等。

雜勑 諸綱運不覺盜所運官物，梢工依主守不覺盜律，罪輕者減盜，重者罪五等，雖持杖，亦從不持杖竊盜減。 徒罪勒充本綱牽駕，部綱兵級減梢工一等。 其不覺本綱人盜所運官物，部綱兵級罪至杖一百差替，仍勒充重役三年 即故縱罪至死者，減一等配千里。諸押綱人、部綱兵級不覺本綱人盜所運官物，梢工不覺本船人盜所運官物同 雖自覺舉，至下卸畢，犯人猶不獲，不得原罪。 若本綱及本船更有欠，即以被盜物併爲欠數科之，仍不倍。併不加重，止科不覺罪。 獲盜應免罪者，所盜物不理爲欠。 諸押綱部綱兵級、梢工失覺察盜易欺隱本綱及本船官物，事雖已發而能自獲犯人者，除其罪。二人以上同犯，但獲一名，亦是。

諸綱兵級 和雇人同 盜本船官物，罪至徒，杖罪兩大同。 地分催綱、排岸、巡檢、縣尉司干繫人失覺察者，杖一〔伯〕〔佰〕，命官減二等。三十日內能獲犯人者，不坐； 二人以上獲一名，亦准此。 諸路年額及上供糧綱兵級和雇人同盜所運官物者，其所犯並破贓地分催綱、排岸、巡檢縣尉及捕盜人，村保地分鋪頭同 故縱者減犯人罪一等。受贓重者自從重 諸香藥並市舶司物貨綱緣路侵盜或貨易，而地分人若催綱官司失覺者，杖六十。

廄庫勑 諸起發上京錢物管押人侵盜移易入己者，不以自首原免。

職制令 諸處捕獲綱運偷盜官物，所屬監司歲終比較，具最多、最少之人最少謂地分內透漏及犯者數多而獲到數少者。每路各二員以聞。

理欠令 謂糧綱犯自盜案首，其所盜官物並理爲欠數，至罪正〔一〕。 應配者，配如法。

輦運令 諸年額及上供糧綱，轉運、提（檢）〔點〕刑獄司常切督責捕盜官等警捕侵盜之人，其應干罪賞條置〔二〕，仍歲首檢舉，於裝卸及沿流要會處粉壁曉示。

賞格 命官催綱或捕盜官獲綱運人盜所運官物，計價累及二百五十貫，免試； 五（伯）〔佰〕貫，減磨勘一年，仍陞半年名次； 一千貫，減磨勘三年。

〔一〕正 疑當作『止』。
〔二〕置 疑作『制』。

廄庫　紹興三年十月十八日，尚書省批狀：『州縣起發上京錢物，管押人侵盜移易入己，不以自首原免。今來車駕駐蹕臨安府，自合引用上條，不以自首原免斷罪。』

廄庫勅　諸私貣貸官物而以物質當，或有簿籍及抄領曾經官司判押者，並同有文記法，即倉庫簿曆及般運交請文憑，或私自抄上簿籍單狀之類，並不爲（大）〔文〕記。諸監主以官物私自貸，雖有還意而不還，或償不足者，計所少之數，不以赦降原減。因首告減等及保人償足者，非。

名例勅　諸稱不以赦降原減，除緣姦細事或傳習妖教，託幻變之術，及故決、盜、決江河堤堰已決外，餘犯若遇非次赦，或再遇大禮赦者，聽從原免。

賊盜勅　諸竊盜得財杖六十，四（伯）〔佰〕文杖七十；　四〔佰〕文加一等；　二貫徒一年；　二貫加一等；　過，徒三年；　三貫加一等；　二十貫配本州。　諸監臨主守自盜財物，罪至流配本州，謂非除免者三十五匹絞。

廄庫勅　諸糧綱少欠，於折會借納外，梢工計本船欠一釐，笞三十，一釐加一等。元裝千石以上船，半釐加一等，並至四釐止，四釐外計贓，重者准盜論。於見欠處估價至罪止者，配鄰州。

職制勅　諸押綱人及部綱兵級並本船梢工以和雇人工食錢於官司行用者，減凡盜三等坐之。　官司受財滿五貫者，徒二年；　不滿五貫，杖一百。受財枉法之類計贓重者，自依本法。諸排岸催綱司橋堰，應沿河地分公人、兵級受乞綱運人財物，計贓一貫，公人勒停，兵級降配；　罪至徒，公人不刺面配本城，兵級配鄰州。

鬭訟勅　諸綱兵梢，每三船爲一保，若於本綱侵盜或負載及販私有權貨並藏匿盜及逃亡兵級者，犯人雖於法不許捕者，亦許人捕。同保知而不糾，依伍保有犯律，杖罪笞三十；不知情，各減三等。　部綱兵級不知情，減保人罪一等，不覺盜罪重者，依本法。　即因保人告獲犯人者，應連坐人不覺之罪並免。　諸綱運兵級違犯，押綱人杖一百，刺面人違犯本轄官，徒一年；　詈者各徒二年，毆者各加二等配五（伯）〔佰〕里，情重者奏裁，毆命官致折傷者，當行處斬。　諸長行權充部綱兵級，而本轄兵梢違犯者，減階級法一等。　諸綱運和雇人違犯押綱命官，杖一（伯）〔佰〕，詈者徒一年，餘押綱人杖八十，詈者杖一百，毆者各徒二年，即毆命官致折傷者，徒三年，配五（伯）〔佰〕里。　諸綱運人告押綱人侵盜或拌和官物、販私有權貨，謀殺人若妄破程限及干己事，聽受理，餘犯流以下罪，雖於法許告捕，亦依事不干己法。

雜勅　諸權差主駕綱船人有犯，依梢工法。　諸平河全沈失糧船，梢工徒三年，篙子減一等，部綱兵級杖六十，押綱人減二等。餘條有部綱兵級罪名而不言押綱人者，准此減之。每收救一分，各減一等。　諸綱船軍人，歲終，所至官司驅磨在綱逃、死及四分，不滿十人，一名當一分。　部綱兵級杖八十，押綱人減二等；　再犯者，押綱人展磨勘一年；　磨勘年限不同者，准使臣五年爲法比折展之。無磨勘者，准前科罪；部綱兵級差替，勒充重役。諸押綱人無故離本綱空船綱非經時者，杖一百；雖有故而經三時者，罪亦如之，各不在覺舉自首之例。諸押綱人疾病，綱雖空而擅離者，依擅去官守法。年月雖滿，不候替人交割，准此。諸部綱兵級犯罪應降長行者，若元係長行，勒充別綱牽駕。諸押綱人犯罪或違程拋欠，應批書印紙而收匿以避批書者，杖一百。諸兵梢、部綱兵級憑藉事勢，於官私船栰乞取財物者，杖一(伯)〔佰〕；計贓一貫，移配五百里重役處。諸官船兵梢、部綱兵級，於所載命官家屬同乞借財物者，杖八十，差替。

斷獄勅　諸募押綱運官，見任官差押綱同因本綱事連坐，部綱兵級罪至降資及降充長行，或於本綱有犯，至罪止，而情理重者奏裁。其欠損官物非侵盜，能於百日內納足者，除其罪，仍不理爲欠折。諸差押綱使臣於本綱犯罪者，去官不免。諸部綱兵級應勒降，雖會恩，不免，不覺監者非諸押綱人罰俸半月，應加一等者，罰一月；又加一等，笞四十。其應減等准此。諸綱運兵級運雇到火夫同犯笞罪，謂於本綱運有犯者聽押綱人行決；過十下者，論如前人不合捶考律；以故致死，或因公事毆至折傷以上者，並奏裁。

輦運令　諸綱運梢工、篙手犯罪，勒充本綱牽駕者，本綱不願留，即送別綱，仍不得主管官物。諸鹽糧綱綱梢犯罪不可存留者，押綱人具事狀申轉運或發運、輦運、撥發司審度，差人交替。若兵梢在路糶賣，送本地分州縣施行。如闕人牽駕，即令所在貼差。諸押綱人卸納官物訖而疾病者，隨綱治至裝發處申所屬官司驗實，差人交裝，痊日管押。

斷獄令　諸綱運兵級犯杖以下罪，未任決者，批行程曆，本綱已發者，轉關前路等截批書，有綱可附者附綱。裝卸官司檢斷勾銷。諸犯罪綱運兵級，不在令衆之限。

辭訟令　諸綱運人未卸納而告押綱人及本綱事，杖以下罪，雖應受理，納畢乃得追鞫。卸納在他所者録報諸發運司所轄綱運人論折本綱請給錢米事，隨處轉送論訴人赴本司，候綱到日究治。

名例勅　諸稱當行處斬者奏裁，得旨依者，決重杖處死。

賊盜勅　諸竊盜得財，杖六十，四(伯)〔佰〕文杖七十，四(伯)〔佰〕文加一等，二貫徒一年，二貫加一等，過徒三年，三貫加一等，二十貫配本州。

鬭訟勅　諸軍廂都指揮使至長行一階一級，全歸伏事之儀，雖非本轄，但臨時差管轄，亦是。敢有違犯者，上軍當行處斬，下軍及廂軍徒三年，下軍配千里，廂軍配五(伯)〔佰〕里，即因應對舉止偶致違忤，謂情非故有陵犯者各減二等，上軍配五(伯)〔佰〕里，死罪會降者配准此下軍及軍廂配鄰州。以上禁軍應配者，配本城。諸事不干己輒論告者，杖一百，進狀徒二年，並令衆三日諸軍論告本轄人，仍降配，所告之事各不得受理。告二事以上，聽理應告之事，其不干己之罪仍坐。諸軍告本轄人再犯、餘三犯各情重者，徒二年，配鄰州本城。

職制勑　諸在官無故亡，擅去官守，亦同亡法。計日輕者徒二年，有規避或致廢闕者，加二等。

名例申明　紹興六年九月二十三日，尚書省劄子：『遇非次赦，或再遇大禮赦，既不以赦降原減罪，許行原免；所有犯不以去官之罪，亦合原免。本所看詳上件指揮，在法不以赦降原減者，遇非次赦或再遇大禮赦，許行原免，所有犯不以去官之罪，亦合原免。竊慮州軍未盡曉，引用差誤。今編入隨勑申明，照用押綱賞。』

詐僞勑　諸押綱人任滿，妄稱該賞，或再押並所屬官司知情而爲保明供申及批書印紙，雖會典原免，並奏裁。

考課令　諸押綱人功過，所屬官司即特取行程曆印紙批書。

賞令　諸應募官願押兩綱以上者，其賞以兩綱止。諸綱運募土著官管押應賞者，依見任官法。諸命官押綱而附押別色錢物者，令起綱官司先具申尚書吏、户部，俟獲到內(一)足逐色錢物收附，方許推賞。諸管押綱運，如本州不及壹全綱，附押別州錢物(揍)〔撥〕發者，各依所起發州軍數目、地里定賞；若本州已及一全綱，而附押別州綱者，其所押正綱應得酬賞減半。諸人因事故別差人，或所押官物緣路有截留者，計官物分數、地里遠近，比類推賞。諸押綱人雖有欠損，若非侵盜，能於百日內納足者，賞如法。諸應募押綱，而所運之物不同者，聽通計分數理賞。謂如錢帛與軍食之類。諸押綱人官物有欠而不批書或批書漏落者，當運不理賞；募押者雖不經裝卸處批者，而勘會有實者，其賞聽理。諸於法不應押綱人輒受差押者，不得推賞。諸押綱人應賞而無故稽程三日，降一等，十日，不在賞限。募押者十日降一等，二十日不在賞限。諸押綱人毁失行程曆被人毁失同而無照驗，或妄稱毁失，及本綱附載未足，而不於經過處批書者，稽程礙賞雖有緣故，應豁除日限而不曾批書亦同。各不在推賞之限。諸運銅出剩，准格應給賞而係元稱買人者，不在給例。

賞格　命官　管押諸路綱運無少欠，謂非川峽四路者全綱謂見錢二萬貫以上者，餘物依條比折計數，下條准此。三(伯)〔佰〕里，五分綱五百里，三分綱一千里，減磨勘一年。全綱五(伯)〔佰〕里，五分綱一千里，三分綱一千五百里，減磨勘二年。全綱一千里，或五分綱一千五百里，減磨勘三年。全綱一千五百里，轉一官。應募官押綱無欠損者，全綱三百里，五分綱五百里，三分綱一千里，陞一季名次。全綱五百里，五分綱一千里，三分綱一千五(里)〔百〕里，陞半年名次。全綱一千里，或五分綱一千五百里，免試。全綱一千五百里，不拘名次指射差遣，仍免試。

(一) 內　疑當作『納』。

諸色人 押綱人、部綱兵級、兵梢運銅於諸處交納，若比元裝數出剩，以裝發處元價共給五分。

賞式 陳乞押綱賞狀： 具官姓名右某於某年月日准某州差管押或募押某年季分窠名錢物米綱即云於某年月日，准某州差押或募押本州某年分甚名色米。若干，赴某處送納了當，即無少欠違程，除今來納外，更無別處送納，合行團併推賞。 係某獨員管押，即無同共管押合該分受酬賞之人。押綱日，即不是本州守貳、本路監司子弟親戚，及不係停降未敘復之官。 自補授至今，歷任亦不曾犯贓罪及私罪衝替。 並是詣實，如後異同，甘伏朝典。 所有依條合得酬賞，令申繳(貞)〔具〕本行程幾道、納訖錢物公據幾道、脚色家狀在前，謹具申太府寺。米綱申司農寺伏乞指揮下所屬推賞施行。 謹狀。 年月日、具官姓名狀。 經總領所乞賞倣此

保明召募押綱酬賞狀： 某司據某官姓名狀，昨蒙某州召募管押某色物，赴某處交納畢，陳乞酬賞。 今勘會下項：一、某官某年月日某州召募到管押某色物若干，赴某處交納某物若干，更有餘物，亦各開。 某物若干，比折某物計若干。一、所裝官物係全綱，或不及全綱，則去若干分。 一、某處水路或陸路，至某處計若干地里。 一、某年月日於某處倉庫交納畢，並無欠損。有即開說，雖有欠損，已依條於限內送納了足。 一、檢准令格，云云右件狀如前，勘會某官管押某處某色物全綱或若干分赴某處交納畢，計若干地里，准令格，該某處酬賞，保明並是詣實，謹具申尚書某部謹狀。 年月依常式，隨勅申明。

廄庫 紹興元年九月十五日，勅：『諸路起發綱運，依法見錢二萬貫紐計金二萬兩、銀一十萬兩，各爲一全綱推賞。 令權將金、銀計價，以金八萬貫、銀五萬貫爲一全綱，並令交納處計價推賞。 餘依見行條法。』

紹興五年正月二十四日，勅：『(令)〔今〕後諸路起發到綱運，量輕重遠近分定等第，如所押官物到庫務交納別無少欠、違程，量與推恩。 今權宜立定酬獎下項： 諸路水陸綱運無少欠，全綱： 謂見錢二萬貫以上，餘物依條比折計數，金銀依已降紹興元年九月十五日指揮計價推賞。下准此。 三千里轉一官，選人比類施行，下准此。 二千七百里減三年半磨勘，二千四百里減三年磨勘，二千一百里減二年半磨勘，一千八百里減二年磨勘，一千五百里減一年半磨勘，一千二百里減一年磨勘，九百里陞一年名次，六百里陞三季名次，三百里陞半年名次。 九分綱： 三千里減三年半磨勘，二千七百里減三年磨勘，二千四百里減二年半磨勘，二千一百里減二年磨勘，一千八百里減一年半磨勘，一千五百里減一年磨勘，一千二百里陞一年名次，九百里陞三季名次，六百里陞半年名次，三百里陞一季名次。 八分綱： 三千里減三年磨勘，二千七百里減二年半磨勘，二千四百里減二年磨勘，二千一百里減一年半磨勘，一千八百里減一年磨勘，一千五百里陞一年名次，一千二百里陞三季名次，九百里陞半年名次，六百里陞一季名次，三百里支賜絹六匹

半。七分綱：　三千里減二年半磨勘，二千七百里減二年磨勘，二千四百里減一年半磨勘，二千一百里減一年磨勘，一千八百里陞一年名次，一千五百里陞三季名次，一千二百里陞半年名次，九百里陞一季名次，六百里支賜絹六匹半，三百里支賜絹六匹。六分綱：　三千里減二年磨勘，二千七百里減一年半磨勘，二千四百里減一年磨勘，二千一百里陞一年名次，一千八百里陞三季名次，一千五百里陞半年名次，一千二百里陞一季名次，九百里支賜絹六匹半，六百里支賜絹六匹，三百里支賜絹五匹半。五分綱：　三千里減一年半磨勘，二千七百里減一年磨勘，二千四百里陞一年名次，二千一百里陞三季名次，一千八百里陞半年名次，一千五百里陞一季名次，一千二百里支賜絹六匹半，九百里支賜絹六匹，六百里支賜絹五匹半，三百里支賜絹五匹。四分綱：　三千里減一年磨勘，二千七百里陞一年名次，二千四百里陞三季名次，二千一百里陞半年名次，一千八百里陞一季名次，一千五百里支賜絹六匹半，一千二百里支賜絹六匹，九百里支賜絹五匹半，六百里支賜絹五匹，三百里支賜絹四匹半。三分綱：　三千里陞一年名次，二千七百里陞三季名次，二千四百里陞半年名次，二千一百里陞一季名次，一千八百里支賜絹六匹半，一千五百里支賜絹六匹，一千二百里支賜絹五匹半，九百里支賜絹五匹，六百里支賜絹四匹半，三百里支賜絹四匹。二分綱：　三千里陞三季名次，二千七百里陞半年名次，二千四百里陞一季名次，二千一百里支賜絹六匹半，一千八百里支賜絹六匹，一千五百里支賜絹五匹半，一千二百里支賜絹五匹，九百里支賜絹四匹半，六百里支賜絹四匹，三百里支賜絹三匹半。一分綱：如止及一千貫以上減半 三千里陞半年名次，二千七百里陞一季名次，二千四百里支賜絹六匹半，二千一百里支賜絹六匹，一千八百里支賜絹五匹半，一千五百里支賜絹五匹，一千二百里支賜絹四匹半，九百里支賜絹四匹，六百里支賜絹三匹半，三百里支賜絹三匹。』

紹興五年三月十五日，敕：（令）〔今〕後行在差人管押錢物往外路州郡應副軍須支遣及充糴本之類，其所押人如至交納處別無疎虞欠損，今比照諸州郡差人管押錢物赴行在綱運參酌立定推賞等第下項：　全綱：謂見錢二萬貫以上者，餘物依條比折計數，金銀依已降紹興元年九月十五日指揮，並從行在紐計推賞。 三千里減三年半磨勘，選人（止）〔比〕類施行，下准此。 二千七百里減三年磨勘，二千四百里減二年半磨勘，二千一百里減二年磨勘，一千八百里減一年半磨勘，一千五百里減一年磨勘，一千二百里陞一年名次，九百里陞三季名次，六百里陞半年名次，三百里陞一季名次。九分綱：　三千里減三年磨勘，二千七百里減二年半磨勘，二千四百里減二年磨勘，二千一百里減一年半磨勘，一千八百里減一年磨勘，一千五百里陞一年名次，一千二百里陞三季名次，九百里陞半年名次，六百里陞一季名次，三百里支賜絹六匹。八分綱：三千里減二年半磨勘，二千七百里減二年磨勘，二千四百里減一年半磨勘，二千一百里減一年磨勘，一千八百里陞一年名次，一千五百里陞三季名次，一千二百里陞半年名次，九百里陞一季名次，六百里支賜絹六匹半，三百里支賜絹六匹。七分綱：三千里減二年磨勘，二千七百里減一年半磨勘，二千四百里減一年磨勘，二千一百里陞一年名次，一千八百里陞三季名次，一千五百里陞半年名次，一千二百里陞一季名次，九百里支賜絹六匹半，六百里支賜絹六匹，三百里支賜絹五匹半。六分綱：三千里減一年半磨勘，二千七百里減一年磨勘，二千四百里陞一年名次，二千一百里陞三季名次，一千八百里陞半年名次，一千五百里陞一季名次，一千二百里支賜絹六匹半，九百里支賜絹六匹，六百里支賜絹五匹半，三百里支賜絹五匹。五分綱：三千里減一年磨勘，二千七百里陞一年名次，二千四百里陞三季名次，二千一百里陞半年名次，一千八百里陞一季名次，一千五百里支賜絹六匹半，一千二百里支賜絹六匹，九百里支賜絹五匹半，六百里支賜絹五匹，三百里支賜絹四匹半。四分綱：三千里陞一年名次，二千七百里陞三季名次，二千四百里陞半年名次，二千一百里陞一季名次，一千八百里支賜絹六匹半，一千五百里支賜絹六匹，一千二百里支賜絹五匹半，九百里支賜絹五匹，六百里支賜絹四匹半，三百里支賜絹四匹。三分綱：三千里陞三季名次，二千七百里陞半年名次，二千四百里陞一季名次，二千一百里支賜絹六匹半，一千八百里支賜絹六匹，一千五百里支賜絹五匹半，一千二百里支賜絹五匹，九百里支賜絹四匹半，六百里支賜絹四匹，三百里支賜絹三匹半。二分綱：三千里陞半年名次，二千七百里陞一季名次，二千四百里支賜絹六匹半，二千一百里支賜絹六匹，一千八百里支賜絹五匹半，一千五百里支賜絹五匹，一千二百里支賜絹四匹半，九百里支賜絹四匹，六百里支賜絹三匹半，三百里支賜絹三匹。一分綱：如止一千貫以上減半。三千里陞一季名次，二千七百里支賜絹六匹半，二千四百里支賜絹六匹，二千一百里支賜絹五匹半，一千八百里支賜絹五匹，一千五百里支賜絹四匹半，一千二百里支賜絹四匹，九百里支賜絹三匹半，六百里支賜絹三匹，三百里支賜絹二匹半。

紹興五年九月二十四日，勅：『今後外路合起赴行在錢物，承朝廷指揮支移起發應付別路州軍、屯駐軍兵支遣，令交納處勘驗所押錢物綱運，如無欠損、違程，保明申尚書省，降下所屬，依紹興五年三月十五日行在支降錢物往他處州軍支遣立定等第推賞。』

紹興七年閏十月一日，勅：『四川金銀綱運令比倣《路押綱賞格》重別參酌，量輕重遠近，分定等第酬賞。如所押官物到庫務交納別無少欠、違程，並依立定賞格紐計推賞，令重別參酌權宜立定酬獎下項：四川路水陸綱運無少欠，全綱：謂見錢二萬貫以上者，餘物依條比折計數，金銀依已降紹興元年九月十五日指揮計價，以金六萬貫、銀四萬貫各爲一綱推賞，下准此。選人比類施行，下准此。六千五百里轉一官，減三年磨勘；六千五百里轉一官，減二年半磨勘；五千里轉一官，減一年半磨勘；四千五百里轉一官，減一年磨勘；四千里轉一官，陞一年名次；三千五百里轉一官，陞半年名次；三千里轉一官。九分綱：六千五百里轉一官，減二年半磨勘；六千里轉一官，減二年磨勘；五千五百里轉一官，減一年半磨勘；五千里轉一官，減一年磨勘；四千五百里轉一官，減一年名次；四千里轉一官，陞半年名次；三千五百里轉一官；三千里減三年半磨勘。八分綱：六千五百里轉一官，減二年磨勘；六千里轉一官，減一年半磨勘；五千五百里轉一官，減一年磨勘，五千里轉一官，陞一年名次，四千五百里轉一官，陞半年名次；四千里轉一官；三千五百里減三年半磨勘；三千里減三年磨勘。七分綱：六千五百里轉一官，減一年半磨勘；六千里轉一官，減一年磨勘；五千五百里轉一官，陞一年名次；五千里轉一官，陞半年名次；四千五百里轉一官；四千里減三年半磨勘；三千五百里減三年磨勘；三千里減二年半磨勘。六分綱：六千五百里轉一官，減一年磨勘；六千里轉一官，陞一年名次；五千五百里轉一官，陞半年名次；五千里轉一官；四千五百里減三年半磨勘；四千里減三年磨勘；三千五百里減二年磨勘；三千里減二年半磨勘。五分綱：六千五百里轉一官，陞一年名次；六千里轉一官，陞半年名次；五千五百里轉一官；五千里減三年半磨勘；四千五百里減三年磨勘；四千里減二年半磨勘；三千五百里減二年磨勘；三千里減一年半磨勘。四分綱：六千五百里轉一官，陞半年名次；六千里轉一官；五千五百里減三年半磨勘；五千里減三年磨勘；四千五百里減二年半磨勘；四千里減二年磨勘；三千五百里減一年半磨勘；三千里減一年磨勘。三分綱：六千五百里轉一官，六千里減三年半磨勘；五千五百里減三年磨勘；五千里減二年半磨勘，四千五百里減二年磨勘，四千里減一年半磨勘，三千五百里減一年磨勘，三千里陞一年名次。二分綱：六千里百里減三年半磨勘，六千里減三年磨勘，五千五百里減二年半磨勘，五千里減二年磨勘，四千五百里減一年半磨勘，四千里減一年磨勘，三千五百里陞一年名次，三千里陞三季名次。一分綱：如止及一千貫以上減半六千五百里減三年磨勘，六千里減二年半磨勘，五千五百里減二年磨勘，五千里減一年半磨勘，四千五百里減一年磨勘，四千里陞一年名次，三千五百里陞三季名次，三千里陞半年名次。』

紹興十一年八月十六日，勅：『勘會諸路管押綱運赴行在，依格二萬貫爲全綱，若押及兩全綱，令户部對數紹興三十二年九月二十四日，敕，鑄錢司：『應募官押發紹興三十一年以後錢綱，並依紹興三十年六月十九日已降指揮推賞施行。』

紹興三十二年十二月二十九日，敕：『今後諸州綱運起發赴行在送納，內有經過建康、鎮江府總領所拘截之數，許令就行在所屬陳乞，取索隨身逐處鈔據並不徹地里水脚錢干照勘驗，一併依條推賞。』

隆興二年二月八日，敕：『(在)〔左〕[一]朝奉郎馮忠嘉、右奉議郎許牧管押成都府路提刑司銀絹綱赴內藏庫交納，各紐及一全綱零七分，已各減三年半磨勘了當。今來馮忠嘉等乞放行零分綱賞，令户部照應零分格法，與減半推賞。今後依此施行。本所看詳前項逐件指揮，並係權宜所降，難以修爲成法。緣係見行，今編節作申明存留照用。』

乾道七年正月二十九日，尚書省批下户部申：『相度今後諸路州軍，起發金銀錢帛糧斛綱運赴行在及外路總領所(缺)〔卸〕納，經涉重湖大江及平河並路分作等第程限，如違，更不推賞。若經過閘堰，如有緣故，或遇釘閘日分，即令監押官於行程曆內，分明批鑿到閘及啟閘通放增賞。今後管押人聽押至兩全綱止。』

紹興十一年十二月四日，敕：『(令)〔今〕後管押外路州軍合赴行在錢物承朝廷指揮支移應副別路屯駐軍兵支用，其管押人如押及兩全綱已上，據地里遠近，與作一綱半推賞。如所押官錢物不及兩全綱之人，止作一全綱，餘依見行條法。』

紹興二十三年四月二十六日，敕：『諸路錢物綱運赴行在，昨緣道路梗澀，及朝廷支降錢物往他處，並外路合發行在錢物承指揮支移應副別州郡屯駐軍兵，及總領所等差官押到錢物，節次以紐計推賞太優。今來道路通快，比前日不同，今後管押逐色綱運如無欠損、違程，並依見行賞格上減半推賞。二人已上管押，依條分受，餘依見行條法指揮。』

紹興二十八年十一月四日，敕：『(令)〔今〕後應諸路州軍起發上供等錢物赴行在，內有經過建康、鎮江府總領所就行拘截，或兑換輕齎綱運，如係專承朝廷指揮，許令兑截交納訖，別無欠、損違程，與計元指送綱去處地里依格法推賞。其不徹地里水脚錢，令兑截官司依舊拘收入官。』

紹興三十年六月二十九日，敕，鑄錢司：『今年錢綱依舊以二萬貫爲一全綱，自二萬貫已上添押之錢，與據數推賞，謂如一萬貫合得減十個月零半月磨勘，五千貫合得減五個月零七日磨勘之類。』

[一] 左朝奉郎　原作『在朝奉郎』，無此職。《食貨七　水利上》有『詔左朝奉郎邵光』句，據改。

日時除豁施行。今開具下項，後批送户部依相度到事理施行：一、經由重湖大江綱運，不時有風濤卒暴湍險去處，依法於行程曆上批説風水事故，除豁推賞，若内有經由平河地里程限，即與重湖大江程限通行紐計，如無違程，依格推賞，若有違程，其差押人三日降一等，十日不在賞限；募押人十日降一等，二十日不在賞限。一、經由平河綱運阻減盤剥之類，其程限不得過正破程限日子一倍半，如違，更不推賞。一、陸路綱運阻滯風雨，其程限不得過正破程限十日，如違，更不推行。』

淳熙七年十二月十六日，勑，諸路監司州軍：『今後差押綱官須管遵依條法，如所差官不應格，雖官物數足，亦不推賞。若有少欠，仰所屬開具元差當職官姓名，申朝廷取旨施行。』

雜勑　淳熙八年八月三日，勑：『州縣裝綱即畢，起發有日，則三申下卸官司謂之先申綱解。及起發，則閲報緣路巡尉批鑿行程。奈何弊端百出，至於起發綱解，計會不申，緣路行程，未嘗批鑿。今後凡所申綱解不依法計，緣路催綱司應批行程而不批，縱容留滯，不即趕發，以致愆期，並不許推賞。其催綱官司與不申綱解去處，亦次第施行。』

食貨四六　水運一[一]

凡水運，自江淮、南劍、兩浙、荆湖南、北路運，每歲租糴至真、（楊）〔揚〕、楚、泗州，置轉般倉受納，分調舟船，計綱泝流入汴，至京師，發運使領之；諸州錢帛、雜物、軍器上供亦如之。陝西諸州菽粟自黄河三門沿流入汴，亦至京師，三門白波發運使、判官、催綱領之。陳、（頴）〔潁〕、許、蔡、光、壽諸州之粟帛，自石塘、惠民河沿泝而至，置催綱領之。周顯德六年，引閔水入於蔡河，以通漕運。京東諸州軍粟帛自廣濟河而至。顯德二年，於京（域）〔城〕西堤引水入於五丈河，運連於濟。亦置催綱領之。

四河所運，國初未有定數。太平興國六年，始制汴河歲運[二]，江淮：秔米三百萬石，豆百萬石；黄河：粟五十萬石，豆三十萬石；惠民河：粟四十萬石，豆二十萬石；廣濟河：粟十二萬石。凡五百五十萬石。或水旱，蠲放民租，隨減其數。至道初，汴運米至五百八十萬石；大中祥符初，七百萬石，此最登之數也。大約以歲之上下或移易多少。又廣南金銀、香藥、犀象、百貨陸運至虔州，而水運入京師。天禧末，諸州軍水運、陸運上供金帛緡錢一十三萬一千餘貫兩端匹，珠寶、香藥三十七萬五千餘斤。河北衛州東北有御河至乾寧軍，運軍食饋邊，亦有使

[一] 原題『宋會要水運』，按順序編爲『水運一』，本部分内容録自《食貨》四六之一至一七』。原《宋會要稿》一四四册。

[二] 原地注脚：『《制度詳説》：江淮沿泝入汴，陝西自黄河三門沿泝入汴，陳蔡自惠民河而至京東，自廣濟而至。』

臣主之。川、益諸州租市之布，自嘉州水運至荆南，自荆南改裝舟船，遣綱送京師，歲六十六萬分十綱。舊至百萬匹，後累減數。江南、荆湖、兩浙、建、劍諸州軍租市茶，亦水運，計綱分送沿江諸榷務筭賣。諸州歲造運船，至道末三千三百三十七艘，天禧末歲減四百二十一。處州：六百五，吉州：五百二十五，明州：百七十七，婺州：百五，温州：百二十五，台州：百二十六，楚州：八十七，潭州：二百八十，鼎州：二百四十，鳳翔、斜谷：六百，嘉州：四十五。

太祖開寶三年九月，詔曰：『成都府錢帛鹽貨綱運，訪聞押綱使臣並隨船人兵多冒帶物貨私鹽，及影庇販鬻，所過不輸税筭。自今四川等處水陸綱運，每綱具官物數目給引付主吏，沿路驗認，如有引外之物，悉没官。』

五年十月（率）〔詔〕[一]：『汴、蔡兩河公私舟船運江淮稻米數十萬石，赴京以充軍食。』

六年六月，命（穎）〔潁〕州團練使曹翰都大催督汴路運船。

太宗太平興國八年九月四日，以洛苑使演州刺史王賓、儒州刺史許昌裔在京同勾當水路發運事，以軍器庫使順州刺史王繼昇、駕部員外郎劉蟠在京勾當水陸路發運使。先是，歲漕江浙熟米四百萬石赴京，以備軍食，皆和顧百姓駕船，雖有和顧之名，其寔擾人。太宗聞之，特令給每船所用人數顧召之直，委主綱者取便顧人，不得更差擾百姓。及是，有舟船數十綱到京卸畢，月餘不能離岸者。帝訪知，乃責有司，且問其故，乃省司乘南來運船，於力勝外，别附皮革雜用之物至京，而掌庫者不時受納，是有停滯之患。判使而下，減奪俸以勵之。又諸道州、府有輦運錢帛赴京，及請領物貨往外道者，而所司給納之際，多有邀留，故爲奸倖。主綱將吏甚受其弊，亦有已出官物而吏私换易。帝悉窮其源，因令擇强幹之臣，在京掌水陸路發運事，凡舟車到發及財貨出納，並關報而催督之，自是遂絶邀難停滯之弊。

十三日，帝曰：『諸道州、府多差部内有物力人户充軍將部押錢帛糧斛赴京，此等皆是鄉村之民，而篙工、水手及牽駕兵士皆頑惡無賴之輩，豈斯人可擒制耶？侵盗官物，恣爲不法者，十有七八。及其欠折，但令主綱者填納，甚無謂也。亡家破産，往往有之。』乃詔：『自今荆湖諸州綱船，令三司相度合銷人數，依江淮例，差軍將大將管押，其江淮、兩浙諸州一依前詔，不得差大户押綱。』

九年十月，鹽錢使王明言：『江南諸州載米至建安軍，以回船般鹽至逐州出賣，皆差税户軍將管押，多有欠折，皆稱建安軍鹽倉交裝斤兩不足。准今年三月勑，每鹽一石以上破隨綱鹵瀝鹽一升，恐卸納補填鹵瀝折耗不足，

[一] 原天頭批注：『「率」疑「詔」』按作『詔』是。今改。

每石更破銷耗鹽二升。管押使臣、三司大將軍將州府軍將、綱官、稍工、本綱部轄、節級同認數請納少欠等第均填，自後未有申報欠少去處。緣已前江南諸州般鹽稅户軍將逐綱請三五千石，多是欠少一分以上，動計及千貫已上錢數，無非破産填納，例遭枷禁。校料前件人皆是村民差充軍將，量其情狀，皆非侵欺，若令破産填欠，似傷風教。稍加寬恕，深便公私。其未降勑添耗已前，於建安軍請出鹽貨未到本州，及雖到，未經交納欠數每碩五升已上者，乞依條勑與破耗鹽；如已經交納，及欠數不及五升者，不在此限。除破耗鹽外，更有欠少鹽價，不以前後，並乞據數勒定年限，隨夏秋税租催納，如三百千已下，三年；已上至五百千，五年；已上，七年；百千已下，一年。』從之。

雍熙二年十月，帝聞汴河漕運軍人至京城，頗有寒餓者，令中官訪求，累得百餘人有飢凍之色。詰其故，乃主糧吏奪其口食而自取之。詔杖配押運使臣，隸商州禁錮，斷主糧胥吏腕，拘於河側，三日而後斬。仍命給軍人衣服，慰遣之。

四年十一月，詔曰：『訪聞西路所發，係官竹木栰拖緣路至京，多是押綱使臣、綱官、團頭、水手通同偷賣，竹木交納數少，即妄稱遺失。自今應出竹木州軍並緣河諸州及開封府嚴行約束，每有栰拖至地分，盡時催督出界，違者準盜官物條科罪。』

至道二年二月，詔：『自三門垛鹽務裝發至白波務，每席支沿路抛撒耗鹽一斤，白波務支堆垛銷折鹽半斤，自白波務裝發至東京，又支沿路抛撒鹽一斤，其耗鹽候逐處下卸，如有攞撼消折不盡數目，並令盡底受納，附帳管係。』

八月，詔：『荆湖般糧赴真州等處，卸納迴脚千料船或裝鹽迴，並依例破十分人力，空船即破八分人力。如千料已下船，並依此比附分數。』

十二月，詔：『應諸道州、府、軍、監今後合要支用財穀等，各須預先計度，準備支遣。諸處起發上供金銀、錢帛、斛斗綱運，並須赴京送納，緣路諸州不得輒有截留。如有擅留處，其知州軍、通判職官等並當除名，轉運使、副各勒停，三司、轉運司、發運司州軍孔目吏已下並決配遠惡處。』帝以三司文籍多是積年淹延，因問其故，稱諸道上供物色沿路每有截留，勘會往來動經歲月，因止絶之。

真宗景德元年五月，詔：『京畿守凍，綱運兵士逐處縣分依例接續支口食料錢，仍每人特支醬菜錢百文，行運時全支二百文，更不尅折。仍令東、西排岸司擗掠房屋，綱運到京，庫務未納，各認排岸司分於其門造飯供送。庫務疾速交納，不經三司使陳告，並當嚴斷。』十月，淮南轉運使邵曄請令漕運所出州軍知州、通判，依河堤例兼管輦運公事，從之。

二年十月，詔：『黄河綱運，宜令三司自今後一年般運無疎失者，其部轄殿侍、三司軍大將、綱官、綱副每月增給緡錢。』

三年二月，詔：『河西軍營在府州者，所給芻糧自今增置渡船，仍舊於保德軍請領。如水漲冰合，即聽隨處給遣，或預令輦載以往，委轉運司專提振之。』先是，河東民常賦及和市芻粟，並輸府州，而涉河阻山，頗爲勞苦，尋詔徙屯河東保德軍，其營在府州者，聽量留之，而芻粟之費，並給於保德軍。條約已來，公私爲便，至是上封者言慮水漲冰結，則軍士涉河，往來艱阻。帝志在愛民，故特申前詔。

十月四日，提舉綱運謝德權言：『汴水公私舟船多有阻滯，蓋形勢船舫在岸高設檣竿，他船不可過也。乞降條約，每有船過，並令倒檣，以便於事。』帝謂王欽若等曰：『如聞商旅頗以爲患，可嚴行誡約。如尚敢以形勢妨礙，令所在具名以聞，當重行罰。』十一日，都大發運副使李溥言：『諸路逐年上京軍糧元無立定額，只據數撥發，乞下三司定奪合般年額。』三司言：『欲以淮南、江浙、荊湖南、北路至道二年至景德二年終十年般過斛斗數目，酌中取一年般過數定爲年額，仍起自景德四年船般上供六百萬碩永爲定制。仍以夏秋税及和糴斛斗除樁留準備外，餘數並盡裝般，須管數及年額。內有路分災傷，般輦不敷額，即具保明申奏減免分數。』從之。

四年五月，詔河北沿河州軍綱運，自今以軍士充役，勿役部民。七月，詔：『諸州遣軍士赴京東下卸者，自今附口糧外，月別給錢二百，仍創營屋，每使其休息。』帝以士卒外役，即留廩給之半以贍其家，致飢寒不給，特優恤焉。

大中祥符元年二月，帝謂王旦等曰：『如聞江淮運糧和顧舟楫，商旅趣利，阻其貿易，則京師粒食或致增價。可令今後不用和顧。』

二年十月，詔：『如聞江淮、兩浙等路運糧上供，雖甚寒不止，自今宜準例，令軍士休憩兩月[一]。』

三年九月，知揚州許逖請兩浙路榷罷和雇舟船，所冀行商得載糧斛，以濟經旱民庶。從之。

四年十月，帝詔示王欽若等：『發運使、文思使李溥陳述年終漕輦之績，可特改北作坊使以酬之。』

五年四月，詔淮南堰埭運糧挽舟軍士，四時給役頗勞苦，自今冬季並令休息。

六年三月，詔黃河自河陽已上至三門並峽路，河江水峻急，係山河並依舊條外，有黃河自河陽已下並至三門已上至渭橋倉，並諸江湖、淮、汴、蔡、廣濟、御河及應是運河，水勢調勻。本綱拋失重船一隻，依舊條徒二年，二隻遞加一等，並罪止十一隻空船，各減一等，押載押運節級

[一] 原天頭批注：漕運有《職官分紀》一條。

降充長行，綱副勒充梢工。使臣人員並替梢公，棹手罪各有差。如收救得糧斛，即以分數定刑。

四月，重定山平河虧失栰木條格。栰頭以一栰爲準；團頭、綱副、監管、殿侍，以一綱爲準；山河以笞，平河以杖，栰頭、團頭以家貲償官，不足則杖之。殿侍杖而勿償。初，太平興國八年，勑定平河條格，至有杖背者。議者以其太重，而山河悉無條格。編勑所上言：『付三司與刑寺評定，且請計其所失爲十分，分定罪，止至杖一百。』從之。

十月，三司言：『揚州運鹽四千斛赴杭州，凡四十船，船二百斛，有盜及大半者，官司止論走鹵，罪杖而免之，頗容姦弊。自今應鹽船除耗外，有隱欺者，請令劾罪備償。』從之。

八年四月，國子博士夏侯晟等言：『監百萬倉收到出剩，乞行酬獎。』詔曰：『自京畿達於淮泗倉庾，相望轉漕，至多若無增損之欺。寧有羨餘之積俾，均出納，屢降詔，條仍覽典司尚形僉奏。特申對時於舊制，表深示於至公，罔或損人以圖薄効。宜令三司遍行指揮有裝納倉敖去處，及在京諸倉監官等。並須兩平受納，不得減尅。收到出剩並不理爲勞績，但一界了當，別無少欠，即依元勑施行。』

五月，詔：『諸州軍差兵士充梢工主捉綱船者，並依牽駕兵夫例支給口食』。先是，淮南、江浙發運使李溥上言：『牽駕兵士不認折欠，仍給口食。梢工抱認折欠陪納官物，即不支納口食，頗未均濟，故有是條約。』

九年正月，令內藏庫應諸州上供疋帛內有些少損壞者，更不退還諸州。初，中使江德明勾當庫，因言自來綱輦中有汙損者，悉付逐州區斷。昨自去秋已來，諸道急於輦運上京，欲望有損壞者，悉免退還、區罰。帝曰：『德明此奏，頗有所長，故從之。』

四月，江淮發運使李溥言：『今年初運七十一綱，糧斛百二十五萬三千六百六十餘石。自前逐綱一員管押，既鈐轄不逮，遂多盜竊官物。今以三綱並而爲一，則監主之人，加二俾通管之，則綱船前後得人拘轄，可減盜竊。內奉職大將三人同押，當七十二綱，糧斛四十九萬石。納外止欠二百石。竊取既少，則大減刑責。押綱人乞第賜緡錢。』從之。

六月，詔：『清河並江湖綱運梢工，盜取官物却以他物拌和有人告訴者，如一船內只拌和數少不曾故意沉溺舟船者，只將已拌和却鹽糧、官物、石斗數目估價直，每一千省支與告事人賞錢百文，如估直至五百千已上者，止給賞錢五十千。若估價不及一千者，亦依一千例支賞，並以係省錢充。』先是，李溥上言：『元勑：應盜官物並雜以他物，及故爲僥倖沉溺舟船者，如有人告獲，每一船給賞錢三十千，二船四十千，三船已上五十千。官司執是法以罪，而不分輕重之差，乞別行條約。』故有是詔。

天禧元年正月，詔：『漕運之務，雖國計以攸資；舟檝之勞，諒人工而可恤。其江淮等處上供斛斗，特權罷今年春運一次。』

六月，江淮、兩浙發運司言：『真州等處轉般倉及江浙上供米二百七十餘萬斛，欲留逐處，以濟闕乏。』從之。

八月十一日，詔江淮發運司漕米三萬石，由海路送登、濰、密州。

十二月，淮南、江浙、荆湖制置發運使黃震言：『承前諸州米綱少欠，其部送官員悉均償欠數。望令自今止勒元部綱牙校等均償。』從之，官員顯有侵欺者乃償。

是月，都大巡檢汴口（提）〔堤〕岸張君平言：『淮南、兩浙、荆湖、廣南、福建路雜般綱運軍士，望自今相度地里就本處，併給緣路日食，免費近京倉糧。』詔付三司定奪以聞。

二年正月，荆湖北路轉運使王吉長言：『綱運所過州軍，多給大小麥爲兵健日食，望令自今並支粳米。』從之。

二月，詔：『御河押運三司大將、軍將、殿侍並見在本河押運人員等，並令於元定二十萬物色上更添五萬，共作二十五萬。如三年前滿得替，自能於裝發去處認數裝般及得二十五萬數，即依例引見酬獎。或內有元差諸處衙前（請）〔諸〕般物色，其押運大將、軍將、殿侍等只是管押綱船，不曾任數裝般官物，亦須及得三十萬數，別無損濕少欠、抛失違程及雜犯罪愆，亦許依例引見酬獎。』

四月，江淮、兩浙發運司言：『今春發諸州軍銀帛、絲綿五十五萬五千，計糧儲四百十七萬石上供。』帝曰：『江淮方稔，宜令更留二三百萬石以充軍糧，免其擾民。』從之。

閏四月，詔：『三司所般布帛除已般輦外，所餘者並於水路般運上京，無復差輟車乘。』

六月，三司言：『汴河綱船除二百五十料至三百五十料者，已自楚州五運，泗州六運，更不增力勝斛斗，其四百料已上至五百料綱船，欲令並增力勝。』從之。

九月十八日，詔：『三班使臣部送益州綱運至荆南無遺闕者，自今每運賜錢十五千，三司軍大將十千。』

二十八日，三司言：『江淮、兩浙、荆湖五路押綱殿侍自來不許般家，望自今許挈家隨行，所貴就得請受益，用勵心。』從之。

十月七日，三門白波發運使杜詹言：『自今有抛失收救到鹽糧及諸官物，許本司差隨處地分官員躬親點檢送官。』從之。

十九日，淮南、江浙、荆湖制置發運使賈琮等言：『綱運兵梢多是盜拆舟船板木貨鬻，致官綱於江河行運闕少，動使多致疎虞。望下開封府、發運司、諸路轉運司，令遍行指揮逐處排岸司及地分巡警軍人常加察舉。』從之。

十一月，詔諸路州、府、軍、監：『自今後應起發上京綱運，所差因便押綱得替幕職、州縣官等，並給與驛券。仍令起發綱運州軍責勒文狀，委得在路躬親鈐轄，依程赴京，不得取便別路行，犯者，從違制定斷。』初邵武軍得替司法參軍路在押綱赴京，而中路擅自離去，爲本軍所奏，故條約之。

三年正月，殿中侍御史王臻請下發運司，自今糧綱十分，人七分，差兵士三分，給和雇工錢。詔（令）令多差軍士相兼，勿得專雇人夫，仍令轉運使提舉。十一月，詔：『荆湖、〔江〕[一]浙、淮南水路綱運，自來隨船動使及鋪襯、苫蓋之類，官量給數，餘並綱官率掠兵士（士）。委自轉運司及制置發運司，應綱船動使鋪襯、苫蓋物，並從官給，不得更令兵士出辦。』

四年三月，三司言：『前詔江淮、兩浙、荆湖五路部綱，殿侍聽挈家屬隨綱，其惠民、石塘、（唐）〔廣〕濟、御、蔡河押薪炭者，亦望如前詔。』從之。

五年十月，詔獎淮南、江浙、荆湖發運使周寔，以其自春至冬運上供米凡六百餘萬石故也。

乾興元年三月，仁宗即位，未改元。三司言：『兩浙、荆湖産茶州軍，準大中祥符三年勑[二]：須預辦人船，及時計綱發赴合納榷務下卸，不得積留在彼，損惡官茶，及有誤出賣，虧失課程。諸州軍近年多不依限起發，欲乞明立科條，須限當年江河水勢未落日前，盡赴逐榷務交納，不得延至秋冬，致水小阻滯。如今後公然怠慢，不預計置般送，致有稽違，並委制置司取勘官吏情罪，內干繫人依法區斷，命官、使臣取裁。』從之。

仁宗天聖元年三月，三司言：『提點倉場所奏請事件，內綱運載斛斗上京，內有濕潤，即監鏁梢工、綱官攤乾，比元樣受納。若無欺弊，從不應爲重斷納外，有少欠，亦取勘情弊，依條施行。省司看詳糧綱梢工、綱官濕潤斛斗已有條例斷遣外，押綱人員未有條貫，欲乞今後如有濕潤斛斗船五隻以上，其押綱殿侍、軍大將笞二十，三隻，加一等，罪止杖六十。委排岸司勘罪申解，赴省斷遣。如一年內兩爲濕潤斛斗該杖者，即勒下。每裝發綱運，委知州、通判或本判官、兵馬都監、監押、排岸使臣、在倉提點兩平量，不得虧損綱運。許押綱人員指索布袋封記，乞行盤量。如寔比元樣虧少，並勘逐元裝發倉分監專等情罪依條施行。』

又自京至泗州，催綱更不差使臣三人，只令內侍曾繼華乘遞馬往來覺察，催促綱運，巡捉偷糴拌和。提點沿河地分都監、監押、巡檢、催綱使臣、令佐等，依先降編勑施行。仍令各置曆，每巡捉到公事，並令所屬州軍批書，候得替，繳連申奏，量與酬奬，違者勘罪聞奏。又每綱船至

[一] 江　原闕，據《食貨》四二之六補。

[二] 原天頭批注：『三』一作『二』。

雍邱，令本縣兵馬都監具過橋牒報東排岸司，預定下卸倉分，及委排岸司候到，差人勾催，不得住滯隔驀。如違，許人陳告，不虚，支賞錢五千，以下鏁抽税力勝錢充，排岸司官吏並當嚴斷。

又自今起運時，選差使臣忠佐一人監催下卸，搜檢空船，不得隱藏官物。沿河排那泊處，除押綱人員船外，不得存留燈火，偷糴拌和。或綱船津漏，勒兵梢走報押綱人員取燈火，與地分巡檢同共覷步，愛護官物，不管疎虞。新城外委巡檢，開封、陳留界汴河兼巡捉催綱使臣依此施行。押綱人員能自部轄，緝捉梢工，愛護官物，不至入水拌和，每運倉司看驗，並是乾圓，即令批上印紙照證。至得替，一界並不曾有斛斗濕潤，更與押綱一次。其年終般過斛斗、地里合該酬獎人數，不在此限。如或不切用心鈐轄，稍有彰露，即依法科罰。』並從之。

四月，詔：『淮南居河路縣分，應造下土珠、土纏擬要賣與綱運拌和斛斗人等，已有天禧五年十二月條貫。自今仍許鄰人及諸色人告捉，送官勘逐不虚，並支與賞錢十千，以犯事人家財充。慮斷遣後，與舊居止處人別生讎嫌，移送鄰近州縣不居河路去處。居住鄰人知而不告，别致彰露，並重行科斷。如不知情，止從不覺察於杖六十條斷遣。』

五月，詔：『自今般鹽船至京交納數足外，元破在路耗鹽每席二斤半，數内却能愛護，不致拋撒，留得耗鹽，於十分中量破二分，等第支與押綱人員等充賞。每收五席，只以一席錢均給押綱省員數，侍綱官等每人二千，副綱一千，梢工每席二百文。其人員、綱副收到五席已下，梢工收到一席已下，更不支賞。人員並綱副須是全綱，逐船各有出剩，即依此支賞。若或綱内雖船數出剩，其餘船却有少欠，不在支給之限。』

是月，三司言：『黄、汴河勾當使臣年滿得替，栽種榆柳及得元條例，與家便差遣。其緣汴河都監、監官等每有綱運經過，並不鈐轄斷絶。乞今後各令於地分内催促綱運，依日限出地分，及令本處使臣遞相置曆，抄上到發月日；候催促出地分，於界首使臣處印押。如内有故住却日數，亦須開説，即不得妄外取索綱運申報。候得替，除栽種到榆柳及充條數目外，須是將催過綱船月日抄上曆子，令州府與栽種榆柳一處繳連申奏。及捉到偷糴拌和斛斗及少數目，係甚刑名斷遣，批書分明，方與酬獎。』從之。

七月，詔：『自今汴河糧綱到京納外少欠，除依例給限填，内不足，許將綱梢等合請糧食，令排岸司勾索隨綱券曆點檢，具合請人數則例送糧料院，據見管人合請糧食數目明白批勘，聲説坐倉，不請充填欠數。仍當日内依曆具逐人名下糧斛色額、石斗、印書公文送排岸司照會，銷欠外有剩數，即令向下勘請，不得在京批勘。若填外尚有少欠，即依條施行。』

八月，詔：『淮南、江浙、荆湖逐年起發上京斛斗，近多不及元定額數，宜令逐路轉運司依先降敕命所定年額、合般斛斗數目預先計度，用心擘畫，須管敷及年額，仍發運司不住提舉催促，不得更致虧少。』

十月，淮南、江浙、荆湖制置都大發運使趙賀言：『荆湖、江浙路逐年起發糧斛、錢寶并茶貨、鹽貨不少，全籍綱運往迴疾速，方獲辦及，却被沿路經過税務不便點檢，發遣多是住滯，深見妨滯行運。欲乞嚴戒沿江河州軍商税務，自今綱運經過，如敢住滯，並乞勘罪斷遣，仍據住滯日分虛食請受攤賠，監官亦勘罪行遣。』從之。

二年十月，三司言：『御河牽駕糧船兵士，每年至綱船守凍，住運放歸本營歇泊。』從之。

十二月，詔：『真、楚、泗三州排岸使臣，並令發運司同罪保舉，與當親民差遣。』

三年十月十二日，詔：『江、淮南、兩浙、荆湖沿江府河州軍排岸催綱巡檢使臣，自今綱船到地分，畫時審看風色，催（捉）〔促〕起離，不得勒住。今供到發文字及勾索行程批書，寔有沿路阻滯本綱將到行程，即依條保明，批書發遣。如更故違，或乞覓錢物，其干繫人並乞依條勘斷。又逐處轉般倉監官須是公平裝卸，不得大納小支，收到出剩，不得批上曆子。至替日，但一界給納了當，即特與酬獎。應轄下州軍每遇裝發糧綱，先勒押綱人員入敖看驗斛斗，如是涼冷，即責綱衆結罪文狀裝發；若斛斗發熱，即倉司併役人力般騰出敖，就廊屋攤浪，冷定後裝發。又和糴斛斗裝發至卸納倉場，如驗得粗弱不堪上供，即委知州、通判入倉，同與監官集綱稍人員對衆看驗，如寔粗弱不堪，即勒行人估定紐計虧官價錢并枉費般輦請受，牒元糴州軍勘斷監專斗級，於合分攤人名下剋納入官，雖過赦恩，不得除放。』

二十三日，三門白波發運使張愼言：『綱運每有拋失官物，久例取憑地分村耆並全綱人照證，結軍令罪保明除破官物。竊詳編敕止説，先取責全綱上下遞相保明軍令罪狀，即與本縣官員覺察保證，深慮村耆與綱司扶同欺弊。乞自今有諸綱拋失鹽糧、稍柴諸物，令本司差所屬縣分令佐親詣拋失處覺察有無情弊，保明關報本司，所貴照據分明，免有欺弊。』從之。

二十七日，舒州言：『皖口都鹽倉自來差殿侍、三司軍將押綱到彼下卸，本州止差里正、軍將交納，每一界計鹽百餘萬斤。自乾興元年已前，累界支賣漏底，例皆欠折錢一二千貫，蓋是押運人員欺以鄉民里正生疎，多將鹽貨侵偷貨賣，或入雜拌和，欹壓秤勢，斤兩不足，是致交納後漸次銷折。自天聖元年後來，擘畫將衙前職員自都知、兵馬使、都押衙已下至通引官已上，以職名、資次與里正軍將新人相兼勾當，並得斤兩齊足，無拌和之弊。逐界鹽倉支賣了當，仍有出剩。又本鎮賣鹽課利，比附遞年增至三五倍。乞下本州常切遵依。』從之。

十二月十二日，詔：『自今裝載揚、楚、通、泰、真、滁、海、濠州，高郵、漣水軍等處税倉和糴斛斗，並依裝轉般倉斛斗空重力勝例，並以船力勝五十石爲準，寔裝細色斛斗四十石，與破牽駕兵士一名，其空船亦依差裝轉般倉例。』

二十四日，詔：『自今應（請）〔諸〕般小河運糧鹽人員坐船，許令只裝一半官物，餘一半即令乘載家計物色，所貴人員易爲部轄，免致兵梢論訴。』

四年五月二十一日，詔制置發運司：『兩浙裝鹽舟船合用鋪襯荷葉、蘆蓆等物，舊止令兵梢出備，以此之故，多有率掠，及別致侵盜官物。自今並從官給。』

閏五月，臣僚上言：『經過荆湖、江淮四路州軍，體問逐州在市米價，或七八十，有至百文足者，率言州縣和糴場緊急欲糴及萬數，充郡秋税斛斗上供，小民闕食。伏覩咸平、景德中，發運司遞年上供斛斗不過四百五十萬，是時江淮人民富樂，國家儲蓄有備。其後本司惟務添及萬數，以爲勞績，比至近年，上供已及六百五十萬。欲乞先勘會在京見管斛斗數，即於咸平、景德已來逐年上供數內酌中，取一年立爲定額。』詔下三司詳定。三司言：『勘會在京所支人糧、馬料斛斗萬數浩大，全籍向南諸路船般應副，今欲酌中於天聖元年額定船般斛斗六百萬石上供數內，權減五十萬石，起自天聖五年後，每年以五百五十萬碩爲額。』從之〔一〕。

十一月，詔：『温州所支綱運兵梢、綱官轉海至明州添支米，人日一升半，元破四十五日，内有船或遇便風，時月別無阻滯，及軍稍用心攙駕，轉海行運，不約日限到明州本鎮，其餘日添支米舊合回納，自今與免剋筭填官，一例消破。』

十二月，河北轉運司言：『德州將陵知縣張存申：昨撥定額，殿侍黄志、蓋玉、馮信、張榮、王克明等五綱，赴縣交裝支下保、趙州、安肅、信安、順安軍斛斗。内有張榮經今半年，並未曾到縣，馮信曾裝斛斗一轉赴順安軍，又却於別州軍裝載雜物，過往向南州軍，今及四月有餘未迴。體問得止是押綱人員避見裝載斛斗，多於逐州軍私相計會截撥，裝般錢帛雜物，務要萬數益多，苟求遷轉，遂致沿河州縣斛斗積壓年深，枉有陳損。蓋條約未備，因緣爲姦。欲乞檢詳御河押綱人員條例，於三年所般三十萬官物數中別定，須得兼載斛斗三萬已上，如般過錢帛雜物萬數雖多，亦不得準折充數。如此，不惟止絶得綱船輦運倖門，兼向去沿河州軍亦可廣謀計置。當司相度，欲依張存所申，其般三十萬官物數中，須令兼般斛斗三萬石，方得理爲酬奬。事下三司。勘會河北沿邊居河路州軍所要支贍軍儲，自來全籍潮御河相兼輦運般供，欲自今押運省

〔一〕原天頭批注：副本有《玉海》一條附注。

員、殿侍三年内般輦諸官物數中，斛斗須是般及細色軍糧三萬石已上，如般粗色，即依倉式例準折，〔所〕貴使押綱人員各自用心，趁逐般輦軍糧應副沿邊支用。』從之。

五年八月，江淮發運司言：『管押汴河糧綱，殿侍、軍大將准條四百料至五百料綱船。自今楚州般得四運斛斗及三萬六千石已上，泗州般得五運斛斗及四萬二千石已上，到京卸納了足，及經冬短般，至年終無拋失欠少，即依條酬獎。近年諸綱才般及一兩運斛斗，便於逐處排岸司僥求借撥別綱舟船相添般運，要趁酬獎。本司見行撥並汴河每五百料船二十五隻爲一綱，四百料船三十隻爲一綱，應副趁辦酬獎。欲乞今後汴河糧綱不得更於逐處排岸司借撥別綱舟船般運，如違，並當依法勘斷，仍至年終不爲勞績。』從之。

六年二月，虞部員外郎蘇壽言：『近年少有泊船到廣州，其管押香藥綱使臣端坐請給，欲乞抽歸三班院別與差使。自今遇有舶船起發香藥綱，即具馬遞申奏，下三班院逐旋差使臣往彼。』從之。

三月二十三日，三司言：『制置發運司言：準編敕，諸河押綱殿侍、三司軍大將應杖罪，如不係上京，内三司軍大將即就近送本路轉運或發運司勘決訖，具所犯因依、斷遣刑名申省，其殿侍即勘罪申省，降杖區分，仍並令依舊押船。其徒罪已上，並差人替下，押赴省。發運司勘會諸河押運殿侍爲有上項條貫，多不用心，信縱兵梢作弊侵欺，損失官物。雖省牒降到合決杖數，又緣行運，往來無定，不時決遣，或該遇赦宥，是致全無畏懼。今檢會天聖四年至五年，共有殿侍二十四人違犯拋失、偷侵、少欠茶鹽糧斛，並該赦放罪。欲乞自今諸河押綱殿侍不係上京，或有罪犯徒已上，依元條替下，申解赴省。若該杖罪，乞依三司大將例，就近申送轉運、發運司勘決訖申省。』從之。

六月，制置發運使鍾離瑾言：『江浙、荆湖諸州軍逐年買下茶貨，般裝赴沿江榷務，及淮南州軍綱運，或遭風拋失全綱，載不收。其綱梢人貨，依編敕等第斷遣，其茶貨便即除破。若綱梢人員收救得水濕茶貨到卸納處，將茶味定驗分數，勘斷後紐計虧分價錢，剋折軍人請受填納。切詳全載不收，決訖疎放收得分數，即已科罪，又更剋納虧分價錢，以此條約不均，是致茶綱每遭風水，皆不肯收救，枉失官物。欲自今應茶綱遭風拋失，兵梢自能用心收救，即差官點檢，委實別無欺弊，與依編敕，取責一綱上下地分村耆等人結狀，無虚僞罪狀，勘逐綱梢人員依法施行。所有收救到茶貨至卸納處，只據見在分數收納入官，更不紐計剋納虧官價錢。若在路不切愛護，致有水損，但不係遭風拋失，收救到茶數，即依元敕剋納虧官價錢。』從之。

九月，嘉州言：『據行迴匹帛第二綱上運三司軍將張承祐申：昨準荆南排岸司，差撥本綱謝進等舟船四隻並元駕兵級三十人，載送新授閬州司理參軍薛儲上水赴任。又申：楊順手下人船亦準荆南府牒，差撥載送新授歸州判官元泊赴任。又却準歸州差載，送本州得替知州下往荆南未迴。切緣當州逐年載運益州等處布帛十綱赴荆南，近來向下州軍輒將布帛綱人船與川峽荆南官員赴任得替，擅便於綱運内抽射人船，不惟久占舟船在外，並帶領兵級，虚破口食，乞嚴降指揮止絶。』詔下三司定奪。省司言：『緣在京四排岸司迴脚空船，官員指射乘載赴任，已有編勑。其川峽迴脚空船，即未曾明立條貫。欲自今川峽赴任並得替官員，如委的係沿江地分該得空船迴路，即得指射一隻因便乘載，不得迂迴，往復占射，别致住滯，有妨輦運。如違，其元差綱船干繫官吏必行勘斷，仍據往復支過兵梢人員錢糧口食，勒令均攤陪填入官。』從之。

十月，三門白波發運使、比部員外郎盧隨言：『點檢本司押鹽糧綱船殿侍、軍大將或有抛失舟船，臨時旋於諸處申報患狀，要免科罰。伏緣殿侍、軍大將三年如無抛失罪名，便該酬奬，今既見抛失，却與綱副上下扶同作倖稱疾，要免科罰。欲乞自今如有抛失舟船，其殿侍、軍大將信縱有申報患狀，並不免抛失罪名，所貴杜塞倖門，一向用心部轄。』從之。

七年三月十六日，屯田郎中李璹言：『泉州城當二江會流，綱船順流至者多爲風患漂溺，舟人不敢收救，蓋以敕條「全綱没溺，或收救足數，方免罪。若失三五分，須責備償」之故，凡有没溺，不復收救。望别爲條制。』事下三司。三司言：『璹所陳太過，望委轉運使參議。乃請自今於古灘暴風溺舟者，責部綱使臣集近村耆保併力援救，若全綱失者，篙工、梢工皆杖一百，主吏、使臣遞減一等。所溺物計爲三分，須備償一分；如救及分、别無侵欺者，原其罪。』從之。

六月七日，三司言：『益州路轉運使高覿言：乞今後管押布綱使臣省員三運全無抛失，不違元限，三司軍大將、三班差使、殿侍乞與改轉，其使臣未親民者，乞與家便差遣；已親民者，乞與五年磨勘。如是使臣、省員馳慢，沿江抛失官物，及注滯綱運，有違元限，乞自當司取勘情罪申奏，乞行衝[一]替。省司檢會使臣差益州押匹帛綱赴荆南下卸，别無抛失，每運支官錢十五千，軍大將十千文。天聖七年勑：今後川峽行運布綱抛失官物，若全抛失，收救不獲，其本綱梢工、橰手各斷杖一百，配别州軍牢城收管；綱官、節級各杖九十，押綱使臣各杖八十，並勒下，不令押綱。或十分中收救得一分已上，依全抛例斷遣；二分已上至四分已上，梢工、橰手、綱官、節級、使臣、殿侍、省員，每一分各遞減一等斷遣訖，梢工、橰手勒

[一] 衝 原作『衡』，據《食貨》四二之一四改。

充軍牽駕兵士，其綱官、節級已上並依舊押綱；或收救及五分已上，不滿元數，梢工、橰手各杖六十，綱官、節級人員各笞五十，使臣、殿侍、省員罰一月食直，斷訖，並依舊行運。所有綱官、節級、人員、使臣、殿侍、省員如遇本綱更有拋失，據隻數，每一隻加一等，罪止杖一百，其罰食直加入笞五十，仍並據拋失收救不獲數目，勒本綱上下等第均攤陪納入官。若收救官物並足，不失元數，梢工、橰手各笞四十，綱官、節級已上並放。所有行運程限，仍須限一年往迴，嘉州排岸司候行運日，出給行程付本綱收執，所到州軍批書到發時日，阻滯因依，候迴，嘉州委排岸司點檢。如有不因風浪故作拖延，有違程限，並依法科斷，仍罪止杖一百。若違限三月已上，其本綱梢工、橰手、押載綱官、節級人員、押綱使臣、殿侍省員斷訖勒下，不令押綱。省司看詳，緣有上項賞罰條貫，所奏難議施行。』從之。

二十五日，三司言：『臣僚起請兩川四路物帛、綾羅、錦綺、絹布、紬綿每日綱運甚多，遞鋪常有壓積，其餘藥物更有水路綱運，不可勝紀。且兩川之富，出産雖多，計其地利，亦有窮竭。科率之時，不無擾人，般運不絶，物價何由賤平？伏望兩川所發綱運，以一年計其數目，於內詳酌不急之物，量與減放三二分。省司看會益州路收買鬱金、大黄，夔州路收賣藥子，每於匹帛綱內附載，往荆[一]南轉附赴京，今藥密庫各有見在。欲自今於每年買數十分中量減二分。』從之。

十月，三司言：『三門白波發運使文洎奏：般鹽條件白家場去河中府五七里，三門集津堺鹽務去陝府四十五里，乞委兩處同判依例充季點納下鹽貨，及乞許三門發運使判官提舉點檢。每年上供鹽，欲乞鈐轄支裝堪好明白鹽席分明定樣，兩平交裝上船，無令欺壓秤勢。及戒約押綱人員鈐束梢兵愛護，不得信縱偷盜拌和。到京，於都監院交納後，有少欠拌和不堪鹽數，即申解赴省勘罪，依格條等第斷遣。沿路偷賣鹽貨，其買人多鄉村兇惡之輩，販賣取利，地分巡檢、村耆人等隱庇不言。欲乞下本司檢坐元降告捉偷盜官物支賞條貫，遍牒沿路州軍，出榜曉示，許人首告，勘逐不虚，依元條支賞外，如五十斤已上，告人二税外免户下一年差徭；百斤已上，免二年差徭。犯人如赦後再犯，兇惡不可留在彼者，斷訖配五百里外牢城。所犯重自依重法，經歷地分巡檢、村耆人等知情，並依法嚴斷；綱副知情，自依本條[二]；若不知情，亦乞依糧綱偷盜斛斗例，於本犯人名下減三等定斷。其在京鹽院所納船般鹽貨，並須公平受納，不得欺壓秤勢。支絶縱有出剩，不爲勞績。但一界別無少欠，即依元條施行。監

[一] 荆　原作『京』，據《食貨》四二之一五改。
[二] 條　原作『路』，據《食貨》四二之一五改。

官，三司申奏，下三班、審官院磨勘施行。鹽綱如納正數足外，收到水路鹽出剩，不以席數，並盡數正收入官申着〔一〕。檢會天聖元年敕，只於在京支給賞錢，其鹽院監專不得隱落故意不收，如稍違犯，並行勘斷。』從之。

八年正月，三司言：『廣濟河都大催遣輦運任中師奏：乞自今本河每年逐綱約定地里所般斛數目，量與酬獎。省司檢會編敕：運河押綱使臣、人員等一年之內，全綱所般斛斗，依得萬數，候住運日，令發運司磨勘。內梢工支錢三千，綱官支五千，管押人本司具勞績申奏，重將與轉大將使臣，大將即與引見酬獎。並年終住運，除全綱一年無抛失、少欠，依前項施行外，所有一綱之中，內有(稍)〔梢〕工至年終委寔逐運別無少欠、抛失，亦與據梢工人數支賜賞錢，其本綱人員、綱官，即不得一例酬獎。如(稍)〔梢〕工接連三年各無抛失、少欠，除支賞外，與轉小節級名目，便充綱官勾當。若充綱官後，相接更二年全綱並無抛失、少欠，支與賞錢一千，更轉一資。又編敕〔二〕，應差押運省員、殿侍、三班借職等，每人各給印紙五十張充曆子，付逐人收掌。據逐運送納官物有無少欠、行船違與批上曆子，年滿得替，赴省投納，比較磨勘。如逐人合該不違程限，及抛失舟船、雜犯愆罪，並於催綱裝卸排岸司年滿得替，別無少欠官物及愆罪，量與酬獎。今相度廣濟河押糧綱軍大將、殿侍，三年內般過斛斗別無少欠，已依條申奏，乞量與酬獎； 其本河梢工、綱官即未有條貫，欲乞下廣濟河輦運司。今後〔三〕廣濟河糧綱，如一年之內般得鄆州、徐州、淮陽軍三運並曹州、廣濟軍、濟州五運斛斗至京交納，並無少欠過犯，候住運日，令輦運司磨勘，其綱梢令比附汴河酬獎體例，特支錢一千； 梢工接連五年各無抛失、欠少，除支賞外，與轉小節級名目，便充綱官； 充綱官後，及已充綱官人相接三年全綱並無抛失、少欠，支與賞錢五千，更轉一資。』從之。

三月，三司言：『河北都轉運司言： 相度今後正受潮御、界河催綱官員、使臣三年滿日，催般過斛斗比附已前年分般過數多兩(陪)〔倍〕，即優與陞陟差遣。 若緩急邊上闕少軍糧，權於轄下州軍選官催驅般運斛斗，一年內般得粗、細色及十五萬石，亦與陞陟差遣。所有押運省員、殿侍等，亦乞每人押船二十隻，如三年內只般得細色軍糧七萬石已上，別無抛失、違程、少欠諸般罪犯，便與例酬獎，即更不拘年限； 如有粗色，依倉式例六折充填。若舟船緩急撥裝別物，三年內般不及數，只據般過數比，並依舊定萬數施行。省司看詳，其權差催綱官員、使臣緣催綱斛斗數少，酬獎甚優，更不差遣施行，所是正授潮御、界河催綱官員，使臣並押運軍大將、殿侍般運斛斗，欲乞

〔一〕原天頭批注：『着』一作『省』。按作『省』是。
〔二〕敕　原稿此字不清，上部似『次』字，暫按《食貨》四二之一六定。
〔三〕後　原作『據』，據《食貨》四二之一六改。

並依河北轉運司擘畫施行，仍候催綱官員、使臣三年滿日得替，委自轉運司，將一界催般過數開排逐運元裝州軍至卸納去處附帳收管月分，及將前來三年權般過萬數一處立項紐計比附，委的多兩倍已上合該酬獎，即具詣寔保明申奏數目。押運軍大將、殿侍如三年內自近里州軍般細色軍糧七萬碩已上赴沿邊州軍卸納，依例酬獎，仍令黄河、御河都提轄司保明申本路轉運司，繳連申奏；若三年內般不及上件數目，只乞依舊定萬數施行。』從之。

七月，益州路轉運司言：『奉詔相度置催綱使臣，具久遠利害以聞者。竊緣當司每年起撥水路布帛、牛皮綱運下往荆南卸納，自離嘉州江岸，經歷過梓、夔州路，直至荆湖北路地分。沿江州軍過往，尋移逐路轉運司就近相度，一准逐路牒，添置一員使臣，必免綱運逐處作弊。端坐販買物色人員、兵（稍）〔梢〕虛費錢糧，深爲不便。』詔：『差供奉官李蟠乘遞馬往益州路轉運司，取會文字勾當，自嘉州至荆南催促起發布帛、牛皮等綱早赴荆南下卸。綱官、梢工、水手、兵士等多是沿路住滯，買賣興販，既被押綱使臣催赶，却言前路崄峻，行船不得，及放船於灘磧上住泊，故要疎放，連累使臣，枉壞官物，及不伏鈐束，如有違犯，即送隨處州府勘逐情罪，依法斷遣；情理重者，配遠惡州軍牢城。押綱使臣等公然容縱，不切鈐轄，致違元限〔一〕，催綱司具職位、姓名申本路轉運使，乞行勘逐。李蟠常切往來提舉催促，不得只於隨處州軍端坐。如違，亦當勘斷。』及下益州路轉運司，量差人船，付蟠隨行，仍備録宣命於沿江州軍要便處粉壁曉示。

八月十三日，審刑院、大理寺言：『楚州奏：自來領勘偷盜，動使梢工並從監主自盜律勅科斷。今新編勅內偷拆官船釘板等貨賣者，當行決配；又條當行決配者，具案聞奏。州路居衝要，日夕過往綱運不少，常有拆賣釘板兵梢，若或逐度禁奏，非唯頻煩朝廷，寔見虛有淹禁。欲乞立定刑名，許令斷遣。衆官參詳欲自今應梢工偷拆官船釘板之類貨賣者，計贓從監主自盜法，杖罪決訖刺配五百里外牢城，徒罪決訖刺配千里外牢城，流罪決訖刺配二千里外牢城，罪至死者奏裁。』從之。

二十一日，三司言：『據荆湖北路轉運司狀：荆南府准省牒，勘會昨於天聖五年爲般運布帛入城遥遠，擘畫於沙岸堤內起蓋布庫，委自沙市巡檢兼排岸提舉巡防，每益州布綱到岸，只就江岸點檢對交與上京省員。如未有綱次般赴沙市布庫送納，及排岸司狀：益州布綱到岸，出卸未得，兵士在綱空閑，岸司量差借應副諸處工役。如本綱交卸，却便勾抽歸綱般卸畢，如有歸峽州般取官物，依例搭載前去，晝時押發離岸，別無妨滯。當司相度到屯田郎中劉漢傑等奏，益州布帛等綱兵士自來阻風水行船，

〔一〕限　原作『恨』，據《食貨》四二之一七改。

未得被沿江州軍差役，洎到荆南，官物纔卸，本府又差諸處工役當直。乞今後禁止，其綱到荆南沙岸，與限五日下卸，二十日管畢。』詔益州布帛等綱在路，除於沿江州軍的，然值風水行船，未得兵士空閑者，許依例差役，如無阻滯，不得擅差，有妨行運，荆南更不得抽差工役當直。限五日内下卸，二十日卸畢，更半月起發。其附載生銅、馬藥等，自岸般入府城約十五里，赴雜納物等庫送納。並係本綱差人津般，虚有住滯，仍委自荆南量物斤重，更於本府差兵士同共般赴庫送納，務要本綱不違程住滯。

十二月二十一日，三司言：『左班殿直趙世長先差廣州押香藥綱上京，三運了當，各有出剩，合依敕酬奬。』詔減一年磨勘。

二十二日，三司言：『今後西路般鹽綱到京交納數足外，如本綱收到已破耗鹽出剩數目五席已上，人員支錢一千二百，綱官一千，副綱八百； 十席已上，只倍此數，梢工每席支四百充賞。其人員、綱副五席已下，及本綱内有抛失、少欠，並梢工收到一席已下，即不支賞錢。所有緣河諸處交納鹽貨本綱，有收到出剩鹽席，仍依在京則例支給一半賞錢，永爲定制。』從之[一]。

慶曆七年九月二十九日，發運使柳灝言：『淮南、兩浙路運河久失開淘，頗成堙塞，往來綱運常苦淺澀。今歲夏中，真、(楊)〔揚〕、兩界旋放陂水，仍作垻子，僅能行運。久積泥淤，底平岸淺，貯水不多，易爲滿溢。連有雨澤，即泛斗門，堤防不支，或害苗稼。切以東南一方諸路百郡鹽糧，錢帛、茶銀雜物，凡所供國贍軍，盡由此河般運，若或仍舊不加濬治，將見多滯綱運，有悞歲計。欲乞應運河經歷州縣，委逐處官吏預計合用工料，開去淺澱，須得深至五尺。仍於開汴口之後、未行運已前下手，令逐處以廂軍及住綱兵士；如闕少，即量差人夫入役。依例日給口食，仍乞今後每二年一次准此開淘。』從之。

嘉祐二年十一月十三日，三司使張方平言：『備儲廪，通漕運，當令河道疏通，故藝祖開國，首浚諸河。按汴渠，本禹跡也，春秋時，已各見諸經，歷代皆嘗濬之。隋大發民開鑿，始名通濟渠。自漢至唐，雖都雍洛，凡諸水運，咸資此渠漕引江湖，利盡南海。天聖已前，每歲開理。緣河器備名品甚多，未嘗有堙壅也。天聖初，有張君平者陳利見，始罷春夫，繼以淺妄小人苟規賞利，省減役費，以爲勞績，致茲淤塞，有妨通漕。至於惠民、廣濟二河，皆所以致四方之貨食以會京邑，舳艫相接，贍給公私，近年以來，悉皆填壅。蓋圖長利者不恤於小費，期永逸者無憚於一勞。伏乞朝廷訪問差擇(梢)〔稍〕知水利、精力幹事不以文武官兩三員，經度計置，開通諸河。令據檢計盡功料疏理，其木岸垻閘、堰埭財用，合繕修處先爲計備，嚴爲責

[一] 原天頭批注：漕運有《續通鑑長編》一條。

罰，必令經久。去歲京畿大水，壞官私廬舍，自去秋至今春，半年之中，所修諸軍營房十餘萬間。夫以國家物力，豈有不可成之事？但事敗於因循而成於果決，至於其所不獲已，亦必成而已。又諸修造無名不急之處土木之工無時，暫輟所費，不可勝計。此諸河道皆是祖宗留心之地，國家大計所資，忽而不圖，是亦有司之過矣！』詔應通行漕運河道，宜令三司下逐地分當職官吏檢計的確功料，來春盡功開淘，須管通快。仍令都大提舉河渠司更切提轄擘畫施行，勿令稍有阻滯。

三年八月，詔三司以淮南上供米十萬碩，繇惠民河以饋京西路。

十一月，詔曰：『國家建都河、汴，仰給江淮，歲漕資糧，溢於唐、漢。繄經制之素定，有常守而不踰。六路所供之租，各輸於真、楚；度支所用之數，率集於京師。以發運使總其綱條，以轉運使幹其歲入，荆湖舟檝，回載海鹽；淮、汴舳艫，不涉江路。方冬閉塞，役卒得以少休，近歲因循，茲事從而遂廢。吏緣爲蠹，人實告勞。比飭攸司，遵用往則，曠歲於此，格詔未行，豈發運使不能總綱條，而轉運使不能幹歲入哉！今茲講復，皆本故事，維爾職隳，則有譴罰。其令江南東西、荆湖南北路，兩浙轉運司，限一年各造船，添梢工及駕船卒，團成本路糧綱。自嘉祐五年爲始，止令逐路據年額斛斗般赴真、楚、泗州轉般倉，却運鹽歸本路，發運司更不得支撥裏河鹽糧綱往諸路。』

初，發運使許元言：『江南東、西、荆湖南三路上供斛斗，舊皆逐路載至真、楚、泗三州，復載鹽以回，而汴船不出外江，謂之裏河綱。每歲往來，四運入京，乃敷上供之數。至十月放牽駕兵卒歸營，謂之放凍。比年諸路轉運司年額不敷，發運司不放兵卒歸，乃令出外江沿江州軍載頭運，故諸路糧船大半爲雜般綱，唯要發運司般鹽往逐處運米而還。且汴船不諳外江風水，沉失者多。』朝廷累下三司條利害，既從許元議。而會元罷去，不即行，故特降是詔。

四年八月，都水監言：『河北提點刑獄薛申言：「御河運路雖曾略通漕運，於今復已梗澀，蓋今春差官檢計差晚，已難得人工，故措置非便。即大河汎漲，又非其時，阻節公私輦運。今冬須霜降水落，經度檢計，候春天興工，事當辦集。監司看詳，欲依所請。」下本路提刑司，今冬據河合行開修去處子細檢計合役工料，春天興修，貴通漕運，不阻舟船。』從之。

治平三年九月，詔：『淮南、江浙、荆湖制置發運司，若江東、西年額斛斗不足，則許出汴河糧船七十綱以漕。』初，許元言江東、西、湖南三路，往時皆轉運以本路綱漕斛斗至真、楚、泗州轉般倉，即載鹽歸本路。汴綱止漕三州轉般倉物上供，冬則放漕卒歸營，至春乃復集。近歲諸路因循，綱多壞，乃令汴綱至冬出江，爲諸路轉漕。漕卒不得歸息，良困苦。乞詔諸路增修糧船，載年額至真、楚、泗州卸如故事。於是言利者亦多以元所言爲是，朝廷爲詔諸路如元奏。詔出久之，而諸路綱尚不集。嘉祐三年十一月，乃勑諸路，限至五年，汴綱不得復出江。比及五年，而諸路船終少，發運司又屢奏乞令汴綱出漕，而執政輒以中旨詆絶之。諸路既患船不給，而汴綱以出江爲利，既不得出兵梢，訖冬坐食而苦不足，皆盜折船材以充費。船愈壞，漕年額又愈不及，執政初但欲漕卒得歸息，而近歲糧綱多和顧夫兒，每船卒不過一二。人既少，至冬當留守船，又寔無得歸息者。至是，乃詔汴綱出漕，然尚限其數。其後遂復，許以皆出如故矣。

食貨四七　水運二[一]

治平四年十月十七日，神宗即位，未改元。淮江淮等路發運使沈立言：『近三司擘畫汴綱，與人私載物貨，許兵稍論訴，並依條斷遣。緣兵稍多是兇惡身分，衣糧尅折不全，惟務侵盜。如人員部轄整齊，方可搭載私物，了當斛斗。若許告訴，則互相疑貳，經久轉至作弊，敗壞綱運。乞約束應係綱運，今後不得大段搭載私物，及有税物到京，並盡數送納税錢。如違犯，並依條斷遣。其近降許令兵梢首告指揮，乞不施行。』詔：『今後管押糧綱使臣、人員等所載私物，並依舊施行，前詔更不行用。』

十一月十四日，權發遣三司使公事邵必言：『近淮朝旨，下江淮發運司，定到綱船梢工私載，並科違制之罪，人員、綱官知情，即與同罪，物貨没官，及給告人充賞。今無故生事，創立法則，望賜追寢，且依舊法[二]。』從之。

神宗熙寧四年五月，淮南等路發運使薛向言：『諸河押綱使臣内有老病昏昧不職之人，不能部轄，及同情偷盜官物，未有立定體量指揮，直至兵梢訴論，或因罝罣事發，方論如法。如不該停替，復得押綱，深屬不便。乞自今應押諸河綱使臣，委自發運使、副及本路轉運使、副體量，如内有老疾昏昧，或人員貪濁踰違，多酒慢公，並歷任内曾犯贓私停替之人，不堪管押綱運，即具事狀以聞，差人衝替。如未曾交割綱運管押，即發遣歸班，所貴綱運齊整。』從之。

十年十月二日，詔：『諸糧綱透借並諸般損濕斛斗，每綱不及五十碩，支充本綱兵梢月糧口食，批上券曆，於次月剋折；五十碩已上，即令變轉收糴元色填欠。如透借斛斗本名正數已足，更不坐欠，委本倉攤曝估賣。内逐船及十碩已上，梢工方得科罪。』

元豐二年五月二十一日，三司言：『糧綱少欠折會，請受聽借兩月，行之歲久，減免深刑，便於綱運。近爲錢綱少欠，於法未有明文，先依糧綱折會法。今再相度，既

[一] 原題爲『宋會要食貨水運』，今按順序改爲『水運二』。本部分内容録自《食貨》四七之一至二一。原《宋會要稿》一四四册。
[二] 法　原作『依』，據《食貨》四二之二一改。

借兩月請受，慮贍養不足，别致欺弊，欲改兩月爲四月，各半分折填。』從之。

九月十九日，詔：『東南諸路上供雜物舊陸運者，委三司增置漕舟，並從水運。』

十月二十七日，三司言：『自今押汴河及江南、荆湖綱運，請以七分差三班使臣，三分差軍大將、殿侍。』從之。初，詔以三班使臣在班常不下三四百員，有至一二年方得遣差者，而三司軍大將不足，庫務綱運闕人管押，令三司議以使臣代之，仍定理任歲限、賞罰之法。三司乃言：『汴河糧綱，舊法不限分數差遣使臣，其江南、荆湖四路許差使臣五分，並舊不差使臣路分，若悉以使臣代之，禄食視軍大將，所費爲多。』故有是詔。

四年七月九日，詔：『應陜西軍須物，可並以舟載至西京界，令京西轉運司運致。』

五年二月十一日，罷廣濟河輦運司及京北排岸司，移上供物於淮陽軍界，計置入汴，以清河輦運司爲名，差朝奉郎張士澄都大提舉。先是，京東路轉運司言：『廣濟河用無源陂水，常置渠以通漕，歲上供六十二萬碩，間一歲旱，底著不行。欲移人船於淮陽軍界上吴鎮，下清河及南京穀熟、寧陵、會亭，臨汴水共爲倉三百楹，從本司計置七十萬碩上供，置輦運司，隸轉運司，歲減船三百五十、兵工二千七百、綱官典三十三、使臣十一，爲錢八萬二千緡。』下提點刑獄司按寔，以爲如轉運司言，京北排岸司沿廣濟河置，故並罷之。

七月二十一日，御史王栢〔一〕言：『昨廢廣濟河輦運，自清河轉淮、汴入京。臣每見累官京東博知利害者詢之，皆以爲未便。如廣流〔二〕安流而上，與清河泝流入汴，遠近險易較然有殊，望更體量。』詔令轉運、提點刑獄、輦運司以舊廣濟河並今清河行運比較利害。

六年二月二十四日，李憲言：『發保甲或公私橐駞般運，及慮妨春耕，臣已修整綱船，自洮河漕至吹龍寨，俟廂軍摺運赴蘭州』。詔如橐駞舟船摺運不足，須當發義勇保甲，即依前詔。詳見陸運

九月十五日，尚書户部侍郎蹇周輔言：『累奏乞不閉御河徐曲口，以通漕運及商旅舟船至沿邊。』詔本路安撫、提點刑獄司與知恩州官同相度以聞詳見《諸河》。

十一月五日，提舉導洛通汴司宋用臣言：『朝旨歲運糧百萬碩赴西京，已計置截撥東河糧綱至洛口，以淺船對裝，計會本路轉運司下卸。』從之，仍候來歲終一全年見利害，别議廢置。

七年三月十六日，詔江淮等路發運副使蔣之奇、都水監丞陳祐求合遷兩官，餘減磨勘三年，循資有差。以上

〔一〕栢　原天頭批注：『栢』一作『桓』。《食貨》四三之三作『桓』。

〔二〕廣流　原文如此，费解。疑『流』爲『濟』之誤。

批：『聞所開龜山運河，於漕運往來免風濤百年沉溺之患，彼方上下人情，莫不忻快。其本建言及董役成者，令尚書司勳第賞以聞。』

八月十九日，都提舉汴河提岸司言：『京東地富，穀粟可以漕運。其廣濟河下接逐處，但以水淺，不能通舟。本司近修狹京東河岸，開斗門，通廣濟河，爲利甚大。今欲於通津門裏三十步內、城裏三十步內，令修城人兵就便開河一道，取土修城，及置斗門，上安水磨，下通廣濟河，應接行運。』從之。

八年五月四日，詔罷運糧一百萬碩赴西京。

哲宗元祐六年三月二十六日，江淮、荆、浙等路發運使晁端彦言：『請應汴河糧綱每歲運八千碩已上，拋欠滿四百碩，押綱人差替，綱官勒充重役；滿六百碩，軍大將、殿侍差替，使臣衝替外，更展三年磨勘。若行一運已上，拋欠通及一千五百碩，除該差替、衝替外，更展三年磨勘。其初運但有拋欠，仍無故稽程，至罪止者，亦行差替重役。』從之。

四月二十一日，刑部言：『御河糧綱初係六十分重難差遣，其後以河道平穩，改作六十分優輕。(令)〔今〕因小吴決口，注爲黄河，水勢嶮惡，乞復爲重難。』從之。

九月十六日，户部言：『使臣人員押鹽糧綱没失少欠該衝替、差替者，赦降去官不免。』從之。

七年五月三十日，詔：『鳳翔府竹木栰應募土人，以家産抵當及八千貫以上者，管押上京，如有拋失虧欠，候交納了日，給限半年填納，數足，與三班借職；半年外，與三班差使；過一年，與三班借差；過二年，即不在酬奬之限。其少欠木植名數，仍將元抵當估賣填官。』先是，熙寧初，鳳翔府寶雞縣木務舊係舉人姚舜賢願將家産抵當，獨押修河椿木上京，罷軍大將十五人廪秩之費。詔從之，而舜賢所押船栰增羡，官私利之，故有是詔。

八年十一月十日，江淮、荆、浙等路發運王宗望言：『檢准熙寧二年中書省言：綱運豫行修整舟船，欲據合雇人夫工錢，十分先支二分，候合給工錢，只支八分。勘會諸綱所借錢數不多，綱梢不免多出息作債，及貴賖買鋪襯等裝發，致錢少雇夫不足，偷侵官物。今欲乞十分內先支三分。』從之。

紹聖元年九月七日，户部言：『發運司狀：每年上供額解及府界南京軍糧，動以萬計，止管汴河一百七十餘綱，須裝卸行運之速，乃能(辨)〔辦〕集。其汴綱在京等處卸糧，多有少欠綱分。依朝旨，並批發下裝發處折會結絶，而從來未有立定日限、備償明文。欲並依京東排岸司一司式立限備償，若裝發處不便結絶，自依元祐八年秋頒勑條斷罪。』從之。

二年六月二十四日，江淮等路發運司言：『汴河糧綱般過八千碩已上，或不滿八千碩，拋欠滿四百碩若六百碩者，押綱人及使臣乞勒充重役衝替，展磨勘三年。』

從之。

十一月二十一日，江淮等路發運副使張珣言：『乞添置汴綱通作二百綱。』從之。

徽宗崇寧元年二[一]月八日，發運司言：『乞將諸州借裝官物上京新船，並委泗州監排岸官員置籍拘管，有入汴舟船，當日抄劄及梢工、押人姓名，並給公據，付本綱收執前去，不得別有諸般占留差使。』從之。

三年九月二十九日，户部尚書曾孝廣言：『東南六路歲漕六百萬碩輸京師，往年南自真州江岸、北至楚州淮堤堰，瀦水不通，重船般剥勞費，遂於堰傍置轉般倉，受逐州所輸，更用運河般載之人自汴以達京師，雖免推舟過堰之勞，然侵盜之弊，由此而起。天聖中，發運使方仲荀奏請廢真、楚州堰爲水閘，自是東南金帛、茶、布之類直至京師，惟六路上供猶循用轉般法。今真州共有轉般七倉，養吏卒縻費甚大，而在路折閱，動以萬數，良以屢載屢卸，故得因緣爲奸也。欲將六路上供斛斗並依東南雜運直至京師，或南京府界卸納，庶免侵盜。其轉般七倉所置吏卒，及造船場、春料場、排岸司工匠吏額等及汴河二百納額船共六百艘，逐路破兵梢、火夫等，亦當減省，既免侵盜乞貸之弊，亦使刑獄少清。』從之。

五年七月十九日，刑部尚書王能甫言：『國家仰給諸路綱運，全賴軍大將管押，而無關防，奸弊滋甚。欲乞今後已差及見押諸河綱運，或得替未到部，並有縮繫軍大將，應官司雖畫[二]到特旨、朝旨抽差，並不得發遣。』從之。

大觀元年八月二十八日，詔：『綱運舟船牽挽浮駕之人，既出本界，仰給沿流糧食，而州縣以非本道人兵，抑而不支，致侵盜綱米，餓殍失所。可依發運副使吴擇仁所奏，綱運管押人經過州縣，合該請受，不即時勘支起發，以違制論，不以去官赦降原減。發運司不按，與同罪。』

二年五月七日，京畿都轉運使吴擇仁言：『奉詔，四輔各積糧草五百萬，內北輔將來計置，泝河寄洛口入大河，下至臨河縣，置車鋪般摺。臣今先次相度，汜水縣去河約一里，有都大巡河廨宇，可就本處踏逐倉敖卸納，就委都大官照管盤裝入黄河船，順流入北輔。又滎澤縣通洛垻閘，至黄河三十里，自來遇汴水泛漲，黄、汴兩河船栰往來，若計置得糧斛數多，亦可至時裝發。又南輔溟河，自長葛縣西十里堰斷引水，東入茶磨，向下開修十七里，取退水還河，足以行運。』詔擇仁相度條畫措置聞奏。

六月二十八日，詔六路起發綱米，於南京畿下卸交量，並依在京司農寺條法施行。

三年四月二十六日，户部：『檢會大觀三年四月四日，湖南轉運司狀，欲將本路見闕押綱使臣下吏部，權差

[一] 原天頭批注：『二』一作『三』。
[二] 畫　原作『盡』，據《食貨》四三之五改。

八月八日，户部言：『乞從發運司請，凡諸路州軍起發上供錢物及附搭金銀錢帛，不以多寡，並取所押人行程，當官逐一批上。如不即書，及別給文據，即乞從收支官物不即書曆科罪。』從之。

二年六月五日，江淮發運司言：『勘會見有事故綱分闕人管押，乞據踏逐到軍大將宋瑗等並特行差撥，仍乞今後依此指揮。本部勘當：宋瑗等並係見押綱運並見勾當專副，及得替，未到部，縮繫之人，有礙勑條，不合發遣。及乞今後依例特差，難議施行。檢會大觀元年三月二十八日勑：諸路綱運押綱軍大將見闕及年滿，綱運無人差撥，特召募軍將，未足見闕及數。應諸河綱運窠名，令〔三〕發運、輦運、轉運、撥發、鑄錢司下諸州，並依都官法，用家業抵保，召募土人或衙前吏人充守闕軍將，就近管押，委本貫縣司保明，申所屬州軍審察，保明申本部，給狀收補充。如州軍職官員入仕十五年以上者，與換正名軍將，並只令管押本路。軍大將綱闕，其逐處召募到人仍填見闕，次年滿替。差訖即令所屬開申都官。所有向去磨勘改轉及罪犯，並依《都官條》法。《都官條》：保人合用諸司正名二人及命官一員，慮在外，難得命官爲保，土人即令召本處有物力人二名，衙前吏人一名，召本色二人爲保。若綱運有輕重不同者，令所屬更互差使臣。奉聖旨：據今來見闕人數，並權許見在部小使臣免短使指射，每一運如無違欠，與減二年磨勘，及支與本資序請給外，支破券一道。看詳前件指揮，每一運如無違欠，減二年磨勘，即是尚有違程，自合引用《元符令》：二日以上，降一等；十日以上，不准在賞限。如有少欠，係以全綱數折會填納外，欠不滿一釐，合依元降指揮推賞。今欲申明行下。』詔依。

四年八月五日，户部言：『契勘元豐舊法，錢綱少欠，折會填納，本船少欠滿半釐，有斷降之文；半釐外，計贓以盜論，至死減一等。押綱官亦有斷罪降等衝替指揮。法禁甚明，犯者亦少。見行條約一分以上，方送大理寺；一分以下，許於本路處折會。即是一綱押錢五萬貫，明許欠錢五千貫以下。』詔依元豐。

十月九日，詔東南六路額斛復行轉般之法。

十一月十六日，臣僚言：『契勘汴綱使臣等用心鈐束往來般摺，方獲（辨）〔辦〕集，理當立酬賞。今相度汴河押綱使臣等任滿，無拋失、少欠罪犯，亦無違程般諸不了過名者，除依元條綱運酬獎外，更與減二年磨勘；軍大將比折收使。若不該元條酬獎者，只與上件減半年恩例，庶使激勸用心，整齊行運，軍儲早辦。』從之。

政和元年六月二十六日，户部言：『江南東路監司乞凡〔二〕依條合運載官物，所用舟車之類，委當職官臨時依民間價直僦雇，不立定制。』從之。

〔二〕凡　原作『依』，據《食貨》四三之六改。
〔三〕令　原作『今』，據《食貨》四三之六改。

押。如有少欠官物合該差替者，發遣歸部，依條承受差使。其本部差去押綱人，候召募到土人，即發歸部。』詔依大觀元年三月召募土人指揮施行。

七月十七日，江南西路轉運司言：『本路每年合發上供糧斛一百二十餘萬碩，雖許差衙前權押，或用土人軍將，少有行止之人。乞在部進納官銓試不中之人，許令注擬管押，以三年爲任。任内無違闕，即與依試中人例注（援）〔授〕差遣。』從之。

十月八日，尚書省言：『奉詔措置東南六路直達綱。欲六路轉運司每歲以上供物斛，各於本路所部用本路人船般運，直達京師，更不轉般，仍自來年正月奉行。其發運司見管諸色綱船，合行分撥應副諸路，餘令發運司應副非泛綱運。其淮南轉般，舊制歲備水脚工錢四十二萬、米十二萬碩，合令本路提刑司拘收封樁。今來初行直達，諸路運司竊慮難於應（辮）〔辨〕，每路於上件錢内支二萬貫應副一次。所有六路運糧，歲認應副南京等處米斛，除湖南、北數少外，欲令江南管認南京，兩浙管認雍邱，江東管認襄邑，淮南管認咸平、尉氏、陳留。更不差衙前公人、軍人，除使臣、軍大將外，許本路募第三等已上有物力土人管押，除依《募土人法》，其請給、驛券，依借職例支給。若曾充公吏人，或犯徒以上，並不在招募之限。招募不足，許差見在官；又不足，即募得替待闕、無贓私罪、非流外官充。逐路各差承務郎以上文臣一員，自本路至國門往來提轄催促，杖印隨行，綱運有犯，許一面勘斷，請給、人從，依轉運司主管官例，仍給驛券。許招置手分、貼司各二人，仍與本路轉運司吏人衮理名次升補。江南四路地里遥遠，更差大使臣以上武臣一員，往來催促〔一〕檢察。其請給理任，依本資序，仍别給驛券。江湖綱運管押人，如二年般及三運至京或南京府界下卸，拖欠折會外，不該坐罪，使臣與減二年磨勘，軍大將依法比折，土人與補軍大將外，仍減五年磨勘。再押該賞，依使臣比折。若一年及兩運，亦依上法推恩。淮浙一年般及兩運，與減一年磨勘；三運以上，減二年；餘依前法。逐路綱官、梢工連併兩次該賞者，仍許綱船内並留一分力勝，許載私物，沿路不得以搜檢及諸般事件爲名，故爲留滯。一日，笞三十；二日，加一等，至徒二年止；公人、欄頭並勒停。官司如敢截留人船借撥差使者，以違制論；截留附搭官物者，徒二年，官員衝替，人吏勒停。所有起發交卸條限與舊不同，淮浙初限三月，次限六月，末限九月；江湖止分兩限，上限六月，下限十月終般足。兵梢偷盗，若諸色人博易糴買並過度人，並同監主科斷，至死減一等。並依内提轄文臣，候催了日，赴尚書省呈納具狀，以行陞黜。』

〔一〕催促　原作『檢察』，原天頭批有『催促』二字，又《食貨》四三之七亦作『催促』，據改。

十二月二十二日，發運副使賈偉節言：『綱運經由，多是於兩界首住滯，今來興復直達，須藉稽考。欲乞應沿流催綱官司，並將所置《催綱曆》改爲《催綱簿》，半年一易，應有綱運出入本界，並真書抄轉上簿，庶幾易爲省覽。』詔依。

三年正月二十九日，兩浙轉運司言：『見奉行直達之法，今措置下項：兵官差刷〔一〕上綱兵士，未有罪賞專法，除已將諸州所管廂軍多寡以十分爲率，每州歲差三分配上糧綱牽駕行運，依條一年一替外，乞立法，請州兵官任滿，如差足糧綱，兵士逃亡不及三分之一，比附押綱使臣一年三運以上，與減年酬獎。若歲終差刷不足，或逃亡及三〔分〕之一，即乞罰俸兩月。若差不及一半，或雖差足，若逃亡一〔二〕半以上，並乞特行差替，仍依課利虧欠法，官吏並不以赦原減。又本路見管禁軍二萬四千餘人，依熙寧、元符勑令，許差下禁軍兼廂軍充知州、通判等官員當直。近因大觀二年朝旨，不許差撥禁軍當直，從此盡占廂軍。竊緣禁軍自有分輪番次之法，即不妨教閱，欲乞權依熙寧、元豐令文，許令兼差充那廂軍差上糧綱。戶部檢承勑：兵梢、綱官、團頭在路逃亡、病患事故，並仰所在官司即時填差，若不行差撥，並杖一百，公人勒停。今來本司所乞，除差撥上綱人兵沿路逃亡係屬本綱，其元差處兵官難以認數立罰。如差撥數足，自係本職，亦難比附押綱使臣一年三運以上減年酬獎。』詔禁軍當直，不妨教閱，兵官賞罰等，並依本司所乞，餘路依此。

三月八日，金部員外郎盧法原言：『承朝旨，差委催督直達糧綱，其批書行程妄破限，無緣檢察虛寔。欲乞將糧綱行程候回元裝發官司，歲終類聚參照雨雪風水事故，察其虛寔真妄，批官司類申戶部，乞行黜責。』從之。

十八日，戶部尚書劉（柄）〔昺〕等言：『乞應諸路大禮上供錢物綱，並令不許沿流州軍附搭諸般官物。如有違犯，乞從本所依朝旨送所屬或鄰州縣官員取勘，具事奏聞，仍不以赦原免。』從之。

七月二十三日，發運司管勾糴糶顏彥成言：『綱運自來抛失，係地分軍兵及河清馬遞鋪等人給借濕米，雖累借不得過十碩，而公私未嘗計之〔三〕，及每月尅折，亦不過三二斗，纔還隨借，終身不能備償。欲應抛失濕米，並只許估價出賣，或貸借民戶，依法隨稅送納，不許諸兵借請。』從之。

四年二月二日，兩浙轉運司言：『綱運自北入瓜洲閘，並係空綱，鎮江府江口放重綱出江之時，望瓜洲上口要入，往往被空綱迎頭相礙。今瓜洲閘外自有河道，謂之下口，欲乞自今後北來空綱並於下口出江，使重綱於上口

〔一〕刷　原作『制』，據《食貨》四三之八補。
〔二〕一　原作『以』，據《食貨》四三之八改。
〔三〕原天頭批注：『公私』一作『（宮）〔官〕私』。

入開，極爲便利。伏望下淮南轉運司約束施行。』從之。

十一月二十日，詔：『諸路召募到等第土人押綱，初運並令支撥優便去處裝發一次，如運内有欠，次運即却入重難；無欠者，還依前法，即撥入重難，而一運或次運能補足前運所欠之數，及今運亦無欠者，並却入優便去處支裝。如違及不依次輒差餘人者，徒二年，不以失及赦降原減。其諸路綱運見押人，如係衙前公吏管押，若已起發，並候回本路日，别差應入人交割訖替罷；未起發綱運並改正，别差人管押。』從尚書省請也。

五年七月九日，祠部員外郎胡獻可言：『乞諸路綱運召募土人，除各有已降指揮外，欲乞應綱運窠名輕重及理界年分並理運數，並依自來都官差副尉條法施行，候界滿日，令更互管押。』從之。

七年二月四日，尚書言：『勘會東南六路諸州軍逐年裝發上供額斛，自來立定知、通任滿賞格，輕重未至均當，近又因兩浙申請，將不滿一任替罷之人，不論到任月日淺深，所起斛斗多寡，但管勾裝發無違限，便依任滿法作，不滿三十萬碩，例皆減年磨勘。今修下條：一萬碩以上陞一季名次，五萬碩以上陞半年名次，十萬碩以上減半年磨勘，二十萬碩以上減一年磨勘，三十萬碩以上減一年半磨勘，四十萬碩以上減三年磨勘。』從之。

五月九日，臣僚言：『取押木栰，自來號爲重難，本臺累據使臣陳訴，工部推恩稽慢，有以受納不即報，應曲有留滯者；有以起發官司尺寸不同，因爲阻間者；有以外處不能盡知條法，而責其必先依式開具保明者；欲望命有司嚴責日限，不得曲爲沮留，以爲赴功之勸。』詔工部限一月結絶。

六月八日，户部尚書劉昺言：『諸路糧綱情弊甚多，沿流居民無不收買官綱米斛。欲(令)〔今〕後委逐路官司覺察沿流人户，買官物一升，賞錢十貫；一斗，賞錢五十貫，至三百貫止。買賣人決配千里外，鄰人知情，與同罪；不知情，減一等。許諸人告捕，犯人自首，與免罪。』從之。

七月二十一日，開封尹王革奏：『劉昺所立罪賞已是嚴重，無圖之輩因緣生姦，詐誘兵梢復行告捕。欲乞詐誘及故令綱運兵梢糴糶米穀因而告捕規賞者，並以被誘人所得刑名決配支賞，許人告捕。糧綱到岸，應管勾河岸鋪兵公人、岸子之類知情容縱兵梢糴糶綱運米穀，乞受錢物，計贓並依河倉法決配支賞，引領牙人並知情、停藏、負戴者，同罪。』詔改賞錢十貫字作一貫，五十貫字作五貫，三百貫字作一百貫，餘依奏。

八年三月二十二日〔一〕，臣僚言：『東南諸路斛斗自

〔一〕原天頭批注：『八年三月二十二日，又閏九月十一日，不知何時。考宣和無八年，欽宗元年無閏月。』按：此『八年』爲『政和八年』，非『宣和』，天頭批誤。

江湖起綱，至於淮甸以及真、（楊）〔揚〕、楚、泗，建置轉般倉七所，聚蓄糧儲。復自楚、泗置汴綱，般運上京。崇寧三年，因臣僚建言直達京師，致多拖失。邇來召募土人管押，欺弊百端。伏望先將土人選使臣等抵替，委發運司計置，依舊興修轉般倉，候成，降賜本錢，令轉運司計置斛斗，然後罷直達之法。』詔任諒相度聞奏。

閏九月十一日，尚書省言：『直達之法，事法詳備，有補無損，今妄有改更，徒爲勞費。前降指揮更不施行。』

宣和元年六月十八日，詔：『陳留縣等處，應開決河口地，速行修閉，仍令都提舉汴河堤岸司、洛口都大司依已降指揮，疾速放水行綱運，不管小有阻節，令尚書省繼日催促。』

二年六月十九日，發運司言：『臣僚言：東南歲漕，召募土人，有物力自愛之民多不應募，惟無賴子弟産業僅存及兵梢姦猾者，則旋以百千置産，使親屬應募，遂補守闕進義副尉。及得管押萬碩綱至京，欠及一分五釐，計米一千五百碩，纔得杖罪差替，復多引赦用例，止罰銅十斤。計一歲六百二十萬碩之數，所欠無慮數十萬矣。乞下六路，應米麥綱運，依法募官，先募未到部小使臣及非泛補授校尉已上，未許參部人並進納人管押。淮南以五運，兩浙及江東二千里内以四運，江東二千里外及江西以三運，湖南、北以二運，各欠不及五釐，依格推賞外，仍許在外指射合入差遣一次。若應募而輒敢沮抑及乞取者，並科違制罪』。詔依前項先次施行，召募土人法並罷，其餘應合條畫事件，仰陳亨伯、趙億限一月同共措置，條畫以聞。

今條具直達綱差管押人，先大小使臣、校尉合注授人，次校尉以上未參部及未到部人，次非泛補授校尉已上未許參部人，次進納文武官，次副校尉，理當管押水陸重難綱運，副尉理當重格差遣各一次。再任者，候到部，再免一次，進納人免參部。每運至卸納處，無拋欠，減磨勘三年；並押兩運無拋欠者，轉一官資，仍減磨勘三年。不進納人依正法，並押五運無拋欠，依捕盜法改換使臣。不及一釐，謂折會借納外，下〔二〕准此。減磨勘二年；不及二釐，減磨勘一年。以上副尉依使臣法，比折展年准此。少欠，坐罪自依本法：『三釐，展磨勘一年；四釐，展磨勘二年；五釐，展磨勘三年；一分拋失空重船及十五隻同，衝替；副尉勒停。三分，勒停副尉仍展三期敘；罪至衝替以上者，奏裁副尉勒停准此。押綱人衝替者，綱官配五百里，勒停者，配千里。沿路官司或非本路綱運坐視不問，今後拋失或偷盜，並令地分官司限一日具數申發運司置籍，輒隱庇或漏落寔數者，徒二年；申報違限者，徒一年。發運司置籍，候歲終，開拖欠地分轉運司，次年依上供條限承認

〔二〕下　原作『不』，據《食貨》四三之九改。

補發外，仍各計逐路年額上供數，令發運司以元起發路分年額十分爲率，計經由路分抛欠數，具奏責罰，轉運司官如在本路抛欠者同。五釐，展磨勘二年；七釐，三年；一分，取旨。自今應綱運經由地分，發運及别路轉運司官覺察偷盗作過及留滯損壞等事，任責，並如本路轉運司。六路抛失，歲終户部比較三年數，申尚書省取旨，陞發運司官。其專置提轄官在路抛失，自今計本路年額，以十分爲率責罰，令發運司具奏。三釐，展[一]磨勘三年；五釐，降一官；一分，取旨。經由地分巡捕官司，自今應偷盗軍人、公人不覺察者，杖一百，累及五綱已上者，徒一年，命官各减一等；即故縱者，各加三等。軍人、公人不以赦降，自首原免；命官雖會赦，仍奏裁。若能用心巡察，捕獲犯人，計贓不滿一貫，命官陞半年名次；五貫以上，减磨勘一年；每及十貫，更减磨勘半年；一百貫以上，轉一官。諸色人計贓，不滿一貫，賞錢十貫；五貫以上，錢三十貫；每及十貫，加錢十貫；一百貫以上，錢二百貫。軍人、公人仍轉一資。』詔依。

三年正月二十四日，詔：『江、湖、淮、浙錢帛糧綱，見在運河阻淺，及江潮未應，難以前來。可令發運司相度，權行寄卸於真、（楊）〔揚〕、楚、泗州、高郵軍在城逐倉，令空船且往逐路摺運，庶免日久綱兵侵欺官物，坐費糧食。如三、四月河水通行，却載向上空船裝發上京。』其後二十七日，尚書省言：『今來將近中春，江潮已應，即與冬月不同，若上件綱運能至楚、泗州，即通淮、汴，更無阻節，自可直至闕下。若於逐州寄卸，舟行，計置舟船般運，轉見迂枉。竊慮有礙中都歲計支遣。』詔已行下文字，更不施行。

二月十八日，詔：『應官員下班祗應、副尉管押綱抛失少欠，見今勒住差遣者，累降指揮，如元非侵盗，特與放行差遣。仍據合催欠負，於請受内依條尅納。』

三月十四日，淮南、江浙、荆湖制置發運使趙億言：『今月六日，奉御筆：運河淺澀，中都闕誤，仰火急措置拖拽，用車畎〔江〕水，須管於三日中三十綱到京，及别行措置自江入淮到汴利害聞奏。契勘真、（楊）〔揚〕等州運河淺澀，潮滎皆乾，别無水源，止可車取江水。臣見與逐州並本司官分頭措置車畎江水，爲河道遥遠，未至添長。所有自江入淮到汴，緣經涉大海泛洋，轉至淮河，方可入汴，未見得可與不可泛海入淮河行運。先已牒通、海州、鎮江府子細相度，講究的確利害。』次又奏：『勘會去年楚州界河淺，奉御筆，於河東常平錢穀内特給降錢米各五千貫碩，付陳亨伯募綱食人淘河車水。今來欲乞特降指揮，下淮東提舉常平司，量於東京路借撥到錢米内各支五千貫碩，雇人車水等使。』詔趙億遵稟已降御筆處分，疾速

[一] 展　原作『轉』，據《食貨》四三之一〇改。

措置津遣綱運，其所乞事理，依奏。

六月十日，發運司言：『糧綱昨降指揮，召募土人法並罷，差大、小使臣等管押。契勘土人內有諸知行運次第，自管押糧綱以來，少欠不礙分釐，不曾被罰。曾經推賞有心力可以倚辦之人，欲乞存留。』從之。

五年六月九日，詔：『應押綱人犯罪，或違程拋欠，合批書印紙而收匿避免批書者，杖一百。』十日，發運副使呂淙言：『欲下諸路轉運司，須管見得逐州縣申到寔有米糧，方得支綱，仍依條預借綱梢三分錢，如違限，許逐綱陳訴。』從之。以轉運司科數下州縣支綱，寔無見管糧科綱運等，動經數月，又不支借三分工錢，故也。

七月十八日，發運司言：『契勘江湖路裝載糧重船，多是在路買賣，違程住滯。本司看詳：上供錢物綱在路有故違程，依法不得過三日，累不得過一月，所有諸路糧綱即未有立定明文。今欲比類上供錢物立定，有違程不得過十日，內江東、淮南、兩浙路地累不得過一月，湖南、北、江西路地遠，累不得過兩月，所有守閘日分，許與除豁，及無稽程並經由催綱地分官司，亦乞比附上供錢糧行增立法禁。』詔，六路糧綱地分官司不催發，杖一百。

十月二十三日，江南運判蕭序辰言：『嘗請綱船折欠，多因沿路稽留，而沿路官司故有阻節，有合支請給處而不即支散，有附帶官物處而不即支付，有風水靠閣處而不即救應催發，有回運合支工錢處，其寄樁錢輒已移用，推託不支。又有一路漕司不自計置舟船，輒有申陳截留他路回綱，尤爲不便。欲乞嚴行約束。』詔令發運司措置。

十月十九日[一]，發運司言：『江西，湖南、北，兩浙西路新用勅告、香藥鈔均糴斛斗，已准指揮，權暫和雇舟船般運。合要管押人自合依前後所降處分召募起發外，相度欲乞從吏、刑部每路各更差小使臣並副尉、校尉一十人，發遣赴逐路相兼差押綱運。』從之。

十二月十九日，詔：『應管押綱運使臣等，並不許諸處抽差，如違，官司及被差人各徒一年。』從户[三]部尚書盧益請也。

六年三月二十九日，發運副使呂琮言：『准給降香藥鈔告勅，計一百萬貫，分糴斛斗應副般運。乞令逐路據已糴米那借係省官錢雇船起發。』從之。

閏三月六日，户部言：『勘會東南路歲起上供布六十萬匹，兩次朝旨下發運司催趕，至今未盡數到京。其沿路官司坐視，略無督責。欲乞逐官各置催綱行程曆從本路轉運司就便印給，逐時抄上綱運入界時日、押人姓名、船隻所載官物，躬親監催起發，至甚日時出界，本地分內有無風水拋失、住滯緣故，晝時關報下界首官司，逐旬開具申本

[一] 原天頭批注：『十月十九日』疑是『十一月十九日』之譌，以上有『十月二十三日』也。一本無『十月』二字，亦非。今注：『十一月』是。

[三] 户　原作『部』，據《食貨》四三之一一改。

司。至歲終，本司取索行程曆點檢驅磨。如能巡捕督促，別無留滯及抛失舟船，若獲到兵梢等人博易盜賣，乞從本司比較，取摘三兩員最優者保奏等第推賞。如依前弛慢，除〔一〕法斷罪外，仍從本司酌其情重者奏劾。』詔依。

七年七月十九日，發運使盧宗原奏：『乞諸路起發錢物，即給走歷，於卸納處繳歷驅磨，如地分巡尉苟簡，或致侵欺移易，乞賜黜責。』詔違者以違御筆論。

四月二十四日，詔宗室並不許召募押糧綱，從尚書省請也。

六月十三日，發運司言：『直達綱經由處，其地分催綱官抛失重船，沿江十隻，展磨勘三年。仍令地分官司遇抛失空船，限即時具船隻、綱分、姓名申本州軍通判，本廳置籍抄上，候歲終，開具地分抛失隻數、合干官吏姓名，申發運司責罰。』從之。

十一月十七日，詔：『發運司累歲興復轉般，今方就緒，盧宗原見措置糴到米，並淮南倉見在均糴及經制餘錢糴到米，各已累降指揮，並充轉般，代發歲斛。如諸司輒敢陳乞借撥別充他用，或別項起發，並截借措置到綱船，沮壞轉般良法，仰發運司密具以聞，當議重行貶竄，人吏決配，雖奉特旨，仰執奏不行。』

十二月十六日，京東路轉運司言：『乞今後諸州軍府遇上供綱運起發盡絕日，於本處許差出官內選差官一員，沿路根究催趁。』詔諸路依此。

七年四月十一日，尚書省言：『近降指揮，罷兩河土人押綱。契勘土人有財力家業，軍校單身貧弱，綱運不繼，往往逃亡，其弊可以坐見，合行修復。』從之。

五月三日，詔：『盧宗原拘收糴本，興復轉般，並係御前措畫親筆處分，無預漕計，亦無取斂於民。訪聞諸路漕司輒敢觀望，指揮補欠，便不以上供歲額爲意，發運司官又欲以補欠爲己功，不復督責，舉此以廢彼。其宗原所拘收錢本，可令不住於夏秋豐熟去處，廣行收糴，其已糴到並去歲均糴斛斗，並行樁管，以御前措置封樁斛斗爲名。所有諸路上供額錢，除已代發過數合行截還外，且令依舊徑發上京。如違，以大不恭論。』

十一月十三日，詔：『東南六路糧綱回運空船，沿流官司依重綱逐界催趕出界，批書出入界日時，沿汴委都大官、餘委逐路漕臣按察，具所部催綱官勤墮申發運司覆寔，比較以聞。』

十九日，南郊赦書：『諸路起到綱運，在路風水積壞，見今監繫，勒令賠納，情寔可矜。仰交納官子細驗認加封記圓全，別無換易情弊，即與先次交納。其合估剥官錢，行下本處依條施行。』

十二月二十一日，都省言：『諸路封樁斛斗闕舟

〔一〕『除』字下疑脱『依』字。

船〔一〕般發，今來邊防警急，各廣儲備，契勘已奉御筆手詔結絶，應奉司、江淮諸局所進花石綱，並罷舟船，令轉運司拘收。』詔：『逐路漕臣悉心體國，疾速拘收舟船分撥赴已椿糧斛州縣，盡數裝發催併到來，應副急闕支遣，仍選差或召募得力使臣，多方差綱梢人兵牽拽。沿路經過合批收口券錢糧，限即時應副，内有裝載官物若石，並仰隨所至州軍卸納官物，仍仰如法安置，不得損失。如糧綱到京，沿路别無留滯，候卸納訖，令司農寺具管押人保明，申尚書省取旨，優加推恩。如稍涉稽滯，及本路監司州縣不切用心應副，並當重寘典刑。』

高宗建炎元年五月十七日〔二〕，路允迪奏：『都城自來惟仰諸路綱運轉給，今來車駕臨駐傍京，汴河綱運理宜先次措置。欲乞下户部及發運司計度合用數外，速令催發前去京城下卸，應副急闕支用。廣濟河、蔡河綱運，亦乞下逐處輦運、撥發司速行催發前去。』從之。

六月二十七日，户部尚書黄潛厚言：『已得指揮，諸路起發上供錢物並赴東京送納。契勘南京左藏庫見在錢物不多，乞應東南上供綱運，令行在户部相度，隨宜分撥赴東京或南京下卸。』從之。

七月八日，詔：『諸路發到米綱，以三分之一給行在支遣，餘於京師樁管。其已卸下空船，自京師般載六曹案杳〔三〕及器甲等至行在。』先是，汴河以河口決壞，綱運不通，詔差提舉京城所陳良弼同都水使者榮嶷、陳永道修治決口，至是綱運漸至，故有是詔。

八月一日，京東路轉運副使李祐言：『諸路應副朝廷大計，發運司最爲浩瀚，近年歲額未嘗數足，蓋緣管押使臣多是干請差委，不曾選擇能幹之人。又沿河居民盜買官米，官司並不覺察，致每運少欠不下數千碩者，至沉溺舟船。欲下發運司選擇有行止、無過犯、能管押使臣，如每運無少欠，或欠數多，及沿流官司能爲覺察盜賣及不覺察去處，重行賞罰，以爲勸沮，及令本司官不住往來催促。』詔除少欠數多及無欠一節別作施行外，餘並從之。

九月十二日，同知樞密院事張慤言：『東南六路歲運糧斛六百萬碩，去年與今年未到數目甚多。今乞責東京及南京排岸司各置（薄）〔簿〕，抄上見下卸糧綱，並諸色綱運船元來路，分州軍府下卸官物日，綱回運就差是何官員乘載使用，至甚處下卸，各不得出本路界，抄上綱官、綱梢、梢手、兵士姓名人數。如違，綱梢各量情犯斷勒。』從之。

二年正月十日，詔：『糧綱卸訖，空船雖許差乘，若往別路及經過所差州軍，元差官司並乘船官各徒二年。真州排岸及瓜洲堰閘官不切檢察者，各杖一百。其以前

〔一〕船　原作『般』，據《食貨》四三之一三改。

〔二〕原天頭批注：『水運』。

〔三〕原天頭批注：『杳』一作『杏』，疑俱訛。今查『杳』字爲『咨明星』之意，不通。

已差往別路糧斛船，令轉運司委官催回本路，如乘船官占悞，依未出本路非理遷延、占留人船，致妨本處裝運錢糧，計日坐罪指揮施行。』

十八日，發運使梁楊祖言：『准尚書省劄子，據倉部員外郎曾慥狀：近降聖旨，差措置催促綱運。契勘發運司見行糧綱船，例皆四五百料以來，於法許載二分私物。體訪得糧綱往往沿路留滯，蓋緣押綱自買船隻，僅及千料以上，謂之隨綱座船，併行般運，增添隻數，名裝官物十分，攬載私貨。至如入汴，多致阻淺，其全綱船隻不免一例住岸。今措置，欲自今後綱運隨綱船，不得過見押官船料[一]，例止許兩隻。如敢依前置買大料船隻隨綱，及置買過數，許所在官司覺察，没納入官。』從之。

五月十九日，詔：『在京歲用[二]斛斗浩瀚，從來指擬東南漕運。除發運司合應副南京、拱州斛斗共四十四萬石，並淮、浙合赴京畿下卸年額斛斗共九千萬五千石，逐司自當別行應副外，將發運司未起今歲合發額斛二百五十八萬九千八百餘碩，淮、浙今歲未起額斛，淮南一百四萬七千餘碩，兩浙六十八萬七千餘碩，並仰多方措置，限十月終已前須管盡數般運至京。其逐路建炎元年已前舊欠，各仰前期計置樁辦，自來年爲始，分限三年發，不得更有拖欠。其措置不擾，及押人如期到京，不礙分數，並轉運司取旨，優加酬賞；若催發稽慢，不及今來所起之數，並押綱人遷延違滯，令逐處按劾，官當竄逐，人吏遠配。如闕少綱船，仰依已降手詔優支雇直和雇，其牽挽人夫，亦與添支雇錢雇募，仍約束押綱人常切存恤。其江湖未起之數浩瀚，專委司農卿史徽催促收樁，候逐路斛斗裝發離岸，專委發運呂源催趕至淮南，自淮南專委梁楊祖催趕至泗州，自泗州專委李祉催趕至東京。仰所委官各給押綱人行程，若有住滯，所委官隨分定地分行遣。仍仰東京户部官躬親常切點檢覺察，毋令少有稽違住滯。』

六月九日，淮南路轉運副使李傳正言：『本路綱運入汴，若餘船輒占河岸行者，杖一百。比年以來，往往官員乘坐船不肯一岸分行，恃勢挽抹，阻滯綱運，所至官司，莫敢誰何。欲望嚴立法禁，許押綱人經隨處官員地分陳訴承報，限時拘收，梢工送所屬依法推治，內兵梢解押赴本州，牒送住[三]營州軍勒重役，永不得再差充坐船梢工。承報官司不即公行，或有觀望故縱，與犯人一等科罪。』詔可，行在仍令御史臺覺察聞奏。

二十三日，户部言：『江南東路轉運司言：本路綱運舊行直達日，每綱用剩下二分私物力勝裝載糧斛，依雇客船例支錢。復行轉般本路額斛，依專法衹至淮南下卸。向緣靖康元年九月二十二日朝旨：不許裝載二分私物，

[一] 船料　疑『料船』之誤，下文有『大料船』之句。
[二] 用　原作『月』，據《食貨》四三之一四改。
[三] 住　原作『往』，據《食貨》四三之一五改。

以此綱運繳計不行，押綱人皆不願管押。今欲且令本路綱運依舊例用二分私物力勝攬載年額斛斗，依和雇客船例支給雇錢，更不攬搭客貨。如押綱人輒更搭攬私貨，即乞朝廷重立法禁。本部勘當，欲依本司所乞，非情願投狀承攬者，不許抑勒；如已攬載額斛力勝外，更載私物，因致稽滯者，於本罪各加一等。』從之[一]。

八月十六日，詔：『諸路州軍綱運，二廣、湖南、北、江東西路赴江寧府送納，福建、兩浙路赴平江府送納，京畿、淮南、京東、西、河北、陝西路及川綱，並赴行在左藏庫送納。二廣、湖南、北綱運如經由兩浙路，亦許平江府送納，福建綱運經由江東、西，亦許赴江寧府送納。逐州府選委清(疆)〔彊〕官受納，專委通判監視，提點刑獄官常切點檢。如所在州軍輒敢移用，依擅支朝廷封樁法加等科罪。』以行在左藏庫隘陋故也。

九月五日，專一措置財用黃潛厚奏：『乞諸路錢綱並赴行在左藏庫送納。』從之。

八月[二]，發運副使呂源言：『綱運舊條，以二分力勝許載私貨。今官拘力勝，而所支二分加料雇夫錢米太微，必致侵盜。乞加料每十碩破一夫錢米。』從之。

十二月二十四日，江南西路轉運司言：『本路歲額上供糧斛，舊押綱使臣多爲發運司拘截，真、(楊)〔揚〕排岸司所遣者，多浮浪不根及有因應募効用補授副尉之人，既無家業可以倚仗，兼不諳熟綱運次第，欲乞應有副尉乞押本路糧綱，並先令供具家業，及召命官或有物力人保委，審量心力可以委付，即乞發遣前來。』從之。

三年四月十日，詔：『東路軍民久闕糧食，已撥發上京糧斛，令尚書省差發運使一員，同本路漕臣專一往來催促起發，須管於七月一日以前起發盡絕。所在巡尉及應幹捕盜官部領弓兵往來防護，各至界首交割，不(管)〔得〕稍有疎虞。如有弛慢不職去處，令發運使按劾以聞，當議重行停降。』

十二日，司農寺丞蘇良治言：『淮、浙路[三]並發運司綱運到京，依條少欠一分五釐批發，及江、浙兩路轉般赴淮南用一分。今來車駕駐蹕杭州，節次即未有立定分數。欲乞將江東路糧綱用舊用一分法，兩浙路地里不遠，權用五釐法施行。』詔已降指揮移蹕江寧府，重別措置，申尚書省。司農寺措置：『兩浙並江西路綱運少欠乞用一分法外，若地里及三百里已下，乞用三釐法；四百里以下，乞用四釐法；五百里以下，乞用五釐法；八百里已下，乞用七釐法；一千里已下，乞用八釐法，餘並乞用一分法。』

[一] 原天頭批注：『從之』下接『八月發運副使』一條。今注：此批注亦屬猜測之詞。

[二] 依天頭批注，則此條應移至前條『九月五日』之前，《食貨》四三之一五亦如此。

[三] 路 原作『洛』，據《食貨》四三之一六改。

若有礙分綱運，依京倉施行。』從之。
五月十六日，發運副使葉宗諤言：『押綱人乞依舊
條酬賞外，更與減三年磨勘。近降赦書，除軍功酬賞外，
其餘權住行遣一年。今來押綱人所得酬獎，乞依軍功例
施行。』從之。
閏八月二十日，詔：『日後諸路送納綱運物色，除見
錢並糧斛赴建康府户部送納外，其餘金銀絹帛之類，並赴
行在送納。其已降朝旨，江東轉運司收買大麥草數內及
折變稅草，合赴建康府送納。』
四年七月三十日，户部言：『准都省批下發運副使
宋煇劄子：契勘本司舊行轉般支撥綱運裝糧上京，自真
州至京，每綱船十隻，且以五百料船爲率，依條八分裝發，
留二分攬載私物。如願將二分力勝加料裝糧，聽。八分
正裝計四百碩，每四十碩破一夫錢米，二分加料，計一百
碩。舊法：每二十碩破一夫。建炎二年，內裝發東京糧
緊切，(晝)〔畫〕降聖旨：加料每十碩，支破一夫。後來
前本司官葉宗諤去年內得指揮，撥還東京糧料，沿汴少
欠，就雇牽駕舟船，申畫指揮：加料依和雇客船例支給
雇錢，入汴添支三分水脚錢，及舊法支給蘧蒢、刺水、鋪襯
等錢，並管押人依條除本身請給外，重船又别給驛券，每
運至東京卸納，無欠折，轉一官資，綱梢並支撞岸及賞錢，
所請脚剩等大段優潤。今來依奉聖旨：雇船起發浙西
勸誘等米，其押綱除本等資序請給外，止添食錢三五百
文，别無立定了納賞罰。兼本司見打疊舟船，團結官綱，
起發行在物斛。浙西州軍至越州地里不遠，若不權宜立
定賞罰，無以勸懲。
今相度，除雇船自有立定地里水脚錢外，有官綱欲乞
依本司昨來起發上京綱運例，除添支三分水脚錢不及外，
餘依舊例支破。所有官、客綱人賞罰，令以地里遠近、所
裝米數參酌立定下項：賞：每運押米五千石以上，地理
至卸納處無違程，折會償納外，少欠，依下項：副尉比折
收使，八百里減磨勘二年半，五百里減磨勘二年，三百里
減磨勘一年。罰：每運押米五千碩，少欠一分，使臣衝
替，副尉勒停，仍根究致欠因依；七釐，展磨勘三年；
五釐，展磨勘二年；三釐，展磨勘一年。後批送户部勘
當，申尚書省。本部今欲依本官所乞施行，內賞係别無少
欠。倉部供到狀：近勘當發運副使宋煇劄子，起發浙西
諸州米斛至越州，乞依舊八分裝，每四十碩破一夫錢米，
二分加一料，每二十碩破一夫，並以地里遠近賞罰。合支
蘧蒢、刺水、鋪襯等錢，已勘當，依本官所乞，內押人依條
除本身請給外，重船又别給驛券。緣今來止是一時裝發
斛斗，比之上京綱運，事體不同，若更破驛券，委是太優。
欲乞重船日支食錢四百文省。』詔依。
十二月十日，度支員外郎韓球言：『欲前去饒、信等
州剗刷錢糧，乞將沿流州軍並起發見錢，其不通水路去處
依指揮變轉輕齎。』從之。

紹興元年三月十二日，户部言：『越州通判趙公竑言：兩浙路見有起發米斛萬數不少，内有經由海道前來綱運，除官綱平河行運合依宋煇措置外，海道般運糧料係爲登險，理當優異。本部今比附重别措置，每運至卸綱納處，無拖欠、違限、折會、償納外，依下項：內賞比平河已是優異，其罰格亦比附申請措置遞減一等。賞格：一萬石已下，所裝雖多者同。一千里無拖欠，轉一官；不滿一釐，減四年磨勘；副尉依使臣法比折收使，下准此。不滿二釐，減三年。五百里無拖欠，減四年；不滿一釐，減三年；不滿二釐，減二年。五千石，所裝不及五千石，若併押兩運如及所立之數，亦乞通行推賞。一千里無拖欠，減四年；不滿一釐，減三年；不滿二釐，減二年。五百里無拖欠，減三年；不滿一釐，減二年；不滿二釐，減一年半。罰格：欠三釐，展一年磨勘；副尉亦合此展。欠四釐，展一年半；欠五釐，展二年半；欠七釐，展三年半；欠一分，展四年；欠三分數。拋失空船一十五隻同。使臣、校尉衝替，副尉勒停，仍根究致欠因依。』從之。

二十七日，户部言：『上供錢物糧斛，依法雖請降特旨截留借兑支撥，執奏不行。及承指揮，統制軍馬等官以便宜行事，拘截上供錢物斛斗，官吏並流三千里，主司聽之，減三等。所有今後起赴行在送納綱運，輒敢拘截卸納，亦乞朝廷嚴賜施行。』詔：『諸路應赴行在錢物斛斗，官司輒截留借兑支撥，並依上供條法指揮。』

六月二十四日，户部言：『諸路歲起糧斛，舊制：江湖轉般，兩浙直達上京。比緣軍興，淮南轉般倉敖燒毁殆盡，其江湖糧綱自合權宜直達赴行在。』詔依。

九月十八日，明堂大禮赦：『勘會糧綱舊六路直達法，卸納少欠一分五釐已下，本路備償，折會過一分五釐，即行根治[一]。比來行在下卸糧綱，因有司申請減下欠數，和雇客船填納不及五釐，官綱一分已下，方許批發歸回補發。緣此留滯綱船，淹延刑禁，無補公私。自今並依舊直達法施行。』

十月十九日，三省言：『保義郎翁稟等狀：准建炎四年聖旨指揮，措置收糴糧斛，每一萬石爲綱，選差有材幹使臣兩員管押舟船綱運，經由海道，載至福州交納。如無疎虞，依六月九日已降指揮，各與轉一官，仍與家便差遣。稟等於建炎四年十月内，蒙差就潮州裝發三綱，每綱各一萬石，經涉大海，於今年正月内到福州交卸了足。(切)〔竊〕見成忠郎潘和等亦於潮州裝發綱運，前來温州交卸，各有拋失，亦已依前項聖旨，各與轉官，乞行推賞。』詔各與轉一官。

二年三[二]月十二日，詔：『應綱運不以人糧馬料，不

[一] 原天頭批注：『治』一作『究』。

[二] 原天頭批注：按下有『三月四日』，此『三』字疑是『二』字或『正』字。今注：下條日期無誤。

得在外一面支遣，並赴合屬倉分送納。如違，並從杖一百科罪。每名賞錢五十貫文，以犯事人家財充，仍先以官錢代支。』

三月四日，户部言：『應上供錢物綱運，欲令州縣遇裝訖，即時計所裝船隻錢物數目，押人姓名、離岸日時，先次飛申户部，仍關報前路州縣綱運官司，繼續催趕出界，依此飛申出入界日時，入急遞報户部，下所屬庫分拘催。』從之。

四月二日，紹興府言：『閩、廣、温、台二年以來，海運糧斛錢物前來紹興府，並係至餘姚縣出卸，騰剥般運，而本運常患無船，不能同時交卸，往往留滯海船。今既移蹕臨安，緣自定海至臨安海道中間砂磧，不通南船，是致沿海之民歲有科調之擾。契勘明州自來有般剥客旅物貨湖船甚多，欲乞專委官一員措置，將閩、廣、温、台等處發到錢物斛斗，並就本州出卸，優立價值，雇募湖船騰剥，就元押人由海道直赴臨安江下。既得少舒紹興諸縣民力，又免海船留滯之患，糧斛不致失期。』從之。

十二月十九日，吕頤浩奏：『近遣郎官孫逸督江西上供米，比聞已起三綱，可准擬三十萬斛。』上曰：『江西漕臣不以時起，必待朝廷遣郎官催促，然後起發。如此，則漕臣失職，可黜責。朕嘗面訓都轉運使張公濟，俾先理會常賦。若常賦不入，乃反務横斂，非朕愛民恤下之意。』

三年四月二日，詔：『今後起綱，如本州差過三員皆未還任，接續有合發綱運，即先從倚郭縣差、縣丞或主簿一員管押，以後先近遠於諸縣輪差。如被差輒敢規避，並從徒二年科罪。管押官候到行在，別無踈虞，依已降指揮推恩。』

十二月二日，户部言：『兩浙運判孫逸劄子：諸州縣起發綱運赴行在卸納，別無拖欠，其管押人乞特行犒設。今立定下項：其錢於和糴場百陌錢内支破，如無見在，移文本路運司於移用錢内限當日支給。三百里以上，三千石已上，欲支一十五貫文省，五千石已上，欲支二十貫文省；五百里已上，三千石已上，欲支二十貫文省，五千石已上，欲支三十貫文省。』詔依，今後如遇綱運卸納了當，別無緣故，排岸司非理留難阻節，官吏並從杖一百科罪。

三十日，户部言：『已降指揮，兩浙諸州起發糧斛、馬料綱運赴行在卸納，別無拋欠，其管押人特行犒設：三百里已上，三千石已上，支一十五貫，五千石已上，支二十貫等；雖不及三百里已上，亦合比類犒設。今相度，欲將諸州縣起到綱運，如地里不及三百里，三千石已上，支錢一十貫文省，五千石已上，支錢一十五貫文省，特行犒設。』從之。

四年四月二十八日，内殿進呈造船文字。宰臣朱勝非等曰：『近來諸路般發綱運大段費力，雖州縣優支雇直，人户應募者，蓋因軍興以後，船户例遭驅虜，民間莫敢置船。欲令兩浙、江東西路各造船二百隻，專充運糧使用。』上曰：『須於船上分明雕刻字號，諸處不得占執，雖奉聖旨，聽執奏不行。』

七月二十六日，户部侍郎梁汝嘉等言：『勘會提轄綱運官依法許將帶杖印隨行，自本路至國門以來催促糧綱，有犯，聽勘決。若綱梢偷盜，官司故縱，留難阻節，許報所至監司追究。候催促了日，赴尚書省呈納足狀。續承朝旨：糧綱在路，提轄官端閑不爲催督檢察，致少欠數多。令每半年具催促點檢過事因並住滯官司申部看詳施行，仍候六路提轄官到闕呈納足狀，從本部取索案牘點檢。歲終，具逐官績狀優劣，申取朝廷賞罰施行。本部契勘江湖提轄官昨改隸充發運司提轄催促，緣後來發運司官屬已罷，惟兩浙路見在提轄綱運二員，自移蹕後來，其提轄官全無職事，又無治所廨宇，亦無申到催發糧綱文狀。今來起到糧綱，多有糠粃、損濕、少欠，事屬不便。兼即日駐蹕兩浙，地里比近，即與昔日事體不同。乞委自兩浙轉運司各出印曆，付提轄綱運官二員，於本路裝糧州軍不住，互各往來檢察催督。仍於州縣批書所至日分，依監司例，無故不得住過三日。候到，先從本司點檢，以憑本部不時收曆點檢。如有糧綱情弊，具提轄官事因申乞朝廷，特賜施行。所有逐官合破乘坐舟船，仍令本司早依格應副，所貴有以責辦。』從之。

二十七日，詔：『使臣、校尉押發糧斛等到行在交納，無違程、抛失、少欠，或少欠不礙分釐，若納足，不願支給犒設錢，依立定平江府、湖州二萬五千碩，秀州三萬碩，減磨勘一年。』

九月二十九日，户部言：『湖、秀州、平江府管押糧綱使臣、校副尉押發官綱米斛到行在，無違程、抛失、少欠，或少欠不礙分釐、次運補足之人，量與減年磨勘。事批送部勘當，申尚書省。本部勘會，近承朝旨，浙西管押糧綱使臣每遇裝發一千石，無抛失、少欠，並有欠不礙分釐、次運補足，別無違程，若不願支給犒設錢，平江府、湖州與陞三季名次。今來兩浙轉運司申明校副尉押綱，亦合依使臣體例推賞。本部今勘當，欲將使臣、校副尉押發糧斛到行在交納，無違程、抛失、少欠，或少欠不礙分釐，若納足，不願支給犒設錢，依立定平江府湖州二萬二千碩、秀州三萬碩，已上二項，減磨勘一年。平江府湖州二萬碩、秀州二萬五千碩，已上二項，免短使陞二年名次。如願換減磨勘九個月，聽。平江府湖州一萬五千碩、秀州二萬碩，已上二項，陞一年名次，如願換減磨勘半年，聽。平江府湖州一萬碩、秀州一萬五千碩，已上二項，免短使陞半年名次。』從之。

五年三月十五日，兩浙運副吴革言：『給事中陳與義奏：州郡官民交病者，雇船以轉輸是也。乞令諸郡破官錢買民間堪乘載二百料已上船，仍嚴立約束，州郡不得他用，轉運司不得拘占。有旨：令江浙轉運司措置。本司契勘本路除温、台、處州不通水路，及臨安、鎮江府不係接目般運去處外，其餘州府每歲起發上供米斛、錢帛、馬料，欲依陳與義申請。令逐州和買堪好客船，以三十隻爲一綱，内秀、常、湖州、江陰軍、平江府係平河行運，衢、婺、嚴州係自溪入江，明州、紹興府運河車堰渡江，各買二百料止三百料船，專一往來般運。本州合發行在錢斛，官司不許拘截及充他用，雖奉特旨，許本司及諸州執奏不遣。如違，以違制科罪。所有合用價錢，乞特許借支，不以諸司窠名錢應副。責令逐州收簇，合充雇船水脚錢，分限一年撥還取足。一、合差梢工、棹手、牽駕、人兵，欲乞令逐州府據每綱合破人數，依條於廂軍内選差有家累及諳會船水之人充役，如寔無可選差，即行招刺。其合用例物等錢，乞依買船例，不以諸司窠名借支，分限撥還。一、管押使臣、兵梢等合支請受衣賜、口券、錢米[一]，州縣往往不依時支給，是致侵盗官物。今欲依令逐州據見今般運官綱，照驗本司所給，隨綱拘管棹梢文曆，子細檢察的寔人數，遵依直達條法，限當日内勘給，於係省及移用錢内通融應副。一、所差押綱使臣，今相度，欲從本司於大小使臣、校副尉内踏逐寔有心力、曾經任無過犯、不係欠失之人選差管押，不許諸處抽差。一、起發物斛赴行在，合比較功過賞罰，除浙西已有紹興四年七月二十七日賞格外，浙東並經過大溪及錢塘江，即與浙西平河行運不同。今相度，欲乞將浙東逐州所起糧米赴行在，如無違程、抛失，少欠不礙分釐，若納足，不願支給犒設錢，内衢、婺、明州及一萬碩，紹興府、嚴州一萬五千碩，依前項已降指揮減磨勘一年，錢帛比類推賞。一、所買客船，所委官不切躬親看驗，信憑合干人與船户通同作弊，或受請求將年深不堪舊損船中賣，及虚增料例，大估價錢，其間寔係堪好舟船妄有阻難，百端情弊，乞覓錢物，及因緣搔擾，如有違犯，許諸色人告捉，供申朝廷，乞重（行施）〔施行〕斷遣。仍每名特給賞錢一百貫，以犯人家財給告捉人充賞。』詔依，内第二項如敢大破虚樁人數，冒請錢糧，取旨重作施行。

四月七日，詔：『押綱人選法並差撥資次理任，並依舊直達綱運法，内見任官如係使臣，於本任別無規避，方得正行差遣，並經本路轉運司投狀。如應得選法，即一面差訖，申尚書省。出給付身不圓及不經吏部審量人，不在差撥之限。』

十一月二十五日，權户部侍郎張志遠等言：『諸州縣起發行在斛斗綱運，和雇舟船裝載，依所降指揮，將合支雇船水脚錢以十分爲率，先支七分付船户掌管，若有欠折，並令船户管認，餘三分樁留在元裝州縣，準備糴填納訖，不礙分釐，批發前去。少欠之數，其押綱官更不認數。

[一] 原天頭批注：『衣』一作『依』。

户部契勘，兩浙州縣起發斛斗至行在，地里止及數百里，其船户爲見有未支三分水脚錢可以糴欠。及爲州縣自來例不曾支還上件脚錢，無可指準，遂於沿路恣意偷盜官物，意在先指取合折三分錢數，因而侵用過多，無可償納。所有管押人亦不鈐束，容縱船户公然作弊。雖有少欠，令所屬監納，若不礙分釐，批發前去元裝去處補填。其州縣近來往往將船户三分水脚錢元不依數樁管，或已别作支使，致船户詞訟不絶，其欠數遷延月日，不能補發了足。緣大數計之，失陷不少，若不别作擘畫，深恐暗失省計。今相度，欲下兩浙轉運司行下所屬州縣，今後和雇客船起發行在糧斛、馬料綱運，令元裝去處將合支雇船水脚錢盡數支付船户，並管押人同共交領，仍措置鎖仗，多方關防，起發前來。若赴行在交納外有欠，令押人並船户同共認欠，除依條破耗外，以十分爲率，令押綱官認二分，其船户管認八分，只於行在填納，顆粒不得欠折。如將上件錢填納不足，委自司農寺監勒押綱並係干船户以隨行動使等出賣填納；猶不足，即移文轉運司，差人除程限十日，勒令元牙保人拘收産業出賣，發錢前來，須管補糴數足，庶幾不致綱運拖欠官物。其所屬官司不即支還脚錢，即許押人並船户、梢工經省部越訴。』從之。

十二月五日，禮部尚書李光言：『伏覩陛下駐蹕東南，江浙實爲根本之地。自興兵以來，科須百出，民力既殫，理宜優卹。今州縣綱運，漕司既不任責轉輸之職，趣辦州縣。乞檢會舊例，應州縣上供及軍糧、錢帛等，並令漕司計置綱運，專差使臣團綱起發。其水脚、縻費等錢，乞依條將直達係省頭子錢樁充，漕司不得互用。』詔諸處轉運司措置，依此施行。

六年三月五日，中書門下省奏：『川陝屯駐大軍，屏蔽四川，歲用糧食數目浩瀚，州縣官吏所宜協力津運，共濟國事。軍前米糧大段闕乏，雖水運般發，每患留滯。』詔令趙開躬親前去軍前極力措置水運，如委寔般發遲緩，不能接濟軍前見今急闕，即隨宜從長措置施行，務要按月糧斛足辦。如少有稽滯，重作施行。

十一月十八日，四川安撫制置大使席益言：『蜀中民已告病，而軍向乏食，詳觀弊源，圖所以救之，不一而足。所以奏請轉般，欲於上流水澀之時，併運在閬、利近處，春水生後，一發運至軍前，庶免如今年（下）〔夏〕、秋頓至闕絶，一也。又奏請於閬、利州就糴入中，庶免如今年多支脚錢，而運遠路之貴米，二也。又於瀘、叙、嘉、黔等州打造運船，及自用收拾水流木、斫伐官地木造船，庶免向來拘船之弊，致客旅逃避，棄毁其船，官失指準，而又得綱運齊整，三也。秋初，於閬州急糴萬斛，以應軍前急闕，又遣官於軍前計議，於梁、洋就糴十萬碩，庶免向來陸運之弊，人民役死，田萊多荒，又得軍前早有糧餉，四也。行下三路漕司，任責起發合運之米，自五月後來至今，在倉米數起發將盡，庶免如向來積米在倉，軍前告乏，五也。

又差本司屬官齎本司錢物往瀘、叙、恭、涪，依私下糴買新米，就近發赴軍前，却於西路水運最遠去處兑樁米數，省水運舟船之費，而民無科糴之苦，六也。』詔：『益前項措置事理曲盡利害，備見體國之誠，令學士院降詔獎諭。』

七年二月二十九日，詔：『訪聞兩浙路諸州縣，比因和雇舟船般發大軍錢糧，官吏並緣爲姦，多是立爲料次，預行過數科率民間見錢，規求贏餘，妄充他費。至如欲作某用，即支第幾料和雇船錢應副。公私侵欺藏隱，弊端百出，民甚苦之。除已令轉運司打造官船計置綱運外，委提點刑獄官躬親遍詣管下州縣，子細體訪，如有違犯去處，按劾以聞，其官吏當重寘典憲；或監司隱庇不發，並當一例坐罪。仍令提刑司鏤板印榜，散給州縣曉示。』

十一年八月十六日，詔：『管押錢物及兩全綱，令六部對數增賞，今後管押人聽押至兩全綱止。』

食貨四八　水運三[一]

紹興十二年七月八日，户部言：『兩浙轉運司所發行在米斛，例各稽遲，訪聞多是押綱使臣等作過，沿路住滯，偷盜拌和，多致失陷官物，虚有費耗。相度得浙西秀、湖、常州、平江府、江陰軍地里遠近，紐計在路合破日分者：秀、湖州至行在地里，秀州至行在計一百九十八里，計四日二時；平江府至行在計三百六十里，計八日；湖州至行在計三百七十八里，計八日二時；常州至行在計五百二十八里，計一十一日四時；江陰軍至行在計七百三十八里，計一十六日。欲令裝發去處，才候裝畢，於本綱行程上批定所定日分地里，於經由去處批鑿到岸及起發日時，候到卸納去處，伺候司農寺驅磨。如内有押綱不依今來立定日限、地里行運，在路無故違程，或有礙分少欠官物之人，並申朝廷嚴賜指揮施行。及沿路巡尉妄與批破程限，即從所屬按劾，依條施行。』從之。

十四年四月四日，户部言：『兩浙轉運司申：乞今後押綱使臣、校尉副管押米斛、馬料赴行在及軍前交卸，不以地里遠近，除破耗外，别無拋失，及少欠不礙所立分鳌，次運所會補足，别無違程，一歲内每綱累界及三萬碩，減磨勘一年；每增一萬碩，減磨勘一年。内馬料陸折推賞，從所屬勘會次第，保明申户部指揮推賞。欲依本司所申施行。』從之。

十五年三月二十七日，户部言：『近來兵梢爲見所立分鳌稍寬，公然偷盜，於沿路糶賣，止及所立批發分鳌前來卸納，以致少欠數多。今措置：欲依前項所立分鳌，止量度遞減一鳌批發，其押綱押米少欠，非獨兵梢盜

[一] 原題爲『水運』，今按順序改爲『水運三』。本部分摘自《食貨》四八之一至二三。原《宋會要稿》一四四册。

糴其間，亦有元裝州軍專斗等，意在拘收出剩米船，作弊移易，於交裝之時，減縮斗面優量，及當來糴納米斛多有濕惡，或米雜糠粞，致下卸攤暴，擲颺凈米送納，其欠折止令押綱兵梢備償。今欲行下浙西州軍，如遇當司押綱到來，裝發糧斛，並仰於職官及司户主簿或監當一員更差撥一員，於交裝倉分先次監視斗面，及封記過船堵面，方得發行，亦免偷侵之弊。如有欠少，依條施行。仍乞約束行在諸倉，今後交卸官物，並請監官躬親監視，兩平交量卸納，毋令合干人作過大量，所貴不致虧損。』從之。

七月四日，四川宣撫使司奏：『准紹興十三年冬祀大禮赦，内一項：四川向緣般發糧運，泝流牽挽，間有拋失，欠折之數，淹繫囹圄，償納不足，深可憐憫。仰宣撫司分委彊明官覈實，如委因風水拋失，即予蠲放；其有侵盜，已被拘籍，財物償納不足者，責限十日結絶。仍各録事狀以聞。今據知恭州、權夔州路提點刑獄張茂申取會覈寔，到涪、黔、開、建州、南平軍等處共拋失米二千七百五十餘碩，錢六百五十餘貫，並係寔無家業償納，依赦合行蠲放。』詔依。

十六年二月九日，詔：『成都府路合應副紹興十七年水運對糴米，可依紹興十五年正月已降指揮減免施行。』以四川宣撫使有請故也。

五月四日，上諭宰執曰：『聞日近綱運到，往往門外剥卸，再般運入倉，極爲費力。自有河道，可令開撩，恐漸致堙塞，非特綱運不通，商旅亦自阻絶。』

十八年五月八日，臣僚言：『竊見兩浙路運米使臣係曹司差募，例皆參部有礙，或貧乏不能待次，求爲押綱，志在盜糴官物，以給衣食，賞罰不能爲之利害，故勸沮不行焉。押米之法，最爲詳備，既不到部，則減展磨勘，遂成虚文。歲月滋久，積欠有至數千碩者，理難一併追索，不過行下所屬除豁兵梢請給，移文不已，實無有也。欲望改付銓曹，選有心力使臣管押，理爲短使，無欠而願一併押者，聽之。如此，則畏勸行而官物不失矣，亦革弊之一端也。』詔令吏、户部措置，申尚書省。逐部今措置：『欲依臣僚所請，候兩浙運司實封報到合用員數，將前任請大添支回參部大小使臣先次差撥。如不足，大使臣差前任請驛料人，小使臣差合著常程短使人，其所差人兩選隔間差撥。謂如報到兩員，各差一員。應副管押一次，更不摺運。如願再押者，聽。差管押別無少欠不了事件，除所屬合得酬獎外，不以遠近地里，更與先次占射差遣一次。今後如遇兩浙運司報到合用員數，依此差撥。』從之。

十九年十月十六日，太府寺丞李壽奏：『竊以國家常賦，皆自諸路綱運，起發俱有著令。比年以來，州郡監司不務遵守，往往多差未出官選人管押，以覬賞典，多不得人。例將官錢變易，公然盜用，良由初官未諳世務，不知憲章，既無顧藉，得肆侵欺。欲望特詔有司申嚴行下，今後綱運不得輒差初官人管押，庶免欺弊。』詔令户部看詳。本部契勘：『合發錢物，全在當職官恪意選擇畏謹有心力官管押，所有未出官選人，竊慮其間亦有顧藉酬奬，可以倚仗之人，緣合得賞典太優。今欲下諸路監司州軍，如差未出官選人押發綱運，令增倍管押，候到合屬庫務交納了足，止與依見行本等格法推賞。』從之。

二十一年七月二日，上諭宰執曰：『漕司米綱，近年多差本司使臣，往往作弊，致濕惡腐壞。可令本司申吏、户部依祖宗法，差在部短使人，庶有顧藉，不敢作弊。』

八月七日，詔：『武略大夫、筠州指〔揮〕使陳實追毁出身以來告勑文字，除名勒停，送歸州編管。以實管押本州折帛錢綱赴池州、太平州交納，在路違法借貸，法當絞，特貸之。』

九月十六日，詔諸路轉運司：『今後押綱使臣，許於本路州軍見任指揮使準備差使内，踏逐選差有心力、可以倚仗之人。』先是，本司多差不曾到部、付身不圓、軍中揀汰使臣，無賴作過，官米濕惡，不堪支用。至是，户部有請。從之。

二十二年三月二十六日，詔四川監司州軍：『今後募差管押綱運，須管先選有行止可以倚仗官及召有行止付身圓備之人充保，如押人侵使移易，其保官與降兩官，元募差不當官吏，依紹興五年已降指揮降一官放罷，人吏從杖一百斷停。所少錢物，除押人依法斷罪，仍估賣家産填納起發外，如有未足數目，於干係人名下依條追理。』從户部請也。

十一月十八日，南郊赦：『勘會監司、州軍差委見任官管押綱運，交納別無違欠，合行推賞，内有依條不應差出官，以此不與推賞，無以激勸。今後似此之人，如無少欠、違程，與比附正押綱官減半推賞。』

十二月六日，户部言：『諸路合起發米斛赴行在，並外路卸納綱運，除官綱係差短使或指使自有立定分釐耗折罪賞外，所雇客綱，係逐州軍依見行條法指揮召募文武官管押，從來多無欠折，至卸納處並無耗折，如交納了足，方行推賞。近來所押客綱却有欠折，下卸去處，便依官綱地里分釐除破耗折，暗虧官物，兼客綱自合依所降指揮，拘收水脚錢分數前來卸納處準備填欠，其客綱破耗，却與官綱事體不同。欲乞將江、湖等路今後如募差文武官管押客綱，破耗與比官綱減半除豁耗米，方得推賞。所有今來未申請以前元管押客綱未經推賞破耗綱運，且依已保明到推賞事理施行，即於見行條法別無相妨，庶免暗虧官物。』詔依。

二十三年六月五日，户部、司農寺言：『契勘諸路起發斗斛赴卸納處，依節次所降指揮，押人已有等第推恩，内除兩浙賞格已是適中外，有其餘路分合起糧斛、差募押綱，舊立賞典委是稍優。今相度，欲乞申明將江東西(京)、荆湖南北、淮南路諸州軍今後起發米斛綱運至下卸處，差募文武官、校副尉並未出官選人及不應差出官，依見行酬賞指揮上各與三分内減一分，所有日前赴所屬納畢綱運，亦乞且依先保明到事理依舊推賞，餘依見行條法指揮施行，庶得均濟。』從之。

十八日，右正言、前崇政殿説書史才奏：『伏見諸路州軍起綱發納錢物，差官及使臣、衙前、兵梢等押赴行在所合屬倉庫交納，至有折欠數，並將合幹人押下排岸司追理。排岸非行法官司，無所研問，得其人則使人監守，夜則寄禁錢塘、仁和兩縣獄中。其人皆遠去家鄉，無親故可以假貸，身爲囚繫，欲償無路，情不獲伸，徒淹歲月，凝寒烈暑，不得休息。糧餉不繼，困餓狼狽，纍纍相屬而莫之恤。夫損失官物而責其備償，有侵盜貿易之弊者付有司治之，則情可得而物可追，不待監禁之嚴而弊已革矣。乞應倉庫交卸綱運折欠，並即時具名色數目申解所屬，見得有侵盜貿易之弊者，送大理寺推治，其過誤損失，並押下元起綱處依法施行。況本處自有抵當委保與身分請給，皆可備償追足，附綱起發，則折欠可不擾而辦。』從之。

二十六年七月十三日，詔：『行在排岸司，見監繫米斛綱運管押人並綱梢一百餘人，陪填在路批發所欠米斛，皆是貧乏之人，無可填償，日夕饑餓，情實可憫，並與蠲放。外路有見繫似此之人，若非侵欺盜用，委是折欠，即依此施行。』

二十七年七月十二日，兩浙路轉運司言：『爲浙西州軍人户納苗米水脚錢赴通判廳、縣丞廳，於經總制庫收貯，並管押米斛、馬料赴行在及軍前交納。每船及二萬碩，計減磨勘一年； 每增一萬碩，減磨勘半年； 及押綱使司兵梢合得請給，乞撥定州府應副，依條限幫支。倉部勘當：押綱使臣管押米斛、馬料赴行在及軍前交卸，除破耗別無拋失，及少欠不礙所欠分釐、次運折會補足，別無違程，一歲内每綱累押及二萬碩，乞許減磨勘一年； 每增一萬碩，減磨勘半年。所有欠多押綱兵梢，合該責罰及兵梢納足特賞，並乞依見行條法施行。』從之。

二十八年七月三日，直敷文閣、新權江南西路計度轉運副使李邦獻言：『奉旨，令臣與李若川將江西路紹興二十一年至二十六年分已起未到米一百六十萬千五百餘碩，疾速催趕前來，並未起七十萬五千二百餘碩併綱裝發，並限半年到行在等處。竊緣江西米運，其弊有五：一則押綱不得其人，二則官綱舟船滅裂，三則水脚縻費不足，四則不曾措置指運遠邇，五則卸綱處乞取太重，斗面太高，不除擲颺折耗，所以失陷數多。欲望許召募土豪及子本客人裝載，並與依舊例上更許搭帶一分私載，於裝發米處出給所附行貨長引，並批上行程赤歷，沿路與免商税，即不得留滯綱運。如不願請船脚錢者，管押及二萬碩無少欠，與補進武校尉，二萬碩加一資，依軍功補官法。如土豪客船不足，許令逐州選差見任文官宣教郎以下至選人及武官大、小使臣管押，若無（欠少）〔少欠〕，與依紹興五年十一月立定賞格推恩，如一萬碩一千里以下，減四年磨勘； 二萬碩更乞與減二年磨勘，三萬碩轉兩官止。』

户部看詳：『一、乞召募土豪及子本客人裝載。今欲許召募有家業及所押物數不曾充公人，亦不曾犯徒刑、非凶惡編管會赦原免之人，當職官審驗詣實，其自備人船，每碩三千里支水脚錢三百文省，餘計地里紐支許將一分力券裝載私物，與免收税，批上行程，沿路照驗。若所供不實，或借人抵産，許人陳告，依《詭名挾户條勅》斷罪，財産没官。經由税場監官即躬親照驗放行，干繫公吏乞覓，論如監臨主司受財法計贓斷罪；無故留滯者，杖一百。到卸納處，依自來綱運條例，計地里除破耗米，如有少欠，候補足，保明申朝廷，降付户部勘驗，關吏部等處依今來修立賞格請降付身。所乞逐州選差見任文武官，今欲令江西運司於見任應差出之官内選差，或募寄居待闕官，召保官二員除計地里合破耗外，如無拋失、少欠、違程，從交納官司保明，依今來修立到賞格等推賞。並重别增損擬定賞罰格如後：土豪子本客人運載米斛二萬碩，舟運每二萬碩轉一官資，通押及四萬碩，行放參部，注授差遣。三千里以上承信郎，二千里以上進武校尉，一千里以上進義校尉。右除地里折耗外，如少欠三釐以下，與依格推賞；如三釐以上，候補足日推賞。命官差募管押賞：一萬碩、二千里以上無官欠，減四年磨勘；每加一萬碩，增一倍推賞。不滿一釐，減三年半磨勘；不滿二釐，減三年磨勘；一千里以上無官欠，減三年磨勘；每加一萬碩，增一倍推賞。不滿一釐，減二年半磨勘；不滿二釐，減二年磨勘；三千里以上，與遞增一等推賞。謂如元合減四年磨勘，而及三千里以上者，減二年磨勘之類。罰：少欠三釐，展三季磨勘；每加一釐，展一季，展至一分止。少欠二分，每分加展半年磨勘，至四分止。副尉、下班祗應比類。少欠五分，命官衝替，副尉、下班祗應勒停。一、卸納處乞取太重，斗面太高，不除擲颺折耗。

今欲令江西轉運司將合起米，先次差人别賫一般樣赴司農寺照會，候綱到日申户部，差郎官一員前去對樣交卸，不得將所起米擅便擲颺折耗，疾速交納。其合赴總領所米，亦合依此封樣，候到，差官交納。仍令户部長貳、總領官不測赴倉點檢，如有違戾，各仰按劾施行。其押到米與元樣不同，委有夾雜沙土，即申本部及總領所差官看驗，依條交卸。一、水脚縻費錢。本路所起米一百七十餘萬碩，有逐州隨苗收到水脚錢三十四萬餘貫，兼朝廷給降乳香套一十三萬貫，並就撥經制總錢十七萬八千餘貫，應副裝發，本司自合將上件錢相兼，措置起發。自餘押綱作弊，舟船滅裂，並係本司合行事務，欲下江西路轉運司一面措置。』從之。

九日，户部員〔外〕郎莫濛言：『比來諸路綱運率多稽違，至有申到綱解經涉歲月而猶未至者，逗留數旬，方能起發，致押綱人得以肆其姦弊。雖給行程文歷，所至計囑妄作緣故，開破月日。望飭諸路州軍應起發綱運，具實離岸月日先申户部，仍牒前路州縣遞相關報，亦各具出入界月日開申。仍委本部以申狀類聚，候綱到，擇其稽違之甚，比較沿路留滯最多去處，令本路漕司根治。』上曰：『諸路綱運之弊，其來已久，蓋緣押綱之人多是請求而得，往往沿路移易官物，於所至州縣收買出產物貨，節次變賣，以規利息，至有一二年不到，此猶是不作過者。其間用意作過之人，公然乾没，量留些小，至行在，謂之打官方錢。又既到之後，倉庫合干人等多量巧取，百端邀阻，其弊不可勝言者。卿等宜令逐一措置，革去弊源，庶幾不致失陷官物。』宰臣沈該等奏曰：『比因起江西米運，已令户部條畫措置，務要盡革宿弊。今濛又有陳請，當就令措置。』於是詔户部看詳。本路言：『今欲將諸州軍申到綱解文狀，並行下太府寺籍定，將州軍綱運每半年一次，擇其稽違之甚者，申户部所屬曹分行下本路漕司根治施行。』從之。

同日，詔：『諸路糧綱到行在交納，其受納官司往往取路斗器，加大擲颺欠折，致拘留押綱一行人在岸，催納欠息，急於星火，以致日久折賣舟船，填數不足。仰户部長貳契勘，自今糧綱欠折者，如委無欺弊，並先與責放，仍令牽駕空船各回本處，將合陪還確寔數目令本州尅納，依數補發。今後依此施行。』

二十九年四月十七日，權户部侍郎兼提領諸路鑄錢趙令詪奏：『行在錢糧全仰舟楫，而河水淺澀，留滯綱運。自臨安府至鎮江府沿流堰閘，往往損壞，經久不修，走泄運水。望令逐州守臣差官前去相視計置，如法修整。』從之。

二十三日，詔：『今後除依條合團併錢物照應見行條法施行，其餘州軍合發錢物，並不得差募官附押兩州錢物，如違，將所押正綱合得酬賞減半，其附押官物請過水脚、縻費等錢，於違戾差押官司人吏名下追理入官，將所差違戾官司從杖一百科罪。』

二十八日，總領四川財賦軍馬錢糧所言：『四川押綱官不許附押他司錢物，並乞修立斷罪條。』户部：『欲自今後四川州軍諸司起綱去處，輙差官附押他司錢物，及押綱官受差附押者，准《紹興勑》諸因職事例受制書而違條科罪，受差官正綱合得賞典，便行減半，脚錢追理發納。』從之。

三十四年四月九日，左正言沈濬奏：『竊見四方綱運，輻輳闕下，頃以衙校管押，多致失陷，乃選差命官俾任其責，遂定賞格以勉之，不然，罰亦隨至。今者，有自川、廣數千里之遠，涉風波，冒不測，歷歲月之久，方抵闕下，幸而無虞，元數已足，方獲朱鈔。次經太府丞陳乞保明，申部推賞。寺中阻難已畢，方肯申部，部中又復阻難。望下所屬官司，如已獲朱鈔，許令節次保明推賞，或有小節未圓，亦許先次放行。其或所屬奉行違戾，許部綱官徑赴朝廷越訴，重行根治。』從之。

八月二日，臣僚言：『竊惟漕運所用，莫急於舟，江東諸郡皆雇客船，江西則於洪、吉、贛三州官置造船場，每場差監官二員、工役兵卒二百人，立定格例，日成一舟，率以爲常。運司募押綱使臣，悉由關節。訪聞一綱例行賂七百緡始得之，皆胥吏輩爲姦也。且以江東與江西事體相類，但江西運米稍多耳。江東每綱給水脚、縻費錢，付之押綱官，令自雇客船及水手以往。客人愛護其舟，急去急還，不肯留滯。獨江西撥船發卒，一切仰給於官，較之江東雇舟，大不相侔。乞委江西帥臣或提舉常平司同吉、贛州守臣公共相度造舟（舟）與雇舟利害以聞，别賜裁酌。』從之。

同日，臣僚言：『諸路轉漕米綱最爲急務，前後條約未免於有弊。且運司胥吏邀阻乞覓，篙梢乘此恣行侵盗，所以交卸虧折，不免監繫。不若令州郡自募，有合起綱等錢就令趣辦，但運司每歲將上供米數著實撥下諸州，以下卸去處分道里遠近，責其限程，時行比較，違戾者罰，其運使更不差官。又揀汰軍員置在州郡，多者百十人，少者三五十人，久在軍旅，練歷艱辛，今止分佈守衙坐食，若令隨押綱官管轄照顧，必得其力。除見請受外，量支食錢，以夫船之多寡輪次差使。』户部看詳：『諸路綱運司及州軍指〔一〕使，準備差使有心力倚仗之人内差撥，江西許差土豪及選逐州見任文武應差出官及募寄居待闕官管押，兩浙係差短使内有再願充押綱及付身圓備、曾到部使臣管押。緣逐路漕司並不遵守，致令乞覓作弊。今依所請，其所差揀汰軍員，舟船多寡，斟量差撥。』從之。

紹興三十二年九月二十四日，孝宗即位未改元權江淮荆浙福建廣南路提點坑冶鑄錢魏安行言：『乞自正月以來，募官押發今年錢綱，依舊以二萬貫爲一全綱，自二萬貫以上添押之錢，與據數推賞。謂如一萬貫合減十個月零半月磨勘，五千貫合減五個月零七日磨勘之類，不必須成全綱。如此，則易爲起發，免致留滯。』從之。

十月六日，詔：『諸路綱運起發，本州具的實離岸月日，及所經州軍亦具到發月日，並申户部。本部計程機察住滯，如日數多者，下所隸運司根治其由，如興販以規利者，就令經歷所在常切覺察。』以新除福建路轉運判官王瀹言：『近年以來，所在起發綱運動輒遲滯，由諸州不能預（辨）〔辦〕合發錢物，率皆前期虚申綱解，稽留累月，方能裝發。官物既足，又候水脚縻費之用，亦復旬月，方能離岸。致部綱人寅緣作弊，貸用官錢，互市物貨，隱瞞征税，至併與全綱失陷，因而竄逸。上則有虧國計，次誤支遣，下則徒起刑禁，無所從出。』故有是命。

孝宗隆興二年七月四日，臣僚言：『昨因諸路州郡綱運遲滯，及有侵欺失陷，遂降指揮，令寄居（侍）〔待〕闕等官部押，優立賞格，以爲激勸。積久弊生，其弊不一。

〔一〕指　原作『支』，據《食貨》四四之七改。

其一請託之弊：或以親知，或以權勢競生指占，甚致臨期旋相攘奪。其二侵害之弊：凡所差官，或貪於厚利，則私將官錢貨鬻興販。其三夾帶之弊：既將所押官物轉變別貨，乃至隱雜禁物，引帶客船。其四僥冒之弊：部押之賞，朝官轉官，選人循資，而選人因其循資及占射恩例，便可別就改注。凡此四弊，皆歸於權勢有力之人賄賂請求，姦巧争奪。乞將諸州郡合發綱運，今後只差見任官管押，除本州（職幕）〔幕職〕與諸縣知縣不許差外，餘皆先後轉差。若不及全綱，自有本州準備差使使臣據其多少貼差軍員，亦可前去。其賞典，且許依寄居未出官例，不爲不優。兼既有縻費脚錢，其官吏與隨行人口券食錢之類盡不當破。所有四川係遥遠之地，即乞指揮，令本路相度，從便施行。』詔令户部看詳措置。既而本部言：『欲下諸路監司，一依今來臣僚所請事理，令監司州軍具見任依條合差出官並本州準備差使使臣，籍定先後姓名，將合發綱運通差管押，仍差軍員隨行防綱，到交納處勘驗。如委無欠損，違程，照應等第見行格法、未出官選人例推賞施行。押官口券更不添破，防綱軍員若不出給口券，竊慮闕食留滯，欲依舊出給。合團併州軍去處，依條團併起發。其四川至行在地里遥遠，亦依今來臣僚所請，行下監司相度經久可從便施行。』從之。

十二月十六日，德音：『楚、滁、濠、廬、光州、盱（貽）〔眙〕，光化軍管内並揚、成〔二〕、西和州、襄陽、德安府，信陽、高郵軍，應州縣倉場庫務但干係官錢物，並般押諸雜綱運往別處州縣收藏，或回易興販，不曾遺失者，候德音到，限十日經所在首納，並與免罪。如限滿不首及首納不盡，令監司守臣究治，開具聞奏，重寘於法。』

乾道元年正月一日，南郊赦：『諸路州軍般發斛米，緣有折欠，其交納去處，見將管押人並綱梢等送所屬陪填。訪聞其間有貧乏之人無力償納，日久徒有監繫，情實可憫。可將見欠五十碩以下並與蠲放，其欠五十碩以上人，除蠲免五十碩外，其餘所欠數目，行在委户部、外路委總領官，取見詣實，先後批發，押下元裝發州軍依數補糴。』三年十一月二日、六年十一月六日、九年十一月九日南郊赦，並同此制。

二十三日，總領淮南江東軍馬錢糧楊倓言：『綱運之法，各以地里遠近官爲破耗，不爲不優，而比來糧綱失陷官物，十常二三，非皆風水之虞也。臣聞在京舊制，自發運司運糧入京，並於三司差人坐押，最爲良法。南渡以來，募官押綱人但希恩賞，不量智力，而合干人始得肆其蠹弊矣。其終不過監係追納，或賣船填欠，或押歸本州補發，大則枉陷官物，次則部押官徒同被罪戾。欲降指揮，今後諸路糧綱在内於三司、在外於所料〔三〕撥軍分，每米一

〔二〕成 原作『城』，據《食貨》四四之八改。
〔三〕料 疑作『科』。

萬碩，差使臣一員、將校軍兵十人，於裝發州軍取撥坐押，赴倉交卸，破耗水脚縻費賞格，悉依募官押綱條例均給施行。其於革絶侵蠹之弊，實非小補。』詔令後令户部總領所相度措置差撥。

六月四日，詔：『諸路州軍起解錢綱，見以會子、見錢中半發納，訪聞諸州軍却將人户納到見錢避免起綱脚剩，兑换會子起解。可遍下州軍，自今後將應合起發錢綱並以十分爲率，權許用二分會子、八分見錢解發。』從户部請也。

六日，詔逐路轉運司：『自今差募押綱，須選擇清幹官管押，若依前作弊，從本部將元差官司取旨重行黜責，公吏斷斥，押綱官及兵梢等在内令司農寺下臨安府、外路令總領所下所屬根勘，依法施行，别行差人衝替。内押綱仍具所欠數目取旨。』

七月四日，户部言：『江西州郡每歲起發米綱應副江、池、建康、鎮江府等處軍儲，以路遠，多因管押使臣及兵梢沿路侵盗，往往少欠數多。又如上江灘磧，舟船阻滯。欲下江西轉運司，就隆興府踏逐順便高阜去處，改造轉搬都倉一所，官吏令運司就差。上流諸州縣合發米斛，自受納之日，便差定本州使臣或見任寄居官計置舟船，每及三千碩或萬碩爲一綱，支給水脚縻費等錢，先次起發，不必拘定。仍據隆興府轉搬倉至交納處。合用水脚、縻費等錢數附綱起發，趁江水泛漲之時，徑押赴轉搬倉交納。每年所科逐軍米，各以三分爲率，二分令都統司裝載糧船，差撥官兵前去隆興府擺泊伺候，認數交裝，或就近便去處支撥起發。合用水脚、縻費等錢，將隨綱起到錢，依官綱以地里遠近則例支破耗米，其管押官酬賞，亦與依見行條法推賞；餘一分令轉運司依舊用官綱裝發，凡轉搬倉受納下米斛，纔及一綱，專委漕司日下支給水脚縻費等錢，出給綱解，起發前來軍前下卸。欲自今年秋成爲始。』從之。

十月五日，權户部侍郎曾懷言：『乞下諸路州軍將應起綱運，自來年正月十分爲率，一分會子，九分見錢，内不通水路去處，依舊起發銀兩。』從之。先是，諸州綱運並要九分見錢銀，一分會子，懷恐逐州銀價不等，以致折閲，因有是奏。

十四日，詔：『諸路州軍今後起發糧斛綱運，於見任曹職官内差撥，如不足，即依已降指揮，差撥見任文武官或寄居待闕官曾經到部、付[一]身圓備之人管押。其合得賞典，依已降指揮，每押米一萬碩、一千里以上無拋失、少欠，減二年零八個月磨勘；一萬五千碩已上，紐計地里推賞，轉至一官止。』淮東總領韓元龍奏立綱賞，因裁酌而有是命。元龍仍請召募土豪，自用人船，每二萬碩、千里

[一] 付　原作『赴』，據《食貨》四四之九改。

以上，補進義校尉；二千里以上，補進武校尉；三千里以上，補承信郎，仍計隨綱帶三分米斛興販。如無拖折，給賞外，更免户下非泛科率半年。並從之。

三年二月十三日，詔：『今後糧綱有欠，並從司農寺一面斷遣監納施行。如情犯深重，事須推勘者，送大理寺。』以知臨安府王炎言：『在京通用令，諸官司事應推勘者，送大理寺，所有糧綱推勘，若有翻異，始合送大理寺，餘依祖宗條法施行。』故有是命。

是年三月一日，太府少卿魯訔言：『左藏庫逐時申解州軍綱運錢物，內有侵移少欠等，今來左藏庫即與司農寺事體一同，今後有欠，一面斷遣監納。如情犯深重，乞依司農寺已得指揮。』從之。

十一月二日，南郊赦：『諸路州軍起發金銀、物帛綱運，內有色額低次之類，估剥虧官錢糧，行下補發。訪聞州縣監勒干係等人及元賣鋪户均攤，竊慮貧乏之人不能賞納。可將乾道元年赦前未追數目，如委是無可填納，並與除放。』

十二月十八日，高郵軍駐劄御前武緣軍都統制兼知高郵軍陳敏言：『諸路糧綱交卸無欠，其人船合自卸所徑便發回，而總司舊例不問其欠之有無，悉令所屬解押人船，謂之出豁米數。押綱之人足矣，豈須全綱盡解？往往監繫日久，所費不貲，不勝其苦。乞下諸路交卸綱糧去處，須管用斛兩平交量，候足無掛欠者，其人船先令逐便，秪將押綱之人解赴總領所出豁。如此，使無欠之人免致失所。』從之。

四年三月二十四日，臣僚言：『浙西湖、秀、蘇、常、鎮江、江陰六州，歲輸上供米，若令逐州選委官兵自行裝發，運之平河，刻日可到。向來漕司迺籍無顧籍人爲押綱使臣，積累欠折，已無可償。又令自招游手爲兵梢，支破廂軍衣糧，每遇欠折，即將名下日後衣糧預行椿剋，名爲折會。夫以無顧籍之官部無衣糧之卒，使之護送官物，殆猶餓虎守肉，責以不啗，其可乎？乞將湖、秀等六州上供斛斗責逐州委官自行裝發，漕司只是嚴限拘催。』從之。

五月七日，權户部尚書曾懷言：『奉詔措置倉場卸納綱運。今條具：欲下諸路轉運司約束所部州軍，凡裝發米斛，糜費水脚等錢不以時給，及縱(一)容減剋，或故小量斗面，似此犯處，並依法斷罪。仍申嚴條令，於倉場門板榜示。衆綱運到岸，若有濕潤、砂土、糠皮，自有擲颺、攤曬日數，即目並不遵依條令，祇據憑專斗之口，致行用錢物，計囑求免。及應卸納綱運，司農寺丞簿亦不驗樣交量，止令公人取樣，其間行用者則免攤擲，無行用者恣縱作踐。今欲令司農寺官遇交納綱運，須遵條例躬親監視交量，以絶其弊；有犯，從户部覺察申罰。州郡支裝綱

(一) 縱　原作『蹤』，據《食貨》四四之一〇改。

運，在法合用堵面印記封鏁，今欲下諸路轉運司申明條法，如卸納倉場驗無印記綱船，申司農寺依條按治。受納綱運，並係大、小甲頭以上河入廒脚錢爲名，邀勒錢物，及計囑專斗，欲下司農寺常切覺察，有犯，送大理寺根治。倉場合干人欲勒令司農寺常切覺察，如有曾犯徒配、改姓名冒役之人，日下勒罷，立賞許告。押綱官及兵梢少欠米斛出糶，監納往往令人代名，竊慮失陷不便，今欲日後遇有少欠監管之人，須將正身封臂施行。』從之。

五年十二月六日，户部尚書曾懷言：『乞下諸路監司州軍，應今後所起綱運，須依法擇應差之人管押，如欠，令交受倉庫止據實納之數先給鈔，其不足之數並作未到，下元起州軍，限半月補發。』從之。

六年十一月六日，南郊赦：『諸路州軍起發金銀錢帛綱運，内有色額低次之類，佑剥虧官錢數，行下補發。訪聞州縣監勒干係等人及元賣鋪户均攤，竊慮貧乏之人不能償納，可將乾道三年赦前未追數目，如委是無可填納，並與除放。』

七年二月十三日，詔：『諸路漕司嚴責所部州軍，如綱運經由縣道，仰縣道官催督，沿流巡尉護送，催趕出界，仍於行程内批鑿日時交付以次去處。即有欠折，根究在經由界内偷盜作姦，將本縣及巡尉吏人配流，巡尉取旨施行。』從臣僚請也。

六月四日，户部言：『尚書曾懷言：綱運不能如期，有悮指準。本部合差承受使臣十二員，欲於内將六員改作尚書户部催督諸路綱運，分差往來，趕逐在路綱運，及催促諸州軍合發錢物，庶免留滯拖欠。仍從本部於見任或待闕已、未到部大小使臣内，不以有無拘礙選差，理爲資任。任内催納綱運别無違滯，即與減二年磨勘，占射差遣一次；如所催違滯，及事有不辦，亦賜責罰。若委有才力，保明再任，仍不許差官待闕。』從之。

九月二十二日，户部郎中、總領湖廣江西京西財賦吕游問言：『郢州至襄陽盡是灘磧，尋常綱運有三兩月以至半年不到者，致押綱與舟人通同作姦。欲於郢州要處添置撥發船運官一員，專一撥發綱運，不令失欠，職事修舉，與減磨勘三年。』從之。

十月十三日，詔：『自今廣南市舶司起發粗色香藥、物貨，每綱以二萬斤正六百斤耗爲一綱，如無欠損、違限，依押乳香三千斤例推賞。其差募官管押等，並依見行條法。』

八年正月一日，詔：『自今寄居見任文臣不限京、朝，武臣不限大、小使臣，歷任無贓罪，並許押綱。其見任官須應差出者，唯應奏薦之官，不得以綱賞湊理磨勘，選人未出官，亦許募押。其合得酬賞、循資外，即不免試注授，聽於後任收使。其綱運地里不該減磨勘，到部合陞名次選人，與在外指射差遣，使臣與免短使。』先是，上封者言：『諸路錢米綱運近多少欠，今取會乾道五年、六年行在綱運，兩年計欠錢二萬四千九十四貫、米五萬一千八百九十三石、料四千五百六十九石，其三總領所綱運少欠不在此數，皆緣所募押官多無行止，非理妄用，致綱運敗壞，積弊日深，若不措置，慮暗失歲計。望少更押綱之法。』故有是命。

三月十三日，詔：『近年押綱偷盜之弊不一，全無忌畏，合別措置。令户部一一相度措置，申尚書省。』户部言：『差撥押綱不當，即先將押綱官依法施行外，所差當行人，亦估賣家產，均陪欠物，其知、通當職官取旨。其交納官司，無令大量斗面。官綱兵梢，今後裝發州軍量地里遠近，約度阻風期日，寬支請給，無令闕食。管押米斛綱運，一萬石以上，差押綱官二員，合得酬賞許行分受，仍不許押二萬石以上綱運。經過場務，須管當日檢喝，即催趕離岸，場務官仍於行程曆内批説某綱於某日到岸，某日某時起發，以憑驅磨。故作留滯，場務主吏從徒二年斷斥，監官取旨。承前押官止令斗子認欠，全不任責，今後所差押綱並認折欠。在路所給行程，往往妄作緣故，乞自今後綱運到岸，行在委司農寺、外路委總領所，期一日先索曆驅磨，如違程，或妄作緣故，量事斷遣。若所破日限數多，即將押綱官並巡尉取旨。和顧客舟，往往牙、保人作弊，乞自今後須和顧子本客船，如依前致欠，即將和顧牙保財產均陪。諸路州軍綱運所至州縣，令催綱排岸官司躬親索元給行程綱解，一一點檢分明，批所給行程，催趕離界，仍遞報前路官司；如有偷盜欠數，即飛申所屬。若催綱排岸官司及經由之處不即催趕譏察，令本州按劾，仍令催綱排岸官司旬〔一〕具界内有無催過綱運名數飛申户部。』從之。

五月十七日，詔兩浙路轉運司，復置提轄催促綱運官一員。以本路計度轉運副使沈度等言：『隆興二年，減罷催促物斛等官四員，自後乏使，乞仍舊增置。』故有是命。

十一月十二日，權户部尚書楊倓言：『諸路州軍起發金銀錢物米斛綱運到行在，依元旨，寺監差丞簿一員輪日監交給鈔。比緣左藏庫提轄官監給，其太府寺官絕不前往。欲望自今依舊太府寺輪日，差丞簿監交給鈔。』從之。

九年閏正月十三日，詔：『諸路州軍起發米斛錢物綱運，少欠人見監繫在行在官司，未能填還，可將兩浙州軍欠一分以下、餘路欠一分五釐以下，並日下權批發一次，押下臨安府，送元起州軍追理補發；其見監兩浙欠一分以上、餘路欠一分五釐以上之人，候納及前項分釐，並雜物綱令所屬庫分，將元押及見欠數目估價紐折，依此施行。』

〔一〕旬　原作『勾』，據《食貨》四四之一二改。

二月十五日，權户部尚書楊（琰）〔倓〕言：『乞下諸路州縣，今後錢物糧斛綱運止令州縣長官任責，照已得旨依公選委才力能部押人，於綱解内明具元差守令職位、姓名，如有失陷，從户部開具取旨。監司即不許差撥，若有差撥，亦具姓名以聞。所差官更不理賞。』從之。

十月六日，臣僚言：『兩浙州縣所發綱運無不欠者，嘗究其原。向來臣僚申請，每綱拖欠及一分，方送有司究弊，所押綱之人守法而不敢輕犯，後來獻説者，止欲從窄減作五釐。且以米一百碩論之，五釐即五碩耳，其使之全無侵蠹，當風擲颶，東量西折，亦恐不免五釐之少。如是，則舉無納足之綱，是絶其自新之路，啟其作弊之端。乞將兩浙綱運依舊欠及一分，方下有司根治。』户部契勘：『欲將兩浙綱運少欠五釐以上、一分以下之人，立限二十日糴填，候及五釐，即押下元裝州軍依限補發。限滿不足，行在令司農寺、外路總領所送所屬根究，依法施行。少欠一分之人，亦令限十日糴填，不足，即送所屬根究，餘〔一〕依見法。』從之。

十一月九日，南郊赦：『諸路州軍起發金銀、物帛綱運，内有色額低次之類，估剥虧官錢數，行下補發，訪聞州縣監勒干係等人及元賣鋪户均攤。竊慮貧乏之人不能償納，可將乾道六年赦前未追數目，如委是無可填納，並與除放。』〔二〕

食貨四九　轉運〔三〕

轉運司　轉運使、副，並以朝官充，掌軍儲、租税、計度及刺舉官吏之事，分巡所部。

太平興國初，皆曰使，又置副使、判官，又置同勾當轉運事。俄罷諸路副使已下，止置使一員，明年，又置副使。厥後，御河、黄河又置轉運使，尋皆省之。廣、桂、邕、容、瓊等知州皆兼本官轉運事，並統於廣南轉運司，後止瓊州兼焉。凡十八路，其京東、京西、河北、河東、陝西、淮南、（浙兩）〔兩浙〕諸路各置使、副，餘路不置副。大抵有二員者，或皆爲使，或皆爲副，或爲同轉運使。兩省五品以上任者，或爲都轉運使。至道二年春，置諸路承受二員，選朝官二班爲之。常事即與轉運使、副職書奏報，大事即許非時乘驛入奏。真宗即位，罷之。其用師，或令都總管兼都轉運使或提舉轉運事。及車駕巡狩，置隨駕隨軍轉運，皆事畢即停。

《兩朝國史志》：有使、副使、判官，並以朝官以上

〔一〕餘　原作『除』，據《食貨》四四之一二改。
〔二〕原天頭批注：缺『淳熙』以後，應補抄。見『漕運』。
〔三〕本部分摘自《食貨》四九『轉運』（原《宋會要稿》一四五册）中有關水利、漕運等方面的内容。

充，掌均調一道租税，以待邦國支費；分巡所部，以察官吏能否。十八路惟京東、西、河北、陝西、淮、浙各置使、副，餘路或止有使，不置副。大抵有二員者，或並爲使，或爲副，或以一員爲判官。兩省五品以上任者，爲都轉運使。判官停罷置復不常，使、副仍兼勸農使。寶元二年，詔河北轉運使兼都大制置營田屯田事。慶曆元年，改爲營田使。三年，詔諸路轉運並兼按察使，五年罷，後以京西轉運使兼白波發運（司）〔使〕。皇祐五年初，詔京東曹州，京西陳、許、鄭、滑州爲輔郡，並屬內，置京畿轉運使，以按察畿輔，至和二年罷。其吏（史）有勾押官吏、有前後行，隨路繁簡而設，皆無定數。元豐改制，因之云耳。

舊制，有計度轉運使、副、判官，並以朝官以上充，兩省五品以上任者，爲都轉運使。建炎以來，逐路都轉運使除授不常，唯使、副、判官常置。紹興二年，又（常）〔嘗〕置江浙、荆湖、廣南、福建都轉運使，三年罷。五年，置四川都轉運使，十五年罷。調發軍馬，則有隨軍轉運，廢置亦不常。國初，有轉運副使，或曰同轉運使、知某路轉運事，又有同知及勾當者，知州亦有兼轉運使者，其後悉罷。知、同知、勾當之名，皆止稱使或副使，而知州，亦無兼領者。又車駕巡幸，則有行在轉運使。王師征討，則有（隋）〔隨〕軍轉運使，或增置官勾當轉運使，皆不常置。至道三年，分天下爲十五路，其後又增三路，凡十八路：一曰京東路，熙寧十年，分東、西路。二曰京西路，太平興國三年，分京西轉運爲二司，各置使一員，後併焉。熙寧七年，又分南北路。三曰河北路，太平興國初，分河北南路，雍熙中，又分爲東西路，後併焉。熙寧六年復分。四曰河東路，五曰陝西路，太平興國二年，分爲陝西河北、陝西河南兩路，各置使一員。又有陝府西北路，後皆併焉。熙寧五年，分永興、秦鳳二路。六曰（淮）〔淮〕南路，太平興國初，分淮南東、西路，後併焉。熙寧五年復分。七曰江南東路，八曰江南西路，太平興國初，分江南東、西路，後併爲一路，置使、副二員。天禧四年，復分爲兩路，各置使一員。九曰荆湖南路，十曰荆湖北路，十一曰兩浙路，太平興國中曰兩浙路（北路）〔一〕，後改焉。十二曰福建路，太平興國初爲兩浙西南路，置使、副二員，後改焉，止置使一員。十三曰益州路，嘉祐四年，改曰成都府。十四曰梓州路，十五曰利州路，十六曰夔州路，國初，平劍南西川路〔二〕，其後分爲西川東路，各置使、副。開寶六年，又分峽路，亦置使、副。咸平四年，分爲益、梓、利、夔四路，各置使一員。十七曰廣南東路，十八曰廣南西路。廣、桂、邕、容、瓊知州，舊名兼本管轉運事，皆統於廣南轉運使司。開寶四年，嘗以知容州毋守素知邕州，范旻通判桂州，各知本管轉運使，其後止瓊州兼焉。惟京東、京西、河北、河東、陝西、淮南、兩浙有二員，或爲使、副使，或皆爲使，或皆爲副使，或置判官，無定制。皇祐中，以曹、陳、許、鄭、滑五州爲京畿路，置使，尋罷。

太祖建隆元年四月，命户部侍郎高防、兵部侍郎邊光範並充前軍轉運使。

〔一〕兩浙路（北路） 據《宋史·地理四》：『兩浙路。熙寧七年分爲兩路，尋合爲一。』兩路是東路和西路，此處『北路』兩字衍，删去。

〔二〕此句疑有脱誤。

乾德二年十一月，王師伐蜀，詔以給事中沈義倫爲（隋）〔隨〕軍轉運使，從鳳州路兵行；又以均州刺史曹翰爲西南面水陸諸辦轉運使，從歸州路兵行。

開寶二年二月，親征河東，以樞密直學士趙逢爲隨駕轉運使。咸平二年十一月北征，以鹽鐵使陳恕充。

五年八月六日，以大理正李符知京西轉運使。九日，以知廣〔一〕州山南東道節度使潘美、保信軍節度使尹崇珂並兼嶺南轉運使，王明爲副使，許九言爲判官。美等既平劉鋹，就命知廣州，俄兼領使職，踰年而罷。

太平興國二年正月，又命吏部郎中邊翊，與祠部郎中李符、同知廣州兼廣南諸州轉運使右拾遺趙晟、右贊善大夫周渭副之。二日，左補闕程能、水部員外郎崔濟同知兼京〔二〕西轉運司事。

四年九月，命知廣州楊克讓兼管内水陸轉運使，右補闕桑偃副之，又以嶺南轉運副使許九言爲判官。時以知廣州節度使潘美等兼嶺南轉運使，既重其任，因易命之。

十一月，命吏部侍郎、參知政事薛居正，兼提點三司淮南湖南嶺南諸州轉運使事，吕餘慶兼提點三司荆南劍南諸州水陸轉運使事。

七年正月，以水部員外郎、通判荆南申文緯勾當劍南諸州水陸轉運使事，仍賜緋魚。

太宗太平興國四年，十一月，以河北轉運使高繼申爲河北南路都轉運使，起居郎郭泌爲御河至關南水路轉運使，鴻臚寺丞王在田爲陸路轉運判官，著作佐郎崔邁爲水路轉運判官。

六年正月十六日，分遣朝臣爲京東江西、江南、兩浙、劍南、荆湖轉運副使：左拾遺直史館石熙古、王沔、宋潭、張齊賢、徐休復、趙昌言預其選。七月，又以左拾遺胡旦、趙化成、張宏、魏庠、許驤、楊緘分爲淮南西路、京東、峽路、兩浙西南、陝府南北及御河轉運副使。九月，詔選留朝臣十人復爲諸路轉運使：右補闕劉甫英河東路，殿中侍御史劉度西川路，王晦名峽路，吏部郎中許仲蟠淮南路，監察御史李惟清荆湖路，禮部郎中張去華江南路，膳部郎中高冕兩浙路，廢諸道轉運副使並同轉運使。三十人並爲諸州知州：右補闕趙化成密州，石熙古兖州，趙昌言袁州，趙載隰州，張宏遂州，魏庠信州，許驤鄜州，陳白安州，王沔懷州，楊緘棣州，董儼光州，徐休復明州，田錫相州，喬惟岳楚州，胡旦海州，殿中侍御史張獻絳州，韓檢沂州，監察御史郭異饒州，王廷範吉州，李琯趙州，柴成務果州，朱昂鄂州，王守忠魏州，殿中丞王協建州，賈昭明南劍州，虞部郎中樊若水郊州，祠部郎中羅延吉宣州，祕書丞劉慶維州，太子中允崔邁筠州，（有）〔右〕贊善大夫祖

〔一〕廣　原作『州』，據《長編》卷一三改。
〔二〕京　原脱，按《宋史》卷一七七、卷一八五，均記有程能爲京西轉運使，據補。

真宗咸平元年三月，命右司諫、知同州張舒與陝西轉運司調發（隋）〔隨〕軍糧草。六月，詔曰：『轉運使副之職，在乎督饋輓，計貲儲，察官吏之能否，訪生民之利病。至於招復流徙，勸課田疇，理獄訟之冤，提薄領之要，其責斯重，其務實繁。苟非（詢）〔徇〕公滅私，正己率下，則旰宵之寄，何所望焉？自今居是〔一〕職者，如有灼然功行，爲衆所推，朕當不吝美官，特與陞陟。其所蒞辦集，廉幹有聞，亦當復委漕權，或授省職，優其俸入，聊以賞勞。如但事依阿，妄行威福，因循曠職，貪虐害人，大則正以刑章，小則黜之散地。信賞必罰，朕不食言，仍委御史臺察訪彈奏。』

二年八月，詔曰：『朝廷以州郡之事，委漕運之臣，提其紀綱，按以條法，凡所上請，理須盡公。亦有不協便宜，虛煩詔令，殊乖倚任，特用申明。宜令諸路轉運使、副自今起請事宜，及保舉移易官屬，皆須重覆詳審，委自公私利濟，無所私詢，乃得以聞，當議降勑施行。異日事有乖當，必行重責。』

十月二日，詔諸路〔二〕轉運司：『今後轄下官吏慢公不理者，並須明具詣實，畫一聞奏。如朝廷差官勘鞫斷遣

吉淄州。

淳化元年十月，詔曰：『國家擇方正之士，領漕運之權，其才甚難，所掌尤重，固宜夙夜匪懈，朝夕在公，豈可不守攸司，擅離使部？或因載餙之節，輒以入覲爲名，陳課最以希恩，獻文章而幹進。畔官離次，莫甚於斯！自衒自媒，亦孔之醜。宜伸約束，以警貪饕。自今諸路轉運使更不得以壽寧節輒來赴闕，仍不得入獻文章，其民間利害及合廢置釐革等事，止令實封附遞以聞；必須面奏者，即先具事宜入急遞聞奏，聽候朝旨，方得赴闕。』

三年二月，詔：『今後諸路轉運使、副如規畫得本處場務課利增盈，或更改公私不便之事，及除去民間弊病，或躬親按問，雪活冤獄，或邊上就水陸利便般運糧草，不擾於民者，宜令諸道州、府、軍、監俟年終件析以聞。若止是點檢尋常錢穀公事，別無制置事件，亦仰具狀開説，當議比較在任勞績。』

至道元年八月，荆州轉運使何士宗上言：『目今執政大臣出領外郡，若有公事合申轉運司者，望令判檢其所申狀，上書通判已下姓名。』太宗謂宰相曰：『大臣品位雖崇，若在外藩，即在轉運使所部要系州府，不繫於位久。此朝廷典憲，未可輕改，並仍舊貫。』十一月，詔在京官内選監事公正、寬猛得中、明於理道者十數人，分往諸路同勾當轉運司事，常事與轉運使聯書施行，非常事許乘驛入奏。

〔一〕是　原作『一』，據《宋大詔令集》卷一九〇改。
〔二〕路　原作『車』，據《長編》卷四五改。

後，本人却有陳訴，再行覆勘，顯有虚妄，其轉運使、副，必加深罪。』時上封者言轉運使申奏部内官多涉愛增，故條約之。五日，詔：『諸路轉運使、副，今後應轄下州、軍、監如增添得户口，及不因災傷逃移却人户，並仰分明批書上御前印紙，候得替到闕日，仰三司比較詣實數目，牒報審官院，依先降勒命磨勘。如於元額外增添户額，當議酬奬；若不因災傷逃移却户額，亦當勘罪，重行責罰。』

四年四月十九日，以知益州、右諫議大夫宋大初兼川峽四路都轉運使。先是，以西蜀遼隔，緩急應援不及，故分爲益、梓、利、夔四路。至是，又以漕輓各司其局，難於均濟，故有是命。五月，詔以定州駐泊都總管、山南東道節度使、同平章事王顯兼河北諸州水陸計度都轉運使，應供軍錢帛糧草，並同經度，其餘刑獄公事，止令轉運使副施行。七月，又以二路副都總管侍衛馬步軍都虞候王超、都鈐轄王繼忠、鈐轄韓崇訓並兼轉運副使，至十二月，皆罷。

六年十一月，詔曰：『漕運之職，表率一方。如聞邇來頗懈巡按，鄉閭疾苦，安得盡知，官吏能否，若爲詳察。特行戒諭，用警因循。宜令諸路轉運使、副自今徧往管内點檢錢穀刑獄，察訪官吏，及公私利害，從長施行。』先是，真宗謂宰相曰：『諸道轉運使罕出巡按所轄州軍，其間官吏非其人，則民受其弊。轉運使不切採訪，則遠方所告。』故命條約焉。

景德元年九月，徙荆湖北路轉運使李士衡、河北轉運使勾克儉並爲陝西轉運使、副，代楊覃、朱台符。仍下詔曰：『國家選才幹之臣，分漕運之任，苟能盡瘁，罔有不臧。其或務靡和同，互陳利害，當茲劇選，何以協宜？屯田郎中楊覃、工部員外郎直史館朱台符，輙自周行，並司外計，自臨[一]職務，亦[二]涉歲時。而各率胸襟，蔑聞公共。台符則但謀改革，有異酌中；覃則止務因循，莫能盡力。殊乖輯睦，日有異同。洎遣憲官，往詢事理，違戾之狀，昭然可知。將肅朝綱，合行嚴譴。念經任使，嘗効勤勞，猶領郡符，實與優典。勉親民政，更慎官箴。覃宜知隨州，台符宜知郢州，取便路赴任。仍令御史臺傳告諸路轉運使、副，各令儆勵。』

四年閏五月，賜諸路轉運使、副詔曰：『朝廷設漕運之司，兼澄清之寄，其間採訪封部，延薦群臣，多乞朝命升擢，仍就本路差遣。如聞稱舉，未副簡求，頗効依違，因成朋比，宜從釐革，戒誡因循。宜令諸路轉運使、副，自今體量察訪到京朝官、使臣、幕職、州縣官等廉勤幹事，只仰連坐保舉堪充何官，或乞遷陟，當下逐處，候得替，磨勘引見，不得乞超轉官資，指定差遣去處，及於轄下勾當。』

[一] 臨　原作『令』，據《宋大詔令集》卷二〇三改。
[二] 亦　原作『及』，據《宋大詔令集》卷二〇三改。

大中祥符五年七月，上封者言，京東轉運使副高軆、李湘皆登萊人。真宗謂宰臣王旦等曰：『李湘乃三司所舉，令掌漕京東。』旦曰：『當檢勘別路對移。』從之。

明道二年十二月四日，中書門下言：『訪聞諸路轉運使、副多不遍於轄下州軍巡歷。』詔令逐路轉運使、副，今後並一年之內遍巡轄下州軍，將帶本司公人、兵士不得過二十人，司屬不得過兩人。如闕人，於所到州軍差撥。諸州軍每至年終，具轉運使、副曾到與不到聞奏。其廣南兩路依舊施行。

康定元年五月九日，權三司使公事鄭戩言：『國家所置諸路轉運使、副，即漢刺史、唐觀察使之職，其權甚重。漢法：刺史許六條問事；唐校內外官，考定二十七最，觀察使在焉。是必責功過，明黜陟，使吏勸其官，朝乃稱治。國家承平十八載，不用兵四十年，生齒之衆，山澤之利，當（時）〔十〕倍其初。而近歲以來，天下貨泉之數，公上輸入之目，返益減耗，支調微屈，其故何哉？由法不舉、吏不職，沮賞之格未立也。臣近取前一歲所謂銅、鹽、茶、酒之課以爲比，凡虧租額實錢數百萬貫，且前之失既以數十百萬，若今又恬然不較，則軍國常需，將何以取辦？臣故曰宜循漢唐故事，行考課法。欲乞應諸道轉運使、副，今後得替到京，別差近上臣僚與審官院同共磨勘，將一任內本道諸處場務所收課利與租額，遞年都大比較：除歲有凶荒，別勑權閣不比外，其餘悉取大數爲十分，每虧五釐以下，罰兩（個）〔月〕俸；一分已下，罷三月俸；一分以上，降差遣。若增及一分以上，亦別與升陟。』從之。

慶曆五年閏五月，河北都轉運按察使歐陽修言：『轉運使雖合專掌金穀，不與兵戎之事，然向被朝廷密旨，令熟圖本道利害，陰爲邊備。今緣邊知州、武臣不過諸司使、副，通判即是常參初入京朝官，並得盡聞機事，而臣之本司獨不得與。非欲侵撓邊臣之權，蓋調用軍儲，須量邊事之舒急，以至按察將吏，亦當知處事之當否。請自今許令本司與聞邊事。』從之。

八年八月二十一日，詔瀕河諸州及河北轉運使，自今及三年，無得對移。

皇祐五年八月八日，詔：『新置轉運判官四員。蓋儂賊作過，嶺表用兵，均漕運之勞，非經久之便。候在任滿三年，具逐人勞績取旨，罷而不直。』

十二月二十三日，詔：『轉漕之司，均輸是寄，澄清官吏，綏撫人民。苟專事於誅求，實有乖於選任。若能經畫財利，致有增盈，不必更進羨餘，留充本路支費，務寬民力，以稱朕懷。』

二十五日，詔曰：『朕惟有周成憲，二漢故事，分置三輔，以衛中都。內史主風化，司隸察淑慝，皆規畫於千里，以表則於四方。不恢藩翰之嚴，曷大京師之制？宜以京東曹州、京西陳、許、鄭、滑州爲輔郡，並屬畿內。曹、滑仍差近侍爲知州，置京畿轉運使，以按察畿輔。逐州增鈐轄一員，曹州更增都監一員，留屯兵三千人，以時教閱。若出屯，即開封府近縣或鄭州徙兵足之。』以天章閣直學士王贄爲樞密直學士、京畿水陸計度轉運使。

嘉祐五年八月，詔：『轉運使之任，所以寄耳目、治財賦也。江南東西、荆湖南北、廣南東西、福建、益、梓、利、夔凡十一路，去京師遠者萬里，近者數千里，或轉帶山海，崎嶇蠻夷，而皆一轉運使領之。處則無與同力，設有緩急之警，調輸之煩，機會一失，民受其弊，甚非豫慮先具之策也。其各選置轉運判官一員，以三年爲一任，第二任知州人入者滿一任，與除提點刑獄，初任知州若第二任通判入者滿兩任，亦如之。』

哲宗元祐元年閏二月八(十)〔日〕，司馬光言：『諸路轉運使除河北、陝西、河東外，餘路乞置使一員，副使或判官一員。』從之。

八月二十二日，詔：『應諸路轉運使、副，除河北、河東、陝西、京東、京西、淮南、兩浙、成都府路外，其餘路分許差判官兩員。』十二月二十二日，詔轉運判官就除使、副，令通理爲任。

五年九月十二日，詔除三路外，諸路轉運各權添差大使臣兩員，充準備差遣。

七年三月四日，詔：『轉運司管勾文字官，除三路外，餘路並行減罷，其職事令帳司官兼。』

政和二年二月十九日，詔：『湖南運副張徽言、通判毛衍、湖北運判王濤、運副孫漸、江西運副侯臨、張根、兩浙運副莊徽、江西運判賈偉節、運勾葉正國，各轉一官。』以經畫斛斗，河水未凍已前轉般上京，頗見用心舉職，故有是命。

三年正月五日，陝西府路轉運使陳亨伯奏：『契勘陝西路州軍四十四縣，鎮、城、堡、寨六百有(崎)〔奇〕，所部廣遠。舊曾分擘，別爲熙河路，今來每年支降額鈔三百萬貫，及茶事常平司認定錢物、岷鞏錢監鼓鑄平貨務息錢、川路物帛茶貨之類，與秦鳳路漕臣一員通管那移。欲望聖慈，依舊分熙秦路別爲轉運司，所有永興軍路自來分定應副熙河錢物依數管認。』詔依其財用，據逐年所撥盡行應副，如違，並以違制論。若熙河因致不足失事者，官吏任責，加一等科罪。

二月十七日，淮南轉運司奏：『近來本路米斛價高，糯米尤甚，全少利息。竊見提舉學事司於酒價上增添錢收充學費，乞比附於見今酒價上每升更添二文，候至連年豐稔，糯米價低日，別行減罷。又買撲坊場、河渡課利入轉運(伺)〔司〕，淨利入提舉常平司，遇酷賣不行，即依條均減。如坊場興盛，則買撲人惟添淨利，更不增添課利。欲乞應人户買撲坊場、河渡，第三界滿無拖欠、願增錢二分再賣者，紐添課利錢二分；其合別召人買者，亦據所添淨利錢數紐添課利錢。其錢並別樁管，專充移用。』

從之。

六月十四日，詔：『六路額斛舊行轉般淮南，依條歲認水脚工錢四十二萬貫，可並支賜六路轉運司，充直達使用。』從之。

七月十二日，尚書省言：『淮南路轉運司提轄、催提直達綱運宋子雍狀：近點檢得本路州軍裝發地頭，妄破諸般緣故，至有住滯等。欲（妄）〔望〕特賜重行立法。今修下條：諸綱運裝卸，無故違限過五日者，附載官物裝卸違限同。一日，笞三十；二日，加一等，過杖一百；三日，加一等，罪至徒二年。事由裝卸官司，本綱不坐；事由本綱，裝卸官司准此。仍各以所由爲首。和雇私船運官物，而裝卸違限，並准此。內事由本船者，止坐船主。違限請過口食，干係人均備。』從之。

九月十三日，兩浙轉運司奏：『本路歲發上供額斛萬數浩瀚，奉旨直達都城，唯藉綱運趁限裝發，了辦歲計。緣本路所管綱船並是三百料，與他路大料綱船不同，除許二分附載私物。今乞依《政和令》許二分附載私物，情願附載私物外，裝發米數不多。近朝旨許加一分力外，通舊將逐船所剩力外，如無私物攬載，即加裝斛斗，每二十石添破一夫，所得雇夫米錢，不惟（憂）〔優〕恤兵梢，實於官物不致侵盜，兼亦使愛惜舟船，委得利便。今來所乞二分附（私載）〔載私〕物，每船一隻裝米二百四十石外，有六十石力外，若願加裝米斛，每二十石添破一夫，每舡增三夫，以酌中平江府至都城地理，約度共添得雇夫錢七貫伍佰文、米二石二斗，即與附搭客人行貨所得錢數不致相遠，所貴綱（稍）〔梢〕愛惜官物、舟船。』從之。

五年二月六日，淮南路轉運司狀：『本路政和四年水脚工錢四十二萬貫，節次承朝旨，將一半分賜六路應副，直達支使外，撥九萬一千五百餘貫充每歲淮南打造綱船物料錢，六千貫充六路合出備博易賞錢，自餘一十一萬二千餘貫，作朝廷封樁了當。所有政和五年分錢，乞賜指揮。』奉詔：今後准此。

六年正月二十七日，詔：『漕司管勾文字官點檢一路財賦；自熙豐立法，不許差出及隨本司官巡按，遇有要切，雖許暫差勾當，歲終，亦具事因聞奏。今後除依舊法外，如別官司陳請差委，雖奉特旨，亦不許差出。』五月十七日，兩浙轉運司奏：『檢會已得朝旨，委知州、通判或職官一員，專一管勾裝發上供額斛，候任滿日，從本司保明，減二年磨勘；及三十萬石以上，更減一年；及五十萬石以上，轉一官。所有在任未滿三年替罷之人，任內所發斛斗能無違限，所發米數已及原立萬數，乞許依已得朝旨等第推賞。』詔依《任滿法》。

宣和元年八月十六日，詔：『江南東路起發上供最少，其漕臣特降兩官，人吏令提刑司勾追，決杖一百。』以户部尚書唐恪稽考到諸路已發、未發上供錢物數目，故有是命。九月二十四日，詔陝西漕司以都轉運一員，於永興軍置司，總治六路，轉運使三員分治，每兩路一員主之。

七年十一月一日，詔：『諸路漕臣錢物不以多寡，並經官司勘實，各相關會檢察，不得隱藏寄收。如違，以違制論。』

十七日，兩浙轉運副使程昌㝢奏：『竊見漕臣以調度經費爲職，自來並不曾會計一路財用出入之數，但止取過目前，並無載籍檢察鉤考，故官吏得以公肆詆欺。臣職司外計，輒欲以本路歲收歲支(隋)〔隨〕事分別科目，著之編册，使多寡出入、盈虛登耗之數可指諸掌。然慮州縣報應不能盡實，雖及成書，又恐不免異時隱匿之患。欲望斷自淵衷，詔臣編纂，號《宣和兩浙會計總録》，候成進呈訖，頒之郡縣，垂示無窮。』從之。

欽宗靖康元年十一月三日，詔：『麟、府、豐、嵐、憲州，保德、火山、寧化、晋寧軍並隸陝西鄜延路帥府，仍令陝西漕臣桑景詢同河東路漕臣葛兢專一應副，增陝西轉運使一員，起復王庶直徽猷閣爲之。』

高宗建炎二年六月十六日，司農少卿史徽言：『諸路轉運司歲起上供糧斛合用舟船，逐路各有船場認打額舡。乞取會建炎元年拖欠並今未打船數，(令)〔令〕漕司打造，添補行運。仍許依近降指揮收買舟船，總計所載料例，各許理爲年額。至歲終，令發運司具虧欠多處漕司官並打船合於官例職位、姓名，申取朝廷指揮。』從之。

紹興元年正月十日，詔：『江南路依舊分東、西路，各置轉運司，見任漕臣依舊分路管幹職事。』十一月十五日，户部侍郎孟庾言：『行在用度錢糧，指擬兩浙轉運司認定應辦，除曾紆、徐康國分定東、西路錢物自合遍詣督責拘催外，緣行在別未有漕司官應副，乞添差漕臣一員，專一隨行在應辦錢糧，其給人吏等，並與隨所至路分則例差破。』詔依，方孟卿添差兩浙路轉運副使，專一應行在大軍錢糧。

八月三日，劉寧止又言：『前知臨安府徐鑄申畫指揮，將臨安府所入財計徑行拘收，自足以(州支)〔支州〕用，更不令漕司干預移撥。欲乞許從本司會計，本府寬剩錢物聽從本司移撥施行。』從之。

八月，詔：『江西轉運司依舊於洪州置司，仍每年遇防秋，自七月輪郡漕臣一員，前來江州興國軍，專一往來應辦錢糧。後至次年三月，防秋了畢，歸回本司。』以江州安撫大使朱勝非言：『前此轉運權在吉州置司，江州置帥，措置屯兵，防托江路，正要漕司就近經畫錢糧』故也。

二年二月四日，詔：『李承造充兩浙路轉運副使，專一應副劉光世軍。遇有軍馬出入，即委本官隨軍移運供餽。』從兩浙西路安撫大使劉光世之請也。

十二月十九日，(轉)臣呂頤浩言：『近遣郎中孫逸督江西上供米，比聞已起三綱，將來可准官三十萬斛。』上曰：『必待朝廷遣郎官催促，然後起發，漕臣失職可責，朕當面訓都轉運使張公濟，俾先理會常賦，若常賦不入，乃反務橫斂，非朕愛民恤下之意。』

三年二月十九日，詔：『應諸路漕司移用錢，每季具支使科名申户部，察其違法之甚者按劾以聞。其諸州、軍亦每季(聞)〔開〕具本處有無轉運司取撥移用、赴甚處支使文狀申户部，互换比照檢察。』以臣僚言：『漕司移用錢，獨無所檢覈。』故有是詔。

八月十六日，給事中黄唐傳言：『祖宗以來，置發運使，非特運江淮之粟，兼責委催發六路上供錢物，以防諸司移用。昨因言者乞罷發運使司，後來上供錢物頓失拘催。避發運使之名，改爲都轉運使司，蓋諸路轉運司各移一路，專以移用本路上供錢物爲事，都轉運司專收簇上供錢物。今内外臣僚復乞罷都轉運司，乞下吏、户部詳議利害。』有旨：令户部公共定奪可與不可存罷。户部言：『自置都轉運後來，比之未置已前月日，拘催起發過錢米、金銀、綿絹等，一歲之間計增八十三萬九千九百餘貫、石、匹、兩，並點檢根究到諸路轉運司侵損上供錢物事件不一，即難以廢罷。每歲乞將本司催發過諸路合起年額錢物斛斗，候至限畢，令户部考較所起分數多寡，申朝廷賞罰。仍於撫州置司。』從之。

二十一日，詔：『都轉運司已移司撫州，可存留屬官四員並指使一員，餘並減罷。』二十六日，詔：『都轉運使司官吏並罷，令户部將本司應干合行拘催諸路上供錢物等，限五日措置却合如何差官催發，及如何檢察漕司侵移積弊，逐一條具，申尚書省。』

四年四月十二日，江南西路轉運司言：『漕計百色之費，惟仰酒税課利，比年以來，州軍多以應副軍期爲名，一面擅置比較酒務、回易庫，將漕計錢物取撥充本，又於諸城門增置税務，所收課息，並不分隸諸司。乞下諸路除帥司措置贍軍外，其餘州郡自行創置比較酒務並回易庫及添置逐門收税去處，合趁額課，並入漕計。』從之。

十二月二十八日，中書門下省言：『淮南轉運司今來別無漕計，難以獨置一司。』詔令本路提舉茶鹽司兼領，本司人吏減三分之一。

五年正月二十二日，詔：『淮南轉運司已省併外，茶鹽提刑司並罷，置提點淮南兩路公事一員，兼領刑獄、茶鹽、(運漕)〔漕運〕、司市易等事，應干合行事件，並依發運使例[一]。』

十年閏六月二十二日，詔京西路復置漕臣一員，兼提舉茶鹽常平等公事，襄陽府置司。七月十四日，中書門下省言：『淮西漕臣見係兩員，其東路亦合一體。』詔淮東路更除漕臣一員。

十三年閏四月十日，總領湖北京西軍馬錢糧張匯言：『邊事既寧，其隨軍轉運一司理合省罷，緣自(求)

[一] 例　原脱，據《建炎以來繫年要録》卷八四補。

〔來〕京西諸州更戍軍馬合用錢糧，並係湖北漕司兼管，今來湖北、京西御前軍馬合移運錢糧，欲乞專委湖北漕臣一員主管。』從之。

十四年十月二十二日，詔：『淮東西轉運司併爲一路，仍以淮南轉運司爲名，依舊置轉運判官二員。所有提刑司職事，亦兩路通管。』以臣僚言：『淮西寬免賦税，與淮東事一體同，而無南北使命往來應副之費，乞依舊併漕司爲一路，事力相濟。』故有是詔。

十五年四月二十五日，詔四川都轉運司罷，其官吏依省罷法，見管職事，並委宣撫司。以尚書省言：『四川駐劄軍馬已移屯近里州軍，錢糧自有逐路漕臣應副，都轉運司虚有冗費。』故有是詔。九月六日，詔：『淮南路轉運司歲舉選人改官，可依舊法。』先是紹興七年，權作東、西兩路分舉，至是復併爲一，故有是詔。

二十六年八月十二日，上宣諭宰執曰：『新除兩浙二漕臣，可召至堂中面諭與近屢降寬恤事件，到任後，令遍詣所部，税賦之足否，財用之多寡，民情之休戚，官吏之勤惰，悉加訪聞。如有奉行不虔、職事不舉者，並按劾以聞，庶幾可以警動諸路，使皆知所視傚〔一〕。』十二月十八日，詔省兩浙轉運司守次押綱官一千員，從本路漕臣趙子潚請也。

孝宗隆興元年四月二十二日，都督江淮軍馬張浚言：『差江東漕臣向子忞兼都督府隨軍運副。』從之。

食貨五〇　船〔二〕

太宗乾德四年四月，淮南轉運使蘇曉言：『緣江州府商人以江心爲界，各許兩岸通行。其北岸有溝河港汊，悉通大江，或穿州縣，從來客旅舟船往來經販。自禁閉口岸已來，江北商人欲入港汊興販者，巡檢使臣禁止不許。望明賜條約。』詔：『自今江北通連州縣溝河港汊，許商旅往來通行，即不得直入大江，有司謹察之。其捕漁人户，依近敕指揮。』

真宗景德二年六月，永壽縣主言：『私家有船在汴河，值官私雇船運修河物料，望放免，及蠲經由税筭。』詔聽免雇般。

大中祥符三年十月，詔：『自今勾當事使臣，如在京指射舟船往向南州軍逐處，不得更添；若是替換，亦不得過元載力勝。所有添差乘駕兵士，及抽那堰上車軍，亦不得擅差。』

五年二月，衛國長公（言）〔主〕言於汴河内置到船二隻，收載供宅物，乞免頭子力勝錢。詔免諸雜差使。

〔一〕傚　原作『効』，據《建炎以來繫年要録》卷一七四改。
〔二〕原『船』後有『戰船附』三字，今删。本部分摘録自《食貨》五〇之一至之三五』中的水利、漕運等方面内容。原《宋會要稿》一四五册。

六年十一月，令長公主宅於諸州河置船者，止免諸雜差遣，其路税如式。先是，宿國長公主乞免税，真宗慮其有違條制，故申明之。

八年閏六月，詔：『皇族及文武臣僚、僧道諸河般載薪炭芻粟（州）〔舟〕船，止准宣敕及中書、樞密院所降聖旨劄子內隻數與免差遣。如許令將錢出京城門，即置簿拘管。其見今行運有河分交互者，取索元降文字，令行納換。』先是，黄、汴河催綱王黄裳言：『以和雇民船載薪芻供應滑州修河，有諸宅及寺觀舟船皆執官給文字免放差遣，然其間有河分差互者，乞條約之。』故有是命。

天禧二年四月，詔：『自今赴任向南官員，如到真、楚、泗州，納下從京乘載舟船，即與勘會逐處岸下係官空閑雜般船，許差借乘載赴任。』

八月，樞密院定皇親宅置船，長公主、二郡縣主一聽於諸河市物，免其差撥，自餘不得爲例。

仁宗天聖元年十二月，詔：『自今有落水舟船，須畫時出取相驗修補，如必然不堪裝載鹽糧，亦便駕送合屬去處修充雜般。委實不任修補，即差官監折，板木量定長闊，釘鋦秤計斤重，因便綱船附帶赴船場交納修打。鹽糧舟船，不得擅將支使。如敢擅將官中堪好舟船妄有毁拆，及將板木釘線打造家事並諸般使用，並委發運司檢舉申奏，其典守等勘罪斷遣，後據占使却釘板，勒令均陪價錢，當職官員、使臣勘罪申奏。』

三年七月，詔：『在京諸禪院各有舟船在河般買供用物，自今不得於船頭排牌，不依次駕放，並妄外欺壓百姓舟船，並仰開封府收捉在船僧人、道士並行者及主捉舟船人等勘逐區分，如顯有兇豪，及不伏止約，依法斷訖，收禁奏裁。緣河州府縣鎮及撥發巡檢催綱排岸斗門使臣覺察，三司每季舉行宣命，無令違犯。』

四年七月，江南西路轉運司言：『吉州永新、龍泉兩縣所買造船枋木，每貫（五）剋下陌子錢六十五文，更依〔例〕剋下頭底錢四文，共除六十九文，是致商客虧本，少人興販。（令）〔今〕勘會南安軍所買枋木，每貫止依例剋下頭底錢四文外，更不剋陌子錢六十五文，令吉州所剋枋木陌子錢乞行除放。』事下三司相度。省司勘會：『逐年般運斛斗錢帛雜物，全籍虔、洪州打造舟船應副。今來吉州永新、龍泉兩縣買枋木，請依轉運司所奏，依南安軍例，每貫收頭子錢四文外，更不減剋陌子錢六十五文。』從之。先是，吉州判官徐仲儒言：『永新、龍泉兩縣所買船場枋木，每貫於常例除剋錢四文，更剋陌子錢六十五文，致有衡州茶陵縣商人尹海經轉運司狀訴，乞給還所剋每貫六十五文陌錢。轉運司移牒吉州會問，州稱止（稱）〔依〕近例定奪，初無朝省指揮。』運司同奏，請除放。

慶曆二年二月，詔京東、西瀕河諸州，造戰船五百隻赴河北。

皇祐三年九月，詔緣汴河商税務，毋得苛留公私舟船。

四年十一月，詔：『如聞江淮、兩浙、荆湖南、北等路守官者多求不急差遣，乘官船往來商販私物。宜令發運、轉運司，自今非急務，毋得輒差官； 若當差者，即不得以官舟假之。違者，本司及被差人並以違制論。』

神宗熙寧元年正月四日，句當京東排岸司盧盛等言：『發運使每是受命，即移文報岸，差船十五隻，復自拘收江淮船，稱是本司船，多是應副人情。乞今後只與依兩制條例差撥，即不得一面拘收。理職司資序知州並提點銀銅運鹽轉運判官，並依職身條例差撥四隻，除轉運使、提點刑獄外，其餘差遣，自合降敕。所有理職司資序知州、提點銀銅運鹽轉運判官，並乞只差三隻，每歲至閉汴口日，並須預催諸般空船回歸，內運糧雖般官物，並各遣回。內有量般官物爲名，乘載官員迫閉汴口，方始到岸，只就居止，避見僦屋，遂使人船於乾汴內負重，致船縫開綻，多有損壞。乞今後應乘載官員到岸，限五日內般下，及不許將守凍舟船經冬般家居止。』並從之。

元豐元年正月十五日，詔：『川、廣、福建路官在任或替移，未出本路身亡，雖已請接送雇夫錢，許差座船一隻。』

三〔一〕〔月〕十二日，詔使高麗涉海新舟，並賜號，其一曰淩虛致遠安濟神舟，其次靈飛順濟神舟。

三年四月二十一日，詔：『衡州茶陵縣以税米折納船材，運至潭州造船，公私糜費。自今以所輸船材即本縣造船二百艘，轉運司出錢佐出費。』六月二十七日，詔真、楚、泗州各造淺底船百艘，團爲十綱，入汴行運。

五年二月二日，詔：『熙河路洮河與黄河通接，如可作蒙衝戰艦運糧濟兵，令李憲計度。』

哲宗元祐五年正月四日，詔温州、明州歲造船以六百隻爲額，淮南、兩浙各三百隻。從户部『裁省浮費』之請也。

六年七月十一日，詔：『廣、惠、南、恩、端、潮等州縣瀕海船户，每二十户爲甲，選有家業〔一〕行止衆所推服者二人充大、小甲頭，縣置籍，録姓〔二〕名年甲並船櫓棹數，其不入籍並櫓棹過數，及將堪以害人之物並載外人在船，同甲人及〔三〕甲頭知而不糾，與同罪； 如犯強盜，視犯人所坐輕重斷罪有差。及立告賞没官法。』從刑部請也。

八年六月二十二日，詔：『虔州應副罷任丁憂官並孤遺骨船隻，許將五百料與四百料船均與，每歲各不得過十五隻。』

徽宗政和元年正月二十四日，中書省言：『勘會前宰相執政差船不限隻數。』詔見今宰執差船，宰相歲不過

〔一〕業　原作『蒙』，據《長編》卷四六一改。
〔二〕姓　原作『生』，據《長編》卷四六一改。
〔三〕及　原作『即』，據《長編》卷四六一改。

八隻，執政官六隻，前宰執減半。差人準乘船兵卒之數，令工部立法，申尚書省。

三年三月二十五日，詔：『應今來補造到汴綱舟船及招到人兵，並仰所屬交割付賈偉節專一管幹，仍逐路雕鑿字號，打造州軍、年月記驗，常切椿管，聽候朝廷指揮支使。其人兵即仰分劈著船，仍並不得別有差占，雖直奉指揮及一切特旨，仰並具狀申尚書省奏稟。候得旨，即依所得指揮施行。違者，徒二年。』

四年正月二十一日，尚書省言：『奉詔，錢塘江陽村去年十月二十一日，海客舟船靠閣，爲江潮傾覆，沉溺物貨，損失人命，濱江居民漁户乘急盜取財物，梢徒互相計會，坐視不救，利於取財。可令杭州研窮根究，不得滅裂。未獲人名，立賞三百貫告捉，不原赦降。仍令尚書省立法以聞。今擬修下條：　諸州船因風水損失，或靠閣收救未畢，而乘急盜取財物者，並依水火驚擾之際公取法，即本船梢徒互相計會，利於私取財，坐視不救，海內不可收救處非。若縱人盜者，徒二年；　故縱而盜罪重者，與同罪；　取財贓重者，加公取罪一等。』從之。

八月十九日，兩浙路轉運司奏：『明州合打額船，並就溫州每年合打六百隻，所用木植，盡被造作局下公吏等託以取買諸局造作御前生活木植爲名，有失溫、處等州抽解收買。除已牒杭州、平江府合用木植請徑行給據爲照，溫州今後非承杭州、平江府公據，並抽解和買應副造船，乞指揮施行。』詔杭州、平江府非應奉御前而公給公據者，徒二年。

九月十四日，尚書省言：『勘會都下見闕平底船支使。』詔令兩浙路轉運司各打造三百料三百隻，江南東、西，荆湖南、北路轉運司各打造五百料三百隻，合用人兵、家事等，亦仰計置應副數足，隨船限至來年三月須管了畢，駕放到闕。所有逐船人兵，各於逐路廂軍內劄刷前來，所用錢數，亦仰於逐路應副見在封樁並常平錢內支撥，仍免執占。應合行事件，並仰比附。昨賈偉節打造舟船已得指揮，具狀申尚書省。

十二月十二日，發運副使李偃言：『近承尚書省劄子節文：　開修〔廣〕濟河(一)畢工，下發運司打造舟船。勘會所打舟船一千三百隻，座船一百（支）〔隻〕，淺底屋子船二百隻，雜般座船一千隻，並三百料，緣真、楚、泗州先打廣濟河船，除座船打造其百料外，其屋子並雜般船，相度並只乞打二百五十料，所貴於〔廣〕濟河、五丈河通快行運，亦減省得材（村）〔料〕。』從之。

五年十二月十九日，權發遣無爲軍田望言：『竊以本軍額管坐船不多，自來每爲形勢官占留，動經（二）〔一〕二年不回，至有本軍得替官於舊任伺候歲月，狼狽不能歸

(一) 濟河　前脱『廣』字。下文『濟河』亦同。

者。竊見淮東路提舉學(士)〔事〕司作申請，以官司截留額管座船經隔歲月，未有遺還。今後雖有晝到一例差撥指揮，亦乞特免應副。奉聖旨依，緣即目本軍官接送乘坐額船，委有防闕，欲乞依上件體例，免其他官司截占。』從之，應諸路舟軍並依此。

宣和元年五月二十一日，詔：『訪聞諸路造船州軍未造數目至多，兼近來打造多不如法，易損壞。仰拖下數目，用堪好著色材木如法打造，不及百隻限半年，百隻以上限一年，須管了足，並委憲臣點檢催促。如違限拖欠，具官吏姓名申尚書省，將上取旨。今後應綱運舟船如敢截留借撥船般載佗物者，以違御筆論。』

七年五月十七日，户部言：『神宵宮瓊華館元降指揮，係於東、西河各置船一隻，津般道業米麴之類，並免抽税。昨依龍德太一宮置船例，即未有許依本官[一]例，於通流處往來免税。』明年詔依龍德太一宮例。

七月九日，詔：『聞明州造船場及作院所用木、竹、鐵、炭應幹物料等，近來官吏爲姦，更不和價，並係敷配於六縣人户逐等第彊取於民。監司守令縱使掊尅，廉察使者坐視，並不按(刻)〔劾〕，未欲重作行遣。可下本路，如尚敢依前抑配取於民户，不還價錢，官並當遠竄嶺外，人吏配海島，廉訪使者常加覺察以聞。』二十五日，詔：『應宮觀寺並臣僚之家舟船收税，並依舊法。其專降免税指揮，更不施行。』

高宗皇帝建炎元年七月十一日，尚書省言：『瀕海沿江巡檢下魛魚船，可堪出戰，式樣與錢塘、楊子江魛魚船不同，俗又謂之釣槽船，頭方小，俗謂盪浪鬥。尾闊可分水，面(敝)〔敞〕可容人兵，底狹尖如刀刃狀，可破浪。糧儲、器仗置黄版下，標牌矢石分兩掖，可容五十人者，面闊一丈二尺，身長五丈，依民間工料造打，每支約四百餘貫。今來召募諸路水戰人，且以三萬人爲率，每船可容五十人，合用魛魚船六百隻，計用錢二十四萬餘貫。江淛州縣慮財賦窘迫，欲許人户入中，每十五隻，進士補迪功郎；十八隻，補承節郎；十四隻，補承信郎。不以進納出身爲官户。有官人願入中，四隻，許占射(便鄉)〔鄉便〕合入差遣一次；非流外出身人減半。道尼女冠願入中，二隻，與四字師號，仍先降空名告敕下官司收管，候有人入中，先次書填。仍止許本州知州措置勸誘第一等以上人户入中，餘户不得預造船之役。有情願出財者，申措置官相度，非州縣抑勒，聽依例入中。』詔付楊觀復施行，其合用占射差遣公據並四字師號敕牒，候有入中人，其姓名申尚書省。

九月十六日，知(楊)〔揚〕州吕頤浩言：『滄州並濱州一帶與北界地形鄰接，最係要害去處，理宜措置。合用

[一] 官 疑當作『宮』。

鮰魚戰船，已行畫樣頒下州縣，欲令先次根刷應係官輕捷舟船隨宜改造，如闕，即於民間踏逐增價收買，改爲戰船，立限修整牢壯，每州三十隻，仍許備穴舟利器之屬。』詔：『逐州召募能没水經時伏藏之人，以五十爲額，每月請給外，更支食錢三百文，百姓支食錢二百文，月給米一石。當職官能於限內計備堪委戰舟船，召募水手足備，並轉一官，知州、通判減三年磨勘。限滿不足，當職官展二年磨勘，知州、通判展一年；不及八分，展三年磨勘，知州、通判展二年；不及七分，降一官，知州、通判展三年磨勘。內當職官計備舟船與招募水手事不相須應賞罰者，遞降一等；其公共辦[一]力幹辦、招置數目不等者，並比類分受賞罰。仍仰逐路提刑司各具應該賞罰官職位、姓名，及別其優劣一兩處，申尚書省取旨，重行陞黜。』

二年六月五日，發運副使吕源言：『近於江湖四路沿流州縣打造糧船一千隻，並潭、衡、虔、吉四州兩年拖欠舟船八百三十九隻，江東路打造未到船二百五隻，乞限至年終一切了畢。緣潭、衡、虔、吉四州今年年額又合打造船七(佰)〔百〕二十三隻，共二千七(佰)〔百〕六十七隻，散在江湖四路沿流二十餘州軍，若不選差彊幹官催督點勘，必致違悞。欲依大觀四年發運判官王璹打造荆湖南、北、江南四路未足額船一千隻，辟差幹辦公事四員，依本司幹辦公事例，乞差朝請郎杜師恕、奉議郎林彭年二員，分路監轄催督，及差承節郎魏端臣充隨行點勘工料。』從之。

十二日，發遣副使吕源言：『近乞責限江湖打造糧船二千七百餘隻，每船隻用棹梢三人，合與八千餘人。若從州軍差撥，往往只稱闕人。今欲從發運司委官，於轄下州軍取索廂軍開收曆並糧帳勒合(千)〔幹〕人根刷，將空閑及違法差借影占，並閑慢窠坐摘那抽差赴本司充糧船棹梢，其所差人兵遠離鄉土。每名欲量與起發錢一貫文，每日量添食錢二千文省。』詔依，遇打造到船，逐施差撥，即不得預先差占。

十六日，司農少卿史徽言：『諸路轉運司歲起上供糧斛合用舟船，逐路各有船場認打船額，比來漕司失於督責，遇朝廷催促斛斗，往往以闕船爲辭。乞取會(炎)〔建〕炎元年拖欠並今未打船數，移文漕司督責，仍許依近降指揮，收買舟船，總計料例理爲半額，歲終，令發運司具虧欠最多去處漕司官並打船合幹官吏職位、姓名，申朝廷(取聽)〔聽取〕指揮。』從之。

八月九日，發運副使吕源言：『措置江湖四路打造糧船二千七百餘隻，責限來年六月了畢。乞將本司所轄六路昨來添酒錢，並令依舊拘收使用。』詔上色酒每升許添三錢，次色酒添二文，令轉運司置曆拘收，逐旋與發運司打船使用。候支撥數足日，令轉運司具數取旨，撥歸轉

[一]『辦』字疑誤。

運司。

十二月十三日，發運副使呂源言：『乞嚴降指揮：應諸路運司七百料暖船，並發赴行在，非舊有場處，不許製造。暖船止許造五百料以下，不得過爲添飾。其長不過十丈，及依做〔一〕舊制立定年額。』從之。

三年三月四日，臣僚言：『自來閩、廣客船並海南蕃船，轉海至鎮江府買賣至多，昨緣西兵作過，並張遇徒黨劫掠，商賈畏懼不來。今沿江防拓嚴謹，別無他虞，遠方不知。欲下兩浙、福建、廣南提舉市船司，招誘興販至江寧府岸下者，抽解收稅量減分數，非惟商賈盛集，百貨阜通，而巨艦銜尾，亦足爲防守之勢。』從之。

四月十二日，尚書省言：『平江府造船場計料四百料八櫓戰船，每隻通長八丈，用錢一千一百五十九貫；四櫓海鶻船，每隻長丈五尺，用錢三百二十九貫。』（照）〔詔〕依擬定速行打造，差官管押，赴江寧交割。

八月四日，工部言：『勘會發運副使葉煥劄子：欲將兩浙路州軍抽稅竹木依《嘉祐敕》，以十分爲率，三分應副發運司修整綱船。』從之。

紹興元年正月十八日，權發遣兩浙轉運副使公事徐康國言：『溫州造船場年額打造本路直達綱船三百四十隻，近年財賦窘乏，打造不（魯）〔曾〕及額，官吏五人、兵級二百四十七人枉費請給。今欲除選留監官一員並兵級一百人在場應副打造外，其餘官兵並行裁減，內官員依省罷法，兵級撥歸本州，充廂軍役使。』詔令康國選留監官一員兼監買船場，餘從之。

六月二十六日，發運副使宋煇言：『闕少綱船漕運，乞將兩浙州府抽稅竹木通撥五分付本司，打造鐵頭船，般運行在軍儲。』詔依，內臨安府抽稅竹木以十分爲率，轉運司並本司各四分，將二分應副發運司。

十月一日，詔令：『兩浙轉運司，將本司已分下州縣打造座船，改造浙東行運舫子一十七隻，所有綱船，仍打造二百五十料船三十五隻，仰別開具的實用物料錢數，申尚書省。』

二年二月一日，詔：『官司舟船須管支給雇錢，不得以和雇爲名，擅行奪占。如違，許船户越訴。』以臣僚言：『軍興以來，所在官司往往以和雇爲名，直虜百姓船隻，以便一時急用。行〔二〕通行者，惟官員與茶鹽客而已，不特失國家阜民通貨之大體，而暗損稅額，所害不輕。緣此民間更不敢造船，既壞者不肯補修，船數日少，弊端日生。乞立法行下州縣，嚴行止絕。』故有是命。

三月二十二日，詔：『應官吏、軍下使臣等輒干州縣亂作名色指占舟船，及州縣因作非泛使名經過差人捉船，

〔一〕做　疑誤，或爲『作』。
〔二〕行　疑當作『其』。

並從徒一年科罪。許船户越訴，仰州縣常切遵守，散出榜曉諭。如奉行不虔，許監司覺察聞奏，重行黜責。仍令工部遍牒行下。』以殿中侍御(使)〔史〕江躋奏謹〔一〕，故有是詔。

四月十八日，詔：『淛西起發上供糴買錢米及起發安撫大使司贍軍錢糧船户，令轉運司依實值和雇，即不得輒便差科。如違，許人户徑赴尚書省越訴。』六月二十八日，福建兩淛淮東沿海制置使仇壘〔二〕言：『乞立募船推恩體例。』詔沿海制置司在募到海船，每一隻及一丈八尺以上，白身人與進義副尉；有名目人與轉一官資，仍減三年磨勘。

八月七日，尚省言：『訪聞提點坑冶鑄錢。饒州司舊管小料七綱，共計船二百八十隻，往來般運嶺南銅鉛等物料，應辦江東錢監趁鑄額錢，並係應副上供綱運。依紹聖四年二月十一日敕旨：應係本司大小料綱經過州縣，更不得截留附搭，亦不許借撥，別裝官物。累年以來，多是過軍虜奪綱船前去，今止有一十七隻，致綱運敗闕。雖已措置應副般運，竊恐今後軍馬過往或其他官司，依前承例虜奪拘占。』詔虔、饒州提點鑄錢司官船，其過往軍馬及他司州縣輒拘占截撥，依紹興二年三月二十二日指揮科罪，仍許梢工越訴。

八月十一日，侍御史江躋言：『福建路海船，頻年召募把隘，多有損壞，又拘靡歲月，不得商販，緣此民家以有船爲累，或低價出賣與官户，或往海外不還，甚者至自沉毁，急可憫念。乞令本路沿海州縣籍定海船自面闊一丈二尺以上，不拘隻數，每縣各分三番應募把隘，分管三年，周而復始。過當把隘年分，不得出他路商販，使有船人户三年之間，得二年逐便經紀，不失本業，公私俱濟。其當番年分輒出他路，及往海外不肯歸回之人，重坐其罪，仍没船入官。如本州縣綱運，即輪差不及一丈二尺海船，其係籍把隘船户，本州縣綱並不得差使。』詔權令官户並同編民，仍委帥臣、監司，自紹興三年，將本路海船輪定番次，其當番年分輒出他路，並從杖一百科罪，其船仍没官。所有今年募到人，與理充一次。

十二月十日，臣僚言：『伏見淛東、西各置使提領海船，淛西仇壘，於平江府許浦鎮駐劄，然控扼山東海道，尚爲不可廢者。淛東差吕源，於明州提領，則非仇壘比。近見指揮，令吕源於已到岸海船内擇近下料例船一百隻，先以發回朝廷，已灼見其利害。望罷吕源一司官屬，見在舟船，只令明州守臣兼領。』詔來年正月，令吕源先次結罷。

三年七月一日，江淮東路宣撫使劉光世言：『奉御筆處分：「已降指揮，遣王瓊蕩滅楊么賊衆，全賴舟楫以

〔一〕謹　疑當作『請』。
〔二〕壘　原作『悆』，據改。下文亦同。

濟。卿可疾速揀選堪接戰船五百隻，權暫應副，事畢，便復截留。』臣契勘本軍止蒙撥到李進彥船，日近雖蒙撥到邵清船十餘隻，往往壞爛，不免修補，應副運糧。況臣自來謹守法令，不敢縱令軍中強取官私舟船，委是別無得處。竊緣韓世忠近因上江捉殺，收集到舟船三四千隻，臣本州軍船十不及一。今不敢有違聖訓，除已即時行下勾集諸處載糧舟船，候到見數，遵依發遣赴王瓛使用。』詔令劉光世依已降指揮，將李進彥見管舟船並棹梢盡數應副王瓛使用，候回日，發歸本軍。

九月二十五日，岳飛奏：『本軍即日並無舟船，若遇緩急，乞於本路州縣沿江不以官私舟船，和雇權借使用，事畢給還。』詔令岳飛常切明遠斥堠，如探報外敵侵犯，委是緊急，即將本路州縣江道港汊不以官私舟船，盡行拘收，隨軍使用，事息給還。即不得無事便行拘收，却致搔擾。

十二月一日，神武前軍統制、荆南岳、鄂、潭、鼎、澧、黄州漢陽軍制置王瓛言：『鼎州畫到大軍船小樣並長闊高卑步數，望於下地江分及江西、荆湖南北兩路各造一二十隻，付沿江備禦使用。』詔令江南東、西、荆湖南、北路帥司依樣打造。二十七日，中書門下省言：『江南西路安撫制置大使趙鼎奏：『本路邊臨大江，控扼千里，打造戰船二百隻，般載錢糧船一百隻，工費不下十餘萬貫。乞就吉州榷貨務支降見錢一十萬貫。』詔令吉州榷貨務支降見錢二萬貫，依數打造般載錢糧船，仍開具料例及合用的確錢數，申尚書省。其戰船關送樞密院。

四年二月七日，知樞院事張浚言：『近過澧、鼎州，詢訪得楊么等賊衆多，係群聚土人，素熟操舟，憑恃水險，樓船高大，出入作過。臣到鼎州，親往本州城下鼎江閲視。知州程昌禹造下車船，通長三十丈或二十餘丈，每(支)〔隻〕可容戰士七八百人，駕放浮泛往來，可以禦敵。緣比之楊么賊船數少，臣據程昌禹申，欲添置二十丈車船六隻，每(支)〔隻〕所用板木材料、人工等共約二萬貫。若以係官板木，止用錢一萬貫，共約錢六萬貫。乞行支降，及下辰、沅、靖州計置板木。如係私下材植，即行支給價錢，和買使用。臣已於隨行官兵請受錢物輒那金三百兩，付程昌禹收管買木，及劄下辰、沅、靖州，多方計置應付去訖。所有少缺錢物，望賜量度應副。』『勘會程昌禹、折彥質已降指揮[一]，兩次各降過度牒五百道，依榷貨務見買價直，每道一百二十貫，紐計價錢各六萬貫，專充打造戰船使用外，詔依，其張浚已應副過金三百兩，令程昌禹亦行打造戰船，買板木使用，仍仰辰、沅、靖州依已劄下事理疾速計置，不得別致搔擾。』

四月二十八日，辛臣奏呈造船文字，朱勝非等言：

[一] 此句前疑有脱誤。

『近來諸路般發綱運，大段費力，雖州縣優給雇直，人户少應募者。蓋軍興以後，船户例遭驅虜，民間莫敢置船。欲令兩浙、江東、西後各造船二百隻，專充運糧使用。尚恐將來造到另有指占。』上曰：『須於船上分明雕刻字號，諸處不得指占，雖奉聖旨，執奏不行。』

五年閏二月五日，給事中陳與義言：『州郡之間，有一事而官民交病者，雇船以轉輸是也。州縣差雇無已，水脚之費不貲，方列戍江邊，轉輸未減於前。乞令諸郡破官買民間堪乘載船，不過一歲水脚所費，而官民兩利，可以支數年之用。』詔令江浙轉運司措置相度，申尚書省。十三日，尚書省言：『車駕駐蹕臨安，四方輻湊，錢塘水闊流湍，全藉牢固舟船往來濟渡。近日渡船(恃)〔怯〕薄，槔梢乞覓錢物，以多寡先後於令[一]上船，是致争奪壓過力勝，或遇風濤，每有覆溺。』詔令兩浙轉運司，限十日更令添置三百料船五隻，專一濟渡，不得他用。仍將見(令)〔令〕怯薄渡船別行修換，及覺察槔梢等不得乞覓。如有違戾，重作行遣。

五月十日，兩浙轉運副使吴革言：『江浙諸州軍打造九車、十三車戰船，以備控扼，緩急遇敵追襲掩擊，須用輕捷舟船相參使用。今倣湖南五車十槳小船樣制，理宜措置打造。』奉聖旨：令諸路依樣更行打造，内兩浙東、西路各一十四隻，江東一十二隻，江西一十六隻，並令逐路漕司分拋本路見造車船州軍打造。仍候指揮到，限五十日一切了畢。劄付本司疾速施行。又奉聖旨節文：浙東船隻依已降指揮，分拋製造，每支先次支錢一千貫，並於客人貼納鹽錢内取撥，疾速計置材料打造。』詔許支撥，其餘州軍依此。

十二月二十二日，詔：『昨降度牒分下州縣，付上户打買舟船。雖江海、平海樣製不同，但堪乘載，並就本縣交納。縣差人管押赴州，州團綱差人押赴轉運司，限日下交納。如有些小未備，下船場修整。敢有邀阻乞覓，依非泛科取受錢物指揮施行。』從殿中侍御史王縉之請也。

七年四月五日，中書門下省言：『諸路造船場歲額打造運糧綱船，各有立定數目，比年拖欠不敷。訪聞本路監司多是科撥打造座船，以應副朝廷爲名，侵耗工料，於打造年額綱船相妨，遂致綱運雇船般載，顯爲未便。』詔：『諸路船場不許打造座船，雖奉特旨，仰彼官司執奏不行。其年額綱船，不得依前拖欠。如有見造座船，改作糧船使用。』

十二月十七日，宰臣奏：『江東轉運司乞神主所用船，於六宫船中借至鎮江府發還。』上曰：『朕奉祖宗，要極嚴備，豈問還與不還？他日六宫乏用，别差綱船，亦可宜令擇堪好者，供神主乘載。』

[一] 於令　疑誤。

二十八年七月二日，福建路安撫轉運司言：『昨准指揮，令兩司共計置打造出戰魛魚船一十隻，付本路左翼軍統制陳敏水軍使用。契勘魛魚船乃是明州上下淺海去處，風濤低小，可以乘使。如福建、廣南海道深闊，非明海洋之比。乞依陳敏水軍見管船樣造尖底海船六隻，每面闊三丈、底闊三尺，約載二千料，比魛魚船數已增一倍，緩急足當十舟之用。』詔從之，其合用錢，令本路轉運司上供錢糧內應副，不得因緣科擾。

九月二十二日，殿前都指揮使楊存中言：『本司見打造海戰船，合用諳會船水人駕放。乞從本司水軍招收少壯諳曉船水百姓一千人，並刺充虎翼水軍，應副教習使喚，請給乞依紹興十年所招虎翼水軍已得指揮則例支破。』從之。

二十九年七月一日，詔：『州縣應沿流係籍之舟，不舟〔一〕不許官户隱占，並令輪次差撥，番休迭用，務在平均。如有違戾，委自知、通覺察，按劾以聞。』從左司諫何溥之請也。

三十一年六月二十七日，中書門下省奏：『温州進士王憲上言：　伏覩給降空名告下福建、淛東安撫司打造海船，緣兩路船樣不同，乞下福建安撫司依温州平縣莆門寨新造巡船，面闊二丈八尺，上面轉板平坦如路，堪通戰鬭，乞令人户依此打造。其温州二丈五尺面海船力勝，却乞行下依憲自己海船樣爲式，庶幾將來海道兩路舟船，不致攙先拖後，得成一艅，容易號令。所有造到海舡之人，所補官資，乞作隨軍補授出身。』詔王憲陳獻海船利害，委有可採，補承節郎，差充温州總轄海船；　進義校尉朱清與轉一資，差充温州海船指揮使。

三十二年二月二十二日，尚書省言：『淮南轉運司舊有祇備人使舟船三十餘隻，自去冬軍興已前，盡皆發往淛西。今來信使復通，若再行打造，決不可辦。訪聞其船轉移作人事，及有拘占在別官司及官吏之家，乞令淮南轉運副使楊抗逐一開具元管船數，不以甚處執占，並日下發遣，以備使人回程及將來久遠之用。若或隱匿，致諸色人告首，重作施行。』從之。

閏二月十九日，判建康府江南東路安撫使張浚言：『本府界（松）〔沿〕江通計二百五十餘里，緊要渡口止是七處，若措置巡捕，委可禦捕。惟是打造舟船合用錢物，乞支降錢四萬貫，仍乞以度牒並承信郎、迪功郎及助教告敕降下；　其（松）〔沿〕江州郡，亦乞依此應副打造使用。』詔建康府支錢四萬貫，鎮江府支三萬貫，江陰軍、太平、池、江、鄂州、荆南府各支二萬貫，並以空名迪功郎、承信郎、助教告敕、度牒折支，仍令建康府畫樣關報，逐處專委守臣與水軍統制統領諳曉造船之人同共措置，限七月以前

〔一〕不舟　疑誤。

了畢。

四月三日，詔：『淮南運司見行修整奪到虜人糧船，慮有底板疏漏，不堪修整，枉費工料。可盡數發赴兩浙轉運司交割，委官相視，重行修换，務要堅固，不悮使用。』

七月二十七日，孝宗皇帝已即位，未改元。江淮東西路宣撫使張浚言：『昨降空名告身、度牒下（松）〔沿〕江諸州軍打造戰船，令鎮江府率先造成二十四艘，守臣趙公稱委勤於職，及措置打造官水軍副統制李琦監督有勞，乞與推賞。』詔趙公稱減三年磨勘，李琦減二年。

八月二十三日，詔：『海船人户，其間有出力自辦，爲國（忤）〔扞〕禦之人，或許更戍而願長役者，所屬保明申奏，當議推恩。』

孝宗隆興二年五月二日，淮東宣諭使司言：『去年三月，都督府下明、温州各造平底海船十艘，因明州言平底船不可入海，已獲旨，准年例，藉民間海（海）船更互防拓。近都督府再令造船，每十隻之費，公家支經總錢三萬貫，兼材打採木〔一〕，公私受弊。又令兩浙漕司造江船百艘，所費尤甚。今相度，欲令逐州據已辦船數取旨，未造數目更不打造。』從之。

乾道元年二月二十三日，兩浙運判姜詵言：『北使及接伴一行舟船，合用三十五艘，平江府報，差岸篙、燈籠、牽挽計一千八百二十六人，慮人數稍多。欲將平江府所計人數爲准，除牽挽一百人仍舊差軍兵倉脚外，於合用燈籠、岸篙人數，量損百人，通實用一千七百二十六人，其餘沿流州府，亦乞依此裁損。』從之。

八月二十五日，江西運判朱商卿、史正志言：『贛、吉州船場，每歲額管造船五百艘，近歲所造糧船殊極簡蔑，皆造船官吏通爲姦弊。本司相去地遠，難以稽察。欲乞將贛、吉兩州船官見今四員，於内各省罷一員，所存留一員，自今止差文臣兼。贛州造船，多阻於灘磧，今乞移贛州一所就隆興府制場打造，本司朝夕可以稽察。仍乞降旨，自今兩船場監官到罷，並就本司批書，庶幾專以可以督責。』從之。

二年二月十六日，鎮江府駐劄御前諸軍都統制郭振言：『乞差交替海船篙梢等。』輔臣洪適等請以（州明）〔明州〕未立功、無名目二百人前往鎮江管船，庶幾免差替爲便。上善之，令優給盤費遣發。六月二十四日，上問輔臣：福建、廣南盡給兩軍修之。九月二十一日，殿前司言：『於本軍差擇官兵二千人，募海船二十六艘，差左翼軍統領李彦椿部率，於江陰軍岸次繫泊，彈壓海賊。其船元係自泉州（遺發）〔發遣〕，未給路券，乞令江陰軍依昨江上人船例，給錢米券曆，應副食用。』從之。

三年八月五日，權尚書工部侍郎薛良朋論防江，乞

〔一〕兼材打採木　此句不通，疑有誤。

(奪)〔集〕沿江民夫踏駕車船，預行分撥。上以邊事不興，恐徒煩(優)〔擾〕，不許，止下建康、鎮江守臣密措置，候有緩急乃集。十二月十八日，御前武鋒軍統制兼知高郵軍陳敏言：『竊見兩淮州軍界經殘破，今流移散徙之民方漸歸業，全賴客旅與居民(傳)〔博〕易，用蘇民力。欲乞詳酌，許令客旅舟船，不以大小通放，依舊往來，但乞(麗)〔嚴〕敕沿淮官司禁止舟船，不得渡淮。』從〔之〕。仍詔舟船往來，令高郵軍給引立限，回日依舊赴本軍繳引照驗。

四年三月十日，知建康府充江南東路安撫使兼沿江水軍制置使史正志言：『乞將所樁見錢十萬貫，收係制置司水軍赤曆，擇買良材。所産𦩷〔一〕州軍就建康置場，增造一車十二槳四百料戰船，相兼使用。』從之。

十二月十三日，福州番船主王仲珪等言：『本州差撥海船百艘，至明州定海馮湛軍前。乞照平江府遞年支給梢手等人贍家錢例，下明州支給。』詔明州依平江平府例支其半。

五年三月二十八日，詔修武郎鄭遠，特授勅武郎，以遠部海船許浦，防托應格也。四月五日，殿前司護聖步軍統制兼權發遣楚州左祐言：『本州之東地名死魚溝，接淮海，最爲控扼。近申明，將本州兵馬鈐轄羊滋移往其地，員警姦盜，管轄海船。緣元轄海船二百餘艘，今已拘其半，皆積久捕魚射利之民，累往清河口備禦，並連〔二〕海州軍糧、間探之類，甚爲濟用。其一帶正瀕淮海，地分闊遠，羊滋獨員，或緩急却致散漫誤事。今欲創置使臣二員，從祐踏逐土豪有材力、諳曉地利、衆所推服之人，專充管轄海船，機察淮海盜賊，聽羊滋驅使。』從之。

十月六日，權主管殿前司公事王逵言：『水軍統制官馮湛近打造多(漿)〔槳〕船一艘，其船係湖船底、戰船蓋、海船頭尾，通長八丈三尺，闊二丈，並淮尺計八百料，用槳四十二枝，江、海、淮、河無往不可。載甲軍二百人，往來極輕便。乞朝廷降下式樣，令明州製造三五十艘，以備(急緩)〔緩急〕禦敵。』殿前司具呈：造船每艘計用錢一千六百七貫七百有奇，其所造五十艘，計錢八萬三百八十九貫。詔馮湛依樣措置打造五十隻。

閏五月十六日，(西)〔兩〕浙路轉運判官吕正己言：『行在百司等處見占本司座船，並不承受差使，往往要鬧處艤泊，私醞沽賣，酒氣薰蒸，日漸損壞，却經由所占官司陳乞，於本司船指名對換。如此，則依倚(昨)〔作〕過，壞官船之人常得遂志，委實非宜。欲自今應百司占破舟船，如實損動，即關本司檢計修整；或不堪乘，則發元船並梢工，以憑選換，庶機懲勸小人，愛惜舟楫。』從之。

七月十九日，四川宣撫使司言：『利、閬州岸漑見管

〔一〕𦩷　疑誤。

〔二〕連　疑當作『運』。

瀘、叙、嘉、眉等州打造馬船一百十七隻，委官相視，選撥往江、池州都統制司。其利州所管止十二艘堅壯，並閬州委官選擇，止十三艘堪修，餘打造年深，板木朽損。乞除兩州所選二十五艘外，餘數下所委官估賣拘價。』詔令宣撫司將堪用船二十五艘疾亟發往江、池州兩都統制司收隸，餘船令本司措置修整。

八月十五日，兩浙路轉運判官呂正己、直敷文閣權兩浙路轉運判官胡昉言：『應辦人使或遇運河淺澀，從前不曾措置輕快舟船，今打造騰淺鐵頭等船共一百艘，竊慮諸處官司或妄指占。乞旨不許諸處占差，庶幾不至乏事。』從之。

十一月九日，詔兩浙轉運司：『每應辦人使舟船，管船臣往往差於臨時，不能管轄。自今專委臨安府於緝捕弁所管使臣內選有心力才幹使臣，每船止許差一員管轄，及每船添差八廂一名、親從一名，作管船軍員名色，同使臣自盱眙軍至行在往回幹蒞。如能伺察違犯及失察，重加賞罰。』

二十日，兩浙路轉運司言：『北(使)〔使〕一行舟船所合用篙手，承前皆舟梢召募，多游手不根之人。今相度，欲下浙西巡檢縣尉，每過人使，刷差慣習操舟土軍弓手通百三十名，保明赴司，撥作逐船篙手，往回更代，不許他役。應辦畢發歸，庶幾稍知法禁，不敢爲姦。』從之。

七年正月十八日，詔：『平江府守臣將已到當番海船，照年例給犒，具所發州軍海船隻數、丈尺及格與否，並船主職次、姓名、鄉貫、年甲，保明申樞密院推賞。』後本官言：『在岸防托月日不多，難全推賞，並減半。』

七月二十一日，高(鄉)〔郵〕軍駐劄御前武鋒軍都統制兼知高郵軍陳敏，乞根刷羊家寨海船，上詔輔臣：『恐妨漁業，不許。止詔敏彈壓。

十月十二日，樞密院言：『明州正係要衝之地，制置司雖有水軍，皆諸處差至，不諳水勢。欲下廣東於增招水軍內抽差五百人，福州新招水軍盡行發遣，及兩處官船、器甲等，並乞量抽，船隻：福州延祥寨三隻，獲蘆寨兩隻，劉崎一隻，南匿寨一隻，泉州寶林寨三隻，潮州水軍兩隻，廣東水軍天帝元黄宇字號五隻，並來明州駐劄。』從之。

八年二月六日，詔：『福建安撫司，將已招水軍五百人畢數起發，仍令諸寨選擇堪壯大船五隻乘載，往沿海制置司水軍收隸，却從福建安撫司截上供錢造海船二隻使用。』同日，詔：『鄂州、荆南、江州差荆南守臣姜詵，池州以下差樞密都承旨葉衡，點檢諸軍戰船，具數奏聞。仍令逐軍疾亟修整。』先是，輔臣言：『諸軍戰船久不點檢，恐日後有悮備禦。』上曰：『舟楫，我之所長，豈可置而不問？』故有是命。

四月十三日，兩浙路計度轉運副使沈度、胡堅常言：

『浙西逐州年額，合發上供苗米及和糴米料，竊聞近州〔一〕多乘急下諸邑，名則和雇，科擾不一。相度欲下浙西逐州，各措置造三百五十料舟船，專一應副相兼船運米料。』詔兩浙轉運司自造三十隻，不得科擾。

十二月十九日，樞密院言：『淮東州縣循習舊例，差百姓爲往來士夫牽挽舟船，及差雇夫馬，搔擾〔二〕。』詔：『淮南轉運司下所部州縣，今後除朝廷所差賀生辰正旦及接送伴北使往還外，餘並不許差雇應副。』

九年十一月一日，江南西路轉運判官劉焞言：『已（降獲）〔獲降〕旨，從本司所陳，吉州造船場移隆興府。臣緣前奏，猶有未盡，不敢隱默。吉州一歲運米三十七萬餘石，合用五百料船六百餘艘，每歲吉州船場造歲額舟船，止應副吉州一郡，猶或不足，又造船板木，專取之贛、袁州，逐州去吉州爲近。今失之（溝）〔講〕究遷移。比來歲自隆興府泝流撥船至吉州，載上供米，却自贛、袁州運米至隆興府，道里回還，得不償費，爲計非便，難以久行，理合更較經久害利，從長施行。』詔吉州造船場權令依舊，仍仰帥憲、提舉司同相度經久利害，便連銜保明以聞，其後逐司言：『吉州船場已移隆興府，材物（正）〔工〕匠其數不一，如令復還舊所，慮往反煩費，欲且就隆興置立。』從之。

孝宗淳熙元年二月十二日〔三〕，中書門下省言：『裁減兩浙路造船場每年置造糧船，宜別立額。温州元額一百二十二隻，今減作五十隻。』詔兩浙轉運司自此督責逐處，須管依數減定，其秀州造船錢物並逐處工匠，並不得侵移私役。十三日，詔楚州鈐轄賈懷恩不時往羊家寨點檢海湖船，仍於本寨內選擇堪任部轄人專一管轄，毋令越境作過。

五月二十九日，詔應有戰船去處，每半〔年〕一次委官檢計修整。

二年六月十一日，詔併潭州兩造船場爲一場。從湖南運副李椿請也。

閏九月二十一日，詔罷廣東、福建造船。

三年十月十二日，執政進呈建康都統郭剛奏：『本司應管車戰等船，内有損爛，已行補填，依海船樣製造到多槳飛江戰船。』上曰：『車船，古之艨衝。辛巳歲用以取勝，豈宜改造？可令郭剛具析，並約束沿流諸軍遇有損壞，隨即修葺，不得擅有更易。其多槳船，止許逐軍自行創造，並不得用充新管車戰船數。』十一月一日，詔錢良臣造多槳船百餘隻，昨令沈復覈實可用，與轉一官。

五年二月三日，詔：『福建帥司行下本路州軍，浙東帥司行下温、台州，將藉定三番海船内，將合起發番次數

〔一〕近州　疑作『近來』，或作『逐州』。
〔二〕搔擾　前疑有脱字。
〔三〕原題頭有『宋續會要　船』今删。

目起發一番，福建船差官管押前來平江府許浦水軍擺泊，聽於友教閱；淛東船前來明州沿海制置司，於定海擺泊，聽水軍教閱。並限八月一日到岸，毋致違滯。應合行事件，並依乾道七月十九日㈠指揮，仍委逐州軍守臣覈實，支散錢米起發，通判專一點檢。並要已印號元籍定面闊丈尺、堪好壯船及彊壯梢碇水手、隨船繩帆損具一切足備，(如)〔知〕有滅裂，如通當重實典憲。』

六年二月八日，詔：『諸路起發到海船，並自指揮到日爲始放散，可照年例支給犒設，餘合行事件，並依前後已得指揮體例。』

五月七日，詔：『侍衛馬軍都虞候馬定遠，於江西州軍出産材植順流去處，委官造馬船一百隻，暗置女頭輪槳，使可(折)〔拆〕卸，遇軍馬行則以濟渡，遇戰則以迎敵。』

六月二十三日，詔：『建康府場務支撥鹽二千袋，付鎮江府駐劄李思齊，修整戰船及造馬船三十隻，其鹽本錢候二年後，作二年理還。』

九月二十二日，詔：『湖廣總領劉邦翰、周嗣武、鄂州江陵府駐劄郭鈞檢視參修戰船滅裂，內邦翰去官日久，特與放罪，周嗣武展三年磨勘，郭鈞特展二年磨勘。』

八年八月三日，荆鄂都統岳建壽言：『前任帥臣郭鈞所造八車船十隻，今已造成五隻，重滯不堪行使，餘舟乞改造。』上曰：『可改造七車、六車、五車共五隻，湊足十隻。』

九年二月十八日，詔：『福建、淛東路淳熙九年分當番合起發海船，與免起發一年。』

十年正月二十八日，詔：『沿海制置司，於係省錢撥二萬貫修整海船，仍自今須制置司與水軍同共任責，稍有損壞，隨即修整，毋致積壓，重費官錢。』

六月十二日，工部侍郎李昌圖言：『本部有兩淛、湖南、江西三路七州造運糧船，乞下三路轉運司相度逐州每年合用實數外，並與減免；其累年未造，若曾支官錢，即追理填納。』詔逐路轉運司相度以聞。既而兩淛轉運司奏：『逐州船場，淳熙元年已經裁減，其拖欠船隻，每遇起發木料，多是倍支縻費，和雇客船。今欲將淳熙二年至六年少欠糧船，特與蠲免，其七年至八年、九年未足船隻，自十年爲始，均作三年帶造補發。』荆湖南路轉運司奏：『欲將年額所造松木糧船一百六十八隻，裁減六十八隻，每年寔造松木糧船一百隻，庶經久可與客船相兼裝載。』江南西路轉運司奏：『昨准乾道五年九月二十七日指揮，自當年爲始，每歲減免一百隻，令兩州船場造四百隻，並是本司支撥見錢，即無追擾。若更行裁減，竊慮起發綱運，必致妨闕。』並從之。

㈠ 乾道七月十九日　當有誤。

十三日，知福州趙汝愚言：『本路海道闊遠，盜賊出沒不常，全籍戰船逐時出海巡捕，其間有年歲深遠、損壞去處，除本州自備錢物措置修葺外，有漳、泉管下巡檢司都巡、石井鎮、石湖、小兜巡檢四寨、漳州漳浦、沿海中柵巡檢二寨、興化軍吉了、迎遷巡檢二寨，並各見闕戰船，乞行下泉、漳州、興化軍，於合發窠名錢內，每船量與截撥錢五百貫省添貼打造。』詔逐州軍合發户部上供錢內依數截撥。

八月七日，建康府統制官陳鐙措置創造車戰等船九十隻，都統郭剛奏乞量加旌賞，樞密使周必大等奏：『前此未曾行。』上曰：『難爲開例，可令本軍支犒設錢一千貫。』

十一年二月二十九日，殿前司言：『本司水軍駐劄許浦，所管南船寄泊青龍，人船相離數百里，遇有發遣前去取船，水陸迂枉。兼青龍港窄狹，水流浚急。欲將南船盡數移戍崑山縣顧逕港，擇高阜地段建一大寨，量合用人數，於許浦差撥同老小前去一處居止。』詔浙西提刑傅淇同本軍統領相度經久利便，保明申樞密院。既而淇等相度：『顧逕港屯泊南船，比之青龍港稍深，去海頗近，委寔利便。』從之。

十三年三月二日，殿前副都指揮使郭〔倪〕言：『承指揮，福建路起發到海船，並自指揮到日放散。今據水軍統制林震申，乞將本軍大南船二十二隻，依舊就顧逕安泊，差撥官兵一千人，將帶衣甲、器械戍守戰船，及差輕捷槽船四隻，不時與黃魚垛出戍兵舡往來迎〔一〕捕盜賊。又應顧逕將來春水泛溢，日逐兩潮衝擊，有損戰船，合於附寨港岸開塢，取令深闊，將戰舡盡數入塢安著，如法搭蓋，不拘大小潮泛，並要浮動出入快便，庶幾穩當。』從之。

十二年五月二十五日〔二〕，詔：『福建（師）〔帥〕司行下本路州軍，將籍定三番海舡內，將合發番次數目起發一番，差官管押前來平江府許浦水軍擺泊，防（遇）〔禦〕海寇，聽本軍教閱，限八月一日到岸。其應幹合行事件，並依乾道三年七月十九日指揮施行。』

十五年五月九日，詔：『池州駐劄禦前諸軍副都統制李思孝特轉一官，其所造戰船，令都統司行下本軍，常切愛護，毋致損壞。』以淮西總領趙汝誼言：『思孝所造戰舡二十七隻，打造精緻。』故也。

八月二十一日，樞密院言：『殿前司申：平江府許浦駐劄御前水軍修整南船三隻，多槳船八隻，合用木植物料，已行關撥官錢，往制東路明州山場計置買辦。乞從年例行下差撥南船三隻，將官一員，管押駕船棹梢、官兵共二百人，作三運舡載歸軍。』詔依，仍不得夾帶商税禁物往

〔一〕迎　疑當作『巡』。
〔二〕前條已經是『十三年三月』，此處又爲『十二年五月』，或排列錯簡，或時間有誤。

來販。

紹熙二年三月十三日，宰執進呈錢端忠奏檢視軍馬行司下半年船。上曰：『諸處戰船，須是別差官檢視，損者與修。總所申，恐文具緩急誤使用。』

四月二十九日，宰執進呈林桷奏：『今後防秋海船，乞支全賞。』上曰：『海船要備緩急之用，全賞雖未可行，亦須稍加優恤。』

三年八月二十七日，詔：『殿前司行下泉州左翼軍，將創造到海船三隻常切愛護，毋致損壞。』

十月二十五日，三省、樞密院奏事，進呈權發遣楚州皇甫斌奏：『欲措置造雙桅多槳梁頭闊丈二三海船二百隻，不過費朝廷十萬餘緡，可以備不測守禦。』上曰：『一船上不知用多少人？令且造一百隻，務要堅壯。畢工日，更加審驗。』

五年十月二十三日，臣僚言：『西興渡船，乞令轉運司並臨安府日下契勘，如有損壞船隻，即行修整，庶幾行都之下，大江往來，人人得以安濟。』從之。

閏十月十九日，沿海制置司言：『水軍見管海戰船三十八隻，內有未修船十五隻，計料實用錢三萬一千六百五十五貫五百，乞科撥官錢下水軍趁時收買物料，併工修造。』詔令封樁庫依數支降。

慶元二年三月二十五日，兩淛漕臣王溉言：『臨安之淛江、龍山、紹興之西興、漁浦四渡舟船，倣鎮江都統制司所造楊子江見用渡船樣打造，以便往來。仍乞下鎮江都統制司時暫差備高手工匠二十人應副差使。所有材料、工食、往來之費，乞於本司樁管錢內支撥。』從之。

嘉泰三年七月五日，殿前副都指揮使郭倪言：『諸軍所管舟船年深損漏，雖有堪用者，亦難重載，竊恐緩急闕〔闕〕誤。今於保德門外本司後軍教場側，起造船場一所，官監督，造到八百料馬船四隻、五百料六隻，乞差官檢視大印。兼造到五十料小船一百二隻，除已發一百隻往平江、嘉興牧放去處打割馬草外，船場見有二隻，就乞檢視。』從之。

八月十三日，淮西總領所言：『近遵指揮，選委建康府中軍統制許國興，前去池州相視秦世輔所造新樣鐵壁鏵觜，平面海鶻戰船，委是快便。』詔：『三衙江上諸軍有戰船去處，遇有損壞，取會池州式樣製造施行。』海鶻船一隻，一千料，兩邊各安艣五枝，辟施一枝。船身通長一十丈，計一十一倉，梁頭闊一丈八尺，中倉深八尺五寸，船底板闊四尺，厚一尺，拖泥䑩板厚三寸，撑梁一重。兩邊小棚板，闊三尺五寸。裝龍護膝板，高一尺，上安女頭，高二尺四寸。裝載戰士一百八人，踏駕棹梢水碗手四十二人。鐵壁鏵觜船一隻，四百料，兩邊各安車二座並槳三枝，船身通長九丈二尺，計一十一倉，梁頭一丈〔尺五〕〔五尺〕，深五尺，船底闊八尺五寸，厚六寸，拖泥䑩板厚三寸，通心眷骨一條，厚九寸，撑梁二重，兩邊安護車齊頭木，畫牌二十八面，各高六尺八寸。週（違）〔圍〕安護滕板高一尺，上安女頭高一尺四寸，裝載戰士七十人，踏駕兵梢二十人。

四年二月九日，建康都統制董世雄言：『長江控扼去處，平日措置舟師戰艦，最爲急務。昨來買到戰船木植細小，不堪使用。今將別差官將帶錢物，前往上江收買大徑寸迭料木植，歸司打造。竊緣本司戰船數多，不及修補，費用極多，委是匱乏，無可措手。乞依別司體例，撥賜錢五萬貫，付本司計置木植物料，修造戰船使用。』詔支錢三萬貫（令）〔令〕封樁庫以金折支，仍依元納色價值紐計。

嘉定十二年三月三日，臣僚言：『國家自殘虜渝盟之後，屯戍日增，調度寖廣，餽餉之計，誠所當先。漕運之舟，豈可不備？今得之傳聞，謂所在漕司舊例有截留舟船去處，多爲他司宛轉囑託，勒令通放，不許截留，致使裝發之際，無以應用，而轉輸之限，或致後時。姑以江東漕司言之，江西路舊例應副江東漕司三百料船一百八隻，却撥盧蘐麻皮以償之。紹興以後，減免一半，合拘五十四隻。淳熙間，亦嘗拘到一百八十餘隻。年深損壞，不堪裝載。又因承平，不甚輸運，間自住截。開禧之間，漕臣以米餫不繼，遂爲總司所劾，職此之由。繼而漕司照例（載）〔截〕留江西綱船在岸，綱稍失覽載之例，群訴於總司，信其偏詞，徑與通放。目今並無船隻，遇有般運，旋雇客船，多致欠折。且當邊境晏然，尚慮無舟可雇，萬一騷動，客船罕至，官又無船，豈不誤事？乞降指揮，令漕運去處有（載）〔截〕留舟船舊例者，依舊拘截擺泊岸下，以備摺運。其無例截留者，並令日下造船，以備飛輓。庶幾緩急之際，糧道不致（泛）〔乏〕絶。』從之。

十四年五月四日，温州言：『制置司降下船樣二本，仰差官買木，於本州有[一]管官錢內，各做海船二十五隻，赴淮陰縣交管。緣前項海船費用至廣，打造了當，又須差雇梢碇水手，委官押撥，沿支給盤纏錢米，共約五貫餘緡。本州窮陋海邑，材計無以那融，乞降度牒五十道，發下轉變應副打造。』詔令封樁庫於見樁度牒內取撥三十道付温州，專一充打造淮陰水軍海船使用，每道作八百貫文變賣。

十五年十二月十六日，詔：『令封樁下庫於見樁湖廣會子內，取撥二萬九千九百七十貫付鄂州都統制司，專充打造濟渡船隻使用，務要如法併工造辦，不得（茍）〔苟〕簡滅裂。』先是，沿江制置司言：『乞下鄂州都統制行司（及）〔下〕漢陽軍等處，斟酌漢川縣平塘、陽臺、陽子港、南河、白馬、綱頭六渡大小合用渡船數目，預行措置打造，渡載軍馬等用。』尋下戎司相度措置，欲創打大小馬船三十隻、脚船三十隻，計料到約用收買材物價錢九萬五千六十貫一百七十五文、湖會，人工九萬八千二百四十五工。既

[一] 有　疑誤。

而制司言：『都統制司所申打造六十隻之數，既令本司斟酌合用船隻，竊陽[一]自漢陽大江等處濟渡共有七處，又有戎司雜載軍需，皆不可闕。欲先行下戎司打造三十隻，內一千五百料、一千料、三百料馬船各五隻，七十料脚船十五隻，候了畢日，更與接續打造十隻，大小船並脚船共有四十隻，則儘可濟度。所有計料，先造三十隻，合用材物，三場價錢當二萬九千九百七十三貫五佰四十五文，工四萬五千七百三十工。』故有是命。

[一] 陽　疑誤。

三、恤災賑貸

瑞異三　水災[一]

太宗太平興國二年七月，河決鄭州滎澤縣、孟州温縣，詔民田被水災者悉蠲其租。

淳化四年九月，梓州言：『涪江水漲二丈五尺，壅不流，陷州城，壞居人廬舍、官寺、倉庫萬餘區，溺死者甚衆。』詔賜溺死者人鐵錢三千，孤窮乏食者官與賑貸。

仁宗天聖四年六月十二日，福建路提點刑獄司言：『建州邵武軍大水，壞官舍四十餘間，民舍三千八百餘間，溺死者五十餘人。』詔被溺者見存家屬，每三口以上給米二碩，不及三口給米一碩。内溺死之人無主者及貧乏者，官爲埋瘞，仍致祭奠。

十六日，京師自申時至夜，大雨雷電，達明方止，平地水數尺，壞官私舍宇，被壓溺而死者數百人。自京而西及鞏洛以來，悉罹水患。帝避殿徹膳，以答天誡。時京師民居、舍宇、牆垣，率多摧壞，於街巷權蓋舍宇居住。詔新城裏都，同巡檢、鈐轄、巡檢兵士夜往來警巡，無致疎虞。

二十二日，福建路提點刑獄司言：『福州侯官縣界洪水，壞沿溪居民舍宇，溺死者甚衆。』詔速令存恤。

二十三日，行慶關言：『汜河水泛漲，衝注關城，溺死軍馬不少，乞差兵士防護。』詔遣使臣領宣武兵士一百人往彼權駐泊。時孟州汜水縣尉劉文蔚溺死父母妻男共七口，又汜水漂失鹽酒税務官物，監官借職馮益兒女皆溺死。詔文蔚除令録，免持服，仍賜錢百千；及益賜錢五十千，仍轉一資，與家便差遣。所失官物，令三司勘會除破。

慶曆八年七月十八日，衛州言：『頻降大雨，並懷州一帶山河水入城，諸軍出城走避，數月絶食。已借支七月糧，而軍食未繼，望特蠲除。』從之。

十一月，詔：『河北水，災民流離道路，男女不能自存者，聽人收養之，後毋得復取；其雇傭者自從私券。』

十二月，詔：『河北水災尤甚，民多乏食，特出内藏庫錢帛，令三司轉漕斛斗往本路。仍令安撫、轉運使分行賑贍之。』

至和三年六月二十九日，詔令大名府、澶、博州賑濟經水人户。以知制誥韓絳、西上閤門副使王道恭爲河北路體量安撫使副。

是歲，夏雨霖，京師大水，壞城，及水窗以入，諸軍營

[一] 原『水災』後有『三』字。本部分摘自中華書局一九五七年影印本《瑞異》三之一至三三。原《宋會要稿》五二册。

房，社稷諸祠壇壝並被浸損，都人壓溺，繫栰以居。而諸路皆奏江河决溢，而河北尤甚。既命所在賑救，而絳等有是命。

嘉祐元年五月，京師大雨不止。踰月，水冒安上門，門關折，壞官私廬舍數萬區，城中繫栰渡人。詔輔臣分行諸門。而諸路亦奏江河决溢，河北尤甚，民多流亡。乃下責躬詔，令所在賑救之。

七月，詔：『京西、荆湖北路轉運使、提點刑獄分行賑貸水災州軍。若漂蕩廬舍，聽於寺院或官屋寓止。仍遣官體量，放今年税，其已倚閣者勿復檢覆。』

是月，賜河北諸州軍因水災而徙他處者米，人五斗至六斗。其壓溺者，父母妻賜錢三千，餘二千。又出内藏庫絹二十萬匹、銀十萬兩賑貸之。

英宗治平元年六月八日，慶州言：『淮安鎮河水泛漲，摧東山三百餘步，居民壓溺而没者四十餘家。』

十六日，命諸路轉運使副、提點刑獄分詣水災州軍，存恤人民。以是夏多言水災故也。

七月二日，詔水災逐路安撫、轉運、提點刑獄督責知州、通判存恤被災人户，諸科率不急妨農者，令一切罷之。前此，慶、許、蔡、隸、唐、泗、濠、楚、廬、壽、杭、宣、鄂、洪、施、渝州、光化軍皆大水，既屢勅存恤，及命疎治，乃有是詔。至八月，又遣使按視存撫。

二年八月，京師大雨，壞官私廬舍，漂殺人民，蓄産不可勝數。乃開西華門，以洩宫中積水。詔曰：『蓋聞古之聖賢在位，陰陽和，風雨時，日月光，星辰静，黎民阜蕃，以底休平，朕甚慕之。朕猥以眇身，託於王公之上，夙夜以思，懼不能以承先帝鴻業。而比年以來，水潦爲沴。迺八月庚寅大雨，京師室廬墊傷，被溺者衆，大田之家，害於有秋。竊跡災變之來，曾不虚發，豈朕之不敏於德而不明於政歟？將天下刑獄滯冤，賦徭煩苦，民有愁歎亡聊之聲，以干其順氣歟？不然，何天戒之甚著也？今飭躬焦思，欲消復災異，而未聞在位者之忠言，進祈自新，厥路何繇！以應中外臣僚，並許上實封言時政闕失及當世之利病，可以佐元元者，悉心以陳，毋所忌諱。執政大臣皆朕之股肱，其協德交修，以輔朕之不逮。』初，學士草詔云：『其惕思天變。』帝批曰：『雨水爲災，專以戒朕不德。』命改爲『協德交修』云。乃詔罷開樂宴，仍賜被水諸軍借事人錢。

神宗熙寧元年七月，詔：『恩、冀州河决水災，可選官分詣，若有溺死人口，量其大小，賜錢有差。其居處未安，令於官地搭蓋，或寺觀廟宇存泊。内有被浸貧下人户，令省倉賜粟。』

二十四日，上批：『河北地震、水災，宜擇能吏，以易庸暗年老之人。』以尚書都官員外郎馬淵知沂[一]州，虞部

[一] 沂　原空缺，據《彭城集》卷二一《朝議大夫馬淵可知沂州制》補。

員外郎陸濟權知德州。是日，降德音。

八月，詔三司支錢五十萬貫，賜河北轉運司應副昨經水災諸州支給，以免科擾民間。

二年七月，詔：『水災州軍，令本路轉運使、判官、提點刑獄分往被災處所恤貧民闕食者，支廣惠倉粟賑濟；如不足，量支省倉。仍於人户住近處，減常平米價就糶。若貧人無錢，相度賒糶，令至秋送納。其非税户，即與遠立日限納價錢，並委就近從長施行訖奏。應遭水災之家，收買竹木凡箔，權與免税。鄉村鎮市買撲酒坊，實遭浸損酒麴者，亦與據所浸日數，等第放課利。』

七年五月二十八日，大雨水，漂溺陜、平陸二縣。詔被水災民給口食三月。

十年七月十七日，黄河大決於曹村下埽，澶淵絶流，河道南徙，又東匯於梁山，漲[一]澤濼，凡壞郡縣四十五，官亭民舍數萬，田三十萬頃。詔發倉廩，開府庫，徙民移粟，以賑濟之。

元豐四年七月二十四日，泰州言：九日大雨，浸州城公私屋舍數千間。

哲宗元祐八年八月三日，宰臣吕大防等劄子言：『雨水過常，近京諸郡，尤被其患，乞降黜以警庶位。』詔皆不允。

高宗紹興三年二月十一日，臣僚言：『伏見自正月元日至今近四十日，陰雲晦昧，陽光不舒，加以連雨，旦暮不已，細民告病。如此，是爲陰盛於陽，非天地和平之氣也。臣恐四方偏州下邑，有困於苛吏、不安田里者；囹圄之中有無辜干連、淹久未釋者；兵興以來，忠義之士没身兵刃，齎恨九泉，未見省録者；婺婦弱子，流離異鄉，州縣弗恤，不能自存者。凡此之類，倘有之，則雲氣之慘聚，苦雨之霖淹，殆非適然。乞詔大臣詳思其由，修厥事以應之。』詔劄示諸路宣諭官。

四年六月十七日，左諫議大夫唐煇言：『伏見近以霪雨爲沴，陛下惕然祇懼，思可以應變弭災者，無所不至。竊謂政事失於下，則天變動於上。唯聖人仰畏天變，則俯修政事。望詔大臣講求修政事之實，無見於空言，斯爲盡善。』詔劄示三省、樞密院。

九年三月十九日，詔：『連日陰雨，細民不易。其臨安府内外官私房錢並白地錢，不以貫百，並放三日。其後凡遇連雨，或蠲公私房錢，或免客販柴薪油麵門税。』

三十一年四月十五日，宰執以殿中侍御史陳俊卿論久雨章疏進呈。上曰：『應天以實不以文，可令侍從、臺諫並具時政缺失利害、消弭災變之術，各以己見實封以聞。事有不便者，便與改正施行。』

紹興三十二年孝宗已即位，未改元。七月五日，詔以霖雨

[一] 漲　應爲『張』，《方域》一七『水利』爲張澤濼。

不止，浙西州郡山水發洪，令侍從、臺諫條上害民之事與可以爲民之利者。從正言袁孚請也。

孝宗隆興元年三月二十八日，詔：『霖雨爲沴，雖側身修行，尚恐誠意未孚。可令諸路監司、守令應遇灾傷去處，常切賑恤困窮，糾察刑禁。仍各條具聞奏。』

九月十二日，詔：『浙東西州軍有螟螣、風水傷稼去處，可令守臣疾速條具應合賑恤蠲放事件聞奏，即不得隱漏泛溢。』

二年八月二十六日，詔：『久雨未晴，慮恐刑獄淹延，有干和氣。特令侍御史尹穡日下躬親前去大理寺、臨安府檢察決遣。』

二十七日，詔浙西、江東霖雨害稼，令逐路提刑司疾速躬親前去州縣檢察決遣刑獄。

二十八日，詔：『訪聞淮東有被水去處及遷徙到人，竊慮缺食，可令錢端禮於本路見管米斛内支撥一萬石措置賑濟；如不足，於淮東總領所大軍米内取撥。』

九月十二日，詔江東、浙西監司、郡守：『朕嗣服以來，求民之瘼。比緣江東、浙右俱被水災，思拯民於愁歎，痌瘝不忘。卿等既分外臺之寄，皆爲共理之良，宜究乃心，各揚爾職。能於所部講明田事，預爲陂塘渠堰，防患未然，使顯効著於將來者，朕當不次親擢。其或但爲文具，尚畏權勢，無益於備患，徒擾於庶民，國有典刑，朕必不赦。』

乾道元年二月二十四日，詔：『朕以淫雨不止，有傷蠶麥，可自二十五日避正殿，減常膳。其浙東西路災傷去處，人户各納乾道元年身丁錢絹，臨安府、紹興府、湖、常州並與全免一年，温、台、處州、鎮江府並各減放一半。將減下之數於内庫（細）〔紐〕支錢絹，撥還户部，以充軍用。』

二年四月六日，詔：『淫雨爲沴，有傷農事。朕自今月七日避正殿，減常膳。』

九月十一日，詔：『温州諸邑近遭水災，宜遣使存撫。可差度支郎中唐珣限三日起發，同提舉常平宋藻、守臣劉孝韙遍詣被水去處，按驗覆實，具合行賑恤事件，疾速措置聞奏。内劉孝韙權將州事交割與以次官。』

十二日，詔：『温州諸邑近被水災，已差唐珣前去存撫賑恤。可就令點檢本州並諸縣刑禁，須管日近結絶，將杖罪以下先次疎放。如有冤抑，從實改正。仍具已斷放過名件，申尚書省。』

十一月六日，度支郎中唐珣劄子奏：『被旨前去温州存撫賑恤，被水去處，並皆邊海，今来人户田畝盡被海水衝蕩，鹹鹵浸入土脈，未可耕種。兼今次水災之後，損失人口不少，又慮人力不足，及闕少牛具，不能遍耕，難令虚認苗税。望委本州守臣，候来年春耕，即委清（疆）〔彊〕官遍行體訪。如委有未堪耕種之田，及人力耕種未遍去處，保明申奏，取朝廷指揮，更與減放當年苗税。』詔從之。

三年三月十九日，詔：『知温州劉孝韙爲不葬被水之人骸骨，以至暴露，可放罷。』以提舉常平宋藻按劾也。

閏七月二十六日，詔：『臨安府臨安縣被水，隨本府具到人户等第蠲放。』知臨安府事周淙奏：『契勘本府管下臨安縣，七月十四日因天目山洪水暴漲，衝損高六等五鄉民户屋宇，渰死人口，已具奏聞。差官同令佐遍詣被水去處，支給錢米賑濟訖，計二百八十五户。竊見上件人户被水之後，理宜寬恤。今具所差官錢塘縣丞余禹成具到，除五户無税可放，二百八十家各有合納税賦，乞將被水之家合納税賦隨輕重減(數)〔放〕。內周向等二十四家衝損屋宇家計，溺死人口，欲放今年夏秋兩料並來年夏料錢；于興等一百四十一家衝損屋宇，什物不存，欲放今年夏秋税兩料；盛慶全等七十家衝損一半屋宇、什物，欲放今年夏料。以上三項，並係第五等以下人户。及鍾友端等四十五家各係上户，內鍾友端等四户被水至重，欲放今年夏料；施理等四十一户被水次重，欲放半料。以上通計合放和買夏税紬絹綾本色，折帛一千三百四四三丈有畸，零綿百九十二兩一錢，役錢四百二十四貫七百七十三文，丁錢六十九貫二百文，苗米三十七碩[一]有畸，零茶錢一十九貫有畸。乞降付有司，特與蠲放。』並從之。

八月二十日，詔：『以近日連雨不止，令諸路監司、守令將見禁公事速行結絶，無幸干連之人並與日下疎放，少欠私債，寬限理還。』從知臨安府周淙請也。

二十三日，尚書左僕射葉顒、右僕射魏杞、參知政事蔣芾、同知樞密院事兼權參知政事陳俊卿等上表，以霖雨待罪。詔以：『秋霖爲沴，實朕不德。方賴二三大臣克修庶政，以致消弭。亟覽謙辭，殊非所望。卿等即安厥位，其思叶濟之道。所請不允。』

二十四日，詔：『以霖雨，差官分決滯獄。大理寺、臨安府並三衙及浙東西州縣見禁罪人，在內委御史臺官，在外令提刑司，州委守官，縣委通判，躬親日下前去檢察，決遣了絶。仍具已斷放過名件，申尚書省。應申奏案狀，督責疾速依條施行。』

二十六日，詔：『久雨未晴，令御廚今月二十六日兩日御膳並進素。自二十七日以後，早晚常膳減半進葷。』九月十一日並如之。同日，詔：『近來連日陰雨，切慮民田有被水去處，出限陳訴不及。可行下兩浙漕臣展限半月，許令人户陳訴。』

四年十二月二十六日，詔令禮部給降度牒十道，付廣西提刑司變賣，措置賑濟雷州實被水人户。先是，廣西提點刑獄兼提舉常平司狀：『據雷州申，八月一日早因颶風發作，海潮暴漲，渰浸東南鄉居民，其水直至東南城門。本州即時差官分頭前去收救失水人，各於寺院及空舍安箚，及委官抄劄被水浸溺人户，及收瘞死屍，候見數目，別

[一] 碩　即『石』字，原稿中與『石』混用，均保留原文。

具狀供申。』所有被水遷徙居民，本州一面支給錢米賑濟外，故有是命。

五年十月三日，權發遣兩浙路計度轉運副使劉敏士狀：『近巡歷至台州，詢得本州黄岩縣今歲連遭風水，渰損屋宇、田稻、農畜。本州已委官巡門抄劄被水人户，及取撥常平、義倉米支給[一]。將最重去處支二十日，次重處支半月，大口日支一升，小口日支五合。緣黄岩縣被水比之常年不同，今来本州雖已措置賑濟，最重處支二十日，次重處支半月，若以報到抄劄支散日分相次住支，目今被水之人多是未有存居，及田地亦無工力修整耕種，委實缺食。近根刷得本州及管下逐縣有常平義倉米九萬八千餘石，今来被水大小口計二萬七千四十一口，共合支米四千三百四十餘石外，尚有見管米數不多，合行措置。乞下本州速行措置，接續賑濟施行。』從之。

六日，權發遣兩浙路計度轉運副使公事劉敏士奏：『温、台二州近因風水，雖將義倉米賑濟，緣秋成尚遠，將何以繼！今来温州已募上户借與錢本，見行措置。唯是台州財賦窘乏，無以爲計。欲望支降錢五十萬貫給與台州，令勸募上户般販米斛，接續出糶。』有旨，令兩浙轉運司差撥人船，於近便州軍户部樁管米及常平、義倉米內取撥三萬石，前去台州，委官檢視被水去處，減價出糶到錢，令本司拘收，撥還元取米去處。

十一日，詔右朝散大夫、直秘閣、權發遣兩浙路計度轉運副使劉敏士特降授右朝請郎，右朝奉大夫、直秘閣、權兩浙路轉運判官姚憲特降授右朝散郎，右朝請大夫、直敷文閣、新除江南東路提點刑獄公事王彦洪別與差遣。並以温、台二州災潦，失于按劾守臣也。

十四日，詔：『已降指揮，温、台〔二〕州近被水災，逐州守臣王之望、陳岩肖各不即聞奏，岩肖仍賑恤遲緩。之望特降一官，岩肖落職放罷。近台州申，獲海賊首領毛大等五十七人；温州申，獲次首領許大等九十六人。之望、岩肖各有捕賊之勞，以功贖過，特與放罷。岩肖差提舉台州崇道觀。』先是，權尚書兵部侍郎陳良翰進對奏：『切聞今歲自夏涉秋，浙東一路瀕海之郡三遭風水之虞。在法，水傷去處差官檢視，蠲減田租(似)〔以〕聞。州縣之吏恐爲己累，槽不加恤，唯懼朝廷之得聞也。望委浙東監司及諸郡守臣詢問著實被水去處，分遣清(疆)〔彊〕官檢視，定其高下，減免租税，務在實利及民，不爲文具，使一路之民無不被其澤者。並乞下諸路委監司、郡守覺察，或有災傷，仰先期從實奏上，庶幾州縣之吏不敢欺隱。陛下寬大惠養之政，徧及元元矣。』上曰：『都不曾奏來，朕所不聞。』良翰奏曰：『凡四方風雨水旱之事，州縣當達之

〔一〕原天頭處有眉批：『及取撥常平倉未支給』之『未』字，疑『米』，或大典亦誤。今注：『米』字是。

監司，監司當達之朝廷，可以奏知陛下矣。朝廷既不得而聞，則陛下何由而得知！』上曰：『此非小事，卿所論甚好。』故有是命。

九年閏正月十四日，詔：『久雨未止，恐妨農事。應有寬恤事，可令宰執條具來上。』

淳熙元年七月十九日，詔：『沿江被水之家，令守臣胡與可躬親巡門相視。如委是貧乏之家，悉具姓名以聞。』既而相視到沿江被水貧乏之家六百三十有八，詔令左藏南庫每家支錢五貫文，令莫漳躬親支散。仍許於沿江白地二百畝内依元來丈尺指射、蓋屋居止，量立白地租錢。

二年七月十四日，詔：『(建)〔近〕因連雨，渰寖寨屋一千一百餘家。雖都統司已行支給錢米，更宜優恤。令淮西總領單夔於見管錢米内，每家支錢三貫、米一石。』二十八日，鎮江水，支給錢米同。

八月十日，詔：『秋成在即，即陰雨過多，慮刑獄淹延。見禁罪人在内委臺官，在外委提刑前去檢察決遣。』

三年八月二十三日，台州水。既而詔令臣尤袤多方措置賑恤，務在實惠及民，無致滅裂。仍委本路提舉常平官覈實，保明聞奏。

九月十七日，婺州水。既而詔令浙東提舉常平官疾速多方措置賑恤，務在實惠及民，無致失所。

十月九日，台州水。既而詔令何偁於本州常平義倉米内更取三千石，接濟賑給。如不足，通路取撥應副。其合收瘗人，亦仰依條施行。仍令南庫支降會子四千貫付本州，專充修城並捍水臺使用，務要堅固如法。其未起錢絹，自來年爲始，分限三年帶發。

四年六月三日，福州建寧府南劍州水。詔令守臣多方措置存恤。

九月二十七日，詔：『浙東提舉司將被水人户多方存恤，依條賑濟，毋令失所。其衝損塘岸去處，仰紹興府專委官監視，如法修築。』從浙東提舉姚宗之請也。

五年七月二十一日，福州福清縣及海口鎮、興化(水軍)〔軍水〕。既而詔令本州軍守臣更加存恤，仍仰本路提舉依條賑濟。

六年七月二十日，温州樂清縣、台州黄巖縣水。既而詔令逐州守臣更切存恤。

二十四日，知温州胡與可以支常平錢五百貫並係省錢五百貫，賑給被水人户自劾。上曰：『國家積常平米，政爲此也，可放罪。』

七年七月十二日，袁州分宜縣水。江西帥臣張子顔乞將本縣被水人户未納今年夏税，自第四等以下並權行住催，候至來年夏税帶納。從之。

八年五月十六日，都省言：『陰雨未已，竊慮刑獄淹延，大理寺委卿少，三衙委主帥，在外州軍委知通，縣委令佐決囚。尚慮未盡。』詔：『如大情已正，内鬬殺情理輕並雜犯死罪至徒罪以上，並降一等斷放，杖罪以下及干繫人並日下釋放。其州郡所委官如到刑獄官司，限當日決遣了畢，仍具斷放過名件人數聞奏。應申奏案狀，督責疾速依條施行。內命官先次召保責出，一面申奏，毋致違戾。』

是月十九日，又劄子：『勘會已降指揮，疎決刑獄。刑部見擬斷兩浙州軍並大理寺、臨安府待報獄案，其降有鬪殺情輕，並雜犯死罪之人，尊稟上件指揮，並降一等斷放。緣鬪殺情理輕，死罪降至流，依法斷訖，本處居作一年，滿日放。及彊盜死罪降至流，依法尚有刺配之類。兼命官犯贓罪，合照應減降指揮施行。』詔令諸作並刺配人斷遣訖，依條施行。命官除犯入已贓外，並依已降指揮。

六月九日，紹興府嚴州水。既而詔：『人户納今年夏稅，內漂壞屋宇第四等以下户並與蠲免，第三等以上户蠲免一半。渰寖屋宇第四等以下户並與倚閣，三等以上户倚閣一半。』從浙西提舉趙伯涣請也。

十一年六月十一日，詔：『浙西、江東路州軍被水去處，令兩浙提舉司多方勸諭有田之家，將本户佃客優加借貸，候秋成歸還。』

八月，階州水。詔更加存恤，毋致失所。

十六日，處州龍泉縣水。詔令提舉司同守臣優加存恤。

十一月十八日，鎮江府水。詔浙西提舉司於近便州府常平、義倉米內通融，斟量應副。

十二年九月六日，湖州安吉縣、台州臨海縣水。詔令逐州守臣優與存恤。

十三年五月三日，建寧府松溪、政和縣水。既而二十五日進呈右諫議大夫蔣繼周言：『據轉運司奏，松溪、政和兩縣渰没人家，淤塞田畝，瑞應場渰死者不下千人，被傷者不下二千家。知建寧府陳良祐所奏，全不言及數目，豈所以奉承陛下勤恤民隱之意哉！良祐北乞宫祠，欲望從其所請。仍乞委本路監司依已降指揮存恤外，其損壞廬舍、田苗，據所領分數，等第聞奏，量與蠲減租稅。庶使一方漂蕩窮民咸受實惠。』上曰：『依奏。』又進呈提刑應孟明言：『建寧府大水，朱孝倫、周世楠有防遏未萌之功，乞旌賞。』上曰：『可各轉兩資。』又曰：『有功者賞，無功者罷，庶幾人人知所勸懲矣。』

十五年六月十八日，袁州萍鄉、分宜兩縣水。詔優加存恤，毋致失所。

七月五日，鄂州言：『五月以來連雨，江水泛濫，居民及軍寨被寖近三千家。』詔令沈樞等將被水軍民優加賑恤，毋致失所。

八月，詔令隆興府、撫州、臨江軍各將被水之家優與存恤。從本路運判劉穎請也。

十一日，徽州祈門縣水。既而臣僚言：『漂蕩屋廬，衝壞田畝，溺死人畜，乞特詔監司差官體量詣實。仍將守令量行責罰，以爲不恤百姓者之戒。』詔謝深甫究實以聞。

其被水之家，優與賑恤。

十月十五日，詔：『湖北路諸州沿江湖水泛漲，居民田畝多被渰浸。令提舉司將被水去處優與賑恤。』既而司農少卿、湖廣總領王尚之、祕書郎兼權倉部郎官王厚之、湖北提舉薛伯宣等奏：『竊見湖北路復州、漢陽軍、江陵府、岳州、鄂州、安德府、澧州、常德府管下縣分，間有被水人户，渰浸田畝。已恭奉行下逐州措置，多方存恤。』

十六年正月二十二日，權發遣襄陽府錢之望、權發遣楚州吴曦言：『準省劄，錢之望奏，本州今歲大水，抄劄到貧乏闕食民户一萬四百餘家，合議賑濟、賑糶。』詔楚州糶濟事，令吴曦候到任議定，申尚書省。既而令開具如右：

一、賑濟楚州元册内，欲自十二月爲始支。至來年二月，計支三個月，米共二萬四百餘石。乞撥義倉米五千五百七十三石九斗，及賑濟歸正、歸附、使効等米二千八百餘石，合就本路轉運司三分課子内取撥。及有勸諭到上户陳宏等米一萬石，尚少米二千石。乞於前任守臣糴到椿管米内支撥，共揍成二萬四百餘石賑濟。本州未承回降指揮間，爲見民户闕食，一面將勸諭到陳宏等二户已納到州倉米四千五百石，並於轉運司三分課子米内兑借三千六百六十四石九斗，先次賑濟十二月分米，委官支散了當。乞劄下本路提舉常平司，於義倉内撥米四千五百石，給還陳宏等。其兑借賑濟過轉運司三分課子米三千六百六十四石九斗，亦乞劄下轉運司，於撥下本州賑濟米一萬五千石數内理豁施行。

一、賑糶楚州元册内，乞撥常平司米一萬六千餘石，並椿管米三萬石，共揍成四萬六千石，應副賑糶。之望等照得本州椿管米近蒙朝廷指揮，支撥二萬石應副修城，及曦陳請支撥米一萬二千石賑給外，所餘不多。兼已蒙本路轉運、常平兩司科撥高郵軍椿管米三萬石，令本州般取賑糶，立定每斗價錢一百二十文省。之望等竊聞所撥高郵軍米椿積年深，雖價錢低平，兼恐貧民艱得見錢收糴，已行下諸縣截發宫錢雇般高郵軍，今來議定先次般取米五千石，於諸縣置場去處，依價賑糶。候見得有人收糴，即接續前去般取賑糶。

一、本州雖有提舉司撥到常平等米二萬一千六百餘石，並錢二萬貫，並係賑貸，止可供給有田産税户收糴耕牛、農具等，候將來豐熟拘還；其無田産人户及貧乏客户，皆不均及。惟是賑濟一項，方得普霑朝廷德澤。詔依。仍覈實無産人户並貧乏客户，如合賑濟，依條施行，具數申尚書省。

淳熙十六年四月十四日，紹興府新昌縣水。既而詔令紹興府將被水之家優與存恤，毋令失所。以浙東提舉司言故也。

六月五日，鎮江府水。既而以御前諸軍都統制劉超言：『本府自六月二日至五日大雨，運河水滿，灌注入城，致諸軍營寨内有地形低下去處浸渰三千餘家。即時將官兵老小移往高阜屋内安箔，給散官錢，付水渰之家。已般移每家一貫文，不般移每家五百文。』詔令總領所照都統司已支錢數倍與支給一次。

紹熙二年四月三十日，汀州寧化縣水。既而以福建轉運提刑司言：『汀州寧化縣洪水泛漲，浸死百姓一十八人，推去屋宇等。即委官措置，撈漉屍首，如法埋瘞。救到生存之數，支錢米賑恤。』詔令福建路諸司將應被水軍民更切賑恤，毋令失所。

五月一日，建寧府福州水。既而詔令福州路諸司將被水居民更切賑恤，毋致失所。以福建提舉司言故也。

二十三日，漢州雒縣、石泉軍龍安縣水。既而詔令制置司行下諸司並逐州府，將被水之家優加存恤，毋令失所。以四川制置司言故也。

七月十八日，興州水。既而以知興州吴挺言嘉陵大江暴漲，漂浸居民。委官抄劄到被水人户三千四百九十二家，一萬九千二百九口，又長（舉）〔興〕縣被水人户一百七十九家、一千六十三口，並從本縣賑濟施行。及有沿江道店被水人户數目，續行賑濟。

三年五月二十九日，常德府水。既而以湖北提舉張孝曾言：『本府山水與江水暴漲，渰浸城外居民及田疇等。至六月四日又雨，未得晴霽，見行祈禱。』詔本司（言）〔行〕下常德府，將被水之家優與存恤。

四年五月三日，紹興府諸暨縣水。既而以本府申：『自四月末至五月三日，連雨大作，江溪泛漲，渰没居民屋舍、禾稼，衝倒百有餘里。』詔令轉運、提舉司並紹興府將被水之家更切優與存恤，毋致失所。

五年五月十一日，池州石埭、貴溪兩縣、寧國府涇縣水。既而以江東提舉司言：『池州石埭縣梅雨大作，山間發洪，居民屋宇悉被渰浸。已行下本縣，以見管度牒米量行賑濟。又池州貴溪縣、寧國府涇縣山水暴漲，衝損屋宇，及有死損人數。已委官抄劄，支撥常平錢米賑恤。』詔令江東提舉司將被水之家更切優加存恤，毋令失所。

紹熙五年八月二十九日，臨安府言：『本府餘杭、臨安、新城、富陽、錢塘、於潛等六縣大水爲災，衝損民居，目今闕食。本府已支撥常平官錢，分差委官前去各縣，同縣官巡門賑給外，有四等、五等被水人户合行給散口食米，已措置先各給十日，大人一斗，小兒五升，及委通判黄瀚前去諸縣賑給。據報到，餘杭一縣渰浸之家計二萬户，每〔户〕約三人五人，計八萬口，共約米七千餘石，别無有管米糧可以賑給。若計諸縣，其所用米數至多，雖即具報提舉司，乞行下有管州縣支撥，未承發到。今來事勢迫切，緣本府因去歲旱歉減放，即無有管米斛可以那容。若候提舉司行下外州等處撥到，竊慮般運遠涉，恐人户闕食未便。欲望特賜指揮，權行借撥三萬石應副即日賑給。纔候提舉司發到，却行撥還，庶得不致闕悮。』詔令豐儲倉借撥一萬石應副賑給，仰提舉司疾速科撥米斛，餘依。

嘉泰四年十月十二日，洋州言：『本州七月九日管下瀼水河暴漲，其水發源在北山谷中，屬真符縣化洽鄉第十都、十六都一帶。沿流人家被水，漂蕩屋宇、水磑、什物之類，流入漢江。即時行下興道、真符兩縣火急差官體訪抄劄，如有損人口，先募人打撈屍首。興道縣體訪漢中係接連真符縣界，漂損一十七户，已支給銅會一十道，粟米一石充賑恤。真符縣體訪化洽鄉沿流七十七家被水，州司逐急那省司錢引五百道充賑濟錢米外，有漂損田苗、田土，專委兩縣究實，從條倚閣税租，並申監司、制置司證會訖。』詔令洋州更切多方措置賑恤，毋致失所。仍劄下本路常平、轉運司及四川安撫制置司證會施行。

開禧三年六月十五日，臨安府言：『錢塘縣五月二十六日，安吉、定山、南管係邊江去處，被上江洪水、入浦潮水相衝，湧入本鄉，浸没田畝並大路、民間住屋，驛路去處，水没約八尺有餘，今來已退一尺有餘。未知水退去後，民間住屋、田畝、苗稼成秀如何。已委錢塘縣知佐火急差官，遍往鄉村抄劄實係被水人户，將本府撥去錢米多方措置賑給，務要實惠及民，毋令失所。』詔令臨安府將錢塘縣被水之家更切優加賑恤，務要各令安業，毋致失所。

同日，兩浙運司言：『嚴州申，本州並管下六縣自五月以來，曉夜驟雨不止，溪水泛漲衝突，直入城市，渰浸居民。及給散米斛賑恤，本州倉庫素來匱乏，既無見管錢斛可以指擬賑濟，欲給降官會五七萬緡，或度牒五七十道，從本州變轉糴米賑濟，及給散被水居民助造屋宇。今知淳安縣石宗萬申，本縣大溪正係徽港，緣連日陰雨發洪，溪流暴漲，水勢洶湧，頃刻之間，居民屋宇悉皆渰浸，止留縣前二十餘家。已具因依供申。其水漸次歸港，宗萬即時徒走，沿古城脚，自廟後穴牆而入，至門樓上堆垛官錢，多募舟船，差得力弓兵同稍人救濟民旅，並無一人損失。緣其水經停三晝夜，家業生計並無所存，即行乏食，逐急將在庫板帳等錢和糴米斛，躬親沿門量行賑給。每家給米一斗，錢一百文。縣郭共一千三百三十五户，皆獲少濟。仍給牓沿湖州縣，招誘客人興販米斛前來接濟。唯是淳安地瘠民貧，平居尚且困匱，遭此巨浸，狼狽異常。凡五百四十二家，幸而屋宇僅存者，其牆壁頹毁，生理已蕩然一空，啼號之聲，所不忍聞。所有管下一十四鄉、三十五都皆被渰浸，沿溪屋宇盡皆漂流，所種早晚禾悉被推去，田多爲沙石衝淤，或打入溪港，其被害尤甚。如近郭開化縣楓潭八十四家，被水推去八十一家，見今流離。本司雖撥去錢米，係是有限之數。如淳安所申，向後日月向長，田間既遭渰損，秋收自難指擬。深慮米價增長，小民艱食，利害匪輕，欲望敷奏，給降度牒或官會，發下本州，令守臣、知縣火急措置，又糴米斛，分置場分，減價賑糶，庶幾被水飢民接續得食。其有貧落無所依倚之人，即行賑濟。若不早爲之圖，必致流離狼狽。已備申朝廷施行。』檢會開禧三年六月十三日敕節文：『嚴州淳安等縣被水，令提領豐儲倉於所樁管米内支撥一萬石，付嚴州充賑濟被水居民食用，務要實惠，毋致流移失所。』詔令禮部給降空名度牒二十道付嚴州，每道價錢八百貫，從便出賣，同撥去米專充措置賑濟被水人户使用，餘依已降指揮。

十九日，知紹興府章燮、浙東提刑李珏、提舉魯幵言：『竊見紹興府蕭山縣、諸暨、嵊縣、山陰、會稽、上虞等諸邑，自五月二十四日以後至今月九日，節次申到及百姓等狀，並以水傷，乞行賑恤。惟蕭山縣被害最酷，已分委州縣官相視水勢，將常平錢米多方賑恤。已具申尚書省外，蓋緣諸暨縣多是高原，積雨暴漲，至有衝突渰浸之患，而水亦易退，不至重傷。惟是蕭山正居下流，地形窳狹，又無大湖泊以殺水勢，而諸暨、嵊縣之水湍激如建瓴，嚴、徽、衢、婺之水旁衝其肘腋，雖一時開掘堰垻，以速内水之去，築捺塘埂，以拒外水之來，然事出倉猝，終不能制横流之患。所恃去海近而易於通流。夫何適遭大汛，壅逆愈見增加，以此十五鄉之地渺若江湖。今已半月，室廬蕩析，生計一空，田苗腐敗，歲事無望。老稚號泣，口食不充。似此災傷，誠爲罕見。雖目今便獲晴霽，亦是數日之後，水勢方平。設使屋宇，尚何以爲修葺之費；晚田可種，何以爲秧本之資？若非官司力加振救，必致流移死亡。證對紹興一府所管常平、義倉米止一萬九千石，錢六千餘緡，尤爲鮮薄。去後日長，委是用度不敷。伏覩淳熙八年本府災傷，孝宗皇帝特降御筆，加惠一方，撥賜錢米，蠲閣官賦，比之他郡，尤爲優厚。蓋以本府密拱行都，山陵所在，以是倍加撫存。況今來方此修奉大行太皇太后陵寢，蕭山爲邑，首當應辦，而百姓乃有饑溺之憂。若不爲之控瀝血誠，祈告君父，罪不容誅矣。除已具狀申朝廷，伏望敷奏，檢證淳熙體例，早賜矜恤施行。』詔令封樁庫給降會子五萬貫，豐儲倉證年辰資次支撥三萬石，付紹興府，專充賑濟被水居民使用。務要實惠，毋致流移失所。

二十三日，徽州言：『本州自五月中旬以來，連日雨勢轉急，溪水湧溢，城裏外居民多被渰浸。即時分委歙縣東尉、西尉巡檢，部轄舟船，及委縣丞監督，預先紥裝簰筏，般救居民入城，於州治後園、城樓等處權泊。及支米煮粥，分頭差官吏俵散，率州郡官僚遍詣寺觀、神廟等處祈禱。當晚雨漸止，水勢退落開霽。並(祈)〔祁〕門縣亦有被水之家，差官抄劄被水居民。内有衝損渰浸之家，支給常平錢米賑濟外，自餘犒賞支費，本州自行支給。所有(祈)〔祁〕門縣委知縣倣此施行。』詔令徽州將被水之家更切優加賑恤，務要各令安業，毋致失所。

開禧三年七月五日，福建提舉司言：『崇安縣申，本縣自五月初旬以來，連雨暴作，忽東西兩溪洪水泛漲，浸上縣街。即率同官分往諸祠祈禱，急回登鼓樓觀望，水勢猛甚，人心惶惶，顧戀財物，不肯走避。隨即分頭差人拆下縣宇四圍門扇、樓板、木植，縛排救接。其間多有婦女、小兒上屋被水者，却用樓板接續引過縣樓。未移時間，水衝入縣門，浸上廳堂數尺。其縣獄、鹽倉、庫宇、吏舍俱爲渰浸。其本縣前街及兩岸沿溪一帶居民屋宇多被推蕩，獄中重囚隨即領出。緣一時急於救活人命，上下愴惶，應干官物、簿書並皆般移不徹，其間並遭浸蕩，一縣狼狽，不可具述。除已躬親及委縣官隨門撫諭，抄劄被水浸蕩之家，所有流離無歸之民，並令於縣學、米倉、寺觀、廟宇等處，從便居住。及委縣丞權將常平倉米減價出糶，及永隆、光化院、齋堂三處煮粥，監施被水之家，支撥米斛賑濟，多方存恤。

本司即牒建寧府速行委官前去崇安縣，取見被水之家，支撥常平錢米，分等第多方賑濟，務要實惠及民。又五月二十日，政和縣申，本縣梅雨連綿，勢不少緩，遂至溪流泛溢。即率佐官躬詣靈迹公祠，親許水陸佛事等。雨勢轉加，損壞橋梁，狂濤入市，官吏士民悉皆恐懼。又詣城隍，敬許清醮，將本縣監納贓賞等錢盡行蠲免，官私房廊白地錢亦放五日。至晡時，雨方少霽，即與同官遍視被水之家，漂損頗多。次日遂晴，即以白米煮粥，分頭散施存撫，賑糶米斛。竊慮間有溺死人數及流蕩屋宇去處，括責賑濟，躬親覈實。本司移牒建寧府，取撥常平倉米四百石，差官賑濟被水人户，併行體究有無渰浸損傷人口。並帖政和縣，將撥到賑糶米斛照等第支給，務要實惠及民。具已支過錢米總數供申證會。』詔令建寧府將逐縣被水之家更切優加賑恤，務要各令安業，毋致失所。仍劄下福建提舉司證會。

十一日，御筆：『朕德弗類，致天之災。比者郡邑間被大水，加以飛蝗爲孽，永惟咎證，用震悼於予衷。顧憚然在疚，方重貶抑。咨爾二三大臣，其助朕祗畏，思正厥事，以迪百工，俾内無誕謾私詖之風以害吾治，外無貪墨暴刻之政以殘吾民。其有災傷，當行賑恤去處，具以狀聞，無得蒙蔽，庶幾實惠宣〔一〕，天心降格。矧今兵戍久勞，瘡痍未息，一念及此，痛如在躬。疆〔場〕〔埸〕之吏，尤當極力安輯，以稱朕憫仁元元之意。』

嘉定二年八月二十九日，兩浙轉運司言：『台州申，本州七月一日夜，風雨大作，潮水泛漲，除近州地無損外，續詢訪得臨海縣管下沿海地名章安、碓頭一帶，枕近海門，邊江居民屋宇多有被水漂流及倒損、淹死人命去處。竊慮有貧乏無力津送之人，州司即時支給常平錢一百五十貫文，就委臨海縣尉及北近杜瀆知監，前去地頭躬親詢訪，有被渰死無力埋瘗之人，即將所支官錢收買棺木埋瘗。仍驗視喪失人命及被水飄流、倒塌屋宇之家，抄劄户

〔一〕宣　原文該處漫漶，據《蝗災》門核定。

口，保明供申。據逐官申，除邊江居民渰死人命有主識認自行埋瘞外，有海洋客商船隻被水打壞溺死，屍首隨潮流入港内，無人識認，已將支下官錢收買棺木埋瘞。及委知臨海縣核實到飄流屋宇及溺死共三百一十七户，倒塌渰浸共一千九百六十六户。州司已支撥義倉米一千一百四十一石七斗，次第給濟，及牒提舉常平司行下賑恤施行。』詔令台州將被水人户更優支常平錢米，多方措置賑恤，毋致失所。

四年九月六日，浙東提舉常平司言：『慶元府申，七月二十三日，慈溪縣申，金州鄉洪水發作，衝損民屋陸種，渰死人民計二百六十六家。共支米二百十石五斗，官會二千七百貫文賑濟。府司緣闕米，證時價行下軍資庫，支官會八百六十貫文，發下慈溪知縣，躬親點名俵散外，申本司證會。』詔令慶元府將被水之家更切多方措置賑恤，毋令失所。並劄下轉運、提舉司證應施行。

六年六月十八日，兩浙轉運司言：『紹興府諸暨縣申，本縣近因闕雨，妨於插種，縣官每日躬詣觀音殿靈祀去處，精加祈禱。五月二十六日，方獲通濟。二十八日止六月初一日，暴雨連作，山洪水泛。緣本縣地勢低下，溪流窄狹，遂至渰没民田，衝倒屋宇，道路不通，民居被浸，雨勢未止，民情皇皇。深慮别有不測，縣司已預備船隻，（船）〔般〕載人民，赴本縣兩廊並高仰寺觀，從便歇泊，多方存恤。及從父老所乞，集衆官照例時暫下放縣牌，厭禳水災。並嚴潔修設，祈求晴霽外，申乞照會。本司已牒紹興府及諸暨縣，將被水之家支給錢米，優加存恤，毋令失所，及牒浙東提舉常平司照會施行。』詔令紹興府更切多方優加賑恤，具已賑恤過人數申尚書省。

十年八月十一日，臣僚奏：『臣聞守令之職，於民最親。境内若有水旱，縣申州，州即申所部，詞狀以時接受，禾稻以時檢踏，委有損傷，即合從實蠲減。蠲減既畢，即議賑濟。豈復有流離餓殍之患？今也不然，縣有水旱，令則觀望州郡，不即受狀，守則顧惜郡計，惡聞言損。既不申奏，又不檢視。或因諸司覺察，不得已而差官檢踏，動在深冬。彼時旱禾多爲牛馬蹂踐，民間無以續食，先自耕犂旱田，播種菜麥，官吏所至，稱是無藁秸可驗，多不減放，遂使有田者不被蠲租之恩，無業者不霑賑濟之惠，民生茲郡，何不幸耶！此字民之官不損猶應言損，唐代宗所以深咎於守令也。是豈非守令無愛民之誠，有欺心而然乎？且監司之職，爰咨爰諏，部内必有水旱，當令州縣及時具申。既見得果有災傷，即合嚴督州縣，差官驗踏，照分數蠲減税乞。或有傷重去處，合蠲閣舊欠者，速與申奏朝廷。俟得回降，方與行下蠲閣，庶免日後舉催之患。今也不然，部内若有災傷，監司更不嚴督州郡及時檢放，漕憲、倉司各掠美名，争出文榜，不候申聞朝省，輙將人户新舊税盡行倚閣，以示寬恤。鄉民無知，一時聽信，至有持錢帛入城而復携以歸者。自後朝省初無行下，州縣再行舉催，小民輸納既已後時，逮至來年，縣道起催新税，又督舊逋，追逮監繫，倍有所費。名曰利之，適以害之。此口惠而實不至，怨讟及其身，吾夫子所無取於諸責也。是豈非監司沽愛之譽，無實惠而然乎？側聞孝宗皇帝嘗詔諸路轉運司，令所部州軍自今水旱並以實聞。或州縣隱而不言，監司體訪聞奏不實，並當重寘典憲。又因進呈檢放兩浙、江東西路災傷倚閣錢物。上曰：「既是災傷，若與倚閣税賦，亦無從出，可並與蠲放。」大哉王言！真可爲萬世賑荒恤民之龜鑑也。竊聞浙東及江東西今歲多有被旱，救荒之政，正當講究。欲望陛下仰稽烈祖孝宗之訓，俯鑑唐宗、孔子之言，下臣此章，戒飭諸路監司、守令，應是旱傷去處，並仰從實開具被傷輕重聞奏，及時差官檢踏，蠲減税租。其舊欠若合蠲閣者，亦仰先次申奏朝省，候得回降，方與施行。不得前期擅自倚閣，簧惑民聽，有誤及時輸納。庶幾守令各知愛民，而不萌欺心；監司不敢沽譽，而務行實惠。如更循襲舊弊，故作違戾，容臣察訪，按劾以聞，重寘典憲。』詔從之。

十六年八月二十八日，江南東路轉運判官陳宗仁言：『本路今歲自五六月間，霖雨不止，江河山溪之水一時暴漲，居民多遭巨浸，低田率皆渰没。其間可以施人力者謂可車捲，尚堪插蒔，水未及退，一夕之雨，又復渺漫。今建康瀕江之圩田，茫然與江混而爲一，不復可見畦町，而太平州圩田埂埕〔二〕雖存，坍損實多，蕩然幾與江湖無異。至於寧國之宣城、廣德之建平、池之銅陵，凡曰圩田，大率相似。而建德、青陽雖非江，又以發洪，山水衝決，至有漂失人口者，其田遂爲沙漲之地。諸邑水災雖各不同，歲事失望，其實則一。宗仁已將城市被水居民從本司那融錢米賑給，行下州縣，將見催官賦權寬一月催納，並令諸縣置櫃從條，限令被水人户申訴外，將來檢放苗米，其被水浸荒不曾再種之田，勢須全與蠲放。但夏秋二税本出於田，田既荒廢，税何從出！州縣迫於期限，催督不容不嚴。其第四等以上人户猶可勉強，至於下五第人户，所仰數畝之田，以爲卒歲之計。今既一空，猶恐不能糊其口，里胥登門，甚於星火，質貸供輸，艱難萬狀。宗仁深知此等民户困不聊生，念欲具申朝廷，乞將夏税盡與倚閣，重以家國供億所繫，人户雖小，數目實繁。每三以思，不敢遽然有請。所催夏税什已六七，往往皆是貧窶，所有措辦將來官司賑濟之人，若征督不已，未免追擾，其勢必至流移，誠爲可念。宗仁濫將漕輓，一路休戚，實司其責。耳聞目接，用敢冒昧申告朝廷。欲望行下本司，將建康、太平諸邑並建平、宣城、銅陵、建德、青陽共一十三縣，被水不曾再種，見今抛荒第五等以下人户合納今年殘零夏税，權與倚閣，候來年秋收，却與催理。庶幾貧民下户籍

〔二〕埕　原文字略有模糊，据文意确定。

此得以少蘇，免致流徙。』詔令户部將建康府、太平州及建平、宣城、銅陵、建德、青陽縣嘉定十六年見催第五等以下人户殘零夏稅權與倚閣，候來年秋成日，却與催理。仍令本路安撫、轉運、提刑、提舉司疾速依條差官檢視，體量合放分數，除程限半月聞奏。

十二月二日，臣僚言：『恭聞孝宗皇帝於乾道間因閩中饑歉，嘗降御筆付漕臣等曰：「民頗艱食，甚念(之)之，不知作如何措置，不致有流移之人否？」大哉聖言！此在今日所當取法而講明之也。今歲自五月不雨，以至於秋，繼而烈風拔水，洛水襄陵，漂蕩屋廬，潦損禾稼。加以怒潮驟溢，河海通流，民無蓋藏，食充藜藿，轉徙流移，略無生意。爲民父母之官，自當汲汲軫由己之念，或減租賦以寬民力，或發倉廩以濟民饑，比皆職所當爲者。今乃恬然坐視，以罔聞知。臣嘗搜閱月申，諸郡皆未嘗以水潦而上聞，或徑指作無旱傷而申者。顆粒不入，而催科之額如故； 省限未及，而追呼之令已嚴。間有縣官惻然，受理告損之詞，督賦稍寬，而郡守乃誚之以爲好名，反遭譴責。若是，則何以仰體陛下寬恤之意乎？況閩之爲郡，山多田少，地狹人稠，豐年樂歲，尚有一飽不足之憂，加上凶荒，若何爲計？ 往歲猶仰客舟船販浙米以相接濟，今浙右諸郡多被水災，已有皇皇不自給之患，儻不明詔監司、郡守急舉荒政，必多爲溝中之瘠矣。欲望聖慈仰體孝宗皇帝勤恤小民之心，專委漕臣措畫，行下諸郡，須管詣實，照災傷分數減放。仍多方招諭販米客舟，免收稅錢，務行平糴之政。其有貧乏不能自存者，開發常平，廣行賑濟，要施實惠。』詔令福建轉運司行下所部州軍，將被水去處日下證應的實災傷分數，從條減放。仍多方招誘客人興販米斛出糶，與免收稅。仍令提舉司將合賑恤去處疾速措置施行。

十七年三月二十八日，臣僚言：『去歲被水去處不爲不廣，農人失望，俱不聊生。所恃者二麥耳，苦於積潦，種者無幾； 插種既少，飢民嗷嗷。所望者成熟耳，青黄不交，尚賒收刈。下之所以仰給公家，上之所以接續民食者，獨有賑濟、賑糶可以全民命耳。朝廷支撥米斛，爲濟糶用，給降度牒，爲糴米用，朝奏暮下，德意至美也。痛革吏姦，行其所無事足矣，而奉行者何未之思歟？ 且勸分之數，誰肯樂從？ 富室既已承認，千斛在市，其價自平，此昔人之至論也。所積或多，聽其自行出糶可也； 忽嚴禁糶之令，而所在上市之米即少，其價安得而不踴貴乎？近者本臺引放詞狀，畿甸、郡邑既以物力抑勒敷糶，又以勸諭爲名，逼令添認，引惹詞訴，利未及民，已不勝其擾矣。監糶之官，率皆弛慢不職，勸分之米，多是計囑作弊，糶不如數。糶場之吏不惟偷減升合，乞覓量錢，且夾雜糠穀粞碎，歸略舂(白)折閲之甚，反不如貴糴於市。坐此多無人往糴，實惠安得而徧及乎？ 至於賑濟事，尤當曲盡其心，要在所委之官上體九重愛民之意，推擇鄉曲忠厚誠慤之士，相與朝夕講論康濟小民之策，庶幾民無餓殍之憂。欲望聖慈申敕攸司，疾速契勘去歲被水州縣。下臣此章，戒諭常平使者及諸守臣，選差官吏，留意濟糶，革絶弊倖。其有不以濟糶爲意者，臣當廉訪聞奏。』詔從之。

四月十三日，臣僚言：『去歲水澇異常，臣嘗乞修舉救荒之政。陛下惻然，亟俞臣請，軫恤黎元之心，先後無二，民之戴上恩德者遐邇無間也。臣竊謂荒政之徒講，而殿最之尚行，則爲州郡者趨賞避罰之意，憧憧往來於中，黄紙蠲放，而白紙催追，竭民之膏血而不顧，視民之愁歎而不恤。比較將及，則刻刷殘零，重疊科抑，期於充數。甚者又獻羨餘，爲己計則善矣，其如民病何！若是，則九重有寬恤之仁心，而州縣無奉行之實政，其爲無益於救荒一也。試以救荒一事言之，賑濟、賑糶，其初本以利民也。今州縣之間，常平義倉移用殆盡，動是科取於有田之家，名曰勸糶，其實強之。況田有去存，而物力未嘗消豁，中下之户無米出糶，反罹其擾。甚者不得已而應命，則以濕惡米穀雜以糠粃，賂吏而塞責，較之市糴，反有不逮，民亦厭糴，徒爲吏姦。今人情嗷嗷，二麥尚未可望，豈可吏急科斂，以爲郡守貳媒榮取寵之地哉！朝廷既以經費取辦大農，大農以賞罰而比較諸郡，郡迫之縣，縣迫之民，上下煎熬，惟財賦之爲急，而求爲陞陟之計。故善足國者當自裕民始，善裕民者當自寬州縣始。欲寬州縣，其可例行比較之法耶？今户部比較，正其時也。欲望聖慈檢證，嘉定八年臣僚因旱蝗有請，欲免比較特降指揮，應（諸路）諸路州軍實係水傷去處，權免比較一次。仍乞行下户部、司農寺，符合與權免比較州軍，仰體寬恤之意，毋致虐取於民，庶幾被水州縣期限可寬，而民力可裕矣。』詔令〔户〕部、司農寺看詳，申尚書省。

十七年七月二日，臣僚言：『近聞閩中諸郡，因五月二十一日積雨之後，溪流暴漲，爲災特甚。自建寧、南劍以至福州水口，沿溪居民蕩然一空。福之城中西南兩門水高七尺以上，侯官縣甘蔗寨漂流數百家，多有溺死者。南劍衝突尤甚，水勢直至郡治，城樓、郵亭、司理院獄悉皆渰浸類毁。城中人家初見水來，盡挈籠仗上樓，未幾與樓俱去，誠可憫念。市西地名鐵冶嶺一帶，皆爲瀰漫之所。建寧平政橋最爲高處，水没其上，洶湧入城。即此而觀，則其他城外低下去處及諸外縣被害可知。今來雖據逐處申到，並不言其詳，但云支撥錢米，例行賑濟。然臣竊謂監司不過委之郡守，郡守不過委之州縣官，而被差之官或不留意，實惠未必及民，至今有未復業者。欲望聖慈下臣此章，疾速委令監司、守臣以體國愛民爲念，斟酌措置，更與多方賑恤，無令失所。』

貼黄：『臣近得建昌守臣陳章公劄，亦稱是月四邑之水會于盱江城，不没者三版。早禾方包，既已失望，晚禾甫種，多就渰没，其禍至慘。聞之父老，數十年間，未嘗有此。嘗申朝廷，乞檢度牒，以充糴本，事勢可知。並乞聖慈，即賜一體行下，以救千里生靈之命。』詔從之。

食貨五七　賑貸上〔一〕

賑恤災傷

太祖建隆元年正月，命使往諸州賑貸。

開寶六年二月，曹州言民饑。詔運太倉米二萬石往賑之。

雍熙二年四月，以江南數州去秋微旱，民頗艱食，遣監察御史安國祥、太常丞馮拯、榮見素、左贊善大夫馬得一、王茂之、張茂才、樊素、著作佐郎宋鎬、張維嵩、張濤，分往虔、吉、洪、撫、饒、信等州，與長吏度人户闕食者〔二〕賑貸。仍將廩穀減價出糶，並訪察州縣官吏爲政善惡、民間利病以聞。

淳化元年二月九日，京東轉運使何士宗言：『登州歲饑，文登、牟平兩縣民四百一十九人餓死。』詔遣使發倉〔三〕粟賑貸，死者，官爲藏瘞，以錢五百千分給之；其逐州官吏不早具奏，仍劾罪以聞。

二年正月，詔：『永興、鳳翔、同、華、陝等州歲旱，民多流亡，宜令長吏設法招攜。有復業者，以官倉粟貸之，人五斗，仍給復。』

二年四月，詔：『嶺南管内諸州官倉米。先是〔四〕，每歲糴之，斗爲錢四五，無所直。自今勿復糴，以防水旱饑饉，賑貸與民。』

十二月，詔：『民被水潦之患，饑饉者衆，令開倉減價糶貧窮、乞丐者，爲淖糜以賜之。』

五年正月十六日，命直史館陳堯叟、趙況、曾會、王綸等並内臣四人，往宋、亳、陳、（穎）〔潁〕等州出粟，以貸饑民，每州五千石及萬石，仍更不理納。

二十一日，詔諸道、州、府被水潦處，富民能出粟以貸飢民者，以名聞，當酬以爵秩。

至道元年二月六日，遣將作監丞榮宗〔五〕範馳往漳、泉州、興化軍賑貸貧民。以去年旱，艱食故也。

真宗咸平元年九月，詔兩浙路留諸州運米以濟飢民。

二年正月，江南、兩浙制置鹽茶王子輿言：『兩浙諸州經旱，民户未至飢殍，賑貸斛斗亦皆有備。』帝覽奏，因詔郡縣長吏常加體量，如稍有飢民，晝時支與口食，無令

〔一〕原『賑貸上』在天頭，今移爲標題。原小題『賑恤災傷』保留在文内。本部分節録自『《食貨》五七之一至二一』中有關内容。原《宋會要稿》一四九册。

〔二〕者　原脱，據《食貨》六八之二九補。

〔三〕倉　原作『食』，據《食貨》六八之二九改。

〔四〕是　原脱，據《食貨》六八之二九補。

〔五〕宗　原作『宋』，據《食貨》六八之三〇改。

失所。

三月，遣度支郎中裴莊、內殿崇班閤門祇候史睿、祕書丞李防、供奉官閤門祇候杜睿，分往河南、兩浙諸州，發倉廩，廣爲賑恤飢民。

閏三月，筠州請發廩賑貸，從之。

四月，兩浙轉運司言：『先撥常、潤州廩米五萬石賑貧民，尚未足，請更給五萬石。』從之。

七月，度支判官陳堯叟廣南使還，言西路諸州旱，命國子博士彭文寶往權轉運司事，賑飢民。

十月，以兩浙、荆湖旱，命庫部員外郎成肅、比部員外郎劉照、太常博士李通微、閤門祇候李成象往體量賑恤。

十一月，兩浙轉運司請出常、潤州廩米十萬石賑糶，從之。

四年閏十二月，命左司諫、知制詔誥[一]梁顥、供備庫副使潘惟吉往河北東路，禮部郎中、知制[二]誥薛映、西京左藏庫使李漢贇往河北路，發倉廩賑饑民。帝詔宰臣，以河北諸州物[三]價示之，其中陳豆、紅粟斗不下百錢，又出麻滓、蓬實，曰：『民已食此矣，速當拯濟。』故命顥等焉。

六年二月，遣朝臣、使臣分往京東西、淮南水災州軍，賑恤貧民，疎理刑獄。

景德二年正月六日，詔河北轉運司副使分詣管內諸州軍，按視飢民，賑給之，口一斛，户五斛爲限。帝以戎寇之後，居民失業，慮其饑饉流離，故有是命。

十一月，詔於京城出倉粟減價出糶。以汴流阻淺，運舟不至，穀價騰貴故也。

大中祥符五年十月十日，詔：『如聞建安軍等處，自秋霖雨，頗妨農事，宜委轉運發運使體量賑恤。』

天禧四年正月，令利州路轉運司賑貸貧民，以旱故也。

二月一日，以淮南、江浙穀貴民飢，命都官員外郎韓億、閤門祇候王君訥乘傳安撫，發常平倉粟減直出糶以賑之。民有以糧儲濟衆者，第加恩獎。其乏食持仗盜糧者，並減等論罪。

是月，詔曹、濮、鄆、單、徐州、淮陽軍賑貸民，以河決爲害故也。

六月，太常少卿、直史館陳靖言：『朝廷每遇水旱不稔之歲，望遣使安撫，設法招攜富民納粟，以助賑貸。』從之。

乾興元年二月八日，蘇、湖、秀州雨，壞民田，穀貴人飢，命出倉粟賑貸之。

十一日，徐州民飢，詔發廩粟賑貸。

仁宗天聖三年三月，京西轉運使張意言：『襄、(潁)

[一] 誥　原作『詔』，據《食貨》六八之三一改。
[二] 制　原作『照』，據《食貨》六八之三一改。
[三] 物　原作『諸』，據《食貨》六八之三一改。

〔潁〕、許、汝等州經水，損惡斛斗八萬餘石，不堪支遣，請分給闕食之民。』從之。

四年十二月，詔：『諸處州軍經春有斛斗價高處，慮人户失所，宜令京東、京西、河北、淮南轉運司選官，將本處常平倉斛斗減價出糶。或無常平倉處，即以省倉斛斗除留準備外，出糶以濟貧民。』

九年二月五日，河北西路提刑司言：『邢、懷州連年災傷，若令應副十分春夫，必難勝任。欲乞特賜免放一半。』從之。

十月十二日，中書門下言：『廣東經略、轉運使等言，潮州海陽潮漲，推流屋舍、田苗，死失人口。乞令本路提刑司躬親前去，依條存恤。』從之。

治平四年神宗即位，未改元。六月十八日，詔：『在京永泰、景陽、通天、安肅四門，此月十七日給河北流民米，止六月終。』仍曉諭以河北近得雨，令歸本貫。其不願歸，勿彊〔一〕之。仍曉令河北轉運司，應災傷州軍縣分，依此曉告，倍加安存〔二〕。臣僚上言，河北訛傳京師散流民米，恐未流移者因茲誘引，皆來入京。故約束之。

神宗熙寧元年七月，詔：『恩、冀州河決水災，令省倉賜粟。』詳見《恤災門》。

二年四月，降空名祠部五百道付兩浙轉運司，令分賜本路曾經水災及民田薄收州軍，相度災傷輕重，均其多寡，召人納米或錢，以備賑濟。

七月十八日，詔：『水災州軍，令本路轉運使、判官、提點刑獄分往被災處，照恤貧民闕食者，支廣惠倉斛斗賑濟。如不足，量支省倉物。仍於人户便近處減常平物價就糶。若貧人無錢，相度賒糶，令至秋送納。其非税户，即與遠立日限納價錢，並委就近施行訖奏。』

三年五月八日，詔雄州以兩屬人户如遇災傷，即時貸糧，接續俵散，分作料次送納。

六月，詔：『在京諸倉米斛之數已豐，訪聞日近民間粳米價直稍貴，所有淮南上供新米，仰酌中估定錢數，遣官分詣市置〔三〕場出糶，以平物價。』

四年二月十三日，詔河北轉運、提刑司體量貝、冀徹邊少雨雪，州軍乏食飢歉人户，多方賑貸存恤。其見欠殘零税賦，並權與倚閣。

六年六月七日，中書門下言，檢正刑房公事沈括狀：『乞今後災傷年分，如大毁〔四〕饑歉，更合賑救者，並須預具合修農田、水利工役人夫數目，及召募每夫工直申奏，當議特賜常平倉斛錢，召募闕食人户從下項約束興修。如是災傷，本處不依勅條賑濟，並委司農寺點檢察舉。』

〔一〕彊　原作『疆』，據《食貨》六八之三八改。
〔二〕安存　原作『存安』，據《食貨》六八之三八改。
〔三〕置　原作『價』，據《食貨》六八之三九改。
〔四〕毁　原文漫漶，權作『毁』。

從之。

元豐元年正月十二日，賜廣濟河輦運司上供米十萬石，付徐州、淮陽軍，糴與水災飢民。

閏正月十三日，詔河北路以常平米賑濟飢民。

三十日，詔河北被水户如過河逐熟，即於白馬縣河橋差官賑之。

四月七日，詔以瀛州陳次米依災傷及七分例，貸第四等以下户，不得抑配，免出息。

八月二十八日，詔：『濱、棣、滄三州第四等以下被水災民，令十户以上立保，貸請常平糧，四口以上户借一碩五斗，五口以上户借兩碩，免出息，物稅百錢以下權免一季。』

二十九日，詔：『青、濟、淄三州被水流民所在州縣，募少壯興役。其老幼疾病無依者，自十一月朔依乞丐人例給口食。候歸本土及能自營，或漸至春暖，停給。』

二年正月二十三日，上批：『聞階、成州去秋[一]災傷，艱食之民，流者未止，官司初不經畫賑濟。可下司農並本路提舉司疾速施行。』

二月十三日[二]，詔：『聞齊、兗、鄆州穀價甚貴，斗直幾二百，艱食流轉之民頗多。司農寺其諭州縣，以所積常平倉穀通比元入斗價不及十錢，即分場廣糴。濱、棣、滄州亦然。』

同日，三司言：『濟、淄等州穀貴，春夏之交，慮更艱

食，請輟廣濟河所漕穀二十萬石減價糶。』從之。

二十六日，知滄州張問言：『民飢，至相食。今州倉大豆四萬九千餘石，可支五年，漸有陳腐。乞留二年外，斥其餘以賜飢民，可活良民三萬口。』上批：『可下提舉常平事李孝純速相度施行。』

四月十二日，詔河北東路提舉常平倉司所散濱、棣、滄州饑民食，至五月止。

三年七月十三日，入内東頭供奉官、瀘州勾當公事韓永式言：『利州路雨水，溪江泛漲，漂流民田，物價增長，民未安居。乞下本路轉運並提舉司賑濟。』詔提舉司依條施行。

九月初二日，權知都水監丞公事蘇液言：『河北、京東兩路緣河決，被患人户蒙朝廷賑濟放稅，乞以其事付史館。』從之。詳見《恤災門》

七年七月九日，詔尚書户部員外郎張詢、幹當御藥院劉惟簡，賑濟西京、大名府被水災軍民。詳見《恤災門》

二十一日，詔：『河北、河東路被水保甲，令州縣考實賑濟。小保長、保丁一碩，大保長二碩，都副、保正三碩。提舉保甲官分詣諸縣照管，具賑濟人數以聞。』

[一] 秋　原作『後』，據《食貨》六八之四〇改。

[二] 二月十三日　《食貨》六八之四〇作『二月十二日』。

八月十四日，詔洺州水災，許借鄰近州縣常平倉米、麥、小豆共五萬碩。

哲宗元祐元年二月一日，詔：『大名府自經水災，民田尚多[一]渰浸，人户艱食。向雖賑濟，尚慮官吏拘文，使被災之民未蒙恩澤，宜委大名府路安撫使韓絳詢訪賑濟。』

四日，詔淮南東、西路提舉常平司體量饑歉，以義倉及常平斛斗依條賑濟。訖聞奏。

三月二十六日，詔：『府界[二]並諸路提點刑獄司體訪州縣災傷，即不限放税分數及有無披訴，以義倉及常平米斛速行賑濟，無致流移。』

二年二月四日，詔左司諫朱光庭乘傳詣河北路，與監司一員偏視災荒賑濟。有未盡事，並得從宜；事體稍重，即奏稟；官吏奉法不虔，即按劾以聞。

是歲十一月二十六日，監察御史趙挺之、方蒙言：『去年北邊州郡被水災，光庭奉使體訪賑濟，不問民户三等，一概支貸。蓋一出使，而河北措置之財遂空，乞行黜陟，以允輿論。』詔光庭具析以聞。

紹聖元年二月十四日，三省言：『北京、澶、滑州民被災最重，艱食者多，及軍食闕，未見監司奏請。』詔呂希純、井亮采因接濟河北所至，體訪所當施行，疾速具奏。

九月六日，詔：『遣監察御史劉拯乘傳按河北東、西路水災州軍，賑濟闕食人户，應合行事，令條具以聞。』

十月十七日，詔京西南、北路提舉司官躬按州縣，督視賑濟[三]，無令流殍，旬具[四]所存活數申尚書省。

二十一日，詔：『河北東、西路被災，經放税户雖不及五分，所欠借貸錢、斛並抵當牛錢等倚閣，候豐熟日分，計料輸；其非被災放税户所欠錢、斛，視此。仍除結保均陪之令。流民在他路者，官吏以至意諭曉使歸業，給券，使所過續食；不願者，所在廩給之。』

二十三日，詔：『滑州委官於浮橋北岸諭南來流民，以朝廷寬逋移粟賑恤曲折，使歸業。』

同日，詔：『近者大河東堤防未及增繕，以故瀕河被害者衆，南來者多留京師，流離暴露。隆冬日迫，陷於死亡，坐視不恤，其謂朝廷何？既詔有司悉意賑贍，其令開封府即京城門外行視寺院、官舍以居之，至春諭使復業。』

徽宗崇寧五年正月二十五日，詔兩浙路提舉司賑濟水災乏食者。

大觀二年八月十九日，工部言：『邢州奏，鉅鹿下埽大河水注鉅鹿縣，本縣官私房屋等盡被渰浸。』詔：『見

[一] 多　原作『少』，據《食貨》六八之四二改。
[二] 界　原脱，據《食貨》六八之四二補。
[三] 賑濟　原作『州縣』，據天頭批注『賑濟』二字及《食貨》六八之四七改。
[四] 旬具　原作『詢其』，據《食貨》六八之四七改。

在人户，依放税七分法賑濟。如有孤遺及小兒，並送側近居養院收養。內有人户盡被漂失屋宇或財物，仍許依七分法借貸，不管却致失所，仍具賑濟、居養、存恤次第事狀聞奏。』詳見《恤災門》。

九月二十九日，水部員外郎陳〔一〕長孺言：『奉詔體量邢州鉅鹿縣被患甚重，欲指揮本路監司下所屬，疾速將本縣被水第三等人户，亦依第四（第）〔等〕勑條賑貸。』從之。

十月七日，詔：『秦鳳路流民盡赴熙河路州軍，本路備邊，糴買爲重，深慮流移民户積日浸久，耗蠹（北）〔並〕邊糧食。可下〔二〕常平司悉心措置賑濟存恤，早令復業。仍具流移户口確實數目及賑濟措置次第以聞。』

政和六年三月十日，詔：『浙西常、湖、秀州、平江府等處，自去歲水災，秋成尚遠，其貧闕不濟人户，仰本路提舉常平司通融那移一路應管常平、義倉，與朝廷封樁米斛，權依乞丐人法，不限户口、石數，特加賑給。』

四月八日，詔添入湖州，並以七分災傷條例。

七月六日，知杭州徐鑄言：『奉詔賑濟錢塘、仁和、鹽官、餘杭、富陽縣去歲水災貧闕人户，自四月十五日接續賑給，止六月十五日，尚未有米穀相繼上市，已一面行下展至六月終。』從之。

八月十八日，兩浙提舉常平司言：『奉詔，常、秀、湖州、平江府等處水災，權依乞丐人法賑給。今據逐州管下共二十五縣，賑濟總四十三萬餘口，乞至收成日住給。』從之。

十月十九日，詔平江府管下屬縣有水災去處，令依十分法賑濟。

八年七月十六日，詔：『高陽關路去歲賑濟，全活百餘萬人，河間府、滄州爲多。安撫使吴玠特降詔獎諭，官吏推恩有差。』

八月二十五日，詔：『江淮、荆、浙被水州軍漲水已退，殘潦餘浸占田無藝，民不得耕，比屋摧圮，無以奠居。可令郡守〔三〕、令佐悉心賑救，提舉司於上供或封樁斛斗內，量人户多寡截充賑濟，即不争占。候將來豐熟，於常平司撥還，上等四十萬石，中等三十萬石，下等二十萬石。』

九月二十七日，詔：『江淮、荆、浙，以被水人户多寡，分上、中、下三等，許截上供斛斗賑濟。可依已降處分，作三等截留四十萬〔石〕。如違，以大不恭論。』其後，宣和元年正月七日，臣僚言：『兩浙廉訪所申：「據轉運司申：『截撥到本路米一十二萬七百石，其餘分下平江府、湖、秀州收糴應副。』又於鎮江府截住常州米綱樁充

〔一〕陳　原作『東』，據《食貨》六八之五〇改。
〔二〕下　原作『平』，據《食貨》六八之五〇改。
〔三〕守　原脱，據《食貨》六八之五二補。

賑。』而轉運司稱係來年額斛之數，令起發渡江。恐致生靈不得均受朝廷惠養。』詔：『昨降御筆，截上供米賑濟飢民，非不丁寧，而姦吏公然違慢，不行截撥，更於闕食之地收糴以充賑給，是乃重困飢民，乖方若此。仰提刑司並廉訪使者驗實，人吏依法決訖，配千里，轉運司官追三官勒停。』其後，轉運司奏：『已支撥賑濟米四十萬石，足備無闕。』詔副使蔣彝以應奉宣力，特免勒停追官，改作降官，依舊在職。

十月八日，詔：『諸路民被水患，深淺不同，州縣賑給，不可一概限滿住罷。仰監司、州縣悉心體究，如被水尤甚，民力未能自營，不得便住賑給。務在存活人命，亦不可濫冒惠姦。』

重和元年十二月十九日，詔：『淮南被水，楚州山陽、鹽城二縣下户饑殍三萬二千餘人無業可復，縣官悉令放散，遂攜老扶幼號訴監司。而常平官告諭爲乞米未下，各令歸業，轉於溝壑者已不少。指揮到日，於已截斛斗支撥賑救，不足，於鄰州鄰路發義倉兑换支遣。其郡守、知縣、常平官先次勒停，受訴監司降兩官，並令提刑司取勘，限十日奏。』

宣和元年二月十八日，尚書右丞范致虚言：『奉詔楚州山陽、鹽城二縣被水，令截撥斛斗賑救，不足，於鄰州、鄰路發義倉兑撥支遣。竊以災傷路分廣遠，自江淮、荆湖、兩川，各被水患，物價騰踴。方春正多飢殍，彊壯者流爲盜賊，類多乞丐，以市斛斗，或采在田蔬茹之類，甚者無從得食，老稚轉徙，甚可哀痛。按義倉法，唯充賑給，不得他用。比〔一〕歲數豐，未嘗支遣，諸路義倉之粟甚多。欲望睿旨，應去歲災傷州縣，並量從核實災傷人數及外來流民，並給義倉物斛賑濟。數係災傷〔二〕官司，以前不曾檢行，特與放罪。若今來指揮到，依前庇隱，令廉訪使者按劾以聞。若常平及本州通用諸縣義倉物斛計度俵散不足，並許依楚州兩縣所得前件指揮，於鄰州鄰路發義倉兑撥支遣。』詔：『京西路(穎)〔潁〕、汝、陳、蔡等州，見今民已流移飢殍，監司、州郡並不申奏，運司庇隱，不放租税，致不得依災傷賑濟，遂使斯民轉於溝壑。吏爲姦罔，不奉法令，以致如此，爲之惻傷。可令新京西漕臣李祐放謝辭，星夜乘騎前去體量。常平官孫延壽先次勒停，餘監司並守臣一一並具名奏。應一路義倉，可並特通融支撥賑濟施行。應災傷流移地分，並令依法放免租税，疾速行下。』

五月二十九日，詔：『淮、浙去歲被水，田業多荒。今雨暘順適，耕種是時，民無力施工，可令兩路提舉常平官散倉廪，廣行借貸，毋或失時。施行訖，具奏。』從兩浙

〔一〕比　原作『此』，據《食貨》五九之一七、六八之五三改。
〔二〕傷　原作『復』，據《食貨》五九之一六改。

轉運司請也。

五年正月四日，臣僚言：『聞蜀父老謂本朝名臣治蜀非一，獨張詠德政居多，如賑糶米事，著在皇祐甲令，常刻石遵守，至今行且百年。其法，一斗止糶小〔一〕鐵錢三百五十文，人日二升〔二〕。團甲給曆赴場請糶，歲計六萬碩。始二月一日，至七月終。貧民闕食之際，悉被朝廷實惠。比年漕臣不職，米直漸增，或陳腐不堪，雜以糠粃，不獨損六萬之數，且幾察不嚴。乞賜施行。』詔漕臣檢會皇祐條例，措置以聞。

十月二十八日，詔：『大河暴漲，由恩州河清縣王餘渡東向泛溢，衝蕩大名〔三〕府（采）〔宗〕城縣。本縣被水人户，令本州提舉常平官親詣流移所在，遍行賑濟。』

高宗紹興六年三月七日，成都潼川府夔州利州路安撫制置大使、兼知成都府席益言：『東西兩川，去秋荒歉，及成都府路田事不登，物價騰踴。欲令四川都轉運司，不以是何名色米，權行截撥，專充賑濟，或減價出糶，以平米價。』詔令趙開除應副軍糧外，將其餘應干米斛寬剩撥付四川安撫制置大使司，量度逐路災傷去處，均行賑糶。

二十九日，殿中侍御史周祕言：『去歲旱傷，小民艱食。命所在勸誘積粟之家置曆出糶，過三千石者，等第推恩。而州縣奉（承）〔行〕不恪，勸導無方，乃謂富民頑悍，説諭不從。逐降指揮，許令一面酌情斷遣，州縣官吏不問民之有無，而專以刑威逼使承認，善良之民被其害矣。欲望再降指揮，專委諸路提舉官徧詣所部，戒約守令多方勸誘，務令民户樂從，無因今來酌情斷遣指揮，輒有分毫搔擾。』詔依，令諸路提舉常平官躬親遍詣所部州縣，巡按覺察，如有違戾去處，按劾聞奏。其提舉官失覺察，令御史臺糾劾。

五月一日，荆湖南路安撫制置大使兼知潭州吕頤浩言：『被旨，令廣西提刑韓璜收糴米三萬碩，般發前來賑濟。已節次催促，至今並無顆粒到來。望將上件米斛委韓璜催督水運至湖南，却委本路運使分撥州軍交卸，以濟飢民。』詔令劉鵬、向伯奮疾速般發。

二十六日，詔知婺州周綱除直龍圖閣，知撫州劉子翼除直祕閣，並特令再任。以中書言並治郡有方，賑濟宣力，故有是詔。

八月二十九日，詔韶州李紹祖特與減二年磨勘。以廣西提舉常平韓璜言起發湖南賑糶米有勞故也。

十二月十四日，尚書省言：『江東、西、湖南路去歲旱傷，近據申奏，賑濟飢民萬數不少，其逐路帥司及常平官措置有方，甚稱委寄。除江東帥臣葉宗諤已別作施行

〔一〕『小』下原有一『錢』字，據《食貨》五九之一九刪。
〔二〕升　原作『斗』，據《食貨》五九之一九改。
〔三〕名　原作『明』，據《食貨》五九之一九、六八之五五改。

外，詔帥臣呂頤浩、李綱，提舉趙不已、吳序賓，令學士院降詔奬諭。』

同日，尚書省言：『去秋江、湖旱傷，人民闕食，朝廷支撥米斛，及委帥臣、監司並州縣守令賑給。竊慮其間奉行滅裂，却致死損流移數多，合行比較優劣。』詔令逐路帥臣、監司，於本路旱傷州縣各比較三兩處，保明取旨賞罰。

十五日，詔：『四川去歲旱荒之後，繼[一]以疾疫，流亡甚衆，深用惻然。其郡守、縣令有能賙給困窮、撫存凋瘵，善狀最著者，令席益體訪詣實，保明來上，當議奬擢，以爲能吏之勸。或廢慢詔令，坐視不恤，按劾聞奏，亦當重寘典憲。』

七年十月八日，詔：『潼川府守臣景興宗陞一職，廣安軍守臣李瞻、果州守臣王隲、前吏部郎中馮檝、漢州守臣王梅各轉一官，知成都府席益，令學士院降詔奬諭。仍令四川安撫大使司開具其餘合轉官人職位、姓名以聞。』以四川安撫制置使席益言『諸州賑貸有方，活飢民甚衆，內馮檝出米四百碩以助賑濟』，故有是命。

九年十一月六日，臣僚言：『曩者旱暵爲災，官嘗發廩勸糶，而州縣奉行，姦計百出。有民户初非情願，均令認數以應期限，而平時儲積之家得以幸免者；有所在初無收成，勒令轉糶以賑城郭，而本鄉流離不暇顧恤者。願詔執事選擇廉謹彊明之吏，推行德意，務使實惠及民，盡革前弊。』詔令户部約束。

十年三月十九日，臣僚言：『諸處糶米賑濟，只及城郭之內，而遠村小民不霑實惠。向陳正同通判婺州，賑濟極有條理，雖窮谷深山之民，無不普霑實惠，而州縣之吏亦不至勞。乞令陳正同條具賑濟事件付户部看詳，遍下諸路依此施行。』從之。

十二年三月二日，詔：『紹興府旱傷秋苗，令於義倉米內支撥一萬碩，置場出糶。』

十三年三月十八日，詔令淮南總領呂希常於大軍米內支三千碩，量度分撥於鎮江府，委官管押前去米價踴貴去處，減價出糶。仍令淮西總領吳彥璋契勘本路如合出糶，依此施行。

十四年六月十五日，上宣諭輔臣曰：『福建、浙東被水災去處，已令寬恤賑濟，尚恐州縣滅裂。』〔詔〕[二]令逐路監司各躬親前去，悉力奉行，務要實惠及民，不得徒爲文具。

十九年九月十三日，詔兩浙東路提舉（當）〔常〕平秦昌時除直祕閣，兩浙東路提點刑獄公事。以安撫司言『紹興府、明、婺州水旱災傷，昌時悉力賑濟，乞賜褒擢』，故有是詔。

[一] 繼　原作『斷』，據《食貨》五九之二九、六八之五九改。

[二] 詔　原缺，據《食貨》六八之五九補。

二十四年五月十七日，尚書省言：『衢州闕食人户，令本路常平官賑濟外，竊慮未到之前，人户闕食，有妨歸業。』詔令本州日下賑濟，仍曉諭各令歸業。

六月一日，上諭輔臣曰：『官司賑濟，止及近郭遊手之人，其鄉村遠處，宜令提舉官及州縣常平官躬親措置，務使實惠及於貧下。』

二十七年十月二十九日，詔令四〔一〕川制置司、總領所並逐路轉運、常平司，各具管下州縣有無旱傷聞奏。如有實被旱傷去處，仰支撥常平錢糧賑濟。或支用不足，即於存留舊宣撫司樁積錢米内量度取撥。

二十八年八月十六日，上諭輔臣曰：『浙東、西瀕江海去處，田苗爲水風所損，平江府最甚，紹興次之。已將常平米賑濟，尚慮貧弱下户去秋成尚遠，無錢可糴，深軫朕懷。卿等可令發義倉米賑濟。』宰臣沈該等奏曰：『在法，災傷及七分以上，合行賑濟。當遵稟聖訓，就委趙子濇、都絜依此施行。』詔：『紹興、平江府被風水損傷，可令趙子濇、都絜體訪委是災傷去處，將第四等以下闕食人户量行賑濟，候晚禾成日住罷。仍具逐處賑濟人户及支撥過米數申尚書省。』

九月二十九日，詔：『在法，水旱檢放苗税及七分以上賑濟。緣田土高下不等，若通及七分方行賑濟，竊慮飢荒人户無以自給。可自今後災傷州縣檢放及五分處，即令申常平司取撥義倉米量行賑濟。』

二十九年二月二十五日，詔令逐處守臣於見管常平、義倉米内取撥二分，減市價二分賑糶。内臨安府於行在樁積米内借撥。

四月二十六日，詔紹興府山陰縣撿放、賑濟不均去處，令浙東常平官再驗合〔二〕放實數申，其第四等以下不曾經賑濟者，令遵節次已降指揮賑濟施行。

閏六月四日，提舉兩浙路市舶曾愭言：『去秋州縣有被水災傷去處，細民艱食，多方賑濟，及將常平米減價出糶，飢民賴以全活。而其間奉行不至者，其弊有三：賑濟官司，止憑耆保、公吏抄劄第四等以下逐家人口，給曆排日支散，公吏非賄賂不行，或虚增人户，或鐫減實數，致姦僞者得以冒請，飢寒者不霑實惠，其弊一也；賑糶常平米斛，比市價低小，既糴者不分等第，不限口數〔三〕，則公吏、倉斗家人等多立虚名盜糴，遂使官儲易於匱乏，其弊二也；賑濟户口數多，常平樁管數少，州縣若不預申常平司於旁近州縣通融那撥，米盡旋行申請，則中間斷絶，飢民反更失所，其弊三也。欲望行下有司嚴立法禁，力革其弊。公吏抄劄不實，與夫州縣申請失時者，並寘嚴科。委提舉官往來部内賑濟去處體訪，如有違戾，按劾以

〔一〕四　原作『西』，據《食貨》五九之三三、六八之六一改。
〔二〕合　原作『各』，據《食貨》五九之三五、六八之六一改。
〔三〕數　原作『食』，據《食貨》五九之三五、六八之六一改。

聞。』從之。

食貨五八　賑貸下[一]

孝宗隆興元年二月十八日，尚書户部員外郎、奉使兩淮馮方言：『據高郵軍百姓狀：「自前年金賊犯順，燒毀屋宇，農具、稻斛無餘，歸業之始，無以耕種。」欲乞就附近支撥常平及義倉米，委本路提舉司，令高郵軍措置借貸，抱認催索，趁此農時，早得布種，以寬秋冬艱食之憂，其餘兩淮州縣經賊馬侵犯去處，亦令依此體例施行。』從之。

三月二十九日，詔曰：『霖雨爲沴，雖側身修行，尚恐誠意未孚。可令諸路監司、守令應遇災傷去處，常切賑恤困窮，糾察刑禁。仍各條具聞奏。』

六月十八日，詔：『兩浙、江東下田傷水，衝損廬舍，理宜寬恤。令諸路常平司行下州縣，將被水人户疾速依條借貸，以備布種。將來見得損傷，即從實[二]檢放。其衝損廬舍之家，多方存恤、賑濟，措置安泊，無令失所。』

七月十九日，權知盱眙軍周淙言：『泗州、盱眙軍去歲虜人驚移，不曾耕種。近淮北流移之民稍多，米價頓長，極邊之地，販運不通，已將本軍米斛比市價減半置場出糶，每日糶及五十碩。但去秋成稍遠，而本軍米斛已盡，乞支撥三千碩，廣行賑濟。』從之。

二年七月二十四日，臣僚言：『建康、鎮江、平江府、常、秀等州，今年秋淫雨不止，大水爲災，目今米價見已翔踴。乞命提舉司依條賑濟農民，不可使至流移。仍行下諸州，勸諭居停米穀之家平價出糶。』從之。

八月二十三日，詔臨安府米價增貴，細民艱食，令常平出米二萬碩賑糶。

二十八日[三]，詔：『訪聞淮東有被水去處，人户遷徙。可令錢端禮於本路見管米斛内支撥一萬碩，措置賑濟。如不足，於淮東總領所大軍米内取支。』

九月四日，知鎮江府方滋言：『丹徒、丹陽、金壇三縣，今秋雨傷稼穡，已委官詣金壇縣取撥義倉米二千碩，丹陽縣一千碩，各依乞丐法賑濟。尚慮管下少有客販米斛，及乘時射利，高擡價直，民户艱於收糴，遂措置就委官於金壇縣添撥米一千二百碩，丹陽縣添撥米八百碩，丹徒縣撥米五百碩，並各減價，每升作二十五文省，置場出糶，每人日糴不得過二升。竊慮豪右之家閉糴待價，除已勸諭賑糶外，乞依紹興九年七月二十九日指揮，將出糴[四]米

[一] 本部分節録自『《食貨》五八之一至三四』中有關内容。原《宋會輯稿》一四九册。

[二] 實　原作『時』，據《食貨》五九之三八、六八之六二改。

[三] 二十八　原作『從二十』，據《食貨》五九之四〇、六八之六二改。

[四] 糴　原作『米』，據《食貨》五九之四〇、六八之六三改。

穀人依立定格目推賞。仍乞立定有官人糶米比類遷轉賞格行下。其或他州之人有能般販前來賑糶，及得數目，亦與一例保明推恩。』從之。其後方滋又言：『今歲江東、二浙皆是災傷去處，獨湖南、廣南、江西稍熟，相去既遠，客販亦難，勢當有以誘之。欲乞朝廷多出文榜，疾速行下湖、廣諸路州軍，告諭客人，如般販米斛至災傷州縣出糶，仰具數目，經所屬陳乞，並依賞格即與推恩。州縣出糶官米，往往只在近郭，勸諭民間出糶者，亦多般入城市，以至村落山谷之民無處告糴。乞敦請士人及寄居之忠實可委者，四散監糶，庶被惠者廣。州縣閉糶，朝廷舊有約束。今聞州縣不務均濟，往往禁[一]人般販。乞委監司嚴行覺察，將閉糴之官按劾施行。』從之。

十九日，詔：『(令)〔今〕秋霖雨害稼，細民艱食，出內庫銀四十萬兩付户部變轉，收糴米斛賑濟。』

二十一日，中書門下省言：『今歲浙西、江東州軍內有水傷去處，損害禾稼，竊慮民户流移闕食，乞下江西常平司，於見管常平、義倉米內取撥二十萬碩賑貸。』從之。

閏十一月十九日，臣僚言：『淮南流移百姓見在江、浙州軍，無慮十數萬衆，雖欲賑濟，緣官司米斛有限。近降指揮，有田一萬畝，出糶米三千碩，其餘萬畝以下，却有不曾經水災收蓄米斛之家，糶價倍於常年。今相度，欲委逐州見不曾經水災處，占田一萬畝以下、八千畝以上，立定出糶米一千五百碩。如此，可以廣有出糶之數，應接[二]急闕支遣。』從之。

二十五日，上封事者言：『虜騎犯邊，兩淮之民皆過江南。緣鎮江潮閘不開，老小舟船艤泊江岸者數千隻。近日大雪，皆有暴露絶食之患。欲乞廣行賑濟。』詔專委浙西、江東提舉照應見行條法，通融取撥一路常平米斛，躬親賑濟。臣僚又言：『近嘗具奏，乞賑給兩淮流移之民，伏蒙施行。竊覩近日有司措置，於多田之家廣加和糴。今諸處各有糴到米斛，欲望於浙西、江東西諸郡和糴到米內，取撥二三十萬碩，令逐路轉運司日下措置般運，分往兩淮經殘破州縣鄉村，委逐處守令遍行賑濟，招誘流民歸業。其貧困之人不能自存者，日計口數給糧。』詔依。

十二月十三日，詔兩浙路州軍內有災傷民户闕食去處，專委本州守倅，以常平米措置減價賑糶。

乾道元年正月十九日，詔：『已降指揮，逐路州軍災傷去處，措置賑濟。訪聞州縣止是抄劄城內闕食之人，其鄉村貧民多不霑惠。令逐路轉運司行下逐州，委官遍詣鄉村賑糶，並勸糶民間米斛，不得因而搔擾。』從中書門下請也。

二十一日，詔：『紹興諸縣米價騰踴[三]，饑民闕食，

[一] 禁　原作『濟』，據《食貨》五九之四〇、六八之六三改。
[二] 接　原作『按』，據《食貨》五九之四〇、六八之六三改。
[三] 踴　原作『勇』，據《食貨》六八之六四改。

沿湖之民多有死損，理宜賑恤。可專委徐嘉、喻樗多方措置賑糶，務要實惠及民。仍委提刑司體究逐縣死損過人數以聞。』從中書門下請也。

同日，詔：『浙西州軍被水災去處，已令賑濟。訪聞湖、秀州流移之人甚衆，竊慮州縣奉行不虔，可令曾愭躬親前去，多方措置賑濟，無令失所。將州縣官措置有方保明聞奏，其弛慢去處，具名按劾。』從中書門下請也。

二月三日，詔：『兩浙、江東州軍緣去歲間有水傷去處，致今春米價翔踴，細民流移，甚可矜恤。仰守、令多方措置賑濟，於本州應管錢、米內取撥應副。仍籍定數目，隨管內寺觀大小均定人數，賑濟柴、錢，責付主首掌管支用，務令實惠均及流民，毋致殍餓。如奉行滅裂，仰提刑司按劾，重寘典憲。賑濟有方，具名聞奏，當議[一]旌賞。』

六日，中書門下省言：『兩浙東、西路緣水災，細民艱食。累降指揮令諸州縣賑濟，及勸上户糶米，並造粥給食，非不詳盡。竊慮州縣奉行滅裂，未見實惠及民。』詔：『浙西委吏部郎官魯訔、浙東委司封郎官唐閱，躬親遍詣諸路州縣檢察，如有違戾去處，具當職官姓名申尚書省。其措置有方，亦仰保明聞奏。』

八日，詔：『高郵軍、壽春府流移之民，令淮東總領所將太平州蕪湖縣起到江西常平米內，取撥一千碩應副高郵軍； 於滁州金人遺棄下米內，取撥二千碩應副壽春府賑濟。』從江淮都督軍馬楊存中之請故也。

九日，詔：『臨安府諸縣賑濟，竊慮奉行不虔，差監察御史程叔達日下躬親前去檢察。如有違戾去處，具當職官姓名申尚書省。其措置有方，亦保明聞奏。』

十一日，中書門下省言：『臨安府內外飢民頗多，竊慮有賑濟未盡。』詔委姜詵、韓彦古同臨安府專一措置賑濟，毋致失所。仍約束所差官吏不得作弊滅裂。

三月十三日，詔：『嚴、衢、婺、處州荒歉，發常平米以賑之。』從殿中侍御史章服請也。

四月十三日，尚書度支員外郎曾愭言：『今歲浙西災傷，諸縣勸諭大姓出米，賑濟者即是給與，賑糶者姑損其直，賑貸者責認其償。欲乞將逐縣勸諭到賑濟米謂如三千碩者，知縣與減一年磨勘，計其多寡以爲之等差；賑貸三百碩，比賑濟一百碩。州郡於諸縣數外自措置到賑濟、賑糶數，及委令佐分鄉勸諭者，守臣與令佐賞亦如之。大、小麥減米數之半以計其數。』詔令有司第賞格行下浙西提舉常平保奏施行。

五月二十四日，詔：『廣、英、連、韶州、肇慶、德慶府以峒民殘破，令廣東提舉常平司依條賑濟。』從廣東提刑石敦義請也。

同日，詔：『光州屢經兵火，令淮西總領所撥會子一

[一] 議　原作『經』，據《食貨》五九之四一、六八之六四改。

萬貫，江西轉運司支米五百碩賑濟之。』

六月十八日，知宣州王佐言：『本州自五月七日至二十六日，雨如傾注，山發洪，被水之人、闕食者衆。欲將見管常平糴米錢八萬餘貫循環作本，差官收糴米斛賑濟。』從之。

二年二月三日，兩浙路轉運判官姜詵言：『浙西州縣災傷，民户闕食。乞下諭州軍府官守臣疾速措畫，其闕食民户量行賑濟，勸諭田主豪右之家借貸種糧。』詔令浙西提舉常平官相度措置。

九月七日，詔浙東提舉常平宋藻前去温州，將常平、義倉米賑濟被水闕食人户。如本州米不足，通融取撥。權發遣温州劉孝韙言：『本州八月十七日風潮，傷害禾稼，漂溺人命。所有義倉米五萬餘碩，先蒙奉使司農少卿陳良弼盤量在倉，不得支借。若候申稟，深恐後時，逐急一面賑給外，有不候指揮先次開發之罪，乞施行。』得旨放罪。

十一日，詔：『温州水災，差度支郎中唐琠、同提舉常平宋藻、守臣劉孝韙徧詣被水去處，覈實賑濟。』

三年八月二十五日，詔：『諸路州縣約束人户，應今年生放借貸米穀，只備本色交還，取利不過五分，不得作米錢算息。』以臣僚言：『臨安府諸縣及浙西州軍舊來冬春之間，民户闕食，多詣富家借貸，每借一斗，限至秋成交還，加數升或至一倍。自近年歲歉艱食，富有之家放米人立約：「每米一斗，爲錢五百。」細民但救目前，不惜倍稱之息。及至秋成，一斗不過百二三十，則率用米四斗方糴得錢五百，以償去年斗米之債。農民終歲勤動，止望有秋，舊逋宿欠，索者盈門，豈不重困？夫民之貧富有均，要是交相養之道。非貧民出力，則無以致富室之饒；非富民假貸，則無以濟貧民之急，豈可借貸米斛，却要責令還錢？』故有是命。

十二月二十六日，左朝散郎孫觀國言：『四川州郡亢旱，內綿、劍州尤甚，乞遣金字牌行下制總諸司多方賑濟。』上曰：『此去麥熟尚遠，想見飢民狼狽，當依所奏。』

四年四月十一日，司農少卿唐琠言：『福建、江東路自今春米價稍高，民間闕食。郡縣雖已賑糶，止是行之坊郭，其鄉村遠地，不能周遍。』詔逐路[一]提舉常平官疾速措置，津發見樁米斛，分委州縣清強官廣行賑糶，或勸諭積穀之家接續出糶，不得因而抑勒搔擾。諸路依此。

六月二十六日，詔襄陽府水旱民飢，令本路府寄樁大軍米內支降二萬碩賑濟之。

十二月二十六日，雷州言：『八月一日，海潮暴漲，渰浸東南，鄉民闕食者衆。』詔令禮部給降度牒十道，付廣西提刑司變賣，措置賑濟。

[一] 逐路　原作『諸州』，據《食貨》五九之四四、六八之六五改。

五年三月六日，提舉江東常平公事翟紱言：『竊見饒州諸縣去年被水災傷，合行賑糴。乞將常平舊管米一千六百五十二碩九斗六升五合，並收到乾道四年分義倉米五千二百一十五碩二斗九升五合，委官賑糴外，其池州建德縣與饒州接連，飢荒尤甚，更乞將常平米內支撥七百一十九碩六斗二升，並拘到乾道四年義倉米內支撥二百二十二碩一斗七升，將約度被水第四等[一]、第五等以下大小人口，量行賑濟。』從之。

九日，知鎮江府陳天麟言：『本司昨奉指揮，將歸正人顧政等二百一十八户，大小計一千一百一十口，並續括責到高琮等五十一户，計二百三十六口，許令於常平、義倉米內取撥賑濟，至乾道五年五月終合行住支。竊慮狼狽失所，兼本府又不住有一般歸正人楊貴等四十三户陳乞賑濟。欲將逐項歸正人更與展支一年，庶幾小民始終得[二]霑恩惠。』從之。

四月十四日，詔饒、信州連歲旱澇，細民艱食，可出常平、義倉米以賑之。

同日，權發遣江南路[三]計度轉運副使趙彥端等言：『臣等近恭奉御筆處分，以饒、信二郡嘗有水患，令臣等協力應辦儲蓄賑濟。臣等措置，將信州合起赴建康府大軍米一萬五千碩截留樁管，及將合起赴鎮江府米二萬碩內，將一萬碩就便樁管，將一萬碩往饒州準備支使。今據饒州知州黃玠劄子稱：「雖蒙提刑司撥到義倉米六千八百餘碩，不了一月賑糴之數。乞備申朝廷，於樁留米內支撥二萬碩添助賑糴。」臣等照得饒州合發上供米斛，除樁留外，尚有合起赴行在米一萬一千九百六十碩。臣等除已一面逐急行下饒州，於內先次取撥一萬碩量度市直減價賑糴外，候信州起到米一萬碩，却行拘收，理充合起之數。兼慮信州亦有似此闕食去處，臣等已行下信州取撥米五千碩，依此減價賑糴去訖。所有饒州前後樁留米四萬碩，欲乞早降指揮，許再撥一萬碩，更令接續賑糴。』從之。

十月四日，詔台州出常平、義倉米賑濟被水之民。

六日，權發遣兩浙路轉運副使劉敏士言：『溫、台二州近因風水飄損屋宇、禾稼，雖將義倉米賑濟，緣被水丁口至多，竊慮來年秋成尚遠，將何以繼？臣今措置，欲令各州勸募上户，官借其貲，就浙西諸州豐熟去處般販米糧，中價出糶，至來年秋間，却輸納錢本還官。庶幾般販既多，米稍停蓄，其價自平。今來溫州已募上户，借與錢本，見行措置，唯是台州財賦窘迫，無以爲計。臣欲支錢五七萬貫給與台州，令勸募上户般販米斛，以濟飢民。』詔令兩浙轉運司差撥人船，於近便州軍户部樁管米及常平、

[一] 等　原作『第』，據《食貨》五九之四四、六八之六六改。
[二] 得　原作『多』，據《食貨》五九之四四、六八之六六改。
[三] 『路』下原衍一『路』字，據《食貨》五九之四四、六八之六六删。

義倉〔一〕米內取撥三萬碩，前去台州，委官於被水去處減價出糶。其糶到錢，令本司拘收，撥還元取米去處。

十七日，新權發遣福建路轉運副使趙彦端言：『竊見饒、信之間，地瀕湖江〔二〕，連有水患。欲望每歲於饒、信兩州上供米內各截留數萬碩。若次年不曾出糶，或有出糶未〔三〕盡之數，即行起發，却以當年新米代充，稍倣常平以新易陳之意。』詔今後每歲逐州各截留三萬碩，準備出糶。

二十八日，知揚州、主管淮東安撫司公事莫濛言：『契勘本路楚州、盱眙軍沿淮鄉村間有旱傷，訪問得鄉民漸致艱食。揚州總領所樁積米內見有一萬餘碩，乞令楚州、盱眙軍般取前去賑糶。所有價錢，赴總領所輸納，却令徑自糴米，依舊樁積。不唯接濟飢民，又得以陳易新，委是兩便。』從之。

十一月十五日，詔：『今歲淮東州軍間有旱傷去處，竊慮冬春之交米價增長，民間或致闕食，可將淮東見管常平米三萬六千六百餘碩，令淮東常平司相度委官置場，量行減價賑糶。糶到價錢，令項樁管，候將來秋成日，却行收糴補還。』

六年閏五月十一日，詔：『浙西州軍大水，令吕正己前去措置賑濟。』既而臣僚言：『已差吕正己措置浙西被水居民，乞就委漕臣，於本路取見州縣被水實數，官爲貸其種穀，再種晚稻。將來秋成，絶長補短，猶得中熟。諸路如有似此去處，亦乞依此施行。』從之。

六月十二日，權江南東路轉運副使張松言：『寧國府、建康府、太平州、廣德軍圩田均被渰没，委實災傷。逐州差官賑濟被水人户，一依太平州例，每月支散錢、米。所有第四等人户，依條不該賑濟，乞將常平米減價出糶。』從之。

十八日，提舉福建常平茶事鄭伯熊言：『福建路八州軍府縣自入夏以來，闕少雨澤。其上四州軍府雖時得甘雨，猶未霑足，早禾多有傷損，下四州軍亢旱尤甚，晚種有不得入土者。乞將所在米價依條支撥常平米斛賑濟。』從之。

八月二十四日，詔淮南路轉運司，於盧州樁積米內取撥三千碩應副濠州賑糶。

九月十四日，詔於建康府樁管米內，取撥一十萬碩，限一月津發赴盧、和州樁管，準備賑糶。

十月二十一日，詔淮東〔四〕總領所於揚州樁管米內，撥一萬碩應副楚州賑糶、五千碩應副（肟）〔盱〕（貽）〔眙〕軍賑糶。

〔一〕倉　原作『食』，據《食貨》五九之四五、六八之六七改。
〔二〕江　原闕，據《食貨》五九之四五、六八之六七補。
〔三〕未　原作『米』，據《食貨》五九之四五、六八之六七改。
〔四〕東　原作『南』，據《食貨》五九之四七、六八之六八改。

十二月二日，詔江東轉運司將江西路合起赴建康府米三十萬碩內，取撥十萬碩赴太平州、五萬碩赴池州椿管，準備賑糶。

九日，詔湖州將椿積和糴米五萬碩賑糶水災之民。

同日，詔淮東總領所於揚州見管米內，取撥一萬碩分淮東州軍賑糶。

二十六日，詔：『和州旱澇，禾麥損傷，可借撥米一萬碩賑糶飢民。』

乾道七年正月八日，詔兩浙路轉運判官胡堅常，同浙[一]西路提舉常平司措置賑濟，務施實惠。

二月八日，權知高郵軍劉彥言：『本軍高郵興化縣人户旱澇，又有黑鼠傷稼。乞於本軍大軍倉內取撥米一萬碩，每斗作價錢一百五十文省出糶。遇豐熟日，却從收糴。』從之。

同日，廬州言：『本州旱傷，據合肥等縣人户陳乞借貸，及有歸正人乞賑濟。近蒙支撥常平米五萬碩付廬州、和州準備賑糶，於內已撥一萬碩賑糶與和州闕食人户。今欲更支一萬碩，借貸與前項飢民及歸正人，候將來成熟日撥還。』從之。

四月十五日，光州觀察使、高郵軍駐劄御前武鋒軍都統制兼知楚州陳敏言：『本州去年因黑鼠傷稼，兼秋間水旱，農民饑饉，蒙下通州撥米五千碩，又下總領所支米一萬碩，以通州水路遙遠，止就揚州般到米一萬碩賑糶。本州户口既繁，食用日廣，賑糶官米今已不多，欲望再撥米一萬碩[二]付本州賑糶。』詔令本路常平司，將通州未撥米五千碩疾速科撥應副。

七月六日，詔：『江西州軍間有闕雨去處，合行措置收糴米斛，準備賑糶。可令龔茂良拘收單夔已剗到發運司奏計錢，並江州有發運司貿易等官會子，共湊二十萬貫，於江浙豐熟去處收糴米斛一十萬碩，均撥赴最不熟州軍椿管，申三省、樞密院。』

同日，詔：『江西路今歲間有旱傷州縣，責在守、令究心賑恤。可令本路帥臣將旱傷州縣守、令精加審量，如內有老謬不能究心職事之人，先次選擇清強能吏前去對易，措置賑濟，存恤施行。開具已對易官職位、姓名，及見作如何賑恤事件聞奏。』

八月一日，詔：『湖南旱傷州縣，亦合依此施行。』

十三日，詔：『昨發運司於潭、衡、全、道、邵州、桂陽軍和糴米斛，未曾支撥。可令湖南轉運司，將糴到米撥赴災傷州軍椿管、賑濟、賑糶。』

八月一日，詔：『江州今歲旱傷，見今已有流民，守臣坐視，不據實申奏。專[三]委漕臣一員，日下起發前去江

[一] 浙　原作『陝』，據《食貨》五九之四七、六八之六八改。

[二] 碩　原脫，據《食貨》六八之六九補。

[三] 專　原作『轉』，據《食貨》五九之四八、六八之六九改。

州，同守臣將見管常平、義倉米斛四萬四千餘碩措置賑糶。如不足，即仰收糴客米。或尚闕少，仰於本州見椿管朝廷米內逐急借兑賑糶。仍具已如何措置及賑糶過數目，並委官起發月日以聞。』從中書門下請也。

同日，詔：『饒州旱傷，除已存留米一萬碩賑糶外，可於本州米內更存二萬碩，通三萬碩，日下措置賑濟。』

同日，中書門下省言：『湖南、江西間有旱傷州軍，竊慮米價踴貴，細民艱食。富室上户如有賑濟飢民之人，許從州縣審究詣實，保明申朝廷，依今來立定格目給降付身，補受名目。無官人：一千五百碩，補進義校尉；願補不理選限將仕郎者聽。二千碩，補進武校尉；如係進士，與免文解一次；不係進士，候到部，與免短使一次。四千碩，補承信郎；如係進士，與補上州文學。五千碩，補承節郎。如係進士，補迪功郎。文臣：一千碩，減二年磨勘；如係選人，循一資。二千碩，減三年磨勘，如係選人，循兩資。仍各與占射差遣一次；三千碩，轉一官，如係選人，循兩資。仍各與占射差遣一次；五千碩以上，取旨，優與推恩。武臣：一千碩，減二年磨勘，陞一年名次；二千碩，減三年磨勘，占射差遣一次；三千碩，轉一官，占射差遣一次；五千碩以上，取旨，優與推恩。其旱傷州縣，勸諭積粟之家出米賑濟，係敦尚義風，即與進納事體不同。』詔依。其賑糶之家，依此減半推賞。如有不實，官吏重作施行。尋詔江南東路、荆湖北路依此制。

八日，兩浙路轉運判官胡堅常言：『昨蒙朝廷委以賑糶，平江府常熟知縣趙善括勸誘上户米數倍於諸邑，崑山知縣聞人大雅委之吏輩，寅緣爲姦。欲望朝廷將此二人量賜懲勸。』詔趙善括特轉一官，聞人大雅特降一官。

十六日，權發遣隆興府龔茂良言：『以本路旱荒，御膳進素〔一〕，而臣忝一路兵民之寄，合賜罷斥。』詔：『龔茂良爲一路帥臣，當茲旱暵，而乃引咎自歸，欲求閑退，非朕責任帥守之意也。可劄與龔茂良，宜講救荒之政，散利薄征，以至攘除盜賊，勉修乃職，安輯一路之民。所請不允。』

二十二日，資政殿學士、知建康府洪遵言：『饒州、南康軍今歲旱災非常，旱種不入土，晚禾枯槁，兩郡飢民聚而爲盜。乞檢照江西、湖南已行賑濟體例，憑遵施行。』從之。尋詔本路提舉常平司，更於附近州軍取撥常平、義倉米五萬碩付饒州，五萬碩付南康軍，應副賑糶。

二十五日，權發隆興府龔茂良言：『本路州軍被災，輕重不等：贛州、南安、建昌早〔二〕禾小損，晚稻無傷；次則吉、撫、袁州時有雨澤，所損亦有分數；惟是隆興、江、筠州、興國、臨江軍荒旱尤甚，早〔三〕禾皆死，晚稻不曾栽插，自來未嘗似此飢歉。已分委官前去同守令講究利

〔一〕素　原作『索』，據《食貨》五九之四九、六八之七〇改。
〔二〕早　原作『旱』，據《食貨》五九之四九、六八之七〇改。
〔三〕早　原作『旱』，據《食貨》五九之四九、《補編》第五九七頁改。

害，相度欲將江、浙糴到米，就近徑赴建康或鎮江總領交納，却就截本處上供米賑濟，理充所糴之數。大姓、巨〔一〕商勢必閉糴，本府已立下價直，每碩止一貫五百四十文足，比之市價折錢七百六十文足，以一名若認糴二萬碩，共折錢一〔二〕萬五千二百餘貫足。若不優異推賞，恐無人願就。今進納迪功郎，係八千貫文省，比之以二萬碩米中（羅）〔糴〕入官，折閱之數，不啻過倍。欲乞補充迪功郎，有官人許轉一官資，及見係理選限將仕郎，並許參部注受合入家便差遣。』從之。

九月七日，詔：『江南西路諸司申到江州旱傷最甚，（降）〔除〕已降指揮許截（截）留並令〔三〕諸司科撥米外，可令劉孝韙日下躬親前去江州，將本路常平米接續賑糴。』

十一日，詔：『訪聞湖南今歲亢旱，民頗流離。令禮部給降度牒一百道，左藏南庫支降會子一十萬貫，付湖南提舉胡仰之收糴米斛，措置賑糴。』

二十二日，敷文閣待制、提舉江州太平興國宫張運言：『居閑躬耕，儲粟二千餘碩，適逢今歲旱歉，敢助賑濟。』詔令學士院降詔獎諭。

二十五日，白劄子：『江東、西、湖南州軍今歲旱傷，欲乞依紹興九年指揮，將本路檢放、展閣之事，則責之轉運司；遇軍糧闕乏處，以省計通融應副。糴給借貸，則責之常平司；覺察妄濫，則責之提刑司；體量措置，則責之安撫司。』詔依。仍令逐司各務遵守，三省歲終考察職事修廢以聞，送敕令所立法。本所看詳〔四〕：『災傷去處，全在賑濟。若不分隸，責之帥臣、監司，竊慮奉行違戾。諸司許〔五〕設有違戾，若不互相按舉，亦無以覺察。今參詳，許逐司互相按舉，及將已行事件申尚書省，以憑考察。仍立爲三省通用及職制令。』從之。

是日，宰執進呈江東、西、湖南旱傷，依紹興九年諸司分認賑恤事。上曰：『它路或遇災歉，並當依此。然轉運司止言檢放一事，猶恐未盡。它日賑濟之類，必不肯任責。』虞允文奏曰：『轉運司管一路財賦，謂〔六〕之省計，凡州郡有餘、不足，通融相補，正其責也。』上曰：『然今降指揮，止以檢放爲文，它日以此籍口逃責，何所不可？』允文奏曰：『乞立法，遇諸郡有災傷處，以省計通融應副。』上曰：『如此，則盡善矣。』故令立法。

十月七日，詔：『江州旱傷，節次已降指揮，取撥本州常平、義倉米四萬四千餘碩，及兑截上供米六千五百餘碩，勸諭上户認糴米二萬八千六百餘碩，截留贛州米一萬

〔一〕巨　原作『臣』，據《食貨》五九之四九、六八之七〇改。
〔二〕一　原作『二』，據《食貨》五九之四九、六八之七〇改。
〔三〕令　原作『分』，據《食貨》五九之四九、六八之七〇改。
〔四〕看詳　原作『詳看』，據《食貨》五九之五〇、六八之七一改。
〔五〕許　原脱，據《食貨》五九之四九、六八之七一補。
〔六〕謂　原作『計』，據《食貨》五九之四九、六八之七一改。

碩，及支糴本錢四萬餘貫收糴米斛，並令漕臣取撥本路常平米一十萬碩，吉、筠等州見起建康米八萬餘碩，未起朝廷樁管米九萬七千餘碩，及江州元管收糴米均撥付本州賑糶，並立賞格，勸諭上户出米賑濟、賑糶，倚閣夏税，檢放秋苗，地主、佃户資助賑給。並將禁軍、土軍、弓手免起發，存留防賊。可令帥、漕、提舉官多出文榜，候歲終，比較殿最。如官吏奉行滅裂，委御史臺覺察，按劾以聞。』

同日，詔：『饒州旱傷，已降指揮，取撥本州常平、義倉米八萬餘碩，及於附近州縣常平、義倉米内取撥五萬，並截留本州見起樁管上供米三萬碩，及獻助米二千碩付本州，並勸諭[一]上户賑糶、賑濟。又倚閣夏税，檢放秋税，及地主、佃户資助賑給，並將禁軍、土軍、弓手並免起發，存留防賊，可令江東帥、漕、提舉官多出文榜，督責守令多方措置存恤，歲終比較殿最。如官吏奉行滅裂，委御史臺覺察，彈劾以聞。』

二十三日，直祕閣、權發遣徽州趙師夔言：『本州管下旱傷，有婺源縣遊汀、來蘇兩鄉尤甚。臣措置到錢一萬五千貫，欲於本州及諸縣常平、義倉米内，依立定價回糴米五千碩，就便給散賑濟。乞令提舉官樁管上件錢，候開春收糴，補還元數。』從之。

十一月十二日，知建康府洪遵言：『太平州蕪湖知縣吕昭問以和糴米爲名，禁止米斛不得下河。饒州旱傷，前來收糴米七百五十餘碩，本縣抄劄，不令交還。』詔吕昭問降一官放罷。

十九日，湖南轉運副使吴龜年、司馬倬等言：『本路旱傷，唯潭最甚。昨來黄鈞趲剩米四萬碩，乞充賑糶使用。』詔糶到價錢，循環作本，收糴米斛賑糶。

二十二日，權發遣隆興府龔茂良言：『乞差新知興國軍、右朝請郎陳寅往來被旱州縣，同共措置檢察。乞量差兵級，破本官驛券，行移作本司措置賑濟官。』從之。

八年二月八日，權發遣隆興府龔茂良言：『本[二]路去歲荒旱異常，如隆興府、江、筠州、臨江、興國軍五郡，各係災傷及七八分以上，雖已依條將老幼疾病之人先行賑給，緣人口幾及百萬，委是賑給不周。乞將已得旨取撥到米一十萬碩，並更勸諭上户賑濟給散，庶幾稍宣德意。』詔將續撥義（米）〔倉〕米五萬碩令龔茂良充賑給使用，餘常平米五萬碩依舊循環賑糶。

三月十五日，敷文閣待[三]制知潭州陳彌作、直徽猷閣[四]荆湖南路計度轉運副使司馬倬言：『潭州安化縣上户進武校尉龔德新，平時兼並，遂至巨富，以進納補官。比至旱傷闕食，獨擁厚資，略不躰認國家賑恤之意。』詔龔

[一] 並勸諭　原作『勸諭諭』，據《食貨》五九之五〇、六八之七一改。
[二] 本　原作『去』，據《食貨》五九之五一、六八之七二改。
[三] 待　原作『侍』，據《食貨》五九之五一改。
[四] 閣　原作『閤』，均據《食貨》五九之五一改。

德新追進武校尉一官勒停，送五百里外州軍編管。

四月一日，權發遣隆興府龔茂良言：『本路旱荒，細民艱食。若不廣行賑給，無由可救。竊覩張鞏昨緣獻米賑濟，除閤職，又得添差本貫兵官，富民歆慕。欲乞明降指揮，出米賑給者，除依格補官外，特與添差本路合入差遣一次，仍依離軍人例減半支給。蓋富民本非急禄，止欲以此爲榮，誇其閭里。如依所乞，必翕然聽從，速得米斛，濟此目前，非小補也。』從之。

八月七日，詔：『四川自入夏以來，陰雨過多，沿流州縣多被其患，如嘉、眉、邛、蜀等州最甚。令四川宣撫司審實被水去處，措置賑恤。』從知成都府張震請也。

孝宗淳熙元年，詔：『兩浙州縣去歲旱傷處，民户生借錢穀，今來二麥將熟，竊慮上户乘時取索，無以擠濟艱食，可候秋成日理還。』

十七日，詔：『淮南東路間有旱傷處，已降指揮委本路漕臣同提舉常平官取撥常平、義倉米措置賑糶，及流移人户依條賑給。尚慮民户以州縣不即檢放應輸官物爲疑，致有賤賣牛、棄業、棄小兒。二十口以上，官爲支給犒賞。如上户、士大夫家能收養五十口，具名以聞，乞行旌賞；州縣官措置支給錢米收養百口至二三百口者，具名以聞。』至是，段子雍應格，故有是命。

七年十月四日[一]，詔兩浙、江東西、淮西、湖北路今歲旱傷州縣，令逐路帥、（曹）〔漕〕臣行下所部州縣，將人户見欠官債並與倚閣，候豐熟日，逐旋送納。

九日，詔舒、蘄、黄、和州、無爲軍，各將第四、第五等旱傷民户見欠淳熙四年至六年終畸零税賦並七年未納畸零夏税，並權倚閣。

九年四月，浙東紹興府等處民多疾疫，兩浙漕臣吴琚亦乞依此施行。從之。

五月十六日，詔：『近者久雨，恐爲低田有傷，貧民無力再種。可令浙東、西兩路提舉常平官，同諸州守臣疾速措置，於常平錢内取撥，借第四、第五等以下人户收買稻種，令接續布種，毋致失所。』

六月二十二日[二]，詔嚴州將被水漂壞屋宇第四等以下户夏税並與倚閣，其身丁錢、絹更與蠲免。

十二月四日，詔江浙、兩淮旱傷州縣，將第四、第五等户今年以前應殘欠苗税、丁錢並特住催，及官私債負理還。其流移人户拖欠官物，並與除豁，不得令保正、長代納。如願歸業，即量支錢米津遣，與免將來夏料催科。

九年六月十八日[三]，詔：『近聞民間貧乏，其死亡人口無力津送。大人每名支五貫，小兒支三貫。令臨安府於上供錢内支撥五千貫，分委官屬收掌給散。』

[一] 天頭原批：後有『五年七月五日』條移此。
[二] 天頭原批：『九年六月八日』條移此。
[三] 天頭原批：『九年六月十八日』條移前『六月二十二日』上。

十二月十二日，新知婺州錢佃言：『臣前知隆興府，於城外置養濟院一所，收養貧病無依之人。先是，漕臣芮輝以俸錢千緡合藥以濟病者，趙汝愚以俸錢千四百緡買田以給病者食，臣又益以千緡增置長定一莊，仍創造屋一區，差人看守，輪遣醫工診視，日給口食、藥餌，委官提督。首尾九年，（如）〔始〕得就緒，恐後來官吏或不究心，便致廢壞。乞詔本路漕臣常切提督，所有錢物不許移用。』從之。

十一年正月二十八日，詔江東提舉司行下建康府、太平州、寧國府、池州、饒州、廣德軍、南康軍建昌縣，各多支常平錢、米，將被水人户優加存恤，務要實惠及民，毋致失所。仍照應已降指揮，勸諭人户用心補種被水去處田畝。

六月十一日，詔淛西、江東路州軍被水去處，令兩路提舉司多方勸諭有田之家，將本户佃客優加借貸，候秋成歸還。若致欠負，官爲理索；或其家無力，並有田闕少穀種，並許於常平錢内支借，以助補種，毋令荒閑田畝。

八月十六日，詔處州龍泉縣被水之家，令淛東提舉司同守臣各多支常平錢、米，優加存恤。

九月四日，利州路提刑兼提舉勾躍言：『本路金、洋、西和州亢旱，乞給降度牒三百道，付臣措置於豐熟去處（稱）〔趁〕時收糴；或降付總領所，用對支逐州樁積斗斛，以備賑濟。』從之。

十一日，福建提舉司言：『汀州寧化縣兇賊姜大老嘯聚，已行收捕。竊慮賊發地分被劫之家流移失所，不能自存。已行下常平、義倉取撥米斛借貸，安集流亡，無致失所。』詔福建提舉司同逐州軍守臣更切優加存恤。

十九日，臣僚言：『乞令户部行下諸路安撫、轉運、提舉三司，嚴督所部州縣，日下審究有水旱處，隨輕重速行賑濟。契勘見在之米有何指準？如何賑糴？仍會計官米可糴之外，勸諭人户廣行散糴，立爲中價，使不踴貴。』從之。

十一月十八日，鎮江府言：『管下金壇縣今歲五月連遭大雨，五鄉二十四都被水渰浸，致傷禾稻。乞下本府，於有管淳熙八年賑濟糶不盡及糶還米内，取撥應副賑給。』詔令淛西提舉司詳所申事理，於近便州府見在常平義倉米内，通融斟量應副。

五年七月五日〔一〕，詔知鄂州沈樞等，將被水軍民優加賑恤，毋致失所。以樞等言『五月以來連雨，江水泛濫，民户及軍寨被浸近三千家』故也。

光宗紹熙元年六月十五日，詔諸路監司、帥守，應自今以後，凡有水旱去處，並合盡實以聞。苟有不實，或隱而不上，皆以違制論。以臣僚言：『州縣之間，或有俗吏不知大體，往往以水旱爲諱，故縣不以實報州，州不以實申諸司，諸司不以實聞朝廷，是以朝廷於四方水旱無繇偏知，使國家救荒之政不得盡行實惠。』故降是詔。

〔一〕天頭原批：『「五年七月五日」條移前「七年十月四日」上。』

二年十一月二十七日，南郊赦：『崇慶府、潼川府、果州、利州、綿州、合州、金州、龍州、漢州、大安軍、石泉軍，懷安軍及潼川府射洪縣、崇慶府晋原縣、新津縣、魚關，興州長舉縣置口倉，汀州寧化縣，各有被水去處，及徽州、金州各經遺火，已降指揮存恤外，尚慮民户流徙，未能復業，或有貧乏不能自存之人。仰監司照應指揮，務行寬恤，毋致違戾。』

三年二月八日，淮南運判趙師䕫言：『本路州軍去歲闕少雨澤，多有旱傷去處。雖將田段檢放，又遭霜損，據人户陳乞倚閣課子。今乞每户十石以上聽從州縣施行外，餘以三等石數爲率：五石倚閣三分之一；二石以上倚閣一半；二石以下盡行倚閣。』從之。

四年六月一日，詔江浙、兩淮、荆湖等路安撫、轉運、提舉司，將被水去處，須管同守臣多方措置賑恤，毋令失所。如將來人户或有流移，定將當職官吏重行責罰，不得視爲文具。既而，江西提舉司以隆興府、筠州、興國軍等處被水渰没爲請。尋詔令本司更切優加賑恤，毋令失所。

九月二十九日，詔江陵府於椿管陳次米内支撥四萬石，準備賑糶水傷民户。從守臣王藺請也。

十月十一日，詔逐路提舉躬親前去被水旱州縣驗實，内第四、第五等户災傷委及八分以上，今年合納官物並以前欠〔負〕，特與權行往催。如今年官物有已納在官，即理爲來年合納之數。仍多出文牓曉諭州縣，不得別作名色催理。如違，許人户越訴。以都省言浙東、江東、淮西路諸縣多有水旱故也。

五年六月五日，詔江東提舉司，將池州石埭縣被水之家更優加賑恤，毋令失所。以本司言也

紹熙五年七月七日，登極赦文：『應諸路州縣緣水旱，承將指揮借撥過椿管米斛充支遣及賑糶等，可將未還數特與除破。如有見管糶到價錢，即具數申尚書省。』

八月二十三日，同日，權知和州程九萬言：『本州夏季以來久愆雨澤，旱勢已成，又有蝗蝻生發。救荒之政，所當講求。除已取撥應管官錢於得熟州軍逐急收糴米斛，準備糶濟，緣淮邊被旱，勢須糴之江南，而江南非銅錢、會子不行使。乞從朝廷借撥會子五萬貫，或以祠部準計，趁此秋成，差人徑往江西收糴，庶得自冬徂春可以接濟賑糶。』詔令和州就椿管米内借撥二萬石，以備旱傷之用，餘依。

九月十四日，明堂赦文：『兩浙、江淮等州縣間有水旱災傷去處，已降指揮存恤外，尚慮民户流徙，未能復業，或有貧乏不能自存之人。仰監司照應累降指揮，更切體訪，優加存恤，毋致違戾。』自後，郊祀、明堂赦亦如之。又赦文：『在法，病人無緦麻以上親同居者，廂耆報所屬，官爲醫治。訪聞店舍，寺觀避免看視，更不聞官，往往趕逐出外，及不令安泊，風雨暴露，因而致斃。可令州縣多方措置存恤，依條醫治，仍出牓鄉村曉諭。』自後，郊祀、明堂赦亦

如之。

二月五日，詔：『令學士院降詔戒飭諸道監司、守令，應水旱去處，多方賑恤，務在實惠及民，毋得徒事虛文，庸副軫念元元之意。朕將考其殿最，以示勸懲。』

開禧三年八月一日，湖北提刑李𡌴言：『被命易使湖右，自建康泝流西上，竊見所至濱江多被水患，渰浸民居，幾及屋危。詢之故老，皆謂向所未有。陂湖之田，無復可望。老弱流(徒)〔徙〕，生理蕩然，殊可憐憫。緣前此所曆，皆係江、淮一帶州郡所管。及至武昌縣交割以來，經行鄂州、漢陽兩郡之境，漲潦瀰浸，爲害尤甚。雖鄂州南市闤闠之地，積水亦深數尺，民户失業，未免痛嗟。除已一面備牒管下被水州軍，委自守貳從實抄劄，措置賑濟外，近據鄂州申到在州被水已近五(十)〔千〕五百餘户，漢陽在城被水亦三百八十七户，城市如此，鄉村可知。其他州縣尚未見申到，竊自惟念備數察州，豈容(生)〔坐〕視？但本司素來貧匱，別無錢物可以指準支撥。欲乞朝廷惠矜遠方小民偶罹天菑，不可不速行拯救。即爲敷奏，特依〔兩〕浙路已行體例，重賜支降度牒付本司，發下濱江並湖諸處，酌度災傷分數等第，責付各郡守臣變賣和糴米斛，多方賑濟，於以仰稱聖朝仁民恤遠之意。』詔令禮部給降空名度牒一百道付湖北憲、漕司，每道價錢八百貫。從便出賣，撥付被水州軍，專充措置賑濟。

嘉定五年十一月二十日，南郊赦文：『坍江田土，昨降指揮委官覈實。其山鄉邊溪，亦有被水衝決堆住砂磧、未堪耕作田畝。訪聞州縣依舊催理税賦，委是無所從出。可令逐路轉運司疾速選委清彊官覈實。如見得不堪耕作分明，即與照數先次倚閣，次第結罪保明申尚書省，當與除豁。如有將來可以興復去處，仰照應見行條法指揮施行。』自後，郊祀、明堂赦亦如之。

十二月二日，詔令安邊所將劉友真所乞周筠没官地，盡行撥賜，充義阡使用，免納價錢。仍令封樁庫支撥二千貫貼充義阡支遣。以住持順濟宮劉友真請買周筠没官地，故有是命。

六年七月十九日，臣僚言：『近據紹興府申，稱諸暨縣六月十五日風雷驟雨，是夜同山鄉洪水泛漲，湍下居民屋宇等。次日溪內救得人户壽澄一名，據稱其家老幼百口登樓避水，繼即推没，未知存亡。本縣續又據陶宋、天稠、金興、長泰、北開元、花山、安俗、花亭、長浦、超越諸山鄉人户陳訴不一。本府雖已遵從省劄指揮，催促賑恤，據節次申到，共支錢六百千、米五百石，又支錢一百貫文，於楓橋鎮打撈屍首埋瘞，候到日，別〔具〕[一]支散細數供申。竊恐鄉分闊遠，屋宇漂流，人户墊溺者不一，其惠未能周偏，誠可憐念。乞更賜行下提舉司，照本縣抄劄被水之户，斟酌輕重，次第賑恤。仍行下轉運司，差官覈實被水

〔一〕具　原作空格，據補。

鄉分，將今年夏稅、秋苗特與蠲放。其田地有打成溪港，或沙石淤塞不堪開修者，保明具申，將合納苗稅特與蠲閣施行。』從之。

二十三日，臣僚言：『比者，盛夏之月，霖潦爲災，毁壞室廬，漂田畝，渰民命。如嚴之淳安，紹興之諸暨，被禍尤甚，其次則臨安之錢塘、於潛，湖之安吉，皆未免有墊溺之患。乞下兩浙路監司、守臣，選差清彊官，同邑宰親詣水傷鄉分，從實根括有無被水分數，多方賑恤，或蠲租賦。其有蒙蔽不以實聞者，重寘典憲。』從之。

八年七月十八日，詔令江淮制置司疾速契勘江東旱傷州郡，及淛西提舉契勘淛西旱傷州郡，江西提舉照江州、興國軍係旱傷去處，各從今來臣僚申請事理，疾速覈實，將所部州縣第五（第）〔等〕人户夏稅錢絹分明指定合催納及合蠲放各若干數目，除程限十日申尚書省。其第五等人户如有已納錢絹在官，仍仰各司就先次約束州縣分明收附，不得輒行欺隱，別聽朝廷指揮。以臣僚言：『今歲旱勢極廣，災傷深淺，郡縣不同，如蘇、湖、江陰稍得耕種，紹興災甚，饒、信可望成熟，江州、興國間有蝗孽，宜令監司選委公正精明有志爲民之士，覈實催放蠲除分數。』故有是命。

九月十一日，臣僚言：『臣來自吴門，沿路見日來所差檢踏災傷官與抄劄賑恤之官不能遍走阡陌，就近城寺院呼集保甲，取索文狀，令人粉壁書銜，以爲躬親下鄉巡行檢責抄劄了當。其間號爲詳熟者，亦不過畫圖本，具名姓，注排行，寫小名，以爲帳狀。縣申之州，州申之監司，監司申之朝廷，遞相傳寫，坐待結局。今幸憑由未曾給與，米斛未曾俵散，尚可拯救。所謂拯救之方，全在俵散憑由。官吏若將憑由仍前付與元所差官，必至窮困下户漏落者多，温飽之家冒請者衆。乞嚴行劄下監司、郡守，選清彊官躬親下鄉審實，如見得有合預賑糶，不應濫請賑濟憑由之人，即行改給與窮乏下户，仍別請一項空頭由子，隨行準備添給。乞令監司、郡守候至結局，將給散憑由官攷覈真濫，特與奏聞。』從之。

九年六月二十六日，殿中侍御史兼侍講黄序言：『邇日雨澤兼旬，京城閭巷至有累日突不黔者；或饑餓所迫，死於非命。近甸之地，間有被水去處，屋舍頹圮，未能支持；田畝渰没，車戽無及。早秧既或損爛，又須旋種晚禾，若此之類，民生甚艱。乞行下兩淛諸司，委清彊官體訪應近日被水去處，優加撫恤。凡屋宇渰浸者，給以常平錢米；田畝早秧損壞去處，今年夏稅和買量與寬限。』從之。

九月四日，臣僚言：『迺者夏潦暴作，溪漲横流，坍没畝壟，漂壞室廬，旄倪墊溺，禾稼傷敗，家産蕩析，十室而九。臣得之，聽聞如臨安之餘杭諸邑，紹興之諸暨、蕭山，嚴之桐廬、淳安，衢之西安、龍游，婺之金華、蘭溪，信之玉山、永豐，饒之德興、鄱陽，處之縉雲，臺之黄岩，被害尤慘。乞行下諸路監司，速委官檢視分數，著實以聞。將被水最甚郡邑，從條蠲除租稅，不許縱吏誅求，遷延歲月。』從之。

三十日，臣僚言：『今夏一旱，江浙皆然。浙東數郡，多是山田，非水鄉富饒之比，今歲頗覺艱食，比臺之黃岩，婺之東陽二邑嘯集作過，率是取糧於富室，彊刈人田禾。賑糶若多，米自不貴，民饑得食，誰復爲盜？乞行下浙西諸郡，撤去目前下江之禁，毋至遏糴。兩浙漕臣照比日申省之狀，更行勸諭，使人樂於轉輸，不獨可以救饑，抑可以弭盜。』從之。

十一年六月二十一日，兩浙轉運司言：『本司據武康、安吉縣申「被洪水泛漲，衝損鄉村、橋道，漂蕩人口及官廨、民居、農具、什物等」事，即分委縣官親往鄉都，括責被水之家所失人口，一面關支常平錢、米分付諸廳，委各就鄉村量其存没多寡支與，養生送死。及有全家被水渰死之人，漂流溪河之間，或堆閣沙灘之上，本縣亦同縣官將錢雇人打撈，收拾埋殯，及差簿尉分頭前去逐一抄具被水之家外，所有鄉村被水衝壞田桑，候各官申到見數，别具申聞。』詔令湖州將被水之家更切多方措置賑恤，務要實惠及民，毋致失所，具已賑恤過人數申尚書省。

十五年七月十一日，臣僚言：『今歲自春入夏，時雨優渥，雖高亢確瘠之田，靡不霑足，西成有望。比日以來，霖潦相仍，合衢、婺、徽、嚴四溪之水，迎入大江之潮，水勢迅激。紹興蕭山，濱江居下，受害獨慘，飄蕩廬舍，衝壞田野，苗腐昏墊，是誠可憫。乞下浙東漕、倉兩司，亟與委官抄劄被水之家，優加賑恤。目今合輸官賦，權與寬展。其田畝渰浸去處，則續議蠲減，實一邑更生之大幸。』從之。

十六年九月六日，臣僚言：『恭惟陛下恭儉愛人，寬恤備至，精誠格天，豐穰（婁）〔屢〕書，入夏以來時雨霶霈，畿甸近地，上下霑足，穡實垂垂，有秋在望。聞之江浙淮堧，多苦水溢；七閩之地，間或旱乾。乞下諸路監司、州郡，將實被災傷去處遵從條令，日下疾速差官巡行檢視。或因雨水浸没，風潮漂蕩，斟酌輕重，與議蠲減分數。早出牓示通知，不得出違條限。嚴行戒約所差官吏，務在公心，勿爲姦弊。庶幾佃户蒙被實惠，得以了還主家之租，不至拖延。實爲公私莫大之利。臣近據江東安撫司言：「建康府自五月以後，雨埶霖淫，江流泛溢，（請）〔諸〕田畝渰浸甚多；池州屬縣官舍、居民爲水漂蕩；太平州低田、圩田坍壞渰没，已種之稻悉被浸腐。」又聞淮甸如高郵、楚州亦多被水去處，罹昏墊，將困艱食，深爲可憫。雖帥臣已行賑恤，竊慮惠利未周，容有不被其澤者。乞下江淮漕、倉兩司，委官勘實被水之家，優加賑恤；渰没之田，合輸官賦早議蠲減。俾江、淮之民得免流離、凍餒之患。』從之。

十七年四月二日，詔令鎮江府於轉般倉見樁管米內，取撥一千石付本府，理還借兑數目，並充給濟饑民使用。並下提領轉般倉所、浙西提舉司，各證會施行。從本州守臣趙善湘之請也。

食貨五九 恤災[一]

神宗熙寧元年七月，詔：『恩、冀州河決水[二]災，令選官分詣，若有渰死人口，量大小賜錢；其居處未安，令官地搭蓋；其宫觀、廟宇宿泊内有渰浸活業貧下人户，令省部賜粟。』

九年十月十二日，中書門下言：『廣東經略、轉運使等言：潮州海陽、潮陽兩縣人户，被海潮溺推蕩居舍、田苗，死失人口。乞令本路提刑司躬親前去，依條存恤。』從之。

元豐元年正月二十三日，詔河北路權停折納，爲經水災，糧草貴也。

七月二十七日，詔：『河北轉運判官高鑄，往濱州地界風雨損城及害稼處照管，令京東轉運使司齊州章丘縣官吏，如不救護預備，致人被災傷，即劾罪以聞。』

八月十六日，詔京東路(路)轉運司：『齊州章丘縣被水第四等以下户，欠今夏殘税，權倚閣；常平苗役錢，令提刑司展料次。』

二十八日，詔：『濱、〔棣〕、滄三州被水災，令民貸請常平糧。零販竹木、魚果、炭箔等物，税百錢以下聽權免一季。』

三年八月十七日，開封府言：『畿縣夏旱[三]，甚者十分，其次不減七分，已節次檢放。今秋農有望，而民力未充，其殘欠租税，乞賜倚閣。』從之。

九月二日，權知都水監丞公事蘇液言：『河北、京東兩路緣河決，被患人户蒙朝廷憂恤賑濟放税。河平，計錢、穀等共七十二萬七千二百七貫碩有畸，而靈津廟碑失載其實，乞以其事付史官。』從之。

五年九月十四日，詔：『聞開封府界漫水，所至縣百姓有聚在高阜不通往來致絶糧食者，委劉仲熊乘驛遍詣有水縣，規畫舡栰，運致民户安集於無水處，齎載薪糧就給，三日一具所濟人數上尚書省。』

七年六月二十六日，知蔡州黄好謙言：『所部水災特甚，乞放税。』詔尚書户部速施行。

七月七日，知河南府韓絳言：『伊、洛暴漲，衝注城中軍營，欲望應被水災廂、禁軍等第與特支錢，及先修軍營。其水北軍民被害，續奏請。』詔：『經水災民户，令體量賑恤；被水廂軍，以差賜般移錢；死者，依漂溺民户法給錢。』

[一] 本部分節録自『《食貨》五九之一至五二』中有關内容。原《宋會要稿》一五〇册。

[二] 水 原脱，據《食貨》五七之七、六八之三八補。

[三] 旱 原作『早』，據《食貨》六八之一一三改。

九日，詔尚書户部員外郎張詢、幹當御藥院劉惟簡，賑濟西京被水災軍民，並催督救護官物城壁等，其合行事如有違礙，從宜施行。

同日，河北路轉運司言：『河水圍繞大名府城，乞多差兵夫、舡栰救護。』詔遣金部員外郎井亮采、幹當御藥院梁從政往賑濟，如西京指揮。

九月十二日，詔西京被水漂溺之家及秋苗災五分户，並免來年夏税支移、折變。從户部員外郎張詢請也。

十三日，河西路提點刑獄吕温卿言：『霖雨爲災，已行賑濟。欲乞坊郭户没溺財産比舊退落七分以上，積欠及秋料、役錢，並展限至來年夏。其漂蕩家業者，不候造簿年月，先減免役錢，以寬剩錢補助。』尚書户部言：『減放役錢，欲據家業〔一〕物力之數，於簿内改正。其減役錢，候造簿日均敷，餘欲依温卿所乞。』從之。

〔元祐〕四年六月十八日，資政殿學士、知陳州胡宗愈言：『本州霖（兩）〔雨〕相繼，河流泛漲，今年夏税遞展限一月。』從之。

五年四月二日，詔府界諸路監司：『應雨澤未足處，人户合催理係官欠負權住理納，候豐熟日依舊。』以三省言：『自春以來，時雨未足，民間諸欠負未能償』故也。

〔紹聖〕四年五月九日，左司諫郭知章言：『聞諸路守臣常於秋夏之間以雨足歲豐爲奏，後災歉，遂不敢以聞。伏望特降睿旨，下諸路州軍嚴行約束，雖已奏豐稔，而或繼有非時水旱者，並具災傷上聞。』從之。

元符元年十一月二十三日，詔：『河北、京東路州縣遭河漲，渰溺人户田廬，多致失所。令工部員外郎梁鑄，體量應合賑恤及河勢利害以聞。』

十二月三日，臣寮言：『河北濱、〔棣〕等數州昨經河決，連亘千里爲之一空，人民孳畜没溺死者，不可勝計。今年所在豐稔，而此數州之民失業，是以至今米斗不下三四百錢，饑凍而死者相枕藉，甚可哀也。乞朝廷選郎官乘傳，同本路監司、守令體量拯救。』從之。

徽宗建中靖國元年八月二十一日，臣寮言：『府界近京各有被旱、蝗去處，及江淮、兩浙、福建路亦有旱災去處。其監司、郡守或不以聞，或雖聞而不敢盡以實告，州縣承望轉運司意旨，不肯依法受接人户訴狀。望指揮諸路轉運使司，應今後實有被災傷人户，並專責守、令依法受訴，提舉司依條檢察施行。』從之。

崇寧元年四月二十八日，兩浙轉運司言：『本路累歲災傷，昨權住閑慢修造，至今將欲限滿，欲乞更展一年權住。』從之。

七月二十一日，詔開封府賑恤壓溺人，不得鹵莽。先是，雨水壞民廬，有死者，故申命之。

〔一〕業　原作『裝』，據《食貨》六八之一一四改。

二年十月十四日，詔：『兩浙杭、越、温、婺等州，秋田不收，人户失於披訴，官司憚於閣放，又將積年欠負一例併行催納，致人户漸至逃移，賊盜滋多，物價增長，細民不易。其官司並不申奏，顯是提舉、轉運司施設不職。令本路提刑司體量聞奏。其積年租欠，如是下户災傷，不以分數，並令倚閣；非災傷户，分作五料催科。人户失於披訴，委是秋苗不熟，並量與檢放；其孤貧不濟户，仰提舉司廣行賑濟；如物價增長，即速以常平米平價出糶。』

五年四月十六日，詔蠲兩浙水災人户租税。

大觀二年八月十九日，工部言：『邢州奏：鉅鹿下埽大河水注鉅鹿縣，本縣官、私房屋等盡被渰浸。』詔：『應今來被水漂溺身死人户，並官爲埋葬，每人支錢五貫文，買衣衾、版木，擇高阜去處安葬，不得致有遺骸。其見在人户，即依放税七分法賑濟施行。如有孤遺及小兒，並送側近居養院收養，候有人認識及長立十五歲，聽從便。内有人户盡被漂失屋宇或財物，仍許依七分法借貸，不管却致失所。仍具埋葬、賑濟、居養、存恤次第事狀聞奏。』

三年六月二十八日，詔：『冀州宗齊鎮被水身死人户，並官爲埋葬[一]，人支錢五千，擇高阜安葬，不得致有遺骸。其見在人户，却依放税七分法賑濟。孤遺及小兒，並送側近居養院收養，候有人識認及長立十五歲，聽逐便。内人户盡被漂失屋宇或財物，仍許依七分法借貸，仍具已埋葬、賑濟、居養、存恤次第以聞。仍仰本路提刑司各那官前去點檢賑恤，務要均濟。』

九月六日，詔：『東南路比聞例有災傷，斛斗踴貴，可下諸路監司，仰依實檢放秋苗數，仍依條推行賑濟。』

十一月十二日，詔：『東南諸路，應今歲旱災地分，人户放税及五分以上者，本户税租、苗役條限滿日，特與展限一季；支移者，仰轉運司相度那融就近；折變者，量與寬減施行。』

十二月十六日，詔：『秦、鳳、階、成州災傷人户，税賦已權行倚閣，候至豐歲催理，疾速施行。』

四年正月十八日，詔：『聞福建去年夏秋少雨，禾稻薄熟，兼見行賑濟，兩浙並不通放米舡過海，深慮向去民食妨闕。可指揮兩路放令福建販米海舡從便販糴，以補不足，不得仍前阻節。』

政和(五)〔元〕[二]年正月二十二日，詔：『户部上諸縣災傷，應被訴受狀而過時不收接若抑遏，徒二年；州及監司不覺察，各減三等法。』從之。

六年七月十九日，淮南路轉運司言：『淮河水泛漲，濠、壽、楚、泗河道，與鄰近民田爲一，渰浸州城。緣此，斛斗不入，細民不易。淮東、西州軍見椿管提舉司斛斗三十

[一] 葬　原作『藏』，據《食貨》六八之一一六改。
[二] 大觀僅四年，以下記有三年、四年事（未摘録），此處當爲政和元年。

六萬餘石，欲依元價出糶，救濟被水細民。』從之。

十一月三日，詔：『兩浙州軍秋水害田，物價翔踴，別州鄰路粒米豐賤，輒禁米斛出界者，以違御筆論。』

七年十二月十六日，詔：『河北西路提舉常平官不奏本路災傷，特降兩官衝替，令本路提刑司具合降官姓名申尚書省。今後不即時聞奏，重寘於法。仍令刑部遍下諸路州軍並監司。』時臣寮上言：『河北自祁、趙州以南，至邢州、磁、相上下，夏雨頻併，各有災傷。』詔令本路監司具析〔一〕。至是，提舉常平官以聞〔二〕，故有是命。

八年正月〔三〕二十四日，詔：『河朔去歲災傷，方行賑恤，而修城、買木、運糧飛輓之役，頗勞民力，其令當職官審度緩急，可罷之。或不可罷者，條具以聞。』

五月二十一日，提舉京東路常平等事王子獻言：『濟南府，密、沂、濰、徐、兖州，河北數州皆水，官司檢放不及七分，外州流民稍稍入境，移文逐處依法賑恤。蓋其貸者二十萬四百餘户，給者十萬八千六百餘户，糶者二十九萬五百餘碩，實緣檢視災傷觀望顧畏，不實不盡。伏願詔州縣今後驗流民來曆，實有莊帳，每縣及百户以上，即申省部下所屬，依法〔四〕書元檢放官吏之罪。』從之。

六月八日，詔：『兩浙路自今夏霖雨連綿，渰没田不少，平江尤甚，已差趙霖依舊兩浙提舉常平。如有合行奏稟事件，附入内内侍省遞以聞。仍一面多方措置護救民田。渰浸過田苗、人户，及支借過圍田錢、米等，並仰括責招諭，保明聞奏，不管稍有流移失所。』其後，趙霖奏：『本路有未起今年常平米一千萬餘石，伏乞許與截留，應副急切賑濟。並轉運司見有合發米限上供米數，欲乞依知平江府應安道已得指揮，權於浙西州縣先次權發二十萬逐急相兼應副〔五〕。候向去豐熟年分，接續收糴撥還。』詔依〔六〕。如違，以大不恭論。八月四日，又詔：『平江府第四等以下人户合納〔七〕二税，並借過圍田常平錢物，權行倚閣。』

七月二十九日，詔：『東南諸路山水暴漲，至壞州城，人被漂溺，不能奠居。可差廉訪使者六員分行諸路，檢舉常平災傷七分法推行。法所不載〔八〕，隨宜賑救訖奏。仍許借諸司斛斗賑給，或勸誘上户借貸，仍多作船栰濟渡，及權以官物搭蓋屋宇，廣令安泊。其被溺之人，並官給棺殮。監司、郡吏各協力賑恤，無令失所。有不盡心及

〔一〕析　原作『折』，據《食貨》六八之一一七改。
〔二〕聞　原作『間』，據《食貨》六八之一一七改。
〔三〕『月』下原衍一『正』字，據《食貨》六八之一一七删。
〔四〕法　原作『次』，據《食貨》六八之一一七改。
〔五〕副　原脱，據《食貨》六八之一一補。
〔六〕詔依　原作『治體』，據《食貨》六八之一一八改。
〔七〕納　原作『給』，據《食貨》六八之一一八改。
〔八〕『七分』至『不載』九字原脱，據《食貨》六八之一一八補。

一行官吏因而搔動乞取，並以違御筆論。』

同日，鎮江府言：『自六月以來，霖雨連綿，渰没民田，米價踴貴，唯藉商旅興販斛斗接濟。欲乞降旨，應豐熟去處輒有禁止商販米穀，及違法收納力勝諸般阻節，並乞依政和六年十一月三日所降指揮。』從之。

八月二十五日，詔：『江、淮、荆、浙被水州軍，漲水已退，殘潦餘浸占田無藝，民不得耕，比屋摧圮，無奠居。可令郡守、令佐悉心賑救。監司雖非本職，並許通行管幹，分定州縣前去巡按，具已救濟事件、人數奏。監司、郡守自今應水旱、盜賊敢有隱蔽不奏，或不盡言，並以違御筆論。應興販竹木、塼瓦、蘆葦往被水處，沿路不得收税抽解及欄買阻滯，仍行賑濟。』

九月七日，詔：『東南被水州縣民田，雖有赴訴之限，然阡陌漫浸，州縣定驗失〔一〕實，則貧民下户臨時無告。仰逐路監司行下所轄州縣當職官，須管於收成之前躬親按視，毋得失實。』又詔：『曾經渰浸人户納官、私房錢，截自遷出日，並特與免納，候復業日依舊。』

十月二十日，江南東、西路廉訪使者徐衡言：『南康軍並管下建昌縣，及江州並管下德安、瑞昌縣，興國軍，坊郭舍屋被水渰浸，漫没屋脊，人户各已般移。除係自(己)〔已〕屋業外，其間賃〔二〕官、私舍屋居住人户，尚依舊管認元賃房廊地基等錢，欲下諸州軍豁除被渰月日，將與放免。』從之。仍詔餘依此，計其實〔三〕日，即不得虛僞，通不得過一季。〔四〕

宣和〔五〕元年正月二十七日，永興軍路安撫使董正封言：『鄠縣災傷，放税不及分，秋雨損田苗，人户闕食。勘會見今修葺永興軍城壁，欲望支降度牒四百道，乘此和顧人夫，不惟城壁計日可了，兼可以存養闕食人民。』詔特〔六〕支二百道。

十月十九日，詔：『兩浙連年災傷，今歲方始豐熟，應欠積欠不得一併催理，並三年帶納。』

十二月十六日，監察御史周武仲言：『淮甸旱暵，蒙付以使事。賑濟莫〔七〕急於錢、米，而州縣往往無之。望依淮南許依鄰近發義倉兑撥支遣，並京西路汝、(穎)〔潁〕等州災傷放免租税指揮，豪民大姓有願出積粟者，乞籍其名，酬以官爵，其次與免差科一次。所在係官山林塘濼，

〔一〕失　原作『夫』，據《食貨》六八之一一八改。

〔二〕賃　原作『買』，據《食貨》六八之一一八改。

〔三〕實　原作『十』，據《食貨》六八之一一八改。

〔四〕按：此下原批『賑恤四』；此前一行原批『恤災副本』，今删。

〔五〕原天頭批注：『此卷前有熙寧以下七十條，應補抄。』又批：『脱二月十六日一條』。又此條末注云：『額上有「△」者皆恤災正文，間有脱落，以「8」記之；正本無當補抄者，以「○」記之；額上有「、」者，皆見《賑貸》，不抄。』

〔六〕特　原作『時』，據下文及《食貨》六八之一一八改。

〔七〕莫　原作『今』，據《食貨》五九之一八、六八之一一九改。

有可推以利民者，乞暫絶其禁，聽饑民採食其利。商旅般運，應鄰近路分及沿江州軍載斛米舟車，並乞與免沿路力勝錢，堰閘、關津，不得稽留。』從之。仍許通一路義倉兑撥支給。其流移地分，如合放免租税，並令依條，内豪民出粟，不得抑勒。

二月十八日，尚書右丞范致虚言：『奉詔，楚州山陽、鹽城二縣被水，令截撥斛斗賑救。不足，於鄰州、鄰路發義倉兑撥支遣。竊以災傷路分廣遠，自江、淮、荆湖、兩川，各被水患，物價騰踴。方春正多飢殍，彊壯者流爲盜賊，類多(丐乞)〔乞丐〕以市斛斗，或采在田蔬茹之類，甚者無從得食。老稚轉徙，甚可哀痛。按義倉法，唯充賑給，不得他用。比歲數豐，未嘗支遣，諸路義倉之粟甚多。欲望睿旨，應去歲災傷州縣，並量從勅實災傷人數及外來流民，並給義倉物斛賑濟。數係災傷官司，以前不曾檢行，特與放罪。若今來指揮到，依前庇隱，令廉訪使者按劾以聞。若常平及本州通用諸縣義倉物斛計度，俵散不足，並許依楚州兩縣所得前件指揮，於鄰州、鄰路發義倉兑撥支遣。』詔：『京西路(穎)〔潁〕、汝、陳、蔡等州，見今民已流移飢殍，監司、州郡並不申奏，運司庇隱，不放租税，致不得依災傷賑濟，遂使斯民轉於溝壑。吏爲姦罔，不奏法令，以致如此，爲之惻傷。可令新京西漕臣李祐放謝辭，星夜乘騎前去體量，常平官孫延壽先次勒停，餘監司並守臣，一一並具名奏。應一路義倉，可並特通融支撥賑濟施行。應災傷流移地分，並令依法放免租税，疾速行下。』

四月二日，京西路轉運判官李祐言：『尚書右丞范致虚奏：「京西災傷州縣，並不依災傷檢放，勒民户依舊納税，致民力愈困，罪在州縣。欲望並給義倉物斛賑濟。」奉詔令臣星夜前去體量詣實，常平官孫延壽先次勒停，餘監司並守臣一一並具名奏。應一路義倉，可並特通融支撥賑濟。應災傷流移地分，並令依法放免租税，體量得逐州人户因去秋霖雨薄收，人民闕食，汝州諸縣艱於賑濟，致有流移飢殍。唐、鄧州縣，已依法檢放税租外，賑濟管下諸縣飢殍流民，共三萬八千餘人；均、房州諸縣，放税不盡，致自冬及春以來，往往聚爲盜賊。』詔均、房州知通、逐縣知縣並衝替；汝州知通，各降一官；唐、鄧州知通，各轉一官。

五月二十九日，詔：『淮、浙去歲被水，田業多荒。今雨暘順適，耕種是時，民無力施工，可令兩路提舉常平官散倉廩，廣行借貸，毋或失時。施行訖，具奏。』從兩浙轉運司請也。

六月二十七日，開封少尹虞燮言：『去歲諸路水災，今夏二麥大稔，秋田倍收，一歲之熟，未足以盡補瘡痍。尚慮監司、州縣例行催科累年之欠。乞行約束。』從之。

十月十九日，詔：『兩浙連年災傷，今歲方始豐熟，應積欠不得一併催理，並限三年帶納。』

十二月十六日，監察御史周武仲言：『淮甸旱暵，蒙付以使事。賑濟莫急於錢、米，而州縣往往無之。望依淮南「許依鄰近發義倉兑撥支遣」，並京西路汝、(潁)〔潁〕等州災傷放免租税指揮，豪民大姓，有願出積粟者，乞籍其名，酬以官爵，其次與免差科一次。所在係官山林塘濼，有可推以利民者，乞暫絶其禁，聽飢民採食其利。商旅般運，應鄰近路分及沿江州軍載〔一〕斛米舟車，並乞與免沿路力勝錢，堰閘、關津，不得稽留。』從之。仍許通一路義倉兑撥支給。其流移地分，如合放免租税，並令依條，内豪民出粟，不得抑勒。

四年十二月十三日，詔：『德州有京東路西來流民不少，本州知、通張邦榮、王景温等見行賑濟，於在城並安德、平原縣三處措置宿泊，計六百三十一户。除已該給券還鄉外，尚有五百餘户各得均濟。仰本路提點刑獄司究實聞奏，取旨量推恩，其餘路分遇有流移人户，不即依條存恤者，並仰監司、廉訪使者按劾以聞。』

五年正月四日，臣僚言：『聞蜀父老謂本朝名臣治蜀非一，獨張詠德政居多，如賑糶米事，著在皇祐，甲令常刻石遵守，至今行且百年。其法，一斗止糶小鐵錢三百五十文，人日二升，團甲給曆赴場請糴，歲計六萬石。始二月一日，至七月終。貧民闕食之際，悉〔二〕被朝廷實惠。比年漕臣不職，米直漸增，或陳腐不堪，雜以糠粃，不獨損六萬之數，且幾察不嚴。乞賜施行。』詔漕臣檢會皇祐條例，措置以聞。

十月二十八日，詔：『大河暴漲，由恩州河清縣王餘渡東向泛溢，衝蕩大名府(采)〔宗〕城縣，本縣被水人户，令本州提舉常平官親詣流移所在，遍行賑濟。』

六年七月九日，詔：『兩浙州縣人户積欠常平及圍田錢、米，元降指揮展限三年起催，今已限滿。訪聞本路春夏水潦害民田，民至流徙，已令將賑糶官米拯濟艱食。所有積欠及圍田錢、米，特更展限一年，候豐熟日，依條催理。』

八月十八日，收復燕、雲赦：『應貧乏及飢民，並以係官錢、米賑濟，無令少有失所。』

八月十九日，詔：『兩浙路州縣違法閉糴，邀阻客人，米價翔踴。仰提刑、廉訪體究水災去處，令常平司賑濟。州縣閉糴邀阻，速令禁止。』

十月二十七日，詔：『浙西諸郡夏秋水災，穀貴艱食，民户流移。已降指揮，於所在依條賑濟。訪聞常平司見管米斛數少，可於本路實有見在米或見起上供米内，截撥五七萬碩付提舉常平官，躬親往常、秀、平江等處，隨宜分擘應副賑給，務令實惠，均及飢民。』

〔一〕載　原作『截』，據《食貨》五九之一五、六八之一一九改。
〔二〕悉　原脱，據《食貨》五七之一六補。

十一月十七日，詔：『河北、京東夏秋水災，民户流移，係踵於道。可令應所過州軍隨宜接濟。若常平、義倉不足，即發封樁應干斛斗賑給，令實惠及人。』

同日，南郊制：『訪聞外路夏秋之間，陰雨積水，占壓民田，或河防潰決，（衡）〔衝〕注鄉村，縣官坐視，並不措置。如措置有方，實有勞効者，保明以聞，當議特加旌勸。』

紹興三年九月五日，宰臣朱勝非等言：『近訪聞泉州水溢，隳城郭，墊廬舍，已行下本州詰問，且令詣實申尚書省。』上曰：『國朝以來，四方有水旱災異，無敢不上聞者，故〔一〕修省蠲貸之令隨之。近日蘇、湖地震，泉州大水，輒不以聞，何也？』詔諸路，如有水旱等事，令監司、郡守即時具奏，如敢隱默，當寘典憲。

二十三日，泉州言：『本州縣被水之家，闕乏糧食不能自存之人，欲州委知、通，縣委令、佐，先次取撥見管常平、義倉米斛，躬親前去賑濟。及被水渰死，其無主屍骸，欲令本處量支官錢，如法埋瘞，無致暴露。今來深慮前項已科定錢、米應副不足，欲令禮部給降福建路空名度牒二百道，專充應副前項支使。』詔依，仍令本路漕司躬親前去點檢被水州縣，奉行寬恤賑濟等事件以聞。如州縣奉行不虔，仰提刑司按劾聞奏，當議重寘典憲〔二〕。

六年七月十八日，尚書省言〔三〕：『廣西欽、廉、邕州緣去歲大水，即令米價踴貴，細民艱食。欲令本路常平官體訪，如委是詣實，即立便前去，及分委官屬各躬親遍詣逐州，取撥常平米斛賑濟。如逐州所管數少，即於鄰近州縣那撥應副。仍具各支撥過米斛數目及措置存恤事件以聞。』從之。

八月十四日，尚書省言：『江東、西、湖南路去歲旱傷，近據申奏，賑濟飢民萬數不少。其逐路帥司及常平官措置有方，甚稱委寄。除江東帥臣〔四〕葉宗諤已別作施行外，詔帥臣吕頤浩、李綱，提舉趙不已、吴序賓，令學士院降詔獎諭。』

同日，尚書省言：『去秋江、湖旱傷，人民闕食。朝廷支撥米斛，及委帥臣、監司並州縣守令賑給。竊慮其間奉行滅裂，却致死損流移數多，合行比較優劣。』詔令逐路帥臣、監司，於本路旱傷州縣，各比較三兩處，保明取旨賞罰。

十五日，詔：『四川去歲旱荒之後，繼以疾疫，流亡甚衆，深用惻然。其郡守、縣令有能賙給困窮、撫存凋瘵、善狀最著者，令席益體訪詣實，保明來上，當議獎擢，以爲能吏之勸。或廢慢詔令，坐視不恤，按劾聞奏，亦當重寘

〔一〕故　原脱，據《食貨》六八之一二一補。
〔二〕天頭原批：『《典憲》下脱七條。
〔三〕言　原脱，據《食貨》六八之一二二補。
〔四〕臣　原脱，據《食貨》五七之一九補。

典憲。』

九年十一月六日，臣僚言：『曩者旱暵爲災，官嘗發廩勸糶，而州縣奉行，姦計百出。有民户初非情願，均令認數，以應期限，而平時儲積之家得以幸免者；有所在初無收成，勒令轉糶以賑城郭，而本鄉流離不暇顧恤者。願詔執事選舉廉謹强明之吏，推行德意，務使實惠及民，盡革前弊。』詔令户部約束。

十四年五月十八日，上曰：『聞婺州溪水暴漲，渰溺去處，可令官吏多方賑濟，毋令失所。』

六月十五日，上宣諭輔臣曰：『福建、浙東被水災去處，已令寬恤賑濟，尚恐州縣滅裂，可令逐路監司各躬親前去，悉力奉行，務使實惠及民，不得徒爲文具。』

十九年九月十三日，詔兩浙東路提舉常平秦昌時除直祕閣，兩浙東路提點刑獄公事。以安撫司言：『紹興府，明、婺州水旱災傷，昌時悉力賑濟，乞賜褒擢。』故有是詔。

二十八年八月十六日，上諭輔臣曰：『浙東、西瀕江海去處，田苗爲風水所損，平江府最甚，紹興次之。已將常平米[一]賑濟，尚慮貧弱下户去秋成尚遠，無錢可糴[二]，深軫朕懷。卿等可令發義倉米賑濟。』宰臣沈該等奏曰：『在法，災傷及七分以上，合行賑濟。當遵稟聖訓，就委趙子潚、都絜依此施行。』詔：『紹興、平江府被風水損傷，可令趙子潚、都絜體訪，委是災傷去處，將第四等以下闕食人户量行賑濟，候晚禾成日住罷。仍具逐處賑濟人户及支撥過米數申尚書省。』

二十八年八月二十七日，詔：『令吴璘同蘇欽、許大英，將被水州軍人户取撥常平司、義倉米賑濟，多方措置存恤，毋令失所。仍依條檢放，開具取撥過米數及已措置施行次第申尚書省。』

九月八日，浙西常平司言：『平江府已於在城覺報寺等八處並吴、長兩縣尉[三]司置場賑糶，共三萬七千碩。今來本府米價漸平，已行住糶。』詔令平江府湊足元撥五萬碩數，均下諸縣，仍行賑糶。

九月二十九日，詔：『在法，水旱檢放苗税及七分以上賑濟。緣土田高下不等，若通及七分方行賑濟，竊慮飢荒人户無以自給。可自今後，災傷州縣檢放及五分處，即令申常平司，取撥義倉米量行賑濟。』

十一月二十三日[四]，南郊赦：『勘會在法：病人無緦麻以上親同居者，廂耆報所屬，官爲醫治。訪聞比來客旅寄居店舍、寺觀，遇有病患，避免看視，聞官逐趕出外，及道路暴病之人，店户不爲安泊，風雨暴露，往往致斃，深

〔一〕米 原脱，據《食貨》五七之二〇補。
〔二〕糴 原作『糶』，據《食貨》五七之二〇改。
〔三〕『尉』原作『府』；『糶』原作『糴』，均據《食貨》六八之一二四改。
〔四〕日 原作『月』，據《食貨》六八之一二四改。

可矜憫。可令州縣委官內外檢察，依條醫治，仍加存恤，及出榜鄉村曉諭。月具無違戾去處以聞。』

二十九年二月二十五日，詔令逐處守臣於見管常平、義倉米內取撥二分，減市價二分賑糶。內臨安府於行在椿積〔一〕米內借撥。

閏六月四日，提舉兩浙路市舶曾愭言：『去秋州縣有被水災傷去處，細民艱食。多方賑濟，及將常平米減價出糶，飢民賴以全活。而其間奉行不至者，其弊有三：賑濟官司止憑耆保、公吏抄劄第四等以下逐家人口，給曆排日支散，公吏非賄賂不行，或虚增人口，或鐫減實數，致姦僞者得以冒請，飢寒者不霑實惠，其弊一也；賑糶常平米斛，比市價低小，既糴〔二〕者不分等第，不限口數，則公吏倉斗家人等多立虚名盜糴〔三〕，遂使官儲易於匱乏，其弊二也；賑濟户口數多，常平椿管數少，州縣若不預申常平司於旁近州縣通融那撥，米盡旋行申請，則中間斷絶，飢民反更失所，其弊三也。欲望行下有司，嚴立法禁，力革其弊。公吏抄劄不實，與夫州縣申請失時者，並寘嚴科。委提舉官往來部內賑濟去處體訪，如有違戾，按劾以聞。』從之。

九月四日，詔：『福州七月間水災，仰帥臣、監司將合行賑濟人，疾速支常平錢米賑濟。其税租依條檢放〔四〕。仍具析不即申奏因依奏聞。』

十月九日，詔福建路提點刑獄樊光遠降一官，轉運判官趙不溢放罪。以福州水災，光遠權州事，不即躬親括責闕食人户賑濟，故鐫一官；不溢以不曾承受本州申到，故釋其罪，有是詔。

三十年五月十八日，御史中丞兼侍講朱倬、殿中侍御史汪澈言：『臨安府於潛、臨安兩縣山水暴至，居民屋廬漂蕩甚衆，望令臨安府速下兩縣，委令、佐躬親看驗。如有未收瘞者，官給錢收瘞之，及隨被害之小大，條具賑恤。』詔令轉運司支撥係官錢、米，就委令、佐躬親賑濟，無令失所。其未收瘞人口，給官錢如法埋瘞，不得減裂。

八月十一日，直祕閣、權發遣兩浙路計度轉運副使吕廣問言：『被旨，契勘湖州安吉縣向被災最甚民户實數具奏。今抄劄到闕食合賑濟第五等主户共一百八十户，望許依臨安府已得指揮，將被災人户，等第與免本户應干苗税、科敷及丁身役錢等。最甚者，免四（科）〔料〕〔五〕，其次免三（科）〔料〕，餘免兩（科）〔料〕。及第五等曾經賑濟之人，尚慮第五等〔六〕以上雖不經賑濟，或有田桑、屋宇被

〔一〕積　原脱，據《食貨》五七之二一補。
〔二〕糴　原作『糶』，據《食貨》五七之二一改。
〔三〕『斗』原作『計』；『糴』原作『糶』據《食貨》五七之二一改。
〔四〕放　原作『於』，據《食貨》六八之一二四改。
〔五〕料　原作『科』，據《食貨》六八之一二四改。下文兩處『料』字同此。
〔六〕等　原作『第』，據《食貨》六八之一二四改。

九月十一日，詔：『訪聞浙東、西州軍間有螟螣、風水傷稼去處，可令守臣疾速條具應合賑恤、蠲免事件聞奏，不得隱匿泛濫。』

二年六月二十四日，詔：『浙東近因連雨大水，及兩淮亦有被水去處，理宜措置優恤。令逐路帥、漕司同共措置，委官往被水州縣賑濟。合用錢、米，許於常平司見樁管錢、米內取撥。若有溺死之人，與量給棺殮之具。內無居止人，亦仰踏逐空閑官舍及寺觀權行安泊。其應干合檢放寬恤事件，及用常平錢、米，並開具申尚書省。』

二十九日㈠，上論宰臣湯思退等曰：『今歲江東、浙西水災，卿等思所以救災防患之術。』思退等奏：『臣等燮調無功，致有此災，未敢便乞罷黜。』上曰：『朕當思所以應天之寔，卿等更宜輔朕不逮。』

七月二十四日，臣僚言：『建康、鎮江、平江府，常、秀等州，今年秋淫雨不止，大水爲災。目今米價見已翔湧，乞命提舉司依條賑濟，農民不可使至流徙。仍行下諸州勸諭居停米穀之家平價出糶。』從之。

八月二十三日，詔：『臨安府米價增貴，細民艱食。令常平出米二萬石賑糶。』

二十八日，詔：『訪聞淮東有被水去處，人户遷徙。

㈠天頭原批：脱『十二月十六日』一條。

水衝損，亦合隨等第輕重減放稅賦。』從之。

三十一年正月二十二日，詔：『雪寒，細民艱食。令臨安並屬縣取撥常平米，依市價減半，分委官四散置場廣糶。』

八月二十四日，詔：『夔州路安撫、轉運、常平司，將本路被水之人户多方存恤賑濟；漂流居民舍屋，量行等第支給官錢；其渰損田畝合納稅租，依條檢放；溺死之人，官爲埋瘞，務要實惠，不得滅裂。仍各具知稟施行文狀申尚書省。』

孝宗隆興元年三月二十八日，詔：『霖雨爲沴，雖側身修行，尚恐誠意未孚。可令諸路監司、守令應有災傷去處，常切賑恤困窮，糾察刑禁，仍各具聞奏。』

六月十八日，詔：『兩浙、江東下田傷水，衝損廬舍，理宜寬恤。令逐路常平司行下州縣，將被水人户疾速依條借貸，以備布種。將來見得損傷，即從實檢放。其衝損廬舍之家，多方存恤賑濟，措置安泊，毋令失所。』

八月十七日，詔曰：『比日飛蝗益多，又聞諸路州縣風水爲災，螟螣害稼。咎證罔測，朕甚懼焉！朕自今月十八日避正殿，減常膳，側身修行，以祈消弭。重惟政事之闕，致姦和氣，二三大臣其盡忠省過，補朕不逮。監司、郡守各務身率，戢貪禁暴，平察寃獄，以安民庶。所在災傷，悉行具奏，依條賑恤、檢放。如有隱匿不以聞者，重寘典憲。師徒未息，科調繁興，江、淮、襄、蜀，尤極勞擾；(強)〔疆〕場之吏，宜加安輯，蠲省苛斂，以稱德意。』

可令錢端禮於本路見管米斛內，支撥一萬石措置賑濟。如不足，於淮東總領所大軍米內取支。』

九月四日，知鎮江府方滋言：『丹徒、丹陽、金壇三縣，今秋雨傷稼穡，已委官詣金壇縣取撥義倉米二〔一〕千石，丹陽縣一千石，各依乞丐法賑濟。尚慮管下少有客販米斛，及乘時射利，高擡價直，民户難於收糴，遂措置就委官於金壇縣添撥米一千二百石，丹陽縣添撥米八百石，丹徒撥米五百石，並各減價，每升作二十五文省，置場賑糴〔二〕，每人日糴不得過二升。竊慮豪右之家閉糴待價，除已勸諭賑糶外，乞依紹興九年七月二十九日指揮，將出糶米穀人依立定格目推賞。仍乞立定有官人糶米比類遷轉賞格行下。其或他州之人有能般販前來賑糶，及得數目，亦與一例保明推恩。』從之。

其後方滋又言：『今歲江東、二浙皆是災傷去處，獨湖南、廣南、江西稍熟，相去既遠，客販亦難，勢當有以誘之。欲乞朝廷多出文榜，疾速行下湖、廣諸路州軍，告諭客人，如般販米斛至災傷州縣出糶，仰具數目，經所屬陳乞，並依賞格即與推恩。州縣出糶官米，往往只在近郭；勸諭民間出糶者，亦多般入城市，以致村落山穀之民無處告糴。乞敦請士人及寄居之忠寔可委者，四散監糶，庶被惠者廣。州縣閉糴，朝廷舊有約束。今聞州縣不務均齊，往往禁人般販，乞委監司嚴行覺察，將閉糴之官按劾施行。』從之。

九月十九日，詔：『今秋霖雨害稼，細民艱食，出內庫銀四十萬兩，付户部變轉收糴〔三〕米斛賑濟。』

二〔四〕十一日，中書門下省言：『今歲浙西、江東州軍內有水傷去處，損〔五〕害禾稼，竊慮民户流移闕食。乞下江西常平司，於見管常平、義倉米內，取撥二十萬石賑濟。』從之。

閏十一月十九日，臣僚言：『淮南流移百姓，見在江、浙州軍無慮十數萬衆，雖欲賑濟，緣官司米斛有限。近降指揮，有田一萬畝，出糶三千石。其餘萬畝以下，却有不曾經水災、收蓄米斛之家，糴價倍於常年。今相度，欲委逐州見不曾經水災處，占田一萬畝以下，八千畝以上，立定出糶米一千五百石，如此，可以廣有出糶之數，應接急闕支遣。』從之。

二十五日，上封事者言：『虜騎犯邊，兩淮之民皆過江南。緣鎮江潮閘不開，老小舟船艤泊江岸者數千隻。近日大雪，皆有暴露絕食之患。欲乞廣行賑濟。』詔：專委浙西、江東提舉照應見行條法，通融取〔六〕撥一路常平米

〔一〕二　原作『三』，據《食貨》五八之二、六八之六三改。
〔二〕糴　原作『糶』，據《食貨》五八之二、六八之六三改。
〔三〕糴　原作『糶』，據《食貨》五八之三、六八之六三改。
〔四〕二　原作『一』，據《食貨》五八之三、六八之六三改。
〔五〕損　原作『捐』，據《食貨》五八之三、六八之六三改。
〔六〕取　原作『收』，據《食貨》五八之三、六八之六三改。

斛，躬親賑濟。臣僚又言：『近嘗具奏，乞賑給兩淮流移之民，伏蒙施行。竊覩近日有司措置，於多田之家廣加和糴。今諸處各有糴到米斛，欲望於浙西、江東西諸郡和糴到米内，取撥二三十萬碩，令逐路轉運司日下措置般運，分往兩淮經殘破州縣鄉村，委逐處守、令遍行賑濟，招誘流民歸業。其貧乏人不能自存者，日計口數給糧。』詔依。

乾道元年正月一日，南郊赦：『州縣其間有被水人户，理合優恤，令本路帥臣、監司，多方存恤賑濟。其渰浸田畝，照近降指揮檢放。如有因此災傷死亡之人，官爲收殮。無爲虚文，不得滅裂。』三年、六年南郊赦並同此制。

二十一日，同日，詔：『浙西州軍被水災去處，已令賑濟。訪聞湖、秀州流移之人甚衆，竊慮州縣奉行不虔，可令曾愭躬親前去，多方措置賑濟，無令失所。將州縣官(一)措置有方保明聞奏。其弛慢去處，具名按劾。』從中書門下請也。

二月三日，詔：『兩浙、江東州軍，緣去歲間有水傷去處，致令春米價翔湧，細民流移，甚可矜恤。仰守令多方措置賑濟，於本州應管錢、米内取撥應副。仍籍定數目，隨管内寺觀大小均定人數賑濟，柴錢責付主守掌管支用。務令實惠均及流民，毋致殍餓。如奉行滅裂，仰提刑司按劾，重寘典憲。賑濟有方，具名聞奏，當議旌賞。』

六日，中書門下省言：『兩浙東、西路緣水傷，細民艱食。累降指揮，令諸州縣賑濟及勸上户糶米，並造粥給食，非不詳盡。竊慮州縣奉行滅裂，未見寔惠及民。』詔：『浙西委吏部郎官魯訔、浙東委司封郎官唐閲，躬親遍詣諸路州縣檢察。如有違戾去處，具當職官姓名申尚書省。其措置有方，亦仰保明聞奏。』

四月二十二日，詔：『兩浙州軍去歲水澇，流移闕食人頗衆。朝廷措置賑糶，存濟甚多。比因疫氣傳染，間有死亡，深可憐憫。可令行在翰林院差醫官八員，遍詣臨安府城内外，每日巡門體問看診，隨證用藥，其藥令户部於和劑局應副。在外州軍，亦仰依法、州委駐泊醫官、縣鎮選差善醫之人，多方救治。藥錢於逐州歲賜合藥錢内、縣鎮於雜收錢内支給，務要寔惠及民。並仰接續給散夏藥，候秋涼日住罷。』從中書門下省請也。

六月十八日，知宣州王佐言：『本州自五月七日至二十六日，雨如傾注，山發洪，被水之人闕食者衆。欲將見管常平糴米錢八萬餘貫循環作本，差官收糴米斛賑濟。』從之。

乾道二年五月二十五日，詔：『江西以至浙右今歲雨潦，頗害農事。宜令諸路監司、守令察今秋有田米不熟之處，預先講求救災恤荒之政。如將來有水旱去處，却致無備，必寘於罰。如備預有方，當議推賞。』

(一) 官　原脱，據《食貨》五八之三補。

九月七日，詔浙東提舉常平宋藻前去温州，將常平、義倉米(一)賑濟被水闕食人户。如本州米不足，通融取撥。權發遣温州劉孝韙言：『本州八月十七日風潮，傷害禾稼，漂溺人命。所有義倉米五萬餘碩，先蒙奉使司農少卿陳良弼盤量在倉，不得支借。若候申稟，深恐後時，逐急一面賑給外，有不候指揮先次開發之罪，乞施行。』得旨放罪。

九月十一日，詔：『温州水災，差度支郎中唐瑑，同提舉常平宋藻、守臣劉孝韙遍詣被水去處，覈寔賑濟。』

十月一日，詔：『温州近被大風駕潮，渰死户口，推倒屋舍，失壞官物，其災異常，合行寬恤。可令度支郎中唐瑑，同提舉常平宋藻、知州劉孝韙共議，酌參措置條具聞奏。仍令内藏庫支降錢二萬貫付温州，專充修築塘埭、斗門使用，疾速如法修整，不得滅裂。』繼而唐瑑言：『竊見温州四縣並皆邊海，今來人户田畝盡被海水衝蕩，鹹鹵浸入土脈，未可耕種，及闕少牛具，不能遍耕，難令虚認苗税。乞委守臣來春差官究寔，保明申奏，即與減放當年苗税。庶幾水災之後，農民感恩，早得復舊。』從之。

三年八月五日，知紹興府洪适言：『上虞縣近有水災，飄流居民。』上曰：『近所在或有山發洪處，可令常平司常切撫存，賑濟被水之家。』

二十五日，詔諸路州縣約束，人户應今年生放借貸米穀，只備本色交還。取利不過五分，不得作米錢算息。以臣僚言：『臨安府諸縣及浙西州軍舊來冬春之間，民户闕食，多詣富家借貸，每借一斗，限至秋成交還，加數升或至一倍。自近年歲歉艱食，富有之家放米人立約：「每米一斗，爲錢五百。」細民但救目前，不惜倍稱之息，及至秋收，一斗不過百二三十，則率用米四斗方糶得錢五百，以償去年斗米之債。農民終歲勤動，止望有秋，舊逋宿欠，索者盈門，豈不重困？夫民之貧富有均，要是支相養之道。非貧民出力，則無以致富室之饒；非富民假貸，則無以濟貧民之急，豈可借貸米斛，却要責令還錢？』故有是命。

十二月二十六日，左朝散郎孫觀國言：『四川州郡亢旱，内綿、劍州尤甚。乞遣金字牌行下制總諸司，多方賑濟。』上曰：『此去麥熟常遠，想見飢民狼狽，當依所奏。』

同日(四年六月四日)，宰執奏事之次，上宣諭曰：『昨日汪涓對曰：「去秋江西被水，數州之民至有無藁秸餵牛者。」朕都不知。』陳俊卿對曰：『去秋沈樞亦申來，言水災，陛下所以預令理會和糴。』上曰：『卿等更宜措置。今後水旱，須令寔申來！』蔣芾奏曰：『州縣所以不敢申，恐朝廷或不樂聞。今陛下詢訪民間疾苦，焦勞形於

(一) 米　原脱，據《食貨》五八之四、六八之六五補。

玉色，誰敢隱？』上曰：『朕正欲聞之，庶幾朝廷處置賑濟。』既而詔：『諸路轉運司行下所管州軍，今後水旱，須管依寔具申尚書省。仍令轉運司具狀保明申奏。或州軍隱蔽不申，監司自合一面體訪聞奏。如或不盡不寔，朝廷訪聞，並當重寘典憲。』

二十六日，詔：『襄陽府水旱民飢，令本府寄樁大軍米內支降二萬石賑濟之。』

十二月二十六日，雷州言：『八月一日海潮暴漲，渰浸東南，鄉民闕食者衆。』詔令禮部給降度牒十道，付廣西提刑司變賣，措置賑濟。

五年三月六日，提舉江東常平公事翟紱言：『竊見饒州諸縣去年被水災傷，合行賑糶。乞將常平舊管米一千六百五十二石九斗六升五合，並收到乾道四年分義倉米五千二百一十五石二斗九升五合，委官賑糶外，其池州建德縣與饒州接連，飢寒尤甚，更乞將常平米內支撥七百一十九石六斗二升，並拘到乾道四年義倉米內支撥二百二十二石一斗七升，將約度被水第四等、第五等以下大小人口，量行賑濟。』從之。

四月十四日，詔：『饒、信州連歲旱潦，細民艱食。可出常平、義倉米以賑之。』

同日，權發遣江南東路計度轉運副使趙彥端等言：『臣等近恭奉御筆處分，以饒、信二郡嘗有水患，令臣等協力應辦儲蓄賑濟。臣等措置，將信州合起赴建康府大軍米一萬五千石截留樁管，及將合起赴鎮江府米二萬石內，將一萬石就便樁管，將一萬石往饒州準備支使。今據饒州知州黃玠劄子稱：「雖蒙提刑司撥到義倉米六千八百餘石，不了一月賑糶之數。乞備申朝廷，於樁留米內支撥二萬石添助賑糶。」臣等照得饒州合發上供米斛，除樁留外，尚有合起赴行在米一萬一千九百六十石，臣等除已一面逐急行下饒州，於內先次取撥一萬石，量度市直減價賑糶外，候信州起到米一萬石〔一〕，却行拘收，理充合起之數。兼慮信州亦有似此闕食去處，臣等已行下信州，取撥米五千石，依此減價賑糶去訖。所有饒州前後樁留米四萬石，欲乞早降指揮〔二〕，再撥一萬石，更令接續賑糶。』從之。

十月四日，詔台州出常平、義倉米賑濟，被水之民。

六日，權發遣兩浙路轉運副使劉敏士言：『温、台二州近因風水飄損屋宇禾稼，雖將義倉米賑濟，緣被水丁口至多，竊慮來年秋成尚遠，將何以繼？今欲措置，欲令各州勸募上户官借其貲，就浙西諸州豐熟去處般販米糧，中價出糶，至來年秋間，却輸納錢本還官。庶幾般販既多，米稍停蓄，其價自平。今來温州已募上户借與錢本，見行措置，唯是台州財賦窘迫，無以爲計。臣欲支錢五七萬貫

〔一〕『量度』至『一萬石』十八字原脱，據《食貨》五八之六、六八之六六補。
〔二〕揮　原作『指』，據《食貨》五八之六、六八之六六改。

給與台州，令〔一〕台勸募上户般取米斛，以濟飢民。』詔令：『兩浙轉運司差撥人舡，於近便州軍户部樁管米及常平、義倉米内，取撥三萬石前去台州，委官於被水去處減價出糶。其糶到錢，令本司拘收，撥還原取米去處。』

十七日，新權發遣福建路轉運副使趙彦端言：『竊見饒、信之間，地瀕湖、江，連有水旱。欲望每歲於饒、信兩州上供米内，各截留數萬石。若次年不曾出糶，或有出糶未盡之數，即行起發，却以當年新米代充，稍倣常平以新易陳之意。』詔今後每歲逐州各截留三萬石，準備出糶。

二十八日，知揚州、主管淮東安撫司公事莫濛言：『契勘本路楚州、盱眙軍沿淮鄉村間有旱傷，訪聞得鄉民漸致艱食。揚州總領所樁積米内，見有一萬餘石，乞令楚州、盱眙軍般取前去賑糶。所有價錢，赴總領所輸納。却令徑自糴米，依舊樁積。不惟接濟飢民，又得以陳易新，委是兩便。』從之。

十一月十五日，詔：『今歲淮東州軍間有旱傷去處，竊慮冬春之交，米價增長，民間或致闕食，可將淮東見管常平米三萬六千六百餘石，令淮東常平司相度，委官置場，量減價賑糶。糶〔二〕到價錢，另項樁管，候將來秋成日，却行收糴補還。』

六年閏五月十一日，詔：『浙西州軍大水，令呂正己前去措置賑濟。』既而臣僚言：『已差呂正己措置。浙西被水居民，乞就委漕臣，於本路取見州縣被水寔數，官爲貸其種穀，再種晚稻，將來秋成，絶長補短，猶得中熟〔三〕。諸路如有似此去處，亦乞依此施行。』從之。

六月十二日，權江南東路轉運副使張松言：『寧國府、建康府、太平州、廣德軍圩田均被渰没，委寔災傷。逐州差官賑濟被水人户，一依太平州例。每月支散錢米。所有第四等人户，依條不該賑濟。乞將常平米減價出糶。』從之。

十八日，提舉福建常平茶事鄭伯熊言：『福建路八州軍府縣，自入夏以來闕少雨澤。其上四州軍府雖時得甘雨，猶未霑足，早禾多有傷損；下四州軍亢旱尤甚，晚種有不得入土者。乞將所在米價依條支撥常平米斛賑濟。』從之。

六年十月十一日，臣僚言：『今春湖、秀低田與夫太平、宣州圩田多壞，方此秋成，米價已高，而來春之憂未艾。欲望行下守臣，令與縣令各隨其州縣，恭酌所宜而預爲之計。其有奉詔不虔，視户口流移稍多者，內則從臺諫，外則從發運、監司，按劾以聞。』詔令逐州守臣限半月申尚書省。

十二月二十六日，詔：『和州旱澇，禾麥損傷。可借

〔一〕『財賦』至『令』二十一字原脱，據《食貨》五八之六、六八之六七補。
〔二〕糶　原脱，據《食貨》五八之七、六八之六七補。
〔三〕熟　原作『熱』，據《食貨》五八之七、六八之六八改。

撥米一萬石賑糶飢民。』

乾道七年四月十五日，光州觀察使、高郵軍駐劄御前武鋒軍都督制兼知楚州陳敏言：『本州去年因黑鼠傷稼，兼秋間水旱，農民饑饉，蒙下通州撥米五千石，又下總領所支米一萬石。以通州水路遥遠，止就揚州般到米一萬石賑糶。本州户口既繁，食用日廣，賑糶官米今已不多。欲望再撥米一萬石〔一〕付本州賑糶。』詔令本路常平司將通州未撥米五千石疾速科〔二〕撥應副。

七月六日，詔：『江西州軍間有闕雨去處，合行措置收糴米斛，準備賑糶。可令龔茂良拘收單夔已刷到發運司奏計錢，並江州有發運司貿易等官會子，共湊二十萬貫，於江、浙豐熟去處收糴米斛一十萬石，均撥付最不熟州軍樁管，申三省、樞密院。』

同日，詔〔三〕：『江西路今歲間有旱傷州縣，責在守令究心賑恤。可令本路帥臣，將旱傷州縣守令精加審量，如内有老謬不能究心職事之人，先次選擇清強能吏前〔四〕去對易，措置賑濟存恤施行。開具已對易官職位、姓名及見作如何賑濟事件聞奏。』

八月一日，詔：『湖南旱傷州縣，亦合依此施行。』

十三日，詔：『昨發運司於潭、衡、全、道、邵州、桂陽軍和糴米斛，未曾支撥。可令湖南轉運司，將糴到米撥付災傷州軍樁管，賑濟、賑糶。』

八月一日〔五〕，詔：『江州今歲旱傷，見今已有流民。守臣坐視，不據實申奏。專委漕臣一員，日下起發前去江州，同守臣將見管常平、義倉米斛四萬四千餘石措置賑糶。如不足，即仰收糴客米，或尚闕少，仰於本州見樁管朝廷米内，逐急借兑賑糶。仍具已如何措置及賑糶過數目，並委官起發月日以聞。』從中書門下請也。

同日，詔：『饒州旱傷，除已存留米一萬石賑糶外，可於本州米内更存二萬石，通三〔六〕萬石，日下措置賑濟。』

同日，中書門下省言：『湖南、江西間有旱傷州軍，竊慮米價湧貴，細民艱食。富室上户如有賑濟飢民之人，許從州縣審究詣實，保明申朝廷，依今來立定格目給降付身，補受名目。無官人：一千五百石，補進義校尉；願補不理選限將仕郎者聽。二千石，補進武校尉；如係進士，與免文解一次；不係進士，候到部，與免短使一次。四千石，補承信郎；如係進士，與補上州文學。五千石，補承節郎。如係進士，補迪功郎。文臣：一千石，減二年磨勘；如係選人，循一資。二千石，

〔一〕石 原脱，據《食貨》六八之六九補。
〔二〕科 原作『料』，據《食貨》五八之八、六八之六九改。
〔三〕詔 原作『照』，據《食貨》五八之九、六八之六九改。
〔四〕前 原作『先』，據《食貨》五八之九、六八之六九改。
〔五〕八月一日 前面已有『八月一日』、『十三日』，此處又記『八月一日』有誤。或前面『十三日』條後移。
〔六〕『通』原作『逋』；『三』原作『二』，均據《食貨》五八之九改。

減三年磨勘，如係選人，循兩資。仍各與占射差遣一次；三千石，轉一官，如係選人，循兩資。仍各與占射差遣一次；五千石以上，取旨，優與推恩。武臣：一千石，減二年磨勘，陞一年名次；二千石，減三年磨勘，占射差遣一次；三千石，轉一官，占射差遣一次；五千石以上，取旨，優與推恩。其旱傷州縣，勸諭積粟之家出米賑濟，係敦尚義風，即與進納事體不同。』詔依。其賑糶之家，依此減半推賞。如有不實，官吏重作施行。尋詔江南東路、荆湖北路依此制。

十六日，權發遣隆興府龔茂良言：『以本路旱荒，御膳進素。而臣忝一路兵民之寄，合賜罷斥。』詔：『龔茂良爲一路帥臣，當茲旱暵，而乃引咎自歸，欲求閑退，非朕責任帥守之意也。可劄與龔茂良，宜講救荒之政，散利薄征，以至攘除盜賊，勉修乃職，安輯一路之民。所請不允。』

二十二日，資政殿學士、知建康府洪遵言：『饒州、南康軍今歲旱災非常，早[一]種不入土，晚禾枯槁，兩郡飢民聚而爲盜，乞檢照江西、湖南已行賑濟體例，憑遵施行。』從之。尋詔本路提舉常平司，更於附近州軍取撥常平、義倉米五萬石付饒州、五萬石付南康軍，應副賑糶。

二十五日，權發遣隆興府龔茂良言[二]：『本路州軍被災輕重不等，贛州、南安、建昌早禾小損，晚稻無傷；次則吉、撫、袁州時有雨澤，所損亦有分數；惟是隆興、江、筠州、興國、臨江軍荒旱尤甚，早禾皆死，晚稻不曾栽插，自來未嘗似此[三]飢歉也。分委官前去同守令講究利害，相度欲將江、浙糴到米，就近徑付建康或鎮江總領交納，却就截本處上供米賑濟，理充所糴之數。大姓、巨商勢必閉糴，本府已立下價直，每石止一貫五百四十文足，比之市價折錢七百六十文足，以一名若認糴二萬石，共折錢一萬五千二百餘貫足。若不優異推恩，恐無人願就。今進納迪功郎，係八千貫文省，比之以二萬石米中[四]糴入官，折閲之數不啻過倍。欲乞補充迪功郎，有官人許轉一官資，及見係理選限將仕郎，並許恭部注受合入家便差遣。』從之。

九月七日，詔：『江南西路諸司申到江州旱傷最甚，除已降指揮許截留並令諸司科撥米外，可令劉孝韙日下躬親前去江州，將本路常平米接續賑糶。』

十一日，詔：『訪聞湖南今歲亢旱，民頗流離。令禮部給降度牒一百道、左藏南庫支降會子一十萬貫，付湖南提舉胡仰之收糴米斛，措置賑糶。』

二十二日，敷文閣待制、提舉江州太平興國宮張運言：『居閑躬耕，儲粟二千餘石，適逢今歲旱歉，敢助賑

[一] 早　原作『旱』，據《食貨》五八之九、六八之七〇改。
[二] 言　原脱，據《食貨》五八之九、六八之七〇補。
[三] 此　原脱，據《食貨》五八之一〇、六八之七〇補。
[四] 中　原作『申』，據《食貨》五八之一〇、六八之七〇改。

濟。』詔令學士院降詔獎諭。

二十五日，白劄子：『江東、西、湖南州軍今歲旱傷，欲乞依紹興九年指揮，將本路檢放、展閲之事，則責之轉運司；遇軍糧闕乏處，以省計通融應副。糶給借貸，則責之常平司；覺察妄濫，則責之提刑司；體量措置，則責之安撫司。』詔依。仍令逐司各務遵守，三省歲終考察職事修廢以聞，送〔一〕勑令所立法。本所看詳：『災傷去處，全在賑濟。若不分隸，責之帥臣、監司，竊慮奉行違戾。諸司設有違戾，若不互相按舉，亦無以覺察。今參詳，許逐司互相按舉，及將已行事件申尚書省，以憑考察。仍立爲三省通用及職制令。』從之。

是日，宰執進呈江東、西、湖南旱傷，依紹興九年諸司分認〔二〕賑恤事。上曰：『它路或遇災歉，並當依此。然轉運司止言檢放一事，猶恐未盡。他日賑濟之類，必不肯任責。』虞允文奏曰：『轉運司管一路財賦，謂之省計。凡州郡有餘、不足，通融相補，正其責也。』上曰：『然今降指揮，止以檢放爲文，它日以此藉口逃責，何所不可？』允文奏曰：『乞立法，遇諸郡有災傷處，以省計通融應副。』上曰：『如此，則盡善矣。』故令立法。

十月七日，詔：『江州旱傷，節次已降指揮，取撥本州常平、義倉米四萬四千餘石，及兑截上供米六千五百餘石，勸諭上户認糴〔三〕米二萬八千六百餘石，截留贛州米一萬石，及支糴本錢四萬餘貫收糴米斛，並令漕臣取撥本路常平米一十萬石，吉、筠等州見起建康米八萬餘石，未起朝廷椿管米九萬七千餘石，及江州元管收糴米均撥付本州賑（糴）〔糶〕、並立賞格，勸諭上户出米賑濟、賑糶，倚閣夏税，檢放秋苗，地主、佃户資助賑給，並將禁軍、土軍、弓手免起發，存留防賊。可令帥、漕、提舉官多出文榜，候歲終，比較殿最。如官吏奉行滅裂，委御史台覺察，按劾以聞。』

同日，詔：『饒州旱傷，已降指揮，取撥本州常平、義倉米八萬餘石，及於附近州縣常平、義倉米内取撥五萬，並截留本州見起椿管上供米三萬石，及獻助米二千石付本州，並勸諭上户賑糶、賑濟。又倚閣夏税，檢放秋税，及地主、佃户資助賑給，並將禁軍、土軍、弓手並免起發，存留防賊，可令江東帥、漕、提舉官多出文榜，督責守令多方措置存恤，歲終比較殿最。如官吏奉行滅裂，委御史臺覺察，彈劾以聞。』

十日，權發遣隆興府龔茂良言：『竊詳所立賞格，除出米納官不請價錢即合推賞，所有賑糶係減半推賞，然不可一概，若依市價以收厚利，商賈之流販賤賣貴，較其石數，則盡合補授。如此賞典，皆可濫及，飢民不蒙其利。

〔一〕送　原作『遂』，據《食貨》五八之一〇、六八之七一改。
〔二〕認　原作『賑』，據《食貨》五八之一〇、六八之七一改。
〔三〕糴　原作『糶』，據《食貨》五八之一〇、六八之七一改。

在法，官爲立中價，不得過有虧損。今欲將賑糶之家，並令官司差人監視給曆，記糶過之數，究寔保明，申朝廷依格補轉。其客販米數或兑便上供米前來中糶入官，如願依立定價例賑糶推賞之人，並一體施行。兼上户若在豐熟處，即合指闕食州縣接濟，合隨本處時價減三分之一，官司給據照證，般載往災傷地分賑糶，即行理賞。』從之。

十三日，知饒州王秬言：『昨蒙朝廷支撥本州樁管米三萬石，緣軍糧不繼，已兑那支遣。乞別借錢、會糴米，來歲稍稔，却當拘納。』詔令左藏南下庫支會子五萬貫，餘依。

二十三日，直秘閣、權發遣徽州趙師夔言：『本州管下旱傷，有婺源縣遊汀、來蘇兩鄉尤甚。臣措置到錢一萬五千貫，欲於本州及諸縣常平、義倉米內，依立定價回糴米五千石，就便給散賑濟。乞令提舉官樁管上件錢，俟開春收糴，補還元數。』從之。

十一月十二日，知建康府洪遵言：『太平州蕪湖知縣吕昭問以和糴米爲名，禁止米斛不得下河。饒州旱傷，前來收糴米七百五十餘石，本縣抄劄，不令交還。』詔吕昭問降一官放罷。

十九日，湖南轉運副使吴龜年、司馬倬等言：『本路旱傷，惟潭最甚。昨來黄鈞攢剩米四萬石，乞充賑糶使用。』詔糴到價錢，循環作本，收糴米斛賑糶。

二十二日，權發遣隆興府龔茂良言：『乞差新知興國軍、右朝請郎陳寅往來被旱州縣，同共措置檢察。乞量差兵級，破本官驛券，行移作本司措置賑濟官。』從之。

八年二月八日，權發遣隆興府龔茂良言：『本路去歲荒旱異常，如隆興府、江、筠州、臨江、興國軍五郡，各係災傷及七八分以上，雖已依條將老幼疾病之人先行賑給，緣人口幾及百萬，委是賑給不周。乞將已得旨取撥到米一十萬石，並更勸諭上户賑濟給散，庶幾稍宣德意。』詔將續撥義倉米五萬石，令龔茂良充賑給使用，餘常平米五萬石，依舊循環賑糶。

三月十五日，敷文閣待制知潭州陳彌作、直徽猷閣荆湖南路計度轉運副使司馬倬言：『潭州安化縣上户進武校尉龔德新，平時兼並，遂至巨萬，以進納補官。比至旱傷闕食，獨擁厚資，略不體認國家賑恤之意。』詔龔德新追進武校尉一官勒停，送五百里外州軍編管。

八月七日，詔：『四川自入夏以來，陰雨過多，沿流州縣多被其患，如嘉、眉、邛、蜀等州最甚。令四川宣撫司審寔被水去處，措置賑恤。』從知成都府張震請也。

十月十五日，詔：『陳寅特轉一官；徐大觀、向士後、翁蒙之各減二年磨勘；李宗質、王日休、江溥、向澹、戴達先、王滸、胡振、蒲堯信、汪賡各減二年磨勘；謝諤、劉清之、薛斐、董述、黄霰、趙不比、王杞、鄭著、趙永年、趙公迥各減一年磨勘。』以賑濟有勞，從江西安撫龔茂良之奏也。

十一月六日，詔：『應材與轉一官，羅全略、王阮、陳符、陳確、吕行己、孫逢辰各與減三年磨勘。』以賑濟有勞，從湖南安撫使陳彌作、提舉湖南常平胡仰之奏也。

九年五月十二日，詔：『久雨爲災，水患必廣，可令逐路守臣行下州縣，寔被水貧乏人户，多方措置存恤，依條賑給。内浸損秋苗去處，優借種本，或勸諭上户應副借貸，接續栽插，無致失業。』

九月十日，詔：『今年浙東州縣旱傷至廣，朝廷除已行下軫恤，倚閣殘零税賦、差官檢放外，尚慮形勢之家驅迫償債，不能安業。可將浙東旱傷州縣下三等人户所欠私債，並與倚閣住索，候來歲收成豐熟，即仰依約理還。』

以上《乾道會要》

食貨六八　賑貸恤災

賑貸[一]

太祖建隆元年正月，命使往諸州賑貸。

淳化二年四月，詔：『嶺南管内諸州官倉粟，先是每歲糴之，斗爲錢四五，無所直。自今勿復糴，以防水旱饑饉，賑貸與民。』

四年十二月，詔：『民被水潦之患，饑饉者衆，令開倉減價糶貧窮、乞丐者，爲淖糜以賜之。』

五年正月十六日，命直史館陳堯叟、趙況、曾會、王綸等並内臣四人，往宋、亳、陳（穎）〔潁〕等州出粟，以貸饑民，每[二]州五千石及萬石，仍更不理納。二十一日，詔：『諸道州府被水潦處，富民能出粟以貸饑民者，以名聞，當酬以爵秩。』

真宗咸平元年九月，詔兩浙路留諸州運米以濟饑民。

十月，詔兩浙轉運使察管内七州乏食處，賑貸訖以聞。

二年三月，遣度支郎中裴莊、内殿崇班閤門祇候史睿、祕書丞李防、供奉官閤門祇候杜睿，分往河南、兩浙諸州，發倉廩，賑貸饑民。

四月，兩浙轉運司言：『先撥常、潤州廩米五萬石賑貧民，尚未足，請更給五萬石。』從之。

七月，度支判官陳堯叟廣南使還，言西路諸州旱，命國子博士彭文寶往權轉運司事，賑饑民。

十月，以兩浙、荆湖旱，命庫部員外郎成肅、比部員外郎劉照、太常博士李通微、閤門祇候李成象往體量賑恤。

六年二月，遣朝臣、使臣分往京東西、淮南水災州軍，

[一] 原題『賑貸』，參照《食貨》五七題爲『賑貸上賑恤災傷』及下文題爲『賑貸一』。題前原批：『始太祖建隆元年，訖寧宗嘉定十年。』本部分摘自『《食貨》六八之二八至七三』。原《宋會要稿》一五九册，因《食貨》五七内容与本部分基本相同，故不摘録。

[二] 每　原作『並』，據《食貨》五七之三、《補編》第五八三、八〇九頁改。

賑卹貧民，疏理刑獄。

景德二年十一月，詔於京城出倉粟減價出糴。以汴流阻淺，運舟不至，穀價騰貴故也。

大中祥符四年四月四日，以登、萊州艱食，令江淮轉運司顧客船轉粟賑之。

五年十月十日，詔：『如聞建安軍等處，自秋霖雨，頗妨農事，宜委轉運發運使體量賑恤。』

天禧元年四月四日，詔：『河北大名府、磁、相、澶州、通利軍，兩浙越、睦、處州，去秋災傷，民多闕食，令轉運司運米賑濟之。』

二年正月八日，詔江、淮運米十萬斛付京東，及令河北轉運使出廩賑糴。以兩路粟貴故也。

四年正月，令利州路轉運司賑貸貧民，以旱故也。

二月一日，以淮南、江浙穀貴民飢，命都官員外郎韓億、閤門祇候王君訥乘傳安撫，發常平倉粟減直出糴以賑之。民有以糧儲濟衆者，第加恩獎。其乏食持仗盜糧者，並減等論罪。

是月，詔曹、濮、鄆、單、徐州、淮陽軍賑貸民，以河決爲害故也。

六月，太常少卿、直史館陳靖言：『朝廷每遇水旱不稔之歲，望遣使安撫，設法招誘富民納粟，以助賑貸。』從之。

乾興[一]元年二月八日，蘇、湖、秀州雨，（懷）〔壞〕民田，穀貴民飢，命出倉粟賑貸之。

仁宗天聖三年三月，京西轉運使張意言：『襄、（潁）〔潁〕、許、汝等州經水，損惡斛斗八萬餘石，不堪支遣，請分給闕食之民。』從之。

九年二月五日，河北西路提刑司言：『邢、懷州連年災傷，若令應副十分春夫，必難勝任。欲乞特賜免放一半。』從之。

十月十二日，中書門下言：『廣東經略、轉運使等言，潮州海陽潮漲，推流屋舍、田苗，死失人口。乞令本路提刑司躬親前去，依條存恤』。從之。

神宗熙寧元年七月，詔：『恩、冀州河決水災，令省倉賜粟。』詳見《恤災門》

二年四月，降空名祠部五百道付兩浙轉運司，令分賜本路曾經水災及民田薄收州軍，相度災傷輕重，均其多寡，召人納米或錢，以備賑濟。

七月十八日，詔：『水災州軍，令本路轉運〔使〕、判官、提點刑獄分往被災處，照恤貧民闕食者，支廣惠倉斛斗賑濟。如不足，量支省倉物。仍於人户便近處減常平物價就糴。若貧人無錢，相度賒糴，令至秋送納。其非税户，即與遠立日限納價錢，並委就近施行訖奏。』

[一] 興　原作『熙』，據《食貨》五七之六、《補編》第五八五頁改。

元豐元年正月十二日，賜廣濟河輦運司上供米十〔一〕萬石，付徐州、淮陽軍，糶與水災飢民。

閏正月十三日，詔河北路以常平米賑濟飢民。

三十日，詔河北被水户如過河逐熟，即於白馬縣河橋差官賑之。

四月七日，詔以瀛州陳次米依災傷及七分例，貸第四等以下户，不得抑配，免出息。

八月二十八日，詔：『濱、棣、滄三州第四等以下被水災民，令十户以上立保，貸請常平糧，四口以上户借一石五斗，五口以上户借兩石〔二〕，免出息，物税百錢以下權免一季。』

二十九日，詔：『青、濟、淄三州被水流民所在州縣，募少壯興役。其老幼疾病無依者，自十一月朔依乞丐人例給口食。候歸本土及能自營，或漸至春暖，停給。』

二年正月二十三日，上批：『聞階、成州去秋災傷，艱食之民，流者未止，官司初不經畫賑濟。可下司農並本路提舉司疾速施行。』

二月十二日，詔：『聞齊、兗、鄆州穀價貴甚，斗直幾二百，艱食流轉之民頗多。司農寺其諭州縣，以所積常平倉穀通比元入斗價不及十錢，即分場廣糶。濱、棣〔三〕、滄州亦然。』

同日，三司言：『濟、淄等州穀貴，春夏之交，慮更艱食，請輟廣濟河所漕穀二十萬石減價糶。』從之。

三年七月十三日，入内東頭供奉官、瀘州勾當公事韓永式言：『利州路雨水溪江泛漲，漂流民田，物價增長，民未安居。乞下本路轉運並提舉司賑濟。』詔提舉司依條施〔四〕行。

九月初二日，權知都水監丞公事蘇液言：『河北、京東兩路緣河決被患人户，蒙朝廷賑濟放税，乞以其事付史館。』從之。詳見《恤災門》

七年四月二十五日，河東路提舉常平司言：『去年災傷，民户闕食，義倉穀不多，乞於常平封樁糧支三五萬石賑濟。』從之。

六月一日，詔：『五路提舉保甲司已撥常平糧準備賑濟，令相度保甲户遇災傷不及五分當如何等第賑濟，條具以聞。』後提舉河東路保甲王崇拯言：『賑濟災傷，保丁四等以下，本户災傷及五分以上，即依常平司七分以上法。』從之，河北、陝西、開封府界准此。

七月九日，詔尚書户部員外郎張詢、幹當御藥院劉惟簡，賑濟西京、大名府被水災軍民。詳見《恤災門》

二十一日，詔：『河北、河東路被水保甲，令州縣考

〔一〕十　原作『一』，據《食貨》五七之八、《長編》卷二八七改。
〔二〕石　原作『口』，據《食貨》五七之八、《補編》第五八六、八一〇頁改。
〔三〕棣　原闕，據《食貨》五七之八、《長編》卷二九六補。
〔四〕施　原作『旋』，據《食貨》五七之八、《補編》第五八六、八一一頁改。

實賑濟。小保長、保丁一石，大保長二石，都、副保正三石。提舉保甲官分詣諸縣照管，具賑濟人數以聞。』

八月十四日，詔洺州水災，許借鄰近州縣常平倉米、麥、小豆共五萬石。

哲宗元祐元年二月一日，詔：『大名府自經水災，民田尚多渰浸，人户艱食。向雖賑濟，尚慮官吏拘文，使被災之民未蒙恩澤，宜委大名府路安撫使韓絳詢訪賑濟。』

六月二十六日，詔河北路監司分詣諸州，以義倉、常平穀賑濟被水闕食人户。

十一月二十八日，權發遣淮南路轉運副使趙偁言：『楚、海等州水災最甚，乞發運司於常、潤州收糴稻種十萬石，以備楚、海等州來春布種，以糴以貸。』從之。

元佑二年，是歲十一月二十六日，監察御史趙挺之、方蒙言：『去年北邊州郡被水災，光庭奉使體訪賑濟，不問民户三等，一概支貸。蓋一出使，而河北措置之財遂空，乞行黜陟，以允輿論。』詔光庭具析以聞。

八年四月十一日[一]，兩浙路轉運、提刑司申：『檢會浙西州縣累經災[二]傷，蒙朝廷相繼發米赴本路賑濟，除接續賑糶過外，其逐州有見管淮南、江西等路發到賑糶不盡米四十餘萬石，别無支用，欲趁此蠶月鄉民闕食之際，各許令人户赴官請借。每一斗，候至向去秋成，納新米八升還官，仍限四年均隨本户苗税帶納。』詔：『其米許兑軍糧外，餘數仰置場減價出糶。』

紹聖元年二月十四日，三省言：『北京、澶、滑州民被災最重，艱食者多，及軍食闕，未見監司奏請。』詔吕希純、井亮采因按閲河北所至，體訪所當施行，疾速具奏。

九月六日，詔：『遣監察御史劉拯乘傳按河北東、西路水災州軍，賑濟闕食人户，應合行事，令條具以聞。』

十月二十三日，詔：『滑州委官於浮橋北岸諭南來流民，以朝廷寬逋移粟賑恤曲折，使歸業。』

同日，詔：『近者大河東堤防未及增繕，以故瀕河被害者衆，南來者多留京師，流離暴露。隆冬日迫，陷於死亡，坐視不恤，其謂朝廷何？既詔有司悉意賑贍，其令開封府即京城門外行視寺院、官舍以居之，至春諭使復業。』

四年九月一日，左司諫郭知章言：『兩浙歲旱，淮南又不常全稔，乞下本路監司按視，早備賑貸。』詔兩浙路轉運、常平司應荒政並舉行，及預那移廪粟。

徽宗崇寧三年正月二十四日，户部言：『新兩浙路提點刑獄公事周誼奏：「常、潤兩州去秋蝗旱，春夏之際糧食尤闕，欲乞量展賑濟月分至四月末[三]。」看詳：欲下兩浙轉運、提刑、提舉司體度，如委有災傷人户闕食，至三

[一] 日　原作『月』，據《食貨》五七之一一、《補編》第五八八、八一二頁改。
[二] 災　原闕，據《食貨》五七之一一、《補編》第五八八、八一二頁。
[三] 末　原作『未』，據《補編》第五八九頁改。

月終(未)〔未〕可住罷。』從之。

五年正月二十五日，詔兩浙路提舉司賑濟水災乏食者。

大觀二年八月十九日，工部言：『邢州奏，鉅鹿下埽大河水注鉅鹿縣，本縣官私房屋等盡被渰浸。』詔：『見在人户，依放税七分法賑濟。如有孤遺及小兒，並送側近居養院收養。内有人户盡被漂失屋宇或財物，仍許依七分法借貸，不管却致失所，仍具賑濟、居養、存恤次第事狀聞奏。』詳見《恤災門》

九月二十九日，水部員外郎陳長孺言：『奉詔體量邢州鉅鹿縣被患甚重，欲旨揮本路監司下所屬，疾速將本縣被水第三等人户，亦依第四等勑條賑貸。』從之。

政和六年三月十日，詔：『浙西常、湖、秀州、平江府等處，自去歲水災，秋成尚遠，其貧闕不濟人户，仰本路提舉常平司通融那移一路應管常平、義倉，與朝廷封〔一〕樁米斛，權依乞丐人法，不限户口、石數，特加賑給。』四月八日，詔添入湖州，並以七分災傷條例。

七月六日，知杭州徐鑄言：『奉詔賑給錢塘、仁和、鹽官、餘杭、富陽縣去歲水災貧闕人户，自四月十五日接續賑給，止六月十五日，尚未有米穀相繼上市，已一面行下展至六月終。』從之。

八月十八日，兩浙提舉常平司言：『奉詔常、秀、湖州、平江府等處水災，權依乞丐人法賑給。今〔二〕據逐州管下共二十五縣，賑濟總四十三萬餘口，乞至收成日住給。』從之。

十月十九日，詔平江府管下屬縣有水災去處，令依十分法賑濟。

八年八月二十五日，詔：『江、淮、荆、浙被水州軍漲水已退，殘潦餘浸占田無藝，民不得耕，比屋摧圮，無以奠居。可令郡守、令〔三〕佐悉心賑救，提舉司於上供或封樁斛斗内，量人户多寡截充賑濟，即不得争占。候將來豐熟，於常平司撥還，上等四十萬石，中等三十萬石，下等二十萬石。』

九月二十七日，詔：『江、淮、荆、浙以被水人户多寡，分上、中、下三等，許截上供斛斗賑濟，可依已降處分〔四〕，亦作三等截留四十萬。如違，以大不恭論。』其後，宣和元年正月七日，臣僚言：『兩浙廉訪所申：「據轉運司申：『截撥到本路米一十二萬七百石，其餘分下平江府、湖、秀州收糴應副。』又於鎮江府截住常州米綱樁充賑濟。」而轉運司稱係來年額斛之數，令起發渡江。恐致生靈不得均受朝廷惠養。』詔：『昨降御筆，截上供米賑

〔一〕封　原作『分』，據《食貨》五七之一四、《補編》第五八九、八一五頁改。
〔二〕今　原作『本』，據《食貨》五七之一四改。
〔三〕令　原脱，據《補編》第五八九、八一六頁補。
〔四〕分　原脱，據《食貨》五七之一四補。

濟飢民，非不丁寧，而姦吏公然違慢，不行截撥，更於闕食之地收糴以充賑給，是乃重困飢民，乖方若此。仰提刑司並廉訪使者驗實，人吏依法決訖，配千里，轉運司官追三官勒停。』其後，轉運司奏：『已支撥賑濟米四十萬石，足備無闕。』詔副使蔣彝以應奉宣力，特免勒停追官，改作降官，依舊在職。

十月八日，詔：『諸路民被水患，深淺不同，州縣賑給，不可一概限滿住罷。仰監司、州縣悉心體究，如被水尤甚，民力未能自營，不得便住賑給。務在存活人命，亦不可濫冒惠姦。』

重和元年十二月十九日，詔：『淮南被水，楚州山陽、鹽城二縣下户飢殍三萬二千餘人無業可歸，縣官悉令散放，遂攜老扶幼號訴監司。而常平官告諭爲乞米未下，縣、常平官先次勒停，受訴監司降兩官，並令提刑司取勘，各令歸業，轉於溝壑者已不少。指揮到日，於已截斛斗支撥賑救，不足，於鄰州鄰路發義倉兑換支遣。其郡守、知限十日奏。』

宣和元年二月十八日，尚書右丞范致虛言：『奉詔楚州山陽、鹽城二縣被水，令截撥斛斗賑救，不足，於鄰州鄰路發義倉兑撥支遣。竊以災傷路分廣遠，自江、淮、荆湖、兩川，各被水患，物價騰踴。方春正多飢殍，彊壯者流爲盜賊，類多丐乞，以市斛斗，或采在田蔬茹之類，甚者無從得食，老稚轉徙，甚可哀痛。按義倉法，唯充賑給，不得他用。比歲數（豊）〔豐〕，未嘗支遣，諸路義倉之粟甚多。欲望睿旨，應去歲災傷州縣，並量從核實災傷人數及外來流民，並給義倉物斛賑濟。數係災傷[一]官司，以前不曾檢行，特與放罪。若今來指揮到，依前庇隱，令廉訪使者按劾以聞。若常平及本州通用諸縣義倉物斛計度俵散不足，並許依楚州兩縣所得前件指揮，於鄰州鄰路發義倉兑撥支遣。』詔：『京西路（穎）〔潁〕、汝、陳、蔡等州，見今民已流移飢殍，監司、州郡並不申奏，運司庇隱，不放租税，致不得依災傷賑濟，遂使斯民轉於溝壑。吏爲姦罔，不奉法令，以致如此，爲之惻傷。可令新京西漕臣李祐放謝辭，星夜乘騎前去體量。常平官孫延壽先次勒[二]停，餘監司並守臣一一並具名奏。應一路義倉，可並特通融支撥賑濟施行。應災傷流移地分，並令依法放免租税，疾速行下。』

五月二十九日，詔：『淮、浙去歲被水，田業多荒。今雨暘順適，耕種是時，民無力施工，可令兩路提舉常平官散倉廩，廣行借貸，毋或失時。施行訖，具奏。』從兩浙轉運司請也。

五年十月二十八日，詔：『大河暴漲，由恩州（河清）

[一] 傷　原作『復』，據《食貨》五九之一六、《補編》第五九〇頁改。
[二] 勒　原作『勤』，據《食貨》五七之一五、五九之一六、《補編》第五九〇頁改。

〔清河〕縣王餘渡東向泛溢，衝蕩大名府宗〔一〕城縣。本縣被水人户，令本州提舉常平官親〔二〕詣流移所在，遍行賑濟。』

十月二十七日，詔：『浙西諸郡夏秋水災，穀貴艱食，民户流移。已降指揮，於所在依條賑濟。訪聞常平司見管米斛數少，可於本路實有見在米或見起上供米内，截撥五、七萬石付提舉常平官，躬親往常、秀、平江等處，隨宜分擘應副賑給，務令實惠均及飢民。』

六年十一月十七日詔：『河北、京東夏秋水災，民户流移，繼〔三〕踵於道。可令應所過州軍隨宜接濟。若常平、義倉不足，即發封樁應干斛斗賑給，令實惠及人。』

高宗紹興五年九月七日，殿中侍御史王縉言：『應民旅般販米斛往旱傷州縣出糶，依日前指揮，許就官司判狀執據，與免經由場務力勝，亦賑救之一也。』從之。

六年二月一日，詔令江西轉運司於去年上供米内支撥一萬石，付本路帥司勘量災傷輕重，與常平米相兼均俵，賑濟支用。七日，右諫議大夫趙霈言：『去秋旱傷，連接東南，今春饑饉，特異常歲。湖南爲最，江西次之，浙東、福建又次之。伏覩累降指揮賑濟，固備盡矣，然今日賑救有二：一則發廩粟減價以濟之，二則誘〔四〕民户賑糶以給之。諸路固嘗許借常平、義倉米，又常令州縣賑糶，艱難之際，兵食方闕，州縣往往逐急移用，無可賑給，唯勸誘賑糶尤爲實惠。然自來官中賑濟，多止在城郭，而不及鄉村。願以上户所認米數，紐計城郭鄉村人户多寡，分擘米數，縣差丞、簿，於在城及逐鄉要鬧處監視出糶，計口給曆照支，或支五日，或並支十日，其交籌收錢，並令人户親自掌管，官司不得干預。既無所擾，人亦願從。乞申嚴戒諭，如當職官不親詣鄉村監糶〔五〕米斛，與故縱人吏科擾，令監司按劾，及許人户赴訴，其官吏重行竄斥。』從之。

三月七日，成都潼川府夔州利州路安撫制置大使、兼知成都府席益言：『東、西兩川，去秋荒歉，及成都府路田事不登，物價騰踴。欲令四川都轉運司，不以是何名色米，權行截撥，專充賑濟，或減價出糶，以平米價。』詔令趙開除應副軍糧外，將其餘應干米斛寬剩撥付四川安撫制置大使司，量度逐路災傷去處，均行賑糶。

二十九日，殿中侍御史周祕言：『去歲〔六〕旱傷，小民艱食。命所在勸誘積粟之家置曆出糶，過三千石者，等第

〔一〕宗　原作『采』，據《宋史》卷八六《地理志》改。

〔二〕親　原作『請』，據《食貨》五七之一六、五九之一九，《補編》第五九〇頁改。

〔三〕繼　原作『係』，據《食貨》五七之一六改。

〔四〕誘　原作『誘』，據《食貨》五七之一八、五九之二六，《補編》第五九一頁及《建炎以來繫年要録》卷九八改。

〔五〕糶　原作『糴』，據《食貨》五七之一八、五九之二六改。

〔六〕歲　原作『土』，據《食貨》五七之一八、五九之二七，《補編》第五九一頁改。

推恩。而州縣奉承不恪，勸導無方，乃謂富民頑悍，説諭不從。遂降指揮，許令一面酌情斷遣，州縣官吏不問民之有無，而專以刑威逼使承認，善良之民被其害矣。欲望再降指揮，專委諸路提舉官徧詣所部，戒約守〔一〕令多方勸誘，務令民户樂從，無因今來酌情繼遣指揮，輒有分毫搔擾。』詔依，令諸路提舉常平官躬親遍詣所部州縣，巡按覺察，如有違戾去處，按劾聞奏。

五月一日，荆湖南路安撫制置大使兼知潭州吕頤浩言：『被旨，令廣西提刑韓璜收糴米三萬石，般發前來賑濟。已節次催促，至今並無顆粒到來。望將上件米斛委韓璜催督水運至湖南，却委本路運使分撥州軍交卸，以濟飢民。』詔令劉鵬、向伯奮疾速般發。

十二月十四日，尚書省言：『江東西、湖南路去歲旱傷，近據申奏，賑濟飢民萬數不少，其逐路帥司及常平官措置有方，甚稱委寄。除江東帥臣葉宗諤已別作施行外，詔帥臣吕頤浩、李綱、提舉趙不已、吴序賓，令學士院降詔獎諭。』

同日，尚書省言：『去秋江、湖旱傷，人民闕食，朝廷支撥米斛，及委帥臣、監司並州縣守令賑給。竊慮其間奉行滅裂，却致死損流移數多，合行比較優劣。』詔令逐路帥臣、監司，於本路旱傷州縣各比較三兩處，保明取旨賞罰。

十五日，詔：『四川去歲旱荒之後，繼以疾疫，流亡甚衆，深用惻然。其郡守、縣令有能賙給困窮、撫存凋瘵、善狀最著者，令席益體訪〔二〕詣實，保明來上，當議獎擢，以爲能吏之勸。或廢慢詔令，坐視不恤，按劾聞奏，亦當重寘典憲。』

七年十月八日，詔：『潼川府守臣景興宗陞一職，廣安軍守臣李瞻、果州守臣王隲、前吏部郎官馮檝、漢州守臣王梅各轉一官，知成都府席益，命學士院降詔獎諭，仍令四川安撫大使司開具其餘合轉官人職位、姓名以聞。』以四川安撫制置使席益言『諸州賑貸有方，活飢民甚衆，内馮檝出米四百石以助賑濟』。故有是命。

十四年六月十五日，上宣諭輔臣曰：『福建、淛東被水災去處，已令寬恤賑濟，尚恐州縣滅裂。』詔令逐路監司各躬親前去，悉力奉行，務要實惠及民，不得徒爲文具。

十九年九月十三日，詔兩浙東路提舉常平秦昌時除直祕閣，兩浙東路提點刑獄公事。以安撫司言『紹興府、明、婺州水旱災傷，昌時悉力賑濟，乞賜褒擢』，故有是詔。

二十八年八月十六日，上諭輔臣曰：『淛東、西瀕江海去處，田苗爲風水所損，平江府最甚，紹興次之。已將常平米賑濟，尚慮貧弱下户去秋成尚遠，無錢可糴，深軫朕懷。卿等可令發義倉米賑濟。』宰臣沈該等奏曰：『在

〔一〕守　原作『所』，據《食貨》五七之一八、五九之二七，《補編》第五九一頁改。

〔二〕訪　原脱，據《食貨》五七之一九、五九之二九，《補編》第五九二頁補。

法，災傷及七分以上，合行賑濟。當遵稟聖訓，就委趙子潚、都絜依次施行。』詔：『紹興、平江府被風水損傷，可令趙子潚、都絜體訪委是災傷去處，將第四等以下闕食人户量行賑濟，候晚禾成日住罷。仍具逐處賑濟人户及支撥過米數申尚書省。』

九月二十九日，詔：『在法，水旱檢放苗税及七分以上賑濟。緣田土高下不等，若通及七分方行賑濟，竊慮飢荒人户無以自給。可自今後災傷州縣檢放及五分處，即令申常平司取撥義倉米量行賑濟。』

二十九年閏六月四日，提舉兩浙路市舶曾愭言：『去秋州縣有被水災傷去處，細民艱食，多方賑濟，及將常平米減價出糶，飢民賴以全活。而其間奉行不至者，其弊有三：賑濟官司，止憑耆保、公吏抄劄第四等以下逐家人口，給曆排日支散，公吏非賄賂不行，或虚增人口，或鐫減實數，致姦偽者得以冒請，飢寒者不霑實惠，其弊一也；賑糶常平米斛，比市價低小，既糶者不分等第，不限口數，則公吏、倉斗人家等多立虚名盗糶，遂使官儲易於匱乏，其弊二也；賑濟户口數多，常平椿[一]管數少，州縣若不預申常平司於旁近州縣通融那撥，米盡旋行申請，則中間斷絶，飢民反更失所，其弊三也。欲望行下有司嚴立法禁，力革其弊。公吏抄劄不實，與夫州縣申請失時者，並寘嚴科。委提舉官往來部内賑濟去處體訪，如有違戾，按劾以聞。』從之。

孝宗隆興元年[二]三月二十九日，詔曰：『霖雨爲沴，雖側身修行，尚恐誠意未孚。可令諸路監司、守令應遇災傷去處，常切賑恤困窮，糾察刑禁。仍各條具聞奏。』

六月十八日，詔：『兩浙、江東下田傷水，衝損廬舍，理宜寬恤。令逐路常平司行下州縣，將被水人户疾速依條借貸，以備布種。將來見得損傷，即從實檢放。其衝[三]損廬舍之家，多方存恤、賑濟，措置安泊，無令失所。』

二年七月二十四日，臣僚言：『建康、鎮江、平江府、常、秀等州，今年秋淫雨不止，大水爲災，目今米價見已翔踴。乞命提舉司依條賑濟農民，不可使至流徙。仍行下諸州，勸諭居停米穀之家平價出糶。』從之。

八月二十三日，詔臨安府米價增貴，細民艱食，令常平出米二萬石賑糶。

二十八日，詔：『訪聞淮東有被水去處，人户遷徙，可令錢端禮於本路見管米斛内支撥一萬石，措置賑濟。如不足，於淮東總領所大軍米内取支。』

九月四日，知鎮江府方滋言：『丹徒、丹陽、金壇三

[一] 椿　原作『該』，據《食貨》五七之二一、五九之三五、《補編》第五九三頁改。

[二]《食貨》五八自該年列入『賑貸下』。

[三] 衝　原作『充』，據《食貨》五八之二、五九之三八、《補編》第五九三頁改。

縣，今〔一〕秋雨傷稼穡，已委官詣金壇縣取撥義倉米二千石，丹陽縣一千石，各依乞丐法賑濟。尚慮管下少有客販米斛，及乘時射利，高擡價直，民户艱於收糴，遂措置就委官於金壇縣添撥米一〔二〕千二百石，丹陽縣添撥米八百石，丹徒縣撥米五百石，並各減價，每升作二十五文省，置場賑糶，每人日糴不得過二升。竊慮豪右之家閉糴〔三〕待價，除已勸諭賑糶外，乞依紹興九年七月二十九日指揮，將出糶米穀人依立定格目〔四〕推賞。仍乞立定有官人糶米比類遷轉賞格行下。其或他州之人有能般販前來賑糶，及得數目，亦與一例保明推恩。』從之。其後方滋又言：『今歲江東、二浙皆是災傷去處，獨湖南、廣南、江西稍熟，相去既遠，客販亦難，勢當有以誘之。欲乞朝廷多出文榜，疾速行下湖、廣諸路州軍，告諭客人，如般販米斛至災傷州縣出糶，仰具數目，經所屬陳乞，並依賞格即與推恩。州縣出糶官米，往往只在近郭，勸諭民間出糶者，亦多搬入城市，以至村落山谷之民無處告糴。乞敦請士人及寄居之忠實可委者，四散監糶，庶被惠者廣。州縣閉糴，朝廷舊有約束。今聞州縣不務均濟，往往禁人般販。乞委監司嚴行覺察，將閉糴之官按劾施行。』從之。

十九日，詔：『今秋霖雨害稼，細民艱食，出内庫銀四十萬兩付户部變轉，收糴米斛賑濟。』

二十一日，中書門下省言：『今歲浙西、江東州軍内有水傷去處，損害禾稼，竊慮民户流移闕食，乞下江西常平司，於見管常平、義倉米内取撥二十萬碩賑濟。』從之。

閏十一月十九日，臣僚言：『淮南流移百姓見在江、浙州軍，無慮十數萬衆，雖欲賑濟，緣官司米斛例有限。近降指揮，有田一萬畝，出糶米三千碩，其餘萬畝以下，却有不曾經水災收蓄米斛之家，糶價倍於常年。今相度，欲委逐州見不曾經水災處，占田一萬畝以下、八千畝以上，立定出糶米一千五百碩。如此，可以廣有出糶之數，應接急闕支遣。』從之。

乾道元年正月二十一日，同日，詔：『浙西州軍被水災去處，已令賑濟。訪聞湖、秀州流移之人甚衆，竊慮州縣奉行不虔，可令曾愭躬親前去，多方措置賑濟，毋令失所。將州縣官吏措置有方保明聞奏，其弛慢去處，具名按劾。』從中書門下請也。

二月三日，詔：『兩浙〔五〕、江東州軍緣去歲間有水傷

〔一〕今　原作『金』，據《食貨》五八之二、五九之四〇、《補編》第五九三頁改。
〔二〕一　原作『二』，據《食貨》五八之二、五九之四〇、《補編》第五九四頁改。
〔三〕糴　原作『糶』，據《食貨》五八之二、五九之四〇、《補編》第五九四頁改。
〔四〕目　原作『日』，據《食貨》五八之二、五九之四〇、《補編》第五九四頁改。
〔五〕浙　原作『淮』，據《食貨》五八之三、五九之四一、《補編》第五九四頁改。

去處，至今春米價翔踴，細民流移，甚可矜恤。仰守、令多方措置賑濟，於本州應管錢、米內取撥應副。仍籍定數目，隨管內寺觀大小均定人數，賑濟柴、錢，責付主守掌管支用，務令實惠均及流民，毋致殍餓。如奉行滅裂，仰提刑司按劾，重寘典憲。賑濟有方，具名聞奏，當議旌賞。』

六日，中書門下省言：『兩浙東、西路緣水傷，細民艱食，累降指揮令諸州賑濟，及勸上户糶米，並造粥給食，非不詳盡。竊慮州縣奉行滅裂，未見實惠及民。』詔：『浙西委吏部郎官魯訔、浙東委司封郎官唐閱，躬親遍詣諸路州縣檢察，如有違戾去處，具當職官姓名申尚書省。其措置有方，亦仰保明聞奏。』

六月十八日，知宣州王佐言：『本州自五月七日至二十六日，雨如傾注，山發洪，被水之人，闕食者衆。欲將見管常平糴米錢八萬餘貫循環作本，差官收糴米斛賑濟。』從之。

二年二月三日，兩浙路轉運判官姜詵言：『浙西州縣災傷，民户闕食。乞下諭州軍府官守臣疾速措畫，其闕食民户量行賑濟，勸諭田主豪右之家借貸種糧。』詔令浙西提舉常平官相度措置。

九月七日，詔浙東提舉常平宋藻前去温州，將常平、義倉米賑濟被水闕食人户。如本州米不足，通融取撥。權發遣温州劉孝韙言：『本州八月十七日風潮，傷害禾稼，漂溺人命。所有義倉米五萬餘碩，先蒙奉使司農少卿陳良弼盤量在倉，不得支借。若候申禀，深恐後時，逐急一面賑給外，有不候指揮先次開發之罪，乞施行。』得旨放罪。

十一日，詔：『温州水災，差度支郎中唐珣[一]、同提舉常平宋藻、守臣劉孝韙遍詣被水去處，覈實賑濟。』

三年十二月二十六日，左朝散郎孫觀國言：『四川州郡亢旱，內綿、劍州尤甚，乞遣金字牌行下制總諸司多方賑濟。』上曰：『此去麥熟尚遠，想見飢民狼狽，當依所奏。』

四年六月二十六日，詔襄陽府水旱民飢，令本府寄樁大軍米內支降二萬石賑濟之。

十二月二十六日，雷州言：『八月一日，海潮暴漲，渰浸東南，鄉民闕食者衆。』詔令禮部給降度牒十[二]道，付廣西提刑司變賣，措置賑濟。

五年三月六日，提舉江東常平公事翟紱言：『竊見饒州諸縣去年被水災傷，合行賑糶。乞將常平舊管米一千六百五十二碩九斗六升五合，並收到乾道四年分義倉米五千二百一十五碩二斗九升五合，委官賑糶外，其池州

[一] 珣　原作『琢』，據《食貨》五八之五、五九之四三，《補編》第五九五頁改。

[二] 『十』下原衍一『十』字，據《食貨》五八之五、五九之四四，《補編》第五九五頁删。

建德縣與饒州接連，飢荒尤甚，更乞將常平米內支撥七百一十九碩六斗二升，並拘到乾道四年義倉米內支撥二百二十二〔一〕碩一斗七升，將約度被水第四等、第五等以下大小人口，量行賑濟。』從之。

四月十四日，詔饒、信州連歲旱澇，細民艱食，可出常平、義倉米以賑之。

同日，權發遣江南東路計度轉運副使趙彥端等言：『臣等近恭奉御筆處分，以饒、信二郡嘗有水患，令臣等協力應辦儲蓄賑濟。臣等措置，將信州合起赴建康府大軍米一萬五千石截留椿管，及將合起赴鎮江府米二萬碩內，將一萬碩就便椿管，將一萬碩往饒州準備支使。今據〔二〕饒州知府黃玠劄子稱：「雖蒙提刑司撥到義倉米六千八百餘碩，不了一〔三〕月賑糶之數。乞備申朝廷，於椿留米內支撥二萬碩添助賑糶。」臣等照得饒州合發上供米斛除椿留外，尚有合起赴行在米一萬一千九百六十碩。臣等除已一面逐急行下饒州，於內先次取撥一萬碩量度市直減價賑糶外，候信州起到米一萬石，却行拘收，理充合起之數。兼慮信州亦有似此闕食去處，臣等已行下信州取撥米五千碩，依此減價賑糶去訖。所有饒州前後椿留米四萬碩，欲乞早降指揮，許再撥一萬碩，更令接續賑糶。』從之。

十月六日，權發遣兩浙路轉運副使劉敏士言：『温、台二州近因風水飄損屋宇、禾稼，雖將義倉米賑濟，緣被水丁口至多，竊慮來年秋成尚遠，將何以繼？臣今措置，欲令各州勸募上户，官借其貲，往浙西諸州（豊）〔豐〕熟去處般販米糧，中價出糶，至來年秋間，却輸納錢本還官。庶幾般販既多，米稍停蓄，其價自平。今來温州已募上户，借與錢本，見行措置，唯是台州財賦窘迫，無以爲計。臣欲支錢五七萬貫給與台州，令勸募上户般販米斛，以濟飢民。』詔令兩浙轉運司差撥人船，於近便州軍户部椿管米及常平、義倉米內取撥三萬碩，前去台州，委官於被水去處減價出糶。其糶到錢，令本司拘收，撥還元取米去處。

十七日，新權發遣福建路轉運副使趙彥端言：『竊見饒、信之間，地瀕湖江，連有水患。欲望每歲於饒、信兩州上供米內各截留數萬碩。若次年不曾出糶，或有出糶未盡之數，即行起發，却以當年新米代充，稍倣常平以新易陳之意。』詔令後每歲逐州各截留三萬碩，準備出糶。

二十八日，知揚州、主管淮東安撫司公事莫濛言：『契勘本路楚州、盱眙軍沿淮鄉村間有旱傷，訪聞得鄉民

〔一〕二十二　原作『二十』，據《食貨》五八之五、五九之四四，《補編》第五九五頁補。

〔二〕據　原脱，據《食貨》五八之六、五九之四四，《補編》第五九五頁補。

〔三〕一　下原衍一『一』字，據五八之六、五九之四五，《補編》第五九五頁删。

漸至艱食。揚州總領所樁積米內見有一萬餘碩，乞令楚州、盱眙軍般取前去賑糶。所有價錢，赴總領所輸納，卻[一]令徑自糴米，依舊樁積。不唯接濟飢民，又得以陳易新，委是兩便。』從之。

十一月十五日，詔：『今歲淮東州軍間有旱傷去處，竊慮冬春之交米價增長，民間或致闕食，可將淮東見管常平米三萬六千六百餘碩，令淮東常平司相度委官置場，量行減價賑糶。糶到價錢，令項樁管，候將來秋成日，卻行收糴補還。』

崇寧六年閏五月十一日，詔：『浙西州軍大水，令呂正已前去措置賑濟。』既而臣僚言：『已差呂正己措置浙西被水居民，乞就委漕臣，於本路取見州縣被水實數，官爲貸其種穀，再種晚稻。將來秋成[二]，絕長補短，猶得中熟。諸路如有似此去處，亦乞依此施行。』從之。

六月十二日，權江南東路轉運副使張松言：『寧國府、建康府、太平州、廣德軍圩[三]田均被渰没，委實災傷。逐州差官賑濟被水人户，一依太平州例，每月支散錢、米。所有第四等人户，依條不該賑濟，乞將常平米減價出糶。』從之。

十八日，提舉福建常平茶事鄭伯熊言：『福建路八州軍府縣自入夏以來，闕少雨澤。其上四州軍府雖時得甘雨，猶未霑足，早禾多有傷損，下四州軍亢旱尤甚，晚種有不得入土者。乞將所在米價依條支撥常平米斛賑濟。』從之。

十二月九日，詔湖州將樁積和糴米五萬碩賑糶水災之民。

二十六日，詔：『和州旱澇，禾麥損傷，可借撥米一萬碩賑糶飢民。』

乾道七年正月八日，詔兩浙路轉運判官胡堅常，同浙西路提舉常平司措置賑糶，務施實惠。十三日，江東轉運副使沈度言：『廣德軍災傷尤重，欲望支降米二萬碩，水運至本軍，委自守、倅拘收賑糶。』詔令沈度取撥二萬碩，措置津運赴廣德軍，委本軍守、倅賑糶。

二月八日，權知高郵軍劉彦言：『本軍高郵、興化縣人户旱澇，又有黑鼠傷稼，乞於本軍大軍倉內取撥米一萬碩，每斗作價錢一百五十文省出糶。遇豐熟日，卻從收糴。』從之。

同日，廬州言：『本州旱傷，據合肥等縣人户陳乞借貸，及有歸正人乞賑濟。近蒙支撥常平米五萬碩付廬州、

[一] 卻　原作『徑』，據《食貨》五八之七、五九之四五、《補編》第五九六頁改。

[二] 成　下原衍一『成』字，據《食貨》五八之七、五九之四六、《補編》第五九六頁删。

[三] 圩　原作『均』，據《食貨》五八之七、五九之四六、《補編》第五九六頁改。

和州準[一]備賑糴，於內已撥一萬碩賑糴與和州闕食人户。今欲更撥一萬碩，借貸與前項飢民及歸正人，候將來成熟日撥還。』從之。

四月十五日，光州觀察使、高郵軍駐劄御前武鋒軍都統制兼知楚州陳敏言：『本州去年因黑鼠傷稼，兼秋間水旱，農民饑饉，蒙下通州撥五千碩，又下總領所支米一萬碩，以通州水路遥遠，止就揚州般到米一萬碩賑糴。本州户口既繁，食用日廣，賑糴官米今已不多，欲望再撥米一萬碩付本州賑糴。』詔令本路常平司，將通州未撥米五千碩疾速科撥應副。

七月六日，詔：『江西州軍間有闕雨去處，合行措置收糴米斛，準備賑糴。可令龔茂良拘收單夔已刷到發運司奏計錢，並江州有發運司貿易等官會子，共湊二十萬貫，於江、湖豐熟去處收糴米斛一十萬碩，均撥赴最不熟州軍樁管，申三省、樞密院。』

同日，詔：『江西路今歲間有旱傷州縣，責在守、令究心賑恤。可令本路帥臣將旱傷州縣守、令精加審量，如內有老謬不能究心職事之人，先次選擇清強能吏前去對易，措置賑濟，存恤施行。開具已對易官職位、姓名，及見作如何賑恤事件聞奏。』

八月一日，詔：『湖南旱傷州縣，亦合依此施行。』

十三日，詔：『昨發運司於潭、衡、全、道、邵州、桂陽軍和糴米斛，未曾支撥。可令湖南轉運司將糴到米撥赴災傷州軍樁管，賑濟、賑糴。』

八月一日[二]，詔：『江州今歲旱傷，見今已有流民，守臣坐視，不據實申奏。專委漕臣一員，日下起發前去江州，同守臣將見管常平、義倉米斛四萬四千餘碩措置賑糴。如不足，即仰收糴客米。或尚闕少，仰於本州見樁管朝廷米內逐急借兑賑糴。仍具已如何措置及賑糴過數目，並委官起發月日以聞。』從中書門下請也。

九月七日，詔：『江南西路諸司申到江州旱傷最甚，除已降指揮許截留並令諸司科撥米外，可令劉孝韙日下躬親前去江州，將本路常平米接續賑糴。』

八年二月八日，權發遣隆興府龔茂良言：『本路去歲荒旱異常，如隆興府、江、筠州、臨江、興國軍五郡，各係災傷及七八分以上，雖已依條將老幼疾病之人先行賑給，緣人口幾及百萬，委是賑給不周。乞將已得旨取撥到米一十萬碩，並更勸諭上户賑濟給散，庶幾稍宣德意。』詔將續撥義倉米五萬碩令龔茂良充賑給使用，餘常平米五萬碩依舊循環賑糴。

八月七日，詔：『四川自入夏以來，陰雨過多，沿流

[一] 準　原作『淮』，據《食貨》五八之八、五九之四七、《補編》第五九六頁改。

[二] 八月一日　前面已有此日，不應重複，疑有誤，或是九月。

州縣多被其患，如嘉、眉、邛、蜀等州最甚。令四川宣[一]撫司審實被水去處，措置賑恤。』從知成都府王震請也。

賑貸二[二]

淳熙元年二月二十一日，詔：『台、處州去秋大旱，仰於逐州樁管常平〔宋〕〔米〕內，令守貳約合用實數申常平司，速行取撥賑濟。衢、婺之間似此去處，比類施行。』從淛東安撫錢端禮請也。

四月七日，詔：『訪聞關外四州去歲秋旱災傷，米價踴貴，竊慮民間闕食，致有流移，可令户部郎官、四川總領趙公亮，同本路提舉常平官，日下津運常平、義倉米並附近樁積米前去賑糶。』

二年九月七日，詔：『淮南今歲間有水旱，民户艱食，流移失業。可令淮南運判趙思日下取撥常平、義倉米賑糶。』

六年四月二十七日，詔：衢州遭水，米價踴貴，可於義倉米內撥米五千石出糶賑濟。

七年二月十七日，詔湖南安撫辛弃疾，於前守臣王佐所獻樁積米內支五萬石，應副邵州二萬石、永州三萬石賑糶。以弃疾言溪流不通，舟運艱澀故也。

八月十三日，詔：『近緣河港淺澀，行在米價稍增。可令司農寺行下諸倉，於朝廷樁管米內共分撥一十萬石，專委臨安府守臣措置，多差官屬，分頭置場，低價出糶，務要〔實〕惠細民，不許上户及米鋪户計囑糴買。』

紹熙三年七月二十九日，詔江東提刑、提舉司行下廣德軍、寧國府、徽州、池州，將被水之家更切賑濟，優與存恤。從本路兩司所請也。

十一月三日，知襄陽府張杓言：『本府係居極邊，殊無儲蓄，入秋江漲，居民陸種盡被水傷。本府逐歲所仰，皆自江陵、荆門、復州等處般販前來，遂至在市無米。今常[三]出糶已盡，深慮邊民乏食。』詔許於見管粳粟米內借撥八千石充賑糶，二千石充賑濟。

四年二月二十九日，知江陵府章森言：『本府江、漢二水暴漲非時，下田悉被淹侵。常平不過一萬三千餘石，趙雄任內糴到樁管米見在計一十五萬餘石，許令新陳兑易，散米賑濟，所當舉行。』詔江陵府於樁管米內取撥七萬石，將四萬石充賑濟之用，三萬石賑糶。其糶到價錢，候秋成日一併糴還，依舊樁管。

慶元元年正月十五日，權工部侍郎兼知臨安府徐誼

[一] 宣　原作『安』，據《食貨》五八之一二、五九之五一、《補編》第五九八頁改。

[二] 原題：『宋會要賑貸二』，摘録自《食貨》六八之七四至一一一之中的水災方面内容，有关旱災内容大部分没有摘録。原《宋會要稿》一六〇册。

[三] 常　下疑脱一『平』字。

言：『今歲淮、淛水旱，流離之民漸集市廛，其勢不可不養。殘篤廢疾、癃老孤幼無所依倚而不能自存者，皆當次第料理。願陛下以聖意推而行之。』詔令臨安府於見賑糶米內取撥二千石，以備賑濟。

二十六日，詔：『臨安府陰雨，細民不易，令臨安府將見賑糶人户特與賑濟五日。』以守臣徐誼言：『臨安諸縣自昌化得熟之外，其餘八邑俱被水災，目今雖蒙降米斛減價賑糶，饑民無錢收糴，至有糟糠不充、憔悴骨立、瀕於死者甚衆。畿邑之內，均爲陛下赤子，當此荒歉，其惠愛理宜均一。乞將管下八邑見今賑糶者，與府界之民一體賑濟五日，庶得人户俱被上恩，有以見陛下加惠京邑、一視同仁之意。』從之。

嘉定八年十月二十五日，湖南提舉司言：『本司昨緣本路州縣自今年三月以來，陰雨連綿，細民艱於求趁。尋委官抄劄在城內外委的貧乏不易闕食細民，各支給常平米斛賑濟，及下諸州軍縣審度城市鄉村有無闕米、價直增長細民艱食去處，即約度支撥常平、義倉米斛，委官措置接續賑糶，抄劄被水人户，計口大人日支一升，小兒減半，支給常平米斛賑濟，及委官置場，照市直與減價錢賑糶，拘收價錢，候秋成糴填元數。』詔令湖南提舉司更切多方賑恤，毋致失所。

十一月三日，廣東提舉司言：『本司體訪西、北江州郡澇水，泛浸居民屋宇。竊慮闕食，尋行下逐州府被水泛浸去處，如有闕食，即照條於所管義倉米內支給賑濟，開具數目供申，不得泛濫支破。今來據英德府、封州、德慶府、韶州各狀申聞事。』詔令廣東提舉司更切優加存恤，毋致失所。（侯）〔候〕賑恤了畢，具已賑恤過錢、米數目申。

十六年正月九日，臣僚言：『江淛水災，苗腐盈疇，麥種不入。無可糴之米，則當平價而與之糴；無可糴之錢，則當發粟以賑其饑。』

十月九日，詔：『台州近因溪流泛漲，漂浸居民，可支義倉米賑濟。其積欠糴米本錢並折帛錢絹，自來年爲始，分限三年帶發。』至五年三月，又以旱傷、火災，更展二年。

三年[一]八月十一日，詔：『近日陰雨連綿，江西、江東間有損壞堰壩及被水人户，可令逐路轉運、常平司日下委官審實，依條賑濟。』

恤災[二]

神宗熙寧元年七月，詔：『恩、冀州河決災，令選官分詣，若有渰死人口，量大小賜錢；其居處未安，令官地

[一] 前面是『嘉定十六年』，至此突爲『三年』，疑爲『紹定三年』，以下還有『四年』，當是『寶慶年』。

[二] 原無標題，旁批有：『始熙寧，訖乾道。』依內容和下節增題『恤災』。本部分節録自《食貨》六八之一一二至一五二。原《宋會要稿》一六〇册。

搭蓋；其宮觀、廟宇宿泊内有淬浸活業貧下人户，令省部賜粟。』

九年十月十二日，中書門下言：『廣東經略、轉運使等言，潮州海陽兩縣人户，被海潮漲推蕩居舍、田苗，死失人口。乞令本路提刑司躬親前去，依條存恤。』從之。

元豐元年正月二十三日，詔河北路權停折納，爲經水災，糧草貴也。

七月二十七日，詔：『河北轉運判官高鎛，往濱、棣[一]州地界風雨損城及害稽處照管，仍令京東轉運使司案[二]齊州章丘縣官吏，如不救護預備，致人被災傷，即劾罪以聞。』

八月十六日，詔京東路轉運司：『齊州章丘縣被水第四等以下户，欠今夏殘税，權倚閣；常平苗役錢，令提刑司展料次。』

二十八日，詔：『濱、棣[三]、滄三州被水災，令民貸請常平糧。零販竹木、魚果、炭箔等物，税百錢以下聽權免一季[四]。』

三年九月二日，權知都水監丞公事蘇液言：『河北、京東兩路緣河決，被患人户蒙朝廷憂恤賑濟放税。河平，計錢、穀等共七十二萬七千二百七貫碩有畸，而靈津廟碑失載其實，乞以其事付史館。』從之。

五年九月十四日，詔：『聞開封府界漫水，所至縣百姓有聚在高阜不通往來致絶糧食者，委劉仲熊乘馹遍詣有水縣，規畫船栰，運致民户安集於無水處，齎載薪糧就給，三日一具所濟人數上尚書省。』

七年六月二十六日，知蔡州黄好謙言：『所部水災特甚，乞放税。』詔尚書户部速施行。

七月七日，知河南府韓絳言：『伊、洛暴漲，衝注城中軍營，欲望應被水災廂、禁軍等第與特支錢，及先修軍營。其水北軍民被害，續奏請。』詔：『經水災民户，令體量賑恤；被水廂軍，以差賜般移錢；死者，依漂溺民户法給錢。』

九日，詔尚書户部員外郎張詢，幹當御藥院劉惟簡，賑濟西京被水災軍民，並催督救護官物城壁[五]等，其合行事如有違礙，從宜施行。

同日，河北路轉運司言：『河水圍繞大名府城，乞多差兵夫、船栰救護。』詔遣金部員外郎井亮采、幹當御藥院梁從政往賑濟，如西京指揮。

九月十二日，詔西京被水漂溺之家及秋苗災五分户，並免來年夏税支移、折變。從户部員外郎張詢請也。

[一] 棣　原闕，據《長編》卷二九〇補。
[二] 仍、案　兩字原脱，據《長編》卷二九〇補。
[三] 棣　原闕，據《長編》卷二九一補。
[四] 『税百錢以下聽權免一季』此句原在天頭，今移入正文。
[五] 壁　原作『璧』，據《食貨》五九之三改。

十三日，河北西路提點刑獄吕温卿言：『霖雨爲災，已行賑濟。欲乞坊郭户没溺財産比舊退落七分以上，積欠及秋料、役錢，並展限至來年夏料。其漂蕩家業者，不候造簿年月，先減免役錢，以寬剩錢補助。』尚書户部言：『減放役錢，欲據家業物力之數於簿内改正。其減役錢，候造簿日均敷，餘欲依温卿所乞。』從之。

哲宗元祐四年六月十八日，資政殿學士、知陳州胡宗愈言：『本州霖雨相繼，河流泛漲，今年夏税遞展限一月。』從之。

五年四月二日，詔府界諸路監司：『應雨澤未足處，人户合催理係官欠負權住理納，候（豈）〔豐〕熟日依舊。』以三省言：『自春以來，時雨未足，民間諸欠負未能償故也。

六年九月七日，户部言：『河東路助軍糧草支移不過三百里，若非時急闕，亦聽相度展那，仍不得過二百里，本户災傷五分以上，仍免折變。』從之。

紹聖四年五月九日，左司諫郭知章言：『聞諸路守臣常於秋夏之間以雨足歲（豈）〔豐〕爲奏，後災歉，遂不敢以聞。伏望特降睿旨，下諸路州軍嚴行約束，雖已奏（豈）〔豐〕稔，而或繼有非時水旱者，並具災傷上聞。』從之。

元符元年十月二十三日，詔：『河北、京東路州縣遭河漲，渰溺人户田廬，多致失所。令工部員外郎梁鑄體量應合賑恤及河勢利害以聞。』

三年四月二十五日，臣寮言：『伏聞去歲以來，廣南災癘，江西、湖南年穀不登，秦蜀苦饑，河北被水，陛下雖振發倉廩，蠲除租賦，所以須恤甚厚。尚慮被災州縣役軍民之力，興土木之功，望降睿旨，災傷路分，除倉廩庫獄及官廨寔有損壞以時繕修外，餘不（及）〔急〕之役權罷。』從之。

十二月三日，臣寮言：『河北濱、〔棣〕等數州昨經河决，連亘千里，爲之一空，人民孳畜没溺死者，不可勝計。今年所在豐稔，而此數州之民失業，是以至今米斗不下三四百錢，飢凍而死者相枕藉，甚可哀也。乞朝廷選郎官乘傳，同本路監司、守令體量拯救。』從之。

徽宗建中靖國元年八月二十一日，臣寮言：『府界近京各有被旱、蝗去處，及江、淮、兩浙、福建路亦有旱災去處，其監司[一]、郡守或不以聞，或雖聞而不敢盡以實告，州縣承望轉運司意旨，不肯依法受接人户訴狀。望指揮諸路轉運司使，應今後實有被災傷人户，並專責守、令依法受訴，提舉司依條檢察施行。』從之。

崇寧元年四月二十八日，兩浙轉運司言：『本路累歲災傷，昨權住閑慢修造，至今將欲限滿，欲乞更展一年權住。』從之。

[一] 司　原作『守』，據《食貨》五九之六改。

七月二十一日，詔開封府賑恤壓溺人，不得鹵莽。先是，雨水壞民廬，有死者，故申命之。

五年四月十六日，詔蠲兩浙水災人户租税。

大觀二年八月十九日，工部言：『邢州奏：鉅鹿下埽大河水注鉅鹿縣，本縣官、私房屋等盡被渰浸。』詔：『應今來被水漂溺身死人户，並官爲埋葬，每人支錢五貫文，買衣衾、版木，擇高阜去處安葬，不得致有遺骸。其見在人户，即依放税七分法賑濟施行。如有孤遺及小兒，並送側近居養院收養，候有人認識及長立十五歲，聽從便。內有人户盡被漂失屋宇或財物，仍許依七分法借貸，不管却致失所，仍具埋葬、賑濟、居養、存恤次第事狀聞奏。』

三年六月二十八日，詔：『冀州宗齊鎮被水身死人户，並爲官埋葬，人支錢五千，擇高阜安葬，不得致有遺骸。其見在人户，却依放税七分法賑濟。孤遺及小兒，並送側近居養院收養，候有人識認及長立十五歲，聽逐便。內人户盡被漂失屋宇或財物，仍許依七分法借貸，仍具已埋葬、賑濟、居養、存卹次第以聞。仍仰本路提刑司各那官前去點檢賑恤，務要均濟。』

四年正月十八日，詔：『聞福建去年夏秋少雨，禾稻薄熟，兼見行賑濟，兩浙並不通放米船過海，深慮向去民食妨闕。可指揮兩路放令福建販米海船從便販糴，以補不足，不得仍前阻節。』

政和六年七月十九日，淮南路轉運司言：『淮河水泛漲，濠、壽、楚、泗河道，與鄰近民田爲一，渰浸州城。緣此，斛斗不入，細民不易。淮東、西州軍見樁管提舉司斛斗三十六萬餘石，欲依元價出糶，救濟被水細民。』從之。

十一月三日，詔：『兩浙州軍秋水害田，物價翔踴，以州鄰路粒米（豊）〔豐〕賤，輒禁米斛出界者，以違御筆論。』

七年十二月十六日，詔：『河北西路提舉常平官不奏本路災傷，特降兩官衝替，令本路提刑司具合降官姓名申尚書省。今後不即時聞奏，重寘於法。仍令刑部遍下諸路州軍並監司。』時臣寮上言：『河北自祁、趙州以南，至（刑）〔邢〕州、磁、相上下，夏雨頻併，各有災傷。』詔令本路監司具析。至是，提舉常平官以聞，故有是命。

八年〔一〕正月二十四日，詔：『河朔去歲災傷，方行賑恤，而修城買木〔二〕、運糧飛輓之役，頗勞民力，其令當職官審度緩急，可罷之。或不可罷者，條具以聞。』

五月二十一日，提舉京東路常平等事王子獻言：『濟南府、密、沂、濰、徐、兖州，河北數州皆水，官司檢放不及七分，外州流民稍稍入境，移文逐處依法賑恤。蓋其貸

〔一〕原天頭批注：『政和無八年，疑是重和元年』。今注：『政和八年』即『重和元年』。

〔二〕木　原作『米』，據《食貨》五九之一〇改。

者二十萬四百餘户，給者十萬八千六百餘户，糶者二十九萬五百餘石，實緣檢視災傷觀望顧畏，不實不盡。伏願詔州縣今後驗流民來歷，寔有莊帳，每縣及百户以上，即申省部下所屬，依法書元檢放官吏之罪。』從之。

六月八日，詔：『兩浙路自今夏霖雨連綿，渰没田不少，平江尤甚，已差趙霖依舊兩浙提舉常平。如有合行奏稟事件，附入内内侍省遞以聞。仍一面多方措置護救民田。渰浸過田苗、人户，及支借過圍田錢、米等，並仰括責招諭，保明聞奏，不管稍有流移失所。』其後，趙霖奏：『本路有未起今年常平米一千餘萬石，伏乞許與截留，應副急切賑濟。並轉運司見有合發(末)〔未〕限上供米數，欲乞依知平江府應安道已得指揮，權於浙西州縣先次權發二十萬逐急相兼應副。(侯)〔候〕向去(豊)〔豐〕熟年分，接續收糴撥還。』詔依。如違，以大不恭論。八月四日，又詔：『平江府第四等以下人户合納二税，並借過圍田常平錢物，權行倚閣〔一〕。』

七月二十九日，詔：『東南諸路山水暴漲，至壞州城，人被漂溺，不能奠居。可差廉訪使者六員分行諸路，檢舉常平災傷七分法推行。法所不載，隨宜賑救訖奏。仍許借諸司斛斗賑給，或勸誘上户借貸，仍多作船栰濟度，及權以官物搭蓋屋宇，廣令安泊。其被溺之人，並官給棺殮。監司、郡守各協力賑恤，無令失所。有不盡心及一行官吏因而搔動乞取，並以違御筆論。』

同日，鎮江府言：『自六月以來，霖雨連綿，渰没民田，米價踴貴，唯籍商旅興販斛斗接濟。欲乞降旨，應豐〔二〕熟去處輒有禁止商販米穀，及違法收納力勝〔三〕諸般阻節，並乞依政和六年十一月三日所降指揮。』從之。

八月二十五日，詔：『江、淮、荆、浙被水州軍漲水已退，殘潦餘浸占田無藝，民不得耕，比屋摧圮，無以奠居。可令郡守、令佐悉心賑救。監司雖非本職，並許通行管幹，分定州縣前去巡按，具已救濟事件、人數奏。監司、郡守自今應水旱、盜賊敢有隱蔽不奏，或不盡言，並以違御筆論。應興販竹木、塼瓦、蘆葦往被水處，沿路不得收税抽解及(欄)〔攔〕買阻滯，仍行賑濟。』

九月七日，詔：『東南被水州縣民田，雖有赴訴之限，然阡陌漫没，州縣定驗失寔，則貧民下户臨時無告。仰逐路監司行下所轄州縣當職官，須管於收成之前躬親按視，毋得失實。』又詔：『曾經渰浸人户納官、私房錢，截自還出日，並特與免納，候復業日依舊。』

十月二十日，江南東、西路廉訪使者徐衡言：『南康軍並管下建昌縣，及江州並管下德安、瑞昌縣，興國軍，坊郭舍屋被水渰浸，漫没屋脊，人户各已般移。除係自己屋

〔一〕閣　原作『閤』，據《食貨》五九之二一改。
〔二〕豐　原作『分』，據《食貨》五九之二一改。
〔三〕勝　原作『升』，據《食貨》五九之二一改。

業外，其間賃官、私舍屋〔一〕居住人户，尚依舊管認元賃房廊〔二〕地基等錢，欲下諸州軍豁除（彼）〔被〕浸月日，特與放免。』從之。仍詔餘依此，計其寔日，即不得虛僞，通不得過一季。

宣和元年正月二十七日，永興軍路安撫使董正封言：『鄠縣災傷，放稅不及分，秋雨損田苗，人户缺食。勘會見今修葺永興軍城壁，欲望支降度牒四百道，乘此和顧人夫，不惟城壁計日可了，兼可以存養缺食人民。』詔特支二百道。

六月二十七日，開封少尹虞燮言：『去歲諸路水災，今夏二麥大稔，秋田倍收。一歲之熟，未足以盡補瘡痍，尚慮監司、州縣例行催科累年之欠，乞行約束。』從之。

十月十九日，詔：『兩浙連年災傷，今歲方始（豊）〔豐〕熟，應積欠不得一併催理，並限三年帶納。』

十二月十六日，監察御史周武仲言：『淮甸旱暵，蒙付以使事。賑濟莫急於錢、米，而州縣往往無之。望依淮南許依鄰近發義倉兑撥支遣，並西京路汝、（穎）〔潁〕等州災傷放免租稅指揮，豪民大姓有願出積粟者，乞藉其名，酬以官爵，其次與免差科一次。所在係官山林塘濼，有可推以利民者，乞暫絶其禁，聽飢民採食。其利商旅般運，應鄰近路分及沿江州軍載斛米舟車，並乞與免沿路力勝錢，堰閘、關津不得稽留。』從之，仍許通一路義倉兑撥支給。其流移地分，如合放免租稅，並合依條，内豪民出粟，不得抑勒。

二年八月二十日，知壽春府侯益言：『臣昨緣去歲秋田旱災，曾具奏乞依政和七年正月二十六日指揮，許客人於（豊）〔豐〕熟去處興販米斛，前來災傷去處出糶，與免沿路力（升）〔勝〕稅錢。後來本府夏麥收成，其上件指揮已行住罷。今歲秋田復又旱損，欲乞依宣和元年十二月十六日指揮行下。』從之。

六年七月九日，詔：『兩浙州縣人户積欠常平及圍田錢、米，元降指揮展限三年起催，今已限滿。訪聞本路春夏水潦害民田，民至流徙，已令將賑糶官米拯濟艱食。所有積欠及圍田錢、米，特更展限一年，候（豊）〔豐〕熟日，依條催理。』

八月十九日，詔：『兩浙路州縣違法閉糴，邀阻客人，米價翔踊。仰提刑、廉訪體究水災去處，令常平司賑濟。州縣閉糴邀阻，速令禁止。』

十一月十九日，同日，南郊制：『訪聞外路夏秋之間，陰雨積水，占壓民田，或河防潰決，衝注鄉村，縣官坐視，並不措置。如措置有方，實有勞效者，保明以聞，當議特加旌勸。』

〔一〕屋　原脱，據《食貨》五九之一二補。

〔二〕『賃』、『廊』原作分别爲『認』、『廓』，均據《食貨》五九之一二改。

高宗建炎三年六月十二日，都省言：『渡江之民，溢於道路，其饑餓者無飲食，疾病者無醫藥。』詔令淮南、江浙轉運司，量給錢、米賑給，其病患者差官醫治，務要實惠及民，不管少致失所。

紹興三年九月五日，宰臣朱勝非等言：『近訪聞泉州水溢，隳城郭，墊廬舍，已行下本州詰問〔一〕，且令詣實申尚書省。』上曰：『國朝以來，四方有水旱災異，無敢不上聞者，故修省蠲貸之令隨之。近日蘇、湖地震，泉州大水，輒不以聞，何也？』詔諸路如有水旱等事，令監司、郡守即時具奏，如敢隱默，當寘典憲。

二十三日，泉州言：『本州縣被水之家，缺乏糧食不能自存之人，欲州委知、通，縣委令、佐，先次取撥見管常平、義倉米斛，躬親前去賑濟。及被水渰死，其無主屍骸欲令本處量支官錢，如法埋瘞，無致暴露。今來深慮前項已科定錢、米應副不足，欲令禮部給降福建路空名度牒二百道，專充應副前項支使。』詔依，仍令本路漕司躬親前去點檢被水州縣，奉行寬恤賑濟等事件以聞。如州縣奉行不虔，仰提刑司按劾聞奏，當議重寘典憲。

四年正月二十二日，詔：『臨安府見開撩運河，如遇〔二〕有遺骸，令守臣募僧行埋瘞。每及二百副，令禮部給降度牒一道，願計價換給紫衣師號者聽。』

六年七月十八日，尚書省言：『廣西欽、廉、邕州緣去歲大水，即今米價踴貴，細民艱〔三〕食。欲令本路常平官體訪，如委是詣實，即立便前去，及分委官屬各躬親遍詣逐州，取撥常平米斛賑濟。如逐州所管數少，即於鄰近州縣那撥應副。仍具各支撥過米斛數目及措置存恤事件以聞。』從之。

十四年五月十八日，上曰：『聞婺州溪水暴漲，渰溺去處，可令官吏多方賑濟，毋令失所。』

二十八年八月二十七日，詔：『令吴璘同蘇欽、許大英，將被水州軍人户取撥常平司、義倉米賑濟，多方措置存恤，無令失所。仍令依條檢放，開具取撥過米數及已措置施行次第申尚書省。』

二十九年九月四日，詔：『福州七月間水災，仰帥臣、監司將合行賑濟人，疾速支常平錢米賑濟，其税租依條檢放。仍具析不即申奏因依聞奏。』

三十年五月十八日，御史中丞兼侍講朱倬、殿中侍御史汪澈言：『臨安府於潛、臨安兩縣山水暴至，居民屋廬漂蕩甚衆，望令臨安府速下兩縣，委令、佐躬親看驗。如有未收瘞者，官給錢收瘞之，及隨被害之大小，條具賑恤。』詔令轉運司支撥係官錢、米，就委令、佐躬親賑濟，無令失所。其未收瘞人口，給官錢如法埋瘞，不得滅裂。

〔一〕問　原作『聞』，據《食貨》五九之二四改。
〔二〕此字不清楚，疑似『遇』字，按文義可通。
〔三〕艱　原作『難』，據《食貨》五九之二八改。

三十一年八月二十四日，詔：『夔州路安撫、轉運、常平司，將本路被水之人户多有存恤賑濟；漂流居民舍屋，量行等第支給官錢；其渰損田畝合納税租，依條檢放；溺死之人，官爲埋瘞，務要實惠，不得滅〔一〕裂。仍各具知稟施行文狀申尚書省。』

孝宗隆興元年三月二十八日，詔：『霖雨爲沴，雖側身修行，尚恐誠意未孚。可令諸路監司、守令應有災傷去處，常切賑恤困窮，糾察刑禁，仍各具聞奏。』

八月十七日，詔曰：『比日飛蝗益多，(人)〔又〕聞諸路州縣風水爲災，螟螣害稼。咎證罔測，朕甚懼焉！朕自今月十八日避正殿，減常膳，側身修行，以祈消弭。重惟政事之闕，致奸和氣，二三大臣其盡忠省過，輔朕不逮。監司、郡守各務身率，戢貪禁暴，平察冤獄，以安民庶。所在災傷，悉行具奏，依條賑恤、檢放。如有隱〔二〕匿不以聞者，重寘典憲。師徒未息，科調繁興，江、淮、襄、蜀，尤極勞擾；疆埸之吏，宜加安輯，蠲省苛斂，以稱德意。』

九月十一日，詔：『訪聞浙東、西州軍間有螟螣風水傷稼去處，可令守臣疾速條具應合賑恤、蠲放事件聞奏，不得隱匿泛濫。』

二年六月二十四日，詔：『浙東近因連雨大水，及兩淮亦有被水去處，理宜措置優恤。令逐路帥、漕司同共措置，委官往被水州縣賑濟。合用錢、米，許於常平司見樁管錢、米内取撥。若有溺死之人，與量給棺殮之具。内無居止人，亦仰踏逐空閑官舍及寺觀權行安泊。其應干合檢放寬恤事件及用常平錢、米，並開具申尚書省。』

二十九日，上諭宰臣湯思退等曰：『今歲江東、浙西水災，卿等思所以救災防患之術。』思退等奏：『臣等燮調無功，致有此災，未敢便乞罷黜。』上曰：『朕當思所以應天之實，卿等更宜輔朕不逮。』

乾道元年正月一日，南郊赦：『州縣其間有被水人户，理合優恤，令本路帥臣、監司多方存恤賑濟。其渰浸田畝，照近降指揮檢放。如有因此災傷死亡之人，官爲收殮。無爲虚文，不得滅裂。』三年、六年南郊赦，並同此制。

四月二十二日，詔：『兩浙州軍去歲水澇，流移闕食人頗衆。朝廷措置賑糶，存濟甚多。比因疫氣傳染，間有死亡，深可憫憐。可令行在翰林院差醫人八員，遍詣臨安府城内外，每日巡門體問看診，隨證用藥，其藥令户部於和劑局應副。在外州軍，亦仰依法，州委駐泊醫官、縣鎮選差善醫之人，多方救治。藥錢於逐州歲賜合藥錢内、縣鎮於雜收錢内支給，務要實惠及民。並仰接續給散夏(樂)〔藥〕，(侯)〔候〕秋涼日住罷。』從中書門下省請也。

二年五月二十五日，詔：『江西以至浙右今歲雨潦，

〔一〕滅 原作『減』，據《食貨》五九之三七改。
〔二〕隱 原作『陋』，據《食貨》五九之三九改。

頗害農事。宜令諸路監司、守令察今秋有田米不熟之處，預先講求救災恤荒之政。如將來有水旱去處，却致無備，必寘於罰。如預備有方，當〔一〕議推賞。』

十月一日，詔：『温州近被大風駕潮，渰死户口，推倒屋舍，失壞官物，其災異常，合行寬恤。可令度支郎中唐珣，同提舉常平宋藻、知州劉孝韙共議，參酌措置，條具聞奏。仍令内藏庫支降錢二萬貫付温州，專充修築塘埭、斗門使用，疾速如法修整，不得滅裂。』繼而唐珣言：『(切)〔竊〕見温州四縣並皆邊海，今來人户田畝盡被海水衝蕩，鹹鹵浸入土脈，未可耕種，及缺牛具，不能偏耕，難令虚認苗税。乞委守臣來春差官究實，保明申奏，及與減放當年苗税。庶幾水災之後，農民咸被聖恩，早得復舊。』從之。

三〔二〕年八月五日，知紹興府洪適言：『上虞縣近有水災，飄流居民。』上曰：『近所在或有山發洪處，可令常平司常切撫存，賑濟被水之家。』

四年六月四日，宰執奏事之次，上宣諭曰：『昨日汪涓對曰：「去秋江西被水，數州之民至有無槁秸餵者。」朕都不知。』陳俊卿奏曰：『去秋沈樞亦申來，言水災，陛下所以預令理會和糴。』上曰：『卿等更別措置。今後水旱，須令實申來！』蔣芾奏曰：『州縣所以不敢申，恐朝廷或不樂聞。聞今陛下詢訪民間疾苦，焦勞形於玉色，誰敢隱匿？』上曰：『朕正欲聞之，庶幾朝廷處置賑濟。』繼而詔：『諸路轉運司行下所管州軍，今後水旱，須管依實具申尚書省。仍令轉運司具狀保明申奏。或州軍隱蔽不申，監司自合一面體訪聞奏。如或不盡不實，朝廷訪聞，並當重寘典憲。』

六年十月十一日，臣寮言：『今春湖、秀低田與夫太平、宣州圩田多壞，方此秋成，米價已高，而來春之憂未艾。欲望行下守臣，令與縣令各隨其州縣，參酌所宜而預爲之計。其有奉詔不虔，視户口流移稍多者，内則從臺諫，外則從發運、監司，按劾以聞。』詔令逐州守臣限半月申尚書省。

九年五月十二日，詔：『久雨爲災，水患必廣，可令逐路漕臣行下州縣，寔被水貧乏人户，多方措置存恤，依條賑給。内浸損秋苗去處，優借種本，或勸諭上户應副借貸，接續栽種，無致失業。』

〔一〕當　原作『賞』，據《食貨》五九之四三改。

〔二〕三　原脱，據《食貨》五九之四三補。

元史水利史料輯録

蔡蕃　整理

整理説明

十三世紀初，經過多年的戰争，蒙古族統治者先後消滅西夏、金、大理、吐蕃、南宋等政權，建立了多民族國家空前統一的元朝。元朝的統一，在我國歷史上意義深遠。它結束了唐末以來分裂割據和幾個政權并立的政治格局，奠定了元、明、清六百多年封建王朝國家長期統一的基礎。元中書右丞相脱脱在編纂遼、宋、金三史時説：『三國各與正統，各系其年號。』結束了遼滅亡後二百多年的『正統』之争，在中國歷史上，第一次以中央政府的名義肯定了各民族政權的合法地位。元朝的建立，促進了國内各族人民之間經濟文化的交流和邊疆地區的開發，進一步促進了我國統一的多民族國家的鞏固和發展，加强了中外文化交流和中西交通的發展，促進了中國的國際化進程。元朝的大都（今北京），不僅是全國的經濟中心，而且是當時國際上著名的大都市，吸引了東西方很多國家的商隊和使團。元朝對西方和阿拉伯世界吸引力巨大，通過海上『絲綢之路』進行經貿往來的國家和地區，由宋代的五十多個增加到一百四十多個。開創了古代中西文化交流最繁榮的時代。

特别突出的是元代为科學技術的發展創造了良好條件，很多領域得到了快速發展，達到世界領先水平。例如在天文上，經過大規模的天文實測後編寫的《授時曆》，領先歐洲三百多年；在地理學方面，編纂了《大元一統志》，開中國官修地理總志的先河，政府還組織了歷史上首次對黄河河源的實地科考；在農業技術及農學普及方面，南北東西農作物廣泛交流，很多農作物得到普及。司農司編輯的《農桑輯要》是中國古代政府編行的最早的、指導全國農業生産的綜合性農書。在水利上，改造了隋以來以洛陽为中心的南北大運河爲直接到達大都的京杭運河，爲國家的穩定、經濟發展、文化交流創造了條件。在治理黄河上，由於全國的統一帶來了整體的方略，如賈魯在河南黄河堵口時就調來寧夏和大都的水工。各地水利建設也得到重視并蓬勃發展，在《元史》中有大量的記載。

《元史》纂修分爲兩次進行。第一次於洪武二年（一三六九年）二月開局，以宋濂、王禕爲總裁，僅用了一百八十八天，完成了除元順帝一朝以外的一百五十九卷。然後派人到全國各地調集順帝一朝資料，於洪武三年二月重開史局。宋濂、王禕仍爲總裁，經過一百四十三天，增加了五十三卷。前後二書合并，共二百一十卷，也就是現在的卷數。

《元史》的史料來源主要有四方面：一是各朝實録；二是《經世大典》；三是文集碑傳；四是采訪。

宋濂修《元史》時，遵照朱元璋的意圖，强調『文詞勿致於艱深，事迹務令於明白』。因此，《元史》稱得上是一部較好的正史。

《元史》的本紀和志占全書一半，而本紀又占全書近四分之一，保存了大量失傳的史料。《元史》的志書，對元朝的典章制度作了比較詳細的記述，保存了很多珍貴的史料。其中以《天文志》、《曆志》、《地理志》、《河渠志》四志的史料最爲珍貴。《河渠志》还根據《海運紀原》、《河防通議》等重要書籍編撰的。元朝的十三朝實録和《經世大典》已經失傳，部分内容只是靠《元史》才得以保存下來，史料價值就更爲可貴。列傳部分，由於元代史館的資料本身就不完備，相对缺失、錯誤較多。

毋庸諱言，《元史》的不足之處也很多。由於編修時間倉促，而且出於衆手，不可避免地存在許多疏漏，歷來就遭到學者詬病。其主要問題是：隨得隨抄，前後重複，失於剪裁；缺少彼此互對，考定異同，時見抵牾。如本紀或一事而再書，列傳或一人而兩傳。同一專名，譯名不一。史文譯改，有時全反原意。大量抄襲案牘原文，以致《河渠志》、《祭祀志》出現了耿參政、田司徒、郝參政等官稱而不記其名。但正因它照抄史料，所以保存了大量原始資料，使它比其他經過『加工』、『編纂』的正史有更高的史料價值。

在《元史》二百一十卷中，除《河渠志》三卷外，還分散記載了大量的水利史料。將這些散見的史料輯録出來，爲研究元代全國水利提供方便。

在輯録時按照以下原則進行：

一、爲了便於查閱，摘録以卷號爲編排順序，未能按照古代水利專業分類。

二、凡水災只摘録『大水』情況。對只記有一水字而没有災害記録，如『十月平灤路水』的記載，就没有輯録。

三、《元史》卷六四、六五、六六《河渠志》部分，已經在《中國水利史典·綜合卷一》中《二十五史河渠志匯編》專門收録，所以在此没有輯録。

四、摘録文獻省略處一般不加删節號。

本文的輯録整理工作由蔡蕃完成，尹鈞科審稿。限於水準，輯録中的錯誤和不妥之處，希望讀者批評指正。

整理者

目録

卷一 太祖紀

四年己巳春，帝入河西。薄中興府，引河水灌之。堤決，水外潰，遂撤圍還。遣太傅訛答入中興，招諭夏主，夏主納女請和。

卷二 定宗紀

三年戊申。是歲大旱，河水盡涸，野草自焚，牛馬十死八九，人不聊生。

卷三 憲宗紀

四年甲寅。是歲張柔以連歲勤兵，兩淮艱於糧運，奏據亳之利。詔柔率山前八軍，城而戍之。柔又以渦水北隘淺不可舟，軍既病涉，曹、濮、魏、博粟皆不至，乃築甬路自亳抵汴，堤百二十里，流深而不能築，復爲橋十五，或廣八十尺，横以二堡戍之。

五年乙卯，秋九月，張柔會大帥于符離。以百丈口爲宋往來之道，可容萬艘，遂築甬路，自亳而南六十餘里，中爲横江堡。又以路東六十里皆水，可致宋舟，乃立栅水中，惟密置偵邏於所達之路。由是，鹿邑、寧陵、考、柘、楚丘、南頓無宋患，陳、蔡、潁、息皆通矣。

卷四 世祖紀一

歲壬子，太宗朝立軍儲所於新衛，以收山東、河北丁糧。帝請于憲宗，設官築五倉於河上，始令民入粟。

歲癸丑，又奏割河東解州鹽池以供軍食，立從宜府於京兆，屯田鳳翔，募民受鹽入粟，轉漕嘉陵。

中統二年，六月庚申，懷孟廣濟渠提舉王允中、大使楊端仁鑿沁河渠成，溉田四百六十餘所。

秋七月辛巳，命西京宣撫司造船備西夏漕運。乙酉，以牛驛雨雪，道途泥濘，改立水驛。

九月丙子，敕今歲田租輸沿河近倉，官爲轉漕，不可勞民。

卷五 世祖紀二

中統三年，八月己丑，郭守敬請開玉泉水以通漕運，廣濟河渠司王允中請開邢、洺等處漳、滏、澧河[一]、達泉以

[一] 標點本注：漳、滏、（澧）〔灃〕河 按澧河在湖南，與邢、洺等處無涉。今注：原作『澧河』不誤，河北任縣有澧水。以下多處不注。

溉民田；　並從之。

十二月辛酉，詔給懷州新民耕牛二百，俾種水田。

中統四年，九月乙酉，立漕運河渠司。

至元元年，二月壬子，修瓊花島。　發北京都元帥阿海所領軍疏雙塔漕渠。

三月辛丑，立漕運司，以王光益爲使。

夏四月戊申，以彰德、洺磁路引漳、滏、洹水灌田，致御河淺澀，鹽運不通，塞分渠以復水勢。

五月乙亥，詔遣唆脱顔、郭守敬行視西夏河渠，俾具圖來上。

十二月戊辰，命選善水者一人，沿黄河計水程達東勝可通漕運，馳驛以聞。

是歲，真定、順天、洺、磁、順德、大名、東平、曹、濮州、泰安、高唐、濟州、博州、德州、濟南、濱、棣、淄、萊、河間大水。

卷六　世祖紀三

至元二年，春正月癸酉，又徙奴懷、忒木帶兒礮手人匠八百名赴中都，造船運糧。

至元三年，五月丙午，浚西夏中興漢延、唐來等渠。

六月丙子，立漕運司。

十一月戊戌，瀕御河立漕倉。

十二月丁亥，鑿金口，導盧溝水以漕西山木石。

至元四年，五月乙未，應州大水。

秋七月丙戌朔，敕自中興路至西京之東勝立水驛十。

十二月乙卯，立遼東路水驛七。

至元五年，八月己丑，亳州大水。

庚子，敕京師瀕河立十倉。

十二月戊寅，以中都、濟南、益都、淄萊、河間、東平、南京、順天、順德、真定、恩州、高唐、濟州、北京等處大水，免今年田租。

至元六年，十二月戊子，築東安渾河堤。

卷七　世祖紀四

至元七年，二月甲戌，築昭應宫於高梁河。

三月丙辰，浚武〔清〕[1]縣御河。

十二月丙申朔，改司農司爲大司農司，添設巡行勸農使、副各四員，以御史中丞孛羅兼大司農卿。

辛酉，以都水監隸大司農司。

至元八年，九月甲戌，太廟殿柱朽壞，監察御史劾都水劉晸監造不敬，晸以憂卒。

---

[1]〔清〕　據《河渠志》補。

至元九年，二月戊申，詔諸路開浚水利。

五月癸亥，敕拔都軍於怯鹿難之地開渠耕田。

六月壬辰，是夜京師大雨，壞牆屋，壓死者衆。

冬十月乙未，築渾河堤。

卷八 世祖紀五

至元十一年，九月癸巳，師次鹽山，距郢州二十里，宋兵十餘萬當郢，夾漢水，城萬勝堡。兩岸戰艦千艘，鐵絙横江，貫大艦數十，遏我舟師不得下。惟黄家灣有溪，經鵶子山入唐港，可達于江，宋又爲壩，築堡其處，駐兵守之，繫舟數百，與壩相依。伯顔督諸軍攻拔之，鑿壩挽舟入溪，出唐港，整列而進。

十二月丙午，伯顔大軍次漢口。宋淮西制置使夏貴，都統高文明、劉儀以戰船萬艘，分據諸隘，都統王達守陽羅堡，(荆)〔京〕湖宣撫朱禩孫以遊擊軍扼中流，師不得進。用千户馬福言，自漢口開壩，引船會淪河口，徑趨沙蕪，遂入大江。

至元十二年，秋七月丁丑，立衛州至楊村水驛五。

十一月丁丑，阿合馬奏立諸路轉運司凡十一所。

是歲，河間霖雨傷稼，凡賑米三千七百四十八石、粟二萬四千二百六十石。

卷九 世祖紀六

至元十三年，春正月甲午，穿濟州漕渠㈠。

秋七月甲寅，以楊村至浮雞泊漕渠迴遠，改從孫家務。

八月己巳，穿武清蒙村漕渠。

九月辛丑，遣廬州屯田軍四千，轉漕重慶。

是歲，東平、濟南、泰安、德州、漣海、清河、平灤、西京西三州以水旱缺食，賑軍民站户米二十二萬五千五百六十石，粟四萬七千七百十二，鈔四千二百八十二錠有奇。

至元十四年，三月癸巳，以行都水監兼行漕運司事。

濟寧路及高麗瀋州水，並免今年田租。

十二月乙亥，冠州及永年縣水，免今年田租。導任河，復民田三千餘頃。

卷一〇 世祖紀七

至元十五年，春正月己亥，賜湖州長興縣金沙泉名爲

㈠ 穿濟州漕渠 該工程是年議而未行，於六年後才開工建設，用一年建成。詳見『至元二十年八月丁未』條。

瑞應泉。金沙泉不常出。唐時用此水造紫筍茶進貢，有司具牲幣祭之，始得水，事訖輒涸。宋末屢加浚治，泉迄不出。至是中書省遣官致祭，一夕水溢，可溉田千畝。安撫司以事聞，故賜今名。

六月甲戌，詔汰江南冗官。罷漕運司，以其事隸行中書省。

十二月丙午，禁玉泉山樵採漁弋。

戊申，導肥河入於酇，淤陂盡爲良田。

是歲，西京奉聖州及彰德等處水旱民饑，賑米八萬八百九十石、粟三萬六千四十石、鈔二萬四千八百八十錠有奇。

至元十六年，五月丙辰，以各道按察司地廣事繁，並勸農官入按察司，增副使、僉事各一員，兼職勸農水利事。

丙子，進封桑幹河洪濟公爲顯應洪濟公。

六月辛丑，以通州水路淺，舟運甚艱，命樞密院發軍五千，仍令食禄諸官雇役千人開浚，以五十日訖工。

冬十月辛巳，敍州、夔府至江陵界立水驛。

卷一一　世祖紀八

至元十七年，春正月辛亥，磁州、永年縣水，給鈔貸之。

戊辰，賜開灤河五衛軍鈔。

二月庚子，發侍衛軍三千浚通州運糧河。

五月甲寅，造船三千艘，敕耽羅發材木給之。

秋七月戊午，用姚演言，開膠東河及收集逃民屯田漣、海。

冬十月己丑，命都實窮黄河源。

辛卯，以漢軍屯田沙、甘。

至元十八年，二月己丑，發肅州等處軍民鑿渠溉田。

敕通政院官渾都與郭漢傑整治水驛，自敍州至荆南凡十九站，增户二千一百、船二百十二艘。福建省左丞蒲壽庚言：『詔造海船二百艘，今成者五十，民實艱苦。』詔止之。

冬十月庚戌，敕以海船百艘，新舊軍及水手合萬人，期以明年正月征海外諸番，仍諭占城郡王給軍食。

十二月癸丑，敕免益都、淄萊、寧海開河夫今年租賦，仍給其傭直。

卷一二　世祖紀九

至元十九年，夏四月庚戌，設懷孟路管河渠使、副各一員。

五月庚辰，議于平灤州造船，發軍民合九千人，令探馬赤伯要帶領之，伐木於山，及取於寺觀墳墓，官酬其直，仍命桑哥遣人督之。

八月辛卯，以阿八赤督運糧。

九月壬申，敕平灤、高麗、耽羅及揚州、隆興、泉州共造大小船三千艘。

冬十月丙申，由大都至中灤，中灤至瓜州，設南北兩漕運司。

丁未，女直六十自請造船運糧赴鬼國贍軍，從之。

庚戌，命遊顯專領江浙行省漕運。

十一月壬申，以勢家爲商賈者阻遏官民船，立沿河巡禁軍，犯者没家。

十二月癸卯，浚濟(川)〔州〕河[一]。

至元二十年，二月乙巳，令隆興行省遣軍護送占城糧船。

五月己卯，用王積翁言，詔江南運糧，于阿八赤新開神山河及海道兩道運之。

六月辛丑，發軍修築堤堰。

秋七月庚午，阿八赤、姚演以開神山橋渠，侵用官鈔二千四百錠，折閲糧米七十三萬石，詔征償，仍議其罪。

八月丁未，濟州新開河成，立都漕運司。

九月丙寅，賞朱雲龍漕運功，授七品總押，仍以幣帛給之。

冬十月壬寅，立東阿至御河水陸驛，以便遞運。

癸卯，中書省臣言：『阿八赤新開河二處，皆有倉，宜造小船分海運。』從之。

十二月辛丑，以海道運糧招討使朱清爲中萬户，賜虎符；張瑄子文虎爲千户，賜金符。徙新附官仕内郡。

卷一三　世祖紀一〇

至元二十一年，二月辛巳，浚揚州漕河。

己亥，罷阿八赤開河之役，以其軍及水手各萬人運海道糧。

夏四月壬午，令軍民同築堤堰，以利五衛屯田。

己亥，涿州巨馬河決，衝突三十餘里。

十一月戊子，命北京宣慰司修灤河道。

十二月乙巳，以丁壯萬人開神山河，立萬户府以總之。

至元二十二年，春正月戊寅，徙屯衛輝新附軍六千家，廪之京師，以完倉廪。發五衛軍及新附軍浚蒙邨漕渠。

二月乙巳，增濟州漕舟三千艘，役夫萬二千人。初，江淮歲漕米百萬石於京師，海運十萬石，膠、萊六十萬石，而濟之所運三十萬石，水淺舟大，恒不能達，更以百石之

[一] 浚濟(川)〔州〕河　據《元史・河渠志二・濟州河》：『十八年十二月，差奥魯赤、劉都水及精算數者一人，給宣差印，往濟州，定開河夫役。』該年有山東開挖濟州河工程，而無濟川河的記載。『川』爲『州』之誤。

舟，舟用四人，故夫數增多。塞渾河堤決，役夫四千人。以應放還五衛軍穿河西務河。舊例，五衛軍十人爲率，七人三人，分爲二番，十月放七人者還，正月復役，正月放三人者還，四月復役，更休息之。

丙午，加封桑乾河神洪濟公爲顯應洪濟公〔一〕。

丙辰，詔罷膠萊所鑿新河，以軍萬人隸江浙行省習水戰。萬人載江淮米泛海，由利津達於京師。

壬戌，增濟州漕運司軍萬二千人。立江西、江淮、湖廣造船提舉司。

夏四月丙午，以征日本船運糧江淮及教軍水戰。

六月庚戌，命女直、水達達造船二百艘及造征日本迎風船。

冬十月丁卯，敕樞密院計膠、萊諸處漕船，高麗、江南諸處所造海舶，括傭江淮民船，備征日本。仍敕習泛海者，募水工至千人者爲千户，百人爲百户。

十一月癸巳，敕漕江淮米百萬石，泛海貯於高麗之合浦，仍令東京及高麗各貯米十萬石，備征日本。

卷一四　世祖紀一一

至元二十三年，春正月甲申，忽都魯言：『所部屯田新軍二百人，鑿河渠於亦集乃之地，役久功大，乞以傍近民、西僧餘户助其力。』從之。

二月乙巳，復立大司農司，專掌農桑。

丁巳，命湖廣行省造征交趾海船三百，期以八月會欽、廉州。

三月己巳，浚治中興路河渠。

甲戌，雄、霸二州及保定諸縣水泛溢，冒官民田，發軍民築河堤禦之。

秋七月庚午，立淮南洪澤、芍陂兩處屯田。

冬十月辛亥，河決開封、祥符、陳留、杞、太康、通許、鄢陵、扶溝、洧川、尉氏、陽武、延津、中牟、原武、睢州十五處，調南京民夫二十萬四千三百二十三人，分築堤防。

十一月乙丑，中書省臣言：『朱清等海道運糧，以四歲計之，總百一萬石，斗斛耗折願如數以償，風浪覆舟請免其征。』從之。遂以昭勇大將軍、沿海招討使張瑄，明威將軍、管軍萬户兼管海道運糧船朱清，並爲海道運糧萬户，仍佩虎符。

丙子，平灤、太原、汴梁水旱爲災，免民租二萬五千六百石有奇。

至元二十四年，春正月戊辰，以修築柳林河堤南軍三千，浚河西務漕渠。

〔一〕此事在『至元十六年五月丙子』條已有加封記載，此處又重記。

卷一五　世祖紀一二

至元二十五年，春正月，日烜復走入海，鎮南王以諸軍追之，不及，引兵還交趾城。命烏馬兒將水兵迎張文虎等糧船，又發兵攻其諸寨，破之。

丙午，杭、蘇二州連歲大水，賑其尤貧者。

己酉，詔中興、西涼無得沮壞河渠，兩淮、兩浙無得沮壞歲課。發海運米十萬石，賑遼陽省軍民之飢者。

二月丁巳，改濟州漕運司爲都漕運司，併領濟之南北漕，京畿都漕運司惟治京畿。

庚申，浚滄州鹽運渠。

丙寅，改河渠提舉司爲轉運司。

己卯，京師水，發官米，下其價糶貧民。

三月辛卯，張文虎糧船遇賊兵船三十艘，文虎擊之，所殺略相當。費拱辰、徐慶以風不得進，皆至瓊州。凡亡士卒二百二十人、船十一艘、糧萬四千三百石有奇。

夏四月癸亥，渾河決，發軍築堤捍之。

戊辰，浚怯烈河，以溉口温腦兒黄土山民田。

甲戌，增立直沽海運米倉。

五月己丑，汴梁大霖雨，河決襄邑，漂麥禾。

丁酉，平江水，免所負酒課。

癸丑，河決汴梁，太康、通許、杞三縣，陳、潁二州皆

辛卯，詔發江淮、江西、湖廣三省蒙古、漢券軍及雲南兵及海外四州黎兵，命海道運糧萬户張文虎等運糧十七萬石，分道以討交趾。

三月乙卯，命都水監開汶、泗水以達京師。汴梁河水泛溢，役夫七千修完故堤。

五月壬寅，用桑哥言，置上海、福州兩萬户府，以維制沙不丁、烏馬兒等海運船。

八月癸酉，亦集乃路屯田總管忽都魯請疏浚管內河渠，從之。

九月辛卯，東京義静、麟、威遠、婆娑等處大霖雨，江水溢，没民田。

己亥，湖廣省臣言：『海南瓊州路安撫使陳仲達、南寧軍總管謝有奎、延欄總管符庇成，以其私船百二十艘、黎兵千七百餘人，助征交趾。』

戊申，咸平、懿州、北京以乃顔叛，民廢耕作，又霜雹爲災，告饑，詔以海運糧五萬石賑之。

十一月庚子，大都路水，賜今年田租十二萬九千一百八十石。

甲寅，命京畿、濟寧漕運司分掌漕事。

十二月丁丑，以朱清、張瑄海漕有勞，遥授宣慰使。

是歲，浙西諸路水，免今年田租十之二。保定、太原、河間、般陽、順德、南京、真定、河南等路霖雨害稼，太原尤甚，屋壞壓死者衆。

被害。

六月壬申，睢陽霖雨，河溢害稼，免其租千六十石有奇。

乙亥，以考城、陳留、通許、杞、太康五縣大水及河溢没民田，蠲其租萬五千二百石。

丁丑，發兵千五百人，詣漢北浚井[一]。

秋七月庚子，膠州連歲大水，民采橡而食，命減價糶米以賑之。霸、漷二州霖雨害稼，免其今年田租。

八月丁丑，嘉祥、魚臺、金鄉三縣霖雨害稼，蠲其租五千石。

九月己丑，獻、莫二州霖雨害稼，免田租八百餘石。

冬十月庚午，桑哥請明年海道漕運江南米須及百萬石。又言：『安山至臨清，爲渠二百六十五里。若開浚之，爲工三百萬，當用鈔三萬錠、米四萬石、鹽五萬斤。其陸運夫萬三千户復罷爲民，其賦入及芻粟之估爲鈔二萬八千錠，費略相當，然渠成亦萬世之利。請以今冬備糧費，來春浚之。』制可。

至元二十六年，春正月己丑，發兵塞沙陀間鐵烈兒河。

壬寅，海船萬户府言：『山東宣慰使樂實所運江南米，陸負至淮安，易閘者七，然後入海，歲止二十萬石。若由江陰入江至直沽倉，民無陸負之苦，且米石省運估八貫有奇。乞罷膠萊海道運糧萬户府，而以漕事責臣，當歲運三十萬石。』詔許之。

二月辛亥朔，浚滄州御河。

丙寅，尚書省臣言：『行泉府所統海船萬五千艘，以新附人駕之，緩急殊不可用。宜招集乃顔及勝納合兒流散户爲軍，自泉州至杭州立海站十五，站置船五艘、水軍二百，專運番夷貢物及商販奇貨，且防禦海道爲便。』從之。

丁卯，紹興大水，免未輸田租。

夏四月庚午，沙河決，發民築堤以障之。

五月庚辰，發武衛親軍千人，浚河西務至通州漕渠。

辛丑，御河溢入會通渠，漂東昌民廬舍。泰安寺屯田大水，免今年歲租。

六月戊申朔，發侍衛軍二千人浚口温腦兒河渠。

丁丑，濟甯、東平、汴梁、濟南、棣州、順德、平灤、真定霖雨害稼，免田租十萬五千七百四十九石。

秋七月戊寅朔，尚珍署屯田大水，从征者給其家。

辛巳，兩淮屯田雨雹害稼，蠲今歲田租。雨壞都城，發兵、民各萬人完之。開安山渠成，河渠官禮部尚書張孔孫、兵部郎中李處選、員外郎馬之貞言：『開魏博之渠，

[一] 標點本注：詣漢北浚井　按『漢北』一名《元史》屢見，『漢北』則無此稱，《蒙史》改『漢』作『漠』，疑是。

通江淮之運，古所未有。』詔賜名會通河，置提舉司，職河渠事。

癸巳，平灤屯田霖雨損稼。

甲午，御河溢。

辛丑，河間大水害稼。

癸卯，沙河溢。鐵燈杆堤決。

八月壬子，霸州大水，民乏食，下其估糴直沽倉米五千石。

辛酉，大都路霖雨害稼，免今歲租賦，仍減價糶諸倉糧。

九月丙戌，罷濟州泗汶漕運使司。

閏十月丁亥，左、右衛屯田新附軍以大水傷稼乏食，發米萬四百石賑之。

丙申，平灤、昌國等屯田霖雨害稼。

冬十月癸酉，平灤水害稼。以平灤、河間、保定等路饑，弛河泊之禁。

閏十月丁亥，左、右衛吞田新附軍，以大水傷稼乏食，發米萬四百石賑之。

丙申，寶坻屯田大水害稼。河南宣慰司請給管內河間、真定等路流民六十日糧，遣還其土，從之。

十一月丁卯，陝西鳳翔屯田大水。

十二月辛巳，平灤大水傷稼，免其租。

卷一六　世祖紀一三

至元二十七年，春正月辛未，無爲路大水，免今年田租。

二月癸巳，晉陵、無錫二縣霖雨害稼，並免其田租。

夏四月辛巳，芍陂屯田以霖雨河溢，害稼二萬二千四百八十畝有奇，免其租。

癸未，罷海道運糧萬户府。改利津海道運糧萬户府爲臨清御河運糧上萬户府。

五月丙辰，發粟賑御河船户。

己巳，江陰大水，免田租萬七百九十石。

庚午，尚珍署廣備等屯大水，免其租。伯要民乏食，命撒的迷失以車五百輛運米千石〔一〕賑之。

六月壬申朔，河溢太康，没民田三十一萬九千八百餘畝，免其租八千九百二十八石。

壬辰，泉州大水。

辛丑，懷孟路武陟縣、汴梁路祥符縣皆大水，蠲田租八千八百二十八石。

〔一〕運米千石　此數似誤，以五百輛車運一千石米，每車只運二石，不合理。

秋七月，終南等屯霖雨害稼万九千六百余畝，免其租。

戊申，江西霖雨，贛、吉、袁、瑞、建昌、撫水皆溢，龍興城幾没。

戊午，凤翔屯田霖雨害稼，免其租。

丁卯，江夏水溢，害稼六千四百七十餘畝，免其租。

魏縣御河溢，害稼五千八百餘畝，免其租百七十五石。

八月辛未朔，沁水溢，害冀氏民田，免其租。

丁丑，廣州清遠大水，免其租。

九月丁未，御河決高唐，没民田，命有司塞之。

丁卯，以所罷陸運夫爲兵，護送會通河上供之物，禁發民挽舟。

冬十月甲戌，立會通汶泗河道提舉司，從四品。

丁丑，尚書省臣言：『江陰、寧國等路大水，民流移者四十五萬八千四百七十八户。』帝曰：『此亦何待上聞，當速賑之！』凡出粟五十八萬二千八百八十九石。

十一月辛丑，廣濟署洪濟屯大水，免租萬三千一百四十一石。

癸亥，河決祥符義唐灣，太康、通許、陳、潁二州大被其患。

乙丑，易水溢，雄、莫、任丘、新安田廬漂没無遺，命有司築堤障之。

至元二十八年，春正月辛酉，罷江淮漕運司，並於海船萬户府，由海道漕運。

二月癸酉，雲南行省言：『敘州、烏蒙水路險惡，舟多破溺，宜自葉稍水站出陸，經中慶，又經鹽井、土老、必撒諸蠻，至敘州慶符，可治爲驛路，凡立五站。』從之。

三月甲寅，常德路水，免田租二萬三千九百石。

五月辛亥，發兵塞晃火兒月連地河渠，修城堡，令蒙古戍兵屯田川中以禦寇。

八月罷泉州至杭州海中水站十五所。

丙子，大名之清河、南樂諸縣霖雨害稼，免田租六千六百六十九石。

戊子，婺州水，免田租四萬一千六百五十石。

九月乙巳，景州、河間等縣霖雨害稼，免田租五萬六千五百九十五石。

壬子，命海船副萬户楊祥、合迷、張文虎並爲都元帥，將兵征琉求。

辛酉，保定、河間、平灤三路大水，被災者全免，收成者半之。

十一月甲辰，罷海道運糧鎮撫司。

十二月乙丑，復都水監，秩從三品。

辛卯，浚運糧壩河，築堤防。

卷一七　世祖紀一四

至元二十九年，春正月己亥，命太史令郭守敬兼領都水監事，仍置都水監少監、丞、經歷、知事凡八員。

二月乙亥，以泉府太卿亦黑迷失、鄧州舊軍萬户史弼、福建行省右丞高興並爲福建行中書省平章政事，將兵征瓜哇，用海船大小五百艘、軍士二萬人。

三月壬子，敕都水監分視黄河堤堰，罷河渡司。

五月丁未，併罷東平路河道提舉司事入都水監。

六月甲子，平江、湖州、常州、鎮江、嘉興、松江、紹興等路水，免至元二十八年田租十八萬四千九百二十八石。

癸未，以征瓜哇，暫禁兩浙、廣東、福建商賈航海者，俟舟師已發後，從其便。

丁亥，湖州、平江、嘉興、鎮江、揚州、寧國、太平七路大水，免田租百二十五萬七千八百八十三石。

閏六月丁酉，岳州華容縣水，免田租四萬九百六十二石。

壬寅，通州造船畢，罷提舉司。

辛亥，河西務水，給米賑饑民。……中書省臣言：『今歲江南海運糧至京師者一百五萬石，至遼陽者十三萬石，比往歲無耗折不足者。』

丙午，用郭守敬言，浚通州至大都漕河十有四，役軍匠二萬人，又鑿六渠灌昌平諸水。

九月丁丑，以平灤路大水且霜，免田租二萬四千四十一石。

冬十月戊子朔，詔浚浙西河道，導水入海。

壬寅，從朱清、張瑄請，授高德誠管領海船萬户，佩雙珠虎符，復以殷實、陶大明副之，令將出征水手。

十一月庚申，岳州華容縣水，發米二千一百二十五石賑饑民。

十二月丁巳，敕都水監修治保定府沙塘河堤堰。

至元三十年，二月己丑，減河南、江浙海運米四十萬石。

辛亥，詔沿海置水驛，自耽羅至鴨淥江口凡十一所，令洪君祥董之。

三月庚申，以同知樞密院事劄散知樞密院事，以平章政事范文虎董疏漕河之役。

己巳，立行大司農司。洪澤、芍陂屯田舊委四處萬户，詔存其二，立民屯二十。

五月丙寅，詔以浙西大水冒田爲災，令富家募佃人疏決水道。

甲申，真定路深州静安縣大水，民饑，發義倉糧二千五百七十四石賑之。

六月己酉，詔浚太湖。

秋七月丁丑，賜新開漕河名曰通惠。

冬十月癸未朔，賜冠城疏河董役軍官衣各一襲；戊子，詔修汴堤。

戊申，以段貞董開河、修倉之役，加平章政事。

辛亥，平灤水，免田租萬一千九百七十七石。

卷一八　成宗紀一

至元三十一年，五月，是月密州（路）[一]諸城縣、大都路武清縣雹，峽州路大水。

八月己丑，以大都留守段貞、平章政事范文虎監浚通惠河，給二品銀印。令軍士復浚浙西太湖，澱山湖溝港，立新河運糧千户所。

冬十月乙未，朱清、張瑄從海道歲運糧百萬石，以京畿所儲充足，詔止運三十萬石。

元貞元年，五月辛巳，罷行大司農司。

丙申，詔以農桑水利諭中外。

閏四月，是月蘭州上下三百里河清三日。

六月戊申，濟南路之暦城縣大清河水溢，壞民居。

乙卯，江西行省所轄郡大水無禾，民乏食，令有司與廉訪司官賑之，仍弛江河湖泊之禁，聽民採取。

秋七月壬寅，大都、遼東、東平、常德、湖州武衛屯田大水。

九月甲午，平江、廬州等路大水。

十二月甲子，減海運脚價鈔一貫，計每石六貫五百文，著爲令。

卷一九　成宗紀二

元貞二年，春正月辛卯，令月赤察而也可怯薛及合剌赤所部衛士自運軍糧，給其行費。

秋七月癸酉，詔茶鹽轉運司、印鈔提舉司、運糧漕運司官，仍舊以三年爲代。

壬午，河泊官歲入五百錠者敕授。

八月，是月河決河南杞、封丘、祥符、寧陵、襄邑五縣。

十一月辛未，以洪澤、芍陂屯田軍萬人修大都城。

增海運明年糧爲六十萬石。

大德元年，五月丙寅，河決汴梁，發民三萬餘人塞之。

庚寅，漳河溢，損民禾稼。

六月，是月，和州歷陽縣江漲，漂没廬舍萬八千五百餘家。以糧四千餘石賑廣平路饑民，萬五千石賑江西被水之家。

秋七月丁亥，河決杞縣蒲口。郴州路、耒陽州、衡州之酃縣大水山崩，溺死三百餘人。

九月己丑，增海漕爲六十五萬石。澧州、常德、饒

[一] 標點本注：　按《元史》卷八五《地理志》『密州隸益都路』，此『路』字衍，今删。

州、臨江等路，温之平陽、里安二州大水。……並以糧給之。

冬十月戊午，廬州路無爲州江潮泛溢，漂没廬舍。詔州、南雄、建德、温州皆大水，並賑之。

十一月丁丑，以河南行省經用不足，命江浙行省運米二十萬石給之。

大德二年，二月乙丑，立浙西都水庸田司，專主水利。

三月丁亥朔，罷大名路故河堤堰歲入隆福宮租鈔七百五十錠。

五月壬辰，淮西諸郡饑，漕江西米二十萬石以備賑貸。

六月庚申，禁權豪、斡脱括大都漕河舟楫。

秋七月癸巳，汴梁等處大雨，河決壞堤防，漂没歸德數縣禾稼、廬舍，免其田租一年。遣尚書那懷、御史劉賡等塞之，自蒲口首事，凡築九十六所。

冬十月甲寅朔，增海漕米爲七十萬石。

卷二〇　成宗紀三

大德三年，夏四月辛未，自通州至兩淮漕河，置巡防捕盗司凡十九所。

十一月庚辰，置浙西平江湖渠閘堰凡七十八所。

丁酉，浚太湖及澱山湖。

大德四年，春正月癸卯，復淮東漕渠。

大德五年，六月乙亥，平江等十有四路大水，以糧二十萬石隨各處時直賑糶。

秋七月戊戌朔，晝晦，暴風起東北，雨雹兼發，江湖泛溢，東起通、泰、崇明，西盡真州，民被災死者不可勝計，以米八萬七千余石賑之。

乙巳，遼陽省大寧路水，以糧千石賑之。

癸丑，浙西積雨泛溢，大傷民田，詔役民夫二千人疏導河道，俾復其故。

八月己巳，平灤路霖雨，灤、漆、淝、汝河溢，民死者衆，免其今年田租，仍賑粟三萬石。

冬十月丙(辰)寅朔，以畿内歲饑，增明年海運糧爲百二十萬石。

大德六年，春正月庚戌，海道漕運船，令探馬赤軍與江南水手相參教習，以防海寇。江南僧石祖進告朱清、張瑄不法十事，命御史台詰問之。

乙卯，築渾河堤長八十里，仍禁豪家毋侵舊河，令屯田軍及民耕種。

夏四月乙亥，浚永清縣南河。

庚辰，上都大水民饑，減價糶糧萬石賑之。

戊子，修盧溝上流石徑山河堤。

六月甲申，廣平路大水。

卷二一　成宗紀四

大德七年，二月壬午，罷江南都水庸田司。

五月甲寅，濬上都灤河。

六月乙巳，命甘肅行省修阿合潭、曲尤壕以通漕運。

冬十月戊子，以江浙年穀不登，減海運糧四十萬石。

十一月甲寅朔，併海道運糧萬户府爲海道都漕運萬户府，給印二。

大德八年，春正月辛巳，自滎澤至睢州，築河防十有八所，給其夫鈔，人十貫。

五月，中書省臣言：『吴江、松江實海口故道，潮水久淤，凡湮塞良田百有餘里，况海運亦由是而出，宜於租户役萬五千人濬治，歲免租人十五石，仍設行都水監以董其程。』從之。

是月，大名之濬、滑，德州之齊河霖雨，汴梁之祥符、太康，衛輝之獲嘉，太原之陽武河溢[一]。癸酉，潮州颶風起，海溢，漂民廬舍，溺死者衆，給其被災户糧兩月。

十一月壬申，增海漕米爲百七十萬石。

大德九年，二月丙午，以歸德頻歲被水民饑，給糧兩月。

六月甲午，潼川霖雨，江溢，漂没民居，溺死者衆，敕有司給糧一月，免其田租。以瓊州屢經叛寇，隆興、撫州、臨江等路水，汴梁霖雨爲災，並給一月糧。

秋七月丁卯，沔陽之玉沙江溢，陳州之西華河溢，嶧州水，賑米四千石。

八月，是月歸德、陳州河溢，大名大水。

冬十月丁丑朔[二]，升都水監正三品。

大德十年，春正月丙午，濬吴松江等處漕河。四川行省臣言：『所在驛傳，舊制以各路達魯花赤兼督，今沿江水驛迂遠，宜令所隸州縣官統治之。』從之。

庚戌，浚真、揚等州漕河，令鹽商每引輸鈔二貫，以爲傭工之費。

壬戌，發河南民十萬築河防。

二月辛亥，升行都水監爲正三品。

三月乙未，道州營道等處暴雨，江溢山裂，漂蕩民廬，溺死者衆，復其田租。

夏四月，是月贛縣暴雨水溢，賑糧有差。

秋七月辛巳，平江大風，海溢漂民廬舍。

冬十月丁卯，吴江州大水，民乏食，發米萬石賑之。

[一] 標點本注：太原之陽武　按太原路無陽武縣，陽武隸汴梁路，疑此處『陽武』爲『陽曲』之誤。

[二] 標點本注：冬十月丁丑朔　《考異》云『當作甲戌朔』。按丁丑爲初四日，此處史文有誤。

卷二二　武宗紀一

大德十一年，九月丙子，江浙饑，中書省臣言：『請令本省官租，於九月先輸三分之一，以備賑給。又兩淮漕河淤澀，官議疏浚，鹽一引帶收鈔二貫爲傭費，計鈔二萬八千錠，今河流已通，宜移以賑饑民。……』制可。

秋七月癸酉，江浙水，民饑，詔賑糧三月，酒醋、門攤、課程悉免一年。

九月丙子，江浙饑，中書省臣言：『請令本省官租，於九月先輸三分之一，以備賑給。又兩淮漕河淤塞，官議疏浚，鹽一引帶收鈔二貫爲傭費，計鈔二萬八千錠。今河流已通，宜移以賑饑民。』

十月丙辰，中書省奏：『常歲海漕糧百四十五萬石，今江浙歲儉，不能如數，請仍舊例，湖廣、江西各輸五十萬石，並由海道達京師。』從之。

十一月庚午，盧龍、灤河[一]，遷安、昌黎、撫甯等縣水，民饑，給鈔千錠以賑之。

至大元年，春正月丙寅，從江浙行省請，罷行都水監，以其事隸有司。

五月甲申，立大同侍衛親軍都指揮使司，以丞相赤因鐵木兒爲使，摘通惠河漕卒九百餘人隸之，漕事如故。

秋七月辛卯，濟寧大水入城，詔遣官以鈔五千錠賑之。

己巳，真定淫雨，水溢，入自南門，下及藁城，溺死者百七十七人，發米萬七百石賑之。

八月戊申，寧夏立河渠司，秩五品，官二員，參以一僧爲之。

九月丙辰〔朔〕，中書省臣言：『夏秋之間，鞏昌地震，歸德暴風雨，泰安、濟寧、真定大水，廬舍蕩析，人畜俱被其災。浙江饑荒之餘，疫癘大作，死者相枕籍。父賣其子，夫鬻其妻，哭聲震野，有不忍聞。』

冬十月癸卯，中書省臣請以湖廣米十萬石貯於揚州，江西、江浙海漕三十萬石，內分五萬石貯朱汪、利津二倉，以濟山東饑民，從之。

卷二三　武宗紀二

至大二年，夏四月癸亥，摘漢軍五千，給田十萬頃，於直沽沿海口屯種，又益以康里軍二千，立鎮守海口屯儲親軍都指揮使司。

秋七月癸未，河決歸德府境。

[一] 標點本注：盧龍、灤河　按元無『灤河』縣，此處史有誤。今注：應指盧龍縣境灤河，『盧龍』二字後的標點應刪。

己亥，河決汴梁之封丘。

十一月庚辰朔，以徐、邳連年大水，百姓流離，悉免今歲差税。

辛丑，尚書省臣言：『臣等竊計，國之糧儲，歲費浸廣，而所入不足。今歲江南頗熟，欲遣使和糴，恐米價暴增，請以至大鈔二千錠分之江浙、河南、江西、湖廣四省，於來歲諸色應支糧者，視時直予以鈔，可得百萬，不給則聽以各省錢足之。』制可。

至大三年，二月己未，浚會通河，給鈔四千八百錠、糧二萬一千石以募民，命河南省平章政事塔失海牙董其役。

六月，是月，襄陽、峽州路、荆門州大水，山崩，壞官廨民居二萬一千八百二十九間，死者三千四百六十六人。汝州大水，死者九十二人。六安州大水，死者五十二人。沂州、莒州、兖州諸縣水没民田。

秋七月丙戌，循州大水，漂廬舍二百四十四間，死者四十三人，發米賑之。

己亥，禁權要商販挾聖旨、懿旨、令旨阻礙會通河民船者。

冬十月壬申，江浙省臣言：『曩者朱清、張瑄海漕米歲四五十萬至百十萬。時船多糧少，顧直均平。比歲賦斂横出，漕户困乏，逃亡者有之。今歲運三百萬，漕舟不足，遣人於浙東、福建等處和顧，百姓騷動。本省左丞沙不丁，言其弟合八失及馬合謀但的、澉浦楊家等皆有舟，且深知漕事，乞以爲海道運糧都漕萬户府官，各以己力輸運官糧，萬户、千户並如軍官例承襲，寬恤漕户，增給顧直，庶有成效。』尚書省以聞，請以馬合謀但的爲遥授右丞、海外諸蕃宣慰使、都元帥、領海道運糧都漕運萬户府事，設千户所十，每所設達魯花赤一、千户三、副千户二、百户四。制可。

十一月戊子，以朱清子虎、張瑄子文龍往治海漕，以所籍宅一區、田百頃給之。

卷二四　仁宗紀一

至大四年，秋七月丁丑，鞏昌寧遠縣暴雨，山土流湧。

是月，江陵屬縣水，民死者衆；太原、河間、真定、順德、彰德、大名、廣平等路，德、濮、恩、通等州霖雨傷稼，大寧等路隕霜，敕有司賑恤。

九月壬子，都水監卿木八剌沙傳旨，給驛往取杭州所造龍舟，省臣諫曰：『陛下踐祚，詔告天下，凡非宣索，毋得擅進。誠取此舟，有乖前詔。』詔止之。

冬十月戊子，省海道運糧萬户爲六員，千户爲七所。

十二月甲申，浙西水災，免漕江浙糧四分之一，存留賑濟；命江西、湖廣補運，輸京師。

皇慶元年，二月壬申，以霸州文安縣屯田水患，遣官疏決之。

夏四月丁卯，以都水監隸大司農寺。

八月辛卯，寧國路涇縣水，賑糧二月。

九月丁酉，增江浙海漕糧二十萬石。

十二月庚辰，省海道運糧萬户一員，增副萬户爲四員。

皇慶二年，五月辛丑，辰州水，賑以米、鈔，仍禁釀酒。

六月甲申，河決陳、亳、睢州、開封、陳留縣，没民田廬。

八月戊午朔，揚州路崇明州大風，海潮泛溢，漂没民居。

十二月甲申，詔飭海道漕運萬户府。

卷二五　仁宗紀二

延祐元年，五月庚辰，武陵縣霖雨，水溢，溺死居民，漂没廬舍禾稼，潭州、漢陽、思州民饑，併發粟減價糶賑之。

六月壬辰，發軍增墾河南芍陂等處屯田。

秋七月乙亥，武清縣渾河堤決，淹没民田，發廩賑之。

九月己巳，肇慶、武昌、建德、建康、南康、江州、袁州、建昌、贛州、杭州、撫州、安豐等路水，發粟減價賑糶。

十二月壬午，汴梁、南陽、歸德、汝寧、淮安水，敕禁釀酒，量加賑恤。

庚子，遣官浚楊州、淮安等處運河。

延祐二年，春正月丙寅，霖雨壞渾河堤堰，没民田，發卒補之。　發卒浚瀏州漕河。

六月戊戌，河決鄭州。

秋七月，是月畿内大雨，瀏州、昌平、香河、寶坻等縣水，没民田廬；　潭州、(金)〔全州〕[一]、永州路、茶陵州霖雨，江漲，没田稼，出米減價賑糶。

延祐三年，春正月丙午，增置……都水太監二員。

二月丁丑，調海口屯儲漢軍千人，隸臨清運糧萬户府，以供轉漕，給鈔二千錠。

五月丁酉，河決汴梁，没民居，……併發糧賑之。

卷二六　仁宗紀三

延祐四年，二月丙寅，曹州水，免今年租。

九月壬辰，詔戒飭海漕，諭諸司毋得沮擾。

十一月己卯，復浚揚州運河。

己酉，盧溝橋、澤畔店、琉璃河並置巡檢司。

延祐五年，夏四月庚戌，遼陽饑，海漕糧十萬石於義、錦州，以賑貧民。

[一] 標點本注：(金)〔全州〕，據《元史》卷五〇《五行志》改。

十一月壬戌，山後民饑，增海漕四十萬石。

十二月辛亥，置重慶路江津、巴縣等處屯田，省成都歲漕萬二千石。

延祐六年，六月丁丑[一]，以濟甯等路水，遣官閱視其民，乏食者賑之，仍禁酒，開河泊禁，聽民採食。汴梁、益都、般陽、濟南、東昌、東平、濟寧、泰安、高唐、濮州、淮安諸處大水。

秋七月乙亥，通州、漷州增置三倉。

九月戊戌，增海漕十萬石。

癸卯，浚鎮江練湖。

十月己卯，浚通惠河。濟南濱、棣州、章丘等縣水，免其田租。

十一月庚子，增京畿漕運司同知、副使各一員，給分司印。

卷二七　英宗紀一

延祐七年，夏四月乙卯，復國子監、都水監，秩正三品。

己未，命平章政事王毅等征理在京諸倉庫糧帛虧額。

戊辰，海運至直沽，調兵千人防戍。

五月辛巳，汝寧府霖雨傷麥禾，發粟五千石賑糶之。

秋七月甲申，調左右翊軍赴北邊浚井。

九月癸巳，瀋陽水旱害稼，弛其山場河泊之禁。

是歲，河決汴梁原武，浸灌諸縣；滹沱決文安、大(成)〔城〕等縣[二]；渾河溢，壞民田廬。秦州成紀縣暴雨，山崩，朽壤墳起，覆没畜産。大同雨雹，大如雞卵。

至治元年，春正月壬午，增置漷州都漕運司同知、運判各一員。

三月丁丑，發民丁疏小直沽白河。

五月辛卯，海漕糧至直沽，遣使祀海神天妃。

六月己未，滁州霖雨傷稼，蠲其租。

己巳，通济屯霖雨傷稼。霸州大水，渾河溢，被災者二萬三千三百户。

秋七月壬申〔朔〕，遼陽、開元等路及順(州)〔德〕邢臺等縣[三]大水。

戊寅，通州潞縣榆棣水決。

庚辰，滹沱河及范陽縣巨馬河溢。

乙酉，大雨，渾河防決。

[一] 標點本注：丁丑　按是月甲申朔，无丁丑日。疑七月丁丑二十四日误书於此。

[二] 標點本注：（成）〔城〕　據《元史》卷五八《地理志》改。

[三] 標點本作『及順州、邢臺等縣』。順州在大都（今北京），無邢臺縣，據《元史・地理志》順德路下轄邢臺縣，據改。

己亥，蒲陰縣大水。

庚子，薊州平谷、漁陽等縣大水。

八月壬寅〔朔〕，安陸府水，壞民廬舍。

甲辰，高郵興化縣水，免其租。

壬戌，淮安路鹽城、山陽縣水，免其租。雷州路海康、遂溪二縣海水溢，壞民田四千餘頃，免其租。

九月庚子，安陸府漢水溢，壞民田，賑之。

冬十月壬子，以內郡水罷不急工役。

己未，肇慶路水，賑之。

十二月甲寅，疏玉泉河。

己未，真定、保定、大名、順德等路水，民饑，禁釀酒。

卷二八　英宗紀二

至治二年，春正月辛巳，儀封縣河溢傷稼，賑之。

五月己巳，修滹沱河堤。

閏月癸卯，睢陽縣亳社屯大水，饑，賑之。

乙巳，以淮安路去歲大水，……並免其租。

壬戌，安豐屬縣霖雨傷稼，免其租。

六月丙子，修渾河堤。

壬午，辰州江水溢，壞民廬舍。

丁亥，奉元屬縣水，……並免其租。

庚寅，建德路水，皆賑之。

秋七月戊戌，淮安路水，民饑，免其租。

甲子，南康路大水，廬州六安縣大雨，水暴至，平地深數尺，民飢，命有司賑糧一月。

八月己卯，廬州路六安、舒城縣水，賑之。

九月戊戌，大寧路水達達等驛水傷稼，賑之。

冬十月丁卯，太史院請禁明年興作土功，從之。

十一月丙午，造龍船三艘。

辛酉，平江路水，損官民田四萬九千六百三十頃，免其租。

十二月甲子朔，南康建昌州大水，山崩，死者四十七人，民饑，命賑之。

至治三年，二月己巳，修（廣）〔通〕惠河牐十有九所[一]。

戊午，海漕糧至直沽，遣使祀海神天妃。

夏四月己巳，浚金水河。

五月丙辰，東安州水，壞民田千五百六十頃。

戊午，真定路武邑縣雨水害稼。

六月乙酉，易、安、滄、莫、霸、祁諸州及諸衛屯田水，壞田六千餘頃。

秋七月己酉，減海道歲運糧二十萬石，並免江淮增

[一] 標點本注：（廣）〔通〕 據《元史》卷六四《河渠志》改。

科糧。

丙辰，漷州雨，水害屯田稼。

至治三年，十二月壬戌，浚鎮江路漕河及練湖，役丁萬三千五百人。

是歲，夏，諸衛屯田及大都、河間、保定、濟南、濟寧五路屬縣，霖雨傷稼。

卷二九　泰定帝一

泰定元年，夏四月甲子，發兵民築渾河堤。

五月癸丑，龍慶、延安、吉安、杭州、大都諸路屬縣水，民饑，賑糧有差。

六月己卯，大都，真定晉州、深州，奉元諸路及甘肅河渠營田等處，雨傷稼，賑糧二月。大司農屯田、諸衛屯田、彰德、汴梁等路雨傷稼。大同渾源河，真定滹沱河，陝西渭水、黑水，渠州江水皆溢，並漂民廬舍。

秋七月戊申，奉元路朝邑縣、曹州楚丘縣、大名路開州濮陽縣河溢，大都路固安州清河溢，順德路任縣沙、澧、洺水溢〔一〕，真定、广平、庐州等十一郡伤稼，龍慶州雨雹大如雞子，平地深三尺，定州屯河溢、山崩，免河渠營田租。

八月丁丑，罷浚玉泉山河役。

癸未，秦州成紀縣大雨，山崩，水溢，壅土至來谷河成丘阜。汴梁、濟南屬縣雨水傷稼，賑之。

九月癸丑，奉元路長安縣大雨，灃水溢；延安路洛水溢。濮州館陶縣及諸衛屯田水，建昌、绍兴二路饑，賑糧有差。

冬十月壬申，真州珠金沙河，松江府、吴江州諸河淤塞，詔所在有司傭民丁浚之。

十二月癸亥，鹽官州海水溢，屢壞堤障，侵城郭，遣使祀海神，仍與有司視形勢所便，還請疊石爲塘，詔曰：『築塘是重勞吾民也，其增石囤扞禦，庶天其相之。』

乙亥，温州路樂清縣鹽場水，民饑，發義倉粟賑之。

泰定二年，春正月，閏月己巳，修滹沱河堰。

兩浙及江東諸郡水、旱，壞田六萬四千三百餘頃。

壬申，罷松江都水庸田使司，命州縣正官領之，仍加兼知渠堰事。

己卯，雄州歸信諸縣大雨，河溢，被災者萬一千六百五十户，賑鈔三萬錠。南賓州、棣州等處水，民饑，賑糧二萬石，死者給鈔以葬。

二月庚子，姚煒以河水屢決，請立行都水監於汴梁，仿古法備捍，仍命瀕河州縣正官皆兼知河防事，從之。

三月癸丑，修曹州濟陰縣河堤，役民丁一萬八千五

〔一〕沙、澧、洺水溢　標點本注：『澧』爲『灃』字之誤。不確。查邢臺任縣有澧河，没有灃河，《寰宇通志》記載的亦應該是澧河。今地圖仍然可查。以下不注。

百人。

辛酉，咸平府清河、寇河合流，失故道，壞堤堰，敕蒙古軍千人及民丁修之。

夏四月戊申，鞏昌路伏羌縣大雨，山崩。

五月丙子，浙西諸郡霖雨，江湖水溢，命江浙行省及都水庸田司興役疏洩之。 大都路檀州大水，平地深丈有五尺，汴梁路十五縣河溢，江陵路江溢，……賑糶米三十二萬五千餘石。

六月丁未，立都水庸田使司，浚吳、松二江。 通州三河縣大雨，水丈餘，潼川府綿江、中江水溢入城郭。 冀寧路汾河溢。

秋七月辛未，立河南行都水監。

壬申，睢州河決。

八月辛丑，衛輝路汲縣河溢。

九月己酉，海運江南糧百七十萬石至京師。

丁丑，浚河間陳玉帶河。 开元路三河溢。

十一月壬申，京師饑，賑糶米四十萬石。 常德路水，民饑，賑糧萬一千六百石。

是歲，御河水溢。

卷三〇 泰定帝二

泰定三年，春正月壬子，置都水庸田司於松江，掌江南河渠水利。

戊辰，恩州水，以糧賑之。

二月甲辰，歸德府屬縣河決，民饑，賑糧五萬六千石。

四月壬寅，修夏津、武〔城〕河堤三十三所(一)，役丁萬七千五百人。

六月己亥，大同屬縣大水，萊蕪等處冶户饑，賑鈔三萬錠。 大昌屯河決，大寧、廬州、德安、梧州、中慶諸路屬縣水旱，並蠲其租。

秋七月庚申，河決鄭州、陽武縣，漂民萬六千五百餘家，賑之。……大同渾源河溢。 檀、順等州兩河決，温榆水溢。

八月戊寅，修澄清石閘。

辛丑，鹽官州大風，海溢，壞堤防三十餘里，遣使祭海神，不止，徙居民千二百五十家。 揚州、崇明州大風雨，海水溢，溺死者給棺斂之。

九月戊辰，汾州平遥縣汾水溢。

冬十月辛未朔，發卒四千治通州道，給鈔千六百錠。

癸酉，河水溢，汴梁路樂利堤壞，役丁夫六萬四千人築之。

庚子，瀋陽、遼陽、大寧等路及金、復州水，民饑，賑鈔

(一) 標點本注：修夏津、武〔城〕河堤 據《元史》卷五八《地理志》補。

五萬錠。

十一月永平路大水，免其租，仍賑糧四月。錦州水溢，壞田千頃，漂死者百人，人給鈔一錠。崇明州海溢，漂民舍五百家，賑糧一月，給死者鈔二十貫。

十二月己亥，亳州河溢，漂民舍八百餘家，壞田二千三百頃，免其租。大寧路大水，壞田五千五百頃，漂民舍八百餘家，溺死者人給鈔一錠。

泰定四年，春正月庚申，鹽官州海水溢，壞捍海堤二千余步。

丁卯，浚會通河，築漷州護倉堤，役丁夫三萬人。大寧路水，給溺死者人鈔一錠。

三月壬戌，渾河決，發軍民萬人塞之。

夏四月癸未，鹽官州海水溢，侵地十九里，命都水少監張仲仁，及行省官發工匠二萬余人，以竹落、木柵實石塞之，不止。

五月癸卯，以鹽官州海溢，命天師張嗣成修醮禳之。

丁卯，睢州河溢。

六月乙未，汴梁路河決。

秋七月丙寅，塞保安鎮渠，役民丁六千人。

是月，雲州黑河水溢。衢州大雨水，發廩賑饑者，給漂死者棺。遼陽遼河、老撒加河溢，右衛率部饑，並賑之。

八月癸酉，滹沱河水溢，發丁浚治河以殺其勢。庚辰，運粟十萬石貯瀕河諸倉，備內郡饑。

癸巳，發衛軍八千，修白浮甕山河堤〔一〕。

是月，揚州路崇明州、海門縣海水溢，汴梁路扶溝、蘭陽縣河溢，没民田廬，並賑之。

冬十月辛亥，監察御史亦怯列台卜答言，都水庸田使司擾民，請罷之。

癸丑，江浙行省左丞相脱歡答剌罕、平章政事高昉，以海溢病民，請解職，不允。

壬戌，大都路諸州縣霖雨，水溢，壞民田廬，賑糧二十四萬九千石。

是歲，汴梁諸屬縣霖雨，河決。揚州路通州、崇明州大風，海溢。

致和元年，二月癸亥，解州鹽池黑龍堰壞，調番休鹽丁修之。

三月甲申，遣户部尚書李家奴往鹽官祀海神，仍集議修海岸。

丙戌，詔帝師命僧修佛事於鹽官州，仍造浮屠二百一十六，以厭海溢。

夏四月壬寅，李家奴以作石囤捍海議聞。

是月，靈州、浚州大雨雹。廣寧路大水，崇明州大風，

〔一〕修白浮甕山河堤　標點本在『白浮』後加頓號斷開，實際白浮甕山是引水渠的名稱，不可以加頓號。

海溢。

卷三二　文宗紀一

致和元年，九月戊辰，命海道萬户府來年運米三百一十萬石。

是歲，杭州、嘉興、平江、湖州、鎮江、建德、池州、太平、廣德等路水，没民田萬四千餘頃。

卷三三　文宗紀二

天曆二年，夏四月壬辰，浚漷州漕運河。

六月壬子，海運糧至京師，凡百四十萬九千一百三十石。

秋七月丁巳，宗仁衛屯田大水，壞田二百六十頃。

是月，淮東諸路、歸德府徐、邳二州大水。

戊午，大都之東安、薊州、永清、益津、潞縣，春夏旱，麥苗枯。六月壬子雨，至是日乃止，皆水災。

八月乙巳，發諸衛軍浚通惠河。

九月甲戌，命江浙行省明年漕運糧二百八十萬石赴京師。

冬十月辛卯，申飭海道轉漕之禁。

丙申，命江西、湖廣分漕米四十萬石，以紓江浙民力。

己亥，申飭都水監河防之禁。

卷三四　文宗紀三

至順元年，春正月辛巳，加封秦蜀郡太守李冰爲聖德廣裕英惠王，其子二郎神爲英烈昭惠靈顯仁祐王。

二月乙未，中書省言：『江浙民饑，今歲海運爲米二百萬石，其不足者來歲補運。』從之。

五月，是月右衛左右手屯田大水，害禾稼八百餘頃。

六月丙申，黄河溢，大名路之屬縣没民田五百八十餘頃。

秋七月乙丑，調諸衛卒築漷州柳林海子堤堰。

丙子，海潮溢，漂没河間運司鹽二萬六千七百餘引。

閏七月戊申，大都、(太)〔大〕寧、保定、益都諸屬縣及京畿諸衛、大司農諸屯水，没田八十餘頃。杭州、常州、慶元、紹興、鎮江、寧國諸路及常德、安慶、池州、荆門諸屬縣皆水，没民田一萬三千五百八十餘頃。松江、平江、嘉興、湖州等路水，漂民廬，没民田三萬六千六百余頃，饑民四十萬五千五百七十餘户，詔江浙行省以入粟補官鈔三千錠及勸率富人出粟十萬石賑之。

九月庚辰，江浙行省言：『今歲夏秋霖雨大水，没民田甚多，税糧不滿舊額，明年海運本省止可二百萬石，餘數令他省補運爲便。』從之。

丁未，遼陽行省水達達路，自去夏霖雨，黑龍、宋瓦二江水溢，民無魚爲食。

卷三五　文宗紀四

至順二年，夏四月壬戌，潞州潞城縣大水。

甲子，陝西行省言終南屯田去年大水，損禾稼四十餘頃，詔蠲其租。

五月丁丑，調衛兵浚金水河。

甲辰，詔通政院整治内外水陸驛傳。寧夏、紹慶、保定、德安、河間諸路屬縣大水。

六月庚午，以揚州泰興、江都二縣去歲雨害稼，免今年租。

是月，彰德路臨漳縣漳水決。

七月戊戌，高郵府去歲水災，免今年租。湖州安吉縣大水暴漲，漂死百九十人，人給鈔二十貫瘞之，存者賑糧二月。

八月丁巳，中書省臣言：『明年海運糧二百四十萬石，已令江浙運二百二十萬，河南二十萬。今請令江浙復增二十萬，本省参政杜貞督領。』從之。

是月，江浙諸路水潦害稼，計田十八萬八千七百三十八頃。景州自六月至是月不雨。澧州、泗州等縣去年水，免今年租。

九月己卯，湖州安吉縣久雨，太湖溢，漂民居二千八百九十户，溺死男女百五十七人，命江浙行省賑恤之。

冬十月丁巳，中書省臣言：『江浙平江、湖州等路水傷稼，明年海漕米二百六十萬石，恐不足，若令運百九十萬，而命河南發三十萬，江西發十萬爲宜。又，遣官齎鈔十萬錠、鹽引三萬五千道，於通、漷、陵、滄四州，優價和糴米三十萬石。又，以鈔二萬五千錠、鹽引萬五千道，於通、漷二州，和糴粟豆十五萬石；以鈔三十萬錠，往遼陽懿、（绵）〔錦〕二州，和糴粟豆十萬石。』並從之。

辛酉，吴江州大風雨，太湖溢，漂没廬舍孳畜千九百七十家，命江浙行省給鈔千五百錠賑之。

卷三六　文宗紀五

至順三年，春正月己卯，時享太廟。罷諸建造工役，惟城郭、河渠、橋道、倉庫勿禁。

癸未，江西行省言：梅州頻年水旱，民大饑，命發粟七百石以賑糴。

己亥，山南道廉訪副使禿堅董阿劾：『……又，副使驢駒，以修治沿江堤岸，縱家奴掊斂民財。二人罪雖遇赦，宜從黜退。』御史台臣以聞，從之。

三月庚午朔，燕鐵木兒言：『平江、松江澱山湖圩田方五百頃有奇，當入官糧七千七百石，其總田者死，頗爲人占耕。今臣願增糧爲萬石入官，令人佃種，以所得餘米贍臣弟撒敦。』從之。洛水溢。

乙未，以帝師泛舟於西山高梁河，調衛士三百挽舟。

五月丁酉，汴梁之睢州、陳州、開封、（之）蘭陽、封丘諸縣河水溢。[一]滹沱河决，没河間、清州等處屯田四十三頃。

八月丁未，海道漕運糧六十九萬余石至京師。

卷三七 寧宗紀

至順三年，八月，是月江水又溢。高郵府之寶應、興化二縣，德安府之雲夢、應城二縣大雨水。

九月，是月益都路之莒、沂二州，泰安州之奉符縣，濟寧路之魚台、豐縣，曹州之楚丘縣，平江、常州、鎮江三路，松江府江陰州，中興路之江陵縣，皆大水。

十月辛亥，以江浙歲比不登，其海運糧不及數，俟來歲補運。

丙寅，楚丘縣河堤壞，發民丁二千三百五十人修之。

卷三八 順帝紀一

至順四年，六月，是月大霖雨，京畿水，平地丈餘，飢民四十餘萬，詔以鈔四萬錠賑之。涇河溢，關中水災。黄河大溢，河南水災。

、秋七月，霖雨。潮州路水。

元統二年，春正月辛卯，東平須城縣、濟寧濟州、曹州濟陰縣水災，民饑，詔以鈔六萬錠賑之。

二月，是月灤河、漆河溢，永平諸縣水災，賑鈔五千錠。瑞州路水，賑米一萬石。

三月庚子，杭州、鎮江、嘉興、常州、松江、江陰水旱災疾疫，敕有司發義倉糧，賑饑民五十七萬二千户。

是月，山東霖雨，水湧，民饑，賑糶米二萬二千石。

五月，是月中書省臣言：『江浙大饑，以户計者五十九萬五百六十四，請發米六萬七百石、鈔二千八百錠，及募富人出粟，發常平、義倉賑之，並存海運糧七十八萬三百七十石以備不虞。』從之。

六月戊午，淮河漲，淮安路山陽縣滿浦、清岡等處民畜房舍多漂溺。

丙寅，宣德府水災，出鈔二千錠賑之。

九月壬子，吉安路水災，民饑，發糧二萬石賑糶。

至元元年，三月壬辰，河州路大雪十日，深八尺，牛羊駝馬凍死者十九，民大饑。

[一] 標點本注：開封、（之）蘭陽、封丘 按《元史·地理志》，開封、蘭陽、封丘皆汴梁路屬縣，此處『之』字衍。

冬十月丁巳，詔海道都漕運萬户府船户與民一體充役。

丙午，詔平章政事塔失海牙領都水、度支二監。

是年，江西大水，民饑，賑糶米七萬七千石。

卷三九 順帝紀二

至元二年，春正月，是月置都水庸田使司於平江。

五月丙午朔，黄河復於故道。

乙卯，南陽、鄧州大霖雨，自是日至於六月甲申，湍河、白河大溢，水爲災。

六月庚子，涇水溢。

八月戊寅，大都至通州霖雨，大水，敕軍人修道。

辛卯，以徽政院、中政院財賦府田租六萬三千三百石，補本年海運未敷之數，令有司歸其直。

九月戊辰，海運糧至京，遣官致祭天妃。

至元三年，二月壬申朔，紹興路大水。

六月辛巳，大霖雨，自是日至癸巳不止。京師、河南、北水溢，御河、黄河、沁河、渾河水溢，没人畜、廬舍甚衆。

壬辰，彰德大水，深一丈。

秋七月己亥，漳河泛溢至廣平城下。

冬十月乙亥，命江浙行省丞相搠思監提調海運。

至元四年，春正月己未，江浙海運糧數不足，撥江西、河南五十萬石補之。

五月，是月臨沂、費縣水，發米三萬石賑糶之。

六月己丑，邵武路大雨，水入城郭，平地二丈。

卷四〇 順帝紀三

至元五年，六月庚戌，汀州路長汀縣大水，平地深可三丈餘，没民廬八百家，壞民田二百頃，户賑鈔半錠，死者一錠。

秋七月甲申，常州宜興山水出，勢高一丈，壞民廬。

十二月辛卯，復立都水庸田使司於平江。先是嘗置而罷，至是復立。

至元六年，二月乙巳，罷各處船户提舉。

是月，福寧州大水，溺死人民。京畿五州十一縣水，每户賑米二月。

秋七月乙卯，奉元路盩厔縣河水溢，漂流人民。

冬十月，是月河南府宜陽等縣大水，漂没民廬，溺死者衆，人給殯葬鈔一錠，仍賑義倉糧兩月。

至正元年，夏四月丁酉，以兩浙水災，免歲辦餘鹽三萬引。

六月，是月揚州路崇明、通、泰等州，海潮湧溢，溺死一千六百餘人，賑鈔萬一千八百二十錠。

冬十月甲寅，中書省臣奏：『海運不給，宜令江浙行省於中政院財賦府撥賜諸人寺觀田糧，總運二百六十萬石。』從之。

十二月，是月加封真定路滹沱河神爲昭佑靈源侯。

至正二年，春正月丙戌，開京師金口河，深五十尺，廣一百五十尺，役夫一十萬。

六月壬子，濟南山崩，水湧。

是月，汾水大溢。

九月，是月歸德府睢陽縣因黄河爲患，民饑，賑糶米三萬五百石。

卷四一　順帝紀四

至正三年，二月乙卯，秦州成紀縣，鞏昌府寧遠、伏羌縣山崩，水湧，溺死人爲算。

五月，河決白茅口。

秋七月，是月河南自四月至是月，霖雨不止。

至正四年，春正月庚寅，河決曹州，雇夫萬五千八百修築之。

是月，河又決汴梁。

五月，是月大霖雨，黄河溢，平地水二丈，決白茅堤、金堤，曹、濮、濟、兗皆被災。

秋七月戊子朔，温州颶風大作，海水溢，地震。

是月，灤河水溢。

八月丁卯，山東霖雨，民饑相食，賑之。

九月丙午，命太平提調都水監。

辛亥，以南台治書侍御史秦從德爲江浙行省參知政事，提調海運。

冬十月乙酉，議修黄河、淮河堤堰。

至正五年，五月丁未，河間轉運司灶户被水災，詔權免余鹽二萬引，候年豐補還官。

秋七月丁亥，河決濟陰。

冬十月辛酉，黄河泛溢。

至正六年，三月辛未，盜扼李(開)〔海〕務之閘河，〔一〕劫商旅船。兩淮運使宋文瓚言：『世皇開會通河千有餘里，歲運米至京者五百萬石。今騎賊不過四十人，劫船三百艘而莫能捕，恐運道阻塞，乞選能臣率壯勇千騎捕之。』不聽。

五月丁酉，以黄河決，立河南、山東都水監。

是歲，黄河決。

至正七年，十一月庚戌，以河決，命工部尚書迷兒馬哈謨行視金堤。

至正八年，二月，是月詔濟寧鄆城立行都水監，以賈

〔一〕標點本注：盜扼李(開)〔海〕務之閘河　據《元史》卷六四《河渠志》改。

魯爲都水。

夏四月辛未，河間等路以連年河決，水旱相仍，户口消耗，乞減鹽額，詔從之。

乙亥，平江、松江水災，給海運糧十萬石賑之。

五月丁酉朔，大霖雨，京城崩。

庚子，廣西山崩，水湧，灕江溢，平地水深二丈餘，屋宇、人畜漂没。

壬子，寶慶大水。

六月，是月山東大水，民饑，賑之。

卷四二　順帝紀五

至正九年，春正月癸卯，立山東、河南等處行都水監，專治河患。

三月丁酉，壩河淺澀，以軍士、民夫各一萬濬之。

是月，河北潰。

五月庚子，詔修黄河金堤，民夫日給鈔三貫。

是月，白茅河東注沛縣，遂成巨浸。蜀江大溢，浸漢陽城，民大饑。

秋七月，是月大霖雨，水没高唐州城；　江、漢溢，漂没民居、禾稼。

九月，是月遣御史中丞李獻代祀河瀆。

是歲，漕運使賈魯建言便益二十餘事，從其八事：其一曰京畿和糴，二曰優恤漕司舊領漕户，三曰接運委官，四曰通州總治豫定委官，五曰船户困於壩夫、海糧壞於壩主户，六曰疏濬運河，七曰臨清運糧萬户府當隸漕司，八曰宜以宣忠船户付本司節制。

至正十年，九月庚午，命樞密院以軍士五百修築白河堤。

十二月辛卯，以大司農禿魯等兼領都水監，集河防正官議黄河便益事。

至正十一年，夏四月壬午，詔開黄河故道，命賈魯以工部尚書爲總治河防使，發汴梁、大名十三路民十五萬，廬州等戍十八翼軍二萬，自黄陵岡南達白茅，放於黄固、哈只等口，又自黄陵西至陽青村，合於故道，凡二百八十里有奇，仍命中書右丞玉樞虎兒吐華、同知樞密院事黑廝以兵鎮之。

乙酉，詔加封河瀆神爲靈源神佑弘濟王，仍重建河瀆及西海神廟。

六月，發軍一千，從直沽至通州，疏浚河道。

秋七月丙辰，廣西大水。

是月，開河功成，乃議塞決河。

十一月丁巳，黄河堤成，散軍民役夫。

庚午，監察御史徹徹帖木兒等言，右丞相脱脱治河功成，宜有異數以旌其勞。

是月，遣使以治河功成告祭河伯，召賈魯還朝。超授榮禄大夫、集賢大學士，賜金系腰一、銀十錠、鈔千錠、幣帛各二十匹。都水監並有司官有功者三十七員，皆升遷其職。詔賜脱脱答剌罕之號，俾世襲之，以淮安路爲其食邑。命立《河平碑》。

十二月己卯，立河防提舉司，隸行都水監。

至正十二年，春正月丙寅，以河復故道，大赦天下。

夏四月，是月詔天下完城郭，築堤防。

五月戊寅，海道萬户李世安建言權停夏運，從之。

十二月癸未，脱脱言：『京畿近地水利，召募江南人耕種，歲可得粟麥百萬余石，不煩海運而京師足食。』帝曰：『此事有利於國家，其議行之。』

是歲，海運不通。立都水庸田使司於汴梁，掌種植之事。

卷四三 順帝紀六

至正十三年，春正月庚辰，中書省臣言：『近立分司農司，宜於江浙、淮東等處召募能種水田及修築圍堰之人各一千名爲農師，教民播種。宜降空名添設職事敕牒一十二道，遣使齎往其地，有能募農民一百名者授正九品，二百名者正八品，三百名者從七品，即書填流官職名給之，就令管領所募農夫，不出四月十五日，俱至田所，期年爲滿，即放還家。其所募農夫，每名給鈔十錠。』從之。

五月己巳，命東安州、武清、大興、宛平三縣正官添給河防職名，從都水監官巡視渾河堤岸，或有損壞，即修理之。

六月，是夏，薊州大水。

冬十月癸卯，以江浙行省參知政事買住丁升本省右丞，提調明年海運。

至正十四年，春正月甲子朔，汴梁城東汴河冰，皆成五色花草如繪畫，三日方解。

夏四月，是月御史台臣糾言江浙行省左丞帖里帖木兒等罪。先是，帖里帖木兒與江南行台侍御史左答納失里奉旨招諭方國珍，報國珍已降，乞立巡防千户所，朝廷授以五品流官，令納其船，散遣徒衆，國珍不從，擁船一千三百餘艘，仍據海道，阻絶糧運，以故歸罪二人。造過街塔於蘆溝橋，命有司給物色人匠，以御史大夫也先不花督之。……命各衛軍人修白浮甕山〔河〕等處堤堰。

十一月丙寅，詔：『江浙應有諸王、公主、後妃、寺觀、官員撥賜田糧，及江淮財賦、稻田、營田各提舉司糧，盡數赴倉，聽候海運，以備軍儲，價錢依本處十月時估給之。』

十二月癸卯，命哈麻提調經正監、都水監、會同館，知經筵事，就帶元降虎符。

卷四四　順帝紀七

至正十五年，六月庚辰，江浙省臣言：『至正十五年税課等鈔，内除詔書已免税糧等鈔，較之年例，海運糧並所支鈔不敷，乞減海運，以蘇民力。户部定擬本年税糧，除免之外，其寺觀並撥賜田糧，十月開倉，盡行拘收；其不敷糧，撥至元折中統鈔一百五十萬錠，于産米處糴一百五十萬石，貯瀕河之倉，以聽撥運。』從之。

是月，荆州大水。

秋七月，是月升台州海道巡防千户所爲海道防禦運糧萬户府。

九月乙酉，立分海道防禦運糧萬户府于平江路。

己卯，立黄河水軍萬户府於小清口。

是歲，詔浚大内河道，以宦官同知留守野先帖木兒董其役。野先帖木兒言：『自十一年以來，天下多事，不宜興作。』帝怒，命往使高麗，改命宦官答失蠻董之。

至正十六年，三月戊申，方國珍復降，以爲海道運糧漕運萬户，兼防禦海道運糧萬户。其兄方國璋爲衢州路總管，兼防禦海道事。

八月，是月黄河決，山東大水。

卷四五　順帝紀八

至正十七年，八月乙丑，方國珍爲江浙行省參知政事，海道運糧萬户如故。

是月，薊州大水。

冬十月，是月静江路山崩，地陷，大水。

至正十八年，二月癸酉，毛貴立賓興院，選用故官，以姬宗周等分守諸路；又於萊州立三百六十屯田，每屯相去三十里，造大車百輛，以挽運糧儲，官民田十止收二分，冬則陸運，夏則水運。

秋七月，是月京師大水，蝗，民大饑。

至正十九年，夏四月癸亥朔，汾水暴漲。

九月，是月，詔遣兵部尚書伯顔帖木兒、户部尚書曹履亨，以御酒、龍衣賜張士誠，徵海運糧。

冬十月庚申朔，詔京師十一門皆築甕城，造吊橋。

至正二十年，五月，是月張士誠海運糧十一萬石至京師。

十一月甲寅朔，黄河清，凡三日。

卷四六　順帝紀九

至正二十一年，三月，張士誠海運糧一十一萬石至京師。

九月，命兵部尚書徹徹不花、侍郎韓祺征海運糧於張士誠。

十一月戊辰，黄河自平陸三門磧下至孟津，五百餘里皆清，凡七日。命秘書少監程徐祀之。

是歲，京師大饑，屯田成，收糧四十萬石。

至正二十二年，五月，是月，張士誠海運糧一十三萬石至京師。

秋七月，河決范陽縣，漂民居。

至正二十三年，五月己巳朔，張士誠海運糧十三萬石至京師。

九月，是月張士誠自稱吴王，來請命，不報。遣户部侍郎博羅帖木兒等徵海運於張士誠，士誠不與。

至正二十四年，〔五月〕甲子〔朔〕，〔一〕黄河清。

至正二十五年，秋七月，京師大水。河決小流口，達於清河。

卷四七　順帝紀十

至正二十六年，秋七月辛巳朔，介休縣大水。

十二月庚午，蒲城洛水、和順崖崩。

至正二十七年，夏五月癸未，福建行宣政院以廢寺錢糧由海道送京師。

八月丙午，詔命皇太子總天下兵馬，其略曰：『元良重任，職在撫軍，稽古征今，卓有成憲。曩者障塞決河，本以拯民昏墊，豈期妖盗横造訛言，簧鼓愚頑，塗炭郡邑，殆遍海内，兹逾一紀。』

至正二十八年，秋七月癸亥，罷内府河役。

卷五〇　五行一

至元元年，真定、順天、河間、順德、大名、東平、濟南等郡大水。〔二〕

四年五月，應州大水。

五年八月，亳州大水。

六年十二月，獻、莫、清、滄四州及豐州、渾源縣大水。

九年九月，南陽、懷孟、衛輝、順天等郡，洺、磁、泰安、通、灤等州淫雨，河水並溢，圮田廬，害稼。

十四年六月，濟寧路雨水，平地丈餘，損稼。曹州定陶、武清二縣，濮州、堂邑縣雨水，没禾稼。

二十年六月，太原、懷孟、河南等路沁河水湧溢，壞民

〔一〕標點本注：〔五月〕甲子〔朔〕　按上文『夏四月甲午朔』順推之，甲子爲五月朔日，今補。

〔二〕本節水災資料只摘録『大水』和『水』同時録有關於災情的記載，凡簡單記爲『水』的資料均未收録。

田一千六百七十餘頃。衛輝路清河溢，損稼。南陽府唐、鄧、裕、嵩四州河水溢，損稼。

十月，涿州巨馬河溢。

二十一年六月，保定、河間、濱、棣大水。

二十二年秋，南京、彰德、大名、河間、順德、濟南等路河水壞田三千餘頃。高郵、慶元大水，傷人民七百九十五户，壞廬舍三千九十區。

二十三年六月，安西路華州華陰縣大雨，潼谷水湧，平地三丈餘。杭州、平江二路屬縣水，壞民田一萬七千二百頃。

二十五年七月，膠州大水，民采橡爲食。

十二月，太原、汴梁二路河溢，害稼。

二十六年二月，紹興大水。

十月，平灤路水，壞田稼一千一百頃。

二十七年正月，甘州、無爲路大水。

五月，江陰州大水。

六月，河溢太康縣，没民田三十一萬九千畝。

八月，沁水溢。廣州清遠縣大水。

十一月，河决祥符義唐灣，太康、通許二縣，陳、潁二州，大被其患。

二十八年九月，平灤、保定、河間三路大水。

二十九年六月，揚州、寧國、太平三郡大水。

三十年五月，深州静安縣大水。

元貞元年六月，歷城縣大清河水溢，壞民居。

九月，廬州、平江二郡大水。

二年六月，大都路益津、保定、大興三縣水，損田稼七千餘頃。

九月，河决河南杞、封丘、祥符、寧陵、襄邑五縣。

十月，河决開封縣。

大德元年三月，歸德徐州，邳州宿遷、睢寧，鹿邑三縣，河南許州臨潁、郾城等縣，睢州襄邑，太康、扶溝、陳留、開封、杞等縣，河水大溢，漂没田廬。

五月，河决汴梁，發民夫三萬五千塞之。漳水溢，害稼。

六月，和州歷陽縣江水溢，漂廬舍一萬八千五百區。

七月，郴州耒陽縣、衡州酃縣大水，溺死三百餘人。

（七）〔九〕月，温州平陽、瑞安二州水，溺死六千八百餘人。

十一月，常德武陵縣大水。

二年六月，河决蒲口，凡九十六所，泛溢汴梁、歸德二郡。

四年六月，歸德睢州大水。

五年七月，江水暴風大溢，高四五丈，連崇明、通、泰、真州定江之地，漂没廬舍，被災者三萬四千八百餘户。

八月，平灤郡雨，灤河溢。

六年四月，上都大水。

五月，濟南路大水。歸德府徐州、邳州睢寧縣雨五十日，沂、武二河合流，水大溢。東安州渾河溢，壞民田一千八十餘頃。

六月，廣平路大水。

七年六月，遼陽、大寧、平灤、昌國、瀋陽、開元六郡雨水，壞田廬，男女死者百九十人。修武、河陽、新野、蘭陽等縣趙河、湍河、白河、七里河、沁河、潦河皆溢。台州風水大作，寧海、臨海二縣死者五百五十人。

八年五月，太原陽武縣、衛輝獲嘉縣、汴梁祥符縣河溢。大名滑州、濬州雨水，壞民田六百八十餘頃。

八月，潮陽颶風海溢，漂民廬舍。

九年六月，汴梁（武陽）〔陽武〕縣思齊口河決。綿江、中江溢，水決入城。

七月，沔陽玉沙縣江溢。

八月，歸德府寧陵，陳留、通許、扶溝、太康、杞縣河溢。大名元城縣大水。

十年六月，大名、益都、定兴等路大水。

七月，平江路大風，海溢。吴江州大水。

十一年七月，冀寧文水縣汾水溢。

至大元年七月，濟寧路雨水，平地丈餘，暴決入城，漂廬舍，死者十有八人。真定路淫雨，大水入南門，下注藁城，死者百七十人。彰德、衛輝二郡水，損稻田五千三百七十頃。

二年七月，河決歸德府，又決汴梁封丘縣。

三年六月，峽州大雨，水溢，死者萬余人。

七月，循州、惠州大水，漂廬舍二百九十區。

四年六月，大都三河縣、潞縣，河東祁縣、懷仁縣，永平豐盈屯雨水害稼。

皇慶元年五月，歸德睢陽縣河溢。

七月，東平、濟寧、般陽、保定等路大水。

六月，大寧、水達達路雨，宋瓦江溢，民避居亦母兒乞嶺。

八月，松江府大風，海水溢。

二年六月，涿州范陽縣，東安州，宛平縣，固安州，霸州益津，永清、永安等縣雨水〔一〕，壞田稼七千六百九十餘頃。河決陳、亳、睢三州，開封、陳留等縣。

八月，崇明、嘉定二州大風，海溢。

延祐元年五月，常德路武陵縣雨水，壞廬舍，溺死者五百人。

六月，涿州范陽、房山二縣渾河溢，壞民田四百九十餘頃。

二年六月，河決鄭州，壞汜水縣治。

〔一〕標點本注：永安等縣雨水　按《元史》卷五八《地理志》，霸州領縣有文安，無『永安』，疑此處『永安』爲『文安』之誤。

七月，京師大雨。全州、永州江水溢，害稼。

三年四月，潁州（泰）〔太〕和縣河溢。

七月，婺源州雨水，溺死者五千三百余人。

五年四月，盧州合肥縣大雨水。

六年六月，河間路漳河水溢，壞民田二千七百餘頃。益都、般陽、濟南、東昌、東平、濟寧等路曹、濮、泰安、高唐等州大雨水害稼。大名路屬縣水，壞民田一萬八千頃。汴梁、歸德、汝寧、漳德、真定、保定、衛輝、南陽等郡大雨水。

七年四月，安豐、盧州淮水溢，損禾麥一萬頃。

六月，棣州、德州大雨水，坏田四千六百余頃。

八月，霸州文安、文成二縣[一]滹沱河溢，害稼。

是歲，河決汴梁原武縣。

至治元年六月，霸州大水，渾河溢，被災者三萬餘户。

七月，薊州平谷、漁陽二縣，順（州）〔德〕邢臺、沙河二縣，大名魏縣，永平石城縣大水。彰德臨漳縣漳水溢。东平、东昌二路，高唐、曹、濮等州雨水害稼。乞里吉思部江水溢。

八月，安陸府雨七日，江水大溢，被災者三千五百户。雷州海康、遂溪二縣海水溢，壞民田四千頃。

九月，京山、長壽二縣漢水溢。

二年正月，儀封縣河溢。

二月，濮州大水。

閏五月，睢陽縣亳社屯大水。

十一月，平江路大水，損民田四萬九千六百頃。

三年五月，東安州水，壞民田一千五百餘頃。

六月，大都永清縣雨水，損田四百頃。

七月，潮州雨水害稼。

泰定元年，五月，隴西縣大雨水，漂死者五百余家。龍慶路雨水傷稼。

六月，益都、濟南、般陽、東昌、東平、濟寧等郡二十有二縣，曹、濮、高唐、德州等處十縣淫雨，水深丈餘，漂没田廬。大同渾源河溢。陳、汾、順、晋、恩、深六州雨水害稼。真定滹沱河溢，漂民廬舍。陝西大雨，渭水及黑水河溢，損民廬舍。渠州江水溢。

七月，真定、河間、保定、廣平等郡三十有七縣大雨水五十餘日，害稼。大都路固安州清河溢。順德路任縣沙、澧、洺水溢。奉元朝邑縣、曹州楚丘縣、開州濮陽縣河溢。

九月，延安路洺水溢。奉元長安縣大雨，（澧）灃水溢。

十二月，杭州鹽官州海水大溢，壞堤塹，侵城郭，有司以石囤木櫃捍之不止。

〔一〕霸州文安、文成二縣　按《元史·地理志》霸州無文成縣，或爲『大成縣』之誤。

二年閏正月，雄州歸信縣大水。

二月，甘州路大雨水，漂没行帳孳畜。

三月，咸平府清、寇二河合流，失故道，隳堤堰。

五月，檀州大水，平地深丈有五尺。河溢汴梁，被災者十有五縣。

六月，冀寧路汾河溢。潼(江)〔川〕府綿江、中江水溢入城，深丈餘。

七月，睢州河決。

八月，霸州，涿州，永清、香河二縣大水，傷稼九千五十頃。

九月，開元路三河溢，没民田，壞廬舍。

十月，寧夏鳴沙州大雨水。

三年二月，歸德府河決。

六月，大同縣大水。

七月，河決鄭州，漂没陽武等縣民一萬六千五百餘家。東安、檀、順、漷四州雨，渾河決，温榆水溢，傷稼。延安路膚施县水，漂民居九十餘户。

八月，鹽官州大風，海溢，捍海堤崩，廣三十餘里，袤二十里，徙居民千二百五十家以避之。

九月，平遥縣汾水溢。

十一月，崇明州三沙鎮海溢，漂民居五百家。

十二月，遼陽大水。大寧路瑞州大水，壞民田五千五百頃，廬舍八百九十所，溺死者百五十人。

四年正月，鹽官州潮水大溢，捍海堤崩二千餘步。

四月，復崩十九里，發丁夫二萬餘人，以木栅竹落磚石塞之，不止。

七月，上都雲州大雨。北山黑水河溢。

八月，汴梁扶溝、蘭陽二縣河溢，漂民居一千九百餘家。濟寧虞城縣河溢，傷稼。

十二月，夏邑縣河溢。

致和元年三月，鹽官州海堤崩，遣使禱祀，造浮圖二百十六，用西僧法壓之。河決碭山、虞城二縣。

四月，鹽官州海溢，益發軍民塞之，置石囤二十九里。

六月，益都、濟南、般陽、濟寧、東平等郡三十縣，濮德、泰安等州九縣雨水害稼。

天曆元年八月，杭州、嘉興、平江、湖州、建德、鎮江、池州、太平、廣德九郡水，没民田萬四千餘頃。

二年六月，大都東安、通、薊、霸四州，河間靖海縣雨水害稼。

至順元年六月，河決大名路長垣、東明二縣，没民田五百八十餘頃。

七月，海潮溢，漂没河間運司鹽二萬六千七百引。

閏七月，平江、嘉興、湖州、松江三路一州大水，壞民田三萬六千六百餘頃，被災者四十萬五千五百餘户。杭州、常州、慶元、紹興、鎮江、甯國等路，望江、銅陵、長林、寶應、興化等縣水，没民田一萬三千五百餘頃。

二年四月，潞州潞城縣大雨水。

六月，彰德屬縣漳水決。

十月，吴江州大風，太湖水溢，漂民居一千九百七十餘家。

三年三月，奉元朝邑縣洛水溢。

五月，汴梁河水溢。

六月，汾州大水。

至元十四年九月，湖州長興縣金沙泉，自唐、宋以來，用以造茶。其泉不長有，今瀵然湧出，溉田可數百頃，有司以聞，錫名瑞應泉。

十五年十二月，河水清，自孟津東柏谷至汜水縣蓼子谷，上下八十餘里，澄瑩見底，數月始如故。

元貞元年閏四月，蘭州上下三百餘里，河清三日。

卷五一　五行二

水不潤下

元統元年五月，汴梁陽武縣河溢害稼。

六月，京畿大霖雨，水平地丈餘。涇河溢，關中水災。黄河大溢，河南水災。泉州霖雨，溪水暴漲，漂民居數百家。

七月，潮州大水。

（元統）二年二月[一]，灤河、漆河溢。

三月，山東霖雨，水湧。

五月，宣德府大水。

六月，淮河漲，漂山陽縣境内民畜房舍。

至元元年，河決汴梁封丘縣。

二年五月，南陽鄧州大水。

六月，涇水溢。

八月，大都至通州霖雨，大水。

三年二月，紹興大水。

五月，廣西賀州大水害稼。

六月，衛輝淫雨至七月，丹、沁二河泛漲，與城西御河通流，平地深二丈餘，漂没人民、房舍、田禾甚衆。民皆棲於樹木，郡守僧家奴以舟載飯食之，移老弱居城頭，日給糧餉，月余水方退。汴梁蘭陽、尉氏二縣，歸德府皆河水泛溢。黄州及衢州常山縣皆大水。

四年五月，吉安永豐縣大水。

六月，邵武大水，城市皆洪流，漂沿溪民居殆盡。

五年（五）〔六〕月庚戌[二]，汀州路長汀縣大水，平地深

[一] 標點本注：（元統）二年　上文已有『元統元年』，此『元統』二字重出，從道光本删。

[二] 標點本注：五年（五）〔六〕月庚戌　據《元史》卷四〇《順帝紀》『至元五年六月庚戌』條改。

三丈許，損民居八百家，壞民田二百頃，溺死者八千餘人。

七月，沂州沂、沭二河暴漲，決堤防，害田稼。邵武光澤縣大水。常州宜興縣山水出，勢高一丈，壞民居。

六年二月，京畿五州十一縣及福州路福寧州大水。

五月甲子，慶元奉化州山崩，水湧出平地，溺死人甚衆。

六月，衢州西安、龍游二縣大水。

庚戌，處州松陽、龍泉二縣積雨，水漲入城中，深丈餘，溺死五百餘人。遂昌縣尤甚，平地三丈餘。桃源鄉山崩，壓溺民居五十三家，死者三百六十餘人。

七月壬子，延平南平縣淫雨，水泛漲，溺死百餘人，損民居三百餘家，壞民田二頃七十餘畝。

乙卯，奉元路盩厔縣河水溢，漂溺居民。

八月甲午，衛輝大水，漂民居一千餘家。

十月，河南府宜陽縣大水，漂民居，溺死者衆。

至正元年，汴梁鈞州大水。揚州路崇明、通、泰等州海潮湧溢，溺死一千六百餘人。

二年四月，睢州儀封縣大水害稼。

六月癸丑夜，濟南山水暴漲，沖東西二關，流入小清河，黑山、天麻、石固等寨及臥龍山水通流入大清河，漂没上下民居千餘家，溺死者無算。

三年二月，鞏昌寧遠、伏羌、成紀三縣山崩水湧，溺死者無算。

五月，黄河決白茅口。

七月，汴梁中牟、扶溝、尉氏、洧川四縣，鄭州滎陽、汜水、河陰三縣大水。

四年五月，霸州大水。

六月，河南鞏縣大雨，伊、洛水溢，漂民居數百家。濟寧路兖州，汴梁鄢陵、通許、陳留、臨潁等縣大水害稼，人相食。

七月，灤河水溢，出平地丈余，永平路禾稼廬舍漂没甚衆。東平路東阿、陽穀、汶上、平陰四縣，衢州西安縣大水。温州颶風大作，海水溢，漂民居，溺死者甚衆。

五年七月，河決濟陰，漂官民亭舍殆盡。

十月，黄河泛溢。

七年五月，黄州大水。

八年正月辛亥，河決，陷濟寧路。

四月，平江、松江大水。

五月庚子，廣西山崩水湧，灕江溢，平地水深二丈餘，屋宇人畜漂没。

壬子，寶慶大水。

乙卯，錢塘江潮比之八月中高數丈餘，沿江民皆遷居以避之。

六月己丑，中興路松滋縣驟雨，水暴漲，平地深丈有五尺餘，漂没六十余里，死者一千五百人。

是月，胶州大水。

七月，高密縣大水。

九年七月，中興路公安、石首、潛江、監利等縣及沔陽府大水。

夏秋，蘄州大水傷稼。

十年五月，龍興瑞州大水。

六月乙未，霍州靈（巖）〔石〕縣雨水暴漲〔一〕，決堤堰，漂民居甚衆。

七月，汾州平遥縣汾水溢。静江荔浦縣大水害稼。

十一年夏，龍興南昌、新建二縣大水。安慶桐城縣雨水泛漲，花崖、龍源二山崩，沖決縣東大河，漂民居四百餘家。

七月，冀寧路平晋、文水二縣大水，汾河泛溢東西兩岸，漂没田禾數百頃。河決歸德府永城縣，壞黄陵岡岸。静江路大水，決南北二徙渠。

十二年六月，中興路松滋縣驟雨，水暴漲，漂民居千餘家，溺死七百人。

七月，衢州西安縣大水。

十三年夏，薊州豐潤、玉田、遵化、平谷四縣大水。

七月丁卯，泉州海水日三潮。

十四年六月，河南府鞏縣大雨，伊、洛水溢，漂没民居，溺死三百餘人。

秋，薊州大水。

十五年六月，荆州大水。

十六年，河決鄭州河陰縣，官署民居盡廢，遂成中流。山東大水。

十七年六月，暑雨，漳河溢，廣平郡邑皆水。

秋，薊州四縣皆大水。

十八年秋，京師及薊州、廣東惠州、廣西四縣、賀州皆大水。

十九年九月，濟州任城縣河決。

二十年七月，通州大水。

二十二年三月，邵武光澤縣大水。

二十三年七月，河決東平壽張縣，圮城牆，漂屋廬，人溺死甚衆。

二十五年秋，薊州大水。東平須城、東阿、平陰三縣河決小流口，達於清河，壞民居，傷禾稼。

二十六年二月，河北徙，上自東明、曹、濮，下及濟寧，皆被其害。

六月，河南府大霖雨，瀍水溢，深四丈許，漂東關居民數百家。

秋七月，汾州介休縣汾水溢。薊州四縣、衛輝、汴梁、鈞州大水害稼。

八月，棣州大清河決，濱、棣二州之界，民居漂流無

〔一〕標點本注：霍州靈（巖）〔石〕縣　據《元史》卷五八《地理志》改。

遺。濟寧路肥（水）〔城〕縣西黄水泛溢[一]，漂没田禾民居百有餘里，德州齊河縣境七十里亦如之。

至正二十年十一月，汴梁原武、滎澤二縣黄河清三日。

二十一年十一月，河南孟津縣至絳州垣曲縣二百里河清七日，新安縣亦如之。

十二月，冀寧路石州河水清，至明年春冰泮，始如故。

二十四年夏，衛輝路黄河清。

卷五八　地理一

中书省　各處立站，總計一百劇院十八處。

大都路　至元四年，始於中都之東北置今城而遷都焉。海子在皇城之北、萬壽山之陰，舊名積水潭，聚西北諸泉之水，流入都城而匯于此，汪洋如海，都人因名焉。恣民漁采無禁，擬周之靈沼云。

大興，赤。宛平，赤。與大興分治郭下。金水河源出玉泉山，流入皇城，故名金水。

通州，下。唐爲潞縣。金改通州，取漕運通濟之義，有豐備、通濟、太倉以供京師。

怀庆路

孟州，下。金大定中，为河水所害，北去故城十五里，筑新城，徙治焉。

濟寧路

鄆城，上。金以水患，徙置盤溝村。元至元八年，復來屬。

碭山，金爲水蕩没。元憲宗七年，始復置縣治。

虞城，下。金圮于水。元憲宗二年，始復置縣，隸東平路。

濟州，下。周瀕濟水立濟州。宋因之。金遷州治任城，以河水湮没故也。

卷五九　地理二

河南江北道等處行中書省　本省陸站一百六處，水站九十處。

汴梁路，上。

封丘，中。金大定中，河水湮没，遷治新城。元初，新城又爲河水所壞，乃因故城遺址，稍加完葺而還治焉。

杞縣，中。元初河決，城之北面爲水所圮，遂爲大河之道，乃於故城北二里河水北岸，築新城置縣，繼又修故城，號南杞縣。蓋黄河至此分爲三，其大河流於二城之間，其一流於新城之北郭睢河中，其一在故城之南，東流，俗稱三叉口。

歸德府

鹿邑。下。此邑數有水患，歷代民不寧居。

安豐路，下。

[一] 標點本注：濟寧路肥（水）〔城〕縣　從道光本改。按：濟寧路領肥城縣，無『肥水縣』。

安豐，下。至元二十一年，江淮行省言：『安豐之芍陂可溉田萬頃，若立屯開耕，實爲便益。』從之。于安豐縣立萬户府，屯户一萬四千八百有奇。

淮安路，上。至元二十三年，于本路之白水塘、黄家疃等處立洪澤屯田萬户村。

卷六〇　地理三

甘肅等處行中書省

亦集乃路，下。〔至元〕二十三年，亦集乃總管忽都魯言：『所部有田可以耕作，乞以新軍二百人鑿合即渠於亦集乃地，並以傍近民西僧餘户助其力。』從之。

卷六一　地理四

雲南諸路行中書省，馬站七十四處，水站四處。

中慶路，上。

昆明　中。其地有昆明池，五百餘里，夏潦必冒城郭。張立道爲大理等處勸農使，求泉源所出，洩其水，得地萬餘頃，皆爲良田云。

卷六二　地理五

江浙等處行中書省，本省陸站一百八十處，水站八十二處。

杭州路，上。

海寧州，中。泰定四年，海圮鹽官。天曆二年，改海寧州。海寧東南皆濱巨海，自唐、宋常有水患，大德、延祐間亦嘗被其害。泰定四年春，其害尤甚，命都水少監張仲仁往治之。沿海三十余里下石囤四十四萬三千三百有奇，木櫃四百七十餘，工役萬人。文宗即位，水勢始平，乃罷役，故改曰海寧云。

卷六三　地理六

河源附録

河源古無所見。《禹貢》導河，止自積石。漢使張騫持節，道西域，度玉門，見二水交流，發葱嶺，趨于闐，匯鹽澤，伏流千里，至積石而再出。唐薛元鼎使吐蕃，訪河源，得之於悶磨黎山。然皆歷歲月，涉艱難，而其所得不過如此。世之論河源者，又皆推本二家。其説怪迂，總其實，皆非本真。意者，漢、唐之時，外夷未盡臣服，而道未盡通，故其所往，每迂回艱阻，不能直抵其處而究其極也。

元有天下，薄海内外，人迹所及，皆置驛傳，使驛往來，如行國中。至元十七年，命都實爲招討使，佩金虎符，往求河源。都實既受命，是歲至河州。州之東六十里，有寧河驛。驛西南六十里，有山曰殺馬關，林麓穹隘，舉足浸高，行一日至巔。西去愈高，四閱月，始抵河源。是冬還報，並圖其城傳位置以聞。其後翰林學士潘昂霄從都實之弟闊闊出得其說，撰爲《河源志》。臨川朱思本又從八里吉思家得帝師所藏梵字圖書，而以華文譯之，與昂霄所志，互有詳略。今取二家之書，考定其說，有不同者，附注於下。

按河源在土蕃朵甘思西鄙，有泉百餘泓，沮洳散渙，弗可逼視，方可七八十里，履高山下瞰，燦若列星，以故名火敦腦兒。火敦，譯言星宿也。思本曰：『河源在中州西南，直四川馬湖蠻部之正西三千餘里，雲南麗江宣撫司之西北一千五百餘里，帝師撒思加地之西南二千餘里。水從地湧出如井。其井百餘，東北流百餘里，匯爲大澤，曰火敦腦兒。』群流奔輳，近五七里，匯二巨澤，名阿剌腦兒。自西而東，連屬吞噬，行一日，迤邐東騖成川，號赤賓河。又二三日，水西南來，名亦里出，與赤賓河合。又三四日，水南來，名忽闌。又水東南來，名也里術，合流入赤賓，其流浸大，始名黃河，然水猶清，人可涉。思本曰：『忽闌河源，出自南山。其地大山峻嶺，綿亘千里，水流五百餘里，注也里出河。也里出河源，亦出自南山。西北流五百餘里，始與黃河合。』又一二日，岐爲八九股，名也孫斡論，譯言九渡，通廣五七里，可度馬。又四五日，水渾濁，土人抱革囊，騎過之。聚落糾木幹象舟，傅髦革以濟，僅容兩人。自是兩山峽束，廣可一里，二里或半里，其深叵測。朵甘思東北有大雪山，名亦耳麻不莫剌，其山最高，譯言騰乞里塔，即昆侖也。山腹至頂皆雪，冬夏不消。土人言，遠年成冰時，六月見之。自八九股水至昆侖，行二十日。思本曰：『自渾水東北流二百餘里，與懷里火禿河合。懷里火禿河源自南山，水正北偏西流八百餘里，與黃河合，又東北流一百餘里，過郎麻哈地。又正北流一百餘里，乃折而西北流二百餘里，又折而正北流一百餘里，又折而東流，過昆侖山下，番名亦耳麻不莫剌。其山高峻非常，山麓綿亘五百餘里，河隨山足東流，過撒思加闊即、闊提地。』

河行昆侖南半日，又四五日，至地名闊即及闊提，二地相屬。又三日，地名哈剌別里赤兒，四達之沖也，多寇盜，有官兵鎮之。近北二日，河水過之。思本曰：『河過闊提，與亦西八思今河合。亦西八思今河源自鐵豹嶺之北，正北流凡五百餘里，而與黃河合。』昆侖以西，人簡少，多處山南。山皆不穹峻，水亦散漫，獸有髦牛、野馬、狼、麅、羱羊之類。其東，山益高，地亦漸下，岸狹隘，有狐可一躍而越之處。行五六日，有水西南來，名納鄰哈剌，譯言細黃河也。思本曰：『哈剌河自白狗嶺之北，水西北流五百餘里，與黃河合。』又兩日，水南來，名乞兒馬出。二水合流入河。思本曰：『自哈剌河與黃河合，正北流二百餘里，過阿以伯站，折而西北流，經昆侖之北二百餘里，與乞里馬出河合。乞里馬出河源自威、茂州之西北，岷山之北，水北流，即古當州境，正北流四百餘里，折而西北流，又五百餘里，與黃河合。』

河水北行，轉西流，過昆侖北，一向東北流，約行半月，至貴德州，地名必赤里，始有州治官府。州隸吐蕃等處宣慰司，司治河州。又四五日，至積石州，即《禹貢》積石。五日，至河州安鄉關。一日，至打羅坑。東北行一日，洮河水南來入河。思本曰：『自乞里馬出河與黃河合，又西北流，與鵬拶河合。鵬拶河源自鵬拶山之西北，水正西流七百餘里，過剳塞塔失地，與黃河合。折而西北流三百餘里，又折而東北流，過西寧州、貴德州、馬嶺凡八百餘里，與邈水合。邈水源自青唐宿軍穀，正東流五百餘里，過二巴站與黃河合，又東北流，過土橋站古積石州來羌城、廓州構米站界都城凡五百餘里，過河州與野龐河合。野龐河源自西傾山之北，水東北流凡五百餘里，與黃河合。又東北流一百餘里，過踏白城銀川站與湟水、浩亹河合。湟水源自祁連山下，正東流一千餘里，注浩亹河。浩亹河源自删丹州之南删丹山下，水東南流七百餘里，注湟水，然後與黃河合。又東北流一百餘里，與洮河合。洮河源自羊撒嶺北，東北流，過臨洮府凡八百餘里，與黃河合。』又一日，至蘭州，過北卜渡。至鳴沙（河）〔州〕，過應吉里，正東行。至寧夏府南，東行，即東勝州，隸大同路。自發源至漢地，南北澗溪，細流傍貫，莫知紀極。山皆草石，至積石方林木暢茂。世言河九折，彼地有二折，蓋乞兒馬出及貴德必赤里也。思本曰：『自洮水與河合，又東北流，過達達地，凡八百餘里。過豐州西受降城，折而正東流，過達達地古天德軍中受降城、東受降城凡七百餘里。折而正南流，過大同路雲內州、東勝州與黑河合。黑河源自漁陽嶺之南，水正西流，凡五百餘里，與黃河合。又正南流，過保德州、葭州及興州境，又過臨州，凡一千餘里，與吃那河合。吃那河源自古宥州，東南流，過陝西省綏德州，凡七百餘里，與黃河合。又南流三百里，與延安河合。延安河源自陝西蘆子關亂山中，南流三百餘里，過延安府，折而正東流三百里，與黃河合。又南流三百里，與汾河合。汾河源自河東朔、武州之南亂山中，西南流，過管州，冀寧路汾州，霍州，晉寧路絳州，又西流，至龍門，凡一千二百餘里，始與黃河合。又南流二百里，過河中府，遇潼關與太華大山綿亘，水勢不可復南，乃折而東流。大概河源東北流，所歷皆西番地，至蘭州凡四千五百餘里，始入中國。又東北流，過達達地，凡二千五百餘里，始入河東境內。又南流至河中，凡一千八百餘里。通計九千餘里。』

卷八五　百官一

户部

京畿都漕運使司，秩正三品。……掌凡漕運之事。世祖中統二年，初立軍儲所，尋改漕運所。至元五年，改漕運司，秩五品。十二年，改都漕運司，秩五品。十九年，改京畿都漕運使司，秩正三品。二十四年，內外分立兩運司，而京畿都漕運司之額如舊。止領在京諸倉出納糧斛，及新運糧提舉司站車攢運公事。省同知、運判、知事各一員，而押綱官隸焉。延祐六年，增同知、副使、運判各一員。其後定置官員已上正官各二員，首領官四員。吏屬：令史二十一人，譯史二人，回回令史一人，通事一人，知印二人，奏差一十六人，典吏二人。其屬二十有四。

新運糧提舉司，秩正五品。至元十六年始置，管站車二百五十輛，隸兵部。開設運糧壩河，改隸户部。定置達魯花赤一員，都提舉一員，同提舉二員，副提舉一員，吏目一員，司吏八人，奏差十二人。

京師二十二倉，秩正七品。

萬斯北倉，中統二年置。萬斯南倉，至元二十四年置。千斯倉，中統二年置。永平倉，至元十六年置。永濟倉，至元四年置。惟億倉、既盈倉、大有倉，並系皇慶元年置。〔一〕屢豐倉、積貯倉。並系皇慶元年增置。

已上十倉，每倉各置監支納一員，正七品；大使二員，從七品；副使二員，正八品。

豐穰倉，皇慶元年置。廣濟倉，皇慶元年置。廣衍倉，至元二十九年置。大積倉，至元二十八年置。既積倉、盈衍倉，至元二十六年置。相因倉，中統二年置。順濟倉，至元二十九年置。

已上八倉，每倉各置監支納一員，正七品；大使一員，從七品；副使二員，正八品。

通濟倉，中統二年置。（慶）〔廣〕貯倉，〔三〕至元四年置。豐潤倉，至元十六年置。豐實倉。

正已上四倉，每倉各置監支納一員，正七品；大使一員，從七品；副使一員，正八品。

通惠河運糧千户所，秩正五品，掌漕運之事。

至元三十一年始置，中千户一員，中副千户二員。

都漕運使司，秩正三品，掌御河上下至直沽、河西務、李二寺、通州等處儹運糧斛。

至元二十四年，自京畿運司分立都漕運司，於河西務置總司，分司臨清。運使二員，正三品；同知二員，正四品；副使二員，正五品；運判三員，正六品；經歷一員，從七品；知事一員，從八品。提控案牘二員，內一員兼照磨，司吏三十三人，通事、譯史各一人，奏差一十六人，典吏一人。其屬七十有五：

河西務十四倉，秩正七品。

永備南倉、永備北倉、廣盈南倉、廣盈北倉、充溢倉。

已上五倉，各置監支納一員，正七品；大使二員，從七品；副使二員，正八品。

崇墉倉、大盈倉、大京倉、大稔倉、足用倉、豐儲倉、豐積倉、恒足倉、既備倉。

已上九倉，各置監支納一員，正七品；大使一員，從七品；副使一員，正八品。

通州十三倉，秩正七品。

有年倉、富有倉、廣儲倉、盈止倉、及秭倉、乃積倉、樂歲倉、慶豐倉、延豐倉。

上九倉，各置監支納一員，正七品；大使二員，從七品；副使二員，正八品。

〔一〕標點本注：惟億倉、既盈倉、大有倉，並系皇慶元年置　按《經世大典·倉庫》，惟億倉、既盈倉均系至元二十六年九月建，惟大有倉建於皇慶。此處既盈倉下當注『本系至元二十六年置』。大有倉下所注『本系』二字衍。

〔三〕標點本注：（慶）〔廣〕貯倉，《元史》卷九九《兵志宿衛》作『廣貯』。《經世大典·倉庫》、《元典章》卷九《倉庫官》、《南村輟耕録》卷二一《公宇》亦均作『廣貯』，據改。

足食倉、富儲倉、富衍倉、及衍倉。

已上四倉，各置監支納一員，正七品；　大使二員，從七品；　副使二員，正八品。

河倉一十有七，用從七品印。

館陶倉、舊縣倉、陵州倉、傅家池倉。

已上各置監支納一員，從七品；　大使一員，從八品；　副使一員。

秦家渡倉、尖塚西倉、尖塚東倉、長蘆倉、武強倉、夾馬營倉、上口倉、唐宋倉、唐村倉、安陵倉、四柳樹倉、淇門倉、伏恩倉。

已上各置監支納一員，從八品；　大使一員，從九品；　副使一員。

直沽廣通倉，秩正七品，大使一員。

滎陽等綱，凡三十：　曰濟源，曰陵州，曰獻州，曰白馬，曰滏陽，曰完州，曰河内，曰南宫，曰沂莒，曰霸州，曰東明，曰獲嘉，曰鹽山，曰武強，曰膠水，曰東昌，曰武安，曰汝寧，曰修武，曰安陽，曰開封，曰儀封，曰蒲台，曰鄒平，曰中牟，曰膠西，曰衛輝，曰浚州，曰曹濮州，每綱皆設押綱官二員，計六十員。秩正八品。

每編船三十只爲一綱。　船九百餘隻，運糧三百余萬石，船户八千餘户，綱官以常選正八品爲之。

工部，尚书三员，正三品。

掌天下營造百工之政令。　凡城池之修濬，土木之繕葺，材物之給受，工匠之程式，銓注局院司匠之官，悉以任之。

巡河提領所，提領二員，副提領一員。

卷八七　百官三

大司農司，秩正二品，凡農桑、水利、學校、饑荒之事，悉掌之。

至元七年始立，置官五員。

卷九〇　百官六

都水監，秩從三品，掌治河渠並堤防水利橋樑閘堰之事。

都水監二員，從三品；　少監一員，正五品；　監丞二員，正六品；　經歷、知事各一員，令史十人，蒙古必闍赤一人，回回令史一人，通事、知印各一人，奏差十人，壕寨十六人，典吏二人。

至元二十八年置〔一〕。二十九年，領河道提舉司。　大德六年，升正三品。　延祐七年，仍從三品。

〔一〕至元二十八年置　不確。據《郭守敬傳》：『至元二年，授都水少監。』可知元代都水監始設於至元二年前，此年爲重置。

大都河道提舉司，秩從五品，提舉一員，從五品；同提舉一員，從六品；副提舉一員，從七品。

卷九一　百官七

海道運糧萬户府，至元二十年置，秩正三品，掌每歲海道運糧供給大都。達魯花赤一員，萬户一員，並正三品；副萬户四員，從三品；經歷一員，從七品；知事一員，從八品；照磨一員，從九品；鎮撫二員，正五品。其屬附見：

海運千户所，秩正五品。達魯花赤一員，千户二員，並正五品；副千户三員，從五品。若温台，若慶元紹興，若杭州嘉興，若昆山崇明，常熟江陰等處，凡五所，而平江又有海運香莎糯米千户所。

卷九二　百官八

河南山東都水監，至正六年五月，以連年河決爲患，置都水監，以專疏塞之任。

行都水監。至正八年二月，河水爲患，詔於濟寧鄆城立行都水監。

九年，又立山東河南等處行都水監。

十一年十二月，立河防提舉司，隸行都水監，掌巡視河道，從五品。

十二年正月，行都水監添設判官二員。

十六年正月，又添設少監、監丞、知事各一員。

都水庸田使司，至元二年正月，置都水庸田使司於平江，既而罷之。

至五年，復立。

至正十二年，因海運不通，京師闕食，詔河南窪下水泊之地，置屯田八處，梁添都水庸田使司，正三品，掌種植稻田之事。庸田使二員，副使二員，僉事二員。首領官：經歷、知事、照磨各一員，司吏十二人，譯史二人。

漕運司，至元二年五月，京畿都漕運司添設提調官、運副、運判各一員。

至正九年，添設海道巡防官，給降正七品印信，掌統領軍人水手，防護糧船。巡防官二員，相副官二員。

防禦海道運糧萬户府，至正十五年七月，升台州海道巡防千户所爲防禦海道運糧萬户府。九月，置分府於平江。

卷九三　食貨一

海運

元都于燕，去江南極遠，而百司庶府之繁，衛士編民之衆，無不仰給於江南。自丞相伯顔獻海運之言，而江南之糧分爲春夏二運。蓋至於京師者一歲多至三百萬余石，民無挽輸之勞，國有儲蓄之富，豈非一代之良法歟！

初，伯顔平江南時，嘗命張瑄、朱清等，以宋庫藏圖籍，自崇明州從海道載入京師。而運糧則自浙西涉江入淮，由黄河逆水至中灤旱站，陸運至淇門，入御河，以達於京。後又開濟州泗河，自淮至新開河，由大清河至利津，河入海，因海口沙壅，又從東阿旱站運至臨清，入御河。又開膠萊河道通海，勞費不貲，卒無成效。

至元十九年，伯顔追憶海道載宋圖籍之事，以爲海運可行，於是請於朝廷，命上海總管羅璧、朱清、張瑄等，造平底海船六十艘，運糧四萬六千余石，從海道至京師。然創行海洋，沿山求嶼，風信失時，明年始至直沽。時朝廷未知其利，是年十二月立京畿、江淮都漕運司二，仍各置分司，以督綱運。每歲令江淮漕運司運糧至中灤，京畿漕運司自中灤運至大都。

二十年，又用王積翁議，命阿八赤等廣開新河。然新河候潮以入，船多損壞，民亦苦之。而忙兀解言海運之舟悉皆至焉。於是罷新開河，頗事海運，立萬户府二，以朱清爲中萬户，張瑄爲千户，忙兀解爲萬户府達魯花赤。未幾，又分新河軍士水手及船，於揚州、平灤兩處運糧，命三省造船三千艘於濟州河運糧，猶未專於海道也。

二十四年，始立行泉府司，專掌海運，增置萬户府二，總爲四府。是年遂罷東平河運糧。

二十五年，内外分置漕運司二。其在外者於河西務置司，領接運海道糧事。

二十八年，又用朱清、張瑄之請，並四府爲都漕運萬户府二，止令清、瑄二人掌之。其屬有千户、百户等官，分爲各翼，以督歲運。

至大四年，遣官至江浙議海運事。時江東寧國、池、饒、建康等處運糧，率令海船從揚子江逆流而上。江水湍急，又多石磯，走沙漲淺，糧船俱壞，歲歲有之。又湖廣、江西之糧運至真州泊入海船，船大底小，亦非江中所宜。於是以嘉興、松江秋糧，並江淮、江浙財賦府歲辦糧充運。海漕之利，蓋至是博矣。

凡運糧，每石有脚價鈔。至元二十一年，給中統鈔八兩五錢，其後遞減至於六兩五錢。至大三年，以福建、浙東船户至平江載糧者，道遠費廣，通增爲至元鈔一兩六錢，香糯一兩七錢。四年，又增爲二兩，香糯二兩八錢，稻穀一兩四錢。延祐元年，斟酌遠近，復增其價。福建船運糙粳米每石十三兩，温、台、慶元船運糙粳、香糯每石一十一兩五錢，紹興、浙西船每石一十一兩，白粳價同，稻穀每石八兩，黑豆每石依糙白糧例給焉。

初，海運之道，自平江劉家港入海，經揚州路通州海門縣黄連沙頭、萬里長灘開洋，沿山嶼而行，抵淮安路鹽城縣，歷西海州、海寧府東海縣、密州、膠州界，放靈山洋投東北，路多淺沙，行月余始抵成山。計其水程，自上海至楊村馬頭，凡一萬三千三百五十里。至元二十九年，朱清等言其路險惡，復開生道。自劉家港開洋，至撑脚沙轉沙觜，至三沙、洋子江，過匾擔沙、大洪，又過萬里長灘，放大洋至青水洋，又經黑水洋至成山，過劉島，至芝罘、沙門二島，放萊州大洋，抵界河口，其道差爲徑直。明年，千户殷明略又開新道，從劉家港入海，至崇明州三沙放洋，向東行，入黑水大洋，取成山轉西至劉家島，又至登州沙門島，于萊州大洋入界河。當舟行風信有時，自浙西至京師，不過旬日而已，視前二道爲最便云。然風濤不測，糧船漂溺者無歲無之，間亦有船壞而棄其米者。至元二十三年始責償於運官，人船俱溺者乃免。然視河漕之費，則其所得蓋多矣。

歲運之數：

至元二十年，四萬六千五十石，至者四萬二千一百七十二石。

二十一年，二十九萬五百石，至者二十七萬五千六百一十石。

二十二年，一十萬石，至者九萬七百七十一石。

二十三年，五十七萬八千五百二十石，至者四十三萬三千九百五石。

二十四年，三十萬石，至者二十九萬七千五百四十六石。

二十五年，四十萬石，至者三十九萬七千六百五十五石。

二十六年，九十三萬五千石，至者九十一萬九千九百四十三石。

二十七年，一百五十九萬五千石，至者一百五十一萬三千八百五十六石。

二十八年，一百五十二萬七千二百五十石，至者一百二十八萬一千六百一十五石。

二十九年，一百四十萬七千四百石，至者一百三十六萬一千五百一十三石。

三十年，九十萬八千石，至者八十八萬七千五百九十一石。

三十一年，五十一萬四千五百三十三石，至者五十萬三千五百三十四石。

元貞元年，三十四萬五百石。

二年，三十四萬五百石，至者三十三萬七千二十六石。

大德元年，六十五萬八千三百石，至者六十四萬八千一百三十六石。

二年，七十四萬二千七百五十一石，至者七十萬五千九百五十四石。

三年，七十九萬四千五百石。

四年，七十九萬五千五百石，至者七十八萬八千九百一十八石。

五年，七十九萬六千五百二十八石，至者七十六萬九千六百五十石。

六年，一百三十八萬三千八百八十三石，至者一百三十二萬九千一百四十八石。

七年，一百六十五萬九千四百九十一石，至者一百六十二萬八千五百八石。

八年，一百六十七萬二千九百九石，至者一百六十六萬三千三百一十三石。

九年，一百八十四萬三千三石，至者一百七十九萬五千三百四十七石。

十年，一百八十萬八千一百九十九石，至者一百七十九萬七千七十八石。

十一年，一百六十六萬五千四百二十二石，至者一百六十四萬四千六百七十九石。

至大元年，一百二十四萬一百四十八石，至者一百二十萬二千五百三石。

二年，二百四十六萬四千二百四石，至者二百三十八萬六千三百石。

三年，二百九十二萬六千五百三十三石，至者二百七十一萬六千九百十三石。

四年，二百八十七萬三千二百一十二石，至者二百七十七萬三千二百六十六石。

皇慶元年，二百八萬三千五百五石，至者二百六萬七千六百七十二石。

二年，二百三十一萬七千二百二十八石，至者二百一十五萬八千六百八十五石。

延祐元年，二百四十萬三千二百六十四石，至者二百三十五萬六千六百六石。

二年，二百四十三萬五千六百八十五石，至者二百四十二萬二千五百五石。

三年，二百四十五萬八千五百一十四石，至者二百四十三萬七千七百四十一石。

四年，二百三十七萬五千三百四十五石，至者二百三十六萬八千一百一十九石。

五年，二百五十五萬三千七百一十四石，至者二百五十四萬三千六百一十一石。

六年，三百二萬一千五百八十五石，至者二百九十八萬六千一十七石。

七年，三百二十六萬四千六石，至者三百二十四萬七千九百二十八石。

至治元年，三百二十六萬九千四百五十一石，至者三百二十三萬八千七百六十五石。

二年，三百二十五萬一千一百四十石，至者三百二十四萬六千四百八十三石。

三年，二百八十一萬一千七百八十六石，至者二百七十九萬八千六百一十三石。

泰定元年，二百八萬七千二百三十一石，至者二百七萬七千二百七十八石。

二年，二百六十七萬一千一百八十四石，至者二百六十三萬七千五十一石。

三年，三百三十七萬五千七百八十四石，至者三百三十五萬一千三百六十二石。

四年，三百一十五萬二千八百二十石，至者三百一十三萬七千五百三十二石。

天曆元年，三百二十五萬五千二百二十石，至者三百二十一萬五千四百二十四石。

二年，三百五十二萬二千一百六十三石，至者三百三十四萬三百六石。

卷九七　食貨五

海運

元自世祖用伯顏之言，歲漕東南粟，由海道以給京師，始自至元二十年，至於天曆、至順，由四萬石以上增而爲三百萬以上，其所以爲國計者大矣。歷歲既久，弊日以生，水旱相仍，公私俱困，疲三省之民力，以充歲運之恒數，而押運監臨之官，與夫司出納之吏，恣爲貪黷，脚價不以時給，收支不得其平，船户貧乏，耗損益甚。兼以風濤不測，盗賊出没，剽劫覆亡之患，自仍改至元之後，有不可勝言者矣。由是歲運之數，漸不如舊。至正元年，益以河南之粟，通計江南三省所運，止得二百八十萬石。二年，又令江浙行省及中政院財賦總管府，撥賜諸人寺觀之糧，盡數起運，僅得二百六十萬石而已。及汝、潁倡亂，湖廣、江右相繼陷没，而方國珍、張士誠竊據浙東、西之地，雖縻以好爵，資爲藩屏，而貢賦不供，剥民以自奉，於是海運之舟不至京師者積年矣。

至十九年，朝廷遣兵部尚書伯顏帖木兒、户部尚書齊履亨征海運于江浙，由海道至慶元，抵杭州。時達識帖睦邇爲江浙行中書省丞相，張士誠爲太尉，方國珍爲平章政事，詔命士誠輸粟，國珍具舟，達識帖睦邇總督之。既達朝廷之命，而方、張互相猜疑，士誠慮方氏載其粟而不以輸於京也，國珍恐張氏掣其舟而因乘虚以襲己也。伯顏帖木兒白于丞相，正辭以責之，巽言以諭之，乃釋二家之疑，克濟其事。先率海舟俟於嘉興之澉浦，而平江之粟輾轉以達杭之石墩，又一舍而後抵澉浦，乃載於舟。海灘淺澀，躬履艱苦，粟之載於舟者，爲石十有一萬。

二十年五月赴京。是年秋，又遣户部尚書王宗禮等至江浙。

二十一年五月，運糧赴京，如上年之數。九月，又遣兵部尚書徹徹不花、侍郎韓祺往征海運一百萬石。

二十二年五月，運糧赴京，視上年之數，僅加二萬而已。九月，遣户部尚書脱脱歡察爾、兵部尚書帖木至江浙。

二十三年五月，仍運糧十有三萬石赴京。九月，又遣户部侍郎博羅帖木兒、監丞賽因不花往征海運。士誠託辭以拒命，由是東南之粟給京師者，遂止於是歲云。

卷九九　兵志二

看守軍

外倉　世祖至元二十五年十一月，以軍守都城外倉。初，大都城内倉敖有軍守之，城外豐閏、豐實、廣貯、通濟四倉無守者。至是收糧頗多，丞相桑哥以爲言，乃依都城内倉例，每倉發軍五人守之。十二月，中書省臣言：『樞密院公廨後，有倉貯糧，乞調軍五人看守。』從之。

成宗大德四年二月，調軍五百人，於新浚河内看閘。

卷一一九　博爾忽　附子月赤察兒

博爾忽，許兀慎氏，事太祖爲第一千户，殁於敵。

子月赤察兒，〔至元〕二十八年，都水使者請鑿渠西導白浮諸水，經都城中，東入潞河，則江淮之舟既達廣濟渠，可直泊於都城之匯。帝亟欲其成，又不欲役其細民，敕四怯薛人及諸府人專其役，度其高深，畫地分賦之，刻日使畢工。月赤察兒率其屬，著役者服，操畚鍤，即所賦以倡，趨者雲集，依刻而渠成，賜名曰通惠河，公私便之。帝語近臣曰：『是渠非月赤察兒身率衆手，成不速也。』

卷一二一　博羅歡

博羅歡，畏答兒幼子蘸木曷之孫，瑣魯火都之子也。……汴南諸州，（莽）〔漭〕爲巨浸[一]，博羅歡躬行決口，督有司繕完之。〔至元〕三十一年，成宗立，遷陝西行中書省平章政事。

卷一二四　岳璘帖莫爾

岳璘帖莫爾，回鶻人，畏兀國相暾欲谷之裔也。……道出河西，所過榛莽，或時乏水，爲之鑿井置堠，居民使客相慶稱便。

[一] 標點本注：（莽）〔漭〕爲巨浸　據《元文類》卷五九《姚燧博羅驩神道碑》改。

卷一二五　賽典赤贍思丁

賽典赤贍思丁，一名烏馬兒，回回人，别庵伯爾之裔。

至元十一年，遂拜平章政事，行省雲南。十三年，教民播種，爲陂池以備水旱。

鐵哥

鐵哥，姓伽乃氏，迦葉彌兒人。

大德七年，復拜中書平章政事。平灤大水，鐵哥奏曰：『散財聚民，古之道也。今平灤水災，不加賑卹，民不聊生矣！』從之。

卷一二七　伯顔

伯顔，蒙古八鄰部人。

至元十一年，大舉伐宋。十二月丙午，軍次漢口。辛亥，諸將自漢口開壩，引船入淪河，先遣萬户阿剌罕以兵拒沙蕪口，逼近武磯，巡視陽羅城堡，徑趨沙蕪，遂入大江。壬子，伯顔戰艦萬計，相踵而至，以數千艘泊於淪河灣口，屯布蒙古、漢軍數十萬騎於江北。

十二年春正月丙戌，伯顔至湖口，遣千户寧玉[一]繫浮橋以渡，風迅水駛，橋不能成，乃禱於大孤山神，有頃，風息橋成，大軍畢渡。十二月庚戌，遣寧玉修吴江長橋，不旬日而成。丙寅……，别遣寧玉守長橋。

卷一二八　阿術

阿術，兀良氏，都帥兀良合臺子也。

至元六年七月，大霖雨，漢水溢。九年，是年九月，加同平章事。先是，襄、樊兩城，漢水出其間，宋兵植木江中，聯以鐵鎖，中造浮梁，以通援兵，樊恃此爲固。至是，阿術以機鋸斷木，以斧斷鎖，焚其橋，襄兵不能援。

阿里海牙

阿里海牙，畏吾兒人也。

至元十有三年，獨宋經略使馬塈守静江不下。十一月，前兵至嚴關，塈守關弗納，破其兵，又敗都統馬應麒于小溶江，遂逼静江。……静江以水爲固，乃築堰斷大陽、小溶二江，以遏上流，決東南埭，以涸其隍，破其城。

[一] 寧玉　據閻復《静軒集》，中統年間曾召寧玉『充河道官，疏浚玉泉河渠』。至元三年，在河南鄧州『由新野而南，以通轉漕』。

卷一二九　來阿八赤

來阿八赤[一]，寧夏人。

至元七年，南征襄樊，命阿八赤督運，二日而畢。十八年，佩三珠虎符，授通奉大夫、益都等路宣慰使、都元帥。發兵萬人開運河，阿八赤往來督視，寒暑不輟。有兩卒自傷其手，以示不可用，阿八赤檄樞密並行省奏聞，斬之以懲不律。運河既開，遷膠萊海道漕運使。

阿塔海

阿塔海，遜都思人。

至元九年，五月霖雨，宋將夏貴乘淮水溢，來争正陽。阿塔海率衆禦之，貴走，追至安豐城下而還。

唆都

唆都，扎剌兒氏。

至元十九年，率戰船千艘，出廣州，浮海伐占城。占城迎戰兵號二十萬。唆都率敢死士擊之，斬首並溺死者五萬餘人。又敗之於大浪湖，斬首六萬級。占城降，唆都造木爲城，辟田以耕。

卷一三〇　徹里

徹里，燕只吉台氏。

大德元年，改江浙行省平章政事。江浙税糧甲天下，平江、嘉興、湖州三郡當江浙什六七，而其地極下，水鍾爲震澤。震澤之注，由吳松江入海。歲久，江淤塞，豪民利之，封土爲田，水道淤塞，由是浸淫泛溢，敗諸郡禾稼。朝廷命行省疏導之，發卒數萬人，徹里董其役，凡四閲月畢工。

卷一三五　塔出

塔出，布兀剌子也。

至元十一年，以塔出爲鎮國上將軍。……宋夏貴帥舟師十萬圍正陽，決淮水灌城，幾陷，帝遣塔出往救之。

十五年，初江西甫定，帝命隳其城，塔出即表言：『豫章諸郡皆瀕江爲城，霖潦泛溢，無城必至墊溺，隳之不便。』帝從之。

[一] 來阿八赤　又作『阿八赤』或『阿八失』，清代改譯爲『阿巴齊』。

卷一三六　哈剌哈孫

哈剌哈孫，斡剌納兒氏。

大德十一年，武宗至自北，即皇帝位，拜太傅、録軍國重事。……由是罷相出鎮北邊。至鎮……浚古渠，溉田數千頃。治稱海屯田，教部落雜耕其間，歲得米二十餘萬。北邊大治。

拜住

拜住，安童孫也。

延祐三年，夏六月，拜住以海運糧視世祖時頓增數倍，今江南民力困極，而京倉充满，奏請歲減二十萬石。帝遂並鐵木迭兒所增江淮糧免之。

卷一三八　康里脱脱

康里脱脱，父曰牙牙，由康國王封雲中王，阿沙不花之弟也。

仁宗即位（皇慶元年）二月，拜江浙行省左丞相。下車，進父老問民利病，咸謂杭城故有便河通于江滸，堙廢已久，若疏鑿以通舟楫，物價必平。僚佐或難之，脱脱曰：『吾陛辭之日，密旨便宜行事。民以爲便，行之可也。』俄有旨禁勿興土功，脱脱曰：『敬天莫先勤民，民蒙其利則災沴自弭，土功何尤。』不一月而成。

脱脱

脱脱字大用，生而岐嶷，異於常兒。

至正元年，遂命脱脱爲中書右丞相、録軍國重事，詔天下。脱脱乃悉更伯顔舊政，復科舉取士法。二年五月，用參議孛羅帖木兒等言，於都城外開河置閘，放金口水，欲引通州船至麗正門，役丁夫數萬，訖無成功。事見《河渠志》。三年，詔修遼、金、宋三史，命脱脱爲都總裁官。又請修《至正條格》頒天下。

十年，河決白茅堤，又決金堤，方數千里，民被其患，五年不能塞。脱脱用賈魯計，請塞之，以身任其事。出告群臣曰：『皇帝方憂下民，爲大臣者職當分憂。然事有難爲，猶疾有難治，自古河患即難治之疾也，今我必欲去其疾。』而人人異論，皆不聽。乃奏以賈魯爲工部尚書，總治河防，使發河南北兵民十七萬役之，築決堤成，使復故道。凡八月，功成。事見《河渠志》。於是天子嘉其功，賜世襲答剌罕之號。又敕儒臣歐陽玄制《河平碑》以載其功。

十三年三月，脱脱用左丞烏古孫良楨、右丞悟良哈台議，屯田京畿，以二人兼大司農卿，而脱脱領大司農事。西至西山，東至遷民鎮，南至保定、河間，北至檀、順州，皆引水利，立法佃種，歲乃大稔。

卷一四〇　別兒怯不花

別兒怯不花，字大用，燕只吉鷴氏。

至順元年，丁内艱還京。起復爲江浙行省參知政事。江浙歲漕米由海道達京師，別兒怯不花董其事。

太平

太平，字允中，初姓賀氏，名惟一，後賜姓蒙古氏，名太平。

至正六年，拜御使大夫。明年正月，詔修《後妃》、《功臣傳》，特命太平同監修國史，蓋異數也。立行都水監以治黄河。

河南盜起，十五年，詔命太平爲江浙行省左丞相。未行，改爲淮南行省左丞相，兼知行樞密院事，總制諸軍，駐於濟寧。時諸軍久出，糧餉苦不繼。太平命有司給牛具以種麥，自濟寧達於海州，民不擾而兵賴以濟。

鐵木兒塔識

鐵木兒塔識，字九齡，國王脱脱之子。

至正七年，分海漕米四十萬石置沿河諸倉，以備凶荒。

達識帖睦邇

達識帖睦邇，字九成。

〔至正〕十九年，朝廷因授士信江浙行省平章政事。士信乃大發浙西諸郡民築杭城。先是，海漕久不通，朝廷遣使來征糧，士誠運米十余萬石達京師。

卷一四一　察罕帖木兒

察罕帖木兒，字廷瑞，系出北庭。

至正十九年，察罕帖木兒圖復汴梁。五月，以大軍次虎牢。先發游騎，南道出汴南，略歸、亳、陳、察，北道出汴東，戰船浮於河，水陸並下，略曹南，據黄陵渡。八月，不旬日河南悉定。獻捷京師，歡聲動中外，以功拜河南行省平章政事，兼知河南行樞密院事、陝西行台御史中丞，仍便宜行事。先是，中原亂，江南海漕不復通，京師屢苦饑。

至是，河南既定，檄書達江浙，海漕乃復至。

二十二年，察罕帖木兒遂移兵圍益都，環城列營凡數十，大治攻具，百道並進。賊悉力拒守。復掘重塹，築長圍，遏南洋河以灌城中。

卷一四二　也速

也速，蒙古人，倜儻有能名。

至正二十五年，軍過通州，白河水溢不能進，駐虹橋，築壘以待。姚伯顏不花素輕也速無謀，不設備。也速覘知之，襲破其軍，擒姚伯顏不花。孛羅帖木兒大恐，自將討也速，至通州，大雨三日，乃還。

納麟

納麟，知曜之孫，睿之子也。

至正十八年，赴召，由海道入朝，至黑水洋，阻風而還。十九年，復由海道趨直沽。山東俞寶率戰艦斷糧道，納麟命其子安安及同舟人拒之，破其衆於海口。八月，抵京師。

卷一四三　自當

自當，蒙古人也。

泰定二年，改工部員外郎，中書省委開渾河㈠，自當往視之，以爲水性不常，民力亦瘁，難以成功，言於朝，河役乃罷。

泰不華

泰不華，字兼善，伯牙吾台氏。

順帝即位，轉江浙行省左右司郎中。浙西大水害稼，會泰不華入朝，力言於中書，免其租。至正元年，升禮部尚書，兼會同館事。黄河決，奉詔以珪玉白馬致祭河神。竣事上言：『淮安以東，河入海處，宜仿宋置撩清夫，用輥江龍鐵掃，撼蕩沙泥，隨潮入海。』朝廷從其言，會用夫屯田，其事中廢。九年，已而出爲都水庸田使。

余闕

余闕，字廷心，一字天心，唐兀氏，世家河西武威。

至正十五年夏，大雨，江漲，屯田禾半没，城下水湧，有物吼聲如雷，闕祠以少牢，水輒縮。秋稼登，得糧三萬斛。

㈠ 渾河　標點本作『混河』，並注『此名不見《元史》他處。按《元史》卷六四《河渠志》『泰定三年渾河泛没大興諸鄉』。道光本改『混』爲『渾』。當是，據改。

闕度軍有餘力，乃浚隍增陴，隍外環以大防，深塹三重，南引江水注之，環植木爲柵，城上四面起飛樓，表里完固。

卷一四五　廉惠山海牙

廉惠山海牙，字公亮，布魯海牙之孫，希憲之從子也。至治元年，登進士第，授承事郎、同知顺州事。遷都水監，疏會通河，堤灤、漆二水，又修京東閘。至正三年初，……明年，自是累遷爲河南行省右丞。時有詔發民治決河，遍騷屬郡，亟以不便上言，而時宰不用。居歲餘，奉詔還治省事，總備禦事，且督賦税由海道供京師，朝廷賴焉。

月魯不花

月魯不花，字彦明，蒙古遜都思氏。

至正元年，朝廷立行都水監，以選爲其監經歷。尋擢廣東廉訪司經歷。會廷議將治河決，以行都水監丞召之，比至，改集賢待制，除吏部員外郎。

卷一四七　張柔

張柔，字德剛，易州定興人，世力農。

太祖丁亥，移鎮保州。保自兵火之餘，荒廢者十五年，盜出没其間。柔爲之畫市井，定民居，置官廨，引泉入城，疏溝渠以瀉卑濕，通商惠工，遂致殷富。

太宗壬辰，從睿宗伐金，……遂圍睢陽，金主走汝南。汝南恃柴潭爲阻，會宋孟珙以兵糧來會，珙決其南，潭水涸。金人懼，啟南門求死戰，柔以步卒二十餘突其陣，促聶福堅先登，擒二校以歸。

庚子，詔柔等八萬户伐宋。辛丑，柔率師自五河口濟淮，略和州諸城，師還，分遣部下將千人屯田於襄城。初，河決於汴，西南入陳留，分而爲三，杞居其中潭。宋兵恃舟楫之利，駐亳、泗，犯汴、洛，以擾河南。柔乃即故杞之東西中三山夾河，順殺水勢，築連城，結浮梁，爲進戰退耕之計，敵不敢至。甲寅，移鎮亳州。環亳皆水，非舟楫不達，柔甃城壁爲橋樑屬汴堤，以通商賈之利。

弘略

弘略字仲傑，柔第八子也。

至元三年，城大都，佐其父爲築宫城總管。十四年，宋廣、王昺據閩、廣，時東海縣儲粟數萬，行省檄弘略將兵二千戍之，仍命造舟運粟入淮安。弘略顧民舟，有能載粟十石者與一石，人争趨之，一月而畢。

卷一四八 董俊 子文用

董俊，字用章，真定藁城人。

文用字彦材，俊之第三子也。

至元改元，召爲西夏中興等路行省郎中。中興自渾都海之亂，民間相恐動，竄匿山谷。文用至，鎮之以静，乃爲書置通衢諭之，民乃安。始開唐來、漢延、秦家等渠，墾中興、西凉、甘、肅、瓜、沙等州之土爲水田若干，於是民之歸者户四五萬，悉授田種，頒農具。更造舟置黄河中，受諸部落及潰叛之來降者。

十四年，詣汴漕司言事。適漕司議通沁水北東合流御河以便漕者，文用曰：『衛爲郡，地最下，大雨時行，沁水輒溢出百十里間；雨更甚，水不得達於河，即浸淫及衛，今又引之使來，豈惟無衛，將無大名、長蘆矣。』會朝廷遣使相地形，上言：『衛州城中浮屠最高者，才與沁水平，勢不可開也。』事遂寢。

卷一五一 王善 子慶端

王善，字子善，真定藁城人。子慶淵；次慶端。

慶端，字正甫，初爲郡筦庫，進水軍提領，……監築大都城。從世祖北征，還，遷右衛親軍副都指揮使，進侍衛軍都指揮使，建威武營，以處衛兵，經畫田廬，使各安業。……浚渠構室，如治家事。

張荣 子君佐

張荣。清州人。

子君佐，襲佩虎符，砲水手元帥，戍蔡州。

至元十九年，命率新附漢軍萬人，修膠西閘壩，以通漕運。二十一年，兼海道運糧事，是年卒。

卷一五四 洪福源 子君祥

洪福源，其先中國人，唐遣才子八人往教高麗，洪其一也。

君祥，小字雙叔，福源第五子也。年十四，隨兄茶丘見世祖於上京，帝悦，命劉秉忠相之，秉忠曰：『是兒目視不凡，後必以功名顯，但當致力於學耳。』令選師儒誨之。至元三年，籍高麗民三百人爲兵，令君祥統之。從禿花禿烈、伯顔等軍，築萬壽山，復從開通州運河。二十八年，授遼陽行省右丞，用樞密院留，復居舊職。議者欲自東南海口辛橋開河合灤河，運糧至上都，奉旨與中書右丞阿里相其利害，還，極言不便，罷之。

鄭鼎

鄭鼎，澤州陽城人。

至元三年，遷平陽路總管。是歲大旱，鼎下車而雨。平陽地狹人衆，常乏食，鼎乃導汾水，溉民田千餘頃，開潞河鵬黄嶺道，以來上黨之粟。

石抹按只

石抹按只，契丹人，世居太原。時宋兵於沿江撤橋據守，按只相地形，造浮橋，師至無留行。宋欲撓其役，兵出輒敗，自馬湖以達合江、涪江、清江，凡立浮橋二十餘所。及四川平，浮橋之功居多。己未，宋以巨艦載甲士數萬，屯清江浮橋，相距七十日。水暴漲，浮橋壞，西岸軍多漂溺。按只軍東岸，急撤浮橋，聚舟岸下，士卒得不死，又援出别部軍五百餘人。中統三年，授河中府船橋水手軍總管，佩金符，以立浮橋功也。至元六年正月，也速帶兒領兵趨瀘州，遣按只以舟運其器械、糧食，由水道進。宋兵復扼馬湖江，按只擊敗之，生獲四十人，奪其船五艘。復以水軍一千，運糧於眉、簡二州，軍中賴之。

卷一五五　汪世顯　子德臣

汪世顯字仲明……子七人，次德臣。

德臣，賜名田哥，字舜輔。世祖以皇弟有事西南，德臣入見，乞免益昌賦税及徭役，漕糧、屯田爲長久計，並從之。即命置行部於鞏，立漕司於沔，通販鬻，給餽餉。

甲寅春，旱，嘉陵漕舟水澀，議者欲棄去，德臣曰：『國家以蜀事托我，有死而已，奈何棄之！』盡殺所乘馬饗士。襲嘉川，得糧二千余石。雲頂吕〔遠〕〔達〕將兵五千邀戰，即陣擒之，復得糧五千石。既而魚關、金牛水陸運偕至，屯田麥亦登，食用遂給。

卷一五六　董文炳　子士選

士選字舜卿，文炳次子也。桑哥事敗[一]，帝求直士用之，以易其弊，於是召士選論議政事，以中書左丞與平章政事徹理往鎮浙西。浙多湖泊，廣蓄泄以備水旱，率爲豪民占以種藝，水無所居積，故數有水旱，士選與徹理力開復之。

[一] 事在至元二十八年七月。

張弘範

張弘範字仲疇，柔第九子也。

至元二年，移守大名。歲大水，漂没廬舍，租税無從出，弘範輒免之。朝廷罪其專擅，弘範請入見，進曰：『臣以爲朝廷儲小倉，不若儲之大倉。』帝曰：『何説也？』對曰：『今歲水潦不收，而必責民輸，倉庫雖實，而民死亡殆盡，明年租將安出？曷若活其民，使不致逃亡，則歲有恒收，非陛下大倉庫乎！』帝曰：『知體，其勿問。』

卷一五七　張文謙

張文謙，字仲謙，邢州沙河人。

至元元年，詔文謙以中書左丞行省西夏中興等路。浚唐來、漢延二渠，溉田十數萬頃，人蒙其利。

卷一五八　姚樞

姚樞，字公茂，柳城人，後遷洛陽。

世祖在潛邸，遣趙璧召樞至，大喜，待以客禮。詢及治道，乃爲書數千言，……布屯田以實邊戍，通漕運以廩京都。

憲宗即位，樞又請置屯田經略司於汴以圖宋；置都運司於衛，轉粟於河。

卷一六三　程思廉

程思廉，字介甫，其先洛陽人。至元二十年，衛輝、懷孟大水，思廉臨視賑貸，全活甚衆。水及城不没者數板，即修堤防，露宿督役，水不爲患，衛人德之。

烏古孫澤

烏古孫澤，字潤甫，臨潢人。

至元二十九年，秋七月，時行省平章哈剌哈孫察其心誠愛民，不以專擅罪之。邕管徼外蠻數爲寇，澤循行並徼，得厄塞處，布畫遠邇，募民伉健者四千六百餘户，置雷留那扶十屯，列營堡以守之。陂水墾田，築八堨以節瀦泄，得稻田若干畝，歲收谷若干石爲軍儲，邊民賴之。

詔擢爲海北海南廉訪使。雷州地近海，潮汐齧其東南，陂塘堿，農病焉。而西北廣衍平袤，宜爲陂塘，澤行視城陰，曰：『三溪徒走海，而不以灌溉，此史起所以薄西門豹也。』乃教民浚故湖，築大堤，堨三溪瀦之，爲斗門七，堤堨六，以制其贏耗；釃爲渠二十有四，以達其注輸。渠皆支別爲閘，設守視者，時其啓閉，計得良田數千頃，瀕海廣潟並爲膏土。民歌之曰：『舃鹵爲田兮，孫父之教。渠之泱泱兮，長我粳稻。自今有年兮，無旱無澇。』

卷一六四　郭守敬

郭守敬，字若思，順德邢臺人。生有異操，不爲嬉戲事。大父榮，通五經，精於算數、水利。

中統三年，文謙薦守敬習水利，巧思絶人。世祖召見，面陳水利六事：其一，中都舊漕河，東至通州，引玉泉水以通舟，歲可省雇車錢六萬緡。通州以南，於蘭榆河口徑直開引，由蒙村跳樑務至楊村還河，以避浮雞淘盤淺風浪遠轉之患。其二，順德達泉引入城中，分爲三渠，灌城東地。其三，順德澧河東至古任城，失其故道，没民田千三百餘頃。此水開修成河，其田即可耕種，自小王村（徑）〔經〕滹沱，合入御河，通行舟筏。其四，磁州東北滏、漳二水合流處，引水由滏陽、邯鄲、洺州、永年下經雞澤，合入澧河，可灌田三千餘頃。其五，懷、孟沁河，雖澆灌，猶有漏堰余水，東與丹河余水相合。引東流，至武陟縣北，合入御河，可灌田二千餘頃。其六，黄河自孟州西開引，少分一渠，經由新、舊孟州中間，順河古岸下，至温縣南復入大河，其間亦可灌田二千餘頃。每奏一事，世祖嘆曰：『任事者如此，人不爲素餐矣。』授提舉諸路河渠。四年，加授銀符、副河渠使。

至元元年，從張文謙行省西夏。先是，古渠在中興者，一名唐來，其長四百里，一名漢延，長二百五十里，它州正渠十，皆長二百里，支渠大小六十八，灌田九萬餘頃。兵亂以來，廢壞淤淺。守敬更立閘堰，皆復其舊。

二年，授都水少監。守敬言：『舟自中興沿河四晝夜至東勝，可通漕運，及見查泊、兀郎海古渠甚多，宜加修理。』又言：『金時，自燕京之西麻峪村，分引盧溝一支東流，穿西山而出，是謂金口。其水自金口以東，燕京以北，灌田若干頃，其利不可勝計。兵興以來，典守者懼有所失，因以大石塞之。今若按視故跡，使水得通流，上可以致西山之利，下可以廣京畿之漕。』又言：『當于金口西預開減水口，西南還大河，令其深廣，以防漲水突入之患。』帝善之。

十二年，丞相伯顔南征，議立水站，命守敬行視河北、山東可通舟者，爲圖奏之。

至元二十八年，有言灤河自永平挽舟逾山而上，可至開平；有言瀘溝自麻峪，可至尋麻林。朝廷遣守敬相視，灤河既不可行，瀘溝舟亦不通。守敬因陳水利十有一事。其一，大都運糧河，不用一畝泉舊源，別引北山白浮泉水，西折而南，經甕山泊，自西水門入城，環匯於積水潭，復東折而南，出南水門，合入舊運糧河。每十里置一閘，比至通州，凡爲閘七，距閘里許，上重置斗門，互爲提閼，以過舟止水。帝覽奏，喜曰：『當速行之。』於是復置都水監，俾守敬領之。帝命丞相以下皆親操畚鍤倡工，待守敬指授而後行事。

先是，通州至大都，陸運官糧，歲若干萬石，方秋霖雨，驢畜死者不可勝計，至是皆罷之。三十年，帝還自上都，過積水潭，見舳艫蔽水，大悅，名曰通惠河，賜守敬鈔萬二千五百貫，仍以舊職兼提調通惠河漕運事。守敬又言：於澄清閘稍東，引水與北壩河接，且立閘麗正門西，令舟楫得環城往來。志不就而罷。三十一年，拜昭文館大學士、知太史院事。

大德二年，召守敬至上都，議開鐵幡竿渠。守敬奏：『山水頻年暴下，非大爲渠堰，廣五七十步不可。』執政吝於工費，以其言爲過，縮其廣三之一。明年大雨，山水注下，渠不能容，漂没人畜廬帳，幾犯行殿。成宗謂宰臣曰：『郭太史神人也，惜其言不用耳。』

七年，詔内外官年及七十，並聽致仕，獨守敬不許其請。自是翰林太史司天官不致仕，定著爲令。延祐三年卒，年八十六。

尚野

尚野，字文蔚，其先保定人，徙滿城。

至元二十八年，遷南陽縣尹。改懷孟河渠副使，會遣使問民疾苦，野建言：『水利有成法，宜隸有司，不宜復置河渠官。』事聞於朝，河渠官遂罷。

卷一六五　賈文備

賈文備，字仲武，祁州蒲陰人。

至元九年，移蔡州，兼水陸漕運。宋兵時掠糧餉，文備敗之，並奪其船。

卷一六六　羅璧

羅璧，字仲玉，鎮江人。

至元十二年，始運江南糧，而河運弗便。十九年，用丞相伯顔言，初通海道漕運，抵直沽以達京城，立運糧萬户三，而以璧與朱清、張瑄爲之。乃首部漕舟，由海洋抵楊村，不數十日入京師，賜金虎符，進懷遠大將軍、管軍萬户，兼管海道運糧。二十四年，乃顔叛，璧復以漕舟至遼陽，浮海抵錦州小淩河，至廣寧十寨，諸軍賴以濟，加昭勇大將軍。二十五年，督漕至直沽倉，潞河決，水溢，幾及倉，璧樹柵，率所部畚土築堤捍之。

大德三年，除都水監，改正奉大夫。通州復多水患，鑿二渠以分水勢；又浚阜通河而廣之，歲增漕六十余萬石。

蔡珍

蔡珍，彰德安陽人。

至元二十一年，改授膠東海道都漕運司丁壯萬户府都鎮撫。

賀祉

賀祉，益都人。

至元十年，領舟師五百艘爲先鋒，攻五河口城。軍還，殿后。時宋兵以巨索横截淮水，號混江龍，祉用大刀斷之，却其救兵，清河城遂降。

趙宏偉

趙宏偉，字子英，甘陵人，後徙潁川。

大德五年，大風，海溢，潤、常、江陰等州廬舍多蕩没，民乏食。宏偉將發廪以賑，有司以未得報爲辭，宏偉曰：『民旦暮饑，擅發有罪，我先坐。』遂發之，全活者十餘萬。

卷一六七　張立道

張立道，字顯卿。其先陳留人，後徙大名。至元十年三月，領大司農事，中書以立道熟于雲南，奏授大理等處巡行勸農使，佩金符。其地有昆明池，介碧雞、金馬之間，環五百余里，夏潦暴至，必冒城郭。立道求泉源所自出，役丁夫二千人治之，泄其水，得壤地萬餘頃，皆爲良田。

張庭珍

張庭珍，字國寶，臨潢全州人。

宋平，拜大司農卿。河決，灌太康，漂溺千里，庭珍括商人漁子船及縛木爲筏，載糗糧四出救之，全活甚衆。水入善利門，庭珍親督夫運薪土捍之，不能止，乃頽城爲堰。水既退，即發民增外防百三十里，人免水憂。

王惲

王惲，字仲謀，衛州汲縣人。

至元五年，建御史台，首拜監察御史，知無不言，論列凡百五十余章。時都水劉晸交結權勢，任用頗專，陷没官糧四十余萬石，憚劾之，暴其奸利，權貴側目。又言：『聶監修太廟畢功，特轉官錫賞，今才數年，樑柱摧朽，事涉不敬，宜論如法。』聶竟以憂卒。〔一〕

卷一六八 何榮祖

何榮祖，字繼先，其先太原人。

時宣慰使樂實、姚演開膠州海道，有制禁戢諸人沮撓，糧舶遇暴風多漂覆。樂實弗信，督諸漕卒償之，搒掠慘毒，自殺者相繼。按察官懼違制，莫敢言。榮祖曰：『第言之，若朝廷見譴，吾自當之。』即草辭以奏，詔免其征。

陳思濟

陳思濟，字濟民，柘城人也。

至元二十三年，加少中大夫、同知浙東道宣慰司事。時浙西大水，民饑，浙東倉廩殷實，即轉輸以賑之，全活者衆，檄上中書，奏允之。

卷一六九 謝仲温

謝仲温，字君玉，豐州豐縣人。

至元二十二年，改淮東宣慰使。歲旱，仲温導白水塘溉民田，公私賴焉。

王伯勝

王伯勝，霸州文安人。

大德五年，扈從上都，天久雨，夜聞城西北有聲如戰鼙然。伯勝率衛卒百人出視之，乃大水暴至，立具畚鍤，集土石，氈罽以塞門，分決壕隍以泄其勢，至旦始定，而民弗知。丞相完澤以聞，帝嘉之。

延祐二年，召爲大都留守，遼陽民狀其行事，言於中書，乞留伯勝，不報，民涕泣而去。三年，特授銀青榮禄大夫。

至治二年，賜金虎符，授武衛親軍都指揮使，兼大都屯田事，仍大都留守。奉詔監修文武樓，創咸寧殿，建太廟。

卷一七〇 尚文

尚文，字周卿，世爲祁州深澤人，後徙保定，遂占

〔一〕《本紀》記聶卒於至元八年。

籍焉。

大德元年，河決蒲口，台檄令文按視防河之策。文建言：『長河萬里西來，其勢湍猛，至盟津而下，地平土疏，移徙不常，失禹故道，爲中國患，不知幾千百年矣。自古治河，處得其當，則用力少而患遲；事失其宜，則用力多而患速。此不易之定論也。今陳留抵睢，東西百有餘里，南岸舊河口十一，已塞者二，自涸者六，通川者三，岸高於水，計六七尺，或四五尺；北岸故堤，其水比田高三四尺，或高下等，大概南高於北，約八九尺，堤安得不壞，水安得不北也！蒲口今決千有餘步，迅疾東行，得河舊瀆，行二百里，至歸德横堤之下，復合正流。或強湮遏，上決下潰，功不可成。揆今之計，河(西)〔北〕郡縣，順水之性，遠築長垣，以禦泛濫；歸德、徐、邳，民避沖潰，聽從安便。被患之家，宜於河南退灘地內，給付頃畝，以爲永業；異時河決他所者，亦如之。信能行此，亦一時救荒之良策也。蒲口不塞便。』朝廷從之。會河朔郡縣、山東憲部争言：『不塞則河北桑田盡爲魚鱉之區，塞之便。』帝復從之。明年，蒲口復決。塞河之役，無歲無之。是後水北入復河故道，竟如文言。

暢師文

暢師文，字純甫，南陽人。

至元三十一年，徙山南道。松滋、枝江有水患，歲發民防水，往返數百里，苦於供給，師文以江水安流，悉罷其役。

高源

高源，字仲淵，晋州人。

至元二十八年，遷都水監。開通惠河，由文明門東七十里，與會通河接〔一〕，置閘七、橋十二，人蒙其利。

卷一七二　趙孟頫

趙孟頫，字子昂，宋太祖子秦王德芳之後也。

至元二十四年六月，授兵部郎中。……他日，行東御牆外，道險，孟頫馬跌墮於河〔二〕。桑哥聞之，言於帝，移築御牆稍西二丈許。二十七年，遷集賢直學士。是歲地震，北京尤甚，地陷，黑沙水湧出，人死傷數十萬。

〔一〕由文明門東七十里，與會通河接　此句有誤。『文明門東七十里』不知所指，文明門東五十里爲北運河，而會通河遠在山東，故『會通河』當是『北運河』之誤。

〔二〕跌墮於河　據考證東禦牆外的河道，應就是後來的通惠河道，即今南河沿大街。

卷一七六 韓若愚

韓若愚，字希賢，保定满城人。由武衛府史授通惠河道所都事，開河有功，詔賜錦衣一襲。

劉德温

劉德温，字純甫，大興人，起家中書省宣使。大德十一年，灤、漆二水爲害，有司歲發民築堤。德温曰：『流亡始集，而又役之，是重困民也。』遂罷其役，而水亦不復至。

尉遲德誠

尉遲德誠，字信甫，絳州人。延祐元年，遷京畿都漕運使。

秦起宗

秦起宗，字元卿，其先上黨人，後徙廣平洺水縣。遷都漕運使，帝召諭之曰：『漕輸事多廢闕，賴御史治之爾。』

卷一七七 張昇

張昇，字伯高，其先定州人，後徙平州。泰定二年，拜陝西行省參知政事，加中奉大夫，尋遷遼東道廉訪使。屬永平大水，民多捐瘠，升請發海道糧十八萬石、鈔五萬緡，以賑饑民，且蠲其歲賦，朝廷從之，民得全活者衆。

卷一七八 王結

王結，字儀伯，易州定興人。仁宗即位，……改東昌路，境有黄河故道，而會通堤遏其下流，夏月潦水，壞民麥禾。結疏爲斗門以泄之，民獲耕治之利。

卷一八〇 趙世延

趙世延，字子敬，其先雍古族人，居雲中北邊。至元二十九年，轉奉議大夫，出僉江南湖北道肅政廉訪司事。修澧陽縣壞堤。至大元年，除紹興路總管，改四川肅政廉訪使。又修都江堰，民尤便之。

卷一八一　虞集

虞集，字伯生，宋丞相允文五世孫也。

泰定初，……嘗因講罷，論京師恃東南運糧爲實，竭民力以航不測，非所以寬遠人而因地利也。與同列進曰：『京師之東，瀕海數千里，北極遼海，南濱青、齊，萑葦之場也，海潮日至，淤爲沃壤，用浙人之法，築堤捍水爲田，聽富民欲得官者，合其衆分授以地，官定其畔以爲限，能以萬夫耕者，授以萬夫之田，爲萬夫之長，千夫、百夫亦如之，察其惰者而易之。一年，勿征也。二年，勿征也；三年，視其成，以地之高下，定額於朝廷，以次漸征之；五年，有積蓄，命以官，就所儲給以禄；十年，佩之符印，得以傳子孫，如軍官之法。則東面民兵數萬，可以近衛京師，外禦島夷；遠寬東南海運，以紓疲民；遂富民得官之志，而獲其用；江海遊食盜賊之類，皆有所歸。』議定於中，説者以爲一有此制，則執事者必以賄成，而不可爲矣。事遂寢。

卷一八二　張起巖

張起巖，字夢臣。其先章丘人，五季避地禹城。

寧宗崩，轉燕南廉訪使。滹沱河水爲真定害，起巖論封河神爲侯爵，而移文責之，復修其提防，瀹其湮鬱，水患遂息。

許有壬

許有壬，字可用，其先世居潁，後徙湯陰。

至正二年，囊加慶善八及孛羅帖木兒獻議，開西山金口導渾河，逾京城，達通州，以通漕運。丞相脱脱主之甚力，有壬曰：『渾河之水，湍悍易決，而足以爲害，淤淺易塞，而不可行舟；況地勢高下，甚有不同，徒勞民費財耳。』不聽，後卒如有壬言。

卷一八三　王思誠

王思誠，字致道，兖州嵫陽人。

至正二年，拜監察御史，上疏言：『京畿去年秋不雨，冬無雪，方春首月蝗生，黄河水溢。蓋不雨者，陽之亢，水湧者，陰之盛也。』又言：『至元十六年，開壩河，設壩夫户八千三百七十有七，車户五千七十，出車三百九十輛，船户九百五十，出船一百九十艘，壩夫累歲逃亡，十損四五，而運糧之數，十增八九，船止六十八艘，户止七百六十有一，車之存者二百六十七輛，户之存者二千七百五十有五，晝夜賓士，猶不能給，壩夫户之存者一千八百三十有二，一夫日運四百余石，肩背成瘡，憔悴如鬼，甚可哀也。』又言：『初開海道，置海仙鶴哨船四十餘艘，往來警邏。今弊船十數，止於劉家港口，以捕盜爲名，實不出海，以致寇賊猖獗，宜即萊州洋等處分兵守之，不令泊船島嶼，禁鎮民與梢水爲婚，有能捕賊者，以船畀之，獲賊首者，賞以官。仍移江浙、河南行省，列戍江海諸口，以詰海商還者，審非寇賊，始令泊船。下年糧船開洋之前，遣將士乘海仙鶴於二月終旬入海，庶幾海道寧息。』朝廷多是其議。

陝西行台言：『欲疏鑿黄河三門，立水陸站以達於關陝。』移牘思誠，會陝西、河南省憲臣及郡縣長吏視之，皆畏險阻，欲以虚辭復命，思誠怒曰：『吾屬自欺，何以責人！何以待朝廷！諸君少留，吾當躬詣其地。』衆惶恐從之，河中灘磧百有餘里，礁石錯出，路窮，舍騎徒行，攀藤葛以進，衆憊喘汗弗敢言，凡三十里，度其不可，乃作詩歷敘其險，執政采之，遂寢其議。

磁河水頻溢，決鐵燈干。鐵燈干，真定境也，召其邑吏，責而懲之。遂集民丁作堤，晝夜督工，期月而塞。復築夾堤於外，亘十餘里，命瀕河民及弓手，列置草舍於上，系木以防盜決。是年，民獲耕藝，歲用大稔。乃募民運碎甓，治郭外行道，高五尺，廣倍之，往來者無泥塗之病。南皮民父祖，嘗瀕御河種柳，輸課於官，名曰柳課。後河決，柳俱没，官猶征之，凡十餘年，其子孫益貧，不能償，思誠連請於朝除之[一]。

卷一八四 王克敬

王克敬，字叔能，大寧人。

泰定初，出爲紹興路總管。明年，擢湖南道廉訪使，調海道都漕運萬户。是歲，當天曆之變，海漕舟有後至直沽者，不果輸，復漕而南還，行省欲坐罪督運者，勒其還趨直沽。克敬以謂：『脱其常年而往返若是，信可罪。今蹈萬死，完所漕而還，豈得已哉！』乃請令其計石數，附次年所漕舟達京師，省臣從之。

崔敬

崔敬，字伯恭，大寧之惠州人。

至正十一年，遷同知大都路總管府事。直沽河淤數年，中書省委敬浚治之，給鈔數萬錠，募工萬人，不三月告成，咸服其能。

卷一八五 蓋苗

蓋苗，字耘夫，大名元城人。

[一] 以上事在至正十二年前。

天曆初，入爲監察御史。文宗幸護國仁王寺，泛舟玉泉，苗進曰：『今頻年不登，邊隅不靖，政當恐懼修省，何暇逸遊，以臨不測之淵乎？』帝嘉納之，賜以對衣上尊，即日還宮。……中書檄苗行視河道，還言：『河口淤塞，今苟不治，後日必爲中原大患。』都水難之，事遂寢。三年，入爲户部侍郎。四年，由都水監遷刑部尚書。

卷一八六　成遵

成遵，字誼叔，南陽穰縣人也。

至正十年，除工部尚書。先是，河決白茅，鄆城、濟寧皆爲巨浸。或言當築堤以遏水勢，或言必疏南河故道以殺水勢，而漕運使賈魯言：『必疏南河，塞北河，使復故道。役不大興，害不能已。』廷議莫能決。乃命遵偕大司農禿魯行視河，議其疏塞之方以聞。

十一年春，自濟寧、曹、濮、汴梁、大名，行數千里，掘井以量地形之高下，測岸以究水勢之淺深，遍閱史籍，博采輿論，以謂河之故道，不可得復，其議有八。而丞相脱脱已先入賈魯之言，及遵與禿魯至，力陳不可，且曰：『濟寧、曹、鄆，連歲饑饉，民不聊生，若聚二十萬人於此地，恐後日之憂又有重于河患者。』脱脱怒曰：『汝謂民將反耶！』自辰至酉，辨論終不能入。明日，執政者謂遵曰：『修河之役，丞相意已定，且有人任其責矣，公其毋多言，幸爲兩可之議。』遵曰：『腕可斷，議不可易也。』由是遂出爲大都河間等處都轉運鹽使。初，汝、汴二郡多富商，運司賴之，是時，汝寧盜起，侵汴境，朝廷調兵往討，括船運糧，以故舟楫不通，商販遂絶。遵隨事處宜，國課皆集。

卷一八七　賈魯

賈魯，字友恒，河東高平人。

召魯爲《宋史》局官。書成，選魯燕南山東道奉使宣撫幕官，考績居最，遷中書省檢校官。上言：『十八河倉，近歲淪没官糧百三十萬斛，其弊由富民兼併，貧民流亡，宜合先正經界。』

至正四年，河決白茅堤，又決金堤，並河郡邑，民居昏墊，壯者流離。帝甚患之，遣使體驗，仍督大臣訪求治河方略，特命魯行都水監。魯循行河道，考察地形，往復數千里，備得要害，爲圖上進二策：其一，議修築北堤，以制橫潰，則用工省；其一，議疏塞並舉，挽河東行，使復故道，其功數倍。會遷右司郎中，議未及竟。其在右司，言時政二十一事，皆見舉行。調都漕運使，復以漕事二十事言之，朝廷取其八事：一曰京畿和糴，二曰優恤漕司舊領漕户，三曰接連委官，四曰通州總治豫定委官，五曰船户困於壩夫，海運壞於壩户，六曰疏浚運河，七曰臨清運糧萬户府當隸漕司，八曰宣忠船户付本司節制。事未盡行。既而河水北侵安山，淪入運河，延袤濟南、河間，將隳兩漕司鹽場，實妨國計。

九年，太傅、右丞相脱脱復相，論及河決，思拯民艱，以塞詔旨，乃集廷臣群議，言人人殊。魯昌言：『河必當治。』復以前二策進，丞相取其後策，與魯定議，且以其事屬魯。魯固辭，丞相曰：『此事非子不可。』乃入奏，大稱帝旨。

十一年四月，命魯以工部尚書、總治河防使，進秩二品，授以銀章，領河南、北諸路軍民，發汴梁、大名十有三路民一十五萬，廬州等戍十有八翼軍二萬供役，一切從事大小軍民官，咸稟節度，便宜興繕。是月鳩工，七月鑿河成，八月決水故河，九月舟楫通，十一月諸埽諸堤成，水土工畢，《河》復故道，事見《河渠志》。帝遣使報祭河伯，召魯還京師，魯以《河平圖》獻。帝適覽台臣奏疏，請褒脱脱治河之績，次論魯功，超拜榮禄大夫、集賢大學士，賞賚金帛，敕翰林丞旨歐陽玄制《河平碑》以旌脱脱勞績，具載魯功，且宣付史館，並贈魯先臣三世。

貢師泰

貢師泰，字泰甫，甯國之宣城人。

至正十四年，除吏部侍郎。時江淮兵起，京師食不足，師泰奉命和糴於浙右，得糧百萬石，以給京師。會朝廷欲仍和糴浙西，因除師泰都水庸田使。二十年，朝廷除户部尚書，俾分部閩中，以閩鹽易糧，由海道轉運給京師，凡爲糧數十萬石，朝廷賴焉。

卷一八九　儒學一

金履祥

金履祥，字吉父，婺之蘭溪人。

會襄樊之師日急，宋人坐視而不敢救，履祥因進牽制擣虚之策，請以重兵由海道直趨燕、薊，則襄樊之師，將不攻而自解。且備敘海舶所經，凡州郡縣邑，下至巨洋别塢，難易遠近，歷歷可據以行。宋終莫能用。及後朱瑄、張清獻海運之利，而所由海道，視履祥先所上書，咫尺無異者，然後人服其精確。

卷一九〇　儒學二

贍思

贍思，字得之，其先大食国人。

至正十年，召爲秘書少監，議治河事，皆辭疾不赴。

十一年，卒於家，年七十有四。贍思邃於經，而《易》學尤深，至於天文、地理、鐘律、算數、水利，旁及外國之書，皆究極之。所著述有……《重訂河防通議》，及《文集》三十卷，藏于家。

卷一九一　良吏一

譚澄

譚澄，字彦清，德興懷來人。澄幼穎敏，爲交城令，時年十九。有文谷水，分溉交城田，文陽郭帥專其利而堰之，訟者累歲，莫能直，澄折以理，令決水，均其利於民。中統元年，世祖即位，擢懷孟路總管，俄賜金符，换金虎符。歲旱，令民鑿唐温渠，引沁水以溉田，民用不饑。教之種植，地無遺利。

卜天璋

卜天璋，字君璋，洛陽人。

皇慶初，天璋爲歸德知府，劭農興學，復河渠，河患遂弭。……升廣東廉訪使。先是，豪民瀕海堰，專商舶以射利，累政以賂置不問，天璋至，發卒決去之。

卷一九二　良吏二

耶律伯堅

耶律伯堅，字壽之，桓州人。

至元九年，轉保定路清苑縣尹。初，安肅州苦徐水之害，訴于大司農司，大司農司欲奪水故道，導水使東。東則清苑境也，地勢不利，果導之，則清苑被其害，而水亦必反故道爲災。伯堅陳其形勢，圖其利害，要大司農司官及郡守行視可否，事遂得已。縣西有塘水，溉民田甚廣，勢家據以爲磑，民以失利來訴。伯堅命毁磑，決其水而注之田，許以溉田之餘月，乃得堰水置磑。仍以其事聞於省部，著爲定制。

諳都剌

諳都剌，字瑞芝，凱烈氏。至順元年，遷襄陽路達魯花赤。……又城臨漢水，歲有水患，爲築堤城外，遂以無虞。

楊景行

楊景行，字賢可，吉安太和州人。登延祐二年進士第，授贛州路會昌州判官。會昌民素不知井飲，汲於河流，故多疾癘；不知陶瓦，以茅覆屋，故多火災。景行教民穿井以飲，陶瓦以代茅茨，民始免於疾癘火災。

王艮

王艮，字止善，紹興諸暨人。遷海道漕運都萬户府經歷。紹興之官糧入海運者十萬石，城距海十八里，歲令有司拘民船以備短送，吏胥得並緣以虐民。及至海次，主運者又不即受，有折缺之患。艮執言曰：『運户既有官賦之直，何復爲是紛紛也！』乃責運户自載糧入運船。運船爲風所敗者，當核實除其數，移文往返，連數歲不絶，艮取吏牘披閲，即除其糧五萬二千八百石、鈔二百五十萬緡，運户乃免於破家。

鄒伯顔

鄒伯顔，字從吉，高唐人。爲建寧崇安縣尹。邑有宋趙抃所鑿溝，溉民田數千畝。歲久，溝湮而田廢。伯顔修長溝十里，繞楓樹陂，累石以爲固，溝悉復抃遺跡，而田爲常稔，民賴其利。

卷一九三　忠義一

合剌普華

合剌普華，岳璘帖木爾子也。時兵南伐，饋運繁興，被選爲行都漕運使，帥諸翼兵萬五千人，從事飛挽。江南平，上疏言：……帝多採用其言。屬漕米二十萬，由邗溝達於河，舟覆，損十之一，而又每斛視都斛虧三升。時阿合馬專政，責償舟人。合剌普華伏闕抗言：『量之踦贏，出於元降，而水道之虞，非人力所及。且彼雖罄其家，不足以償，苟朝廷必不任虧損，臣獨當其辜。』詔勿治。

劉天孚

劉天孚，字裕民，大名人。由中書譯史爲東平總管府判官，改都漕運司判官，知冠州再知許州，所至有治績。

卷一九四　忠義二

李黼

李黼，字子威，潁人也。

泰定四年，遂以明經魁多士，授翰林修撰。明年，俄中書命黼巡視河渠，黼上言曰：『蔡河源出京西，宋以轉輸之故，平地作堤，今河底填淤，高出地面，秋霖一至，橫潰爲災，宜按故跡修浚。他日東河或有不測之阻，江、淮運物，當由此分道達京，萬世之利也。』亦不報。

郭嘉

郭嘉，字元禮，濮陽人。始由國子生登泰定三年進士第，未幾，入爲京畿漕運使司副使，尋拜監察御史。會朝廷以海寇起，欲於浙東温、台、慶元等路立水軍萬户鎮之，衆論紛紜莫定。

卷一九五　忠義三

丑閭

丑閭，字時中，蒙古氏。登元統元年進士第。累官京畿漕運副使，出知安陸府。

卷一九六　忠義四

丁好禮

丁好禮，字敬可，真定蠡州人。入户部爲郎中，升侍郎。除京畿漕運使，建議置司於通州，重講究漕運利病，著爲成法，人皆便之。……至正二十年，遂拜中書參知政事。

卷二〇二　釋老

丘處機

丘處機，登州棲霞人，自號長春子。

歲丁亥[一]，六月，浴於東溪，越二日，天大雷雨，太液池岸北水入東湖，聲聞數里，魚鱉盡去，池遂涸，而北口高岸亦崩。處機嘆曰：『山其摧乎，池其涸乎，吾將與之俱

[一] 歲丁亥　當公元一二二七年，金正大四年。

乎！』遂卒，年八十。

卷二〇三　方技

田忠良

田忠良，字正卿，其先平陽趙城人，金亡，徙中山。至元十五年三月，汴梁河清三百里，帝曰：『憲宗生，河清；朕生，河又清；今河又清，何耶？』

卷二〇五　姦臣

盧世榮

盧世榮，大名人也。

至元二十一年十一月辛丑，……世榮居中書才數月，恃委任之專，肆無忌憚。召中書省官與世榮廷辨。壬戌，御史中丞阿剌帖木兒、郭佑，侍御史白禿剌帖木兒，參政撒的迷失等，以世榮所伏罪狀奏曰：『不與樞密院議，調三行省萬二千人置濟州，委漕運使陳柔爲萬户管領。』

桑哥

桑哥，膽巴國師之弟子也。

至元二十四年，……明年正月，漕運司達魯花赤怯來，未嘗巡察沿河諸倉，致盜詐腐敗者多，桑哥議以兵部侍郎塔察兒代之。自立尚書省，凡倉庫諸司，無不鉤考，先摘委六部官，復以爲不專，乃置征理司，以治財穀之當追者。時桑哥以理算爲事，毫分縷析，入倉庫者，無不破産，及當更代，人皆棄家而避之。

搠思監

搠思監，怯烈氏，野先不花之孫，亦憐真之子也。

後至元三年，拜江浙行中書省參知政事。國用所倚，海運爲重，是歲，搠思監被命督其役，措置有方，所漕米三百余萬石，悉達京師，無耗折者。

卷二〇九　外夷二

安南國，古交趾也。

至元二十四年正月，發新附軍千人從阿八赤討安南。海道運糧萬户張文虎、費拱辰、陶大明運糧十七萬石，分道以進。二十五年三月，鎮南王以諸軍還。張文虎糧船以去年十二月次屯山，遇交趾船三十艘，文虎擊之，所殺略相當。至綠水洋，賊船益多，度不能敵，又船重不可行，乃沉米於海，趨瓊州。費拱辰糧船以十一月次惠州，風不得進，漂至瓊州，與張文虎合。徐慶糧船漂至占城，亦至瓊州。凡亡士卒二百二十人、船十一艘、糧萬四千三百石有奇。

〔明〕徐光啓 著

農政全書·水利

蔡蕃 整理

整理説明

《農政全書》作者徐光啓，字子先，號玄扈先生，明嘉靖四十一年（一五六二年）生於上海，進士出身，先後任翰林院檢討、纂修、禮部右侍郎、禮部尚書，崇禎六年（一六三三年）終於宰相位。

徐光啓認爲，水利是農業之本。當時的情況是，一方面西北（泛指今華北）有着廣闊的荒地弃而不耕；另一方面京師和軍隊需要的大量糧食要依靠長江下游漕運，耗費驚人。爲了解决這一矛盾，他提出在北方實行屯墾，屯墾需要水利。他在天津所做的墾殖試驗，就是爲了探索扭轉南糧北調的可行性問題，藉以鞏固國防，安定人民生活。這也是《農政全書》中專門討論開墾和水利問題的出發點，應該説，這也正是徐光啓寫作《農政全書》的宗旨。

《農政全書》共六十卷，分爲《農本》、《田制》、《農事》、《水利》、《農器》、《樹藝》、《蠶桑》、《蠶桑廣類》、《種植》、《牧養》、《製造》、《荒政》十二目。對於水利的重要性，在該本《凡例》中特別指出：『水利者，農之本也，無水則無田矣。水利莫急於西北，以其久廢也；西北莫先於京東，以其事易興而近於郊畿也。』因地制宜興修水利，并以此與屯墾儲糧、增强國力等措施緊密結合在一起，這是徐光啓農政思想的重要方面。書中『水利』部分共九卷，根據地理位置的不同，提出一系列水利工程規劃及措施，并引《王禎農書》的水利器具圖譜以及熊三拔口述、徐氏本人筆記的《泰西水法》。這都是我國古代水利建設的經驗總結，是值得認真發掘和利用的歷史文化遺産。徐光啓摘編前人的文獻時，有批判地存録，本着『著古制以明今用』的原則，對於歷史文獻，采用『玄扈先生曰』形式，結合自己的實踐經驗和數理知識，提出獨到的見解，補充其不足。

徐光啓以其杰出的科學成就在中國歷史上占有重要位置。他是我國明朝末年偉大的科學家，也是我國近代科學先驅者之一。他在數學、天文曆法、軍事方面都有著述，但其平生用功最多、影響最爲深遠的，是對農業和水利的研究。

關於本書的整理，一九五五年農業部就委托西北農學院進行校注。當時由石聲漢教授主持，歷時十載，完成了翔实的校訂工作。一九七九年，上海古籍出版社以石聲漢原稿爲基礎，將『校』、『注』、『案』三者合一，并增加了部分注釋，出版了《農政全書校注》。近年爲了出版《徐光啓全集》，在保留石聲漢先生研究成果的基礎上，將《農政全書校注》按全集體例調整，保留了原有的勘誤校記，刪除一般性注釋，增加了部分校勘，修正完善了標點，并於二〇一〇年五月由上海古籍出版社出版。

本次選録了書中『水利』部分的九卷内容。其中插圖整理時選用《四庫全書》本《農政全書》和《泰西水法》的原圖。書後附録了《四庫全書》提要，以供參考。

整理工作由蔡蕃完成，蔣超審稿。限於水準，錯誤和不妥之處，希望批評指正。

整理者

目録

卷一二　水利　總論　西北水利

總論

《荒政要覽》論禁淤湖蕩曰：『古之立國者，必有山林川澤之利，斯可以奠基而蓄衆。川主流，澤主聚。川則從源頭達之，澤則從委處蓄之。川流淤阻，其害易見，人皆知濬治者。萬頃之湖，千畝之蕩，堤岸頹壞，鮮知究心。甚有縱豪強阻塞，規覓小利者。不知澤不得川不行，川不得澤不止，二者相爲體用。《易》卦：坎爲水。坎則澤之象也。爲上流之壑，爲下流之源，全繫乎澤。澤廢是無川也。況國有大澤，澇可爲容，不致驟當衝溢之害；旱可爲蓄，不致遽見枯竭之形。必究晰於此，而水利之説可徐講矣。』

《荒政要覽》曰：『水利之在天下，猶人之血氣然，一息之不通，則四體非復爲有矣。故大而江河川澤，微而溝洫畎澮，其小大雖不同，而其疏通導利，不可使一息壅閼則一也。故成周溝洫之制與井田並行。匠人之職：方井之地，廣四尺者，謂之溝；十里之成，廣八尺者，謂之洫；百里之同，廣二尋者，謂之澮。夫自四尺之溝，積而至於二尋之澮，其捐膏腴之地，以爲溝洫者，凡幾也？小司徒經土地而井牧其田野，説者謂田税之所出，則百井之地，出田税六十有四，而三十六井則治洫也。萬井之地，出田税者四千九十有六井，而五千有奇，則治溝與洫也。夫自一成之地，積而至於一同，萬夫之衆，其損賦税之入，以治溝洫者，凡幾也？成周之君，豈不愛膏腴之地、賦税之入，而棄以爲無用之溝洫哉？誠以所棄者小，而所利者大也。然其所以得溝洫之利者，治之者非一官，領之者非一人。營溝行水之制，則職之匠人，俾任浚導之功。止水蓄水之令，則領之稻人，俾專儲蓄之利。夫既有以浚之，又有以積之，此所以旱澇均無患也。自經界之不明，而先王溝洫之制，漫無可考。至於後世，與水争地，貪尺寸之利，而遂遺無窮之害矣。』

《荒政要覽》曰：『按「地平天成」，「禹錫玄圭」，後畢世經營，只是濬渠築岸，以養稼穡。夫子稱之曰「卑宫室而盡力乎溝洫」，此論王夏之日也。或疑言疏瀹，不兼言封築，則堤岸似屬餘事。不知井田之制，百步爲畝，深尺廣尺，爲田間水道，而不立封限。百畝爲遂，遂上有徑。十夫有溝，溝上有畛。百夫有洫，洫上有涂。千夫有澮，澮上有道。萬夫有川，川上有路。言致力溝洫，則畛涂在其中。《禹貢》稱九澤必曰「既陂」，是彭蠡、震澤之底定，亦藉陂障圍瀦成澤。開濬封築，信非兩事也。於此想見唐虞三代之用民力，專用之于此而已。』玄扈先生曰：《商君傳》曰：『爲田，開阡陌封疆，而賦税平。』必非破壞而平夷之也。

西北水利

《郭守敬傳》曰[一]：『守敬，字若思。順德邢臺人。習水利，巧思絶人。世祖召見，面陳水利六事。其一：中都舊漕河，東至通州，引玉泉水以通舟，歲可省雇車錢六萬緡。通州以南，於蘭榆河口，徑直開引，由蒙村跳梁務，至楊村還河，以避浮雞淘盤淺、風浪遠轉之患。其二：順德達泉，引入城中，分爲三渠，灌城東地。海内如是者甚多。[二]其三：順德澧河，東至古任城，失其故道，没民田千三百餘頃。此水開修成河，其田即可耕種。自小王村徑滹沱合入御河，通行舟栰。其四：磁州東北滏、漳二水合流處，引水由滏陽、邯鄲、洺州、永年，下經雞澤，令入澧河，可灌田三千餘頃。其五：懷、孟、沁河雖澆灌，猶有漏堰餘水，東與丹河餘水相合，引東流至武陟縣北，合入御河，可灌田二千餘頃。其六：黄河自孟州西開引少分一渠，經由新、舊孟州中間，順河古岸，下至温縣南，復入大河，其間亦可灌田二千餘頃。每奏一事，世祖歎曰：「任事者如此人，不爲素餐矣。」授提舉諸路河渠。盡人之用。四年，加授銀符副河渠使。至元元年，（復）〔從〕[三]張文謙行省西夏。先是，古渠在中興者，一名唐來，其長四百里。一名漢延，長二百五十里。他州正渠十，皆長二百里。支渠大小六十八，灌田九萬餘頃。兵亂以來，廢壞淤淺。古今之際，可恨如此。守敬更立牐堰，皆復其舊。二年，授都水少監。守敬言：「舟自中興，沿河四晝夜至東勝，可通漕運。及見查（洎）〔泊〕[四]、兀郎海，古渠甚多，宜加修理。」又言：「金時，自燕京之西麻峪村，分引蘆溝一支，東流穿西山而出，是謂金口。其水自金口以東，燕京以北，灌田若干頃，其利不可勝計。兵興以來，典守者懼有所失，因以大石塞之。今若按視故蹟，使水得東流，上可以致西山之利，下可以廣京畿之漕。」又言：「當於金口西，預開減水口，西南還大河，令其深廣，以防漲水突入之患。」帝善之。十二年[五]，丞相伯顏南征，議立水站，命守敬行視河北、山東可通舟者。不行視，誰則知之？非其人，若何行視？自陵州至大名；又自濟州至沛縣，又南至呂梁；又自東平至綱城；又自東平清河逾黄河古道，至與御河相接；又自衛州御河至東平；又自東平西南水泊至御河，乃得濟州、大名、東平泗、汶與御河相通

[一] 郭守敬傳　以下引文内容有《元史·郭守敬傳》及《元文類》卷五〇《郭守敬行狀》，但文本與通行本多有不同。

[二] 文中小字未署名者應均爲徐光啓所加。

[三] 復　《元史·郭守敬傳》作『從』，據改。

[四] 洎　《元史》、《新元史》均作『泊』，據改。

[五] 十二年　《元史·世祖紀五》及《伯顏傳》伯顏开始南征在至元十一年（一二七四年），十三年三月入臨安。

形勢，爲圖奏之。〔一〕二十八年，有言灤河自永平〔二〕挽舟踰山而上，可至開平；有言盧溝自麻峪，可至尋麻林。朝廷遣守敬相視：灤河不可行，盧溝舟亦不通。守敬因陳水利十有一事：一相視，即言者莫敢妄言。不相視而直指爲妄言，即郭生亦無由自見。第非郭生，固不諳相視耳。其大都運糧河，不用一畝泉舊原，别引北山白浮泉水，西折而南，經甕山泊，自西水門入城，環匯於積水潭。復東折而南，出南水門，合入舊運糧河。每十里置一牐，比至通州，凡爲牐七。距牐里許，上重置斗門，互爲提閼，以通舟止水。帝覽奏，喜曰：「當速行之。」於是復置都水監，俾守敬領之。帝命丞相以下，皆親操畚（牐）〔鍤〕倡工，待守敬指授而後行事。置牐之處，往往於地中偶值舊時甎木，時人爲之感服。船既通行，公私省便。〔三〕先是，通州至大都，陸運官糧，歲若干萬石。方秋霖雨，驢畜死者不可勝計，至是皆罷之。三十年，帝還自上都，過積水潭，見舳艫蔽水，大悦，名曰通惠河。守敬又言，於澄清牐稍東，引與北壩河接。且立牐麗正門西，令舟楫得環城往來，志不就而罷。大德二年，召守敬至上都，議開鐵幡竿渠。守敬奏：「山水頻年暴下，非大爲渠堰，廣五七十步不可。」執政吝於工費，以其言爲過，縮其廣三之一。俗吏之爲害如此。明年大雨，山水注下，渠不能容，漂没人畜廬帳，幾犯行殿。成宗謂宰臣曰：「郭太史神人也。」自然之理，何神之有哉？守敬在西夏，常挽舟遡流而上，究所謂河源者。又嘗自孟門以東，循黄河故道，縱廣數百里間，各爲（側）〔測〕量地平，或可以分殺河勢，或可以灌溉田土，具有圖誌。又嘗以海面較京師至汴梁地形高下之差，謂汴梁之水，去海甚遠，其流峻急，而京師之水，去海至近，其流且緩。其言信而有徵。此水利之學，其不可及者也。』

丘濬曰：『井田之制雖不可行，而溝洫之制則不可廢。北方正可井田，正可如古人之制，但不必限田耳。今京畿之地，地勢平衍，率多洿下。一有數日之雨，即便淹没，不必（霽）〔霖〕〔四〕潦之久，輒有害稼之苦。農夫終歲勤苦，盻盻然而望此麥禾，以爲一年衣食之計、賦役之需，垂成而不得者多矣，良可憫也。北方地經霜雪，不甚懼旱，惟水潦之是懼。十歲之間，旱者什一二，而潦恒至六七也。旱非不懼，其所傷不如潦多耳。旱而蝗，大可懼也，而蝗又生於潦也。爲今之計，莫若少倣遂人之制：每郡以境中河水爲主，又隨地勢，各爲大溝（廣一丈以上者），以達於大河。又各隨地

〔一〕從『自陵州至大名……相通形勢』這一段文字爲《元文類》卷五〇《郭守敬行狀》內容。

〔二〕有言灤河自永平　石本『自』前加〔既〕字，《元史·郭守敬傳》無。

〔三〕從『置牐之處……公私省便。』這一段文字爲《元文類》卷五〇《郭守敬行狀》內容。

〔四〕霽　丘濬《大學衍義補》四作『霖』，據改。

勢，各開小溝（廣四五尺以上者），以達於大溝。又各隨地勢，開細溝（廣二三尺以上者），委曲以達於小溝。其大溝，則官府爲之。小溝，則合有田者共爲之。細溝，則人各自爲於其田。每歲二月以後，官府遣人督其開挑，而又時常巡視，不使淤塞。如此，則旬月以上之雨，下流盈溢，或未必得其消涸。下流何故盈溢，乃可不爲措置？若夫旬日之間，縱有霖雨，亦不能爲害矣。朝廷於此，又遣治水之官，疏通大河，使無壅滯。又於夾河兩岸，築爲長堤，高一二丈許，則衆溝之水，皆有所歸，不至溢出，而田禾無淹没之苦，生民享收成之利矣。是亦王政之一端也。』

徐貞明《請亟修水利以預儲蓄疏》曰：『臣惟神京雄據上遊，以御六合，兵食厥惟重務，宜近取諸畿甸而自足。乃食則轉漕，兵則清勾，若皆取給於東南，不可一日缺者，豈西北古稱富強之地，不足以裕食而簡兵乎？夫賦稅所出，括民脂膏，而軍船之費，夫役之煩，常以數石而轉一石，東南之力竭矣。而河流多變，運道時梗。忠於謀國者，鏡勝國之往事，以慮變於將來，竊有隱憂焉。是竭東南之力，而不能保國計於無虞。此西北水利所當亟修者也。軍丁遣戍，雖有骨肉，而軍裝出于户丁，幫解出于里遞，每軍不下百金，東南之民困。而軍非土著，志不久安，輒賂衛官以私回。衛官利其初見之賂，又可以頂軍而冒糧也，輒縱之而使回，又皆冒支存恤月糧。是困東南之民，而不能使軍政之有賴。此東南軍勾所當議停者也。臣待罪該科，水利修舉，職掌攸關。先任山陰時，於軍勾之苦，又嘗目擊。敢竭愚衷，爲我皇上陳之：

西北之地，夙號沃壤，皆可耕而食也。惟水利不修，則旱潦無備。旱潦無備，則田里日荒。遂使千里沃壤，莽然彌望，徒枵腹以待江南，非策之全也。臣聞陝西、河南，故渠廢堰，在在有之。山東諸泉，可引水成田者甚多。今且不暇遠論。即如都城之外，與畿輔諸郡邑，或支河所經，或澗泉所出，可皆引之成田。北人未習水利，惟苦水害，而水害之未除者，正以水利之未修也。蓋水聚之則爲害，而散之則爲利。棄之則爲害，用之則爲利。今順天、真定、河間等處地方，桑麻之區，半爲沮洳之場。揆厥所由，以上流十五河之水，而泄於猫兒一灣，欲其不泛濫而壅塞，勢不能也。今誠於上流疏渠濬溝，引之成田，以殺水勢，下流多開支河，以泄横流，其淀之最下者，留以瀦水，淀之稍高者，皆如南人圩岸之制，則水利興，而水患亦除矣。此畿内之水利所宜修也。

臣又嘗考《元史》，學士虞集建議，欲於京東瀕海地方，如浙人築塘，捍水成田。惜其議中格。及末年，海運不繼，始有海口萬户之設，已無救於元事矣。臣嘗臨文歎惋，恨集言不蚤售于當時。今自永平灤州，以抵滄州慶雲之境，地皆萑葦，土實膏腴，集議斷然可行。當全盛之時，河漕歲通，而思患預防，紛然獻議，獨于集議尚廢焉未講。若倣其意，招撫南人，築塘捍水，雖北起遼海，南濱青、齊，皆可成田，有不煩轉漕于江南而自足者。其思患預防之深意，又不止於開河通漕而已。此瀕海之水利所宜修也。

議者或以水利久廢，驟而行之，必役重而民擾，勢逆而功難。臣以爲不然。蓋施爲緩急，在當時酌而行之耳。民所素業者，姑置勿問，而荒蕪不治，人所共棄者，從而經略其端，則不棄者，群起以效力矣。功力難施者，姑置勿問，而勢順費省，功力易成者，從而經略其端，則難成者，以漸而就緒矣。順民之情，因地之勢，亦何憚而不爲哉？伏乞敕下工部，酌議覆請，特命憲臣實心爲國爲民者，假以事權，不沮浮議，需以歲月，不求近功。將畿輔諸郡，及京東瀕海水利，相度土宜，率先修舉。或撫窮民而給其牛、種；或任富室而緩其科税；或選健卒而分建屯營；或招南人而許其占籍。諸凡招徠勸相，俱許便宜行事。俟行之稍有成績，次及山東、河南、陝西等處地方。將江南歲運，酌量改折，助其費而究其功。東南之歲運漸減，西北之儲畜常裕，不惟民力可紓，而國計永保于無虞矣。東南之民，素稱柔脆，本不宜於遠戍也。勾補無用，莫不知之，而軍伍日漸虚耗，又不能舉其法而盡廢。今徒致嚴于勾補之中，而不議處于勾補之外，非計之得也。各處軍户，除户絶法當除豁，及户内消耗止有老弱不堪、法當紀録外，其有應解軍户，丁田衆多，不願遠戍者，如匠班事例，量徵軍班行。分其户爲三等，而上下其班行。上户若干，中户若干，下户若干，俱解赴應戍之所，以資召募。班行既定，可免歲歲清勾，軍户無遠戍之苦，里遞免解送之勞。此班行之有益於民，所當議者也。歲徵班行，或類解京師，或轉發該衛，就便召募土著，則可揀擇壯丁，不至老弱充數，得備禦之實用。土著安居，永無逃亡之患。存恤月糧，又可裁革，併資召募。此班行之有益于國，所當議者也。

議者或以清勾則解丁永戍，班行則每歲誅求，似于軍政有礙。臣以爲不然。夫所裨于軍政者，不當眩于勾補之虚數，當求召募之實用耳。今軍班歲出不甚多，然積數歲以通募，則一軍之班，雖募兩軍可也。軍户畏於軍補，漸脱户而隱丁。若止徵班銀，軍户必無隱脱，則一時之召募，遂爲經制可也。較之清勾有虚數而無實用，所得不又倍哉？伏乞敕下兵部酌議覆請，查照先年匠班事例，將應解軍丁免其解補。每年量徵班行，以資召募。將存恤月糧裁革，以杜虚冒。使南北之勾補永罷，西北之行伍漸充。不惟民困獲甦，而軍政坐見其有賴矣。又照畿内諸郡邑，統轄既分，事多牽制。先因亟拯民溺，以奠内地事宜，議欲專遣憲臣一員，竟以畿内差多，未經允行。臣以爲水利重務，必專其事權，方克有濟。各省清軍，先有專差。近浙江、南直隸、雲、貴、四川，因先差御史養病陞任停差，令各巡按御史兼攝，惟湖廣、廣東、廣西、江西、福建，尚有專差，是以政體未一。伏乞敕下都察院酌議覆請，專差老成憲臣一員，經略畿内水利。如畿内差多，則裁減別差，并歸水利亦便。將前各省清軍御史取回別差，俱令巡按御史兼攝，則水利之事權專，而清軍之政體一矣。』豈有一年一差，而能經略此事者？若久任按臣又不可。蓋此撫院之事，所宜久任，而責成功焉耳。但得其人，又何煩別設耶？

徐貞明《西北水利議》即《潞水客談》

徐子徵入諫垣，居無何，以罪逐。客有唁於潞水之湄者，見徐子屏居野寺中讀書，意適無懟色。則數徐子曰：『子以外吏，一朝列侍從之班，際聖明在上，固希世之遇也。曾不能卑節馴行，效尺寸以圖報塞，迺抱釁而往，將自棄於明時。且子嘗欲乞身以奉菽水。使子亟成其志，甯有今日哉？奔走竄逐間，負國恩而違親養，忠孝兩無當也。予竊爲子悲之。』徐子聞言，零淚緣纓，坐客而與之語曰：『客之數予，予則悲矣，客亦惡知予哉？予始待罪垣中，首疏西北水利事。水衡當事者迂其言，置不省。予乃撫膺而歎曰：「當今經國訏謨，其大且急，孰有過于西北水利者乎？」雖然，概而行之，則效遠而難臻；驟而行之，則事駭而未信。蓋西北皆可行也，盍先之於畿輔？畿輔諸郡皆可行也，盍先之於京東永平之地？京東永平之地皆可行也，盍先之於近山瀕海之地？近山瀕海之地皆可行也，盍先之數井，以示可行之端？則效近而易臻，事狎而人信。又恐其難於遙度也，則又裹糧屬二三解事者，走永平瀕海近山之境，相度而經略之。既得其水土之性，疆理之詳，始信其事之必可行，而猶冀其言之獲售也。欲再疏以請，草具將上，適與罪會。使予得罪稍緩，則疏必再上，或庶幾其言之獲售。使予不欲再疏以售其言，則乞養以退，當在始疏報罷之時，甯濡忍以及罪譴，負國恩而違親養？誠如客言，予則悲矣。客亦惡知予哉？』

客曰：『予聞天下事，諫官皆得言之。今天子鋭意化理，子職諫數月，即水利報罷，甯無崇論竑議可以動聽而中當事者之指？乃諰諰焉惟冀水利之復行，亦左矣。』徐子曰：『禹功茂矣，而濬畎距川，乃其盡力而終身者。騶孟談王，田里樹蓄，厥惟先務。客惡得以水利而左之？予將爲客悉其利。夫雨暘在天，而時其蓄洩，以待旱潦者，人也。乃西北之地，旱則赤地千里，潦則洪流萬頃，惟寄命于天，以幸其雨暘時若，庶幾樂歲無飢耳。此可以常恃哉？惟水利興而後旱潦有備。其利一也。

神京北聳，財賦取給于東南。忠於謀國者，鏡勝國之往事，懷杞人之隱憂，尚有出于河流外者。惟興水利，近取常裕，視東南爲外府可也。中人之治生，必有附居常稔之田，始可以安土而無飢。乃國家全盛之勢，據上游以控六合，獨待哺于東南，近廢可耕之田，遠資難繼之餉，豈計之全哉？令運蚤而積久，儲蓄信有賴矣。然運蚤而收之，不及其熟，有浥損之患，久積而散之，恒過其期，有紅腐之憂。水利既興，則田疇之間，要皆倉庾之積。其利二也。

東南轉輸，每以數石而致一石，民力竭矣。而國計所賴，欲暫紓之而未能也。惟西北有一石之入，則東南省數石之輸。所入漸富，則所省漸多。玄扈先生曰：此條西北人所諱也，慎弗言！慎弗言！先則改折之法可行，久則蠲租之詔可下，東南民力，庶幾獲甦。其利三也。

昔禹播河海，而溝洫之修尤盡力焉，固以利民，亦以分殺支流，而不以助河之虐。河之無患，溝洫其本也。周定王以後，溝洫漸廢，而河患種種矣。今河自關中以入中原，合涇、渭、漆、沮、汾、泌、伊、洛、瀍、澗及丹、沁諸川數千里之水。當夏秋霖潦之時，諸川所經，無一溝一澮可以停注。曠野洪流，盡入諸川，其勢既盛，而諸川又會入於河流，則河流安得不盛？流盛則其性自悍急，性悍則遷徙自不常，固勢所必至也。今誠自沿河諸郡邑，訪求古人故渠廢堰，師其意不泥其迹，疏爲溝澮，引納支流，使霖潦不致泛溢于諸川，則並河居民，得水利成田，而河流漸殺，河患可彌矣。其利四也。

古人之畫地而國也，曰「我疆我理，南東其畝。」既順土而宜民，亦設險而禦侮也。晉之邀齊也，必曰「盡東其畝」，以爲戎車之利。晉之利，齊之害也。今西北之地，平原千里，寇騎得以長驅。若使溝洫盡舉，則田野之間，皆金湯之險。而田間植以榆柳棗栗，既資民用，又可以設伏而避敵。其利五也。

往者劉六、劉七[一]之亂，持竿一呼，從者數萬，則游惰歸之也。蓋業農者，縻其田里。惟游惰之民，輕去鄉土，而易于爲亂。今西北之境，土曠而民游，識者常惴惴焉。誠使水利興而曠土可墾，而游民有所歸，消釁彌亂，深且遠矣。其利六也。

東南之境，生齒日繁，地苦不勝其民，而民皆不安其土。乃西北蓬蒿之野，常疾耕而不能徧。蘇子謂「聚則爭於不足之中，散則棄於有餘之外」，其不均固如此也。今若招撫南人，修水利以耕西北之田，則民均而田亦均矣。其利七也。

東南多漏役之民，而西北罹重徭之苦，則以南之賦繁而役減，北之賦省而徭重也。使田墾而民聚，民聚則賦增，而北徭可輕。其利八也。徐公但見江淛之役，而未見他方之役耳。若三吳之苦，忍言哉！忍言哉！

沿邊諸境，有轉輸不能至者，招商以代輸，蓋有數頃之田，困于一商，遂棄業以他徙。其有曲避轉輸之苦者，則私以折色兑軍[二]。商得苟安，軍無宿儲，即承平勿論，設有烽警，何以待之？惟近邊田墾，轉輸不煩。其利

[一] 劉六、劉七　指明正德六年(一五一一年)中原地區農民起義的兩个領袖。

[二] 以折色兑軍　古代徵收田稅，以米穀實物爲本色，以折價徵銀爲折色。

九也。

屯田之成熟者，多屬隱占，久則難稽矣，然亦不必稽也。西北非無田之爲患，而不墾之爲患。彼既墾而熟矣，何必歸官，始爲國家之利哉？惟自其荒蕪不理者，召募墾之，則新屯固種種也。兵之壯悍者，既心恥于負鋤，而其羸弱者，又力疲於荷戈。驅兵爲農，勢固難行，惟募之爲農，而簡之爲兵，則心安而力奮，屯政無不舉矣。不必言簡，只是人衆，便可召募。其自爲保聚者聽可也。今邊人但足衣食，便招爲家丁，此將官之詐局。今天下浮户，依富家以爲佃客者何限？募而集之，可立致也。募農以修水利，修水利以舉屯政。其利十也。

塞上之卒，土著者少。不得已而有募軍，則居行給餉，爲費不貲。又不得已而有班軍，則春秋遞往，疲于奔命。又不得已而按籍勾補，解檄方登，逃亡旋報，閭閻重困，行伍又虚。若近塞水利既修，屯政大舉，田墾而人聚，人聚而兵足，可以省遠募之費，可以蘇班戍之勞，可以停勾補之苦。其利十有一也。

宗禄勢將難繼，咸切憂之，而莫肯任其議。將以難遺後人，而後之難，更有甚于今日。此不可不亟爲之圖也。世有勇于建議者，則曰裁其禄、弛其禁而已。夫不資之以謀生，而徒曰裁其禄，則飢寒者孰恤？不定之以安居，而徒曰弛其禁，則流離者孰依？我聖天子睦族展親之仁，必不忍其至是也。昔范文正以兩府禄入，尚能廣義田以廪族人，矧以國家之大，而不能使天潢之派，皆飽食而安居乎？今西北之地，曠土彌望，於其間擇人所棄者，官爲墾闢，分井而田。如中尉以下，量歲禄之意，授田若干，使得安居而食其土。其後支庶漸繁，田不再授，蓋既授之以田，開其治生之端，彼知田不再授，則皆及其始授之時，勤儉明農於其間，以歲食之餘，漸墾田而擴産，爲長子孫之計。其雄桀者不失爲富家翁，即庸拙者亦可以依田力穡。其與坐食多餒，散處失所者，相去遠矣。其利十有二也。

昔之有志者，嘗欲倣井田之遺意，授民之産，而惜其時之不可，痛豪強之兼并，限民之田，而恨其勢之難行。今若於西北空閑之地，修舉水利，則倣古井田亦可也，限民名田亦可也。古昔養民之政，以漸可舉。其利十有三也。但真治田，即是井田之法，舍此别無法矣。故實有意爲民，民田自均，不必限民名田。且今之舉事，正須得豪強之力，而失限之田可乎？何時無豪強？與下民何害？顧用之何如耳。禹治水土，建萬國，其後，王君公，皆豪強也。

古者以井畫地，度地居民，比閭族黨，井自爲界。民不可多得尺寸之地，而地亦不可多得一介之民，民與地適相均也。今通都大邑之民，踵接肩摩，而争繁習靡，多梗化而敗俗。其争少習朴者，惟寥廓之鄉爲然。今若畫井居民，裒益其多寡，使民與地均，如古比閭族黨之意，則教化可興而俗尚自美。其利十有四也。』

客曰：『信如子言，水之利溥矣。西北皆可行，獨先於京東者，何居？』徐子曰：『京東輔郡，而薊又重鎮，固股肱神京，緩急所必須者。矧今地負山控海，負山則泉深而土澤，控海則潮淤而壤沃。利水尤易易也。予所屬二三解事者，蓋遍歷山海之境，閱兩月而返。披圖出示，如指諸掌也。爲言諸州邑，泉從地湧，一決而通，土人謂之仰泉；彼中隨地可得尋覓，但大小異耳。水與田平，一引而至。流泉也。比比皆然，姑摘其土膏腴而人曠棄，即可修舉以兆其端者。自西歷東，如密雲縣之燕樂莊，平峪縣之水峪寺及龍家務莊，三河縣之唐會莊、順慶屯地，皆其著者。薊州城北則有黄厓營，城西則有白馬泉、鎮國莊，城東則有馬神橋夾林河而下，城南則有別山鋪，及夾陰流河而下，至於陰流淀。疏渠，皆田也。遵化西南平安城，夾運河而下，及沙河鋪地方。又鐵廠湧珠湖以下，至韭菜溝，上素河、下素河百餘里，夾河皆可成田。遷安縣北徐流營山下，湧出五泉，合流入桃林河。又三里橋湧泉，流出灤河。又蠶姑廟，湧泉成河，遷安林桑甚盛，故宜有蠶姑廟耶？然聞其人林桑者，皆剥皮造紙，恐昔人曾治蠶，而後稍廢耳。與灤河相接。夾河皆可田之地。盧龍縣燕河營湧泉成河，及營東五泉，湧漫四出，至張家莊。撫甯縣西臺頭營河流，亦自燕河營湧泉而來，皆可田。自西以東，如豐潤縣南則大寨及刺榆坨史家河大王莊之地，東則榛子鎮，西則鴉洪橋，夾河五十餘里，皆可田。玉田縣清莊塢，導河可田。懷柔縣之壂髻山下，可作水田百頃。後湖莊，疏湖可田。三里屯及大泉、小泉，引泉可田。其間有民所不業之地，有屯地，有牧馬草地。屯草之地屬於官，官爲闢其蕪而收其利，不難也。至於民不業者，召民業之，官爲助其力，何至連阡以棄，鞠爲茂草乎？召民應有鼓舞之方，官出費則不可，恐人以爲口實也。至於瀕海可田，則自水道沽關黑崖子墩起，至開平衛南宋家營之地，東西度之百餘里，南北度之百八十里，皆隸豐潤。其地與吴越瀕海之沃區相等。此田成，則東南一大郡也。寶坻靜海皆如是。靜海之葛沽，高地皆已田。今萑葦彌望，而繫名於勢族。然葦之利微，即勢族亦無厚入於其間也。若如吴越人，田而耕之，則利十倍於葦。即捐其一以與勢族，使不失其舊入，勢家亦何憾焉？令勢族即十倍何害？其意止求粟多價賤耳。昔虞文靖公之議，東極遼海，南濱青徐，瀕海皆可田之地。今豐潤實其中境。欲舉其議而行之，兹非其先當致力者乎？蓋先之京東數處，以兆其端，而京東之地，皆可漸而行也。先之京東以兆其端，而畿內，而列郡，皆可漸而行也。先之畿內列郡，而西北之地，皆可漸而行也。在邊陲，則先之薊鎮，而諸鎮皆可漸而行也。至於瀕海，則先之豐潤，而遼海以東，青徐以南，皆可漸而行也。夫事有小用則宜，大則局而不通；大用則宜，小則窘而難布。兹其試之一井，究之天下，無不利者。事有旦夕計功，而遠猷不存。積久考成，而近效難覩。兹其暫乏歲收，久之永賴，無不利者。特端之於京東數處，因而推之西北，一歲開其始，十年究其成，而萬世席其利矣。』

客曰：『西北之人，歲苦水害，奈何利之？且彼宿苦其害，而子驟言其利，其不信亦何異乎？』徐子曰：『嗟乎！水在天壤間本以利人，非以害之也。惟不利，斯爲害矣。以利爲害，何事不然？人實貽之，而咎水可乎？蓋聚之則害，而散之則利；棄之則害，而用之則利。如血之在人身，流貫於肢節，而潤澤其肌膚，一有壅注，則上而爲癰，下而爲痔，又或溢出於口鼻，而因以戕其軀，遂曰血之於人害也，亦舛矣！今之咎水之害者，即山川之委原未悉。胡不引人身觀之也？古昔盛時，列國分布，晝井而田，甽達於溝，溝達於洫，洫達於澮，澮達於川，縱橫因其地勢，以取利於水。今西北皆其故疆也，豈古以爲利，而今以爲害乎？且東南之民，爭涓流於尺寸之間。何者？彼固利之也。謂水利於南而獨爲北害，此必無之理也。』

客曰：『南北均利水矣，而北之視南，亦有難易乎？』徐子曰：『北易。』客乃咤曰：『子固好奇甚。言北之利於水耳，烏得而稱北易也？』徐子曰：『客何異予言哉？南方之民，披簑而耕，拖濕而穫，蓋恒與雨相值也。長夏苗將立(稿)〔槁〕，則訟風伯而祝雨師，盻盻焉以一沾濡爲快。乃西北之雨，多於長夏，而耕穫之時少雨。其易於南，天時則然也。說南北難易利害，未盡事理。西北地曠而水夷，稍一疏引，水即爲利。東南之地，高下相懸，有轉水於數仞之深者。再日不雨，則桔槔之聲，徹於郊原，竭人力以資灌溉，苦且難，地勢使然也。考之古昔，甽深尺許，遂深二尺，溝深四尺，洫深八尺，澮深二仞而已。未有如東南轉水于數仞之深者。遂、溝、洫、澮，皆以去水，非以奠水也。至如京東，山之湧泉，溢地而出。此真東南所少。河之支流，等地而平。其於西北，尤爲易易也。東南瀕海，歲多潮患，蓋海之勢趨於東南也。遼海以及青徐，有海之饒，而鮮潮之患。其難易又彰彰矣。潮患與東南等，特未饗其利，故未覩其害耳。惟仲秋之潮，挾風雨而至者，則西北所少。西北之雨多在伏秋之間也。奈何目爲萑葦之場，而棄之不田乎？予謂北易，蓋有據而言之也。』

客曰：『南北水利，修廢頓殊，亦有由乎？』徐子曰：『水利修廢，由於人之聚散，而旋轉之機，上實握之。西北在三代盛時，溝洫時修，農功畢舉。厥後，魏史起引漳水溉鄴，鄴以富。秦開鄭國渠，溉舄鹵之地四萬餘頃，關中爲沃野，秦以富強。至漢，文翁溉灌繁田千七百頃，而蜀饒。白公穿渠，引涇水溉田四千五百餘頃，而民以饒富。馬援引洮水種秔稻，而狄道並塞之民，得以樂業。虞詡復三郡，激河浚渠爲屯田，而省內郡之費。蓋三代之時，溝洫遍於列國，水之爲利也宏。魏秦國擅其利，文翁以下諸子，人興其利，水之爲利也專。然皆在西北之境。若東南稱水利者，在漢以前，惟馬臻開鑑湖而已，他未有聞也。及五胡之亂，中原生齒漸耗，從晉室而東徙者，謂之僑人。久則安其土而樂其生，西北民散而東南利興，非細故也。即如東南之饒，三吳稱最，在《禹貢》揚州之域，厥土塗泥，厥田下下而已。漢之時，亦一澤國耳。惟晉室既東，民日聚而利漸興，然其財賦，亦未至於今日之盛也。至五代時，錢鏐竊據以稱饒。及南宋，偏安以致富，則民益聚，利益興，而財賦遂甲於天下矣。靖康之亂，北人南來者更多。嘗考宋紹興五年，屯田郎中樊賓言：「荆湖、江南與兩浙膏腴之田，彌亘數千里，無人可耕，則地有遺利。中原士民，扶攜南渡幾千萬人，則人有餘力。若使流寓失業之人，盡田荒閑不耕之田，則地無遺利，人無遺力，以資中興。」由此觀之，則宋室方南之時，東南尚有曠棄之田。及其季年，人多而田少，豪右擅陂湖以自殖，地利盡而民不聊生者，聚故也。東南地利盡，而西北曠，厥有由哉。南宋以東南支軍國之費，故其民窮。然其正賦，亦只如今五分之一耳。今國家當全盛之時，兵戈不試者二百餘年。西北生齒，日漸繁夥，而東南之民，爭附於輦轂之下。誠勞來安集於其間，則民聚而利無不興矣。即畫井而溝洫之，亦不難也。矧秦漢以下，其興利而足民者，獨不能尋其迹、師其意而行之乎？何至待哺於江南也。彼其竊據稱饒，偏安致富者，亦不得已耳。乃今國家奚賴焉？其機固在一旋轉間也。』

客曰：『西北利水，吾固知其舊矣，然吾聞懷慶紀守，嘗因丹沁支流，疏渠成田，民頗利之。紀去而田亦隨廢。又如真定楊中丞之家居也，亦嘗募南人緣水墾田，歲入甚饒。及滹沱旁決，桑田之變，祇瞬息間耳。豈久廢之餘，固難卒舉者乎？』徐子曰：『是所謂廢食於噎，非通論也。夫利水之法，高則開渠，卑則築圍，急則激取，緩則疏引。其最下者，遂以爲受水之區，因其勢不可強也。然其致力，當先于水之源。源則流微而易禦，不在源，即在委。源恒流，委恒瀦，故無驟溢驟乾之患。若非源非委，在其中流者，亦必恒流，不絶不溢，或絶而可引，溢而可捍者也。田漸成則水漸殺。水無泛溢之虞，田無衝激之患。彼懷慶，當丹沁之下流，而真定尤滹沱所必衝者也，安能久而無患哉？蓋不先於其源之故也。嘗考桑乾水，發于渾源州，經保安之境，則自懷來夾山而下，至瀘溝橋狼窩地方，衝溢爲患，漫至彰義門。先朝屢經修築，爲費不貲。今保安境上，聞有用土牛逼水成田者，恐亦不能久而無患也。若督責有人，多方招募，使桑乾上流，皆引成田，則豈惟保安之田恃以無患，而懷來以下，水患亦殺矣。予又嘗物色瀛海之間，如元城窪、羅家灣窪、郝家莊窪、高橋舖窪、章家橋窪，皆連阡黑壤，廢爲水區。非不可田，顧以下流受黑洋等九河之水，非先致力於水源，未可激利旦夕，而終貽水患也。』西北之水一開濬，遂可無患而爲利。大要濬上流入淘，濬下流入海而已。余嘗爲有司及鄉縉言之以爲然，而當事者不知此理，遂中止。

客曰：『子論甚悉，然世之疑而不遽行者，亦有說焉：一難于得人，二憚于費財，三畏于勞民，四忌于任怨，五狃于變習。子亦不可不察也。』徐子曰：『微子言，予亦籌之。夫畏事者既因循而不理，喜事者又輕率而罔功。固矣得人之難也。是必有經略之功，而無紛更之擾，使利興而民不知則善矣。世固有能任之者，亦不如宋人專以勸農之名，亦不如今制責以水利之職。蓋勸農而興水利，牧養斯民之首務也。今若另設勸農，而水利又有專職，則若于牧養斯民之外，增勸農水利一事。彼之號爲牧養斯民者，又將何爲耶？今之開府持節，與藩臬守令，皆以牧養斯民也，勸農水利，責將誰諉？惟于開府持節者得人，以擇藩臬，以擇守令，久任而責成之，殿最繫焉，利興而民不知者，可坐而致也。世之言費者，吾惑焉。夫捐數萬金之費于春，而收數萬石之穫于秋，費於帑而償于田，此庸人操十一之利者尚甘心焉。曾謂善于謀國者，而顧以費爲憚乎？欲行此，必不宜費公帑。彼眈眈者口欲害我，若用公帑，即其口何可支耶？且始而爲穫，繼是有興，即以所穫者爲資，漸而廣焉，不煩再費也。畏於勞民，雖蘇文忠公嘗有是論。文忠公之言曰：「天下久平，民物滋息，四方遺利，皆略盡矣。今欲鑿空尋訪水利，所謂即鹿無虞，豈惟徒勞，必大煩擾。所在追集老少，相視可否，吏卒所過，雞犬一空。」審如文〔忠〕公〔一〕之言，民信勞矣。予謂不必於牧養斯民之外，而專設勸農水利者，亦恐其喜事勞民，如文忠公之言也。誠得牧養斯民者，擇其勢順而功省之處，暫出官帑，募願就之民，經略其端，以示倡率之機，使民灼然知水利可興，則必有競勸而爭先者，庶令不煩而事自集。若概以水利役民，使貧民苦於追呼，妨其生業，而富家反擅其利。予嘗見水利使者檄下諸邑，閱治水利，輒飽吏胥之橐，而害及閭左。此文忠公所以極論而深歎也。怨生有二：妨小民之業，怨隱而害深；奪豪右之利，怨顯而謗速。既不概以水利役民，民無追呼之擾，怨不叢于小民矣。而豪右之利，亦國家之利也，即此言推之，便可不勞小民而事集矣。何必奪之？《周禮》使世禄地主之有力者，與其廣瀦鉅野之可以利民者，曰主以利得民，曰藪以富得民。彼小民欲自利而力有所不逮，官爲倡率，豪右從而競勸于其間，則借豪右之力，以廣小民之利，固主與藪之遺意也。方欲藉之，矧曰奪乎？此何以任怨爲也？北之治田也逸，南之治田也勞。彼其以惰心而乘之以逸習，卒而驅之，宜有未從者。然彼之鹵莽而耕，亦鹵莽而穫，所入固微也。以南之勞，治北之田，則一畝之入，倍於數畝，而旱潦可以無憂。北之治田，獨有田者安於故習耳，其力作之人何嘗不勞苦哉？蓋其勞不下南人，而淡泊過之。夫越人治水田，大都用北人之力也。誠一驅之，其嗜利之心，必潛易其好逸之習。且相率而爲逸者，以其習之故然，比閭族黨皆然也。官爲倡率，有能爭先力田者，稍優異之，則皆恥于逸而趨于勞矣。昔張全義起於群盜，其尹河南也，當喪亂之後，白骨蔽地，

〔一〕文〔忠〕公　《潞水客談》作『文忠公』，上下文中亦爲『文忠公』，據改。

荆棘彌望，居民不滿百户。全義擇人以修屯政，招徠農户，流民漸歸，遠近趨之如市。全義爲政寬簡，出見田疇美者，輒下馬與僚佐共觀之，召田主勞以酒食。有蠶麥善收者，或親至其家，悉呼出老幼，賜以茶綵衣物。民間言張公不喜聲伎，見之未嘗笑，獨見佳麥良蠶則笑耳。有田荒蕪者，則集衆杖之。或訴以乏人、牛，則召鄰里責之曰：彼乏人、牛，何不助之？由是鄰里相助，比户有積蓄。在洛四十年，遂成富庶。蓋其勸農力本，生聚教誨，變荒墟爲富壤，非偶然也。誠使西北牧養斯民者，能以全義之心爲心，未有狃於故習而不變者。不一日倡率，而遂曰習之難變可乎？夫得人而任，捐公帑以募就役之民，宜怨讟不生，惰習可變，而田功畢舉矣。乃若不費公帑，不煩募民，而田功自舉者，予又得而熟籌焉。

邊地屯田以餉軍也，其道有三：倡力耕之機，定賞功之典，廣世職之法而已。內地墾田以阜民也，其道有三：優復業之人，立力田之科，開贖罪之條而已。蓋大將固偏裨卒伍所望而趨也。今諸邊沃土，多大將養廉之地。使大將肯以其地畫井以田，以率偏裨卒伍，無不響應而競耕者。昔郭子儀因河中軍嘗乏食，乃自耕一畝，將校以是爲差，于是士卒皆不勸而耕。是歲河中野無曠土，軍有餘糧。昔宋廖給事中剛，亦嘗首陳是説也。將卒捐生而赴敵者，冀以功而獲賞也。今若計田行賞，又如廖給事所謂執耒之安，方之操戈之危，豈不特易？此賞一行，萬頃不難得者，信然矣。今富民得納貲以列武弁冗職，而軍政無裨也。若倣虞文靖公之意，聽富民欲得官者，能以萬夫耕，則爲萬夫之長，千夫百夫亦如之。先試以虚銜，緩其征科，俟其田入既饒，積蓄漸充，則命以官而量征其税，就所征者，給以禄，佩之印綬，得世其官。練集其耕夫，以寓兵於其間。真良法也。第一宜戒此。人衆何患無兵，而先以此遂沮之乎？民之流離，棄其業而畏不敢復，蓋瘡痍未起，科督又嚴，甚則舉其宿負者而取盈焉。此宜上有以招徠之，蠲其負，寬其征，時其賑貸，則流離競復，荒蕪漸墾矣。寓兵于農，此是古人不及今人處。往以爲美談而欲效之，可謂習而不察也。平居聽其教習，以防禦盜賊則可。漢之盛時，孝悌力田同科，蓋務本重農以寓勸率之微權也。今若定爲之制，有能於荒蕪之鄉墾田而井者，田得自業，而輸其税於官，官因税而稽田，因田而定等。上者如納粟待銓，次者遥授散職，納粟官得理民治事，此方今最弊也。又其次者，補胥吏而役於官，則力田者競起矣。贖罪有條，借貪墨以行私者何限也。使令罪而有力者，捐貲墾田，官課其墾田之費，與贖罪相當，則歸其田而收其税。即無力宜遠配者，亦得近屬于田畝之間，以力墾田而贖其罪。此固法行而人亦樂從也。言墾田而借資于鬻爵贖罪，猶病弱者以參苓爲劑，而以鴆毒爲引也。愚意欲以世爵誘人，則文靖之意而稍斟酌之，非鬻爵而使之治事也。此兩策相去遠矣。若今之軍徒，有名無實，則以田作當擺站差操甚善。又律文流罪，正欲徙民以實空虚也。營田之策行，可以復行流罪之法，尤大善矣。倘舉數者而行之，屯田可興，墾田可多，又何必費出公帑，而役煩募地，國初皆設墩臺，分戍瞭守，以備南倭。今草頭沽關及水道沽關，以至于新橋海口、赤洋海口等處，遺址尚存，日漸圮廢。遐想國初設墩分戍，固將備倭，亦以其地勢懸，使瀕海墩戍，連絡于其間，則內地有梗，此路可通行，又防微慮遠之深意也。惟其初設，墩戍稀少，冀後日漸增。然無田可耕，則墩戍漸廢，勢必至也。今若于瀕海闢田，以世職之法，屯駐於其間，其中更多委曲，須議。久之，田益闢而人益衆，則海上爲樂土，瀕海有通道，即內地有梗，南北不至懸隔，於國初設墩分戍之意，固相成也。國家分兵而屯，授之以田，統於衛所之官，法非不詳，然久則田隱占，而屯亦漸廢，蓋田授於官兵，非己業也。惟富民得官屯駐，則其田固己業，子孫相承，稽覈自詳，無隱占之患，蓋井田而寓封建之意也。如此勝於封建。封建者，生殺爵禄自制也。今予之空名，如封君，而不得治事理民。欲其治事理民，或將兵也，我又得選而用之也。謂封建爲美而慕之，亦猶向者寓兵勸農之説乎？

夫富民捐己之貲，闢荒區以輸税，養耕夫以寓兵，其利於國者多矣。就其所入給以禄，朝廷御之以虚名，使之世其職而守其業，有增課之饒，無養兵之費，又何靳而不與乎？彼即汗馬之勛者，禄入兵費，皆仰給於縣官，歲糜而無補，安可以此例論也。今民間子弟入胄監者，例得輸三百五十金。若使力田者於荒蕪之野，墾田三百五十畝，得比輸三百五十金者而同科，則國家一時雖未得三百五十金之入，而歲收三百五十畝之税，歲歲積之，其得更倍。民哉？』

客曰：『就子數説，尚有可疑者。捐生而獲邊賞，積汗馬之勳而獲世職，欲以田畝之勞並之，可乎？玄扈先生曰：爲此論者，蕭何不得與韓、彭論功乎？力田贖罪，田固彼之田也，税入幾何，恐無以足經費，而佐司農之急，談何容易。』徐子曰：『審時度勢，各有攸當也。敵刃既接，軍功爲先。邊烽稍甯，屯政急矣。倘屯政舉而邊地墾，食足兵強，虜來而應之有勝算，虜去而守之有長策，又何軍功之足羨乎？若徒尚軍功，則忽內修而啓外釁，非國家之福也。且邊人之剽悍者，勇於赴敵，其椎魯者，樂於力田。各以其長，邀上之賞，又何妨焉。今邊地久蕪，師不宿飽，非懸殊格，亦何望屯政之修乎？即兵興之時，轉餉勤勞，亦得與對壘者論功。客何疑之？至於世職之法，所繫于今日之邊務者，尤非小也。今之武弁，能因世閥以樹功名者，固亦有之，然其間困乏孱弱僅存者種種矣。惟其先世汗馬之勞，不忍遽廢則可耳，欲藉以練卒而應敵，必不能也。彼富民欲得官者，能以萬夫耕，則其財力智識，已出於萬人之上。能以千百人耕者，亦出于千百人之上。其財力智識，既足以爲主帥之倚用，使之部耕夫以爲勝卒，又皆其衣食安養者，心附而力倍。其與今之武弁，困乏孱弱，剥羸卒以自肥，固天壤懸也。子孫席其世業，亦不至於遽替，即有替者，又必有財力智識之人，代其業而繼其官。邊圉之間，轉弱爲強，茲其大端矣。瀕海之諺謂「千鏹而家藏，不若銖兩而時入」，此尤易曉也。田少而殺，與贖罪而入者，即是可推也。若恐力田可同於輸金，則必有僞增田畝以欺上，或始而墾，旋而廢，難以一一稽之，則又不然。夫民間始繫名於冑監，距其入銓得官之時，多者三十年，少亦不下二十年。所墾之田，歲入官税，總而計之，當不止於三百五十金。彼既墾田，歲以其田之入而輸官不難也。亦何樂於僞田增税，歲以厲己乎？即有田僞而税負者，有司將時稽而除其名，彼亦何利焉？若謂國用方詘，經費之內，歲少三之一，必賴開納以紓其急，不能徐徐以待歲税之入，則亦思之未詳也。蓋經費之廣，由于各邊主客兵餉，所費爲多。若各邊屯政漸舉，則經費自省。況力田者得以田自利，而歲税又取足于田之所入，其從之固易。則以力田而應者，比今輸金之人，必且數倍。果數倍，則選法如何？其願輸金者仍輸金，不因此而廢，彼二者並行，國用又何患焉？事例非所以足也，乃所以不足也。行之積久，田闢而税廣，費省而用足，則力田之科，與輸金者皆可漸罷。此漸可行，鄉舉里選之法，何時可罷？又不必商盈詘于財賄，酌多寡于開納也。』

客曰：『勝國都燕且百年，虞文靖公之議，格焉未行。我國家定鼎于兹，又二百年矣。通漕理財，紛然建議，而西（南）〔北〕[一]水利，未聞舉其議而行者。子何惓惓於今日也？』徐子曰：『勝國往事，已無足論。虞文靖公之言，既不獲售於泰定可爲之時，及季年東南有梗，思其言，倣其意，設海口萬户，已無救於元事矣。可勝慨哉！今國家承平既久，竭東南之力，尚不足以裕西北之儲，幸外夷之款貢，修內地之水利，千載一時，不可失也。若駭然而圖之，其將及乎？此予之所以惓惓也。』

客曰：『時信可行矣。然子方以罪逐，宜引咎緘晦，庶幾補過，乃又鼓舌談國家之大計，非所謂位卑而言高者乎？是益其罪也。』徐子愀然曰：『子何言？葵藿在崖谷之陰，見日則傾者，植性之定也。人臣居江湖之遠，憂時益切者，秉義之常也。苟裨國計，即閭閻尚得言之，矧予固聖天子所嘗置諸左右而責以獻納者，安敢以一出遂自遠哉？且與客談而私識焉，又何罪也。』

客於是起而歎曰：『嗟乎！子去矣。其有味於子之言，而冀其復行者，予日望之。』徐子曰：『是非予所敢知也。然予曩上書報罷，大司馬譚公惜予言未行。公又自言久歷塞上，深知其必可行也。王開府寓書於予，肯身任其事。戚元戎欲減南兵之願農者，惟開府是用。吾輩不足信，譚、王、戚諸公亦不足信耶？有何長慮，直是短見耳。蓋往時塞上少南人，今南人應募而至者成市。其方待募而未收，與募退而不願還者，皆可驅之爲農，即數千人呼吸而集也。夫開府抱濟時之略，而元戎有銷兵之心，乃大司馬公又握

[一] 西南　《潞水客談》作『西北』，據改。

碩畫于其間。即予去，二三同志多是予言，倘有再疏以請者，西北水利庶其興乎！惟國是裨，奚必言之自予也？予囊冀言行，遲回未去，適罹兹罪，客謂負國恩而違親養，予亦何以自解？倘人有舉其言而行者，予因得以效其區區。又或予之罪狀，久而稍紓，將陳情以遂其私，力耕以奉老親，歌詠太平，竊比於擊壤之遺民，豈不幸與？客意良厚。予將黽勉於君親間，以無忘客之大賜。』

談已，客散。徐子挐舟南去。

玄扈先生曰：北方之可爲水田者少，可爲旱田者多。公祇言水田耳，而不言旱田。不知北人之未解種旱田也。

卷一三　水利　東南水利上

宋范仲淹上吕相公并呈中丞咨目曰：『去年姑蘇之水，踰秋不退，某爲民之長，豈敢曲（阻）〔沮〕焉[一]？然初未甚曉，惑於群説，及按而視之則了然可照。今得一二而陳焉，願垂鈞造，審而勿倦，則浮議自破，斯民之福也。姑蘇四郊略平，窊而爲湖者十之二三。西南之澤尤大，謂之太湖，納數郡之水。湖東一派，濬入於（海）〔河〕，謂之松江。積雨之時，湖溢而江壅，横没諸邑。雖北壓揚子江而東抵巨浸，河渠至多，堙塞已久，莫能分其勢矣。惟松江退落，漫流始下。或一歲（之）〔大〕水，久而未耗，來年暑雨，復爲沴焉，人必薦飢，可不經畫？今疏導者，不惟使東南入于松江，又使（西）〔東〕北入于揚子（之）〔入〕於海也，其利在此。或曰：江水已高，不納此流。某謂不然。江（河）〔海〕所以爲百谷王者，以其〔善〕下之，豈獨不下于此耶？江流或高，則必滔滔旁來，豈復姑蘇之有乎？矧今開畎之處，下流不息，亦明驗矣。或曰：日有潮來，水安得下？某謂不然。大江長淮，無不潮也，來之時刻少，〔而〕退之時刻多，故大江長淮，會天下之水，畢能歸于海也。或曰：沙因潮至，數年復塞，豈人力之可支？某謂不然。新導之河，必設諸閘，常時扃之，禦其潮來，沙不能塞也。每春理其閘外，工減數倍矣。旱歲亦扃之，駐水（灌）〔溉〕田，可救熯涸之災。潦水則啓之，疏積水之患。或謂開畎之（力）〔役〕，重勞民力。某謂不然。東南之田，所植惟稻，大水一至，秋無他望。災沴之後，必有疾疫。乘其羸敗，十不救一。謂之天災，實由飢耳。或謂力役之際，大費軍食。某謂不然。姑蘇歲納苗米三十四萬斛，官（司）〔私〕之糴，又不下數（十）百萬斛。去秋糶放者三十萬，官（司）〔私〕之糴，無復有焉。玄扈先生曰：宋時歲納之少如此，糶放之多如此。如豐穰之歲，春役萬人，人食三升，一月而罷，用米九千石耳。荒歉之歲，日食五升，召民爲役，〔因〕

[一] 曲阻　《范文正公集》作『曲沮』，據改。本頁多處據《范文正公集》改。

而賑濟，一月而罷，用米萬五千石耳。量此之出，較彼之人，孰爲費軍食哉？何消如此計算？力役者皆人也。不力役其人遂不食耶？或謂陂澤之田，動成渺瀰，導川而無益也。某謂不然。吴中之田，非水不殖，減之使淺，則可播種，非決而涸之，然後爲功也。昨開五河，泄去積水，今歲（和平）〔平和〕[一]，秋望七八。積而未去，猶有二三未能播（種）〔殖〕。復請增理數道，以分其流，使不停壅。縱遇大水，其去必速，而無來歲之患矣。此理通於天下之水，何必東南？又松江一曲，號曰盤龍。父老傳云：出水猶利。如總數道而開之，災必大減。蘇秀間有秋之半，利已大矣。畎澮之事，職在郡縣，不時開導，刺史縣令之職也。然今之（世有）所興作，横議先至，非朝廷主之，則無功有毁也。守土之人，恐無建事之意矣。蘇、常、湖、秀，膏腴千里，國之倉庾也。浙漕之任，及數郡之守，宜擇精心盡力之吏，不可以尋常資格而授之。恐功利不至，重爲朝廷之憂，且失東南之利也。』

元任仁發《水利集》曰：『議者曰：古者吴淞江狹處尚二里許，猶不能吞受太湖之水，於是添浚三十六浦以佐之，且後時有渰没田疇之患。今所開江二十五丈，置閘十座，其能去水幾何？其利則未知也。答曰：所開江身二十五丈，置閘十座，每閘闊二丈五尺，可以泄水二十五丈。吴淞江緣潮水往來之故也。此必然之畫古人論泄水之法極詳，范文正公曰：「三分其時，損居二焉。」謂如一日十二時，晝夜兩潮，四時辰潮漲，八時辰潮落。所設之閘，晝夜皆去水之時也，所以終江面二里之寬，不如十閘之功也。吴淞二里上海浦未大也。黄浦既闊二里餘，已代吴淞泄水矣。豈開江二十五丈，遂足當二里之舊吴淞哉？任亦不達於水理，亦不考於古今之故矣。且閘止能閉潮無人，豈能晝夜皆去水而當二里餘之舊江也。況今東南有上海浦，泄放澱山湖、三泖之水，東則劉家港、耿涇，疏通昆、承等湖之水。吴淞江置閘十座，以居其中。潮平則閉閘而拒之。潮退，則開閘以放之。滔滔不絶，勢若建瓴，直趨於海，實疏通瀦水之上策也。與古三江，其勢相埒。若夫時水，雖太湖汪洋瀰漫，其涸亦可待矣。旱則閉閘瀦水以灌溉，乃一舉兩得其利也。

議者曰：吴淞江自古無閘，今置之，非也。何不開闊疏通，使江復故道，一任潮水往來，豈不便易？答曰：治水之法，先度地形之高下，次審水勢之往來，并追源泝流，各順其性。古人謂水歸深源。又曰：沙泥隨潮而來，清水蕩滌而去。今所往上海劉家港等處，水深數丈，今所開之河，止二丈五尺。若不置閘以限潮沙，則渾潮捲沙而來，清水歸深源而去。新開江道，水性不順，兼以河沙約住河泥，不數月間，必復淺塞，前工俱廢。故閘不可不置也。范文正公曰「新導之河，必設諸閘」，正此謂也。

[一]『和平』《范文正公集》作『平和』，據改。下同。

若欲再復吴淞江之故道，須候諸閘啓閉流深，衆水歸源，其洶湧之勢，孰得而制禁？當於此諸閘都閉，挑開一處堰壩，任潮水往來，借清水力東衝而洪，自復成江矣。大謬！無此理。《考工記》曰「善溝水者，水（醫）〔漱〕之」之謂也[一]。

議者曰：吴淞江前時流通，今日何爲而塞？豈非海變桑田之説，黄河日走千里，非人力所可爲者歟？答曰：東坡有言：若要吴淞江不塞，吴江一縣人民，可盡徙于他處，庶使上流寬瀉，清水力盛，沙泥自不能積，何致有堙塞之患哉？疏通清水，以滌渾潮。自是正論。後來東南治水，宜倣此意。然瀦水之處，日淤日淺，亦天地自然之勢。不然，寳帶垂虹，何自而立哉？歸附之後，將太湖東岸水出去處，或釘木爲栅，或用土草爲堰，或築狹河身爲橋，置爲驛路。及有湖泖港汊，又慮私鹽船往來，多行塞斷，所有水脈不通，清水日弱，渾潮日盛，沙泥日積，而吴淞江日就淤塞。今日江勢，正與東坡所見合。如曰海變桑田，黄河奔突，一時之謂，謂黄河非人力可爲，亦謬。則聖人手足胼胝，盡力溝洫，皆虚言也。聖人豈欺我哉？所當盡人力而爲可見也。

議者曰：錢氏有國一百有餘年，止長盈年間一次水災。亡宋南渡一百五十餘年，止景定間一二次水災。今則一二年，或三四年，水災頻仍，其故何也？答曰：錢氏有國，亡宋南渡，全藉蘇、湖、常、秀數郡所産之米，以爲軍國之計。當時盡心經理，使高田低田，各有制水之法。其間水利當興，水害當除。合役居民，不以繁難，合用錢糧，不吝浩大。又使名卿重臣，專董其事。富豪上户，美言不能亂其法，財貨不能動其心。凡利害之端，可以興除者，莫不備舉。又復七里爲一縱浦，十里爲一横塘。或作五里一縱浦。田連阡陌，位位相承，悉爲膏腴之産。設有水患，人力未嘗不盡，遂使二三百年之間水患罕見。欽惟國朝，四海一統，人才畢集。擢居重任者，或未知風土之所宜也，以爲浙西地土水利，與諸處同一例，任地之高下，任天之水旱。所以一二年間，水災頻仍，皆不諳風土之同異故也。諸處何獨不然？蓋天地之間，無一處不宜興修水利者。

議者曰：蘇州地勢低，與江水平，故曰平江，故稱澤國。其地不可作田，必然之理也。今欲圍築硬岸，亦逆土之性耳。答曰：晉宋以降，倉廪所積，悉仰給于浙西水田之利，故曰：蘇湖熟，天下足。若謂地勢高下，不可作田，以爲必然之理，此誠無用之論也。浙西之地，低於天下，而蘇湖又低於浙西，澱山湖又低於蘇州。此低之又低者也。彼中富户數千家，于中每歲種植茭蘆，埋釘樁笆，委埋封土，圍築硬岸，豈非逆土之性？何爲今日盡成膏腴之田？此明效之驗，不可掩也。既是澱山最低之湖，經理尚可以爲田，却説已成之田，不可作田。天下寧有是

[一] 水醫之　《考工記》作『水漱之』，據改。

理也？

議者曰：水旱天時，非人力所可勝。自來討究浙西治水之法，終無寸成。答曰：浙西水利，明白易曉。特行之不得其要，何謂無成？大抵治水之法，其事有三：浚河港必深濶，築圍岸必高厚，置閘竇必多廣。設遇水旱，有河港深濶堤防而乘除之，自然不能爲害。河港洩瀉，圍岸堤防，閘竇乘除。倘有人力不至，而一切委數于天，天下寧有豐年也？東坡有言「浙西水旱，此謂人事不修之積，非時之數」，今之謂也。昔范文正公親開海浦，時議者阻之。公鋭意完具，排浮議，疏浚横潦，數年大稔。乃謂終無寸利？爲是説者，皆聽受富家驅使，而妄爲無稽之言也。何處水旱，非緣人事不修，人不講不做耳。東南久做久講，所以有人如此説。

議者曰：吴淞江開之後，自合浙西永無水害，何爲大德十年，自濟以南，直至浙西，有水害甚深？答曰：且體比年浙西所收子粒分數，比之淮北，數幾十倍，皆吴淞江三閘，并諸壩口，出放潦水之力。以未開吴淞江之前，大德七年，亦遭水害，所收子粒分數，比大德十年，不及三分之一。以此論之，則水監豈爲無功？天災流行，水淹爲害，人力之所致，不見備禦堤防之，若除一分之害，則享一分之利。謂當永無水害，乃不近人情之論。爲執政者，不當便聽其言，不察是否，乃直謂無功而輒罷之，正如咽喉噎而廢食也。況自歸附以來，二三十年，所積之病，豈半年工役之所能盡哉？

議者曰：行都水監，既是有益衙門，何謂衆口一詞，皆謂無益，而明議罷之？答曰：「民可使由之，不可使知之」，事之利害，久而復明，非高識遠見，熟於世務，通於水利者，安知有久遠無窮之利？彼愚民無知，但見一時工夫之繁。豪民肆奸，有吝供輸募夫之費。所以百端阻撓，但爲無益以敗事。殊不知浙西有數等之水，拯治方略，皆不相同，非專司不能盡力責其成功。使水監衙門，真如無事，古之有國者，亦廢而不舉久矣。何謂周、漢、唐、宋之世，未嘗不一日用心盡力。經營水利之事，列之史傳，代不乏人。故諺曰：「水利通，民力鬆」，斯言信矣。并浙西水利低下之處，不須水監拯治，即今中原高阜之鄉，安用水監河道司爲哉？然則高阜之處，水監既不可缺，而低下之處，乃謂不必置立，何不思之甚也？

議者曰：水利不可不修，今隴西唐宋二渠，正是責于有司疏浚，田禾有收，民便不擾。浙西水利，與隴西一體，責之有司兼管，豈不便哉？答曰：隴西唐宋二渠，長湖水也，浚成深渠，水自下流，何難拯治？浙西地面，有江海河浦，湖泖蕩漾，溪澗溝渠，汊涇浜漕溇等名；水有長流活水、瀦定死水、往來潮水、泉石迸水、霖淫雨水、風決漲水、潮泥渾水、南來交水、風潮賊水、海嘯淫水等名。水名既異，則拯治方略亦殊。豈可以唐宋二渠長流水例之哉？略舉浙西治水，磋堰、壩水、函石、倉石囤、蘧蔯、土帚、剌子、水管、銅輪、鐵笓、木杙、木井、木簶、木匣、水車、風車、手戽、桔槔等器，牐、竇、碶、斗門。龍西未必有也。今設爲此策，乃不知地理之人，如醯雞井蛙，豈足與議遠大之事？宋賢如范文正公、蘇文忠公、朱文公、王荆公，皆命世大儒，經綸天下之大材，尚各各建策，設官置兵，盡力經營水利之事，不令有司兼管，必有所見而爲之。當時有司兼管，何往而不敗事？爲是説者，未必長于蘇、范諸公之議也。況浙西地形高下，水旱不均。古人有言：「東州之官，莫問西州之利。」或利於此，必害於彼。此事今於畿輔最急。便有彼疆我界之分。若無水監通行管領，一體整治，何能用心協力于均水利也哉？』

劉鳳《續吴録》曰：『蘇之三江：曰吴淞江，曰婁河（即婁江），曰黄浦（即東江）。昔嘉定尹龍晋，以御史左官，濬治吴淞百年以來淤滯，民大被其利，名之御史河。方鑿地時，獲一石，上云：「得一龍，江水通。」蓋豫記之矣。近巡撫海公復疏之，後乃專官以憲令督視者累年。蓋吴利水稻，其豐穰，惟在水之節宣得其所。昔單諤有書，繼則沈憲副啓《圖志》尤詳，實不越《禹貢》所云「三江既入，震澤底定」二言也。』

玄扈先生曰：淞江之側，有小聚落，名三江口。酈善長云：『淞江自湖東北逕七十里，至江水分流，謂之三江口。』《吴越春秋》載范蠡去越，乘舟出三江口，入五湖，皆謂此也。三江，即《禹貢》所指者。宜興士人單諤著《吴中水利書》，其説謂：蘇湖常三州之水，瀦爲太湖。湖之水，溢于松江以入海，故少水患。今吴江岸，界于松江太湖之間，岸東則江，岸西則湖，江東則大海也。自慶曆二年，欲便糧道，遂築此堤，横截江流五十里，遂致太湖之水，常溢而不泄，浸灌三州之田。又覩岸東江尾與海相接之處，茭蘆叢生，沙泥漲塞，而又江岸之東，自築岸以來沙漲，今爲民居民田。雖增吴江一邑之賦，而三州之賦，不知反損幾百倍矣。今（若）〔欲〕[一]泄太湖之水，莫若先開江尾茭蘆之地，遷沙村之民，運其所漲之泥，然後以吴江岸，鑿其土，爲木橋千所，以通糧運。隨橋谺開茭蘆爲港走水，仍于下流開白蜆、安亭二江，使太湖之水，由華亭青龍入海，則三州水患必減。元祐中，東坡在翰苑，奏其書請行之。

吴恩《吴中水利》曰：『蘇州之地，北枕長江，東表溟海，而水泉之勢，則與江平，故曰平江郡。然江水復高於海，而平江之水，決之赴海則順，導之出江則平。是以禹開三江于内地，決震澤之瀦，由三江以入海，而底定之功，垂之百代。逮至有宋，則因吴越錢氏舊議，決湖水以入揚子江，而其地之高下，不甚相懸，所以易爲通塞也。唐人竊見一時利害，輕視禹迹，不尋三江之舊，而遂築長堤，横截江湖之上，凡四十五里，以通漕舟。今竇帶橋一路是

〔一〕若　《授時通考》、四庫本《農政全書》作『欲』，據改。

也。所賴以洩湖波之怒，下通吳淞者，則有松陵治東之出耳。而元人又有垂虹石梁之築，雖足以爲公私病涉之利，而于東南經久之規，殆未嘗有深思遠慮以及之者矣。故其橋洞雖設，而梗塞日滋，沙淤寖高，而咽喉益隘，終不若宋時木橋之爲得也。今二橋不可去，而三江之上流，實在于此。今欲順其歸海之勢，而議者欲去二橋兩旁之塞，大濬而擴清之，使其深廣峻發。湖不自淺，而清水果盛，則二橋之兩旁，何由而塞？ 此一說也，惟不得禹之故道。而范文正公乃欲導之以出揚子江，於是有開濬白茆之議。蓋因唐郡守李人原開常熟塘，借湖水以救旱，而後人因之以分太湖之水耳。

議者又欲分太湖之上流，於是單諤欲開濬百瀆橫塘，以分荆谿之流。又欲濬石堤江尾茭蘆之地，改木橋以通壅。蘇文忠公獨取其説，上之於朝，乃謂：「雖增吳江一縣之税，顧二州之逋失者，蓋不貲也。」獨以開江又不能經久通利，於是郟亶論其不便，蓋自沿江東自江陰，逶常熟、太倉，一路高阜之地，謂之崗身，凡三百餘里，闊厚亦不下數十里。其土瘠而高燥，脈理椎結。此天所以限長江，而奠生民者也。其中則爲低下之田，爲圍百萬畝。其南則有太湖之壅，憑陵于上。一遇水澇，則泛溢旁出，以蕩没低田，無所于救。民天所寄，國需所出，遂爲魚龍之宫。識治者蓋所不忍，而必欲爲之所者矣。且水澇之年，江水必漲。今鑿崗身，以出湖波，崗身豈所以限長江，乃海之涯也。是引湖水以侵低田，而出江之流，又未免爲江潮之壅遏，則倒流入田，其勢亦易見矣。又江潮之入也常速，出也常緩，不幾歲月，淤積泥沙，其塞可期而待也。而其子郟僑復申其説，識者又多採之。今欲不廢已成之堤橋，而又欲疏通久長之利，則必悉舉衆議。而於奮入蕪湖之水，限之不使東注，復修常州十四瀆北出之防，而下之江陰，則於太湖之上流，可以分殺矣。又於吳江江尾之壅，決去不疑，而下開澱山湖，以便吳淞江之入。如是而始通白茆入江之路，則可久得其益也。永樂中，夏忠靖公開濬白茆，通八十九年。而今開鑿不過二十年而塞者，得非人力有缺也，如錢氏之撩淺軍歟？得非堤防未至也，如宋人之設閘留清，駛以導之歟？得非濬法未詳也，如古之曲則深，直則塞歟？凡此皆可細究，而通謀盡利之方，厚民益國之務，莫有急于此時者矣。

然置閘之法，則不可比京口、江陰之例。蓋京口借江水以通漕，不得不閘以禦其去；江陰地居常熟之上，江水尤高，其外潮之入也有時，而内水之出也有限，故亦可閘。非比白茆之口，即今已一百餘丈矣。若欲置閘，則必厚築兩旁；厚築兩旁，則内水之出也益隘，將欲疏之，適以阻之矣。江闊而以閘東之可乎？必如任仁發之説，江二十五丈則十閘乃可，今言兩旁支港置閘，亦妙，但河身必與江等深，而閘口必與江容等例爲是。

然欲留清水以滌淤沙，則如之何？謂宜大疏兩旁支港，使節節深濬，横置木閘（大則石閘），俟潮來即閉，潮退則開，庶可少得導沙之益矣。然撩淺之夫，則終不能廢也。其撩淺之法，募人爲卒，官爲雇值，設四指揮以督事。今若用之，則指揮不必設，而以各縣治水縣丞主之。官爲雇卒，而又有本府水利通判督之於上，使憂勤相須，以期事功。事不有益矣乎？夫東南諸郡，國家之外府也，而蘇之貢賦，又半於東南。一遇旱澇，至于逋亡者，不知有若干人于兹矣。堤防之修，旱暵之備，實有不可緩焉者。若救旱之法，則必先于近山高阜之地，多爲積水池，如前人開鑿穹窿支溝，瀦蓄雨泉以待用，而于崗身之地，則使多穿陂塘。而又必官爲之處，上下提督，則百錢石米之富，可復見于今日也。不然，則東南民事，將不知其所終矣。然此其大略也，來源去委，并列于後：

一、太湖所受之水。吴爲澤國，其藪具區，其浸五湖，又曰震澤，曰笠澤，即今太湖也。酈道元曰：「萬水所聚，觸地成川。」一自建康、常、潤、宜興，由荆溪以入；一自天目、宣、歙、臨安、苕、霅諸溪以入。周圍五百里，浸洪三州，而瀦聚汪洋，盈溢東注，則皆東南出吴江，奔流分三道以入海。謂之三江，禹治之舊跡也。

一、三江遺迹。《史記正義》、《吴地記》所載三江，並難尋究。唐宋土人所稱，獨指吴淞一江爲存耳。今考自吴縣鱟塘（即俗人所謂鮎魚口）北折，經郡城之婁門者，爲婁江。從吴江縣長橋東北，合龐山湖者，爲淞。其自大姚分支，入長洲縣界，匯澱山湖，東出嘉定縣界，合於黄浦，經嘉定之江灣，青浦東北行，名吴淞江者，爲東江。此曲説也。震澤出海，實無三江。《禹貢》所謂，自指大江爲三江耳。

一、太湖小肢，其東出胥口，與别流匯于石湖。復東行抵郡城，折北至閶門、婁東入常熟塘，下入白茆浦。其分水墩，北走觀瀆橋，散出楊涇者，皆入常熟塘。其合沙湖者，入崑山至和塘，直入太倉者，歸于海，及分合於吴淞江，向東而行。

一、吴江石堤，隔塞江路。自唐元和中，刺史王仲舒築石堤以達松江糧運，長亘數十里，横截江路，堤外爲江，堤内爲湖。雖橋洞僅通五十三處，名曰寶帶橋，而宣洩細瀊，終不輕快。回流積淤，漸盤蘆葦，而向所謂可敵千浦之江，遂爲淺渚平沙之境矣。當時經制權宜，實爲有益，不虞水道漸塞，竟爲諸郡良田之梗也。

一、垂虹橋復阻東流之勢。自石堤横截江路，所恃以東注者，淞陵治東之泄也。但湖水爲石堤所拘，湍怒流急，遂折縣治之旁爲二，於是風濤盛，而公私隔矣。慶曆中，縣尉王庭堅作木橋以利來往，而吴淞江獨耿然通利。至元泰定中，州判張顯祖遂構石梁，而虚洞列至六十之外，僅如管窺，蓋不知前人立木之意也，遂使流沙日壅，裹湖水而不得出。而山原溪洞之來，又成日至。其泛溢自恣，瀰漫浸淫，無怪乎其然矣。

一、澱山湖狹隘不能展舒吐納。吴中諸湖，惟澱山爲最下，而界于崑山、吴江、長洲之間，南屬華亭，而太湖之水入于淞江，藉此以爲傳送者也。元時，尚有僧寺特立湖中，而今則寺在良田之中，則水路之隘可知矣。議者欲復闢其故道，暢而通之，則未易爲力。然此湖獨爲低下，而吐納之機，實在于此，則其説或可採也。自古無濬湖受水者，不知濬法如何。

一、白茆河形。夫水性，帶東南則稍下，帶北則稍高。而今之白茆，則直向東北合，亦從其下趨之勢，因其勢而利導之，古之善經也。而近年開鑿，已非夏忠靖舊開之路，是以通塞久近，爲驗較然矣。其必于近江二三十里處，相其形便，開向東南，以從其性，或可久得其利也。

一、夾浦橋不可立。湖自大姚分肢，一從柳胥港瓜涇而北，又一從吴江縣北門委直北至夾浦橋而入，以下吴淞。此僅一脈之存耳。國初嘗有石梁，爲水齧廢，而周文襄公乃使造舟爲梁，鎖兩端而中貫之，以通行者，至今爲便。而近者鄉人，又謀疊石，此政不可許也。

一、疏通次第。夫旱暵之年，來源必少，霜降水涸，可以賦功。若使先疏上源，則下流必壅，合無先啓白茆之路乎？其次，則七丫浦。又其次，則吴江堤長橋之導。而又次，則理百瀆以北，以下江陰之江，分荆溪之注。又次，則理宜、歙、九陽江之水，以入蕪湖。而中間各縣，堤渠水竇之設，則分投就近得利之家，隨宜開浚，則施工之日，遂爲三州有秋之望矣。

一、開江始末。夫田租始加於漢唐，而徵輸遂極於後代。徵法愈倍，則耕法愈詳。何者？民之苦於不得已也。故沿江之民，鑿崗身以救旱，而於其中低窪之處，了不相涉。而水澇之年，則太湖被堤橋之壅，泛溢瀰漫，而各縣之低田，遂成巨浸。於是內水高而江水下，而見者遂欲決之以入於江，此開江之説所由起也。暫時處置，實爲有益。及至江水復漲，則內水高而不得出，亦有時而然者。此皆一時所見，而欲節宣不費，永益良田，以無失東南之利者，則人事之修，不可以不詳定也。然禹治震澤，則分疏東南之流，以歸于海，無紛紛多事。而後人開江，得一益或生一事，至紛紜補葺，煩切而不可救，而又不能已者，何也？蓋自井邑丘甸之設，則必有卒兩軍師之制，水利之興，則江防不可不留意也。一自江陰之江開，始以通魚鹽之利耳，而竟開北兵窺南之路，僞吴守之以捍吴，而國家得之以入金陵。一自福山之江開，爲張士誠襲蘇之逕，而國家亦因之以取吴。一自許浦、白茆之江開，而金人每於此窺宋。其後李寶破敵兵于此，遂設許浦軍，而白茆乃有制置節度之設，宿重兵而恒恐其不足。一自劉家港之江開，而元人以之通海運，交六國市舶，而朱清、張瑄之徒，爲患不絶。其後二人招懷，而海邊之軍鎮，遂相望而列矣。然永樂中，尚有倭賊之寇，又設守禦千户所于崇明沙。今縱不能如禹之行水，而上下煩勞，則皆開江之利啓之也。然地維開張，本爲國家之用，而竊發時見，末清消弭之源，則其敦本厚民之實，力田務農之政，誠不可漫爲之説者矣。但積沙既爲漲灘，而富家因爲己有，是以客土恃勢力以負國，暴水縱積怒以困民，其害相因而不解也。』

卷一四　水利　東南水利中

《荒政要覽》曰：『戊戌正月，太祖高皇帝令康茂才爲營田使。上諭之曰：「比因兵亂，堤防頹圮，民廢耕耨，故設營田司以修築堤防，專掌水利。今軍務實殷，用度爲急，理財之道，莫先於農事。故命爾此職，分巡各處，俾高無患乾，卑不病潦，務在蓄泄得宜。大抵設官爲民，非以病民。若但使有司增飭館舍，迎送奔走，所至紛擾，無益於民而反害之，則非付任之意。」

正統五年庚申，令「天下有司秋成時修築圩岸，濬陂塘以便農作。仍具數繳報，候考滿以憑黜陟。」』

夏原吉奏《治蘇松水利疏》曰：成化五年[一]『上以蘇松水旱爲憂，命臣特往疏治。八月遣都御史俞吉齎《水利集》以賜臣原吉，講究拯治之法。臣與共事官屬，及諳曉水利者，參考輿論，頗得梗概。蓋浙西諸郡，蘇松最居下流。太湖綿亘數百里，受納杭、湖、宣、歙諸州溪澗之水，散注澱山等湖，以入三江。頃爲浦港湮塞，匯流漲溢，傷害苗稼。拯治之法，要在浚滌吴淞江諸浦，導其壅塞以入於海。（但）〔按〕吴淞江（延）〔舊〕袤二百五十餘里，廣一百五十餘丈，西接太湖，東通大海。前代屢浚屢塞，不能經久。自（下江）〔吴江〕長橋至夏駕浦[三]，約一百二十餘里，雖云通流，多有狹淺之處。自夏駕浦抵上海縣南蹌浦口，一百三十餘里，湖沙漸漲，已成平陸。欲即開浚，工費浩大，且灧沙（游）泥〔淤〕，浮泛動盪，難以施工。臣等相視，得劉家港（即古婁江）徑通大海，常熟之白茆港徑入大江，皆繫大川，水流迅疾。宜浚吴淞江南北兩岸安亭等浦港，以引太湖諸水入劉家、白茆二港，使直注江海。又松江大黄浦乃通吴淞江要道。今下流壅遏難流。傍有范家浜，至南蹌浦口，可徑通海，宜浚令深闊，上接大黄浦，以達泖湖之水。此即《禹貢》三江入海之迹。每年水涸之時，修築圩岸，以禦暴流。如此，則事功可成，於民爲便也』。

徐貫《治東南水患疏》曰：弘治八年『臣等竊見嘉、湖、常、鎮，水之上流；蘇、松，水之下流。上流不浚，無以開其源；下流不浚，無以導其歸。於是督同委官人等，將蘇州府吴江長橋一帶茭蘆之地，疏濬深闊，導引太湖之

[一] 夏原吉已於宣德五年（一四三〇年）正月卒，夾注『成化五年（一四六九年）』明顯錯誤。

[三] 『但』、『延』、『下江』四字　《三吴水考》及《吴中水利全書》作『按』、『舊』、『吴江』，據改。

水，散入澱山、陽城、昆承等湖。又開吴淞江，并大石、趙屯等浦，泄澱山湖水，由吴淞江以達於海。開白茆港，並白魚洪、鮎魚口等處，泄昆承湖水以注於江。又開七浦、鹽鐵等塘，泄陽城湖水以達於海。下流疏通，不復壅塞。開湖水之漊涇，泄天目諸山之水，自西南入於太湖。開常州之百瀆，泄荆溪之水，自西北入於太湖。又開各斗門以泄運河之水，由江陰以入江。上流疏通，不復湮滯。自弘治七年十一月十七日興工，至八年二月十五日畢。幸而一向天氣晴和，人無疫癘，凡百衆庶，争先效勞。即今水患稍弭，人無墊溺之憂，田有豐稔之望。是非臣等之能，皆皇上盛德大福，廣被東南之所致也。』

吴巖《興水利以充國賦疏》曰：弘治十四年『竊惟國家財賦，多出於東南，而東南財賦，皆資於水利。是故禹之治水也，以四海爲壑，而盡力乎溝洫。宋元以來，諸儒以開江置閘治田爲東南第一義，有由然矣。夫何近年以來，東南地方，下流淤塞，圍岸傾頽，疏導不得其法，董治不得其人？臣等備員該科，於地方水利，嘗悉心推究。謹將東南水利之切要者二事，曰疏濬下流，曰修築圍岸。

一、疏濬下流。臣嘗考之，浙西諸郡，蘇松最居下流。太湖綿亘數百餘里，受納天目諸山溪澗之水，由三江以入於海。是太湖者，諸郡之水所瀦，而三江又太湖之所泄也。《禹貢》所謂「三江既入，震澤底定」是已。若下流淤湮，衆水泛溢，渰没禾稼，爲害匪輕。爲今之計，要在隨其源委，相其利害，酌量便宜，爲之區處。如白茆港、七浦塘、劉家河，此蘇州東北泄水之大川。如吴淞江、大黄浦，此蘇松南北交境與松江南境泄水之大川。而吴淞之南北與白茆諸港，又各有支渠，引上流諸水以歸於其中，而並入於海。此所謂源委者也。就其中論之，蘇州之七浦塘、劉家河，松江之大黄浦，並皆深闊，通利無阻。惟白茆一港，自弘治七年疏濬之後，今二十五六年。吴淞一江，自天順間疏濬之後，今六十有餘年。聞之白茆入海之處，潮沙壅積，勢若丘阜。吴淞雖名一江，僅如溝洫，潮回水落，雖舟楫亦艱於行。其旁渠港，亦多湮塞。下流既壅，上流曷歸？加以霪霖，能不泛溢？此其利害之可見者也。今能濬白茆一港，使之通利如七浦、劉家河，則蘇州東北之水，有所歸而不積矣。濬吴淞一江，使之通利如大黄浦，則吴淞南北兩界之水，有所歸而不積矣。

一、修築圍岸。臣嘗考之，浙西之田，高下不等，隨其多寡，各自成圍，遠近相望。吴越以來，素稱膏腴。宋儒范仲淹嘗論於朝曰：「江南圍田，中有渠，外有門閘，旱則開閘，引江水之利；澇則閉閘，拒江水之害。旱澇不及，爲農美利。」雖然圍田全仗乎岸塍，岸塍常利於修築。修築堅完，旱澇有備，否則反是。臣願自今以後，每歲於農隙之時，治農府州縣官，督令田主佃户，各將圍田，取土修築。水漲則專增其裏，水涸則仍築其外。務令高闊堅固，可通往來，隨其旱澇，而車戽出入。如此先事有備，而田皆成熟矣。』

葉紳《請治水以防災荒疏》曰：弘治十六年『竊惟直隸之蘇、松、常，浙江之杭、嘉、湖，約其土地，雖無一省之多，計其賦税，實當天下之半。況他郡所輸，猶多雜賦，六郡所出，純爲粳稻。玄扈先生曰：公知六郡之水利修，可以當天下之半；不知天下之水利修，皆可爲六郡也。誠國家之基本，生民之命脈，不可一日而不經理也。若水道不通，爲六郡農田之害，所係亦重矣。夫天目諸山之水，豬爲太湖，而六郡環乎其外。太湖之水，又由江河以入於海。聞昔人於溧陽，則爲堰壩，以遏其衝；於常州，則穿港瀆以分其勢；於蘇松，則開江河，以導其流。惟是入海之處，潮汐往來，易爲湮塞，故前代或置開江之卒，或置撩淺之夫，以時浚治，僅免水患。歷歲既久，其法廢弛，遂致諸湖巨浸，壅遏其中，江河故道，淤漲於外。土民利其膏腴，或堰而爲田，築而爲圍，是以渰没田疇，漂淪廬舍，固其所也。方弘治四年一潦，迨五年復潦。今歲大水，視昔尤甚。伏乞聖明思念東南大害，於廷臣中，選差有才力通曉水利者一二員，授以節鉞，重以委任，前〔去〕會同撫按，講求民瘼，設法賑恤。俟民困稍甦，然後指定地方，分投相視，何地爲山水入湖之衝，何港爲太湖入海之道，自源徂流，一一講究。相與度其經費，量其事期，然後大加浚治，〔務〕使下流得以宣泄。然當此饑饉之際，欲興大役，若非任事者處之得其道，則民力不堪，不能不重困也。』

胡體乾《修舉水利六款疏》曰：嘉靖十年『禹之治水有三：導川入海，泄之以去害也；豬水爲澤，蓄之以興利也；濬畎及川，又之以播種也。蓋高山大原，衆水雜流，必有一低下處爲之壑，如人之有腹臟焉，彭蠡、震澤是也。旁溪别緒，萬派朝宗，必有一合流入海之川爲之泄，如人之有腸胃焉，江、淮、河、漢是也。今以三吴水利觀之，有宣、歙、杭、湖數郡之山原，而導之得所入，然後有太湖之汪洋。有太湖環五百里之容受，而泄之得所歸，然後有蘇、松、常、嘉、湖五郡之財賦。漫衍浸注，爲蕩爲漾，縱横分合，爲浜爲塘。於是江浦領之，經帶迂迴而放之海。此吴中形勢之大都，亦諸方言水利之準則矣。《禹貢》載治水成功，則曰「九川滌源，九澤既陂，四海會同」，而盡力溝洫，乃則壤陝宅中事也。故總敘其事，不過始之以決九川，距四海，終之以濬畎澮距川。今列水利事宜：一曰禁淤湖蕩，廣水利之翕聚也。二曰疏經河，通其幹也。三曰開溝渠，濬其支也。四曰築堤岸，防川澤之泛濫，固田間之圍欄也。并山鄉積水，沿海護塘，共爲六條。所採昔人之議，俱江南治水方略。引以爲例，他可類推云。』

吕光洵《修水利以保財賦重地疏》曰：嘉靖二十年『臣聞善治病者，必攻其本。善救患者，必探其源。水利之興廢，乃吴民利病之源也。臣嘗巡歷各該地方，相視高下，詢問父老，頗得其説，輒敢條爲五事，仰俟聖明裁擇：一曰廣疏濬以備瀦泄，二曰修圩岸以固横流，三曰復板閘以防淤澱，四曰量緩急以處工費，五曰專委任以責成功。何謂廣疏濬以備瀦泄？ 蓋三吳之地，古稱澤國。其西南翕受太湖、陽城諸水，形勢尤卑，而東北際海岡隴之地，視西南特高。大抵高者其田常苦旱，卑者其田常苦澇。昔人治之，高下曲盡其制。既於下流之地，疏爲塘浦，導諸河之水，由北以入於江，由東以入於海，而又畎引江潮，流行於岡隴之外。是以瀦泄有法，而水旱皆不爲患。

近年以來，縱浦橫塘，多湮塞不治。惟二江頗通：一曰黄浦，二曰劉家河。然太湖諸水，源多而勢盛，二江不足以泄之，而岡隴支河，又多壅絶，無以資灌溉。於是上下俱病，而歲常告災。臣據各府所報河浦湮塞之處，在下流者以百計，而其大者六七所。在上流者亦以百計，而其大者十餘所。治之之法，當自要害者始。宜先治澱山等處一帶茭蘆之地，導引太湖之水，散入陽城、昆承、三泖等湖。又開吳淞江並大石、趙屯等浦，泄澱山之水以達於海。濬白茆港并鮎魚口等處，泄昆承之水以注於江。開七浦、鹽鐵等塘，泄陽城之水以達於江。又導田間之水，悉入於小浦，小浦之水，悉入於大浦。使流者皆有所歸，而瀦皆有所泄，則下流之地治，而澇無所憂矣。乃濬臧村等港，以溉金壇。濬澡港等河，以溉武進。濬艾祁、通波，以溉青浦。濬顧浦、吳塘，以溉嘉定。濬大瓦等浦，以溉崑山之東。濬許浦等塘，以溉常熟之北。凡岡隴支河湮塞不治者，皆濬之深廣，以復其舊。則上流之地亦治，而旱無所憂矣。此三吳水利之大經也。

何謂修圩岸以固横流？ 蓋四府最居東南下流，而蘇、松又居常、鎮下流，其水易瀦而難泄。雖導河濬浦，引注於江海，而每遇秋霖泛漲，風濤相薄，則河浦之水，逆行田間，衝齧爲患。宋轉運使王純臣常令蘇湖作田塍禦水，民甚便之。而司農丞郟亶亦云：「治河以治田爲本。」其説多可採行。臣嘗詢問故老，以爲二三十年以前，民間足食無事，歲時得因其餘力，營治圩岸，而田益完美。近年空乏勤苦，救死不贍，不暇修缮，故田圩漸壞，而歲多水災。是吳下之田，以圩岸爲存亡也。失今不治，則坍没日甚，而農桑日蹙矣。宜令民間如往年故事，每歲農隙，各出其力，以治圩岸。圩岸高則田自固，雖有霖澇，不能爲害。且足以制諸湖之水，不得漫行，而咸歸於河浦，則河浦之水，自高於江，江之水，自高於海。不得決泄，自然湍流。而岡隴之地，亦因江水稍高，又得畎引以資灌溉，蓋不但利於低田而已。何謂復板閘以防淤澱？ 河浦之水，皆自平原流入江海，水漫而潮急，沙隨浪湧，其勢易淤。不數年，即沮洳成陸。歲修之，則不勝其費。昔人權其便宜，去江海十餘里或七八里，夾流而爲閘。平時隨潮啓閉，以禦淤沙； 歲旱則閉而不啓，以蓄其流； 歲澇，則啓而不閉，以泄其流，閘有三利，蓋謂此也。

而宋臣郟僑亦云：「錢氏循漢唐遺事，自松江而東至於海，又導海而北至於揚子江，又沿江而西，至於江陰界。一河一浦，大者皆有閘，小者皆有堰。」臣按《郡志》，蓋與僑之言頗合，然多湮廢，惟常熟縣福山閘尚存。正德間，巡按御史謝琛議復吴塘等閘而不果。即今金壇縣議復莊家閘，江陰縣議復桃花閘，嘉定縣議於横瀝、練塘等處各置閘如舊，臣訪諸故老，皆以爲便。以是推之，凡河浦入海之地，皆宜置閘，然後可以久而不壅，蓋不獨數處爲然也。何謂量緩急以處工費？夫經略得宜，則事易集，施爲有漸，則民不煩。往歲凡有興作，皆併役於一時，是以功未成而財食告匱。爲今之計，宜令所在有司，檢勘某水利害大，某水利害小，某水最急，某水差緩。其最大而急者，則今歲修之；次者明年修之；次者，又明年修之。則興作有序，民不知勞，而其工費之資，亦可以先時而集矣。但方今歲時荒歉，公私俱絀，既不可加斂於民，而内帑又不敢望。乞將見年未完錢糧，係糧解大户侵欺者，督令有司，設法清追數十餘萬兩，存留在官。略倣宋臣范仲淹以官糧募飢民修水利之法，行令有司，查審應賑人數，籍其老病無力者爲一等，壯健有力者爲一等。無力者日給米一升，聽其自便。有力者日給米三升，就令開濬。通將前項官銀及賑濟錢糧，一體通融給散，各另造册查考，則官不徒費，民不徒勞，所謂一舉而兩利者也。』

林應訓《修築河圩以備旱潦以重農務事文移》曰：萬曆五年，任直隸巡按。『爲照溝洫圩岸，皆以備旱潦，而爲三農之急務，人人所當自盡者。縱使官府開深江浦，而各區各圖之溝洫圩岸不修，則終無以獲灌溉之利，杜浸淫之患也。除幹河支港，工力浩大者，官爲估計處置興工外，至於田間水道，應該民力自盡。爲此酌定式則，出給簡明告示，緣圩張掛，仍刻成書册，給散糧里，令民一體遵守施行。

一、定式樣以便稽查。吴中之田，雖有荒熟貴賤之不同，大都低鄉病澇，高鄉病旱，不出二病而已。病澇者，則以修築圩岸爲急。圩岸既各高厚，雖有水溢，自難潰入而淹没之矣。病旱者，則以開濬溝洫爲急。溝洫既各深通，雖遇旱乾，自可引流而灌注之矣。况開渠者，勢必置土於圩旁，築圩者，理當取土於溝内。二者又自有相成之機乎？今後不必差官泛然丈量，該府縣止分别孰爲低鄉，當急修圩，孰爲高鄉，當急開渠。每年府縣水利官先時議定開築之法。如開溝洫，不論舊時疏通與否，其闊即以兩傍老岸爲主，其深務以一丈二尺爲率。若相地宜，應加深闊者聽，決不許減少前數。挑起之土，務要置在舊堤之内，就便護堤，庶使雨水不能淋漓，復流于河。如附近有低田堪以培高者，即以其土培之亦可。至於極高地方，不用堤岸，而土無堆放者，亦即就靠内一邊攤放。蓋高鄉多種荳棉，一時不妨陸種。挑得河深，則灌溉自利，内中田畝，仍自不妨於水種也。若惜此尺寸之地，弗令攤土，沿河堆積，復入河中，無水灌溉，則内中田畝，悉成枯槁矣。至於築圍岸，不論舊時完固與否，其底闊務要一丈，其面闊務要六尺，其高如底之數，底闊一丈而高五尺者，是塹堵也。南方土性浮虛，圩高一丈，面闊六尺，其底必二丈六尺。然猶過峻，稍令人畜登降，一兩年後必無面矣。要必三丈以外方可。若如下方所言，則牆也，非岸也。若應加高厚者聽，決不許減少前數。如田過五百畝以上者，便要從中增築一界岸；一千畝以上者，便要從中增築二界岸。每界岸底闊四尺，面闊二尺，高與外圩平。岸之兩傍，仍可栽種荳麥。如極低鄉，或近湖蕩深處，難於取土者，就便分別令民於圩內傍圩之田，起土增築。岸外再築圩岸一層，高止一半，如階級之狀。岸上遍插水楊，圩外雜植茭蘆，以防風浪衝激。取土之田，計其所損，量派各田出銀津貼，俟後陸續篙取河泥填平，照舊耕種，永無後憂。是所損者小，而所益者大也。若互相吝惜，不分界岸，即如今年霪雨連旬，洪水一發，車救不前，全圩無望矣。又有一等低窪田畝，嵌坐中心，無從蓄泄。有願開鑿通河、運泥增高者聽。廢田之價，衆户均認，廢田之税，牽攤本圩。照此式樣，給示遍諭。委官分投區畫，每一圩爲一圖，明白貼説前件，每一圖作二本，一送縣備照，一付圩甲諭衆。俟至冬十月，刻日出示興工。

一、定夫役以杜騷擾。各鄉溝洫圩岸，雖有長短廣狹不齊，然不過爲一圩之田而設也。故田少則圩必小，田多則圩必大，而環圩之溝洫因之。此水利此圩之田，則當役此圩有田之户矣。各縣即令塘長備開：某圩周圍若干丈，外環溝洫若干丈，圩內之田若干畝，某人得業若干畝，共該圍岸若干丈。不論官民士庶，隨田起役，各自施工。如田横闊一丈者，築岸一丈。此法誤矣。要須計算本圩之田，與本圩之岸，平分丈尺，不宜偏累近岸之田。開河亦然。多有一家數畝狹長之田，全並河岸者，既盡壞其田，復盡用其力，非偏累乎？横闊十丈者，築岸十丈。開河亦然。對河兩家，各開其半。溝頭岸側，非一家所能辦者，計畝出夫，衆共協力，挨序編號，置簿稽查，仍備載前圖之後。興工之日，塘長亦不必沿門催夫，徒取需求科派之議。先期五日，插標分段，責令圩甲播告各户，某日興工。聽其至期各行照段用力，如式挑築。

一、設圩甲以齊作止。塘長之設，舉一區而言之也。一區之中，各有數圩，若不立甲，何以統衆而集事也？計當僉舉殷實之家充之。但一時僉報，諸弊俱生。或圖展脱，或營冒充，無不至矣。各縣不必僉報，即以本圩田多者爲之。雖其殷實與否不可知，然其田既甲於一圩之中，則其人自足以當一圩之長矣。興工之日，塘長責令圩甲，躬行倡率，某日起工，某日完工，庶幾有所統領，而無泛散不齊之弊。中有業户不聽倡率，聽其開名呈治。如圩甲不行正身充當，或至別行代頂，查出枷號示衆。是圩之有甲也，專爲本圩修濬而立，工完即罷，非如里長有勾攝之苦，亦非如塘長有奔走之煩。雖一時倡率，不無勞費，然利歸其田，又非若驅之赴公家之役者等也。

一、嚴省視以責成功。訪得常年非不議行修濬，而水利之官，多不下鄉，乃使各區塘長，至縣報數，或朔望遞結而已。如此虚文，何益實事？今後興工之日，各塘長圩甲務要在圩時時催督。開濬工完，未可便行開壩放水，俱聽各府縣掌印官并水利官，分投親勘。如一圩不完，責在圩甲，一區不完，責在塘長。輕則懲戒，重則罰治。本院與該道，又不時間出以察之。如一縣中有十處不完，責在縣官，一府有二十處不完，則官又有不得不任其咎矣。

一、禁侵截以通便利。訪得各鄉水利，原自疏通。近多豪家，適己自便，於上流要害，廣種茭菱，稍有淤墊，即謀佃爲田。所司不察，輕付執照。亦有居民貪圖小利，竭澤而漁，沿流置簖。及有挑出田内泥土、增廣田圩，堆放竹排木排，横截河港。甚有上鄉全賴潮水灌溉，奸猾人户，乃於浦口下流，設堰横截，百般刁難，然後放水入内。又其甚者，假以報税起科，遂侵爲己物，瀦水專利，以致内地灌溉無資。若不通行嚴禁，終爲水道之梗。今後各府縣水利官，責令各塘長圩甲，凡有侵截之家，即便報出，姑令改正免罪。至於灘田，先年曾經丈量，收入會計册内，無礙水道者，姑聽如舊。其未經徵量者，盡數報官開除。』

《荒政要覽》曰：『萬曆戊子年水大，蘇州自沉湖〔一〕、澱湖、三泖抵松江，一望滔天，河水高出田間數尺。其一二堤岸高厚處，仍有不妨插蒔者。乃知大澇時，吴田盡可作湖，百姓生命，寄於堤岸。蓋沿河堤圍，阻截水勢成田，田間各自成圩，又藉圩岸隔斷。若堤岸不堅緻，卒然崩潰，諸農盡作魚鼈矣。蘇松地形卑下，當震澤委流，數郡山原之水，從此入海。若非年年濬渠築圍，田卒汙萊，在所不免。』

玄扈先生量算河工及測驗地勢法

萬曆癸卯送上海劉邑侯

一、量某河自某處起，至某處止，共實該應開河幾何丈尺。每步五尺，每二十步立一木界樁，編定號數。自某處起天字一號，盡十號。又起地字一號，盡十號。直編至某處止。要見若干號數，若干丈尺。凡丈尺俱用官尺算，每二步折一丈。

一、量每號木界樁下，兩岸準平，相去今闊幾何丈尺。木樁下老岸至河中心水底，令深幾何丈尺。算該兩岸斜平，至底，見在河身空處，每丈已得幾何方數。中有坳突，又用法加減，實該河身空處，每丈已得幾何方數。今照原議，或新議所酌定，河面應闊幾何丈。河底應闊幾何丈。應加深幾何尺。算該木樁下兩老岸，各去土幾何尺。河底中心去土幾何尺。河岸兩傍各去土幾何尺。此號内十丈河身中，共該起土幾何方數。兩岸各用步弓，量至二十步足。此岸下定木樁，人足抵樁立，對岸人亦於步盡處站定。樁上人將矩度對岸準平，對岸人竪起套竿，權繩取

〔一〕沉湖　疑當作澄湖。

直，將套夾靠定套竿，漸移向下，兩岸取平。對岸人即於平處站定，或用土石記定。椿上人用矩度對準人足或記處，看在直景何度何分，用地平測遠法算得河面闊處。河狹者，只用竹篾活步弓對岸量之亦得。次將丈竿豎起河中心，權繩取直。將矩極對準水面丈竿盡處，用勾股量深法算，即得木椿至水面股數，再加水深數，即得河底深數。或用重矩勾股量深法亦得。或於水際兩傍取平，對準椿頂，用重矩重表勾股量高法算亦得。或不用算法，逕將套竿套定橫尺，用豎尺那移，逐步量下，至水際總算豎尺多少，數亦得。或只於水次豎起一丈竿，權繩取直，依前兩岸取平法，椿上人用矩極照看亦得。後二法於淺狹河道用之尤便。次將兩岸闊數、河底深數，用積方法算，即得河身見在每丈已得幾何方數。中有坳突，亦用套竿量取高下，小步弓量取圍徑，用堆積法扣算加減，即得見在實該河身方數，次將議定河面應闊之數，比照原闊應加幾何，用木石記定。即於兩岸記處，用套竿量至折半處，即今應開河底中處，比原椿深幾何，比照今議應深幾何，即得今應加深幾何。或用二繩，各長如今議闊數之半，中用轆轤交接，復用一繩記取尺寸，繫權墜下亦得。或中繫方空木，用丈竿溜下亦得。次于新河底中處，用套竿量開如新議河底闊數，盡處記定，視其高下，即知今應加深左傍幾何，右傍幾何。次將兩老岸加闊，河底加深，河底兩傍加深五法，用積方法總算即得。此號內十丈河身中，共該起土幾何方數，注入號簿。

一、量見在河身面闊底深酌量堋定之數，折中議定今應開面底二闊丈尺數及加深尺數。河身底、面、腰深廣，必須三法相稱，方得上下相承，不致坍壞。若河底深闊，岸勢高峻，不免隨時崩坍。開闊河底，虛費工力。似應用前量深法量今木椿下至河底，算定勾幾何，股幾何，弦幾何。量取數處，便見何等勾股，方得免坍。今新開勾股，欲依舊數，量行加勾減股，不致大段懸絶，大率要令勾數少於股數，則弦上陂陀，不致坍損。兩股之間，即河底闊數，就令稍狹，政自無妨。

一、用衆測水，驗令河底深淺，酌量加深之數。今見在河底，深淺不同。若酌定加深尺數，一概開濬，即深者愈深，淺者仍淺，水走不順，極易填淤。且前量下椿編號，止據見在老岸，未免高下不齊。所云量深諸法，亦止據號椿下至本號河底，未得通河準平，就用矩極以漸量算，亦止能測驗地勢。若水走之勢，西高東下，仍與地勢稍異，必須水準方平。但長流之水，消長不易，隨流測量，一人可就。此方潮汐，每日再消再長，時刻不同，測驗未易，必須用衆同時量度。相應照前編定號椿若干，即每椿用兵夫一名，各帶短槍，或木棍一條，不拘大小刀一把。每隊長另帶銃一門，并火藥、火繩、藥線諸物，照號椿編給號票，令各守號椿。約潮退將涸未漲時，四境火炮應聲俱發。炮響後，各兵夫悉于各號河底中心，將木棍量定水痕，用刀刻記，回繳號票。隨驗所刻水痕尺寸，注定票上，編成號簿，逐一扣算酌量加深之數，即河身砥平，不致停積渾水，以成淺淤。若行此法，與矩極參驗，用前量深加闊之法，便可絲毫不爽。

一、河工完後，考驗課程，果否如法，河面河底闊數量法具前。兩岸弦上，用繩取直，考驗俱易，惟獨深數易殽。如留取樣墩，即可培高。如釘下樣樁，便易拔起。別有用活絡樣樁者，亦可挖井取出。有打水線者，亦恐中途節水作弊。有用輪車推驗者，河闊便難造施用。有用木鵝推移者，難施于末放水之河。今只用前量深諸法：如極深極闊者，宜用勾股度高度深法。如河身稍狹，欲求便易，即用套竿漸量法。或慮遣委工役，宛轉敧斜，那移作弊，即用轆轤下繩、方空下竿二法。其轆轤方空，或加三，或加五，以驗底闊弦直尤便。此二法須極力挺直，纔得取平，無法可令加高毫末。即令開河工役，自用量度，亦難作弊。

一、量所開河，某境起至某處，如前法已得曲折弦若干丈尺。今欲知直弦幾何丈尺，東西直股幾何丈尺，南北直勾幾何丈尺，東邊地形，下於西邊幾何丈尺，要見本處地形，沿河而來，幾何丈而下一尺，東西直股，幾何丈而下一尺，南北直勾，幾何丈而下一尺，其大勾股之弦，于二十四向中，當作何向。先於某境第一號量至第二號，用繩取直。下定指南鍼，審定繩直于三百六十分度內，定是何向，注于號簿。如河岸迴曲，一號中可分作二，或作三四，格定注實。格完，又用矩極，于第一號上立一人，持丈竿取直。于第二號上立，對準取平。又互換覆看，對準取平。即知第二號下于第一號幾何尺寸，注于號簿。每號俱用此二法，至號盡而止。事畢布算，先將逐號小弦，依本號坐向，與子午鍼對算，即知小勾幾何；與卯酉鍼對算，即知小股幾何。逐號算成小勾股，注于號簿。次將小勾積算，即知大勾，小股積算，即知大股。以大勾股求弦，即知大直弦丈尺；以大勾股依子午卯酉鍼上取弦，即知大直弦于二十四向中，定作何向。又用矩極所測高下，分寸積算，便知二境相去高下之數，亦便知沿河而來，每幾何丈尺而下一尺。次用大勾股歸除之，即知直股上每幾何丈尺而下一尺。直勾上每幾何丈尺而下一尺。

玄扈先生《看泉法》

曰：取過泉。過泉者，乃山泉遠來，大旱不絕。其流橫來，將下流作壩，水隨壩長，乃無限之水。又看流之緩急，緩者源小，急者源大。又看嚴冬不凍，其氣如霧，即春夏用水之時，又無竭涸之患。此過泉之當取也。棄仰泉。仰泉者，乃地泉也，其泉即從本地而起。水來有限，不能隨壩長。有限之水，即有鉅河，其流必緩，嚴冬必凍。用水之時，必有乾涸之患矣。此仰泉之當棄也。

又曰：源大亦可用也，過泉孰非仰泉乎？

又有大河，如涿州拒馬河，固安渾河，其水皆可用。此亦可激取用之，是在人耳。顧非動支朝廷錢糧，築堤建閘，鉅費堅固，此水不敢用也。

又曰：王鍔用拒馬河水以鑄泉，余數舉以問，人無應者，亦激取之法也。

凡看地勢，墾水田，可蓄可泄，即可田矣。入水之處，地勢宜高；泄水之處，地勢宜低。水能行動，看其下稍愈低愈妙，可無淹没之患矣。北邊于夏至後，時發泓波，地勢宜平坦廣闊，則無衝激之患矣。土色不拘黄黑，堅則爲佳。土鬆總是漏水地。取土作圍，注水于内，水不漏去，此土即可田矣。土鬆别有用處，何必水田？地内稍有石子，不妨農事。如是純沙，則不可用也。

卷一五　水利　東南水利下

耿橘《大興水利申》曰：竊照東南之難，全在賦税。而賦税之所出，與民生之所養，全在水利。蓋瀦泄有法，則旱潦無患，而年穀每登，國賦不虧也。計（常熟）〔本〕縣民間[一]田租之入，最上每畝不過一石二斗，而實入之數，不過一石。乃粮之重者，每畝至三斗二升，而實費之數，殆逾四斗，是什四之賦矣。玄扈先生曰：蘇松大率如此，常鎮嘉湖次之。以故爲吾民者，一遇小小水旱，輒流散四方，逋負動以數萬計焉。嗟嗟，賦不可減，歲不可必，元元其何以爲命？則惟有水利大興，俾歲時無害，爲今日救時之急務。矧本縣坐落江海之交，潮汐三面而至，且居蘇常諸府下流，諸湖水由此入海。其水之利害，視他處爲尤鉅，而其經理爲尤急也。卑職以其暇日，單騎輕舠，遍歷川原，進諸父老，講求水利之故。凡地形高下之宜，水勢通塞之便，疏瀹障排之方，大小緩急之序，夫田力役之規，官帑補助之則，經營量度之法，催督考驗之術，一一條畫，著爲圖説。以至區里利害之殊，土性肥瘠之異，錢粮輕重之等，田野荒熟之故，風俗淳澆之由，形勢險夷之辨，無不備具。務紓百世之訏謨，期垂一方之永利。爲此將查歷過通縣河圩形勢，繪圖貼説，造册具申。

開河法　凡九條

一、照田起夫，量工給食。

宋臣范仲淹曰：『荒歉之歲，召民爲役，日以五升，因而賑濟。』此宋時斗斛也，幸勿慮多。蓋老成長慮之見如此。故常熟民素驕侈，備趁之人頗少，況挑河非重其直不應。莫善於照田起夫，量工給銀之法。然照田起夫，亦難言矣。説者謂：有近水利者，遠水利者，不得水利者，及田止十畝以下者，分爲四等。除十畝以下者免役外，餘以三

[一] 常熟　《常熟水利全書·大興水利申》作『本』，據改。

等爲伸縮。蓋往年之役如此。職深以爲不然。本縣之田，未有不藉水而成者，但河有枝幹之殊，水有大小之異耳（最明理）。水大者則當施瀦蓄之法，水小者則當施疏鑿之方[一]。彼幹河引江湖之水，而枝河非引幹河之水者乎？田近幹河者稱利矣，田近枝河者，非幹河之利乎？若必爲四等之説，則奸户積書，朦朧作弊。上户那而爲中户，中户那而爲下户。近利那而爲遠利，遠利那而爲不得利。而田少愚弱之氓，反差重役。如小民之偏苦何！故開河必觀水勢所向。（無一寸不受水利之田，亦無一寸不應開河之田。）應用某區某圖之民，必無論大户小户，通融驗派，然後於法均，於事便，於民無擾耳。派夫之法，先弔黄册，查明該區該圖，坐圩田地總數。（分區分圖，未必與河道相應，要當以河道爲主。）隨令區書，將業户一一注明。然後通融算派，某河應役田若干畝，每田若干畝，坐夫一名。田多者領夫，田少者湊補足數，名曰協夫。其勘明坍江板荒田地，俱豁免。如此貧富適均，衆擎易舉矣。

一、水利不論優免。

濬河以備旱澇，便轉輸也。論田而士夫之田多於小民。河成而灌運之利，當亦多於小民。故同心協力，舉地方之大利，在士夫原有此意矣。職客歲開濬福山河，以此意白之本縣士夫，士夫咸各樂從。興工之日，倡率鼓舞，工反先於百姓。而百姓蒸蒸，無不子來趨事，争先恐後，已有成績矣。今後凡濬河築岸之事，必如往規，庶勞逸均而上下悦服也。

一、准水面算土方多寡，分工次難易。

開河之法，其説甚難。均是河也，中間不無淤塞深淺之殊，地形亦有高下凹凸之異，而土方之多寡，工次之難易，必有判焉不相同者。宋臣郟僑云：『以地面爲丈尺，不以水面爲丈尺。不問高下，匀其淺深，欲水之東注，必不可得。』須於勘河之時，先行分段編號。算土之法：若本河有水，即沿河點水。有深淺不同之處，差一尺者，即另爲一段。假如通河水深一尺，而有深二尺者，即易段也；深三尺者，又易段也；深四尺者，極易段也；深與議開尺寸等者，免挑段也。闊倣此。各立樁編號以記之，隨令精算者，逐段計算土方。其法：每土四傍上下各一丈爲一方，每方計土一千尺。假如本河，議開面闊五丈，底闊三丈，水面下開深五尺，每長一丈，該土二方。（誤算矣！然不言總深，亦難算其實數。假若原深一丈，而加深廣五尺，該土二方又八百尺也。假若不論原深，以此權説，應開實土，則有水一尺者，實開土一方又五百二十尺也。有水二尺者，實開土一方零八十尺也。有水三尺者，開土六百八十尺也。有水四尺者，開土三百二十尺也。）又如某段水深一尺，該挖土方四分，實開土一方六分，爲難工。某段水深二尺，該挖土方八分，實開一方二分，爲易工。三尺四

[一] 水大者則當施瀦蓄之法，水小者則當施疏鑿之方　此句《常熟水利全書·大興水利申》無，依文義亦衍，疑後人加入注文。

尺五尺倣此。闊倣此。若本河無水，即督夫先於中心挑一水線，深廣各三尺，或二尺。務要徹頭徹尾，一脈通流。却於水面上丈量，露出餘土，有厚薄不同之處，差一尺者，另爲一段。假如通河皆餘土一尺，而有餘二尺者，即難段也；餘三尺者，又難段也；餘四尺者，大難段也；餘五尺者，極難段也。立樁編號，算土如前法。但此乃計水上之土，而水下應挑之土，可一律齊矣。然後通算本河，該實開土若干方，兩旁得利田若干畝，起夫若干名，每夫該土若干方。分工定宕，第從土方。土少者宕長，土多者宕短，齊土方不齊丈尺，而後夫役爲至均，河形爲至平也。

附：打水線法

水線，至平也，而人心不平，奸巧百出。如三十三年開福山塘，打水線十數日不成，管工官皆不知。職既識破其術，隨設法五里委一官，官各乘馬。一里委一皂，皂各飛奔。如是往來不停，看其水線，不令陰阻，乃一日而成，奸巧立破。何以故？渠功少者，於水線中暗藏小壩。官來則暫決之，過則壩住。雖土高無水之處，而兩頭藏壩，中間水可不絶。此奸不破，高低不明，水線爲虛。何以知其然也？陰壩初決者，其水流動，不然者其水静定也。

一、分工定宕。

難易有號矣，土方有數矣。而夫役之來，道里遠近不同，市野食宿異便。而土性亦有緊漫堅散之殊，崖岸不無險夷高下之别。強者奸者，於此争利焉。倘無術以處之，亦非盡善之道也。然此不可爲之河濱，宜先爲之于堂上。查照區圖遠近，自頭至尾，算定丈尺，挨定工次，要令遠近適中。一一明注比工簿内，用印發各千百長，照簿竪立夫樁，一定不移，庶紛争之擾可免，而亦無作奸之處矣。第初時量河，最要的確。臨期分宕，務秉至公。不則吏書虚報丈尺，而實尅夫價者有矣。強梁之徒，夫多宕少者亦有矣。大都正官能一親行，自無此弊。上司親行尤妙。

一、堆土法。

夫役偷安，類於近便岸上拋土。不思老岸平坦，一遇天雨淋漓，此土隨水流入河心，倏挑倏塞，徒費錢粮，徒勞夫工，亦竟何益。必于河岸平坦之處，務令遠挑二十步之外，照魚鱗法層層散堆。若有嬾夫就便亂拋者重究。若有古岸高出田上者，即挑土岸内相幫，以固子岸亦可。其平岸之處，不得援此爲例。若岸有半圮之處，即宜挑土補塞，築成高岸。挑成一層，堅築一番，層層而上，岸必堅牢，一舉兩得。不可姑置岸上，待後日築之。後來日久人玩，貽害河道不小也。若田中有淒蕩，或原因取土，致田深陷者，即用河土填平。若岸邊有民房，有園亭，逼近不便挑土者，即令業户自定樁笆於房園邊，旋築成岸，亦兩利之道也。若河狹則不可耳。

一、考工法。

《金藻水學》曰：『勤省視者，官廉能也。或不省視，與無廉能同。省視不賞罰，與不省視同。賞罰不繼續，與不賞罰同。』職亦曰：廉能矣，省視矣，賞罰矣，繼續矣，而無考驗之法，與不廉能，不省視，不賞罰，不繼續同。夫考工之法，先必立信樁樣樁，以防其奸僞。樣樁者，用木橛刻畫尺寸，與應濬尺寸同。信樁，則一木橛可已。法于號段既定之後，每段將畫尺木橛，釘入河心，與水面平。本河無水者，與水線之水面平，俗所謂水平樁是也。俟開方之後，以此橛爲準。蓋橛露一尺，則工滿一尺矣，故曰樣樁。却將二橛書明號段，直對樣樁，釘入兩岸老土，深與岸平，名曰信樁。此樁四旁，封識老岸數尺，不許拋土鎮壓，致難認記。另具直丈竿一條，丈篙一條，立竿樣樁之頂，拽篙信樁之上，以量虚河深淺。如篙在竿十尺上，則虚河深十尺矣。必十尺以下，所有尺寸，乃算實工。虚河尺丈，籍而藏之。夫役認宕時，又各立小樁，書某字第幾號，某千長，下百長某，分管領夫某，協夫某，應濬長若干，名曰夫樁。又按仰月形三闊丈尺之數，爲横丈竿三條，俱畫尺寸，做成木輪車，架此三竿。每查工之日，必攜籍持竿，拽篙架車而往。先稽號樁，而知其宕之長短，即據信樁樣樁，拽篙竪竿，而得其工之淺深。工完之後，沿河推運三竿車，而驗其工之闊狹。勤慎在目，賞罰必加，而後人力齊工不虚耳。必信樁者，虞樣樁之上下其手也。又虞老岸之僞增其高也。驗老岸，驗信樁，驗樣樁，驗三竿車，而後僞無容矣。迨工完之後，復打水線以驗之，有淤滯處，隨令復濬，務求線道通流，方可決壩放水。其或濬深水多，打水線不便，則於放水之後，用木鵝沿河較覈。木鵝者，用直木一條，長與河深平，鐵裹其下端，隨濬過尺寸處，拴繫長繩，兩岸拽之，直立水中，循水面而進，遇鵝仆處，則土高水淺處也。將該管千百長究治，仍令撈泥，務如原議分數。須木鵝通行無滯，然後爲完工矣。

附：輪竿式

此仰月形也。面腹底三闊。乃可以滿載水而又經久。若止用面底二闊，斜坡而下，是曰斧形，易于傾圮矣。若上下同闊，是曰筐形，更易圮矣。

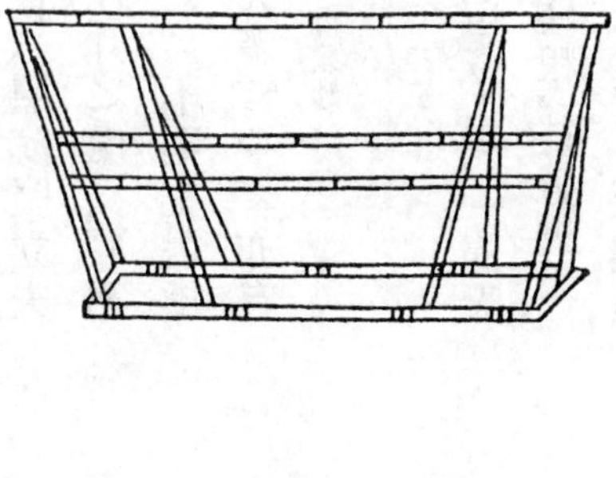

輪竿式

一、分管員役。

諺曰：『寧管千軍，莫管一夫。』言無紀律而難禦也。故督責之法，必自下而上，由小及大，則工程易起。故每宕百丈，必用百長一名分催。千丈，必用千長一名督催。然此役，須點該區田多大户充之，蓋大户必愛惜身家，又衆所推服。令此輩各照信地，千長立一小旗一大樁，百長立一小樁，各書應管丈尺(分)〔夫〕數[一]。千長催百長，百長催小

[一]分　《常熟水利全書·大興水利申》作『夫』，據改。以下同前書。

夫，而水利官又專督千百長，責任攸分，大小相驅。然後卑職不時親詣稽查，考其工次，別其勤惰，量加賞罰。即頑猾之民，亦不得不盡其力矣。

附：用千百長法

千百長，非身家才幹兼全者，不能服衆。邇來照捋尖册點用，十得八九。乃法立弊生，區書將大户田花分，顯小户於册首，點者半係小户。除將該書枷號外，其千長多用該區公正，不足則令公正舉報。乃參之捋尖，始稱得人。得人而工不難完矣。

一、立章程，賞勤罰惰，以示鼓舞。號段定矣，宕認夫集矣，催督有人矣，然衆力難齊，衆心難一。不有以約之，則勤者何所勸，而惰者無以懲，將使勤而爲惰矣。今定一河工比簿，每十日親查一次，是爲一限。假如本河自水面而下，應開深五尺，則第一限要見工二尺，爲浮泥易做也。二限，黄泥難做，要見工一尺五寸。三限通完，深闊如式。工大者，亦以此法寬立期限。凡比工，每百長管百夫，就以十夫爲一分。千長管十百長，就以一百長爲一分。又立一賞功單，如依限如式開完者，即給一功單。日後遇有過犯，許賚單贖罪以示勸。其有奸頑惰功者，即查千百長該管十分中，一分不及限者，責各小夫。二分不及限者，並責百長。三分不及限者，並責千長以示懲。庶章程既立，賞罰〔既〕明而民自鼓舞，莫敢躭延矣。

附：比簿式

都
領夫　　田
協夫　　田
共實熟田
算派　　夫　　應開土方
今派　　字　　號歸見　　尺　　寸　　分工
算該開河　　丈
初限　　日開深　　尺開闊　　尺堆土離河　　丈　　尺
月　　日起至　　日止
二限　　日開深　　尺開闊　　尺堆土離河　　丈　　尺
月　　日起至　　日止
三限　　日開深　　尺開闊　　尺堆土離河　　丈　　尺
月　　日起至　　日止

一、幹河甫畢，刻期齊濬枝河。凡田附幹河者少，而附枝河者多。蓋河有枝幹，譬之樹焉。千百枝皆附一幹而生，是幹爲重矣。然敷葉開花結子，功在于枝，不可忽也。彼枝河切近坵圩，灌溉之益，所關匪細。若濬幹河而不濬枝河，則枝河反高，水勢難以逆上，而幹河兩旁所及有限，枝河所經之多田，反成荒棄，即幹河之水，又焉用之？法當于幹河半工之時，即耑官料理枝河。責令各枝河得利業户，倶照田論工，一齊並舉。仍責令[一]該枝河千百長催督，務要先期料理停妥。俟幹河工完之日，先放各枝河水。放畢隨於各枝河口，築一小壩，俟小壩成，然後決大壩而放湖水。其工之次第如此。蓋濬幹河時，凡幹河水悉放之枝河，而後大功可就。濬枝河時，凡枝河之水，悉歸之幹河，而後衆小工易成。況枝河高，幹河低，不過一決之力。若先放湖水，則方浚之初，水勢必大。此時枝河不能直入，必假車戽，勞費鉅矣。濬河者，往往於幹河告成之後，心懈力疲，置枝河於不問。爲民者，亦曰姑俟異日也，而前工荒矣。蓋機不可失，而勞不可辭。其工之始終又如此。幹河之大者，量給官銀。枝河則專用民力焉。

附：功單式

水利功單

常熟縣爲頒賞功單，以昭勸懲事。照得本縣賦重民疲，田多蕪瘠。高阜者，因水利之不通，坐澤者，皆岸塍之低薄。每遇旱澇，防救無資。本縣爲民父母，安忍坐視？以故修河築岸，不憚勞瘁。但慮爾等勤惰不齊，相應激勸，特置功單，果有濬築如式，蚤完工次者，録給功單。後日遇有過犯，許齎赴贖罪，決不爽示。須至單者。

右給付　　收執

年　月　日給

縣　常字　號

築岸法　凡五條

一、圍岸分難易三等及子岸同脚異頂法。

老農之言曰：『種田先做岸。』蓋低田患水，以圍岸爲存亡也。低鄉如此。矧本縣東南一帶，極目汪洋，十年九澇。故有田無岸，與無田同；岸不高厚，與無岸同；岸高厚而無子岸，與不高厚同。今考修圍之法，難易略有三等：一等難修，係水中突起，無基而成。又兩水相夾，易於浸倒，須用木樁，甚則用竹笆，又甚則石礟，方可成功。樁笆黄石，宜佐官帑，難委民力。民力酌量出工，工大繁者，并佐以官帑。二等次難，係平地築基，較前稍易，不用樁笆。三等易修，係原有古岸，而後稍頽塌者，止費修補之力。築法：水漲則專增其裏，水涸，則兼補其外。此二等岸，專用民力。三等岸，脚闊皆九尺，頂闊皆六尺，高以一丈爲率。又須相度田形，以爲高卑。大抵極低之田，務築極高之岸，雖大潦之年，而圍無恙，田必登，乃爲築岸有功耳。廣詢父老，詳稽水勢，能比往昔大潦之水，高出一尺，則永無患矣。其田之稍高者，岸亦不妨稍卑。惟田有高卑，而岸能平齊，則水利大成矣。子岸者，圍岸之輔也，較圍岸又卑一二尺，蓋慮外圍水浸易壞，故內作此以

[一] 令：《常熟水利全書・大興水利申》作『成』。

固其防。築法與圍岸同脚而異頂。如圍岸頂闊六尺，子岸須頂闊八尺，方爲堅固。其脚基總闊二丈，須一齊築起爲妙。圍岸一名圩岸，又名正岸。子岸一名副岸，又俗名畂塌。總之一岸也。

一、戧岸岸外開溝難易亦分三等。

圍田無論大小，中間必有稍高稍低之别。若不分别彼此，各立戧岸，將一隙受水，遍圍汪洋，將彼此推諉，勢必難救。稍高者曰：『吾禍未甚也。』將觀望而不之戽。稍低者曰：『吾瑣瑣者，奈此浩浩何？』將畏難而不敢戽。如此則圍岸雖築，亦屬無用。法：於圍内細加區分，某高某低，某稍高某稍低，某太高某太低。隨其形勢截斷，另築小岸以防之。蓋大圍如城垣，小戧如院落，二者不可缺一。萬一水潰外圍，纔及一戧，可以力戽。即多及數戧，亦可以衆力戽。乃家自爲守，人自爲戰之法。築時要於堤田外邊，開溝取土，内邊築岸。内岸既成，外溝亦就。外溝以受高田之水，使不内浸。内岸以衛低田之稼，俾免外入。又爲高低兩便之法。此岸大略亦有三等：一等難修，係地勢窪下，從水築起者，雖不似圍岸之難，工力亦頗稱鉅。二等次難，係稍低之地，岸亦稍卑，且平地築起，較前稱易。三等稍高之地，其岸亦卑。三等岸俱脚闊五尺，頂闊三尺，高低隨地形爲之。俱民力自築。

一、圍外依形連搭築岸，圍内隨勢一體開河。

宋臣范仲淹言於朝曰：『江南圍田，每一圍方數十里，中有河渠，外有門閘。旱則開閘引江水之利，澇則閉閘拒江水之害。旱澇不及，爲農美利。』我朝吴嵓之疏有曰：『治農之官，督令田主佃户，各將圍岸，取土修築，高闊堅固。旱則車水以入，澇則車水以出。』夫車水出入以救旱澇，常熟之田，亦多有之。但此能禦小小旱澇，而不能禦大旱大澇。須建閘開渠，如文正之言，乃盡水田之制，而得水利之實。今查各圩疆界，多係犬牙交錯，勢難逐圩分築，况又不必于分築者。惟看地形，四邊有河，即隨河做岸，連搭成圍。大者合數十圩，數千百畝，共築一圍。小者即一圩數十畝，自築一圍亦可。但外築圍岸，内築戧岸，務合規式，不得鹵莽。其大小圍内，除原有河渠水勢通利，及雖無河渠而田形平稔者照舊外，不然者必須相度地勢，割田若干畝而開河渠。蓋土之不平而水之弗便，或四面高中心下如仰盂形者，或中心高四面下如覆盂形者，或半高半下、或高下宛轉諸不等形者。外岸既成，其何以救腹裏之旱澇？故須因形制宜，或開十字河，或丁字一字月樣弓樣等河，小者一道，大者數道。於河口要處，建閘一座或數座。旱澇有救，高下俱熟，乃稱美田。又不但爲旱澇高下之用而已。柴糞草餠，水通船便，可無難于搬運云。

一、築岸務實及取土法。

凡築岸，先實其底。下脚不實，則上身不堅。務要十倍工夫，堅築下脚，漸次累高。加土一層，又築一層，杵搗其面，棍鞭其旁，必錐之不入，然後爲實築也。法： 如岸高一丈，其下五尺，分作十次加土，每加五寸，築一次。上五尺，乃作五次加土，每加一尺，築一次。如此用工，何患不實？一勞永逸，法當如是。但低鄉水區，不患無堅築之人，而患無可用之土。合無先按圩中形勢，果有仰盂覆盂，高下不等，宜開十字丁字一字月樣弓樣等河渠者，查議的確，申明開鑿取土，以築其岸。高下旱澇，均屬有救，計無便于此者。田價衆户均出，遺粮申入緩徵項下，候有陞科抵補。不然者，即查附近有河浜淒淤淺可濬者，斬壩戽水，就其中取土築岸。岸既得高，而河又得深，計亦無便于此者。然潭塘、任陽、唐市、五瞿、湖南、畢澤諸極低之鄉，往往田浮水面，四邊純是塘涇。又圩段延袤，大者千頃，小者五六十頃，中間包絡水蕩數十百處。河渠既多，而浜淒又深，無撮土可取也。本縣再四思維，此等處，須查本地有老板荒田，其粮已入緩徵項下，年久無人告墾者，查明坵段丈尺，出示聽民採土築岸。又不然者，須查有新荒田，與夫九荒一熟，究且必有板荒者，與夫年遠廢基遺址，不便耕種者。查議的確，粮入緩徵項下，俱聽民採土築岸。又不然者，須查本地有茭蘆場之介居水次，止收草利，止徵蕩税者，申免其税，聽民採土築岸。但茭蘆場俱占于大姓，納百一之税，享十倍之利，人所不敢詰，官所不能問，處之爲難。然興大利者，無恤小言，本縣籌已熟矣。又不然者，令民于岸裏二丈以外，開溝取土，其溝寧廣無深，深不過二尺，違者有刑。夫就岸取土，岸高溝深，内外水浸，岸旋爲土，法之所深忌也。但離岸遠，則岸址寬，而溝水未能即侵，溝身淺，則受水少，而填塞後易爲力。但所取之溝，諭令佃人匀攤田面之土，兼篙外河之泥。一年内務填平滿，無令損岸始得。又查本縣低鄉，土脈有三色不堪用者： 有烏山土，有灰蘿土，有竪門土。烏山土，性堅硬而質腴，種禾茂且多實，但湊理疏而透水，以之築岸易高，以之障水不密。灰蘿土，即烏山之根，入田一二尺，其色如灰，握之不成團，浸之則漫漶。無論障水不能，即杵之亦不必堅矣。竪門土，其性不横而直，其脈自於水底貫穿，圍岸雖固，水却從田底溢出，欲圍而救之無益也。此三者築法，必從岸脚，先掘成溝，深三尺，或用潮泥，或取別境白土實之，然後以本土築岸其上，方爲有用。此等處俱屬一等難工，宜佐以官帑。

附： 魚鱗取土法

田面上四散挑土，俗呼爲抽田肋。高鄉以此法換土插田。挑田肋置于岸邊，篙河泥蓋于田面，而田益熟矣。其法： 方一尺，取一鍬，四散掘之，如魚鱗相似。此法亦可取土築岸，但用力多，見功少。

附：佃户對支業户工食票

佃户支領工食票

常熟縣爲大興水利，以足民足國事：切惟國家賦税，賴租税以輸將。業户田租，賴佃户以耕種。業户佃户，實有一體相須，休戚相關之義。本縣督民濬河築岸，不能盡佐官帑，量其工程難易，着令各業户出備工食，給付佃户傭工。此雖一時小費，實貽無窮後利。邑中如法付佃者固有，而悋惜厲民者不無。擬合給票爲式。如業户某人應濬河一丈，應給佃户某人工食米若干，築岸一丈，應給佃户某人工食米若干。着各該公正填注票尾，佃户執票對支。領訖方付業户執照。如有指扣賴租宿債，凌虐佃户者，即將原票繳還。公正類齊，造册繳縣。至納租日，許令佃户加倍算除，設使目今因而惰悞工次，定行嚴提枷責，加倍罰工不恕。須至票者。

計開　區公正

業户　應濬　估定每丈給工食米

應築　估定每丈給工食米

共應給工食米

右給付佃户　准此

年　月　日給

縣　常字　號

一、業户出本，佃户出力；自佃窮民，官爲出本。常熟之岸塍，何其多壞而不修耶，詢諸父老，其故有五：小民困于工力難繼，則苟且目前而不修；大户之田，與小民之田，錯壤而處，一寸之瑕，並累其百丈之瑜，即大户亦徘徊四顧而不修；又有小民而佃大户之田者，佃者原非己業，業者第取其租，則彼此躭誤而亦不修；或業户肯出本矣，而佃户者，心虞其岸成而或爲他人更佃也，竟虛應故事而不實修；或工費浩大，望助于官，官又以錢糧無處，厚責于民，則公私相吝，因循苟且而不修。無怪乎田圩日壞也。除一等難修之岸，另行查議外，其二三等易修者，即令業户各于秋成之後，出給工本，俾佃户出力修築，官爲省視。高厚堅實，務如規式。若窮户自佃己田者，查果貧難，官給工本。開河工本倣此。

附：守岸法

正岸六尺，通人行。子岸八尺，閒而無用，宜種植其上。法惟種藍爲最上。蓋藍之爲物，必增土以培其根，愈培愈高。種藍三年，岸高尺許。其有土名烏山不宜於藍者，或種麻豆，或種菜茄亦得。蓋利之所出，民必惜之，但禁鋤時勿損其岸可也。若正岸外址，令民蒔葑，或種菱其上。蓋菱與葑，其苗皆可禦浪，使岸不受齧。況菱實可啖，葑苗可薪，又其下皆可藏魚。利之所出，民必惜之。岸不期守，自無虞矣。

附：建閘法

宋臣范仲淹有言：『修圍、濬河、置閘，三者如鼎足，缺一不可。』郟僑亦云：『漢唐遺法，自松江而東至於海，遵海而北至于揚子江，沿江而西至於江陰界，一浦一港，大者皆有閘，小者皆有堰，以外控江海，而內防旱澇也。』夫所謂遵海沿江，而至於江陰界者，半係常熟地方。自今考之，惟白茆港口、福山港口、七浦之斜堰，僅有閘蹟，其他更不多見，何也？蓋有閘必有守閘者。寇盜豪強，不利於大閘者十九，而江海口，地多曠廓，守之爲難。況波濤衝蝕，水道又有遷徙之患，勢必難存者。此等閘，工費動逾千金，銷毁不逾數月，置而不論可也。至於圍田之上流，涇浜之要口，小閘小堰，外抵横流，內泄漲溢，關係旱澇不小，且工費亦不多，如之何其不爲之。所用工費，驗田均派，如某區某圖，應建閘若干座，合用物料銀若干兩，得利某圩某字號田若干畝。驗法：每畝該銀五釐以下者，民力自爲之。一分者，官助二釐。壩堰法同此。

附：水利用湖不用江爲第一良法

本縣地勢，東北濱海，正北西北濱江。白茆湖水極盛者，達于小東門，此海水也。白茆之南，若鐺脚港、陸和港、黄浜、湖漕、石撞浜，皆爲海水。自白茆抵江陰縣金涇、高浦、唐浦、四馬涇、吴六涇、東瓦浦、西瓦浦、滸浦、千步涇、中沙涇、海洋塘、野兒漕、耿涇、崔浦、蘆浦、福山港、萬家港、西洋港、陳浦、錢巷港、奚浦、三丈浦、黄泗浦、新莊港、烏泥港、界涇等港口數十處，皆江水也。江湖最勝者，及於城下。縣治正西、西南、正南、東南三面而下，東北而注之海，注之江者，皆湖水也。此常熟水利之大經也。夫湖水清，灌田田肥，其來也，無一息之停。江水渾，灌田田瘦，其來有時，其去有候。來之時，雖高于湖水，而去則泯然矣。乃正北西北東北正東一帶小民，第知有江海，而不知有湖，不思濬深各河，取湖水無窮之利，第計略通江口，待命於潮水之來。當潮之來也，各爲小壩以留之，朔望汛大水盛則争取焉，逾期汛小水微則坐而待之。曾不思縣南一帶，享湖水之利者，無日無夜無時而不可灌其田也。夫江水寧惟利小，抑且害大。彼其浮沙日至，則河易淤，來去衝刷，而岸易崩，往往濬未幾而塞隨之矣。厥害一。江水灌田，沙積田内，田日薄，一遇水雨，浮沙滲入禾心，禾日枯。厥害二。湖水澄清，底泥淤腐，農夫罱取壅田，年復一年，田愈美而河愈深，江水浮沙，日積于河，而不可取以爲用，徒淤其河。厥害三。況江口通流，鹽船、盜艘，揚帆出入，百姓日受其擾。厥害四。欲求永利而驅四害，宜何如？曰：沿江大小港浦，淤淺者，隨急緩濬之。濬之時，必於港口築壩。濬畢而壩不決，則湖水不出，而江水不入。清濁判于一堤，利害縣于霄壤，而此河亦永永無勞再濬，何也？縣以南，凡用湖水者，未聞有塞河也，此不待大智而後見也。獨無良之民，偷填興謡，爲可慮耳。然此亦論其常耳。若大旱之年，湖水竭，江水盛，大澇之年，江水低，湖水高，不妨決壩以濟之。但濬河每先幹河而後枝河。枝河未濬而身高，湖水低，不能上濟，江潮稍高足以濟之，則壩亦不復留矣。福山港小壩正坐此弊。吁，安得並舉幹枝，而成此悠遠之利也！

附：興工止工

凡事號令信，則民從；不信，則民弗從。濬築大事，動大衆，可不慎乎？所以預行勘定，某河某區圖，應開某岸；某區圖，應用田若干；或某字號某圩田若干，某民力，某官帑，俱注明。各河岸下，出示三月，民無異言，隨刊成册，再不更改。章程既立，衆志皆定，然後每年擇其最急者而爲之。其法：每十月滌場之後，下令興工，官爲省視。至次年三月終，東作之期放工，則事有緒而農不妨，工易舉矣。

卷一六 水利 浙江水利 附修築海塘、滇南水利

紹興二十三年，諫議大夫史才言：『浙西民田最廣，而平時無甚害，太湖之利也。近年瀕湖之地，多爲兵卒侵據，累土增高，長堤彌望，名曰壩田。旱則據之以溉，而民田不沾其利；澇則遠近泛濫，而民田盡没。欲乞盡復太湖舊跡，使軍民各安，田疇均利。』二十九年，知平江府陳正同言：『相視到常熟諸浦，舊來雖有潮汐之患，每得上流迅湍，可以推滌，不致淤塞。後來被人户圍裹湖瀼爲田，認爲永業。乞加禁止。』户部奏：『在法，瀦水之地，衆共溉田者，輒許人請佃承買，并請佃承買人，各以違制論。乞下平江府，明立界至，約束人户，毋得占射圍裹。』有旨從之。

永和五年，太守馬臻始築塘立湖，周三百十里，溉田九千餘頃，人獲其利。《輿地志》：『山陰南海，縈帶郊郭，白水翠巖，互相映發，若鏡若圖。』任昉《述異記》云：『軒轅氏鑄鏡湖邊，因得名。』紹興二十九年，上因與同知樞密院王綸論溝洫利害云：『往年宰臣皆欲盡乾鑑湖，云歲可得米十萬石。朕答云：「若旱無湖水引灌，即所損未必不過之，凡慮事須及遠也。」』綸曰：『貪目前之小利，忘經久之遠圖，最謀國之深戒。』

《復鏡湖議》曰：『會稽、山陰兩縣之形勢，大抵東南高，西北低。其東南皆至山，而北抵于海。故凡水源所出，總之三十六源。當其未有湖之時，水蓋西北流入于江，以達于海。自東漢永和五年，太守馬公臻始築大堤，瀦三十六源之水，名曰鏡湖。堤之在會稽者，自五雲門東，至於曹娥江，凡七十二里。在山陰者，自常喜門西，至于小西江，一名錢清，凡四十五里。故湖之形勢亦分爲二，而隸兩縣。隸會稽曰東湖。隸山陰曰西湖。東西二

湖，由稽山門驛路爲界。出稽山門一百步有橋，曰三橋，橋下有水門，以限兩湖。湖雖分爲二，其實相通。凡三百五十有八里，灌溉民田九千餘頃。湖之勢高於民田，民田高於江海。故水多則泄民田之水入於江海，水少則泄湖之水以溉民田。而兩縣湖及湖下之水啓閉，又有石牌以則之。一在五雲門外，小凌橋之東，今春夏水則深一尺有七寸，秋冬水則深一尺有二寸，會稽主之。一在常喜門外，跨湖橋之南，今春夏水則高三尺有五寸，秋冬水則高二尺有九寸，山陰主之。

會稽地形高於山陰，故曾南豐述杜杞之説，以爲會稽之石，水深八尺有五寸，山陰之石，水深四尺有五寸。是會稽水則，幾倍山陰。今石牌淺深乃相反，蓋今立石之地，與昔不同。今會稽石，立於瀕堤水淺之處，山陰石，乃立湖中水深之處。是以水則淺深，異於曩時。其實會稽之水，常高於山陰二三尺，於三橋閘見之。城外之水，亦高於城中二三尺，於都四閘見之。乃若湖下石牌，立於都泗門東會稽、山陰接壤之際，春季水則高三尺有二寸，夏則三尺有六寸，秋冬季皆二尺。凡水如則，乃固斗門以蓄之，其或過則，然後開斗門以泄之。

自永和迄我宋幾千年，民蒙其利。祥符以來，並湖之民，始或侵耕以爲田。熙寧中，朝廷興水利。有廬州觀察推官江衍者，被遣至越訪利害。衍無遠識，不能建議復湖，乃立石牌以分内外，牌内者爲田，牌外者爲湖。凡曰牌内之田，始皆履畝，許民租之，號曰湖田。政和末，郡守方侈進奉復廢牌外之湖以爲田，輸所入於府。自是環湖之民，不復顧忌，湖之不爲田者，無幾矣。隆興改元，十一月，知府事吴公芾，因歲饑請于朝，取江衍所立石牌之外盜爲田者，盡復之，凡二百七十七頃四十四畝二角二十二步。計工度廬，先從禹廟後，唐賀知章放生池開濬，百餘日訖工。每歲期以農隙用工，至農務興而罷。然次鐸[一]出入阡陌，詢故老，面形勢，度高卑，始知吴公未得復湖之要領。夫爲高必因丘陵，爲下必因川澤，豈有作陂湖不因高下之勢，而徒欲資畚插以爲功哉？馬公惟知地勢之所趨，横築堤塘，障捍三十六源之水，故湖不勞而自成。歷歲滋久，淤泥填塞之處，誠或有之，然湖所以廢爲田者，非直以此也。蓋以歲月彌遠，湖塘既寖壞，斗門堰閘，諸私小溝，固護不時，縱闢無節，湖水盡入江海，而瀕湖之民，始得增高益卑，盜以爲田。使其堤塘固，堰閘堅，斗門啓閉及時，暗溝禁窒不通，則湖可坐復，民雖欲盜耕爲尺寸田，不可得也。绍熙五年冬，孝宗皇帝靈駕之行，府縣懼漕河淺涸，盡塞諸斗門，固護諸堰閘。雖當霜降水涸之時，不雨者踰月，而湖水僅減一二寸，湖田被浸者久之。

[一] 次鐸　《復鏡湖議》原作者名次鐸，未見姓氏。依文中所述事迹推測應爲南宋《復鑑湖議》的作者徐次鐸。鑑湖又名鏡湖。

次鐸論載既畢，又有援執舊説而詰之曰：從子之説，不必濬湖使深，必須增堤使高，且懼堤高壅水，萬一決潰，必敗城郭，于時爲之奈何？是又未知形勢利害者也。夫水之湍急者，其地或狹不能容，于是有衝激決溢之患。今湖之水源，不過三十六所，而湖廣餘三百里，以其地容其水，裕如也。況自水源所出，北抵于堤及城，遠者四五十里，近猶一二十里，其水勢固已平緩，於衝堤也何有？且堤之去漢如此其久，是必有虧無增。今誠築堤增於高者二三尺，計其勢方與昔同。昔不慮其決，而今顧慮之，何哉？』

給事傅崧卿守鄉郡時，侍郎陳橐上《夏蓋河議》曰：『橐前因至上虞境內，過夏蓋湖，而備究湖田之爲害，實吾民今日倒懸之苦，有不得不言者。古人設陂湖，以備旱歲。王仲薿建請以爲田，乃引鑑湖自然淤澱已成田陸爲説，又有不妨民間水利之語，其欺罔甚矣。玄扈先生曰：凡湖皆自然淤澱，但不宜多作田以盡之，使之無所容耳。然佃户占請之初，各有畝數，不敢侵冒。當時湖之爲田者，纔十二三，佃户止於高仰處作壕，未敢涸湖以自便，民田尚被其利，但瀦水不如曩日之多，故諸鄉之田，歲歲有旱處。比年以來，冒佔不已，今則湖盡爲田矣。以夏蓋湖推之諸處，可以類見。橐所知者止上虞、餘姚，其它四邑皆不及知。上虞、餘姚所管陂湖三十餘所，而夏蓋湖最大，周廻一百五里，自來陰注上虞縣新興等五鄉及餘姚縣蘭風鄉。此六

訖事，決堤開堰，放斗門，水乃得去。是則復湖之要，又較然可見者也。夫斗門堰閘陰溝之爲泄水，均也，然泄水最多者曰斗門，其次曰諸堰，若諸陰溝，則又次焉。今兩湖之爲斗門、堰閘、陰溝之類，不可殫舉，大抵皆走泄湖水處也。吴公釋此不察，弊弊從事於開濬之，誤矣。故吴公所開湖，才數年，皆復爲田，故湖廢塞殆盡，而水所流行，僅有從横枝港可通舟行而已。每歲田未告病，而湖港已先涸矣。

昔之湖，本爲民田之利。而今之湖，反爲民田之害。蓋春水泛漲之時，民田無所用水，而耕湖者懼其害己，輒請於官，以放斗門。官不從，相與什伯爲群，決堤縱水，入於民田之内。是以民常於春時重被水潦之害。至夏秋之間，雨或愆期，又無瀦蓄之水爲灌溉之利。於是兩縣無處無水旱，監司府縣，亦無歲無賑濟。利害曉然，甚易知也。然則湖其可不復乎？道聽塗説者，方以闕上供、失民業爲説，是不然。夫湖田之上供，歲不過五萬餘石，兩縣歲一水旱，其所損所放賑濟勸分，殆不啻十餘萬石。其得失多寡，蓋已相絶矣。湖之爲田若蕩地者，不過二千餘頃，耕湖之民，多亦不過數千家之小利。而使兩縣湖下之田九千頃，民數萬家，歲受水旱饑饉而弗之恤，利害輕重，亦甚相遠。況湖未爲田之時，其民豈皆無以自業乎？使湖果復舊，水常瀰滿，則魚鱉蝦蟹之類不可勝食，茭荷蔆芡之實不可勝用。縱民採捕其中，其利自溥，何失業之足慮哉？

鄉皆瀕海，土平而水易洩。田以畝計，無慮數十萬，唯藉一湖灌溉之利。今既涸之爲田，若雨不時降，則拱手以視禾稼之焦枯耳。其它諸湖所灌注，皆不下數百頃。植利人户，倚以爲命，而乃盡奪之。一遇旱暵，非唯赤子飢餓，僵踣道路，而計司常賦，虧失尤多。雖盡得湖田租課，十不補其三四。又況每遇旱歲，湖田亦隨例申訴，官中檢放，與民田等。

昨見上虞丞言：「曾蒙上司差委，相度湖田利害，因點對靖康元年、建炎元年湖田租課，除檢放外，兩年共納五千四百餘石，而民田緣失陂湖之利，無處不旱，兩年計檢放秋米二萬二千五百餘石。」只上虞一縣如此。以此論之，其得其失，豈不較然？民間所損，又可見矣。但當時以湖田租課歸御前，與省計自分兩家。雖得湖田百斛，而常賦虧萬斛。嬖倖之臣猶將曰：此百斛者，御前所得也，不掫湖田，何以有此？省計虧羡，我何知哉？今湖田租課，既充經費，則漕臺、郡守固當計其得失之多寡，而辨其利害。夫公上之與民一體也。有損於公，有益於民，猶當爲之，況公私俱受其害，可不思所以革之耶？建炎一年春，邑民嘗訴湖田之害於撫諭使者，使者下其狀于州縣。上虞令陳休錫遂悉罷境内之湖田。翟帥以未得朝廷指揮，數窘之，陳不爲變。是歲越境大旱，如諸暨、新嵊，赤地數百里，農夫無事於銍艾。獨上虞大熟，餘姚次之。餘姚七鄉，通江潮蔭注，兼有燭溪湖等數處，不可作田，不曾廢，故亦熟。而上虞新興等五鄉，被夏蓋湖之利，尤爲倍收。其冬，新嵊之民，糴於上虞、餘姚者，屬路不絕。向使陳令行之不果，則邑民救死不暇，況他境乎？夫以一縣令尚能爲之，櫜之所望於左右宜如何？』

王廷秀曰：《水利記》[一]：『鄞縣東西凡十三鄉。東鄉之田，取足於東湖，俗所謂前湖是也。西南鄉之田，所恃者廣德一湖，環百里周以堤塘，植榆柳以爲固，四面爲斗門碶閘。方春，山之水泛漲時，皆聚於此，溢則泄之江。夏秋交，民或以旱告，則令佐躬親相視，開斗門而注之。湖高田下，勢如建瓴，閱日可浹。雖甚旱亢，決不過一二，而稻已成熟矣。唐正元中，民有請湖爲田者，詣闕投匭以聞。朝廷重其事，爲出御史，按利否。御史李後素銜命詢咨本末利害之實，錮獻利者置之法，湖得不廢。後素與刺史及其寮一二公，唱和長篇，記其事而刻之石。詩語記湖之始興，於時已三百年，當在魏晉也。國初，民或因淺淀盜耕，有司正其經界，禁其侵占。太平興國中，（禁黠）〔鄞之惡〕[二]民之窺其利而欲私之，復進狀請廢湖。朝

[一]《荒政要覽》引作『王廷秀《水利記》』，《授時通考》改作『王廷秀《水利議》』，應是指《水利記》爲王廷秀所作。王廷秀，四明人，《水利議》内容是四明的事。本書作『王廷秀曰《水利記》』似乎是另一人所作，王廷秀只是引用而已。

[二] 禁黠 《授時通考》引作『鄞之惡』，據改。

下其事於州，州遺從事郎張大有驗視，力言其不可廢，且摘唐御史之詩，敘致詳緻，記於石刻。熙寧二年，知縣事張詢令民濬湖築堤，工役甚備。曾子固爲作記，歷道湖之爲民利，本末曲折，以戒後人，不輕於改廢也。元祐中，議者復倡廢湖之説。直龍圖舒亶信道〔一〕，閑居鄉里，庸詰折之，记其事於林村資壽院緣雲亭壁間，謂其利有四不可廢。久之，有俞襄復陳廢湖之議。守葉棣深罪襄，不得騁，遂走都省獻其策。蔡京見而惡之，拘送本貫。政宣間，淫侈之用日廣，茶鹽之課不能給，宦官用事，務興利以中主欲。一時恌躁趨競者，爭獻括天下遺利，以資經費，率皆以無爲有。縣官刮民膏血，以應租數。時樓异試可丁憂，服除到闕。蔡京不喜樓，而鄭居中喜之，除知隨州，不滿意也。異時高麗入貢，絶洋泊四明，易舟至京師，將迎，館勞之費不貲。崇寧加禮，與遼使等置來遠局於明中。樓欲捨隨而得明。會辭行上殿，於是獻言：「明之廣德湖可爲田，以其歲入，儲以待麗人往來之用有餘。且欲造畫舫百柁，專備麗使，作涉海二巨航，如元豐所造，以須朝廷遣使。」上説，即改知明州。下車，興工造舟，而經理湖爲田八百頃。募民佃租，歲入米僅二萬石。於是西七鄉之田，無歲不旱。異時膏腴，今爲下地，廢湖之害也。』

《東錢湖濬議》曰：『東錢湖一名萬金湖，以其爲利重也。在唐曰西湖，蓋鄮縣未徙時，湖在縣治之西也。天寶三年，縣令陸南金開廣之。宋屢濬治。周回八十里，受七十二溪之流。四岸凡七堰：曰錢堰，曰大堰，曰莫枝堰，曰高湫堰，曰栗木堰，曰平湖堰，曰梅湖堰。水入則蓄，雨不時，則啓閘而放之。鄞定海七鄉之田，資其灌溉。茭葑蓴蒲荷芡，滋漫不除，湖輒湮塞。淳熙四年，魏王鎮州，請于朝，大浚之。是年二月七日，（淮）〔准〕尚書省劄子，爲魏王奏。然當時所除茭葑，未出湖堤，既復填淤。嘉定七年，提刑程覃攝守，捐緡錢置田收租，欲歲給濬治之費。朝廷許其盡復舊址。而後來有司，奉行不虔，田租浸移他用，湖益湮。寶慶二年，尚書胡榘守郡，請于朝，得度牒百道，米一萬五千石，又濬之。十月，命水軍番上迭休，且募七鄉之食水利者助役，各給券食。祁寒輟工。明年春夏之交，役再舉。農不使妨耕，兵不使妨閱，募漁户徐畢之。十月七日告成。胡公猶懼其無以繼也，奏以羸錢二萬八千三百四十七緡有奇，增置田畝，合舊穀石俾羸三千，令翔鳳鄉長顧泳之主之。分漁户五百人爲四隅，人歲給穀六石，隨茭葑之生，則絶其種。立管（偶）〔隅〕一人，管隊二十人以轄之。有旨悉如請。自此不薙葑者十六年，幾無湖矣。淳祐壬寅冬，制守陳塏因歲稔農隙，命

〔一〕舒亶　字信道，號懶堂，浙江慈溪人。生於一〇四一年，卒於一一〇三年。

制幹林元晋、僉判石孝廣行買葑之策。不差兵，不調夫，隨舟大小，葑多寡，聽其求售，交葑給錢，各有司存。初至數百人，已而掉舟裹糧至者日千餘，可見遠近樂趨。向也淘湖所收，率以佐郡家支遣，至此方全爲淘湖之用。

元大德間，世家有以湖爲浅淀，請以撩田若干畝入官租者，時都水營田分司，追斷復爲湖。《延祐新志》所謂欲塞錢湖，此其漸也。後因鄉民告有司，舉行淘湖，拘七鄉有田食利之家，分畝步高下，量撥湖葑，隨田多寡闊狹，俾浚之，積葑于塘岸。然宿葑春泛冬沈，次年復生，則有司所行爲具文耳。近年重修嘉澤廟，有濯靈之異，茭葑不泛，荷芡蓴蘆，生之者鮮，然未足恃也。但大旱之年，放水湖下，一舉而涸。知其積淤年久，蓄水至淺。東鄉河道，又皆淺澁。舊稱一湖之水，可滿三河半，今僅一河而竭，是可憂也。又况職守者不謹，闢啓碶閘，傍湖人民，通同漁户，每於水溢之時，乘時射利，私自開閘網魚，洩水無度。沿江堰壩，又失修理，日夜傾注于江。防旱之策，果安在哉？其原置買葑田畝，自元收以入官，大明因之。洪武二十四年，本縣耆民陳進建言水利，差官來董其事。於農隙之時，令七鄉食利之家，出力淘浚。雖能少除葑草，而根在復生，况湖上溪澗沙土，隨雨而下，久不治，則淤塞如舊矣。』

徐獻忠《山鄉水利議》曰：『我松瀕海，數被倭患。予寓居吴興，屢見各縣山鄉，旱災不收，大受飢困。山鄉平田既少，一遇旱暵，泉流枯涸，既無所資，坐以待斃。有司者徒見下鄉平田，頗有潤色，不肯特爲奏免糧税。予按視其地，皆坐不知水利之故。元儒[一]梁寅有鑿池溉田之議，其略云：「畎畝之間，若十畝而廢一畝以爲池，則九畝可以無災患。百畝而廢十畝以爲池，則九十畝可以無災患。」予嘗至上虞之(下溉)〔夏蓋〕湖觀之，方知梁子之議可行，而永久利民矣。有志經國者，當相視一鄉之中，擇其最高仰者，割爲陂湖。先均其税額於衆利之民，次營别業以補失田之户。大展陂岸，使廣而多受，雖亢旱之年，不至耗涸。從高瀉下，均資廣及，沾潤一番，可以經月。雖有凶災，不能及矣。惟水庫爲妙，止費大耳。然山鄉措置灰石沙等，止費工力，不費大錢鈔。况陂湖之利，魚鰕雜産，茭葦叢生，貧者資以養生，富者因而便利。大雨一注，衆流復積。前者既瀉，後者復蓄。山鄉水利，無逾此者。故叔孫之芍陂，汝南之鴻郤陂，古人成績，可以引見。自非爲民父母者力主其事，愚民誰肯割其成業者乎？至於下鄉之田，亦有高亢不通資灌者。莫若照依北方，掘鑿大井，上置轆轤，汲引之利，亦足自辦。「民可樂成，不可謀始」，若出力任事，(維)〔雖〕[二]存乎人，必須久任，方有成功也。』

[一] 元儒　《吴中水利全書·山鄉水利議》作『昔時』。
[二] 維　《吴中水利全書·山鄉水利議》原作『雖』，據改。

附：修築海塘[一]

俞汝爲注曰：『海邊斥鹵地方，恃護塘隔絶鹽潮，雨水洗去鹵性。有圍築成田者，築堤鑿河，引内湖之水以資灌溉，而水遠難致。雨澤稍稀，便乏車救。十年三熟，此與山鄉地形勢相類。近年民間告明官府，豁除掘損田畝之粮，於田心中開積水溝，爲夏秋車戽計。凡溝漊多處，其田多熟。或於遶宅開池，則近宅之地，必有收成。此蘇松沿海地方，試之有成效者。但細訪老農云：「每十畝之中，用二畝爲積水溝，纔可救五十日不雨。若十分全旱年分，尚不免于枯竭，况一畝乎？」大抵水田稻苗，全賴水養。炎日消水甚易，以十日消水二寸計之，五十日該消去田間水一尺，即二畝溝中，亦不免於消水。總計其潤，是溝中常有五六尺之積，斯足用耳，豈可望於夏秋亢旱之日？且稻苗生長秀實，该用水浸溉一百二十日，十畝取二畝作積水溝，僅救半旱，斯言非謬。必於山原上勢相視窪下可蓄水處，築圍大澤，或環數里，或環數十里，上流之水，涓涓不息，庶足救濟全旱矣。常與潘知縣鳳梧，熟論西北墾荒之要，潘云：「若計開田，先計瀦水。」真確見也。』

《海寧捍海塘記》曰：『浙西江南之地，抑潮捍海之永樂間，平江伯陳瑄奉命以四十萬卒，修海岸八百里。

利以千計，是塘爲急；樹石培土，在在爲力，其工以萬計，是塘爲大；風猛潮峻，不勝衝齧，近海之濱，難築而善崩者以百計，是塘爲切。塘無壞，浙以西無海患；塘不葺，江以南且患海，况浙哉？夫是塘，其創也，自顧尹泳始，其工頗力。其修也，或十載或五載。民至于今獨稱楊郡丞冠，其工頗固。嗣是而修築者，不惟不固，且不力，有司病焉。是歲七八月之間，風潮倍于昔，而塘之決亦倍于昔。郡大夫蕭公有憂焉。於是具狀以上於大司空李公。李公曰：「盍亟圖之。」於是具狀以上於司空大夫林公。林公曰：「吾事也。」於是林公館於其地，蕭公往來於其塗，取財於郡帑，鳩卒於邑里，伐石於太湖，負土於草蕩，散工而甃之，列卒而築之，分官而蒞之。塘高若干丈，實者；塘闊若干丈，自内以外，寸無弗密者。一木一石，自下以上，尺無弗堅者；塘長若干丈，自北以南，丈無弗其度其晝，其堅其實其密，無弗經林公者。經始於九月，落成於十有一月，而塘告成。』

《石海塘記》曰：『淳祐十六年，定海縣新築石塘成。其高十有一層，側厚數尺，敷平倍之。袤六千五十尺有贏。基廣九尺，斂其上半之贏又十之五。高下若一，從横布之如棋局。仆巨木以奠其地，培厚土以實其背，植萬樁

[一] 此小標題原無，整理者據卷前題下有『附：修築海塘』添加，便於閱讀。

以殺其衝。役夫匠軍民，積土至三千餘萬，而人不告勞。閲春夏二時，舍田趨役，而農不告病。伐石於山，石頽而役者不傷。運之于海，波平而舟楫無恐。以己酉春正月己未初基，越六月甲寅，凡十有七旬又五日而訖事。先是，定海塘以土木從事，歲有決溢之虞。丁酉之秋，江海爲一，民廬官寺營壘師屯，被害尤酷。知縣事陳公亮擬用石板以護其外，僅支數年。大水至，則與之俱去，蔑有存者。歲在戊申，風濤屢驚。九月，守臣岳甫，始合軍丁之辭，以告于上。命部使者與守行視，覈其費以聞。詔賜緡錢六萬五千有奇。聖訓丁寧，毋得苟簡。及是告成，不愆於素。』《石海塘記》

附：滇南水利㈠

二谷山人《水利策》曰：『夫滇南水利，於天下猶之彈丸黑子也。然而滇之人，非穀不養，穀非農不入，農非水利不植。聞之曰：「水利之在天下，猶人之有血氣，一指之搐，一足之皸，固亦仁人之所隱也。」請先論古今之所以異者，而質以芻蕘之慮可乎？夫自禹陂九澤以來，三代之君蓋靡不以農爲急，而其臣曾莫以水利稱者，非無其人也。誠以神禹其功，灑沈澹災，施於後世，後世賴之。故抑洪水，非徒已昏墊也，亦以興溝洫。興溝洫，非徒灌溉也，亦以殺流。故禹之稱曰「盡力溝洫」，而《周官・稻人》亦曰「溝以蕩水，澮以瀉水」。則九州之地，何者非穀土？土之所漸，何者非水利乎？自秦開阡陌，水利乃興，於是史不絶書，以爲偉績。章氏俊卿所謂「名生於不足」者也。究而論之，非獨鄭國、史起、鄧晨、白居易、程上元爾也。李冰、文翁之於蜀也，鄭當時、白公之於渭也，番係之於汾也，莊熊羆之於洛也，趙充國之於鮮水也，皆其著者也。鄧艾、張闓之於晉也，刁雍、裴延儁之於魏也，雲得臣、李襲稱之於唐也。倪寬因於鄭國，杜詩因於召信臣，王景、劉義欣因於孫叔敖，許景山因於蕭何。或襲或創，或微或鉅。雖人自爲制，地自爲制，而其疏導蓄泄之宜，夫固三代溝洫之遺也。

我國家撫有滇土，漸之文教，鎮之重兵。兵之屯者，什七以耕，什三以肄，其恩厚矣，其慮深矣。爲兵慮也，爰有屯田，爲田慮也，爰有水利，法至密也。夫何近年以來，軍政稍弛，什七者耗，什三者飢，乃有如明問所憂水旱者何歟？是有説也。夫曲靖之水，洱海之旱，患之久矣，而未聞有治之者，不重也。今有司所重，乃在夫藏府貯積，酤榷盈縮，泉布出入，徵輸緩急之間，即自詭以足國裕民之理盡矣。而曾不知其本。其説在任氏之窖粟也。昔者漢楚之際，豪傑争居金玉，任氏獨窖粟。已而粟貴，則金

㈠ 此小標題原無，整理者據前題下有『附：滇南水利』添加，便於閲讀。

玉盡歸任氏，任氏以富，豪傑以貧，此不知務之患也。蓋金玉者以權粟，而非所以養也。今誠有知粟之重者，則必相務於穡，而水利從此興矣。故曰「知務爲急」也。夫國家之於水利重矣，秉之以憲臣，籍之以專敕，并屯田職之以令於有司，以彼其權之重且專也。以治區區之水，而有不治者何也？官侵而令不一也。蓋有司之水利有分職，而職憲者，不得專其予奪廢置，則不能以引繩而積之功。屯田利孔，奸所窟也。職憲者司其入而不得司其出，則不能以稽售僞而杜之弊。其説在宓子之請書史也。昔者宓子令單父，請善書者二人，書則肘引之，醜則怒之。書者以告。魯君曰：「子賤以吾擾單父也。」命毋徵發，而單父治。今誠能以治水之官，治粟之吏，功罪之予奪，倉庾之出入，悉挈而還之職憲之臣，則職不分，責不諉，以治水而水治矣。故曰「任職爲急」也。

且曲靖之水，前未有也。蓋諸山源水，合流南出，東則東山，西則真峯山束焉。中爲草場，舊稱荒海。水至以通流，水去以牧馬。既而馬廢不牧，地聽開墾，稍稍築圍，然未甚也。近十歲間，則悉覈而征之，於是起圍徧於荒海，而水之所委無幾矣。迺始歲歲患潦，而民之黄粮，軍之屯粮胥病矣。及水之盛，則或決圍，而圍田亦病矣。夫其所爲病如此，治而愈之非難也，而有不能者，蓋有二焉：官不能捐稍入之利，而武弁豪右，窟穴其間者，倡爲成功之説，忍而不能去。其説在龍介之論決蹯也。夫係蹄得虎，而虎決蹯，非不愛也，不以蹯故害其軀。奈何其以小利害大事也？謂宜博詢利害，即不盡除，猶當先其甚者去之。官減其額，歲歲稍除，期以水不爲災而止可矣。故曰「審計爲急」也。

洱海之旱，非他也，梁王山之水，分流而下者，故皆有壩蓄之。諸甸今略已湮廢，而青海周官海之流，亦罔瀦蓄，以故一遇恒暘，赤地千里，而莫之救也。夫陂塘蓄泄，前人經營，以爲水計慮者，甚悉也。其始之稍隳，以補苴易矣，則廢而任之，以至於大壞，而有司者猶莫以爲意。其説在醫師之論解㑊也。夫解㑊之爲病也，脈理縱緩，神氣不攝，無疾痛之急，旦暮之虞，而甚害於身。玩愒者亦然。苟以避擅興之嫌，偷恬静之譽，需秩滿遷次，則去之耳。後來繼今者，又復盡然。非課之章程，厲以誅賞，此病不除。故曰「課功爲急」也。

夫知務也，任職也，審計也，課功也，四者治水之要也。此非愚之言也，嘗徵之古矣。夫九官熙載，禹稷爲烈何也？則以禹治水，而稷治粟也。鄭國在秦，則關中沃野，遂無凶年。李冰在蜀，亦沃野千里，號稱陸海。彼寧無雨暘天時之虞哉？誠以地利勝之也。此知務者也。史公之歌，白公之歌，召父杜母之歌，蓋民心也。埭稱召伯，頌起新豐，渠號右史，則士譽也。興化之民，至乃以范爲姓，垂之子孫，皆何以致之哉？此任職者也。唐之世，富商大賈牟利壅遏鄭白渠者，一切毀之。而宋臣所陳圍田湮塞水（之道）〔道之〕害尤悉。馬氏所謂「徒知湖之可田，而不知湖外之田，將胥而爲水也」，章氏所謂「豪民獲豐植之資，官私享租輸之入，日增歲衍，而水利之故地，皆爲創置之良田。曩之仰水利以耕者，今不勝旱溢之苦。倘公上不利絲毫之賦，守令不恤豪右之民，毋惑於紛紛之議，則何害之不除哉？」曲靖之水是已，此審計者也。且禹，司空也，手足胼胝。召伯，伯也，循行阡陌。王尊端坐堤上。蘇軾自呼營間。若是乎其急之也！今玩愒之吏，徒擁符重茵，雍容堂戺，曾不聞以時行水，按視倉廩，而以委小吏何也？蓋宋時趙尚寬、高賦，皆以水利被留再任。有功則陞陟，無功終不得去，如此則人自勸矣。此課功者也。嗟乎！古法之不可復久矣。兵農分矣，溝洫廢矣，嘗以爲古法之僅垂者，莫如屯田與水利，以其近之也。蓋成周畎畝之制，水之與田，分地而處，治水之人乃羨於治田。一同之地，至五萬夫，非其重且急也，先王豈輕棄土穀與耕夫哉？而李悝、商鞅，苟以盡地力而隳經制，亦惑矣。李悝、商鞅亦未及今所言。然則法先王者，法其近焉可也。此水利之所以不可不講也。雖然，滇之水利，非獨此也。鄧川之龍泉，勢將齧川。永昌之叠水河，每患淤塞。其他源委當講者，亦多矣。』

玄扈先生《旱田用水疏》

曰：謂欲論財，計先當辨何者爲財。唐宋之所謂財者，緡錢耳。今世之所謂財者，銀耳。是皆財之權也，非財也。古聖王所謂財者，食人之粟，衣人之帛，故曰：『生財有大道，生之者衆也。』若以銀錢爲財，則銀錢多，將遂富乎？是在一家則可，通天下而論，甚未然也。銀錢愈多，粟帛將愈貴，困乏將愈甚矣。故前代數世之後，每患財乏者，非乏銀錢也。承平久，生聚多，人多而又不能多生穀也。其不能多生穀者，土力不盡也。土力不盡者，水利不修也。能用水，不獨救旱，亦可弭旱。灌溉有法，瀸潤無方，此救旱也。均水田間，水土相得，興雲歊霧，致雨甚易，此弭旱也。能用水，不獨救潦，亦可弭潦。疏理節宣，可蓄可泄，此救潦也。地氣發越，不致鬱積，既有時雨，必有時暘，此弭潦也。不獨此也，三夏之月，大雨時行，正農田用水之候。若徧地耕墾，溝洫縱横，播水于中，資其灌溉，必減大川之水。先臣周用曰：『使天下人人治田，則人人治河也。』是可損決溢之患也。故用水一利，能違數害。調燮陰陽，此其大者。不然，神禹之功，僅抑洪水而已，抑洪水之事，則決九川距海，濬畎澮距川而已。何以遽曰水火金木土穀惟修，正德利用厚生惟和，一舉而萬事畢乎？用水之術，不越五法。盡此五法，加以智者神而明之，變而通之，田之不得水者寡矣，水之不爲田用者亦寡矣。用水而生穀多，穀多而以銀錢爲之權。當今之世，銀方日增而不減，錢可日出而不窮。又以宋臣李綱所言節用、救弊、覈實、開闔、貿遷諸法，設誠而致行之，不加賦而國足用，豈虚言也哉？謹條例如左：

一、用水之源。源者，水之本也，泉也。泉之别爲山下出泉，爲平地仰泉。用法有六：

其一，源來處高于田，則溝引之。溝引者，於上源開溝，引水平行，令自入于田。諺曰：『水行百丈過牆頭』，源高之謂也。但須測量有法，即數里之外，當知其高下尺寸之數。不然，溝成而水不至，爲虚費矣。

其二，溪澗傍田而卑于田，急則激之，緩則車升之。激者，因水流之湍急，用龍骨翻車、龍尾車、筒車之屬以水力轉器，以器轉水，升入于田也。車升者，水流既緩，不能轉器，則以人力、畜力、風力運轉其器，以器轉水入於田也。車圖見後

其三，源之來甚高於田，則爲梯田以遞受之。梯田者，泉在山上山腰之間，有土尋丈以上，即治爲田。節級受水，自上而下，入於江河也。梯田圖見《田制》

其四，溪澗遠田而卑於田，緩則開河導水而車升之，急者或激水而導引之。開河者，從溪澗開河，引水至其田側，用前車升之法，入於田也。激水者，用前激法起水于岸，開溝入田也。

其五，泉在于此，用在于彼，中有溪澗隔焉，則跨澗爲槽而引之。爲槽者，自此岸達于彼岸，令不入溪澗之中也。

其六，平地仰泉，盛則疏引而用之，微則爲池塘于其側，積而用之。爲池塘而復易竭者，築土椎泥以實之，甚則爲水庫而畜之。平地仰泉，泉之瀵湧上出者也。築土者，杵築其底。椎泥者，以椎椎底，作孔膠泥實之，皆令勿漏也。水庫者，以石砂瓦屑和石灰爲劑，塗池塘之底及四旁而築之，平之，如是者三，令涓滴不漏也。此畜水之第一法也。圖見後

一、用水之流。流者，水之枝也，川也。川之别，大者爲江爲河，小者爲塘浦涇浜港汊沽瀝之屬也。用法有七：

其一，江河傍田，則車升之，遠則疏導而車升之。疏導者，江南之法。十里一縱浦，五里一横塘，縱横脈散。勤勤疏濬，無地無水。此井田之遺意。宋人有言，『塘浦欲深闊』，謂此也。

其二，江河之流，自非盈涸無常者，爲之牐與壩，釃而分之爲渠，疏而引之以入于田。田高，則車升之。其下流，復爲之牐壩，以合於江河。欲盈，則上開下閉而受之。欲減，則上閉下開而洩之。職所見寧夏之南，靈州之北，因黄河之水，鑿爲唐來、漢延諸渠，依此法用之。數百里間，灌溉之利，瀸潤無方。寧城絶塞，城中之人，家臨流水，前賢之遺可驗矣。因此推之，海内大川，倣此爲之，當享其利濟，亦孔多也。

其三，塘浦涇浜之屬，近則車升之，遠則疏導而車升之。

其四，江河塘浦之水，溢入于田，則堤岸以衛之。堤岸之田，而積水其中，則車升出之。堤岸者，以禦水使不入也。大則爲黄河之帚，小則爲江南之圩。宋人有言，『堤岸欲高厚』，謂此也。車升出之者，去水而蓺稻，或已蓺而去其水，使不没也。

其五，江河塘浦，源高而流卑，易涸也，則于下流之處，多爲牐以節宣之。旱則盡閉以留之，潦則盡開以洩之，小旱潦則斟酌開闔之。爲水則以凖之。水則者，爲水平之碑，置之水中，刻識其上，知田間深淺之數，因知牐門啓閉之宜也。浙之寧波、紹興，此法爲詳。他山鄉所宜則傚也。

其六，江河之中，洲渚而可田者，堤以固之，渠以引之，牐壩以節宣之。

其七，流水之入于海，而迎得潮汐者，得淡水，迎而用之；得鹹水，牐壩遏之，以留上源之淡水。職所見迎淡水而用之者，江南盡然，遏鹹而留淡者，獨寧紹有之也。

一、用水之瀦。瀦者，水之積也，其名爲湖、爲蕩、爲澤、爲洵、爲海、爲波[一]、爲泊也。用瀦之法有六：

其一，湖蕩之傍田者，田高則車升之，田低則堤岸以固之，有水車升而出之，欲得水，決堤引之。湖蕩而遠于田者，疏導而車升之。此數者，與用流之法略相似也。

其二，湖蕩有源而易盈易涸，可爲害可爲利者，疏導以泄之，牐壩以節宣之。疏導者，懼盈而溢也。節宣者，損益隨時資灌漑也。宋人有言，『牐竇欲多廣』，謂此也。

其三，湖蕩之上不能來者，疏而來之；下不能去者，疏而去之。來之者，免上流之害；去之者，免下流之害，且資其利也。吴之震澤，受宣、歙之水，又從三江百瀆，注之于海。故曰三江既入，震澤底定是也。

其四，湖蕩之洲渚可田者，堤以固之。

其五，湖蕩之瀦太廣而害于下流者，從其上源分之。江南五壩，分震澤以入江是也。

其六，湖蕩之易盈易涸者，當其涸時，際水而蓺之麥。蓺麥以秋，秋必涸也。不涸于秋，必涸于冬，則蓺春麥。春旱，則引水灌之。所以然者，麥秋以前，無大水，無大蝗，但苦旱耳，故用水者必稔也。

一、用水之委。委者，水之末也，海也。海之用，爲潮汐，爲島嶼，爲沙洲也。用法有四：

其一，海潮之淡可灌者，迎而車升之。易涸，則池塘以畜之，閘壩堤堰以留之。海潮不淡也，入海之水，迎而返之則淡。《禹貢》所謂『逆河』也。

其二，海潮入而泥沙淤墊，屢煩濬治者，則爲牐、爲壩，爲竇，以遏渾潮而節宣之。此江南舊法，宋元人治水

[一] 爲波　『波』借作『陂』字用。《漢書·江都易王傳》：『建後游雷波』。顔師古注云，『波』讀爲『陂』。

所用，百年來盡廢矣，近并濬治亦廢矣，乃田賦則十倍宋元，民貧財盡，以此故也。其濬治之法，則宋人之言曰：『急流掻乘，緩流撈剪，淤泥盤吊，平陸開挑。』今之治水者，宜兼用之也。

其三，島嶼而可田，有泉者，疏引之，無泉者，爲池塘井庫之屬以灌之。

其四，海中之洲渚多可田，又多近于江河而迎得淡水也，則爲渠以引之，爲池塘以畜之。

一、作原作瀦以用水。作原者，井也。作瀦者，池塘水庫也。高山平原，與水違行，澤所不至，開濬無施其力，故以人力作之。鑿井及泉，猶夫泉也。爲池塘水庫，受雨雪之水而瀦焉，猶夫瀦也。高山平原，水利之所窮也，惟井可以救之。池塘水庫，皆井之屬。故《易·井之象》稱『井養而不窮』也。作之之法有五：

其一，實地高，無水，掘深數尺而得水者，爲池塘以畜雨雪之水而車升之，此山原所通用。江南海壖，數十畝一環池。深丈以上，圩小而水多者，良田也。

其二，池塘無水脈而易乾者，築底椎泥以實之。

其三，掘土深丈以上而得水者，爲井以汲之。此法北土甚多，特以灌畦種菜。近河南及真定諸府，大作井以灌田，旱年甚獲其利，宜廣推行之也。井有石井、磚井、木井、柳井、葦井、竹井、土井，則視土脈之虚實縱横，及地産所有也。其起法，有桔槔，有轆轤，有龍骨木斗，有恒升筒，用人用畜。高山曠野，或用風輪也。圖見卷十七《水利》。

其四，井深數丈以上，難汲而易竭者，爲水庫以畜雨雪之水。他方之井，深不過一二丈。秦晉厥田上上，則有深數十丈者，亦有掘深而得鹹水者。其爲池塘，爲淺井，亦築土椎泥，而水留不久，不若水庫之涓滴不漏，千百年不漏也。

其五，實地之曠者，與其力不能多爲井、爲水庫者，望幸于雨，則歉多而稔少。宜令其人多種木。種木者，用水不多，灌溉爲易，水旱蝗不能全傷之。既成之後，或取果，或取葉，或取材，或取藥。不得已，而擇取其落葉根皮，聊可延旦夕之命，雖復荒歲，民猶戀此不忍遽去也。語曰：『木奴千，無凶年。』

卷一七 水利 灌溉圖譜[一]

王禎曰：『灌溉之利大矣。江淮河漢及所在川澤，皆可引而及田，以爲沃饒之資。但人情拘於常見，不能通變。間有知其利者，又莫得其用之具。今特多方搜摘，既述舊以增新，復隨宜而制物。或設機械而就假其力，或用

[一] 該卷一七、一八，内容全部引用《王禎農書·農器圖譜》一三、一四，但圖與王書不一致。

挑浚而永賴其功。大可下潤於千頃，高可飛流於百尺。架之則遠達，穴之則潛通。世間無不救之田，地上有可興之雨。其用水有法，概可見。故輯諸篇，庶資農事云。』

【水栅】　排木障水也。若溪岸稍深，田在高處，水不能及，則於溪〔之〕上流作栅遏水〔一〕，使之旁出下溉，以及田所。其制：當流列植豎樁，樁上枕以伏牛，擗以（柆）〔拉〕〔二〕木，仍用塊石高壘，衆楗斜〔撑〕以邀水勢。此栅之小者。如秦雍之地，所拒川水，率用巨栅。其蒙利之家，歲例量力均辦所需工物。乃深植樁木，列置石囤，長或百步，高可尋丈，以横截中流，使傍入溝港，凡所溉田畝計千萬，號爲陸海〔三〕。今特列於圖譜，以示大小規制，庶彼方傚之，俾水爲有用之水，田爲不旱之田，由此栅也。

【水閘】　開閉水門也。間有地形高下，水路不均，則必跨據津要，高築堤壩匯水，前立斗門，甃石爲壁，叠木作障，以備啓閉。如遇旱涸，則（撤）〔撒〕水灌田〔四〕，民賴其利。又得通濟舟楫，轉激碾磑，實水利之總揆也。

【陂塘】　《説文》曰：『陂，野池也。塘，猶堰也。陂必有塘，故曰陂塘。』《周禮》：『以瀦蓄水，以防止水。』説者謂：瀦者，蓄流水之陂也；防者，瀦旁之堤也。今之陂塘，既與上同。考之書傳，廬江有芍陂，潁川有鴻隙陂，廣陵有雷陂、愛敬陂，陽平沛郡有鉗廬陂，其各溉田，大則數千頃。後世故跡猶存，因以爲利。今人有能别度地形，亦效此制，足溉田畝千萬。比作田圍，特省工費，又可畜育

大水栅

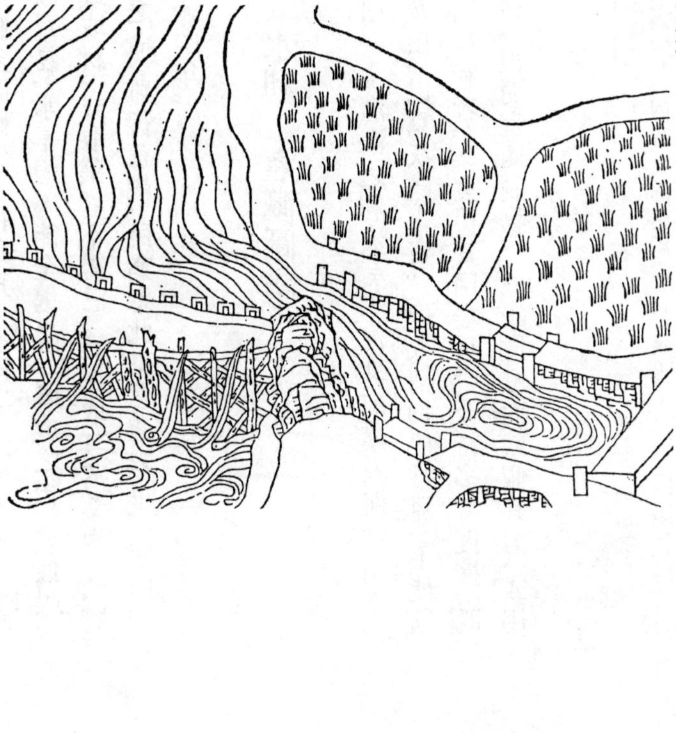

〔一〕溪上流　《王禎農書·農器圖譜》作『溪之上流』，據補。
〔二〕柆　《王禎農書》作『拉』；『衆楗斜』下，原有『撑』字，據補。
〔三〕『號爲陸海』下，《王禎農書》有『此栅之大者。其餘各處境域雖有此水而無此栅。非地利素不若彼，蓋工所未及也』三十二字。
〔四〕撤　《王禎農書》作『撒』，據改。

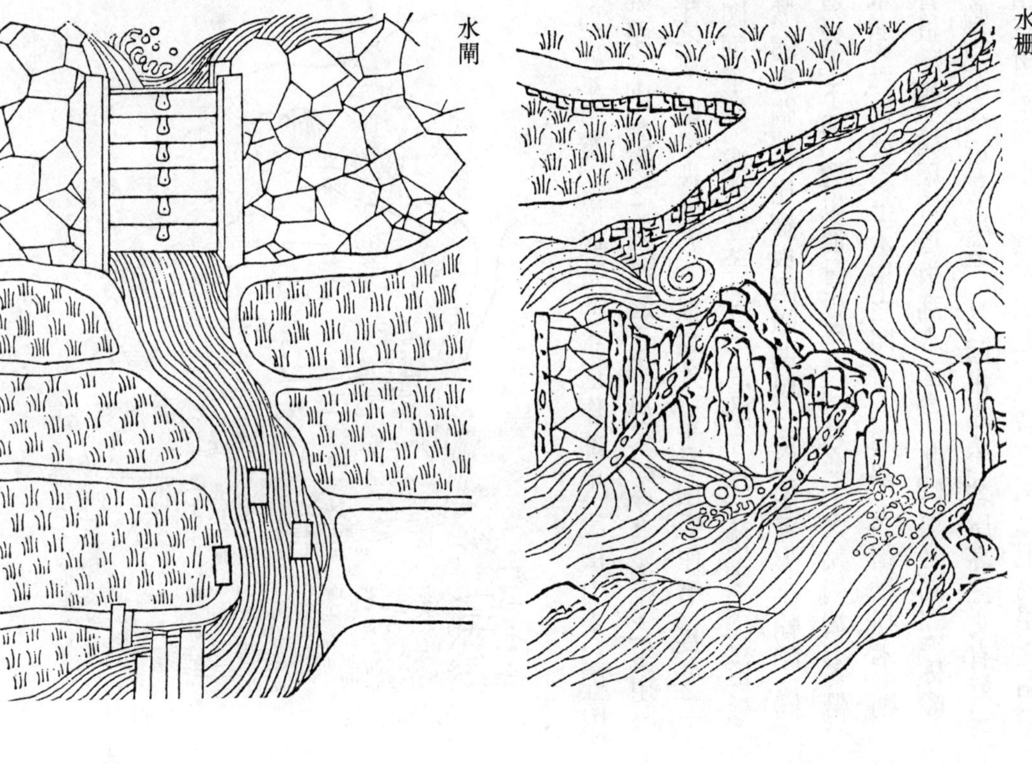

陂塘

魚鱉，栽種菱藕之類，其利可勝言哉！

【水塘】　即洿池。因地形坳下，用之潴蓄水潦，或修築圳堰，以備灌溉田畝，兼可畜育魚鱉，栽種蓮芡，俱各獲利累倍。大凡陸地平田，別無溪澗、井泉以溉田畝者，救旱之法，非塘不可。夫江淮之間，在在有之。然官民異屬，各爲永業，歲收産利，或用水之多便者(一)。

【翻車】　今人謂龍骨車也。《魏略》曰：『馬鈞居京都城內，有田地可爲園，無水以灌之，乃作翻車，令兒童轉

(一) 或　《王禎農書》作『誠』，表示肯定。

水塘

之，而灌水自覆。漢靈帝使畢嵐作翻車，設機引水，灑南北郊路。則翻車之制，又起于畢嵐矣。』今農家用之溉田。其車之制，除壓欄木及列檻樁外，車身用板作槽，長可二丈，闊則不等，或四寸至七寸，高約一尺。槽中架行道板一條，隨槽闊狹，比槽板兩頭俱短一尺，用置大小輪軸，同行道板上下通，週以龍骨板繫〔一〕。其在上大軸兩端，各帶拐木四莖，置於岸上木架之間。人憑架上，踏動拐木，則龍骨板隨轉，循環行道板刮水上岸，此翻車之制，關楗頗多，必用木匠，可易成造。其起水之法，若岸高三丈有餘，可用三車，中間小池倒水上之，足救三丈已上高旱之田。

翻車

凡臨水地段，皆可置用。但田高則多費人力。如數家相博〔二〕，計日趨工，俱可濟旱。水具中機械（功）〔巧〕捷〔三〕，惟此爲最。

【筒車】流水筒輪。凡制此車，先視岸之高下，可用輪之大小，須要輪高於岸，筒貯於槽，方爲得法〔四〕。其車

〔一〕板繫　《王禎農書》作『板葉』。
〔二〕博　《王禎農書》作『助』，本書改『博』，示替换。
〔三〕功　《王禎農書》作『巧』，據改。
〔四〕方　《王禎農書》作『乃』。

筒車

之所在，自上流排作石倉，斜擗水勢，急湊筒輪。其輪就軸作轂。軸之兩旁，閣於椿柱山口之內。輪軸之間，除受木板外，又作木圈，縛繞輪上，就繫竹筒或木筒謂小輪則用竹筒，大輪則用木筒。於輪之一週。水激轉輪，衆筒兜水，次第傾於岸上所横(水)〔木〕槽[一]，謂之天池，以灌田稻。日夜不息，絶勝人力。若水力稍緩，亦有木石制爲陂柵，横約溪流，旁出激輪，又省工費。或遇流水狹處，但壘石斂水湊之，亦爲便易。此筒車大小之體用也。有流水處，俱可置此。但恐他境之民，未始經見，不知制度。今列爲圖譜，使倣傚通用。則人無灌溉之勞，田有常熟之利，輪之功也。

玄扈先生曰：凡取水之術有四：一曰括，二曰過，三曰盤，四曰吸。括之道有二：一曰獨括，急流水中加逼脱，可括上數丈也。二曰遞括，不論急緩，但有流水，以三輪遞括，可利出入也。過之道有二：一曰全過，今之過山龍，必上水高於下水，則可爲之，至平則止。二曰二過，以人力節宣，隨氣呼吸。苟上流高於下流一二尺，便可激至百丈以上也。盤之法至多，此書所載，凡有輪軸者皆是。其妙絶者，遞互輪瀉，交輪疊盤，可至數里山頂。但括法必須流水。過法不論行止，必須上流高於下流。盤法在流水，用水力，在止水，必須風及人畜之力。獨吸法不論行止緩急，不拘泉池河井，不須風水人畜，只用機法，自然而上。但所取不能多，止可供飲，倘用溉田，必須多作，顧亦易辦。

【水轉翻車】其制與人踏翻車俱同，但於流水岸邊，掘一狹塹，置車於內，車之踏軸外端，作一竪輪。竪輪之旁，架木立軸，置二臥輪。其上輪適與車頭竪輪輻支相間，乃擗水傍激，下輪既轉，則上輪隨撥車頭竪輪，而翻車隨轉，倒水上岸，此是臥輪之制。若作立(軸)〔輪〕[二]，當

[一] 水　《王禎農書》作『木』，據改。

[二] 軸　《王禎農書》作『輪』，據改。

水轉翻車

别置水激立輪，其輪輻之末，復作小輪。輻頭稍闊，以撥車頭竪輪。此立輪之法也。然亦當視其水勢，隨宜用之。其日夜不止，絶勝踏車。

玄扈先生曰：　此却未便。水勢太猛，龍骨板一受齟齬，即決裂不堪，與今風水車同病。若長流水中，不如筒車爲穩。平流用風，不佞别有一法。

【牛轉翻車】　如無流水處（車）〔用〕之[一]，其車比水轉翻車卧輪之制，但去下輪置於車傍岸上，用牛拽轉輪軸，則翻車隨轉，比人踏功將倍之。與前水轉翻車，皆出新制，故遠近傚之，俱省工力。

【驢轉筒車】　即前水轉筒車，但於轉軸外端，别造竪輪。竪輪之側，岸上復置卧輪，與前牛轉翻車之制無異。凡臨坎井，或積水淵潭，可澆灌園圃[二]，勝於人力汲引。

玄扈先生曰：　此却太拙。筒車之妙，妙在用水。若用人畜之力，是水行迂道，比于翻車，枉費十分之三。

【高轉筒車】　其高以十丈爲準。上下架木，各竪一輪。下輪半在水内，各輪徑可四尺。輪之一周，兩傍高起，其中若槽，以受筒索。其索用竹，均排三股，通穿爲一。隨車長短，如環無端。索上相離五寸，俱置竹筒，筒

[一] 車　《王禎農書》作『用』，據改。
[二] 『可』字下，《王禎農書》有『用』字。

牛轉翻車

驢轉筒車

高轉筒車

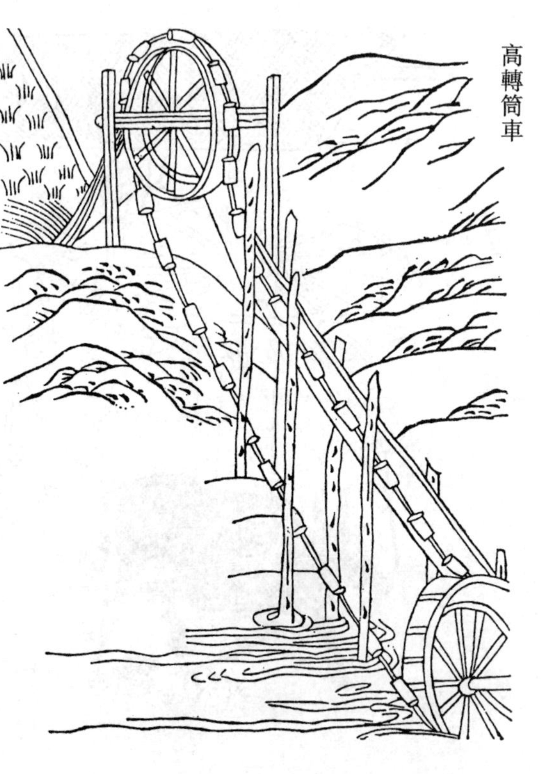

長一尺。筒索之底，托以木牌，長亦如之。通〔線〕〔用〕鐵線縛定〔一〕，隨索列次，絡於上下二輪。復於二輪筒索之間，架刳木平底行槽一，連上與二輪相平，以承筒索之重。或人踏，或牛拽，轉上輪則筒索自下兜水，循槽至上輪，輪首覆水，空筒復下，如此循環不已。日所得水，不減平地車戽。若積爲池沼，再起一車，計及二百餘尺。如田高岸深，或田在山上，皆可及也。所轉上輪，形如輊制〔二〕，易缴筒索。用人，則〔如〕〔於〕輪軸一端作掉枝〔三〕；用牛，則製作竪輪如牛轉翻車之法。或於輪軸兩端造作拐木，如人踏翻車之制。若筒索稍慢，則量移上輪。其餘措置，當自忖度，不能悉陳。

玄扈先生曰：此製却可用之急流，挈水雖少，而行地頗高。若在平水，亦須用人畜之力，然猶勝挈瓶也。但凡車戽之制，獨平水爲難耳。若果係迅流，即數里可激而上，此區區者何足以云。別有水轉筒車，與高轉筒車之制頗同，故著其說於後。圖不載。

【水轉筒車】遇有流水岸側，欲用高水，可〔立〕〔用〕此車〔四〕。其車亦高轉筒輪之制，但於下輪軸端別作竪輪，傍用卧輪撥之，與水轉翻車無異。水輪既轉，則筒索兜水，循槽而上，餘如前例。又須水力相稱，如打輾磨之重，然後可行。日夜不息，絕勝人牛所轉。此誠秘術，今表暴之，以諭來者。

【連筒】以竹通水也。凡所居相離水泉頗遠，不便汲用，乃取大竹，内通其節，令本末相續，連延不斷，閣之平地，或架越澗谷，引水而至。又能激而高起數尺，注之池沼及庖湢之間。如蘗畦蔬圃，亦可供用。杜詩所謂『連筒灌小園』。

玄扈先生曰：豈有激而高起之理？若能高起，必是上流受處高於下流洩處故也。果高，則百丈亦可。不

〔一〕通線　《王禎農書》作『通用』，據改。
〔二〕輊　《王禎農書》作『軠』。
〔三〕如　《王禎農書》作『於』，據改。
〔四〕立　《王禎農書》作『用』，據改。

連筒

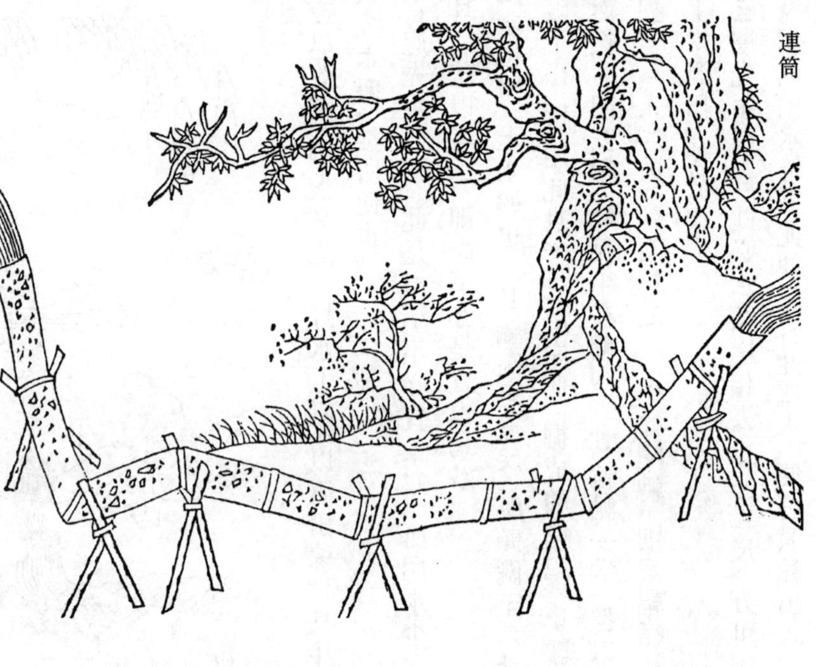

高，則分寸不能。但是上流高於下流一二尺，即能取水至百丈之上，此則制作之巧耳。

【架槽】　木架水槽也。間有聚落，去水既遠，各家共力造木爲槽，遞相嵌接，不限高下，引水而至。如泉源頗高，水性趨下，則易引也。或在窪下，則當車水上槽，亦可遠達。若遇高阜，不免避礙，或穿鑿而通。若遇（拗）〔坳〕險〔一〕，則置之叉木，駕空而過。若遇平地，則引渠相接，又左右可移。鄰近之家，足得借用。非惟灌溉多便，抑可瀦蓄爲用。暫勞永逸，同享其利〔二〕。

架槽

【戽斗】　挹水器也。《唐韻》云：『戽，抒上與切。也。抒，水器挹也。』凡水岸稍下，不容置車，當旱之際，乃用戽

〔一〕拗　《王禎農書》作『坳』，據改。
〔二〕暫勞永逸，同享其利　《王禎農書》原無。

戽斗

刮車

斗。控以雙綆，兩人挈之。抒水上岸，以溉田稼。其斗或柳筲，或木罌，從所便也。

玄扈先生曰：　此是岸下不必置車，或所用水少，權作此耳。若以溉田，即岸下亦是置車爲妙。

【刮車】　上水輪也。其輪高可五尺，輻頭闊至六寸。如水陂下田，可用此具。先於岸側，掘成峻槽，與車輻同闊。然後立架安輪，輪軸半在槽內。其輪軸一端，擐以鐵鉤木拐，一（人）〔夫〕執而掉之[一]，車輪隨轉，則衆輻循槽，刮水上岸溉田，便於車戽。

玄扈先生曰：　此必水與岸相去止一二尺，方可用。若歲潦用以出水圩外尤便。若並流水，便可激輪出入，則

[一] 人　《王禎農書》作『夫』，據改。

桔槔

不煩人畜，其利甚博也。

【桔槔】　挈水械也。《通俗文》曰：『桔槔，機汲水也。』《説文》曰：『桔，結也，所以固屬。槔，皋也，所以利轉。』又曰：『皋，緩也。』一俯一仰，有數存焉，不可速也。然則桔其植者，而槔其俯仰者與？《莊子》曰：『子貢過漢陰，見一丈人，方將爲圃畦，鑿隧而入井，抱甕而出灌，搰搰然用力甚多，而見功寡。子貢曰：「有械於此，一日浸百畦。鑿木爲機，〔後〕重前輕〔一〕，挈水若抽，數如沃湯，其名爲槔。」』又曰：『獨不見夫桔槔者乎？引之則俯，舍之則仰。彼人之所引，非引入者也。故俯仰不得罪於人。』今瀕水灌園之家多置之。實古今通用之器，用力少而見功多者。

【轆轤】　纏綆械也。《唐韻》云：『圓轉木也。』《集韻》作『犢轆』，『汲水木也』。井上立架置軸，貫以長轂，其頂嵌以曲木，人乃用手掉轉，纏綆於轂，引取汲器。或用雙綆而逆順交轉。所懸之器，虚者下，盈者上，更相上下，次第不輟，見功甚速。凡汲於井上，取其俯仰則桔槔，取其圓轉則轆轤，皆挈水械也。然桔槔綆短而汲淺，獨轆轤深淺俱適其宜也。

玄扈先生曰：此太拙，不如吸法爲妙。吸法有二：一用人力，工費力省；一不用人力，作之少費工料，用之却甚利益。

【瓦竇】　泄水器也。又名函管。以瓦筒兩端，牙鍔

〔一〕重上　《莊子·天地》有『後』字，據補。

轆轤

瓦竇

相接，置於塘堰之中，時放田水。須預於塘前堰內，疊作石檻，以護筒口，令（易）〔可〕啓閉[一]。不然，則水湊其處，非惟難於窒塞，抑亦衝渲滲漏，不能久穩。必立此檻，其竇乃成。唐韋丹爲江南西道觀察使，築堤扞江，竇以疏漲。此雖竇之大者，亦其類也。

【石籠】　又謂之『臥牛』。判竹或用藤蘿，或木條，編作圈眼大籠，長可三二丈，高約四五尺，以籤樁止之，就置田頭內貯磈石，以擗暴水。或相接連延，遠至百步。若水

[一] 易　《王禎農書》作『可』，據改。

石籠

勢稍高，則疊作重籠，亦可遏止。如遇隈岸盤曲，尤宜周折，以禦奔浪，併作洄流，不致衝蕩埂岸。農家瀕溪護田，多習此法，比於起疊堤障，甚省工力。又有石笆擗水，與此相類。

【浚渠】凡川澤之水，必開渠引用，可及於田。考之古，有溝洫、畎澮，以治田水。《書》云『濬畎澮距川』是也。逮夫疏鑿已遠，井田變古，後世則引川水爲渠，以資沃灌。按《史記》秦鑿涇爲渠，又關西有鄭國、白公、六輔之渠，外有龍首渠，河內有史起十二渠，范陽有督亢渠，河北有廣戾渠，朗州有右史渠，今懷孟有廣濟渠。俱各溉田千百餘頃，利澤一方，永無旱暵。所謂人能勝天，豈不信哉！後之人有能因其地利水勢，繼此而作，益國富民，可見速效。凡長民者，宜審行之。

浚渠

【陰溝】行水暗渠也。凡水陸之地，如遇高阜形勢，或隔田園聚落，不能相通，當於(穿)〔川〕岸之傍[一]，或溪流之曲，穿地成穴，以磚石爲圈，引水而至。若別無隔礙，則當踏視地形，用策索度其高下，及經由處所，畫爲界路。先引濬犁耕過，後復浚掘，乃作甃穴，上覆元土，亦是一法。如灌溉之餘，常流不絶，又可蓄爲魚塘蓮蕩，其利亦

[一] 穿　《王禎農書》作『川』，據改。

陰溝

博。或貫穿城邑巷陌，及注之園囿池沼，悉周於用。雖遠近大小深淺曲直不同，然皆狀流內達，膏澤傍通，水利之中，最爲永便。此皆泉源在上，或在平地，易以通流。如水在溝下，當車水上之，溉田則一也。或遇田澇，則反能(撤)〔撒〕水下之〔一〕，此又陰溝用水之變法。

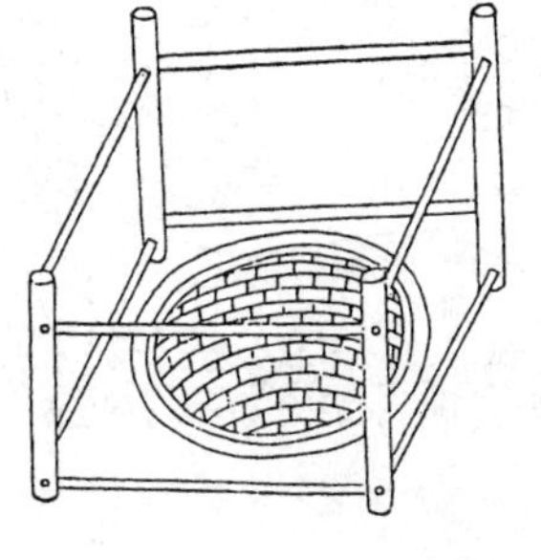
井

【井】　池穴出水也。《説文》曰：『清也。』故《易》曰：『井洌寒泉食。甃之以石，則潔而不泥。汲之以器，則養而不窮。井之功大矣。』按《周書》云：『黄帝穿井。』又《世本》云：『伯益作井。』『堯民鑿井而飲。』湯旱，伊尹教民田頭鑿井以溉田，今之桔槔是也。此皆人力之井也。若夫巖穴泉竇，流而不窮，汲而不竭，此天然之井也。皆可灌溉田畝，水利之中所不可闕者。

玄扈先生曰：井以深大爲佳。如南方小井，則用未博。大而敞口，則汲者懼險，須如北方三四眼者，以容轆轤，即大善矣。其蓋則須極厚，上施石欄焉。既言井，曷不具汲法也。汲有三法：汲爲上，轆轤次之，挈綆缶爲下。轆轤又有一種，上文所具，在中下之間。

水簩

【水簩】薄庚切　《集韻》云：『竹箕也。又籠也。』夫山

〔一〕撒　《王禎農書》作『撒』，據改。

田，利於水源在上，間有流泉飛下，多經嶝級，不無混雜泥沙，淤壅畦埂。農人乃編竹爲籠，或木條爲棬芭，承水透溜，乃不壞田。

卷一八 水利 利用圖譜

王禎曰：『水利之用衆矣。惟關於農事，係於食物者録之。然必假他物，乃可成功。所以訪諸彼而得於此，稽諸古而行於今。啓祕〔妙〕於初傳[一]，斡連機而同運。或導溝渠，集雲雨之効。或資汲引於庖湢。或供刻漏于田疇。其餘舟楫灌溉等事，已具前篇。覽者當互相參攷，以盡水利之用云。』

【濬鏵】《書》云：『濬畎澮距川。』今濬鏵，即此濬也。《周禮》：『匠人爲溝洫，耜廣五寸。二耜爲耦。一耦之伐，廣尺深尺。』以此考之，則知濬鏵，即耦耜之法。其制大倍常鏵，鏵亦稱是。凡開田間溝渠，及作陸塹，乃別制箭犂，可用此鏵。斵犂底爲胎，煅鐵爲刃。犂轅貫以横木，二人扶之，可使數牛輓行。插犂既深，一去復回，即成大溝。挑浚之力，日省萬數。《唐書》：『天寶初，開砥柱之險以通流，石中得古鐵犂鏵，上有「平陸」二字，因改河北縣爲平陸縣。』此蓋先開險時所遺器也。又泰山下，舊有曠野，其地污下，不任種蒔，土人呼曰淳于泊。近于耕斸之際，得舊鏵，大可尺餘。故老云：『聞昔有大鏵，用開田間去水溝塹，當是此器。』因并記之，以爲興利者之助。

濬鏵

【水排】《集韻》作『橐』，與『韛』同，韋囊吹火也。後漢杜詩爲南陽太守，造作水排，鑄爲農器。用力少而見功多，百姓便之。注云：『冶鑄者爲排吹炭，今激水以鼓之也。』《魏志》曰：『（胡）〔韓〕暨，字公至，爲樂陵太守，徙監冶謁者。舊（持）〔時〕冶，作馬排，每一熟石用馬百匹[二]；更作人排，又費工力；暨乃因長流（水爲）〔爲水〕排[三]，計其利益，三倍於前。由是器用充實。』以今稽之，此排古用韋囊，今用木扇。其制：當選湍流之側，架木立軸作二臥輪。用水激轉下輪，則上輪所週絃索，通激輪前旋鼓掉枝，一例隨轉。其掉枝所貫行桄，因而推輓臥軸左右攀耳以及排前直木，則排隨來去，搧冶甚速，過於人力。又有一法，先於排前直出木簨，約長三尺，簨頭豎置偃木，形如初月，上用鞦韆索懸之。復於排前植一勁竹，上帶捧索，以控排扇。然後卻假水輪臥軸所列拐木，自上打動排前偃木，排即隨入。其拐〔木〕既落[四]，捧竹引

[一]『祕』下，《王禎農書》有『妙』字，據補。

[二]『胡暨』、『持』 《三國志・魏志・韓暨傳》作『韓暨』、『時』，據改。

[三]長流水爲排 《三國志・魏志・韓暨傳》作『長流爲水排』，據改。

[四]『拐』下，《王禎農書》有『木』字，據補。

水排

排復回。如此，間打一軸，可供數排，宛若水碓之制，亦甚便捷。故併録此。

【水磨】〔一〕　凡欲置此磨，必當選擇用水地所，先（儘）〔作〕并岸擗水激（轉）〔輪〕〔二〕。或别引溝渠，掘地棧木，棧上置磨，以軸轉磨，中下徹棧底，就作卧輪，以水激之，磨隨輪轉。比之陸磨，功力數倍。此卧輪磨也。又有引水置閘，甃爲峻槽，槽上兩傍植木〔作〕架〔三〕，以承水激輪軸。軸要别作竪輪，用擊在上卧輪一磨。其軸末一輪，傍撥周圍木齒一磨。既引水注槽，激動水輪，則上傍二磨隨輪俱轉。此水機巧異，又勝獨磨。此立輪連二磨也。復有兩船相傍，上立四楹，以茅竹爲屋，各置一磨，用索纜於（水急）〔急

〔一〕水磨和水磨圖：黔、魯本：水排以下，就是水打羅圖，接着才是水磨圖。這樣把水打羅的圖和譜拆開了。平、曙本，水排下是連二水磨圖和水磨圖，把水打羅圖移到水轉連磨圖後和水轉連磨譜前，比較合理。但由譜的敘述次序説來，水磨圖還是應當排在連二水磨圖前面。王禎原圖譜的排列更凌亂。現在我們按下列次序重新安排：水磨（包括水磨圖、連二水磨圖和水磨譜）、水轉連磨圖、水打羅圖、水轉連磨譜、水擊麵羅譜。將磨麵的各種水力機械集合成一系列；然後再是水礱、水碾、水碾三事、水碓。將利用水力從稻粒成米的加工器械列作另一系統。接着排水轉大紡車，最後爲缶和綆兩項。石本原注。

〔二〕儘、轉　《王禎農書》原作『作』、『輪』，據改。

〔三〕『木』下，《王禎農書》有『作』字，據補。

水磨

水〕中流〔一〕。船頭仍斜插板木湊水，抛以鐵爪，使不横斜。水激立輪，其輪軸通長，旁撥二磨。或遇泛漲，則遷之近岸，可許移借。比他所，又爲活法磨。庶興利者度而用之。

【水轉連磨】其制與陸轉連磨不同。此磨須用急流大水，以湊水輪。其輪高闊，輪軸圍至合抱，長則隨宜。中列三輪，各打大磨一槃。磨之周匝，俱列木齒。磨在軸上，閣以板木。磨傍留一狹空，透出輪輻，以打上磨木齒。此磨既轉，其齒復傍打帶齒二磨。則三輪之〔功〕〔力〕〔二〕，互撥九磨。其軸首一輪，既上打磨齒，復下打碓軸，可兼數碓。或遇天旱，旋於大輪一週，列置水筒，晝夜溉田數

連二水磨

〔一〕水急《王禎農書》作『急水』，據改。
〔二〕功《王禎農書》作『力』，據改。

水轉連磨

頃。此一水輪，可供數事，其利甚博。嘗至江西等處，見此制度，俱係茶磨。所兼碓具，用搗茶葉，然後上磨。若他處地分，間有溪港大水，倣此輪磨，或作碓輾，日得穀食，可給千家。誠濟世之奇術也。陸轉連磨，下用水輪亦可。

【水擊麵羅】　隨水磨用之。其機與水排俱同。按圖視譜，當自考索。羅因水力，互擊椿柱，篩麵甚速，倍於人力。又有就磨輪軸，作機擊羅，亦爲捷巧。

【水礱】　水轉礱也。礱制上同，但下置輪軸，以水激之，一如水磨。日夜所破穀數，可倍人畜之力。水利中未有此制，今特造立，庶臨流之家，以憑倣用，可爲永利。

【水碾】　水輪轉碾也。《後魏書》：『崔亮教民爲（輾）〔碾〕[一]，奏於（方張）〔張方〕橋東[二]堰谷水，造水（輾）〔碾〕數十區。』豈水（輾）〔碾〕之制，自此始歟？其（輾）〔碾〕制上同，但下作臥輪，或立輪，如水磨之法。輪軸上端，穿其碢榦。水激則碢隨輪轉，循槽轢穀，疾若風雨。日所轂米，比於陸（輾）〔輪〕[三]，功利過倍。

[一] 輾　《王禎農書》及《魏書》作『碾』。以下四處『輾』字同，據改。
[二] 方張橋　《王禎農書》及《魏書》作『張方橋』，據改。
[三] 輾　《王禎農書》作『輪』，據改。

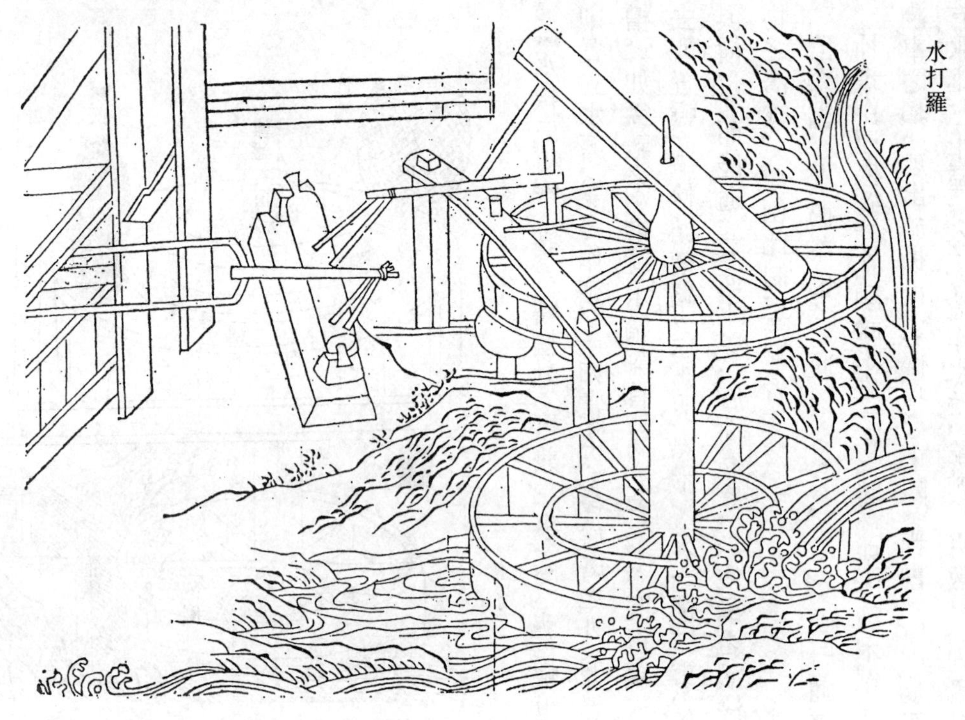
水打羅

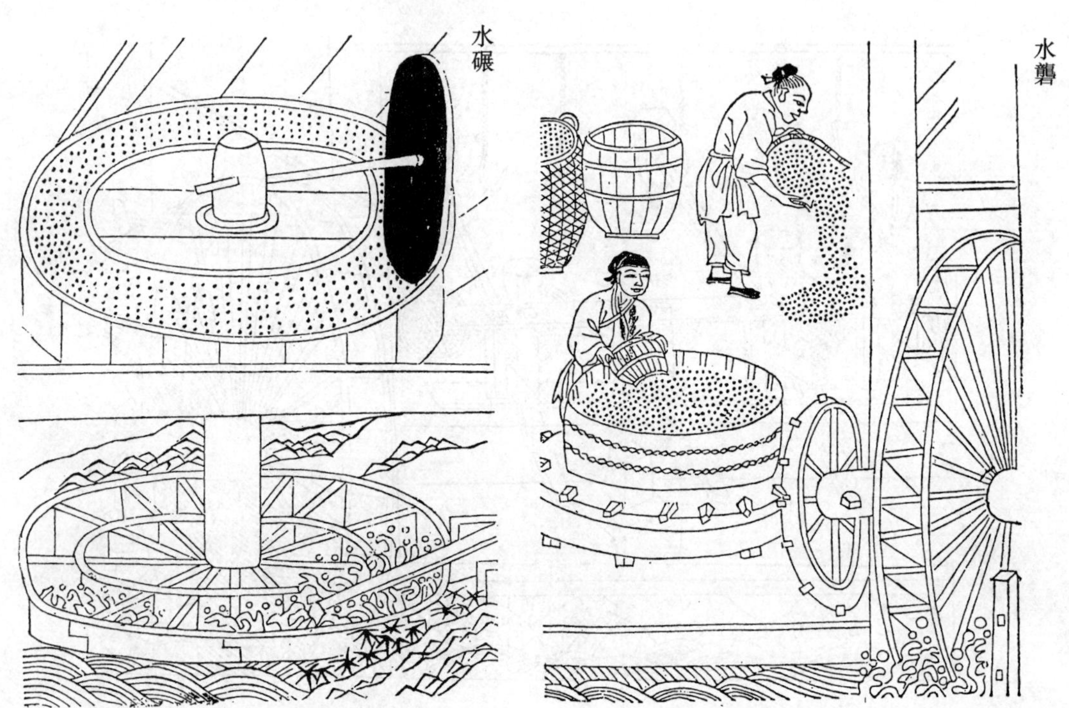
水礱

水碾

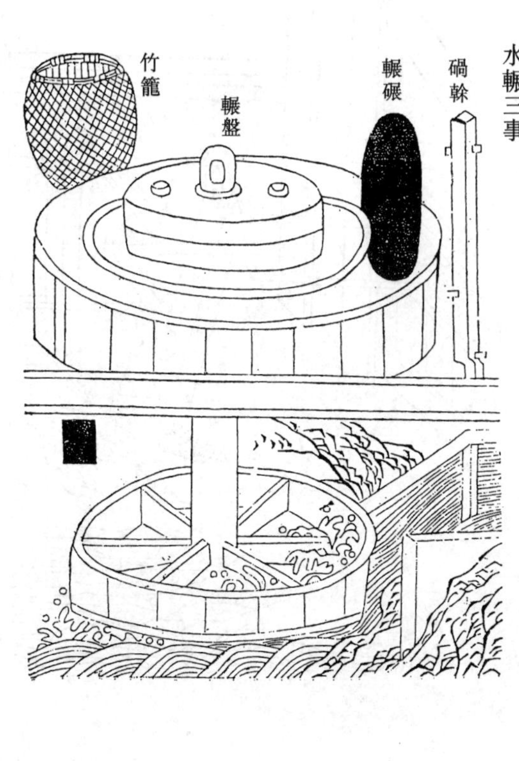

水輾三事

【水輾三事】　謂水轉輪軸，可兼三事，磨、礱、輾也。初則置立水磨，變麥作麵，一如常法。復於磨之外周造輾圓槽。如欲毀米，惟就水輪軸首，易磨置礱。既得糲米，則去礱置輾，碢幹循槽碾之，乃成熟米。夫一機三事，始終俱備，變而能通，兼而不乏，省而有要，誠便民之活法，造物之潛機。今創此制，幸識者述焉。

【機碓】　水擣器也。《通俗文》云：『水碓曰翻車碓。』杜預作連機碓。孔融論水碓之巧，勝於聖人斲木掘地。則翻車之類，愈出於後世之機巧。王隱《晉書》曰：『石崇有水碓三十區。』今人造作水輪，輪軸長可數尺，列貫横木，相交如滾搶之制。水激輪轉，則軸間横木，間打所排

水碓

碓梢。一起一落舂之，即連機碓也。凡在流水岸傍，俱可設置，須度水勢高下爲之。如水下岸淺，當用陂柵；或平流，當用板木障水。俱使傍流急注，貼岸置輪，高可丈餘，自下衝轉，名曰撩車碓。若水高岸深，則爲輪減小而闊，以板爲級。上用木槽，引水直下，射轉輪板，名曰斗碓，又曰鼓碓。此隨地所制，各趨其巧便也。

【槽碓】碓梢作槽受水，以爲舂也。凡所居之地，間有泉流稍細，可選低處，置碓一區，一如常碓之制。但前頭減細，後梢深闊爲槽（可貯水斗餘），上庇以廈，槽在廈〔外〕[一]，乃自上流用筧引水，下注於槽。水滿，則後重而前

槽碓

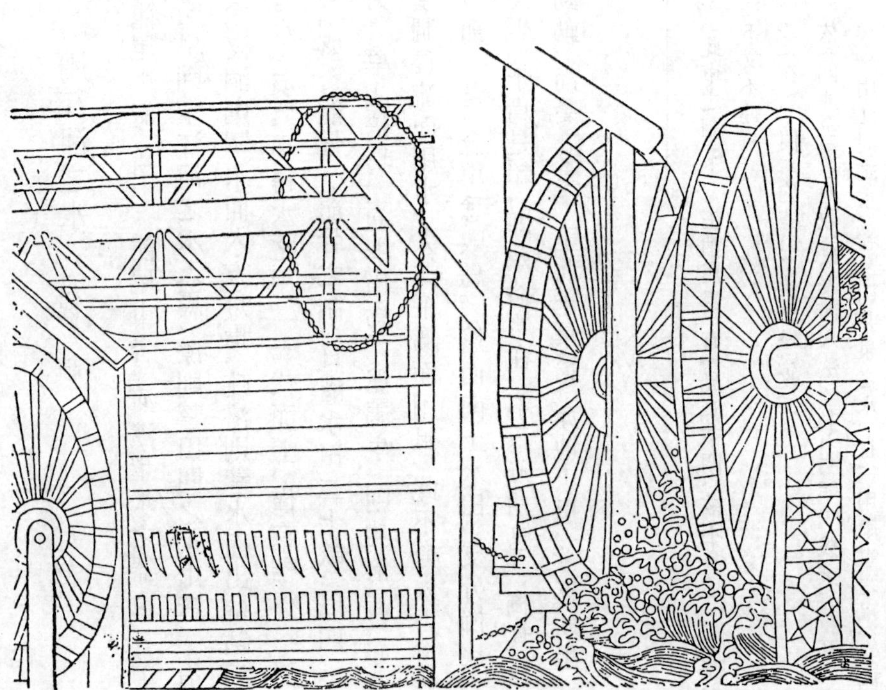

水轉大紡車

[一]『廈』字下，《王禎農書》有『外』字，據補。

起，水瀉，則後輕而前落，即爲一舂。如此晝夜不止，可轂米兩斛，日省二工。以歲月積之，知非小利。

玄扈先生曰：不言轉輪機括，使後來者何述焉？

【水轉大紡車】此車之制[一]，但加所轉水輪，與水轉輾磨之法俱同。中原麻苧之鄉，凡臨流處所多置之。今特圖寫，庶他方績紡之家，倣此機械。比用陸車，愈便且省，庶同獲其利。

【缶】汲水器。《左傳》：『宋災，樂喜爲政，具綆缶。』《爾雅疏》云：『比卦初爻，有孚盈缶。』注云：『辰(在爻)〔爻在〕木上(植)〔值〕東井[二]。井之水，人所汲，用缶。』《楊惲傳》曰：『田家作苦，歲時伏臘，烹羊炰羔，斗酒自勞。酒後耳熱，仰天擊缶，而呼「烏烏」。』應劭曰：『缶，瓦器也。』今汲器用瓦，亦缶之遺制也。

【綆】郭璞云：『汲水索也。』《易卦》云：『汔至，亦未繘井。』《方言》：『繘，自關而東，周洛韓魏間，謂之綆，或謂之絡，關西謂之繘。』『綆』，或作綄。俗謂『井索』，下係以鉤。今汲用之家，必有轆轤，爲綆設也。

缶

綆

卷一九　水利　泰西水法上[三]

用江河之水　爲器一種

《龍尾車記》曰：龍尾車者，河濱挈水之器也。治田之法，旱則挈江河之水入焉，潦則挈田間之水出焉。治水之法，淺涸則挈水而入方舟焉，疏濬則挈水而出畚鍤焉。不有水之器，不得水之用。三代而上，僅有桔槔。東漢以來，盛資龍骨。龍骨之制，日灌水田二十畝，以四三人之力。旱歲倍焉，高地倍焉。駕馬牛，則功倍，費亦倍焉。溪澗長流而用水，大澤平曠而用風，此不勞人力自轉矣。枝節一蔆，全車悉敗焉。然而南土水田，支分櫛比，國計民生，于焉是賴，即兹器所在，不爲無功已。獨其人終歲勤動，尚憂衣食。至北土旱災，赤地千里，欲拯斯患，宜有

[一]『此車之制』下，《王禎農書》有『見麻苧門，兹不具述』，今删，故上下文不連貫。

[二]『爻在』、『值』，均據《王禎農書》改。

[三]依《四庫全書》所收録《泰西水法》署名明熊三拔撰，共分爲六卷。卷一用江河之水、卷二用井泉之水、卷三用雨雪之水、卷四水法附餘、卷五水法或問、卷六附圖。整理者將其卷名作爲本卷下標題，卷二〇亦同。

進焉。今作龍尾車，物省而不煩，用力少而得水多。其大者一器所出，若決渠焉。累接而上，可使在山，是不憂高田；築爲堤塍而出之，計日可盡，是不憂潦歲與下田；去大川數里數十里，鑿渠引之，無論水稻若諸水生之種，可以必濟，即黍、稷、菽、麥、木棉、蔬菜之屬，悉可灌溉，是不憂旱；　濬治之功，出水當五分之一，今省十九焉，是不憂疏鑿；　龍蟠之斗，旱熯之年，上源枯竭，穿渠旁引，多用此器，下流之水，可令復上，是不憂漕也；　蓋水車之屬，其費力也以重。水車之重也，以障水，以帆風，以運旋本身。龍尾者，入水不障水，出水不帆風，其本身無銖兩之重，且交纏相發，可以一力轉二輪；遞互連機，可以一力轉數輪。故用一人之力，常得數人之功。又向所言風與水，能敗龍尾之車也，在鶴膝、斗板〔一〕龍尾者，無鶴膝，無斗板，器居水中，環轉而已。湍水疾風，彌增其利。故用風水之力，而常得人之功。若有水之地，悉皆用之，竊計人力可以半省，天災可以半免，歲入可以倍多，財計可以倍足。方于龍骨之類，大略勝之。然而千慮之一，以當起予可也。智士用之，曲盡其變，不盡方來，或者無煩覼縷焉。

鶴膝
側面
正面

　龍尾者，水象也，象水之宛委而上升也。龍尾之物有六：　一曰軸。軸者，轉之主也，水所由以下而爲上也。二曰牆。牆者，以束水也，水所由上也。三曰圍。圍者，外體也。所以爲固抱也。四曰樞。樞者，所以爲利轉也。五曰輪。輪者，所以受轉也。六曰架。架者所以制高下也，承樞而轉輪也。六物者具，斯成器矣。或人焉，或水焉，風馬牛焉，巧者運之，不可勝用也。

　一曰軸

　圜木爲軸，長短無定度，視水之淺深，斟酌焉而爲之度。二十五分其軸之長，以其二爲之徑。木之圜，必中規而上下等。以八繩附臬之法，八平分其軸之周，直繩而施之墨。軸之兩端，因直繩之兩端而施之墨，八繩之交，得軸之心也。以八平分之一分爲度，以度八繩之墨，皆平行相等而爲之界。以勾股求弦之法，兩界斜相望，而墨爲之弦。弦之竟軸，而得一螺旋之墨。因螺旋之墨，而立之牆，爲螺牆。牆之間，而得螺旋之溝，爲螺溝。螺溝者，水道也。軸得一墨焉，則得一牆焉，一溝焉，水得一道焉。或二之，或三之、四之，以上同于是。多則均，一則專，惟所爲之。既牆而圍之，既建而㢮之，而轉之，水則自螺旋之孔入也。水之入于螺旋之孔也，水自以爲已下也，而不

〔一〕龍尾　此句中『龍尾』，疑當作『龍骨』。下句講述的『龍尾』可證。鶴膝：　一個長條式零件，頭上叉開，夾住另一個長條式零件的頭，使之在一個平面內移動。這種結構稱爲鶴膝（見上圖）。龍骨車各片，用這種關節聯接。斗板：　龍骨車的活動刮水木片。

自知其已上也。故曰軸者，轉之主也，水所由以下而爲上也。

注曰：圜與圓同。量水淺深者，下文言『勾四、股三、弦五』[一]，則岸高九尺者，軸之長，當一丈五尺也。凡作軸，皆度岸高，以三五之法準之。二十五分之二者，如軸長一丈，則徑八寸。如本篇第一軸立面圖，己丁長一丈，則丁丙之徑八寸也。此略言軸欲大耳。若徑至三寸以上，不嫌長丈，八寸以上，不嫌長二丈也。軸過小，則水爲之不升。八繩附臬者，《周禮》『樹八尺之臬，縣八繩下垂，皆附于臬』，今軸身作線，大略似之也。八平分者，如軸兩端圖，甲乙丙丁戊圈爲軸之周，所分甲乙、乙丙等八分者，平分度也。軸之兩端，臥其軸，各作己甲過心線，依法分之，即上下合也。次于軸兩端之邊，依所分各界，兩兩相對，各作平行直線八線，附木皆平直，是爲八平分軸之周。如立面圖，己丁、庚丙諸線是也。次于兩端各作甲己、丁丙諸線，則得軸兩端之各庚心也。以八平分之一爲度者，謂以甲乙爲度，從庚至辛，作庚辛、辛壬等短界線，至丙而止。八線皆如之。各線之短界線，皆平行，皆相等也。墨爲之弦者，從庚向癸，依勾股法作庚癸斜弦線，内纏之至子，外纏之至丑至寅至卯至辰，斜纏軸面，竟軸而止，則得一螺旋線也。單線則爲單牆，單溝也。若欲爲雙溝者，則平分庚丑線得午。從午外上向己，内下向末，亦依法作螺旋線也。若作四槽者，又平分庚午于壬，依法作之。欲作三槽六槽九槽者，先分軸爲九平分。欲作五槽十槽者，先分軸爲十平分。依法作之。

二曰牆

軸之上，因各螺旋之繩而立之牆。牆之法，或編之，或累之，皆塗之。牆之兩端，不至于軸之兩端。其至也，無定度，惟所爲之，以樞之短長稱之。八分其軸長，以其一爲牆之高。可減也，不可加也。牆，其累之也，欲堅而無墮也。其編之也，欲密而平也。其塗之也，欲均而無罅也。兩牆之間謂之溝。溝，水道也。水行溝中，而牆制之，使無下行也。故曰：牆者所以束水也，水所由上也。

注曰：編牆之法，削竹爲柱，依螺旋之線而立之。每立一柱，即與軸面之八平分長線爲直角。如立柱于本篇一圖之午，即柱爲垂線，與庚丙長線爲直角也，而又與軸兩端之丙丁爲一直線也，若本篇二圖之癸丙是也。削柱欲均，安柱欲正，列柱欲順，立柱欲齊。既畢，則以繩編之，略如織箔之勢。繩以麻或紵或菅或布或篾，惟所爲之。既畢，以瀝青和蠟，或和熟桐油〔融而塗之〕[二]，〔或以生桐油〕和石灰、瓦灰塗之，或以生漆和石灰、瓦灰塗之。

[一] 勾四、股三、弦五　按《九章算術》作『勾三、股四、弦五』。本書『龍尾四圖』中的勾股圖亦如此，與《九章算術》不同。
[二] 『熟桐油』下，明本《泰西水法》有『融而塗之，或以生桐油』九字。

凡瀝青加蠟與桐油，取和澤而止。石灰、瓦灰相半，桐油或漆和之，取燥溼得宜而止。累牆之法，取柔木之皮，如桑槿之屬剥取皮，裁令廣狹相等，以瀝青和蠟依螺旋之線，層層塗而積之。累畢，如前法塗之。既畢，而兩牆之間，成螺旋之溝。水從溝行而牆不漏者，是牆之善也。八分之一者，如軸長八尺，則牆高一尺，此亦略言高之所至也。一以下任意作之，故曰可減不可增。一法：若欲爲長軸，則牆之高與軸之徑等。

三曰圍

牆之外，削版而圍之，版欲無厚。牆之兩端，順牆柱之勢，穿軸而立四柱焉，依牆之高而束之環。圍板之端入于環，圍之外，以鐵爲環而約之。長者中分圍之長，以鐵環約之。又長者三分其長，以兩環約之。圍之版，其相合也，與其合于牆之上也，皆合之以塗牆之齊。圍之外，皆塗之，以受雨露也。圍，其合也欲無罅，圍之合于牆也，欲無罅。有圍，故水入螺旋之孔而不絶。無罅，故水行于螺旋之溝而不泄，則水旋而上也。故曰：圍者外體也，所以爲固抱也。

注曰：圍之板，量圍徑之大小與其長，酌全體之重輕而制厚薄焉。其長竟牆，其廣一寸以上，視圍徑之小大增損之。太廣而合之，則角見也。其内面稍剞之，以就牆之圜。外面者，圍既合而削之。當牆之盡，穿軸爲四柱者，所以居環而受圍也，如本篇三圖之卯寅辰午等是也。環以堅韌之木爲四弧，弧各加于環柱之上，合之成環焉。環之下方，或爲溝焉，居中以受圍板之端，或居外，或居内，爲刻而受之。如爲溝于未，此居中也。爲刻于申，此居外也。于酉，居内也。鐵環之束在兩端者，與木環相抵，卯午也，戌亢也。或中分約之者，心斗是也。若兩中環者，則在尾與箕也。或不用鐵環，以繩約之而塗之。齊與劑同。合以塗牆之劑者，瀝青和蠟，或油灰，或漆灰也。若塗圍之周者，則漆灰爲上，油灰次之； 瀝青和蠟者，恐不耐暑日也，爲下，而欲速成則用之，欲解而時修則用之，是者，暑日架之，則以苫蓋之。水入于螺旋之孔者，孔在環之内，軸之外，四柱之中，戌亥角亢之間是也。雖下向必入者，以迤故，水趨于圍也。既其出，則在卯寅辰午之間矣。一法：牆之兩端以二圓板蓋之。開圍板之下端而水入之，開上端之圓板而出之，其效同焉。

四曰樞

軸之兩端，鐵爲之樞，當心而立之。樞之用在圜。輪在圍若在軸者，皆圜之。輪在上樞，方其上樞之上；輪在下樞，方其下樞之下。方之者，以居輪。立樞欲正欲直。不正不直者，輕重不倫也。既正既直，輕重均，轉之如將自轉焉，則雖大而無重也。故曰樞者，所以爲利轉也。

注曰：當心者，本篇一圖之庚，心也。樞之大小長短無定度，量全體之輕重，制大小焉。量輪之所在與地之所宜，制短長焉。輪所在者有七，下方詳之也。方則止，故可以居輪。正者，當庚之心。直者，與軸端圓面爲直角，與軸上八平分線俱爲一直線也。求正尚有軸端諸線可憑，求直稍難焉。今立一試法：視一圖軸兩端諸分線，以規一抵軸端邊之乙，一抵樞之頂心爲度。次去乙抵戊量之，又去戊抵己量之，皆至于樞之頂心者，即樞直也。如將自轉者，成速之甚也。

五曰輪

輪有七置，輪有三式。七置者，當圍之中焉，圍之兩端焉，軸之兩端焉，兩樞焉。在圍者，夾其圍而設之輻，輻之末周之以輞焉。輞，樹之齒焉。在軸與樞者，方其處而入之轂。轂，樹之齒焉。凡輪，皆以他輪之齒發之，其疾徐之數，視輪與他輪之大小焉，其齒之多寡焉。故輪欲密附而少爲之齒，輪附而齒少，他輪大而齒多，則其出水也必疾矣。故曰輪者所以爲受轉也。

注曰：輪有七置者，因地勢也，量物力也，相大小而制疾徐也。在圍之中者，本篇四圖之丁是也。在圍之兩端者，丙與戊是也。在軸之兩端者，乙與己是也。在兩樞者，甲與庚是也。若車大而軸長，出水之地高，則在丁矣。若平地受水，而用人力畜力風力者，當在甲乙丙矣。用水力當在戊己庚矣。夾圍之輻，子丑之類是也。辛者，容圍之空也。壬癸，輞也。寅卯之類，齒也。方其處者，軸與樞當受轂之處也。辰，入樞之空也。戊，入軸之空也。午，轂也。酉，亦轂也。未申亥角之類，皆齒也。他輪者，或人車，或馬牛贏車，或風車，或水車之輪也。此諸車之輪者，非謂其大臥輪也，蓋指接輪焉。接輪者，農家所謂撥子是也。試言人車，則有臥軸也，臥軸之一端有接輪，臥軸之上有拐木也。今于甲乙丙任置一輪焉，如置在軸之乙輪，即以臥軸之接輪交于乙輪。人踐拐木而轉之，接輪與乙輪相發也。若馬牛贏車及風車，則有臥軸也，臥軸之兩端，皆有接輪。今以其一交于乙輪，以其一交于彼車之大臥輪，駕畜焉，颿風焉而轉之，接輪與乙輪相發也。若水轉之車則有臥軸也，臥軸之一端有接輪，臥軸之上有立輪，立輪之外有受水之篷也[一]。今于戊己庚任置一輪焉，如置在軸之己輪，即以臥(輪)〔軸〕之接輪交于己輪，水激于篷，而臥軸爲之轉，接輪與己輪相發也。疾徐之數與他輪相視者，如乙己之輪齒十二，人車之接輪齒十二，是拐木一轉而得一轉也；如樞輪之齒八，而人車之接輪齒十六，是拐木一轉而得二轉也；人車之接輪齒二十四，是一轉而得三轉也；若樞輪之齒八，而駕畜颿風之臥輪齒七十二，是一轉而得九轉也，故曰輪欲密附，密附則齒爲之少，他輪欲大，大則齒多。然而密者過密焉，則力爲之不任。大者過大焉，則遲。故曰：因地勢、量物

[一] 篷　扇形薄竹片，音『厦』，又音『捷』。

力，相大小而制徐疾焉。今圖樞輪之齒八，軸輪十二，圍輪十六，約略作之，非定率也。趣欲使兩輪之交，疎密相等焉，長短相入焉，相關相發而不滯，則足矣。其小者欲無用輪，方其樞之末，別爲衡，衡之一端入于樞焉，其一端植之柱焉。柱之體圓，又爲之掉枝，而首爲圓孔焉。以掉枝之圓孔，入于柱而轉之。若大者而欲無用輪，則以兩掉枝同加于柱，兩人對執而轉之。最大者，兩掉枝之末，各爲持衡，四人或六人對持其衡而轉之。

六曰架

架者，一上一下，皆爲砥柱，或木焉，或石焉，或瓵甋焉。柱之植，欲堅以固也。下柱居水中，以鐵爲管，施之柱首，迤而上向，以受下樞之末。制管高下，量水之勢，令得入于螺溝之下孔而止也。上者居岸，以鐵爲管，施之柱首，迤而下向，以受上樞之末。若輪與衡在上樞之末者，則中樞而設之頸，以鐵爲山口，而架樞其上，出其樞之末，以受輪與衡也。制高下之數，以勾股爲法，而軸心爲之弦。弦五焉，則勾四焉，股三焉。過偃則不高，過高則不升。

注曰：瓵甋，磚也。堅者，其本體堅。固者，其立基固也。上柱者，本篇五圖之甲乙是也。下柱者，丙丁是也。上管以受上樞，戊也。下管以受下樞，己也。勾股法者，一高一下，如四圖之亢房線而置之，令上樞之末在亢，下樞之末在房也。三四五者，如上樞之末爲亢，至下樞之末爲房，長一丈，如法置之，則自下樞之末房，依地平作平行線，自上樞之末亢，作垂線，而兩線相遇于氐。其亢氐線必長六尺，氐房線必長八尺也。若迤建于岸之側，謂無從作垂線者，則以勾股法反用之。以圍板爲倒弦，別作一尾箕垂線爲股，尾爲直角，作尾心横線爲倒勾。若尾箕長一尺五寸，偃仰移就之，令尾心長二尺，即心箕必二尺五寸，而亢房線必合三四五之勾股法也。凡圍板長一丈，水高必六尺，求多焉不可得。相水度地制器者，以此計之。若水過深，岸過高，器不得過長，則累接而上之。累接之法，亦以接輪交而相發也。

用井泉之水 爲器二種

玉衡車[一]

《玉衡車記》曰：玉衡車者，井泉挈水之器也。既遠江河，必資井養。井汲之法，多從綆缶，饔飧朝夕，未覺其煩。所見高原之處，用井灌畦，或加轆轤，或藉桔槔，似爲便矣。乃俛仰盡日，潤不終畝。聞三晉最勤，汲井灌田，旱熯之歲，八口之力，晝夜勤動，數畝而止。他方習惰，既

[一] 卷題注：爲器二種，分別是『玉衡車』與『恒升車』。爲便於閲讀，整理者將此二車名加作小標題。

龍尾一圖

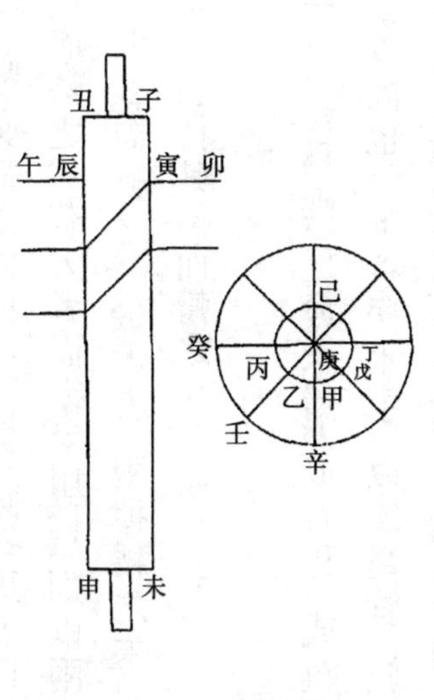

龍尾二圖

龍尾三圖

龍尾四圖

〔一〕圖中『勾八尺』標在三角形直角長邊，按《九章算術》勾應爲三角形直角短邊。

〔二〕圖中『六尺』上原作空格，據《四庫本》補。

龍尾五圖

見其難，不復問井灌之法。歲旱之苗，立視其槁。饑成已後，非殍則流，吁可憫矣！ 今爲此器，不施綆缶，非藉轆轤，無事桔槔。一人用之，可當數人。若以灌畦，約省夫力五分之四。高地植穀，家有一井，縱令大旱，能救一夫之田。數家共井，亦可無饑餓流亡之患。若資飲食，則童幼一人，足供百家之聚矣。且不須俛仰，無煩提挈，略加幹運，其捷若抽。故煙火會集之地，一井之上，尚可活一縈民也。

玉衡者，以衡挈柱，其平如衡，一升一降，井水上出，如趵突焉。玉衡之物有七： 一曰雙筩，雙筩者，水所由代入也。二曰雙提，雙提者，水所由代升也。三曰壺，壺者，水之總也，水所由續而不絶也。四曰中筩，中筩者，壺水所由上也。五曰盤，盤者，中筩之水所由出也。六曰衡軸，衡軸者，所以挈雙提下上之也。七曰架，架者，所以居庶物也。七物者備，斯成器矣。更爲之機輪焉，巧者運之，不可勝用也。

注曰： 趵突，泉水上出也。

一曰雙筩

鍊銅或錫爲雙筩。其圜中規，而上下等，半其筩之長以爲之徑。下有底，中底而爲之圜孔，以其底之半徑爲孔之徑。筩之旁，齊于底而樹之管，管外出而上迤也。管之容，其圜中規。管之下端抒之，以合于筩。開筩之下端爲橢孔，融錫而合之于管。管之上端亦抒之，既樹之，則與筩之邊爲平行。三分其底之徑，以其一爲管之徑。底之圜孔，爲之舌以揜之。舌者方版，方版之旁爲之樞。底孔之旁爲之紐。樞入于紐，如户焉而開闔之。舌之開闔，與管之孔無相背也。紐居左則管居右。舌其合于底也，欲密。管之孔，翕合于筩之孔，欲利而無罅。樞紐之動也，欲不滯。凡水入也，必從其底之孔也，有舌焉而開闔之。開之則入，闔之則不出。左開則右闔矣，是左入而右不出也。是恒有一孔焉，入而終無出也。故曰雙筩者，水所由代入也。

注曰： 凡徑，皆言圓孔也，肉不與焉。如本篇一圖，甲至乙，丙至丁是也。半長爲徑者，徑三寸則筩長六寸，如丁丙廣三寸，則甲丁長六寸也。半徑爲孔者，徑三寸，孔徑一寸五分，如丁丙三寸，則辛壬一寸五分也。上迤者，斜迤而上，如戊至己，丙至庚也。抒者，斜削之，如戊至丙，己至庚是也。橢，長圜也，欲與戊丙之孔合也。融錫合之，小釬也。管之上邊與箭邊平行，將以合于壺之下孔也，己庚是也。三分之一者，底徑三寸，則管徑一寸，未至申之度也。方板者，丑寅卯午是也。樞者，卯辰午是也。紐者，癸子是也。舌如槖籥之舌，以樞合紐，令丑卯之板，恒加于辛壬孔之上，向丙而開闔之也。

二曰雙提

旋堅木以爲砧，其圜中規，而上下等。曷知其中規而上下等也？砧之大，入于雙箭也，欲其密切而無滯也，展轉之，上下之，猶是也，斯之謂中規而上下等。當砧之心而立之柱。三分其砧之徑，以其一爲柱之徑。柱之短長無定度，以水之深也，井之高也，斟酌焉而爲之度。柱之上端，爲之方枘而入于衡。凡水之入也，入于雙箭之孔也，孔有舌焉。砧升，則舌開而水爲之入；砧降，則舌合而水爲之不出。水之入而不出者，舌也；舌之開闔者，砧也；砧之上下者，柱也。舌闔矣，水不出矣，砧又下焉，水將安之？則由箭之管而升于壺，左右相禪也。故曰雙提者，水所由代升也。

注曰：砧，形如截蔗，本篇一圖酉戌亥角是也。其高不言度者，趣其入于箭也，不轉側動摇而已矣。若爲鼎足之柱以固之，即無厚可也。三分之一者，砧徑三寸，則柱徑一寸，如酉角三寸，則亢氐一寸也。凡雙箭入井，近下則水濁，近上則水竭，故柱之短長，宜量水深與井高也。枘，筍也，當房心之上，刻而方之，爲尾箕是也。

三曰壺

鍊銅以爲壺，壺之容，半加于雙箭之容。其形橢圜，腹廣而上下弇之。弇之度，視廣之度殺其十之二。當其弇而設之蓋。壺之底，爲橢圜之長徑，設二孔焉皆在其徑。孔之橢圜，其大小也與管之上端等。融錫而合之。壺之兩孔，各爲之舌而揜之。舌之制，如箭中之舌也。壺之内，當兩孔之中而設之紐，兩舌之樞悉係焉而開闔之，左右相禪也。當蓋之中，爲圜孔焉，而合于中箭。蓋之合于壺也，欲其無罅也。既成，以鐵爲雙環，而交纏束之。當其合而錮之〔以〕錫〔一〕，以備繕治也。夫水之入于管也，左右禪也，而終無出也。水從管入者，以提柱之逼之也，則上衝而壺之舌爲之開，以入于壺。水勢盡而彼舌開，則此闔矣。是代入于壺也，而終無出也。其代入也，壺爲之恒滿而上溢。其終無出也，而有箭之容，以俟其底之入也。故曰壺者水之總也，水所由續而不絶也。

注曰：半加容者，如之又加半焉，如雙箭共容四升，則壺容六升也。弇，斂也，腹廣而上下弇，如本篇二圖，甲乙丙丁形是也。蓋者，戊己庚辛也。橢圓之長徑，底圖之

〔一〕『之』下，明本《泰西水法》原有『以』字，據補。

乙丙是也。二孔者，未申也，酉戌也。皆在其徑者，二孔之心，在乙丙線之上也。二孔橢圓者，如酉戌短，乾亥長，以合于一圖之未申己庚也。二舌者，寅卯也，辰午也。紐者，子丑也。以樞合紐，令寅卯之板，恒加于未申孔之上，向丙而開闔之也。辰午加于酉戌，亦如之，左右相禪也。蓋之圓孔，庚辛是也。蓋合于壺者，己戊加于甲丁也。雙環纏束者，本篇三圖之角亢氐房是也。既錮之又束之者，水力大而易渫也。

四曰中筩

鍊銅或錫以爲中筩。中筩之徑，與長筩旁管之徑等。中筩之下端，爲敞口以闟于蓋上之孔，融錫而合之。其長無定度，量水之出于井也，斟酌焉而爲之度。或銅錫之中筩，裁數寸，其上以竹木焉續之。竹木之筩之徑，必與下筩之徑等。其上出之徑，寧縮也，無贏也。水之入于壺也，代入也，而終無出也，則無所復之也，必由中筩而上。故曰中筩者，壺水所由上也。

注曰： 中筩者，本篇三圖之坎艮庚辛是也。上出之徑，必縮于下合之徑者，所以爲出水之勢也。

五曰盤

鍊銅或錫以爲盤。中盤之底而爲之孔，以當中筩之上端，融錫而合之。盤底之旁，爲之孔而植之管，管外出而下迤也。盤之容與壺之容等。管之徑與中筩之徑等。管之長無定度，其下迤也，及于索水之處也。中筩之水，其上溢也，盤畜之，管泄之。故曰盤者，中筩之水所由出也。

注曰： 本篇四圖之甲乙丙丁，盤也。丙丁爲孔，以合于中筩之上端。上端者，三圖之坎艮也。底旁之孔者，戊己。下迤者，己庚也。

六曰衡軸

直木爲衡，衡之長，無過井之徑。雙提之柱，其相去也視雙筩。雙提之上，枘入于衡之兩端，其相去也視雙提。直木爲軸，軸長于衡而無定度。圜其尾，去首二尺而圜其頸。當頸尾之中而設之鑿。當衡之中而設之枘。衡，衡也。軸，縱也。鑿枘而合之，欲其固也。軸展側焉，衡低昂焉，提上下焉，左右相禪也。故曰衡軸者，所以挈雙提下上之也。

注曰： 衡之長，本篇四圖之壬辛是也。枘入于衡者，子丑是也。軸之長，卯午是也。卯尾，午首，辰頸也。衡軸鑿枘之合，寅是也。鑿，孔也。衡横軸縱，卯辰子丑之交加也。

七曰架

井之兩旁爲之柱，或石焉，或瓴甋焉，或木焉。柱之上端爲山口，山口者，容軸之圜也，以利轉也。軸之首，設之小衡，與衡平行也，長二尺，或三尺。小衡之兩端，設二木而三合之如勾股，以小衡爲弦。勾股之交，立之柄。持其柄而摇之，以轉軸也。水之中，穿井之脅，而設之梁，横亘焉，梁之上爲二陷，以居雙筩之底，欲其固也。中其陷而設之孔，稍大于雙筩之底孔，水所從入也。梁居水中，其木必榆，榆爲木也無味，水不受之變。梁在其下，柱在其上，車所由孔安而利用也。故曰架者，所以居庶物也。

注曰：本篇四圖之卯亥也，辰乾也，柱也。當辰卯爲山口者，以容軸之圜也。小衡者，申未也。三合者，未申酉爲三角形也。酉戌，柄也。立之柄者，立柄于酉，戌酉未爲直角也。坎艮，梁也。角亢氐房，陷也。心尾，陷中孔也。

若欲爲專筩之車，則爲專筩專柱，而入之中筩，如恒升之法而架之，而升降之。其得水也，當玉衡之半，井狹則爲之。

注曰：專，一也，架法見《恒升》篇。

恒升車

《恒升車記》曰：恒升車者，井泉挈水之器也。其用與玉衡相似，而更速焉，更易焉，以之灌畦治田，至爲利益矣。若爲之複井，井之底爲竇而通之，以大井瀦水，以小井爲筩而出之，則無用筩也。若江河泉澗，索水之處過高，龍尾之力，有不能至，則用是車焉，挈水以升架槽而灌之，或迤而建之，以當龍尾。

恒升者，從下入而不出也，從上出而不息也。恒升之物有四：一曰筩，筩者，水所由入也，所以束水而上也；二曰提柱，提柱者，水所由恒升也；三曰衡軸，衡軸者，所以挈提柱上下之也；四曰架，架者，所以居庶物也。四物者備，斯成器矣。更爲之機輪焉，巧者運之，不可勝用也。

一曰筩

刳木以爲筩。筩之長無定度，下端所至，居水之中（已上則易竭，已下則易濁）。上端所至，出井之上，度及于索水之處而止。筩之徑無定度，因井之大小，索水之多寡，斟酌焉而爲之度。筩之容，任圜與方，其圜中規，其方中矩，而上下等。筩之周，以鐵環約之，環無定數，視筩短長，斟酌焉而爲之數。筩之下端爲之底，欲其密而無漏也。中底而爲之孔，孔之方圜反其筩。若圜筩而方孔，七分底之徑，以其四爲孔之徑。若方筩而圜孔，七分底之徑，以其五爲孔之徑。孔之上，象孔之方圜，爲之舌而掩之，如玉衡之雙筩。掩之欲其密而無漏也。開闔之欲其無滯也。筩之上端爲之管，管外出而下迤也，本廣而末狹也。水從孔（出）〔入〕焉。既入，而提柱之勢，能以舌掩之。既掩而提之，提之則從管而出也。故曰『筩者，水所由入也，所以束水而上也』。

注曰：玉衡之雙筩與中筩爲二，此則合之。筩入于井，量井淺深，筩長短而置之。近上，（趨）〔趣〕[一]恒得水

[一] 趨　明本《泰西水法》作『趣』，據改。

而止。近下，趣無受濁而止。與玉衡同也。圓筩用竹尤簡，用木，則方筩爲易焉。如本篇一圖：甲乙丙丁，圓筩也。丙丁，其底也。戊己，底方孔也。庚辛壬癸，方筩也；壬癸，其底也。子丑，底圜孔也。寅，方舌也。酉，圓舌也。甲卯辛卯，管也。辰午未申之屬，環也。環之多寡疏密，趣不漏而止。餘見《玉衡》篇。

二曰提柱

鍊銅以爲砧，圜者中規，方者中矩。砧之大，入于筩也，欲其密切而無滯也。展轉之，上下之，猶是也。當砧之心而設之孔，孔之方圜，孔之徑，皆與筩底之孔等。孔之上，爲之舌以掩之。舌之制，如筩底之舌也。直木以爲柱，柱有二式：一用長，一用短。用長者，爲實取之柱；用短者，爲虛取之柱。實取之柱，其砧入于水而升降焉。其長之度，下及于筩之底，上出于筩之口。其出于筩之口無定度，趣及于衡而止。虛取之柱無用長，入筩數尺而止。升降于無水之處，以氣取之。欲挈之先，注水于砧之上，高數寸，以閉其罅而噏之。凡井淺者實取焉，井深者虛取焉。五分其筩之徑，以其一爲柱之徑。砧之合于柱也，鍊銅或鐵爲四足，隅立于方砧之四維，方孔之四旁，而皆上聚之。聚之度，趣不害于舌之開闔而止。以其聚，合于柱之下端，合之欲其固也。砧之厚，以其枝于隅足也，可無厚。既合而入于筩，砧降而底之舌爲之掩，砧升則開之，開之則水入，掩之則水不出。一升一降，是水恒入而不出也。既入之水而砧降焉，則無復之也，則上衝于舌，而入于砧之孔。砧升，而砧之舌爲之掩。一升一降，是水恒入而不出也。兩入而不出，則溢于筩而出，常如是。虛者實者同于是。故曰『提柱者，水所由恒升也』。

注曰：玉衡之提柱，與壺之孔之舌爲一，此則合之。又玉衡之水皆實取，此有虛取之法焉，氣法也。凡砧之入于筩，求密切而無滯也。求密切之法，成砧而入之，能無漏者，國工也。不能無漏者，稍弱其砧之徑，以氈罽之屬，皮革之屬，附于砧之四周焉。附之法：若砧厚者，稍剡其周之上下，如鼓木。當其剡而刻爲陷環，既附而堅束之。砧薄者，則爲兩重之砧，夾其氈或革，以隅足貫之而槷之柱，如本篇二圖之甲乙是也。四足者，丙丁戊酉也。砧者，己庚辛壬也。砧之孔，癸子也。其舌，丑寅也。砧可無厚，無厚則輕。餘見《玉衡》篇。

三曰衡

直木以爲衡，衡之長，無定度，量筩之大小，水之淺深多寡焉。長則輕，衡之兩端皆綴之石以爲重，其兩重等。五分其衡，二在前，三在後，而設之鑿。直木以爲軸，軸之長無定度，圜其兩端，中分其長而設之枘。衡，衡也。軸，縱也。鑿枘而合之，欲其固也。軸之兩端，各爲山口之木而架之。中分其衡之前，而綴之提柱，綴之欲其密切而利轉也。抑其後重，而提柱爲之升，揚其後重，則前重降，而提柱隨之也。提柱之降也，實取者，挹水而升于砧也，其升

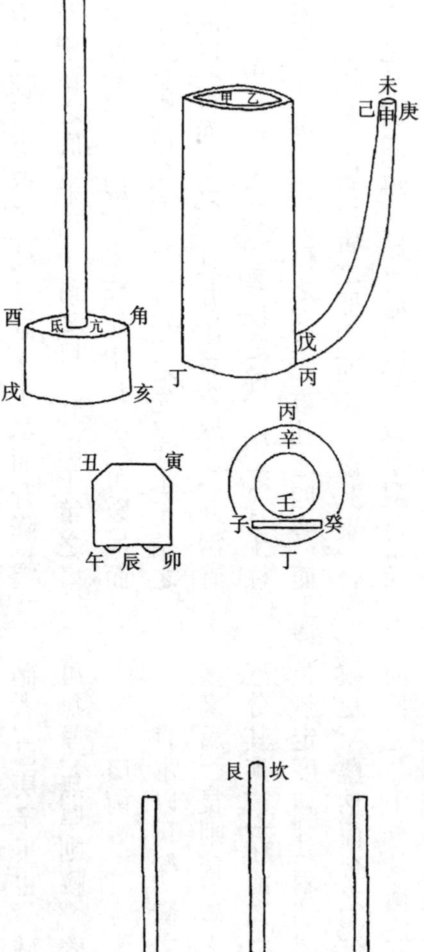

玉衡一圖

玉衡三圖

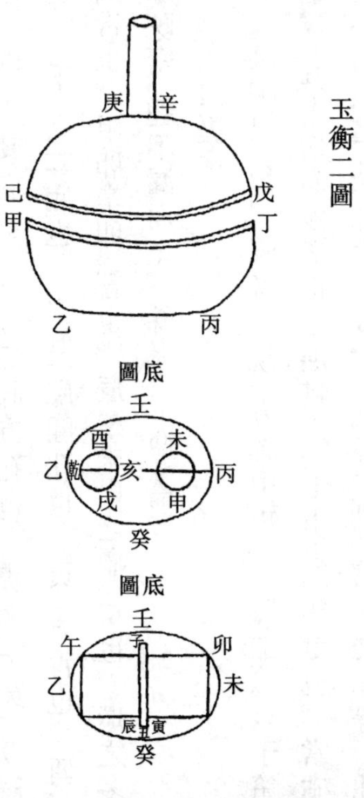

玉衡二圖

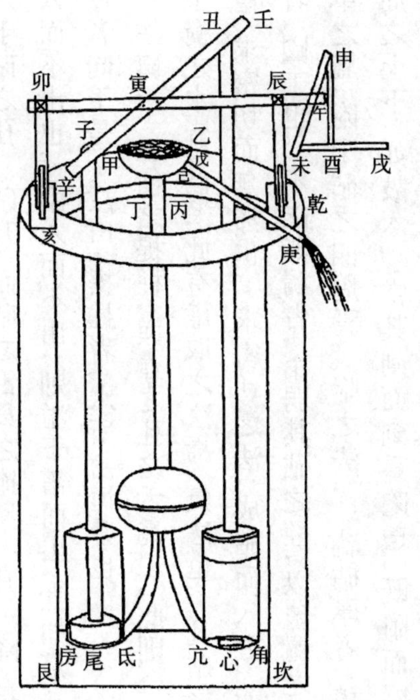

玉衡四圖

恒升一圖

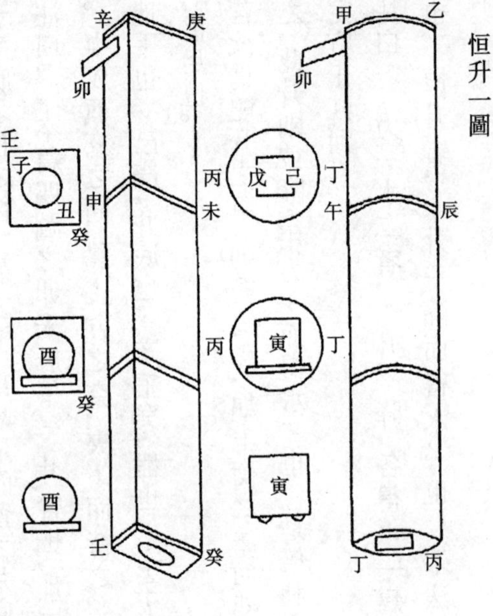

恒升二圖

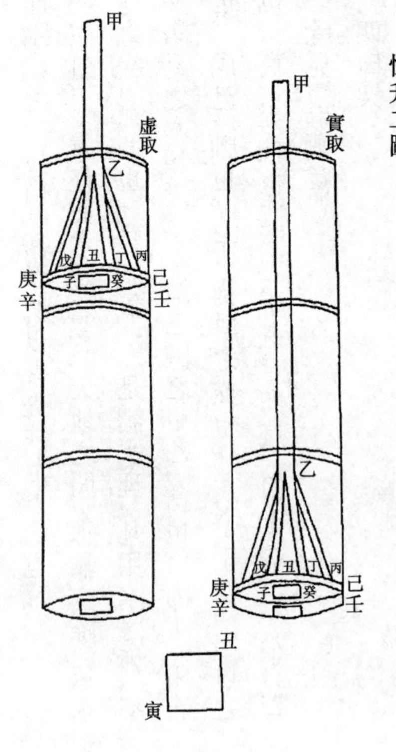

恒升三圖

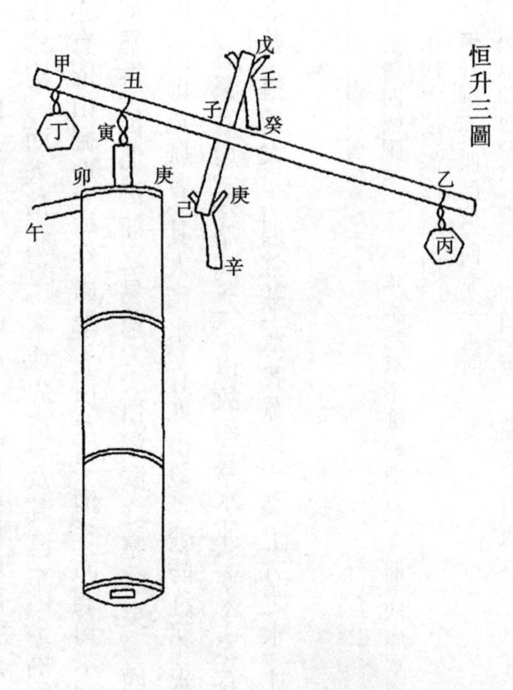

恒升四圖

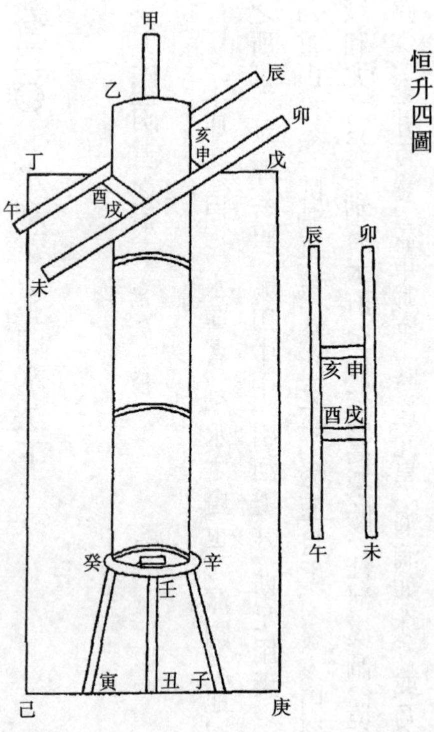

也，則下入于筩，而上出于筩也。虚取者，降而得氣焉，氣盡而水繼之。故曰『衡者所以絜提柱上下之也』。

注曰：　氣盡而水繼之者，天地之間，悉無空際，氣水二行之交，無間也。是謂氣法，是謂水理，凡用水之術，率此一語爲之本領焉。本篇三圖之甲乙，衡也。丙丁，兩石重也。戊己，軸也。子，衡軸之交也。庚辛壬癸，山口之木也。寅，提柱也，綴之于丑。卯辰，筩上端也。午，管也。餘見《玉衡》篇[一]。

四曰架

木爲井幹以持筩，持之欲其固也。筩之下端，爲盤以承之。盤與筩，合之欲其固也。中盤而爲之孔，孔之徑，稍强于筩底之孔之徑。盤之下，爲鼎足而置之井底。

注曰：　本篇四圖之卯未辰午[三]，井幹也，加于地平之上。申戌酉亥之間，爲正方之空，夾筩而持之。丁戊，井面地平也。己庚，井底也。辛壬癸，盤也。辛子、壬丑、癸寅，盤足也。

若欲爲雙升之車，則雙筩焉，如玉衡之法而架之，而升降之，此升則彼降，用力一而得水二也。是倍利于恒升也。尤宜于江河。

注曰：　力一水二者，一升一降，各得水一焉，無虚用力也。恒升者，一升一降而得水一也。架法見《玉衡》篇。

卷二〇　水利　泰西水法下

用雨雪之水　爲法一種

《水庫記》曰：　水庫者，積水之處也。澤國下地，水之所都。平原易野，厥田中中，引河鑿井，斯足用焉。若乃重山複嶺，陡澗迅流，乘水之急，激而自上。廢人用器，厥利尤大矣。别有天府金城，居高乘險，江河溪澗，境絶路殊，鑿井百尋，盈車載綆，時逢亢旱，涓滴如珠。或乃絶徼孤懸，恒須遠汲，長圍久困，人馬乏絶。若斯之類，世多有之。臨渴爲謀，豈有及哉？計莫如恒儲雨雪之水，可以禦窮。而人情狃近，未或先慮，及其已至，坐槁而已。亦有依山掘地，造作唐池[三]，以爲旱備。而彌旬不雨，已成龜坼，徒傷挹注之易窮，不悟滲漏之寔多矣。西方諸國，因山爲城者，其人積水，有如積穀。穀防紅腐，水防漏渫，其爲計慮，亦略同之。以故作爲水庫，率令家有三年之蓄，雖遭大旱，遇强敵，莫我難焉。又上方之水，比于地

[一] 玉衡四幅圖二〇一〇年本均有不准确地方，今據《四庫本》《泰西水法》插圖修改。下同。

[二] 恒升圖二、四已按《四庫本》修改。

[三] 唐池即池塘。《國語・周語》中『陂塘』作『陂唐』。

中，陳久之水，方于新汲，其蠲煩去疾，益人利物，往往勝之。彼山城之人，遇江河井泉之水，猶鄙不肯嘗也。今以所聞造作法著于篇。

水庫者，水池也。曰庫者，固之其下，使無受損也。四行之性，土爲至乾，甚于火矣。水居地中，風過損焉，日過損焉。夏之日大旱，金石流，土山焦，而水獨存乎？故固之，故冪之。水庫之事有九：一曰具，具者，庀其物也。二曰齊，齊所以爲之和也。三曰鑿，鑿所以爲之容也。四曰築，築所以爲之地也。五曰塗，塗所以爲之固守也。六曰蓋，蓋所以爲之冪覆也。七曰注，注所以爲之積也。八曰挹，挹所以受其用也。九曰修，修所以爲之彌縫其闕也。

注曰：冪防耗損，亦防不潔，古人井故有冪。《易》曰：『井收勿幕。』齊，與劑同。

一曰具

水庫之物有六，以備築也、蓋也、塗也。築與蓋之物有三：曰方石，曰瓴甋，曰石卵。塗之物有三：曰石灰，曰砂，曰瓦屑。塗之物三合，謂之三和之灰。或沙或瓦去一焉，謂之二和之灰。煉灰之石，或青或白，欲密理而色潤，否者疏而不昵。煉之以薪或石炭焉，火不絶二日有半而後足。試之法：先取一石灌之，雜衆石而煉之，既成而出之權之，損其初三分之一，此石質美而火齊得也。沙有三種：或取之湖，或取之地，或取之海。海爲上，地次之，湖又次之。沙有三色：赤爲上，黑次之，白又次之。辨沙之法有三：揉之其聲楚楚焉，純沙也；諦視之各有廉隅圭角，純沙也；散之布帛之上，抖擻之悉去之不留塵坌者，純沙也。否則有土雜焉，以爲齊，則不固。瓦之屑，以出陶之毁瓦瓴甋，鐵石之杵臼舂之，而簁之。無新焉而用其舊者，水濯之，日暴之，極乾而後舂之，而簁之。簁之爲三等：細與石灰同體爲細屑，稍大焉與砂同體爲中屑，再簁之餘其大者如菽爲查。

注曰：方石瓴甋者，以豫爲牆爲蓋。二物皆無定度也。爲牆之石，取正方焉，廣狹短長厚薄無定度。牆厚則堅，堅則久。爲蓋者，或穹之。穹之石，合之其圓半規。穹之法有三，詳見下方也。石卵者，鵝卵之石也，以豫爲底也，無之以小石代之。大者無過一斤，小者任雜焉。凡石卵或小石，欲堅潤而密理，否者不固。昵，黏也。二日有半，三十時足也。陶，窑竈也。瓴甋，磚也。凡瓦之土，勝磚之土，用磚則謹擇之。簁，俗作篩，羅也。查，滓也。查無用簁，擇其過大者去之。三和之灰，今匠者多用之。其一，則土也。用土不堅，以瓦屑故勝之，以後法爲之劑，又勝之。西國别有一物，似土非土，似石非石，生于地中。掘取之，大者如彈丸，小者如菽，色黄黑。孔竅周通，狀如蛀窠。儼然石也，而體質甚輕，揉之成粉。舂以代砂，或代瓦屑，灰汁在其空中，委宛相入。堅凝之後，逾于銅鐵。近數十年前，有發故水道者，啓土之後，鍬钁不入，百計無所施。既而穴其下方，乃壞墮焉。視其甃塗之灰，用是物也，厚半寸許耳。此道由來甚久，以歷年計之，在漢武之世矣。後此凡用和灰，甚貴是物焉。或作室模，和灰塗之。崇閎窈窕，惟意所爲。既成之後，絶勝冶銅鑄鐵矣。然所在不乏，計秦、晉、隴、蜀，諸高陽之地，必多有之。其形大段如浮石，而顆細，色赤黄，質脆，爲異耳。以本草質之，殆土殷孽之類也。其生在乾燥之處，土作硫黄氣者，或産硫黄者，或近温泉者、火石者、火井者，或地中時出燐火者，即有之。求之法：視其處草不蕃盛，茸茸短瘠，又淺草之中，忽有少分如斗許、如席許大，不生寸草者，依此掘地數尺，當可得也。西國名爲巴初剌那。求得之，大利于土石之工。或并無瓦屑及砂，以青白石末代之，其細大之等，與瓦屑同。

二曰齊

凡齊，以斗斛概其物，水和之。三分其凡，而灰居一，砂居二，湅之如糜，謂之甃齊。三分其甃齊，加水一焉而調之，謂之築齊。塗之齊有三：湅之皆如糜。四分其凡，而瓦，查居二，砂居一，灰居一，謂之初齊。三分其凡，而中屑居二，灰居一，謂之中齊。五分其凡，而細屑居三，灰居二，謂之末齊。凡湅齊，熟之又熟，無亟于用，無惜于力。日再湅，五日而成爲新齊。新齊積之，恒以水潤之。下溼之處，窖藏而土封之。久而益良。

注曰：凡量灰，必出窰之灰；凡量瓦屑，必出臼之屑；凡量砂，必日暴之砂，皆言乾也。如糜者，今匠人所用甃牆塗牆挑而概之之劑也。太燥則不附，太溼則不居。加水爲築劑，則如稀糜，沃而灌之之劑也。凡治宫室，築城垣，造壙域，皆以諸劑斟酌用之。和之水，以泉水、江水、雨水，雜鹵與鹻勿用也，雪水之新者勿用也。凡，總數也。

三曰鑿

池有二：曰家池，曰野池。家以共家，野以共野。共家者，飲饌焉，澡滌焉；共野者，畜牧焉，溉灌焉。爲家池，計衆霤而曲聚之，承而鍾之。爲野池，計岡阜原田水道之委而聚之，而鍾之。爲家池必二以上，代積焉，代用焉。爲野池，專可也，隨積而用之。皆計歲用之數而爲之容。積二年以上者，遞倍之，或倍其容，或倍其處。爲家池，平其底，中底而爲之坎。坎深二尺，以淳其垢。三分其底之徑，以其一爲坎之徑。牆方則稱，圜則固。大者圜之，小者方之。大者圜而小者方，則不畏深也。牆之周，或壁立，或下侈而上弇之。侈弇之數無定度，雖爲之土囊之口可也。若上侈而下弇，則寡容也，中侈而上下弇，則難爲牆也，無所取之。或爲之複池，限之以牆，中牆而爲之竇以通之。小者槷之，大者牐之，互輸寫之，可抒清而去濁也，代積而代用也。若山麓原田陂陁之地，則爲壺漏之地，高下相承，互輸寫之。爲野池利淺，以群飲六畜，以溉田。方其牆，迤其一面以爲涂。欲爲深者迤其底，漸深之，無坎。爲野池，擇磽确之地，不宜稼而水轃焉者可也。是化無用爲有用也。

注曰：共與供同。霤，簷溝也。容者，通高下廣狹所容受多寡之數也。度池尺寸，計容多寡，用盤量倉窖術，在《九章算》之《粟米》篇。專，獨也。遞倍者，二年則二倍，三年則三倍也。倍容者，倍其大；倍處者，倍其多也。倍大法：亦用立方立圓術酌量作之，在《九章算》之《少廣》篇。方則稱者，或稱其室，或稱其庭，兩方相稱也。方牆而大，懼或墮焉，圓如井周，相恃爲固，上弇不墮，亦此理也。侈，廣，弇，斂也。如本篇一圖之甲乙丙丁，方池也。辛壬癸子，圓池也。二形之外，或有爲長方者，方之屬也。有六角八角以上諸角形者，圓之屬也。惟所爲之，未暇詳也。戊己丑寅，底坎也。乙庚辛壬，壁立之牆也。卯辰午未戌房氐亢，上弇之池也。卯未戌角，土囊之口也。複池，兩池並也。牆之(實)〔竇〕〔一〕，多寡大小高下，任意作之。槷木杙也。凡牐與槷，或旁渫者，附之以煐木之皮而塞之。壺漏之池者，從上而下，位置如刻漏之壺，其開竇輸寫，亦若漏水相承也。如本篇二圖之甲乙，複池也。丙丁，限牆也。午未申，竇也。戊己庚辛，壺漏之複池也。壬，其竇也。癸子丑寅卯辰，壺漏之三複池也。西與戊皆其竇也。三以上任意作之。其連接之處，如庚至己，丑至子，淺深高下，亦任意作之。迤之以爲塗，令人畜皆邐迤而下，恒及水際也。凡岡阜之下，山陵之麓，其地瀝脂，故不宜稼。其勢建瓴，水則轃之。牲降于阿，取飲既便，掣以灌田，趨于易達也。

四曰築

築有二：下築底，旁築牆。築底者，(既)〔即〕作池，平其底，則以木杵杵之，或以石碪碪之。杵之碪之，欲其堅也。依池之周而爲之牆，或方石焉，或瓴甋焉，甃之以甃齊之灰，甃必乘其界牆。量池之小大淺深而爲之厚，不厭厚。若複池，則爲共池而中甃其限牆，仍甃爲行水之竇。壺漏之複池，則各爲池而穿行水之竇也。牆畢，以鵝卵之石或小石墊之，其底厚五寸以上，不厭厚。既墊之，復杵之，或碪之，不厭堅，無惜其力，亦欲其平也。既堅既平，以築齊之灰灌之，又灌之，滿焉，實焉，平焉，浮于石而止。復杵之，或碪之。有隙焉，復灌之，滿實平而止。中底之坎，亦杵之，亦牆之，亦墊之，而灌之如法作之。凡底與牆之交，碪杵或不及焉，則以邊杵築之。其墊與灌，必謹察之而加功焉。凡牆，皆以方長之石爲之緣。若遇大石焉而鑿之池，以石爲之底，與牆與緣徑塗之。有闕焉，而爲之縫，亦杵之。而牆之，而緣之，而墊之，而灌之，如法作之。野池，或土或石皆如之。

〔一〕實　掃葉山房複印本《泰西水法》作『竇』，據改。

注曰：乘界，俗言騎縫也。緣，池面壓口也。縫，補也。本篇三圖之甲乙丙，木杵也。丁，邊杵也。戊，石碪也。己辛己庚，甃牆也。庚辛，石墊也。本篇二圖之甲乙，即共池也。以意度之，江海之濱，平原易野，土疏善壞，必以甃牆。處于山者，如秦如晉，厥土騂剛，陶復陶穴，壁立不墮。若斯之處，掘地爲池，雖無甃牆而徑塗之，不亦可乎？同志者，請嘗試之。

五曰塗

築畢，候池之底既乾其十之八，掃除之。過乾，則水沃之，而後塗之。塗之，先以初齊，厚五分，池大者，加二分之一。池之底及周，連塗之。連塗之，則周與底之交無罅也。塗畢，以木擊擊之，欲其平以實也。次日又擊之，有罅焉，以鐵概概之。乾則以水沃而概之，無罅而止。三日以後皆如之。俟其乾十分之六，而塗之中齊。中齊之厚，減其初二分之一，亦擊之，概之，次日以後皆如之。候其乾十分之六，而塗之末齊。末齊之厚，減其次二分之一，亦擊之概之，次日以後皆如之。候其乾十分之五，以鐵概摩之。有罅焉，以水沃而摩之。周與底，中坎之周與底，複池之水竇皆同之。凡周與底之交，若竇，必謹察之而加功焉。凡塗瓴甋之牆，或燥而不昵，以石灰之水遍灑之，作堊色，乾而後塗之則昵。凡塗，石池與土池，野池與家池，皆同法。凡擊，欲其堅如石也。摩，欲其密如脂也，欲其瑩如鏡也。堅密以瑩，更千萬年不滐也。

注曰：本篇四圖之甲，木擊也。乙，鐵概也。凡三和之灰，無所不可用。欲厚則四塗之，五塗之，任意加之。四塗者，初一、中二、末一。五塗者，初一、中三、末一。末塗以飾宮室之牆。欲令光潤者，以雞子清或桐油和之，如法擊摩之。欲設色，以所用色代瓦屑而和之。石色爲上，草木爲下。

六曰蓋

家池之蓋有二：曰平之，曰穹之。平有二：曰石版，曰木版，皆平而冪之，爲之孔以出入水。穹有三：曰券穹，曰斗穹，曰蓋穹。方池皆券穹，正方者或爲斗穹，圜池之屬，皆蓋穹。券穹者，形覆券也，又如截竹析其半而覆之，兩和爲之立牆。斗穹者，形覆斗也，方其隅，而四牆之趨其頂也，皆以圜。蓋穹者，其形蓋也，中高而旁周皆下垂。凡穹之空，皆半規，皆去緣尺而甃之。甃之法，皆架木以爲模，緣而成之，甃以石，則治之以趨規。若瓴甋，亦以趨規之模造之。無之，則以甃齊加損而合之。穹之下，爲之竇以出入水。在野者，或穹之，不則苫之或露之。

注曰：平蓋出入之孔有二：一居中，當底坎之上，以挹其淳汙也。一近池之緣，注水入之，挈水出之。大小皆無定度也。本篇四圖之丙丁戊己庚，券穹也。丁戊、戊己，方池兩緣也。丁丙戊，和牆也。丙庚，穹背也。辛壬癸子丑，斗穹也。辛壬癸丑，方池緣也。子，穹頂也，依丑辛直線爲牆，漸狹而上以趨子。其丑子辛子皆圓線，餘三同之，而結于子也。寅卯辰午未，蓋穹也。寅卯未辰，圓池緣也。午，穹頂也，旁周趨上皆爲圓線，其全空正如立圓之半也。空皆半規者，謂丁丙戊、丑子壬、未午寅，皆半圜形也。如是則固。去緣尺者，池口爲道，將跨池以居梁也。趨規之勢，今工人謂之橘房形也。

七曰注

凡家池，以竹木爲承霤，展轉達之。其將入于池也，爲之露池。迎輻輳之水，蹔積焉以淳其滓，既澱而後輸之。露池之緣爲竇焉以入于池。露池之底爲竇焉而他渫之。皆以牐或以槷而節宣之。凡雨之初零也，必有滓也，長夏之雨也，必有酷熱之氣也，則啓其下竇而（池）〔他〕渫焉[一]。度可入也者塞之，啓其上竇而輸之。若水之來與地平，不能爲下竇者，則澱其滓，以時出之。爲新池，候乾極而注之。新注之水，不食也，既浹月，更注之而後食之。是爲二池者，歲食經年之水。爲三池者，歲食三年之水。是恒得陳水焉，水陳者良。若爲複池者，既注之，澄而後啓中牆之竇而輸之空池，復注之。如是更積之，是恒得澄水焉。凡池既盈而閉之，則畜之金魚數頭，是食水蟲；或鯽魚，是食水垢。野池注之山原之水，遂以畜諸魚可也。

注曰：澱，下凝也。露池，不冪也。如本篇五圖之甲乙丙，露池也。丁，上竇也。戊，下竇也。新注不食，灰氣入焉，味惡也。魚與牛羊相長者，如鱓食羊豕之惡[二]而肥，鱓食鱓之惡而肥也。

八曰挹

家池之水深，其挈之則以龍尾之車。更深者，爲之玉衡之車、恒升之車。無立其足，則以大石爲墜，關巨木而置之。無夾其筩，則跨池爲梁而置之。既出，而爲槽以達之。若挈瓶施繘焉，亦從其梁。中底之坎，既澱焉，爲噏筩以去其澱。噏筩者，截竹而通其節，或卷銅錫焉，兩端塞之，中底而爲之孔，孔之徑，當底三分之一。上端之旁爲之孔，無過三分，一指可揜也。揜其上孔而入之水，至于底而啓之，則自下孔入者皆澱也。既盈，揜而出之，而傾之。如是數入焉，澱盡而止。凡施筩，亦從其梁。野池之灌畦若田也，亦以三車挈之，置車亦如之。池大者無跨其梁，則跨之隅。

注曰：足，謂龍尾之下樞也，玉衡之雙筩、恒升之筩底也。筩者，玉衡之中筩。恒升之筩上端也。繘，汲井繩也。本篇五圖[三]之己庚辛，石關巨木也。壬癸，梁也。子丑，噏筩也。寅，噏筩之底孔也。卯，旁孔也。未申，梁跨

[一]『池』是『他』字之誤。上文有『爲竇焉而他渫之』句可證。

[二]惡　即糞便。今上海方言仍稱糞便爲『惡』，音『勿』。

[三]水庫三、四、五圖已按《四庫本》修改。

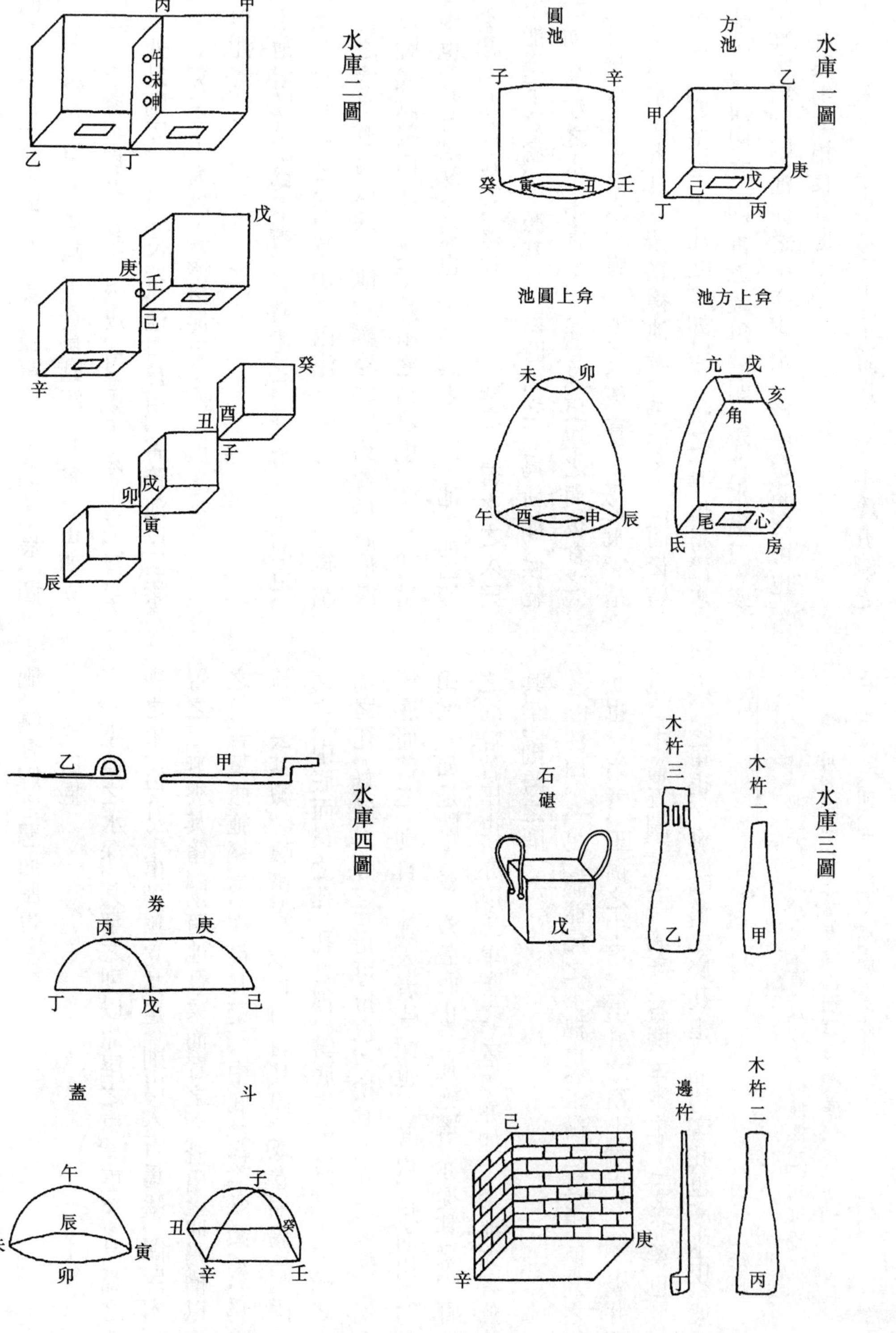
水庫一圖
方池
甲
乙
庚
己
戊
丁
丙
圓池
子
辛
癸
寅
丑
壬
池方上弇
亢
戊
亥
角
尾
心
氐
房
池圓上弇
未
卯
午
酉
申
辰
水庫二圖
丙
甲
乙
丁
戊
庚
壬
己
辛
癸
丑
酉
子
卯
戊
寅
辰
水庫三圖
木杵一
甲
木杵三
乙
石碪
戊
木杵二
丙
邊杵
己
庚
辛
水庫四圖
乙
甲
券
丙
庚
丁
戊
己
蓋
午
辰
未
寅
卯
斗
子
丑
癸
辛
壬

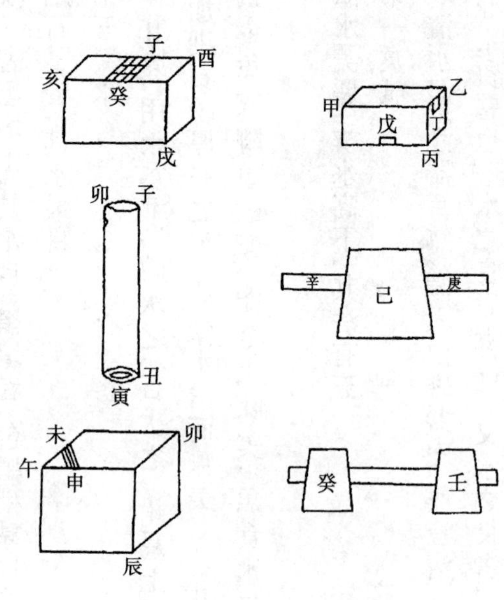

水庫五圖

其隅也。

九曰修

池無新故，或渫焉，修之則用細潤之石，舂之箍之，與灰同體，亦與同量。煑水百沸而投之，和之，日乾之。復舂之，箍之，煑水投之。如是四焉，舂而箍之，牛乳汁和之，以塗其隙，或以生漆和而塗之。

注曰： 同體，等細也。同量，等分也。

水法附餘

高地作井，未審泉源所在，其求之法有四：

第一氣試

當夜，水氣恒上騰，日出即止。今欲知此地水脈安在，宜掘一地窖，於天明辨色時，人入窖以目切地，望地面有氣如烟，騰騰上出者，水氣也。氣所出處，水脈在其下。

第二盤試

望氣之法，曠野則可。城邑之中，室居之側，氣不可見。宜掘地深三尺，廣長任意。用銅錫盤一具，清油微微遍擦之。窖底用木高一二寸以搘盤，偃置之。盤上乾草蓋之，草上土蓋之。越一日開視，盤底有水欲滴者，其下則泉也。

第三缶試

又法，近陶家之處，取瓶缶坯子一具，如前銅盤法用之。有水氣沁入瓶缶者，其下泉也。無陶之處，以土甓代之，或用羊羢代之。羊羢者，不受溼，得水氣必足見也。

第四火試

又法，掘地如前，篝火其底，煙氣上升，蜿蜒曲折者，是水氣所滯，其下則泉也。直上者否。

鑿井之法有五：

第一擇地

鑿井之處，山麓爲上，蒙泉所出，陰陽適宜，園林室屋所在，向陽之地次之，曠野又次之。山腰者居陽則太熱，居陰則太寒，爲下。鑿井者察泉水之有無，斟酌避就之。

第二量淺深

井與江河，地脈通貫，其水淺深，尺度必等。今問鑿井應深幾何，宜度天時旱澇，河水所至，酌量加深幾何而爲之度。去江河遠者不論。

第三避震氣

地中之脈，條理相通，有氣伏行焉，強而密理，中人者九竅俱塞，迷悶而死。凡山鄉高亢之地多有之，澤國鮮焉。此地震之所由也，故曰震氣。凡鑿井遇此，覺有氣颯颯侵入，急起避之。俟泄盡，更下鑿之。欲候(和)〔知〕[一]氣盡者，縋燈火下視之，火不滅，是氣盡也。

第四察泉脈

凡掘井及泉，視水所從來而辨其土色。若赤埴土，其水味惡(赤埴，黏土也，中爲甓爲瓦者是)。若散沙土，水味稍淡。若黑墳土，其水良(黑墳者，色黑稍黏也)。若沙中帶細石子者，其水最良。

第五澄水

作井底，用木爲下，磚次之，石次之，鉛爲上。既作底，更加細石子厚一二尺，能令水清而味美。若井大者，于中置金魚或鯽魚數頭，能令水味美，魚食水蟲及土垢故。

試水美惡，辨水高下，其法有五：

第一煑試

取清水，置浄器煑熟，傾入白磁器中，候澄清，下有沙土者，此水質惡也。水之良者無滓。又水之良者，以煑物則易熟。

第二日試

清水置白磁器中，向日下令日光正射水，視日光中若有塵埃，絪緼如游氣者，此水質惡也。水之良者，其清澈底。

第三味試

水，元行也，元行無味，無味者真水。凡味皆從外合之，故試水以淡爲主，味佳者次之，味惡爲下。

第四稱試

有各種水，欲辨美惡，以一器更酌而稱之，輕者爲上。

第五紙帛試

又法，用紙或絹帛之類，色瑩白者，以水蘸而乾之。無跡者爲上也。

[一] 和　掃葉山房刻本《泰西水法》作『知』，據改。

附録　四庫提要

《農政全書》六十卷（兵部侍郎紀昀家藏本）明徐光啓撰。光啓有《詩經六帖》，已著録。是編總括農家諸書，裒爲一集。凡《農本》三卷，皆經史百家有關民事之言，而終以明代重農之典。次《田制》二卷，一爲井田，一爲歷代之制。次《農事》六卷，自營制開墾以及授時占候，無不具載。次《水利》九卷，備録南北形勢，兼及灌溉器用諸圖譜。後六卷則爲《泰西水法》。考《明史·光啓本傳》，光啓從西洋人利瑪竇學天文、曆算、火器，盡其術。崇禎元年，又與西洋人龍華民、鄧玉函、羅雅谷等同修新法曆書，故能得其一切捷巧之術，筆之書也。次爲《農器》四卷，皆詳繪圖譜，與王禎之書相出入。次爲《樹藝》六卷，分穀、蓏、蔬、果四子目。次爲《蠶桑》四卷，又《蠶桑廣類》二卷。廣類者，木棉、麻苧之屬也。次爲《種植》四卷，皆樹木之法。次爲《牧養》一卷，兼及養魚、養蜂諸細事。次爲《製造》一卷，皆常需之食品。次爲《荒政》十八卷，前三卷爲《備荒》，中十四卷爲《救荒本草》，末一卷爲《野菜譜》，亦類附焉。其書本末咸該，常變有備，蓋合時令、農圃、水利、荒政數大端，條而貫之，匯歸於一。雖采自諸書，而較諸書各舉一偏者，特爲完備。《明史》稱光啓編修兵機、屯田、鹽莢、水利諸書，又稱其負經濟才，有志用世，於此書亦略見一斑矣。

明會要水利史料匯編

蔡蕃 整理

整理説明

《明會要》，清龍文彬撰。共八十卷，分帝系、禮、樂、輿服、學校、運曆、職官、選舉、民政、食貨、兵、刑、祥異、方域、外蕃等十五門，子目爲四百九十八事，可供檢索明代制度資料之用。龍文彬（一八二一—一八九三年），字擷菁，號筠圃，今江西永新縣人。同治四年（一八六五年）進士，任吏部主事，光緒元年（一八七五年）參編《穆宗實録》，加四品銜。著作還有《明紀事樂府三百首》、《清史列傳》等。

本次整理，摘録了《明會要》中有關水利、漕運、水災、黄河、運河等内容。

本部分匯編點校工作由蔡蕃完成，蔣超審稿。由於水準所限，錯誤和不妥之處希望讀者批評指正。

整理者

目録

卷三一　職官三　總督倉場

總督倉場

永樂中，置京倉及通州諸倉，以户部司員經理之。宣德五年，始命李昶爲户部尚書，專督其事，遂爲定制。以後或尚書，或侍郎，俱不治部事，專理糧儲。《職官志》

嘉靖三十八年七月庚午，始令倉場侍郎兩月具報太倉出納之數以聞。從巡視給事中之議也。《通紀》

萬曆二年，另撥户部主事一人陪庫，每日偕管庫主事收放銀兩，季終更替。九年，裁革，命本部侍郎分理之。十一年，復設。《職官志》

七年，倉場尚書汪宗伊疏：『永樂二十一年，每歲漕糧，以兩運京倉，一運通倉。往因通惠河未疏，通倉糧多於京倉，故嘉靖四年議放五年糧，京倉六個月，通倉六個月。自疏通之後，京倉積倍於通倉，反以四月、十月改折色。是京倉收二分，而僅放四月；通倉收一分，乃放六月。今京倉隆慶五年分糧，已及九年，漸多浥爛。且以京、通倉粳米計之，京倉放十一年而有餘，通倉放四年而不足。合查照原收之糧額，定支放之月分。每年坐放京倉二分，通倉一分，兩月折色，歲以爲常。』尚書張學顔議得：『四月、十月係開倉之日，赴倉關支，有誤隨行。且軍士支糧，在京倉甚近且易，在通倉爲遠且難。查得通倉應於本色六月、十一月俱改坐京倉。四月、十月仍給折色。是在京倉放米六個月，通倉放米四個月。似爲多寡適均。如遇米貴，則折色又當停止，而京倉糧米復當多放，臨時酌行題請。』《春明夢餘録》

崇禎中，倉場侍郎南居益疏：『漕糧每年以四百萬爲額。除永折邊糧計七十八萬二千四百四十餘石外，實入京、通者，額該三百二十一萬七千五百五十餘石。即地方被災折免，祖制，仍當令於附近郡邑撥補足數，原不容折銀虧額。祖宗朝，鄭重倉糈如此。查神祖初年，京、通之貯，尚計米一千五百二十餘萬。於時，每年支放止該一百九十餘萬。今自關、鮮借留，地方截折，每年實入京、通者不過二百餘萬石。而軍兵增設，各役冒破，每年實支米反該三百二十餘萬石，方足歲額。今計京、通二倉實在米止二百餘萬，不過兩年配搭，便罄盡而無餘。根本重地，萬一有意外之變，何以禦之？此時惟有嚴覈虚冒。而各衙門或剏設，或增添，但就萬曆間迄今，每年已多支米五十萬二千六百餘石。今後各衙門當嚴加稽察，自行清汰一切。追還錢糧仍當還太倉，以湊本折支放之用。庶糜耗漸清，而倉庾自充矣。』同上

卷三四　職官六　總督漕運　總督河道

總督漕運

洪武元年，置漕運使。十四年，罷。永樂設漕運總兵官。宣德中，遣侍郎、都御史、少卿等官督運。至景泰二年，始設漕運總督於淮安，以副都御史王竑爲之。《職官志、食貨志》

初，宣宗命運糧總兵官、巡撫、侍郎，歲八月赴京，會議明年漕運事宜。及設漕運總督，則并令總督赴京。萬曆後，始免。凡歲正月，總漕巡揚州，經理瓜、淮過牐。總兵駐徐，邳，督過洪入牐。《食貨志》

隆慶五年，右副都御史總督漕運王宗沐以河決無常，運道終梗，欲復海運，條上便宜七事。未幾，廷臣言不便，遂寢。《王宗沐傳》

總督河道

永樂九年，遣尚書治河。自後，間遣侍郎、都御史。成化後，始稱總督河道。正德四年，定設都御史。《職官志》

嘉靖四十四年，朱衡以右副都御史總理河、漕，議開新河，與河道都御史潘季馴議不合。未幾，季馴以憂去，詔衡兼理其事。《朱衡傳》

萬曆五年，命吴桂芳爲工部尚書，兼理河、漕，而裁總河都御史官。《河渠志》十六年，復起季馴右都御史，總督河道。自桂芳後，河、漕皆總理，至是復設專官。《潘季馴傳》

卷五三　食貨一　水利田

太祖立國之初，以康茂才爲都水營田使，諭之曰：『比因喪亂，堤防頽圮，民廢耕耨，故設營田司以修築堤防，專掌水利。春作方興，慮旱澇不時，其分巡各處，務在蓄洩得宜，毋負付任之意。』遂詔所在有司，民以水利條上者，即陳奏。《通典》

洪武四年，修復廣西興安縣馬援故所築靈渠三十六陡，水可溉田萬頃。《農政全書》

八年，命耿炳文濬涇陽洪渠堰，溉涇陽、三原、醴泉、高陵、臨潼田二百餘里。

二十四年，濬定海、鄞二縣東錢湖，灌田數萬頃。已上《河渠志》

二十七年，諭工部：『陂塘湖堰可蓄洩以備旱澇者，皆因地勢修治之。』乃分遣國子生及人才遍詣天下督修水利。凡開塘堰四萬九百八十七處。《明政統宗》

三十一年，洪渠堰圮，命耿炳文修治之。濬渠十萬三千餘丈。《河渠志》

永樂元年，命夏原吉治蘇、松、嘉興水患。原吉請循禹三江入海故蹟，濬吴淞下流，上接太湖，而度地爲牐，以時蓄洩。從之。事竣，還京師，言：『水雖由故道入海，而支流未盡疏洩，非經久計。』明年正月，原吉復行浚白茆塘、劉家河、大黄浦。九月，工畢，水洩。蘇、松農田大利。《夏原吉傳》

二年，諭工部：『安徽、蘇、松、浙江、江西、湖廣，凡湖泊卑下、圩岸傾頹，亟督有司治之。』

九年，麗水民言：『縣有通濟渠，截松陽、遂昌諸溪水入焉。上、中、下三源，流四十八派，溉田二千餘頃。上源民洩水自利，下源流絶，沙壅渠塞。請修堤堰如舊。』部議從之。

十三年，吴江縣丞李昇言：『蘇、松水患，太湖爲〔甚〕[一]，急宜洩其下流。若常熟白茆諸港，崑山千墩等河，長洲十八都港汊，吴縣、無錫近湖河道，皆宜循其故迹，濬而深之。仍修蔡涇等牐，候潮來往，以時啓閉。則泛溢可免，而民獲耕種之利。』從之。

宣德二年，浙江歸安知縣華嵩言：『涇陽洪渠堰溉五縣田八千四百餘頃。洪武時，長興侯耿炳文前後修濬，未久堰壞。永樂間，老人徐齡言於朝，遣官修築，會營造不果。乞專命大臣起軍夫協治。』從之。

三年，臨海民言：『胡、巉諸牐，瀦水灌田。近年牐壞，而金鼇、大浦、湖涞、舉嶼等河遂皆壅阻，乞爲開築。』帝曰：『水利急務，使民自訴於朝，此守令不得人耳。』命工部即敕郡縣，秋收起工。仍詔天下：『凡水利宜興者，有司即舉行，毋緩視。』已上《河渠志》

江南巡撫周忱嘗詣松江相視水利，見嘉定、上海間，沿江生茂草，多淤流。乃濬其上流，使崑山、顧浦諸所水迅流駛下。壅遂盡滌。《周忱傳》

四年，福清民言：『光賢里官民田百餘頃，堤障海水。堤壞已久，田盡荒。永樂中，嘗命修治，迄今未舉，民不得耕。』帝責有司亟治。而諭尚書吴中嚴飭郡邑，陂池堤堰及時修濬，慢者治以罪。

七年，修眉州新津通濟堰。堰水出彭山，分十六渠，溉田二萬五千餘畝。

正統四年，寧夏巡撫金濂言：『鎮有五渠，資以行溉。今明沙洲七星、漢伯、石灰三渠久塞。請用夫四萬疏濬，溉蕪田千三百餘頃。』從之。已上《河渠志》

五年，從楊士奇言，令天下有司，秋成時修築圩岸，疏浚陂塘，具實奏聞。俟考滿，以此爲殿最。《明政統宗》

十四年，浚和州姥鎮河、張家溝井，建牐以溉降福等七十餘圩，及南京諸衛屯田。時范衷知壽昌縣，闢荒田二千六百餘畝，興水利三百四十六渠。《通典》

[一] 太湖爲〔甚〕，急宜洩其下流　原脱『甚』字，且『急』爲下句。據《河渠志》補。

景泰四年，雲南總兵官沐璘言：『城東有水南流，源發邵甸，會九十九泉爲一，抵松花壩分爲二支：一繞金馬山麓，入滇池；一從黑窯村流至雲澤橋，亦入滇池。舊於下流築堰，溉軍民田數十萬頃，霖潦無所洩。請令受利之家，自造石閘，啓閉以時。』報可。

五年，疏靈寶黎園莊渠，通鴻臚澗，溉田萬頃。已上《河渠志》

七年，尚書孫原貞言：『杭州西湖爲勢豪侵占，湖水淺狹，閘石毀壞。今民田無灌溉資。乞敕有司興濬築，禁侵占，以便軍民。』從之。

天順二年，修彭縣萬工堰，灌田千餘頃。

五年，僉事李觀言：『涇水出涇陽仲山谷，道高陵，至櫟陽入渭，袤二百餘里。漢開渠溉田，宋、元俱設官主之。今雖有瓠口鄭、白二渠，而堤堰摧決，溝洫壅潴，民弗蒙利。』乃命有司濬之。已上《通典》

七年，巡撫陝西項忠請疏鄭、白二渠，溉涇陽、醴泉、三原、高陵、臨潼五縣田七萬餘頃。《項忠傳》

成化十二年，巡按御史許進言：『河西十五衛，東起莊浪，西抵肅州，綿亘幾二千里。所資水利多奪於勢豪，宜設官專理。』詔屯田僉事兼之。

十八年，濬雲南東西二溝，自松華壩黑龍潭抵西南柳壩南村，灌田數萬頃。

二十年，修嘉興等六府海田堤岸，特遣京堂官往督之。已上《河渠志》

弘治七年七月，命工部左侍郎徐貫經理蘇、湖水利。《三編》

嘉靖中年，吕光洵按吴，奏蘇、松水利五事：廣疏濬以備瀦洩，修圩岸以固横流，復板閘以防淤塞，量緩急以處工費，重委任以責成功。詔如所議。

二十六年，給事中陳斐請仿江南水田法，開江北溝洫，以祛水患、益歲收。報可。

三十八年，尚書楊博請開宣、大荒田水利。從之。已上《河渠志》

萬曆四年七月壬寅，遣御史督修江浙水利。《本紀》

十三年三月，以尚寶司少卿徐貞明督治京畿水田。初，貞明爲給事中，嘗請興西北水利，如南人築圩之制，則水利興，水患亦除。時以財匱不能舉。後貞明被謫南行，著《潞水客談》一書，論水利當興者十四事。兵部尚書譚綸見之，謂其議可行。於是貞明召還爲尚寶丞。會巡撫張國彦等方開水利於薊州、永平間，有效。遂加貞明尚寶司少卿兼監察御史，領墾田使，令與撫按等官講求疏濬瀦洩之法。貞明先詣永平，募南人爲倡。及明年三月，已墾三萬九千餘畝。又遍歷諸河，周覽水田分合，將大行疏濬。而閹人勳戚之占田者，争言不便。乃罷。《三編》

三十年，保定巡撫汪應蛟言：『易水可溉金臺，滹水可溉恒山，溏水可溉中山，滏水可溉襄國。漳水來自鄴下，西門豹嘗用之。瀛海當諸河下流，視江南澤國不異。其他山下之泉，地中之水，所在而有，咸得引以溉田。請通渠築防，量發軍夫，一準南方水田法行之。所部六府，可得田數萬頃，益歲穀千萬石。畿民從此饒給，無旱澇之患。即不幸漕河有梗，亦可改折於南，取糴於北。』報可。《汪應蛟傳》

四十七年，御史左光斗出理屯田，言：『北人不知水利，一年而地荒，二年而民徙，三年而地與民盡矣。今欲使旱不爲災，澇不爲害，惟有興水利一法。』因條上三因十四議。詔悉允行。水利大興，北人始知藝稻。《左光斗傳》

天啓元年，御史左光斗用應蛟策，復天津屯田，令通判盧觀象管理屯田水利。明年，巡按御史張慎言言：『自枝河而西，静海、興濟之間，萬頃沃壤。河之東，尚有鹽水沽等處，爲膏腴之田，惜皆蕪廢。今觀象開寇家口以南田三千餘畝，溝洫蘆塘之法，種植疏濬之方，皆具而有法，人何憚而不爲？』章下所司。《河渠志》

屯田都御史董應舉疏：『臣近到天津，見汪司農往日開河，舊蹟猶存，可作水田甚多。荒廢不久，開之甚易。一畝農工止用八錢，可得粟三石三斗。久荒者，畝用農工一兩。其挑濬舊河，爲力不多。止挑濬數尺，明年，萬石之糧可必也。』《春明夢餘録》

卷五六　食貨四　漕運　軍儲倉

漕運

河運

洪武元年十月，置京畿漕運司，以龔魯、薛祥爲都轉運使。《統宗》命浙江、江西及蘇州等九府，運糧三百萬石於汴、梁。《食貨志》

六年十一月，浚開封漕河。明年春，轉漕粟於陝西。《世法録》

二十六年九月，命崇山侯李新開胭脂河，以通浙運。諭之曰：『兩浙賦税，漕運京師，歲費浩繁。一自浙河至丹陽，舍舟登陸，轉輸甚難。一自大江泝流而上，風濤之險，覆溺者多。今欲自畿甸近地鑿河流以通於浙，俾輸者不勞，商旅獲便。故特命爾往督其事。』自此漕運悉由常、鎮矣。《昭代典則》

永樂九年，因海運險遠多失亡；而河運則由江、淮達陽武，陸輓百七十里，入衛河，民苦其勞。濟寧州同知潘叔正請復舊會通河。帝命尚書宋禮、侍郎金純治之，二十旬而功成。《宋禮傳》

十年，宋禮言：『海運經歷險阻，每歲船輒損敗，有漂没者。有司修補，迫於期限，多科斂爲民病，而船亦不堅。計海船一艘，用百人而運千石； 其費可辦河船容二百石者二十船，用十人可運四千石。以此而論，利病較然。請撥鎮江、鳳陽、淮安、揚州及兗州糧合百萬石，從河運給北京。』同上

宋禮既治會通河成。朝廷議罷海運，以平江伯陳瑄董漕運。瑄議造淺船二千餘艘，初運二百萬石，寖至五百萬石，國用以饒。江南漕舟抵淮安，陸運以達清河，勞費甚鉅。十三年，瑄用故老言，請開清江浦，引漕舟直達於河。《陳瑄傳》

時，淮、徐、臨清、德州各有倉，江西、湖廣、浙江民運糧至淮安倉，分遣官軍就近輓運： 自淮至徐，以浙、直軍； 自徐至德，以京衛軍； 自德至通，以山東、河南軍； 以次遞運。歲凡四次，可五百萬餘石，名曰『支運』。由是海陸二運皆罷。《食貨志》

宣德四年，以官軍多所調遣，仍用民運，道遠數愆期。瑄及尚書黄福建議，復支運法，乃令江西、湖廣、浙江民運百五十萬石於淮安倉，蘇、松、寧、池、廬、安、廣德民運二百七十四萬石於徐州倉，應天、常、鎮、淮、揚、鳳、太、滁、和、徐民運二百二十萬石於臨清倉，令官軍接運至京。

六年，瑄言：『民運糧諸倉，往返經年，誤農業。令民運至淮安、瓜州，兑與衛所官軍，運載至京，給與路費耗米，則軍民兩便，是爲「兑運」。』命群臣會議。吏部蹇義等言：『官軍兑運加耗，則例以地遠近爲差。如有兑運不盡，仍令民自運赴諸倉。不願兑者，亦聽其自運。』軍既加耗，又給輕齎銀，爲洪牐盤撥之費，且得附載他物，皆樂從事。而民亦多以遠運爲艱。於是兑運者多，而支運益少。已上《三編》

正統初，運糧之數四百五十萬石，而兑運者二百八十萬餘石，淮、徐、臨、德四倉支運者十之三四耳。土木之變，復盡留山東、直隸軍操備。蘇、松諸府運糧仍屬民。景泰六年，乃復軍運。天順末，兑運法行久，倉人覬耗餘，入庾率兑斛面，且多求索。軍困甚。憲宗即位，諭：『律令明言：「收糧令納户平準，石加耗不過五升。」今後令軍自概，每石加耗五升，毋溢。勒索者治罪。』已上《食貨志》

成化七年，户部因應天巡撫滕昭議，變瓜軍兑運爲長運。令運軍徑赴江南水次交兑，加耗外，復石增米一斗爲渡江費。後數年，命淮、徐、臨、德四倉支運七十萬石之米，悉改水次交兑，而官軍長運，遂爲定制。《三編》

《三編發明》曰：『明代轉漕之法，由民運而支運，由支運而兑運，至是始定爲長運。官任轉輸之責，民兑飛輓之勞，其法可謂善矣。顧交兑之際，弊竇易生。即責成於地方有司，尚不能保無吏胥耗蠹。乃聽民自兑於運軍，則額外之需求，必且日滋增益。況既經改爲長運，則凡有漕糈，皆當量爲酌劑，俾達之輦下，以供官府廩食之需。乃考《食貨志》稱： 淮、徐、臨、德四倉由支改兑者，止限以

七十萬石之額。其餘交兑不盡者，仍令民運赴四倉。民力既未能紓，而其後久無支銷，遂致有紅朽陳腐者。又其時蘇、松、常、嘉、湖五府之白糧船，俱仍令民運如故。此皆立法未爲周詳，奉行不能盡善，所致。非長運之不可行也。厥後漕臣邵寶徒見流弊之滋，轉謂長運之未善，而欲復行支運，是何異因噎而廢食哉？』

弘治元年，都御史馬文升疏論運軍之苦，言：『各直省運船，皆工部給價，令有司監造。近者漕運總兵以價不時給，請領價自造。而部臣慮軍士不加愛護，議令本部出料四分，軍衛任三分，舊船抵三分。軍衛無從措辦，皆軍士賣資産、鬻男女以供之。此造船之苦也。正軍逃亡數多，而額數不減，俱以餘丁充之。一户有三四人應役者。春兑秋歸，艱辛萬狀。船至張家灣，又雇車盤撥，多稱貸以濟用。此往來之苦也。其所稱貸，運官因以侵漁，責償倍息。而軍士或自載土産，以易薪米，又格於禁例，多被掠奪。今宜加造船費每艘銀二十兩，而禁約衛官及有司科害搜檢之弊。庶軍困少甦。』詔從其議。

五年，户部尚書葉淇言：『蘇、松諸府連歲荒歉，民買漕米每石銀二兩，而北直、山東、河南歲供宣、大二邊糧料，每石亦銀一兩。今請推行於諸府，而稍差其直。災重者石七錢，稍輕者石仍一兩。俱解部轉發各邊，抵北直隸三處歲供之數，而收三處本色以輸京倉。則省費而事易集。』從之。自後歲災，輒權宜折銀，以水次倉支運之糧充其數。而折價以六、七錢爲率，無復至一兩者。已上《食貨志》

正德五年，令漕運衙門以漕運水程日數列爲圖格，給與各幫官收掌。逐日填註，送部查覈。

六年，户部侍郎邵寶言：『支運之法，支者不必出當年之民納，納者不必供當年之軍支。蓋通數年以爲裒益，雖歲有豐歉，而常數不缺。及支變爲兑，繼而又有改兑。向者轉輸，今也直達。派徵兑納叢於一歲之中，於是軍無餘力而缺於常數，豈得已哉？夫支運之難，難於脚價不足。今若復支運之法，豫處脚價，以擬兵荒之事。於舊例支運七十萬石之外，每遇兑缺，則支以補之。歲不失四百萬石之數，於國計爲便。』

十四年，題准：運料船價以十分爲率，軍辦三分，民辦七分。已上《世法録》

隆慶元年正月，增設江、浙巡漕御史。時漕政廢弛，有司怠緩，軍衛遷延，重以運官科求，旗甲侵費，弊端百出，以致漕運失期。舊制：江北糧米當十二月以内過淮，遠者不過次年之三月。時有遲至次年六月者。山東糧米當四月運完，遠者不過七月。時有遲至十一月者。至是，户科給事中何起鳴請於南直隸、浙江杭、嘉、湖增設御史一員，令專理漕運。其濟寧以南河道，舊屬兩淮巡鹽御史者，亦并委之。監兑時則巡歷淮安以南，水盛時則巡歷徐州以北。庶河道漕運可兼攝而並舉。從之。《三編》

萬曆元年，題准：『官軍兑糧，江北各府州縣限十二月内過淮；應天、蘇、松等府縣限正月内過淮；湖廣、江西、浙江限二月過淮；山東、河南限正月盡數開幫。如有違限，分别久近治罪。』《世法録》

漕運總督舒應龍言：『國家兩都並建，淮、徐、臨、德實南北咽喉。自兑運久行，臨、德尚有歲積，而淮、徐二倉無粒米。請自今山東、河南全盛時，盡徵本色上倉，計臨、德已足五十餘萬，則令納於二倉，亦積五十萬石而止。』從之。《食貨志》

時折銀漸多，萬曆三十年，漕運抵京，僅百三十八萬餘石。而撫臣議截留漕米以濟河工。倉場侍郎趙世卿争之，言：『太倉入不當出，計二年後，六軍、萬姓將待新漕舉炊。儻輸納愆期，時勢不可問矣。』原其初，災傷折銀，本折漕糧以抵京軍月俸。其後，更以給邊餉。世卿故力争之。自後倉儲漸匱，漕政益弛矣。《通典》

海運

明初，海運因元之舊。洪武元年二月癸卯，命平章湯和提督海運。時大軍北伐，使造舟於明州，運糧輸之直沽，以給軍食。《明政統宗》

二年，令户部於蘇州、太倉儲糧二千萬石，以備海運。《世法録》

鄭遇春督金吾諸衛，造海船百八十艘，運餉遼東。《本傳》

二十年，封張赫爲航海侯，命督遼東海運，歲一行，軍食賴之。其後朱壽海運有功，封舳艫侯，歲運七十一萬石。《春明夢餘録》

三十年，海運糧七十萬石於遼東。旋以遼餉贏羨，令遼軍屯種其地，而罷海運。《世法録》。

永樂元年，上以北方軍儲不足，命平江伯陳瑄與都督僉事宣信皆充總兵官，帥舟師由海道運糧四十九萬石於遼東、北京。自是歲以爲常。《實録》

十二年，海運糧四十八萬四千八百一十石於通州。又衛河儹運糧四十五萬二千七百七十六石於北京。所謂海陸兼運也。《王圻考》

十三年，會通河既濬，漕運大通，遂罷海運。《三編》

成化二十三年，禮部侍郎邱濬奏：『海運之法，自元至元迄國初，舉行不廢。永樂十三年，會通河通利，始罷海運。臣竊謂自古漕運所從之道有三：曰陸，曰海，曰河。河漕視陸運費省十三四，海運視陸運費省十七八。蓋河漕雖免陸行，而人輓如故。海運雖有漂溺之患，而省牽卒之勞，撥淺之費，挨次之守。其利害蓋亦相當。今國家都燕，蓋極北之地，而財賦之入，皆自東南而來，會通一河，譬人身之咽喉也。一日食不下咽，立有死亡之禍。迂儒過慮，請於無事之秋，尋元人海運故道，别通海運一路，與河漕並行。江西、湖廣、江東之粟，照舊河運，而以浙西

東海一帶由海通運，使人習知海道。一旦漕渠少有滯塞，此不來而彼來，亦思患豫防之計也。』疏入，帝不納。《明臣奏議》

嘉靖九年，桂萼欲復海運，延公卿議得失。工部尚書章拯言：『海運雖有故事，而風濤百倍於河。且天津海口多淤，自古不聞有濬海者。』議遂寢。

三十八年十二月乙丑，詔行海運，轉粟入遼東。初弘治間，金龍口決，有議復海運者，朝議弗是。嘉靖二十年，總河王以旂以河道艱阻，言：『海運雖難行，然中間平度州東南，有南北新河一道，元時建牐，直達安東南北，悉由內洋而行。路捷無險，所當講求。』上以海道迂遠，却其議。至是，遼東巡撫侯汝諒以遼東大饑，議開山東之登、萊，直隸之天津二海道，轉粟入遼陽。因勘上天津入遼之路，自海口至右屯河通堡不及二百里，其中曹泊店、月沱、桑沱、姜女墳、桃花島皆可灣泊。請動支該鎮拯濟銀五千兩，造船二百艘，約每舟容粟一百五十石，委官督發至天津通河等處。户部議覆從之。其登、萊海道，仍俟徐議勘行。《實録》

三十九年三月，侯汝諒復請開登、萊海道，詔弛海禁。未幾，遼商利之，私載貨物往來。山東守臣以海禁漸弛，恐有後患，疏請禁止海運。從之。同上

隆慶四年，朝議通海運。山東巡撫梁夢龍言：『海道南自淮安至膠州，北自天津至海倉，島人商賈所出入。臣等遣人自淮安轉粟二千石，自膠州轉麥千五百石，入海達天津，無不利者。由淮安至天津，大要兩旬可達。歲五月以前，風勢柔順，揚帆尤便。況舟由近洋，島嶼聯絡，遇風可依。苟船非朽敝，按占候以行，自可無虞。請以河爲正運，海爲備運。萬一河未易通，則海運可濟。而河亦得悉心疏濬，以圖經久。』章下户部。部議：『海運久廢，請令漕司量撥十二萬石，自淮入海，以達天津。』報可。《梁夢龍傳》

五年，漕運總督王宗沐上疏曰：『東南之海，天下衆水之委也。茫渺無山，趨避靡所。近南水暖，蛟龍窟宅，故元人海運多驚，以其起自太倉、嘉定而北也。若自淮安而東，引登、萊以泊天津，是謂北海。中多島嶼，可以避風。又其地高而多石，蛟龍有往來而無窟宅。故登州有海市，以石氣與水氣相搏，映石而成。石氣能達於水面，以石去水近故也。北海之淺，是其明驗。可以佐運河之窮，計無便於此者。』因條上便宜七事。明年三月，遂運米十二萬石。五月抵天津。《王宗沐傳》

萬曆元年，海運至即墨，颶風大作，覆七舟。給事中賈三近、御史鮑希顔及山東巡撫傅希摯俱言不便。遂罷之。同上

四十六年八月，議行登、萊海運軍餉至遼。山東巡撫李長庚言：『自登州望鐵山西北口至牛頭凹，歷中島、長行島抵北信口，又歷免兒島至深井達蓋州，剥運一百二十

里，抵娘娘宫，陸行至廣寧一百八十里，至遼陽一百六十里，每石費一金。』部議以爲便，遂行之。《三編》

崇禎十六年，有崇明人沈廷揚者，獻海運策。户部尚書倪元璐奏聞，命試行。乃以廟灣船六艘聽運進。月餘，廷揚見元璐。元璐驚曰：『我已奏聞上。謂公去矣，何在此？』廷揚曰：『已去，復來矣。運已至。』元璐又驚喜，聞上。上亦喜，命酌議。乃議歲糧艘漕與海各相半行焉。《倪元璐傳》

軍儲倉

明初，京衛有軍儲倉。洪武三年，增置至二十所，且建臨濠、臨清二倉，以供轉運。各行省有倉，官吏俸取給焉。邊境有倉，收屯田所入以給軍。《食貨志》

二十八年，置皇城四門倉，儲糧給守禦軍。增京師諸衛倉凡四十一。又設北平、密雲諸縣倉，儲糧以資北征。同上

永樂中，置天津及通州左衛倉，且設北京三十七衛倉。迨會通河成，始設倉於徐州、淮安、德州、臨清，並天津凡五倉，以資轉運。既又移德州倉於臨清之永清壩，設武清衛倉於河西務，設通州衛倉於張家灣。《會典》

宣德中，增造臨清倉，容三百萬石。增置北京及通州倉。

英宗初，命廷臣集議，天下司府州縣有倉者，以衛所倉屬之；無倉者，以衛所倉改隸。

正統中，增置京衛倉凡七。自兑運法行，諸倉支運者少，而京、通倉益不能容。乃毁臨清、德州、河西務倉三分之一，改爲京、通倉。已上《食貨志》

正統三年，設倉場公署，糧儲抵通，分貯京、通二處。在京者曰：舊大倉、百萬倉、南新倉、北新倉、海運倉、禄米倉、新大倉、廣備庫倉。在通者曰：大運西倉、大運南倉、中倉、東倉。《春明夢餘録》

景泰初，移武清衛諸倉於通州。

成化初，廢臨、德豫備倉在城外者，而以城内空廒儲豫備米，名臨清者曰常盈，德州者曰常豐。已上《食貨志》

天順以來，通州各倉設總督太監、監督内官。弘治中，言者極言内官剥削之害，請量裁罷之。不聽。至正德中，穴食冒支益甚，監督内官賄賂公行。世宗詔罷革。

隆慶初，御史蔣機言：『漕儲通倉者三百二十餘萬石，而京倉僅二百餘萬石。根本之地出多入少，非所以備緩急。請無拘三七、四六之例，凡兑運者，悉入京倉，改兑者入通倉。』詔可。

御史楊家相言：『通倉多放一月，則京倉省一月之積。京倉多折銀一月，則京糧餘一月之儲。非必減通倉而後可實京倉也。』户部請：除改兑盡入通倉以省脚價，其兑運入京倉者，仍於中撥六十萬石足通倉如額。詔如議行。已上《夢餘録》

卷七〇　祥異三　水災

洪武八年七月，淮安、北平、山東、河南大水。《五行志》

十二月，直隸、蘇州、湖州、嘉興、松江、常州、太平、寧國、杭州俱水。

九年，蘇、松、嘉、湖及常州、太平、寧國、浙江杭州、湖廣荆州、黄州諸府水。已上《三編》

永樂二年六月，蘇、松、嘉、湖四府水。七月，湖廣、江西水。《五行志》

九年，浙江、湖廣、河南、順天、揚州水。《三編》

十二年十月，崇明潮暴至，漂廬舍五千八百餘家。《五行志》

正統元年，兩畿、山東、河南、陝西、湖廣、廣東大水。

四年五月，京師大雨，水溢，壞官廨、民居三千三百餘區。帝祭告天地，諭群臣修省，下詔寬卹，求直言。

五年六月，兩畿、山東、河南、浙江、江西大水。

十三年四月，陝西、江西水。

景泰六年閏六月，兩畿、湖廣水。

七年七月，兩畿、山東、河南大水。

成化元年七月，兩畿、河南、山西、湖廣、江西、浙江大水。《二申録》

六年六月，順天、河間、永平諸府大水。

八年七月，南畿、浙江大水。

十四年七月，京畿、山東大水。

十八年八月，大水，衛、漳、滹沱並溢。河南霪雨，自六月至於是月，漂損廬舍三十一萬四千二百餘間，溺死居民一萬一千八百餘人。

弘治十年，濟、兖、青、登、萊五府大水。

嘉靖二年七月，南畿大水，漂没田廬、人畜無算。

十六年，兩畿、山東、河南、陝西、浙江各被水災，湖廣尤甚。已上《三編》

四十年九月，蘇、松、常、鎮、杭、嘉、湖七府大水。

隆慶三年，南畿、浙江大水。

四年九月，陝西大水。

五年十月，河南、山東大水。

萬曆三年五月，淮揚大水。帝下詔曰：『近來淮揚地方，無歲不奏報災傷，無歲不蠲免振濟。若地方官平時著實經理民事，加意撙節，多方設備，即有災荒，豈至束手無措？今爲官者本無實心愛民，一遇水旱，即委責於上；事過依舊，因循不理。豈朝廷任官養民之意？吏部查兩府有司，有貪酷虐民及衰老無爲者，黜之。』

八年六月，南畿大水。

九年八月，揚州大水，漂没官民廬舍凡數千間。已上《三編》

十四年夏，江南、浙江、江西、湖廣、廣東、福建、雲南、

遼東大水。《五行志》

三十一年六月，山東泰安州大水，溺死八百餘人，屋宇傾圮千餘間。

三十二年六月，昌平大水，壞長、泰、康、昭四陵石梁。七月，永平府屬諸州縣大水，溺死男婦無算。

三十五年六月，湖廣及徽、寧、太平、嚴州大水。

三十六年六月，南畿大水。南京科道等官揭報，淫雨連綿，江湖泛漲，自留京至常、鎮諸郡，皆被淹没，蓋二百年未有之災，乞速行振濟。給事中胡忻言：『部院藩臬諸官，懸缺不補，人心愁怨召沴。宜籌所以修省之實。』不報。

三十七年五月，福建大水。

三十九年，廣東、廣西、兩畿、湖廣皆大水。諸大吏請罷榷税以甦民命。不報。

四十一年，兩畿、江西、河南、山東、湖廣、廣西、遼東俱大水。

天啓六年六月，京師大水。

崇禎五年六月，京師大雨水。給事中李世祺上言：『日者，輔理調燮無聞，精神爲固寵之用。統軍衡才無術，緩急無可恃之人。中樞決策，掩耳盜鈴。主計持籌，醫瘡剜肉。州縣迫功令，鞭策不前。六曹窘簿書，救過不贍。一人議，疑及衆人；一事訾，疑及衆事。黄衣之使，頡頏卿貳之堂。貂蟬之座，雄踞節鉞之上。低眉則氣折，強項則釁開。各邊監視之遣，已將期月，初雖間有摘發，繼亦同歸模棱。伏願撤回監使，以明陰不干陽之分。然後採公論以進退大臣，酌事情以衡量小臣；釋疑忌之根，開功名之路。則天變可回，時艱可濟。』已上《三編》

卷七六　方域六　黄河　運河

黄河

洪武八年正月，河決開封，壞大黄寺堤百餘丈。詔河南參政安然，發民夫三萬人塞之。

十七年八月，河決開封東月堤，自陳橋至陳留横流數十里。又決杞縣，入巴河。遣官塞之。二十三年二月，河決歸德東南鳳池口，經夏邑、永城。發興武等十衛士卒，與歸德民併力築之。

二十四年四月，河決原武、黑羊山，東經開封城北，又東南由陳州、項城、太和、潁州、潁上，東至壽州正陽鎮，全入於淮，而賈魯河故道遂淤。又由舊曹州鄆城漫東平之安山，元會通河故道亦淤。

二十五年正月，河決陽武，旁浸陳州、中牟、原武、封邱、祥符、蘭陽、陳留、通許、太康、扶溝、杞十一州縣。發民丁及安吉等十七衛軍士修築。其冬大寒，役遂罷。

三十年八月，決開封，城三面受水。詔改作倉庫於滎陽，以備不虞。冬，蔡河徙陳州。先是河決，由開封北東行；至是下流淤，又決而之南。

永樂八年八月，河溢開封，壞城二百餘丈。民被患者萬四千餘户，没田七千餘頃。帝遣工部侍郎張信往視。信言：『祥符魚王口至中欒下二十餘里，有舊黄河岸，與今河面平。濬而通之，使循故道，則水勢可殺。』因繪圖以進。時尚書宋禮、侍郎金純方開會通河。帝乃發民丁十萬，命興安伯徐亨、侍郎蔣廷瓚偕純相治，并令禮總其役。乃引河自封邱金龍口，下魚臺塌場，會汶水，由徐、吕二洪南入於淮。是時會通河已開，黄河與之合，漕道大通而河南水患亦稍息。已上《河渠志》

景泰三年，河決少灣，七載，前後治者皆無功。廷臣共舉徐有貞，乃擢僉都御史，往治之。有貞至張秋，上三策：『一置水門，一開支河，一濬運河。』議既定，督漕都御史王竑以漕渠淤淺滯運，請急塞決口。帝敕有貞如竑言。有貞守便宜，言：『臨清河淺，舊矣，非因決口未塞也。漕臣但知塞決口爲急，不知秋冬雖塞，來春必復決，徒勞無益。臣不敢邀近功。』詔從其言。有貞於是大集民夫，躬親督率，治渠建牐，起張秋以接河、沁；河流之旁出不順者，爲九堰障之；更築大堰，楗以水門，閲五百五十五日而工成。名其渠曰廣濟，牐曰通源。《徐有貞傳》

天順七年，河南布政司照磨金景輝上言：『國初黄河在封邱，後徙康王馬頭。去城北三十里，復有二支河：一由沙門注運河，一由金龍口達徐、吕入海。正統戊辰，決滎澤轉趨城南，併流入淮。舊河、支河俱堙，漕河因而淺澁。夫河不循故道，併流入淮，是爲妄行。今急宜疏導，以殺其勢。若止委之一淮，而以堤防爲長策，第恐開封終爲魚鱉之區。乞敕部檄所司，先疏金龍口寬闊，以接漕河；然後相度舊河，或别求泄水之地，挑濬以平水患，爲經久計。』命如其説行之。

成化十四年九月，河決開封，壞護城堤五十丈。河南巡撫李衍上言：『河南屢有河患，皆下流壅塞所致。宜疏開封西南新城地，下抵梁家淺舊河口，以洩杏花營上流。而自八角河口抵南頓則當分導之，以散其勢，庶可免祥符、鄢陵、睢、陳、歸德之災。』帝敕衍酌行之。已上《河渠志》

弘治二年五月，河決開封。命户部侍郎白昂往治之。乃役夫二十五萬，築陽武長堤，以防張秋。引中牟決河出滎澤，濬宿州古汴河，又濬歸德津河，使河流入汴，汴入睢，睢入泗，泗入淮，以達海。南北分治，水患稍寧。《三編》

六年，河決張秋。命副都御史劉大夏往治之。時河流湍悍，決口闊九十餘丈。大夏行視之，曰：『是下流未可治，當治上流。』乃自黄陵崗浚賈魯舊河，復浚孫家渡四府營上流，以分水勢，而築長堤，起胙城，抵徐州，亘三百六十里。水大治。更名張秋鎮曰安平鎮。《劉大夏

傳》、《三編》

正德八年六月，河決黄陵崗。先是，河自北徙，至沛縣飛雲橋俱入漕河，南河故道以塞。水惟北趨單、豐之間，河窄水溢，遂連年決黄陵岡，入賈魯河，泛溢横流，直抵豐、沛。御史林茂達以北決安平鎮爲虞，請濬儀封、考城上流，引河南流，以分其勢，然後塞決口，築故堤。工部侍郎崔巖奉命修理，久之無功，以侍郎李鐽代。鐽謂河流故道堙者不可復塞，請築堤以障河北徙。工未竣，而河南盜起，罷役。《河渠志》

嘉靖六年，黄河水溢入漕渠，沛北廟道口淤數十里，糧艘爲阻。尚書胡世寧、詹事霍韜、僉事江良材請於昭陽湖東别開漕渠，爲經久計。議未定，召侍郎章拯還，命盛應期爲右都御史，往代。應期乃議於昭陽湖東，北起江家口，南出留城口，開濬百四十餘里，以通漕舟。較疏舊河力省，而利永。會旱災修省，言者多謂開河非計。帝令罷役。《盛應期傳》

二十年五月，以兵部侍郎王以旂督理河道。時黄河南徙，決野雞岡，由渦河經亳州入淮，舊決俱塞，徐、吕二洪竭，漕舟膠。以旂至，上言：『國初，漕河惟通諸泉及汶、泗。黄河勢猛水濁，遷徙不常。故徐有貞、白昂、劉大夏力排之，不資以濟運也。今幸黄河南徙，諸牐如舊。宜濬山東諸泉入野雞岡新開河道，以濟徐、吕。而築長堤沛縣以南，聚水如牐河制。務利漕運而已。』明年春，總河郭持平請濬孫繼口及扈運口，李、景、高三河；使東由蕭、碭入徐濟運。其秋，從以旂言，於孫繼口外，别開一渠，洩水以濟徐、吕。凡八月三日，工成。

二十六年九月，河決曹縣，水入城三尺，漫金鄉、魚臺、定陶、城武，衝穀亭。總河都御史詹瀚請於趙皮寨諸口多穿支河，以分水勢。詔可。

三十一年九月，河決徐州，運道淤阻五十里。總河副都御史曾鈞言：『劉伶臺至赤晏廟凡八十里，乃黄河下流，疏濬宜先。次則築草灣老黄河口，增高家堰長堤，繕新莊等舊牐，以遏横流。』從之。已上《河渠志》

四十四年七月，河決沛縣飛雲橋，分爲十數股，潰入昭陽，運道淤塞百餘里。乃命朱衡爲工部尚書，督理河漕。衡馳至決口，舊渠已成陸。而盛應期所開新河，自南陽以南，東至夏村，又東南至留城，故址尚存；其地高，河決至昭陽，不能復東，可以通運。乃定議開新河，築堤吴孟湖，以防潰決。河道都御史潘季馴以爲濬舊渠便，議與衡不合。衡持益堅，引鮎魚、薛沙諸水入新渠，築馬家橋堤以遏飛雲橋決口，運道乃大通。方工未成，會河方決，論者紛然，謂衡故興難成之工以倖功。及工竣，群議乃息。未幾，山水驟溢，新河決，壞漕艘數百。給事中吴時來言：『新河受東兗以南費、嶧、鄒、滕之水，以一堤捍群流，豈能不潰？宜分之以殺其勢。』衡乃開支河四，洩其水入赤山湖。《朱衡傳》及《三編》

隆慶三年七月，河決沛縣，漕艘不得進。四年九月，復決邳州，自睢寧白浪淺至宿遷小河口，淤百八十里。漕道復阻。河道侍郎翁大立言：『邇來河患，不在豐、沛而在徐、邳。臣以爲權宜之計，在乘故道而就新衝；經久之策，在開泇河以避洪水。』帝命大立躬自相度，條利害以聞。已而大立以誤漕削籍，復以朱衡經理河道。遂罷泇河議，專事徐、邳，築長堤，自徐州至宿遷小河口三百七十里；并繕豐沛大黄堤，正河安流，運道乃通。《三編》衡乃上言：『河南屢被河患，大爲堤防，今幸有數十年之安者，以防守嚴而備禦素也。徐、邳爲糧運正道，既多方以築之，則宜多方以守之。請用夫，每里十人以防。三里一鋪，四鋪一老人巡視。伏、秋水發時，五月十五日上堤，九月十五日下堤。願攜家居住者，聽。』詔如議。《河渠志》

六年，命萬恭總理河漕。恭築兩堤，北自磨臍溝迄邳州直河，南自離林迄宿遷小河口，各延三百七十里。六十日而成。高、寶諸河，夏秋泛濫，歲議增堤，而水益漲。恭緣堤建平水牐二十餘，以時蓄洩，專令濬湖，不復增堤，河遂無患。《萬恭傳》

萬曆三年八月，河決碭山而北，淮亦決高家堰而東。徐、邳、淮南北漂没千里。河道淤淺，阻漕者數年。明年二月，督漕侍郎吴桂芳言：『淮、揚洪潦奔流，惟雲梯關一徑入海，致海湧横沙，河流迅溢，而鹽、安、高、寶諸州縣所在受災。請益開草灣及老黄河故道，以廣入海之路。修築高郵東西二湖，以蓄湖水。』皆下所司議行。《吴桂芳傳》未幾，草灣河工告成。

五年八月，河復決崔鎮，宿、沛、清、桃兩岸多壞。黄河日淤墊。淮水爲河所迫，徙而南。河臣傅希摯議塞崔鎮決口，束水歸漕。而桂芳欲衝刷成河，以爲老黄河入海之路。帝令急塞決口，而俟水勢稍定，乃從桂芳言。《河渠志》

六年二月，以潘季馴總理河漕。季馴上《兩河經略疏》言：『今談河務者，皆以濬海爲上策。豈知海無可濬之理，惟當導河以歸之海，則以水治水，即濬海之策也。河亦非可以人力導也，惟當繕治堤防，俾無旁決，則水由地中，沙隨水出，即導河之策也。今欲濬海，必先塞決以導河，尤當固堤以杜決。而欲堤之不決，必真土而勿雜浮沙，高厚而勿惜鉅費，讓遠而勿與争地，則堤乃可固。此以水治水之法也。』條上六事，詔如議。《三編》季馴凡四治河，至二十年，放歸。條上辨惑者六事，力言河不兩行，新河不當開，支渠不當濬。又著書曰《河防一覽》，大旨在築堤障河，束水歸漕。築堰障淮，逼淮注黄，以清刷濁，沙隨水去。合則流急，急則蕩滌而河深；分則流緩，緩則停滯而沙積。上流既急，則海口自闢，而無待於開。治堤之法，有縷堤以束其流，有遥堤以寬其勢，有滚水壩以洩其怒。法甚詳，言甚辨。

十六年三月，給事中王士性上言：『黄河自徐而下，河身日高，而爲堤以束之。堤與徐州城等。委全力於淮而淮不任，黄水灌運河如建瓴，淮安、高、寶、鹽、興諸生民託之一丸泥，決則盡化魚鱉矣。紛紛之議，有欲增堤泗州者，有欲開顔家、灌口、永濟三河，南甃高家堰，北築滚水壩者，總不如復河故道爲一勞永逸之計也。河故道由三義鎮達葉家衝與淮合，在清河縣北。別有濟運河在縣南，蓋支河耳。河強奪支河，直趨縣南，而自棄北流之道，然河形固在也。自桃源至瓦子灘，凡九十里，窪下不耕，無室廬墳墓之礙。雖開河費鉅，而故道一復，爲利無窮。』章下所司。給事中常居敬言：『故道難復。』不行。已上《河渠志》

二十四年九月，河決單縣。時徐、泗、淮、揚間，無歲不苦水患。總河楊一魁既議分疏黄、淮，於是役夫二十萬，開桃源黄河壩，新河起黄家嘴至安東五港灌口，長三百餘里，分洩黄水入淮，闢清口沙七里，建武家墩、高良磵、周家橋石牐，洩淮水三道入海，且引其支流入江。於是泗陵水患平，而淮揚得無患。然一魁專力桃源淮泗間，而上流單縣黄堌口之決如故。後以黄堌口不塞，致衝祖陵；斥一魁爲民。

二十六年，命工部侍郎劉東星總理河漕。初，季馴議開黄河上流，循商邱、虞城而下，歷丁家道口，出徐州小浮橋，即元賈魯所浚故道也。朝廷以費鉅不果。東星即其地開濬，起曲里鋪至三仙臺，抵小浮橋。又濬漕渠，自徐邳至宿遷。凡五閱月工竣。明年，濬邵伯、界首二湖。又明年，開泇河，南通淮海，引漕甚便。已上《三編》

三十二年正月，總理河道侍郎李化龍請開泇河口疏言：『河自開封歸德而下，合運入海，其路有三：由蘭陽出茶城向徐邳，名濁河，爲中路；由曹、單、豐、沛出飛雲橋，向徐溝，名銀河，爲北路；由潘家口入宿遷，出小河口，名符離河，爲南路。南路近陵，北路近運。惟中路既遠於陵，亦濟於運。前河臣興役未竣，然自堅城以至鎮口，河形尚在。故爲今計，惟循故迹開泇河爲便。』上從之，九月，分水工成。《紀事本末》由直河入泇口，抵夏鎮，凡二百六十里，避黄河吕梁之險，遂爲漕道水利。《三編》

三十三年十月，濬朱旺口。先是化龍上言：『泇河既成，河不能爲運河害。獨朱旺口以上，決單則單沼，決曹則曹魚，及豐、沛、徐、邳、魚、碭，皆命懸一綫，堤防宜急。』會化龍憂去，曹時聘代，大濬朱旺口，役夫五十萬，六閱月工竣。自朱旺達小浮橋，延袤百七十里，渠廣堤厚，河歸故道焉。同上

四十年九月，河決徐州三山，衝縷堤二百八十丈，遥堤百七十餘丈，黎林鋪以下二十里，正河悉爲平陸，邳、睢河水耗竭。總河都御史劉士忠開韓家壩外小渠引水，由是壩以東始通舟楫。

天啓四年，河決徐州魁山堤，東北灌州城，城中水深

一丈三尺。徐民苦滰溺，議集貲遷城。給事中陸文獻上《徐城不可遷六議》，而勢不得已。遂遷州治於雲龍，河事置不問矣。

崇禎六年，總河朱光祚議開高堰三牐。淮揚在朝者合疏言：『建義諸口未成，民田盡沈水底。三牐一開，高寶諸邑蕩爲湖海，而漕糧、鹽課皆害矣。高堰建牐，始於萬曆二十三年，未幾全塞。今高堰日壞，方當急議修築，可輕言開濬乎？』帝是其言，事遂寢。已上《河渠志》

運河

洪武元年，河決曹州。命大將軍徐達開塌場口，入於泗以通運，而徙曹州治於安陵。

九年，令揚州修高郵、寶應湖堤六十餘里，以捍風濤。

十六年，儀真縣重建清口牐、惠橋腰牐、南門裏朝牐以蓄洩水利，以通漕舟。從尚書單安仁請也。已上《世法録》。

二十六年九月，命崇山侯李新開溧水臙脂河以通浙漕。免丹陽輸輓及大江風濤之險。《昭代典則》

永樂九年，浚會通河。河爲元轉漕故道，岸狹沙淺，元末已廢不用。洪武中，復因河決，遂淤。至是，命工部尚書宋禮與侍郎金純往治之。禮以會通之原，必資汶水；乃用汶上老人白英策，築壩東平之戴村，遏汶流，使南無入洸，北無歸海。匯諸泉之水盡出南旺，中分爲二道，以四分南流接徐、沛，六分北流達臨清。南旺地勢高，決其水，南北皆注，所謂水脊也。因相地勢，置牐三十有八，以時蓄洩，禮又請疏東平沙河，合馬常泊之流，以益汶。運道乃成。《三編》

十二年，平江伯陳瑄請鑿吕梁、百步二洪，置吕梁石牐。又建淮安五壩：仁、義二壩在東門外東北；禮、智、信三壩在西門外西北；皆自城南引湖水抵壩口。其外即淮河，遇清江口淤塞，則漕船由二壩，官民商船由三壩入淮。《世法録》先是漕至淮安，陸運以達清河，勞費甚鉅。陳瑄采故老言，自淮安城西管家湖鑿渠二十里，即宋喬維嶽所開沙河舊渠，爲清江浦，導湖水入淮，置四牐以宣洩；又緣湖十里築堤，引漕舟直達於河。十三年五月，工成。《三編》瑄又築沛縣刁陽湖、濟寧南旺湖長堤，開泰州白塔河通大江，築高郵湖堤，於堤內鑿渠四十里。《陳瑄傳》並築寶應、氾光、白馬諸湖堤。自是漕運直達通州，而海陸運俱廢。《河渠志》

宣德六年，用御史白圭言，濬金龍口，引河水達徐州以便漕。同上

正統七年，參將楊節因徐州洪水迅急敗舟，建議於上流築堰，逼水悉歸月河，於月河南口設牐，以蓄水勢。《世法録》

弘治二年，河決〔復〕[一]張秋，衝會通河，命户部侍郎

[一] 據《明史·河渠志三》補。

白昂相治。昂奏：『金龍口決口已淤，河併爲一大支，由祥符合沁下徐州而去。其間河道淺隘，宜於所經七縣築堤岸，以衛張秋。』下工部議，從其請。昂又以漕船經高郵甓社湖多溺，請於堤東開復河四十里以通舟，賜名曰康濟〔一〕。

六年，河決張秋東堤，奪汶水入海，漕流絶。副都御史劉大夏奉敕往治。先自決口兩岸〔二〕鑿月河以通漕。經營二年，張秋決口既塞，復築黃陵岡上流。於是河復南下，運道無阻。自昂開康濟，大夏塞張秋，漕河上下無大患者二十餘年。

十六年，巡撫徐源乞毁堽城石堰，復易以土。疏洸口壅塞，以至濟寧，而築堽城迤西春城口子決岸。帝命侍郎李鐩往勘，言：『堽城石堰，一可遏淤沙，不爲南旺(河)〔湖〕之害；一可殺水勢，不慮戴村壩之衝；不宜毁。近堰積沙，宜濬。堽城稍東有元時舊牐，引洸水入濟寧，下接徐，吕漕河。東平州戴村，則汶水入海故道也。自永樂初，横築一壩，遏汶入南旺湖，漕河始通。今自分水龍王廟至天井牐九十里，水高三丈有奇。若洸河更濬而深，則汶流盡向濟寧而南，臨清河道必涸，洸口不可濬。堽城口至柳泉九十里，無關運道，可弗事。柳泉至濟寧汶、泗諸水會流處，宜疏者二十餘里〔三〕。春城口外障汶水，内防民田，堤卑岸薄，宜與戴村壩並修築。』從之。

嘉靖六年，詹事霍韜謂：『前議役山東、河南丁夫數萬，疏濬淤沙以通運。然沙隨水下，旋濬旋淤。今運舟由昭陽湖入雞鳴臺至沙河，迂迴不過百里。若沿湖築堤，浚爲小河，河口爲牐，以時蓄洩，水溢可避風濤，水涸易爲疏濬。三月而土堤成，一年而石堤成，較之役丁夫以浚淤土，勞逸大不侔也。』尚書李承勛請於昭陽湖左別開一河，引諸泉爲運道，自留城沙河爲尤便。與都御史胡世寧議合。未幾，總河盛應期從其策，未畢工而罷。後三十年，朱衡濬而成之。

隆慶二年，總河翁大立上言：『漕河資泉水，而地形東高西下，非湖瀦之則涸，故漕河以西皆有壑。黃流逆奔，則以照陽湖爲散漫之區；山水東突，則以南陽湖爲瀦蓄之地。宜由回回墓開道，以達鴻溝，令穀亭、湖陵之水皆入昭陽湖，即濬鴻溝廢渠，引昭陽湖水，沿渠東出留城。』三年，又請鑿邵家嶺，令水由地浜溝出境山，入漕河。帝皆從之。

(是)〔六〕〔四〕年，從雒遵言，修築茶城至清河長堤五百五十里，接築茶城至開封兩岸堤。從朱衡言，繕豐、沛大黃堤。衡又言：『漕河起儀真訖張家灣，二千八百餘

〔一〕賜名曰康濟　此事《河渠志》記在六年。見下文。
〔二〕兩岸　《河渠志》作『西岸』。
〔三〕二十餘里　里原作『口』，據《河渠志》改。
〔四〕是年　《河渠志》爲六年事，據改。

里，河勢凡四段，各不相同。清江浦以南，臨清以北，皆遠隔黄河，不煩用力。惟茶城至臨清，則牐諸泉爲河，與黄相近。清河至茶城，則茶城即運河也。茶城以北，當防黄河之決而入；茶城以南，當防黄河之決而出。防黄河即所以保運河。故自茶城至邳、遷，高築兩堤；宿遷至新河，盡塞決口；二處告竣，故河深水束，無旁決中潰之虞。沛縣之窯子頭至秦溝口，應築堤七十里，接古北堤。徐、邳之間，堤逼河身，宜於新堤外別築遥堤。』詔如其議。

萬曆元年，總河侍郎萬恭言：『祖宗時，造淺船近萬，非不知滿載省舟之便，以牐河流淺，不敢過四百石也。其制：底平、倉淺，用水不得過六挐。伸大指與食指相距爲一挐，六挐不過三尺許，明受水淺也。今不務遵行，而競雇船搭運。雇船有三害，搭船有五害，皆病河道。請悉遵舊制。』從之。恭又請復淮南平水諸牐，言：『牐欲密，則水疏，無漲瀦患；牐欲狹，則勢緩，無齧決虞。』又建天妃廟口石牐，復境山舊牐。部皆覆行之，爲運道永利。

十五年，督漕侍郎楊一魁請修高家堰以保上流，砌范家口以制旁決，疏草灣以殺河勢，修禮壩以保新城。詔從其請。

十九年，總河潘季馴言：『宿遷以南，地形西窪。請開縷堤放水，沙隨水入，地隨沙高，庶水患消而費可省。』又請易高家堰土堤爲石，築滿家牐西攔河壩，使汶、泗盡歸新河。設減水牐於李家口，以洩沛縣積水。從之。

四十四年，巡漕御史朱階[一]請修復泉湖，言：『宋禮築壩戴村，奪二汶入海之路，灌以成河，復導洙、泗、洸、沂諸水以佐之。汶雖率衆流出全力以奉漕，然行遠而竭，已自難支。至南旺，又分其四以南迎淮，六以北赴衛，力分益薄。況此水夏秋則漲，冬春而涸；無雨即夏秋亦涸。禮逆慮其不可恃，乃於沿河昭陽、南旺、馬踏、蜀山、安山諸湖設立斗門，名曰水櫃。漕河水漲，則瀦其溢出者於湖；水消則決而注之漕。積泄有法，盗決有罪，故旱澇恃以無恐。及歲久禁弛，湖淺可耕，多爲勢豪所占。昭陽一湖，已作藩田。比來山東半年不雨，泉欲斷流，按圖而索水櫃，茫無知者。乞敕河臣清覈，亟築堤壩斗門，以廣蓄儲。』帝從其請。

天啓三年，王家集磨兒莊湍溜日甚。漕儲參政朱國盛謀改濬一河以爲漕計，令同知宋士中自泇口迆東抵宿遷陳溝口，復泝駱馬湖，上至馬頰河，往迴相度。乃議開馬家洲，且疏馬頰河口淤塞，上接泇流，下避劉口之險。又疏三汊河流沙十三里，開滔莊河百餘丈，濬深小河二十

[一] 朱階　《河渠志》作朱堦。

里，開王能莊二十里，以通駱馬湖口，築塞張家等溝數十道，束水歸漕。計河五十七里，名通濟新河。五年四月，工成，運道從新河，無劉口、磨兒莊諸險之患。明年，總河侍郎李從心開陳溝地十里，以竟前工。

崇禎十四年，總河侍郎張國維言：『濟寧運道自棗林牐溯師家莊、仲家淺二牐，歲患淤淺，每引泗河由魯橋入運以濟之。伏秋水漲，足資利涉；而挾沙注河，水退沙積，利害參半。旁有白馬河匯鄒縣諸泉，與泗合流而出魯橋，力弱不能敵泗，河身半淤，不爲漕用。然其上源寬處，正與仲家淺牐相對，導令由此入運，較魯橋高下懸殊，且易細流爲洪流，又減沙滲之患，而濟仲家淺及師莊、棗林，有三便。』復上疏運六策。皆命酌行。已上《河渠志》

附注　本文引用書籍簡稱説明

一、《通紀》　《皇明通紀》的簡稱，明嘉靖年間陳建撰寫的明史專著，記述元末至正十一年，下至明正德末年（一五二一年至一五三一年）歷史。

二、《春明夢餘録》　明末清初孫承澤著，主要記載明代北京的情況，體例在政書與方志之間，保存了大量珍貴史料。簡稱《夢餘録》。

三、《通典》　《明通典》簡稱，共一百二十四卷，明代塗山編，有明萬曆刻本。

四、《明政統宗》　明塗由編輯，三來父校訂，有萬曆四十三年刻本。

五、《三編》　御批通鑑綱目全書的簡稱。宋朱熹撰《資治通鑑綱目》，共五十九卷。元初金履祥撰《資治通鑑前編》十八卷，《舉要》三卷，明成化間商輅等奉敕撰《續資治通鑑綱目》二十七卷。朱熹、金履祥、商輅所撰的三部綱目體史書，包含了元以前的正史，故明末刻書多以三家合刻，簡稱《三編》。清康熙帝經常翻閲此三書，命儒臣宋犖等重新匯編，校刻出版，命名爲《御批通鑑綱目全書》。

六、《世法録》　即《皇明世法録》，明代陳仁錫著，共九十二卷。

七、《昭代典則》　明黄光升撰，二十八卷，爲編年體明史。敘述明朝歷代帝王、文武大臣與社會賢哲事迹，以及明代建置，人口變動等。記事上起元至正十二年（一三五二年），下迄隆慶六年（一五七二年）。

八、《王圻考》　即《續文獻通考》，明代王圻撰，共二百五十四卷。王圻字元翰，萬曆十四年（一五八六年）編次成書。起南宋嘉定年間，下至明萬曆初年。體例效仿《通考》。

九、《明臣奏議》　全稱《欽定明臣奏議》，共四十卷，清乾隆四十六年（一七八一年）奉敕編寫。

其他《志》、《傳》均爲《明史》各《志》、《傳》、《紀》。全稱書籍不作説明。各書説明只在第一次出現處作注。

十、《會典》《明會典》簡稱，明萬曆年間申時行等撰，共二百二十八卷。

十一、《二申録》《二申野録》簡稱，清孫之騄編，記述明代災異編年史。

歷代紀事本末水利史料匯編

蔡蕃 整理

整理説明

紀事本末作爲史書的一種體裁，始創於南宋袁樞編纂的《通鑑紀事本末》。在此以前，史書已有編年體、紀傳體、典志（政書）三種體裁。紀傳本末體史的編纂方法，旨趣明白，便於讀者開卷後一目了然，較爲系統而完整。因而紀事本末體史書對歷史上水利事件有獨到的記載，其中對各朝代比較大的水利事件有珍貴的記述。由于各書編撰者所依據的原始文獻來源，有的與正史相同，導致一些重複，或者過於簡略，這些是其不足之處。

目前見到的版本有中華書局一九九五年十一月出版的縮印本，共兩册。第一册有《左傳紀事本末》、《通鑑紀事本末》。第二册有《宋史紀事本末》、《遼史紀事本末》、《金史紀事本末》、《元史紀事本末》、《明史紀事本末》等。此外還有《西夏紀事本末》和《清史紀事本末》。二〇〇六年五月，遼海出版社出版了袁閭琨主編的《歷代紀事本末叢書》（全五十六册），也有一定的參考價值。

本書摘録了《通鑑紀事本末》、《皇宋通鑑長編紀事本末》、《宋史紀事本末》、《續通鑑紀事本末》、《金史紀事本末》、《元史紀事本末》、《明史紀事本末》和《清史紀事本末》。摘録的原则只選涉及水利内容的專題。

摘録和點校工作由蔡蕃完成，審稿工作除《皇宋通鑑長編紀事本末》由鄭連第完成外，其他幾篇均由蔣超完成。

整理者

目録

一、通鑑紀事本末

匯編説明

《通鑑紀事本末》是南宋袁樞（一一三一—一二〇五年）撰寫，共四十二卷。記載時間從戰國初三家分晋開始，到五代周世宗征淮南止，共一千三百多年。『以《通鑑》舊文每事爲篇，各排比其次第，而詳其始終』。文字抄自司馬光的《資治通鑑》，撰寫方式按《通鑑》記載的事件，分門别類，專以記事爲主。對每一事件都詳書始末，并自爲標題，共記二百三十九事，另附録六十六事。開創中國傳統史籍編纂體裁之一的『紀事本末體』先河。

本次整理摘録了《通鑑紀事本末》中有關水利史料卷四《河决之患》、卷二二《梁魏争淮堰》。

卷四　河决之患

漢元帝永光五年。初，武帝既塞宣房，後河復北决於館陶，分爲屯氏河，東北入海，廣深與大河等，故因其自然，不堤塞也。是歲，河决清河靈鳴犢口，而屯氏河絶。

武帝元封二年。上使汲仁、郭昌發卒數萬人塞瓠子河决，築宫其上，名曰宣房宫。

成帝建始四年夏四月，大雨水十餘日，河决東郡金堤。先是，清河都尉馮逡奏言：『郡承河下流，土壤輕脆易傷，頃所以闊無大害者，以屯氏河通兩川分流也。今屯氏河塞，靈鳴犢口又益不利，獨一川兼受數河之任，雖高增堤防，終不能泄。如有霖雨，旬日不霽，必盈溢。九河故迹，今既滅難明，屯氏河新絶未久，其處易浚；又其日所居高，於以分殺水力，道里便宜，可復浚以助大河，泄暴水，備非常。不豫修治，北决病四五郡，南决病十餘郡，然後憂之，晚矣。』事下丞相、御史，白遣博士許商行視，以爲『方用度不足，可且勿浚』。後三歲，河果决於館陶及東郡金堤，泛濫兖、豫，入平原、千乘、濟南，凡灌四郡三十二縣，水居地十五萬餘頃，深者三丈，壞敗官亭、室廬且四萬所。

冬十一月，御史大夫尹忠以對方略疏闊，上切責其不憂職，自殺。遣大司農非調調均錢、穀河决所灌之郡，謁者二人發河南以東船五百艘，徙民避水，居丘陵九萬七千餘所。

河平元年春，杜欽薦犍爲王延世於王鳳，使塞決河。鳳以延世爲河隄使者。延世以竹落長四丈，大九圍，盛以小石，兩船夾載而下之，三十六日河堤成。三月，詔以延世爲光禄大夫，秩中二千石，賜爵關内侯，黄金百斤。

(二)〔三〕[一]年秋八月，河復決平原，流入濟南、千乘，所壞敗者半建始時。復遣王延世與丞相史楊焉，及將作大匠許商、諫大夫乘馬延年同作治，六月乃成。復賜延世黄金百斤。治河卒非受平賈者，爲著外繇六月。

鴻嘉四年秋，勃海、清河、信都河水湓溢，灌縣邑三十一，敗官亭、民舍四萬餘所。平陵李尋等奏言：『議者常欲求索九河故迹而穿之。今因其自決，可且勿塞，以觀水勢，河欲居之，當稍自成川，跳出沙土，然後順天心而圖之，必有成功，而用財力寡。』於是遂止不塞。朝臣數言百姓可哀，上遣使者處業振贍之。

綏和二年九月，騎都尉平當使領河堤，奏：『九河今皆寘滅。按經義，治水有決河深川，而無堤防壅塞之文。河從魏郡以東北多溢決，水迹難以分明，四海之衆不可誣，宜博求能浚川疏河者。』上從之。

待詔賈讓奏言：『治河有上中下策。古者立國居民，疆理土地，必遺川澤之分，度水勢所不及。大川無防，小水得入，陂障卑下，以爲汙澤，使秋水多，得其所休息，左右游波，寬緩而不迫。夫土之有川，猶人之有口也。治土而防其川，猶止兒啼而塞其口，豈不遽止，然其死可立而待也。故曰：「善爲川者，決之使道；善爲民者，宣之使言。」蓋堤防之作，近起戰國，雍防百川，各以自利。齊與趙、魏，以河爲竟。趙、魏瀕山，齊地卑下，作堤去河二十五里。河水東抵齊堤，則西泛趙、魏；趙、魏亦爲堤去河二十五里。雖非其正，水尚有所游盪。時至而去，則填淤肥美，民耕田之。或久無害，稍築宫宅，遂成聚落。大水時至漂没，則更起堤防以自救，稍去其城郭，排水澤而居之，湛溺自其宜也。今堤防狹者去水數百步，遠者數里，於故大堤之内復有數重，民居其間，此皆前世所排也。河從河内黎陽至魏郡昭陽，東西互有石堤，激水使還，百餘里間，河再西三東，迫阨如此，不得安息。

今行上策，徙冀州之民當水衝者，決黎陽遮害亭，放河使北入海。河西薄大山，東薄金堤，勢不能遠，泛濫期月自定。難者將曰：「若如此，敗壞城郭、田廬、冢墓以萬數，百姓怨恨。」昔大禹治水，山陵當路者毁之，故鑿龍門，辟伊闕，析底柱，破碣石，墮斷天地之性，此乃人功所造，何足言也。今瀕河十郡，治堤歲費且萬萬，及其大決，所殘無數。如出數年治河之費，以業所徙之民，遵古聖之

[一]〔二〕〔三〕《漢書·溝洫志》記爲『後二歲』則是河平三年，據改。

法，定山川之位，使神人各處其所而不相奸。且以大漢方制萬里，豈其與水争咫尺之地哉？此功一立，河定民安，千載無患，故謂之上策。

若乃多穿漕渠於冀州地，使民得以溉田，分殺水怒。雖非聖人法，然亦救敗術也。可從淇口以東爲石堤，多張水門。恐議者疑河大川難禁制，滎陽漕渠足以卜之，冀州渠首盡當仰此水門。諸渠皆往往股引取之，旱則開東方下水門，溉冀州；水則開西方高門，分河流，民田適治，河堤亦成。此誠富國安民，興利除害，支數百歲，故謂之中策。

若乃繕完故堤，增卑倍薄，勞費無已，數逢其害，此最下策也。』

平帝元始四年，王莽奏徵能治河者以百數，其大略異者，長水校尉平陵關並言：『河決率常於平原、東郡左右，其地形下而土疏惡。聞禹治河時，本空此地，以爲水猥，盛則放溢，少稍自索，雖時易處，猶不能離此。上古難識，近察秦、漢以來，河決曹、衛之域，其南北不過百八十里，可空此地，勿以爲官亭、民室而已』[一]。御史臨淮韓牧以爲：『可略於《禹貢》九河處穿之，縱不能爲九，但爲四、五宜有益。』大司空掾王横言：『河入勃海，地高於韓牧所欲穿處。往者天嘗連雨，東北風，海水溢，西南出，寖數百里，九河之地已爲海所漸矣。禹之行河水，本隨西山下東北去，《周譜》云：「定王五年，河徙，」則今所行非禹之所穿也。又秦攻魏，決河灌其都，決處遂大，不可復補。宜却徙完平處，更開空，使緣西山足，乘高地而東北入海，乃無水災。』司空掾沛國桓譚典其議，爲甄豐言：『凡此數者，必有一是。宜詳考驗，皆可豫見。計定然後舉事，費不過數億萬，亦可以事諸浮食無産業民。空居與行役，同當衣食；衣食縣官而爲之作，乃兩便，可以上繼禹功，下除民疾。』時莽但崇空語，無施行者。

王莽始建國三年。河決魏郡，泛清河以東數郡。先是，莽恐河決爲元城冢墓害，及決東去，元城不憂水，故遂不堤塞。

明帝永平十二年。初，平帝時，河、汴決壞，久而不修。建武十年，光武欲修之，浚儀令樂俊上言：『民新被兵革，未宜興役。』乃止。其後汴渠東侵，日月彌廣，兖、豫百姓怨嘆，以爲縣官恒興他役，不先民急。會有薦樂浪王景能治水者，夏四月，詔發卒數十萬，遣景與將作謁者王吴修汴渠堤，自滎陽東至千乘海口千餘里，十里立一水門，令更相洄注，無復潰漏之患。景雖簡省役費，然猶以百億計焉。

十三年夏四月，汴渠成，河、汴分流，復其舊迹。

[一]《漢書·溝洫志》以下有大司馬史長安張戎論黄河泥沙内容。

卷二二　梁魏争淮堰

梁武帝天監十二年，夏五月，壽陽久雨，大水入城，廬舍皆没。魏揚州刺史李崇，勒兵泊於城上，水增未已，乃乘船附於女墻，城不没者二板。將佐勸崇棄壽陽保北山，崇曰：『吾忝守藩岳，德薄致災。淮南萬里，繫于吾身，一旦動足，百姓瓦解，揚州之地，恐非國物。吾豈愛一身，取愧王尊，但憐此士民無辜同死。可結筏隨高，人規自脱，吾必與此城俱没，幸諸君勿言。』

揚州治中裴絢帥城南民數千家，泛舟南走，避水高原。謂崇還北，因自稱豫州刺史，與别駕鄭祖起等送任子來請降。馬仙琕遣兵赴之。

崇聞絢叛，未測虚實，遣國侍郎韓方興單舸召之。絢聞崇在，悵然驚恨，報曰：『比因大水顛狽，爲衆所推。今大計已爾，勢不可追，恐民非公民，吏非公吏，願公早行，無犯將士。』崇遣從弟寧朔將軍神等將水軍討之，絢戰敗，神追拔其營。絢走，爲村民所執，還至尉升湖，曰：『吾何面見李公乎！』乃投水死。絢，叔業之兄孫也。鄭祖起等皆伏誅。崇上表以水災求解州任，魏主不許。

崇沈深寬厚，有方略，得士衆心。在壽春十年，常養壯士數千人，寇來無不摧破，鄰敵謂之『卧虎』。上屢設反間以疑之，又綬崇車騎大將軍、開府儀同三司、萬户郡公，諸子皆爲縣侯。而魏主素知其忠篤，委信不疑。

十三年冬十月，魏降人王足陳計，求堰淮水以灌壽陽。上以爲然，使水工陳承伯、材官將軍祖暅視地形，咸謂『淮内沙土漂輕不堅實，功不可就』。上弗聽，發徐、揚民率二十户取五丁以築之，假太子右衛率康絢都督淮上諸軍事，并護堰作於鍾離。役人及戰士合二十萬，南起浮山，北抵巉石，依岸築土，合脊於中流。

十四年春三月，魏左僕射郭祚表稱：『蕭衍狂悖，謀斷川瀆，役苦民勞，危亡已兆。宜命將出師，長驅撲討。』魏詔平南將軍楊大眼督諸軍鎮荆山。夏四月，浮山堰成而復潰。或言蛟龍能乘風雨破堰，其性惡鐵，乃運東西冶鐵器數千萬斤沈之，亦不能合。乃伐樹爲井幹，填以巨石，加土其上。緣淮百里内，木石無巨細皆盡，負擔者肩上皆穿，夏日疾疫，死者相枕，蠅蟲晝夜聲合。

秋九月，左遊擊將軍趙祖悦襲魏西硤石，據之以逼壽陽。更築外城，徙緣淮之民以實城内。將軍田道龍等散攻諸戍，魏揚州刺史李崇分遣諸將拒之。癸亥，魏遣假鎮南將軍崔亮攻西硤石，又遣鎮東將軍蕭寶寅決淮堰。

冬十二月己酉，魏崔亮至硤石，趙祖悦逆戰而敗，閉城自守，亮進圍之。

是冬寒甚，淮、泗盡凍，浮山堰士卒死者什七八。

十五年春正月，魏崔亮攻硤石未下，與李崇約水陸並進，崇屢違期不至。胡太后以諸將不壹，乃以吏部尚書李平爲使持節、鎮軍大將軍兼尚書右僕射，將步騎二千赴壽陽，別爲行臺，節度諸軍，如有乖異，以軍法從事。蕭寶寅遣輕車將軍劉智文等渡淮攻破三壘。二月乙巳，又敗將軍垣孟孫等於淮北。李平至硤石，督李崇、崔亮等刻日水陸進攻，無敢乖互，戰屢有功。

上使左衛將軍昌義之將兵救浮山，未至，康絢已擊魏兵，却之。上使義之與直閤王神念泝淮救硤石。崔亮遣將軍博陵崔延伯守下蔡，延伯與別將伊甕生夾淮爲營。延伯取車輪去輞，削鋭其輻，兩兩接對，揉竹爲絙，貫連相屬，並十餘道，橫水爲橋，兩頭施大鹿盧，出没隨意，不可燒斫。既斷趙祖悦走路，又令戰艦不通，義之、神念屯梁城不得進。李平部分水陸攻硤石，克其外城。乙丑，祖悦出降，斬之，盡俘其衆。

胡太后賜崔亮書，使乘勝深入。平部分諸將，水陸並進，攻浮山堰。亮違平節度，以疾請還，隨表輒發。平奏處亮死刑，太后令曰：『亮去留自擅，違我經略，雖有小捷，豈免大咎。但吾攝御萬機，庶幾惡殺，可特聽以功補過。』魏師遂還。

三月，魏論西硤石之功，辛未，以李崇爲驃騎將軍，加儀同三司；李平爲尚書右僕射；崔亮進號鎮北將軍。亮與平爭功於禁中，太后以亮爲殿中尚書。

魏蕭寶寅在淮堰，上爲手書誘之，使襲彭城，許送其國廟及室家諸從還北。寶寅表上其書於魏朝。

夏四月，淮堰成，長九里，下廣一百四十丈，上廣四十五丈，高二十丈，樹以杞柳，軍壘列居其上。

或謂康絢曰：『四瀆，天所以節宣其氣，不可久塞。若鑿湫東注，則游波寬緩，堰得不壞。』絢乃開湫東注。又縱反間於魏曰：『梁人所懼開湫，不畏野戰。』蕭寶寅信之，鑿山深五丈，開湫北注，水日夜分流猶不減，魏軍竟罷歸。水之所及，夾淮方數百里。李崇作浮橋於硤石戍間，又築魏昌城於八公山東南，以備壽陽城壞，居民散就岡壟。其水清澈，俯視廬舍冢墓，了然在下。

初，堰起於徐州境内，刺史張豹子宣言，謂己必掌其事；既而康絢以他官來監作，豹子甚慚。俄而敕豹子受絢節度，豹子遂譖絢與魏交通。上雖不納，猶以事畢，徵絢還。

秋八月，康絢既還，張豹子不復修淮堰。九月丁丑，淮水暴漲，堰壞，其聲如雷，聞三百里，緣淮城戍村落十餘萬口皆漂入海。初，魏人患淮堰，以任城王澄爲上將軍、大都督南討諸軍事，勒衆十萬，將出徐州來攻堰。尚書右僕射李平以爲『不假兵力，終當自壞』。及聞破，太后大喜，賞平甚厚，澄遂不行。

一一、皇宋通鑑長編紀事本末

匯編説明

《皇宋通鑑長編紀事本末》一百五十卷，南宋楊仲良編，成書在寶祐五年（一二五七年）左右。作者將李燾《續資治通鑑長編》按照紀事本末的體例，把北宋九朝比較重要的事件，重新進行了梳理歸納。今本《長編》五百二十卷，其中原本僅一百七十五卷，不及全書的四成，其餘均由四庫館臣從《永樂大典》中摘録重編而成，還缺少徽、欽二朝。清末黄以周等人作《續資治通鑑長編拾補》時，用《皇宋通鑑長編紀事本末》的徽、欽部分，補寫《拾補》六十卷。

乾隆朝編四庫全書時，因《皇宋通鑑長編紀事本末》已經缺少了第六、七兩卷以及第一一四至一一九卷，所以没有收入《四庫全書》。這個版本，後來被收入《宛委别藏叢書》保留至今。本書最大的特點，是對瞭解北宋某一事件的來龍去脉，十分方便，只需按照目録查檢，一目了然。本書和現在通行的《宋史紀事本末》（明馮琦撰，陳邦瞻增訂）相比較，也各有所長。《宋史紀事本末》勝在它把北宋和南宋三百多年的重要事件都進行了重新編排，而本書對北宋這一時期的記述，比《宋史紀事本末》詳細得多，條目分得也更細緻。

這次整理是將原書中涉及水利史的專節，进行摘録匯編，依據的底本是《續修四庫全書》第三八六《史部·紀事本末》類，上海古籍出版社影印本。因爲本書原著時主要取材於李燾原作，因此整理時主要校核文獻，就是《續資治通鑑長編（附拾補）》。

二〇〇六年十月，黑龍江人民出版社出版了由李之亮校點的簡體字版。該版本整理中投入大量精力，取得很大成績，方便了讀者。但是，在水利專業辭彙標點上，還有可商榷之處。如，卷四七《塞河·修滑州決河》段有：『所謂葦索、心索、底簍、搭簍、籠首、索簽、樁磕、磩拐、橛拽、後橛，其多寡稱所用』句，應該標點爲『所謂葦索、心索、底簍、搭簍、籠首索、簽樁、磕磩、拐橛、拽後橛，其多寡稱所用』等。

本書整理點校工作由蔡蕃完成，鄭連第進行審稿。限於水準，錯誤和不妥之處誠懇希望大家批評指正。

整理者

卷一一　太宗皇帝　農田

何承矩屯田之利

淳化四年三月。初，何承矩至滄州，即建屯田之議，上意頗嚮之。既而河朔頻年霖雨水潦，河流湍溢，壞[一]城壘民舍，處處蓄爲陂塘，妨民種藝[二]。於是承矩請因其勢大興屯田，種稻以足食。會臨津令黄懋亦上書，請於河北諸州興作水田。懋自言：『閩人本鄉風土，惟種水田，緣山導泉，倍費功力。今河北州軍陂塘甚多，引水溉田，省功易就，三五年内，公私必獲大利。』因詔承矩往河北諸州按視，復奏如懋言。壬子，以承矩爲制置河北沿邊屯田使，入内供奉官閻承翰、殿直段從古同掌其事，以懋爲大理寺丞，充判官；發諸州鎮兵萬八千人給其役，凡雄、莫、霸州，平戎、破虜、順安軍興堰六百里[三]，置斗門，引淀水灌溉。初，年稻值霜不成，懋以江東霜晚，稻常九月熟；河北霜早，又地氣遲一月，不能成實。江東早稻以七月熟，即取其種，課令種之。是年八月稻熟。始承矩建水田之議，沮之者頗衆，又武臣亦耻於營葺佃作。既而種又不熟，群議益甚，幾罷其事。及是，承矩即載稻穗數車，遣吏部送闕下，議者乃息。自是，蒲葦、蠃蛤之饒，民賴其利。

《實録》於是月甲午，先載承矩上言，即命大作水田。及壬子，乃以承矩爲制置使，懋爲判官。按：上得懋書，又令承矩按視；承矩復奏，然後施行，恐甲午日未有大作水田之命也。今從《本志》。甲午，初六日；壬子，二十四日。

陳堯叟等建水利墾田之議

至道元年正月，度支判官陳堯叟、梁鼎上言：『唐季以來，農政多廢，民率弃本，不務力田，是以家鮮餘糧，地有遺利。臣等每於農畝之業，精求利害之理，必在修墾田之制，建用水之法。討論典籍，備窮本末。自漢、魏、晋、唐以來，於陳、許、鄧潁，暨蔡、宿、亳至於壽春，用水利墾田，陳迹具在。望選稽古通方之士，分爲諸州長吏兼管農事，大開公田，以通水利。發江淮下軍散卒及募兵以充役，每千人，人給牛一頭，治田五萬畝。雖古制一夫百畝，今且墾其半，俟久而古制可復也。畝約收三斛，歲可得十五萬斛。凡七州之間置二十屯，歲可得三百萬斛，因而益之，不知其極矣。行之二三年，必可致倉廩充實，省江淮漕運。其民田之未闢者，官爲種植；公田之未墾者，募

[一] 壞　《續修四庫全書》作『壞』，點校本誤記爲『壞』。以下多處同，不注。

[二] 妨民種藝　原脱『民』字，據《續資治通鑑長編》（以下簡作《長編》）卷三十四補。

[三] 六百里　原作『六七里』，據《長編》卷三十四改。

民墾之。歲登，所取其數，如民間主客之例，此又敦本勸農之要道也。《傅子》曰：「陸田命懸於天。」人力雖修，苟水旱之不時，則一年之功弃矣。水田之制由人力，人力苟修，則地利可盡也。且蟲災之害，又少於陸。水田既修，其利兼倍，與陸田不侔矣。」上覽奏，嘉之。即遣大理寺丞皇甫選、光禄寺丞何亮乘傳往諸州按視，經度其事。選，盧江人；亮，南充人也。

二年四月丁酉，皇甫選、何亮等上言：『先受詔往諸州興水利。按：鄭渠元引涇水，自仲山西抵瓠口，並北山東注洛，袤三百餘里，溉田四萬頃，收皆畝一鍾。三白渠亦引涇水，首起谷口，尾入櫟陽，注渭中，袤二百餘里，溉田四千五百頃。兩渠共溉田四萬四千五百頃。今之存者不及二千頃，乃二十二分之一分也。皆由近代改修渠堰，寖隳舊防，失其水利，故灌溉之功絶少於古。臣等先至鄭渠相視，用功最大，並仲山東、西鑿斷崗阜，首尾三百餘里，連亘岸壁，隤壞堙廢已久。度其制置之始，涇河平淺，直入渠口。既年代遥遠，涇河日深，水勢漸下，與渠口相懸，水不能至。峻崖之處，渠岸摧毁，荒廢歲久，實難致力。其三白渠溉涇陽、高陵、雲陽、三原、富平六縣田三千八百五十餘頃，此渠衣食之原也。望令增築堤堰，以固護之。舊有斗門一百六十七，以節制其水，皆毁壞，請悉繕治，令用水有準。渠口舊有大石門，謂之洪門，今亦隤圮。若再議興制，則其工甚大，且欲就近度其岸勢，别開渠口，以通水道。歲令渠官行視岸之闕薄，水之淤損，即時繕修疏治之。禁豪民無令峻渠導水，以擅其利。涇河中舊有石堰，修廣皆百步，捍水雄壯，謂之將軍翣，廢壞已久，基址具在。杜思曾獻議請興此翣，而功不克就。其後，止造木堰，凡用材一千三百餘，數歲出於沿渠之民。涉夏水潦薦至，渠暴漲，水堰遂壞，漂流散失，至秋復率民以修葺之。數斂重困，無有止息。欲自今溉田畢，命工拆堰木置於岸側，可充二三歲修堰之用。所役沿渠之民，計田出丁，凡調萬二千人，謂之水利夫。將軍翣可造堰，各有其利，固不憚勞，不煩歲役其人矣。擇能吏專掌其事，置於涇陽縣，以時行視，往復甚便。』又言：『鄧、許、陳、潁、蔡、宿、亳七州之地，其公私閑田凡三百五十一處，合二十二萬餘頃，蓋民力不能盡耕。漢、魏以來，杜預、召信臣、任峻、司馬宣王、鄧艾等立制墾闢之地，由南陽界鑿山開嶺，疏導河水，散入唐、鄧、襄三州以溉田。諸處陂塘坊埭，大者長三十里至五十里，濶二丈至八丈，高一丈五尺至二丈。其溝渠大者長五十里至八十里，濶三丈至五丈，深一丈至一丈五尺，可行小舟。臣等周行歷覽，若皆增築陂堰，勞費甚煩。欲望於堤防未壞可興水利者，先耕二萬餘頃，他處漸圖建置。』時著作佐郎孫冕總監三白渠，詔冕依選等奏行之，募民耕墾七州之田，自鄧州始，皆免賦入。復令選等舉一人，與鄧州通判同掌其事。選與亮分路按焉。

陳靖墾田之議

至道二年七月庚申，太常博士直史館陳靖上言曰：『先王之欲厚生民而豐其食者，莫大於積穀而務農也。臣早任計司判官，每獲進對。伏聞聖訓，以爲稼穡農耕政之本。苟能勸課田畝，康濟黎元，則鹽鐵榷酤，斯爲末事。謹按：天下土田，除江浙、荆南、隴蜀、河東等處地里夐遠，雖加勸督，亦未能遽獲其利。况古者强幹弱枝之法，必先富實於內。今京畿周環三十州，幅員三數千里，地之墾者十才二三，税之入者又十無五六，復有匿里舍而稱逃亡，弃農耕而事遊惰。逃亡既衆，則賦額日減，而國用不充，斂收科率，無所不行矣。遊惰既衆，則地利歲削，而民食不足，寇盗傷殺，無所不至矣。又安能致人康物阜、地平天成者乎？望擇大臣一人，有深識遠略兼領大司農事，典領於中；又於郎吏中選才知通明能撫民役衆者爲副，執事於外。自京東、西擇其膏腴未耕之處，申以勸課。臣又嘗奉使四方，深見田民之利害，污萊極目，膏腴坐廢，亦加詢問，頗得其由。皆詔書累下，許民復業，蠲其常租，寬以歲時。然鄉縣之間，擾之尤甚。每一户歸業，則刺報所由，朝耕尺寸之田，暮入差科之籍，追胥責問，繼踵而來，雖蒙蠲其常租，實無補於損瘠。况民之流徙，始由貧困，或被私債，或逃公税，亦既亡遯，則鄉里斂其資財，至於室廬什器、桑棗材木，咸計其直。或縣官用以輸税，或債主取以償逋。生計蕩然，還無所詣，以兹浮蕩，絶意言歸。姦心既萌，何所不至？如授臣斯任，則望借以閑曠之田，廣募游惰之輩，誘之耕鑿，未計租賦，許令別置版圖，便宜從事。酌民力之豐寡，相農畝之磽肥，均配俾之，無煩督課，令其不倦。其逃民歸業，丁口授田，煩碎之事，並取大司農裁決。耕桑之外，更課令益種雜木、蔬菓，孳畜羊犬、雞豚。給授桑土，潛擬於井田；營造室居，便立於保伍。逮於養生送死之具，慶弔問遺之資，咸俾經營，並立條制。俟至三五年間，生計成立，有家可戀，有土可懷，即計户定征，量田收税。以司農新附之召籍，合計府舊收之簿書，斯實敦本化人之宏略也。若民力有不足，官借緡錢，或以市餱糧，或以營耕具。凡此給授，委於司農，比及秋成，乃令償值，依時價折估，納之於倉，以其成數，開白户部。』上覽之喜，謂宰相曰：『朕思欲恢復古道，革其弊俗，驅民南畝，至於富庶。前後上書言農田利害多矣，或知其末而闕其本，有其説而無其用。靖此奏甚諳理，可舉而行之，正是朕之本意。』因召對獎諭，令條奏以聞。靖又言：『逃民復業及浮客請佃者，委農官勘驗，以給授田土，收附版籍，州縣未得議其差役。其乏糧種耕牛者，令司農以官錢給借，民輸税外，有荒田願附司農之籍者，民有牛歲責以租課願隸籍受田者，並定其田制爲三品。以膏沃而無水旱之患者爲上品；雖沃壤有水旱之虞、墒瘠而無水旱之慮者爲中品；既磽瘠復患於水旱者爲下品。上田人授百畝，中田百五十畝，下田二百畝，並五年後收其租，亦只計百畝，十收其一二。一家有三丁者，請加授田如丁數以給；五丁者，從三丁之制；七丁者給五丁，十丁者給七丁，至十丁三十丁者爲限。若寬鄉田多，即委農官裁度以賦之。其室廬、蔬韭及桑棗、榆柳種藝之地，每户及十丁者給百五十畝，七丁者百畝，五丁者七十畝，三丁者五十畝，二丁三十畝。除桑功五年後計其租，餘悉蠲其課。令常參官於幕職州縣中，各舉所知一人堪任司農丞者，授諸州通判，即領農田之務。又慮司農官屬分下諸州，民頑已久，未能信服，更或張皇紛擾，其事難成，望許臣領三五官吏，於近甸寬鄉設法招誘，俟規畫既定，四方游民必盡麇至，乃可推而行之。』吕端曰：『靖所立田制多改舊法，又大費資用。望以其狀付有司詳議。』乃詔鹽鐵使陳恕等，於逐部擇判官一人通知農田利害者，與靖同議其事。恕與户部使張鑑、度支副使樂崇吉、户部副使王仲華、鹽鐵判官唐堯叟、度支判官李歸一共議，請如靖之奏。乃詔以靖爲勸農使，按行陳、許、蔡、潁、襄、鄧、唐、汝等州，勸民墾田。以大理寺丞皇甫選、光禄寺丞何亮副之。選、亮上言功難成，願罷其事。上志在勉農，猶詔靖經度。未幾，三司以爲費官錢多，萬一水旱，恐遂散失，其事遂寢。靖爲勸農使，在八月辛酉，今并書之。

塞滑河

太平興國八年五月丙辰朔，河大決滑州房村，泛澶、濮、曹、濟諸州民田，壞居人廬舍。東南流至彭城界，入於淮。有司議大發丁夫塞之。上曰：『鄉者發民塞韓村決河，卒不能成，但爲勞擾。』乃令出卒數萬人，賜以内府金帛，令内容省使郭守文往護其役。

九月，郭守文塞決河，堤久不成〔一〕。上謂宰相曰：『今歲秋田方稔，適值河決，塞治之役，未免重勞。言事者言諸河之兩岸古有遥堤，以寬水勢。其後民利沃壤，咸居其中，河之盛溢，即罹其患。當令按視，苟有經久之利，無憚復修。』戊午，遣殿中侍御史濟陰柴成務、本志作太常丞劉錫。今從《實録》及《會要》。供奉官葛彦恭緣河北岸，國子監丞趙孚、殿直郭載緣河南岸，西自河陽，東至於海，同視河堤之舊趾。凡十州二十四縣，並勒所屬官司件析堤内民籍税數，議蠲賦、徙民，興復遥堤利害以聞。孚等使回，條奏曰：『臣等因訪遥堤之狀，所存者百無一二，完補之功甚大。臣聞堯非洪水不能顯至聖；禹非導川不能成大功。古者派爲九河，始能無患。臣以謂治遥堤不如分水勢，自孟至鄆，雖有堤防，惟滑與澶最爲隘狹。於此二州之地，可立分水

〔一〕堤久不成　原作『議久不成』，據《長編》卷二十四改。

之制。宜於南、北岸各開其一，北入王莽河，以通於海；南入靈河，以通於淮。節減暴流，一如汴口之法。其分水河，量其遠近，作爲斗門，啟閉隨時，務平均濟，通舟運，溉農田。如此，則惟天惠民，茂宣於德澤，分地之利，普洽於膏腴。既防水旱之患，可獲富庶之資也。』朝議以河決未平，重惜民力，寢其奏焉。時多陰雨，上以河決未塞，深憂之，謂宰相曰：『修防決塞，蓋不獲已。秋霖洊降，役民滋苦。豈朕寡德，致其災沴乎？』趙普對曰：『堯水湯旱，時運使然。陛下勞謙勤恤，過自刻責，下臣恐懼無所措。望少寬宸慮，以俟天災弭息。』丁丑，上以河決未塞，遣樞密直學士張齊賢乘傳詣白馬津，用一大牢，加璧以祭。

十二月癸卯，滑州言河決已塞，群臣稱賀。先是，役丁夫十萬餘，功久不就，議者多請罷之。殿旨劉吉確稱役不可罷，即令助郭守文監督。及是而堤成。未幾，河復決。丙午，右補闕直史館胡旦獻《河平頌》。

雍熙元年正月丙辰，遣使按行河決所壞民田。

三月壬子，遣翰林學士宋白乘傳祭白馬津，沈以太牢，加璧焉。河決將塞故也。先是，塞房村決河，用丁夫凡十餘萬，自秋踰冬，既塞而復決。上以方春播種，不可重煩民力，乃發卒五萬人，令步軍都指揮使田重進總督其役，供奉官劉吉自贊請行，具言若河決不塞，當夷族。上壯之，使副重進。吉親負土，與役徒晨夜兼作，戒從吏勿言。使者至，密訪乃得之。歸以白於上，上甚喜。內侍石全振者，領護河堤，性苛急，號爲『石爆裂』。數侵侮吉，吉默不校。一日，吉與乘小艇至中流，語之曰：『君恃貴近，見淩已甚。我不畏死，當與君同見河伯爾！』將蕩舟殺之[一]。全振號哭，搏頰求哀，吉乃止，自是不復敢侵侮吉矣。己未，滑州言河決已塞，群臣稱賀。吉之功居多，即授西京作坊副使，賜予甚厚。上作《平河歌》以美成功。蠲水所及州縣民今年田租。

卷四六　仁宗皇帝　塘水

明道二年三月。塘水東起滄州界，拒海岸黑龍灣西，至乾寧軍，沿永濟河合破船淀、滿淀、灰淀爲一水，衡廣百三十里，縱九十里至百三十里，其深五尺。東起乾寧軍，西至信安軍永濟渠爲一水，西合鵝巢淀、陳人淀、燕丹淀、大光淀爲一水，衡廣一百二十里，縱三十里或五十里，其深丈餘或六尺。東起信安軍永濟渠，西至霸州莫金口，合水淀、得勝淀、下光淀、小蘭淀、李子淀、大蘭淀爲一水，衡廣七十里，縱十里或六里，其深六尺或七尺。東北起霸州莫金口，西南至保定軍父母砦[二]，合量料淀爲一水，衡廣

[一] 蕩舟　原『舟』字作空格，據《長編》卷二十五補。

[二] 至保定軍　原作『至安軍』。宋無『安軍』，據《長編》卷一一二改。

二十七里，縱八里，其深六尺。霸州至保定軍並塘岸水最淺，故咸平、景德中胡馬鈔河北〔一〕，以霸州、保定軍爲歸路。東南起保定軍，西至北雄州，合一百三十淀。黑羊淀〔二〕、小蓮花淀爲一水，衡廣六十里，縱二十五里或十五里，其深八尺或九尺。東起雄州西至順安軍，合大蓮花淀、洛陽淀、牛橫淀、康池淀、疇淀、白羊淀爲一水，衡廣七十里，縱三十里或四十五里，其深一丈或六尺或七尺。東起順安軍邊吴淀，西至保州，合齊女淀、宜子淀、勞淀爲一水，衡廣三十餘里，縱百五十里，其深一丈三尺。起安肅、廣信軍之南，保州西北至沈苑河爲塘，衡廣二十里或十里，其深五尺，淺或三尺，曰沈苑泊。自保州西合雞距泉，嘗爲稻田，方衡十里，其深五尺至三尺，曰西塘。自何承矩以黄懋爲判官，始置屯田。築堤儲水爲阻固，其後益增廣之，凡並邊諸河，若滹沱、葫蘆〔三〕、永濟等河皆匯于塘。天聖已後，相循而不廢，仍領于緣邊屯田司。而當職之吏各從其所見，或曰：『有甲兵將兵在，敵來何所事？塘自邊吴淀西望長城口，尚百餘里，皆山阜高仰，水不能通，敵騎馳突，得此路足矣。塘雖距海，亦爲無用。夫以無用之塘而廢可耕之田，則邊穀貴，自困之道也。不如勿廣，以息民爲根本。』或者則曰：『河朔幅員二千里地，地平而無險阻。賊從西方入，放兵大掠；由東方而歸，我嬰城之不暇，其何以禦之？自邊吴淀至泥姑海口，綿亘七州軍，屈曲九百里，深不可以舟行，淺不可以徒涉，雖有勁兵，不能渡也。東有所阻，則甲兵之備可以專力于其西矣，孰爲無益。』論者自是分爲兩岐，而朝廷以敵人忽荒無常，故終不可以廢也。

明道〔元〕〔二〕年八月壬午〔四〕，忻州團練使劉平自雄州徙知成德軍，是日壬午。奏曰：『臣嚮爲沿邊安撫使，與安撫都監劉志求見，嘗陳備邊之略。臣今徙真定路，由順安、安肅、保定州界，自邊吴淀望趙曠川長城口〔五〕，乃契丹出入要害之地，東西不及一百五十里。臣竊恨聖朝七十餘年守邊之臣，何可勝數，皆不能爲朝廷預設深溝高壘，以爲扼塞。臣聞太宗皇帝朝，嘗有建請方田者。今契丹國多事，兵荒相繼，我乘以引水植稻爲名開方田。隨田塍四面穿溝渠，縱橫一丈，深二丈鱗次交錯〔六〕，兩溝間屈曲爲徑路，才令通步兵。引曹河、鮑河、徐河、雞距泉分注溝中，地高則用水車汲引灌溉，甚便。願以劉志知廣信軍，與楊懷敏共主其事，數載之後，必有成績。』遂密勅平與懷敏漸建方田。懷敏時爲西路緣邊巡檢都監也。侍禁劉宗

〔一〕鈔河北　原作『劍河北』，據《長編》卷一一二改。
〔二〕黑羊淀　原作『黑半澱』，據《長編》卷一一二改。
〔三〕葫蘆　原作『苑』，據《長編》卷一一二改。
〔四〕明道二年八月壬午　原作『元年八月』，據《長編》卷一一二改。
〔五〕趙曠川　原作『趙曠州』，據《長編》卷一一二改。
〔六〕交錯　原作『文解』，據《長編》卷一一二改。

言又奏請種木于西山之麓，以法榆塞，云可以限敵騎也。

此段取本志附見。劉平自雄州徙成德，乃去年八月丙辰。其奏疏則據《會要》，在此年三月十七日。《會要》云：明道三年三月十七日，知成德劉平言：『安肅、廣信軍并保州各相去三四十里〔一〕，其間平原廣野。乞自保州以西，如稻畦掘作方田，每年漸次開展，乞專委〔二〕西路緣邊都監楊懷敏相度可否建置方田，必有成績。』詔令懷敏漸次興置方田，仍令劉平嘗切照管。

寶元元年十一月己未，河北屯田司言：『欲于石塚口導百濟河水〔三〕，以注緣邊塘泊，請免所經民田税。』從之。時歲旱，塘水涸，知雄州葛懷敏慮契丹使至，測知其廣深，乃壅界河水注之，塘復如故。

慶曆二年三月己巳，契丹遣使致書求關南十縣，且曰：『營作長堤，填塞隘路，開決塘水，添置邊軍。既潛稔于猜嫌，慮難敦于信睦。』四月，復書曰：『營築堤埭，開決陂塘。昨緣霖潦之餘，大爲衍溢之患。既非疏導，當稍繕防。豈蘊猜嫌，以虧信睦？』其使劉六符嘗謂賈昌朝曰：『南朝塘濼何爲者哉？一葦可杭，投箠可平，不然決其堤，十萬土囊，遂可踰矣。』時議者亦請涸其地以養兵。上問王拱辰，對曰：『兵事尚詭。彼誠有謀，不應以語敵，此六符誇言爾。設險守國，先王不廢，且祖宗所以限寇敵也。』上深然之。

七月，契丹復議和好，約：『兩界河淀已前開畎者並依舊外，自今已後，各不添展。其見堤堰、水口逐時決洩壅塞之，量差兵夫，取便修疊疏導。非時霖潦別至大段漲溢，並不在關報之限。』

五年七月。初，與契丹約罷廣兩界塘淀。約既定，朝廷重生事，自是每邊臣言利害，雖聽許，必戒之以毋張（皇）〔惶〕，使敵有詞。而葛懷敏獨治塘益急。是月，懷敏密奏曰：『前轉運使張逸開七級口泄塘水，臣已亟塞之。知順安軍劉宗言閉五門幞頭港，下赤、大渦、柳林口，漳河水不使入塘。臣已復通之，令注白羊淀矣。逸、宗言朋黨沮事如此，不譴誅無以懲後。』詔從懷敏奏，自今有妄乞改水名者，重責之。

卷四七　仁宗皇帝　塞河

修滑州決河

天聖元年正月癸未，詔中書、樞密院同議塞滑河決河。河入中國，行太行西，曲折由山間，則不能爲大患。及出大伾，走東北赴海，更平地二千餘里。禹迹既湮，河并爲一，而特以堤防爲之限。夏秋霖潦，百川衆流之所會，時不免決溢之憂。然有司之所以備河者，亦益工矣。

〔一〕三四十里　原作『三十里』，據《長編》卷一一二改。
〔二〕專委　原『專』字作空格，據《長編》卷一一二補。
〔三〕石塚口　原作『石椽口』，據《長編》卷一二二改。又百濟河，原作『水濟河』，亦據《長編》卷一二二改。

岸汨則易摧，故聚芻藁、薪條，枚實石而縋之，合以爲埽。及埽之法，若高十丈，長八尺，其算以徑圍各折半，因之得積尺七千五百，則用薪八百圍，《史藁》作薪五百圍芻藁二千四百圍。所謂葦索、心索、底篗、搭篗、箍首索、簽樁、磕礫、拐橛、拽後橛〔一〕，其多寡稱所用。若大小廣袤不同，則隨時損益之，而亦視此爲率焉。故凡置埽，必仞水之深，度岸之高，或疊二、疊三、四。一埽之長居岸二十步，而岸長或數百步，或千餘步，埽壞輒牽連而去。又置埽以補救之，其費動爲緡錢數萬。凡埽初下水曰撲崖，居上而捍水曰爭高，闕地置之以備水曰陷埽。埽實墊爲亡所患，浮湍則危。其卷埽之器，則有制脚木、制木、進木、拒馬、短長木篗、大小石篗、雲梯、引橛、推梯、卓斧、綿索。其皷旂，所以利工作而爲號令之節也。凡度役事，負六十觔、行六十里爲一工；土方一尺，重五十觔，取土二十步外者一工；二十五尺上接邪高，皆折計之。水向背不常，則埽各後地而易。自『河入中國』至此，皆因本志附此。李清臣《史稿》載埽法尤詳，本志刪取之。

四月己酉〔二〕，以京西轉運使、祠部郎中孫冲兼權滑州河陰至泗州都大循河，東頭供奉官、閤門祇候張君平簽書滑州事。初議塞決河也。

五月甲戌，命參知政事魯宗道按視滑州塞河功料。

六月，張君平求免簽書滑州事，專領修河，仍乞增置都監，且薦太常博士李渭。庚子，渭換授北作坊使，與君平俱爲修河都監。魯宗道用渭策，欲盛夏興役，孫冲謂徒費楗薪，困人力，雖塞必決。乃徙冲知河陽。既而役兵多渴死，君平議減其功半，渭不聽，君平獨以聞，乃斥渭不用，君平亦徙定，河卒不塞。

九月，京東、西路先配率塞河梢芟數千萬，期又峻急，民苦之。王欽若召自江寧〔三〕，見其事，言於上曰：『民方勤農，豈可常賦外追擾？』甲戌，詔州縣未得督發，別聽旨。癸未，賜滑州修河役卒緡錢。

閏九月壬辰朔，詔：『如聞滑州修河役兵暴露作苦，而所飯菽粟或爨未熟，乃不可食，宜遣使臣往視之。』

十月癸亥，詔滑州募民入粟。

二年八月戊寅，遣度支員外郎、祕閣校理李垂、內殿崇班閤門祇候張君平按視滑、衛等州河勢，以歲稔將議塞決口也。

五年七月丁巳，以馬軍副都指揮使彭睿爲修河都部署，內殿押班岑保正爲鈐轄，禮賓副使閻文應、供備庫副使張君平爲都監。詔發丁夫三萬八千、卒二萬一千、緡錢

〔一〕標點本自『箍首』至『後橛』止，埽物名稱標點多誤。
〔二〕己酉　原作『辛酉』，據《長編》卷一〇〇改。
〔三〕江寧　原作『江陵』，據《長編》卷一〇一、《宋史》卷二八三《王欽若傳》改。

五十萬塞滑州決河。

八月戊辰朔，命知制誥程琳往滑州祭告河。

九月癸卯，遣知制誥程琳、西上閤門使曹儀往滑州按視修河。初詔（發）〔一〕增發丁夫二萬，中書言：『調工已衆，不可增發。』故遣琳等往度之。乙巳，詔京西轉運使張億〔二〕，自今五日一具修河次第以聞。丙辰，詔：『滑州修河兵夫比多疾病，其令醫官院遣醫分治之。候罷役，較其全失之數以聞。』

十月辛未，賜滑州修河役卒緡錢。戊寅，詔：『修河兵夫候功畢日，其少壯願隸禁軍者聽之。』壬午，遣知制誥徐奭往滑州祭告河。戊子，賜滑州修河役卒緡錢。丙午，滑州言塞決河畢。是日旬休，上與太后御承明殿，召輔臣諭曰：『河決累年，一旦復故道，皆卿等經畫力也。』王曾等皆再拜稱賀。詔速第修河臣僚勞效以聞。作靈順廟於新堤之側。

此據宋綬《廟記》，乃十月事也。

十一月丁酉朔，名滑州新修埽曰天臺埽，以其近天臺山麓故也。己亥，以河平，宰臣率百官稱賀，遂燕崇德殿。自天禧三年河決，至是積九載乃復塞，凡費芻稾千六百二十萬，他費不與焉。遣官告祭天地、社稷、宗廟、諸陵，命翰林學士章得象祭於河，宋綬撰《修河記》。修河部署、馬軍副都指揮使、保順節度使彭睿加武昌節度使，右諫議大夫權三司使范雍加龍圖閣直學士，知滑州右諫議大夫寇瑊加樞密直學士。凡督役者第遷官。民經率配，免税十之三，優卹災傷户。始役既興，朝議以歲飢將復罷，瑊言：『病民者，特芻稾耳。幸調率已集，若積之經年，則腐朽爲弃物，復興功斂之，是重困也。』乃詔訖役。壬戌，録故西京作坊使、滑州鈐轄张君平子造爲三班奉職，遂、達並爲借職。

修澶州決河

天聖六年八月乙亥，澶州言河決王楚埽，凡三十步。

七年二月，河北轉運司言：『河平以來，澶州諸埽未嘗完築，恐盛夏益復漲溢，請募民入中芻糧，以備緩急。』詔可。

五月。先是，侍御史高弁、内侍楊懷敏往澶州視決河，議築大韓埽，又遣内侍綦仲宣覆按之。仲宣言大河已安流，諸埽亦足恃，帝亦重興役。壬申，以諸埽圖示輔臣，罷大韓不復築。弁亦請弛堤防，縱水所之，可省民力，且以扼敵兵。不報。

此據《高弁傳》，在三月辛亥。《實録》載弁議，更考之。

九月戊戌，澶州官吏並坐王楚埽決，降官一等。

十二月。河朔罹水患，朝廷以民疲不任繇役，故王

〔一〕（發）字衍，據删。

〔二〕張億　原作『張意』，據《長編》卷一五〇及下文改。

楚埽尚未塞。都大循護澶滑河高繼密，請自澶州蒐固埽下接大堤，東北即高阜築遥堤，爲備禦計。侍御史高弁又請於澶州之西分導二河，以殺水勢。壬子，命龍圖閣待制韓億、左藏庫使閻文應等往河北，同轉運使相視之。

八年正月癸亥，詔河北轉運司視澶州埽岸。如梢芟有備，即議修塞；或民力猶困，則須冬月乃議之。丙子，前良山縣令陳曜請於鄆、滑州界疏黄河入廛邱河，以分水勢。詔京東、河北轉運使與韓億同規度之。戊辰，遣禮賓副使江德源往澶州視古遥堤。庚辰，詔河北水災州軍募人入粟，以賑貧民。

三月庚辰，詔河北被水州縣毋税牛。

景祐元年七月甲寅，澶州言河決横壠埽。命户部副使王沿、供備庫使孫昭等視之。

十月。初，大名府言：『自河決横壠，而德、博以來，皆罹水患。請早行修塞。』即詔王沿等相視。沿等以爲河勢奔注未定，且功大，未可遽興。癸亥，復遣侍御史知雜事楊偕、入内押班王惟忠、閤門祇候康德興同往視度。而偕等言：『欲且興築兩岸馬頭，令緣堤預積芻藁，俟來年秋，乃大發丁夫修塞。』從之。

十二月癸未，以天雄軍部署、萊州團練使邵福爲都大修河部署，供備庫副使王遇爲澶州部署，右侍禁閤門祇候王昭序爲滄州部署兼修河事。三門白波發運使文洎言：『諸埽須薪芻、竹索，歲給有常數，費以鉅萬計。積久多致腐爛。乞委官檢覈實數，仍視諸埽緊慢移撥，并斫近岸榆柳添給，免采買般運之勞。』因陳五利。詔：三司詳所奏，遂施行之。洎，介休人也。

二年正月庚戌，詔：『自横壠河決，嘗下河北、京東西路，以民租折納梢芟五百餘萬。今河決處自生淤灘，可省工費。其三路未輸梢藁，並停罷。』

三月己丑，殿中丞、通判齊州張宗彝言：『大名府新作金堤，可以捍横壠決河水勢。請且緩修塞之役。』詔河北轉運司繪黄河故道及決河至海圖，上之。

四月癸酉，詔澶州募民輸梢芟。

三年正月丙午，度支副使郭勸、四方館使夏元亨同點檢修横壠埽所儲錢糧芻藁，及行視王楚埽所閉減水河利害以聞。

五月，殿中丞王果言：『河北地勢庳下，積沙爲岸。若導河東流，恐不能禦湍悍之患。欲望博詢群議，罷塞横壠。』詔郭勸、夏元亨同按視以聞。果，饒陽人也。辛卯，以儀鸞使、雅州刺史、入内副都知王守忠爲澶州修河鈐轄，内殿崇班李保懿爲都監，崇儀副使楊懷敏管勾黄河南岸諸埽，内殿崇班吕清管勾北岸諸埽。丙午，詔澶州權停塞横壠決河。自是河東北行，不復由故道。徙修河都監楊懷敏專固護大名府金堤。

自是河東北行，不復由故道。此據去年八月戊辰《稽古録》所書。明年十二月，河北漕司又奏早撥修塞横壠決河錢糧，不知何也。

四年十二月戊辰朔，河北轉運司奏修塞横壠決河合用錢糧，乞早撥付河口，以來春興役。上令轉運司再計度從何處修塞河勢，從何處赴海，有無壅滯，報明復奏。

此但據《朔歷》，它無有也。當考。

再修澶州決河

慶曆八年六月癸酉，河決澶州商胡埽。丙子，遣權發遣户部判官事燕度，行視澶州決河。

七月戊戌，詔河北水災，其令州縣募飢民爲兵。甲寅，命河北都轉運使、户部郎中、天章閣待制施昌言都大管勾澶州修河事，四方館使、榮州刺史、知澶州王德基同都大管勾，通判澶州、屯田司員外郎張諤、國子博士張士程同管勾河事。丙辰，命馬軍副都指揮使、武安留後郭承祐爲澶州修河部署。戊午，加建武節度使。庚申，即以承祐權知澶州，尋又加殿前副都指揮使。辛酉，權發遣户部判官、屯田員外郎燕度同知澶州，兼管勾修河事。甲子，翰林學士宋祁、入内都知張永和詣商胡埽視決河及覆計工料。

八月辛巳[一]，判大名府賈昌朝請下京東州軍興葺黄河舊堤，引水東流，漸復故道，然後并塞横壠、商胡二口[二]，永爲大利[三]。詔待制以上并臺諫官亟詳定利害以聞。甲申，宋祁、張允和等言：『商胡水口見濶五百五十七步，用工一千四十二萬六千八百，日役兵夫一十萬四千二百六十八人，可百日而畢。』詔付詳定所。乙丑，以河北、京東西水災，罷秋宴。辛卯，觀文殿學士丁度等合奏修河利害曰：『天聖中，滑州塞決河，積備累年始興役。今商胡工尤大，而河北歲飢民疲，迫寒月，難遽就也。且横壠決已久，故河尚未填閼，宜疏減水河，以殺水勢，俟來春先塞商胡。』從之。前遣内侍募民入薪芻者皆還，但令諸路自行誘勸。

十一月癸丑，鹽鐵副使、吏部員外郎陳洎，供備庫使、恩州刺史、入内都知張惟吉，同相度商胡堤岸。

十二月庚辰，判大名府賈昌朝又言：『按：夏禹導河，過覃懷，至大伾，釃爲二渠。一即貝邱西河南渠，《書》稱「北過洚水，至於大陸」者是也。一即漯川，《史》説「經東武陽，由千乘入海」者是也。河自平原以北，播爲九道，齊桓公塞其八而并歸徒駭。漢武時決瓠子，久爲梁、楚患，後卒塞之，築宫其上，名曰「宣房」，復禹舊迹。至王莽時，貝邱西南渠遂竭，九河盡滅，獨用漯川，而歷代徙決不常。然不越鄆、濮之北，魏、博之

[一] 辛巳　原無，據《長編》卷一八五補。

[二] 二口　原『口』字作空格，據《長編》卷一八五補。

[三] 永爲　原『永』字作空格，據《長編》卷一八五補。

東，即今澶滑大河，歷北京朝城，由蒲臺入海者，禹、漢千載之遺功也。國朝以來，開封、大名、懷、滑、澶、鄆、濮、棣、齊之境河屢決。天禧三年至四年夏連決，天臺山傍尤甚，凡九載乃塞之。天聖六年又敗王楚，景祐初潰於横壠，遂塞王楚。於是河獨從横壠出，至平原，分赤、金、淤三河，經棣、濱之北入海。近歲海口壅閼，淖不可浚。是以去年河敗德、博間者凡二十一，今夏潰於商胡，經北都之東至於武城，遂貫御河，歷冀、瀛二州之域，抵乾寧軍，南達於海。今横壠故水止存三分，金、赤、淤河皆已湮塞，惟出雍京口以東，大污民田，乃至於海。自古河決爲害，莫甚於此。朝廷以朔方根本之地，禦備敵寇，取財用以饋軍師者，惟滄、棣、濱、齊最厚。自横壠決，財利耗半；商胡之敗，十失其八九。況國家恃此大河，内固京師，外限戎馬。祖宗以來，留意河防，條禁嚴切者以此。今爲旁流散出，甚有可涉之處。臣愚竊謂救之之術，莫若東復故道，盡塞諸口。按横壠以東至鄆、濮間堤埽具在，宜加完葺。堙淺之處，可以時發近縣夫開導至鄆州東界。其南悉沿邱麓，高不能決，此皆平原曠野，無所阸束，自古不爲防岸，以達於海，此歷世之長利也。謹繪漯川、横壠、商胡三河爲一圖上進，惟陛下留省。』詔翰林侍讀郭勸、入内副都知藍元用與河北、京東轉運使，再行相度修復黄河故道利害以聞。

皇祐元年正月己亥，命度支副使刑部員外郎吴鼎臣、洛苑使、眉州防禦使、入内副都知藍元用；往澶州經度治河功費。庚子，徙河北都轉運使施昌言知兖州。昌言議塞商胡決河，令復故道，與賈昌朝不合，故徙之。以吴鼎臣爲天章閣待制、河北都轉運使。戊申，以河北水災，罷上元張燈，車駕朝謁停作樂。

二月甲戌，河北轉運使言黄、御二河決，並注乾寧軍。請遷其軍於瀛州。《書》云：河合永濟渠注乾寧軍。

郭勸等言：『與京西轉運使徐起、河北轉運使崔嶧自横壠口以東，至鄆州銅城鎮度地高下，使河復故道，爲利明甚。凡濬二百六十三餘里一百八十步，役四千四百九十萬四千九百六十工。』議雖上，未及行也。

九月乙卯，遣龍圖閣直學士張奎、入内都知張惟吉、供備庫副使郭息往澶州，經度商胡決口。

二年正月己亥，詔河北提點刑獄司自今歲調兵夫治河，並親往督視之。丙辰，御史中丞郭勸、入内都知張惟吉、藍元用同檢核黄河故道工料以聞。

三年七月辛酉，河決大名府館陶縣郭固口。

八月己未，詔三司河渠司與兩制、臺諫官同議塞商胡、郭固決河，仍詔河北都轉運使吕公弼、提舉河堤綦仲宣赴闕同議。

四年元月乙亥〔一〕，塞郭固口。

三月己亥〔二〕，詔河北安撫轉運使、知博州蔡挺，與入內都知張惟吉同議六塔河利害以聞。时郭固雖已塞，而水勢猶壅。議者請開六塔河以分其勢，故命惟吉等按視。

至和元年六月壬寅，徙知澶州、建武節度使曹佾知青州。時議將修塞六塔，上賜詔問佾，佾言：『河決殆天時，未易以人力争。陛下念河北被患，於工費無所惜，然決口將合益駛，雖用工如蔴葦，積蒭如邱阜，且何所施？以臣之見，不如徐觀其勢而利導之，萬全之算也。』佾論與執政異，故徙之〔三〕。

此據《李清臣墓銘》。按：此時猶未修六塔，恐清臣飾説，當考。明年十月二日，趙抃有言。

十一月戊辰，命鹽鐵副使、司封員外郎李參，皇城使、陵州團練使、內侍押班武繼隆相度黃河故道。

十二月壬子，詔河北、京東轉運使司詣鄆州銅城鎮海口審度黃河高下之勢。如興工後，水果得通流，即條具利害以聞。

開銅城，塞商胡，議自郭勸等始，見皇祐元年二月。河北周沆、燕度，京東陳宗古。

二年九月丁卯，詔：『自商胡之決，大河注金堤，寖爲河北患。其故道又以河北〔四〕、京東歲飢，未能興役。今勾當河渠司事李仲昌欲約水入六塔河，使歸橫壠舊河，以紓一時之急。其令兩制以上、臺諫官與河渠司，同詳定開故道修六塔利害以聞』。丙子，歐陽修言：『伏見學士院集議修河，未有定論，蓋由賈昌朝欲復故道，李仲昌請開六塔，互執一説，莫知孰是。臣愚皆謂不然。言故道者未詳利害之原，述六塔者近乎欺罔之謬。今謂故道可復者，但見河北水患而欲還之京東，然不思天禧以來河水屢決之因。所以未知故道不可復之勢，臣故謂未詳利害之原也。若言六塔之利者，則不待攻而自破矣。且開六塔者説云減大河水，今六塔既已開，而恩、冀之患何爲尚有奔騰之患？此則減水未見其利也。又聞開六塔者云，可令回大河，使復橫壠故道。今六塔止是别河，下流已爲濱、棣、德、博之患，若令回大河，顧其患如何？臣故謂近乎欺罔之謬也。且河本泥沙，無不淤之理。淤澱之勢，常先下流，下流淤高，水行漸壅，乃決上流之低處，此勢之常。然避高就下，水之本性，故河流已棄之道，自古難復。臣不敢廣述河源，且以今所欲復之故道，言天禧以來屢決之因。初，天禧中，河出京東，水行於今所謂故道者。水既淤澀，乃決天臺埽，尋塞而復故道。未幾，又決於滑州南鐵狗廟，今所謂龍門埽者。其後數年，又塞而復故道，已

〔一〕元月　原作『二月』，據《長編》卷一七二改。
〔二〕己亥　原作『乙亥』，據《長編》卷一七二改。
〔三〕徙之　原作『從之』，據《長編》卷一七六改。
〔四〕河北　原作『洒北』，據《長編》卷一八一改。

而又決王楚埽。所決差小，與故道分流，然而故道之水終以壅淤，故又横壠大決。是則決河非不能力塞，故道非不能力復，所復不久，終必決於上流者，由故道淤高而水不能行故也。及横壠既決，水流就下，所以十餘年間，河未爲患。至慶曆三、四年，横壠之水又自海口先淤，凡一百四十餘里，其後淤、金、赤三河相次又淤下流。下流既梗，反決於上流之商胡口。然則京東横壠兩河故道，皆下流淤塞，河水已棄之高地。京東故道屢復屢決，理不可復，不待言而易知之。昨議者度京東故道，止云銅城已上地高，不知大抵東去皆高，銅城已上乃特高爾。其東北銅城已上則稍低，比商胡已上，則實高也。若云銅城已東地勢平下，則當日水流宜決銅城已上，何緣而頓淤横壠之口，亦何緣而大決也？然則兩河故道既皆不可爲，則河北水患何爲而去？臣聞智者之於事，有所不能必，則較其利害之輕重，擇其害少而爲之。猶愈於害多利少，何況有害而無利？此三者，可較而擇也。又商胡初決之時，議欲修塞，計用梢芟一千八百萬，科配六路一百餘州軍。今欲塞者，乃往年之商胡，則必用往年之物數。至於開鑿故道，張奎所計工費甚大。其後李參減損，猶用三十萬人。然欲以小河之狹容大河之水，此可笑者。又欲增一夫所開三尺之方倍爲六，亦且闊、厚三尺而長六尺，自一倍之功，在於人力，已爲勞苦。若云六尺之方，以開方法算之，乃八倍之功，此豈人力之所能勝？是則前功既大而難興，後功雖小而不實。大抵塞商胡，開故道，凡二大役，皆困國勞人。所舉如此，而欲開難復屢決已驗之故道，使虛費而商胡不可塞，故道不可復，此所謂有害而無利者也。就使幸而暫塞，以紓目前之患，而終於上流必決，如龍門、横壠之比，此所謂利少而害多也。若六塔者，於大河有減水之名，而無減患之實。今下流所散已多，若全回大河以注之，則濱、棣、德、博，河北所仰之地，不勝其患。而又淤澀上流，必有他決之虞，此直有害而無利爾，是皆智者之不爲也。今若因水所在增治堤防，疏其下流，浚以入海，則可無決溢散漫之虞。今河所歷數州之地誠爲患矣，堤防歲用之大誠爲勞矣。與其虛費天下之財，虛費大衆之役，而不能成功，終不免爲數州之患，勞歲用之夫，則此所謂害少者，乃智者所宜擇也。大約今河之勢，負三決之虞：復故道，上流必決；開六塔上流，亦決河下流；若不浚使入海，則上流亦決。臣請選知水利之臣，就其下流求入海之路而浚之，不然下流梗澀，則終虞上決，爲患無涯。臣非知水者，但以今事可驗者較之，亦願下群臣議，裁取其當焉。』

蘇轍作《修神道碑》云：『河決商胡，賈昌朝留守北京，欲開横壠故道，回河使東。有李仲昌者，欲導商胡入六塔河。詔兩府、臺諫集議。陳執中當國，主横壠議。執中罷去，而宰相復以仲昌之言爲然。』宰相蓋指富弼也。今附此。

甲申，翰林學士承旨孫抃等言：『奉詔定黄河利害，其開故道，誠爲經久之利，然功大不能卒就。其六塔河如相度容得大河，使導而東去，可以紓恩、冀全堤患，即乞許之。』

十二月丁亥[一]，中書奏：『自商胡決，爲大名、恩、冀患。先議開銅城道，塞商胡，以功大難卒就緩之，則憂金堤泛溢，不能捍也。願備工費入橫壠，宜令河北東預完堤埽，并上河水所占民田。』從之。始用李仲昌議也。戊子，知澶州、天平留後李璋爲修河都部署，河北轉運使、兵部郎中、天章閣待制周沆權同知澶州，都大管勾應付修河公事，宣政使、果州團練使、入內副都知鄧保吉爲修河鈐轄，殿中丞李仲昌都大提舉河渠司，內殿承制張懷恩爲修河都鈐轄。尋以北作坊使、果州團練使、內殿押班王從善爲修河都監。壬辰，龍圖閣直學士、給事中施昌言爲都大修河制置使，提點開封府界諸縣鎮公事、度支員外郎蔡挺都大提點河渠司勾當公事，太常博士楊緯並同管勾修河。昌言辭之，不許。

嘉祐元年四月壬子朔，李仲昌等塞商胡，北流入六塔河，溢不能容，是夕復決，溺兵夫、漂芻茭不可勝計。壬申，殿中侍御史趙抃言：臣伏覩今春朝廷指揮商胡北流口，候至秋冬閉塞。其修河司李仲昌、張懷恩等全不依禀制旨，妄稱水勢自然過入六塔新河，盛夏之初，遂爾閉合。一日之內，果即衝開，失壞物料一二百萬，溺役兵夫性命不少，民力疲弊，道路驚嗟，豈非意在急切，力覬恩賞？失計敗事，咎將誰歸，伏望陛下特賜宸斷，其仲昌、懷恩及應管勾臣等亟加貶黜，以正典刑。謝彼方之生靈，戒後來之妄作。

六月戊午，龍圖閣直學士、給事中施昌言爲樞密直學士，知澶州。時六塔河既修復決，朝廷猶欲成之，因以澶授昌言，冀便役事云。

命昌言知澶州以便役事，此據其《本傳》。四月壬子朔，六塔河已決，不知何故昌言今乃加職。又後此三日，李璋等皆責，而昌言獨免。至十一月甲辰，昌言始責，殊不可曉。今據趙抃奏議增修。

辛酉，降知澶州、修河都部署、天平留後李璋知曹州，河北轉運副使、同管勾修河司封員外郎燕度知蔡州，提舉開封府界縣鎮公事、同管勾修河度支員外郎蔡挺知滁州，修河都鈐轄、北作坊使、果州團練使、內殿押班王從善爲濮州都監，供備庫副使張懷恩爲內殿承制，提舉黃河埽岸、殿中丞李仲昌爲大理寺丞。戊寅，兵部員外郎、知制誥韓絳爲河北體量安撫使，西上閤門副使王道宗副之。時宰相文彥博、富弼主李仲昌六塔河議，及敗事，人莫敢盡言。絳至河北，具得其狀，始請置獄劾治，仲昌等由是俱被竄廢。

此據絳《行狀》，劉攽所作也。

初議塞六塔，河北轉運使周沆獨言：『近計塞商胡，用薪蘇千六百四十五萬，工五百八十三萬。今仲昌計塞

[一] 十二月　原脫『二』字，據《長編》卷一八一補。

六塔用薪蘇三百二十萬，共是一河，所費財用不容若是之殊。蓋李仲昌欲先爲小計，以求興役爾。又今河廣二百餘步，六塔方四十餘步，必不能容。且橫壠下流自河徙以來，填淤成高陸，其西堤粗完，東堤或在或亡。前日六塔水微通，分大河之水不十分之三，濱水之民喪業者三萬户。就使如仲昌言全河東注，必橫潰泛濫，齊、博、德、棣、濱五州之民皆爲魚鼈食矣。今自六塔距海千餘里，合欲壅河使東，宜先治水所過兩堤，使皆高厚，仍備置吏兵，分守其地，多積薪蘇，以防衝決，乃可爲也。然其勞費甚大，未易可辦。以臣度之，六塔不可塞。」不從。及仲昌敗，沆又上言：「民罹水災，皆結廬堤上，糧乏可哀。臣欲輒發近倉賑之，顧大恩當自上出，願亟遣使按視救恤。」從之。

此據周沆《本傳》。不知沆疏李仲昌議不可用在何時。至和元年十二月，遣臣與河北、京東漕臣詣銅城鎮，相度河勢。恐沆因此上疏。然二年十二月，沆猶被命同權知澶州，應副修六塔河。若既駁仲昌議，則不應更受此命。或朝廷雖有此命，而沆卒辭之，故河決獨免責也。今附見沆事於遣韓絳體量河北後。

十一月甲辰，降知澶州、樞密直學士、給事中施昌言爲左諫議大夫、知滑州，天平留後李璋爲邢州觀察使，司封員外郎燕度爲都官員外郎，北作坊使、果州團練使、內侍押班王從善爲文思使，度支員外郎蔡挺追一官勒停，內殿承制張懷恩澤州編管，大理寺丞李仲昌英州衙前編管。先是，宰相文彥博、富弼主仲昌議，開六塔河，不聽賈昌朝所言。及六塔功敗，仲昌等皆坐責。中書議不勝，昌朝因欲動搖宰相，乃教內侍劉恢密奏六塔水死者數千萬人，穿土干禁忌。且河口崗與國姓、御名有嫌，而大興鍤畚非便。詔遣中使置獄。殿中侍御史呂景初意昌朝爲之，時昌朝已入爲樞密使。即言事無根原，不出政府，恐陰邪用此中傷善良。乃更遣殿中侍御史裏行吳中復與文思副使〔二〕、帶御器械鄧守恭等往澶州鞫其事，趣行甚急，一日內降至七封。中復固請對，乃行。既對，以所受內降納御座，言：「恐獄起姦臣，非盛世所宜有。臣不敢奉詔，乞付中書行出。」上從之。時號中復爲「鐵面御史」。中復馳往，較景德口籍，乃趙征村，實非御名，六塔河口亦無崗勢。但劾昌言等奉詔，俟秋冬塞北流，而擅違約，甫塞即決，損國工費。懷恩、仲昌仍坐取河材以爲器，盜所監臨，故重貶之。昌朝讒雖不效，亦即召爲樞密使。仲昌，垂子也，嘗上《導河形勝書》，欲別派使，緩而不決，至仲昌，乃塞河，背戾家學，遂以貶終焉。仲昌既貶，朝廷始專治西堤，以衝北京及契丹國信路，不復治東堤。

『鐵面御史』并『付中書行出』及『內降七封』，並據曾氏《南遊記舊》。曾氏又以治恩、冀河流，斷趙征村崗勢爲韓琦主議，悮也。專治西堤，據《稽古録》。《江氏雜識》云：許州賈侍中坐語及黄河事，賈云金堤只有西岸。《漢書》：左堤疆則(有)〔右〕堤傷。既無東岸，自無決理，不須歲築。然今每歲

〔二〕吳中復　原脱「吳」字，據《長編》卷一八四、《宋史》卷三二二《吳中復傳》補。又「與文思副使」，原「與」作「舉」，據《長編》卷一八四改。

不減十萬夫役，無敢減省者。《江志》此事恐無《稽古録》所書相參，當考。

又云：張安道云：『河決六塔口，河北税賦放百七十萬石。今舉天下所得以奉河北歲三百萬者，河決之患也。原其所由，下流多置橋，水不通泄，爲世大患。去澶橋則河患息矣。』

卷七三　神宗皇帝　農田

淤田

熙寧四年三月戊子，上論淤田得麥事見《役法》。五月乙未〔一〕，御史劉摯言：『内臣程昉、大理寺丞李宜之於河北開修漳河，功力浩大。朝廷既令權罷，則利害姑置之。朝廷又令總領淤田司事。』

昉總領淤田，當檢月日。昉權罷開漳河三月十一日丙申，上批并此月十一日乙未。王安石論陳薦云云，可考。

臣謹按：『程昉、李宜之將命與事，初不以事之可否實聞於朝，伏恐生事興患，未有窮已。伏乞明布昉等罪狀，重行貶竄。』楊繪亦再具奏，乞罷工役。王安石爲昉辨説甚力，皆寢不報。

御史劉摯言：『程昉等開漳河，不詳利害，擾民費財及欺罔要君〔二〕，乞行罷黜。』墨史但如此書於十二日，朱史又削去。今具載摯奏。按《日録》以十一日進呈，摯奏必在十一日以前，今附見十一日。墨史乃於十二日書之，恐誤也。中丞楊繪亦有二章論奏，實録並不書，今附見於此。二月二十一日丁丑，增役兵開漳河。

安石又白上：前此樞密院言，淤田役兵多走死，至一指揮但有軍員五人歸營者；又言府界營婦舉營訴於提點刑獄，乞放淤田兵士，密院遂劄付提點司密切體量。安石取簿歷，根究得淤田兵士走死，多處不及三釐。用法：走死及八釐，尚合得第一等酬奬。又問密院何以言，云：『得之曾孝寬，得之李琮。』上曰：『曾孝寬何故如此？』安石曰：『孝寬及琮皆不可知，或止是誤聽，亦不可知。』馮京曰：『人言所聞何害？』上曰：『小人好如此，恐宜力者解體。陳薦前日上殿，言且喜朝廷覺察，罷却淤田。』安石曰：『陛下用陳薦輩爲耳目股肱，今薦權發遣開封府界内淤田，其罷與不罷及利害，初不曾知〔三〕，不知陛下耳目何所賴？』

六年九月丙辰，賜屯田員外郎侯叔獻、太常丞楊汲府界淤田各十頃。叔獻等引河水淤田，決清水於畿縣澶州間，壞民田廬、塚墓，歲被其患。他州縣淤田類如此，而朝廷不知也。

七年正月。先是，提舉河北路常平等事韓宗師劾程昉導滹沱河水淤田，而堤壞水溢，廣害民稼，欺罔十六罪。

〔一〕乙未　原無，據《長編》卷二二三補。
〔二〕欺罔　原『罔』字作空格，據《長編》卷二二三補。
〔三〕不曾知　原作『不知會知』，據《長編》卷二二三改。

詔昉分析。於是進呈。讀至宗師言：『昉奏百姓乞淤田，臣勘會百姓元不曾乞淤田。昉分析：據差去檢踏官取到逐縣乞淤田狀，但不曾户户取狀。』上曰：『亦無人户狀。』王安石曰：『淤田得差去官及逐縣官吏狀足矣，何用户户取狀？程昉奏乞淤田既無狀，即難明虛實。然爲朝廷宣力，溉田至四千餘頃，假令奏狀稱人户乞淤田一句不實，亦無可罪之理。』上言：『昉昨修漳河，聞漳河歲歲決，修滹沱河，又却無下尾。』安石曰：『修漳河出却三縣民田，百姓群至京師，經待漏院出頭，謝朝廷差到程昉開河，除去百姓三二十年災害。』

林希《野史》云：原武等縣民因淤田浸壞廬舍、墳墓，又妨秋種，相率詣闕訴。使者聞之，急責其令追呼，將杖之。民即謬曰：『詣闕謝耳。』使者因代爲百姓謝淤田表，遣吏詣鼓院投之。狀有二百餘名，但二吏來投之。安石喜，上亦不知其妄也。令附注此，當考。

六年九月丙辰，賜侯叔獻等田，併考。又逐條讀程昉分析。

八年閏四月十四日，王安石云：『程昉與韓宗師同放罪。可考。』上曰：『若韓宗師，何惜行遣，令轉運使考按其事。』

韓宗師提舉河北常平，既有旨下京東轉運司。及程昉各差官檢定淤田，宗師固未嘗兼京東轉運司，不知何故，却自差官。蓋宗師只從河北常平司差官檢定河北淤田，初不問京東轉運司及程昉，又差獨員監當官，故王安石以爲違法也。十月十二日丙子，程昉遷官，可考。沈括《筆談》云：瓦橋關北與遼人爲隣，素無關河爲阻。往歲六宅使何承矩守瓦橋，始議因陂澤之地瀦水爲塞，欲自相視。恐其謀泄，日會僚佐泛船㈠，置酒賞蓼花，作詩數十篇，令坐客屬和，畫以爲圖，傳至京師。人初莫諭其意，自此始壅諸淀。慶曆中，內侍楊懷敏復踵爲之。至熙寧中，又開徐村、柳莊等諸濼，皆以徐、鮑、唐、沙等河，叫猿、雞距、五眼等泉爲之原，東合滹沱、漳、淇、易、白等水，下并大河。於是自保州西北沈遠濼，東盡滄州泥沽海口，幾八百里，悉爲瀦潦，闊者有及六十里者，至今倚爲藩籬。或謂侵蝕民田，歲失邊粟之入，此殊不然。深、冀、滄、瀛間惟大河、滹沱、漳水所淤方爲美田，淤澱不至處，悉是斥鹵，不可種藝。冀日帷是聚集遊民，刮鹹煮鹽，頗干鹽禁，時爲寇盜。自爲瀦濼，姦盜遂少，而魚蟹菰葦之利，人亦賴之。沈括《筆談》或附和《王安石》說，今附注此，待考。

二月丙子，上議擇河北帥云云。吴充白上，乞且減省騷擾河北事。王安石曰：『河北修役法，人皆免役數年，特不科配銀絹。至於其餘百色，無一毫科配，如何反有騷擾？』上曰：『當是向來差夫多。』安石曰：『差夫事，候排定保甲，乃可見事實。大抵七八丁乃差一夫，有何騷擾？初有河決，遽調夫，不知何至今不塞，河北如何騷擾？調數萬夫塞却河，致恩、冀數州皆免流亡，得良田耕墾，何名騷擾？塞滹沱河，又出田幾萬頃，灌田四千餘頃，縱未經打量，不知萬頃實否然，亦須五六千頃。并淤到鹵地，亦自萬頃。又開漳河，出三州之田皆可耕種。百姓至群聚來京師，謝朝廷爲之除害，如何謂之騷擾？』充曰：『民可與樂成，難與慮始。』安石曰：『民既難與慮始，此所以須朝廷驅使。況亦不聞百姓以此爲怨，但朝廷士大夫自紛紛爾。』上因擇帥之難，歎曰：『今朝廷所用

㈠ 泛船　原作『汎船』，據改。

非所養，所養非所用。卿等亦宜爲朕養育實才，以當緩急之用。』安石又言：『今人材之少，當由陛下是非任意、賞罰不明，人人偷惰取容，莫肯自盡故也。如趙子幾在河北未嘗按一人，獨程昉盡力，乃興數獄危之。昉終無罪可劾，唯以壕寨取受杖罪，收坐免勘。安有一年提舉四五處大役，乃以一壕寨取杖受罪收坐之理？子幾宣言，陛下極稱其能劾程昉。子幾向在府界，真能不畏强禦，修舉法令？陛下每以衆毁疑之。臣數辨其無罪。及使河北，更按盡力之吏，以取悦流俗，陛下始極稱之。如此，即人臣何故不務爲偷惰取容？』上曰：『朝廷獎用程昉如此，安得不盡力？內臣極有願爲昉所爲者。內臣得舉京官，祖宗以來未有。』王安石曰：『昉以職事得舉京官，不知受賂否？若不受賂，但以要人營職故同罪舉官，不知於昉私家有何所利？若人人能爲，陛下何不降出姓名，代昉職事？』上曰：『只是修水利，又不似王繼恩平西川。』安石曰：『人材各有用，民功曰庸，乃先王所甚貴，何必能平西川，然後保惜？陛下長育人材如此，則人材乏少，臣何敢任其罪？』

四月丙戌，王安石罷相。

十月丙子[一]，同管勾外都水監丞、提舉河北興修水利程昉領達州團練使，永静軍判官林伸、東光縣令張言舉各追一官勒停。初，昉開胡蘆河引水入新開故道，浸民田不可勝計。詔河北東路轉運司遣官相視。轉運司遣伸、言舉，伸、言舉奏：新河身比舊河高一丈以來，致水逆行，侵民田。詔昉具析，昉反言引水通快，官私船栰，略無阻滯。詔遣都水監丞劉璯、黄御等(何)〔河〕催綱李直躬考驗，而璯等奏如昉言，故昉遷官而絀(紳)〔伸〕、言舉。

《會要·水利門》：七年十月十三日，以皇城使、端州刺史程昉遥領達州團練使。昉治滹沱河，議者互出所見，謂非利，昉確不移。既而水行，人便之。上嘉焉，進官以賞之。《會要》所書蓋專爲昉道地，與元祐史官不同，當考。元祐史官載伸等言：致水逆行，昉反言云云。紹聖史官乃削去『致』字、『反』字，此可見其意也。

御史盛陶嘗論昉曰：『昉挾第五埽塞決河[二]之功，故縱壕寨徒屬騷擾不法。所開共城縣御河，頗廢人户水磑。多用民力，不見成功。又議開泌河，因察訪官案行，始知不當。漳河、滹沱河之役，臣不知用工幾何，淤田若干，即令通流與否，而水占邢、趙、深、祁之良田，民頗咨怨。』王廣廉、孔嗣宗、錢勰[三]，以至趙子幾皆有論列。上曰：『王安石以昉知河事，且欲任使。開漳河七百萬工、滹沱河九百萬工，已議體量。』然朝廷訖不果根治也。

八年二月丙戌，同管勾[四]外都水監丞程昉等言：嘗乞以京西三十六陂爲塘，瀦水入(下)〔汴〕漕運。其

[一] 丙子　原無，據《長編》卷二五七補。
[二] 決河　原作『尖何』，據《長編》卷二五七改。
[三] 錢勰　原作『錢緦』據《長編》卷二五七、《宋史·錢勰傳》改。
[四] 同管勾　原『問管句』，據《長編》卷二六〇改。

陂内民田，欲先差官量頃畝，依數撥還，或給價錢。又采買材木遥遠，清汴牐欲候二三年修，仍選知河事臣僚再案視措置〔一〕。詔翰林學士侍讀陳繹、入内都知張茂則與昉等覆視以聞。其後繹等言：『可濟行運。其置牐疎密、土工物料見令楊炎等計置。』詔候相度畢，具合行事節以聞。

四月，都大提舉黄御等河公事程昉言：『乞自滹沱、胡盧兩河引水，淤溉滹沱南岸魏公、孝仁兩鄉瘠地萬五千餘頃。自永静軍雙陵道口引河水，淤溉北岸曲淀等村瘠地萬二千餘頃，並俟明年興工。』從之。

五月，王安石爲上論程昉、吕嘉問事。上曰：『如程昉，非不勾當得事，但不循理。』安石曰：『程昉舉吕公孺，誠爲不識理分。然於國事有何所損云云。』上曰：『如程昉，數年間致位至此，昉亦足矣。』安石曰：『昉功狀比衆人合轉數官，即才轉一官。若一有疑罪，即數處置獄，豈得謂足？陛下前日宣諭：程昉恃中書知察〔二〕，方能盡力。臣此見昉數處置獄被劾，但能令人歎息而已。昉乃爲臣言：「不須爲昉深辨。但今昉得罪，追一兩官，或被停廢，察諫議自然息怒，不然，即紛紛未有了。昉但得爲朝廷了公事，利澤及民足矣。若因此停廢，昉亦能營生，必不寒饑，相公不須過憂。」其言如此，乃非恃中書營救，故敢自肆也。今忠邪功罪未盡昭明，則事功何由興起？』

九年九月丙寅，贈皇城使、達州團練使、帶御器械程昉爲耀州觀察使，官其二子，賜宅一區，以昉任水事有功特恩也。昉挾王安石勢，多所陵慢。後安石覺其虚誕，疎之，昉以憂死。

元豐元年七月甲午，管勾外都水監丞、殿中丞耿琬兼提舉河北淤田水利司，仍自今罷置淤田一司。

三年二月壬寅，提點永興軍等路刑獄、駕部員外郎王孝先知邠州。孝先上淤田營田司，自熙寧七年至十年，費錢十五萬五千四百餘緡。

水利

熙寧元年六月辛亥，王臨言：『保州塘濼已西可築堤植木，凡十九年。堤内可引水處即種稻，水不及處，並爲方田。又因出土作溝，以限戎馬。』從之。中書言：『諸州縣古蹟（阪）〔陂〕塘，異時皆畜水溉田，民利數倍。近歲所在湮廢。』詔諸路監司：『詔尋州縣可興復水利，如能設法勸誘興修塘堰圩垾，力利有實，當議旌寵。』

五年十一月癸丑，睦州團練推官、知於潛縣郟亶爲司農寺丞、兩浙路提舉興修水利。

〔一〕『臣僚』，原作『臣察』；『案視』，原作『按現』，據《長編》卷二六〇改。

〔二〕知察 原作二空格，據《長編》卷二六四補。

郟亶明年五月二十三日追官，《日録》載上語云：『郟亶且勿移動。』按：亶事訖無成，故安石專以此爲出上意，今不取。

庚午[一]，司農寺丞、新提舉兩浙路興修水利郟亶言：『乞將向日凡言兩浙水利文字，付臣看詳，或召言者詢問，如實利便及其人可任使。乞令分頭主管官員依部役官舉人，依曹孝立例給請受，候興修隨功利小大[二]、等第酬獎。』從之。曹孝立亦當考。又見七年十月

六年五月戊申，詔：『創水磑、碾碓有妨灌溉民田者，以違制論，不以去官赦原減官司，容縱亦如之。』

八月，檢正中書刑房公事沈括，辟官相度兩浙水利。上曰：『此事必可行否？』王安石等曰：『括乃土人，習知其利害，性亦謹密，宜不妄舉。』上曰：『事當審計，無如郟亶妄作，中道而止，爲害不細也。』丁丑，沈括言：『浙西諸州水患，久不疏障，堤防川瀆，多皆湮廢。今若一出民力，必難成功。乞下司農，貸官錢募民興役。』從之。

九月戊申，淮南東路轉運司言：『真、揚州民逐熟於泗州見振救。』及兩浙提點刑獄司言：『潤州旱甚，乞發省倉，或量給度僧牒及紫衣師號，募人入粟，以備賑濟。』詔各撥常平司糧三萬石，募饑民興修農田水利。上謂王安石：『奉先寺進新種稻極佳，賜與一道紫衣。』王安石曰：『陛下每以勸農事爲急，甚善。』初，蔡河既作重閘，有餘水，乃教河側人種旱地爲稻，而奉先率先種稻。上曰：『蔡河雖作重閘而未嘗閉者，水有餘故也。若教人廣引蔡水種稻，則蔡河乃不患水多。』安石曰：『鄧艾得并水東下營田者，以賴蔡河漕運故也。自不賴蔡河漕運，故欲并水東下，修鄧艾遺迹不可得。今蔡河重閘無所用水，則欲并水東下，無所不可。若相旱地爲塘，多引溝洫作水田，則陳、棣數州自足食，餘及京師矣。此須擇一能幹事人，方了此。』

七年正月，賜江寧府常平米五萬石修水利。

九年正月壬午，前相度淮南路水利劉瑾言：『體訪揚州江都縣古鹽河，高郵縣陳公塘等湖，天長縣白馬塘、沛塘，楚州寶應縣泥港、射馬港，山陽縣渡塘溝、龍興浦，淮陰縣青州澗，宿州虹縣萬安湖、小河，壽州安豐縣芍陂等，可興置。古鹽河、萬安湖、小河已令司農寺結絶，欲令逐路轉運司選官覆案施行。』從之。

卷七七　神宗皇帝　濬汴河　導洛附

熙寧六年十一月辛丑，詔令冬不閉汴口，令造械截浮凌。先是，權判將作監范子奇言：『汴口每歲開閉，勞人

[一] 庚午　原無，據《長編》卷二四〇補。
[二] 小大　原作『山大』，據《長編》卷二四〇改。

費財。乞每至冬，更勿閉口。』上曰：『舊閉口，良有所費。』安石曰：『聞往時所費至百萬。』上曰：『聞都省有碑，言溝洫前通於汴水，不知自何時如此，河底漸高？』安石曰：『今溝首皆深，汴極低。又觀相國寺積沙幾及屋簷，則汴河如此漸高未久？』上曰：『有汴河來已久，何故近方如此漸高？』安石曰：『舊不建都，即不如此。本朝專恃河水，故諸陂澤、溝渠清水皆入汴。諸陂澤、溝渠清水皆入汴，即沙行而不積。自建都以來，漕運不可一日不通，專恃河水灌汴，諸水不復得入汴，此所以[一]積沙漸高也。』丁未，王安石言：『以濬川杷濬黄河，自二十八日卯時至二十九日申時，凡增深九寸至一尺八寸。請以杷濬汴。』從之。先是，有選人李公義者建言，請爲鐵龍爪以濬河。其法：用鐵數斤爲爪形，沉之水底，繫絙以船曳之而行。宦官黄懷信以爲鐵爪太輕，不能沈，更請造濬川杷。其法：以巨木長八尺，齒長二尺列於木下，如杷狀，以石壓之，兩旁繫大絙，兩端矴大船，相距八十步，各用牛車絞之去來，撓蕩泥沙，已又移船而濬之。它日又言：『開直河一道，計省却九百萬物料、三百萬夫工。如懷信所造濬川杷，即處處危急可用。直河所以有不可開者，只爲近水，開數尺即見水，施功不得。今但見水，即以杷濬之，無不可。使水趋直河去處，即一歲所省，凡幾百千萬物料夫工。又汴河、廣濟河諸斗門、減水河，自此更不須計工開(没)〔役〕，但列百千枚杷，永無淺澱也。』

七年四月庚午，詔置疏濬黄河司[二]，差范子淵都大提舉，李公義爲勾當公事。

八年二月丙戌，同管勾外都水監丞程昉等言：『嘗乞以京西三十六陂爲塘，瀦水入汴漕運。其陂内民田，欲先差官量頃畝數撥還，或給價錢。又採買林木遥遠，清汴牐欲作二三年修，仍選知河事臣寮再按視措置。』詔翰林侍讀學士陳繹、入内都知張茂則與昉等覆視以聞。其後繹等言：『可濟行運。其置牐踈密土工物料，見令楊炎等計置。』詔候相度畢，具合行事節以聞。

十月壬辰[三]，張方平判應天府。方平在朝雖不任職，然多所建明。嘗論汴河曰：『臣竊惟今之京師，古所謂陳留，天下四衝八達之地者也。非如函秦天府百二之固，洛宅九州之中，表裏山河，形勝足恃。自唐末朱温受封於梁國而建都，至於石晋割幽、薊之地入契丹，遂與强敵共平原之利。故五代争奪，兵革相尋，其患由乎畿甸無藩籬之限，本根無所庇也。祖宗受命，規模必講，不還周、漢之舊，而梁氏是因，豈樂而處之，勢有所不獲已者？大抵利漕運而贍師旅，依重師而爲國也，則是今之勢。國以兵而立，兵以食爲命，食以漕運爲本，漕運以河渠爲主。國初，

[一] 所以　原本脱『以』字，據《長編》卷二四九補。

[二] 詔置疏濬黄河司　原脱『疏』字，據《长编》卷二五二補。

[三] 壬辰　原本無，據《長編》卷二六九補。

浚河渠三道，通京城漕運。自後定立上供年額，汴河斛斗六百萬石，廣濟河六十二萬石，惠民河六十萬石[一]。廣濟河所運止給太康、咸平、尉氏等縣軍粮而已。惟汴河所運，一色粳米，相兼小麥，此乃太倉畜積之實。今仰食於官廩者，不惟三軍，至於京師士庶以億萬計，大半待飽於軍稍之餘，故國家於漕事至急。京，大也；師，衆也。大衆所聚，故謂之京師。有汴河則京師可立，汴河廢則大衆不可聚。汴河之于京師，乃是建國之本，非可與區區溝洫水利同言也。』

九年十月丁酉，判大名府文彦博言濬川杷無益於事。詔令范子淵畫一分析奏聞。

元豐元年正月戊辰，熊本落知制詔、分司西京饒州居住，權都水監丞、主客郎中范子淵追一官，差遣依舊。本坐按視濬河事不實，緣疏濬有河退地二萬二千三百頃，而附會報不以實；子淵所稱河退地雖實，而以二年數誤併爲一年，故有是命。又濬川杷僅同兒戲，子淵所陳，固多妄云。運河置牐，令都水監再相度以聞。

二年四月乙卯，詔導洛通汴，用是月甲子興工。遣禮官祭告。

六月甲寅，提舉導洛通汴司言：『清汴成以四月甲子起役，六月戊申畢工，凡四十五日。自任村沙谷至河陰瓦亭子并汜水關，北通黄河，接連運河，長五十一里。河兩岸爲堤，總長一百三里。河所占官私地二十九頃，已引洛水入新口斗門，通流入汴。候汴水調均，可塞汴口。乞徙汴口官吏河清指揮於新開洛口。』從之。

十月，詔金部郎中、權判都水監范子淵減磨勘二年，餘推恩有差，以疏導汴河有勞也。

三年正月癸巳，三司言：『發運司歲發頭運糧綱入汴，舊以清明日。自導洛入汴，以二月一日。自去冬汴水通行，不必以二月爲限。』從之。

六月乙卯，參知政事章惇上《導洛通汴記》。詔以《元豐導洛記》爲名，刻石於洛口廟。

四年七月戊戌，詔：『自今汴河水漲及一丈四尺以上，即令於向上兩堤視地形低下可以納水處決之。』

五年六月，詔：『已（折）〔拆〕金水河透槽，回水入汴，自汴河北引洛水入禁中，以天源河爲名。』

八年三月，哲宗即位。

四月辛未，詔户部侍郎李定，取都提舉汴河堤岸司所領條析以聞。

五月乙未，户部侍郎李定具到都提舉汴河堤岸司，專切提舉京城所管課利事件奏之。事見《變新法》。庚子，詔提舉汴河堤岸司隸都水監。

《舊録》云：先帝導洛入汴，繕完戎器，於無事之日，皆專置司，事得以

[一] 惠民　原作『專民』，據《長編》卷二六九改。

舉，至是歸之有司。《新録》辨曰：導洛水，造軍器，此非人君必躬必親之事。先帝既置司，何常不歸之有司邪？始則專置一司，得以覈實，事既就緒，當有統屬，故各歸所隸，是亦上帝之意也。自『先帝導洛』至『歸之有司』，二十九字並删去。

元祐元年正月癸卯，中書省言：『點磨得宋用臣導洛通汴，并京城所出納違法等事。』詔宋用臣降授皇城使，添差監滁州酒稅。其根究錢物未明事，送户部結絶，仍令本部具合措置事件聞奏。

塞曹村河

熙寧十年八月丙戌，詔監察御史裏行黄廉爲京東路體量安撫使。上曰：『河決曹村，京東尤被其害。今以累卿。』廉既受命，條舉百餘事，大略疏張澤濼至濱州，以紓齊、鄆，而濟、曹、單、淄、濮、齊之間，積潦皆歸其壑。郡守、縣令以救災養民者勞來勸誘，使即其功；發倉廪府庫，以賑不給。水占民居未能就業者，擇高地聚居之，皆使有屋。避水回遠未能歸者，遣吏移給之，皆使有粟。所灌即縣蠲賦棄責。流民所過，毋得征筭，使吏爲之道地。所止者賦居，行者賦糧。憂其無田而遠徙，故假官田而勸之耕。恐其殺牛而食之，故質私牛而與之錢。棄男女於道路者收養之，丁壯而饑者募役之。初，水占州縣三十四，壞民田三十萬頃，壞民廬舍三十八萬家。卒事，所活饑民二十五萬三千口，壯者就功而食，又二萬七千人，得七十三萬二千工。給當年牛，借種錢八萬六千三百緡。歸而論薦士大夫，後多朝廷所收用云。

九月庚戌，詔河決泛濫民田者，官爲疏畎；被災縣放稅賦；老幼疾病不能自存者，日給口食。

十二月甲申，手詔：『比楊炎、高靖檢河道回，具所見條上，可召審聞，參質利害。無被災之名，不致枉有勞役。』初，河決曹村，命官塞之，而故道已湮高仰，水不得下。議者欲自夏津縣東開簽河，入董固護舊河，袤七十里九十步，又自張村埽直東築堤，至龐家莊古堤，袤五十里二百步，計用夫三百餘萬，物料三十餘萬。而炎等以爲口塞，水流則河道自成，不必更築，以糜工役。上重其事，故令審問，仍詔侍御史、知雜事蔡確同相視以聞。既而以確母病，改命樞密承旨韓縝。後縝言：『漲水衝刷新河，已成河道。河勢變移無常，雖開河就堤，及於河身創立生堤，枉費工力。欲止用新河量加增修，可以經久。』從之。

元豐元年四月戊辰，提舉修河所言修閉功畢。遣樞密直學士陳襄祭謝，仍以都總管燕達兼都大提舉修護務，令堅實靈津廟，神濟夫人進封靈顯神妃。初，決口屢塞不能絶流，財力俱竭。達等相視無策，有小赤蛇出於上流，衆以爲神，共禱之。一夕沙漲，河遂塞，故賜名埽曰靈平，廟曰靈顯神妃，殆非人力也。五月甲戌朔，曹村決口新堤成，河還北流。自閏正月丙戌首事，距此凡用工一百九十餘萬，材一千二百八十九萬，錢、米各三十萬。堤長一百十四里。

卷一一一　哲宗皇帝　回河上

元豐八年八月己巳，鎮江軍節度使、知河南府韓絳加開府儀同三司、判大名府兼北京留守。絳陛見，面諭河北水災，故老大臣莫能安集。遣使就第賜告。時河決小吴未復，議者欲爲支川，傍北都注故道，魏人惴恐。絳五上疏，乞復澶淵故道。朝廷爲之寢河役。

九月丁丑，秘書監張問相度河北水事。

元祐元年四月己丑，殿中侍御史吕陶言：『向者知澶州王令圖輒有論奏，欲於迎陽埽開濬舊河，使水東注，及乞於孫村地分金堤置約，使河流復歸故道。河北轉運司並不計審利害，繼有論奏，欲朝廷先委王令圖相度，自迎陽埽已下，許令一面經畫，纔候止日，放水入舊河。仍於大吴北岸修進鋸牙，擗約水勢，歸復故道。朝廷差李常[一]、馮宗道相視。未至本處，而轉運使范子奇、李南公自知欺誕不可掩匿，乃於正月十八日論奏，又牒李常，稱迎陽、孫村兩處回河委是不便。及常等相度，俱稱不可，已罷其役。按：河流回復，自古及今，最爲中國之大事。今緣令圖一言，遽欲興復，開舊塞新，及朝廷遣使按視，具見其實[二]，則方露底裏，以爲難成。同異兩端，情涉侮玩。願付有司勘治子奇、南公之罪，以戒欺謾。』詔范子奇、李南公各罰銅十斤，展二年磨勘。吏部侍郎李常、勾當御築院馮宗道言：『準朝旨相度黄河利害。臣等所至，歷覽其堤防，全未高廣，物料亦未有備。緣堤防之設，全係水官；物料之審責在本道。今經涉歲月，尚爾未集，以是知水官未得其人。欲乞添置使者。』詔添置外都水使者、勾當各一員。

十一月丙子，相度河北水事張問言：『臣至滑州決口地分，相視得迎陽埽至大、小吴埽水勢低下，舊河淤澱。若復舊道，功力難辦。請於南嶽大名埽地分開直河，并簽分引水勢，以解北京向下水患。』從之。庚寅，大名府奏，引河近府不便，詔張問再行相視。

二年二月己丑，王令圖、張問奏乞分河水入孫村口，已蒙依奏。尋準旨未行，今乞依前奏開修。從之。

《政目》八日事當考詳。問前奏在去年十一月二日，又十二月六日令圖、問再視。按：二年二月八日，詔從王令圖、張問奏，開修孫村河。《實録》並不書，此據吕大防《政目》。然既從二人所請，令圖尋卒於三月十七日，其次日即命王孝先代之。孝先亦同欲開修孫村河者也。四月十三日，又命顧臨代范子奇爲轉運使。以河議未決，二十六日，乃詔轉運使、副與水官共議開修的確利害。據此，則二月八日雖降開修指揮，尋却寢罷，故今復令有司别議[三]。

[一] 朝廷　原脱『廷』字，據《長編》卷三七四補。

[二] 『按視』，原『視』字作空格，據《長編》卷三七四補。『具見其實』，原『具見其』三字爲一空格，據《長編》卷三七四補。

[三] 别議　原『議』字作空格，據《長編》卷三九五補。

十月丁亥，河北都轉運使顧臨等奏：『乞將應緣講議河事行遣，並依元降朝旨，以「講議河事所」爲名，候議定合開修去處奏聞，及依故事，朝廷差官覈實，委得允當，許令興工，復爲都大提舉修河司。』

三年二月己丑，知大名府馮京言：『準敕開修減水河，在本府護城横堤之南。請下有司預行固護。』詔令都大提舉修河司照會。初，元豐八年十一月，朝廷用王令圖議，將復大河故道，詔李常視之。常言不可，役已興，旋罷。時元祐元年正月也。其月，又詔張問同令圖相度。問請開孫村水口河以分減水勢，朝廷既從之，尋亦中輟。二年三月，令圖死，王孝先代領都水，亦欲開孫村口減水河，如令圖議。知樞密院安燾兩奏疏言：『朝廷久議回河，獨憚勞費，不顧大患。蓋自小吴未決以前，入海之地雖屢變移，而盡在中國，故京師恃以限强寇，景德澶淵之事可驗也。且河每決而西，則河尾益北。河流既益西，決固已北，抵境上。若復不止，則南岸遂屬敵界，彼必爲橋梁，守以州郡。如慶曆中，因取河南熟户之地，遂築軍以窺河外，已然之效如此。蓋自河南，地勢平衍，直抵京師，長慮却顧，可爲寒心。今欲便於治河，而緩於設險，非至計也。』太師文彦博議與燾合，中書舍人吕大防從而和之。三人者力主其議，同列莫能奪。中書舍人蘓轍見右僕射吕公著，乘間問曰：『公自視智勇孰與先帝？勢力隆重能鼓舞天下，孰與先帝？』公著驚曰：『君何言歟！』曰：『河決而北，自先帝不能回，而諸公欲回之，是自謂智勇、勢力過先帝也。』公著唯唯曰：『當與公籌之。』然竟莫能奪也。回河之役遂興。丁未，曾肇言：『昨奉使契丹還，過河北，竊聞朝廷命王孝先開孫村口減水河，欲爲回河之計，調發河北及隣路人夫應副工役。詢之道路，皆云：「見今河流就下，故道地形甚高，兼係黄河退背地分，恐難成功。當河北累年災傷之後，未宜有此興作。」伏望聖慈，更下水官及河北路監司公共講求，使議論早定，不至枉費民力，更招後悔。』

十月戊戌，詔：『黄河未復故道，終爲河北之患。王孝先等所議已嘗興役，不可中罷。宜接續工料向去，決要回復故道。三省、樞密院速與商議施行。』庚子，三省、樞密院延和殿奏事，司空平章軍國事吕公著、左僕射吕大防、知樞密院安燾、中書侍郎劉摯、退太師平章軍國重事文彦博㈠、右僕射范純仁、尚書左丞王存、右丞胡宗愈留身，存前奏曰：『適諸臣敷奏河事，臣預聞議論，乞更少采。愚見孫村口回河利害，論者不一。近召謝卿材、張景先以與王孝先及俞瑾商量。卿材狀稱河勢北流順快，乞不行閉塞。孝先等狀稱惟孫村口可以取水，還復故道，須

㈠退太師　原「退」字作空格，據《長編》卷四一五補。

治故道[一]，舊堤乞更展一年。如將來不測，大河泛漲，衝過直堤，淤澱故道，或河道變移[二]，别無取水去處，乞免修河官吏責罰。且孝先等係建議官，其説却如此，是亦未能保必可以成功。開減水河，浚故道，治舊堤，計用兵夫數萬，物料數千萬，尚未塞； 將來閉塞河門所費，若果能回復大河爲永遠之利，雖更勞費財力，亦不足計較。今據其説，乃是僥倖萬一成功，未有的確利害。將來若回河不成，是虚棄數千萬物料，困數路民力，豈得不慮？又諸臣言設險事，此固爲遠慮，然須因地勢回復大河，方可爲險。如孫村口回河不得，亦須别行相度。邊寇若御得其道，自景德至今八九十年，通好如一家，豈是設險之效？苟御失其道，如石晉末耶律德光犯闕，當時豈無黄河爲阻？況今河流未必便衝過北界，須且詳究利害。惟是民力，不可不惜！』又奏：『昔河決天臺埽，是時章獻太后垂簾，兩遣近臣按視，預積物料數年，然後興役。今何惜遣一二近臣按視，候見的實利害，然後興役，亦未爲晚。臣非爲異論，實以憂責所係，不敢不盡愚欵，願陛下慎重此事。』太皇太后曰：『且更熟商議。』於是收回戊戌詔書。此據《范純仁家傳》增入。

十一月甲辰朔，三省、樞密院言：『檢會都水使者王孝先，於西岸上自北京、内黄第三埽先起截河堤一道，與舊河孫村口相屬，仍相度於樊河、第三河靠水作縷河小堤，閘斷河門； 於大名府南第四鋪下至孫村口北，倣往時作汴河規模，開修減水河一道，分殺水勢，東移入河。尋召到李先及俞瑾等，令陳述利害。據李先等稱，除孫村口外，更無近界河可以回河入海去處。其孫村口欲作二年開修，今冬先備舊堤梢草一千萬束，來春下手，先開減水河，分減水勢，所用兵夫已前由定數。至元祐五年，方議閉塞北流，回改全河入東流故道。已令孝先等供結罪保明狀訖。看詳除預備舊堤物料便可施行外，所有元祐五年塞北流回河入東流故道，并來年開減水河，慮别有未盡利害，欲差官躬親相度，具經久利害，詣實奏聞。』詔差吏部侍郎范百禄、給事中趙君錫躬親往彼相度，並具的確，遵利害畫圖，連銜保明聞奏。如孫村口不可開河，即别下近界河路逐一處，亦具保明聞奏。

九月五日，蘇軾云：『孝先欲於北京南開孫村河，欲奪河身，以復故道。』然則孝先建議，必在九月五日前奏。

文彦博、吕大防、安燾三人者，實主回河議，范純仁獨以爲不然。主議者謂純仁曰：『某累官河北，河上利害，曉之熟矣。公足迹未嘗及河北，安知其利害？』純仁曰：『利害則非純仁所知，至於水性趨下，則不待到河北而知也。』純仁不敢堅以回河爲不然，但以邊事未寧，百姓尚困，國家府庫財物有限，主上初即位，垂簾之際興此大役，

[一] 須治故道　原作『須快乞不』，句不通，據《長編》卷四一五改。

[二] 或河道　此三字原無，據《長編》卷四五一補。

安得不審慎乎？』乃議再遣百禄、君錫按視。范純仁又言：『水官不候相度可否，便計買先修舊河埽梢草一千萬束，用錢近四十萬貫，此是將尋常價例約度。今來立限，要二月中有備，則必諸州爭買，價例更高，不惟所用錢物浩大，官吏逃責，恐不免勞擾。既稱開減水河，只要試探水勢，已計梢草若干萬束，内若干舊有，若干今買，即來春所用兵夫，須與梢草相稱，方能了當。其開減水河，本只欲試探水勢，已費財用如此，將回復大河、塞決口，都未曾及，此正臣前所謂用過財力既多，欲罷不能之端也。兼議者始謂今年豐熟，梢草易爲收買。以臣愚見，惟是草一色歲豐易得外，其梢既不近山，多是人家園林，凶年方肯斫賣，豐年却恐難得。況大河既未全復，物料自當減數。設欲預備，亦須漸次計置。』户部侍郎蘇轍言：『近聞回河之議已寢不行。臣平日過憂，頓然釋去。然尚聞議者固執開河分水之策，雖權罷大役，而興修小役竟未肯休。如此，則河北來年之憂，亦與今年何異？今者小吴決口，入地已深，而孫村所開，丈尺有限，不獨不能回河，亦必不能分水。況黄河之性，急則通流，緩則淤澱，既無東西皆急之勢，安有兩河並行之理哉？臣以户部休戚計在此河，若復緘默，誰敢言者？惟斷自聖心，盡罷其議，則天下不勝幸甚！』

閏十二月，范百禄、趙君錫既受詔同行視東、西二河，度地形究利害。見東流高仰，北流順下，知河決不可回，即條畫以聞。

四年正月乙未，范百禄、趙君錫既面奏河不可回，乞罷修河司。旬餘不報，於是上疏奏曰：『竊謂本朝河決必塞，已塞復決，未嘗復行於故道也。今河行大伾之西，至於大陸，分注木門，由閻官道會獨流口，入界河，東歸於海。合禹之迹，前人欲爲而不可得者也。元豐以前，未有回河之論。八年以後，乃有若王孝先、俞瑾輩敢妄議回河。孝先身爲水官，無容不知有此。臣既按視，究見利害，而大臣廷議，踰月未決，臣竊惑之。又況元豐四年，小吴河決。未兩月，而神宗皇帝神幾睿斷，不下堂而見萬里之外。順天地卑高之性，知百川脉絡之理，明詔中外，藏之有司。其大略曰：「故道已是淤高，理不可復。自今更不開塞。」於是遠近心服，人無異論。今孝先等乃敢横議，違戾先帝明詔之意。欲望睿慈亟罷修河司，以省大費。正孝先之罪，以明典刑，則天下幸甚！』己亥，詔罷回河及修減水河。

四月壬子，尚書省言：『大河東流，爲中國之要險。自大吴決後，由界河入海，不惟淤壞塘濼，兼濁水入界河，向去淺澱，則河必北流。若河尾直注北界入海，則中國全失險阻之限，不可不爲深慮。』詔吏部侍郎范百禄、給侍中趙君錫條畫以聞。

七月丙申，都水監言：『黄河爲中國患久矣，自小吴決口，後來泛濫，未著河漕。朝廷前後遣官，相度非一，終未有定論。蓋新河堤防與故道金堤殊絶。若以爲北流無患，則前年河決南宫下埽，去年決上埽，今年決宗城下埽，豈是北流可保無虞？以爲大河赴東，則南宫、宗城皆在西岸；以爲赴西，則冀州、信都、恩州、清河、武邑，或危或決，皆在東岸，顯是大河千里，未見歸納，無以爲經久之計。昨來相度第三、第四鋪分決漲水，少紓臣前之急，而繼又宗城決溢向下，包蓄不定，雖欲不爲東流之計，不可得也。河勢未可全奪，故爲二股之策。』今本監勾當公事李偉狀：『相視得新開第一口水勢湍猛，發泄不及，已不候功畢，更撥沙堤第二口減泄大河漲水，因而二股分行，以紓下流之患。雖未保冬夏常流，已見有可爲之勢。在國家爲無窮之利，必欲經久。遂作二股，仍須增添役夫，乃爲長利。然未下監司、州郡、外使者、北外丞看，即今所修，較之利害，孰爲輕重？』詔令河北路安撫司、監司、外使者、北外丞司，限十日具析保明以聞。

八月十日蘇轍言，李偉張皇申報。八月十八日置修河司。

八月丁未，翰林學士蘇轍言：『臣去歲領户部外曹，以財賦不足而開河之議不決，河北費用不貲，曾三上章論河流西行，已成河道。而孫村以東故道高仰，勢決難行。是時大臣之議，多謂故道可開，西流可塞，朝廷因遣范百禄、趙君錫親行相度。百禄等既還，皆謂故道不可開而西流不可塞。何者？地形高下不可指，而知水性避高趨下，可以一言而決。故百禄等不敢蒙昧朝廷，希合權要，效其誠説而致之陛下。陛下亦知其言明白，信而行之，中外公議皆以爲當。臣竊聞見，今河道西行孫村側左，大約入地二丈以來，而見今申報漲水出崖田新開口地東，入孫村不過六七尺。欲因六七尺漲水，而奪入地二丈河身，雖三尺童子，知其難矣。然朝廷遂爲之遣都水使者，興大工，開河道，進鋸牙，欲納之使東。方河水盛漲，其西行河道若不斷流，則遏使東行，實同兒戲。臣願陛下急下有司，且徐觀水勢所向，依累年漲水舊例，因其東溢引入故道，以紓北京朝夕之憂。其故道堤壞決之處，略加修完，免其決溢而已。至於開河進納等事，一切不得興功，仍不許奏辟官吏，調發夫役。候河勢稍定，然後議之。不過一月後，漲水既落，則西流之勢決無移理。而群小妄説，不攻自破矣。』已酉，河北路轉運使、都水使者謝卿材爲河東路轉運使，權河東路轉運使、直龍圖閣范子奇爲集賢殿修撰、河北路都轉運使、兼外都水使者。時復議回河，故徙卿材。然子奇尋亦復以直龍圖閣歸故官。乙丑，都水監勾當公事李偉言：『已開撥北京南沙河直堤第三鋪，放水入孫村口故道通行，具到乘勢開塞大河北流等利害。』又言：『直堤第三鋪水勢順快，故道漸亦爲傛。朝廷今日當極力必閉北流，乃爲上策。若不明詔有司，即令回河，深恐上下遷延，議終不決，觀望之間，遂失機會。乞復置修河司。』從之。仍以都提舉修河司爲名，差都水使者吳安持、提舉外都水使者范子奇同提舉，以偉爲專切管勾應辦回河等事。

七月二十八日，初用都水議，令諸司保明回河云。詔以回復大河，都提舉修河司調夫十萬人。

九月乙未，右諫議大夫范祖禹言：『元豐四年河決小吴，神宗皇帝下詔，更不修閉決口〔一〕。宣諭輔臣曰：「以道治水，無違其性。」朝廷議惑〔二〕，故先遣李常、馮宗道，後又遣臣叔百祿、趙君錫按視，皆言無可塞之理，即用北流爲便。士大夫亦言不可塞者，十有八九。李偉希合執政，無所忌憚，敢肆大言，以罔朝廷。朝廷更不博謀於衆，即依得偉奏，置都提舉修河司。既開直堤第四鋪口，而第七鋪危急，自八月八日救護，至二十八日，用梢草百萬，調急夫七千人，官吏自夜達旦，掃緷愈危，隨即墊去，終未能守，而直堤自潰決。今纔開第一鋪，河勢變移，人意已不能測。將來閉塞北流，何止萬倍於此？』臣竊見去年初遣二使之時，大臣方且力争，或曰可塞，或曰不可塞者已罷免，所以廟堂無異議之人。及二使還奏，大臣議論猶不能一，獨陛下聖意主張，遂罷修河司。中外無不以爲至當。今纔歷三時，復爲回河之役。先帝既以爲不可，陛下又以爲不可，以執政耻其前言之失，必欲遂非，妄舉大役，輕動大衆，河本無事，而人强擾之。伏望陛下明諭大臣，博採群言，息意回河。勿輕動衆，無以有限之財力、生民之性命，填不測之巨壑；勿狥一言之失而必不成之功，罷提舉修河司，散遣官吏、兵夫。其北河決溢，隨宜救護。臣自聞復置修河司指揮，即欲建言。臣叔百祿嘗被使指，言出臣口，理亦有嫌，是以躊躇，至於閲月。今中外訩訩，皆言不便。臣有言責，若避嫌緘默，坐觀國事有悮，臣之罪大矣！』亦不報。

祖禹《新傳》云：『朝廷卒從其議。』按：此時初不從，卒從之耳。或附十月四日祖禹未還給事前。

十一月己丑，中書侍郎傅堯俞言：『臣今月二十四日面奉聖旨，令臣與宰臣等更商量河事，密具奏聞。臣與文彦博、吕大防以下商量。臣以才薄位輕，不能回奪。兼緣都堂議論，婉順次第，必不可改移。今方大吴已役五萬餘夫，兵士不在其數。將來諸路調發人夫數十萬，殫國財，竭民力，以就非急不可成之役，兼慮春中，或遇雨雪寒凍，不唯怨嗟潰散，枉費物料錢粮，亦恐傷害人命，其數不少，此陛下所深知，臣不復具論列。今主議者云：「欲回河以緩北流之患。」而未嘗於北流略爲堤備。若將來河勢不可東流，不幸又加大水，則北流之害，豈可禦哉？欲望聖慈或因寒雪，或因他事，批出指揮，直罷修河司，濬孫村口，準備分減漲水，因便檢討北流緊急堤岸，疾速修完，不管踈虞。候三五年，更看河勢，然後别議，則兩邊俱無所失，上下安樂，可以全河北百姓，變禍爲福，其利無窮。在陛下神斷，一言而已。』

十二月癸丑，三省、樞密院言：『昨令都提舉修河司

〔一〕修閉　原作『終閉』，據《長編》卷四三三改。
〔二〕朝廷議惑　原作『□議惑』，據《長編》卷四三三改。

從長擇一順快處回河，差夫八萬、私雇二萬，充引水正河工役外，北外都水丞司檢討到大河北流人夫二十萬四千三百一十八人，故道人夫七萬四千五十六人，兩項共計二十七萬八千三百七十四人。今都水監丞李君賜等檢計裁減水河，其差夫八萬人，於數内減作四萬人充修河工役，於李君賜等裁定差夫内，共減作一十萬人，令修河司通那分擘役使，餘依元降指揮。』

五年二月己亥，詔都水使者吴安持提舉修減水河。庚子，詔三省、樞密院：『去冬愆雪，今未得雨，外路旱暵闊遠，宜權罷修黄河』。以御史中丞梁燾、諫議大夫朱光庭言東北久旱，河役動衆，恐妨農事，故降是詔。燾奏：『臣訪聞東西旱氣闊遠，竊慮河事大役，人情勞怨，調衆妨農時，其招災害之由，疑亦因此。望聖慈詳酌，權令住修河，候秋熟日取旨。』光庭奏曰：『昨議修閉大河北流，天下之人皆謂北流就下，而未可强使之東，俟一二歲，觀其水勢所向，果有太過之勢，因而導之，豈不易哉？朝廷審以爲是，遂權罷閉北流。而水官元主議者殊不決所欲，蓋所欲本在於僥倖朝廷美官。若一切罷去，則遂無事矣，故猶爲減水河之策，意在我之前議未爲過失，而又得依舊廣占官吏，事權在手，以從私意。今修河一事，只因用李偉一小人，且減水河開與不開，殊無利害，若只留堤口，漲水大則勢須自過，何須吏役人開濬哉？臣愚，欲望朝廷罷李偉小人職事，悉減修河司官，放罷見役開減水河兵夫，只委都水使者與本路監司并州縣官吏，將見修護急切埽岸，合役人夫一面循理施行。如此，則興事不妄，人情妥安，上天之應，必降膏澤。』

初，范純仁既罷相知潁昌府，聞朝廷復議修河，上疏曰：『臣前此在政府，見欲回復大河者。』又曰：『河勢方東，恐變改不定，時不可失。臣以前車之戒，是以深畏其言，故嘗屢有奏陳。蒙陛下專遣范百禄、趙君錫相度，歸陳回河之害甚明。尋蒙宸斷，宣諭大臣，令速罷修河。三兩月來，却聞孫村有溢岸水自然東行。議者以爲可因水勢，以成大利，朝廷遂捨向來范百禄、趙君錫議，而復興回河之役。臣觀今舉動次第，是用時不可失之説，而欲竭力必成。臣更不敢以難成及三五年間必有溢決爲慮，只且以河水東流之後，增添兩岸堤防鋪分。大段數多，逐年防守之費，所加數倍，則財用之耗蠹與生民之勞擾，無有已時。更望聖慈特降睿旨，再下有司，預約回河之後逐年兩岸埽鋪防捍工費，比之今日，所增幾何，及逐年錢物於甚處出辦，則利害灼然可见。』疏奏，主河議者不悦，遂寢而不行。後十餘日，太皇太后宣諭曰：『前日范純仁奏何在？』宰臣奏曰：『事體難從已□收矣〔一〕。』太皇太后

〔一〕□收　《長編》卷四三八作『鑿收』。但原注：『「鑿收」二字，疑误。』今仍作空格。

曰：『純仁之言有理，宜從其請。』遂又罷河役。先是，河上所科夫役，許輸錢免夫，縣令上下，皆以爲便。純仁獨憂曰：『民力自此愈困矣！』或曰：『每歲差夫一下費萬錢，今已七千免一丁，又免百姓往回奔走與執役之勞，豈不便乎？』純仁曰：『每歲差夫雖曰萬錢，然携以隨身者不過三千文，得一丁就食於官，是民間未嘗有所費也。今免夫所出七千，盡歸於官矣。民又儼然坐食於家，蓋力者身之所出，錢者非民所有。今取其所無，民安得不病？此一事富民不親執役者以爲便，窮民有力而無錢者，非所便也。又况差夫必計其的確合用之數，縱使所差倍其所役，民不甚勞苦。今若出錢以免夫，雖三分之夫工，亦可以取十分免夫錢，其弊無由致察。又從來差大不及五百里外。今免夫錢無遠不屆，若遇掊克之吏，則爲民之害無甚於此。』

三月丁卯，都水使者吳安持言：『大河新水向生，請鳩工預治所急。』戊辰，侍御史(一)孫升言：『臣伏見李偉、吳安持自去歲興回河之議，二人相與誣罔朝廷，而安持詭譎多姦，既已誑惑大臣，不肯同任其責，萬一僥倖其成，則欲享其利；敗事則將來歸之建議者。遂令李偉於去年八月獨奏陳大河要切利害。』又云：『竊觀今日兩岸增進馬頭、鋸牙，其沙河直堤水口自已通快，顯有全回之勢，惟與都水使者吳安持曉夕講究，見得上件利害灼然(二)。安持遣官暫赴尚書省稟議：「伏望聖慈早賜宸斷，即乞復置修河司，其官屬諸般事件，並依昨來已降例施行。所貴司存既正，凡百悉有條理，可以乘時建立大事。」李偉、吳安持協比爲此姦言，朝廷遂以爲信，並依所奏施行。今日考其奏請之言，無一驗者，而枉費財用、民力已不可勝數，遠近爲之騷然。上賴宗廟社稷之靈，聖聰睿斷之果，昭察姦言，一切放罷。不然，患害有不可言者。吳安持、李偉利口輕儇，欺罔奏陳，傳播中外，姦言顯露，罪惡難掩。伏乞早賜指揮罷斥，以協天下公議。仍乞罷修河司，候有定議，別聽指揮。』

九月丁亥，宣德郎孫迥知北外都水丞(三)，提舉北流，右宣德郎李偉權發遣北外都水丞，提舉東流，同共提舉北京黃河北外，仍那移兩河人兵物料。

是月九日，御史中丞蘇轍言：『臣伏見，大河北流經今十年，已成河道。每年夏秋之溢，孫村地形低下，漲水東出，因此張問等輩欺罔朝廷，爲回河之議。自是北京生靈懷魚鼈之憂，日夜爲遷徙之計。監司、守臣及敕遣使者皆言其不便，朝廷亦知其難矣。其去歲八月宣德郎李偉輒敢獻言，欲閉塞北流，回復大河，力排衆議。萬一私覬功賞，朝廷爲之置修河司，調發民夫，刻刷役兵，差文武官

(一) 侍御史　原『御史』下衍『大夫』二字，據《長編》卷四三九刪。
(二) 利害　原脱『利』字，據《長編》卷四三九補。
(三) 北外　原『北』字作空格，據《長編》卷四四八補。

吏收買梢茭，百費並舉，河北、京東西路公私爲之騷動。萬口一詞，知其無成。上賴陛下聖明，照知利害，然猶未能盡罷其役，始令開減水河。次因旱災，令權罷修河，放散夫役，然修河司依前不罷，李偉仍提舉東流故道。復因給事中范祖禹封還勑命，尋奉四月五日聖旨，李偉差遣，候過漲水檢舉取旨。今漲水已退，而偉終不罷。據今月三日聖旨，止是依吴安持等所請，候霜降水落，從北外丞司相度，將梁村口至孫村河身内妨礙處取豁河槽，候冰凍消釋，地形順便，隨宜開導，務令深瀾，釃爲二渠。臣詳觀安持等説，盖猶挾姦意觀望朝廷，欲徐爲興動大役之計，以固權利。以臣觀之，修河司若不罷，偉若不去，河水終不得順流，河朔生靈終不得安居。伏乞指揮大臣速罷修河司，及檢舉前欵，流竄李偉，以正國法。』

十月癸巳，罷都提舉修河司。蘇轍又言：『臣近奏乞罷修河司，并責降李偉，尋準。九月二十六日聖旨，李偉權發遣北外監丞、提舉東流，又准十月二日聖旨，罷都提舉修河司。臣以爲修河司雖罷，而李偉不去，與不行臣言無異。謹按：李偉屢以姦言動摇朝廷，興起大役。於去年八月中，獨銜奏稱大河見今已爲二股分行。雖然當於第四鋪地分更行開廣河槽，只得兵夫二萬，於九月興功，至十月寒凍時畢功，因而引導河勢，豈止二股通行而已，亦將遂爲回奪大河之計。凡偉所言，大率狂妄不疑如此。伏乞檢會前奏，速賜流竄。』侍御史孫升言：『謹按：宣德郎李偉狂妄懷邪，欺罔悞國。既獨奏二股回河之議，有乘時建立大事之言，内挾文彦博之勢權，外假吴安持之游説，大臣爲之摇動，朝廷於是聽從。力役既興，公私被害。近日，都大修河司既罷，則李偉欺罔之罪益明。今來朝廷不獨不行李偉之罰，而又授李偉以外監丞之命，如此，則是無功受賞，有罪不罰。伏望聖慈詳察李偉欺罔之罪，早賜罷黜，以厭伏中外之心。』

六年正月丙戌〔一〕，御史中丞蘇轍言：『謹按：自來河決必先因下流淤高，上流不快，然後乃決。然則大吴之決，已緣故道淤高。今乃欲回河，使行於北，理必不可。且見今北流深處，水行地中，實得水性。捨此不用，而欲引故道，使水行空中，雖三尺童子，皆知其妄。而建議之臣恣行欺罔，居之不疑。今雖變回河之名爲分水河之議，據都水奏請，本謂回河與減水事體不同。所有已修造馬頭三百餘步，乞從收河司隨宜措置。馬頭既在大河之中，横攔水勢，泛溢之時，理須斟酌可存可拆，一面施行。朝廷雖許其所請，然本司收買馬頭物料，至今不絶。又與本路監司奏隨宜開導口地一帶河槽，務令深瀾，并修葺緊急堤岸，釃爲二渠。臣觀其指意，雖爲減水，其實暗作回河之計。欲乞聖慈特選骨鯁臣僚及左右親信，往河北計會。

〔一〕丙戌　原本無，據《長編》卷四五四補。

逐處安撫、轉運、提刑、州縣及此外監丞官同共踏行，詳其圖録，開述利害，保明聞奏。如臣所言不妄，即乞罷分水指揮，廢東流一行官吏、役兵，拆去馬頭、鋸牙，依上件所陳施行。今年春天，仍並撥付北流開河築堤役使，所貴河朔及隣路兵民早獲休息，國家財賦不至枉費，有農足之漸，則天下幸甚！』

三月。始蘇轍爲御史中丞，論回河三事。其一、乞存東岸清農口，其二、乞存西岸投攤水，其三、乞除西岸激水鋸牙。朝廷下河北監司相度，惟以鋸牙爲不可去。轍既執政，於殿廬中謂大防曰：『鋸牙終當如何？』大防曰：『無鋸牙則水不東。水若不東，北流必有害。』轍曰：『分水雖善，其如北京百萬生靈每歲夏秋常有決溺之憂何？且分水東入故道，見今故道雖中間通流，兩邊淤合者多矣。分水之利，亦自不復能久。』劉摯曰：『今歲歲開濬，正爲此矣。』轍曰：『淤却一丈，開得三尺，何益？若淤漲水過後，盡力修完北流堤防，令能勝任漲水，徹去鋸牙，免北京危急之患，此實利也。』摯曰：『河朔監司皆不如此司，爲之奈何？』轍曰：『外官觀望故爾。何以言之？張璪雖言鋸牙當存，而乞大修北京簽横堤，所費不貲，則準備鋸牙激水之患耳。』大防曰：『河事至大，難以臆斷。』轍曰：『彼此皆目見，則須以公議言之也。』及至上前，大防、摯皆言以分水爲便。轍具奏。上語太皇太后曰：『右丞只要更商量耳。』轍曰：『朝廷若欲慎重，乞候漲水過，見得故道，轉更尤高，即併力修完北堤，然後徹去鋸牙。如此，猶且稍便。』既至都堂，大防、摯令批聖旨，並依都水監所定。轍謂堂吏：『適已奏知，乞候漲水過，別行相度。』摯大不悦。大防知不直，意稍緩。明日，改批『不得添展』而已。

此據《龍川別志》及（穎）《〔潁〕濱遺老傳》附三月末。

七年十月辛酉，詔：『大河東流，都水使者吴安持賜三品服，北外都水監丞李偉令任滿日，令再任。』

《玉牒》云：辛酉河復故道。

八年正月乙巳，中書侍郎范百禄言：『竊聞水官自元祐四年正月二十八日準敕罷回河後，逐年併功修進梁村鋸牙，併大河兩馬頭。經今四周年有餘，用過功力浩瀚，兼三處並行，若如水官之意，既進埽緷，又狹河門，只留一百五十步，及預乞朝廷候北流淺小，作軟堰閉斷。詳此五事，顯見必欲回河，特以分水爲名，託云恐東流生淤，陰行巧計耳。方且鼓倡言路，以非爲是，致臺官章疏前後十餘，中外傳聽，不能無惑，深恐不便。伏望二聖明詔三省速議，果決拆去河上鋸牙、兩馬頭，開放河門，任令大河自浚趨下，免致壅遏障塞，淤壞北流，積爲大害。若北流通決，將來每遇水漲，自然分向東流。既是分水之利，兩河並行，久遠安便。』百禄又言：『自元祐四年正月二十八日降勅罷回河，今來臣僚回河之意終不肯已。然而大河亦然不可回，吴安持等方日生巧計，壅遏北流，前後多端，致大河漸有填淤之害，寖壞禹迹之舊，豈不深可惜哉！』先是，進呈御史李之純、董敦逸、黄慶基乞回河東流，楊畏乞差官相視，及都水監吴安持，乞於北流作土堰，定河流，以免填淤事。時吕大防在告，蘇頌等皆言商量未定。蘇轍面奏：『安持所言決不可從。』而范百禄再上此奏。

二月己未，門下侍郎蘇轍奏：『臣今月八日以式假不預進呈公事(一)。竊見三省同奉聖旨，北流軟堰依都水監所奏，候下手日，先將檢計到功料奏取旨。切緣臣從來都堂聚議，嘗以爲軟堰不可施於北流，利害甚明。伏望聖慈特賜詳察，降臣此議付三省，所有八日指揮乞未行下，俟臣參假商量取旨。』至是入對奏曰：『自去年十一月後來至今，百日之間，水官凡四次妄造事端，摇動朝廷。第一次安持十一月出行河，先乞一面措置河事。舊法：馬頭不得增損。臣知安持意在添進馬頭，即指揮除兩河門外，許一面措置。安持姦意既露。第二次乞於東流北添進五七埽緷。臣知安持意欲因此多進埽緷，約令北流入東，即令轉運司同監視，不得過所乞埽緷數。安持姦意復露。第三次即乞留河門百五十步。臣知安持意在回河，改進馬頭之名爲留河門，即不許，安持計窮。第四次即乞作軟堰。凡安持四次擘畫，皆回河意耳。』太皇太后以爲然。時吕大防不入，故未及以文字進呈也。

據〔潁〕《〔潁〕濱遺老傳》、《龍川别志》并《欒城》所載劄子日月，並二月十二日，而《實録》繫之三月十二，恐誤也。今從《集》及《志傳》。

辛未，三省進呈蘇轍所議河事。吕大防曰：『今來軟堰已不可作，無可施行。』轍曰：『軟堰本自不可作。臣本論吴安持百日之間，四次妄造事端。蘇頌前乞遣官按實是非，明示賞罰，此言極當。乞依施行。安持小人，要動摇朝聽。若令依舊供職，病根不去，河朔被害無已，不可信用。』大防曰：『水官弄泥弄水，别用好人不得，所以且用安持。』轍曰：『水官職事不輕，奈何以小人主之？《易》曰：「開國承家，小人勿用。」未聞小人有可用之地也。』

《實録》繫之三月二十四日，今從《潁濱遺老傳》、《龍川别志》移入二月二十四日。

卷一一二　哲宗皇帝　回河下

紹聖元年正月丁亥，左司諫虞策言：『今歲大河水入德清軍城，一城生聚，被害者衆，蓋是水司失於豫備若選臣寮與熟於河事之人，子細行視，必可以見得將來水勢所向緊慢，於逐處州縣鎮城預作堤防，免公私倉卒受患。』詔令都水監丞鄭佑等，并本路安撫司及轉運司、提刑司相度聞奏。先是，都水使者吴安持奏乞塞梁村口，縷張包

(一) 式假　原『式』字作空格，據《長編》卷四八一補。

口，開清豐口以東雞爪河。三省即令安持與北京留守相度施行。時蘇轍以祈穀宿齋，不與也。吕大防爲山陵使，行有日矣。轍見大防於待漏，語及河事。大防直視曰：『此大事，不可不慎！』轍曰：『誠然，公亦宜慎之！』范純仁舊不直東流議。轍告純仁曰：『當與微仲議定，乃令西去。』純仁曰：『命已下，奈何？』轍曰：『事有理，誰敢不從？』即議於皇儀門外，而再降指揮，使都水監與本路安撫、轉運、提點刑獄司議。可，即一面施行；有異議，疾速聞奏。純仁始意與大防比，至是乃相信服。

戊子，三省言：『權河北路轉運副使趙偁言：恩、冀舊河既已淤澱，内黄、宗城不可復塞，而闞村一帶，乃大河所行之道。欲乞纔候冰消，即開闞村等三河門，使伏槽之水就不順直，却行開濬澶淵故道，准備分播漲水。』是時水衡鋭意回河，論奏以千百數，詔率下轉運司議。同列多畏恐，不敢正言，或以不知河事爲解，偁獨居中持議，不少假借，每沮却之，因復上河議。其略曰：『自頃有司回河幾三年，工費搔動，半於天下。復爲分水，又四年矣。古所謂分水者，因河流，相地勢，道而分之，蓋其理也。今乃横截河流，置埽約以阨之。開濬河門，徒爲淵潭，其狀可見。況故道千里，其間又有高處，故累歲漲落，輒復自斷。臣謂當完大河北流兩堤，復修宗城棄堤，閉宗城口，廢上下約，開闞村河門，使河流端直，以成深道。聚三河工費以治一河，一二年可以就緒，而河患庶幾息矣。』

八年二月，本官議以北流淺小，可爲軟堰，權閉，漲則決之。偁上議曰：『臣竊謂河事大利害有三：北流全河，患水不能分也；東流分水，患水不能行也；宗城河決，患水不能閉也。是三者能去則爲利，未能去則爲害。今不謀此而議欲專閉北流，止知一日可閉之例，而不知異日既塞之患；止知北流伏槽之水易爲力，而不知闞村方漲之勢，未可併以入東也。請俟漲水伏槽，觀大河全盛之勢，以治東流、北流可矣。』於是詔罷軟堰。

五月，水官又請進梁村上下約，束狹河門，偁争不能得。既涉漲水，遂壅而潰，南犯德清，西決内黄，東干梁村，北出闞村，宗城決口，復行魏店。北流因淤遂斷，河水四出，壞東郡浮梁，幅員數百里，縱横散漫，漂廬舍，敗冢墓，遺民之僅免者，老弱聚金堤上，哀號之聲，數里不絶。是年冬，水官又請因河狹淺，權堰斷，使水勢入孫村口。

明年，偁又上言：『壅水爲患者，驗甚明，臣嘗進愚議，正謂此也。今有司又欲遷德清，并濬清豐諸口，歸納故道。臣謂河過孟津，初行平地，必須全流，乃成河道。禹之治水，自冀北抵滄、棣，始播爲九河，以其近海而無患。世有司回河、分水，八年之間，二渠分流，功卒不就，其勢可見，奈何又欲派分之邪？河自横壟、六塔、商胡小具，百年之間，皆從西決，蓋河徙之常勢也。先帝睿斷，灼見河勢，且鑑屢閉屢失之患，因順其性，使之北行，此萬世策也。自有司置埽創約，横截河流，回河不成，因爲分水。

初決南宮，再決宗城，三決內黃，亦皆西決，則地勢西下，較然可見。今欲弭息河患，而逆地勢，戾水性，臣未見其能就效也臣請開闞村河門，修平鄉、鉅鹿埽、焦家等堤，濬澶淵故道，以備漲水。如此，則五利全而河患息矣。』偁既數建河議，水官方未能屈，或遣以甘言説偁曰：『回河，上意也。公毋固執，恐自貽禍。』偁曰：『人臣當官而行，惟職是視，安敢妄測主意，以負國也？』水官又請權堰梁村，縷斷張包等河門，閉內黃決口，開雞爪疏口地，回河東流。於是詔遣中書舍人呂希純、殿中侍御史井亮采乘傳相視，且會逐司定議。偁議以爲：『回河，大利害也。八年之間，役費不貲，已試久矣，要當果決。今又欲權堰縷斷爲首取之議，不敢同也。張包一帶，即闞村舊河，中間空缺，距西堤七八十里。就使回河悉爲縷斷，安能禦大河之衝哉？且東流潤處無二百步，益以漲水，何可勝納？去歲嘗開雞爪十五餘丈，未幾生淤，形勢可見。一日東流，既不容北流，又悉閉上壅，横潰之患何可勝言哉？請先導張包以存北流，修西堤以備漲水，因其順決。水流既通，則河將自成矣。』是時獨東路提刑上官均與偁議合，而衆相論難，累日不決。迺詔周視東、北流，較形勢，審利害，會逐司詰之曰：『將濬雞爪，以決東河於北流，可乎？』漕、憲曰：『可，第無益耳。』又曰：『將不塞張包，以存北流於東流，可乎？』水衡曰：『不可。張包存則東流敗矣。』于是時詔使者曰：〔一〕『審耳。則水之趨北，勢也。奈何逆之？』由是從偁議，奏請存張包而治北流。既施行矣，會中格〔二〕，復罷。偁太息謂其子曰：『河無事，妄擾之耳。議者每以侵害塘濼上惑朝廷，曹不知北流斷則塘濼遂淤矣。北流尚存，則恩、冀、滄、景悉爲河南地。以河爲限，此大利也。元祐之末，浮梁幾危。紹聖之初，竟漂敗之，西警廣武，南抵澶淵。吾謂不上壅則下潰，既已信矣。不三數歲，恐河無安定之理，誰當復爲上言之乎？』又大名府路安撫使許將言：『大河東流，的確利害。度今之利，若捨故道，止從北流，則慮下流已湮，而上流横潰，爲害益大。若直閉北流，東徙故道，則復慮受水不盡，而破堤爲害。竊謂宜因梁村之口以行東，因內黃之口以行北，而盡塞諸口，以絶大名諸州之患。俟春夏水大至，乃觀故道，足以受之，則內黃之口可塞，不足以受之，則梁村之役可止。定其成議，則民心固，而河之順復有時，可以保其無害。』詔令吳安持、鄭佑與本路安撫、轉運提刑司官從長相度，具圖保明聞奏。既有未便，亦各具利害來上。

辛丑，三省言：『大河累年利害未決，近又權都水使者吳安持與大名府路安撫使許將，及河北轉運副使趙偁

〔一〕使者　原無『者』字，據《長編拾補》卷九補。
〔二〕中格　原『中』字作兩空格，據《長編拾補》卷九補。

議論各不同。雖已令安持、都水監丞鄭佑與本路監司從長相度，慮更有異議。奏請往復。詔差中書舍人呂希純、殿中侍御史井亮采乘驛放朝辭〔一〕，限三日往北京，取索都水監及本路安撫、轉運、提刑司所陳黄河利害文字同議。如議論歸一，即依前降指揮施行；如有異議，即仰呂希純、井亮采定奪，具圖狀保明聞奏。』先是，范純仁面奏：『許將雙行梁村、內黄口，事理稍便。』吴安持亦以爲然。即詔安持一面施行。蘇轍曰：『大河之勢，東高西下。去年北京留守蒲宗孟以都城口危，乞於西岸增築馬頭二百步，約水向東。朝廷指揮水官與安撫、提刑司保明，如委得北流、東流、上流別無疎虞，然後施行，逐司遂乞減馬頭一百步。然是秋漲水，爲馬頭所激，轉射東岸，漂蕩德清軍第一埽，爲害最大。及漲水稍落，不能東行，却倒射西岸。恐須令逐司共議，乃得其實。』上曰：『此事不小，當使衆人議之。』然已降指揮。

越二日，三省奏事罷，上特宣諭曰：『黄河利害非小事也。宜遣兩制以上官二人按行相度。』范純仁等皆曰：『河上夫役將起，方議遣官，恐稽留役事。』蘇轍曰：『臣去年嘗乞遣官按行，是時太皇太后以爲水官只在河上，猶不能保河之東西。今驟遣人，亦難決。』上曰：『此事非細事，但使議論得實，雖遲一年，亦何損？』於是專遣希純、亮采往視。

二月己酉，都水使者吴安持、都水監鄭佑言：『勘會堰梁村縷斷張包，閘內黄決口。疏口地，開雞爪河凡五事。乞據疏內相度同議。已得歸一者，便聽一面施行。認今相度，定奪黄河利害所相度逐件事理，可以先次興工，即一面施行。』丁巳，相度定奪黄河利害所言：『看詳都水監所奏，乞權堰梁村，縷斷張包等河門，閘內黄決口於竇家港。上下多疏口地，及開雞爪河等五事。除梁村水口，據大名府路安撫、河北路都轉運司、提刑司都水監官、北外丞司狀並稱合行堰斷，同議已得歸一，本所相度，可以先次興工。已牒逐司，一依前降朝旨，一面施行訖。』己未，呂希純、井亮采歸自河上，極以北流爲便。方施行而簽書樞密院劉奉世援舊例，乞與河議。奉世、文彦博、吴充門下士也，常以北流爲非。丙寅，三省、樞密院同進呈吴安持所畫河圖及利害。范純仁曰：『昨專遣呂希純、井亮采躬親行河，決定利害，宜用其言，不可復從水官之説。』上曰：『希純等行河不及一月而還，止到大名，未嘗至恩、冀，恐有所不盡也。』韓忠彦等曰：『呂希純等所上河議，亦未可施行。』又以監察御史郭知章奏，乞專委水官任河事。上曰：『河事固當專付之水官，失職則責之可也。』希純、亮采之議尋格。

三月壬申，相度定奪黄河利害所奏：『本所尋親到

〔一〕乘驛　原作『棄驛』，據《長編拾補》卷九改。

北京元城縣孫村口及館陶縣堤埽，相視一帶水勢，次到梁村張包口及内黄縣蒲潘口相北流水勢。考之前世河流次第，及廣行詢訪利害，大抵北流勢順下，故河道常欲趨北，前後所施行人工不少，故見今水流分路頗多。今來逐司議論不同者四事，惟張包河門等最爲要切。安撫司、都水監之意，欲於縷斷處，仍起堤三十里，以防奪動大河；轉運之意，欲存留以爲北流。下河所陳利害，本所契勘：東流自梁村西下，至孫村水口一十六里有餘，見今伏槽，水勢約八九分，已來行流。然河身皆自人力所開，大段窄狹，其闞村埽乃元祐三年所置，本欲横截大河，使之東去。自闞村埽至内黄下埽，空缺者七十餘里，張包河乃在其間，雖即今水勢淺小，然去北之勢，極爲順便。但自決大吴口，後來累年之間，北流堤防全不修葺，即自難以便依轉運、提刑司所請。張包等河門不行，縷斷流，待漲水之出，仍乞閘内黄決口，鑿開九里堤，使水勢無壅。其東行亦依安撫司、都水監所請，疏口地，開雞爪河，以助東流之水勢。保明委是詣實。』是日癸酉，詔都水使者王宗望疾速前去提舉照管措置，務要於向下州軍别無疎虞，候將來漲水，見得河勢行流次第，令都水監具的確利害，保明聞奏。

四月乙巳，都水使者王宗望言：『躬親相視得東流水勢已及八九分，張包河一支，即日減落，水勢甚微。上件河門若不斷閉，竊慮向去漲水不測，牽奪大河水勢向西，衝刷河門，愈更深濶。已牒大名府都大與本地分都大修閉，限十日畢工去訖。』

六月丙申，都水使者王宗望等言：『措置回河自闞村以下至内黄下埽縷堤七十里，所用薪芻萬數不少，除將年計物料那融分擘外，其上件七十里[一]，見爲七節修治，每節各管一十里。今約度每節添置梢草四十萬束，乘此秋成計置，每束約用錢三十五文，計九萬八千貫。合取朝旨應副，及乞差官措置。』並從之。

七月辛丑，廣武埽危急。詔都水使者王宗望亟往廣武埽提舉救護。丁巳，上諭執政，命吴安持與王宗望同力督作。廣武埽詳見《導洛》。

八月壬午，詔差權工部侍郎吴安持，前去都大提舉開修新河等功役，及令南外丞李偉、勾當洛口王維同管開修。

九月己未，三省、樞密院同呈李仲、王宗望欲開迎陽港河、閉燕家河門、引水入澶州故道。章惇曰：『欲委吴安持相度。』曾布曰：『河防興役不一，勞人傷財，不可不慎。若非灼然有利，此役未可遽興。』上亦以爲不足開，安燾亦以爲然。惇曰：『曾布在河北，頗知河事。』又曰：『河遂以東，而下流壅遏，未成河道。兼堤防未完，須疏治

[一] 上件　原作空格，據《長編拾補》卷十補。

下流及增固堤防。不爾，恐未免上流衝決之患。』布曰：『既如此，不若且於下流用功。故道恐未易修。吴安持好興作，其言未必可用。安持前後於河防枉用功力，不必□，以至縻費提刑司封樁錢萬數。蓋緣當時議論不一，而安持輩務欲約大河歸東流，致德清軍横流墊溺，公私財力困弊。』遂指圖中燕家河門，乃是初決者小吴口□□[一]。惇曰：『元豐中，任河勢順流，未嘗用工，却無事。』燾曰：『容臣開陳。』因言：『大河北流，過釣臺下流深潤處入界河。若更變移近北，即流入北地河，在敵境，則自可爲橋梁度河，中國更無限隔之處。所以文彦博輩議欲回東流，但不敢漏此意。』布曰：『古今有欲引河注之北地者，如河不變移，趨北則已，果然，亦非人力所能回也。』韓忠彦曰：『但責水官。』上曰：『然。』遂批送安持相度云云。

十月己巳，工部言：『都水使者王宗望等狀，自闞村已下至栲栳堤七節河門，並塞閉了當。全河悉已東還故道，更無北流之水。欲乞下王宗望疾速相度移撥。北流者大，巡河使臣、人兵、物料往彼分置增充，準備枝梧，庶免噎淩之患。[二]』從之。丁酉，都水使者王宗望言：『大河自元豐潰決以來，東、北兩流利害極大，十年紛争，國論不決，水官無所適從。伏自奉詔以來，凡經九月，上稟成算遂斷北流，以除河患。望下臣等奏付史官，以紀紹聖臨御以來聖明獨斷，致此成績。』詔宗望等具析修閉北流部額官等功力、等第以聞。

此十月十三日工部云云。十一月十五日，當并王宗望事迹：紹聖元年爲都水使者，朔部目河決，而東北流之議興。宗望有請於朝，遂塞張包、樊郡等河，自闞村已下至栲栳堤七節河門，並皆閉塞，創築金堤七十里，盡障北流，使全河之水東還故道。又設爲經畫，自闞村而下直至海口，逐一相視，補築新堤防，及淤淺河道增修、疏修、疏濬，雖盛夏漲潦，更無壅決之患。二年，上嘉其勞，進階三等，授中散大夫，除直龍圖閣、河北都轉運使。未數月，擢工部侍郎，進階三等。在二年十月二十五日。

十一月乙酉，權工部侍郎吴安持言：『準朝旨相度開濬澶州故道，分減漲水。按：「澶州本是河行舊道，頃年曾乞開修。」其時以東、西地形高仰，未可興功。欲乞且行疏導燕家河，仍令所屬先次計度合增修一十一埽所用功料。』詔令都水監候來年將及漲水月分，先具利害以聞。

癸丑，三省、樞密院言：『元豐八年，知澶州王令圖議乞修復大河故道。元祐四年都水使者吴安持因紓南宫等埽危急，遂就孫村口爲回河之策。及梁村進約，東流孫村口窄狹，德清軍等處皆被水患。今春，王宗望等於內黄下埽閉斷北流，至漲水時，猶有三分北流水勢，然上流諸埽已多危急，下至將陵埽[三]，決壞民田。近據王宗望等奏，大河自閉塞，闞村而下，及創築新堤七十餘里，已盡閉

[一] 此二空格，依文意疑爲『決口』二字。
[二] 噎淩 原『淩』字作空格，據《長編拾補》卷十一補。
[三] 將陵埽 原『陵』字作空格，據《長編拾補》卷十一補。

北流，全河之水東還故道。向下地形已高，水行不決。今既閉斷北流，將來盛夏大河漲水，全歸故道下，惟舊堤多有損缺怯薄處[一]，勢有可虞。至於闞村而下所緝新堤，亦恐未易枝梧全河漲水。兼京城上流言處埽岸[二]，慮有壅滯衝決之患。』詔權工部侍郎吳安持、都水使者王宗望、監丞鄭佑疾速前去計會。北外監丞司自闞村而下，直至海口以來，逐一相視。應新舊堤防及淤淺河道，合如何增修疏濬，將來盛夏，不致壅滯衝決。候過漲水無虞，即據昨來所閉北流之功等第推賞，仍先具結絶事狀以聞。如向去因措置不當，致有衝決，爲公私大患，亦當考察事實，重作施行。

乙卯，左司諫張商英言：『臣伏見今年已閉塞黃河北流，都水監長貳交章稱賀，或乞付史官，則是河水已歸故道，只消修完堤埽，以防將來衝決之患而已。近聞使者王宗望、外監丞李偉却乞開澶州故道分水，工部侍郎吳安持乞候漲水前去相度，緣開澶州故道，若不與今來東流底平，則纔經水落，立見淤塞。若與今來河底平，則從初自合閉口回河，用功九年，費財動衆。吳安持稱候漲水相度，乃是悠悠之談。前年漲水并今來漲水，各至澶州、德清軍界，安持首尾九年，豈得不見？更欲延至明年漲水，乃是狡兔三穴，自爲潛身之計，非公心爲國事也。況立春漸近，調夫及時，不早定議，又留後説。邦財民力，何以枝持？訪聞先朝時水官孫民先、元祐六年水官賈種民各有河議[三]。望取索照會，召前後本路監司，及經歷河事之人與水官詣都堂，一處反復詰難，務取至當經久可行，定議歸一。免見年年遇漲水，則乞候漲水；遇霜降水落，則乞候漲水。以有限之財，事無涯之功。』是日，曾布因商英言河事，極陳：『近歲調夫，多至於率錢，民力重困。既切責水官以河事，必大有須索。今京東、河北皆飢歉流亡，河役不可責辦民力。』安燾曰：『河已東流，不可復易。』布曰：『河既已東，無已議者[四]，大河非人力可回。禹之行水，行其所無事也，但因其勢而順導之則可矣。東流固未可保其無患，不可不責水官用心照管。若既復故道，則當使如小吳未決以前悠久可保，不可使歲有水患也。』衆皆曰：『舊亦有決溢。』布曰：『先帝在位幾十年，河決者三四，未嘗歲爲患也。』樞密院再對，布復陳：『安燾屢言東流不可更議，臣等本無此意，但未敢保其無患，須責水官以不可敗事也。兼夫役不可盡責民力，須朝廷應副爾。』既對，韓忠彦謂布曰：『厚卿疑子宣，以子開嘗以回河爲非，故亦主北流之言。』布曰：『誠不曉事，未至於此。使大河已東，必欲徙之北流，以便于開之

[一] 怯薄處　原『怯』字作空格，據《長編拾補》卷十一補。
[二] 言處　《長編拾補》卷十一無『言』字，依文意『言』疑爲『多』字。
[三] 賈種民　原脱『民』字，查元祐六年水官是賈種民，據補。
[四] 無已　原『已』作空格，據《長編拾補》卷十一補。

論，此言果可伸乎？』復數日，布又言：『吳安持論河事既被督責，計窮辭屈，真情盡露。兼所言先留北堤四十里泄水，以爲先有此論。韓忠彦具知其説。當時安持以謂河須東流，須閉北流，乃可成功。但以范純仁、蘇轍主北流之論，故且爲此説以誘之，庶其肯聽。今乃執此言以逃責，更爲欺罔。』上曰：『安持若以王宗望盡閉北流爲非，當時何不言？』布曰：『安持爲工部侍郎，乃其職事，何待今日方言北流不可盡閉？陛下固已察見其姦言矣。』上欣納。退至都堂，安持等來稟河事〔一〕，因反復久之。布謂章惇曰：『何惜二十萬未應副？將來若敗事，秋毫無所假借。』安持又言：『釃二渠爲便。』布曰：『若然，則是北流是？東流是？』安持曰：『須以漸閉。』布曰：『然則幾何年可了？』安燾云：『只爲昨降文字以東流爲非，故如此紛紛。』布曰：『本不以東流爲非，亦不敢以北流爲是，但不敢保東流無患爾。主東流者乃罪人，主北流者亦罪人。國事但欲取之當爾〔二〕，東、北何擇焉？』

翌日，同呈安持劄子。布曰：『計窮辭屈，姦言盡露。』安燾曰：『安持先曾有文字欲留四十里。』布曰：『如韓忠彦所聞，乃是欺罔反復。』安燾曰：『布改定劄子，以東流爲非。』布曰：『臣嘗以謂用偏見主東流、北流者皆罪人。臣素不預河事，於此持心實平直，於東、北流無所主，但欲處國事當爾。』燾曰：『誰不平直？』上曰：『執偏見誠不可！』反覆久之。布又言：『劄子乃章惇所草，臣嘗改定，云新縷七十里堤，未委可與不可捍禦將來漲水，及慮上流有壅滯衝決之患，緣公私之憂不細，不可不預爲經畫。此語恐亦合道〔三〕。至於衆論所疑，無不削口〔四〕。』惇曰：『昨日已諭水官，人夫、物料極力應副。若將來敗事，水官亦無所假貸。』上曰：『當如此。』

甲子，左司諫張商英言：『伏聞權工部侍郎吳安持近詣三省、樞密院稟議河事，在都堂諠悖，略無儀矩。始以母老爲辭，又以須得二十萬夫、千萬芻梢乃可往，厲聲云：「水官豈可不爲自全之計！」按：安持主張河事八年，今日始開口爲自全之計，即前後欺罔，不攻自破。緣章惇、曾布是王安石門人，吳安持是王安石女壻，又是安持男女姻家，致安持恃此親戚恩舊，敢肆侮慢，使廟堂之體陵夷。如此，何以聳天下之具瞻，爲首寮之表式哉？安持首鼠兩端，必圖再用。欲乞下有司薄責：自充都水使者至今，前後費用若干？人兵、錢糧、梢草興得是何功利？從初主意，爲是東流？爲是北流？若主東流，因何十六河不曾閉塞？下流堤埽不曾修築？若主北流，因何年進馬頭，水入孫村口？若以孫村口分減水勢，因

〔一〕來稟河事　原『河』字爲一空格，據《長編拾補》卷十一補。
〔二〕取之　原『之』字作空格，據《長編拾補》卷十一補。
〔三〕此語恐亦合道　上海古籍版作『此語恐亦非道』。
〔四〕無不削口　原文恐有脱誤。

何八年用功，今年淺澱，却於竇家港等處行水，明正案牘具列情狀。檢會六塔河李仲昌等例，先次責降施行，仍自今年開塞北流以後，專責王宗望、鄭佑候過漲水取旨當罷。況此一事，上繫朝廷休戚至大，下係生靈利病不小。大臣豈敢以親黨之故，置私意於其間？所有臣自供職後來，論列章疏，亦乞檢會，再賜採擇。』

商英此章據布《日録》，在十一月二十五日癸亥。今附本日。

乙丑，上以商英言安持章，付樞密院與三省同進呈。鄭雍曰上：『曾布嘗詰責安持反復姦言，故安持對水官懼後命，不敢不爲自全之計，亦無喧悖狀。』上曰：『安持果安石壻？』韓宗彦曰：『蔡卞友壻。』布曰：『人臣何敢用私意庇人，變亂是非，以悮國事！』上曰：『此無可行者。』遂罷。

二年十月甲申，三省、樞密院言：『紹聖元年，命權工部侍郎吳安持、都水使者王宗望、監丞鄭佑自闞村而下直至海口，相視應新舊堤防及淤淺河道增修疏濬，可使將來盛夏不至壅滯衝決爲患。即據向所閉北流之功，當言等第推恩。如向去措置不當，致有衝決，爲公私大患，亦當考察事實，重作施行。』詔：『以大河東流，朝請大夫、都水使者王宗望爲右中散大夫，朝奉大夫、工部侍郎吳安持爲朝請大夫，候過來年漲水，東流無虞，更加旌賞。若致決溢，仍舊滋長河患，當議施行。』

四年十二月乙未，詔朝議大夫鄭佑、承議郎李仲各遷一官，乃減三年磨勘。內鄭佑依四年法比折。朝請郎黄恩轉一官，並賞治水功也。又詔減三年磨勘，仍依四年法比折。又詔郭知章、李偉、王孝先各遷一官，中散大夫王令圖贈左中散大夫，賞首建言主回河功也。

元符二年六月己亥，河決內黄口，東流斷絶。

此據元符二年十月二十六日工部狀追書[一]。紹聖史官專主北流之議，至東流斷絶，乃不正言其日月。蓋姦臣意別有主[二]，於記述則未詳細耳。

七月丁巳，詔水部員外郎曾孝廣詣河北路相度措置河事。孝廣嘗爲南外都水丞，遷都水監丞，不主東流之議。及是，河決內黄，故使孝廣按行，因得申其素志。

八月甲戌，詔大河水勢十分北流，將河事付轉運司，責州縣共力救護北河堤岸。尋又詔東流各着埽分照管勾當。戊子，監察御史石豫言：『竊聞闞村水漲，其勢不至湍悍。若加救護，可無決溢之患。而有司坐視不救，意謂上流決溢則下流減殺。蓋河口易以閉塞，僥倖逃責，以到今日全河北流，漘浸人户田苗，成此大患。望根究詣實，重行朝典，以戒欺罔。』詔王祖道體究以聞。

《舊録》於此下云：河順下北流，先帝已降詔旨，而豫以爲欺，則悮矣。

[一] 此據　原無，據《長編》卷五〇一補。又『追』字，原作空格，據《長編》卷五〇一補。

[二] 姦臣　原作『□目』，據《長編》卷五〇一改。

《新録》辨云：《大河》流溢非細，微可隱之事。既按視之，必得其實。若果如豫言，浸民田廬，則黜責以戒欺罔宜矣。今不論事之虚實，而即以豫言爲誤，蓋私意也。今删去十九字。

九月庚子，左司諫王祖道言：『請先正吴安持、鄭佑、李仲、李偉之罪，投之遠方，以明先帝北流之志。』詔令工部檢詳東流建議及董役之人，以名聞奏。

十二月乙巳，水部員外郎曾孝廣言：『大河見行滑州、通利軍之間，蘇村埽今年兩經危急。請自蘇村埽危急處，候來年水發之時，乘勢開埽導河，使之北行，以順其性，下合内黄縣西行河道，永久爲便。』從之。

導洛廣武埽附

元豐八年五月庚子，詔提舉汴河堤岸，(可)〔司〕隸都水監。

舊録云：先帝導洛入汴，繕完戎器，於無事之日，皆專置司，事得以舉。至是，歸之有司。《新録》辨曰：道洛水，造軍器，此非人君必躬必親之事。先帝既置司，何常不歸之有司邪？始則專置一司，得以覈實。事既就當，有統屬，故各歸所隸，是亦先帝之意也。自『先帝導洛』至『歸之有司』二十九字並删去。

元祐二年冬，始閉汴口。

此據紹聖元年十二月二十七日蔡京云云，并三年正月李仲云增入。元祐四年冬末，梁燾奏議當考。

四年十二月甲子，御史中丞梁燾言：『臣愚嘗求世務之急，得導洛通汴之實。始聞其説則可喜，及考其事則可懼。竊以廣武山之北，即大河故道。河嘗往來其間，夏秋漲溢，每抵山下。舊來洛水至北流入於河，後欲道洛，以趨汴梁，乃乘河未漲，就嫩灘之上峻起東、西堤，闢大河於北壤，其地以引洛水，中間缺爲斗門，名通舟楫，其實導河以助洛水之淺涸也。洛水本清，而今則常黄流，是洛不足以行，而汴所以能行者，附大河之餘波也。增廣武三埽之脩，竭京西所有，不足以爲支費。轉運司每干於朝廷，勢不能不爲之應副。竊計自緣清汴之費，其失無慮數百萬計，從來上下習爲欺罔之姦。朝廷惑於安流之説，税屋之利，恬然不以爲慮。而殊不知新涉疎弱，力不能制悍河，水勢一薄則瀾漫潰散，將使怒流循洛而下，直冒京師〔一〕，共患豈勝言耶？此其大可懼者是耳。以數百萬日增之費，養異時京師萬一之患而已矣。夫歲傾重費以坐待其患，何若折其奔衝以除其害哉？爲今之計，宜復爲汴口，依舊引大河一支，啓閉以時，還祖宗百年以來潤國養民之賜，誠爲得策。汴口復成，則免廣武溢注，以長爲京師之安，省數百萬之費，以紓京西生靈之困。牽大河水勢，以解河北決溢之災；便東南漕運，以蠲重載留滯之弊。時節啓閉，以除蹙凌之苦；通江淮八路商賈大舶，以供京師之饒，爲甚大之利者六，此不可忽也。准拆去兩岸舍屋，盡廢僦錢，爲害者一而甚小，所謂損小費以去大

〔一〕直冒　原『冒』字作空格，據《長編》卷四三六補。

害也。臣之所言，特其大略爾。至於考究本末，措置纖悉，在朝廷擇通習前後之臣者付之，無牽浮議，責其成功。伏望聖慈面詔大臣，商擇而施行之。事繫國體，願留宸念。』

〔紹聖〕元年十月辛丑〔一〕，廣武埽危急。詔都水使者王宗望亟往廣武埽提舉救護。壬寅，上謂輔臣曰：『廣武埽危急，閣去洛河不遠，須防漲溢，下灌京師。已遣中使往視之。』輔臣出圖及狀以奏曰：『此由黄河北岸生灘，欲水勢趨南岸。今時止已止，河必減落。然已下水官與洛口官同行按視，爲簽堤及去北岸嫩灘，令河順直，則無患矣。』都水監丞馮忱之言〔二〕：『廣武埽危急，水勢刷塌堤岸。欲乞築欄水簽堤一道。』詔令馮忱之、李偉、郭茂恂相度，從長措置。戊申，詔差入内高品黄汝賢往廣武等埽傳宣撫問，救護大河堤埽。官吏、役兵〔給〕〔三〕賜銀合、茶藥、緡錢有差。庚戌，權京西轉運使郭茂恂言：『洛水暴漲，已開澾口開放水，有靈蛇見，土人以爲河流將平之驗。』詔令差官到祭。尋京西轉運司、都水丞、南外丞言：『河流漸順，别無黄水透入洛河，於清汴可保無虞。』癸丑，詔差權工部侍郎吴安持乘傳往廣武埽及洛口措置救護。甲寅，都水使者王宗望奏：『廣武埽已刷塌地步濶遠，埽透大堤須修捲埽岸，役兵數少，特乞在京壯役廣固共三千人，并下京東都大司，於緣汴裝卸人内，除府界、泗州外，告差刷南京界以下裝卸一千人，並吏部差有心力使臣取押。内廣固壯役，差云貝裝卸東京、淮南各一員，依例支破遞馬驛券，兼程前來。其人兵限使臣到，並一日内起發，及令本處支借附帶合用鍬杴等赴役。』御批：『除廣固指揮不差外，餘可並依所奏，日下便與處分。』丁巳，上諭執政：『聞河埽久不修，故幾壞者數處，魚池、原武、陽武皆已遣水官乘傳疾置護役。昨日報洛水又大溢，注於河。若廣武埽壞，大河與洛水合而爲一，則清汴不通矣。京都漕運殊可憂。宜亟命吴安持與王宗望同力督作，苟得不壞，過此亦須藉置爲久計。安持强幹可倚，其促安持往營度之。』皆對曰：『但雨止，則可無虞。臣等謹奉命，退當召安持至政事堂，以聖意諭之。』壬戌，吴安持言：『廣武第一埽危急，即自決口與清汴絶近，緣河、洛之南去廣武山千餘步，地形稍高，則鞏縣東七里店至洛口不滿十里，可以别開新河，引導洛水近南行流，地步至少，用功甚微。』詔吴安持等再行相度，如果利便，即計的確工料，結罪保明已聞。

八月丙子，以權户部侍郎吴安持爲權工部侍郎。安

〔一〕紹聖　原無。元祐後年號爲紹聖，故此元年應爲紹聖元年，據補。

〔二〕都水監丞　原作『都水使監丞』，據《宋史・職官志》宋代水官無此職，故删『使』字。

〔三〕給　原作空格，據文意補。

持等言：『廣武埽危急，刷埽堤身二千餘步，與清汴絶近，接洛河之南。去廣武南五六百步或千餘步，地形稍高。自鞏縣高七里店至見今洛口，約不滿十餘里，可以別開新河，引導河水近南行流，地步至少，用功甚微。都水使者王宗望行視，并開井筒，各稱利便外，其南築大堤，功力浩大。乞下合屬官司，別相度保明。』從之。辛巳，都水監言：『河勢緊急，緣陽武埽逼近京城，請速那官，同共提舉固護。』詔差開封府推官趙越疾速前去救護。壬午，詔差權工部侍郎吴安持前去都大提舉開修新河等工役，及令南外丞李偉、勾當洛口王維同管開修。

九月乙丑，曾布再對，陳：『河防不可輕動，枉費財用。如吴安持見開洛河外議未以爲當。用夫四十五萬，若洛水小，引水傍山無益。若泛漲，自當就下，徑入黄河，豈肯如人意傍山而入汴？』上頷之。

十月己巳，權工部侍郎吴安持言：『洛口別開新河，引導洛水近南行流，已畢工放水。乞除提舉官員外，自餘官吏，相度節次存減。』從之。

十二月甲午，户部尚書蔡京言：『本部財用，皆自東南漕運，以充歲計。今年上供物數，十無二三到者。而汴流今已閉口，臣責到提舉汴河堤岸楊炎壯，稱自元豐二年導洛通汴，至元祐元年，八年之間不曾閉口，如遇冬寒，差兵行凍，並不失事。乞依元豐條例。』從之。

二年正月戊戌，宣政使宋用臣言：『昨自元豐二年四月内導洛通汴，六月成功放水，四時行流不絶。遇冬凌結，即督責沿河官吏打撥通流，並無壅遏。自元祐二年，每遇冬深，便行閉塞，使河流涸竭。殊不究當日導通之意。欲乞於正月内擇日開撥，放水歸河，永不閉塞，四時流通。如遇凌結，止可將四五斗門減放，節限水勢，如惠民河行流，則自無壅遏之患，於國家有萬世源源不絶之慶。』從之。

三、宋史紀事本末

匯編説明

《宋史紀事本末》由明代陳邦瞻撰寫，全書共一百零九卷，二十三萬字。繼《通鑑紀事本末》以後，其用紀事本末體裁記述了宋代歷史的大概輪廓和社會的重要事件。陳邦瞻字德遠，江西高安人，萬曆二十六年（一五九八年）進士。曾任南京吏部稽勳司郎中，福建按察使，後官至兵部左侍郎，《明史》卷二四二有傳。在他之前，馮琦、沈越都用紀事本末體編寫過宋代史事，但均未完成，後來二人的弟子請陳邦瞻增訂。陳于萬曆三十二年（一六〇四年）着手編撰，將二書合爲一編，歷時約一年完成。此外，陳邦瞻還撰有《元史紀事本末》等書。

這次整理摘録了《宋史紀事本末》中有關水利的史料：卷九《治河》、卷三三《浚六塔二股河》。

整理者

卷九　治河

太祖乾德二年，遣使案行黄河，治古堤。議者以舊河不可卒復，力役且大，遂止。詔民治遥堤，以禦衝決之患。

三年秋，大霖雨，河決陽武，梁、澶、鄆亦決。詔發州兵治之。

四年八月，滑州河決，壞靈河縣大堤。詔殿前都指揮使韓重贇等督士卒丁夫數萬人治之。

五年春正月，帝以河堤屢決，分遣使行視，發畿甸丁夫繕治。自是歲以爲常，皆以正月首事，季春而畢。是月，詔開封、大名府、鄆、澶、滑、孟、濮、齊、淄、滄、棣、濱、德、博、懷、衛、鄭等州長吏，並兼本州河堤使。

開寶五年五月，河大決濮陽，又決陽武。詔發諸州兵及丁夫凡五萬人，遣潁州團練使曹翰護其役。翰辭，太祖謂曰：『霖雨不止，又聞河決。朕信宿以來，焚香上禱於天，若天災流行，願在朕躬，勿延於民也。』翰頓首對曰：『昔宋景公，諸侯耳，一發善言，災星退舍。今陛下憂及兆庶，懇禱如是，固當上感天心，必不爲災。』

六月，下詔曰：『近者澶、濮等數州，霖雨（澌）〔荐〕[一]

[一] 據《宋史》卷九一《河渠志》一改。以下不注者同。

降，洪河爲患。朕以屢經決溢，重困黎元，每閱前書，討究經瀆。至若夏后所載，但言導河至海，隨山濬川，未聞力制湍流，廣營高岸。自戰國專利，堙塞故道，小以妨大，私而害公，九河之制遂隳，歷代之患弗弭。凡搢紳多士，草澤之倫，有素習河渠之書，深知疏導之策，若爲經久，可免重勞，並許詣闕上書，附驛條奏。朕當親覽，用其所長，勉副詢求，當示甄獎。』時，東魯逸人田告者，纂《禹元經》十二篇。帝聞之，召至闕下，詢以治水之道。善其言，將授以官。以親老，固辭歸養，從之。翰至河上，親督工徒，未幾，決河皆塞。

太宗太平興國二年秋七月，河決孟州之温縣，鄭州之滎澤，澶州之頓丘，皆發緣河諸州丁夫塞之。

三年春正月，命使十七人分治黃河堤，以備水患。

八年五月，河大決滑州韓村，泛澶、濮、曹、濟諸州民田，壞居人廬舍。東南流，至彭城界，入於淮。詔發丁夫塞之。堤久不成，乃命使者按視遥堤舊址。使回條奏，以爲：『治遥堤不如分水勢。自孟抵鄆，雖有堤防，唯滑與澶最爲隘狹，於此二州之地，可立分水之制。宜於南北岸各開其一，北入王莽河以通於海，南入靈河以通於淮，節減暴流，一如汴口之法。其分水河，量其遠邇，作爲斗門，啓閉隨時，務乎均濟。通舟運，溉農田，此富庶之資也。』不報。時多陰雨，河久未塞。帝憂之，遣樞密直學士張齊賢乘傳詣白馬津，用太牢加璧以祭。

十二月，滑州言決河塞，群臣稱賀。

九年春，滑州復言房村河決。帝曰：『近以河決韓村，發民治堤不成，安可重困吾民，當以諸軍代之！』乃發卒五萬，以侍衛步軍指揮使田重進領其役。

淳化四年冬十月，河決澶州，陷北城，壞廬舍七千餘區。詔發卒代民治之。是歲，巡河供奉官梁睿上言：『滑州土脈疏，岸善隤，每歲河決南岸，害民田。請於迎陽鑿渠引水，凡四十里，至黎陽合大河，以防暴漲。』帝許之。

五年春正月，滑州言新渠成。帝又案圖，命昭宣使、羅州刺史杜彦鈞率兵夫計功十七萬，鑿河開渠，自韓村埽至州西鐵狗廟，凡五十餘里，復合於河，以分水勢。

真宗大中祥符（三）〔五〕年，著作佐郎李垂上《導河形勝書》三篇并圖，其略曰：『臣請自汲郡東推禹故道，挾御河，較其水勢，出大伾、上陽、太行三山之間，復西河故瀆，北注大名西、館陶南，東北合赤河而至於海。因於魏縣北析一渠，正北稍西，逕衡漳直北下，出邢、洺，如《夏書》「過洚水」，稍東，注易水，合百濟，會朝河而至於海。大伾而下，黃、御混流，薄山障堤，勢不能遠。如是，則載之高地而北行，百姓獲利，而契丹不能南侵矣。《禹貢》所謂「夾右碣石入於海」。孔安國曰：「河逆上此州界。」其始作自大伾西八十里，曹公所開運渠東五里，引河水，正北稍東十里，破伯禹（古）堤，逕牧馬陂，從禹故道。又東三十里，轉大伾西，通利軍北，挾白溝，復（四）〔西〕大河〔一〕，北逕清豐、大名西，歷洹水、魏縣東，暨館陶南，入屯氏故瀆，合赤河而北，入於海。既而自大伾西新發故瀆西岸，析一渠，正北稍西五里，廣深與汴等，合御河道。逼大伾北，即堅壤析一渠，東西二十里，廣深與汴等，復東大河。兩渠分流，則三四分水猶得注澶淵舊渠矣。大都河水從西大河故瀆，東北合赤河而達於海。然後於魏縣北發御河西岸，析一渠，正北稍西六十里，廣深與御河等，合衡漳水。又冀州北界，深州西南三十里，決衡漳西岸，限水爲門，西北注滹沱，潦則塞之使東漸渤海，旱則決之使西灌屯田，此中國禦邊之利也。兩漢而下，言水利者屢欲求九河故道而疏之。今考圖志，九河並在（中）〔平〕原而北，且河壞澶、滑，未至平原而上已決矣，則九河奚利哉！漢武捨大伾之故道，發頓丘之暴衝，則濫兗泛齊，流患中土，使河朔平田膏腴千里，縱容邊寇劫掠其間。今大河盡東，全燕陷北，而禦邊之計，莫大於河。不然，則趙、魏百城，富庶萬億，所謂誨盜而招寇也。一日（俟）〔伺〕我饑饉，乘虛入寇，臨時用計者實難，不如因人足財豐之時，成之爲易。』詔樞密直學士任中正、龍圖閣直學士陳彭年、知制誥王曾詳定。中正等上言：『詳垂所述，頗爲周悉。所言起滑臺而下，派之爲六，則緣流就下，湍急難制，恐水勢聚而爲一，不能各依所導。設或必成六派，則是更增六處河口，悠久難於堤防，亦慮入滹沱、漳河，漸至二水淤塞，益爲民患。又築堤七百里，役夫二十一萬七千，工至四十日，侵占民田，頗爲煩費。』其議遂寢。

天禧三年六月，滑州河溢城西北天臺山旁，俄復潰於城西南，岸摧七百步，漫溢州城。歷澶、濮、曹、鄆，注梁山泊，又合清水、古汴渠，東入於淮，州邑罹患者三十二。即遣使賦諸州薪石、楗橛、芟竹之數千六百萬，發兵夫九萬人治之。

四年二月，河塞。群臣入賀，上親爲文，刻石紀功。

是年，祠部員外郎李垂又言疏河利害，命垂至大名府、滑、衛、德、貝州、通利軍，與長吏計度。垂上言：『臣所至，並稱黄河水入王莽、沙河與西河故瀆，注金、赤河，必慮水勢浩大，蕩浸民田，難於堤備。臣亦以爲河水所經，不無爲害。今者決河而南，爲害既多，而又陽武埽東，石堰埽西，地形汙下，東河泄水又艱。或者云：「今決處漕底坑深，舊渠逆上，若塞之，旁必復壞。」如是則議塞河者誠以爲難。若決河而北，爲害雖少，一旦河水注御河，蕩易水，逕乾寧軍，入獨流口，遂及契丹之境。或者云：「因此摇動邊鄙。」如是則議疏河者又益爲難。臣於兩難之間，輒畫一計，請自上流引北載之高地，東至大伾，瀉復於澶淵舊道，使南不至滑州，北不出通利軍界。何以計之？臣

〔一〕西　原文作『四』，據《長編》改。

請自衛州東界曹公所開運渠東五里河北岸凸處，就岸實土堅引之，正北稍東十三里，破伯禹古堤，注裴家潭，逕牧馬陂。又正東稍北四十里，鑿大伾西山，釃爲二渠，一逼大伾南足，決古堤，正東八里，復澶淵舊道；一逼通利軍城北曲河口，至大禹所導西河故瀆，正北稍東五里，開南北大堤。又東七里，入澶淵舊道，使南不至滑州，與南渠合。夫如是，則北載之高地，大伾二山脽股之間，分酌其勢，浚瀉兩渠，匯注東北，不遠三十里，復合於澶淵舊道，而滑州不治自涸矣。臣請以兵夫二萬，自來歲二月興作，除三伏半功外，至十月而成，其均厚埤薄，俟次年可也。』疏奏，朝議慮其煩擾，罷之。

初，滑州以天臺決口去水稍遠，聊興葺之，及西南堤成，乃於天臺口旁築月堤。六月望，河復決天臺下，走衛南，浮徐、濟，害如三年而益甚。帝以新經賦率，慮殫困民力，即詔京東西、河北路經水災州軍，勿復科調丁夫。其守捍堤防役兵，仍令長吏存恤而番休之。

五年春正月，知滑州陳堯佐以西北水壞城，無外禦，築大堤；又疊埽於城北，護州中居民；復就鑿横木，下垂木數條，置水旁以護岸，謂之木龍，當時賴焉；復並舊河開枝流，以分導水勢。有詔嘉獎。

說者以黄河隨時漲落，故舉物候爲水勢之名：立春之後，東風解凍，河邊人候水，初至凡一寸，則夏秋當至一尺，頗爲信驗，故謂之『信水』。二月、三月桃華始開，冰泮雨積，川流猥集，波瀾盛長，謂之『桃華水』。春末，蕪菁華開，謂之『菜華水』。四月末，壟麥結秀，擢芒變色，謂之『麥黄水』。五月瓜實延蔓，謂之『瓜蔓水』。朔野之地，深山窮谷，固陰沍寒，冰堅晚泮，逮乎盛夏，消釋方盡，而沃蕩山石，水帶礬腥，併流於河，故六月中旬後，謂之『礬山水』。七月菽豆方秀，謂之『豆華水』。八月菼亂華，謂之『荻苗水』。九月以重陽紀節，謂之『登高水』。十月水落安流，復其故道，謂之『復槽水』。十一月、十二月斷冰雜流，乘寒復結，謂之『蹙凌水』。

水信有常，率以爲準；非時暴漲，謂之『客水』。其水勢，凡移谼横注，岸如刺毁，謂之『劄岸』；漲溢踰防，謂之『抹岸』；埽岸故朽，潛流漱其下，謂之『塌岸』；浪勢旋激，岸土上隤，謂之『淪捲』；水浸岸逆漲，謂之『上展』；順漲，謂之『下展』；或水乍落，直流之中忽屈曲横射，謂之『徑窌』；水猛驟移，其將澄處，望之明白，謂之『拽白』，亦謂之『明灘』；湍怒略停，勢稍汩起，行舟值之多溺，謂之『薦浪水』。水退淤澱，夏則膠土肥腴，初秋則黄滅土，頗爲疏壤，深秋則白滅土，霜降後皆沙也。

舊制，歲虞河決，有司常以孟秋預調塞治之物，梢芟、薪柴、楗橛、竹石、茭索、竹索凡千餘萬，謂之『春料』。詔下瀕河諸州所產之地，仍遣使會河渠官吏，乘農隙率丁夫水工，收采備用。凡伐蘆荻，謂之『芟』；伐山木榆柳〔枝〕葉，謂之『梢』；辮竹糾芟爲索。以竹爲巨索，長十尺至百尺，有數等。先擇寬平之所爲埽場。埽之制：密布芟索，鋪梢，梢芟相重，壓之以土，雜以碎石，以巨竹索横貫其中，謂之『心索』。卷而束之，復以大芟索繫其兩端，别以竹索自内旁出，其高至數丈，其長倍之。凡用丁夫數百或千人，雜唱齊挽，積置於卑薄之處，謂之『埽岸』。既下，以橛臬闑之，復以長木貫之，其竹索皆埋巨木於岸以維之，遇河之横決，則復增之以補其缺。凡埽下，非積數疊，亦不能遏其迅湍。又有『馬頭』、『鋸牙』、『木岸』者，以蹙水勢護堤焉。

凡緣河諸州，孟州有河南、北凡二埽，開封府有陽武埽，滑州有韓、房二村，憑管、石堰州西、魚池、迎陽凡七埽，舊有七里曲埽，後廢。通利軍有齊賈、蘇村凡二埽，澶州有濮陽、大韓、大吴、商胡、王楚、横隴、曹村、依仁、大北、岡孫、陳固、明公、王八凡十三埽，大名府有孫杜、侯村二埽，濮州有任村、東、西、北凡四埽，鄆州有博陵、張秋、闞山、子路、王陵、竹口凡六埽，齊州有采金山、史家渦二埽，濱州有平河、安定二埽，棣州有聶家、梭堤、鋸牙、陽成四埽。所費皆有司歲計而無闕焉。

卷三三　浚六塔二股河

仁宗天聖五年秋七月，詔發丁夫三萬八千，卒二萬一千，緡錢五十萬，塞滑州決河。

六年八月，河決於澶州之王楚埽。

八年，始詔河北轉運〔司〕，計塞河之備。良山令陳曜請疏鄆、滑界糜丘河以分水勢，遣使行視之。

慶曆元年詔權停修決河。自此久不復塞，而開河分水之議起焉。

皇祐元年三月，河合永（清）〔濟〕渠，注乾寧軍。

二年〔一〕秋七月，河復決大名府館陶縣之郭固。

至和二年〔二〕遣使行度故道，且詣銅城鎮海口，約古道高下之勢。先是，朝廷既塞郭固，而河勢猶壅，議者請開六塔以披其勢，故有是命。翰林學士歐陽修上疏曰：『朝廷欲俟秋興大役，塞商胡，開横隴，回大河於古道。夫動大衆必順天時、量人力，謀於其始而審於其終，然後必行，計其所利者多，乃可无悔。比年以來，興役動衆，勞民（損）〔費〕財，不精謀慮於厥初，輕信利害之偏説，舉事之始，既已倉皇，群議一摇，尋復悔罷。不敢遠（指）〔引〕他事，且如河決商胡，是時執政之臣，不慎計慮，遽謀修塞。凡科配梢芟一千八百萬，騷動六路一百餘軍、州。官吏催驅，急若星火，民庶愁苦，盈於道途。或物已輸官，或人方在路，未及興役，尋已罷修，虚費民財，爲國斂怨，舉事輕

〔一〕二年　《長編》卷一七〇『皇祐三年七月辛酉，河決大名府館陶縣郭固口。』據此『二年』當作『三年』。

〔二〕至和二年　據《河渠志》當在元年，而下文歐陽修上疏事在二年。

脱，爲害若斯。今又聞復有修河之役，聚三十萬人之衆，開一千餘里之長河，計其所用物力，數倍往年。當此天災歲旱、民困國貧之際，不量人力，不順天時，知其有大不可者五：

蓋自去秋至春，半天下苦旱，京東尤甚，河北次之。國家常務安静振恤之，猶恐民起爲盜，况於兩路聚大衆，興大役乎！此其必不可者一也。

河北自恩州用兵之後，繼以凶年，人户流亡，十失八九。數年以來，人稍歸復，然死亡之餘，所存者幾，瘡痍未斂，物力未完。又京東自去冬無雨雪，麥不生苗，將踰暮春，粟未布種，農心焦勞，所向無望。若别路差夫，則遠者難爲赴役，就河便近，則兩路力所不任。此其必不可者二也。

往年議塞滑州決河，時公私之力未若今日之貧虚，然猶儲積物料，誘率民財，數年之間，始能興役。今國用方乏，民力方疲，且合商胡塞大決之洪流，此一大役也；〔鑿横隴，開久廢之故道，又一大役也〕；自横隴至海千餘里，埽岸久〔已〕廢頓，須興緝補，又一大役也。往年公私有力之時，興一大役尚須數年，今猝興三大役於災旱貧虚之際，此其必不可者三也。

就令商胡可塞，故道未必可開。鯀障洪水，九年無功。禹得《洪範》五行之書，知水潤下之性，乃因水之流，疏而就下，水患乃息。然則以大禹之神功不能障塞，但能因勢而疏決耳。今欲逆水之性，障而塞之，奪洪河之正流，使人力斡旋回注，是大禹之所不能。此其必不可者四也。

横隴湮塞已二十年，商胡決又數年，故道已平而難鑿，安流已久而難回。此其必不可者五也。

臣伏思國家累歲災譴甚多，其於京東變異尤大。地貴安静而有聲，巨嵎山摧，海水摇蕩，如此不止者僅十年。天地警戒，宜不虚發。臣謂變異所起之方，尤當過慮防懼。今乃欲於凶儉之年，聚三十萬之大衆於變異最大之方，臣恐災禍自此而發也。况京（都）〔東〕赤地千里，饑饉之民正苦天災，又聞河役將動，往往伐桑毁屋，無復生計。流亡盜賊之患，不可不虞。宜速止罷，用安人心。』

九月，詔：『自商胡之決，大河注食堤埽〔一〕，爲河北患，其故道又以河北、京東饑故未興役。今河渠司李仲昌議，欲納水入六塔河，使歸横隴舊河，舒一時之急。其令兩制至待制以上臺諫官，與河渠司同詳定。』修又上疏曰：『伏見學士院集議修河，未有定論。蓋由賈昌朝欲復故道，李仲昌請開六塔，互執一説，莫知孰是。臣愚皆謂不然。言故道者未詳利害之原，述六塔者，近乎欺罔之謬。今謂故道可復者，但見河北水患，而欲還之京東。然

〔一〕食堤埽　《河渠志》作『注金堤』，當是。

不思天禧以來河水屢決之因，所以未知故道有不可復之勢，〔此〕[一]臣故謂未詳利害之原也。若言六塔之利者，則不待攻而自破矣。今六塔既已開，而恩、冀之患何爲尚告奔騰之急？此則減水未見其利也。又開六塔者云：可以全回大河，使復横隴故道。今六塔止是别河，下流已爲濱、棣、德、博之患，若全回大河，顧其害如何？此臣故謂近乎欺罔之謬也。

且河本泥沙，無不淤之理。淤常先下流，下流淤高，水行漸壅，乃決上流之低處，此勢之常也。然避高就下，水之本性，故河流已棄之道，自古難復。臣不敢廣述河源，且以今所欲復之故道，言天禧以來屢決之因。

初，天禧中，河出京東，水行於今所謂故道者。水既淤澀，乃決天臺埽，尋塞而復故道。未幾，又決於滑州南鐵狗廟今所謂龍門埽者。其後數年，又塞而復故道。已而又決王楚埽，所決差小，與故道分流，然而故道之水終以壅淤，故又於横隴大決。是則決河非不能力塞，故道非不能力復，所復不久終必決於上流者，由故道淤而水不能行故也。及横隴既決，水流就下，所以十餘年間，河未爲患。至慶曆三、四年，横隴之水又自海口先淤，凡一百四十餘里。其後（游）〔淤〕[二]金、赤三河相次又淤，下流既梗，乃決於上流之商胡口。然則京東、横隴兩河故道，皆下流淤塞河水已棄之高地。京東故道，屢復屢決，理不可復，不待言而易知也。

昨議者度京東故道工料，但云〔銅城已上地高，不知大抵東去皆高，而〕[三]銅城已上乃特高爾，其東比銅城已上則稍低，比商胡已上則實高也。若云銅城已東地勢斗下，則當日水流宜決銅城已上，何緣而頓淤横隴之口？亦何緣而大決也？然則兩河故道既皆不可爲，則河北水患何爲而可去！臣聞智者之於事，有所不能必，則較其利害之輕重，擇其害少者而爲之，猶愈害多而利少，何況有害而無利？此三者可較而擇也。

又商胡初決之時，欲議修塞，計用梢芟一千八百萬，科配六路一百餘州、軍。今欲塞者乃往年之商胡，則必用往年之物數。至於開鑿故道，張奎所計工費甚大，其後李參減損，猶用三十萬人。然欲以五十步之狹，容大河之水，此可笑也。又欲增一夫所開三尺之方，倍爲六尺，且闊厚三尺而長六尺，自一倍之功，在於人力，已爲勞矣。且六尺之方，以開方法算之，乃八倍之功，此豈人力之所勝？是則前功既大而難興，後功雖小而不實。

大抵塞商胡，開故道，凡二大役，皆困國勞人。所舉如此，而欲開難復屢決已驗之故道，使其虚費，而商胡不可塞，故道不可復，此所謂有害而無利者也。就使幸而暫

[一]〔此〕原文無，據《長編》、《歐集奏議》一三補。
[二]（游）〔淤〕　據《長編》、《宋史·河渠志》當是『淤』之誤。
[三]『銅城……高，而』之句，據《長編》、《歐集奏議》一三補。

塞以紓目前之患，而終於上流必決，如龍門、橫隴之比，此所謂利少而害多也。

若六塔者，於大河有（分）〔減〕水之名，而無減患之實。今下流所散，爲患已多，若全回大河以注之，則濱、棣、德、博、河北所仰之州，不勝其患，而又故道淤澀，上流必有他決之虞，此直有害而無利耳。是皆智者之不爲也。今若因水所在，增治堤防，疏其下流，浚以入海，則可無決溢散漫之虞。

今河所歷數州之地，誠爲患矣；堤防歲用之夫，誠爲勞矣。與其虛費天下之財，虛舉大衆之役，而不能成功，終不免爲數州之患，勞歲用之夫，（此）則〔此〕所謂害少者，乃智者之所宜擇也。

大約今河之勢，負三決之虞：復故道，上流必決；開六塔，上流亦決；河之下流若不浚使入海，則上流亦決。臣請選知水利之臣，就其下流，求入海路而浚之；不然，下流梗澀，則終虞上決，爲患無涯。』帝不聽，卒從仲昌議。

嘉祐元年夏四月，六塔河復決。時殿中丞李仲昌等塞商胡，北流入六塔河，不能容，以致復決，溺兵夫，漂芻藁，不可勝計，河北被害者凡數千里。詔三司〔鹽鐵〕[一]判官沈立往行視。內使劉恢遂奏：『六塔之役，水死者數千萬人。穿土干犯禁忌，且河口乃趙征村，於國姓、御名有嫌，而大興鍤斸，非便。』詔罷其役。令御史吳中復、內侍鄧守恭置獄於澶，劾仲昌等違詔旨，不俟秋冬塞北流，以致決潰。於是流仲昌於英州，餘各被謫有差。

五年春正月，議鑿二股河。自李仲昌貶，河事久無議者。至是，都轉運使韓贄言：『四界首古大河所經，即溝洫志所謂「平原金堤，開通大河，入篤馬河，至海五百餘里」者也。自春以丁壯三千浚之，可一月而畢。支分河流入金、赤河，使其深六尺，爲利可必。商胡決河自魏至於恩、冀、乾寧入於海。今二股河自魏、恩東至於德、滄入於海，分而爲二，則上流不壅，可以無決溢之患。』乃上《四界首二股河圖》。

英宗治平元年，始命浚二股、〔五股〕[二]河，以紓恩、冀之患。未幾，又併五股河浚之。

神宗熙寧元年六月，河溢恩州，又決冀州棗强埽。七月，又溢瀛州樂壽埽。於是都水監丞李立之請於恩、冀、深、瀛等州，創生堤三百六十七里以禦河。宋昌言謂：『今二股河門變移，請迎河港進約，簽入河身，以紓四州水患。』都水監復奏：『慶曆中，商胡北流，於今二十餘年，自澶州下至乾寧軍，創堤千有餘里，公私勞擾。近歲冀州而下，河道梗塞，致上下埽岸屢危，雖創新岸，終非久計。

[一] 鹽鐵　原無，據《河渠志》補。
[二] 二股、〔五股〕河　據《河渠志》補。

願相六塔舊口，并二股河，導使東流，徐塞北流。』便詔翰林院學士司馬光、入内副都知張茂則乘傳相度四州生堤，回日兼視六塔、二股利害。

二年正月，光入對：『請如宋昌言策，於二股之西置上約，擗水令東。俟東流漸深，北流淤淺，即塞北流，放出御河、胡盧河，下紓恩、冀、深、瀛以西之患。』初，商胡決河自魏之北，至恩、冀、乾寧入於海，是謂北流。嘉祐五年，河流派於魏之第六埽，遂爲二股，自魏、恩東至於德、滄入於海，是謂東流。時議者多不同，李立之力主生堤，帝不聽，卒用昌言策，置上約。會北京留守韓琦言：『今歲兵夫數少，而(舍)〔金〕堤兩埽修上、下約甚急，深進馬頭，欲奪大河。緣二股及嫩灘舊闊千一百步，是以可容漲水。今截去八百步有餘，則將東大河於二百餘步之間，下流既壅，上流蹙遏湍怒，又無兵夫修護堤岸，其衝決必矣。況自德至滄，皆二股下流，既無堤防，必侵民田。設若河門束狹，不能容納漲水，上、下約隨流而脱，則二股與北流爲一，其患愈大。』帝因謂二府曰：『韓琦頗疑修二股。』趙抃曰：『人多以六塔爲戒。』王安石曰：『異議者，皆不考其事實故也。』帝又問：『程昉、宋昌言同修二股何如？』安石以爲可治。帝曰：『欲作簽河甚善。』安石曰：『誠然！若及時作之，則往河可東，北流可閉。』帝然之。

七月，張鞏等奏：『上約屢經泛漲，并下約各已無虞，東流勢漸順快，宜塞北流，除恩、冀、深、瀛等州水患。』司馬光言：『鞏等欲塞河北流，臣恐勞費未易。或幸而可塞，則東流淺狹，堤防未全，必致決溢，是移恩、冀、深、瀛之患於滄、德等州也。不若俟二三年間，東流益深闊，北流漸淺，塞之便。』帝曰：『今不俟東流順快而塞北流，他日河勢改移，奈何？且若河水常分二流，何時當有成功？』光曰：『若上約流失，其事不可知。上約存則東流必增，北流必減。借使分爲二流，於鞏等不見成功，於國家亦無所害，何則？西北之水，併於山東則爲害大，分則害小矣。鞏等亟欲塞北流，皆爲身謀，不顧國力與民害也。』帝卒從鞏議。

四年秋七月，北京新堤第四、第五埽決，漂溺館陶、永濟、清陽以北。八月，河溢澶州曹村。十月，溢衛州王供。時新堤凡六埽，而決者(三)〔二〕，下屬恩、冀，貫御河，奔衝爲一，帝憂之。是時，人争言導河之利，張茂則等謂：『二股河地最下，而舊防可因。今湮塞者纔三十餘里，若度河之湍，浚而逆之，又存清水鎮河以析其勢，則悍者可回，決者可塞。』帝然之。十二月，令河北轉運(使)〔司〕開修二股河上流，併塞〔第五埽〕決口。

五年夏四月，二股河成。六月，河溢夏津。帝語執政：『聞京東調夫修河，有壞産者，河北調急夫役(猶)〔尤〕多；若河復決，奈何？且河決不過占一河之地，或西或東，若利害無所較，聽其所趨，如何？』王安石曰：

『北流不塞，占公私田至多，又水散漫，久復淤塞。昨修二股，費至少而公私田皆出，向之潟鹵，俱爲沃壤，庸非利乎！況調夫已減於去歲，若（夫）〔復〕葺理堤防，則河北歲夫愈減矣。』

六年夏四月，置疏濬黄河司。先是，有選人李公義者，獻鐵龍爪揚泥車法以濬河。其法：用鐵數斤爲爪形，以繩繫舟尾而沈之水，篙工急擢，乘流相繼而下，一再過，水已深數尺。宦官黄懷信以爲可用，而患其太輕。王安石請令懷信、公義同議增損，乃别制濬川杷。其法：以巨木長八尺，齒長二尺，列於木下如杷狀，以石壓之；兩旁繫大繩，兩端矴大船，相距八十步，各用滑車絞之，去來撓蕩沙泥，已又移船而濬。或謂水深則杷不能及底，雖數往來無益；水淺則齒礙沙泥，曳之不動，卒乃反齒向上而曳之。人皆知不可用，惟安石善其法，使懷信先試之，以濬二股。又謀鑿直河數里，以觀其效。且言於帝曰：『開直河則水勢分。其不可開者，以近河每開數尺即見水，不容施工爾。今第見水即以杷濬之，水當隨杷改趨直河。苟置數千杷，則諸河淺澱，皆非所患，歲可省開濬之費幾百千萬。』帝曰：『果爾，甚善。聞河北小軍壘當起夫五千，計合境之丁，僅及此數，一夫至用錢八緡。故歐陽修嘗謂：「開河如放火，不開如失火。」與其勞人，不如勿開。』安石曰：『勞人以除害，所謂毒天下之民而從之者。』至是，遂置司，將自衛州濬至海口，以虞部郎范子淵爲都大提舉，公義爲之屬。當是時，北流閉已數年，水或横決散漫，嘗虞壅遏。〔十月〕〔一〕外監丞王令圖獻議，於北京第四、第五埽等處開修直河，使大河還二股故道。從之。

十年秋七月，河決澶州。自開直河，水勢漸漲，田廬益壞，至是，遂大決於澶州曹村。北流斷絶，河道南徙，東匯於梁山、張澤濼，分爲二派，一合南清河入於淮，一合北清河入於海，凡灌郡縣四十五，而濮、齊、鄆、徐尤甚，遣使修閉。判大名府文彦博言：『河勢變移，四散漫流，兩岸俱被水患。而都水止護東流北岸，希省費之賞，未嘗增修堤岸。今者之決溢非天災，實人力不至之咎。』

元豐元年夏四月，決口塞，詔改曹村埽曰靈平。五月，新堤成，閉口斷流，河復歸北。初，河決澶州也，北外監丞陳（佑）〔祐〕甫謂：『商胡決三十餘年，所行河道，填淤漸高，堤防歲增，未免泛濫。今當修者有三，商胡一也，横隴二也，禹舊迹三也。然商胡、横隴故道，地勢高平，土性疏惡，皆不可復，復亦不能持久。惟禹故瀆尚存，在大伾、太行之間，地卑而勢固，故秘閣校理李垂與今知深州孫民先皆有修復之議。望召民先同河北漕臣一員，自衛州王供埽按視，訖於海口。』從之。

〔一〕十月　原無，據《河渠志》補。

四年夏四月，小吴埽復大決，自澶注入御河，恩州危甚。六月戊午，詔：『東流已填淤不可復，將來更不修閉小吴決口，候見大河歸納，應合修立堤防，令李立之經畫以聞。』帝謂輔臣曰：『河之爲患久矣，後世以事治水，故嘗有礙。夫水之趨下，乃其性也，以道治水，則無違其性，可也。如能順水所向，遷徙城邑以避之，復有何患？雖神禹復生，不過如此。』輔臣皆曰：『誠如聖諭。』已而立之言：『河流自乾寧軍至劈地口入海，宜自北京至瀛州分立東、西堤五十九埽。』詔從之。立之在熙寧初已主立堤，今竟行其言。

大抵熙寧初，專主導東流，閉北流。元豐以後，因河決而北，議者始欲復禹故迹。帝愛惜民力，思順水性，而水官難其人。王安石力主程昉、范子淵，故二人尤以河事自任，然糜費財力，卒無成功。

哲宗元祐元年三月，降范子淵知峽州，中丞吕陶劾其罪故也。中書舍人蘇軾作制詞，有曰：『汝以有限之財，興必不可成之役，驅無辜之民，置之必死之地。』時以爲至言。

九月，詔秘書監張問相度河北水事。時河流雖北，而孫村低下，夏秋霖雨漲水，往往東出，小吴之決既未塞，又決大名之小張口，河北諸郡皆被水災。知澶州王令圖建議濬迎陽埽舊河，又於孫村金堤置約，復故道。轉運使范子奇仍請於大吴北岸修進鋸牙，擗約河勢。於是回河東流之議起。十一月，問復上言：『臣至滑州決口，相視迎陽埽，至大、小吴，水勢低下，舊河淤仰，故道難復。請於南樂大名埽開直河并簽河，分引水勢，入孫村口，以解北京向下水患。』令圖亦以爲然，於是減水河之議復起。既從之矣，會北京留守韓絳奏引河近府非是，詔問別相視。

二年二月，令圖、問欲必行前説，朝廷又從之。三月，令圖死，以王孝先代領都水，亦請如令圖議。

三年十一月，遣吏部侍郎范百禄等行河。時，王孝先請修減水河，王覿言其〔不〕[一]便，安燾深以東流爲是，上疏言之，於是詔：『黄河未復故道，終爲河北之患，宜興役回之。』范純仁、王存言：『使大河決可東回，而北流遂斷，何惜勞民費財，以成經久之利。今孝先等未有必然之論，但僥倖萬一，以冀成功耳。不可輕舉也。』文彦博、吕大防、安燾等謂：『河不東，則失中國之險，爲契丹之利。』力主其議。范純仁又陳四不可之説，且曰：『北流數年，未爲大患，而議者恐失中國之利，先事回改；正如頃時西夏本不爲邊患，而好事者以爲不取恐失機會，遂興靈武之師也。』於是收回詔書，而遣百禄等行視。

户部侍郎蘇轍上疏曰：『黄河西流，議復故道。事之經歲，役兵二萬，聚梢椿等物三千餘萬。方河朔災傷困弊，

[一] 不　原無，據薛應旂《宋元通鑑》補。

廷若以河事付臣，不役一夫，不費一金，十年保無河患」。朝口，乘高注北，水勢奔決〔一〕，上流堤防，無復決怒之患。說不足聽也。臣又聞謝卿材到闕，昌言「黃河自小吳決形北高，河無北徙之道，而海口深浚，勢無徙移，此邊防之梁，便於南牧。臣聞契丹之河，自北南注以入於海。蓋地知。然議者尚恐河復北徙，則海口出契丹界中，造舟爲西，則西山一帶，契丹可行之地無幾，邊防之利，不言可境，無山河之限，邊臣建爲塘水，以捍契丹之衝。今河既界入海，邊防失備。按河昔在東，自河以西郡縣與契丹接全復，此漲水之說不足聽也。三曰河徙無常，萬一自契丹去亦有淤厚宿麥之利。況故道已退之地，桑麻千里，賦役臣聞河之所行，利害相半，蓋水來雖有敗田破稅之害，其河之說不足聽也。二曰恩、冀以北，漲水爲害，公私損耗。南折而東行，則御河湮滅已一二百里，何由復見？此御實使然。今河自小吳北行，占壓御河故地，雖使自北京以饋運既便，商賈通行。自河西流，御河湮滅，失此大利，天饋運之利。昔大河在東，御河自懷、衛經北京，漸歷邊郡，今建議者，其說有三，臣請折之：一曰御河湮滅，失並行之理？縱使兩河並行，未免各立堤防，其費又倍矣。之性，急則通流，緩則淤澱，既無東西皆急之勢，安有兩河村所開，丈尺有限，不獨不能回河，亦必不能分水。況黃河者固執來歲開河分水之策。今小吳決口，入地已深，而孫而興必不可成之功，吏民竊歎。今回河大議雖寢，然聞議大臣以其異己，罷歸，而使王孝先、俞瑾、張景先三人重畫回河之計。蓋由元老大臣重於改過，故假契丹不測之憂，以取必於朝廷。雖已遣百祿等出按利害，然未敢保其不觀望風旨也。願亟收回買梢草指揮，來歲勿調開河役兵，使百祿等明知聖意無所偏係，不至阿附以誤國計。』會百祿行視東、西二河，亦奏言東流高仰，北流順下，決不可回。明年，使回入對，復言願罷有害無利之役，未聽。久之，乃罷回河及修減水河。

數月，尚書省復議回河。是時，吳安持、李偉力主東流，而謝卿材謂近(世)〔歲〕河流稍行地中，無可回之理，上《河議》一篇，召赴政事堂會議，大臣不以爲然。會李偉復言：『今河已分流，若興工可令全復故道。朝廷今日當極力必閉北流，乃爲上策。若不明詔有司，即令回河，深恐上下遷延，議終不決，觀望之間，遂失機會。乞復置修河司。』從之。

五年二月，詔開修減水河。尋以外路旱暵，權罷。

七年冬十月，以大河東流，賜都水使者吳安持三品服，北都水監丞李偉再任。

八年二月，詔：『北流軟堰，並如都水監所奏。』門下侍郎蘇轍言：『水官之意，欲以軟堰爲名，實作硬堰，陰

〔一〕水勢奔決　《長編》卷四一六蘇轍奏『奔決』作『奔快』。

爲回河之計，不宜聽。』趙偁亦上疏曰：『臣竊謂河事大利害有三，而言者互進其説。或見近忘遠，徼倖盜功，或取此捨彼，譸張昧理。遂使大利不明，大害不去，上惑朝聽，下滋民患，横役枉費，殆無窮已。臣竊痛之！所謂大利害者：北流全河，患水不能分也；東流分水，患水不能行也；宗城河決，患水不能閉也。是三者，去其患則爲利，未能去則爲害。今不謀此而議欲專閉北流，止知一日可閉之利，而不知異日既塞之患；止知北流伏槽之水易爲力，而不知闞村方漲之勢，未可併以入東流也。夫欲合河以爲利，而不恤上下壅潰之患，是皆見近忘遠，徼倖盜功之事也。有司欲斷北流，而不執其咎，乃引分水爲説，姑爲軟堰，知河衝之不可以軟堰禦，則又爲決堰之計。臣恐枉有工費，而以河爲戲也。請俟漲水伏槽，觀大河之勢，以治東流、北流。』不聽。

十二月，監察御史郭知章言：『臣比緣使〔事至〕河北，自澶州入北京，渡孫村口，見水趨東者，河甚闊而深；又自北京往洺州，過楊家淺口復渡，見水之趨北者，纔十二三，然後知大河宜閉北行東。乞下都水監相度。』於是吴安持復領都水，而吕大防力主其議。范純仁、蘇轍復争之，遂詔本路安撫、轉〔運〕、提刑司詳議，紹聖元年正月也。轉運司趙偁議與純仁、轍合，偁之言曰：『河自孟津初行平地，必須全流，乃成河道。禹之治水，自冀北抵滄、棣，始播爲九河，以其近海無患也。今河自横隴、六塔、商胡、小吴，百年之間，皆從西決，蓋河徙之常勢，而有司置埽創約，横截河流，回河不成，因爲分水。初決南宫，再決宗城，三決内黄，亦皆西決，則地勢西下，較然可見。今欲弭息河患，而逆地勢，戾水性，臣未見其能就功也。請開闞村河門，修平鄉鉅鹿埽，焦家等堤，濬澶淵故道，以備漲水。』大名安撫使許將言：『度今之利，若舍故道，止從北流，則慮河下已湮，而上流横潰，爲害益廣；若直閉北流，東徙故道，則復慮受水不盡，而破堤爲患。竊謂宜因梁村之口以行東，因内黄之口以行北，而盡閉諸口，以絶大名諸州之患。俟春夏水大至，乃觀故道，足以受之，則内黄之口可塞；不足以受之則梁村之役可止。定其成議，則民心固，而河之順復有時，可以保其無害。』郭知章又言：『河復故道，水之趨東，已不可遏。近日遣使按視，〔逐司〕議論未一，臣謂水官朝夕從事河上，望專委之。』

十月，都水使者王宗望言：『大河自元豐潰決以來，東、北兩流，利害極大。頻年紛争，國論不決，水官無所適從。伏自奉詔凡九月，上禀成算，自闞村下至栲栳堤，七節河門並皆閉塞，築金堤七十里，盡障北流，使全河〔東〕還故道。望付史官，紀紹聖以來聖明獨斷，致此成績。』

元符二年六月，河決内黄口，東流遂斷絶。左司諫王祖道請正吴安持、鄭佑、李仲、李偉之罪，投之遠方，以明先帝北流之志。詔可。

四、續通鑑紀事本末

匯編説明

《續通鑑紀事本末》共一百零一卷，其八十九卷以前爲清人李銘漢所輯，九十卷以後爲銘漢次子于鍇續輯。清光緒三十二年（一九〇六年）有木刻本印行，其卷首標有『光緒癸卯開雕 丙午夏仲竣工 武威李氏藏板』字様。該書主要依據清畢沅《續資治通鑑》（簡稱《續通鑑》）輯録編纂而成，也取材於《宋史紀事本末》和《元史紀事本末》。書中涉及遼、金、元人名的譯名，都用了乾隆改譯的新名稱，閲讀時加以注意。

本次整理摘録了與水利史料有關的卷八《北宋治河》、卷九九《運漕》、卷一〇〇《治河》。

整理者

卷八　北宋治河　浚六塔二股河附

宋太祖乾德四年，秋八月，丙辰，河決滑州，壞靈河縣大堤，發士卒丁夫數萬人治之，被泛者蠲其秋租。閏八月，乙丑，河溢入南華縣。

五年，春正月，帝以河堤屢決，分遣使行視，發畿甸丁夫繕治。自是歲以爲常，皆以正月首事，季春而畢。又詔開封、大名府、鄆、澶、滑、孟、濮、齊、淄、滄、棣、濱、德、博、懷、衛、鄭等州長吏，並兼本州河堤使。秋八月，河溢入衛州城，民溺死者數百。

開寶四年，夏六月，河決鄭州原武縣。汴水決宋州穀熟縣。冬十一月，河決澶州，東匯於鄆、濮，壞民田。帝怒官吏不時上言，遣使按鞫。庚戌，通判、司封郎中博興姚恕坐棄市，知州、左驍衛大將軍杜審肇免歸私第。恕初爲開封府判官，謁宰相趙普，會普宴客，閽者不即通，恕怒而去。普亟使人謝焉，恕遂去不顧，普由是憾恕。及帝爲審肇擇佐貳，普即請用恕，居澶州二年，竟坐法誅，投其屍於河。壬戌，命潁州團練使曹翰塞澶州決河，濮州刺史安守忠副之。

五年，春二月，丙子，詔沿河十七州各置河堤判官一員。夏五月，辛未，河大決澶州濮陰縣；壬申，命潁州團練使曹翰往塞之。翰辭於便殿，帝謂曰：『霖雨不止，又聞河決。朕信宿以來，焚香禱天，若天災流行，願在朕躬，勿施於民。』翰頓首對曰：『昔宋景公，諸侯耳，一發善言，災星退舍。今陛下憂及兆民，懇禱如是，固宜上格天心，必不爲災也。』癸酉，帝又謂宰相曰：『霖雨不止，朕日夜焦勞，得非時政有闕邪？』趙普對曰：『陛下臨御以來，憂勤庶務，有弊必去，聞善必行；至於苦雨爲災，乃是臣等失職。』帝曰：『掖庭幽閉者衆，昨令遍籍後宫，凡三百八十餘人。因告諭，願歸其家者，具以情言，得百名，悉厚賜遣之矣。』普等稱萬歲。河決大名府朝城縣，河南、北諸州皆大水。六月，庚寅，河決陽武縣，汴水決鄭州、宋州。丁酉，詔：『沿河民田有爲水害者，有司具聞，除租。』戊申，發諸州兵士及丁夫凡五萬人塞決河，命曹翰護其役。未幾，河所決皆塞。是月，下詔曰：『近者澶、濮等數州，霖雨薦降，洪河爲患。朕以屢經決溢，重困黎元，每閲前書，詳究經瀆。至若夏后所載，但言導河至海，隨山濬川，未嘗聞力制湍流，廣營高岸。自戰國專利，堙塞故道，小以妨大，私而害公，九河之制遂隳，歷代之患弗弭。凡搢紳多士，草澤之倫，有素習河渠之書，深明疏導之策者，並許詣闕上書，附驛條奏，朕當親覽，用其所長。』時東魯逸人田告者〔一〕，纂《禹元經》十二篇。帝聞之，召見，詢以治水之道。善其對，將授以官。告固辭父年老，求歸奉養，詔從之。

六年，秋八月，草澤王德方上修河利害。辛卯，賜德方同學究出身。

八年，夏六月，辛亥，河決頓丘。

太宗太平興國二年，秋七月，癸亥，河決温縣、滎澤、命客省使任城翟守素塞之。乙丑，河決頓丘及白馬。旋遣左衛大將軍李崇矩按行河勢，繕治河堤，蠲被水田租。

三年，春正月，辛丑，治黄河堤。秋八月，癸丑，滑州黄河清。

七年，冬十月，壬申，河決武德縣，蠲臨河民租。八年，夏五月，丙辰朔，河大決滑州韓郝，泛澶、濮、曹、濟諸州民田，壞居人廬舍。東南流至彭城界，入於淮；命郭守文發丁夫塞之。秋九月，郭守文塞決河堤，久不成。帝謂宰相曰：『或言河兩岸古有遥堤以寬水勢，其後民利沃壤，咸居其中，河盛溢即罹水患，當令按視修復。』乃分遣殿中侍御史濟陰柴成務、國子監丞洛陽趙孚等，西自河陽，東至於海，同視河堤舊趾。孚等回奏，以爲：『治遥堤不如分水勢。滑、澶二州最爲隘狹，宜於南北岸各開其一，北入王莽河以通於海，南入靈河以通於淮，節減暴流，一如汴口之法。』朝議以重惜民力，寢其奏。時多陰雨，帝以河決未塞，深憂之。丁丑，遣樞密直學士張齊賢乘傳詣白馬津，用太牢加璧以祭。冬十二月，癸卯，滑州言河決

〔一〕原作『田告著纂禹元經』，據《宋史·河渠志一》改。

已塞，群臣稱賀。未幾，河復決房郵，帝曰：『近以河決韓郵，發民治堤不成；安可重困吾民，當以諸軍代之。』乃發卒五萬，以侍衛步軍指揮使領其役。

雍熙元年，春三月，遣翰林學士宋白乘傳祭白馬津，沈以太牢，加璧焉，河決將塞故也。己未，滑州言河決已塞，群臣稱賀。蠲水所及州縣民今年田租。

淳化四年，冬十月。先是大名府豪民有峙芻茭者，將圖厚利，誘姦人潛穴河堤，歲仍決溢。知府事趙昌言識其故。一日，堤吏告急，昌言命徑取豪家廥積以給用。由是無敢爲姦利者。屬河決澶州，西北流入御河，漲溢浸府城。昌言率卒負土填之，數不及千，乃索禁旅佐其役。或偃蹇不進，昌言怒曰：『府城將墊，人民且溺，汝輩食厚禄，欲坐觀耶？敢不從命者斬！』衆股栗趨事，不浹辰而城完。帝聞而嘉之，壬戌，降璽書獎諭。

真宗咸平三年，春三月，帝之在大名也，有詔調丁夫十五萬修黄、汴河。鹽鐵判官、監察御史王濟以爲勞民，請徐圖之；乃命濟馳往經度，還奏，減其十之七。宰相張齊賢以河決爲憂，因對，並召濟入見。齊賢請令濟署狀保河不決，濟曰：『河決亦陰陽災沴所致，宰相若能和陰陽，弭災沴，爲國家致太平，河之不決，臣亦可保。』齊賢曰：『若是，則今非太平邪？』濟曰：『北有契丹，西有繼遷，兩河、關右歲被侵擾。以陛下神武英略，苟用得其人，可以馴致，今則未也。』帝動容，獨留濟，問以邊事。濟曰：『陛下承二聖之基，擁萬方之衆，蠢兹小醜，敢爾馮陵。蓋謀謨當位之臣，未有如昔人者，衆皆謂國家所恃獨一洪河耳。此誠急賢之秋，不然，臣懼敵人將飲馬於河渚矣。』退而著《備邊策》十五條以獻。於是選官判大理寺，帝曰：『法寺宜擇當官不回者，王濟有特操，可試之。』甲申，以濟權判大理寺。

大中祥符四年，秋八月，河決通利軍。

五年，春正月，壬午，河決棣州。戊戌，著作佐郎聊城李垂上導河形勢書三篇並圖，其略曰：『臣請自汲郡東推禹故道，挾御河，減〔一〕其水勢，出大伾、上陽、太行三山之間，復西河故瀆，北注大名西、館陶南，東北合赤河而至於海。因於魏縣北析一渠，正北稍西，徑衡漳，出邢、洺，如《夏書》過洚水，稍東注易水，合百濟、會朝河而入於海。大伾而下，黄、御混流，薄山障堤，勢不能遠。如是，則載之高地而北行，百姓獲利，而契丹不能南侵矣。《禹貢》所謂夾右碣石入於海。孔安國曰：「河逆上此州界。」

其始作自大伾西八十里，曹公所開運渠東五十里〔二〕，引河水，正北稍東十里，破伯禹古堤，徑牧馬陂，從禹故道。又東三十里，轉大伾西、通利軍北，挾白溝，復西大河

〔一〕減 《宋史·河渠志》作『較』。
〔二〕東五十里 《宋史·河渠志》作『東五里』。

北徑清豐、大名，西歷洹水、魏縣，東暨館陶，南入屯氏故瀆，合赤河而北至於海。既而至自大伾西，新發故瀆西岸析一渠，正北稍西五里，廣深與汴等，合御河道；通大伾北，即堅壤析一渠，東西二十里，廣深與汴等，復東合大河。兩渠分流，則西三分水，猶得注澶淵舊渠矣。大都河水從西北大河故瀆，東北合赤河而達於海。然後於魏縣北，發御河西岸析一渠，正北稍西六十里，廣深與御河等，合衡漳水。又冀州北界、深州西南三十里決衡漳西岸，限水爲門，西北注滹沱，潦則塞之，使東漸渤海；旱則決之，使西灌屯田，此中國禦邊之利也。

兩漢以下，言水利者，屢欲求九河故道而疏之。今考《圖志》，九河並在平原而北，且河壞澶、滑，未至平原而上已決矣，則九河奚利哉？漢武舍大伾之故道，發頓丘之暴衝，則濫兖泛濟，接聞於世。夫平原而北，地勢浚下，泄水甚易，故滄、德之間，舊障皆完。滑臺而北，地形高平，入海稍難，故齊、棣之間，游波互出。若放河北下，則其利甚詳。惜哉河朔平田膏腴千里，而縱容敵騎劫掠其間，是授勝地於契丹，借敵兵爲虎翼。漢賈誼、晁錯不及此議者，以河水未東故也；唐戴胄、馬周不及此議者，以守在幽北故也。今大河盡東，全燕陷北，則禦邊之計，莫大於河。不然，則趙、魏百城，富庶萬億，適足以誨盜而招寇矣！』詔任中正、陳彭年、王曾詳定。中正等上言：『詳垂所述，頗爲周悉。所言起滑臺而下，派之爲六，則沿流就下，湍急難制，恐水勢聚而爲一，不能各依所導。設或必成六派，則是更增六處河口，悠久難於堤防。亦慮入滹沱、漳河，漸至二水淤塞，益爲民患。又築堤七百里，役夫二十一萬七千，工至四十日，侵占民田，頗爲煩費。其書並圖，雖興行匪易，而博洽可獎，望送史館。』從之。〔一〕

七年，秋八月，甲戌，河決澶州。冬十一月，乙酉，濱州河溢。

八年，春正月，戊戌，徙棣州城。先是河北轉運使李士衡、張士遜等言：『河流高於州城者丈餘，朝命累年役兵修固，蓋念徙城重勞民力。而去冬盛寒，尚有衝注，若凍解，必致決溢，爲患滋深。今請於州之北七十里陽信縣界地名八方寺，即高阜改築州治，以今年捍堤軍士助役，則永久之利。』詔可，令權度支判官張績、內侍押班周文質乘傳與士衡、士遜等同蒞其事，三月而役成。時故城積糧甚多，或者病其難徙。士遜視瀕河數州方歉食，即計其餘以貸民，期來歲輸新治，公私便之。先是，河決棣州，知天雄軍寇準請徙州滴河，命孫冲按視。還言：『徙州動民，亦未免治堤，不若塞河爲便。』遂以冲知棣州。自秋至春凡四決，皆塞之。至是徙州陽信，冲坐事爲使者論奏，徙知襄州，復上書論徙州非便，且著《河書》以獻。既而大水

〔一〕從之　《宋史·河渠志一》作『其議遂寢』。

没故城丈餘。

天禧三年，夏六月，滑州河決，泛澶、濮、鄆、齊、徐境，遣使救被溺者，恤其家。秋八月，滑州龍見決河。庚戌，遣使安撫水災州軍，有合寬恤改更事件，與轉運使、副、所在長吏會議施行。

四年，春二月，滑州言河塞，詔獎之。己亥，命翰林學士承旨晁迥致祭。庚子，群臣詣崇德殿稱賀。賜修河官吏、使臣、將士有差。是役，凡賦諸州薪石楗橛芟竹之數千六百萬，用兵夫九萬人。帝親製文刻碑以紀其功。冬十月，己丑，以前起居郎、直史館陳堯佐知滑州。時滑州方疕徒築堤，堯佐創木龍以殺水怒，堤乃可築。既又築長堤以護之，人號爲陳公堤。

仁宗天聖元年，春正月，詔中書、樞密院同議塞滑州決河。

五年，秋七月，丙辰，發丁夫三萬八千，卒二萬一千，緡錢五十萬，塞滑州決河。冬十月，丙申，滑州言塞決河畢。是日旬休，帝與太后特御承明殿，召輔臣諭曰：『河決累年，一旦復故道，皆卿等經畫力也。』王曾等再拜稱賀。詔速第修河僚勞效以聞，作靈順廟於新堤之側。十一月，丁酉朔，名滑州新修埽曰天臺埽，以其近天臺山麓故也。自天禧三年河決，至是九載，乃復塞。修河部署彭睿、權三司使河南范雍、知滑州寇瑊，並加秩； 凡督役者第遷官，民經率配，免秋税十之三。

六年，秋八月，乙亥，河決澶州王楚埽。

七年，春二月，乙酉，以河水災，委轉運使察官吏不任職者易之。

慶曆八年，夏六月，癸酉，河決澶州商胡埽。冬十二月，庚辰，判大名府賈昌朝言：『自九河盡滅，獨存漯川，而歷代徙決不常，然不越鄆、濮之北，魏、博之東，即今澶、滑大河歷北京朝城，由蒲臺入海者也。國朝以來，開封、大名、懷、滑、澶、鄆、濮、棣、齊之境，河屢決。天禧三年至四年夏連決，天臺山旁尤甚，凡九載，乃塞之。天聖六年又敗王楚。景祐初潰於横壠，出至平原，分金、赤、淤三河，經棣、濱之北入海。近歲海口壅閼，淖不可浚，是以去年河敗德、博間者凡二十一。今夏潰於商胡，經北都之東，至於武城，遂貫御河，歷冀、瀛二州之城，抵乾寧軍南，達於海。今横壠故水尚存三分，金、赤、淤河皆已堙塞，惟出雍京口以東，大決民田，乃至於海。自古河決爲害，莫甚於此。朝廷以朔方根本之地，禦備契丹，取材用以饋軍師者，惟滄、棣、濱、齊最厚。自横壠決，財利耗半，商胡之敗，十失其八九。況國家恃此大河，内固京師，外限戎馬，祖宗以來，留意河防，條禁嚴切者以此。今乃旁流散出，甚至有可涉之處。欲救其弊，莫若東復故道，盡塞諸口。按横壠以東至鄆、濮間，堤埽具在，宜加完葺。其堙淺之處，可以時發近縣夫，開道至鄆州東界。謹繪漯川、横壠、商胡三河爲一圖上進，惟陛下留省。』詔翰林學士郭勸、入內內侍省都知藍元用與河北、京東轉運使，再行相度修復黃河故道利害以聞。

至和二年，春三月，翰林學士歐陽修言：『朝廷欲俟秋興大役，塞商胡，開横壠，回大河於故道。夫動大衆必順天時，量人力，謀於其始而審於其終，然後必行，計其所利者多，乃可無悔。往年河決商胡，執政之臣不審計慮，遽謀修塞，凡科配梢芟一千八百萬，騷動六路百餘州軍，官吏催驅，急若星火，虚費民財，爲國斂怨。今又聞復有修河之役，聚三十萬人之衆，開一千餘里之長河，計其所用物力數倍往年。當此天災歲旱，民困國貧之際，不量人力，不順天時，知其有大不可者五：蓋自去秋至春，半天下苦旱，而京東尤甚，河北次之，國家常務安静，賑恤之，猶恐民起爲盜，况於兩路聚大衆、興大役乎！此其必不可者一也。河北自恩州用兵之後，繼以凶年，人户流亡，十失八九，數年以來，稍稍歸復，而物力未充。又京東自去冬無雨雪，麥不生苗，將逾暮春，粟未布種，農心焦勞，所向無望。若别路差夫，又遠者難爲赴役；一出諸近，則兩路力所不任，此其必不可者二也。往年議塞滑州決河，儲積物料，誘率民財，數年之間，始能興役。今國用方乏，民力方疲，且合商胡，塞大決之洪流，此一大役也；鑿横壠，開久廢之故道，又一大役也；自横壠至海千餘里，埽岸久已廢頓，須興緝，又一大役也。往年公私有力之時，興一大役尚須數年，今猝興三大役於災旱貧虚之際，此其必不可者三也。就令商胡可塞，故道未必可開。鯀障洪水，九年無功，禹因水之流，疏而就下，水患乃息。今欲逆水之性，障而塞之，奪洪河之正流，使人力幹而回注，此其必不可者四也。横壠堙塞已二十年，商胡決又數載，故道已平而難鑿，安流已久而難回，此其必不可者五也。宜速止罷，用安人心。』

冬十二月，丁亥，修六塔河。先是河決大名、館陶，殿中丞李仲昌請自澶州商胡河穿六塔渠入横壠故道，以披其勢，富弼是其策。詔發三十萬丁修六塔河以回河道，以仲昌提舉河渠。仲昌，垂子也。翰林學士歐陽修，以嘗奉使河北，知河決根本，復上疏言：『河水重濁，理無不淤，淤從下流；下流既淤，上流必決；水性避高，決必趨下。以近事驗之，決河非不能力塞，故道非不能力復，但勢不能久，必決於上流耳。横壠功大難成，雖成必有復決之患。六塔狹小，不能容受大河，以全河注之，濱、棣、德、博必被其害。不若因水所趨，增治堤防，疏其下流，浚之入海，則河無決溢散漫之憂，數十年之利也。』帝不聽。

嘉祐元年，夏四月，壬子朔，六塔河復決。

三年，夏五月。初，鹽鐵副使郭申錫，受詔視河，與河北都轉運使李參論議不相中，訟參遣小吏高守忠齎《河圖》屬宰相文彦博；御史張伯玉，亦奏參朋邪，結託有狀。以事連宰相，乃詔天章閣待制盧士宗、右司諫吴中復推劾，而申錫、伯玉皆不實。伯玉以風聞免劾；乙酉，降申錫知滁州，尋改知濠州。秋七月，丙戌，詔：『廣濟河溢，原武縣河決，遣官行視民田，賑恤被水害者。』

四年，夏四月，戊辰，詔：『諸路提點刑獄朝臣，使臣，並帶兼提舉河渠公事。』從判都水監吴中復請也。

五年，春正月，鑿二股河。自李仲昌貶，河事久無議者。河北都轉運使韓贄言：『四界首，古大河所經，宜浚二股渠，分河流入金赤河，可以紓決溢之患。』朝廷如其策，役三千人，幾月而成。未幾，又並五股河浚之。

神宗熙寧元年，夏六月，河溢恩州烏欄堤，又決冀州棗强埽，北注瀛州之域。秋七月，壬午，以恩、冀州河決，賜水死家緡錢及下户粟。是月，河溢瀛州樂壽埽。冬十一月，先是河溢恩、冀、深、瀛之境，帝憂之，以問近臣司馬光等。都水監丞李立之，請於四州創生堤三百六十七里以禦河，而河北都轉運司言當用夫八萬三千餘人，役一月成，今方災傷，願徐之。都水監丞宋昌言，謂今二股河門變移，請迎河港進約，簽入河身，以紓四州水患。遂與屯田都監内侍陳昉獻議，開二股以導東流。於是都水監奏：『近歲冀州而下，河道梗澀，致上下埽岸屢危。今棗强抹岸衝奪故道，雖創新堤，終非久計。願相六塔舊口，並二股河導使東流，徐塞北流。』而提舉河渠王亞等謂：『黄、御河帶北行，經邊界，直入大海，其流深闊，天所以限契丹。議者欲再開二股，漸閉北流，是未嘗覩黄河在界河内東流之利也。』至是詔光及入内副都知張茂則乘傳相度四州生堤，回日兼視六塔、二股利害。甲午，光入辭，因請河陽、晉、絳之任，帝曰：『汲黯在朝，淮南寢謀，卿未可去也。』

二年，春正月，司馬光視河還，入對。請如宋昌言策，於二股之西置上約，擗水令東，俟東流漸深，北流淤淺，即塞北流，放出御河、胡盧河，下紓恩、冀、深、瀛以西之患。初，商胡決河，自魏之北至恩、冀、乾寧入於海，是謂北流。嘉祐八年，河流派於魏之第六埽，遂爲二股，自魏、恩東至德、滄，入於海，是謂東流。時議者多不同，李立之力主生堤，帝不聽，卒用昌言策，置上約。秋八月，戊申，河徙東行，張鞏等因欲閉斷北流，帝意嚮之。司馬光言：『鞏等欲塞二股河北流，臣恐勞費未易。幸而可塞，則東流淺狹，堤防未全，必致決溢，是移恩、冀、深、瀛之患於滄、德等州也。不若俟三二年，東流益深闊，堤防稍固，北流漸淺，薪芻有備塞之便』。帝命光與張茂則往視，王安石曰：『光議事屢不合，今令視河，後必不從其議，是重使不安職也。』乃獨遣茂則。茂則奏二股河東傾已及八分，北流止二分；鞏等亦奏大河東徙，北流已閉。詔獎諭之。已而河自許家港東決，泛濫大名、恩、德、滄、永静五州軍境，果如光言。

三年，春二月，命張茂則、張鞏相度澶、滑州以下至東流河勢堤防利害。時方濬御河，韓琦言：『事有緩急，工有先後，今御河漕運通駛，未至有害，不宜減大河之役』。乃詔輟夫卒三萬三千，專治東流。

四年，秋七月，辛卯，北京新堤第四、第五埽決，漂溺館陶、永濟、清陽以北，遣内侍都知張茂則乘驛相視。八月，河溢澶州，曹邨埽決。鎮寧僉判程顥方救護小吴，相去百里，州帥劉涣以事急告顥，一夜馳至。涣俟於河橋，顥謂涣曰：『曹邨決，京城可虞。臣子之分，身可塞亦所當爲，請盡以廂兵見付，事或不集，公當親率禁兵以繼之。』涣即以本鎮印授顥，曰：『君自用之。』顥得印，不暇入城省親，徑走決堤，諭士卒曰：『朝廷養爾輩，正爲緩急耳！爾知曹邨決則注京城乎？吾與爾輩以身捍之。』衆皆感激自效。論者或以爲勢不可塞，徒勞人耳。顥命善泅者度決口，引大索以濟衆，兩岸並進，數日而合。九月，丙戌，河決鄆州。冬十二月，先是河溢衛州王供，時新堤凡六埽而決者二，下屬恩、冀，貫御河，奔衝爲一。帝憂之，自秋迄冬，數遣使經營。議者争言導河之利，張茂則等謂：『二股河地最下，而舊防可因，今堙塞者纔三十餘里，若度河之湍浚而逆之，又存清水鎮河以析其勢，則悍者可回，決者可塞。』帝然之。是月，令河北轉運司開修二股河上流，並修塞第五埽決口。鎮寧河清卒，於法不他役。程昉爲都水丞，欲盡取諸埽兵治二股河。僉判程顥以法拒昉，昉請於朝，命以八百人與之。天方大寒，昉肆其虐用衆，逃而歸，將入城，州官畏昉，欲弗納。顥曰：『彼逃死自歸，弗納，必爲亂。昉有言，顥自當之。』即親往開門撫諭，約歸休三日復役，衆歡呼而入。具以事上聞，得不復遣。後昉奏事過州，揚言於衆曰：『澶卒之變，乃程中允誘之，吾必訴於上。』同列以告，顥笑曰：『彼方憚我，何能爲！』果不敢言。

五年，夏四月，丁卯，二股河成，深十丈，廣四百尺。方浚河，則稍障其決水。至是，水入於河而決口亦塞。六月，河溢北京夏津。秋閏七月，辛亥，帝因河溢，語輔臣曰：『聞京東調夫修河，有壞産者，河北調急夫尤多；若河復決，奈何？且河決不過占一河之地，或西或東，利害無所校，聽其所趨如何？』王安石曰：『北流不塞，占公私田至多。又水散漫，久復澱塞。昨修二股，費至少而公私田皆出，向之瀉鹵，俱爲沃壤，庸非利乎！况急夫已減於去歲，若復葺理堤防，則河北歲夫愈減矣。』帝以爲然。

六年，夏四月，始置疏濬黄河司[一]。先是，有選人李公義者，獻鐵龍爪揚泥車法以濬河。其法：用鐵數斤爲爪形，以繩繫舟尾而沈之水，篙工急櫂乘流相繼而下，一再過，水已深數尺。宦官黄懷信以爲可用，而患其太輕。王安石請令懷信、公義同議增損，乃别置濬川杷。其法：以巨木長八尺、齒長二尺，列於木下如杷狀，以石壓之；兩旁繫大繩，兩端矴大船，相距八十步，各用滑車絞之，去

[一] 此處所記設置疏浚黄河司時間有誤。《長編》卷二五二『七年四月庚午，詔置疏浚黄河司。』《宋會要輯稿》亦作『七年四月二日』。《宋史·河渠志》已校。

來撓蕩泥沙，已又移船而濬。或謂水深則杷不能及底，雖數往來無益；淺則齒碍泥沙，曳之不動，卒乃反齒向上而曳之。人皆知其不可用，惟安石善其法，使懷信先試之以濬二股，又謀鑿直河數里以觀其效。且言於帝曰：『開直河則水勢分，其不可開者，以近河每開數尺即見水，不容施功耳。今第見水即以杷濬之，水當隨杷改趨。直河苟置數千杷，則諸河淺澱，皆非所患，歲可省開濬之費幾百千萬。』帝曰：『果爾，甚善。聞河北小軍壘當起夫五千，計合境之丁，僅及此數，一夫至用八緡。故歐陽修嘗謂開河如放火，與其勞人，不如勿開。』安石曰：『勞人以除害，所謂毒天下而民從之者。』帝乃許春首興工，而償懷信以度僧牒十五道，公義與堂除。以杷法下北京，令都大提舉大名府界金堤范子淵與通判、知縣共試驗之，皆言不可用。會子淵以事至京師，安石問其故，子淵意附會，遽曰：『法誠可善，第同官議不合耳。』安石大悅，乃置濬河司，將自衛州濬至海口，以子淵爲都大提舉，公義爲之屬。冬十月，開直河。時北流閉已數年，水或横決散漫，常虞壅遏。外都水監丞王令圖獻議，於大名第四、第五埽等處開修直河，使大河還二股故道，乃命范子淵及朱仲立領其事。開直河，深八尺，又用杷疏濬二股及清水鎮河，凡退背、魚肋河則塞之。王安石乃盛言用杷之功，若不輟工，雖二股河上流，可使行地中也。

七年，秋九月，知大名府文彦博言：『河溢壞民田，願蠲租稅。』從之。都水監丞劉璯言：『自開直河，閉魚肋，水勢增漲，行流湍急，漸塌河岸；而許家港、清水鎮河極淺漫，幾於不流。雖二股深快，而蒲泊以東，下至四界首，退出之田，略無固護。設遇漫水出岸，牽回河頭，將復成水患。宜候霜降水落，閉清水鎮河，築縷河堤一道，以遏漲水，使大河復循故道。又退出良田數萬頃，俾民種耕。而博州界堂邑等退背七埽，歲減修護之費，公私兩濟。』從之。

八年，夏六月，丙午，釃汴水入蔡河[一]以通漕。

九年，秋九月，丙寅，詔罷都大制置河北河防水利司。

十年，夏五月，庚午，詔：『侍御史知雜事蔡確、知諫院黄履，定奪衛州運河及疏濬黄河利害異同、理屈不實之人，劾罪以聞。如合就按驗，輟官一員及取旨遣内侍同往。』初，熊本既受命，與都水監主簿陳祐甫、河北轉運使陳知儉共按問，諸埽言：『八年故河道水減三尺，濬川杷未至間已增三尺，杷至又增一尺。且從此以前十年，水皆夏溢秋復，不惟此一年，水落實非杷所至。』本等乃集臨清、冠氏縣十五人責狀，及據埽上水曆，即南岸以杷試驗，雖小有增深寸數，翼朝再測，已與未濬時無異。又訪議者，皆以運河之興，有費無利，且爲官私之患。遂以文彦

[一] 蔡河　『蔡』字原脱，據《宋史·河渠志二》補。

博所陳爲是，奏乞廢濬川司。時范子淵在京師，先聞之，遽上殿言：『熊本、陳祐甫意謂王安石出，文彦博必將入相，附會其意，以濬川杷爲不便。臣聞本奉使按事，乃詣彦博納拜，從彦博飲食，祐甫、知儉皆預焉，及屏人私語。今所奏必不公。且觀彦博之意，非止言濬川杷而已。陛下一聽其言，天下言新法不便者必蠭起，陛下所立之法大壞矣。』帝頗惑其言，詔以本等奏送都水監及外監丞司。子淵遂訟本等，以七月中北岸水曆定五月中南岸河流漲落，又不皆至河所視其利害，及大名府已嘗保明用杷濬二股功利牒轉運司，兼本等專取索濬河司事總四千七百餘紙，即未嘗取索大名府安撫司轉運司事相參照；而確亦劾本奉使不謹，議論不公，乞更委官定奪是非，故就委確及履仍即御史臺置獄推究。秋七月，河復溢衛州王供及汲縣上、下埽、懷州黄沁、滑州韓邨；乙丑，遂大決於澶州曹邨，澶州言[一]北流斷絶，河道南徙，東匯於梁山、張澤濼，分爲二派：一合南清河入於淮，一合北清河入於海，凡灌郡縣四十五，而濮、齊、鄆、徐尤甚，壞田逾三十萬頃。遣使修閉。

八月，丙戌，詔監察御史裏行黄廉爲京東路體量安撫。廉嘗言都檢正俞充結中人，徼幸富貴，不宜使佐具瞻之地，並言王中正任使太重，恐爲後憂，又面論之甚切。帝曰：『人才蓋無類，顧駕馭之何如耳。』廉對曰：『雖然，漸不可長。聖人長駕遠馭，故四凶在朝，不廢時雍。彼皆才器桀然過人，任使稱意，爲後世慮，故放殛之耳。』帝曰：『且置此事。河決曹邨，京東尤被其害，今以累卿。』廉既受命，前後條舉百餘事，大略疏張澤濼至濱州以紓齊、鄆，而濟、單、曹、濮、淄、齊之間，積潦皆歸其壑。郡守、縣令能救災養民者，勞來勸誘，使即其功，發倉廩府庫以賑不給。水占民居，未能就業者，擇高地聚居之，皆使有屋避水。回遠未能歸者，遣吏移給之，皆使有粟。所灌縣郡，蠲賦棄責，流民所過，毋得征算。使吏爲之道地，止者賦居，行者賦糧，憂其無田而遠徙，故假官地而勸之耕；恐其殺牛而食之，故質私牛而與之錢；棄男女於道者收養之，丁壯而饑者募役之。卒事，所活饑民二十五萬三千口，壯者就功而食，又二萬七千人。是月，河決鄭州滎澤埽。九月，壬申，詔：『近范子淵奏用杷濬滎澤埽河北岸灘觜解南岸急危圖狀，可並付定奪所照會。』帝既令蔡確等定奪熊本及子淵是非，又令馮宗道監視子淵用杷濬汴。宗道測量汴流，有深於舊者，有爲泥沙所淤更淺於舊者，有不增不減者，大率三分各居其一。宗道日具實以聞。帝意稍悟，治獄微緩。會滎澤河堤將潰，詔判都水監俞充往治之。充奏河欲決，賴用濬川杷疏導得完，子淵因圖狀自明，於是治獄益急矣。

[一] 言　原脱，據《長編》卷二八三補。

冬十二月，甲申，手詔：『比楊琬、高靖檢河道回，具所見條上，可召審問，參質利害，庶被災之民不致枉有勞役。』初，河決曹邨，命官塞之，而故道已湮，高仰，水不得下。議者欲自夏津縣東開簽河入董固護舊河，袤七十里九十步；又自張邨埽直東築堤至龐家莊古堤，袤五十里二百步；計用兵三百餘萬，物料三十餘萬。而琬等以爲口塞水流，則河道自成，不必開築以縻工役。帝重其事，故令審問，仍詔侍御史知雜事蔡確同相視以聞，既而以確母病，改命樞密都承旨韓縝。後縝言：『漲水衝刷新河，已成河道。河勢變移無常，雖開河就堤及於河身創立生堤，枉費功力。欲止用新河，量加增修，可以經久。』從之。

元豐元年，夏四月，戊辰，塞曹邨決河，名其埽曰靈平。初，熙寧十年，河決鄭州滎澤，文彥博言：『臣嘗奏德州河底淤澱，泄水稽滯，上流必至壅遏。又，河勢變移，四散漫流，兩岸俱被水患。若不預爲經制，必溢魏、博、恩、澶等州之境。而都水略無施設，止固護東流北岸而已。適累年河流低下，官吏希省費之賞，未嘗增修堤岸，大名諸埽皆可憂虞。謂如曹邨一埽，自熙寧八年至今三年，雖每計春料當[一]培低怯，而有司未嘗如約，此非天災，實人力不至也。今河朔、京東州縣，人被患者莫知其數，嗸嗸顒天，上垂聖念，而水官不能自訟，猶汲汲希賞。臣前論所陳，出於至誠，本圖補報，非敢徼訐也。』至是決口始塞。初議塞河也，故道湮而高，水不得下。議者欲自夏津縣東開簽河入董固以護舊河，袤七十里九十步；又自張邨埽直東築堤至龐家莊古堤，袤五十里二百步。詔樞密都承旨韓縝相視。縝言：『漲水衝刷新河，已成河道，河勢變移無常，雖開河就堤及於河身創立生堤，枉費功力；惟增修新河，乃能經久。』詔可。五月，曹邨決口新堤成，河還北流。自閏正月丙戌首事距此，凡用功一百九十餘萬，材一千二百八十九萬，錢、米各三十萬，堤長一百一十四里。冬十二月，甲辰，二府奏事，語及淤田之利，帝曰：『大河源深流長，皆山川膏腴滲漉，故灌溉民田，可以變斥鹵爲肥沃也。』

二年，春三月，庚寅，都大提舉宋用臣乞責范子淵修護黃河南堤埽，以防侵奪新河。詔如用臣策。

三年，秋七月，庚午，河決澶州。澶州孫邨、陳埽及大吳、小吳埽決，詔外監丞司速修閉。初，河決澶州也，監丞陳祐甫謂：『商胡決三十餘年，所行河道，填淤漸高，堤防歲增，未免泛濫。今當修者有三：商胡一也，橫壠二也，禹舊迹三也。然商胡、橫壠故道，地勢高平，土性疏惡，皆不可復，復亦不能持久。惟禹故瀆尚存，在大伾、太行之間，地卑而勢固。祕閣校理李垂與今知深州孫民先

[一] 當　原作『嘗』，據《宋史・河渠志二》校改。

皆有修復之議,望召民先同河北漕臣一員自衛州王供埽按視,訖於海口。』從之。

四年,夏四月,乙酉,河決澶州,小吳埽復大決,自澶注入御河。六月,己巳,入內東頭供奉官、句當御藥院竇仕宣言:『小吳決口,下至乾寧軍樸椿口。相視今河自乾寧軍樸椿口以下,流行未成河道,又緣河東北流,自下吳向下,與御河、胡蘆、滹沱三河合流,深恐漲水之際,堤防艱限。乞令都水監定三河合黃河如何作堤防限隔; 或不合黃河,其三河於何所歸納。』詔送李立之相度。後立之言:『三河別無回河歸納處,須當合黃河流。』從之。秋九月,己酉,河北都轉運使王居卿,乞自王供埽上添修南岸,於小吳口北創修遥堤,候將來攀山水下,決王供埽,使河直注東北,於滄州界或南或北,從故道入海。

五年,夏六月,河溢北京內黃埽。秋七月,決大吳埽堤,以舒靈平下埽危急。八月,戊寅,河決鄭州原武埽,溢入利津陽武溝、刁馬河,歸納梁山濼。詔曰:『原武決口已奪大河四分以上,不大治之,將貽朝廷巨憂。其輟修汴河堤岸司兵五千,並力築堤修閉。』九月,河溢滄州南皮上下埽,又溢清池埽,又溢永靜軍阜城下埽。冬十二月,辛酉,原武決河口塞。

七年,秋七月,甲辰,伊、洛溢。河決元城,知大名府王拱辰言:『河水暴至,數十萬衆號叫求救,而錢穀稾轉運,常平歸提舉,軍器工匠隸提刑,埽岸物料兵卒即屬都水,鹽運司在遠,無一得專,倉卒何以濟民! 望許不拘常制。』詔:『事干機速,奏覆牒稟所屬不及者,如所請。』丙午,遣使賑恤,賜溺死者家錢。

八年,冬十月,河決大名小張口,河北諸郡皆被水災。知澶州王令圖建議濬迎陽埽舊河,又發孫邨金堤置約,復故道。轉運使范子奇仍請於大吳北岸修進鋸牙,擗約河勢。於是回河東流之議起。

元符二年,夏六月,己亥。河決內黃口,東流斷絶。秋七月,庚戌,河北河漲,沒民田廬,遣官賑之。己未〔一〕,詔水部員外郎曾孝廣詣河北路相度措置河事。孝廣嘗爲水官,不主東流,故特遣之。八月,詔:『大河水勢十分北流,將河事付轉運司,責州縣共力救護北流堤岸。』九月,左司諫王祖道言:『全河北流,淹沒人户田苗,請先正吳安持、鄭佑、李仲〔二〕、李偉之罪,投之遠方,以明先帝北流之志。』詔令工部檢詳東流建議及董役之人,以名聞奏。冬十一月,壬辰,詔:『河北黃河退灘地,聽民耕墾,免租税三年。』十二月,壬戌,水部員外郎曾孝廣言:『大河見行滑州、通利軍之間,蘇邨埽今年

〔一〕己未　原作『丁巳』,據《長編》卷五一三校改。

〔二〕李仲　原作『李伸』,據《長編》卷五一五校改。

兩經危急。請自此埽危急處，候來年水發之時，乘勢開埽導河，使之北行，以遂其性，下合內黃縣西行河道，永久爲便。』從之。

徽宗政和五年，夏六月，癸丑，以修三山河橋，降德音於河北、京東、京西路。蔡京以孟昌齡爲都水使者，獻議導河大伾，可置永遠浮橋，謂：『河流自大伾之東而來，直大伾山西而止，數里方回南，東轉而過，復折北而東，則又直至大伾山之東，地形水勢，迫束相直，曾不十餘里。且地勢卑，不〔一〕可以成河，倚山可爲馬頭。又有中潬，正如河陽。若引使穿大伾大山及東北二小山，分爲兩股而過，合於下流，因三山爲趾以繫浮梁，省費數十百倍，可寬河朔諸路之役。』朝廷喜而從之，置提舉，修繫永橋，所調役夫數十萬，民不聊生。至是工畢，詔提舉所具功力等第聞奏。又詔居山至大伾山浮橋屬濬縣者，賜名天成橋；大伾山至汶子山浮橋，屬滑州者，賜名榮光橋，俄改榮光曰聖功。御制橋銘，磨崖刻之。昌齡遷工部侍郎。方河之開也，水流雖通，然湍激猛暴，遇山稍隘，往往泛溢，近砦民夫多被漂溺，因及通利軍，後遂注成巨濼云。秋八月，己亥，都水監言：『大河已就三山通流，正在通利之東，慮水溢爲患，乞移軍城於大伾山、居山之間，以就高仰。』從之。

六年，秋七月，戊午，蔡京請名三山橋銘閣曰『纘禹冀文之閣』，門曰『銘功之門』。

宣和元年，冬十二月，嵐州黃河清。

三年，夏六月，河決恩州清河埽。

卷九九 運漕 河渠 海運

宋理宗景定三年，蒙古世祖中統三年秋七月，蒙古張文謙，薦郭守敬習水利，巧思絕人。蒙古主召見，面陳水利六事：『其一，中都舊漕河，東至通州，引玉泉山水以通舟，歲可省雇車錢六萬緡。通州以南，於蘭榆河口徑直開引，由蒙村、跳梁務至楊村運河〔二〕，以避浮雞淘盤淺風浪遠轉之患。其二，順德達泉引入城中，分爲三渠，灌城東地。其三，順德灃河東至古任城，失其故道，没民田千三百餘頃。此水開修成河，其田即可耕種，自小王村徑滹沱合入御河，通行舟栰。其四，磁州東北滏、漳二水合流處，引水由滏陽、邯鄲、洺州、永年下經雞澤合入灃河，可灌田三千餘頃。其五，懷孟沁河雖可澆灌，猶有漏堰餘水，東與丹河餘水相合，引東流至武涉縣北，合入御河，可灌田二千餘頃。其六，黃河自孟州西開引，少分一渠，經由新、舊孟州中間，順河北岸，下至温縣南，復入大河，其間亦可

〔一〕不　原作『下』，據《續通鑑》卷九二校改。
〔二〕運河　據《元文類·郭公行狀》作『還河』，當是。

灌田二千餘頃。』每奏一事，蒙古主歎曰：『任事者如此人，不爲素餐矣！』授提舉諸路河渠。八月，己丑，守敬請先引玉泉水以通漕運。廣濟河渠司王允中，亦請開邢、洺等處漳、滏、澧河、達水以溉民田，並從之。四年，(蒙古中統四年)秋九月，乙酉，蒙古立漕運河渠司。五年，(蒙古至元元年)春二月，壬子，蒙古修瓊花島，疏雙塔漕渠。三月，辛丑，蒙古立漕運司。夏四月，戊申，蒙古以彰德、洺磁路引漳、滏、洹水灌田，致御河淺澀，鹽運不通，乃塞分渠以復水勢。

度宗咸淳二年，(蒙古至元三年)夏六月，丙子，蒙古立漕運司。冬十一月，戊戌，蒙古瀕御河立漕倉。十二月，蒙古都水少監郭守敬言：『金時自燕京之西麻峪邨分引盧溝一支東流，穿西山而出，是謂金口，其水自金口以東，燕京以北，灌田若干頃，其利不可勝計。兵興以來，典守者懼有所失，因以大石塞之。今若按視故蹟，使水得通流，上可以致西山之利，下可以廣京畿之漕。』又言：『當於金口西預開減水口，西南還大河，令其深廣，以防漲水突入之患。』蒙古主善之。丁亥，命鑿金口，導盧溝水以漕西山木石。蒙古平陽路總管鄭鼎，以平陽地狹人衆，常乏食，乃導汾水溉民田千餘頃； 開潞河鵬黄嶺道，以來上黨之粟； 建横澗故橋，以便行旅； 修學校，厲風俗，民德之。

八年，(元至元九年)秋七月，元大司農司以安肅州被徐水之害，議奪水故道，決使東入清苑，然地勢不便，徒使害及清苑而故道必不可奪。清苑縣尹耶律伯堅陳其形勢，圖其利害，要大司農司官及郡守行視可否，事遂得已。清苑西有塘水，溉民田甚廣，勢家據以爲磑，民以失利訴。伯堅命毁磑，決其水而注之田，許以溉田之餘月乃得堰水置磑。仍以事聞於省部，著爲定制。

元世祖至元十三年，(宋端宗景炎元年)秋七月，甲寅，以楊村至浮雞泊漕渠回遠，改從孫家務。八月，己巳，穿武清蒙村漕渠。

十四年，(宋景炎二年)秋七月，漕司議通沁水，使東流合御河以便漕，董文用曰：『衛爲郡，地最下，大雨時行，沁輒溢出百十里間，雨更甚，水不得達於河，即浸淫及衛。今又道之使來，豈惟無衛，將無大名、長蘆矣。』會朝議遣使相地形，文用上言：『衛州城中浮圖最高者，纔與沁水平，勢不可開也。』事得寢不行。

十五年，(宋帝昺祥興元年)冬十二月，導肥河入於鄘，淤陂皆爲良田。

十六年，(宋祥興二年)夏五月，辛丑，以通州水路淺，舟運甚艱，命樞密院發軍五千，仍令食禄諸官雇役千人開浚，以五十日訖工。

十七年，春二月，庚子，發侍衛軍三千浚通州運糧河。秋七月，割建康民二萬户種秫，歲輸釀米三萬石，官爲運至京師。

十八年，冬十二月，癸丑〔一〕，免益都、淄、萊、寧海開河夫今年租賦，仍給其傭直。益都等路宣慰使、都元帥來阿巴齊舊作阿八赤，今改。發兵萬人開運河，往來督視，寒暑不輟。有兩卒自傷其手，以示不可用，阿巴齊檄樞密府並行省奏聞，斬之以懲不律。運河既開，遷膠萊海道漕運使。阿巴齊，寧夏人也。

十九年，冬十月，詔：『由大都至中灤，中灤至瓜州，設南北兩漕運司。』十二月，浚濟州河。

二十年，秋八月，濟州新開河成，立都漕運司。冬十二月，是歲用王積翁議，令阿巴齊等廣開新河以通漕運。然新河候潮以入，船多損壞，民亦苦之。蒙古岱舊作忙古帶，今改。言海運之舟悉至，於是罷新開河，頗事海運，立萬户府二，以朱清爲中萬户、張瑄爲千户、蒙古岱爲萬户府達嚕噶齊。舊作達魯花赤，今改。未幾，又分新河軍士水手及船，於揚州、平灤兩處運糧，命三省造船二千艘於濟州河運糧，猶未專於海道也。

二十一年，春二月，浚揚州漕河。夏四月，令軍民同築堤堰，以利五衛屯田。己亥，涿州巨馬河決，衝突三十餘里。冬十一月，戊子，命北京宣慰司修灤河道。十二月，以丁壯萬人開神山河，立萬户府以總之。

二十二年，春正月，戊寅，發五衛軍及新附軍浚蒙村漕渠。二月，乙巳，增濟州漕舟三千艘，役夫萬二千人。初，江淮歲漕米百萬石於京師，海運十萬石，膠萊六十萬石。而濟之所運三十萬石，水淺舟大，恒不能達。更以百石之舟，舟用四人，故夫數增多。塞渾河〔二〕決堤，役夫四千人。以應放還五衛軍穿河西務河。丙辰，詔罷膠萊所鑿新河，以軍萬人隸江浙行省習水戰，萬人載江淮米泛海，由利津達於京師。

二十三年，春三月，甲戌，雄、霸二州及保定諸縣水泛濫，冒官民田，發軍民築河堤禦之。冬十一月，乙丑，中書省言：『張瑄、朱清海道運糧，以四歲計之，總百一萬石，斗斛耗折，願如數以償，風浪覆舟，請免其徵。』從之。以瑄、清並爲海道運糧萬户。

二十四年，春正月，戊辰，浚河西務漕渠。三月，丙辰，命都水監開汶、泗水以達京師。夏五月，初立行泉府司，專掌海運，遂罷東平河運糧。尋又於河西務置漕運司，領接運海道糧事。冬十二月，丁卯，減揚州省歲額米十五萬石，以鹽引五十萬易糧。丁丑，以朱清、張瑄海漕有勞，遥授宣慰使。

二十五年，春正月，己酉，發海運米十萬石，賑遼陽省軍民之饑者。二月，丁巳，改濟州漕運司爲都漕運司，併領濟之南北漕，京畿都漕運司惟治京畿。夏四月，癸亥，

〔一〕癸丑　原作『癸未』，據中華書局校點本《續通鑑》卷一八五校改。
〔二〕渾河　原作『漳河』，據中華書局校點本《續通鑑》卷一八七校改。

(運)〔渾〕河[一]決，發軍築堤捍之。增立直沽海運米倉。

二十六年，春正月，己亥，開安山渠，引汶水以通運道。先是壽張縣尹韓仲暉、太史院令史邊源，相繼建言，請自東昌路須城縣安山之西南開河置牐，引汶水達舟於御河，以便公私漕販。尚書省遣漕副馬之貞與源等按視地勢，商度工用。於是圖上可開之狀，僧格舊作桑哥，今改。以聞，言：『開浚之費，與陸運亦畧相當；然渠成乃萬世之利，請以今冬備糧費，來春浚之。』詔出楮幣一百五十萬緡，米四百石，鹽五萬斤，以爲備直，備器用，徵旁郡丁夫三萬，驛遣斷事官猛蘇爾、舊作忙速兒，今改。禮部尚書張孔孫，兵部尚書李處巽等董其役。是日興工，起於須城之安山，止於臨清之御河，長二百五十餘里，建牐三十有一，度高低，分遠近，以節蓄洩。壬寅，海船萬户府言：『山東宣慰使樂實所運江南米，陸負至淮安，易牐者七，然後入海，歲止二十萬石。若由江陰入江至直沽倉，民無陸負之苦，且米石省運估八貫有奇，請罷膠萊海道運糧萬户府，而以漕事責臣，當歲運三千萬石。』詔許之。二月，浚滄州御河。夏四月，庚午，沙河決，發民築堤以障之。五月，庚辰，浚河西務至通州漕渠。辛丑，御河溢入安山渠，漂東昌民廬舍。六月，辛亥，安山渠成，凡役工二百五十一萬七百四十有八。河渠官張孔孫等言：『開魏博之渠，通江、淮之運，古所未有。』詔賜名會通河，置提舉司，職河渠事。秋七月，甲午，御河溢。癸卯，沙河溢，鐵燈杆堤決。九月，丙戌，罷濟州泗、汶漕運使司。

二十七年，秋七月，魏縣御河溢害稼，免其租。九月，丁未，御河決高唐，没民田，命有司塞之。置四巡檢司於宿遷之北，以所罷陸運夫爲兵，護送會通河上供之物，禁發民挽舟。冬十月，甲戌，立會通、汶、泗河道提舉司。十一月，乙丑，易水溢，雄、霸、任丘、新安田廬漂没無遺，命有司築堤障之。

二十八年，春正月，辛酉，罷江淮漕運司，併於海船萬户府，由海道漕運。冬十一月，朱清、張瑄請併四府爲都漕運萬户府二，詔即以清、瑄二人掌其事；其屬有千户、百户等官，分爲各翼，以督歲運，罷海道運糧鎮撫司。十二月，乙丑，復都水監。時有言灤河自永平挽舟踰山而上可至開平，有言盧溝自麻峪可至尋麻林，朝廷遣河渠司副使郭守敬相視，灤河既不可行，盧溝舟亦不通。守敬因陳水利十有一事；其一，『大都運糧河，不用一畝泉舊源，別引北山白浮泉水，自昌平西折而南，經甕山泊，自西水門入城，環匯於積水潭。復東折而南，出南水門，合入舊運糧河。每十里置一牐，比至通州，凡爲牐七。距牐里許，上重置斗門，互爲提閼，以過舟止水。』帝覽奏，喜曰：『當速行之。』於是復置都水監，俾守敬領之，以來春興役。

〔一〕（運）〔渾〕河　據《元史·本紀》卷十五作『渾河』，據改。

帝命丞相以下皆親備鍤倡工，待守敬指授而後行事。辛卯，浚運糧河，築堤防。

二十九年，秋八月，丙午，浚通州至大都漕河。冬十月，詔浚浙西河道，導水入海。十二月，雷州地近海，潮汐齧其東南，陂塘鹻，農病之，而西北廣衍平衍，宜爲陂塘。烏克遜澤行視城陰曰：『三溪使走海而不能灌溉，此史起所以薄西門豹也。』乃教民浚故湖，築大堤，堨三溪瀦之。爲斗門者七，堤堨六，以制其贏耗，釃爲渠二十有四，以達其轉輸。渠皆支別爲牐，設守視者，時其啓閉，得良田數千頃。瀕海廣瀉，並爲膏土。

三十年，春二月，減河南、江浙海運米四十萬石。三月，以平章政事范文虎董疏漕河之役。秋七月，丁丑，賜新開漕河名曰通惠。凡役工二百八十五萬，用楮幣百五十二萬錠，糧三萬八千七百石，木石等物稱是。置牐之處，往往於地中得舊時磚木，人以此服郭守敬之精識。船既通行，公私兩便。先是通州至大都五十里，陸輓官糧，歲若千萬，民不勝其悴，至是皆得免。帝自上都還，過積水潭，見舳艫蔽水，大悅。

三十一年，秋八月，己丑，浚通惠河。撥軍士屯守澱山湖。太湖爲浙西巨浸，上受杭、湖諸山之水瀦蓄之，分匯爲澱山湖，東流於海。世祖末年，江浙行省參政梁溫都爾言：『此湖在宋時，委官差軍守之，湖旁餘地，不許侵占，常疏其壅塞，以洩水勢。今既無人管領，遂爲勢豪絕水築堤，繞湖爲田，湖狹不足瀦蓄，每過霖潦，泛溢爲害。昨本省官蒙古岱等興言疏治，因受曹總管金而止。張參議、潘應武等相繼建言，臣等議此事可行無疑。』世祖曰：『利益美事，舉行已晚，其行之。』既而平章特爾格言：『委官相視，計用夫十二萬，百日可畢。昨奏軍民共役，今民丁數多，不須調軍。』世祖曰：『有損有益，咸令均齊，毋自疑惑，其均科之。』至是特爾格言：『太湖、澱山湖，昨嘗奏過先帝，差倩民夫二十萬，疏決已畢。今諸港日受兩潮，漸致沙漲，若不依宋舊例令軍屯守，必致坐隳成功。臣等議澱山湖圍田，賦糧二萬石，就以募民夫四千，調軍四千，與同屯守。立都水防田使司，職掌收捕海賊，修治河渠圍田。』詔巴延徹爾舊作伯顔察兒，今改。暨樞密院議奏。於是樞密院言：『今與殿帥范文虎及朱清、張瑄輩及省官集議。清、瑄俱云：「宋時屯守河道，用手號軍，大處千人，小處不下三四百，隸巡檢司管領。」文虎謂：「差夫四千，非動搖四十萬户不可。若令五千軍屯守，就委萬户一員提調，事屬可行。」請立都水巡防萬户職名，俾隸行院。』從之。冬十月，朱清、張瑄從海道歲運糧百萬石。乙未，以京畿所儲充足，詔止運三十萬石。

成宗元貞元年，夏六月，戊申，歷城縣大清河水溢，壞民居。秋七月，工部言：『通惠河創造牐壩，所費不貲，全藉主守之人上下修治，請設提領三員，專一巡護。』從之。冬十二月，減海運脚價鈔一貫，計每石六貫五百文。

著爲令。

二年，冬十一月，增海運明年糧爲六十萬石。

大德元年，夏五月，漳水溢，損民禾稼。秋九月，己丑，增海漕爲六十五萬石。以徹爾爲浙江行省平章政事。江浙税糧甲天下，平江、嘉興、湖州三郡，當江、浙十六七，而其地極下，水鍾爲震澤。震澤由吴淞江入海。歲久，江淤塞，豪民利之，封土爲田，水無所泄，由是浸淫泛溢，敗諸郡禾稼。朝廷命行省疏導之，發卒數萬人，徹爾董其役，凡四閲月畢工。

二年，春二月，乙丑，立浙西都水營田司，專主水利。夏四月，帝欲開鐵幡竿渠，召知太史院事郭守敬議之。守敬奏，山水頻年暴下，非大爲渠堰，廣五七十步不可，時議不盡以爲然。守敬嘗起水渾蓮、渾天漏，大小機輪凡二十有五，皆以刻木爲衝牙，轉爲撥擊，上爲渾象，點畫周天星度，日月二環，斜絡其上，象則隨天左旋，日月二環各依行度，退而右轉。見者服其精。冬十月，甲寅朔，增海漕米爲七十萬石。

三年，夏四月，通州至兩淮漕河，置巡防捕盜司凡十九所。六月，鐵幡竿渠之開也。執政吝於工費，以郭守敬所言爲過，縮其廣三之一。是夏大雨，山水注下，渠不能容，漂没人畜廬帳，幾犯行殿。帝謂宰臣曰：『郭太史，神人也，惜其言不用耳！』冬十一月，庚辰，置浙西平江河渠牐堰凡七十八所。丁酉，浚太湖及澱山湖。

四年，春正月，癸卯，復淮東漕渠。冬十二月，時江淮屯戍軍二十餘萬，親王分鎮揚州，皆以兩淮民税給之，不足則漕於湖廣、江西。是歲，會計兩淮僅少三十萬石。河南左右司郎中潁昌謝讓，請以淮鹽三十萬引鬻之，收其價鈔，以給軍食，不勞遠運，公私便之。

五年，秋七月，癸丑，浙西積雨泛溢，大傷民田。詔役民夫二千人疏導水路。八月，己巳，平灤路霖雨，灤、漆、淝、汝河溢，民死者衆，免其今年田租，仍賑粟三萬石。冬十月，丙寅朔，以畿内歲饑，增明年海運糧爲百二十萬石。

六年，春正月，乙卯，築（運）〔渾〕河[一]堤，長八十里。仍禁豪家毋侵舊河，令屯田軍及民耕種。夏四月，乙亥，浚永清縣南河。修盧溝上流石徑山河堤。

七年，春三月，京畿漕運司言：『歲漕米百萬，全籍船壩夫力。今歲水漲，衝決壩堤六十餘處，雖已修畢，恐霖雨衝圮，走泄運水，河堤淺澀低薄去處，請加修理。』從之。至夏末始畢工，用役萬二百餘人。夏五月，甲寅，浚上都灤河。六月，命甘肅行省修阿合潭、曲尤濠以通漕運。甕山看牐提領言，自閏五月末晝夜雨不止，六月初旬夜半，山水暴漲，漫流堤上，衝決水口。遂命都水監修白浮甕山〔河〕，即通惠河上源之所出也。

[一]（運）〔渾〕河　《元史·本紀》卷二十作『渾河』，據改。

冬十月，戊子，以浙江年穀不登，減海運糧四十萬石。十一月，以順元隸湖廣省。並海道運糧萬户爲海道都轉運萬户。

八年，夏五月，壬申，中書省言：『吴江、淞江，實海口故道，潮水久淤，凡湮塞良田百有餘里；况海運亦由是而出，宜於租户役萬五千人浚治，歲免租人十五石，仍設行都水監(一)以董其程。』從之。涇水暴漲，毁堰塞渠，陝西行省命屯田府總管瓜勒佳、舊作夾谷，今改。巴延特穆爾舊作伯顔帖木兒，今改。及涇陽尹王琚疏導之。

十年，春正月，丙午，浚吴淞江等處漕河。庚戌，浚真、揚等州漕河；令鹽商每引輸鈔二貫，以爲傭工之費。

十一年，冬十月，丙辰，中書省言：『常歲，海漕糧百四十五萬石。今江浙歲儉，不能如數。請仍舊例，湖廣、江西各輸五十萬石，並由海道達京師。』從之。先是都水監言：『巡視白浮甕山河堤，崩三十餘里，宜編荆笆爲水口，以泄水勢。』夏初興役，至是月工竣。

武宗至大元年，冬十月，中書省請以湖廣米十萬石貯於揚州，分江西、江浙海漕五萬石貯朱汪、利津二倉，以濟山東饑民，從之。

二年，夏四月，癸亥，摘漢軍五千，給田十萬頃，於直沽沿海口屯糧。

三年，春二月，癸未，浚會通河，給鈔四千八百錠、糧二萬一千石以募民。秋七月，己亥，禁權要商販挾聖旨、懿旨、令旨阻礙會通河民船者。冬十月，江浙省言：『曩者朱清、張瑄海漕米歲四五十萬至百十萬。時船多糧少，顧直均平。比歲賦斂横出，漕户困乏，頗有逃亡。今歲運三百萬，漕舟不足，遣人於浙東、福建等處和顧，百姓騷動。本省左丞錫布鼎，舊作沙不丁，今改。言其弟哈巴密舊作合八失，今改。及瑪哈們坦實舊作馬合謀但的，今改。等皆有舟，且深知漕事，請以爲海道運糧都漕萬户府官，各以己力輸運官糧，萬户、千户並如軍官例承襲，寬恤漕户，增給顧直，庶有成效。』尚書省以聞，請以瑪哈們坦實爲遥授右丞、海外諸蕃宣慰使、都元帥，領海道運糧都漕萬户府事。設千户所十，每所設達嚕噶齊一，千户三，副千户二，百户四。制可。十一月，戊子，以朱清子虎、張瑄子文龍往治海漕，以所籍宅一區、田百頃給之。

四年，春二月，罷中書左丞相哈喇托克托舊作康里脱脱，今改。爲江浙行省左丞相。托克托下車，進父老，問民間利病。或謂：『杭城舊有便河通江滸，湮廢已久，若疏鑿以通舟楫，物價必平。』僚佐或難之，托克托曰：『吾陛辭之日，許以便宜行事，民以爲便，行之可也。』俄有詔禁作土功，托克托曰：『敬天莫如勤民，民蒙其利，則災沴自

(一) 都水監 原作『都水司』，據《續通鑑》卷一九五改。

弭，土功何尤焉！』不一月，河成。冬十二月。是歲遣官至江浙議海運事。時江東寧國、池、饒、建康等處運糧，率令海船從揚子江逆流而上，江水湍急，又多石磯，走沙漲淺，糧船歲有損壞。又湖廣、江南糧運至真州泊入海船，船大底小，亦非江中所宜。於是以嘉興、松江秋糧並江淮、江浙財賦府歲辦糧充海運。初，海運之道，自平江劉家港入海，經揚州路通州海門縣黄連沙頭、萬里長灘開洋，沿山嶼而行，抵淮安路鹽城縣歷西海州、海寧府東海縣，密州、膠州界，放靈山洋，投東北路，多淺沙，行月餘始抵成山。計其水程，自上海至楊村馬頭，凡一萬三千三百五十里。至元二十九年，朱清等言：『其路險惡，復開生路，自劉家洋開洋，至撑脚沙轉沙觜，至三沙、揚子江，過匾擔沙、大洪，又過萬里長灘，放大洋至清水洋，又經黑水洋至成山，過劉家島，至之罘、沙門二島，放萊州大洋，抵界河口，其道差爲徑直。』明年，千户殷明略又開新道，從劉家港入海，至崇明三沙放洋，向東行，入黑水大洋，取成山，轉西至劉家島，又至登州沙門島，於萊州大洋入界河。當舟行風信有時，自浙西至京師，不過旬日而已，視前二道爲最便云。然風濤不測，糧船漂溺者，無歲無之。間亦有船壞而棄其米者，後乃責償於運官，人船俱溺者始免。然視河漕之費，則其所得蓋多矣。

仁宗皇慶元年，秋九月，丁酉，增江浙海漕糧二十萬石。

延祐元年，秋七月，渾河堤決，淹没民田，發廪賑之。冬十二月，庚子，遣官浚揚州、淮安等處運河。

二年，春正月，丙寅，霖雨壞渾河堤堰，没民田，發卒補之。發卒浚漷州漕河。

三年，春二月，丁丑，調海口屯儲漢軍隸臨清運糧萬户府，以供轉漕。三月，太史令郭守敬卒於位，年八十六。守敬曆數、儀象之學，並爲時用，其尤濟時者爲水利之學。決金口以下西山之栰，而京師財用饒；復三白渠[一]以溉瀕河之地，而靈夏軍儲足；引汶、泗以接江、淮之派，而燕、吴漕運通；建斗牐以開白浮之源，而公私陸費省。

四年，冬十一月，己卯，復浚揚州運河。

五年，冬十二月，辛亥，置重慶路江津、巴縣屯田，省成都歲漕萬二千石。

六年，秋閏八月，甲子，浚會通河。九月，戊戌，增海漕十萬石。浚鎮江練湖，以圍田[二]日多，致水泛溢也。冬十月，己卯，浚通惠河[三]。

七年，冬十二月，滹沱河決文安、大成等縣，渾河溢，壞民田廬。

[一]『復三白渠』誤。郭守敬在西夏修復的是唐莱、漢延等渠，與陝西『三白渠』無涉。

[二] 圍田　原作『衛田』，據《續通鑑》卷二〇〇改。

[三] 通惠河　原作『通會河』，據《續通鑑》卷二〇〇改。

英宗至治元年，春三月，丁丑，發民兵疏小直沽白河。夏五月，辛卯，海漕糧至直沽，遣使祀海神天妃。六月，己巳，渾河溢，被災者二萬三千三百户〔一〕。秋七月，戊寅，通州潞縣榆棣水決。八月，雷州路海康、遂溪二縣海水溢，壞民田四千餘頃，免其租。九月，庚子，安陸府漢水溢，壞民田，賑之。冬十一月，疏玉泉河。

二年，夏五月，己巳，修滹沱河堤。六月，丙子，修渾河堤。壬午，辰州江水溢，壞民廬舍。

三年，春二月，己巳，修（廣）〔通〕惠河〔二〕牐十有九所，治野狐、桑乾道。夏四月，己巳，浚金水河。冬十二月，壬戌，浚鎮江路漕河及練湖。江浙行省言：『鎮江運河，全藉練湖之水爲上源，官司漕運及商賈，農民來往，其舟楫莫不由此。宋時專設人夫，以時修浚，瀦蓄潦水，若運河淺阻，開放湖水一寸，則可添河水一尺。近來淤淺，舟楫不通，凡有官物，差民運遞，甚爲不便。委官相視，疏治運河，自鎮江路至吕城壩長百三十一里，計役夫萬五百十三人，六十日可畢。又用三千餘人浚滌練湖，九十日可完，人日支糧三升，中統鈔一兩。』詔從之，以來春興工。

泰定帝泰定元年，夏四月，發兵民築渾河堤。六月，大同渾源河、真定滹沱河、陝西渭水、黑水、渠州江水皆溢，並漂民廬舍。秋七月，朝邑、楚丘、濮陽黄河溢〔三〕，固安州清河溢，任縣沙、灃、洺水皆溢。真定、廣平、廬州等十一郡雨傷稼；龍慶州雨雹，大如雞卵，平地深三尺；定州唐河溢，山崩，免河渠營田租，餘賑卹有差。八月，罷浚玉泉山河役。癸未，秦州成紀縣大雨，山崩水溢，壅土至來谷河成丘阜。九月，癸丑，奉元路長安縣大雨，灃水溢，延安路洛水溢。冬十月，真州珠金沙河、吴江州諸河淤塞，詔有司傭民丁浚之。十二月，癸亥，鹽官州海水溢，屢壞堤障，浸城郭，遣使祀海神，仍與有司視形勢所便。還，請壘石爲塘。帝曰：『築塘，是重勞吾民也，其增石囤捍禦。』

二年，春閏正月，己巳，修滹沱河堰。三月，辛酉，咸平府清河、滻河合流，失故道，壞堤堰，敕蒙古軍千人及民丁修之。夏六月，丁未〔四〕，立都水庸田使司，浚吴、松二江。通州三河縣大雨，水丈餘。潼川府綿江、中江水溢入城郭。冀寧路汾水溢。秋九月，以郡縣饑，詔：『運米十五萬石，貯瀕河諸倉，以備賑救。』己酉，海運江南糧百七十萬石至京師。丁丑，浚河間陳玉帶河。漢中道文州霖雨，山崩。開元路三河溢。冬十二月。是歲，御河水溢。

〔一〕三百户　原作『五百户』，據《元史·本紀》卷二七，及《續通鑑》卷二〇一改。
〔二〕（廣）〔通〕惠河　《元史·河渠志》卷六四作『通惠河』，今改。
〔三〕朝邑、楚丘、濮陽黄河溢　原脱，今據《續通鑑》卷二〇二補。
〔四〕丁未　原脱。據《元史·本紀》卷二九、《續通鑑》卷二〇二補。

三年，春正月，置都水庸田司於松江，掌江南河渠水利。夏四月，修夏津、武城河堤二十三所，役丁萬七千五百人。以虞集爲翰林學士兼國子祭酒。集嘗因講罷，論京師恃東南海運，實竭民力以航不測，非所以寬遠人而因地利也。乃與同列上言：『京師之東，瀕海數千里，北極遼海，南濱青齊，萑葦之場也，海潮日至，淤爲沃壤。用浙人之法，築堤捍水爲田，聽富民欲得官者合其衆，分授以地，官定其畔以爲限；能以萬夫耕者，授以萬夫之田，爲萬夫之長，千夫、百夫亦如之，察其惰者而易之。一年勿徵也，二年勿徵也，三年視其成，以地之高下定額於朝廷，以次漸徵之，五年有積蓄，命以官，就所儲，給以禄，十年佩之符印，得以傳子孫，如軍官之法。則東方民兵數萬，可以近衛京師，外禦島夷，遠寬東南海運以紓疲民，遂富民得官之志而獲其用，江海游食盜賊之類，皆有所歸。』議者以爲一有此制，則執事者必以賄成而不可爲，事遂寢。其後海口萬户之設，大略宗之。六月，大昌屯河決。秋七月，大同渾源河溢。檀、順等州兩河決。温榆水溢。八月，作天妃宫於海津鎮。鹽官州大風，海溢，壞堤防三十餘里，遣使祭海神，不止；徙民居千二百五十家。九月，汾州平遥縣汾水溢。

四年，春正月，鹽官州海水溢，壞捍海堤二千餘步。三月，丁卯，浚會通河。築漷州護倉堤，役丁夫三萬人。三月，渾河決，發軍民萬人塞之。夏四月，癸未，鹽官州海水溢，侵地十九里，命都水少監張仲仁及行省官發工匠二萬餘人，以竹落木栅實石塞之，不止，尋命天師張嗣成修醮禳之。秋七月，雲州黑水河溢。八月，戊辰，滹沱河水溢，發丁浚冶河以殺其勢。庚辰，運粟十萬石貯瀕河倉，備内郡饑。發衛軍八千，修白浮甕山河堤。是月，崇明州海門縣海水溢，扶溝、蘭陽二縣河溢，没民田廬，並賑之。

致和元年，九月，文宗改天曆元年。春三月，甲申，遣户部尚書李嘉努往鹽官祀海神，仍集議修海岸。丙戌，帝師命僧修佛事於鹽官州，造浮屠二百一十六，以壓海溢。夏四月，崇明州大風，海溢。冬十二月，是歲，兩都搆兵，漕舟後至直沽者不果輸，復漕而南還。行省欲坐罪督運者，海道都漕運萬户王克敬曰：『若平時而往返如是，誠爲可罪。今蹈萬死完所漕而還，豈得已哉！請令其計石數，附次年所漕舟達京師。』從之。

明宗天曆二年，八月，文宗復即位。夏四月，壬辰，大都命浚漷州漕運河。六月，壬子，海運糧至大都，凡百四十萬九千一百三十石。秋八月，乙巳，發諸衛軍浚通惠河。九月，甲戌，命江浙行省明年漕運糧二百八十萬石赴京師。冬十月，申飭海道轉漕之禁。

文宗至順元年，春二月，乙未，中書省言：『江浙民饑，今歲海運，爲米二百萬石，其不足者，來歲補運。』從之。秋七月，乙丑，調諸衛卒築漷州、柳林海子堤堰。

三年，春三月，洛水溢。夏五月，汴梁之睢州、陳州，開封之蘭陽、封丘諸縣河水溢[一]。滹沱河決。

順帝元統元年，冬十二月，起前吏部尚書王克敬爲江浙行省參知政事。克敬至，請罷富民承佃江、淮田。松江大姓有歲漕米萬石獻京師者，其人既死，子孫貧且行乞，有司仍歲徵，弗足則雜置松江田賦中，令民包納。克敬曰：『匹夫妄獻米，徼名爵以榮一身，今身死家破，又已奪其爵，不可使一郡之人均受其害。國用寧乏此耶！』具論免之。

二年，春二月，灤河、漆河溢，永平諸縣水災。夏六月，戊午，淮水漲，山陽縣滿浦、清岡[二]等處民畜房舍多漂溺。

至元二年，春正月，置都水庸田使司於平江。夏五月，乙卯，南陽、鄧州大霖雨，自是日至六月甲申，湍河、白河大溢，水爲災。六月，庚子，涇水溢。

三年，夏六月，辛巳，大霖雨，自是日至癸巳不止。御河、黄河、沁河、渾河水皆溢，没人畜、廬舍甚衆。冬十月，乙亥，令江浙行省丞相綽斯戬舊作搠思監，今改。提調海運。國用所倚，海運爲重。綽斯戬措置有方，所漕米三百餘萬石，悉達京師，無耗折者。

至正二年，春正月，丙戌，托克托[三]用人言，于都城外開河置牐，引金口渾河之水，東達通州以通舟楫，深五十尺，廣一百五十尺，役夫十萬人。時廷臣多言不可，而托克托排群議不納。左丞許有壬言：『渾河之水，湍悍易決，足以爲害；淤淺易塞，不可行舟。況西山水勢高峻，金時在城北，流入郊野，縱有衝決，爲害亦輕。今則在都城西南，若霖潦漲溢，加以水性湍決，宗社所在，豈容僥倖！即成功一時，亦不能保其永無衝決之患。』托克托終不聽。夏四月，金口河工畢，啓牐放水，湍急沙壅，船不可行。而開挑之際，毁民廬舍、墳塋，夫丁死傷甚衆，費用不貲，卒以無功。既而御史糾劾建言者，中書參議博囉特穆爾、舊作孛羅帖木兒，今改。都水傅佐並伏誅。六月，汾水大溢。

四年，秋七月，戊子朔，温州颶風大作，海水溢。灤河水溢。

六年，春三月，辛未，盗扼李開務之牐河，劫商旅船。兩淮運使宋文瓚言：『世皇開會通河千有餘里，歲運米至京者五百萬石。今騎賊不過四十人，劫船三百艘而莫能捕，恐運道阻塞，請選能臣率壯勇千騎捕之。』不聽。

七年，秋九月，丁巳，特穆爾達實之爲相也，分海漕米四十萬石，置沿河諸倉，以備凶荒。

[一]『汴梁……河水溢』十九字原脱，據《元史·本紀》卷三三、《續通鑑》卷二〇六補。
[二]清岡 原作『清江』。據《元史·本紀》卷三三、《續通鑑》卷二〇六改。
[三]托克托 即『脱脱』，清本改譯爲『托克托』。

八年，夏四月，辛未，河間等路以連年河決，水旱相仍，户口消耗，乞減鹽額，詔從之。平江、松江水災，給海運糧十萬石賑之。

九年，春三月，丁酉，埧河淺澀，以軍士、民夫各一萬浚之。夏五月，白茅河東注沛縣，遂成巨浸，詔修金堤，民夫日給鈔三貫。蜀江大溢，浸漢陽城，民大饑。冬十二月，漕運使賈魯建言便益二十餘事，從其八事：其一曰京畿和糴，二曰優恤漕司舊領漕户，三曰接運委官，四曰通州總治預定委官，五曰船户困于壩夫，海糧壞于壩户，六曰疏浚運河，七曰臨清運糧萬户府當隸漕司，八曰宜以宣中船户付本司節制。

十年，秋九月，庚午，命樞密院以軍士五百修築白河堤。

十一年，夏六月，發軍一千，從直沽至通州，疏浚河道。

十二年，冬十二月，癸亥，托克托言京畿近地水利，召募江南人耕種，歲可得粟麥百萬餘石，不煩海運而京師足食。帝曰：『此事有利於國家，其議行之。』先是，中書左司郎中田本初言：『江南漕運不至，宜懇內地課種。昔漁陽太守張堪種稻八百餘頃，今其迹尚存，可舉行之。』於是起山東益都、般陽等十三路農民種之，秋收課，所得不償其所費。是歲，農民皆罷散，乃復立都水庸田司於汴梁，掌種植之事。

十三年，夏五月，己巳，命東安州、武清、大興、宛平三縣正官添給河防職名，從都水監官巡視渾河堤岸，或有損壞，即修理之。

十四年，冬十月，甲辰，詔加號海神爲『輔國護聖庇民廣濟福惠明著天妃。』

十九年，秋九月，自中原喪亂，江南漕久不通，至是河南始平，乃遣兵部尚書巴延特穆爾、户部尚書曹履亨，以御酒、龍衣賜張士誠，徵海運糧。

二十年，夏五月，張士誠海運糧十一萬石至京師。

二十一年，春三月，張士誠海運糧十一萬石至京師。秋九月，命兵部尚書齊齊克布哈、舊作徹徹不花，今改。侍郎韓祺徵海運糧于張士誠。

二十二年，夏五月，張士誠海運糧十三萬石至京師。

二十三年，夏五月，己巳朔，張士誠海運糧十三萬石至京師。秋九月，朝廷遣户部侍郎博囉特穆爾等徵海運糧于張士誠，士誠不與。

二十六年，秋八月，陳友定歲運糧數十萬至大都，海道遼遠，至者常十三四，帝嘉之。

二十七年，夏五月，癸未，福建行宣政院以廢寺錢糧由海道送京師。

卷一〇〇　治河　河源附

元世祖至元十七年，冬十月，己丑，命達實舊作都實，今改。爲招討使，佩金虎符，往求河源。達實受命而行，四閱月始抵其地。還，圖其形勢來上，言：『河出吐蕃朵甘思西鄙，有泉百餘泓，沮洳散渙，弗可逼視，方可七八十里，履高山下瞰，燦若列星，以故名鄂端諾爾舊作火敦腦兒，今改。鄂端，譯言星宿也。群流奔湊，近五七里，匯爲二巨澤，名鄂博諾爾。舊作阿剌腦兒，今改。自西而東，連屬吞噬，行一日，迤邐東騖成川，號齊必勒河。舊作赤賓河，今改。又二三日，水西南來，名伊爾齊，舊作亦里赤，今改。與齊必勒河合。又三四日，水南來，名呼闌。又水東南來，名伊拉齊，舊作也里术，今改。合流入齊必勒，其流浸大，始名黃河，然水猶清，人可涉。又一二日，歧爲八九股，名也孫斡倫，譯言九渡，通廣五七里，可渡馬。又四五日，水渾濁，土人抱革囊騎過之。自是兩山峽束，廣可一里、二里或半里，其深叵測。朵甘思東北有大雪山，名伊爾瑪布謨喇，其山最高，譯言騰格爾哈達，舊作騰乞里塔，今改。即崑崙也。自八九股水至崑崙，行二十日。崑崙以西，山皆不穹峻。其東，山益高，地益漸下，岸狹隘，有狐可一躍而越之處。行五六日，有水西南來，名納鄰哈喇，譯言細黃河也。又兩日，水南來，名奇爾穆蘇，舊作乞兒馬赤，今改。二水合流入河，河水北行，轉西，流過崑崙北，向東北流，約行半月，至貴德州〔一〕，地名筆齊里，始有州治、官府。又四五日，至積石，即《禹貢》之積石也。自發源至漢地，南北澗溪，細流傍貫，莫知紀極。山皆草石，至積石方林木暢茂，世言河九折，蓋彼地有二折焉。』

二十三年，冬十月，辛亥〔二〕，河決開封、祥符、陳留、杞、太康、通許、鄢陵、扶溝、洧川、尉氏、陽武、延津、中牟、原武、睢州十五處，調民夫二十餘萬分築堤防。

二十四年，春三月，汴梁河水泛溢，役夫七千修完故堤。

二十五年，冬十二月，是歲，汴梁路陽武、襄邑、太康、通許、杞、考城、陳留等縣，陳、潁二州，河決凡二十二所，漂蕩麥禾、房舍，委宣慰司督本路差夫修治。

二十七年，夏六月，壬申朔，河溢太康，免溢没地租。

冬十一月，癸亥，河決祥符義唐灣，太康、通許、陳、潁二州大被其患。

二十九年，春三月，壬子，敕都水監分視黃河堤堰。

罷河渡司。

三十年，冬十月，戊子，詔修汴堤。

成宗元貞元年，夏閏四月，蘭州上下三百餘里河清三日。

大德元年，夏五月，丙寅，河決汴梁，發民三萬人塞

〔一〕貴德州　原脱『貴』字，據《元史·地理志》卷六三、《續通鑑》卷一八五補。

〔二〕辛亥　原作『壬寅』，《元史·本紀》卷一四、《續通鑑》卷一八七均作『辛亥』，據改。

之。秋七月，丁亥，河決杞縣蒲口，命廉訪司尚文相度形勢，爲久利之策。文還，言：『河自陳留抵睢，東西百有餘里，南岸高于水六七尺或四五尺，北岸故堤，其水視田高三四尺或高下不等。大較南高於北約八九尺，堤安得不壞，水安得不北也！蒲口今決千有餘步，東走舊瀆，行二百里，至歸德横堤之下，復合正流。或强遏之，上決下潰，功不可成。揆今之計，河北郡縣，宜順水性，築長堤以禦泛溢。歸德、徐、邳之民，任擇所便，避其衝突。被害民户，量給河南退灘地以爲業，異時決他所亦如之，亦一時救患之良策也。蒲口不塞便。』帝從之。會河朔郡縣及山東憲部，争言不塞則河北桑田盡化魚鼈之區，塞之便，帝復從之。明年，蒲口復決，障塞之役，無歲無之。是後水北入，復河故道，竟如文言。

二年，秋七月，癸巳，汴梁等處大雨，河決，壞堤防，漂没歸德數縣禾稼廬舍，免其田租一年。遣尚書那壊、御史劉賡等塞之，自蒲口首事，凡築九十八所。

三年，夏六月，癸丑，罷大名路所獻黄河故道田輸租。

八年，春正月，自滎澤至睢州，築河防十有八所，給其夫鈔人十貫。夏五月，大風，雨雹，開封之祥符、太康、陽武、衛輝之獲嘉，河溢。

九年，秋八月，歸德、陳州河溢。

十年，春正月，壬戌，發河南民十萬築河防。

武宗至大元年，秋七月，壬戌，皇子和實拉舊作和世㻋，今改。請立總管府，括河南歸德、汝寧瀕河荒地，約六萬餘頃，歲收其租。中書省言：『瀕河之地，出没無常，近有伊瑪罕者，妄稱省委，括地蠶食其民，以有主之田指爲荒地，所至騷動。被害之民六百餘人，相率來訴，方議其罪，遇赦獲免，今乃妄以其地獻於皇子。且河南連歲凶荒，人方缺食，若從所請，爲害非細。』帝曰：『安用多言，其止勿行！』

二年，秋七月，癸未，河決歸德府境。己亥，河決汴梁之封丘。

仁宗皇慶二年，夏六月，河決陳、亳、睢州及開封之陳留縣，没民田廬。先是命官沿河相視，上治河之議而竟未施行，故有此患。

延祐元年，秋八月，河南行省言：『黄河涸露，舊水泊汙池，多爲勢家所據，驟遇泛溢，水無所歸，遂致爲害。由此觀之，非河犯人，人自犯之耳。擬差知水利都水監官與行省廉訪司同相視，可以疏闢堤障，未及泛溢，先加修治，用力少而成功多。又汴梁路睢州諸處，決破河口數十，内開封縣小黄邨計會月堤一道，都水分監修築障水堤堰，所擬不一，宜委官按驗，從長講議。』於是命太常丞郭奉政、前都水監丞邊承務、都水監卿多爾濟舊作朵兒只，今改。等，上自河陰，下至陳州，與該州縣官沿河相視。開封縣小黄邨河口，測量比舊淺減六尺，陳留、通許、太康舊有蒲葦之地，後因閉塞西河、塔河諸水口，以便種蒔，故他處連年潰決。各官議以爲：『治水之道，惟當順其性之自然。大河東北入海，歷年既久，遷徙不常，每歲泛溢，兩岸時有衝決，强爲閉塞，正及農忙，科樁梢，發丁夫，動至數萬，所費不可勝計。郡縣嗷嗷，民不聊生。蓋黄河善遷徙，惟宜順下疏泄。今相視上至自河陰，下抵歸德，經夏水漲，甚於常年，以小黄口分泄之故，並無衝決，此其明驗也。陳州最爲低窪，瀕河之地，今歲麥禾未收，民饑特甚，欲爲拯救，奈下流無可疏之處。若將小黄邨河口閉塞，必移患鄰郡，決上流南岸，則汴梁被害，決下流北岸，則山東可憂，勢難兩全，當遺小就大。如免陳邨差税，賑其饑民。陳留、通許、太康縣被災之家，依例取勘賑恤。其小黄邨河口仍就通流外，當修築月堤并障水堤。』於是以汴梁路所轄州縣河堤或已修治及當疏通與補築者，條列奏上。不果行。

二年，夏六月，戊戌，河決鄭州。

三年，春三月，太史令郭守敬卒[一]。其在西夏，嘗挽舟溯流而上究所謂河源者。又嘗自孟門以東，循黄河故道，縱廣數百里間，皆爲測量地平；或可以分殺河勢，或可以灌溉田土，具有圖誌。又嘗以海面較京師至汴梁地形高下之差，謂汴梁之水去海甚遠，其流峻，而京師之水去海至近，其流甚緩。其言皆有徵驗，論者惜其未盡見用云。夏六月，丁酉，河決汴梁，没民居，發糧賑之。

五年，春正月，河北、河南道廉訪副使鄂囉言：『近年河決杞縣小黄村口，滔滔南流，莫能禦遏。陳、潁、瀕河膏腴之地浸没，百姓流散。今水迫汴城，遠無數里，倘值霖雨水溢，倉猝何以防禦！方今農隙，宜爲講究，使水歸故道，達於江、淮，不惟陳、潁之民得遂其生，而汴城亦可恃以無患。』詔都水監與汴梁路分監修治。以二月興工，至三月而畢。

七年，秋七月，汴梁路言：『滎澤縣河決塔海莊堤十步餘，横堤兩重復決數處。又，開封縣蘇村及七里寺決二處。』詔本路及都水監官併工修築。

英宗至治二年，春正月，儀封縣河溢傷稼，賑之。

泰定帝泰定元年，秋七月，朝邑、楚丘、濮陽黄河溢。

二年，春閏正月，雄州歸信諸縣大雨，河溢，被災者萬一千六百五十户，賑鈔三萬錠。二月，庚子，姚煒以河水屢決，請立行都水監於汴梁，倣古法備捍，仍命瀕河州縣正官皆兼知河防事，從之。三月，癸丑，修曹州濟陰縣河堤，役民丁一萬八千五百人。夏五月，汴梁路十五縣河溢。秋七月，辛未，立河南行都水監。是月，睢州河決。八月，衛輝路汲縣河溢。

三年，春二月，歸德府屬縣河決，民饑，賑之。秋七月，河決鄭州陽武縣，漂萬六千五百餘家，賑之。冬十月，癸未，河水溢汴梁路，樂利堤壞，役丁夫六萬四千人築之。

[一] 此記郭守敬『春三月』卒，不見元代文獻記載，存疑。

十二月，是歲亳州河溢，漂民舍八百餘家，壞田二千三百頃，免其租。

四年，夏五月，睢州河溢。六月，乙未，汴梁路河決。冬十二月，是歲，汴梁諸屬縣霖雨，河決。

明宗天曆二年，八月，文宗復即位。冬十月，己亥，申飭都水監河防之禁。十二月。是歲，中書平章政事徹爾特穆爾舊作徹里帖木兒，今改。出爲河南行省平章政事。是時黃河清，有司以爲瑞，請聞於朝，徹爾特穆爾曰：『吾知爲臣忠，爲子孝，天下治，百姓安爲瑞，餘何益於治？』

文宗至順元年，夏六月，丙申，大名路黃河溢。

三年，夏五月，汴梁之睢州、陳州，開封之蘭陽、封丘諸縣河水溢。冬十月，丙寅，楚丘縣河堤壞，發民丁修之。

順帝元統元年，夏六月，大霖雨，京畿水，平地丈餘。黃河大溢。河南水災。

至元二年，夏五月，丙午朔，黃河復於故道。

三年，夏六月，辛巳，黃河溢。

至正二年，秋九月，歸德府睢陽縣因黃河爲患，民饑，賑糶米萬三千五百石。

四年，春正月，庚寅，河決曹州，雇夫萬五千八百修築之。是月，河又決汴梁。夏五月，大霖雨二十餘日，黃河暴溢，北決白茅堤。六月，黃河又北決金堤，曹、濮、濟、兗皆被災，民老弱昏墊，壯者流離四方。水勢北侵安山，沿入會通運河，延袤濟南、河間，將壞兩漕司鹽場，省臣以聞。朝廷患之，遣使體量，仍督大臣訪求治河方略。秋九月，丙午，命中書平章政事賀惟一提調都水監。冬十月，乙酉，議修黃河、淮水堤堰。

五年，秋七月，丁亥，河決濟陰，漂官民廬舍殆盡。冬十二月。是歲，以河決，遣禮部尚書台哈布哈舊作太不花，今改。奉珪玉、白馬致祭於河神。台哈布哈還，言：『淮安以東，河入海處，宜倣宋置撩清夫，用輥江龍鐵埽撼蕩沙泥，隨潮入海。』朝廷從其言。會用夫屯田，其事中廢。

六年，夏五月，丁酉，以黃河決，立河南、山東都水監。冬十二月。是歲，尚書李絅〔一〕以河災，請躬祀郊廟，近正人，遠邪佞，以崇陽抑陰，不報。

七年，冬十一月，以河決，命工部尚書密勒瑪哈謨行視金堤。

八年，春正月，辛亥，黃河決，遷濟寧路於濟州。二月，詔濟寧鄆城立行都水監，以工部郎中賈魯爲之。賈魯，高平人也。

九年，春正月，癸卯，立山東、河南等處行都水監，專治河患。三月，黃河北潰。秋九月，遣御史中丞李獻代祀河瀆。

十年，冬十二月，右丞相托克托慨然有志於事功，時

〔一〕李絅　原作『李泂』，《元史·本紀》卷四一，《續通鑑》卷二〇九均作『李絅』，據改。

河決五年不能塞，方數千里，民被其患。托克托請躬任其事，帝嘉納之。辛卯，以大司農圖嚕舊作秃魯，今改。等兼領都水監。集群臣議黄河便益事，言人人殊，唯都漕運使賈魯昌言必當治。先是魯嘗爲山東道奉使宣撫首領官，循行被水郡邑，具得修捍成策。後又爲都水使者，奉旨詣河上相視，驗狀爲圖，以二策進獻：一議修築北堤以制横潰，其用功省；一議疏塞並舉，挽河東行，使復故道，其功費甚大。至是復以二策進，取其後策，且以其事屬魯，魯固辭。托克托曰：『此事非子不可。』乃入奏，大稱旨。托克托出告群臣曰：『皇帝方憂下民，爲大臣者，職當分憂。然事有難爲，猶疾有難治。自古河患，即難治之疾也。今我必欲去其疾，而人人異論，何也？』然廷議終莫能決。帝乃命工部尚書成遵偕大司農圖嚕行視河，議具疏塞之方以聞。

十一年，春三月。是春，成遵與圖嚕自濟、濮、汴梁、大名行數千里，掘井以量地之高下，測岸以究水之淺深，偏閱史籍，博采輿論，以爲河之故道斷不可復。且曰：『山東饑饉，民不聊生，若聚二十萬衆於其地，恐他日之憂，又有重於河患者。』時托克托先入賈魯之言，聞遵等議，怒曰：『汝謂民將反耶？』自辰至酉，論辨終莫能入。明日，執政謂遵曰：『挽河之役，丞相意已定，且有人任其責。公勿多言，幸爲兩可之議。』遵曰：『腕可斷，議不可易！』遂出遵爲河間鹽運使。夏四月，壬午，詔開黄河故道，命賈魯以工部尚書爲總治河防使，發汴梁、大名等十三路民十五萬，廬州等戍十八翼軍二萬。自黄陵岡南達白茅，放于黄固、哈齊等口，又自黄陵西至楊青邨，合于故道，凡二百八十里有奇，仍命中書右丞玉樞呼爾圖哈、同知樞密院事哈斯舊作黑廝，今改。以兵鎮之。乙酉，詔加封河瀆神爲靈源神祐靈濟王，乃重建河瀆及西海神廟。

冬十一月，工部尚書總治河防使賈魯，以四月二十二日鳩工，七月疏鑿成，八月決水故河，九月舟楫通行。是月，水土工畢，河復故道，南匯於淮，又東入於海。帝遣貴臣報祭河伯，召魯還京師。魯以《河平圖》獻，超拜榮禄大夫、集賢大學士，賞賚金帛；都水監及宣力諸臣三十七人，皆予遷秩。敕翰林承旨歐陽玄製河平碑以旌托克托勞績，具載魯功，宣付史館。并贈魯先臣三世，賜托克托世襲達爾罕之號，仍賜淮安路爲其食邑。玄既撰《河平碑》，又自以爲司馬遷、班固記河渠、溝洫，僅載治水之道，不言其方，使後世任事者無所考則，乃從魯訪問方略；及詢過客，質吏牘，作《至正河防記》。

其略曰：『治河一也；有疏、有浚、有塞，三者異焉。釃河之流，因而導之，謂之疏。去河之淤，因而深之，謂之浚。抑河之暴，因而扼之，謂之塞。疏浚之別有四：曰生地，曰故道，曰河身，曰減水河。生地有直有紆，因直而鑿之，可就故道。故道有高有卑，高者平之以趨卑，高卑相就，則高不壅，卑不瀦，慮夫壅生潰，瀦生堙也。河身者，水雖通行，身有廣狹。狹難受水，水益悍，故狹者以計闢之；廣難爲岸，岸善崩，故廣者以計禦之。減水河者，水放曠則以制其狂，水隳突則以殺其怒。

治堤一也，有創築、修築、補築之名。有刺水堤，有截河堤，有護岸堤，有縷水堤，有石船堤。治埽一也，有岸埽、水埽，有龍尾、欄頭、馬頭等埽。其爲埽臺及推卷、牽制、薶挂之法，有用土、用石、用鐵、用草、用木、用杙、用絙之方。塞河一也，有缺口，有豁口，有龍口。缺口者，已成川；豁口者，舊常爲水所豁，水退則口下于堤，水漲則溢出于口；龍口者，水之所會，自新河入故道之潨也。』

又曰：『決河勢大，南北廣四百餘步，中流深三丈餘，益以秋漲，水多故河十之八。兩河争流，近故河口，水刷岸北行，洄漩湍激，難以下埽。且埽行或遲，恐水盡湧入決河，因淤故河，前功遂隳。魯乃精思障水入故河之方，以九月七日癸丑，逆流排大船二十七艘，前後連以大桅或長椿，用大麻索、竹絙絞縛，綴爲方舟，又用大麻索、竹絙將船身繳繞上下，令牢不可破，乃以鐵貓于上流硾之水中，又以竹絙絶長七八百尺者，繫兩岸大橛上，每絙硾二舟或三舟，使不得下。船腹略鋪散草，滿貯小石，以合子板釘合之，復以埽密布合子板上，或二重，或三重，以大麻索縛之急，復縛横木三道于頭桅，皆以索維之。用竹編笆，夾以草石，立之桅前，約長丈餘，名曰水簾，桅復以木楮拄，使簾不偃仆。然後選水工便捷者，每船各二人，執斧鑿，立船首尾，岸上搥鼓爲號，鼓鳴，一時齊鑿，須臾舟穴，水入舟沈，遏決河，水怒溢，故河水暴增，即重樹水簾，令後復布小埽、土牛、白闌、長梢，雜以草木等物，隨宜填垛以繼之，石船下詣實地，出水基址漸高，復卷大埽以壓之。前船勢略定，尋用前法沈餘船以竟後功。昏曉百刻，役夫分番甚勞，無少間斷。魯嘗言，水工之功視土工之功爲難，中流之功視河濱之功爲難，決河口視中流又難，北岸之功視南岸爲難。用物之效，草雖至柔，柔能狎水，水漬之生泥，泥與草并，力重如碇。然維持夾輔，纜索之功居多，蓋由魯習知河事，故其功之所就如此。』

十二月，己卯，立河防提舉司，隸行都水監。

十二年，春正月，丙寅，以河復故道，大赦天下。

十六年，秋八月，黄河決，山東大水。

二十一年，冬十一月，戊辰，黄河自平陸三門磧下至孟津五百餘里皆清，凡七日。命祕書少監程徐祀之。

二十二年，秋七月，河決范陽，漂民居。

二十四年，夏五月，甲子，黄河清。

二十五年，秋七月，京師大水，河決小流口，達於清河。

二十六年，夏四月，先是黄河大決，省部募才能之士，俾召集民丁疏浚之。揚州王宣自薦，朝廷以爲淮北、淮南都元帥府都事，賫楮幣至揚州，募丁夫得三萬餘人，就令宣統領治河，數月工成。

二十八年，秋七月，癸亥，罷内府河役。

五、金史紀事本末

匯編説明

《金史紀事本末》爲清李有棠撰寫，共五十二卷。光緒十九年（一八九三年）首次刊行。後經不斷修訂，光緒二十九年（一九〇三年）與《遼史紀事本末》同時上奏，得到朝廷嘉獎，并重新刊印。該書引用書目達五百一十種，事無巨細皆詳加考辨。書中重視政治興衰，而於社會經濟記載較少涉及，是其最大不足。

本次整理摘録了水利史料卷三三《河決之患》。

整理者

卷三三 河決之患

世宗大定八年夏六月，河決李固渡，入曹州。黄河當克宋之初，兩河悉畀劉豫。豫亡，河遂盡入國境。數十年或決或塞，遷徙無定，因設官置屬，以主其事。沿河上下，凡二十五埽，六在河南，十九在河北。埽設散巡河官一員，而置都巡河官六員。後又特設崇（樞）〔福〕[一]上下埽都巡河官兼石橋使。凡巡河官，皆從都水監廉舉，總統埽兵萬二千人。至是，河決李固渡，水潰曹州城，分流於單州之境。

九年春正月，遣都水監梁肅往視決河。河南統軍使宗室宗叙言：『大河所以決溢者，以河道積淤，不能受水故也。今曹、單雖被其害，而所壞農田無幾。今欲河復故道，不惟大費工役，亦卒難成功。縱能塞之，他日霖潦，又將潰決，則山東河患又非曹、單比也。且沿河數州縣興大役，人心動摇，恐宋人乘間，構爲邊患。』肅亦言：『新河水六分，舊河水四分。今若塞新河，則二水合流。如遇漲溢，南決則害南京，北決則山東、河北均受其害。不如李固南築堤，以防決溢爲便。』帝從之。

[一] 崇（樞）〔福〕 據《金史》卷二七《河渠志》改。

二月庚子，以中都等路水，免税。又以曹、單二州被水尤甚，給復一年。

十年春三月戊午，拜宗敍爲參知政事，諭曰：『卿昨言黄河堤埽利害，甚合朕意。』

十一年春正月丙申，命振南京屯田明安被水災者。

是歲，河決王村，南京孟、衛州界，多被其害。

十二年春正月，尚書省奏言：『水東南行，其勢甚大。可自河陰廣武山循河而東，至原武、陽武、東明等縣，孟、衛等州增築堤岸。』詔遣太府少監張九思及赫舍哩邈監護工作。

十三年春三月，尚書省請修孟津、滎澤、崇福埽堤，以備水患。帝乃命雄武以下八埽並以類從事。

十七年秋七月，大雨，河決白溝。

冬十二月，尚書省奏：『請修堤埽，日役夫萬一千五百，以六十日畢工。』詔以工部郎中張大節及高蘇董其役。[一]

十九年秋九月，因南京有司言，增京埽巡河官一員。

二十年冬十二月，河決衛州及延津京東埽，瀰漫至歸德府，遂失故道，勢益南行。乃自衛州埽下接歸德府南北兩岸增築堤防，以捍湍怒，并設歸德巡河官一員。

二十一年冬十月，以河移故道，命築堤以備。

二十六年秋八月戊寅，尚書省奏河決衛州堤，壞其城。帝命户部侍郎王寂、都水少監王汝嘉馳傳措畫備禦。既而河勢泛濫及大名，遣户部尚書劉瑋巡視。以寂不職，黜爲蔡州防禦使。《續通考》云：八月，河決衛州堤，壞其城。遣官巡視者，專以網魚取官物爲事，既而，河勢泛及大名，於是别遣劉瑋行户部事，從宜規畫。又遣王寂、王汝嘉徙衛州胙城縣。

冬十月，命添設河防軍，禁推排物力。

二十七年春正月，因尚書省言河慶安流，請加鄭州河陰縣聖后廟褒贈，詔加號曰（聖）〔順〕[二]濟聖后，廟曰靈德善利之廟。《續通考》：時河決衛州，自衛抵清、滄皆被其害。詔劉瑋以户部尚書兼工部尚書往塞之。或謂天災流行，非人力可禦，惟當徙民以被其衝。瑋曰：『不然，天生五材，遞相休旺。今河決者，土不勝水也。俟秋冬之交，水勢稍殺，以漸興築，庶幾可塞。』明年，瑋齋戒禱於河，工役齊舉，河乃復故。另，正隆二年，東京水溢，水與城等。決入女墻石罅中，湍激如湧，人惶駭。世宗時爲留守。親登城，舉酒酬天，水退。貞祐三年九月，以河水決，亦遣參政侯摯祭河神於宣州。興定三年八月地震，遣禮部尚書楊雲翼祭社稷。

二月，因御史臺臣言，命南京沿河四府十六州長貳官皆提舉河防事，四十四縣令佐皆管勾河防事。或能捍禦及致疏虞，隨時聞奏，以議賞罰。每歲命工部官一員，沿河檢視。初，衛州爲河水所壞，乃命增築蘇門，遷其州治。至明年水息，居民仍還，皆不樂遷，遣大理少卿康元弼按

[一] 據《金史·張大節傳》：『河決于衛，横流而東，滄境有九河故道，大節即相宜繕堤，水不爲害。』

[二] 曰（聖）〔順〕　據《金史》卷二七《河渠志》改。

視，請修治舊城便，從之。《續通考》：二十七年，河決曹、濮間，瀕水者多墊溺，朝廷遣康元弼往相視。其地水盎，而城在盎中，水易爲害，請命於朝徙之。卒改築於北原，曹人賴之。二十八年，議遷衛州治，以避河患。既而，以民不樂遷止。勑自今河防官司怠慢失律者，皆重抵以罪。似州治之遷係曹、濮，而衛并未嘗遷也。又云，十二月，工部言營築河堤用工六百八萬餘，就用埽兵軍夫外，有四百三十餘工當用民夫。遂命去役所五百里州府差顧，於不差夫之地均徵顧錢，驗物力科之。每工百五十文外，日支官錢五十文，米升半。仍命彰化節度使内族裔、都水少監大齡壽，提控五百人往來彈壓。先是，河南提刑言，沿河居民多困乏逃移，蓋以河防差役故也。竊惟禦水患者不過堤埽，若土工從實計料，薪稿椿杙以時徵（斂）〔斂〕，亦復何難？今春築堤，都水監初料取土甚近，及其興工乃遠數倍，人夫懼不及程，貴價買土，一隊之間，多至千貫。又許州初料薪稿十八萬餘束，既而，又配四萬四千，是皆常歲必用之物，農隙均科，則易輸納。自今堤埽興工，乞令本監以實計度一歲所用物料，驗數折税。或令私買於冬月，分爲三限輸納爲便。詔尚書省詳議以聞。按，歲用薪百一十一萬三千餘束，草百八十三萬七百餘束，椿杙不與。

二十九年夏五月，河溢於曹州小堤之北。以奏報稽遲，詔切責之。

章宗明昌四年冬十一月，尚書省奏：『河平軍節度使王汝嘉等言「大河南岸舊有分流河口，如可疏導，足泄其勢，及長堤以北，亦有可歸納排瀹之處，其濟北埽以北宜創起月堤。」請遣本監官從汝嘉等同往相視，庶免異議。如大河南北必不能開挑歸納，其月堤宜依所料興修。』帝從之。

十二月，命都水監官提控修築黃河堤。

五年春正月，尚書省奏：『都水監丞田櫟等言，前代每遇古堤南決，多經南、北清河分流。南清河北下有枯河數（套）〔道〕[一]河水流其中者長至七八分。北清河乃濟水故道，可容二三分而已。今河水趨北，齧長堤而流者十餘處，而堤外率多積水，恐難依元料增修長堤，與創築月堤也。可於北岸墻村決河入梁山濼故道，依舊作南、北兩清河分流。然北清河舊堤歲久不完，當立年限增築大堤。而梁山故道多有屯田軍户，亦宜遷徙。今擬先於南岸王村、宜村兩處決堤導水，使長堤可以固護，姑宜仍舊，如不能疏導，即依上開決，分爲四道，俟見水勢隨宜料理。』宰臣以櫟議所關利害非細，請遣官覆視。詔以知大名府事内族裔、户部郎中李敬義，充行户工部事，命參政胥持國都提控。又奏差德州防禦使李獻可及焦旭於山東當水所經州縣築護城堤，及北清河兩岸舊堤〔别〕[二]役夫修築。嗣後集百官詳議，咸以爲黃河水勢變易無定，非人力可以指使，況梁山濼淤填已高，而北清河狹不能容，兼所經州縣田廬不一，使大河北入清河，山東必被其害，應毋容議，事遂寢。《金史·李愈傳》，愈時爲河南提刑使，憲臺廉察以愈爲最。入見，帝稱其敢爲。又曰：『愈論河決事，謂宜遣官視護以慰人心，其言良是。』明年，改河平軍節度。

[一] 數（套）〔道〕 據《金史》卷二七《河渠志》改。

[二] 舊堤〔别〕 據《金史》卷二七《河渠志》補『别』字。

秋八月，河決陽武故堤，灌封邱而東，詔同知都轉運使高旭及鈕祜禄弈同往規措。王汝嘉等杖七十，罷職。復命參政馬琪往，仍許便宜從事。《通鑑輯覽》：河決陽武，灌封邱，東歷曹、濮、鄆、范諸州縣界，中至壽張，注梁山濼分爲二派，由北清河入海。南派由南清河入海。從此南北分流，不能復塞。考北清河即今大清河，南清河即泗水。胡渭《禹貢錐指》云，河匯梁山濼，分二派入南、北清河。自宋熙寧十年，始尋經塞治，至是復行其道，而河流又爲一大變矣。議者謂金欲以宋爲壑，利河之南而不欲其北，故不復治。不知河自北而南在漢已然，觀武帝《瓠子歌》淮、泗滿之文，可知河之入淮不自宋始。宣房之舉，力倍工堅，故能終久不潰。宋熙寧時，王安石用事，任使非人，施工苟且。所以才及百年即大徙，不可復塞也。按，《玉海》云，熙寧十年七月，河決澶州曹村。元豐元年春，修塞治，以牲玉祭河。閏正月丙戌首事，四月，名埽曰靈平，立廟曰靈津。孫洙《撰記》，是年五月甲戌朔，新堤成，長百十四里。河自定武還北流，群臣表賀。蘇軾作《河復詩》：『吾君仁聖如帝堯，百神受職河神驕。帝遣風師下約束，北流夜起澶州橋。』時胥持國與馬琪奏言：『已至光禄村周視堤口，堤岸陷潰，至十餘里外方能取土。而堤面窄狹，僅可數步，人力不能施，雖成易毁。而中道淤澱，地有高低，流不得泄，且水退，新灘亦難開鑿。其孟華等四埽與孟陽堤道，沿汴河東岸，但可施工者，即悉力修護，則京城不至爲害。』琪又言：『都水監員數冗〔多〕[一]事廢，請罷各掾，設勾當官二員，其都散巡河官入縣令廉舉人内選注。』從之。未幾，琪還朝奏言：『孟陽河堤及汴堤已修築，水不能犯汴城。自今河勢趨北，來歲春首，擬於中道疏決，以解南北兩岸之危。』遂命翰林待制鄂屯忠孝、太府少監温（防）〔昉〕[二]充行户工部事，修治河防。尋命御史臺官體究河防利害。

六年（春三）〔夏四〕[三]月，以河防工畢，參政胥持國等進官有差。

宣宗貞祐三年夏四月，單州刺史延札天澤言：『守禦之道，當決大河使北流德、博、觀、滄之地。今其故堤猶在，工役不勞，水就下必無漂没之患。而難者，若不以犯滄鹽場損國利爲説，則以浸没河北良田爲解。然河徙之後，淤爲沃壤，正宜耕墾，收倍於常，利孰大焉？否則河南一路兵食不足，而河北、山東之地皆瓦解矣。』命議之。

四年春三月，延州刺史温札薩克蘇言：『近世河離故道，自衛東南而流，由徐、邳入海，以此河南之地爲狹。竊見新鄉縣西河水可決，使東北，其南有舊堤，水不能（溢）〔四〕遵行五十餘里，與清河合，則由濬州、大名、觀州、清州、柳口入海，此河之故道也，皆有舊堤，補其缺罅足矣。如此則山東、大名等路皆河南，而河北諸郡亦得其半，退足爲禦侮之計，進可壯恢復之基。』

五年夏四月，勑樞密院，沿河要害之地，可壘石岸，仍置散星椿，陷馬塹以備敵。

[一] 數冗〔多〕　據《金史》卷二七《河渠志》補。
[二] 温（防）〔昉〕　據《金史》卷二七《河渠志》補。
[三]（春三）〔夏四〕月　據《金史》卷一〇《章宗紀》改。
[四] 水不能〔溢〕　據《金史》卷二七《河渠志》補。

六、元史紀事本末

匯編説明

《元史紀事本末》是明陳邦瞻撰寫，原爲四卷二十七條，清人改爲二十七卷。内容主要取材於《元史》及商輅《通鑑綱目續編》。書中對元代推步之法，科舉學校之制以及漕運、河渠諸大政記載詳細，有相當參考價值。但總的來説該書太過於簡略。文内注書名簡稱，如《續綱目》是《續資治通鑑綱目》簡稱，《薛鑑》是薛應旂《宋元通鑑》簡稱。

本次整理摘録了有關水利的卷一二《運漕》、卷一三《治河》。

整理者

卷一二　運漕　河渠　海運

世祖至元十七年二月，浚通州運河。

十九年十二月，始海運。初，朝廷糧運仰給江南者，或自浙西涉江入淮，由黄河逆流至中灤，陸運至淇門，入御河，以至京師。又或自利津河，或由膠萊河入海，勞費無成。初宋季有海盜朱清者，嘗爲富家傭，殺人亡命入海島，與其徒張瑄乘舟抄掠海上，備知海道曲折，尋就招爲防海義民。伯顔平宋時，遣清等載宋庫藏等物從海道入京師，授金符千户。二人遂言海運可通。乃命總管羅璧暨瑄等造平底船六十艘，運糧四萬六千餘石，由海道入京。然創行海洋，沿山求嶼，風信失時，逾年始至。朝廷未知其利，仍通舊運，立京畿、江淮都漕運司二，各置分司，以督綱運。

二十年，復海運。是年用王積翁議，令阿八赤等廣開新河。然新河候潮以行，船多損壞，民亦苦之。而忙兀解言海運之舟悉至，於是罷新河，復事海運。立萬户府二，以朱清爲中萬户，張瑄爲千户，忙兀解爲萬户府達魯花赤。未幾，又分新河軍士、水手及船，於揚州、平灤兩處運糧，命三省造船二千艘，於濟州河運糧。蓋猶未專於海道也。

二十四年，始立行泉府司，專掌海運。增置萬户府二，總爲四府。是歲，遂罷東平河運糧。

二十五年，内外分置漕運司二。（令）〔其〕[一]在外者於河西務置司，領接海運。

二十六年，開會通河，從壽張縣尹韓仲暉等言，開河以通運道。起須城縣安山渠西南，由壽張西北至東昌，又西北至臨清，引汶水以達御河，長二百五十餘里，中建閘三十有一，以時蓄洩。河成，渠官張禮孫等言：『開魏博之渠，通江淮之運，古所未聞。』詔賜名會通河。

丘濬曰：臣按會通河之名始見於此。然當時河道初開，岸狹水淺，不能負重，每歲之運不過數十萬石，非若海運之多也。是故終元之世，海運不罷。國初，會通河故道猶在，今濟寧任城閘，洪武三年曉諭往來船隻，不許擠塞，碑石故在北岸，可考也[二]。二十四年，河決原武，漫過安山湖，而會通河遂淤，往來者悉由陸以至德州下河。我太宗皇帝肇造北京，永樂初運糧由江入淮，由淮入黄河，運至陽武，發山西、河南二處丁夫，由陸運至衛輝，下御河，水運至北京。厥後濟寧州同知潘叔正，因州夫遞運之難，請開會通舊河。朝廷命工部尚書宋禮，發丁夫十餘萬，疏鑿以復故道。又命刑部侍郎金純，自汴城北金龍口開黄河故道，分水下達魚臺縣塌場口，以益漕河。十年，宋尚書請從會通河通運。十三年，始罷海運，而專事河運矣。明年，平江伯陳瑄又請浚淮安安莊閘一帶沙河，自淮以北，沿河立淺鋪，築牽路，樹柳木，穿井泉。自是漕法通便，百年於兹矣。

臣惟運東南粟以實京師，在漢、唐、宋皆然。然漢、唐都關中，宋都汴梁，所漕之河，皆因天地自然之勢，中間雖或少假人力，然非若會通一河，前代所未有，而元人始創爲之，非有所因也。元人爲之而未大成，用之而未得其大利。至國朝益修理而擴大之。前元所運，歲僅數十萬，而今日極盛之數，則踰四百萬焉，蓋十倍之矣。昔宋人論汴水，以爲大禹疏鑿，隋煬開甽，終爲宋人之用，以爲上天之意。嗚呼！夏至隋，隋至宋，中經朝代非一，謂天意顯在宋，臣不敢知。若夫元之爲此河，河成而不盡以通漕，蓋天假元人之力以爲我朝用，其意豈不彰彰然明矣哉。

二十七年五月，省臣馬之貞言：『霖雨（崩）岸〔崩〕[三]，河道淤淺，宜加修濬。』奏撥放罷輪運站户三千，專供其役，仍俾採伐木石等以充用。歲委都水監一官巡視且督工，易閘以石，而視所緩急爲先後。從之。

二十八年，併海運四府爲都漕運府（一）〔二〕[四]，從朱清、張瑄之請也。止令清、瑄二人掌之，其屬有千户、百户等官，分爲各翼，以督歲運。

二十九年開通惠河，以郭守敬領都水監事。初，守敬

[一]（令）〔其〕在外者　據《元史》卷九三《食貨志》改。

[二] 不許擠塞，碑石故在北岸，可考也。原作『不許擠塞碑石，故在北岸，可考也。』誤，文意非擠塞石碑，而是爲此曾在北岸立碑告示。據改。

[三] 霖雨（崩）岸〔崩〕　據《元史》卷九三《食貨志》改。

[四] 漕運府（一）〔二〕　據《元史》卷九三《食貨志》改。

言：『水利十有一事，其一欲導昌平縣白浮村神山泉，過雙塔、榆河，引一畝、玉泉諸水入城，匯於積水潭，復東折而南入舊河，每十里置一牐，以時蓄洩。』帝稱善。復置都水監，命守敬領之。丞相以下，皆親操畚鍤爲之倡。置牐之處，往往於地中得舊時甎木，人服其識。逾年畢工。自是，免都民陸輓之勞，公私便之。帝自上都還，過積水潭，見舳艫蔽水，大悦，賜名曰通惠。

丘濬曰：臣按通州陸輓至都城，僅五十里耳，而元人所開之河，總長一百六十四里，其間置牐壩凡二十處，所費蓋亦不貲。况今廢墜已久，慶豐以東，諸牐雖存，然河流淤淺，通運頗難。且積水潭即今海子，在都城中禁城之北，漕舟既集，無停泊之所。而又分流入大内，然後南出，其啓閉蓄洩，非外人所得專者。言者往往建請欲復元人舊規，然亦未覩其果便利也。

成宗大德五年，以畿内歲饑，增明年海運糧爲百二十萬石。

八年，增海運米爲百四十五萬石。

十年，中書省奏：『常歲海漕糧百四十五萬石，今江浙歲儉，不能如數，請仍舊例，湖廣、江西輸五十萬石，並由海道達京師。』從之。

武宗至大四年，遣官至江浙議海運事。時江東寧國、池、饒、建康等處運糧，率令海船從揚子江逆流而上。江水湍急，又多百磯，石走沙漲，糧船俱壞，歲歲有之。又湖廣、江西之糧運，至真州泊（入）〔水灣，與〕海船〔對裝〕[一]。於是以嘉興、松江秋糧併江淮、江浙財賦府歲辦悉充運。海漕之利，蓋至是博矣。先是，江浙省臣言：『曩者朱清、張瑄海漕米歲四五十萬至百十萬，時船多糧少，顧直均平。比歲賦斂横出，漕户困乏，逃亡者有之。今歲運三百萬，漕舟不足，遣人於浙東、福建等處和雇，百姓騷動。本省左丞沙不丁言，其弟合八失及馬合謀但的、澉浦楊家等皆有舟，且深知漕事，乞以爲海道運糧都漕萬户府官，各以己力輸運官糧。萬户、千户，並如軍官例承襲，寬恤漕户，增給雇直，庶有成效。』尚書省以聞，請以馬合謀但的爲遥授右丞、海外諸番宣慰使、都元帥，領海道運糧都漕運萬户府事。設千户所十，每所設達魯花赤、千户等官。俱從之。

仁宗延祐（二）〔元〕年[三]二月，省臣言：『江南行省起運諸物，由會通河以達於都，多踰期不至。詰其故，皆言始開河時，止許行百五十料船。近來權勢之人，并富商大賈，貪嗜貨利，造三四百料或五百料船，於此河行駕，以致阻滯往來舟楫。今宜於沽頭、臨清二處，各置小石閘

[一] 真州泊（入）〔水灣，與〕海船〔對裝〕　據《永樂大典》一五九四九運字引《經世大典》改補。

[二] 江（水）〔中〕　據《元史》卷九三《食貨志》改。

[三] 延祐（二）〔元〕年　據《元史》卷六四《河渠志》改。

一，禁約二百料以上之船，不許入河，違者罪之。』〔從之〕[一]。

順帝至正二年春正月，開京師金口河。時中書參議孛羅帖木兒、都水傅佐建言：『起自通州南高麗莊一百〔二〕十餘里，[二]創開新河一道，深五丈，廣十五丈，放西山金口水東流，合御河，接引海運至大都城内輸納。』是時脱脱爲中書右丞相，奏行之。廷臣多言其不可，脱脱排群議，務在必行。左丞許有壬因條陳其利害，言：『成宗大德二年，渾河水發爲民害，大都路、都水監將金口下閉閘板。五年間，渾河水勢浩大，郭太史恐衝没田、薛二村、南、北二城，又將金口以上河身，用砂石雜土盡行堵閉。文宗至順初，因〔行〕都水監[三]郭道壽言，金口引水通京城至通州，其利無窮。（令）工部官併河道提舉司（及）、〔大都路及合屬官員〕[四]耆老相視，皆言水由二城中，多窒礙。又盧溝河自橋至合流處，從來未曾有漁舟上下，此即不可行船之明驗也。且通州去京城四十里，盧溝止二十里，若可行船，當時何不於盧溝立馬頭，百事近便，却於四十里外通州爲之？又西山水勢高峻，亡金時，在都城之北流入（曠）〔郊〕野[五]，縱有衝決，爲害亦輕。今則在都城西南，與昔不同。此水性本湍急，若加以夏秋霖潦漲溢，則不敢必其無虞，宗廟社稷之所在，豈容僥倖於萬一乎！又地形高下懸絶，若不作閘，必致走水淺澁。若作閘以節之，則沙泥渾濁，必致淤塞，每年每月專人淘洗，是終無窮盡之時也。且郭太史作通惠河時，何不用此水，而遠取白浮之水，引入都城以供閘壩之用？蓋白浮之水澄清，而此水渾濁，不可用也。此議方興，傳聞於外，萬口一辭，以爲不可。若謂爲成大功者不謀於衆，人言不足聽，則是商鞅、王安石之法，當今不宜有此。』議上，脱脱終不納，興工四閱月而畢。起閘放金口水，流湍勢急，沙泥壅塞，船不可行。而開挑之際，毁民廬舍墳塋，夫丁死傷甚衆，又費用不貲，卒以無功。既而御史糾劾建言者，孛羅帖木兒、傅佐俱伏誅。

是年，令江浙行省及中正院財賦總管府，撥賜諸人寺觀之糧盡數起運，僅得二百六十萬石。及汝、潁倡亂，湖廣、江右相繼陷没，而方國珍、張士誠竊據浙東、西之地，貢賦不供，海運之舟不至京師。

至正十九年，遣伯顔帖木兒徵海運於江浙，詔張士誠輸粟，方國珍具舟。二賊互相猜疑，伯顔帖木兒與行省丞相多方開諭之，始從命，得粟十有一萬石。後三年，復遣官往徵，拒命不與。

〔一〕〔從之〕　據《元史》卷六四《河渠志》補。

〔二〕〔二〕十餘里　據《元史》卷六六《河渠志》補。

〔三〕因〔行〕都水監　據《元史》卷六六《河渠志》補。

〔四〕提舉司（及）、〔大都路及合屬官員〕　據《元史》卷六六《河渠志》補。

〔五〕流入（曠）〔郊〕野　據《元史》卷六六《河渠志》改。

初，海運之道，自平江劉家港入海，經揚州路通州海門縣黃連沙頭萬里長灘開洋，沿山嶴而行，抵淮安路鹽城縣，歷西海州、海寧府東海縣、密州、膠州界，月餘始抵成山。計其水程，自上海至楊村馬頭，凡一萬三千三百五十里。後朱清、張瑄等言其路險惡，復開生道。自劉家港開洋，至撐脚沙，轉沙觜，至三沙洋子江，過大洪，又過萬里長灘，放大洋，至青水洋，又經黑水洋，過成山，過劉島，至之罘，放萊州大洋，抵界河口，其道差爲徑直。最後殷明略又開新道，從劉家港入海，至崇明州三沙放洋，向東行，入黑水大洋，取成山，轉西至劉家島，又至登州沙門島，於萊州大洋入界河。當舟行風信有時，自浙西至京師不過旬日而已，視前二道爲最便云。然風濤不測，糧船漂溺者無歲無之，間亦有船壞而棄其米者，然視漕河之費，則其所得蓋多矣。

歲運之數：

至元二十年，四萬六千五十石，至者四萬二千一百七十二石。二十一年，二十九萬五百石，至者二十七萬五千六百一十石。二十二年，一十萬石，至者九萬七百七十一石。二十三年，五十七萬八千五百二十石，至者四十三萬三千九百五(十)[一]石。二十四年，三十萬石，至者二十九萬七千五百四十六石。二十五年，四十萬石，至者三十九萬七千六百五十五石。二十六年，九十三萬五千石，至者九十一萬九千九百四十三石。二十七年，一百五十九萬五千石，至者一百五十一萬三千八百五十六石。二十八年，(二)〔一〕[二]百五十二萬七千二百五十石，至者一百二十八萬一千六百一十五石。二十九年，一百四十萬七千四百石，至者一百三十六萬一千五百一十三石。三十年，九十萬八千石，至者八十八萬七千五百九十一石。三十一年，五十一萬四千五百三十三石，至者五十萬三千五百三十四石。

元貞元年，三十四萬五百石。二年，三十四萬五百石，至者三十三萬七千二十六石。

大德元年，六十五萬八千三百石，至者六十四萬八千一百三十六石。二年，七十四萬二千七百五十一石，至者七十萬五千九百五十四石。三年，七十九萬四千五百石。四年，七十九萬五千五百石，至者七十八萬八千九百一十八石。五年，七十九萬六千五百二十八石，至者七十六萬九千六百五十石。六年，一百三十八萬三千八百八十三石，至者一百三十二萬九千一百四十八石。七年，一百六十五萬九千四百九十二石，至者一百六十二萬八千五百八石。八年，一百六十七萬二千九百九石，至者一百六十六萬三千三百一十三石。九年，一百八十四萬三千三石，至者一百七十九萬五千三百四十七石。十年，一百八十萬八千一百九十九石，至者一百七十九萬七千七十八石。

[一] 五(十) 據《元史》卷九三《食貨志》删。

[二] (二)〔一〕 據《元史》卷九三《食貨志》改。

十一年，一百六十六萬五千四百二十二石，至者一百六十四萬四千六百七十九石。

至大元年，一百二十四萬一百四十八石，至者一百二十萬二千五百三石。二年，二百四十六萬四千二百四石，至者二百三十八萬六千三百石。三年，二百九十二萬六千五百三十(二)〔三〕[一]石，至者二百七十一萬六千九百十三石。四年，二百八十七萬三千二百一十二石，至者二百七十七萬三千二百六十六石。

皇慶元年，二百八萬三千五百五石，至者二百六萬七千六百七十二石。二年，二百三十一萬七千二百二十八石，至者二百一十五萬八千六百八十五石。

延祐元年，二百四十萬三千二百六十四石，至者二百三十五萬六千六百六石。二年，二百四十三萬五千六百八十五石，至者二百四十二萬二千五百五石。三年，二百四十五萬八千五百一十四石，至者二百四十三萬七千七百四十一石。四年，二百三十七萬五千三百四十五石，至者二百三十六萬八千一百一十九石。五年，二百五十五萬(二)〔三〕[二]千七百一十四石，至者二百五十四萬三千六百一十一石。六年，三百二萬一千五百八十五石，至者二百九十八萬六千〔七百〕[三]一十七石。七年，三百二十六萬四千六石，至者三百二十四萬七千九百二十八石。

至治元年，三百二十六萬(八)〔九〕千(七)〔四〕百(六)〔五〕十(五)〔一〕[四]石，至者三百二十三萬八千七百六十五石。二年，三百二十五萬一千一百四十石，至者三百二十四萬六千四百八十三石。三年，二百八十一萬一千七百八十六石，至者二百七十九萬八千六百一十三石。

泰定元年，二百八萬七千二百三十一石，至者二百七萬七千二百七十八石。二年，二百六十七萬一千一百八十四石，至者二百六十三萬七千〔七百〕[五]五十一石。三年，三百三十七萬五千七百八十四石，至者三百三十五萬一千三百六十二石。四年，三百一十五萬二千八百二十石，至者三百一十三萬七千五百三十二石。

天歷元年，三百二十五萬五千二百二十石，至者三百一十一萬五千四百二十四石。二年，三百五十二萬二千一百六十三石，至者三百三十四萬三千三百六石。

史臣曰：元都於燕，去江南極遠，而百司庶府之繁，衛士編民之衆，無不仰給於江南。自伯顏獻海運之策，而江南之粟分爲春、夏二運，蓋至於京師者，歲多至三百萬餘石。民無輓輸之勞，國有儲蓄之富，豈非一代良法與！

[一] 十(二)〔三〕　據《元史》卷九三《食貨志》改。

[二] 萬(二)〔三〕　據《元史》卷九三《食貨志》改。

[三] 六千〔七百〕　據《永樂大典》一五九五〇運字引《經世大典》補。

[四] 六萬(八)〔九〕千(七)〔四〕百(六)〔五〕十(五)〔一〕　據《元史》卷九三《食貨志》改。

[五] 七千〔七百〕　據《永樂大典》一五九五〇運字引《經世大典》補。

丘濬曰：臣按海運之法，自秦已有之，而唐人亦轉東吴粳稻以給幽燕。然以給邊方之用而已，用之以足國，則始於元焉。史稱當舟行風信有時，自浙西至京師，不過旬日而已。雖有風濤漂溺之虞，然視河漕之費，所得蓋多。故終元之世，海運不廢。我朝洪武三十年，海運糧七十萬石給遼東軍餉。永樂初，海運七十萬石至北京。至十三年，會通河通利，始罷海運。臣考《元史·食貨志》論海運有云：『民無輓輸之勞，國有儲蓄之富。』以爲一代良法。又云：『海運視河漕之數，所得蓋多。』作《元史》者皆國初史臣，其人皆生長勝國時，習見海運之利，所言非無徵者。臣竊以爲自古漕運所從之道有三：曰陸，曰河，曰海。河漕視陸運之費省什三四，海運視陸運之費省什七八。蓋河漕雖免陸行，而人輓如故，海運雖有漂溺之患，而省牽率之勞，較其利害，蓋亦相當。今漕河通利，歲運充積，固無資於海運也。然善謀國者，恒於未事之先而爲意外之慮。今於國家無事之秋，尋元人海運故道，别通海運一路，與河漕並行。江西、湖廣、江東之粟照舊河運，而以浙西、東瀕海一帶由海道運，使人習知海道。一旦〔一〕漕渠少有滯塞，此不來而彼來，是亦思患預防之先計也。

卷一三　治河　窮河源附

世祖至元二十三年十月，河決開封、祥符、陳留、杞、太康、通許、鄢陵、扶溝、洧川、尉氏、陽武、延津、中牟、原武、睢州十五處。調民夫二十餘萬，分築堤防。

二十五年五月，河決汴梁。太康、通許、杞三縣，陳、潁二州，皆被其害。

成宗（元貞）〔大德〕〔二〕元年七月，河決杞縣蒲口。先是河決汴梁，發丁夫三萬塞之。至是蒲口復決，乃命廉訪使尚文相度形勢，爲久利之策。文言：『長河萬里西來，其勢湍猛。至盟津而下，地平土疏，移徙不常，失禹故道，爲中國患，不知幾千百年矣。自古治河，處得其當則用力少而患遲，事失其宜則用力多而患速，此不易之定論也。今陳留抵睢，東西百有餘里，南岸舊河口十一，已塞者二，自涸者六，通川者三，岸高於水計六七尺，或四五尺。北岸故堤，其水比田高三四尺，或高下等。大概南高於北約八九尺，則堤安得不壞，水安得不北也。蒲口今決千有餘步，迅疾東行，得河舊瀆，〔行〕〔三〕二百里，至歸德横堤之下，復合正流。或强湮遏，上決下潰，功不可成。揆今之計，河（西）〔北〕〔四〕郡縣，宜順水性，遠築長垣，以禦泛濫。

〔一〕一旦　各本均作『日』，邱氏《大學衍義補》原文作『旦』，據改。

〔二〕成宗（元貞）〔大德〕　據《元史》卷一九《成宗紀》改。

〔三〕〔行〕　據《元史》卷一七〇《尚文傳》、《元文類》六八《尚文神道元碑》補。

〔四〕河（西）〔北〕　據《續綱目》、《元文類》六八《尚文神道碑》改。

歸德、徐、邳，民避衝潰，聽從安便。被患之家，量於河南退灘地內，給付頃畝，以爲永業。異時，河決他所者亦如之，亦一時救患之良策也。蒲口不塞便。』時河朔郡縣及山東憲部争言：『不塞則河北桑田盡化魚鱉之區，塞之便。』帝從之。是後，蒲口復決，障塞之役，無歲無之，而水北入〔巴〕河[一]，復故道，竟如文言。

二年七月，汴梁等州大雨，河決，漂歸德數縣田廬禾稼。詔免田租一年，遣尚書那懷、御史劉賡等塞之，自蒲口首事，凡築（七）〔九〕[二]十六所。

（大德）十年正月，發河南民十萬築河防。

武宗至大二年七月，河決歸德，又決封丘。

仁宗皇慶二年六月，河決陳、亳、睢三州，開封、陳留等縣，没民田廬。

泰定帝泰定二年二月，以河水屢決，立行都水監於汴梁，倣古法備捍，仍命瀕河州、縣正官皆兼知河防事。

五月，河溢汴梁。

七月，河決陽武，漂民居萬（二）〔六〕[三]千五百餘家。尋復壞樂利堤，發丁夫六萬四千人築之。

三年四月，修夏津、陽武[四]河堤三十三所，役丁（夫）〔萬〕[五]七千五百人。

順帝至元元年十二月，河決封丘。

至正四年正月，河決曹州，發丁夫萬五千八百修築之。是月，河又決汴梁。

五月，大霖雨，黄河溢，平地水二丈，決白茅堤、金堤，曹、濮、濟、兖皆被災。

十月，議修黄河、淮河堤堰。

五年七月，河決濟陰。

八年二月，立行都水監於鄆城，以賈魯爲太監。魯循河道，察地形，備得要害，爲圖，上二策。其一議修築北堤，以制横潰，則用工省。其二議疏塞並舉，挽河東行，使復故道，其工數倍。會魯遷中書右司郎中，不果行。

九年正月，立山東、河南等處行都水監，專治河患。

五月，白茅河東注沛縣，遂成巨浸。

十一年四月，開黄河故道。初，黄河決，丞相脱脱集群臣廷議，言人人殊。賈魯復申前議，以爲必塞北河，疏南河，使復故道，役不大興，害不能已。於是，遣工部尚書成遵與大司農禿魯行視河，議其疏塞之方以聞。遵等自濟、濮、汴梁、大名行數千里，掘井以量地之高下，測岸以究水之淺深，博采輿論，以爲河之故道斷不可復。且曰：

[一] 入〔巴〕河　據《元文類》六八《尚文神道碑》補。
[二] 凡築（七）〔九〕　據《元史》卷一九《成宗紀》、《續綱目》改。
[三] 萬（二）〔六〕　據《元史》卷三〇《泰定帝紀》、《續綱目》改。本七月條，上列各書均系於三年。
[四] 陽武　據《元史》卷三〇《泰定帝紀》无『陽』字。
[五] 丁（夫）〔萬〕　據《元史》卷三〇《泰定帝紀》改。

『山東連歲饑饉，民不聊生，若聚二十萬衆於此地，恐他日之憂又有重於河患者。』時脱脱先入賈魯之言，聞遵等議，怒曰：『汝謂民將反耶！』自辰至酉，論辨終莫能入。明日，執政謂遵曰：『修河之役，丞相意已定，且有人任其責，公勿多言，幸爲兩可之議。』遵曰：『腕可斷，議不可易。』遂出遵爲河間鹽運使。詔開黄河故道，命賈魯以工部尚書充河防使。發河南、北兵民十七萬，自黄陵岡南達白茅，放於黄固、哈只等口，又自黄陵西至楊清村，合於故道，凡二百八十里有(可)〔奇〕[一]。興功凡五閲月，諸埽堤成，河復故道。超授魯集賢大學士，賜金帶、銀幣。詔賜脱脱世襲答剌罕之號，以淮安路爲其食邑，命立《河平碑》。其諸都水監有司官，皆以功遷賞有差。先是，河南、北童謡云：『石人一隻眼，挑動黄河天下反。』及魯治河，果於黄陵岡得石人一眼，而汝、潁之兵起。

時命翰林學士承旨歐陽玄制《河平碑》，既成。玄又自以爲司馬遷、班固記《河渠》、《溝洫》，僅載治水之道，不言其方，使後世任事者無所考信，乃從魯訪問方略，及詢過客，質吏牘，作《至正河防記》，欲使來世罷河患者，按而求之。其言曰：

治河一也，有疏、有濬、有塞，三者異焉。釃河之流，因而導之，謂之疏。去河之淤，因而深之，謂之濬。抑河之暴，因而扼之，謂之塞。疏濬之别有四：曰生地，曰故道，曰河身，曰減水河。生地有直有紆，因直而鑿之，可就故道。故道有高有卑，高者平之以趨卑，高卑相就，則高不壅，卑不瀦，慮夫壅生潰，瀦生堙也。河身者，水雖通行，身有廣狹。狹難受水，水(溢)〔益〕[二]悍，故狹者以計闢之；廣難爲岸，岸善崩，故廣者以計禦之。減水河者，水放曠則以制其狂，水隳突則以殺其怒。治堤一也，有創築、修築、補築之名，有刺水堤，有截河堤，有護岸堤，有縷水堤，有石船堤。治埽一也，有岸埽、水埽，有龍尾、攔頭、馬頭等埽。其爲埽臺及推卷、牽制、薶掛之法，有用土、用石、用鐵、用草、用木、用杙、用絙之方。塞河一也，有缺口，有豁口，有龍口。缺口者，已成川。豁口者，舊常爲水所豁，水退則口下於堤，水漲則溢出於口。龍口者，水之所會，自新河入故道之漈也。此外不能悉書，因其用功之次第，而就述於其下焉。

其濬故道，深廣不等，通長二百八十里百五十四步而强。功始自白茅，長百八十二里。繼自黄陵岡至南白茅，闢生地十里。口初受，廣百八十步，深二丈有二尺，已下停廣百步，高下不等，相折深二丈及泉。曰停、曰折者，用古算法，因此推彼，知其勢之低昂，相準折而取匀停也。南白茅至劉莊村，接入故道十里，通折墾廣八十步，深九

〔一〕有(可)〔奇〕　據《續綱目》改。

〔二〕水(溢)〔益〕　據王圻《續通考》七《黄河考》、《元史類編》一五《賈魯傳》改。

尺。劉莊至專固，百有二里二百八十步，通折停廣六十步，深五尺。專固至黃固，墾生地八里，面廣百步，底廣九十步，高下相折深丈有五尺。黃固至哈只口，長五十一里八十步，相折停廣墾六十步，深五尺。乃濬凹里減水河，通長九十八里百五十四步。凹里（減水）〔村缺〕河[一]口生地，長三里四十步，面廣六十步，底廣四十步，深一丈四尺。自凹里生地以下舊河身至張贊店，長八十二里五十四步，上三十六里，墾廣二十步，深五尺；中三十五里，墾廣二十八步，深五尺；下十里二百四十步，墾廣二十六步，深五尺。張贊店至楊青村，接入故道，墾生地十有三里六十步，面廣六十步，底廣四十步，深一丈四尺。

其塞專固缺口，修堤三重，並補築凹里減水河南岸豁口，通長二十里三百十有七步。其創築河口前第一重西堤，南北長三百三十步，面廣二十五步，底廣三十三步，樹置樁橛，實以土牛、草葦、雜梢相兼，高丈有三尺。堤前置龍尾大埽，言龍尾者，伐大樹，連梢繫之堤旁，隨水上下，以破嚙岸浪者也。築第二重正堤，并補兩端舊堤，通長十有一里三百步。缺口正堤長四里。兩堤相接舊堤，置樁堵閉河身，長百四十五步，用土牛、草葦，梢土相兼修築，底廣三十步，修高二丈。其岸上土工修築者，長三里二百十有五步有奇，高廣不等，通高一丈五尺。補築舊堤者，長七里三百步，表裏倍薄七步，增卑六尺，計高一丈。築第三重東後堤，并接修舊堤，高廣不等，通長八里。補築凹里減水河南岸豁口四處，置樁木，草土相兼，長四十七步。

於是塞黃陵全河，水中及岸上修堤長三十六里百三十六步。其修大堤刺水者二，長十有四里七十步。其西復作大堤刺水者一，長十有二里百三十步。內創築岸上土堤，西北起李八宅西堤，東南至舊河岸，長十里百五十步，顛廣四步，趾廣三之，高丈有五尺。仍築舊河岸至入水堤，長四百（二）〔三〕[二]十步，趾廣三十步，顛殺其六之一，接修入水。（西）〔兩〕岸埽堤並行。作西埽者夏人，水工徵自靈武。作東埽者漢人，水工徵自近畿。其法以竹絡實以小石，每埽不等，以蒲葦綿腰索徑寸許者從鋪，廣可一二十步，長可二三十步。又以曳埽索綯徑三寸或四寸、長二百餘尺者衡鋪之。相間復以竹葦、麻檾、大繂，長三百尺者爲管心索，就繫綿腰索之端於其上，以草數千束多至萬餘，匀布厚鋪於綿腰索之上，橐而納之，丁夫數千，以足踏實，推卷稍高，即以水工二人立其上，而（嗑）〔號〕於衆，衆聲力舉，用小大推梯，推卷成埽。高下長短不等，大者高二丈，小者不下丈餘。又用大索（或）〔四〕五爲接索，轉致河濱。選健丁操管心索，順埽（以）〔臺〕立踏，或

[一] 凹里（減水）〔村缺〕河　據《元史》卷六六《河渠志》改。
[二] 長四百（二）〔三〕　據《元史》卷六六《河渠志》、王圻《續通考》七《黃河考》改。本節以下凡不注者，均據改。

掛之臺中鐵猫、大橛之上，以漸縋之下水。埽後掘地爲渠，陷管心索渠中，以散草厚覆，築之以土。(覆)其上復以土牛、雜草、小埽、梢土，多寡厚薄，先後隨宜，修疊爲埽臺。務使牽制上下，縝密堅壯，互爲掎角，埽不動摇。日力不足，火以繼之。積累既畢，復施前法卷埽，以厭先下之埽。量水淺深，制埽厚薄，疊之多至四埽而止。兩埽之間置竹絡，高二丈或三丈，圍四丈五尺，實以小石、土牛。既滿，繫以竹纜。其兩旁並埽密下大樁，就以竹絡上大竹腰索繫於樁上。東西兩埽及其中竹絡之上，以草土等物築爲埽臺，約長五十步或百步。再下埽，即以竹索或麻索長八百尺或五百尺者一二，雜廁其餘管心索之間。俟(歸)〔埽〕入水之後，其餘管心索如前薶掛。隨以管心長索遠置五七十步之外，或鐵猫，或大樁，曳而繫之，通管束累日所下之埽，再以草土等物通修成堤。又以龍尾大埽密掛於讓堤大樁，分折水勢。其堤長二百七十步，北廣四十二步，中廣五十五步，南廣四十二步，自顛至趾，通高三丈八尺。其截河大堤，高廣不等，長十有九里百七十七步，其在黄陵北岸者，長十里四十一步，築岸上土堤，西北起東西故堤，東南至河口，長七里九十七步，顛廣六步，趾倍之而强二步，高丈有五尺，接修入水。施土牛、小埽、梢草、雜土，多寡厚薄，隨宜修疊，及下竹絡，安大樁，繫龍尾埽，如前兩堤法。唯修疊埽臺，增用白闌小石。并埽上及前游修埽堤一，長百餘步，直抵龍口。稍北，欄頭三埽並行，埽大堤廣與刺水二堤不同。通前列四埽，間以竹絡，成一大堤，長二百八十步，北廣百一十步，其顛至水面高丈有五尺，水面至澤腹高二丈五尺，通高三丈五尺；　中流廣八十步，其顛至水面高丈有五尺，水面至澤腹高五丈五尺，通高七丈。　並創築縷水橫堤一，東起北截河大堤，西(底)〔抵〕西刺水大堤，又一堤東起中刺水大堤，西抵西刺水大堤，通長二百四十三步，亦顛廣四步，趾三之，高丈有二尺。修黄陵南岸，長九里百六十步，內創岸上堤，東北起新補白茅故堤，西南至舊河口，高廣不等，長八里二百五十步。

乃入水作石船大堤。蓋由是秋八月二十九日乙巳道故河流，先所修北岸西、中刺水及截河三堤猶短，約水尚少，力未足恃。決河勢大，南北廣四百餘步，中流深三丈餘，益以秋漲，水多故河十之八。兩河爭流，近故河口，水刷岸北行，河流湍激，難以下埽。且埽行或遲，恐水盡湧入決河，因淤故河，前功遂隳。魯乃精思障水入故河之方。以九月七日癸丑，逆流排大船二十七艘，前後連以大桅或長樁，用大麻索竹絙絞縛，綴爲方舟，又用大麻索竹絙(用)〔周〕[一]船身繳繞上下，令牢不可破，乃以鐵猫於上流硾之水中。又以竹絙絶長七八百尺者，繫兩岸大橛上，每絙或硾二舟或三舟，使不得下。船腹略鋪散草，滿貯小

〔一〕絙(用)〔周〕　據《元史類編》卷一五《賈魯傳》改。

石，以合子板釘合之。復以埽密布合子板上，或二重，或三重，以大麻索縛之急。復縛横木三道於〔頭〕桅，皆（頭）以索維之。用竹編笆，夾以草石，立之桅前，約長丈餘，名曰水簾桅。復以木楮拄，使簾不偃仆。然後選水工便捷者，每船各二人，執斧鑿，立船首尾，岸上撾鼓爲號，鼓鳴，一時齊鑿，須臾舟穴水入，并沈遏決河。水怒溢，故河水暴增，即重（更）〔樹〕水簾，令後復布小埽、土牛、白闌、長梢，雜以草土（以）〔等〕物，隨宜填垛以繼之。石船下詣實地，出水基趾漸高，復卷大埽以壓之。前船勢略定，尋用前法沈餘船，以竟後功。昏曉百刻，役夫分番（甚）〔任〕勞，無少間斷。船堤之後，草埽三道並舉，中置竹絡盛石，並埽置樁，繫纜四埽及絡，一如修北截水堤之法，第以中流水深數丈，用物之多，施功之大，數倍他堤。船堤距北岸纔三四十步，勢迫東河，流峻若自天降，深淺叵測。於是先卷下大埽約高二丈者，或四或五，始出水面。修至河口一二十步，用工尤艱。薄龍口，喧豗猛疾，勢撼埽基，陷裂欹傾，俄遠故所，觀者股栗，衆議騰沸，以爲難合，然勢不容已。魯神色不動，機解捷出，進官吏工徒十餘萬人，日加獎諭，辭旨懇至，衆皆感激赴功。十一月十一日丁巳，龍口遂合，決河絶流，故道復通。又於堤前通卷欄頭埽各一道，多者或三或四，前埽出水，管心大索繫前埽，硾後欄頭埽之後，後埽管心大索亦繫小埽，硾前欄頭埽之前，後先羈縻，以錮其勢。又於所交索上及兩埽之間，壓以（土）〔小〕石、白闌、土牛，草土相半，厚薄多寡，相勢措置。埽堤之後，自南岸復修一堤，抵已閉之龍口，長二百七十步。

船堤四道〔成堤〕，用農家場圃之具曰轆軸者，穴石立木如比櫛，薶前埽之旁，每步置一轆軸，以横木貫其後。又穴石，以徑二寸餘麻索貫之，繫横木上，密掛龍尾大埽，使夏秋（濂）〔潦〕水、冬春淩簰不得肆力於岸。此堤接北岸截河大堤，長二百七十步，南廣百二十步，顛至水面高丈有七尺，水面至澤腹高四丈二尺；中流廣八十步，顛至水〔面〕高丈有五尺，水面至澤腹高五丈五尺，通高七丈。（四尺）〔仍治〕南岸護堤埽一道，通長百三十步；南岸護岸馬頭埽三道，通長九十五步。修築北岸堤防，高廣不等，通長二百五十四里七十一步。白茅河口至板城，補築舊堤，長二十五里二百八十五步。曹州板城至英賢村等處，高廣不等，長一百三十三里二百步。稍岡至（錫）〔碭〕山縣增（倍）〔培〕舊堤，長八十五里二十步。歸德府哈只口至徐州路三百餘里，修完缺口一百七處，高廣不等，積修計（二）〔三〕里二百五十六步。亦思剌店縷水月堤，高廣不等，長六里三十步。

其用物之凡，樁木大者二萬七千，榆柳雜梢六十六萬六千，帶梢連根株者三千（八）〔六〕百，稿秸、蒲葦、雜草以束計者七百（一）〔三〕十三萬五千有奇，竹竿六十二萬五千，葦蓆十有七萬二千，小石二千艘，繩索小大不等五萬七千，所沉大船百有二十，鐵纜三十有二，鐵猫三百三十有四，竹篾以斤計者十有五萬，硾石三千塊，鐵鑽萬四千二百有奇，大釘三萬三千二百三十有二，其餘若木龍、蠶椽木、麥秸、扶樁、鐵叉、鐵弔枝、麻搭、火鉤〔一〕、汲水貯水等具，皆有成數。宮吏俸給，軍民衣糧工錢，醫藥、祭祀、賑恤，驛置馬乘，及運竹木、沉船、渡船、下樁等工，鐵、石、竹、木、繩索等匠傭貲，兼以和買民地爲河，併應用雜物等價，通計中統鈔百八十四萬五千六百三十六錠有奇。

魯嘗有言：『水工之功視土工之功爲難，中流之功視河濱之功爲難，決河口視中流又難，北岸之功視南岸爲難。用物之效，草雖至柔，柔能狎水，水漬之生泥，泥與草併，力重如碇。然維持夾輔，纜索之功實多。』蓋由魯習知河事，故其功之所就如此。

玄之言曰：是役也，朝廷不惜重費，不吝高爵，爲民辟害。脱脱能體上意，不憚焦勞，不恤浮議，爲國拯民。魯能竭其心思智計之巧，乘其精神膽氣之壯，不惜劬瘁，不畏譏評，以報君相知人之明。宜悉書之，使職史氏者有所考證也。

史臣曰：議者往往謂天下之亂，皆由賈魯治河之役，勞民動衆之所致。殊不知元之所以亡者，紀綱廢弛，風俗偷薄，其致亂之階，非一朝一夕之故。使魯不興是役，天下之亂詎無從而起乎？

二十六年二月，黄河北徙。先是，河決小流口，達於清河，壞民居，傷禾稼。至是復北徙，自東明、曹、濮下及濟寧，民皆被害。

河源古無所見，《禹貢》導河，止自積石。漢使張騫持節道西域，度玉門，見二水交流，發葱嶺，趨于闐，匯鹽澤，伏流千里，至積石而再出。唐（薛）〔劉〕元鼎〔二〕使吐蕃，訪河源，得之於（闕）〔悶〕磨黎山〔三〕。然皆歷歲月，涉艱難，而其所得不過如此。世之論河源者，又皆推本二家，其説怪迂，總其實皆非本真。意者漢、唐之時，外夷未盡臣服，而道未盡通，故其所往，每迂迴艱阻，不能直抵其處而究其極也。元有天下，薄海内外，人迹所及，皆置驛傳，使驛往來，如行國中。至元十七年，命都實爲招討使，佩金虎符，往求河源。都實既受命，是歲至河州。州之東六十里有寧河驛。驛西南六十里有山曰殺馬關，林麓穹隘，舉足浸高，行一日至巔。西去愈高，四閲月始抵河源。是冬還報，并圖其城傳位置以聞。其後翰林學士潘昂霄從都實之弟闊闊出得其説，撰爲《河源志》。臨川朱思本又從八里吉思家得帝師所藏梵字圖書，而以華文譯之，與昂霄所

〔一〕扶樁、鐵叉、鐵弔枝、麻搭、火鉤　標點本多處標點錯誤，今改。
〔二〕唐（薛）〔劉〕元鼎　據《舊唐書》一九六下、《新唐書》二一六下《土蕃傳》改。
〔三〕於（闕）〔悶〕磨黎山　據《元史》卷六三《地理志》、王圻《續通考》七《黄河考》改。

志，互有詳略。今取二家之書考定其説，有不同者附注於下。

按河源在吐蕃朶甘思西鄙，有泉百餘泓，〔沮〕[一]洳散涣，弗可逼視，方可七八十里，履高山下瞰，燦若列星，以故名火敦腦兒。火敦，譯言星宿也。

思本曰：河源在中國西南，直四川馬湖蠻部之正西三千餘里，雲南麗江宜撫司之西北〔二〕〔一〕[二]千五百餘里，帝師撒思加地之西南二千餘里。水從地涌出如井，其井百餘，東北流百餘里，匯爲大澤曰火敦腦兒。

群流奔輳，近五七里，匯二巨澤，名阿剌腦兒。自西而東，連屬吞噬，行一日，迤邐東騖成川，號赤賓河。又二三日，水西南來，名亦里出，與赤賓河合。又三四日，水南來，名忽闌。又水東南來，名也里术，合流入赤賓。其流寖大，始名黄河，然水猶清，人可涉。

思本曰：忽闌河源出自南山，其地大山峻嶺，綿亘千里，水流五百餘里，（出）〔注〕也里出河。也里出河源亦出自南山，西北流五百餘里，始與黄河合。

又一二日，歧爲八九股，名也孫斡論，譯言九渡，通廣五七里，可度馬。又四五日，水渾濁，土人抱革囊〔乘〕[三]騎過之。〔民〕[四]聚落，糾木幹象舟，傅髦革以濟，僅容兩人。自是兩山峽束，廣可一里、二里或半里，其深叵測。朶甘思東北有大雪山，名亦耳麻不莫剌，其山最高，譯言騰乞里塔，即崑崙也。山腹至頂皆雪，冬夏不消。土人言遠年成冰時，六月見之。自八九股水至崑崙，行二十日。

思本曰：自渾水東北流二百餘里，與懷里火禿河合。懷里火禿河源自南山，水正北偏西流八百餘里，與黄河合。又東北流一百餘里，過郎麻哈地，又正北流一百餘里，乃折而西北流二百餘里，又折而正北流一百餘里，又折而東流，過崑崙山下，番名亦耳麻不〔莫〕剌[五]。其山高峻非常，山麓綿亘五百餘里，河隨山足東流，過撒思加闊即、闊提地。

河行崑崙南半日，又四五日，至地名闊即及闊提，二地相屬。又三日，地名哈剌别里赤兒，四達之衝也，多寇盗，有官兵鎮之。近北二日，河水過之。

思本曰：河過闊提，與亦西八思今河合。亦西八思今河源自鐵豹嶺之北，正北流凡五百餘里，而與黄河合。

崑崙以西，人簡少，多處山南。山皆不穹峻，水亦散漫，獸有髦牛、野馬、狼、狍、（羱）〔羱〕[六]羊之類。其東，山

〔一〕〔沮〕　據《元史》卷六三《地理志》、王圻《續通》考七《黄河考》補。
〔二〕西北〔二〕〔一〕　據《元史》卷六三《地理志》、王圻《續通考》七《黄河考》改。
〔三〕據《説郛》引《河渠志》補。
〔四〕據《説郛》引《河渠志》補。
〔五〕據《説郛》引《河渠志》補。
〔六〕據《元史》卷六三《地理志》、王圻《續通考》七《黄河考》改。

益高，地亦漸下，岸狹隘，有狐可跳躍而越之處。行五六日，有水西南來，名納鄰哈剌，譯言細黄河也。

思本曰：哈剌河自白狗嶺之北，水西北流五百餘里，與黄河合。

又兩日，水南來，名乞兒馬出。二水合流入河。

思本曰：自哈剌河與黄河合，正北流二百餘里，過阿以伯站，折而西北流，經崑崙之北，二百餘里與乞里馬出河合。乞里馬出河源自威、（成）〔茂州〕之西北岷山之北，水北流，即古當州境，正北流四百餘里，折而西北流五百餘里，與黄河合。

河水北行，轉西流，過崑崙北，一向東北流，約行半月，至貴德州，地名必赤里，始有州治官府，州隸吐蕃等處宣慰司，司治河州。又四五日，至積石州，即《禹貢》積石。五日至河州安鄉關。一日至打羅坑。東北行一日，洮河水南來，入河。

思本曰：自乞里馬出河與黄河合，又西北流，與鵬拶河合。鵬拶河源自鵬拶山之西北，水正西流七百餘里，過札塞塔失地，與黄河合。折而西北流三百餘里，又折而東北流，過西寧州、貴德州、馬嶺，凡八百餘里，與邈水合。邈水源自清唐宿軍谷，正東流五百餘里，過三巴站，與黄河合。又東北流，過土橋站、古積石州來羌城、廓州溝米站界（羌）〔都〕城，凡五百餘里，過河州，與野龐河合。野龐河源自西傾山之北，水東北流，凡五百餘里，與黄河合。又東北流一百餘里，過踏白城銀川站，與湟水、浩亹河合。湟水源自（祈）〔祁〕連山[一]下，正東流一千餘里，注浩亹河。浩亹河源自删丹州之南（山）〔删丹〕山[二]下，水東南流（一）〔七〕百餘里，注湟水，然後與黄河合。又東北流一百餘里，與洮河合。洮河源自羊撒嶺北，東北流，過臨洮府，凡八百餘里，與黄河合。

又一日至蘭州。過北卜渡，至鳴沙（河）〔州〕[三]過應吉里州，正東行，至寧夏府南，東行，即東勝州，隸大同路。自發源至漢地，南北澗溪，細流傍貫，莫知紀極。山皆草石，至積石，方林木暢茂。世言河九折，彼地有二折，蓋乞兒馬出及貴德必赤里也。

思本曰：自洮水與黄河合，又東北流，過達達地，凡八百餘里。過豐州西受降城，折而正東流，過達達地古天德軍、中受降城、東受降城，凡七百餘里。折而正南流，過大同路雲内州、東勝州，與黑河合。黑河源自（漢）〔漁〕陽嶺[四]之南，水正西流，凡五百餘里，與黄河合。又正南流，

[一] 據《元史》卷六三《地理志》改。
[二] 據《元史》卷六三《地理志》、王圻《續通考》七《黄河考》改。
[三] 鳴沙（河）〔州〕　據《説郛》引《河渠志》改。
[四] 自（漢）〔漁〕陽嶺　據《元史》卷六三《地理志》改。《長春真人西遊記》作『漁陽關』。

過保德州、葭州及興州境，又過臨州，凡一千餘里，與吃那河合。吃那河源自古宥州，東南流，過陝西省綏德州，凡七百餘里，與黄河合。又南流三百里，與延安河合。延安河源自陝西蘆子關亂山中，南流三百餘里，過延安府，折而正東流三百里，與黄河合。又南流三百里，與汾河合。汾河源自河東朔、武州之南亂山中，西南流，過管州，冀寧路汾州、霍州，晋寧路絳州，又西流至龍門，凡一千二百餘里，始與黄河合。又南流二百里，過河中府，遇潼關與太華，大山綿亘，水勢不可復南，乃折而東流。大概河源東北流所歷皆西番地，至蘭州，凡四千五百餘里，始入中國。又東北流過達達地，凡二千五百餘里，始入河東境内。又南流至河中，凡一千八百餘里。通計九千餘里。

不足。

本次整理摘録了有關水利的卷二四《河漕轉運》、卷二五《治水江南》、卷三四《河決之患》。

整理者

七、明史紀事本末

匯編説明

《明史紀事本末》是明谷應泰（一六二〇—一六九〇年）撰寫，字賡虞，别號霖蒼，明末清初直隸豐潤（今河北豐潤縣）人。該書成於《明史稿》、《明史》之前，而且屬私人著述，很受當時人重視。該書仿《通鑑紀事本末》體例，編纂明代典章事迹，共八十卷，每卷爲一目。紀事始於元至正十二年（一三五二年）朱元璋起兵，至明崇禎十七年（一六六四年）李自成農民軍攻入北京明亡。選録其中八十個歷史事件或專題，按時間順序編排，記述簡明扼要。卷末附有作者的史論。該書缺點是側重於政治，而忽略經濟和典章制度，選録的歷史事件也不够全面。但因成書較早，又綜合了多種明代史料編纂而成，有一定的史料價值。

中華書局點校本是以築益堂本爲底本，參考其他版本，加以標點、校注，并補充抄本《明史紀事本末補遺》六卷，無作者，成書年代不明。又以彭孫貽所撰《明史紀事本末補編》五卷附後，可補原書所缺明清之際史料的

卷二四　河漕轉運

成祖永樂元年三月，瀋陽中屯衛軍士唐順言：『衛河之原，出衛輝府輝縣西北八里太行蘇門山下。其流自縣城北經衛輝城下，入大名浚縣界，迤邐抵直沽入海。南距黄河陸路五十餘里。若開衛河，距黄河百步置倉廒，受南京所運糧餉，轉致衛河交運，則公私交便也。』上命廷臣議，俟民力稍甦行之。

四年秋七月，命平江伯陳瑄兼督江、淮、河、衛轉運。洪武中，航海侯張赫、舳艫侯朱壽俱以海運功封，歲運糧七十萬石，止給遼左一方。永樂初，北京軍儲不足，以瑄充總兵，帥舟師海運，歲米百萬石。建百萬倉于直沽尹兒灣。城天津衛，籍兵萬人戍守。至是，令江南糧一由海運；一由淮入黄河至陽武，陸運至衛輝，仍由衛河入白河至通州。是爲海陸兼運。

八年，以舊額漕運二百五十萬石，不足給國用，特令江、浙、湖廣三省各布、都官自行督運，共三百萬石有奇。

九年春二月己未，命工部尚書宋禮、都督周長開會通河。自濟寧至臨清，舊通舟楫。洪武中，河岸衝決，河道淤塞。故于陸路置八遞運所，每所用民丁三千，車二百輛，歲久民困其役。永樂初，屢有言開河便者，上重民力未許。至是，濟寧同知潘叔正言：『會通河道四百五十餘里，其淤塞者三之一。浚而通之，非惟山東之民免轉輸之勞，實國家無窮之利也。』乃命禮等往視。禮等極言疏浚之便，且言天氣和霽，宜及時用工。于是遣侍郎金純發山東、直隸、徐州民丁，及應天、鎮江等府民丁，併力開浚。民丁皆給糧犒賞，蠲他役及今年田租。命宋禮總督之。

河南河水屢歲爲患。先是，遣工部侍郎張信往視。信訪得祥符縣魚王口至中灤下二十餘里，有舊黄河岸，與今河面平，浚而通之，俾循故道，則水勢可殺，遂繪圖以進。詔發河南民十萬，命興安伯徐亨、工部侍郎蔣廷瓚、金純相度開浚，併命禮兼督之。

六月，會通河成。以汶、泗爲源，河[一]水出寧陽縣，泗水出兖州，至濟寧而合。置天井閘以分其流，南流通于淮。而新開河則居其西，北流由新開河道東昌入臨清，計三百八十五里。自濟寧至臨清置十五閘，以時啓閉。又于寧陽築堽城壩遏汶水，盡入漕河。禮還京上言：『會通河源于汶、泗，夏秋霖潦泛溢，則馬常泊之流亦入焉。汶、泗合流，至濟寧分爲二河：一入徐州，一入臨清。河流深淺，舟楫通塞，繫乎泊水之消長。泊水夏秋有餘，冬春不足，非經理河源，及引别水以益之，必有淺澀之患。今汶河上流，上自寧陽縣已築壩堰，使其水盡入新河。東

[一] 河疑为『汶』字之誤。

平州之東境，有沙河一道，本汶河支流，至十里口通馬常泊。比年流沙淤塞河口，宜及時開濬。况沙河至十里口故道具存，不必施工。河口當濬者僅三里，河身宜築堰者計百八十丈。』從之。

十年春正月，巡按山東御史許堪言：『去年衛河水溢，河岸倒塌。』命工部尚書宋禮相度措置。夏四月，尚書宋禮奏：『自衛河東北至舊黄河一十二里内，五里舊河有溝渠。五里係古路，二里係平地。今開河泄水以入舊黄河，則至海豐大沽河入海。』上命侯秋成爲之。

九月，工部主事藺芳言：『中灤分導河流，使由故道北入于海。河南之民，免于昏墊，誠萬世之利。然緣河新築護岸埽座，用蒲繩泥草，不能經久。臣愚以爲若用木編成大囤，若欄圈然，置之水中，以椿木釘之，中實以石，却以横木貫于椿表，牢築堤土，則水可以殺，堤可以固，而河患息。』從之。尚書宋禮薦其才，擢爲工部右侍郎。

十一月，浚鎮江京口、新港、甘露三港達于江。

十三年三月，罷海運糧。命平江伯陳瑄于湖廣、江西造平底淺船三千艘，以從河運，歲運三百餘萬石。初，漕運北京，舟至淮安，過壩渡淮，以達清河，輸輓甚艱。故老爲瑄言：『淮安城西有管家湖，自河至淮河鴨陳口，僅二十里，與清河口相值。宜鑿河引湖水入淮，以通漕舟。』瑄從之。乃鑿清江浦，引水由管家湖入鴨陳口達淮。就管家湖築堤亘十里，以便引舟。置四閘，曰：移風、清江、福興、新莊，以時啓閉。浚儀真、瓜州通湖。鑿吕梁、百步二洪石，平水勢。開泰州白塔河，通大江。築高郵湖堤，堤内鑿渠，亘四十里。淮濱作常盈倉五十區，貯江南輸税。徐州、濟寧、臨清、德州皆建倉，便轉輸。議以原坐太倉歲糧，蘇州并山東兖州，送濟寧倉；河南、山東送臨清倉，各交收。浙江并直隸衛分官軍于淮安，運至徐州；京衛官軍于徐州，運至德州；山東、河南官軍于德州，接運至通州。名爲『支運』。年凡四次。河淺膠舟處，濱河置舍五百六十八所。舍置淺夫，俾導舟。其可行處，緣河堤鑿井樹木，以便行人。乃增置淺船三千餘艘，海運遂罷。凡漕渠在齊、魯間者，宋禮功爲多。在江、淮間者，陳瑄功爲多。

十四年，設淮安之清河、福興，徐州之沽頭、金溝，山東之谷亭、魯橋等閘，各置官。于是漕運始達通州。

宣宗宣德五年三月，陳瑄復言：『支運法軍民均勞甚善。但民病舍穡往還，不若益耗兑軍便。』帝是其議，改爲『兑運法』。行之既久，耗亦納官，失初意矣。

七年，置吕梁漕渠石閘。初，陳瑄以吕梁上洪地險水急，漕舟難行，奏令民于舊洪西岸鑿渠，深二尺，闊五丈有奇，夏秋有水，可以行舟。至是，復欲深鑿，置石閘三，時其啓閉以節水，庶幾往來無虞。事聞，命附近軍衛及山東布政司，量發民夫、工匠協成之。

憲宗成化四年，初，正統間，漕米入庚，始有鋭。至是，帝詰鋭米，户部執曝揚之數。取米石，一其鋭曝之，得九斗有六升，乃以升爲耗。

巡撫江南邢宥修復運河壩閘。先是，正統初，巡撫周忱經理運道，武進奔牛、吕城設爲壩閘，俾漕舟由京口出江，最稱便利。迨景泰間，壩閘漸頹，水道淤淺。有議從蔡涇、孟瀆出江者，因迫海洋，漕舟多覆溺。天順間，巡撫崔恭奏請從周忱故道，增置五閘。至是成之。

七年，罷瓜、淮兑運。并改四倉之支運者，俱令兑各附近水次。其瓜、淮者于原耗外，益以脚米。四倉故無耗者，准量給耗米。又復歸軍運。尋復定兑運改兑之額：河、淮以南，以四百萬供京師；河、淮以北，八百萬供邊境。别貯額外米于臨、德，曰『預備米』，以備漕米之撥補也。先是，宣德間，定耗例，二米一他物，蓋倣洪武時附載土物之意，用以資君便民。至成化爲改兑法，則悉從本色，聽軍易用，然多滯不便。

世宗嘉靖七年，通惠河成，糧運從河入，省輕齎銀一十一萬，詔給軍三之一，并令三歲後，量減加耗以寬民。初，弘治中，議定折耗銀曰『輕齎』，凡輕齎之銀官給之。大抵米以備遠涉及顯加之耗，銀以備傭僦鋪墊之用。要之，正米無缺而止。正外諸羨，盡歸旗卒，官無利焉。一時軍卒饒逸，漕運于斯爲盛。亡何，漕撫李蕙請齎餘貯庫，聽來年缺者貸償之。上可其奏，著爲令。嘉靖初，河漕總兵楊宏奏：『輕齎隨軍人，緩急有濟。若貯漕庫，非法也。』大學士費宏言：『衛軍終歲勤勞，給京軍幸有羨，宜與之。』詔皆給軍，軍歡然。久之，户部言：『輕齎之費倉爲甚，譬雀鼠之嗌，蟣蝨之吮，雖禁不可止也。上曰禁革，下曰扣除，不如其已。請令運官備列倉費前規，聽官給領之。』而給軍遂革。至是，通惠河成，遂有是命。

八年，疏治清江浦，復舊，乃由江入淮之道。

神宗萬曆七年，復築高堰。隆慶中，高堰廢，淮水壞民田。至是，議復築之。起新莊至越城，長一萬八百七十餘丈。堰成，淮水復由清口會黄河入海，而黄浦不復衝決。又以通濟閘逼近淮河，舊址坍損，改建于甘羅城北。仍改濬河口斜向西南，使黄水不得直射。因發拆新莊閘，又改福興閘于壽州廠適中處所，其清江板閘照舊增修。又議修復五壩，惟信字壩久廢不用；智、禮二壩加築，仍舊車盤船隻；仁、義二壩與清江閘相鄰，恐有衝浸，移築天妃閘内。復命官修揚州、高、寶運河，減水閘四座，加高閘石九座。自是，寶應諸河堤岸相接。

九年，于淮安府城南運河之旁，自窯灣楊家澗歷武家墩，開新河一道，長四十五里，曰永濟河。因置三閘，以避清江浦之險。

十一年，建清江浦外河石堤長二里，磯嘴七座。又建西橋石堤長九十八丈，以禦淮河之衝。又議淮由昭靈祠南黄河出口，歷羊山、内華山、梁山接境山，開河置閘，以避戚港之溜。

十二年，揚州高、寶運道石堤之東，傍堤開新河三十餘里，以避槐角樓一帶之險，曰弘濟河。

谷應泰曰：堯都冀方，九州通貢，水陸分道，舟車遞興。然皆方物筐篚，非秸秷粟米，負重致遠也。秦人輸粟入邊，十鍾而致一石，蓋難之矣。漢興，海陵之粟，號甲天下，而分封列侯，天子仰食，不過中原三輔。唐郡縣天下，關中運道，龍門險峻，舟桴罕入。歲值霖潦，車牛不給，天子至率百官就食東京。奉天告圍，蔓菁採食，韓滉粟至，脱巾歡呼。宋都汴京，運道四達，路置兑倉，號爲轉運。此劉晏遺規，非豐、熙創法也。元建都北平，張萬户以鹽盜出没，習知海上險易，獻書海運，成山、直沽，無异安瀾。明初海運，猶致百萬。文皇遷鼎，屢勤宵旰。海漕並進，水陸互輸。漕制漸增，海運遂罷。安危之勢易明，内外之形易判也。

夫蜀道千年，蠶叢不啓； 臨海咫尺，台、宕猶遺。自燕迄吴，徑四千里，踰江涉淮，天限之已。然而平江築堤，考自張吴； 丹徒王氣，鑿由孫氏。黄池夫差之故跡，邗溝隋帝之遺規。假勾吴之霸烈，爲聖主之驅除； 藉荒王之游幸，啓千年之利涉。至于渡淮而北，昭陽、獨山，滕、薛灘湖； 洸、沂、汶、泗，魯郊多水。齊擅清濟，燕誇濁漳。直沽至海，潞水踰燕。古今人力，輸灌裁通。遠近地形，蓄潴本盛。蓋東南舟楫，利盡人功； 西北高平，險因天設。莫不枝延蔓引，自成萬里之形； 璧合珠連，已見百川之赴。因而按圖求轍，度地施工。所以因山壘石，計日成城，依井求泉，終朝獲汲者也。稽其道里之略，京口設閘。而浙舟入江，謂之『浙漕』。高郵築堤，而江舟入淮，謂之『江漕』。入淮以後，謂之『出黄』。初鑿吕梁洪，舟河行者五百十餘里。繼開董家口，避河險者二百七十餘里。河行至此，謂之『入口』。南陽夏村，皆引諸湖。既達濟寧，而湖漕入濟，謂之『湖漕』。而進此皆會通河矣。由天井閘至臨清三百八十餘里，而濟漕入衛，謂之『出口』，而會通河盡矣。衛水順流，直抵天津，謂之『衛漕』。衛漕入潞，潞水之流，謂之『白漕』，白漕既入，徑抵通州矣。

若夫江、淮以南，陳瑄功著； 齊、魯以北，宋禮功多。潘季馴之鑿開董口，朱衡之廬居夏村。而天井一閘，南北之脊，地如建瓴。從老人白英之請，出七十二泉之水。南流達徐，北流達衛。觀其神功，此亦秦皇驅石，鞭跡猶存； 大禹鑿山，掌形宛在。漕河之底績，古今之明德也與！

卷二一五　治水江南

成祖永樂元年夏四月，命户部尚書夏原吉治水江南。時嘉興、蘇、松諸郡，水患頻年，屢敕有司，督治無功，故有是命。

六月，命侍郎李文郁、往佐尚書夏原吉，相度水田，量免今年租税。

秋八月，遣都察院僉都御史俞士吉賫《水利集》賜夏原吉，使講求疏治之法。原吉上言：『江南諸郡，蘇、松最居下流。常、嘉、湖三郡土田，高多下少。環以太湖，亘綿五百里，納杭、湖、宣、歙諸山水，注澱山諸湖，入三泖。頃浦港湮塞，匯流漲溢，傷害苗稼。拯治之法，宜浚吴淞諸浦港，洩其壅淤，以入于海。吴松江袤二百餘里，廣百五十餘丈。西接太湖，東通海。前代屢疏，以當潮汐，沙泥淤積，旋疏旋塞。自吴江長橋至下界浦約百二十餘里，雖稍通流，多有淺窄。又自下界浦抵上海南倉浦口，可百三十餘里，潮汐壅障，茭蘆叢生，已成平陸。欲即開浚，工費浩大。臣相視得嘉定劉家港，即古婁江，徑通大海，常熟白茆港，徑入大江，皆廣川浚流。宜疏吴淞江南北兩岸安平等浦港，引太湖諸水入劉家、白茆二港，使直注海。松江大黄浦，乃通吴淞要道，下流壅塞，難即疏浚。傍有范家濱至南倉浦口，可徑達海，宜浚令深闊，上接大黄浦以達泖湖之水。此即《禹貢》「三江入海」之迹。俟既開通，相度地勢，各置石閘，以時啓閉。每歲水涸時，修圩岸以禦暴流。』疏上，行之。役夫凡十餘萬。原吉布衣徒步，日夜經畫，盛暑不張蓋，曰：『百姓暴體日中，吾何忍！』于是水洩，農田大利。

二年春正月，復命户部尚書夏原吉往蘇、松疏通舊河，以大理寺少卿袁復副之。六月，以陝西按察司副使宋性爲布政使右參政，從夏原吉蘇、松治水。九月戊辰，户部尚書夏原吉治水功成，還朝。

三年夏六月，命户部尚書夏原吉、僉都御史俞士吉、通政使趙居任、大理寺少卿袁復賑濟蘇、松、嘉、湖饑民。上曰：『四郡之民，頻年厄于水患。今舊穀已罄，新苗未成，老穉嗷嗷，朕與卿等能獨飽乎？其往督郡縣發倉廪賑之。所至善加撫綏，一切民間利害，有當建革者，速以聞。』

宣宗宣德七年九月，蘇州知府況鍾上言：『蘇、松、嘉、湖之地，其湖有六：曰太湖，曰傍山，曰陽城，曰昆承，曰沙湖，曰南湖。聯屬廣袤凡三千里。其水東南出嘉定吴淞江，東出崑山劉家港，東北出常熟白茆港。永樂初，朝廷命尚書夏原吉督理疏濬，水不爲患。年久淤塞，一遇久雨，遂成巨浸，田皆溺焉。乞仍遣大臣督郡縣吏于農隙時，發民疏濬，則一方永賴矣。』上命周忱與鍾計工力多寡難易行之。

世宗嘉靖元年，巡撫李克嗣開吴淞江。吴淞自周忱修治後，天順中，命巡撫崔恭濬大盈浦出吴淞。弘治中，設水利僉事。伍性[一]復濬吴淞中股及顧會趙屯浦。又命

[一] 弘治中，設水利僉事。伍性　標點本斷在『伍性』後，誤，前後敘事不同，據改。

工部侍郎徐貫復治吳淞，自帆歸浦至分莊七十餘里。至是，克嗣用華、上、嘉、崑四縣民力，開吳淞江四十餘丈，十餘年無水旱之憂。

二十二年，巡按吕光詢疏修水利三事：『一曰廣疏浚以備瀦泄。蓋三吳澤國，西南受太湖、陽城諸水，形勢尤卑，而東北際海，岡隴之地，視西南特高。昔人于下流疏爲塘浦，導諸湖之水，由北以入于江，由東以入于海。而又畎引江潮，流行于岡隴之外，是以瀦泄有法，而水旱皆不爲患。今惟二江頗通，一曰黄浦，一曰劉家河。然大河諸水，源多勢盛，二江不足以泄之。而岡隴支河，又多壅絶，于是高下俱病。治之之法，先其要害者。宜治澱山等處茭蘆之地，導引太湖之水，散入陽城、昆承、三泖等湖。又開吳淞江并太石、趙屯等浦，泄澱山之水，以達于海。濬白茆港并鮎魚口等處，泄昆承之水，以注于江。開七浦、鹽鐵等塘，泄陽城之水，以達于江。又導田間之水，悉入于大浦。使流者皆有所歸，而瀦者皆有所泄，則下流之地治，而澇無所憂矣。于是乃濬臧村、第港以溉金壇，濬澡港等河以溉武進，濬艾祁、通波以溉青浦，濬顧浦、吳塘以溉嘉定，濬大瓦等浦以溉崑山之東，濬詐浦等塘以溉常熟之北。二曰修圩岸以固横流。蓋蘇、松、常、鎮最居東南下流，而蘇、松又居常、鎮下流，秋霖泛漲，風濤相薄，則河浦之水，逆行田間，衝齧爲患。宋轉運使王純臣常令蘇、吳作田塍禦水，民甚便之。而司農丞郟亶亦云：「治河以治田爲本。」蓋惟田圩漸壞，而歲多水災也。三曰復板閘以防淤澱。河浦之水，皆自平原流入江海。水緩而潮急，沙隨浪涌，其勢易淤，不數年既沮洳成陸。歲歲修之，即不勝其費。昔人權其便宜，去江海十餘里，或七八里，夾流而爲閘。平時隨潮啓閉，以禦淤沙。歲旱則閉而不啓，以蓄其流。歲澇則啓而不閉，以宣其溢。志稱置閘有三利，蓋謂此也。而宋臣郟僑亦云：「漢、唐遺跡，自松江而東至于海，又導海而北至于楊子江，又沿江而西，至于江陰界。一河一浦，大者皆有閘，小者皆有堰。」臣按郡志，與僑頗合，然多湮廢，惟常熟縣福山閘尚存。正德間，巡按御史謝琛，議復吳塘等閘而不果。即今金壇縣議復莊家閘，江陰縣議復桃花閘，嘉定縣議于横瀝、練塘、鹽鐵各置閘如舊。』

穆宗隆慶四年，巡撫海瑞委松江府同知黄成樂、上海知縣張嵿，開浚王渡起至宋家港，其長一萬一千五百七十一丈，闊三十餘丈。今議減半，開河面一十五丈、底闊七丈五尺、深一丈五尺六寸。共用工銀六萬餘兩。是歲大饑，畚鍤雲集，不兩月而河工告成，民得仰食焉。

神宗萬曆十五年，以吳中歲遭水患，奏請特設水利副使一員，駐松江。是歲，命許應逵涖任，發帑金十萬爲修治費。及首濬吳淞，後及支幹。開浚未完，而故道反塞。不一年盡爲平壤，功未竟。

谷應泰曰：天下之賦，半在江南，而天下之水，半歸吴、會。蓋江南之田，資水灌沃，特號塗泥。又易雷足，偃鼠飲河，酌多孔取，非如雍州土厚水深，冀州神皋天黨也。考浙西及蘇、松諸郡，以杭、湖、宣、歙萬山之水，奔騰涌溢，盡入太湖。太湖蓄潴之餘，溢於三江，東流入海，所謂『三江既入，震澤底定』是也。然則三江無可入之道，則震澤無可定之波也明矣。而乃吴淞、婁江，率皆淤塞，黄浦、白茆，僅見虚名，江海之門洩瀉既少，震澤汪洋承流遂緩矣。加以山水多沙，夏秋暴漲，乘勢飄流，勢緩波平，沙因類聚，瀕湖諸泖相繼堙蕪矣。

夫懸師井陘，僅容單騎，則良將爲之躊躇；入告君門，路隔九閽，則忠臣爲之泣血。況于滔天巨浸，洩于一綫之流；倒峽傾江，阻于一抔之土。其魚之歎，能不爲之寒心哉！而或者謂溪不入湖，皆由吴江長橋之築。水清沙滯，勢至壅閡。賴江流剽疾，聚族兼行。今橋梁既立，水勢紆迴，清浮則去，濁重則沈。此猶賈讓治河，必欲盡徙民居，放河北流，以入渤海。而宣房築渠，更播德、棣，分爲八河，以息民患。誠云上策，其事蓋難言之。大抵嘉、湖地據上流，故溪不入湖，則嘉、湖代受震澤之水。蘇、松勢處下流，故湖不入江，蘇、松且代受三江之水。夏原吉躬履勘驗，始稱太湖泛溢，宜浚吴淞。然蘇之吴淞，沙泥淤塞，旋疏旋積。松之吴淞，茭葦叢生，漸成陸地。請于嘉定開劉家港，常熟開白茆港，而蘇水入海。于松江更開范家墳以達大黄浦，而松水亦入海。廣濬分支，共受三江之水，即所謂三江既入。多爲尾閭，以殺震澤之怒，即所謂震澤底定。《禹貢》所書，明易簡盡。原吉所治，委曲詳至。江南水勢，大略可睹矣。

至宣德七年，況鍾復請修舉夏緒，起民昏墊。夫鍾之去夏，僅三十年。芍陂煩艾，渭渠需莊。而況金城柳大，滄海田成，世紀奄逝，陵谷摧移。又有吕光詢治水三利，海瑞濬築奏功。苟非泥橇山樏，視同推溺，何以稱焉。

卷三四　河決之患

英宗正統十三年秋七月，河決滎陽，經曹、濮，衝張秋，潰沙灣東堤，奪濟、汶入海。尋東過開封城西南，經陳留，自亳入渦口，又經蒙城至淮遠界入淮。命工部尚書石璞治之，弗就。尋復以侍郎王永和代璞。

舊黄河在開封城北四十里。洪武二十四年，河決原武，東經開封城北五里，又南行至項城，經潁州潁上縣，東至壽州正陽鎮，全入于淮，而元會通河遂淤。永樂九年，尚書宋禮濬會通河，開新河，自汶上縣袁家口左徙二十里，至壽張之沙灣接舊河，九閱月而績成。侍郎金純，從汴城金龍口，下達塌塢口，經二洪，南入淮，漕事定，爲罷海運。至是，又決滎陽，過開封城西南，而城北之新河又淤，自是汴城在河北矣。隋、唐以前，河與淮分，自入海。宋中葉以後，河合于淮以趨海。然前代河決，不過壞民田廬，至明則妨漕矣，故視古尤急。

十四年春三月，工部右侍郎王永和奏治河事宜。先是，沙灣之役，永和以冬寒，遽停工。又以決自河南，敕彼共事，上切責之。至是言黑陽山西灣已通，水從泰通寺資運河，東昌則置分水閘，設三空泄水，入大清河歸于海。八柳樹工猶未可用，沙灣堤宜時啓，分水三空瀉上流，庶可亡後患。從之。

景帝景泰三年春二月，河決沙灣堤，命左都御史王文巡視河道。

四年冬十月，以左諭德徐有貞爲右僉都御史，遣治張秋決河。先是，河溢滎陽，自開封城北，經曹、濮以入運河。至兖州沙灣之東堤大洪口而決，濟、汶諸水皆從之入海，會通河遂淤，漕運艱阻。工部尚書石璞、侍郎王永和、都御史王文相繼治之，凡七年，皆績弗成。乃集廷臣議于文淵閣，舉可治水者，以有貞名上。乃進有貞都察院右僉都御史，治之。河以決故涸，而有貞至，方冬月，水暴漲，公私之艘畢達，治河卒踰數萬人，悉與之期而遣之，乃乘輕舫究河源，遂踰濟、汶至衞、(沚)〔沁〕[一]，循大河道濮、范還。上疏曰：『臣聞平水土，要在知天時地利人事而已。蓋河自雍而豫，出險之平，水勢既肆，又由豫而兖，土益疏，水益肆，沙灣之東所謂大洪口者，適當其衝，于是決而奪濟、汶入海之路以去；諸水從之而洩，堤潰渠淤，澇則溢，旱則涸，此漕途所由阻。然欲驟湮，則潰者益潰，淤者益淤。今請先疏上流，水勢平，乃治決，決止，乃濬淤。多爲之方，以時節宣，俾無溢涸。必如是，而後有成。』上從之。

七年夏四月，僉都御史徐有貞治河功成。

先是，有貞疏上，既報可，乃鳩工。而前所遣卒，亦依期至。乃爲渠以疏之，中置閘以節宣之。渠起金堤、張秋之首，西南行九里，至濮陽濼；又九里，至博陵坡；又六里，至壽張沙河；又八里，至東西影塘；又十有五里，至白嶺灣；又三里，至李隼。由李隼而上，又二十里至蓮花池；又三十里，至大豬潭，乃踰范暨濮。又上而西，凡數百里，經澶淵，以接河、沁。有貞曰：『河、沁之水，過則害，微則利。』乃節其過而導其微，用平水勢。既成，渠名廣濟，閘名通源，渠有分合，而閘有上平。凡河流之旁出而不順者，則堰之。堰有九，長各萬丈。九堰既設，水遂不東衝沙灣，而更北出濟漕渠。阿西、鄄東、曹南、鄆北，出沮洳而資灌溉者爲田百數十萬頃。凡堰，楗以水門，繚以虹堤，堰之崇，三十餘尺，其厚什之，長百之；門之廣三十六丈，厚倍之；堤之厚如門，崇如堰，長倍之。架濤截流，柵木絡竹，實之石而鍵以鐵，蓋合五行，用平水性。而導汶、泗之源出諸山，匯澶、濮之流納諸

〔一〕據李贄《續藏書》卷一三《徐有貞傳》改。

澤。又濬漕渠，由沙灣北至臨清，凡二百四十里；南至濟寧，凡三百一十里；復建閘于東昌之龍灣、魏灣者八，積水過丈，則開而洩之，皆道古河以入于海，用平水道。

初，議者欲棄渠勿治，而由河、沁及海以漕，又欲出京軍疏河。有貞因奏蠲瀕河民馬牧庸役，專力河防，以省軍費，紓民力。工部請如有貞言，不中制，以是得有功，蓋三年而告成。是役也，聚而間役者四萬五千人，分而常役者萬三千人，用木大小十萬，竹倍之，鐵斤十有二萬，錠三千，絙八百，釜二千八百，麻百萬觔，荆倍之，藁秸又倍之，而用石若土不可算，然用糧于官僅五萬石。功成，進副都御史。

初，有貞方鳩功，有言沮者，上使中使問之。有貞示以二壺，一壺之竅一，一壺之竅五，注水二壺，五竅先涸。中使還報上。上惟有貞之所爲。有貞常欲築一決口，下木石則若無者，心怪之。聞僧居山中有道，有貞往叩焉。僧無所答，徐曰：『聖人無欲。』有貞沉思竟日，悟曰：『僧言龍有欲也，此其下有龍穴。吾聞之，龍惜珠，吾有以制之矣。鐵能融珠。』乃鎔鐵數萬斤，沸而下之，龍一夕徙，而決口塞。

孝宗弘治二年夏五月，河決開封，入淮。復決黄陵岡，入海。

三年夏四月，河決原武。命户部左侍郎白昂往治之。河決支流爲三：其一決封丘金龍口，漫于祥符、長垣，下曹、濮，衝張秋長堤；一出中牟，下尉氏；一汜溢于蘭陽、儀封、考城、歸德，以至于宿。瀰漫四出，不由故道，禾盡没，民溺死者衆。議者奏遷河南藩省，以避其害。左布政使徐恪力陳不可，乃止。命昂往治之，昂舉南京兵部郎中婁性協治。乃築陽武長堤，以防張秋，引中牟之決以入淮，浚宿州古睢河以達泗，自小河西抵歸德飲馬池，中徑符離橋而南，皆浚而深廣之。又疏月河十餘，以殺其勢，塞決口三十六，由河入汴，汴入睢，睢入泗，泗入淮，以達于海，水患稍息。昂又以河南入淮，非正道，恐不能容，乃復自魚臺歷德州至吴橋，修古河堤，又自東平北至興濟鑿小河十二道，引水入大清河及古黄河以入海。河口各作石堰，相水盈縮，以時啓閉。蓋東北分治，而東南主疏云。

五年秋七月，張秋河決，命工部侍郎陳政督治之。時河溢沛、梁之東，蘭陽、鄆城諸縣皆被其患。復決楊家、金龍等口東注，潰黄陵岡，下張秋堤，入漕河與汶水合而北，行張秋堤，乃遣政往，政尋卒。

六年春正月，命浙江左布政使劉大夏爲右僉都御史，督治張秋決河。

七年春二月，河復決張秋，命平江伯陳鋭、太監李興協同都御史劉大夏督治之。

先是，大夏既受命，循河上下千餘里，相度形勢。乃集山東、河南二省守臣議之。上言：『河流湍悍，張秋乃下流襟喉，未可輒治。治于上流，分道南行，復築長堤，以禦横波，且防大名、山東之患，候其循軌，而後決河可塞也。』疏上，報可。

工方興，而張秋東堤復決九十餘丈，奪運河水，盡東流，由東阿舊鹽河以入于海。決口闊至九十餘丈，訛言沸騰，謂河不可治，宜復元海運，或謂陸輓雖勞無虞。乃復命鋭等協治之。河南巡撫都御史徐恪上言：『臣按地誌，黄河舊在汴城北四十里，東經虞城，下達濟寧。洪武二十四年，決武原縣黑洋山，東經汴城北五里，又南至項城入淮，而故道遂淤。正統十三年，決于張秋之沙灣，東流入海。又決滎澤縣，東經汴城，歷睢陽，自亳入淮。景泰七年，始塞沙灣之決，而張秋運道復完。以後河勢南趨，而汴城之新河又淤。弘治二年以來，漸徙而北，又決金龍口諸處，直趨張秋，横衝會通河，長奔入海，而汴南之新河又淤。百餘年間，遷徙數四，千里之内，散逸瀰漫。乃者上廑聖衷，特命都御史劉大夏經理，而伏流横溢，功力未竟。議者以黄陵岡之塞口不合，張秋之護堤復壞，遂謂河不可治，至有爲海運之説者，得毋以噎而廢食哉。夫黄陵岡口不可塞者，非終不可塞也，顧以修築堤防之功多，疏濬分殺之功少，故湍悍之勢不可遽回。今自滎澤縣孫家渡口舊河，東經朱仙鎮，下至項城縣南頓，猶有涓涓之流，計其淤淺，僅二百餘年，若疏而濬之，使之由泗入淮，以殺上流之勢； 又以黄陵岡賈魯舊河，南經曹縣梁進口，下通歸德丁家道口，且可以分水勢； 今梁進口以南，則滔滔無阻，以北則淤塞將平，計其功力之施，僅八十餘里，若疏而濬之，使之由徐入淮，以殺下流之勢，水勢既殺，則決口可塞，運道可完。毋求近功，毋惜小費，毋以小債敗輒阻，幸而成功，則萬世之利也。』命下部議行之。山東按察司副使楊茂仁上言：『官多則民擾，治河既委劉大夏，又命李興、陳鋭，事權分而財力匱。且水陰也，其應爲宫闈，爲四彝，宜戒飭后戚，防禦邊患。』疏上，興等切齒之，誣茂仁爲妖言，逮繫獄。科道交章論救，乃謫同知。茂仁，守陳子也。

夏四月，塞張秋堤，更名安平鎮。先是，劉大夏發民丁數萬於上流西岸，鑿月河三里許，屬之舊河，使漕通，不與河争道。乃浚孫家渡口，别開新河一道，導水南行，由中牟至潁州東，入于淮。又浚祥符四府，營縣淤河，由陳留至歸德，分爲二道，一由宿遷小河口，一由亳州渦河會于淮。又于黄陵岡南浚賈魯舊河四十里，由曹縣出徐州，支流既分，水勢漸殺，乃築西長堤，起河南胙城，經滑、長垣、東明、曹、單諸縣，盡徐州，長三百六十里，五旬而事竣，費輕功重逾于徐有貞云。璽書褒賞，入爲户部右侍郎。始河自清河隙入淮，大夏治之，自宿遷小河入淮，則北三百里矣，已又北三百里，至徐州小浮橋入淮。

九月，加山東參政張縉秩爲通政使，代劉大夏理河道。初，大夏治決河委縉調度，及成功，遂陞爲通政司右通政。時衝決之餘，溝防不治，縉相其緩急，以漸修濬。

無所遺。又于決口之東，砌石岸數里，以固舊防。又新築南旺東堤，樹柳其上，每歲夏秋水溢，挽卒得分行無阻，至今便之。

武宗正德四年河決曹、單趨沛，出飛雲橋，命工部侍郎崔巖往治。巖發丁夫四萬餘人，塞垂成，漲潰。代以右侍郎李鏜，四月弗成，盜起而罷。

七年秋九月，以右都御史劉愷總理河道。愷築大堤，起魏家灣，亘八十餘里，至雙堌集，都御史趙璜又堤三十里續之，曹、單以寧。

世宗嘉靖七年春正月，鑿新漕，不成。先是，河決曹、單、城武，陽家口、梁靖口、吴士舉莊，衝雞鳴臺，沛北皆爲巨浸。東溢逾漕，入昭陽湖，沙泥聚壅，運道大阻。刑部尚書胡世寧上言：『運道之塞，河流致之也。請先述治河之説。河自經汴以來，南分二道：其一出滎澤，經中牟、陳、潁，至壽州入淮；其一出祥符，經陳留、睢、亳，至懷遠入淮。其東南一道，自歸德、宿、虹出宿遷。其北分新舊五道：一自長垣、曹、鄆出陽穀，一自曹州雙河口出魚臺塌場，一自儀封出徐州小浮橋，一出沛縣飛雲橋，一出涂沛之間，境山之北溜溝。此六者皆入漕渠而南滙于淮，而今且湮塞矣。止存沛縣一河，勢合岸狹，不得不溢，所以豐、沛、徐州漫爲巨浸，溢入沛北之昭陽，以致運道壅淤。然壅淤既久，勢必復決。決而東南，有山限隔，其禍小。決而東北，前宋澶州之決，郡縣數十皆灌，禍不可言矣。故今治河，當因故道而分其勢也。其陽穀、魚臺二道，勢近東北，不可復開。而汴西滎澤孫家渡至壽州一道，決宜常濬，以分上流之勢。自汴東南，原出懷遠、宿遷、小浮橋、溜溝四道，宜擇其便利者，開濬一道，以分下流之勢。或恐豐、沛漫流久而北徙，欲修城武以南廢堤，至于沛縣之北廟道口，以塞新決，而防其北流，此亦一計也。至于運道，臣與李承勛同行擬議，莫若于昭陽湖左，滕、沛、魚臺之中，地名獨山、新安社諸處，別開一河，南接留城，北接沙口，闊五六丈，以通二舟之交；來冬冰結船止，更加濬闊，以爲運道，此其上策也。』至是，河道都御史盛應期上言：『宜于昭陽湖左，別開新渠，北起姜家口，南至留城一百四十餘里，以通漕舟。』其説與世寧合。工部尚書童瑞覆議，從之。乃集民夫萬人，分標開鑿，已而其地居河上流，土皆沙淤，功弗就。應期日夜止宿水次，益卒數萬治之，百姓滋怨，言者謂糜財用，勞民力，功必不可成。上怒，奪應期官，歸田里，而新渠之議寢焉。以侍郎潘希曾往代，踰年，豐、沛、單三縣堤成。

十三年初，飛雲橋之水，北徙魚臺、穀亭，舟行閘面，豐、沛以北，稍遠水患。久之，復決趙皮寨，穀亭流絶，而廟道口復淤。議者欲引沁鑿衛，置敖倉衛輝，由渦經汴達陽武，陸輓之，始由衛北運，言人人殊。時治河者工部侍郎劉天和，專修復故道，未幾河忽自夏邑、太丘等集衝數隙，轉東北流，經蕭縣出小浮橋，下濟二洪，趙皮寨尋塞，蓋河勢南徙。

十九年，河決睢州野鷄岡，經渦入淮，二洪大涸。上命兵部左侍郎王以旂督理。以旂役丁夫七萬，開李景高支河一道，引水出徐濟洪，八月而成，糧運無阻，上悦，加以旂秩。尋復淤。是時河益南徙，頗便漕。然五河、蒙城、臨淮諸州邑，鳳、泗之北，祖陵在焉，議者以爲憂。

三十一年秋八月，河決房村，至曲頭集，凡決四處，淤四十餘里，都御史曾鈞役丁夫五萬六千有奇，濬之，三閲月而成。

三十七年，河北徙新集淤而爲陸二百五十餘里，視故道高三丈有奇，河分流弱，離爲十一，河南、山東、徐、邳皆苦之。

四十四年秋七月，河盡北徙，決沛之飛雲橋，横截逆流，東行踰漕，入昭陽湖，泛濫而東，平地水丈餘，散漫徐促沙河至二洪，浩渺無際，而河變極矣。初，漕渠左視昭陽湖，其地沮洳，去河不數十里，識者危之。嘉靖初，盛應期督漕，議鑿渠湖左以避河患，朝廷從之。鳩工未半，爲異議所阻，至是漕堙，以吏部侍郎朱衡出督濬鑿。衡與僉都御史潘季馴尋應期所開故道，以爲運道之利，無逾于此，疏請鑿之，開新河，自南陽達留城百四十一里，濬舊河自留城達境山五十三里，役丁夫九萬餘，八閲月而成，而水始南趨秦溝。

穆宗隆慶元年春正月，開廣秦溝以通運道。先是，河決沛縣，議者請復故道，乃議新集、郭貫樓諸處上源。尚書朱衡言：『古之治河，惟欲避害，今之治河，兼欲資利，河流出境山之北，則閘河淤；出徐州之南，則二洪涸。惟出自境山至徐州小浮橋四十餘里間，乃兩利而無害。自黄河横流，碭山、郭貫樓支河皆已淤塞，改從華山，分爲南北二支，南出秦溝，正在境山以南五里許，此誠運河之利也。惟北出沛，西及飛雲橋，逆上魚臺，爲患甚大。陛下不忍沛、魚之民横罹昏墊，欲開故道，臣考之地形，參之輿論，其不可者有五：自新集至兩河口，背平原高阜，無尺寸故道可因，郭貫樓至龍溝一帶，頗有河形，又係新淤，無可駐足，其不可一也。河流由新集，則商、虞、夏邑受之，由郭貫樓，則蕭、碭受之，今改復故道，則魚、沛之禍復移蕭、碭，其不可二也。黄河西注華山，勢若建瓴，欲從中鑿渠，挽水南向，必當築壩，爲力甚難，其不可三也。曠日持久，役夫三十萬，騷動三省，其不可四也。工費數百萬，司農告匱，其不可五也。臣以爲上源之議可罷，惟廣開秦溝，使下流通行，修築長堤，以防奔潰。』上從之。乃鑿舊渠深廣之，引鮎魚諸泉、薛沙諸河，注其中，壩三河口，疏舊河，築馬家橋堤，道之出飛雲橋者使盡入秦溝。自留〔城〕〔一〕至赤龍潭，又五十三里，凡爲閘八，減水閘二十。

〔一〕據《明史》卷八三《河渠志》補。

爲壩十有二，堤三萬五千二百八十丈，石堤三十里。已而鑿王家口導薛河入赤山湖，鑿黄甫導沙河入獨山湖，凡爲支河八，旱則資以濟漕，潦則洩之昭陽湖，運道盡通，是名夏鎮河。工成，加衡太子少保，于是河專由秦溝入洪，而河南北諸支河悉并流秦溝。

三年秋七月，河水溢，自清河抵淮安城西，淤者三十餘里。決方、信二壩出海，平地水深丈餘，寶應湖堤崩壞，山東莒、郯諸處水溢，從沂河、直河入邳州，人民溺焉。

四年秋九月，河決邳州，自睢寧白浪淺至宿遷小河口，淤百八十里，溺死漕卒千人，失米二十餘萬石。總督河道侍郎翁大立言：『邇來黄河之患，不在河南、山東、豐、沛，而專在徐、邳，故欲先開泇河以遠河勢，開蕭縣河以殺河流者，正謂浮沙壅聚，河面增高，爲異日慮耳！今秋水洊至，横溢爲災，臣以爲權宜之計在棄故道而就新衝，經久之策在開泇河以避洪水。』疏下部。

五年河決雙溝。先是，河漲徐州上下，茶城至吕梁兩厓東山，不得下，又不得決；至是乃自雙溝而下，北決油房、曹家、青羊諸口，南決闞家、曲頭集、馬家淺、閻家、張擺渡、王家、房家、白糧淺諸口，凡十一，枝流既散，幹流遂微。乃淤自匙頭灣八十里，而河變又極矣。趙孔昭、翁大立前後治之無功。議者欲棄幹河，而行舟于曲頭集、大枝間。冬初水落，則幹已平沙，而枝復阻淺。又議棄黄河運，而膠河、泇河、海運紛沓莫可歸一。于是即家起都御史潘季馴治之。

季馴之治水，惟求復故道而已。乃上言：『老河故道，自新集歷趙家圈出小浮橋，安流無患。後因河南水患，别開一道，出小河口本河漸被沙淺。嘉靖間，河北徙，故道遂成陸地。臣奉命由夏鎮歷豐、沛，至崔家口；由崔家口歷河南歸德、虞城、夏邑、商丘諸縣至新集，則見黄河大勢，已直趨潘家口矣。父老言去此十餘里，自丁家道口以下二百二十里，舊河形跡見在，可開。臣即自潘家口歷丁家道口、馬牧集、韓家道口、司家道口、牛黄堌、趙家圈，至蕭縣一帶，皆有河形，中間淤平者四分之一，河底皆滂沙，見水即可衝刷。臣以爲莫若修而復之。河之復，其利有五：從潘家口出小浮橋，則新集迤東，河道俱爲平陸，曹、單、豐、沛永無昏墊，一利也。河身深廣，每歲免泛溢之患，虞、夏、豐、沛得以安居，二利也。河從南行，去會通河甚遠，閘渠無虞，三利也。來流既深，建瓴之勢，導滌自易，則徐州以下，河身亦因而深刷，四利也。小浮橋來流既遠，則秦溝可免復衝，而茶城永無淤塞之患，五利也。』既報可，乃役丁夫五萬，開匙頭灣，塞十一口，大疏八十里，故道漸復。已而以漕舟壞，季馴閑住。

六年春，河決邳州，運道阻。總河侍郎翁大立復議開泇河，以遠其勢。潘季馴言：『泇與黄河相首尾，今河南決淮、揚，北決豐、沛，漕渠不相屬，泇處中，將焉用之？』已而以漕舟壞，季馴被劾歸。給事中雒遵言治河有效，無如工部尚書朱衡者。乃詔衡與總河都御史萬恭覆視，則泇口限嶺阻石，竟報罷，而一意事徐、邳河。衡上言：『茶城以北，防黄河之決而入；茶城以南，防黄河之決而出。故自茶城至邳州、宿遷，高築兩堤，宿遷至清河，盡塞決口，蓋防黄河之出，則正河必淤，昨歲徐、邳之患是也。自茶城、秦溝口至豐、沛、曹、單，以接縷水舊堤，蓋防黄河之入，則正河必淤，往年曹、沛之患是也。二處告竣，沛縣窰子頭至秦溝口，應築堤禦之。』命萬恭總理其事，役丁夫五萬有奇，分工畫地而築之。

夏四月，兩堤成。北堤起磨臍溝，迄邳州之直河；南堤起離林鋪，迄宿遷之小河口。各延袤三百七十里，運艘束于河流，睢、邳之間可以稼，建舖立舍，設軍民守之，如河南、山東黄河例。河乃安運道，嘉、隆之間，治河者以衡、恭、季馴爲能。

神宗萬曆五年秋八月，河決崔鎮，淮決高家堰，横流四溢，連年不治。詔復以潘季馴爲右都御史總理河漕。時有議當疏海口者。季馴言：『海口不能以人力疏治，而可以水勢衝決，計莫如築高家堰、塞崔鎮東，河、淮正流，使並趨入海。』上可其奏。季馴爲之三年，而高家堰成。一夕黄浦涸，得龍首以獻，其大專車，時以比龍首渠云。

十五年冬十月，命工科給事中韋居敬相度黄河，議修治之策。時黄河漫流，自開封、封丘、偃師，及東明、長垣，多衝決，大學士申時行言失今不治，河將北徙上流，不下徐、淮，則運道可憂，故有是命。已而督河楊一魁議，因決濟運，導沁入衛。居敬言：『衛輝城卑于河，恐一決有衝潰之患，沁水多沙，善淤，入漕未便，不如堅築決口，開河身，加浚衛河，民得灌田，尤爲完計』上從之。

十六年春三月，禮科給事中王士性上言：『黄河自徐而下，河身高而束以堤，行堤與徐州城平。委全力於淮，而淮不任。黄水乘運河如建瓴，淮安、高、寶、興、鹽諸生民，託之一丸泥，決則盡化魚鱉。而議者如蟻穴漏巵，補救無寧歲，總不如復故道，爲一勞永逸之計也。河故道，由桃源三義鎮達葉家衝與淮合，在清河縣北。別有濟運一河在縣南，蓋支河耳。河强奪支河，直趨縣南，而自棄北流之道，久且斷，河形固在也。自桃源至瓦子灘九十里，地下不耕，無廬墓之礙。至開河費視諸説稍倍，而河道一復，爲利無窮。』章下所司，韋居敬言故道難復。不行。復議開訾家營支河，尋諸決口皆塞，淤者復疏。

夏六月，總理河道潘季馴上言：『河水濁而强，汶、泗、清而弱，交處則茶城也。每至秋，黄水發入淮，沙停而淤，勢也。黄水減，漕水從之，沙隨水流，河道自通，縱有淺阻，不過旬日。往者立石洪、內華二閘，遇水發，即閉之，以遏其横；黄水落，則啓之，以出泉水。但建閘易，守閘難，貢使之馳行，勢要之開放，急不能待，而運道阻矣。乞禁啓閉之法。』報可。

十七年，河決雙溝單家口，于是專議築趙皮寨至李景高口遥堤，築將軍廟至塔山長堤，築羊山至土山横堤，河防幸無事。

十九年秋九月，泗州大水，淮水泛溢，高于城，溺人無算，浸及祖陵。總督河道潘季馴上言：『水性不可拂，河防不可弛，地形不可强，治理不可鑿。人欲棄舊以爲新，而臣謂故道必不可失；人欲支分以殺勢，而臣謂濁流必不可分。霖霪水漲，久當自消。』

時季馴凡四治河，河皆治。季馴之議，以爲河性湍悍善徙者，水漫而沙壅也。法莫若以堤束水，以水攻沙，循河故道，束而湍之，使水疾沙刷，無留行，而又近爲縷堤；縷堤之外復爲遥堤，故水益淺遠，不至旁決。

二十三年夏四月，命工科給事中張企程勘淮、泗工。先是，邳州、高郵、寶應大雨水，湖決壞堤，泗州水，浸祖陵。巡按御史牛應元言：『治河在闢清口浮沙，次疏草灣下流，達伍港、灌口，廣其途入海。次開周家橋達芒稻河入江，而鮑、王諸口，決爲巨浸，難以施工，或分其水築黄堌，戎口之壩，疏符離集、睢水之淺，濬宿遷小河入黄之口。』故有是命。已而企程覆奏：『隆慶末，高、寶、淮、揚告急，當事狃于目前，清口既淤，又築高堰，堤張福以東之，障全淮以角黄，舉七十二溪之水滙于泗者僅口數丈出之。出之十一，瀦之十九，河身日高，安得不倒溢以灌泗乎？今高家堰費鉅，未可議廢，且並高、寶、淮、揚亦不可少，周家橋北去高堰五十里，其支河接草子湖，若浚三十餘里，一自金家河入芒稻河注之江，一自子嬰溝入廣洋湖注之海，則淮水泄矣。武家墩南距高堰十五里，偪永濟河，引水自窑灣閘出口，直達涇河，自昭陽湖入海，則淮之下流有歸，此急救祖陵之議也。』

九月，總督漕運褚鐵議導淮。總理河道楊一魁議先分黄，次導淮。御史牛應元議合行之，又爲祖陵計，黄堌口決當制，小林口淤當挑，歸仁堤當培。上從之。括帑五十萬，役夫二十萬，分黄導淮。自黄江嘴導河，分趨五港、灌口徑入海，以殺黄勢，毋盡入淮。導淮則自清口，闢積沙數十里，又于高堰旁，若周家橋、武家墩，稍引淮支流入于湖，爲預浚入江入海路以泄之，祖陵水漸退，而水患息。

二十四年九月戊戌，河工成。總理河道楊一魁、總督漕運褚鐵等賞賚有差。

二十五年春正月壬寅，河決黄堌口。總督漕運尚書褚鐵言：『黄口宜塞，否則全河南徙，害將立見。』

三月，濬小浮橋沂河口，小河口工成。自河南徙徐、邳，復見清泗，議者謂全河水微，妨運，決口不塞，恐下嚙歸仁，爲二陵患。獨總河尚書楊一魁謂黄堌口深淵難塞，議浚小浮、沂、泗，築小河口。工成，果利運。尋久旱，運河澀，而河又決義安東壩。一魁議浚黄堌口及上歸灣活嘴，以受黄水，救小浮橋、泗上之涸。因繪河圖上言：『黄河自古爲患，近自分黄導淮，工成，鳳、泗、淮、揚免昏墊之災，又自黃堌一決，全河南徙，兗、豫、徐、邳得免河患，而其餘波出於義安者，又導之入小浮橋足以濟二洪之涸，則今日之河既有合于決堤放水之議矣。而議者猶曰：運道有淺澀之虞，祖陵有意外之患，地方有淹没之苦。不知國家運道，原不資于河。全河初出亳、壽之郊，以不治治之。故歲無治河之費，其後全河漸決入運，因遂資其灌輸，五十餘年，久假不歸，又日築垣而居之，涓滴不容外洩，于是濁沙日澱，河身日高。上遏汶、泗，則鎮口受淤，以魚、滕被侵；下壅清、淮，則退而内瀦，盱、泗爲魚；以至瀕河没溺，歲運飄流，甚至浸及祖陵。而當事者猥以運道所資，勢不能却之他徙。臣奉明命，改絃易轍，首開武墩經河，次疏具壖、固莊，又挑小浮橋、小河口、沂河口故道，幸小浮橋股引之水，李吉口未斷之流，已足濟運矣。以汶、泗、沂、兗之水，建閘節宣，運道自在，固不必殫力決塞，以回全河。蓋決河所經，有山西、阜子諸陂湖以爲之滙，有小河、白洋、固朱等河溝以爲之委。祖陵雄據上游，崇岡疊嶂，諒無可慮。即歸仁一堤，見爲險要，亦非水衝，萬一失守，亦不過下浸桃清，由洪澤諸湖以下清口，勢不能逆流倒灌上及盱、泗也。至南流泛濫，雖不免爲下邑民生之害，碭山水道當衝，南流北流俱不得免，必須遷城以避河患。其以涸口被災者，惟有蕭、宿、靈、睢。往者，全河未徙之時，豐、沛、魚、滕、徐、邳不被淹没乎？近庚寅、癸巳之秋，徐、邳二州不幾爲魚鱉乎？較之今日，孰重孰輕？故臣始終自信，以爲止就已成之功，稍終未完之緒，則自不至爲運道之虞，亦不能爲陵寢生民之患。抑臣又有説焉，禹之導河，析二渠，播九河，隨水之所向，不與爭利。今河南、山東、江北州縣，碁列星布，在在堤防，水不及汴梁矣，則恐決張秋；不及張秋矣，又恐淤鎮口；不及鎮口矣，又恐淹宿州。凡禹之所空以與水者，今皆爲我所占，無容水之地，固宜其有衝決也。今若空碭山一邑之地，北導李吉口，下濁河；南存徐溪口，下符離；中存盤岔河，下小浮橋。三河並存，南北相去五十里，任水游蕩，以不治治之。量蠲一邑千金之賦，歲省修河萬金之費，此亦一時之省事，萬世之良圖也。」

二十六年春三月，工科給事中楊應文請開泇河。泇河在滕、嶧、沂、沭下流，南通淮海。隆慶以來，翁大立數議未決。舒應龍嘗鑿韓莊，中輟。時河決黃堌口，請終其功。報可。

夏六月，以工部侍郎兼右僉都御史劉東星總理河道漕運。東星循行河堤，謂阻漕治在標，決河治在本，兩利而並存之。議開趙渠，蓋商城、虞城以下，至于徐州，元賈魯故道也。嘉靖末，北徙，潘季馴議開之，計費四百萬而止，及河決單縣黃堌口稍通成渠，惟曲里館至三仙臺四十里如故。東星因欲浚之，又自三仙臺至泗州小浮橋開支河，又濬漕河，起徐、邳至宿，費可十萬緡。

二十九年秋九月，河決蕭家口。先是，開封歸德大水，商城、蒙城等處，河衝蕭家口百餘丈，全河南徙，淮、泗爲蒙牆上流，上流既達，則下流不宜旁泄，宜塞。』從之。

三十一年春正月，山東巡撫黄克纘言：『開王家口黑沙難施畚鍤，費帑金十三萬，迄無成功乃止。』〔一〕

〔先是，張居正柄國，即有議開泇河者，山東參政馮敏功曰：『泇口穿葛墟諸山，皆砂石，不可鑿，南北大湖相連，不易堤，甚非計也。』事遂寢。又欲由海道開膠河。敏功奏議曰：『膠河僅衣帶水，餘悉高嶺大阜，且地皆礀石，山水奔瀑，工難竟。即竟矣，海水挾淖沙而入必復淤，不若舍膠、泇而專治河，河漕合治則國儲民命兩利，分治則兩敗矣。』然居正竟促撫、按開濬，纔及數尺，果皆礀石黑沙難施畚鍤，費帑金十三萬，迄無成功乃止。〕〔一〕

其議上，格于守臣而止。

十一月，河南道御史高舉言：『膠、萊海運，嘉靖間，山東副使王憲議開膠萊河，河之南口，起麻灣，北口至海滄，相距三百三十里，其地河形至今尚在。兩口皆貯潮水，不假濬者二百餘里，濬者一百三十里。但其下多石，水微細，使極力開鑿，止三十里遠耳。如河成，我江漕由淮安清江浦，歷新壩馬家濠而來，計良便。國初罷海運者，以馬家濠未通，舟出大洋故也；馬家濠通，舟行小海中，自不險。從麻灣、海滄二口徑抵天津直沽。』至是舉循其議上，格于守臣而止。

總督河漕、工部尚書劉東星卒于濟寧。東星浚趙渠，開泇河，工未竟而卒。

賈舟不及去，置于沙上。

夏四月，總理河道侍郎曾如春卒。如春治河，力主開黄家口。領六十萬金，竭智畢慮，既開新河，雖深廣，其南反淺隘，故水不行。所決河廣八十餘丈，而新河僅三十丈，不任受。或告如春曰：『若河流既回，勢如雷霆，藉其自然之勢衝之，何患淺者之不深。』如春遂令放水，河流濁，下皆泥沙，流勢稍緩，下已淤半矣。一夕水漲，衝魚臺、單縣、豐、沛間，如春聞之，驚悸暴卒。以工部右侍郎李化龍總理河道。

三十二年春正月，總理河道侍郎李化龍請開泇河。曰：『河自開封、歸德而下，合運入海，其路有三：由蘭陽出茶城，向徐、邳，名濁河，爲中路；由曹、單、豐、沛出飛雲橋，向徐溝，名銀河，爲北路；由潘家口入宿遷，出小河口，名符離河，爲南路。南路近陵，北路近運，惟中路既遠于陵，亦濟于運。前督臣排群議，興茲役，竟以資用乏絶，不得竣事。然自堅城以至鎮口，河形宛然，故爲今計，惟守行堤，開泇河爲便。』上從之。

秋八月，河決蘇家莊，淹豐、沛，黄水逆流，灌濟寧、魚臺、單縣，而魚臺尤甚。九月壬申，分水河成。

三十三年秋七月壬午，吕梁河澀。給事中宋一韓論前總督李化龍泇河之誤。不報。

〔一〕自『先是』至『乃止』，據江西本補。

三十四年夏四月癸亥，河工成。自朱旺口至小浮橋袤百七十里，河歸故道，役五十萬人，費八十萬金，五閱月而竣。

懷宗崇禎六年夏五月，運河淺阻，降總理河道尚書朱光祚一級。

七年冬十一月，漕運總督楊一鵬議濬泇河。從之。

八年秋九月，逮總理河道尚書劉榮嗣。初，榮嗣以駱馬湖阻運，自宿遷至德州開河注之，既鑿，黃水朝暮遷徙，不可以舟。給事中曹景參劾之，被逮。

九年夏四月，泇河重濬成。

十五年秋九月，李自成圍開封，河決城陷。先是，開封城北十里枕黃河，至是賊圍城久，人相食。壬午夜，河決開封之朱家寨，溢城北。越數日，水大至，灌城，周王恭枵走磁州，以巡按御史王漢舟迎之也。巡撫高名衡、推官黃澍等俱北渡，吏卒倉猝各奔避，士民湮溺死者數十萬人，城俱圮。賊屯高地獨全。開封古都會，富庶甲于中原，竟成巨浸。水大半入濁，入泗，入淮，與故河分流，邳、亳皆災。

谷應泰曰：河自龍門下浮，束于萬山，南至豫州，地平勢怒，而河無安流矣。故河之決，必在河南，而既決之後，不南侵全淮，即北衝齊、魯。侵全淮者，潰散于潁、亳、徐、宿，而害在田廬民業。衝齊、魯者，橫激于曹、濮、單、鄆，而患兼在堤防運道。然淮近而身大，決入淮者患小而治速；漕遠而身小，決入漕者患大而治難也。洪武初，河決原武，自潁、壽入淮。正統十三年秋，河決滎陽入漕，潰沙灣入海。景泰三年春，河又決沙灣。弘治二年夏，河決開封入淮。三年夏，河決原武支流三：一自封丘下衝張秋；一出中牟尉氏；一溢蘭陽及歸德，瀰漫至宿。五年秋，河決張秋。七年春，河又決張秋。世宗十九年，河決睢州野鷄崗。四十四年，河決沛之飛雲橋。神宗五年，河決崔鎮。二十五年，河決黃堌口。懷宗十五年，河決汴城。大抵決口必在開封南北百里，而被害之地，淮三漕七。後乃駸駸數病漕河焉。

蓋合大河以歸一淮，物不能兩大，況水又泥淖多滓，驅二瀆之水，行閼遏之途，其必潰也明甚。而兗州卑下，齊、魯瀕海，黃河所向，並牽漕河諸水，盡瀉入海。故河決之世，陸則病水，水則病涸，發則病水，去則病涸，齊、魯病水，漕河病涸，一隅病水，全河病涸。而說者謂河既欲自豫決兗，入漕達海，何不盡浚豫、兗諸決地，聽河北流，過濟寧，下臨清，出直沽，漕與河合，漕不病竭，淮與河分，淮不病溢，策至便也。不知淮河浩瀚，千里一瀉，猶不能洩，怒時思沸湧，漕水千步百折，委紆盤曲，河豈能按轡徐行乎？若必廢漕制以伸河體，取咽喉之地爲尾閭之衝，必無幸矣。

故治河之道，古無上策，史册所載，不過三說：曰疏，曰浚，曰塞。塞在上流，堙谷截流是也。疏在下流，分支灑澤是也。浚在河身，築堤固岸，使之安行是也。疏近上策，神禹北播九河，賈讓北放渤海，棄地遷民，費以鉅萬，効已難言之。近世以來，浚塞兼施，徐有貞謂水平後可治決，決止乃可濬淤，此先塞繼浚之法也。故力築張秋、金堤，堅塞決口，而徐濬漕河之淤，水道乃平。劉大夏言河道不治，乃修築堤防之功多，疏濬分殺之功少，此先浚後塞之法也。故力浚賈魯河、孫家渡，殺水入淮。又浚淤河，出宿遷、亳州入淮。後築長堤，起豫達徐，衝決遂止。他如潘季馴之不失故道，不分濁流。楊一魁之首開武墩，次疏具壩，皆良策也。

夫殷都帶河，囂、耿屢遷；武帝刑牲，宣瓠時決。終明之世，河患時警，未嘗一歲沮運者，浚塞之力也。九河故道，已不能修，漕河一綫，勢不能廢。然則塞浚之功，與河終始，尚其借鑑于茲！

八、清史紀事本末

匯編説明

《清史紀事本末》是民國初年黄鴻壽撰寫，八〇卷四十萬字。清代自滿州初起，至宣統退位近三百年的歷史中，選擇重要的事件，每事自爲標題，每篇各編年月，叙述完整，使人容易掌握影響最大的主要歷史事件的來龍去脉。編寫取材主要依據《東華録》并匯參其他各書。但是本書總共提出的事件只有八十個，内容過少，對於清代各朝的『實録』、宣統時期的『政紀』以及清代國史館編寫的《諸臣列傳》，均未采取，至於清朝留下的大量檔案，更是未加利用，内容較爲貧乏，不足以反映清代重大史事。

有關水利資料摘録了卷一七《治河之政策》。

整理者

注：南炳文等近年編寫《清史紀事本末》十册三百餘萬字，五百餘題目，上海大學出版社出版。

卷一七　治河之政策

聖祖康熙九年夏四月，河决歸仁堤。淮安、揚州二府等處田地，悉被淹没。

十年冬十月，河决桃源縣，壞民堤二百五十丈。冬十一月，河道總督王光裕疏請募夫大挑淮陽裏河，從之。

十一年夏四月，命侍衛吴丹、學士郭廷祚，閲視河工，繪圖進呈。六月，河决清水潭。高郵、寶應一十八州縣衛被災。

十六年春二月，以王光裕治河無功，命解任。以靳輔爲河道總督。秋七月，靳輔條陳治河八事：一挑清江浦以下，歷雲梯關至海口一帶河身之土，以築兩岸河堤；一挑洪澤湖下流，高家堰以西至清口，引水河一道；一加高幫闊七里墩、武家墩、高家墩、高良港，至周家閘殘缺單薄堤工；一築古溝、翟家壩一帶堤工，並堵塞黄、淮各處决口；一閉通濟閘壩，深挑運河，堵塞清水潭等處决口，以通漕艘；一錢糧浩繁，須預籌畫，以濟工需；一請裁併河工冗員，奏調幹員赴工襄事；一請設巡河官兵。章上，廷議以軍興餉絀難之。輔凡三奏，均堅持前議。帝特如所請。

十七年秋七月，河决碭山縣石將軍廟，及蕭縣九里溝二處。是月，靳輔疏請高家堰石工再加三尺，與土堤平。

然後，另加土堤三尺。又高家堰、高良港一帶，加築戗堤一道。從之。冬十月，靳輔以宿、徐等州縣被災，請建減水大壩一十三座。又請將清口閉斷，自文華寺挑新河至七里閘，以七里閘爲運口，由武家墩爛泥渡轉入黄河。

十八年夏四月，靳輔疏言：『清水潭屢塞屢衝，山陽、高郵等七州縣田畝淹没。臣築東西長堤二道，工竣。七州縣田畝，全行涸出。運艘民船，永可安瀾。』報聞。秋七月，靳輔疏言：『淮河東岸，自翟家壩至周橋閘乃淮陽運河上游門户，山鹽等七州縣民生關鍵也。當黄河循禹故道之時，淮流安瀾直下，此地未聞水患。迨黄流南徙奪淮，淮流不能暢注，於是壅遏四漫。山陽、寶應、高郵、江都四州縣河西低窪之區，盡成澤國者，六百餘年矣。明萬歷初，河道廢壞，雖不若今日之甚，而清口淤高堰決，與今日情形相似。彼時河臣潘季馴，築堤堵口，治效班班可考。然此處不議加高，蓋明代祖陵在西，故停河東之障，以洩水。不知如慮淮漲西侵，何難兩岸並築，而顧留患門庭。歷年既久，遂致成河九道，使淮陽叠受水災。臣不能不憾，潘季馴以善治河稱，而亦有此失者也。皇上軫念運道民生，大發帑金，命臣徧爲修治。今翟家壩成河九道之處，共寬一千三百二十三丈二尺，今已合龍。更查山、寶、高、江四州縣河西諸湖，亦逐漸涸出。擬設法招墾，庶幾增户足民矣。』

二十一年冬十月，河決蕭家口。召靳輔來京，以蕭家渡決口，方議修築故也。先是，布政使崔維雅奏上《河防芻議》、《兩河治略》二書。註條列三十四事，欲更改輔所行減水壩諸法。輔詳辯，爲不可行。至是，輔至京，面奏蕭家渡工程：來歲正月，必可告竣。且力言維雅所言之謬。帝韙之。時衆議尚書伊桑阿察勘河工，一疏册開：不堅固、不合式堤工，共一萬五千餘丈，漏水堤工四千餘丈；及減水壩二座不堅固之處。應將輔撤任，從重治罪。帝恐更易生手誤事。仍著輔留任，戴罪督修。輔回至河上，親督工程。未幾決口皆塞，水歸故道。

二十二年夏四月，靳輔疏報蕭家渡工成，河歸故道。優詔批答，還輔職。

二十三年冬十月，帝南巡至泰安，登泰山。尋自宿遷臨閲黄河北岸，至天妃閘。見水勢湍急，指授河臣，改爲草壩。另設七里、太平二閘，以分水勢。

十一月，臨閲高家堰。諭靳輔曰：『觀高堰地勢，高於寶應、高郵諸水數倍。前人於此築石堤障水，實爲淮揚屏蔽。且使洪澤湖與淮水併力敵黄，衝刷淤沙，關係最重。今高堰舊口，及周橋、翟壩修築雖久，仍須歲歲防護，不可輕視，以隳前功。』後閲黄河南岸，諭輔妥籌善後之策，勿令黄水倒灌運河。帝閲河甚喜，書閲河詩賜輔。並賜輔佳哈御舟，及御用帷幙。

二十四年春正月，靳輔疏請添建黄河南岸毛城鋪減水閘一、王家山減水閘三、北岸太谷山減水閘二，以保徐州上流堤工。並於歸仁堤添建石壩二，攔馬河及清河縣運口各添建石閘一。

秋九月，靳輔又請添築考城、儀封、陽武三縣河堤七千九百八十九丈，封邱縣荆隆口大月堤三百三十丈，滎澤縣埽工二百一十丈，以防上流異漲。並請增設蘭陽、儀封、滎澤河員，免開、歸二府民採辦青柳。均從。

冬十月，命河道總督靳輔、按察使于成龍，馳驛來京，與九卿、科、道詳議河工事務。時成龍奉命經理海口及下河事宜，仍聽輔節制，持議與輔多不合，故廷議，並召入都詳議。

十一月，靳輔、于成龍至京，與廷臣議河工事宜。輔謂宜開大河，建長堤，高一丈五尺，束水一丈，以敵海潮。成龍力主張開濬海口故道。大學士、九卿俱從輔議。通政司參議成其範，給事中王又旦、御史錢鈺從成龍議。侍讀喬萊，寶應人也，極言輔議非是。乃命尚書薩穆哈等往勘，尋以開海口無益入告。

二十五年夏閏四月，禮部尚書湯斌入對奏，下河宜疏濬。帝命侍郎孫在豐往董其事，寢輔議。

二十七年春三月，靳輔奏：『中河工竣，運道新通。請加高築遥堤，以圖永保。』從之。尋御史郭琇、陸祖修、給事中劉楷，相繼參輔治河無功。又漕督慕天顔、侍郎孫在豐，因河工事互相糾參，罷輔任。並革其幕客陳潢職銜，解京監候。潢，字天裔，秀水布衣。輔以公事過邯鄲，見題壁詩，大爲嘆異。因蹤跡得之，禮之入幕。帝閲工時，嘗從容問曰，爾必有通今博古之人爲之佐。輔以潢對，復以輔薦，得賜僉事道銜。輔既解任，調王新命爲河督。

夏四月，靳輔至京，疏論于成龍、慕天顔、孫在豐朋謀傾陷狀。並辯明：『部臣勘佑，計需六百萬兩。臣苦心節省，止用帑二百五十一萬，不及部臣估計之半。而諸臣祇爲縻帑營私，奪田屯墾，必欲陷臣殺臣而後已。請帝再巡，親閲堤工，更命重臣清丈隱估田畝。』帝命學士凱音布等往勘。至是，帝謂廷臣曰：『前于成龍奏靳輔開中河無功，今凱音布等則云河、漕兩利。若謂靳輔治河無功，朕亦代爲不平也。于成龍懷挾私仇，阻撓河務，殊爲不合。今九卿已將靳輔議罪，若王新命亦順從于成龍之説，大事更張。是各懷私忿，貽誤河工匪淺。且黄河自宿遷以下衝決，猶可修治。若宿遷而上，或致泛濫，則爲害甚大。』因令馬齊、張玉書、圖訥前往確勘，還奏：『應如輔所定章程，無庸改。』又因凱音布奏稱中河所行漕艘，慕天顔勒令退回，支河之口不許閉塞。有旨：『著將慕天顔提京夾訊，嚴追唆使之人。』尋天顔供稱，係成龍緘囑其照此辦理。帝亦不之究。

二十八年春正月，帝以張玉書等往閲河工，回京奏言：『中河狹隘，欲於中河立三閘以減洩之。』而問靳輔則云：『於二三十里之間，應修小閘及涵洞。』所言歧異，河工是非，終無定論。因欲親臨河上察勘。車駕至濟南，乘舟由中河閱視河道。命於鎮口閘、微山湖等處，開支河口，其黄河、運道仍存而不廢。遂自清河縣渡黄河，至揚州，泊舟鎮江府之金山寺。

二月，帝至杭州，渡錢塘，謁禹陵。

三月，帝至淮安府，閱視高家堰一帶堤、岸、閘、壩。以靳輔治河有功，復其官，令以原品致仕，有『實心任事』之褒。

三十一年春二月，河道總督王新命因事革職，復用靳輔爲河督。輔以老病固辭，不許，再賜佳哈御舟，以旌異之。

三月，修渾河堤。

夏四月，靳輔奏請復建新莊閘以利運道。又仲家閘下陶家莊地方，應添造一閘，使兩閘行運，互相洩瀉，尤於黄、中兩河，大有裨益。

冬十一月，靳輔奏請於黄河兩岸栽柳種草，並設立涵洞。時輔力疾經畫西運，自清河至滎澤，達三門砥柱，安流無恙。事竣，以病狀聞。命輔子副參領治豫。及內大臣明珠往視，尋薨于位，年六十。予祭葬，謚文襄。

輔受命治河十餘年，精力俱瘁。而中河之役，尤百世之利。論者謂功不在宋禮關會通，陳瑄鑿清江浦下云。

十二月，以于成龍爲河道總督。初，輔受命治河時，值黄水四潰，不復歸海，清口運道盡塞。輔因上疏言：『清口以下不濬築，則黄、淮無歸，清口以上不鑿引河，則淮河不暢；高堰之口不盡封塞，則淮分而刷河不力，黄必內灌，而下流清水潭亦危。且黄河南岸不堤，則高堰仍有隱憂；北岸不堤，山以東必遭衝潰。故築堤岸，疏下流，塞決口，俱有先後，無緩急。今不爲一勞永逸之計，屢築屢圮，勢將何所底止。』疏入，群臣多異議，帝特如所請。功未竟，而于成龍等極言其失，輔遂解任。去後，帝悟，復使輔充其事。輔既卒，帝思之曰：『靳輔經理之任，雖後來河臣互有損益，而規模創置，不能易也。』

三十三年春正月，九卿議覆河督于成龍奏請，增設河道官員，及豁免民夫，俱不合，應革職。帝召成龍來京，詰以：『前日力詆靳輔，及論減水壩，宜塞不宜開。』成龍引罪，命革職留任，戴罪圖功。

三十八年春二月，帝奉皇太后南巡，閱視河工。

三月，渡河，相地高下，指示方略。命河督于成龍測量水土，繪圖以進。因諭大學士等曰：『水之不治，由洪澤湖水勢甚大。既不能洩，又加以黄、運兩河合併，勢愈浩瀚，故致泛溢。昔時原有歸仁堤遥爲捍禦，此法最善。今已淹没不可考。靳輔則築減水壩。名爲減水，而四處奔瀉，漂決甚多。彼但顧上河，而不顧下河，水何以治？惟有導河稍北，使不得侵入清水，而疏洩洪澤湖，使之下流。全用清水以刷淤沙，則水自無不治矣。』

三十九年春二月，于成龍卒，調張鵬翮爲河道總督。

夏六月，河督張鵬翮奏稱：『遵旨看視海口，將攔黃壩盡行拆去，河身開濬深通。乞將攔黃壩改稱大通口，并請建立河神廟。』

四十年春正月，加封河神爲顯佑、通濟、昭靈、效順金龍四大王。因前河督張鵬翮奏：『海口疏通，黃、淮二水交會，濟運神速，皆河伯效靈所致。請加河神封號。』至是，如所請行。

三月，張鵬翮請將上諭治河事宜，敕下史館，纂集成書。詔，即著張鵬翮編輯呈覽。

四十一年秋九月，帝巡視南河。冬十月，帝還京師。

四十二年春正月，帝巡視南河。

三月，帝還京師。

四十四年春二月，帝南巡。因兩河告成，親往巡閲也。

夏閏四月，帝還京師。

秋七月，古溝、唐埂、清水溝、韓家莊四處堤岸潰決。革河督張鵬翮職，仍留任。

四十六年春正月，帝南巡閲河。

二月，以議開溜淮套，革河督張鵬翮宮保銜，從寬留任。

夏五月，帝追念靳輔治河功著，加贈太子太保，給拜他喇布勒哈圖世職。

四十七年冬十月，以秋汛工程平穩，著開復河督張鵬翮處分。自是，兩河安寧，堤岸無虞，地平天成，一勞永逸之效也。

後記

本册是《中國水利史典·綜合卷》第二册。現存水利歷史文獻關注度最高的除本卷第一册收録的二十五史中水利史料外，就是有關官方檔案史料，其中尤以歷代會要和實録等最爲珍貴。本册收録的主要是歷代會要和紀事本末類文獻中的水利史料，以及《元史》各卷記載的水利史料輯録和明代最具代表性的水利文獻《農政全書》的水利篇等。

會要，是以記載當朝國家制度、政治經濟、地理風俗爲主的一種史書。其中往往記載了各朝典章制度的原文，内含的原始歷史資料較爲豐富，可以彌補二十五史志、表的不足。《唐會要》是宋代王溥編著的我國歷史上最早的會要類史書，至宋代官修的《宋會要》達到頂峰，後來有《明會要》及補寫的各朝會要等。本册收録了上述提到的最具代表性的三種，其中記載的水利史料内容也最豐富、最集中。明清以編寫本朝實録最重要，但體例完全按時間排序，要輯録其中水利内容則需要長時間專門的研究和整理，因此本書未能收録。

紀事本末體史書，一般按朝代以歷史事件爲記述單元，較爲系統而完整，便於瞭解事件的來龍去脉。因而紀事本末體史書對各朝代比較大的水利事件也有珍貴的記述。本册收録了八種，其中《通鑑紀事本末》《宋史紀事本末》《續通鑑紀事本末》《皇宋通鑑長編紀事本末》四種都有大量關於宋代的史料，雖略有重複，但比較珍貴，都予收録。另外金、元、明、清四種，雖然有的資料性稍差，但從系統完整性考慮，也都予以收録。

《元史》是二十五史中公認編寫比較匆忙、錯誤較多的正史，但是在『本紀』和『志』、『傳』編寫時，收録了許多第一手的歷史文獻資料，彌足珍貴。在研究元代水利史上，這些記載也可以校正《元史·河渠志》等專篇中的不足。整理者閲讀和研究《元史》多年，平時對其中的水利史料有系統的摘録和積累，這次匯集刊出，供使用者查閲參考。

《農政全書》的作者徐光啓認爲，水利是農之本，無水則無田。北方有許多荒地弃而不耕，而政府和軍隊需要的大量糧食要從南方漕運，耗費驚人。如何扭轉南糧北運，是涉及鞏固國防、安定人民生活的大問題，也是徐光啓農政思想的重要方面。他平生用功最多、影響最爲深遠的，是對農業和水利的研究，本書是其代表著作。書中還收入《王禎農書》的水利器具圖譜以及熊三拔口述、徐光啓筆記的《泰西水法》。通過該書還可以瞭解徐光啓對西方技術的重視，及其試圖引進推廣的思想，開水利史研究的先河。

本册在點校整理上遇到的問題，以《宋會要》最爲突出，主要是其自身版本形成中帶來的抄寫訛誤及重複矛盾。此外，還有大量字迹漫漶不清等問題。因此歷來《宋會要》的整理，被視爲古籍整理中最棘手、最困難的。即便如此，《宋會要》對研究宋代水利史仍有很高的價值，《中國水利史典》必須收録，并儘量做到對其水利史内容的準確判讀。

由於本册涉及宋元時代文獻較多，點校中對當時的習慣用字予以一定的保留，并不完全統一。這與處理明清時的文獻有所不同，在此特别説明。

《中國水利史典·綜合卷》主编

中國水利史典　編輯出版人員名單

總編輯　湯鑫華

總責任編輯　陳東明

副總責任編輯　穆勵生　馬愛梅

總執行編輯　馬愛梅　宋建娜

綜合卷二

責任編輯　楊春霞

審稿編輯　穆勵生　馬愛梅　王　藝　宋建娜　王　勤
　　　　　叢艷姿　張小思　朱　莉

裝幀策劃　馬愛梅　黄勇忠　蘆　博　宋建娜　張小思　楊春霞

裝幀設計　蘆　博

版式設計　孫立新　黄雲燕

責任排版　吴建軍　郭會東　孫　静　丁英玲　聶彦環

責任校對　張　莉　黄淑娜　梁曉静

責任印制　焦　巖　孫長福　劉　萍